花瓶效果图

躺椅模型的创建

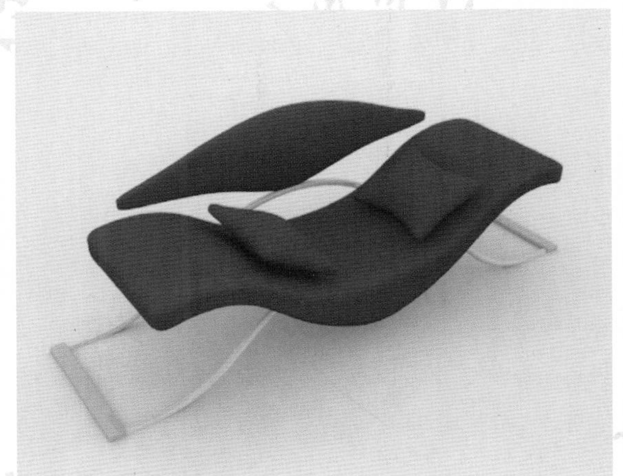

时尚沙发模型的创建

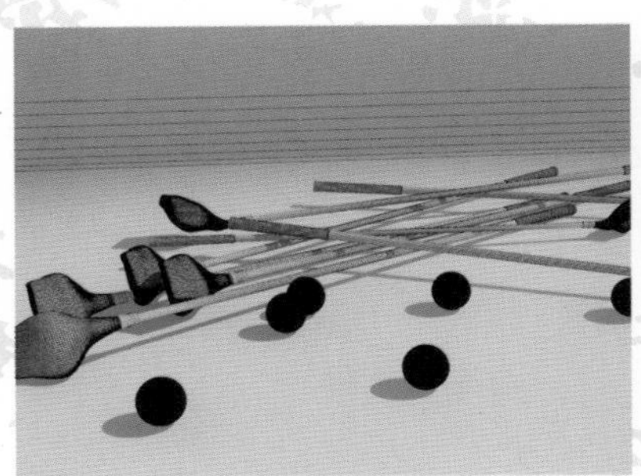

高尔夫球杆白膜的制作

高尔夫球杆效果图

葫芦效果图

旋转楼梯模型的创建

闹钟模型的创建

遮阳伞模型的创建

客厅模型设计1

客厅模型设计2

客厅模型设计3

书房模型设计1

书房模型设计2

书房模型设计3

厨房模型设计1

厨房模型设计2

厨房模型设计3

卫生间模型设计1

卫生间模型设计2

卫生间模型设计3

军刀效果图

住宅模型的创建

别墅园林模型的创建

游戏场景的创建

古代建筑模型的创建

异形建筑模型的创建

第4版

To be a 3ds Max expert? Yes, you can!

融入大量实战经验、知识讲解与设计理念，帮您充分理解 3ds Max 的精髓！

中文版 3ds Max 建筑与室内效果图设计从入门到精通

张玲 甘露 徐丽静 唐龙 / 编著

中国青年出版社
CHINA YOUTH PRESS

中青雄狮

图书在版编目（CIP）数据

3ds Max 建筑与室内效果图设计从入门到精通 / 张玲等编著．— 4 版
— 北京：中国青年出版社，2013.3
ISBN 978-7-5153-1466-2
I. ①3… II. ①张… III. ①建筑设计 —计算机辅助设计 — 三维动画软件 —教材
IV. ①TU201.4
中国版本图书馆 CIP 数据核字（2013）第 044693 号

3ds Max 建筑与室内效果图设计
从入门到精通（第4版）
张玲 甘露 徐丽静 唐龙 编著

出版发行：中国青年出版社
地　　址：北京市东四十二条 21 号
邮政编码：100708
电　　话：（010）59521188 / 59521189
传　　真：（010）59521111
企　　划：北京中青雄狮数码传媒科技有限公司
策划编辑：张　鹏
责任编辑：刘稚清　柳　琪
助理编辑：董子晔
封面设计：六面体书籍设计
王世文　王玉平

印　　刷：中煤（北京）印务有限公司
开　　本：787 × 1092　1/16
印　　张：37
版　　次：2013 年 4 月北京第 1 版
印　　次：2016 年 3 月第 5 次印刷
书　　号：ISBN 978-7-5153-1466-2
定　　价：69.90 元（附赠 1DVD，含教学视频与海量素材）

本书如有印装质量等问题，请与本社联系　电话：（010）59521188 / 59521189
读者来信：reader@cypmedia.com
如有其他问题请访问我们的网站：www.lion-media.com.cn

“北大方正公司电子有限公司”授权本书使用如下方正字体。
封面用字包括：方正粗雅宋简体，方正兰亭黑系列。

前 言

PREFACE

编写目的

随着经济的飞速增长与城市化建设的大范围开展，国内建筑行业前进的步伐明显加快。计算机技术的普及与软件功能的不断增强，则为建筑设计提供了有效的技术支持。现如今，3ds Max 2013的问世，使效果图设计行业又迈出了历史性的一步，该版本不仅在操作上更加人性化，而且在绘图效果与运行速度上都有着惊人的表现。

本书特色

（1）以案例的形式对理论知识进行阐述，以强调知识点的实际应用性。

（2）上篇以小模型的设计入手，循序渐进地将建筑及室内设计制作技巧逐一呈现。

（3）中下篇以建筑室内外效果的设计为主线进行安排，以培养读者的实际应用与操作能力。

（4）所选案例结合了建筑与室内设计的特点，涵盖所有家具装饰以及建筑表现的应用范畴。

（5）典藏的二十多个经典作品，展示最前沿的技术与解决方案，真正做到绘图技巧毫无保留。

内容导读

第01-15章主要介绍了3ds Max 2013的工作界面与基本操作、VRay渲染器的应用，以及常见一些典型小模型的绘制，通过对这些内容的学习，使读者快速掌握新版本软件的使用方法与应用技巧，第16-19章主要介绍了室内模型的制作与渲染，其中包括卫生间、书房、客厅、厨房等不同空间类型的设计和制作过程，其旨在提高读者的实际动手能力。第20-24章主要介绍了室外效果图的制作与游戏场景的设计，其中包括别墅、高层住宅、古代建筑和异形建筑等模型的制作与渲染，同时还讲述了如何利用Photoshop软件对效果图进行后期处理。

适用读者群

- 室内外效果图的制作与学习者
- 室内装修、装饰设计人员与室内效果图设计人员
- 装饰装潢培训班学员与大中专院校相关专业师生
- 图像设计爱好者

本书由张玲、甘露、徐丽静、唐龙编著，此外葛紫薇、刘松云、王梦迪、张素花、任海峰、任海香、孟倩、吴蓓蕾、张志强、金铁等人也参与了本书的校对与光盘制作，在此表示感谢。本书力求严谨，但由于时间有限疏漏之处在所难免，望广大读者批评指正。

编 者

目录
CONTENTS

上篇——3ds Max 2013基础入门

Chapter 01 初识3ds Max 2013

本章主要引领读者初步认识和了解3ds Max 2013软件，从软件界面中各部分的名称到各项功能都做出了详细的讲解。

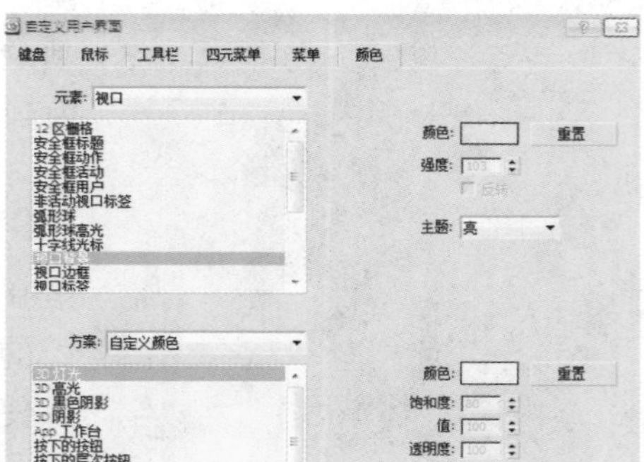

Chapter 02 材质编辑器和VRay渲染器

VRay渲染器提供了一种特殊的材质——VRayMtl。在场景中使用该材质能够获得更准确的物理照明（光能分布）、更快的渲染速度、更便捷的反射和折射参数调整。使用VRayMtl材质，可以应用不同的纹理贴图，控制其反射和折射效果。本章将详细介绍VRay渲染器的使用方法和各个功能的含义。

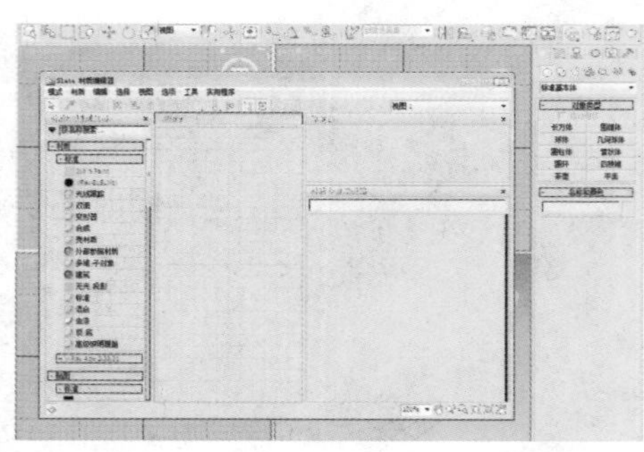

Chapter 03 创建几何体和图形

本章详细介绍了几何体和基本图形的创建方法，在许多小案例间穿插讲解了多种高效技巧，并对对象参数的设置进行了详细讲解。掌握本章知识后，对后面章节的学习会有很大的帮助。

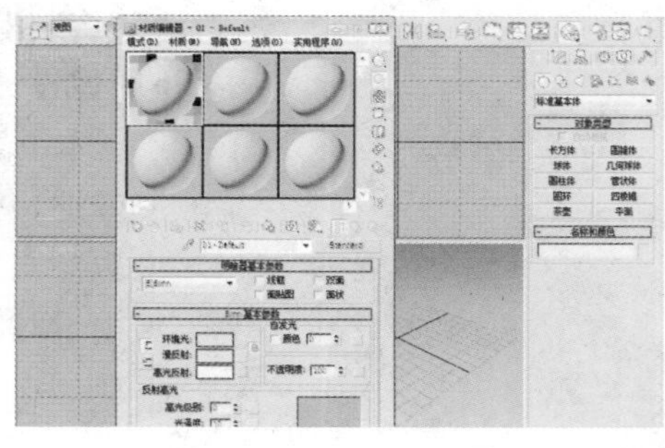

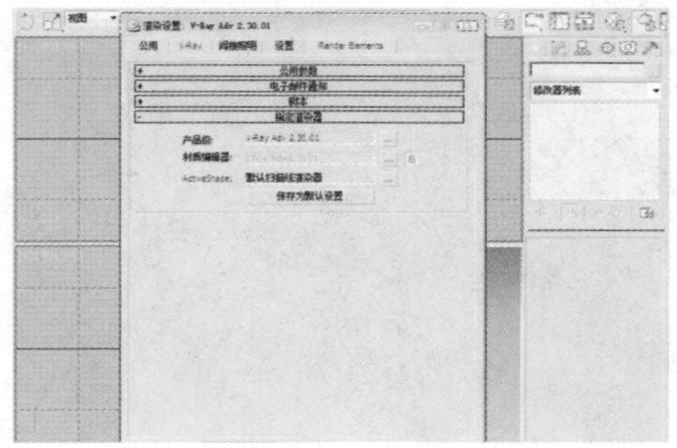
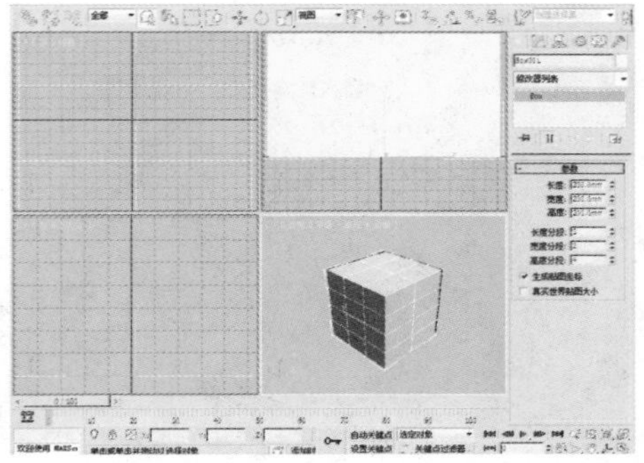
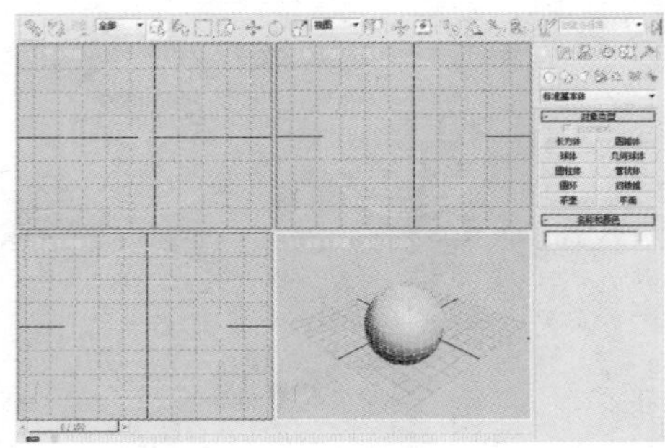
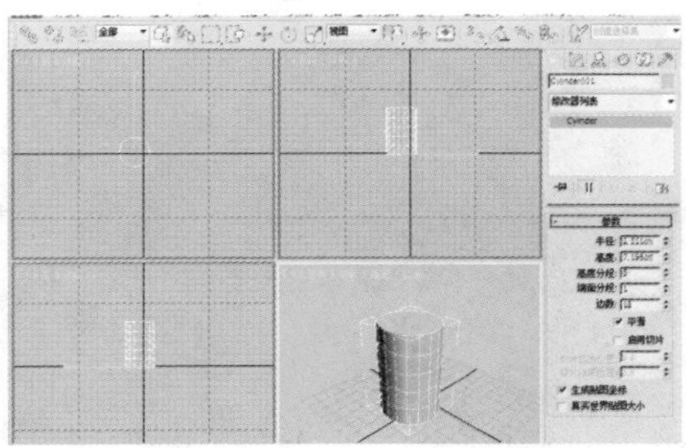
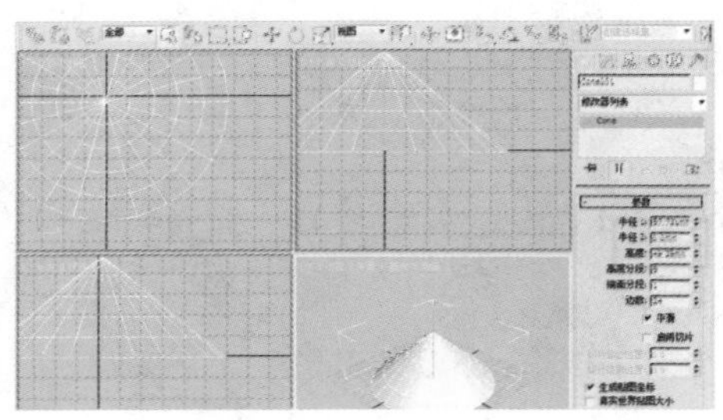

Chapter 04 大桥的制作

本章将介绍一款大桥模型的制作，通过具体的制作过程。我们可练习3ds Max中的一种复制方式——“变换复制”，并熟练使用“变化复制”。通过对模型的更改来练习本章第二个命令“FFD修改器”，并熟练地使用FFD修改器来调整模型的形状。

Chapter 05 用放样制作花瓶

本案例将介绍一款花瓶模型的制作，让我们通过具体操作来练习3ds Max中的放样，并掌握使用放样创建复杂形体的原则。

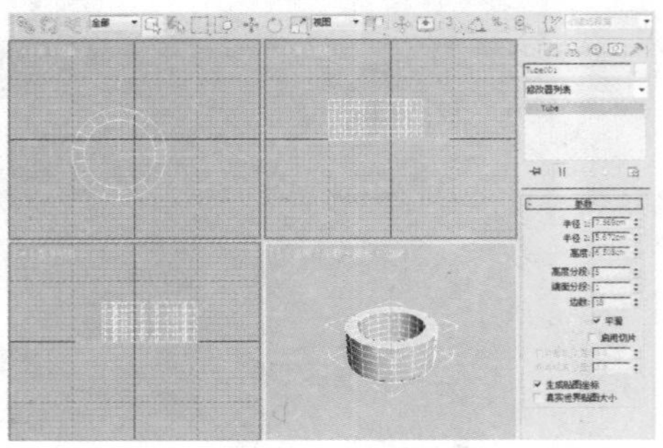

Chapter 06 用车削制作葫芦

本案例将介绍葫芦模型的制作，让我们通过具体的制作过程，了解3ds Max中车削和样条线的知识。

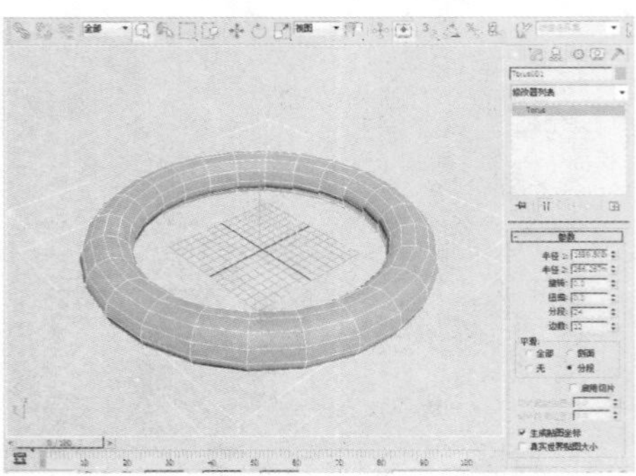

Chapter 07 双人床的制作

本案例将介绍一款卧室中双人床模型的制作方法，其中主要用到了Bump贴图、UVW贴图、编辑网格修改器等知识。

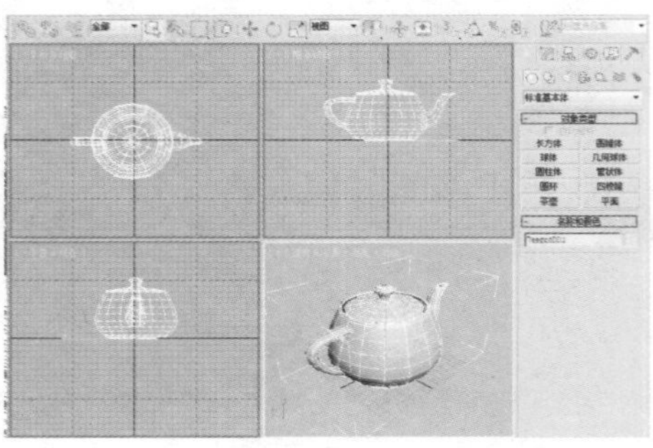

Chapter 08 遮阳伞的制作

本案例将介绍一款遮阳伞模型的制作，让我们通过具体的制作过程来学习3ds Max中的一种曲面，并掌握利用曲面制作不规则物体的方法。

Chapter 09 用阵列制作楼梯

本章通过对“旋转楼梯”、“室内旋转楼梯”的制作过程进行详细讲解，练习3ds Max中阵列工具的使用。

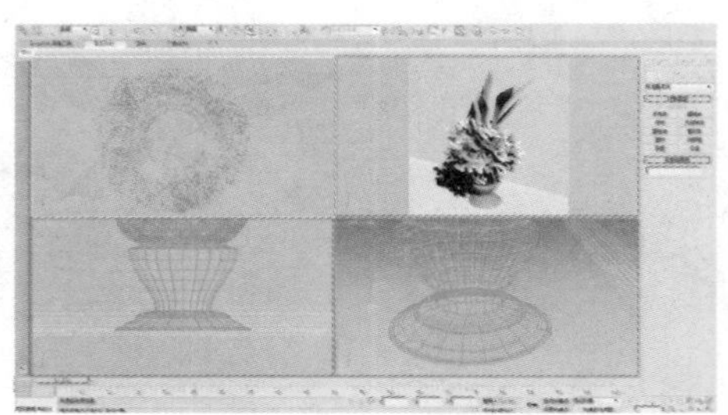

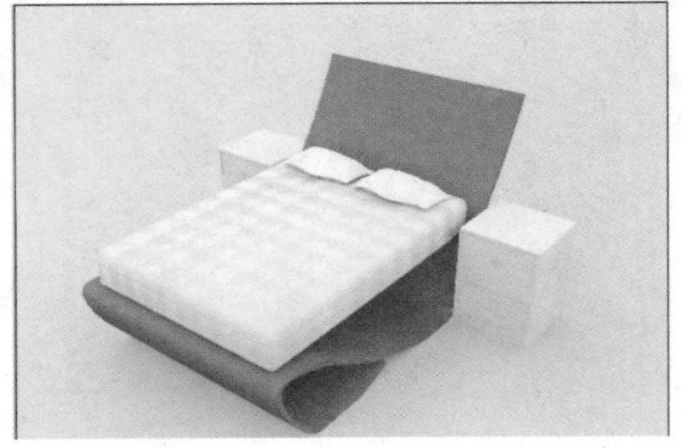

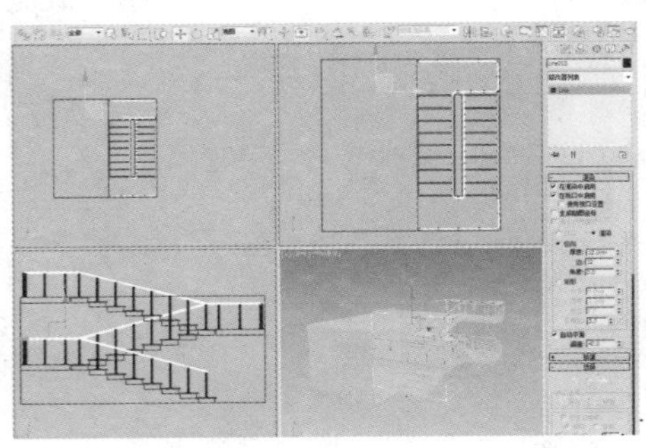

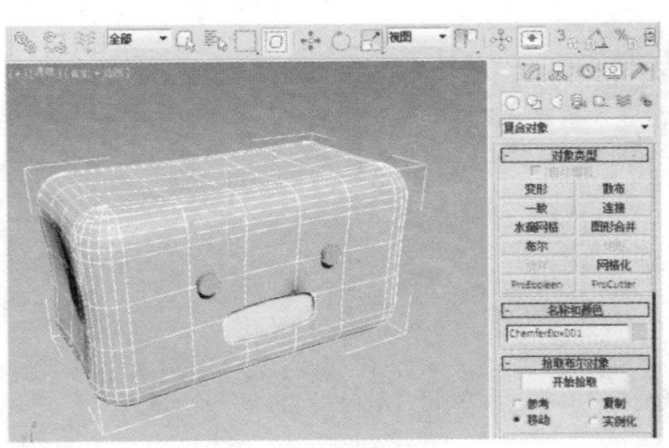

Chapter 10 闹钟的制作

本案例将介绍闹钟模型的制作，通过具体的制作过程，让我们来练习3ds Max中布尔和扩展基本体的知识。

Chapter 11 军刀的制作

本案例将介绍一款军刀模型的制作，通过具体的制作过程，让我们来练习3ds Max中的一种样条线，并熟练使用“Bezier角点”。通过对模型的更改来练习本章第二个命令“可编辑多边形”，熟悉“软选择”的应用。

Chapter 12 地球仪的制作

本案例将介绍一款地球仪模型的制作，通过具体的制作过程，让读者更加熟练样条线即“Bezier角点”的使用，并通过对模型的进一步更改来练习使用“可编辑多边形”修改命令。

Chapter 13 高尔夫球杆的制作

本案例将介绍一款高尔夫球杆模型的制作，通过具体的制作过程，让我们练习3ds Max中的可编辑多边形命令，并掌握利用可编辑多边形创建复杂模型的方式。

Chapter 14 沙发模型的制作

本案例将介绍两款不同类型的沙发模型，通过对该过程的学习，用户可以熟悉并掌握3ds Max中的NURMS切换以及样条线的应用。

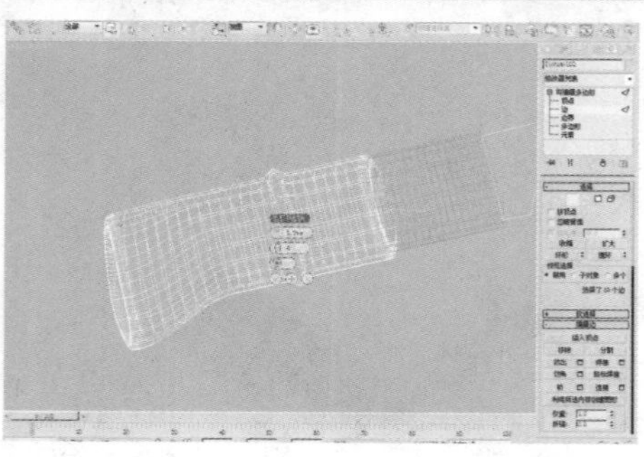

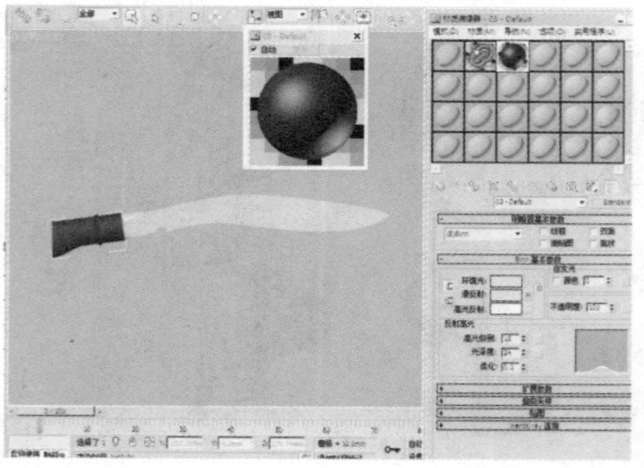

Chapter 15 躺椅模型的制作

本案例将介绍一款躺椅模型的制作，通过具体的制作过程，让我们一起练习使用3ds Max中的可编辑多边形命令，并掌握如何使用可编辑多边形创建复杂的模型。

中篇——室内模型的制作与渲染

Chapter 16 卫生间的创建与渲染

本案例将介绍一款卫生间模型的制作，在整个制作过程中，可以练习使用3ds Max中的样条线。通过对模型的更改练习“挤出”修改器，并熟练使用“车削”修改器来制作等规则物体。通过对模型进行细节刻画来练习“多边形”工具，运用基础几何物体结合“多边形”工具进行模型制作并熟练的使用“多边形”工具。

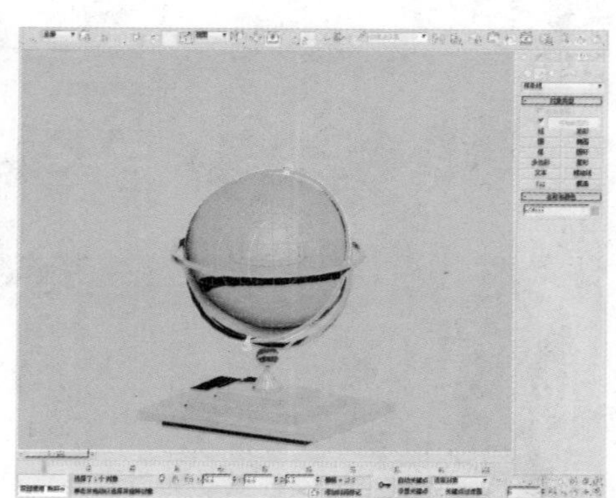

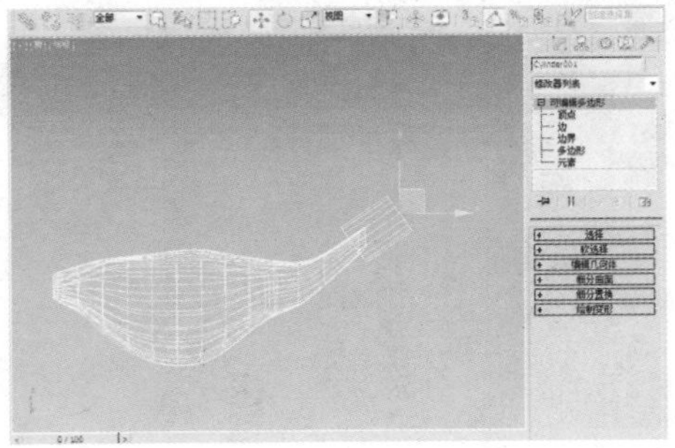

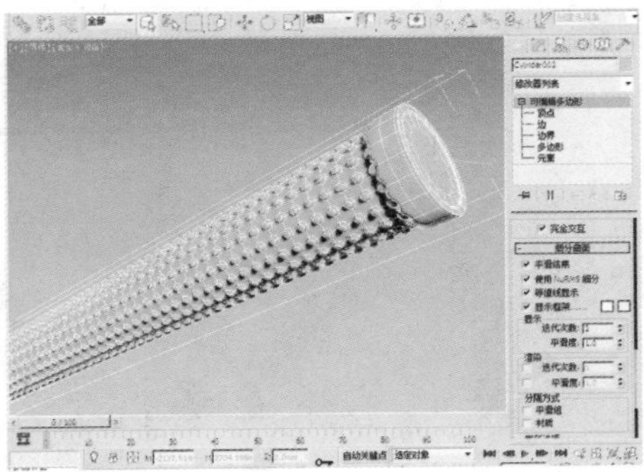

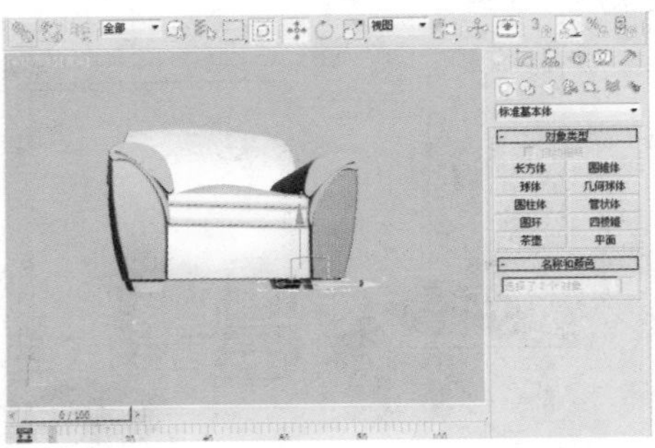

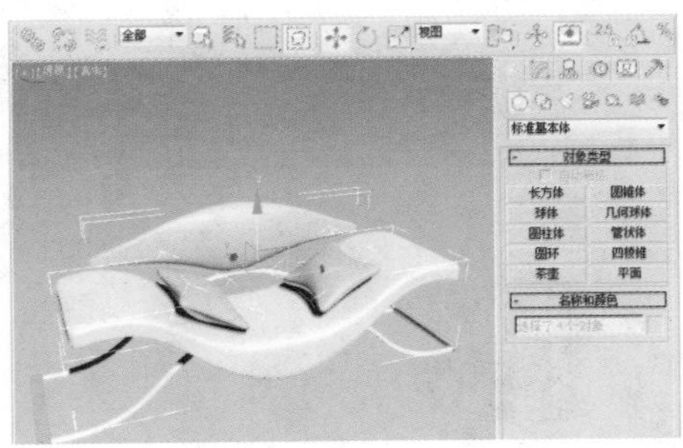

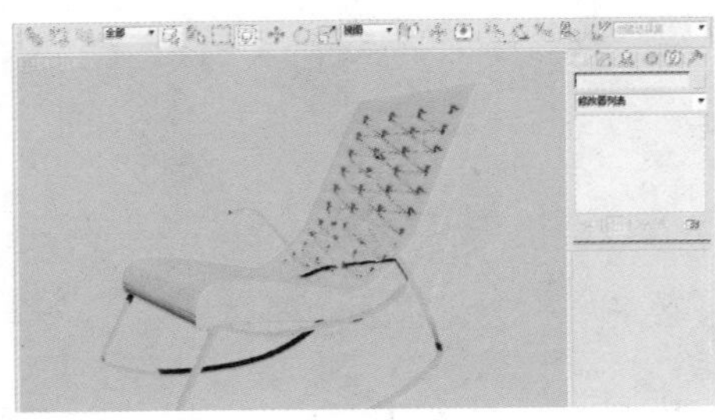

Chapter 17 书房的创建与渲染

本案例将介绍一款书房模型的制作，通过具体的制作过程，让我们练习在3ds Max中使用基本体“长方体”制作模型。通过对模型的更改来练习“车削”修改器，并熟练使用“车削”修改器来制作等规则物体。通过对模型进行细节刻画来练习“多边形”工具，运用基础几何物体结合“多边形”工具进行模型制作并熟练使用“多边形”工具。

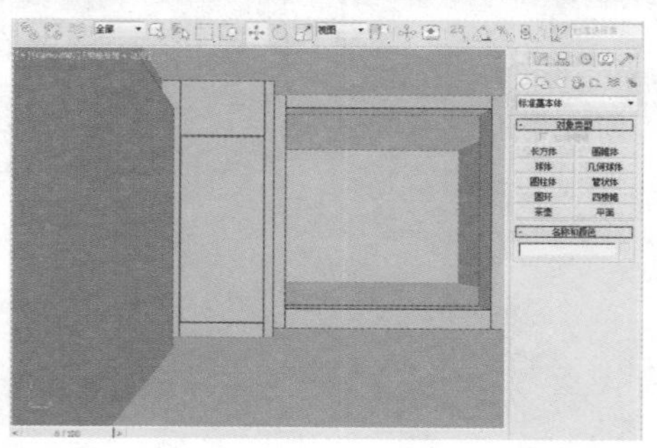

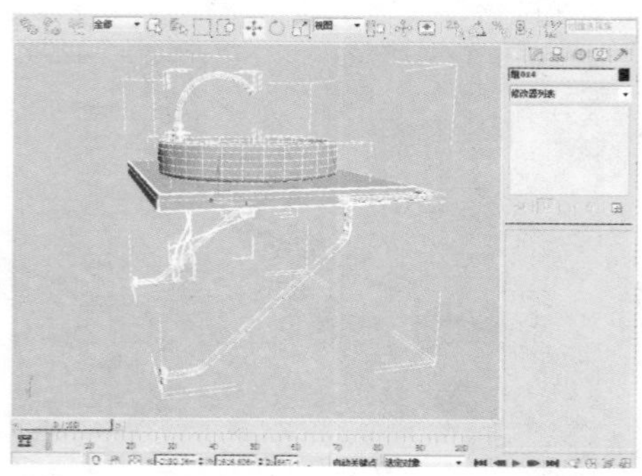

Chapter 18 客厅的创建与渲染

本案例将介绍一款客厅模型的制作，通过具体的制作过程，让我们练习在3ds Max中使用“样条线”制作模型。通过对模型的更改来练习“布尔”修改器，并熟练使用“车削”修改器来制作等规则物体。通过对模型的细节进行刻画来练习“多边形”工具，运用基础几何物体结合“多边形”工具进行模型制作并熟练地使用“多边形”工具。

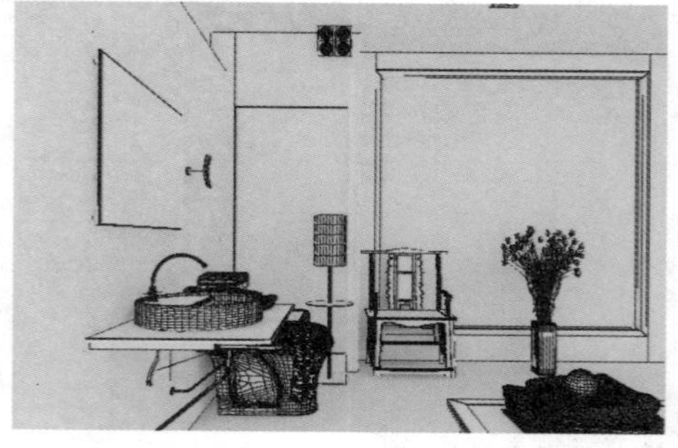

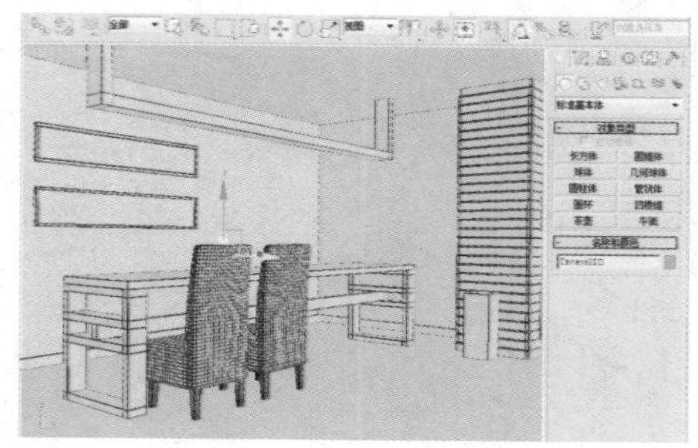

Chapter 19 厨房的创建与渲染

本案例将介绍一款厨房模型的制作，通过具体的制作过程，让我们练习3ds Max中使用“样条线”制作模型。通过对模型的更改来练习“布尔”修改器，并熟练使用“车削”修改器来制作等规则物体。通过对模型进行细节刻画来练习“多边形”工具、运用基本几何物体结合“多边形”工具进行模型制作并熟练使用“多边形”工具。

下篇——室外模型的制作与渲染

Chapter 20 别墅模型的创建与渲染

本章制作一栋别墅模型并渲染，通过讲解建模的流程，让大家更加熟练地使用样条线来创建模型。

Chapter 21 住宅楼模型的创建与渲染

本章将制作一栋住宅楼的模型，并对其进行渲染。通过本章对建模流程的讲解，让大家更加熟练掌握使用样条线创建模型的方法。

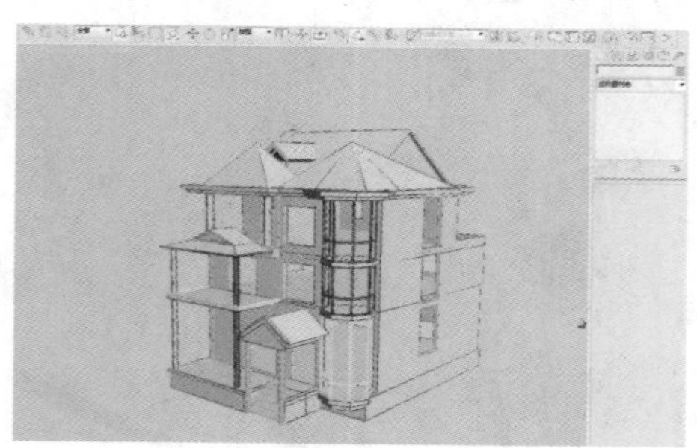

Chapter 22 古建筑模型的创建与渲染

本章将制作一栋古代建筑的模型，并对其进行渲染，通过本章对建模流程的讲解，让大家更加熟练地掌握使用样条线创建模型的方法。

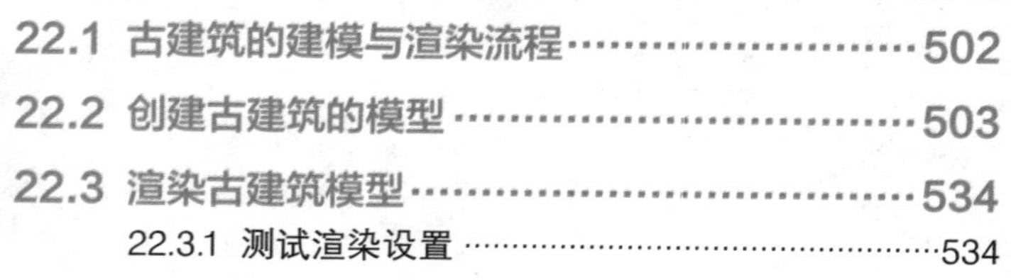

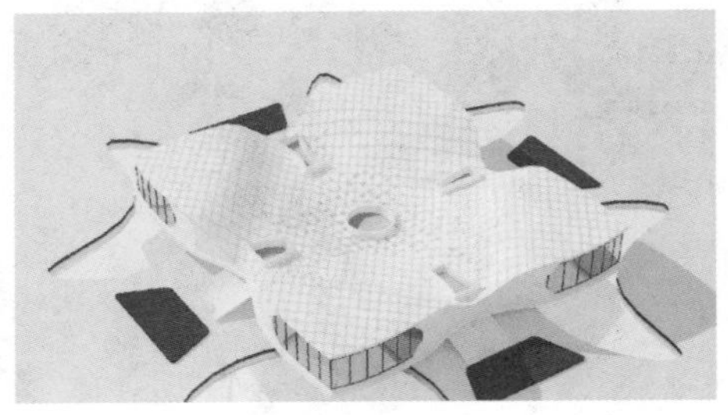

Chapter 23 异形建筑模型的创建与渲染

本章将制作一栋异形建筑的模型，并对其进行渲染，通过本章对建模流程的讲解，让大家更加熟练地掌握使用样条线创建模型的方法。

Chapter 24 游戏场景的制作

本章将以一款游戏场景的制作为例，对渲染出来的图像进行后期处理，通过添加素材、调整亮度对比度等操作，来得到一个更加饱满的图像效果。

上　篇

3ds Max 2013基础入门

现如今，以建筑效果图为代表的建筑表现手法已经成为了一门独立的技术，因此，学习相关的制图软件也是必不可少的过程。

本篇将引领读者认识并掌握3ds Max软件，熟悉其在建筑与室内外效果图制作过程中的应用。同时，通过对多个中小实例的模仿制作，深入学习3ds Max在建筑效果图行业中的实际应用。

初识3ds Max 2013

本章主要引领读者初步认识和了解3ds Max 2013软件，从软件界面中各部分的名称到各项功能都做出了详细的讲解。

知识点

了解3ds Max 2013的工作界面与设置

在建筑与室内设计领域中，3ds Max可以说是功能最强大的三维建模与动画设计软件。与其他建模软件相比，3ds Max操作简单，容易上手。利用3ds Max软件可以制作出大多数建筑物模型，而且渲染速度相对较快，还可以很好地制作出具有仿真效果的图片和动画。

3ds Max是一款设计或者说是一款辅助设计类的软件，它是利用建立在算法基础之上并高于算法的可视化程序来生成三维模型的。视觉和娱乐才是3ds Max的定位，正是因为这种非专业性，才使它更加广泛地被人们使用和了解。

3ds Max在建筑及室内设计领域的用途主要表现在以下几个方面。

建筑及室内物件的三维模型创建——建模

建筑及室内场景的灯光辅助设计——灯光

建筑及室内场景的视觉设计——灯光/摄影机

建筑及室内场景设计的平面表达——渲染（即使设计效果图，也需要其他软件的配合）

建筑及室内场景设计的动态表达——动画制作

建筑及室内场景设计的综合表达——影视制作（需要其他影视编辑软件的配合）

1.1 认识3ds Max 2013的工作界面

3ds Max 2013软件具有非常友好的用户界面，加上面向对象的操作方式，用户很快便能熟悉3ds Max的界面，其工作界面主要由标题栏、菜单栏、主工具栏、视图、命令面板及各种控制工具区组成，如下图所示。

知识点

视口布局提供了一个特殊的选项卡栏，用于在任何数目的不同视口布局之间快速切换。"视口布局"选项卡位于左下角，在"预设"菜单按钮下面显示三个选项卡。

首次启动 3ds Max 时，默认情况下打开"视口布局"选项卡栏（在视口左侧沿垂直方向打开）。该栏底部的单个选项卡具有一个描述启动布局的图标。通过从"预设"菜单（在单击选项卡栏上的箭头按钮时打开）中选择选项卡，可以添加这些选项卡以访问其他布局。将其他布局从预设加载到栏之后，可以通过单击其图标切换到任何布局。

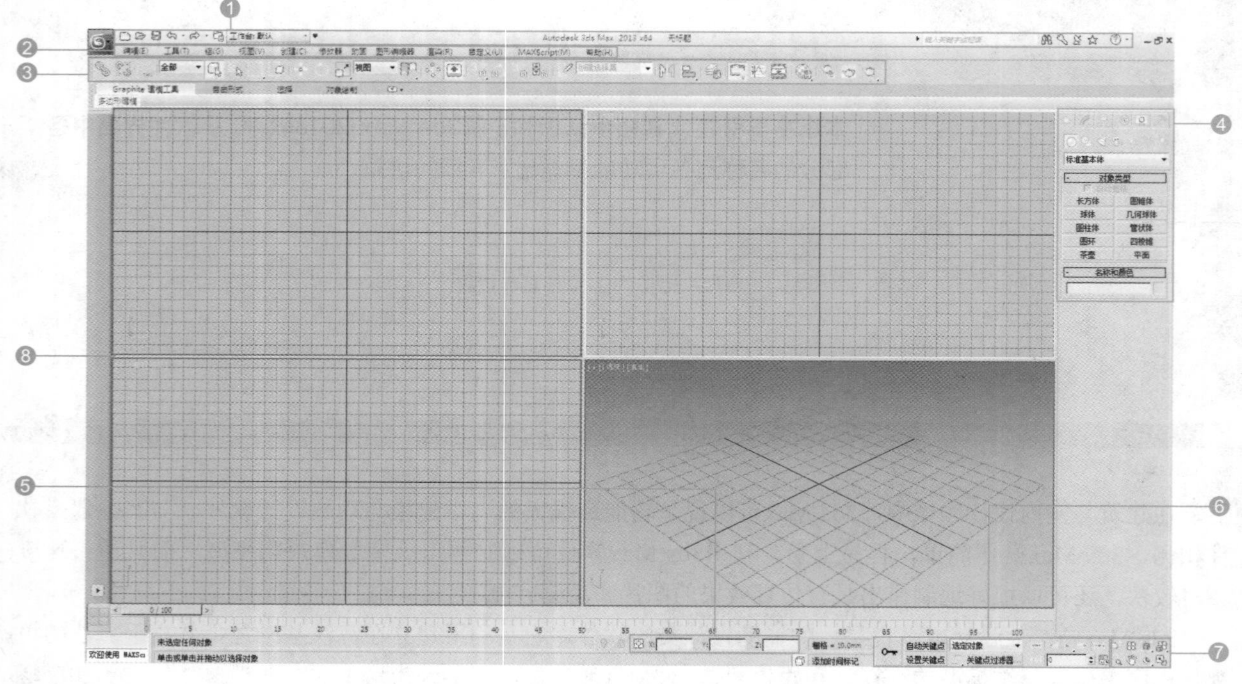

工作界面各组成部分的内容及用途介绍如下表所示。

名称	内容概要	用途概要
❶ 标题栏	显示文件的标题	可进行最小化、还原或关闭操作
❷ 菜单栏	内含所有命令及其分类菜单	可以执行几乎全部的操作命令
❸ 主工具栏	内含各种基本操作工具	可执行基本操作
❹ 命令面板	内含各种子面板	可执行大量高级操作
❺ 位置显示栏	显示坐标参数等基本数据	可读取相关基础参数
❻ 动画控制栏	内含动画的基本设置工具	对动画进行基本设置和操作
❼ 视图导航栏	内含对视图的操作工具	对视图进行各种操作
❽ 操作视图	默认包含4个视图	实现图形、图像可视化的工作区域

需要说明的是，3ds Max 2013的用户界面在1024pixels×768pixels的分辨率下无法完全显示其所有主工具栏中的工具，此时可以将光标放在主工具栏中的空白处，按住鼠标左键，以手型光标进行拖动显示。对命令面板可以进行宽度的调整，但不能将其调整为浮动面板。

知识点

3ds Max 2013的工作界面遵循一个核心操作模式，用各种命令对视图中的对象进行操作。最基本的做法是在面板里单击、选择、输入各种命令及其相关参数，在视图中即可看到操作命令的结果。

更高级的做法则是按快捷键Ctrl+X进入专家模式。尽量通过快捷键来调用各个命令，这样可将各个面板暂时关闭，实现所谓的“全屏操作”，工作效率会比基本操作提高数倍。右图所示即为专家模式的操作界面。

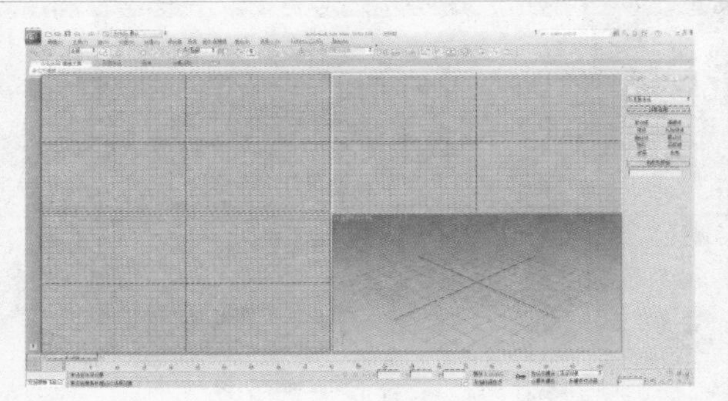

1.1.1 菜单栏

3ds Max 2013菜单栏中各菜单项介绍如下。

- “编辑”菜单用于实现对对象的拷贝、删除、选定、临时保存等功能。
- “工具”菜单包括了常用的各种制作工具。
- “组”菜单用于将多个物体组为一个组，或分解一个组为多个物体。
- “视图”菜单用于对视图进行操作，但对对象不起作用。
- “创建”菜单包含了3ds Max中所有对象的创建命令。
- “修改器”菜单包含了3ds Max中所有修改命令。
- “动画”菜单包含3ds Max中所有与动画相关的命令。
- “图形编辑器”菜单用于控制有关物体的运动方向和它的轨迹操作。
- “渲染”菜单用于通过某种算法，体现场景的灯光、材质和贴图等效果。
- “自定义”菜单包含所有自定义操作命令。
- “MAXScript”菜单是有关编程的菜单，可将编好的程序放入3ds Max软件中来运行。
- “帮助”菜单用于提供在线帮助，以及插件信息等。

1.1.2 工具栏

3ds Max 2013的主工具栏如下图所示。

主工具栏中各按钮的含义如下表所示。

按钮	含义	按钮	含义
	选择并链接		断开当前选择并链接
	绑定到空间扭曲	全部	选择过滤器
	选择对象		按名称选择

（续表）

按钮	含义	按钮	含义
	选择区域		窗口/交叉
	选择并移动		选择并旋转
	选择并均匀缩放	视图	参考坐标系
	使用轴点中心		选择并操纵
	键盘快捷键覆盖切换		捕捉开关
	角度捕捉切换		百分比捕捉切换
	微调器捕捉切换		编辑命名选择集
	镜像		对齐
	层管理器		Graphite建模工具
	曲线编辑器（打开）		图解视图（打开）
	材质编辑器		渲染设置
	渲染帧窗口		渲染产品

1.1.3 命令面板

命令面板默认位于工作区的右侧，各面板中包含多层指令和分类，下面将对3ds Max 2013中的各种命令面板进行介绍。

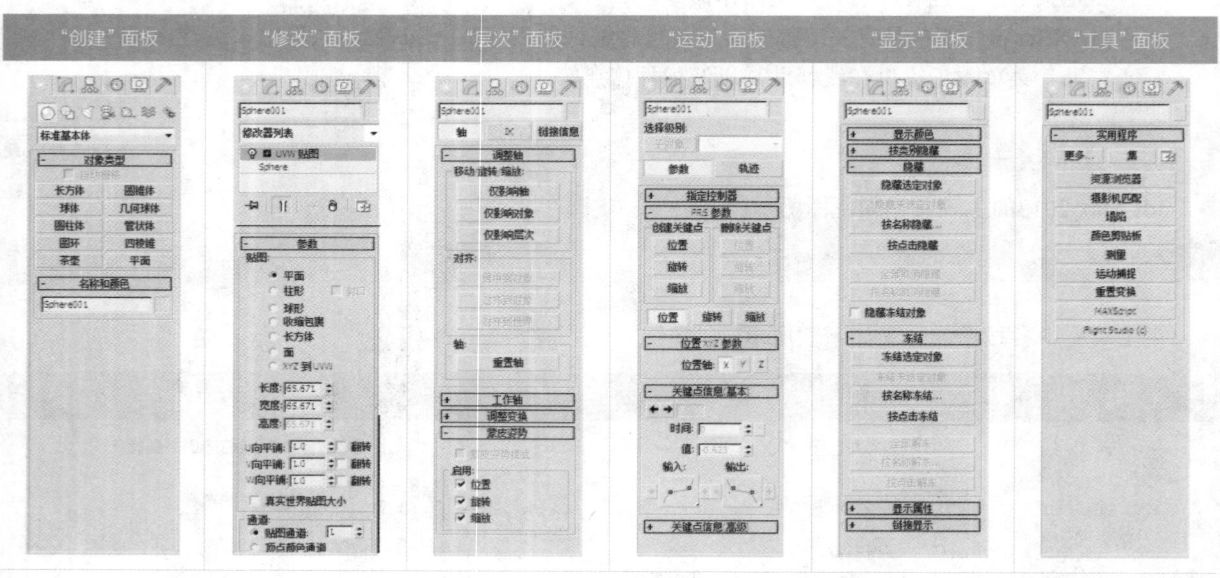

按钮	面板名称	说明
	"创建"面板	提供了3ds Max中的基本模型，基本模型修改器（Modify）便是3ds Max的核心建模原则
	"修改"面板	提供了各种对基本模型进行修改的工具，同时提供了修改器堆栈（Modifier stack），利用它可以对操作步骤的序列进行操作
	"层次"面板	用来建立各个对象之间的层级关系，并可以设置IK（反向动力学系统）等高级命令，用于动画制作
	"运动"面板	与运动控制器结合，用来设置各个对象的运动方式和轨迹，以及高级动画设置
	"显示"面板	用来选择和设置视图中各类对象的显示状况，如隐藏、冻结、显示属性
	"工具"面板	用来设定3ds Max各种小型程序，并可以编辑各个插件，它是3ds Max系统与用户之间对话的桥梁

1.1.4 动画控制栏

3ds Max 2013的动画控制栏如下图所示。其中，左上方标有“0/100”的长方形滑块为时间滑块，用鼠标拖动它便可以将视图显示到某一帧的位置上，配合使用时间滑块和中部的正方形按钮（设置关键点）及其周围的功能按钮，可以制作最简单的动画。图中右下角各按钮的含义介绍如下表所示。

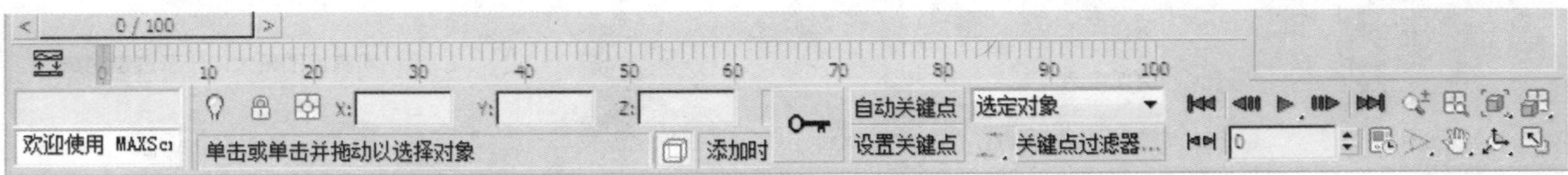

按钮	含义	按钮	含义
	转至开头		转至结尾
	上一帧		关键点模式切换
	播放动画		时间配置
	下一帧		

知识点

目前，动画制作者可以对动画部分进行重定时，以加快或降低其播放速度。但不要求对该部分中存在的关键帧进行重定时，并且在生成的高质量曲线中不创建其他关键帧。

1.1.5 视图导航栏

视图导航栏是对场景进行操作的工具的集合。换句话说，命令面板是用来对目标进行操作，而视图导航栏则是用来调整查看的位置和状态。对应不同的视图，视图导航栏中的按钮会有所不同，具体情况参见下表。

按钮组	视图类型	按钮	含义
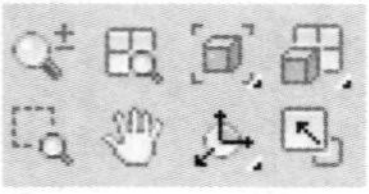	顶、底、左、右、前、后视图		缩放
			缩放所有视图
			最大化显示选定对象
			所有视图最大化显示选定对象
			缩放区域
			平移视图
			环绕子对象
			最大化视口切换
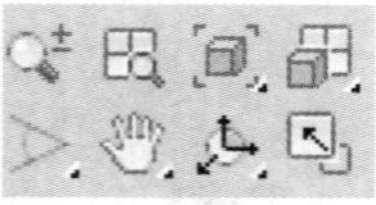	透视视图		缩放
			缩放所有视图
			最大化显示选定对象
			所有视图最大化显示选定对象
			视野
			平移视图
			环绕子对象
			最大化视口切换
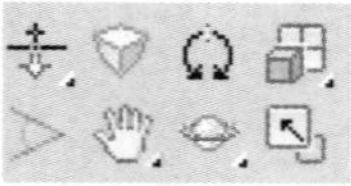	摄影机视图		推拉摄影机
			透视
			侧滚摄影机
			所有视图最大化显示选定对象
			视野
			平移摄影机
			环游摄影机
			最大化视口切换

1.1.6 3ds Max 2013的单位设置

下面将对3ds Max 2013中单位设置的具体操作进行介绍。

在3ds Max操作中经常需要打开已经修改好或者外部的文件，每个文件的单位可能是不统一的，这样就可能会影响我们的操作，所以我们就需要对3ds Max的单位进行修改。

01 启动3ds Max 2013，进入其工作界面。

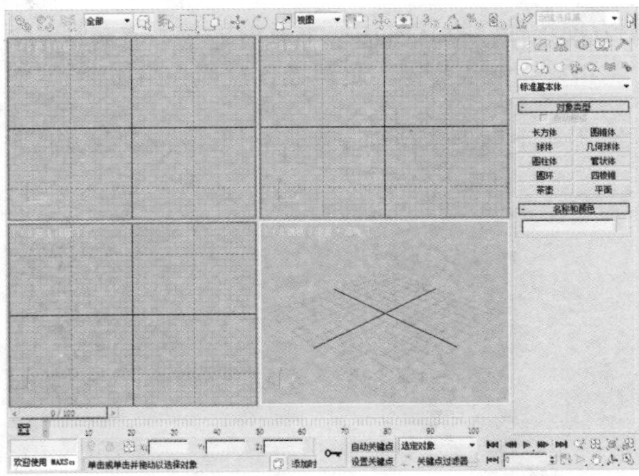

02 3ds Max的程序参数设置都集中在“自定义”菜单下。

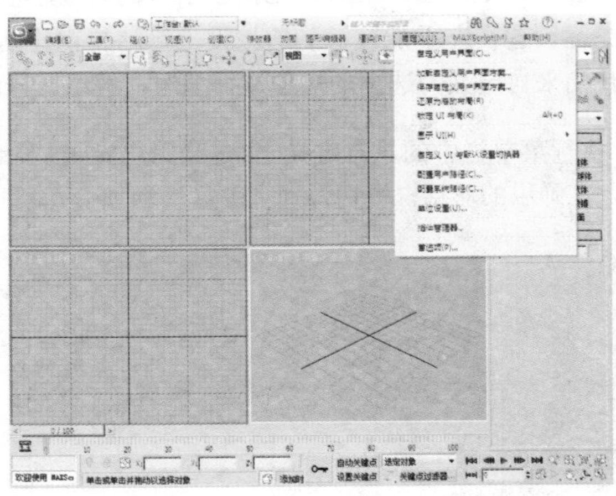

03 选择“单位设置”命令。

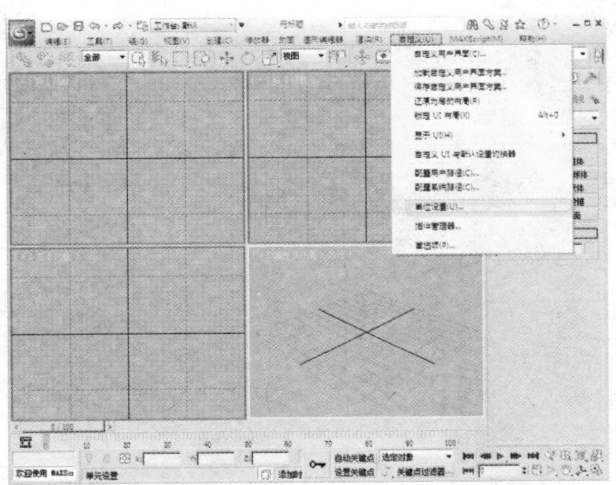

04 选择公制单位为“毫米”，然后单击“系统单位设置”按钮。

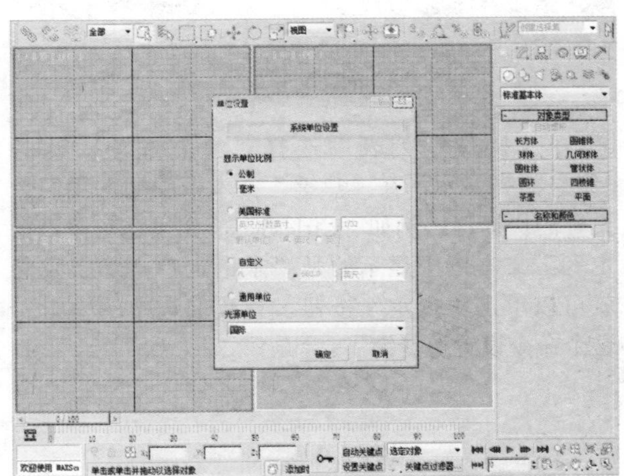

05 选择系统单位为“毫米”。将显示单位和系统单位设置为一致，可以使我们的建模工作更加方便。

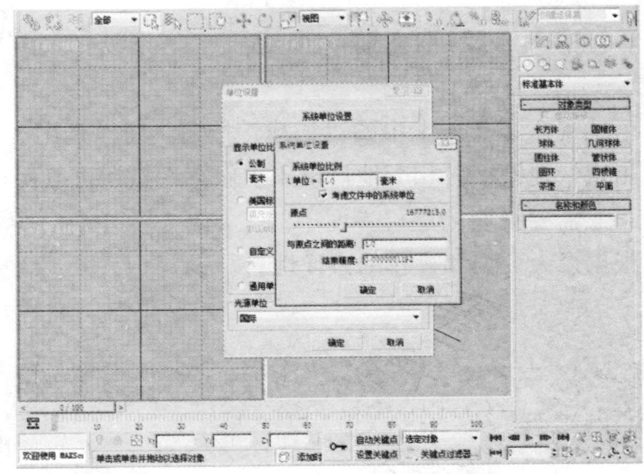

1.1.7 快捷键定制

在3ds Max 2013中可以依据使用者的习惯和应用领域的不同，设置不同的快捷键。我们建议尽量把快捷键设置在左手能接触到的按键上，这样操作起来更方便快捷，设置时还要本着简单易记的原则。下面我们来自定义为选中的对象进行编组、解组、开组、关组操作的快捷键。具体操作过程介绍如下。

01 执行菜单栏中的“自定义>自定义用户界面”命令，在弹出的对话框中切换到“键盘”选项卡。

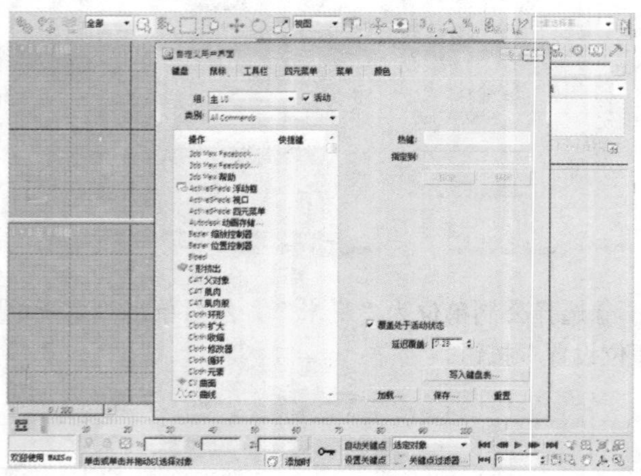

02 在“类别”下拉列表中找到“Groups”选项。

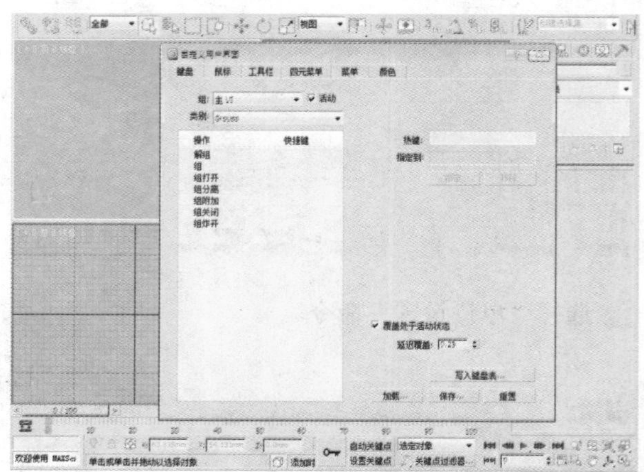

03 在“操作”列表中选择“组”选项，此时“组”高亮显示，在“热键”文本框中输入我们想设置的快捷键，例如“Ctrl+G”，如果这时在“指定到”文本框中显示的是“未指定”，那么我们就可以单击“指定”按钮，为我们选中的“组”这个命令设置快捷键了。

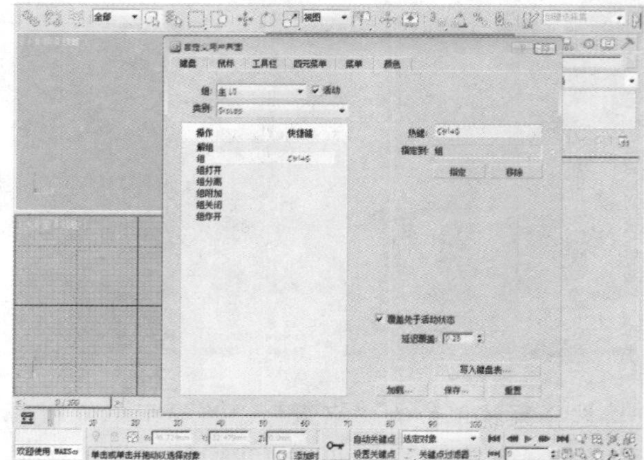

单击该选项卡中的“加载”按钮，可以调用一个设置完成的快捷键文件，这样就不必再一个一个地指定快捷键了，相应地，单击“保存”按钮可以保存自己已经使用习惯的快捷键，方便日后调用。

需要说明的是，界面中的工具栏、菜单栏、界面色彩等的设置与快捷键的指定方法类似，读者可以根据个人习惯和操作的方便性自行设置。下面介绍更改视图窗口背景颜色的步骤。

01 执行菜单栏中的“自定义>自定义用户界面”命令，在弹出的对话框中切换到“颜色”选项卡。在左侧列表中选择“视口背景”选项，可以看到当前的视图背景颜色是灰色。

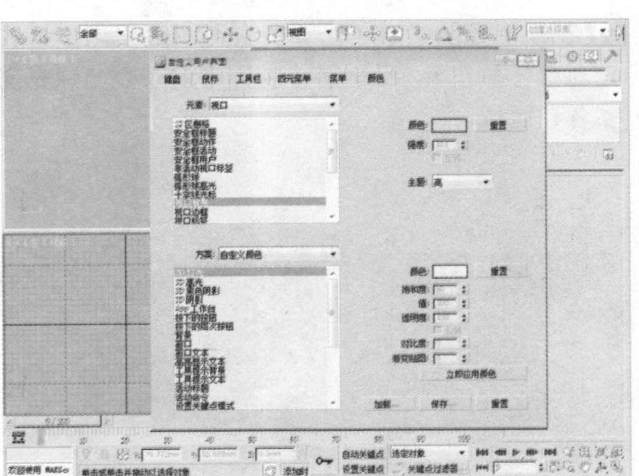

02 单击“颜色”后的色块，在弹出的“颜色选择器”对话框中设置颜色为比较深一些的颜色，确定后单击“立即应用颜色”按钮。

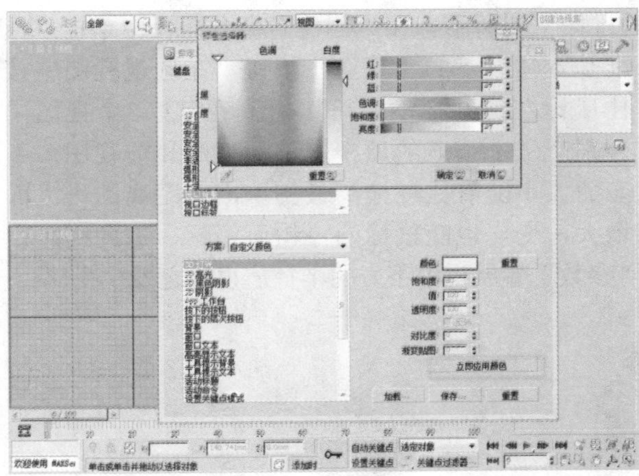

1.1.8 视图操作

下面我们来介绍一下视图的相关操作，具体内容如下。

右击视图左上角的标签，在弹出的快捷菜单中选择“活动视口”命令，如下图所示，可以看到当前3ds Max场景文件中所包含的各种类型的视图名称。选择所需的视图名称即可切换到相应视图。

视图切换是很常用的一种操作，使用快捷键来进行切换可明显提高工作效率。默认状态下，视图切换的快捷键一般就是视图英文名称的首字母，如下表所示。

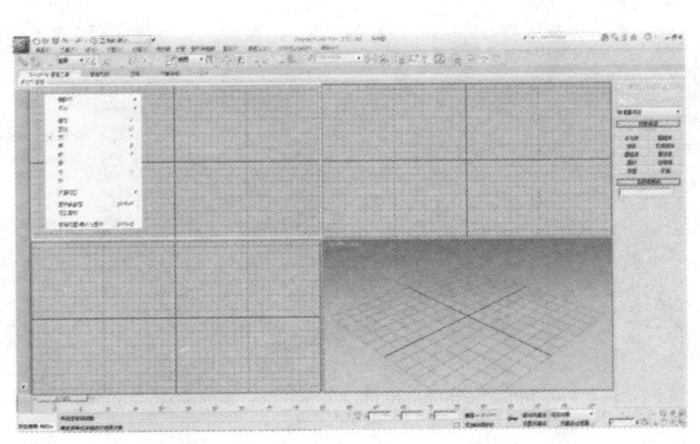

视图名称	快捷键
透视视图	P
正交视图	U
前视图	F
顶视图	T
底视图	B
左视图	L
摄影机视图	C
灯光视图	Shift+4

1.2 进入3ds Max的三维世界

本节将通过创建简单的几何对象，并对所创建的几何对象进行简单的操作来学习3ds Max 2013软件的基本操作方法。

1.2.1 移动对象

中央视图区分8种视图角度，其实这就是3ds Max的三维空间。与AutoCAD不同的是，3ds Max中将对象以不同角度的视图同时展现在操作者眼前。

01 如下图所示，在“创建”命令面板中单击“标准基本体”下的“茶壶”按钮，在透视视图中按住鼠标左键并拖动，可以看到在其余3个视图中分别产生了茶壶的顶视图、左视图和前视图。茶壶的大小随着鼠标拖离最初单击点距离的增大而增大，变化也随鼠标的停顿而停顿，与此同时，“参数”卷展栏中茶壶的半径值也随之发生变化。

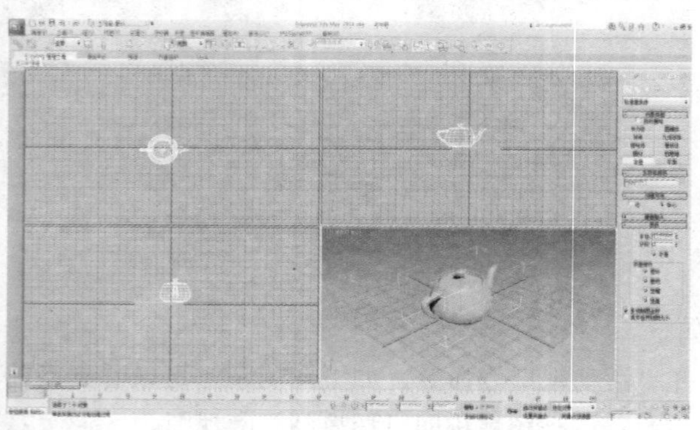

02 在视图导航栏中单击“所有视图最大化显示选定对象”按钮，此时各个视图中的茶壶分别充满了各自区域。

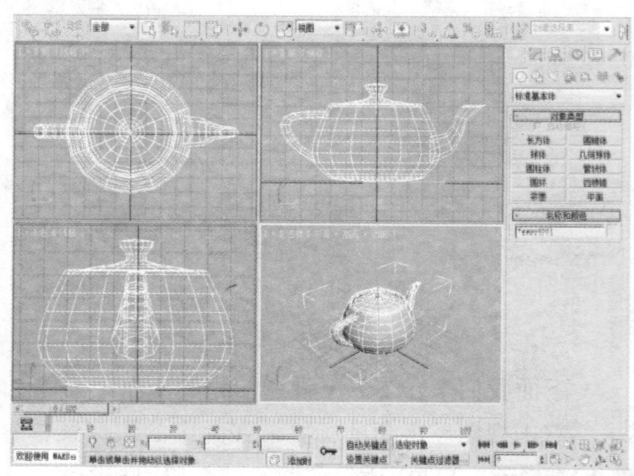

03 单击鼠标右键，在弹出的快捷菜单中选择“变换”下的“移动”命令或者在主工具栏中单击按钮，激活对象上的三向正交轴。

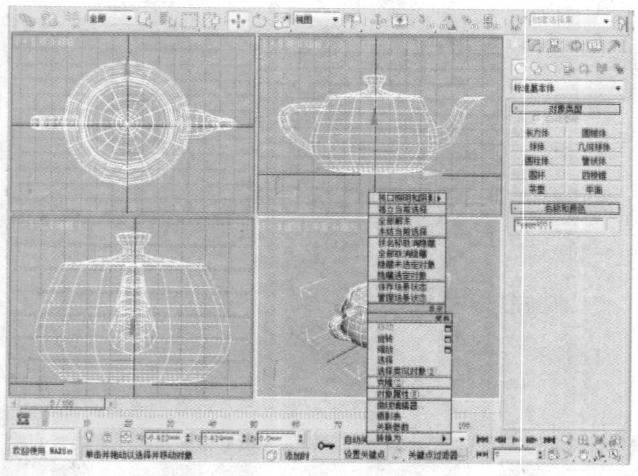

04 此时光标已经改变形状，在透视视图中将光标放至茶壶坐标轴Z轴上，Z轴由固有色“蓝色”变为当前色“黄色”，单击并按住鼠标左键沿着Z轴移动，茶壶也会沿着Z轴方向运动。

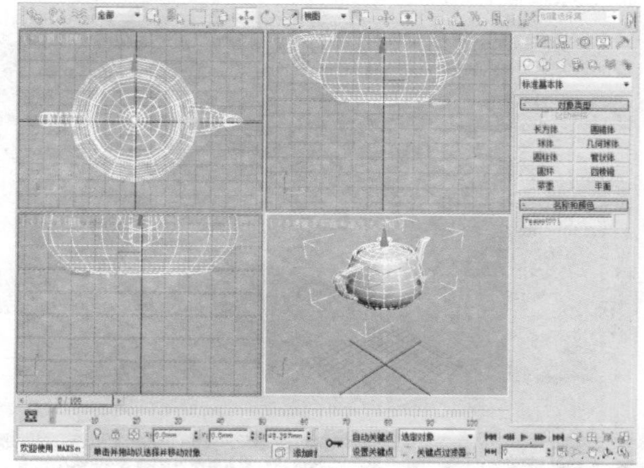

05 在主工具栏中单击视图按钮，在弹出的下拉列表中可以看到，有9种坐标系统供我们选择。

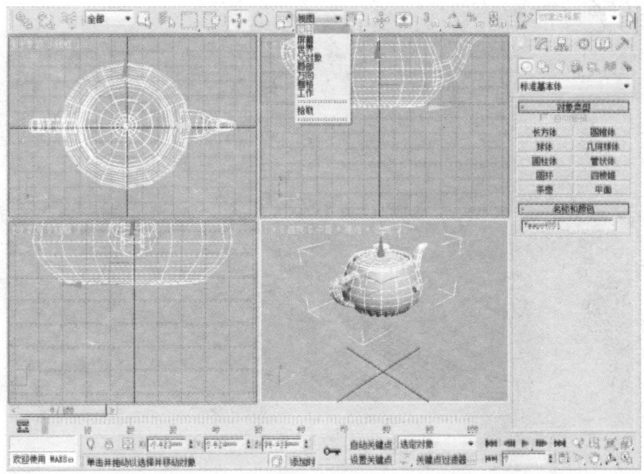

06 选中“世界”坐标系，前视图和左视图中的Y轴变更为Z轴，这说明世界坐标系是绝对的坐标系统，对象的坐标轴在各视图中不进行重排。

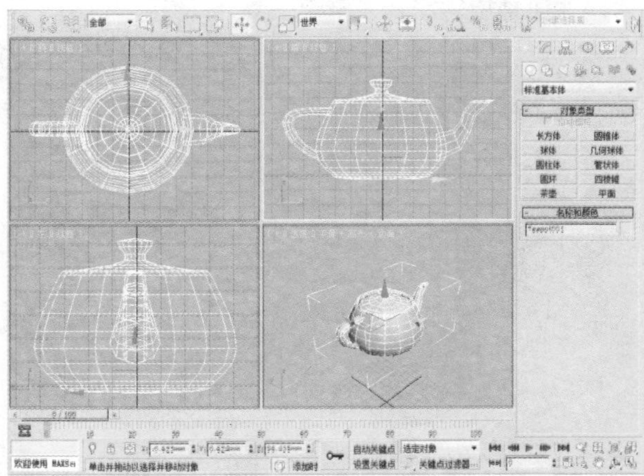

07 恢复到“视图”坐标系统，依次在各视图中单击鼠标右键，可看到黄色的方框在各视图上进行相应的切换。

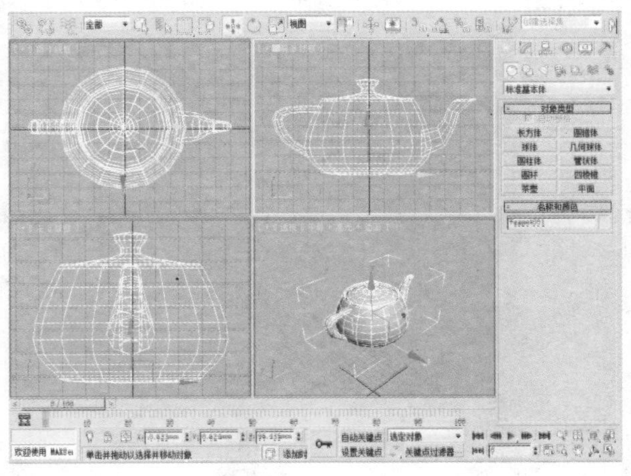

08 在透视视图中使用“选择并移动”工具分别沿着X轴、Y轴、Z轴移动茶壶，观察茶壶在各视图中的运动方向。将光标移至X轴和Y轴相交的方块上，方块变成黄色，按住鼠标左键移动，茶壶将沿XY平面移动。

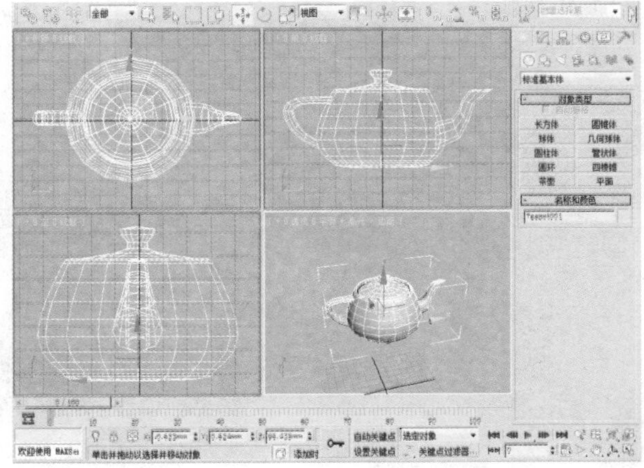

在键盘上按F5（X轴）、F6（Y轴）、F7（Z轴）、F8（XY、XZ、ZY平面）键，可以直接激活相应的坐标轴或平面。

仔细观察可以发现，我们在透视视图中沿着Z轴移动茶壶时，在前视图和左视图中的茶壶都沿着视图中显示Y轴的方向移动，这是因为3ds Max默认坐标系统以视图为坐标，在此系统中会以当前视图为X、Y平面重新排列对象的三维坐标轴，这是最常用的坐标系统。

1.2.2 旋转对象

在操作过程中，如果视图中的网格影响视线，可以按键盘上的G键取消显示栅格网或在菜单栏中执行“工具>栅格和捕捉>显示主栅格”命令，去掉其前面的勾号以取消选择，也可实现相同的效果。

01 单击鼠标右键，在弹出的快捷菜单中选择“变换”下的“旋转”命令，或者在主工具栏中单击按钮，对象周围出现一个由多个圆环组成的球体，这便是旋转坐标。

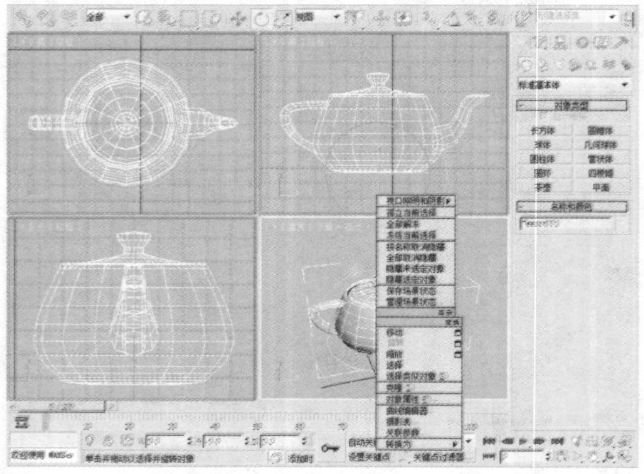

02 此时光标变为形状，移动光标到水平的圆环上，圆环由固有色“蓝色”变成当前色“黄色”，按住鼠标左键左右拖动，茶壶在水平面里以Z为轴旋转。

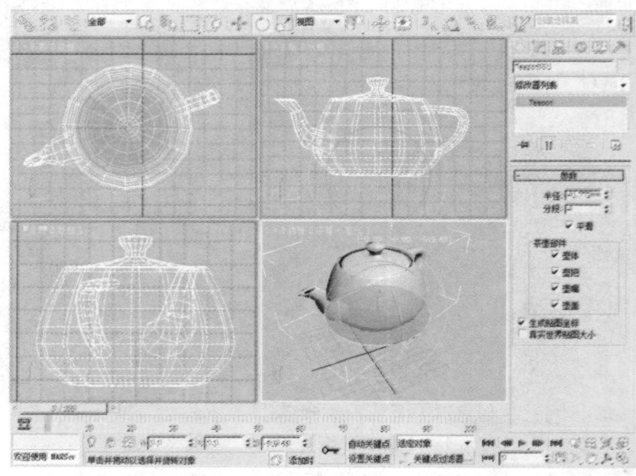

03 将光标移动至其他圆环上并拖动，可以看到茶壶随之在相应的平面内进行旋转。除4个圆环之外，中央还有一个半透明的灰色球体，在其上单击并按住鼠标左键向各个方向拖动，茶壶可在空间中任意旋转。

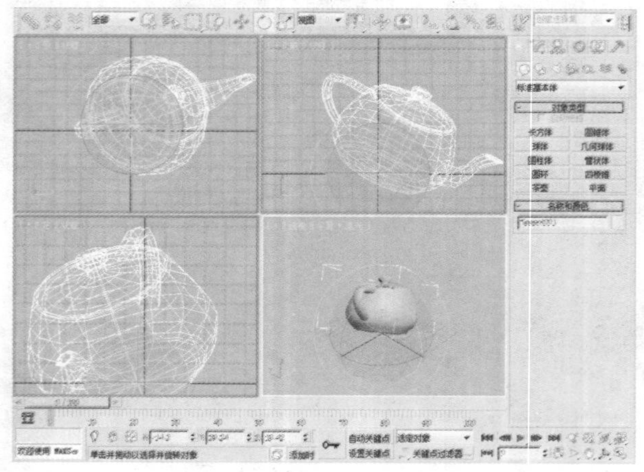

04 按下快捷键Ctrl+Z，将茶壶恢复到初始位置。

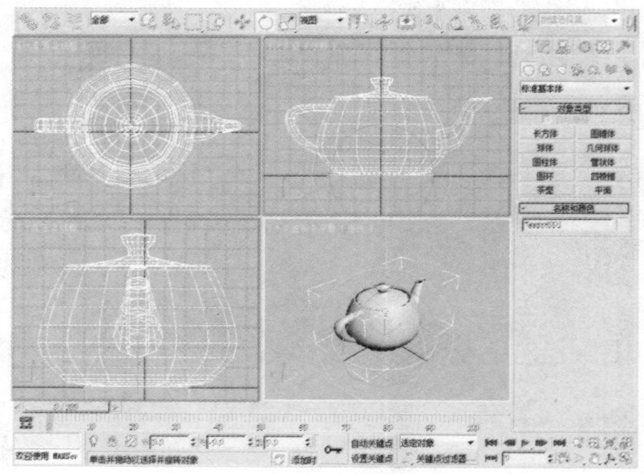

在上述操作过程中，可以看到在XY环平面上出现了一个蓝色的透明张角，它会随着鼠标的移动而相应增大角度，同时在球体上方出现黄色的极坐标标识。

1.2.3 缩放对象

缩放对象的具体操作步骤如下。

在使用“选择并均匀缩放”工具时要特别注意的地方是，其只能改变对象外观的形状大小，但是不能更改对象本身的参数，如长度数值、宽度数值等。

01 在视图中单击鼠标右键，在弹出的快捷菜单中选择“变换”下的“缩放”命令，或在主工具栏中单击按钮，茶壶的坐标轴增加了一个三角形的标识。

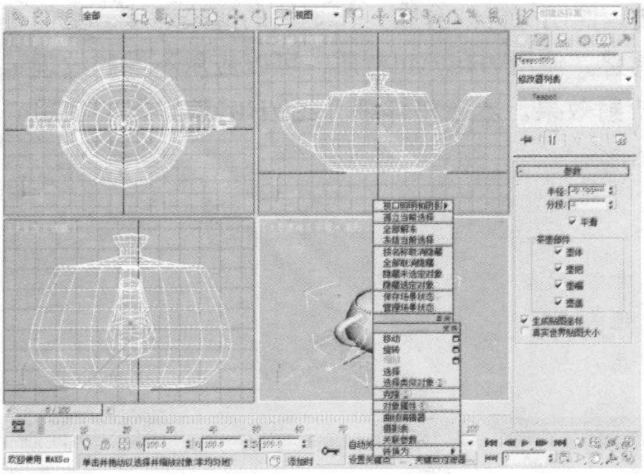

02 将光标移动到Z轴上，Z轴被激活变为黄色，此时光标变为几个三角形叠加的形状，向上拖动光标，茶壶变得细长。

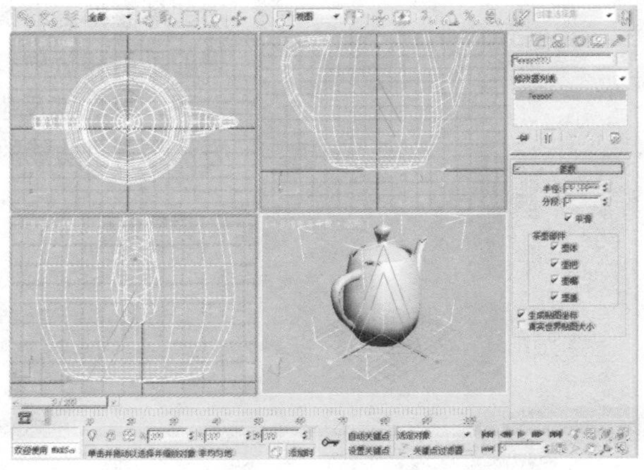

03 将鼠标沿其他轴拖动，茶壶相应地发生该轴向的形状变化。沿两轴相交的平面三角拖动，茶壶发生该平面内两个方向的均匀变形。

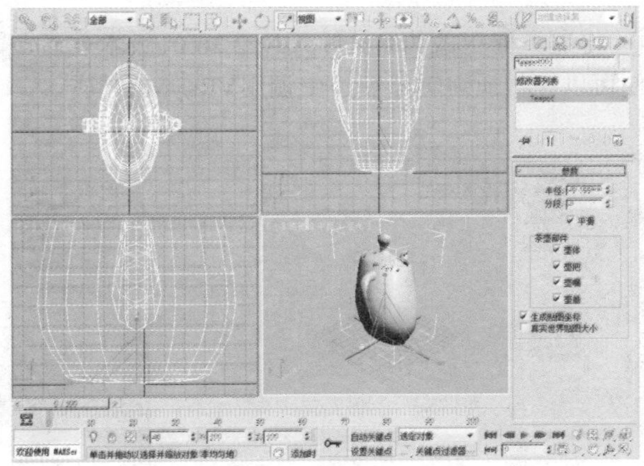

04 在主工具栏中单击按钮并按住鼠标左键，在弹出的下拉列表中有“选择并均匀缩放”、“选择并非均匀缩放”、“选择并挤压”3种模式。

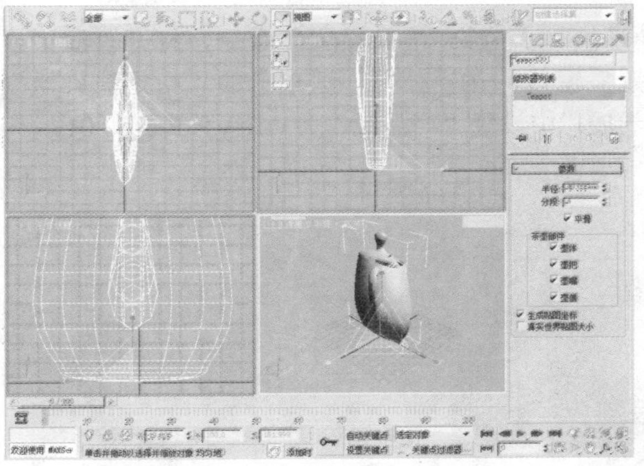

05 选中，并沿着Z轴方向拖动光标，可看到茶壶变高了，同时也变细了，这便是使用“选择并挤压”的模式产生的效果，其保持对象的体积基本不变，如右图所示。

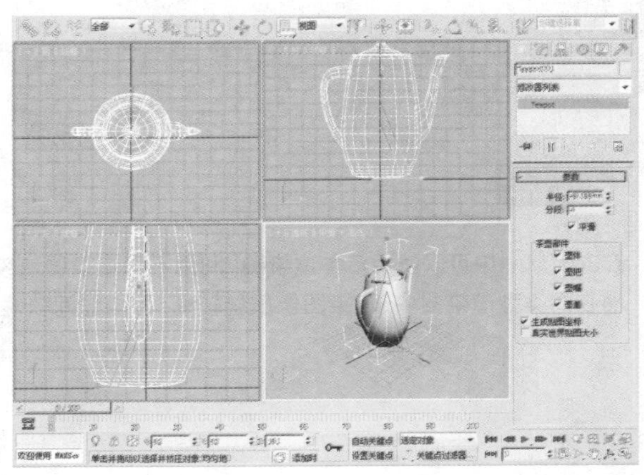

材质编辑器和VRay渲染器

VRay渲染器提供了一种特殊的材质——VRayMtl。在场景中使用该材质能够获得更准确的物理照明（光能分布）、更快的渲染速度、更便捷的反射和折射参数调整。使用VRayMtl材质，可以应用不同的纹理贴图，控制其反射和折射效果。本章将详细介绍VRay渲染器的使用方法和各个功能的含义。

知识点

1. 了解VRay渲染器的基本概念
2. 熟悉VRay渲染器的工作界面
3. 熟练VRay渲染器的使用方法

2.1 VRayMtl材质的基本参数设置界面

在选择VRayMtl材质之前，先要将当前软件运行的渲染器更改为V-Ray Adv 2.30.01版本。

01 执行“渲染>渲染设置”命令，打开“渲染设置”窗口，在“公用”选项卡的“指定渲染器”卷展栏中设置“产品级”为V-Ray Adv 2.30.01。

02 将渲染器更改为V-Ray Adv 2.30.01版本之后，便可以在材质编辑器窗口中调用VRayMtl材质。

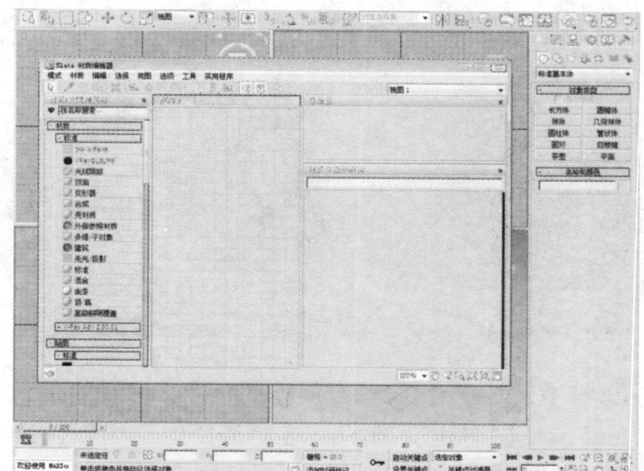

知识点

在3ds Max中可以使用多种渲染器，利用不同渲染器渲染得到的效果图的品质也不一样。这里我们讲解的VRay渲染器在同类型渲染器中，渲染图像质量较高，渲染时间较短。

03 单击“材质编辑器”按钮，在“Slate材质编辑器”窗口中设置“模式”为“精简材质编辑器”。

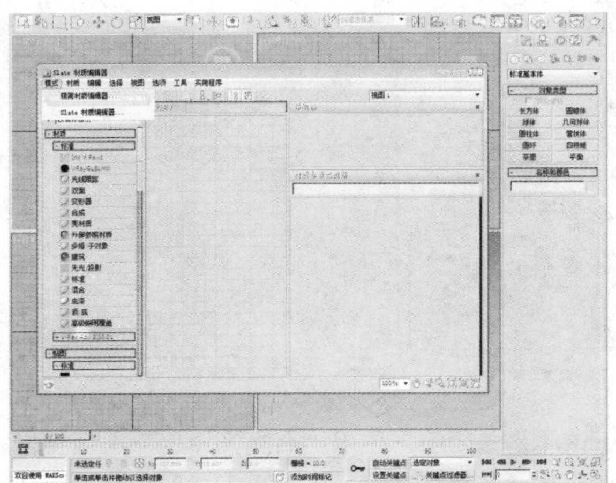

04 在弹出的材质编辑器窗口中，单击Standard按钮，在弹出的“材质/贴图浏览器”对话框中双击VRayMtl选项。

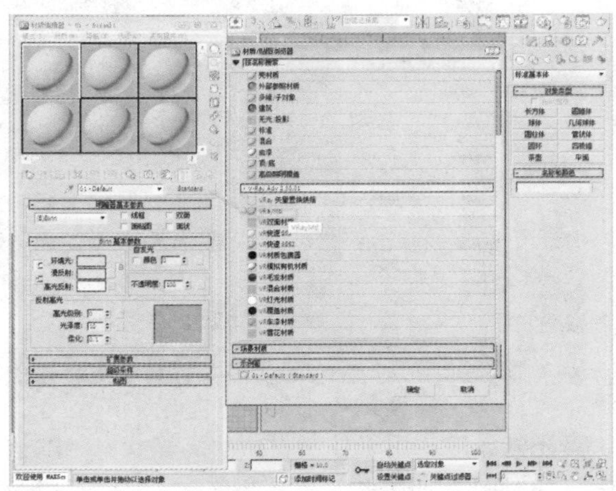

05 材质编辑器窗口中的基本参数界面也随之变换为VRay基本参数设置界面。

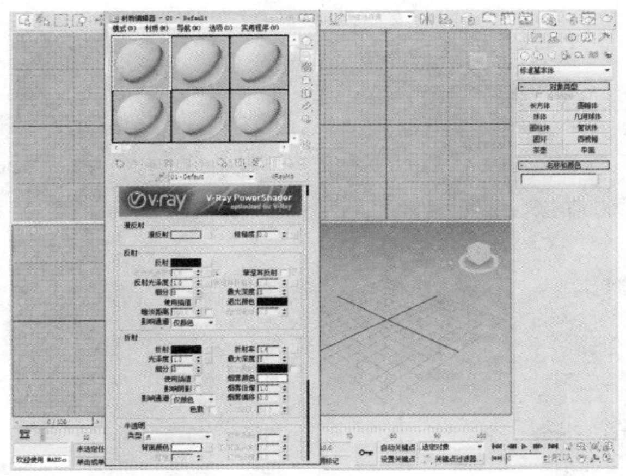

06 在材质编辑器窗口中进行设置时，有些情况下需要开启材质背景。

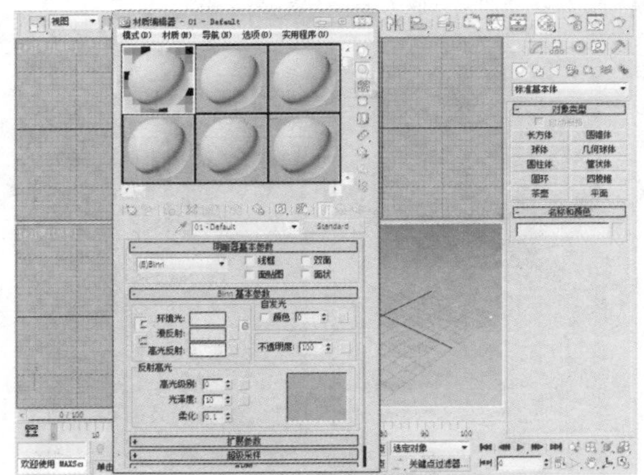

下面将对VRay基本参数界面上的各参数进行介绍。

漫反射：用于设置材质的颜色。

粗糙度：用于设置材质表面的粗糙程度，默认值为0。

反射：用于设置材质表面的反射效果。通过颜色的深浅来设置材质表面的反射效果，颜色越亮反射效果越强，反之越弱。

知识点

HDI高动态贴图的使用：单击“V-Ray：环境”（Rendering-Environment）卷展栏，打开环境设计窗口，单击“环境贴图”（Environment Maps）打开材质贴图浏览器，选择Vray HDRI，即可为环境贴图选项贴上 Vray HDRI贴图。打开材质编辑器，将环境贴图里的Vray HDRI 贴图直接拖曳到一个材质球上。

下面两图反映的是“漫反射”和“反射”参数的应用情况。

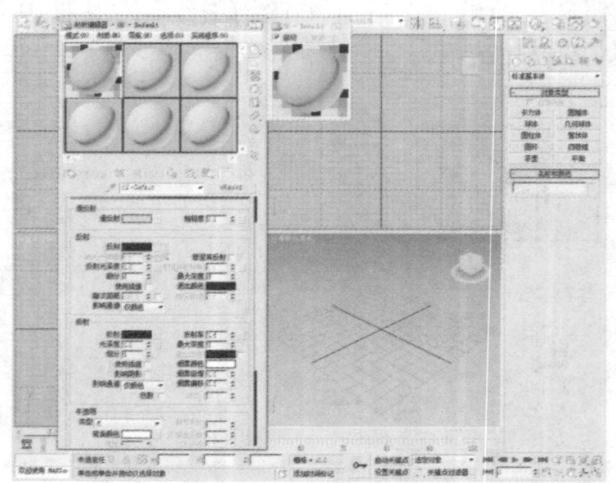

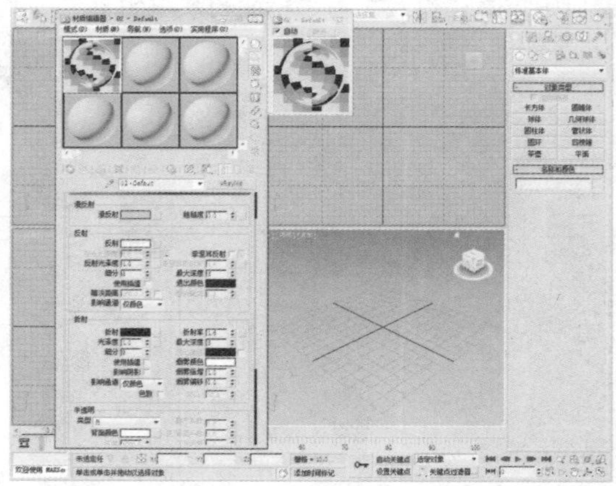

高光光泽度：用于控制材质的高光状态。默认情况下该项是关闭的，使用“高光光泽度”选项将增加渲染的时间。“高光光泽度”数值越高，反射效果越强，物体表面越光滑；值越小，反射效果越弱，物体表面越粗糙。

下左图是将“高光光泽度”设置为0.2时的效果，下右图是设置为0.88时的效果，可以看出，下右图中瓷瓶的表面要比下左图中的光滑明亮得多。

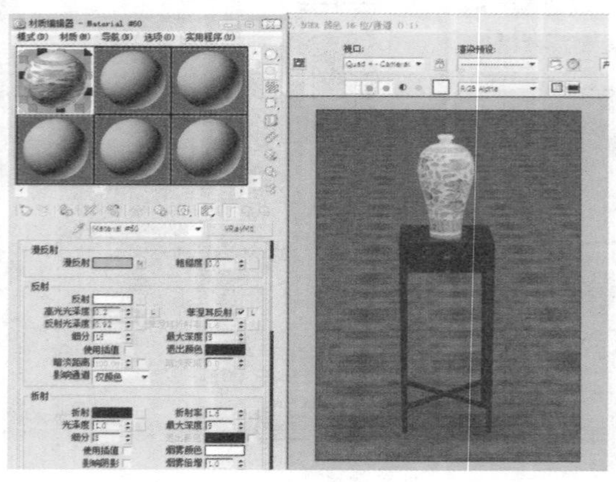

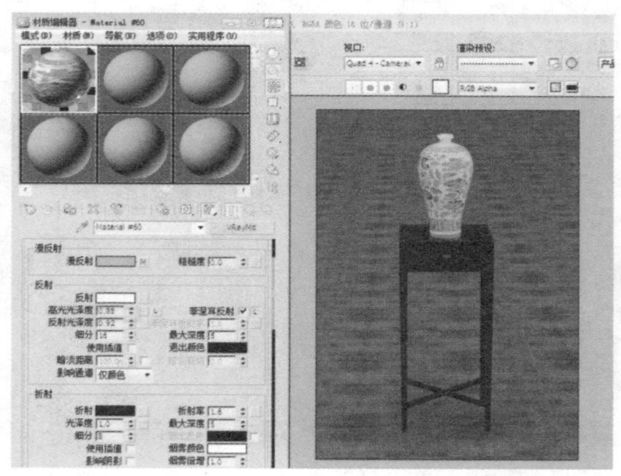

反射光泽度：用于设置反射的锐利效果。其值为1时，物体呈现出完美的镜面反射效果；值越小反射则越微弱。不同反射光泽度设置效果如下面两图所示。

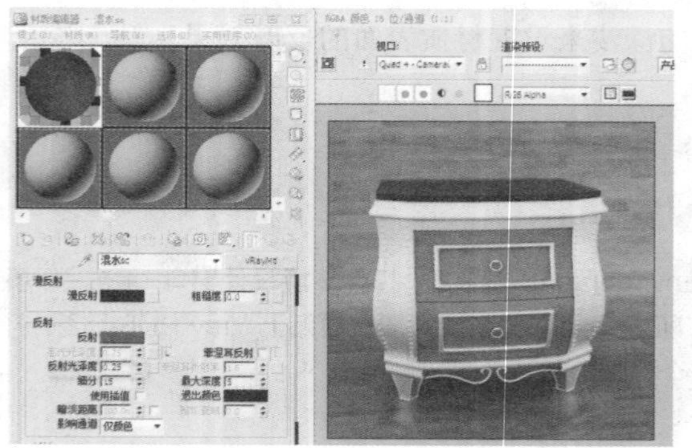

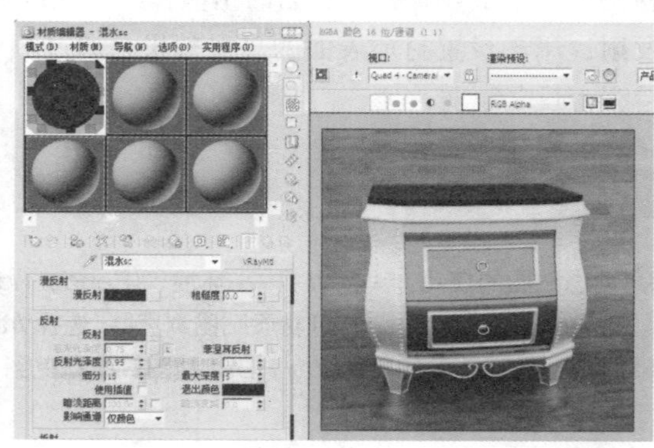

细分：控制发射的光线数量，以估计光滑面的反射。但“反射光泽度”数值为1时，该细分值将失去作用。“细分”值越大，参与反射的光线越多，物体表面越光滑；数值越小，则效果相反。

折射：用于设置材质的折射效果。通过颜色的深浅来设置材质的透明效果，颜色越亮，透明效果越好；颜色越暗，透明效果越差。设置不同折射参数的效果对比如下面两图所示。

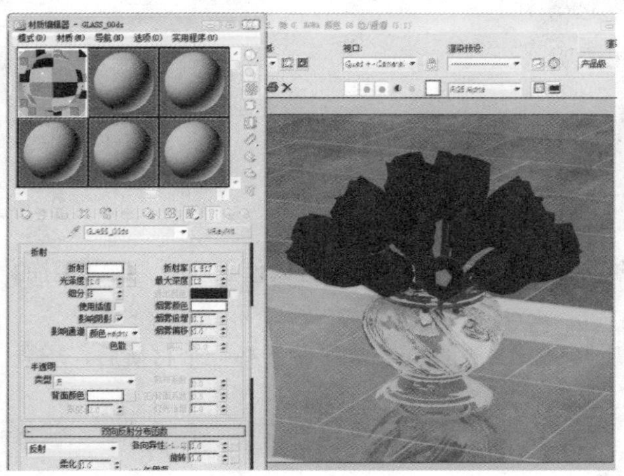

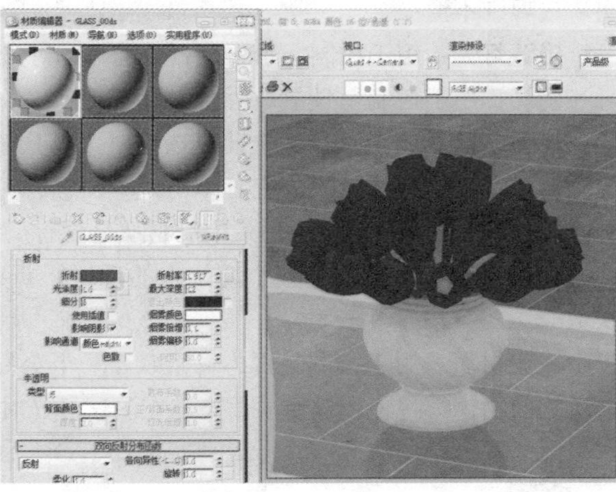

光泽度：用于设置折射的模糊效果。当“光泽度”值为1时，材质显示为完全透明效果（VRay渲染器将产生一种特别尖锐的折射效果），其值越小，折射的效果越模糊。

折射率：该值取决于材质的折射率。

2.2 VRay渲染器

在使用VRay渲染器之前，要先将当前软件运行的渲染器更改为V-Ray Adv 2.30.01，如下左图所示。V-Ray Adv 2.30.01版本将渲染设置窗口归类并分布成各个不同的卷展栏，如下右图所示。

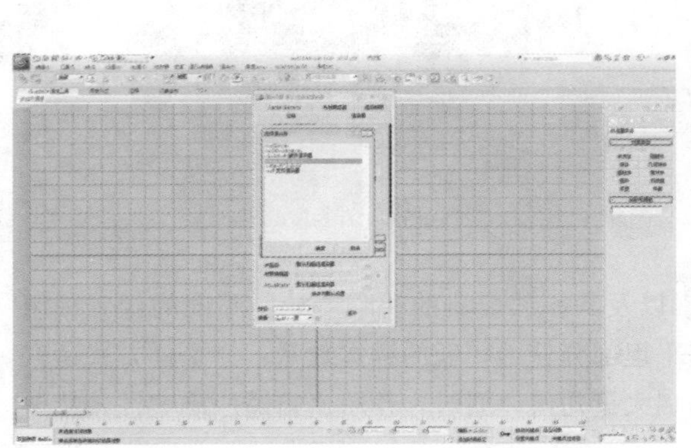

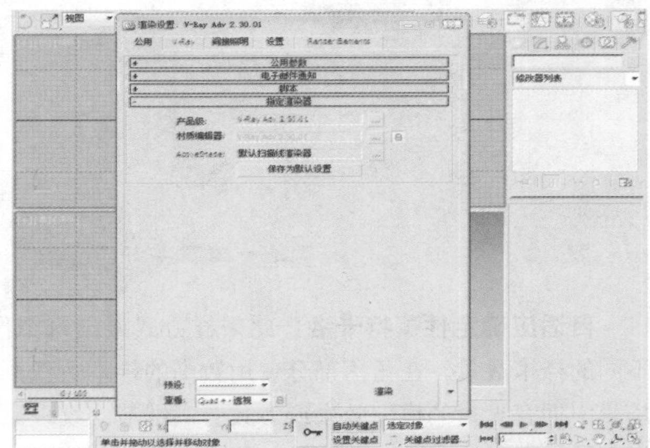

1.“V-Ray::全局开关”卷展栏

这个卷展栏主要用于对场景中的灯光、材质、置换等进行全局设置，例如是否使用默认灯光、是否打开阴影、模糊选项等。

置换：用于控制场景中是否使用置换效果。在VRay的置换系统中，共有两种置换方式：一种是材质的置换；另一种是VRay置换的修改器方式。当取消勾选该复选框时，场景中的两种置换都不会有效果。

灯光：勾选此复选框时，VRay渲染器将渲染场景的光影效果，反之则不渲染。默认为勾选状态。

默认灯光：选择“开”时，VRay渲染器将会对软件默认提供的灯光进行渲染，选择“关闭全局照明”选项则不渲染。

隐藏灯光：用于控制场景中是否让隐藏的灯光产生照明。

阴影：用于控制场景中是否产生投影。

仅显示全局照明：当勾选此复选框时，场景渲染结果只显示GI的光照效果。尽管如此，渲染过程中渲染器也计算了直接光照数值。

反射 / 折射：用于设置场景中的材质是否有反射和折射效果。

最大深度：用于控制整个场景中的反射、折射的最大深度，其数值框中的数值表示反射、折射的次数。

覆盖材质：用于控制是否为场景赋予一个全局材质。单击右侧的None按钮，选择一个材质后，场景中所有的物体都将使用该材质渲染。在测试灯光时，该选项非常有用。

2.“V-Ray::图像采样器（反锯齿）”卷展栏

该卷展栏用于设置图像采样和抗锯齿过滤器的类型，其界面如下左图所示。

固定：对每个像素使用一个固定的细分值。该采样方式适合场景中拥有大量的模糊效果或者具有高细节纹理贴图时。在这种情况下，使用FIX方式能兼顾渲染品质和渲染时间。细分数值越高，采样的品质越高，渲染时间越长。下右图是采用“固定”采样方式的渲染效果图。

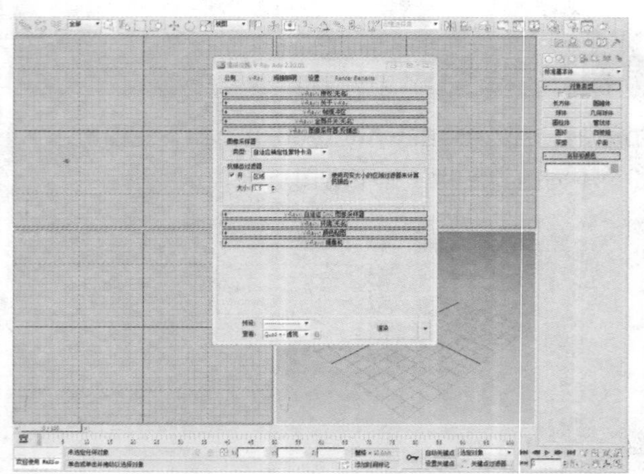

自适应确定性蒙特卡洛：此采样方式根据每个像素以及其相邻像素的明暗差异，不同的像素使用不同的样本数量。在角落部分使用较高的样本数量，在平坦部分使用较低的样本数量。该采样方式适合场景中拥有大量的模糊效果或者具有高细节的纹理贴图和大量几何体面时。使用“自适应确定性蒙特卡洛”采样方式的渲染效果如下左图所示。

自适应细分：是具有负值采样的高级锯齿功能，适用于没有或者少量的模糊效果的场景中。在这种情况下，渲染速度会更慢，渲染品质最低，这是因为它需要去优化模糊和大量的细节，这就需要对模糊和大量的细节进行预算，从而降低渲染速度。同时，该采样方式是3种采样类型中最占内存资源的，而“固定”采样方式占用的内存资源最少。使用“自适应细分”采样方式的渲染效果如下右图所示。

3. “V-Ray::自适应DMC图像采样器”卷展栏

当图像采样器的类型更改为“自适应确定性蒙特卡洛”时，便出现“V-Ray::自适应DMC图像采样器”卷展栏，其界面如右图所示。

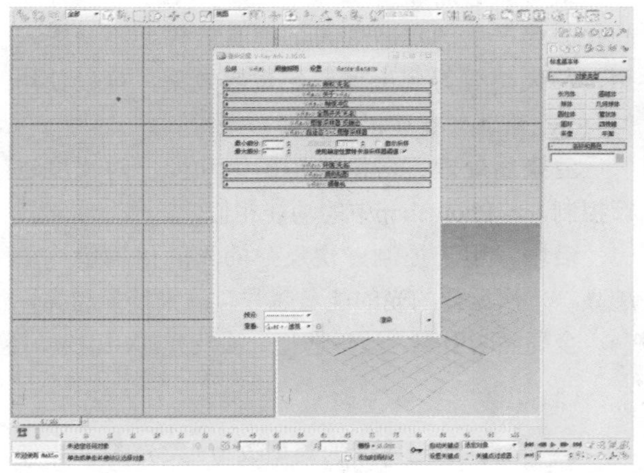

最小细分：定义每个像素使用的最小细分，这个值主要用于对角落地方进行采样。数值越大，角落地方的采样品质越高，图的边线抗锯齿效果越好，但渲染速度也越慢。

最大细分：定义每个像素使用的最大细分，这个值主要用于对平坦部分进行采样。当值越大时，平坦部分采样品质越高，但渲染速度越慢。

显示采样：勾选该复选框后，可以看到自适应准蒙特卡洛的样本分布情况。

颜色阈值：色彩的最小判断值。当色彩判断值达到该值以后，就停止对色彩进行判断。通俗一点就是分辨哪些是平坦区域，哪些是角落区域。这里的色彩应该理解为色彩的灰度。

4. “V-Ray::自适应细分图像采样器”卷展栏

当图像采样器的类型更改为“自适应细分”时，便出现“V-Ray::自适应细分图像采样器”卷展栏，其界面如右图所示。

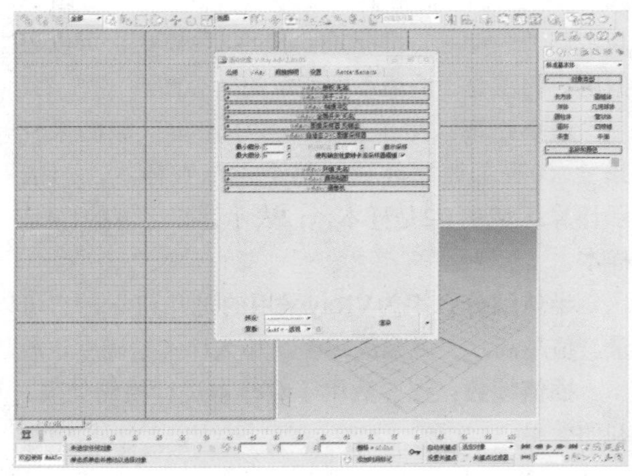

最小比率：定义每个像素使用的最少样本数量。数值0表示一个像素使用一个样本；-1表示两个像素使用一个样本；-2表示4个像素使用一个样本。

最大比率：定义每个像素使用的最多样本数量。数值0表示一个像素使用一个样本；1表示每个像素使用4个样本；2表示每个像素使用8个样本。值越大，渲染品质越高，但渲染速度越慢。

颜色阈值：色彩的最小判断值。当色彩判断值达到该值以后，就停止对色彩进行判断。通俗一点就是分辨哪些是平坦区域，哪些是角落区域。

对象轮廓：勾选该复选框后，可以对物体的轮廓使用更多的样本，从而让物体轮廓的品质更高，但渲染速度变慢。

法线阈值：决定自适应细分在物体表面法线的采样程度。当达到该值以后，就停止对物体表面进行判断。通俗一点就是分辨哪些是交叉区域，哪些不是交叉区域。

随机采样：勾选该复选框后，样本将随机分布。此样本的准确度高，对渲染速度没有影响，建议勾选该复选框。

5. “V-Ray::间接照明（GI）”卷展栏

GI就是在渲染过程中考虑整个环境的总体光照效果和各种景物间光照的相互影响，在VRay渲染器中被理解为间接照明。VRay的间接照明参数设置界面如右图所示。

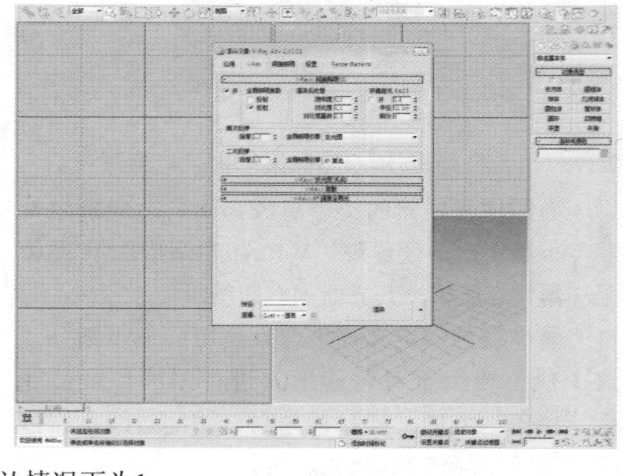

全局照明焦散：GI焦散控制，这里主要控制间接光照产生的焦散效果。但其效果并不是很理想，如果想要得到更理想的焦散效果，可以使用“V-Ray::焦散”卷展栏中的参数来得到。

渲染后处理：对渲染图的饱和度、对比度进行控制，与Photoshop中的功能相似。

倍增：用于控制一次反弹的光的倍增值，值越高，一次反弹的光的能量越强，渲染场景越亮，默认情况下为1。

全局照明引擎：这里选择一次反弹的GI引擎，包括发光图、光子图、BF算法和灯光缓存4个选项。

6. “V-Ray::发光图（无名）”卷展栏

当“全局照明引擎”的类型改为“发光图”时，便出现“V-Ray::发光贴图”卷展栏。它描述了三维空间中的任意一点以及全部可能照射到这点的光线。其参数设置界面如右图所示。

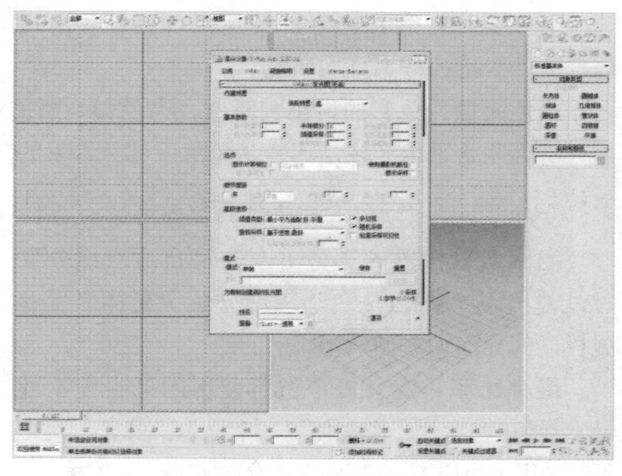

当前预置：当前选项的模式，其包括8种模式：自定义、非常低、低、中、中——动画、高、高——动画、非常高。应用8种模式，可以根据用户的需要，渲染不同质量的效果图。

最小比率：用于控制场景中平坦区域的采样数量。0表示计算区域的每个点都有样本，-1表示计算区域的1/2是样本，-2表示计算区域的1/4是样本。

半球细分：因为VRay采用的是几何学，它可以模拟光线的条数。这个参数就是用来模拟光线的数量，值越高，表现光线越多，那么样本精确度也就越高，渲染的品质也越好，同时渲染时间也就越慢。

插值帧数：该参数用于对样本进行模糊处理。较大的值得到比较模糊的效果，较小的值得到比较锐利的效果。

颜色阈值：设置该参数主要可以使渲染器分辨哪些是平坦区域，哪些是不平坦区域。它是按照颜色的灰度来区分的，其值越小，区分能力越强。

法线阈值：设置该参数主要可以使渲染器分辨哪些是交叉区域，哪些不是交叉区域。它是按照法线的方向来区分的，其值越小，对法线方向的敏感度越高，区分能力越强。

显示计算相位：勾选该复选框后，就可以看到渲染帧里面的GI预计算过程，同时会占用一定的内存资源。

显示直接光：在预计算时显示直接光照，方便用户观察直接光照的位置。

半径：表示细节部分有多大区域使用细部增强功能，半径越大，使用细部增强功能的区域也就越大，但渲染时间也就越长。

细分倍增：这里主要控制细部的细分，但是该值与发光贴图里的模型细分有关系。例如0.3就代表细分时模型细分的30%，1就代表和模型细分的值一样。

高级选项：主要对样本的相似点进行插补和查找，参数界面如右图所示。

高级选项
插值类型：最小平方适配(好/平滑)
查找采样：基于密度(最好)
计算传递插值采样：10
多过程
随机采样
检查采样可见性

7. "V-Ray::灯光缓存"卷展栏

当"全局照明引擎"的类型设置为"灯光缓存"时，便出现"V-Ray::灯光缓存"卷展栏。它拥有发光贴图的部分特点，在摄影机可见部分跟踪光线的发射和衰减，然后将灯光信息存储在一个三维数据结构中。其参数界面如右图所示。

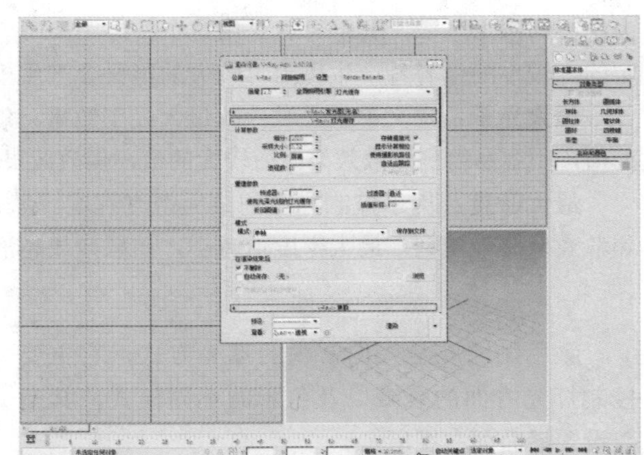

细分：定义准蒙特卡洛的样本数量，值越大效果越好，但速度越慢；值越小，产生的杂点会更多，但速度相对快一些。

采样大小：用来控制灯光缓存的样本大小。比较小的样本可以得到更多的细节，但是同时需要更多的样本。

比例：这个单位是依据渲染图的尺寸来确定样本大小的。越靠近摄影机的样本越小，越远离摄影机的样本越大。

8. "V-Ray::全局光子图"卷展栏

当"全局照明引擎"的类型改为"光子图"时，便出现"V-Ray::全局光子贴图"卷展栏，如右图所示。

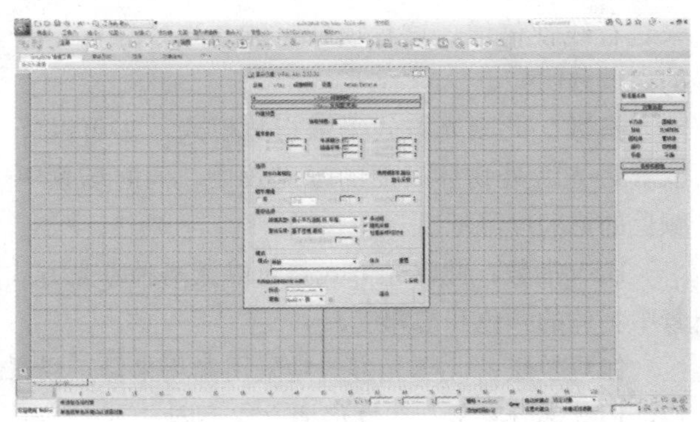

反弹：用于控制光线的反弹次数。值越小，场景越暗，这是由于反弹光线不充分造成的。使用默认值10就可以达到理想的效果。

最大光子：用于控制场景中着色点周围参与计算的光子数量。值越大，效果越好，同时渲染时间越长。

倍增：用于控制光子的亮度。值越大，场景越亮；值越小，场景越暗。

转换为发光图：勾选该复选框，可以使渲染的效果更平滑。

插值采样：该参数用于控制样本的模糊程度。值越大，渲染效果越模糊。

9. “V-Ray::焦散”卷展栏

焦散是一种特殊的物理现象，在VRay渲染器中有专门的焦散卷展栏，其参数设置界面如右图所示。

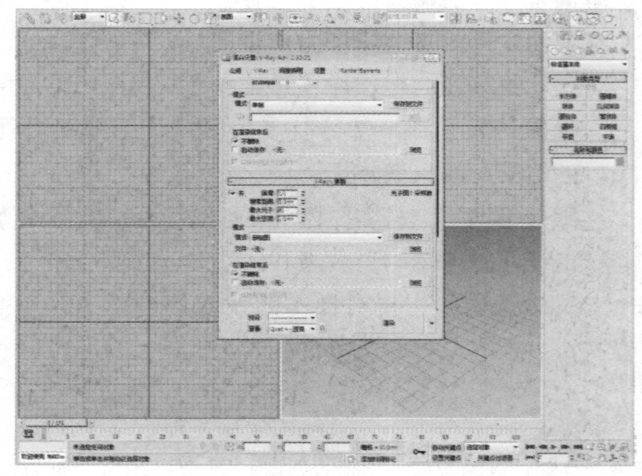

开：勾选该复选框，就可以渲染焦散效果。

倍增：焦散的亮度倍增。值越高，焦散效果越亮，搜索距离越小，就越容易出现颗粒状效果；反之，则越暗，颗粒状图形就越少。

搜索距离：当光子追踪撞击在物体表面时，渲染器会自动搜索位于周围区域同一平面内的其他光子。实际上这个搜寻区域是一个以撞击光子为中心的圆形区域，其半径就是由这个搜寻距离确定的，较小的值容易产生斑点，较大的值又会产生模糊焦散效果，所以在设置该值时要尽量做到适中。

最大光子：定义单位区域内的最大光子数量，然后根据单位区域内的光子数量来平均照明效果。较小的值，不容易得到焦散效果，而较大的值，焦散效果容易模糊。最大光子值越小，焦散效果越不明显。

最大密度：用于控制光子的最大密度程度。默认值0表示使用VRay内部确定的密度，较小的值会让焦散效果比较锐利。最大密度值越小，焦散效果越清晰，最大密度值越大，焦散效果越模糊。

10. “V-Ray::颜色贴图”卷展栏

颜色贴图就是人们常说的曝光方式，它主要控制灯光方面的衰减以及色彩的不同模式，其参数设置界面如右图所示。

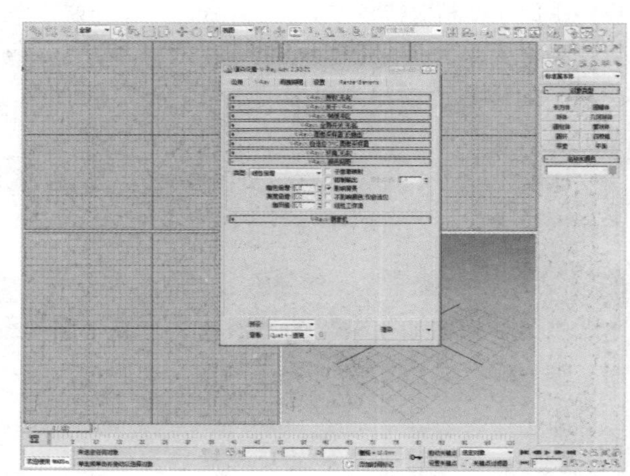

类型：用于设置不同的曝光方式。在VRay中共有7种曝光模式，不同模式下的局部参数也不一样，其具体如下。

线性倍增：该曝光方式将基于最终色彩亮度来进行线性倍增。这种模式可能会导致靠近光源的点过分明亮。

指数：此曝光方式采用指数模式，它可以降低靠近光源处物体表面的曝光效果，同时场景中颜色的饱和度降低。

HSV指数：此曝光方式是对以上两种曝光方式的结合，既可抑制光源附近的曝光效果，又可保持场景中物体的颜色和饱和度。

伽玛校正：此曝光方式是采用伽玛来修正场景中的灯光衰减和贴图色彩，其效果和线性倍增效果类似，但其部分参数与线性倍增方式不同。

影响背景：决定曝光模式是否影响背景。当取消勾选该复选框时，背景不受曝光模式的影响。

11. "V-Ray::环境" 卷展栏

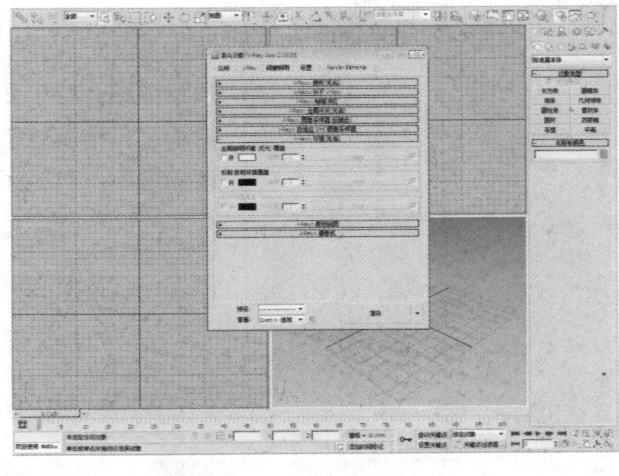

VRay的GI环境包括VRay天光、反射环境和折射环境，其参数设置界面如右图所示。

全局照明环境（天光）覆盖：VRay的天光。当勾选"开"复选框后，3ds Max默认环境面板的天光效果将不起作用。

倍增：天光亮度的倍增。值越高，天光的亮度越高。

反射/折射环境覆盖：勾选"开"复选框后，其将控制场景中的反射环境。

贴图通道：单击None按钮，可以选择不同的贴图来作为反射环境的天光。

折射环境覆盖：勾选"开"复选框后，其将控制场景中的折射环境。

倍增：折射环境亮度的倍增。其值越高，折射环境的亮度越高。

12. "V-Ray::DMC采样器" 卷展栏

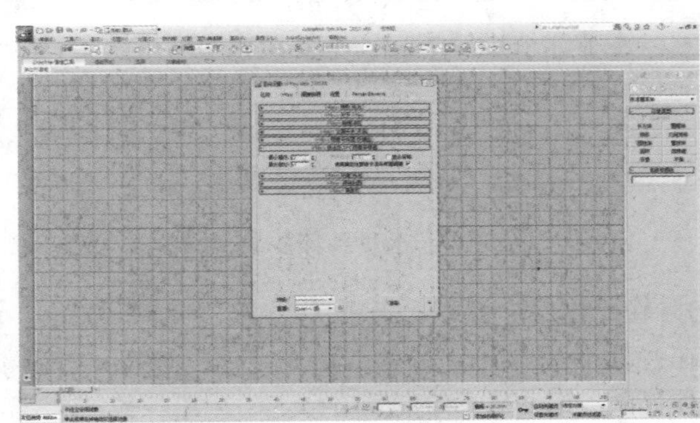

"VRay::DMC采样器"卷展栏如右图所示。

适应数量：控制早期终止的应用范围，值为1意味着最大程度的早期终止，值为0则意味着早期性终止不会被使用。其值越大，渲染速度越快，其值越小，渲染速度就越慢。

噪波阈值：在评估样本细分是否足够好的时候，控制VRay的判断能力，在最后的结果中表现为杂点。

最小采样值：它决定早期性终止被使用之前使用的最小样本，较高的取值将会减慢渲染速度，但同时会使早期终止性算法更可靠。其值越小，渲染速度越快，其值越大，渲染速度越慢。

全局细分倍增：在渲染过程中设置该选项会倍增VRay中的任何细分值。在渲染测试时，可以将这个值减小而得到更快的预览速度。

创建几何体和图形

本章详细介绍了几何体和基本图形的创建方法，在许多小案例间穿插讲解了多种高效技巧，并对对象参数的设置进行了详细讲解。掌握本章知识后，对后面章节的学习会有很大的帮助。

知识点

1. 理解几何体与图形的区别和联系
2. 掌握对象的参数设置
3. 熟悉标准基本体的应用及形态
4. 熟悉扩展基本体的应用及形态

3.1 标准基本体的创建

本节详细讲解了3ds Max 2013中标准基本体的命令和创建方法，以帮助读者能够更快地熟悉和使用3ds Max 2013软件。

3.1.1 长方体和球体的创建

创建长方体和球体的具体步骤如下。

01 在“创建”命令面板中单击“几何体”按钮，在“标准基本体”下单击“长方体”按钮。激活顶视图，拖动鼠标绘制长方体。

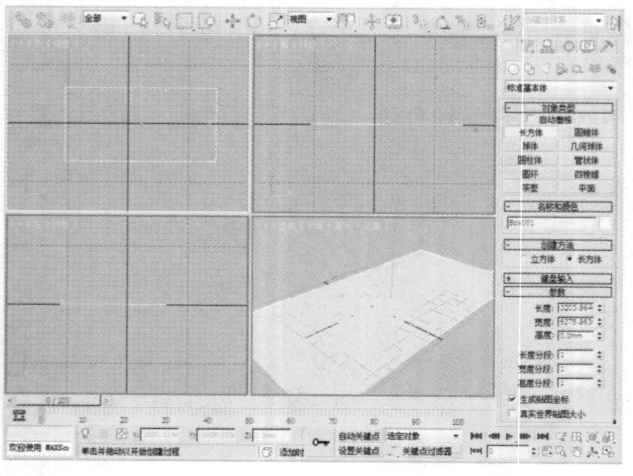

02 此时光标变换形状，在透视视图中按住鼠标左键并拖动绘制出一个矩形。再将光标向上移动，此时长方体的“参数”卷展栏中的参数开始变化。

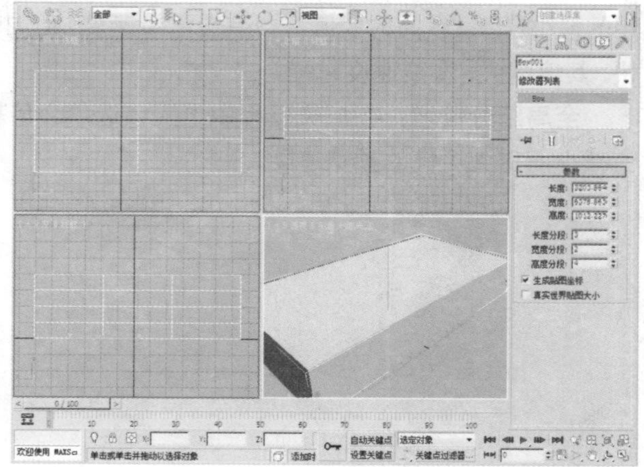

知识点

使用3ds Max创建对象时，在不同的视口创建的物体的轴是不一样的，这样对物体对象进行操作时会产生细小的区别。

03 向上移动光标到指定高度后释放鼠标左键，创建一个长方体。

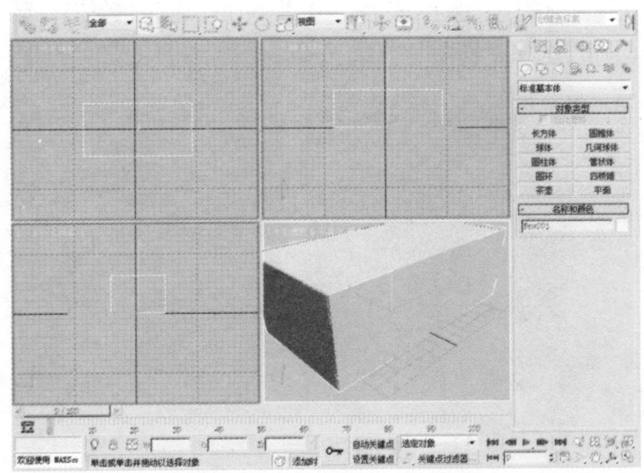

04 在“参数”卷展栏中进行设置，设置“长度分段”为3、“宽度分段”为2、“高度分段”为4。

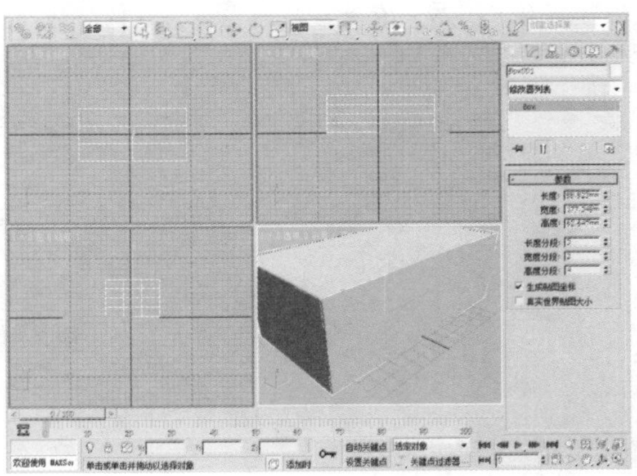

05 在视图左上角的视图名称处单击鼠标右键，在弹出的快捷菜单中选择“边面”命令。

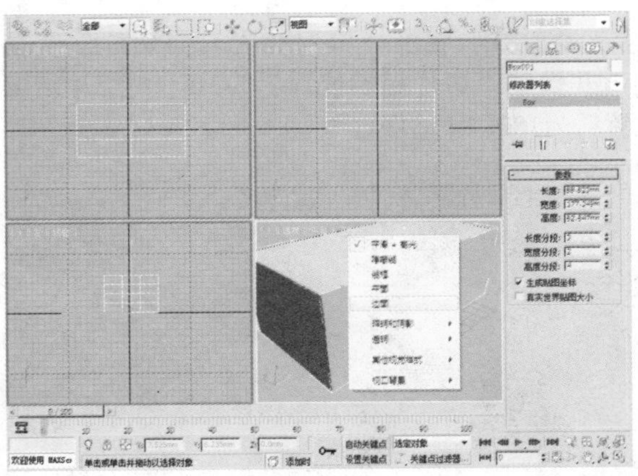

06 长方体的各个面上显示出了步骤04中设置的分段细节。

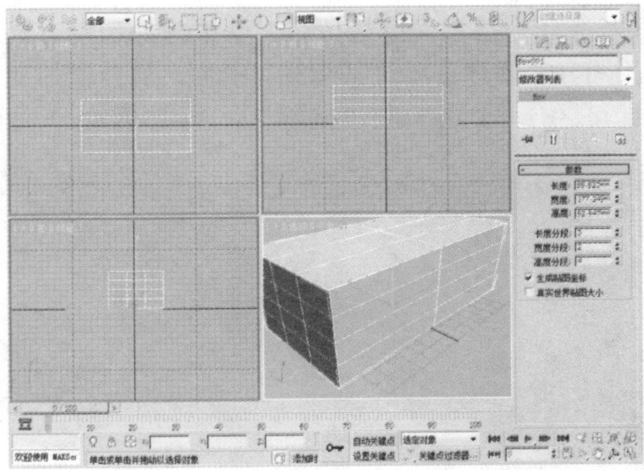

07 在命令面板单击 按钮，进入长方体“修改”命令面板。在“长度”、“宽度”、“高度”数值框内输入所需数值，得到相应大小的长方体。

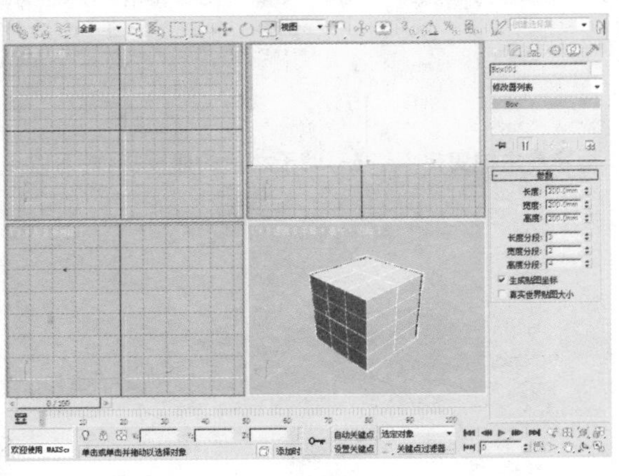

08 新建场景，在“创建”命令面板中单击“几何体”按钮，在“标准基本体”下单击“球体”按钮，在透视视图中按住鼠标左键拖动创建一个球体。

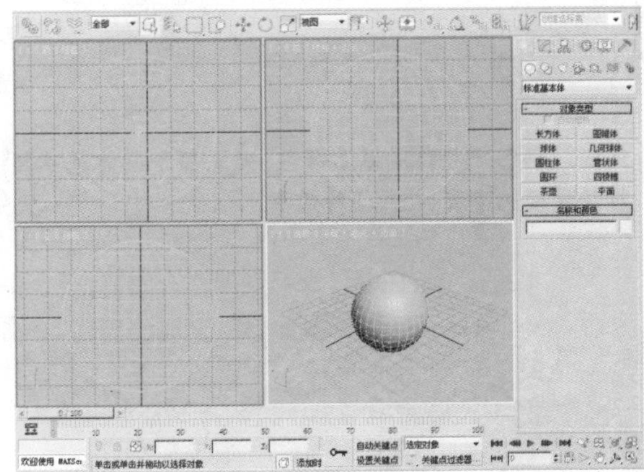

09 在球体的“键盘输入”卷展栏中设置“半径”为7000mm，单击“创建”按钮，自动生成球体，然后在打开“参数”卷展栏，适当调整其他参数。

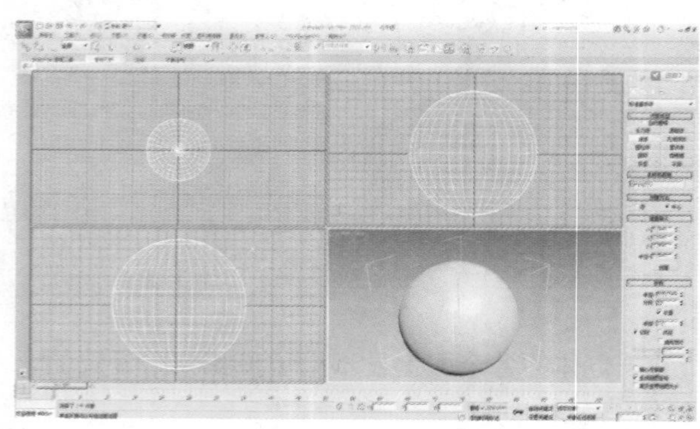

10“创建方法”卷展栏中有两种创建方式：边（鼠标跨过直径）和中心（鼠标跨过半径）。在“参数”卷展栏的“半径”数值框中输入0.7，即沿Z轴去掉70%球体，同时选中“切除”单选按钮。

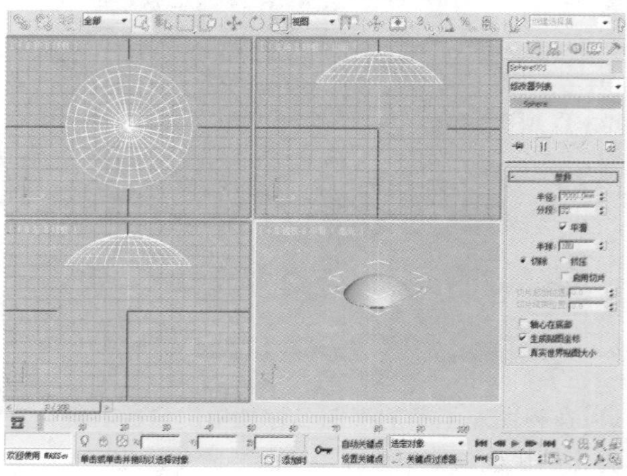

11 若选择“挤压”单选按钮，则半球的切割方式变为将70%的球挤压进其余30%中去。从分段的变化即可区分“切除”与“挤压”。

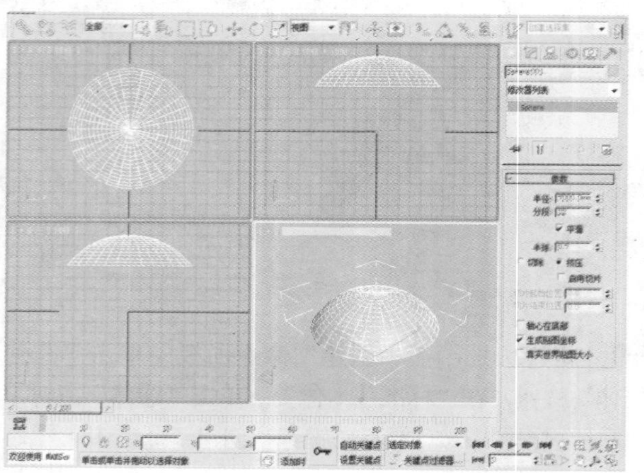

12 在“参数”卷展栏中勾选“启用切片”复选框，并设置“切片起始位置”为30、“切片结束位置”为180。

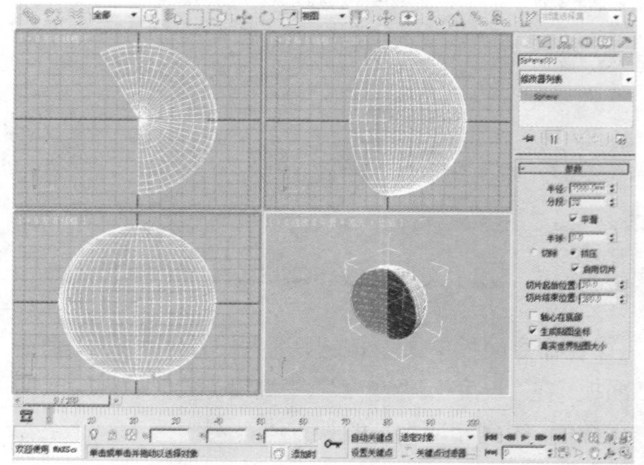

知识点

仔细观察每个物体的基本属性，熟悉每个物体基本属性更改以后所产生的变化，这样有助于之后的建模操作，可以加快建模的速度，提高工作效率。

13 单击“几何球体”按钮，在“创建方法”卷展栏中选中“直径”单选按钮，在顶视图中创建球体。此方式与选择球体的“边”选项相同，均指以鼠标移动的距离为球体的直径。

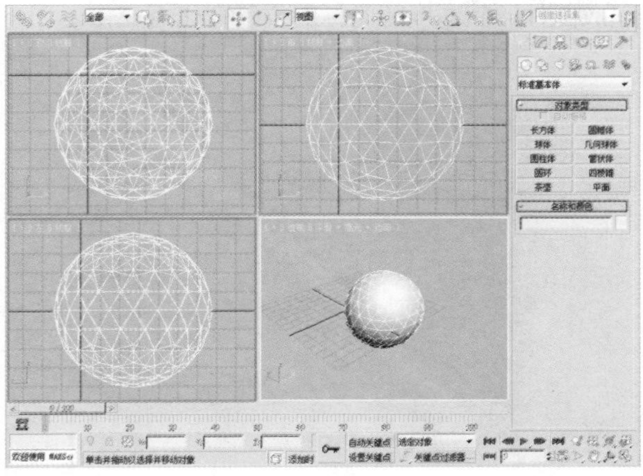

14 在“参数”卷展栏中将“分段”设置为1，并取消勾选“平滑”复选框，即可区分各种基点面类型，如下图所示为四面体。

15 八面体即组成几何球体的分段面是8个面。

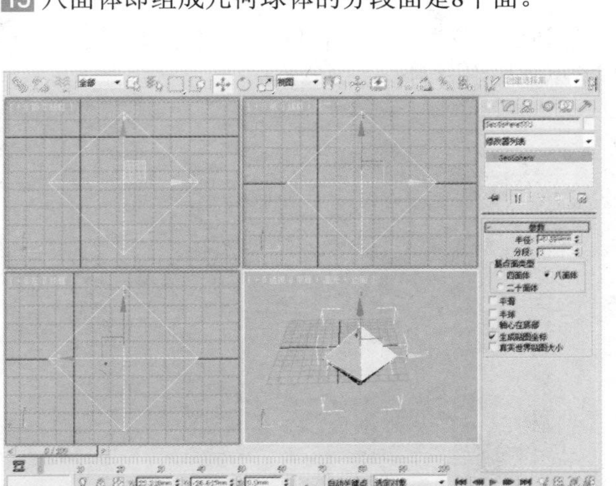

16 同样的，二十四面体即组成几何球体的分段面是24个面。

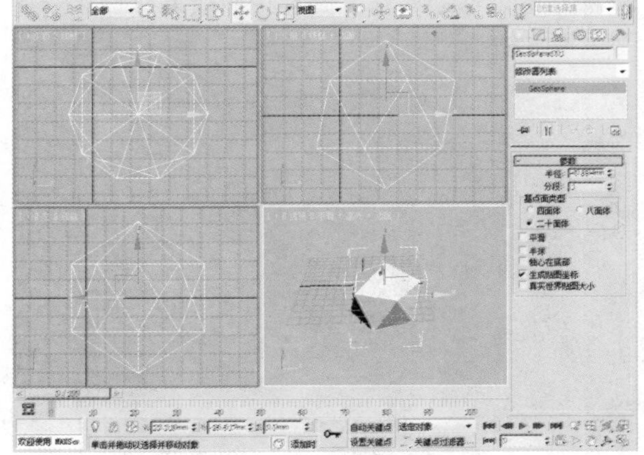

知识点

3ds Max中的三维对象的细腻程度与物体的分段数有着密切的关系。三维对象的分段数越多，物体表面就越细腻光滑，三维对象的分段数越少，物体表面就越粗糙。

3.1.2 圆锥体和圆台的创建

创建圆锥体和圆台的具体操作步骤如下。

01 在“创建”命令面板中单击“几何体”按钮，在“标准基本体”下单击“圆锥体”按钮，在透视视图中单击并拖动创建一个圆面，如下图所示。

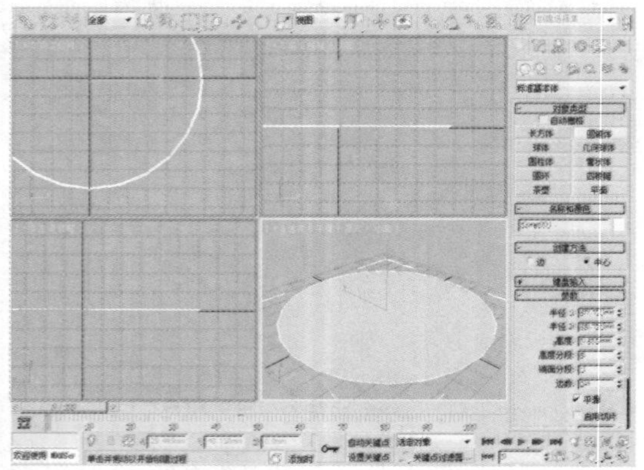

02 释放鼠标左键，沿Z轴向上移动鼠标，圆面升起成圆柱，其高度随光标的位置变化而变化。

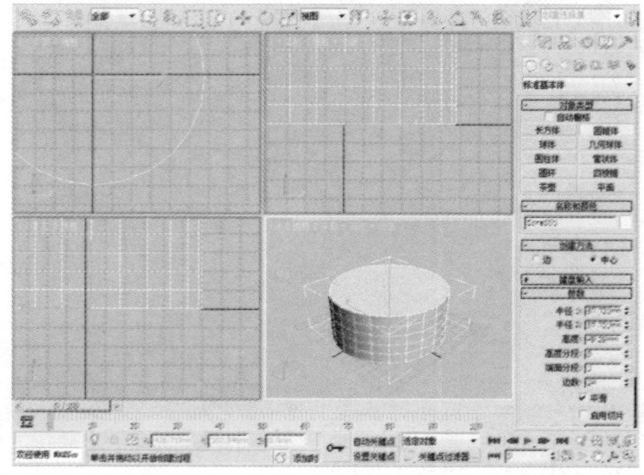

03 到适当位置时单击，圆柱高度停止变化。释放鼠标左键后移动鼠标，圆柱顶面随着鼠标移动而放大或者缩小。

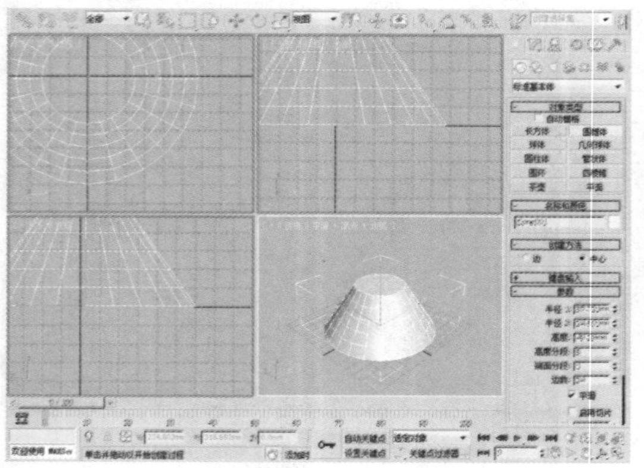

04 到适当位置时单击，圆台创建完成。当其顶面缩小到极点时圆台变成圆锥。

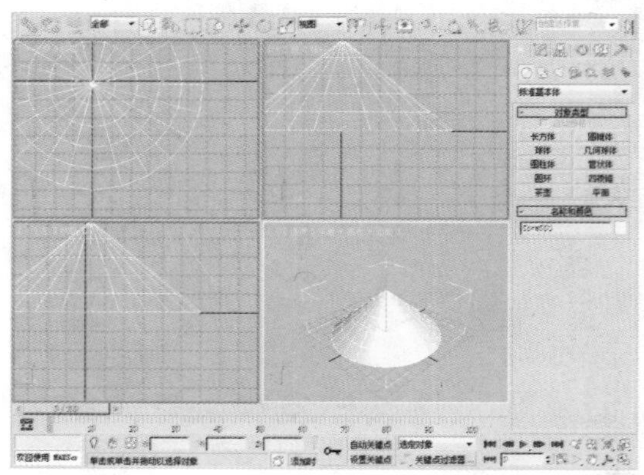

05 影响圆台的参数为“半径1”（底圆半径）、“半径2”（顶圆半径）和“高度”（台高）。当“半径2”为0时，圆台变成圆锥。分段控制参数分为“高度分段”、“端面分段”和“边数”3项。

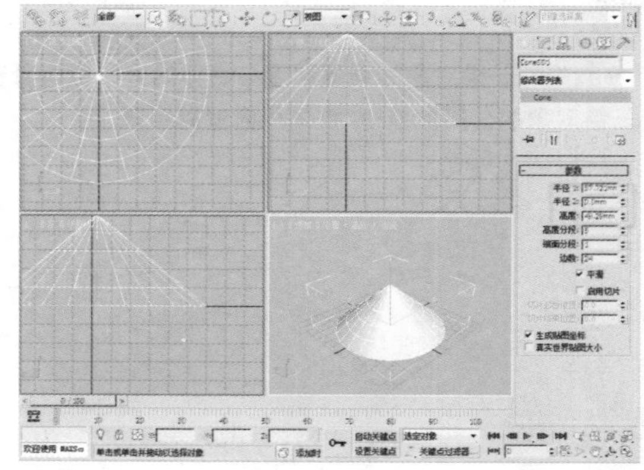

3.1.3 圆柱体和管状体的创建

圆柱体和管状体的具体创建步骤如下。

01 在“创建”命令面板中单击“几何体”按钮，在“标准基本体”下单击“圆柱体”按钮，创建圆柱体。

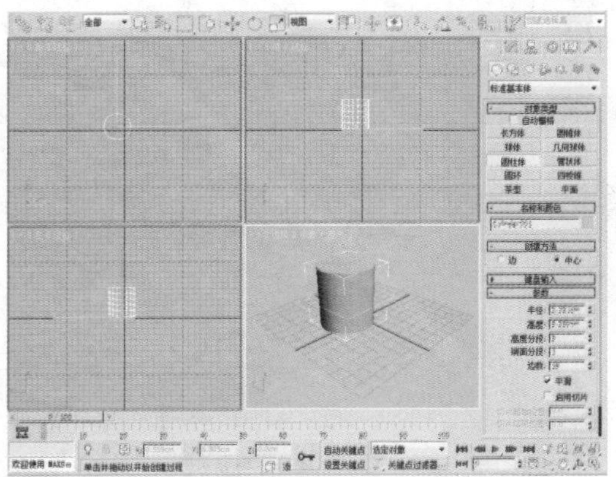

02 圆柱体的参数控制方法与圆台几乎相同，是圆台的特例，可参照下图进行设置。

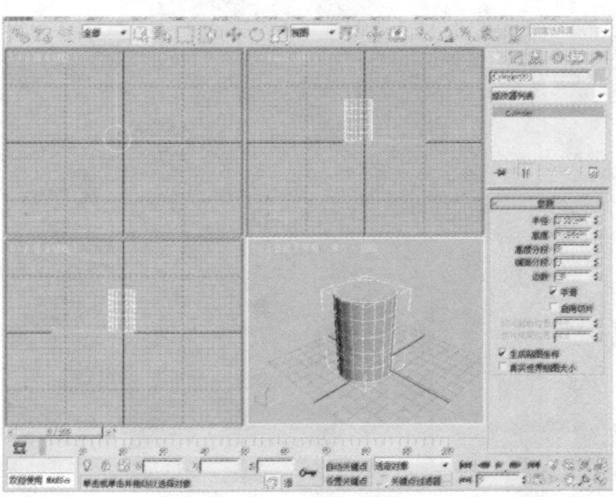

03 新建场景，在“创建”命令面板中单击“几何体”按钮，在“标准基本体”下单击“管状体”按钮，在顶视图中单击并按住鼠标左键拖动，产生一个圆圈。

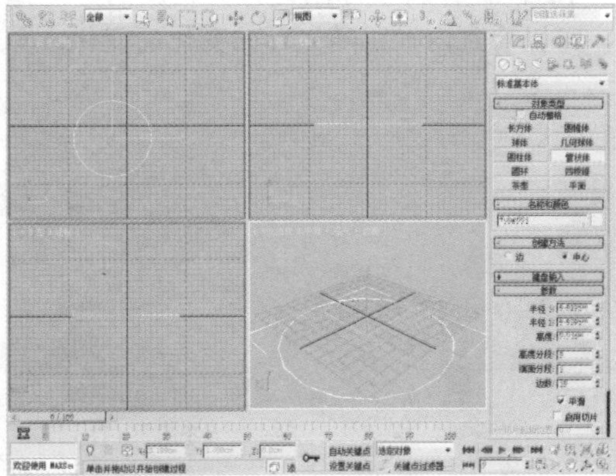

04 到适当位置释放鼠标左键并反方向拖动鼠标，产生一个圆环面。

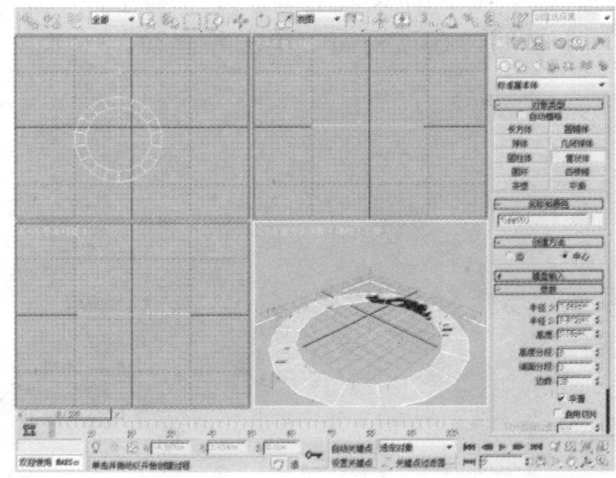

05 到适当的位置单击鼠标左键，放开后沿Z轴拖动鼠标，圆环面升起变成圆管。

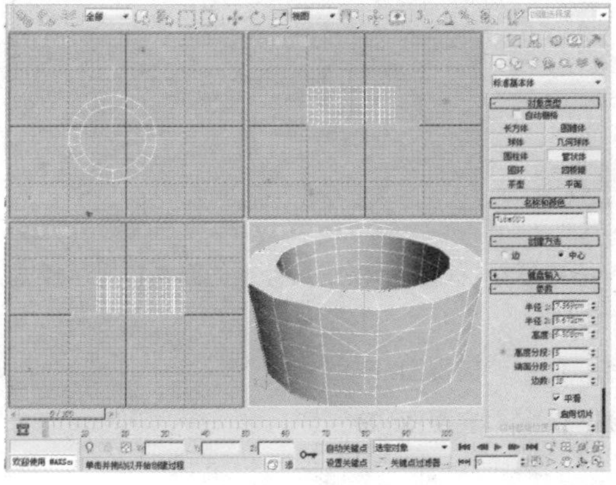

知识点

3ds Max中有多种视觉样式，按F3可以在真实物体与线框样式间切换。按F4键可以显示或者隐藏物体表面线框。我们可以通过多种视觉样式的切换对物体进行观察处理。

06 到适当高度后单击，完成管状体的创建。

07 “半径1”和“半径2”分别控制圆管截面的外径和内径，其余参数与圆台含义相同。管状体、圆锥体、圆柱体三者属于相近形状，它们的参数控制方法也相同。

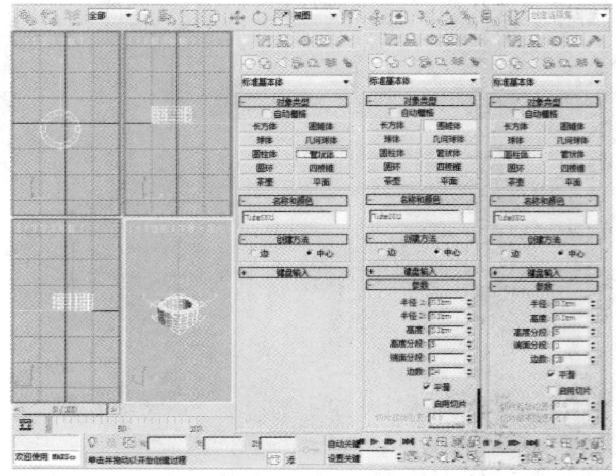

3.1.4 圆环的创建

圆环的具体创建步骤如下。

01 在“创建”命令面板中单击“标准基本体”下的“圆环”按钮，在顶视图中单击并拖动。

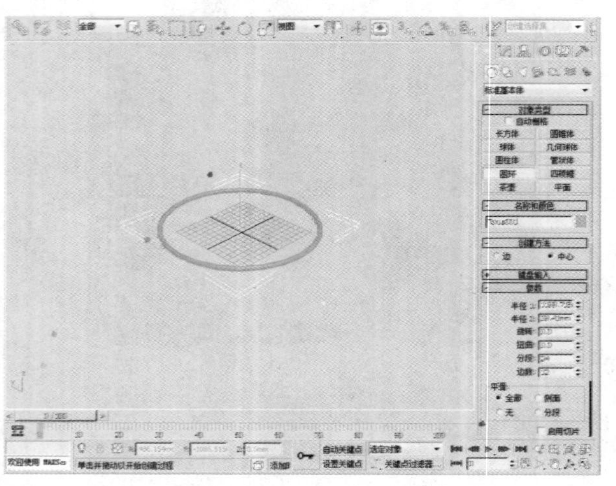

02 到适当的位置释放鼠标左键并向相反的方向拖动鼠标，可以看到内径跟随光标的变化而变化。

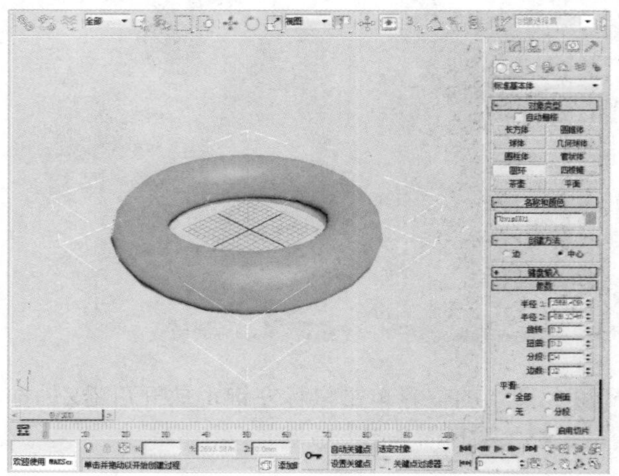

知识点

3ds Max中默认视口显示模式是标准的四视口显示模式，我们也可以切换到单一视口显示模式，可以使用快捷键对视口进行切换。

顶视图：T　　前视图：F

左视图：L　　底视图：B

03 到适当位置后单击鼠标左键，完成圆环的创建。

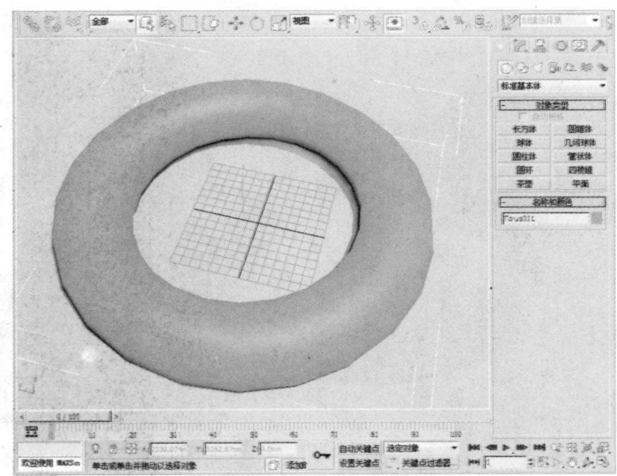

04 注意圆环的“半径1”和“半径2”与其他几何物体不同，“半径1”指轴半径，“半径2”指截面半径。

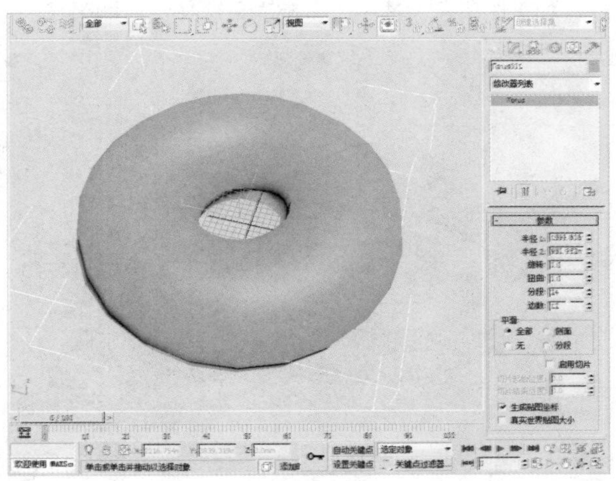

05 然后利用“分段”数值框右侧的微调按钮进行调整，注意观察随着分段的变化圆环的变化情况，由此可知道圆环的分段是水平排列。

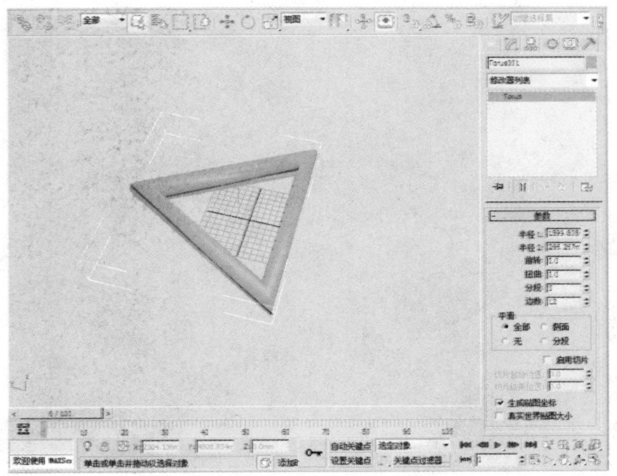

06 利用同样的方法可以观察“边数”的含义，圆环的边指与圆环平行的母线之间的段数，如下图所示的边数为3的圆环。

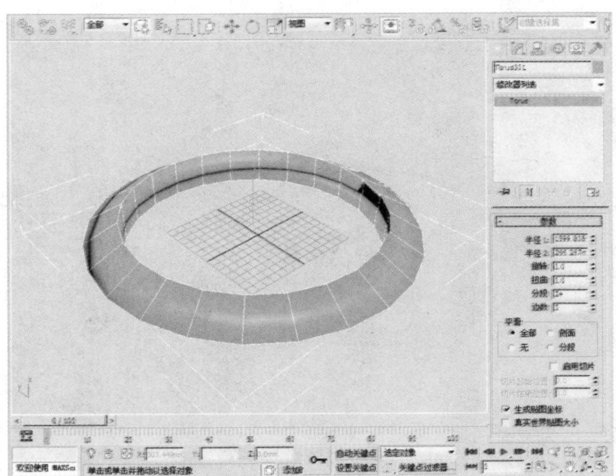

07 利用同样的方法来观察“扭曲”的作用方式。圆环扭曲是以环轴为轴心进行的，从分段的变化即可看出。

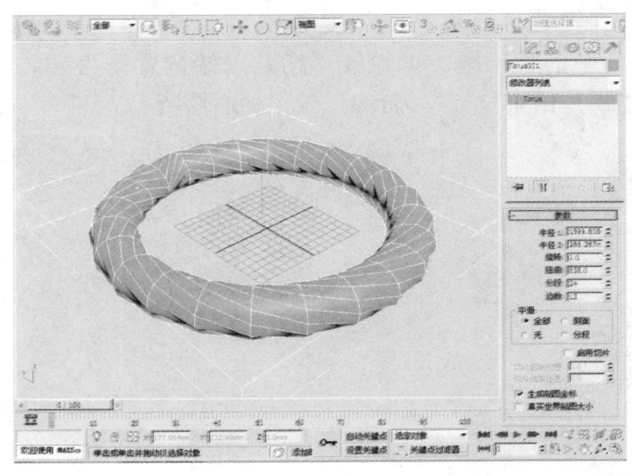

08 圆环的平滑要复杂些，因为圆环有两个方向需要平滑，包括与轴平行的方向和与截面圆平行的方向，如下图所示为选中“全部”单选按钮时的效果。

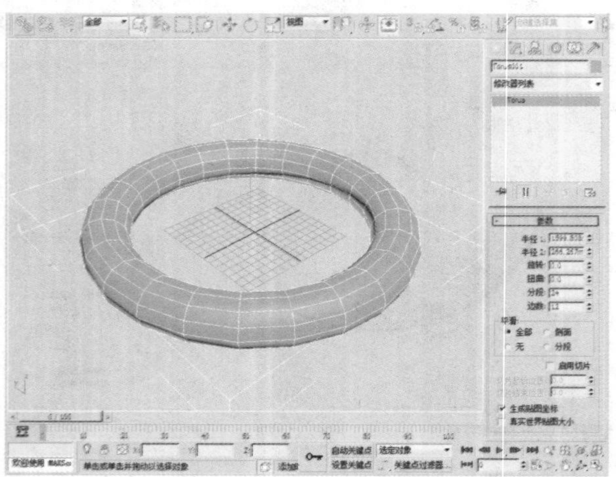

09 选中“侧面”单选按钮后，其与圆环平行的方向上的连续面形成一个光滑组。

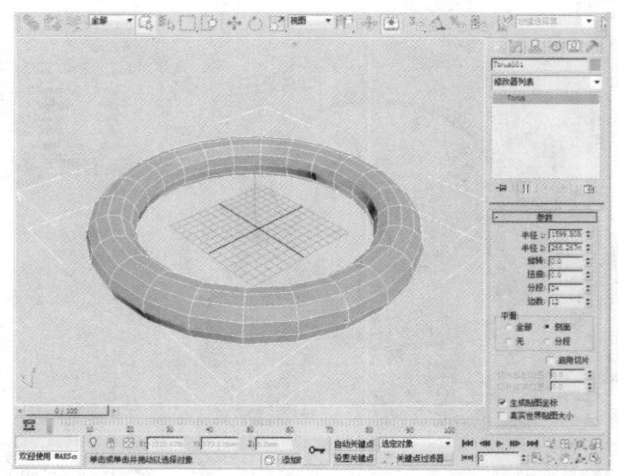

10 选中“分段”单选按钮后，与圆环断面平行的面形成一个光滑组。

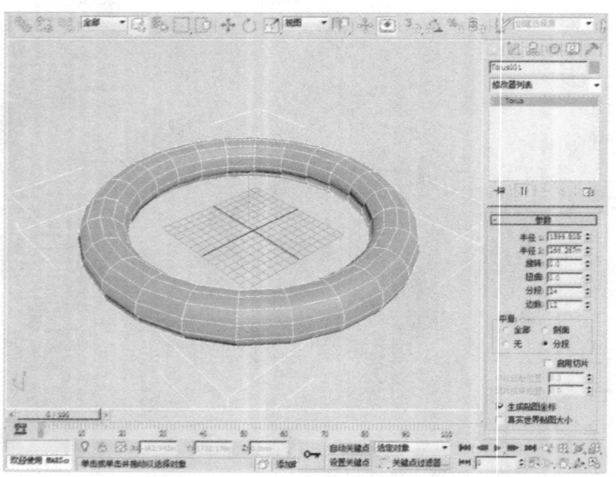

11 选中“无”单选按钮后，与圆环平行的方向和与圆环断面平行的方向上的所有面都不进行平滑。

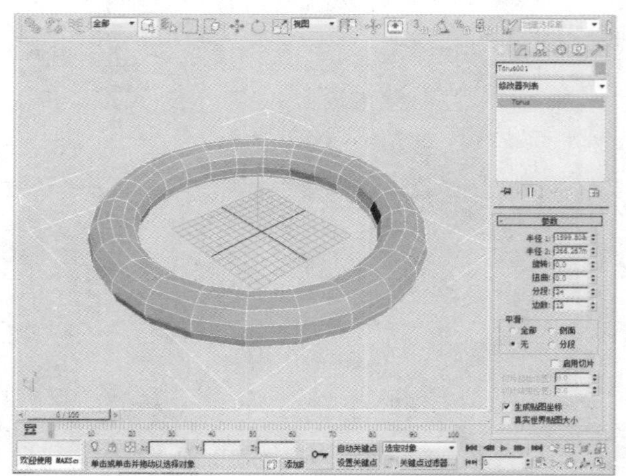

12 勾选“启用切片”复选框后，可以只启用圆环中的某一段。如设置“切片起始位置”为30、“切片结束位置”为180，效果如右图所示。

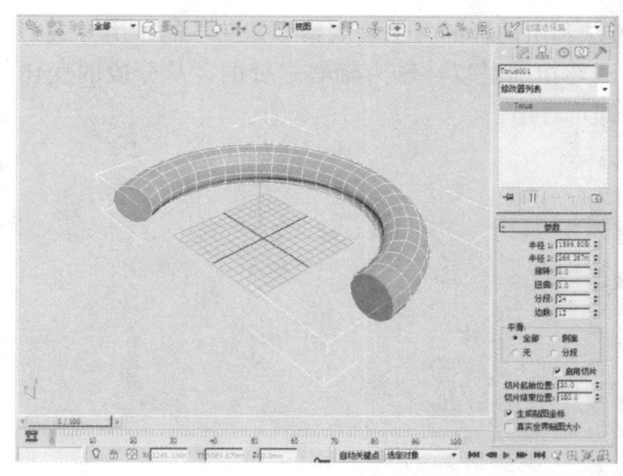

3.1.5 四棱锥、茶壶、平面的创建

四棱锥、茶壶、平面的具体创建步骤如下。

01 在“创建”命令面板中单击“标准基本体”下的“四棱锥”按钮，在透视视图中单击并拖动，创建一个显示对角线的矩形平面。

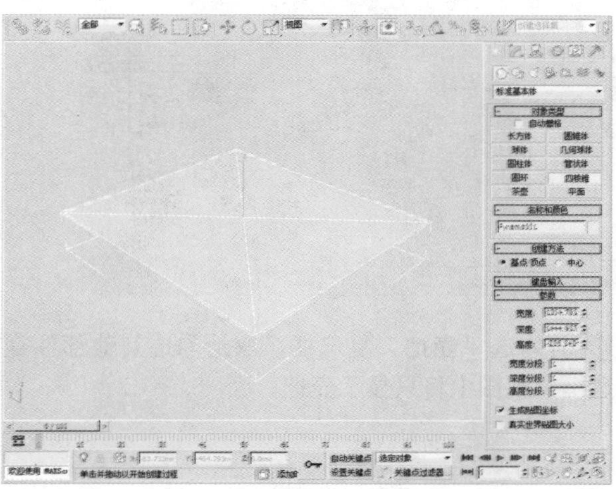

02 释放鼠标左键后沿Z轴方向拖动鼠标，到适当位置后单击，完成创建。

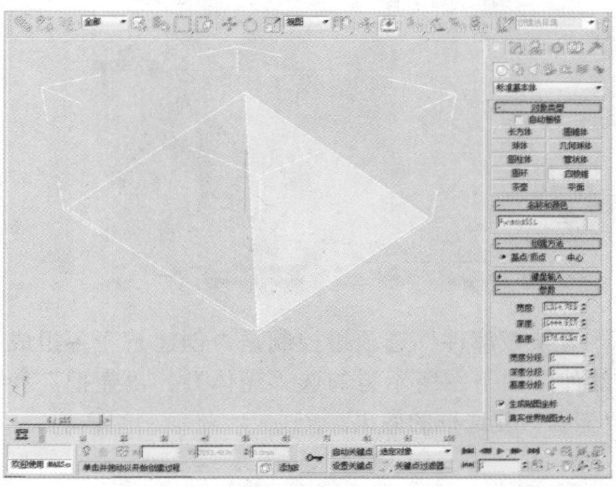

03 在“创建方法”卷展栏中选中“基点/顶点”单选按钮与球体的创建相似，都是以鼠标跨跃距离为对角线或直径进行创建。

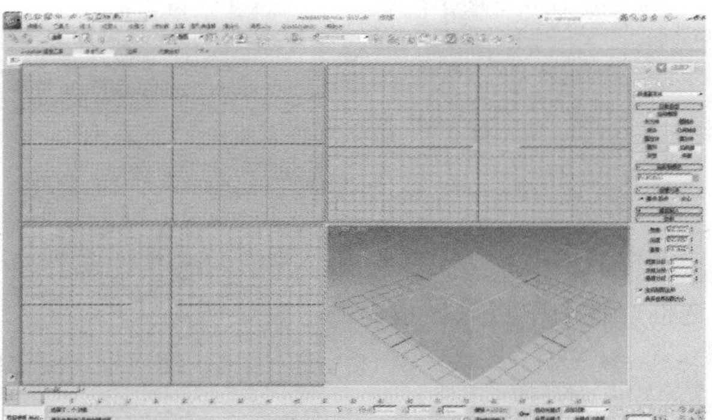

04“参数”卷展栏中的“宽度”、“深度”和“高度”的具体含义如下图所示。

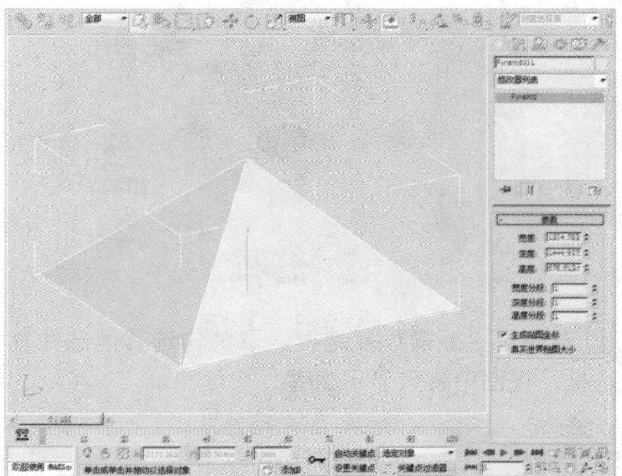

知识点

如果要对基本的长方体进行变形处理，就需要根据变形的复杂程度以及变形的方向，适当增加相应方向上的分段数。例如，对于一个宽度分段数为2的长方体，若在宽度方向上进行弯曲变形，则弯曲变形后棱角分明。随着分段数的不断增加，弯曲效果越来越趋于光滑。

05 新建场景，在“创建”命令面板中单击“标准基本体”下的“茶壶”按钮，在透视视图中使用鼠标创建一个茶壶。

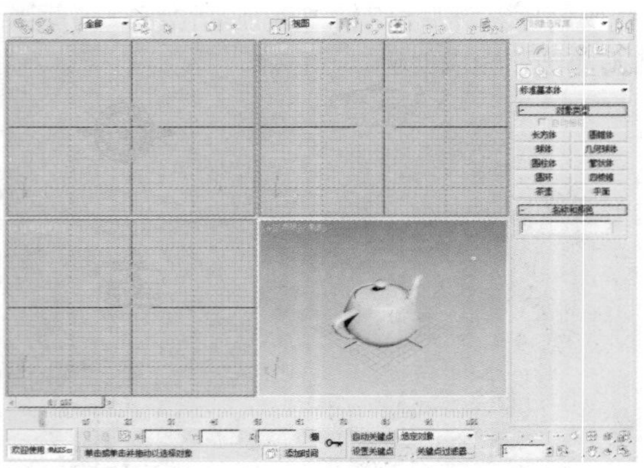

06 茶壶只有“半径”和“分段”两个控制参数。“分段”的控制方式与圆柱体相似，如下图所示。

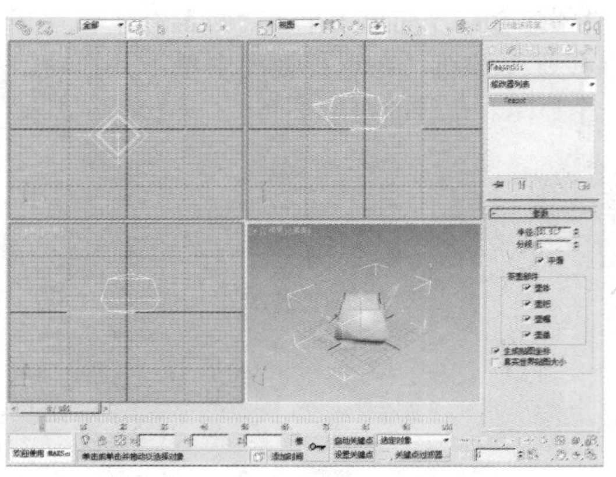

07“茶壶部件”选项组控制是否创建茶壶各组成部件，如下图所示为勾选“壶体”、“壶把”和“壶嘴”复选框的效果。

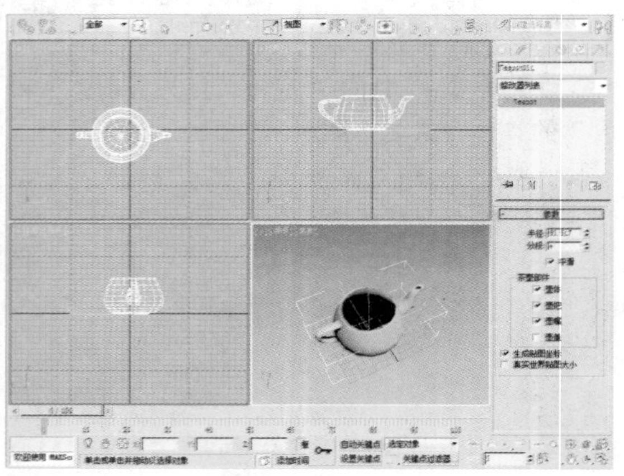

08 若勾选“壶把”复选框，取消勾选其他部件复选框，视图中将只显示壶把。

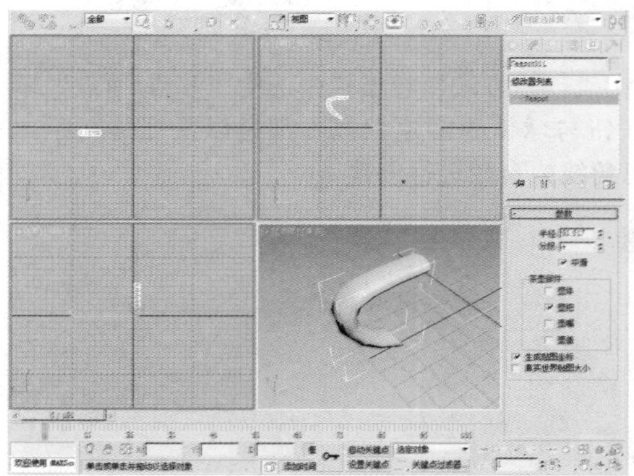

09 若勾选“壶嘴”复选框，取消勾选其他部件复选框，视图中将只显示壶嘴。

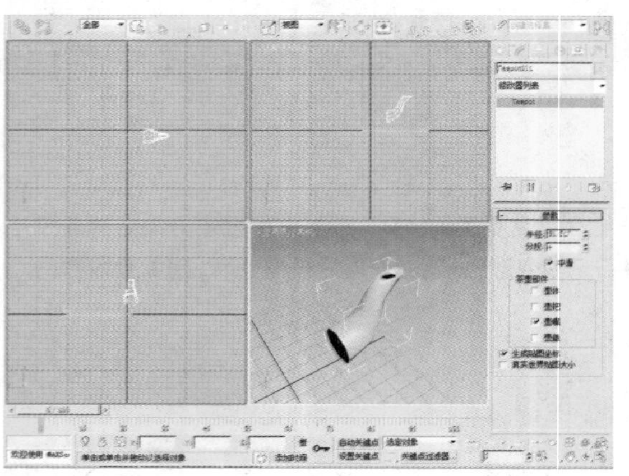

10 若勾选“壶盖”复选框，取消勾选其他部件复选框，视图中将只显示壶盖。

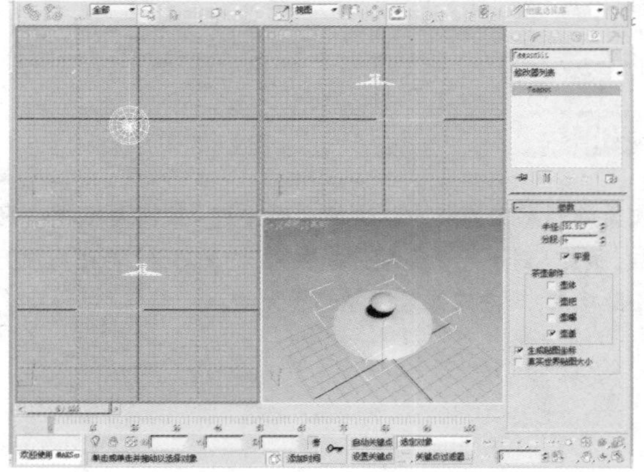

11 新建场景，在“创建”命令面板中单击“标准基本体”下的“平面”按钮，在顶视图中沿对角线创建平面。

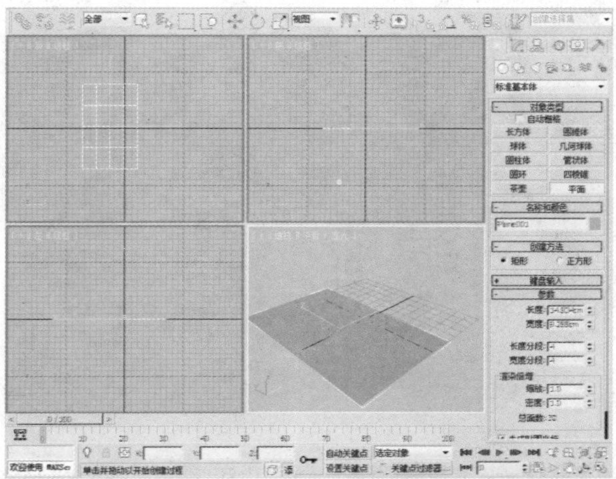

12“渲染倍增”选项组中的两个参数分别为“缩放”（渲染后的大小与原始大小之比）和“密度”（渲染后分段与原始量之比），参照下图进行设置。

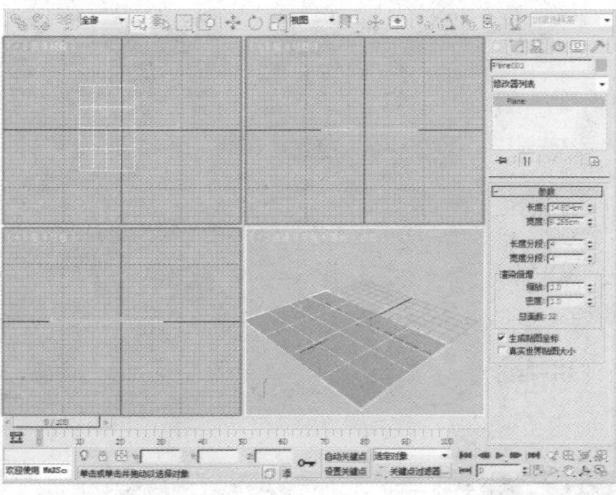

13 单击对象，在“名称和颜色”卷展栏中适当更改对象名称即可，单击其右侧的色块即可进入“对象颜色”对话框。

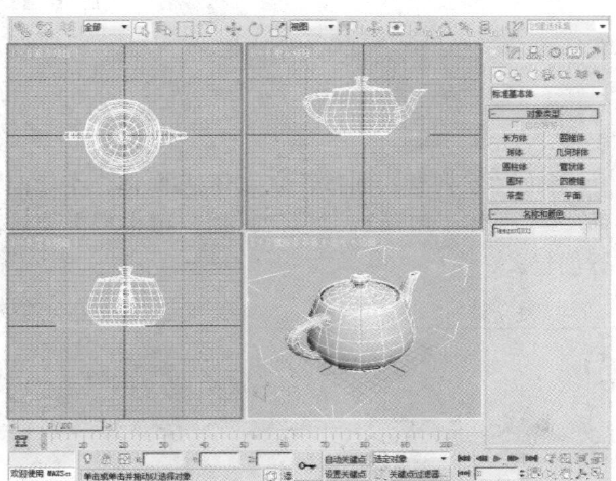

14 在“对象颜色”对话框中选择所需色块，然后单击“确定”按钮即可更改对象的颜色。

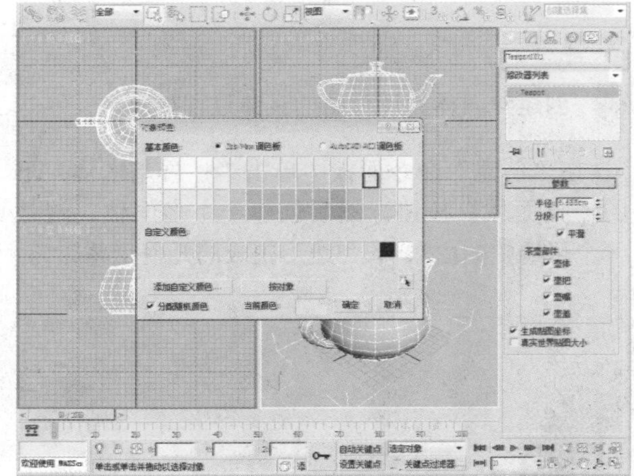

知识点

此对话框用于控制对象本身的颜色，与贴图和材质无关，无关的原因很简单：本来就是与对象本身相互独立的一个部分，就像人一样，有黄种人、白种人、黑种人，每个人有可以穿不同的衣服。衣服就相当于对象的材质和贴图，而人本身的肤色就相当于对象的颜色。

知识点

在此将10种标准基本体的控制面板并列在一起，其中的区别与联系一目了然。

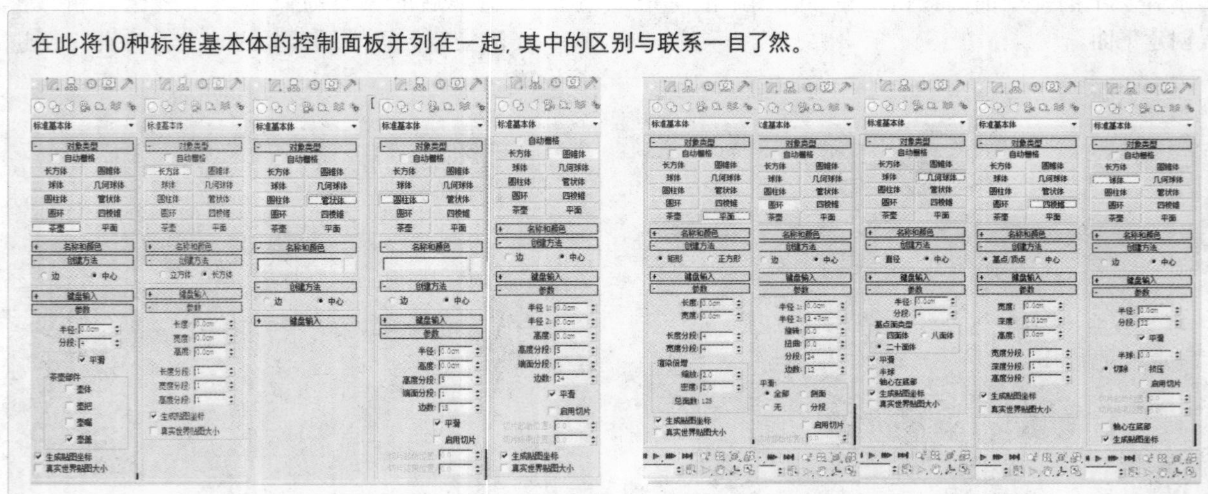

3.2 扩展基本体

本节详细讲解了3ds Max 2013中扩展基本体的创建方式和内容，熟悉本节的内容有利于后期对模型进行进一步创建。

3.2.1 创建异面体和环形结

创建异面体和环形结的具体过程如下。

01 在“创建”命令面板中单击“扩展基本体”下的“异面体”按钮，然后创建一个多面体。这是一个可调整的由3、4、5边形围成的几何形体。

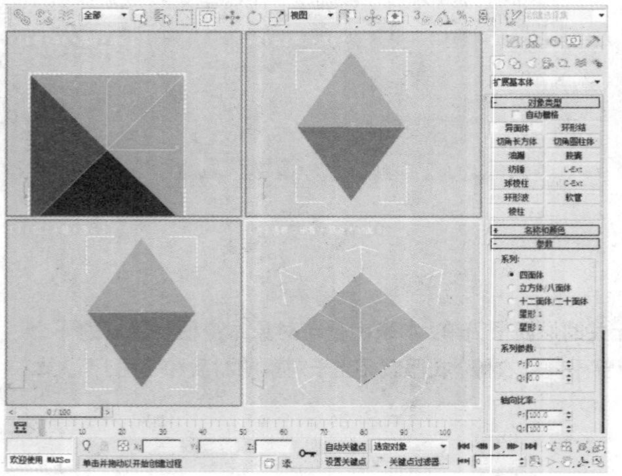

02 异面体系列有四面体、立方体/八面体、十二面体/二十面体、星形1、星形2。用户可根据需要进行创建。

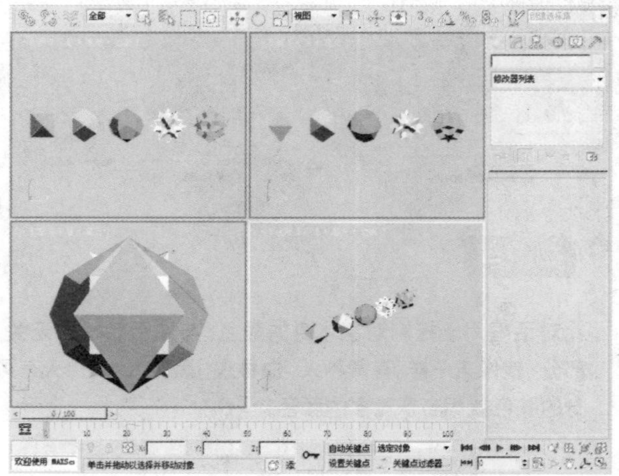

03“系列参数”选项组中的P、Q两个参数控制着多面体顶点和轴线双重变换的关系，二者之和不能大于1。设定其中一方不变，另一方增大，当二者之和大于1时系统会自动将不变的那一方降低，以保证二者之和等于1。如下图所示为P为0.6、Q为0.1时的四面体。

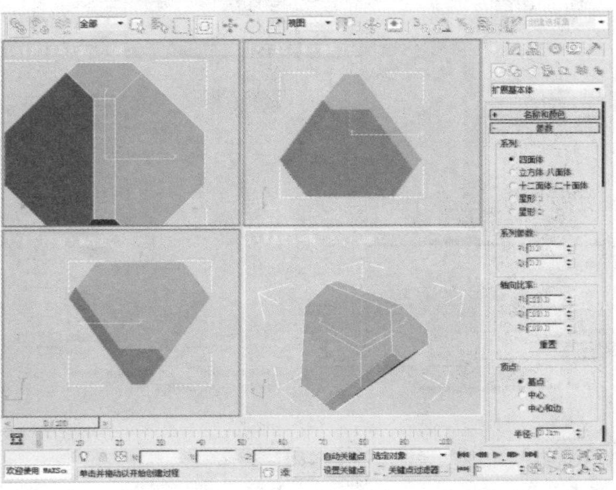

04“轴向比率”选项组中的P、Q、R3个参数分别为其中一个面的轴线，调整这些参数便可以使这些面分别从其中心凹陷或凸出，如下图所示为P为100、Q为50、R为80的四面体。

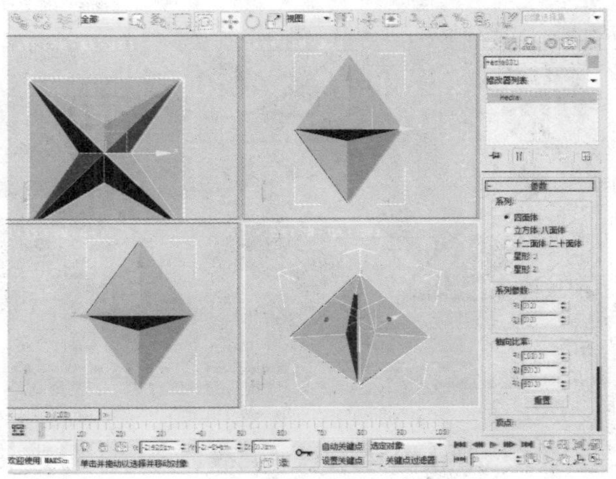

05 新建场景，在“创建”命令面板中单击“扩展基本体”下的“环形结”按钮，创建一个多节圆环体，该功能常用于室内花式的建模过程中。

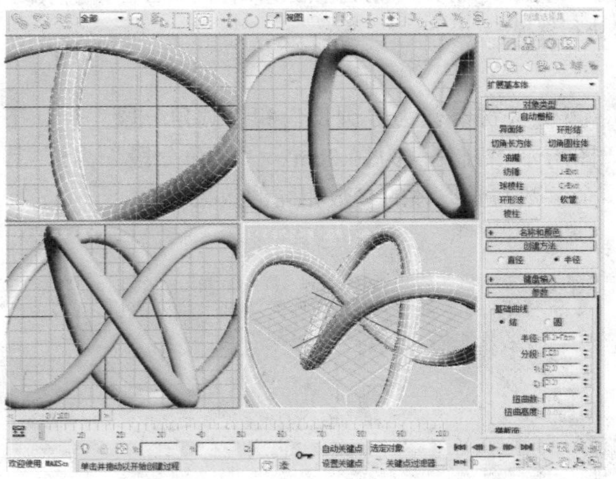

06“基础曲线”选项组中有两种形式供选择，一种是“结”，另一种是“圆”，如下图所示为选择“圆”单选按钮，将“扭曲数”设置为8、“扭曲高度”设置为0.3的环形结效果。

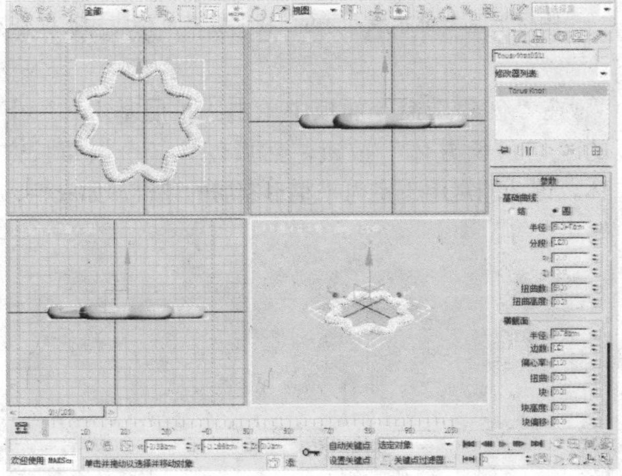

07 “基础曲线”选项组中的P、Q两个控制参数分别控制垂直和水平方向的环绕次数。如下图所示为选择“结”单选按钮，并设置P为2.5、Q为2.0的效果。当数值不是整数时，对象有相应的断裂。

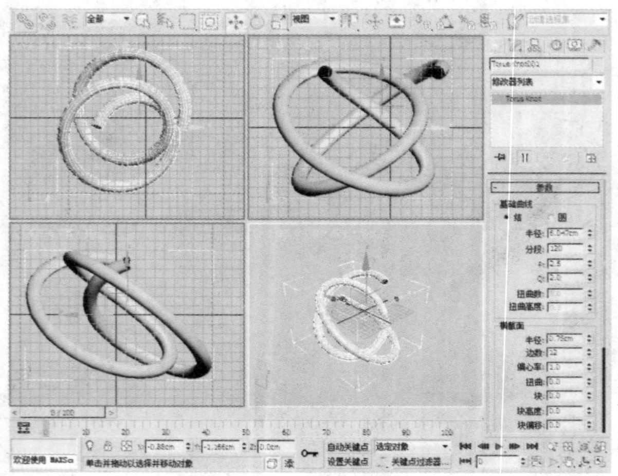

08 若在“基础曲线”选项组中选择“圆”单选按钮，则有“扭曲数”和“扭曲高度”两个控制参数，分别控制弯折的次数和深度。如右图所示为“扭曲数”为6，“扭曲高度”为3的效果。

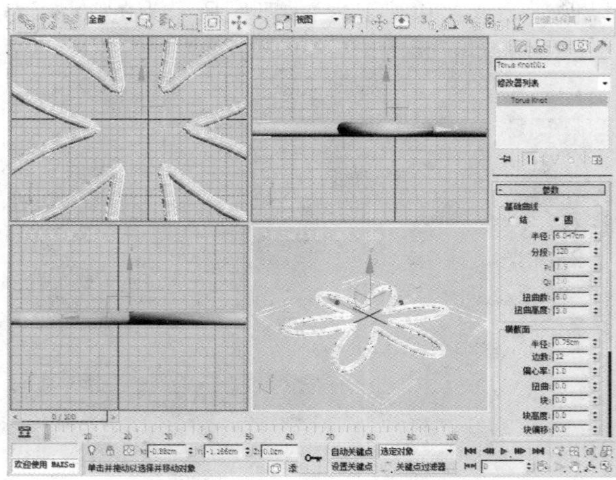

3.2.2 创建切角长方体、切角圆柱体、油罐、胶囊、纺锤

切角长方体、切角圆柱体、油罐、胶囊、纺锤的具体创建步骤如下。

知识点

切角圆柱体、油罐、胶囊、纺锤都是圆柱体的扩展几何体。显然，这一类几何体被称为扩展基本体的原因在于它们都是由标准基本体扩展而来的，我们经常直接应用扩展基本体进行建模。

01 在“创建”命令面板中单击“扩展基本体”下的“切角长方体”按钮，然后创建一个倒角长方体。该功能常用于室内平整形家居的建模，如衣柜、写字台等。

02 其关键参数为“圆角”和“圆角分段”。如下图所示“圆角”为10.0cm、“圆角分段”为5，其余参数与长方体的参数相同的效果。

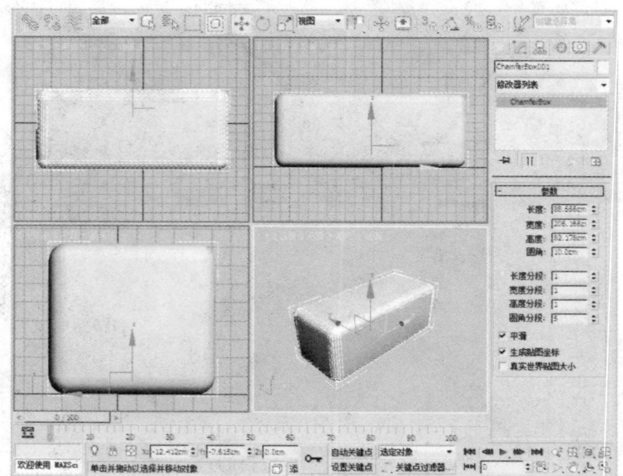

03 新建场景，在“创建”命令面板中单击“扩展基本体”下的“切角圆柱体”按钮，创建一个倒角圆柱体。

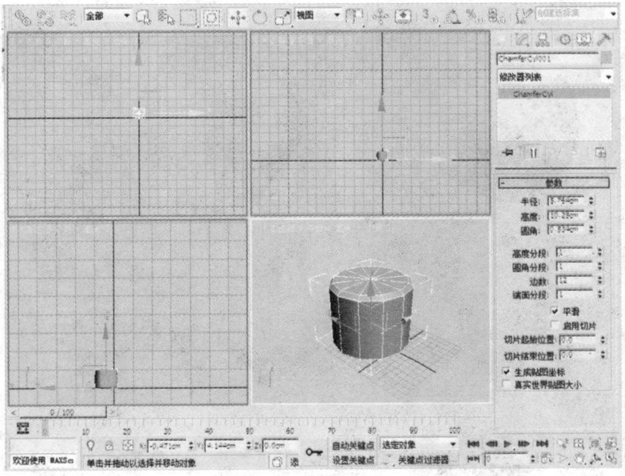

04 其关键参数为“圆角”和“圆角分段”。如下图所示“圆角”为1.0cm、“圆角分段”为6时的效果。

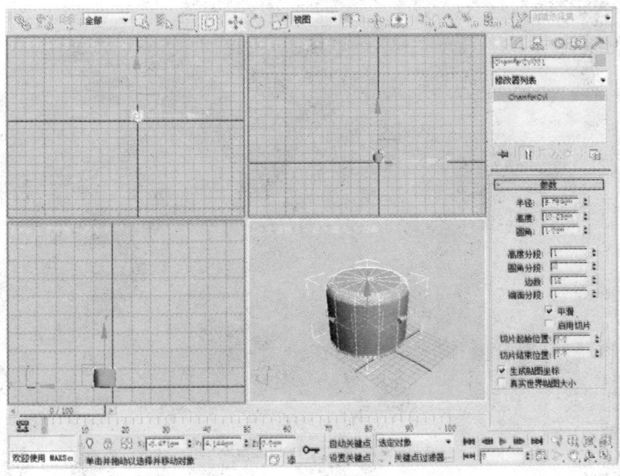

05 新建场景，在“创建”命令面板中单击“扩展基本体”下的“油罐”按钮，创建一个油罐体。

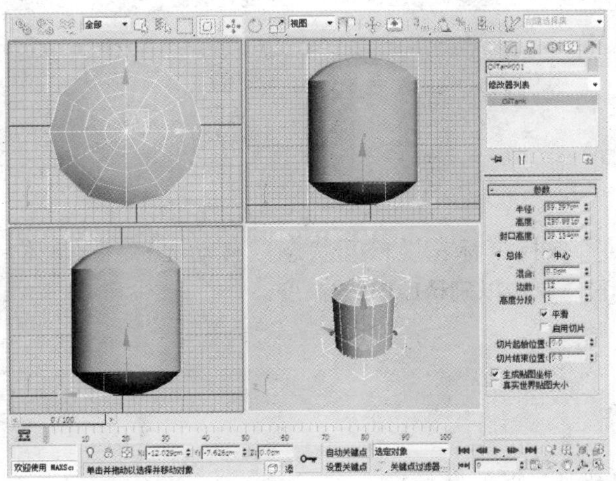

06 其关键参数为“混合”，他控制着半球与圆柱体交接边缘的圆滑量，如下图所示“混合”为3.0cm的效果。

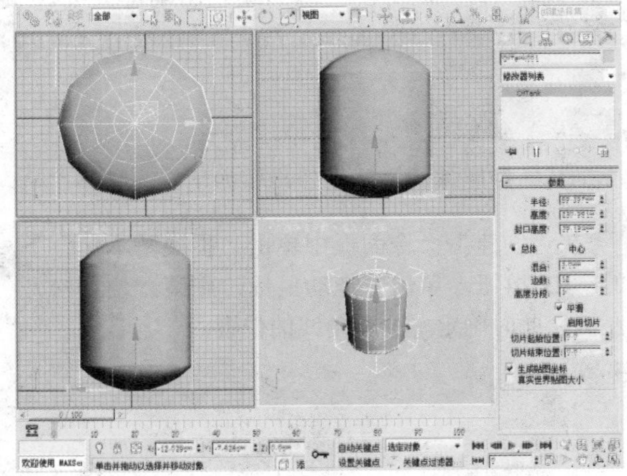

07 新建场景，在“创建”命令面板中单击“扩展基本体”下的“胶囊”按钮，创建一个胶囊体，控制参数的设置与圆柱体基本相同，常用于室内建模中类似形体的创建。

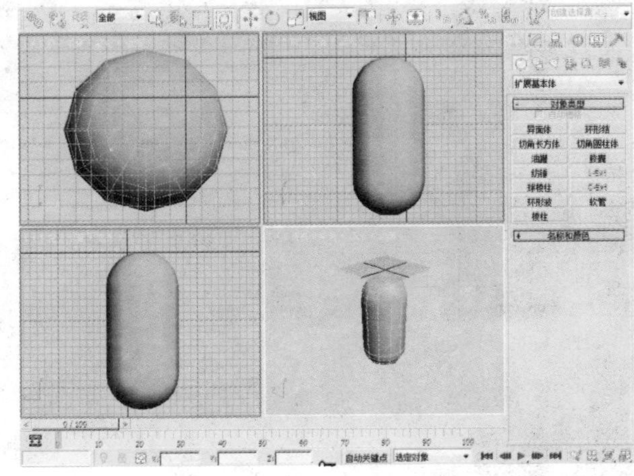

08 新建场景，在“创建”命令面板中单击“扩展基本体”下的“纺锤”按钮，创建一个纺锤体。

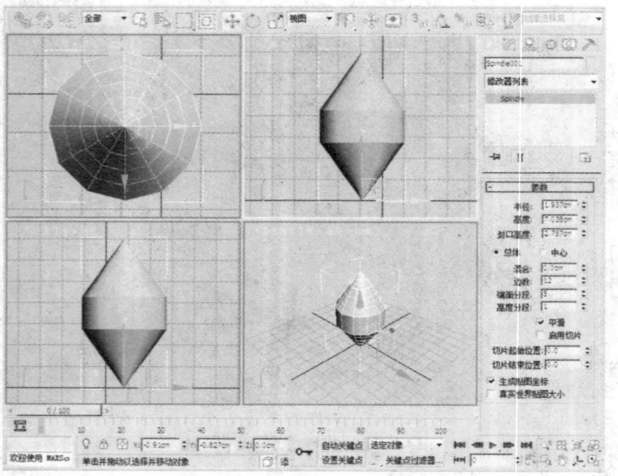

09 其中关键参数“混合”控制着半球与圆柱体交接边缘的圆滑程度。

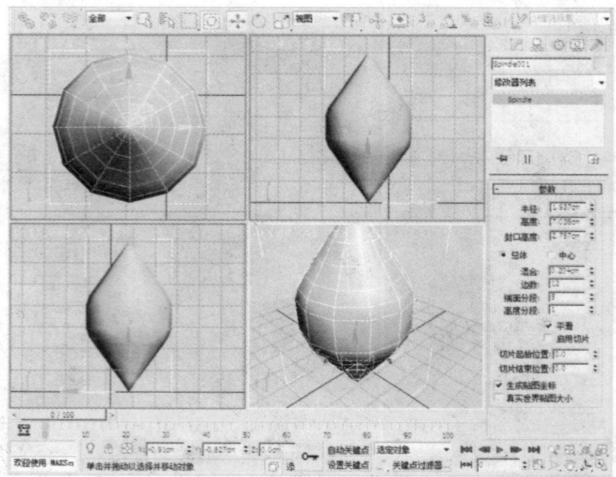

知识点

在3ds Max中无论是标准基本体模型，还是扩展基本体模型，都具有创建参数。通过修改这些创建参数，可以对几何体做适当的变形处理。

3.2.3 其他扩展体的创建

其他扩展体的具体创建步骤如下。

01 在“创建”命令面板中单击“扩展基本体”下的L-Ext按钮，单击并拖动鼠标，到某一位置松开左键，此时确定平面对角线的位置。

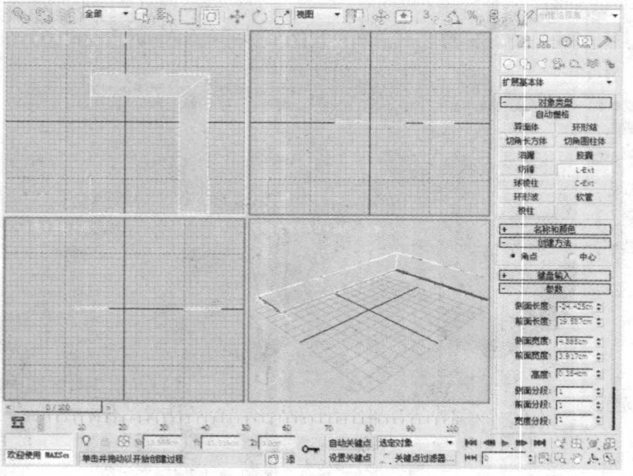

02 保持鼠标左键松开状态，移动光标到某一位置，单击以确认L-Ext的高度。

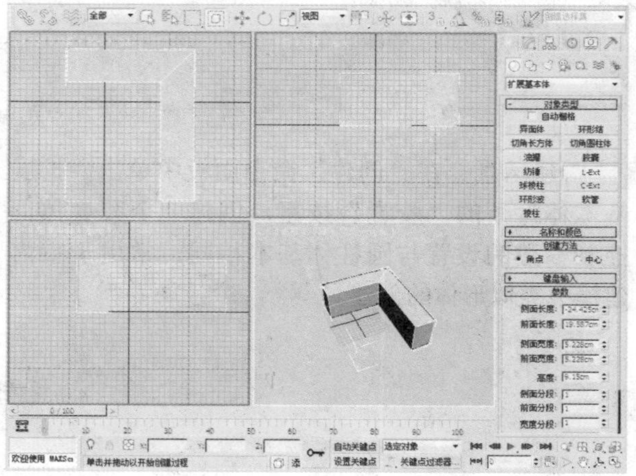

03 释放鼠标左键并向L形内部移动鼠标，此时L-Ext的厚度归零，向反向移动鼠标，到某一位置后单击，确认L-Ext的厚度。

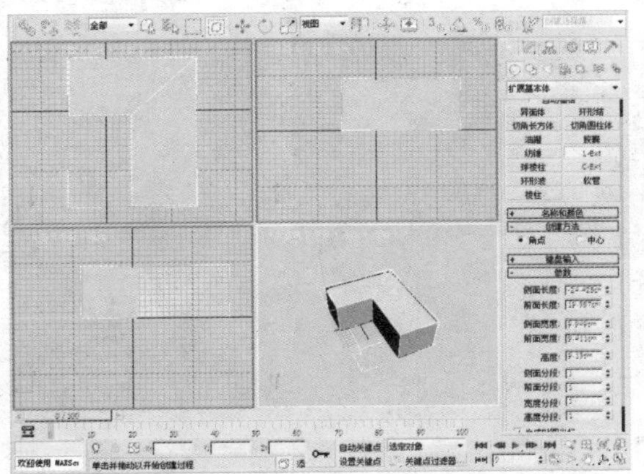

04 L-Ext的控制参数为侧面/前面宽度、侧面/前面长度、高度、侧面/前面/宽度/高度分段。

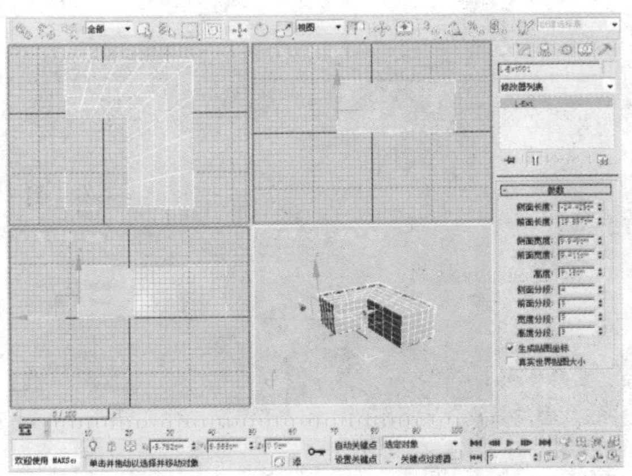

05 新建场景，在“创建”命令面板中单击“扩展基本体”下的“球棱柱”按钮，创建一个多边倒角棱柱。该功能常用于创建花样形状，如地毯、墙面饰物等。

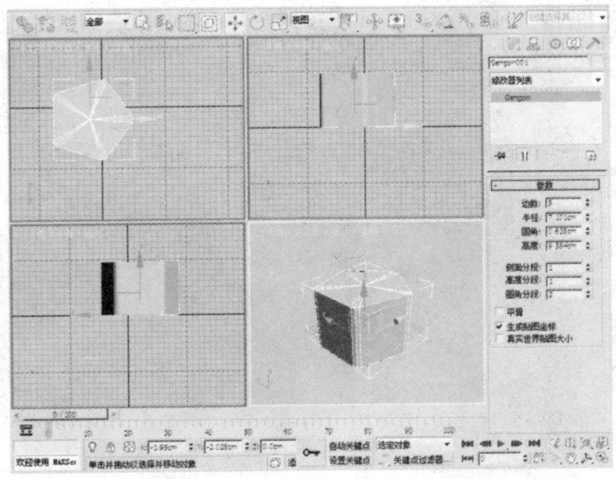

06 其关键参数有“边数”、“半径”、“圆角”、“高度”、“侧面分段”、“高度分段”和“圆角分段”。

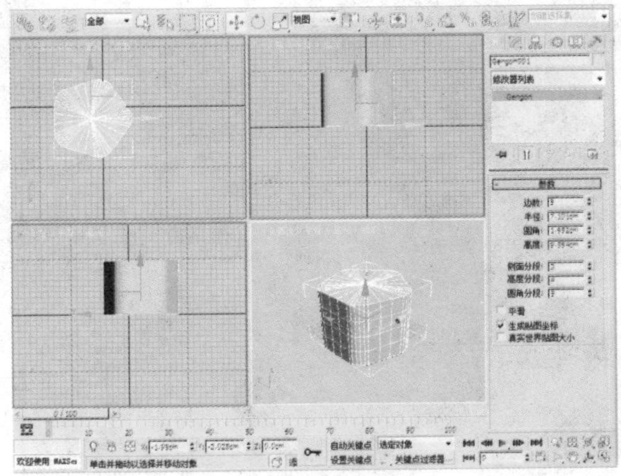

07 新建场景，在“创建”命令面板中单击“扩展基本体”下的C-Ext按钮，创建C形体，该功能常用于室内墙壁、屏风等的建模。

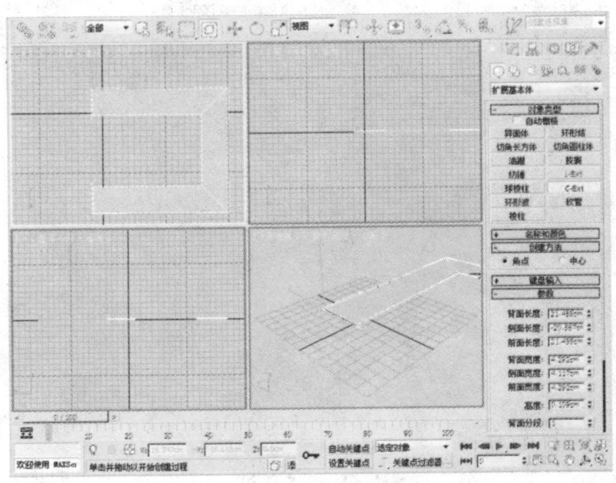

08 其控制参数有背面/侧面/前面长度和宽度、高度、背面/侧面/前面宽度/高度分段。

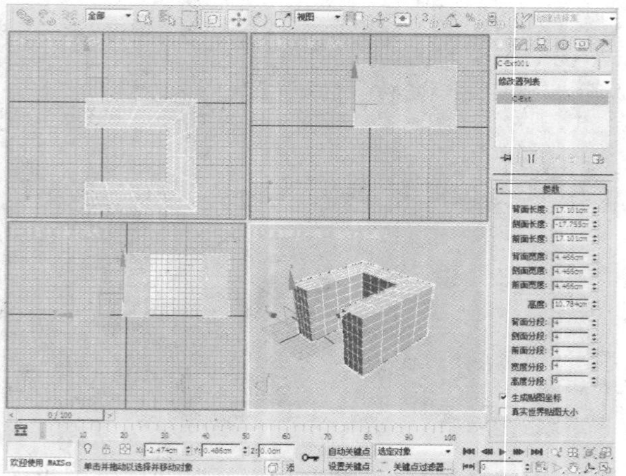

09 新建场景，在“创建”命令面板中单击“扩展基本体”下的“环形波”按钮，创建环波体。该功能常用于室内花饰的建模。

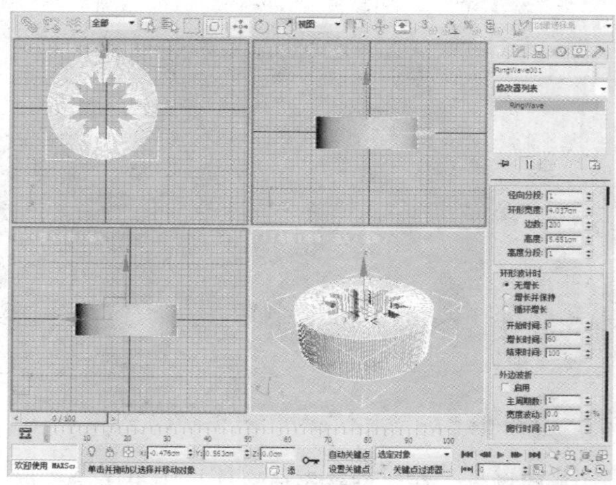

10 在“环形波大小”选项组中有“半径、”“径向分段”、“环形宽度”、“边数”、“高度”和“高度分段”参数可以设置。

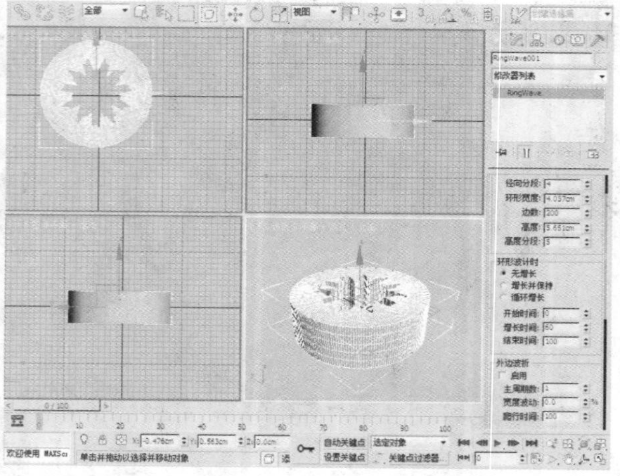

11 在“环形波计时”选项组中有“无增长”、“增长并保持”、“循环增长”、“开始”、“增长”和“结束时间”参数可进行设置。选择“增长并保持”单选按钮，此时拖动时间滑块则对象在0到60帧产生动画。

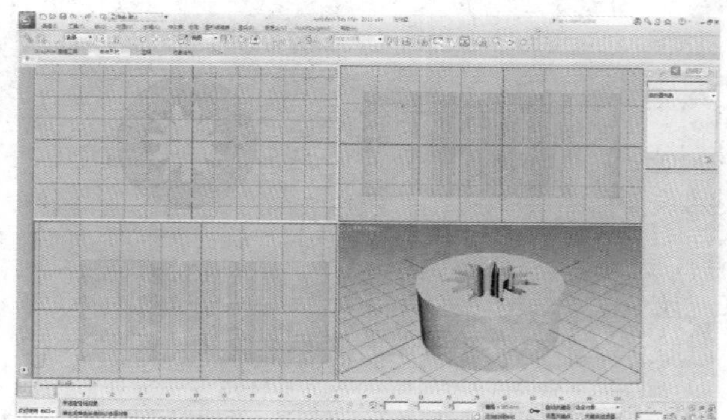

12 在“外边波折”选项组中有“主周期数”、“次周期数”、“宽度波动”、“爬行时间”等参数可以进行设置。

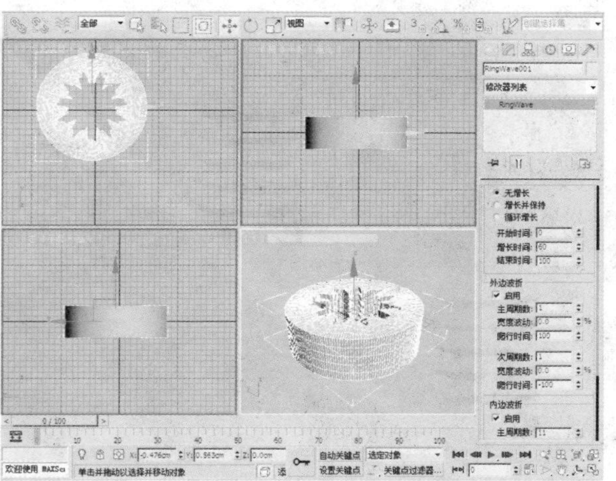

13 在“内边波折”选项组中有“主周期数”、“次周期数”、“宽度波动”、“爬行时间”等参数可以进行设置。

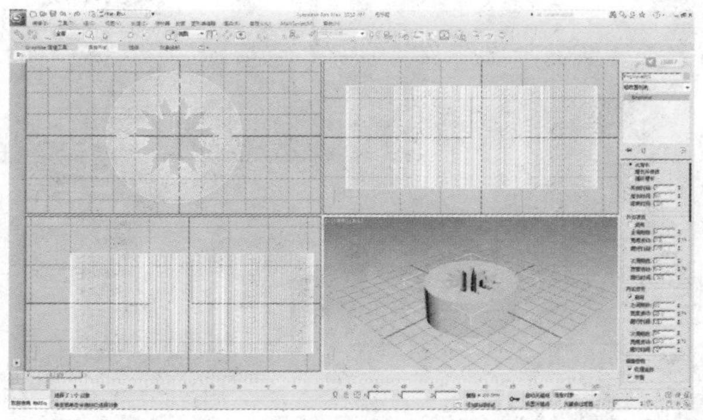

14 在“曲面参数”选项组中有“纹理坐标”、“平滑”参数。如下图所示为取消勾选“平滑”复选框后的效果。

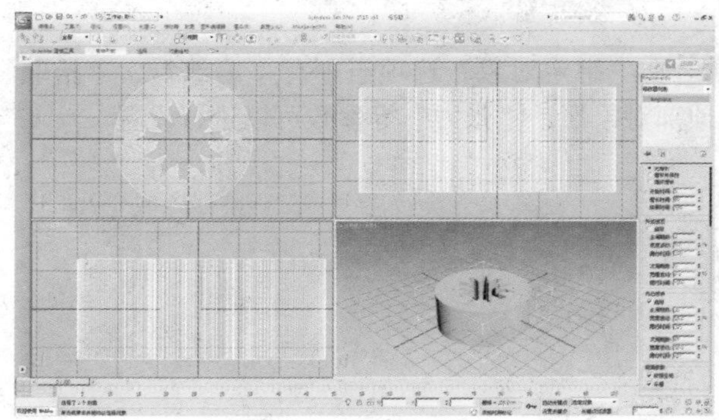

知识点

在激活的视图中，按住键盘上的Alt键并拖动鼠标，我们可以旋转视图，对附体进行不同角度的观察。

15 新建场景，在“创建”命令面板中单击“扩展基本体”下的“棱柱”按钮，创建三棱柱。该功能常用于简单形体家居的建模。

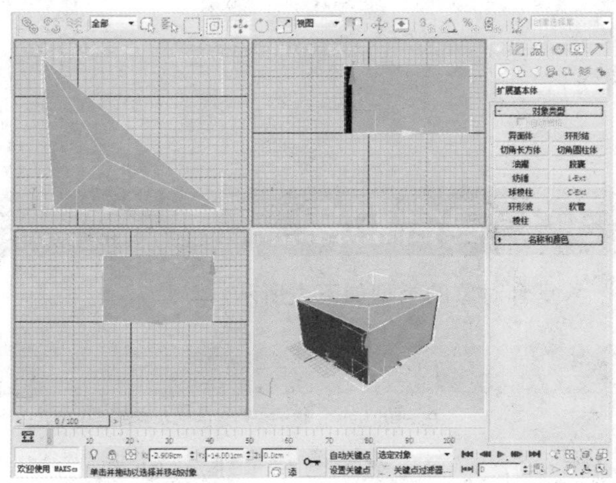

16 其关键参数有各侧面长度、宽度、高度，以及各侧面分段。

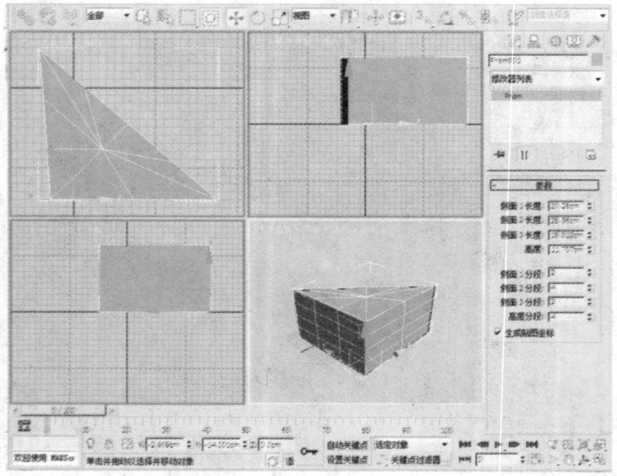

17 新建场景，在“创建”命令面板中单击“扩展基本体”下的“软管”按钮，创建一个软管体，该功能常用于创建室内相关形状，如喷淋管、弹簧等。

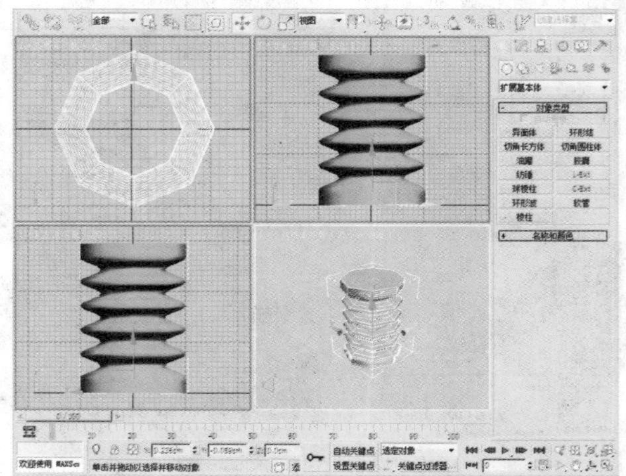

18 在“绑定对象”选项组中有“顶部”、“拾取顶部对象”、“张力”等参数可以进行设置。

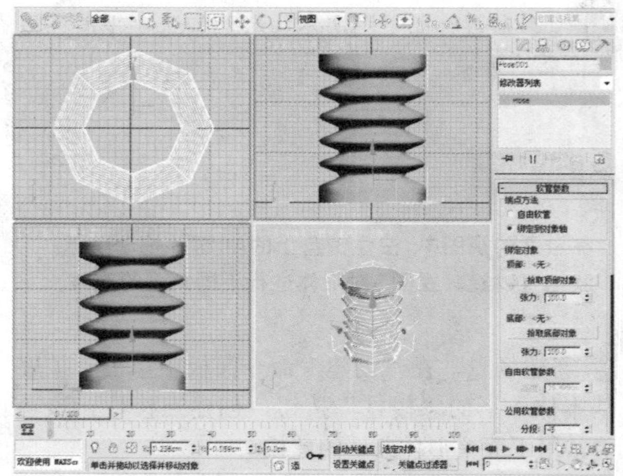

3.3 复合对象

复合对象的类型如下表所示。

类型	说明
变形	在一段时间内，将一个对象的形状逐渐转化为另一个对象的形状
散布	将单一对象复制并散布在指定对象的表面
一致	将一个对象的顶点投射到另一个对象上
连接	将两个具有敞开表面的对象连接成一个整体

（续表）

类型	说明
水滴网格	将许多球体连接成模拟水滴聚合的过程
图形合并	将图形对象投影到网格对象上，形成独立的多边形并可以继续编辑
布尔	将相互交叉的两个对象进行合集/交集等运算
地形	将多条处于不同高度的图形线条整合为一个类似山地的形体
放样	将图形沿某一路径进行放样

建筑及室内设计常用到的复合对象包括布尔和图形合并，下面将对其使用方法进行详细介绍。

01 创建一个长方体和球体，选中长方体后单击“创建”命令面板中“复合对象”下的“布尔”按钮。

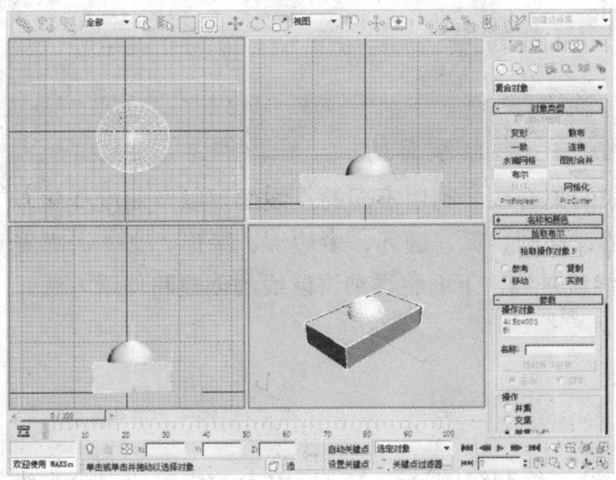

02 在“拾取布尔”卷展栏中单击“拾取操作对象B”按钮，然后在视图中抠掉球体，出现一个缺口。

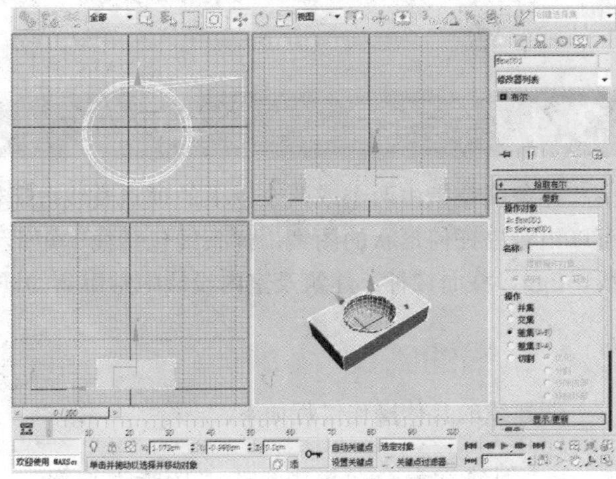

03 上一步骤中在“操作”选项组中选择“差集”单选按钮，若选择“并集”单选按钮，则结果是二者合成一体。

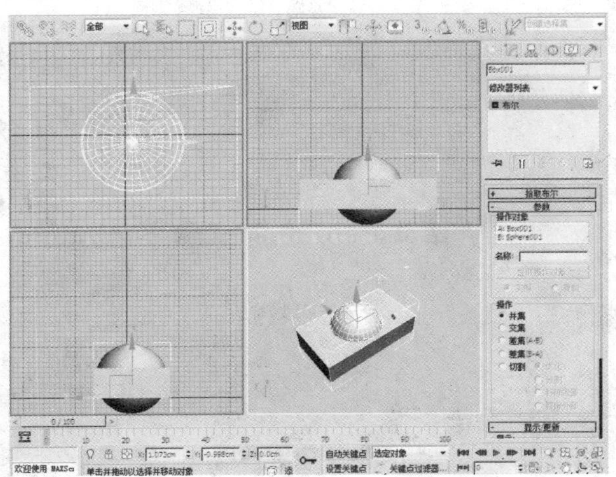

04 若选择“交集”单选按钮，则结果是经过布尔运算后二者相重合的部分。

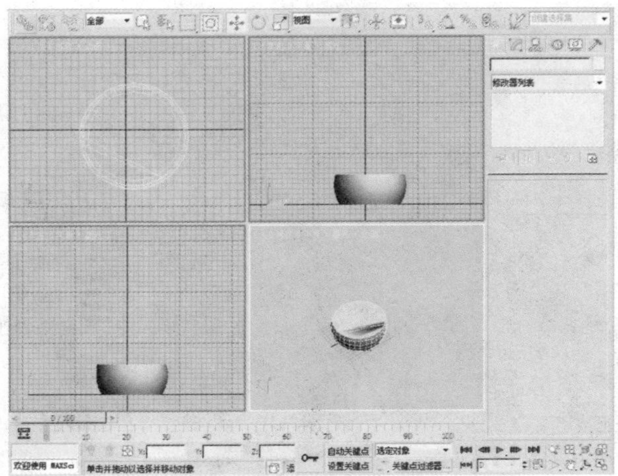

05 将一个二维图形放置在一个三维对象的某一方向上。

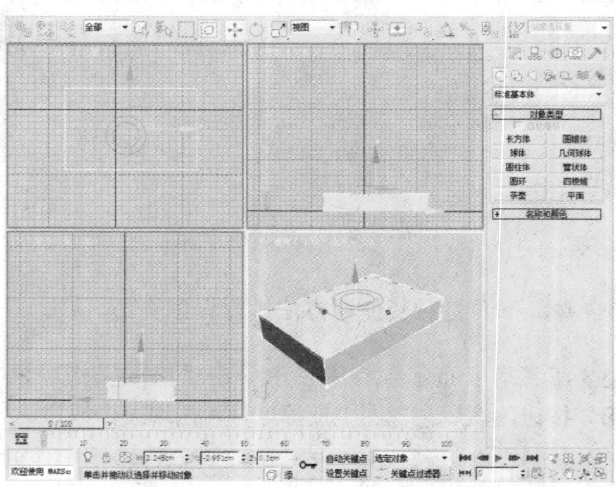

06 经过图形合并后，二维图形被整合到三维对象的相应表面上，成为多边形的子对象。

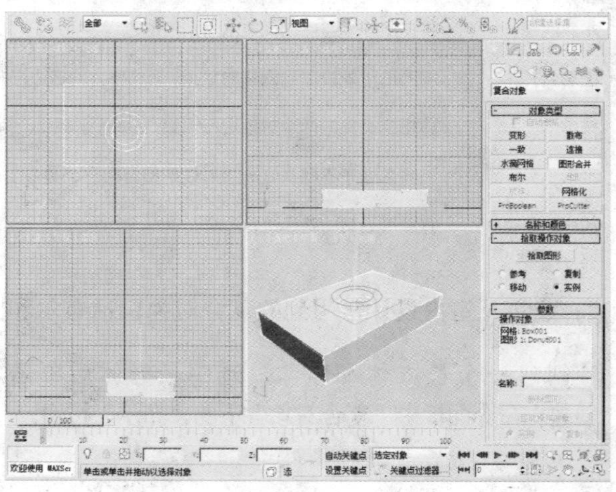

3.4 样条线

样条线是指由两个或两个以上的顶点及线段所形成的集合线。利用不同的点线配置以及曲度变化，可以组合出任何形状的图案，样条线包括线、矩形、圆、椭圆、弧、圆环、多边形、星形、文本、螺旋线、Egg、截面12种。建筑及室内设计中常用到的样条线就是线，下面将详细讲解线的创建和使用方法。

3.4.1 线的创建

创建线的具体操作过程如下。

01 在“创建”命令面板中单击“图形”按钮，在“样条线”下单击“线”按钮，在顶视图中单击，并跳跃式继续单击不同位置，生成一条线，然后单击鼠标右键结束创建。

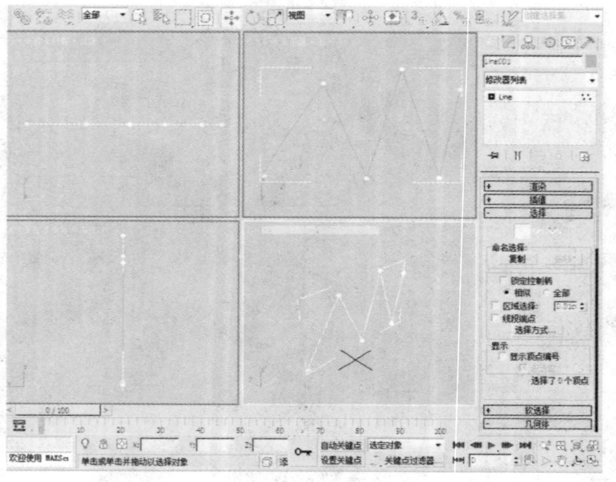

02 在绘制线的过程中鼠标单击的位置即记录为线的节点，节点是控制线的基本元素。

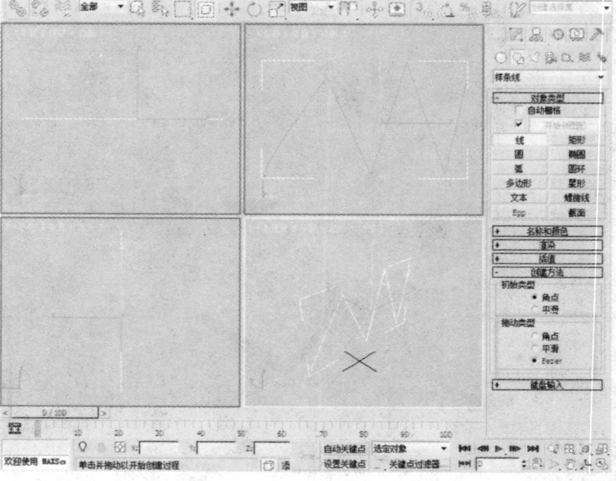

03 由“角点”所定义的点形成的线是非常严格的折线。

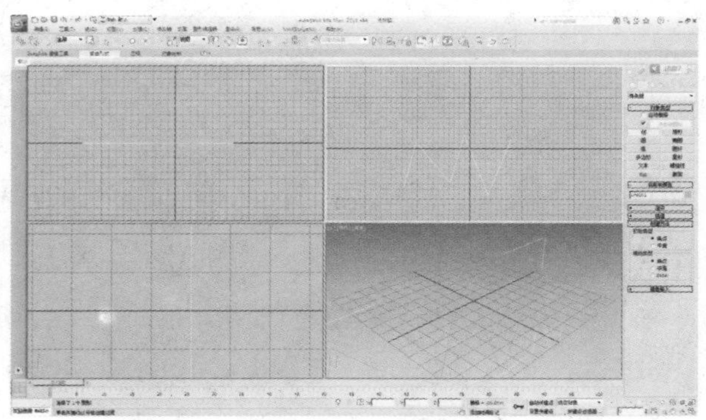

04 由“平滑”所定义的节点形成的线是可以圆滑相接的曲线。单击鼠标时若立即松开便形成折角，若继续拖动一段距离后在松开便形成圆滑的弯角。

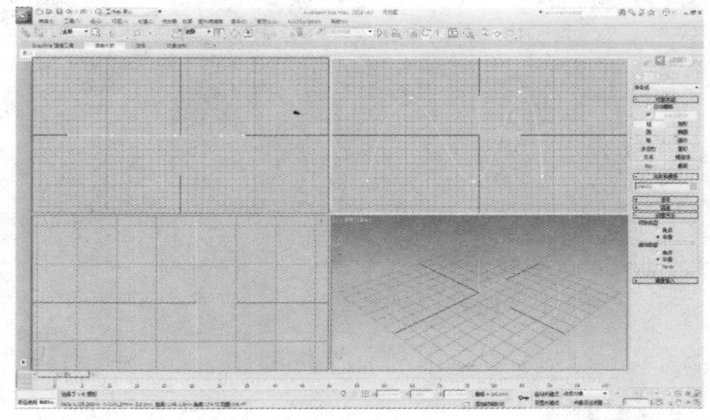

05 由Bezier（贝赛尔）所定义的节点形成的线是依照Bezier算法得出的曲线，使用与步骤04相同的鼠标操作方法，可通过移动一点的切线控制柄来调整经过该点的曲线形状。

06 线所对应的“创建”面板其余各项见下图。样条线中几种图形的控制面板内容非常接近，均含有“渲染”、“插值”、“选择”、“软选择”等卷展栏。

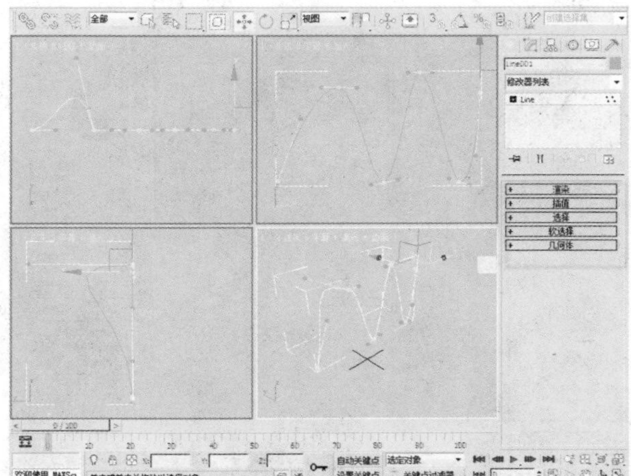

3.4.2 其他样条线的创建

其他样条线的具体创建步骤如下。

知识点

在图形中，还包含其他的图形形状，这些图形与线的区别就是我们无法直接进入到它们的子命令中进行操作，如顶点、线段、样条线。在创建其他图形的时候要注意它们与线的直接区别。

01“矩形”常用于创建简单家居的拉伸原形。关键参数有“渲染”、“步数”、“长度”、“宽度”和“角半径”。

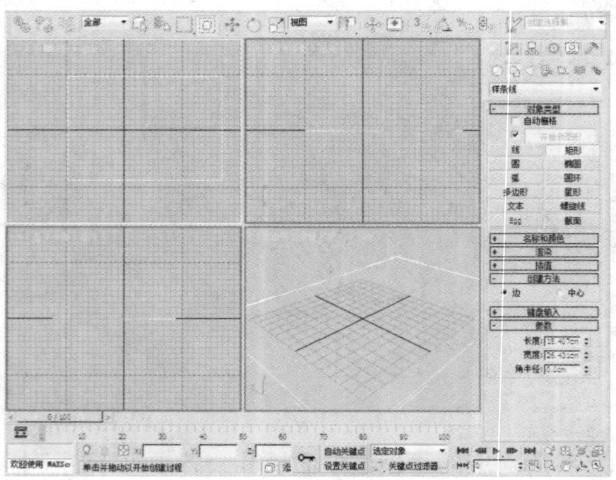

02“圆”常用与创建室内家居的花饰即简单形状的拉伸原型，关键参数有“步数”、“渲染”和“半径”。

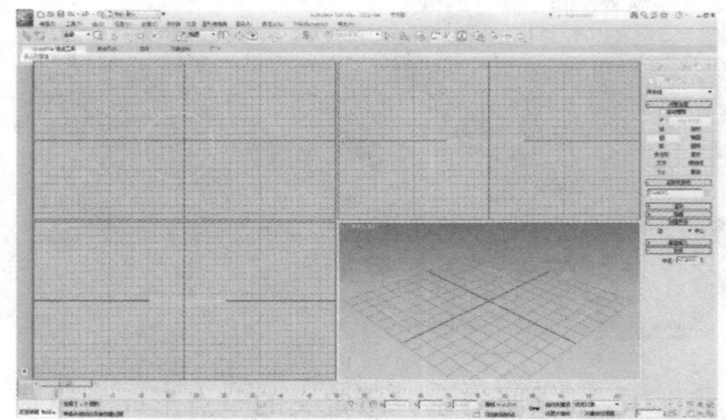

03“椭圆”常用于创建以圆形为基础的变形对象，关键参数有“渲染”、“步数”、“长度”和“宽度”。

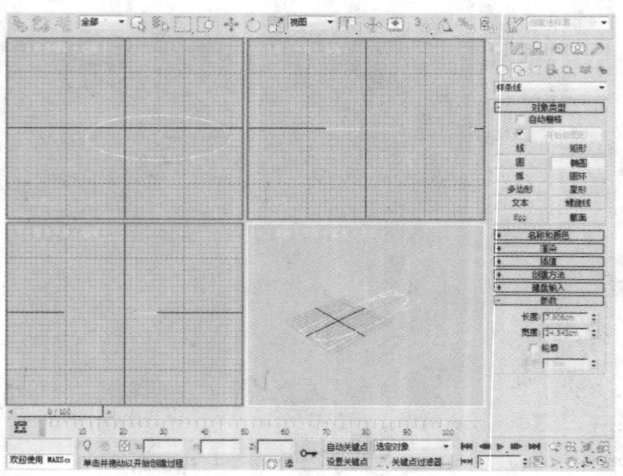

04“弧”选项的关键参数有“端点-端点-中央”、“中央-端点-端点”、“半径”、“起始角度”、“结束角度”、“饼形切片”和“反转”。

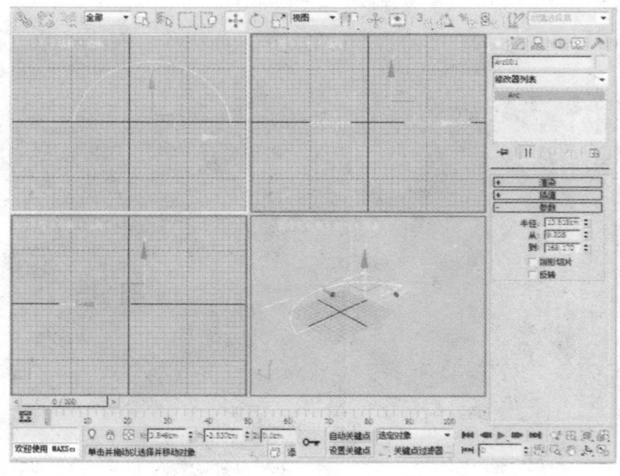

05“圆环”选项的关键参数包括“渲染”、“步数”、“半径1”和“半径2”。

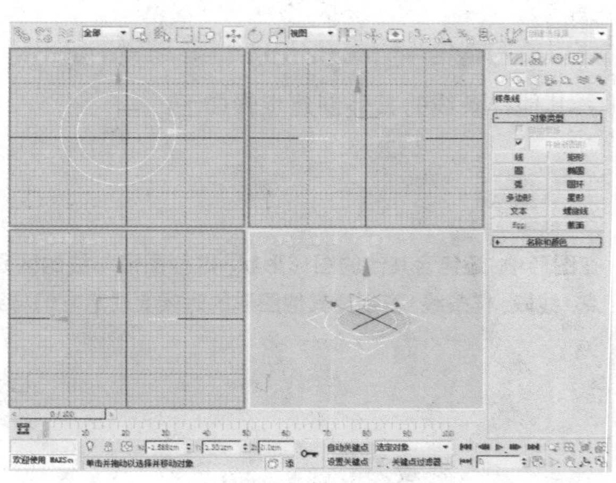

知识点

圆环图形是两个圆叠加在一起所产生的图形，在创建图形的时候要注意半径1、半径2之间的距离。以方便我们对图形进行进一步创建。

06 “多边形”选项的关键参数包括“半径”、“内接”、“外接”、“边数”、“角半径”和“圆形”。

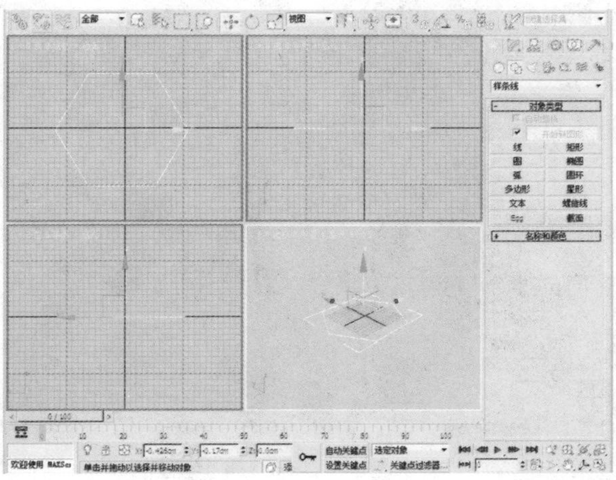

07 “星形”选项的关键参数有“半径1”、“半径2”、“点”、“扭曲”、“圆角半径1”和“圆角半径2”。

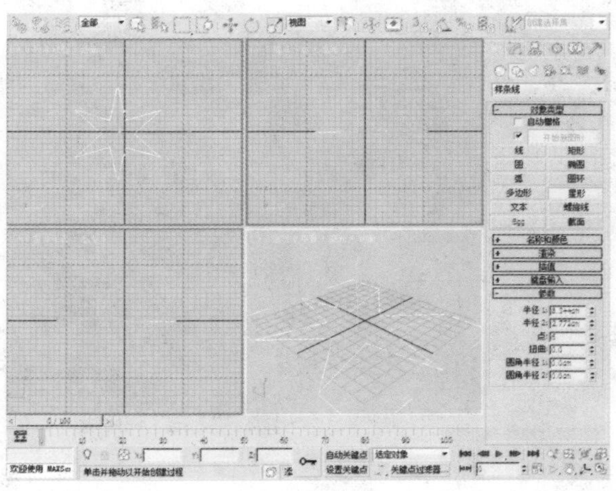

08 “文本”选项的关键参数有“大小”、“字间距”、“更新”和“手动更新”。

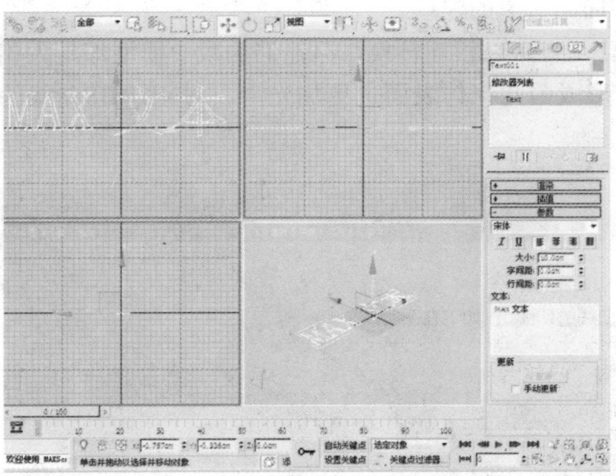

09 “螺旋线”选项的关键参数有“半径1”、“半径2”、“高度”、“圈数”、“偏移”、“顺时针”和“逆时针”。

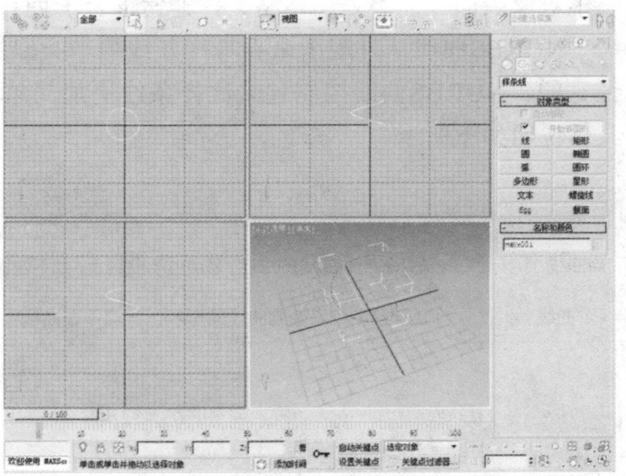

10 截面，即以从已有对象上截取的剖面图形作为新的样条线。如右图所示，在所需位置创建剖切平面。关键参数有“创建图形”、“移动截面时”更新、“选择截面时”更新、“手动”更新、“无限”和“截面边界”。

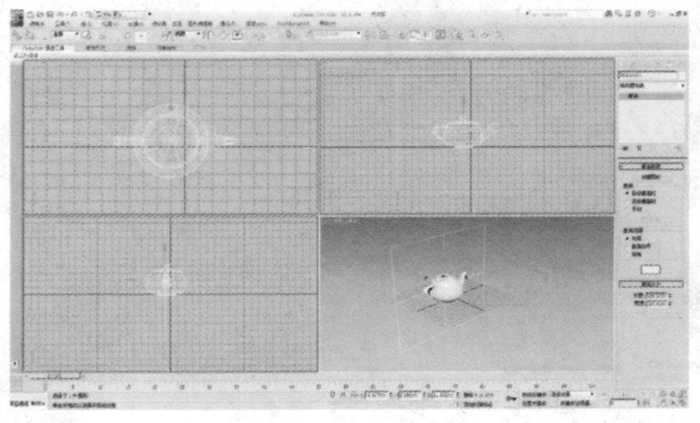

11 在“截面参数”卷展栏中单击“创建图形”按钮，输入名称后单击“确定”按钮即可。

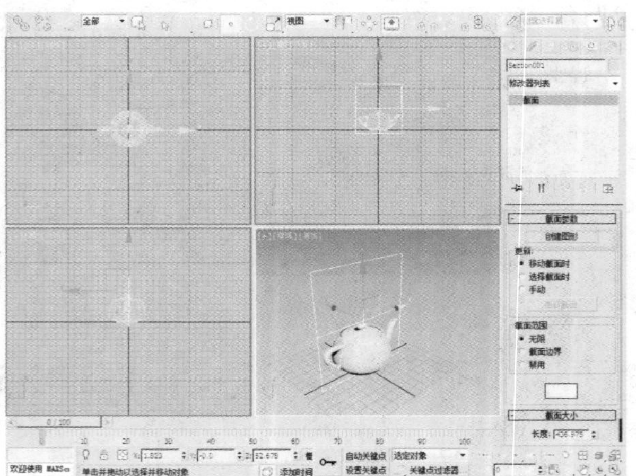

12 删除作为原始对象的茶壶，剖切后产生的轮廓线随即显现出来。

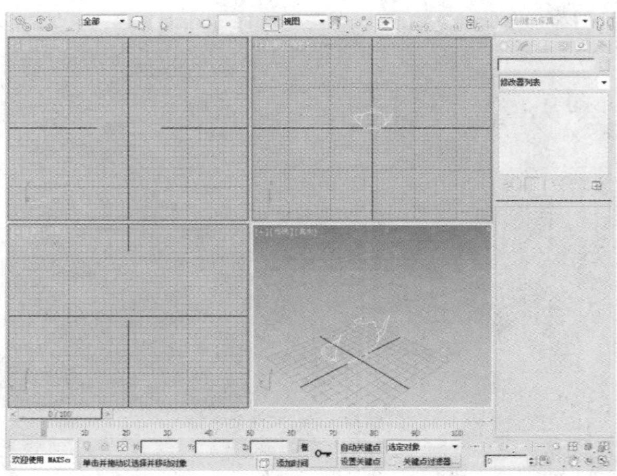

3.5 NURBS曲线

NURBS即统一非有理B样条曲线。这是完全不同于多边形模型的计算方法，这种方法以曲线来控制三维对象表面（而不是用网格），非常适合于拥有复杂曲面对象的建模。

NURBS曲线从外观上来看与样条线相当类似，而且二者可以相互转换，但他们的数学模型却是大相径庭的。NURBS曲线控制起来比样条线更加简单，所形成的几何体表面也更加光滑。对NURBS曲线的具体说明如下所示。

类型	说明
点曲线	以点来控制曲线的形状，节点位于曲线上，如下左图所示
CV曲线	以CV控制点来控制曲线的形状，CV点不在曲线上，而在曲线的切线上，如下右图所示

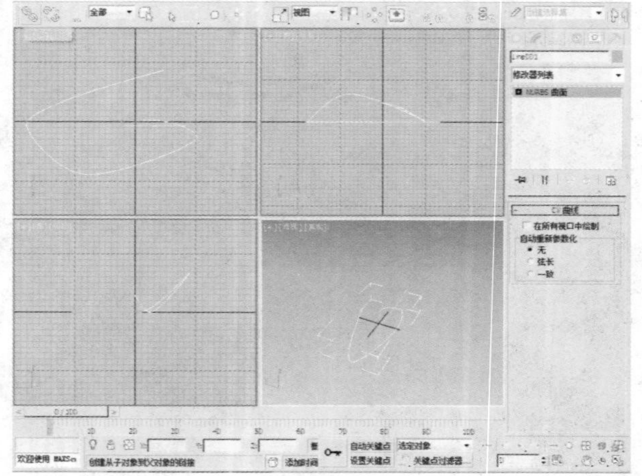

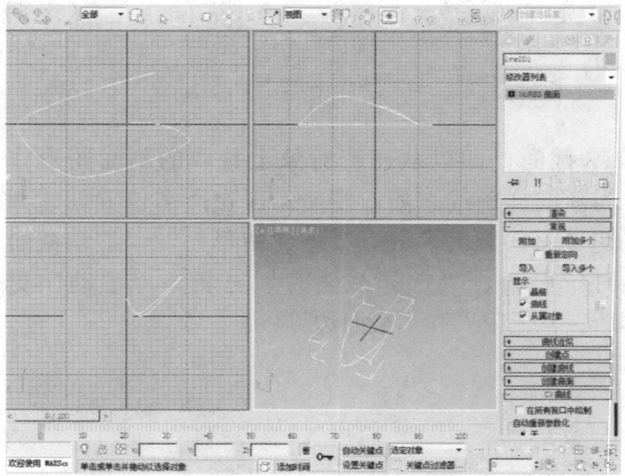

大桥的制作

本章将介绍一款大桥模型的制作，通过具体的制作过程。我们可练习3ds Max中的一种复制方式——“变换复制”，并熟练使用“变化复制”。通过对模型的更改来练习本章第二个命令“FFD修改器”，并熟练地使用FFD修改器来调整模型的形状。

知识点

1. 了解变换复制
2. 了解 FFD 修改器

4.1 变换复制

“变换复制”是3ds Max中的一种复制方式，我们在对物体进行移动、旋转、缩放时，按住Shift键就可以对物体进行克隆，3ds Max中提供了3种复制类型：复制复制、关联复制和参考复制。

复制复制命令为常见的复制方式，比如将a物体复制，出现复制品b物体，那么b物体与a物体完全相同，而且两者之间在复制操作结束后再没有任何联系。

关联复制命令可以使原物体和复制物体之间存在联系，比如用a物体关联复制出b物体，两个物体之间就会互相影响，这些影响主要发生在子物体级别，若进入a物体的点层级进行修改，那么b物体也会相应的被修改，鉴于此原因，关联复制经常用在制作左右对称的模型上，例如制作生物体。

参考复制命令与关联复制有一些类似，不过参考复制的影响是单向的，比如用a物体参考复制出b物体，这时对a物体的子层级进行修改时会影响到b物体，但修改b物体却不会影响到a物体，也就是说只能a影响b，这种复制类型有自己的特点，我们可以对b物体加一个修改命令，这时再要调整b物体的子层级，就要回到b物体级别，显然很麻烦，其实我们只要修改a物体的子层级就可以了，b物体会相应地产生变化。

4.2 FFD修改器

1．FFD 修改器使用晶格框包围选中几何体。通过调整晶格的控制点，可以改变封闭几何体的形状。

2．这是三个FFD修改器，每一个提供不同的晶格解决方案：2×2×2、3×3×3 与 4×4×4、3×3 修改器，提供具有三个控制点（控制点穿过晶格每一方向）的晶格或在每一侧面一个控制点（共九个）。

FFD修改器是我们经常使用的修改器之一，简单快捷。不仅可以对一个物体添加FFD修改器，还可以对多个物体同时添加FFD修改器，使多个物体使用一个FFD修改器，方便我们对物体的统一修改。

FFD 2×2×2	FFD 3×3×3	FFD 4×4×4
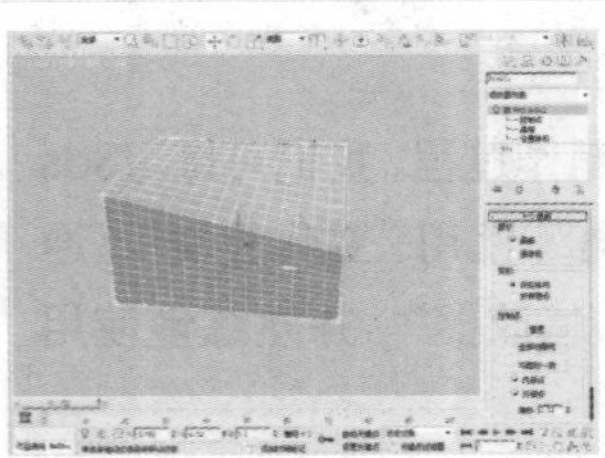	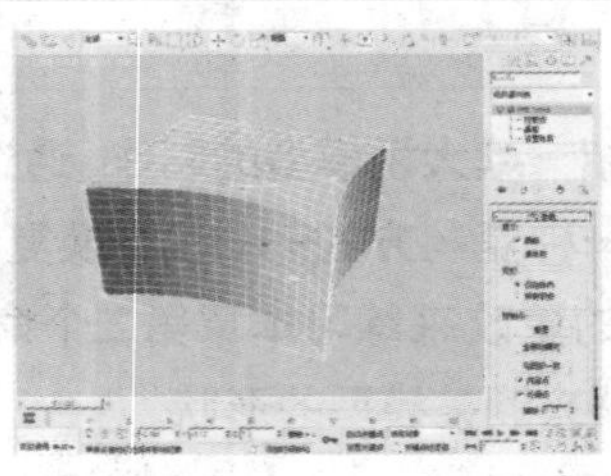	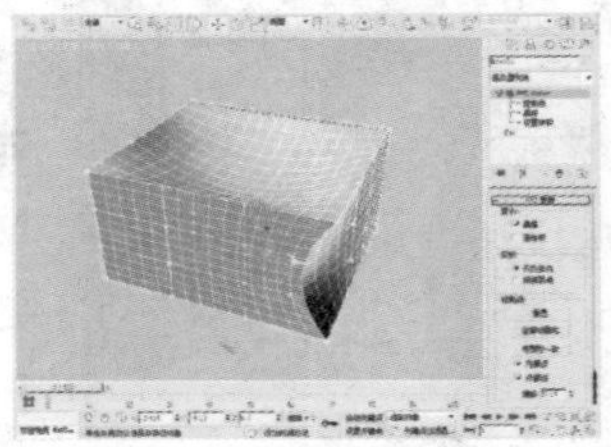
FFD（圆柱体）4×6×4	FFD（长方体）4×4×4	FFD（长方体）10×10×10
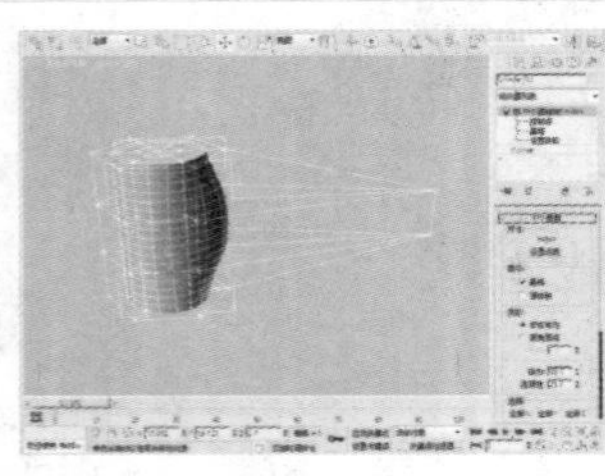	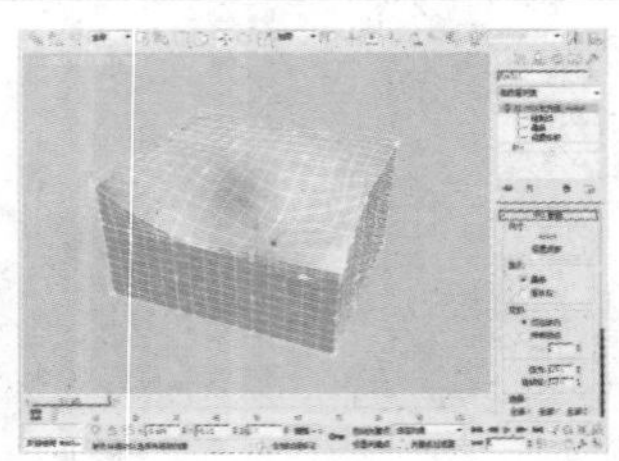	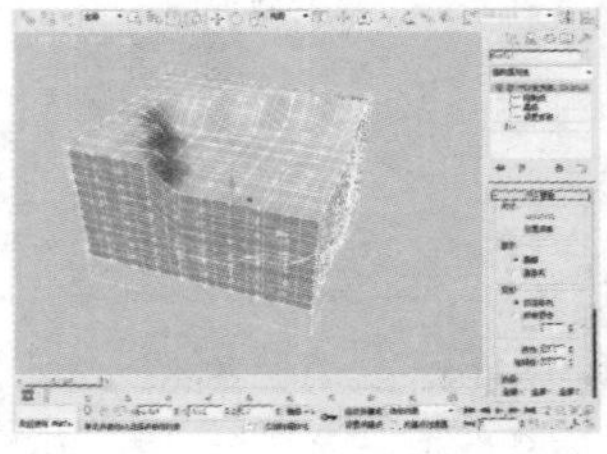

此外，还有两个FFD相关修改器，它们可提供原始修改器的超集，请参见FFD（长方体/圆柱体）修改器。使用FFD（长方体/圆柱体）修改器，可在晶格上设置任意数目的点，这使它们比基本修改器的功能更强大。

下面列出FFD长方体修改器相关卷展栏内的所有内容的名称及意义。

名称	意义
尺寸	设置点数：设置控制点个数
显示	晶格：只显示控制点形成的矩阵
	源体积：显示初始矩阵
变形	仅在体内：只影响处在最小单元格内的面
	所有顶点：影响对象的全部节点
	衰减：影响力衰减
	张力：张力参数控制
	连续性：连续性参数控制
选择	全部X：选择与被选择对象在一条X轴上所有的点
	全部Y：选择与被选择对象在一条Y轴上所有的点
	全部Z：选择与被选择对象在一条Z轴上所有的点
控制点	重置：回到初始状态
	全部动画：显示动画
	与图形一致：转换为图形
	内部点：显示内部点选项
	外部点：显示外部点选项
	偏移：偏移量

3．控制点——在此子对象层级，可以选择并操纵晶格的控制点，可以一次处理一个或以组为单位处理（使用标准方法选择多个对象）。操纵控制点将影响基本对象的形状，可以为控制点使用标准变形方法。当修改控制点时如果启用了“自动关键点”按钮，此点将变为动画。

4．晶格——在此子对象层级，可从几何体中单独地摆放、旋转或缩放晶格框。如果启用了“自动关键点”按钮，此晶格将变为动画。当首先应用FFD时，默认晶格是一个包围几何体的边界框。移动或缩放晶格时，仅位于体积内的顶点子集合可应用局部变形。

5．设置体积——在此子对象层级，变形晶格控制点变为绿色，可以选择并操作控制点而不影响修改对象。这使晶格更精确地符合不规则形状对象，当对对象变形时这将提供更好的控制。

“设置体积”主要用于设置晶格原始状态。如果控制点已是动画或启用“自动关键点”按钮时，此时“设置体积”与子对象层级上的“控制点”的使用一样，当操作点时改变对象形状。

4.3 绘制桥身

下面将对桥身的绘制过程进行介绍。

01 在“创建”命令面板中单击“几何体”按钮，在“标准基本体”下单击“长方体”按钮，在顶视图中创建一个长、宽、高分别为100、400、5的长方体。

02 单击“长方体”按钮，在前视图中创建一个长、宽、高分别为20、350、5的长方体。

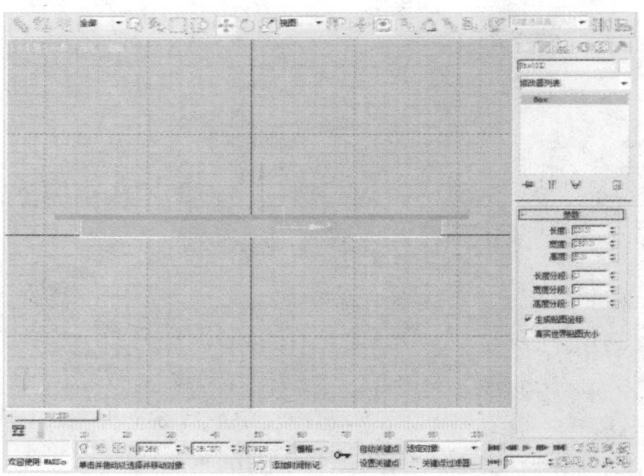

03 单击工具栏中的“选择并移动”工具，对新创建的长方体的位置进行调整，将其调至合适的位置。

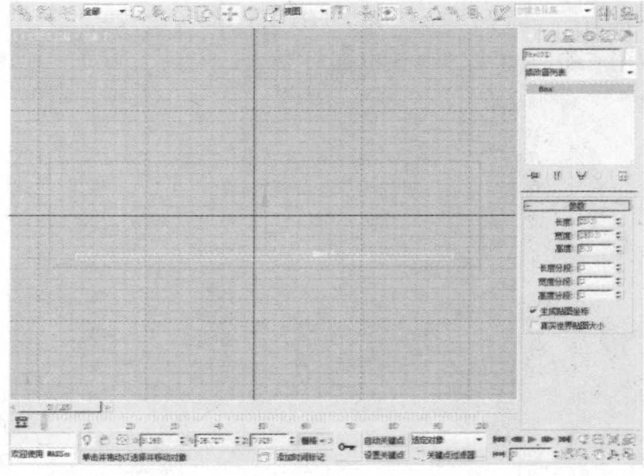

04 对新建的长方体进行复制，使用“选择并移动”工具，将对象在顶视图中沿着Y轴的方向进行移动，在移动的同时按住Shift键，选择“实例”的复制方式，设置“副本数”为1。

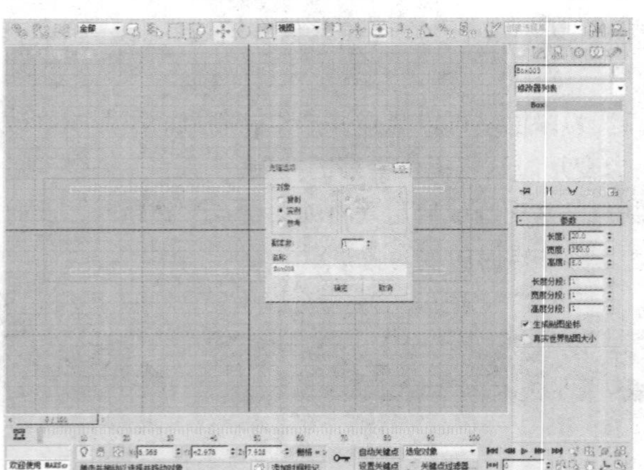

05 使用“选择并移动”工具对新复制出来的长方体位置进行适当调整。

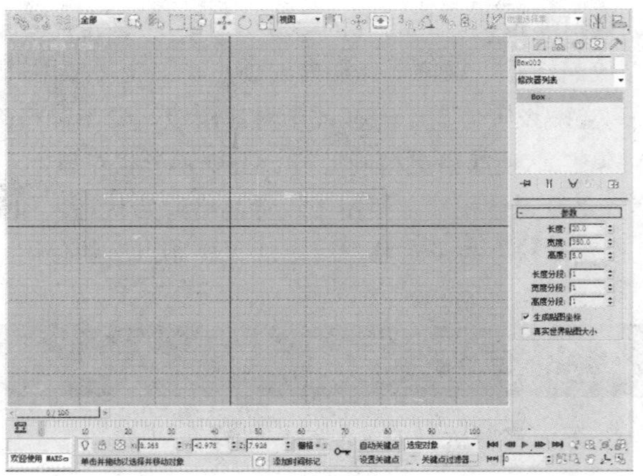

06 在“创建”命令面板中单击“标准基本体”下的“圆柱体”按钮，创建一个半径为1和高度为400的圆柱体，如下图所示。

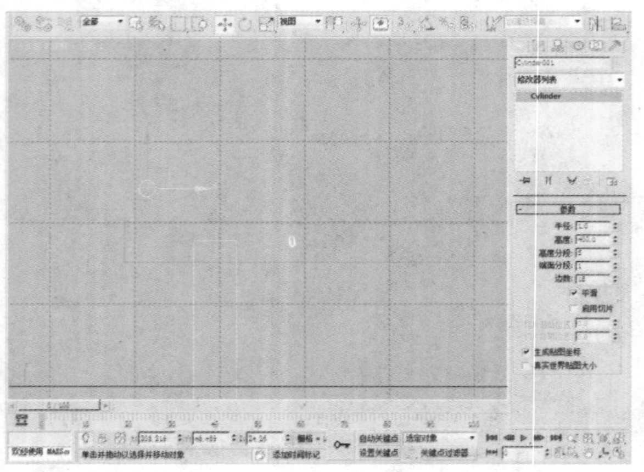

07 在顶视图中使用“选择并移动”工具适当调整圆柱体的位置。

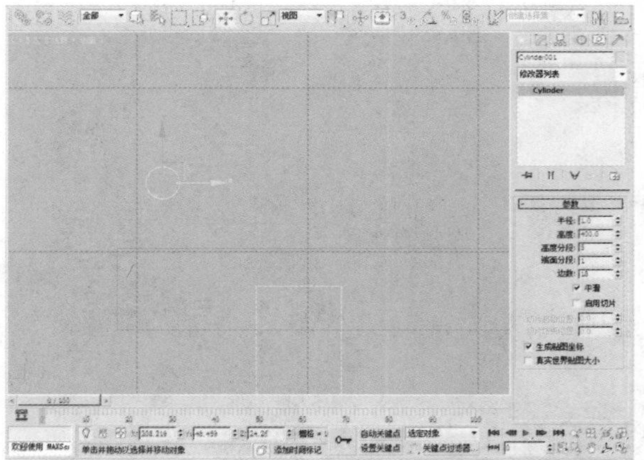

08 单击“圆柱体”按钮，在顶视图中创建一个半径为0.6和高度分为3.5的圆柱体。

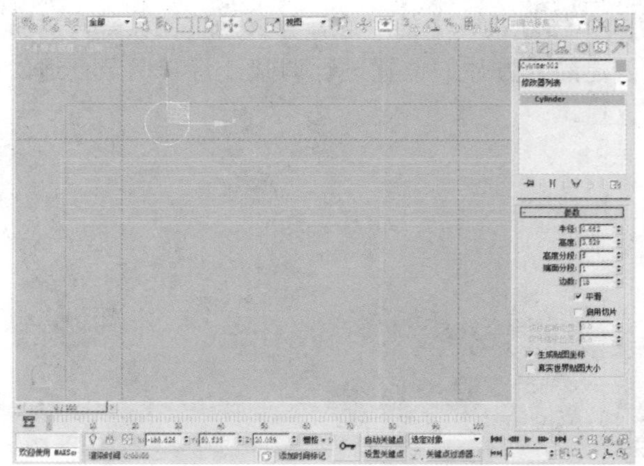

09 通过“选择并移动”工具对新复制出来的圆柱体位置进行调整，使小圆柱体处于大圆柱体的中心位置处。

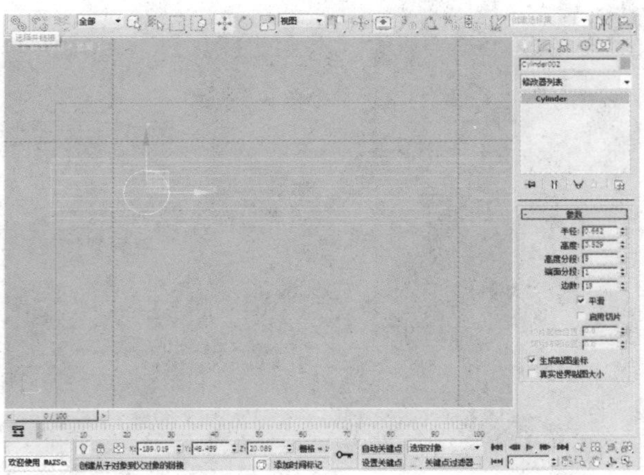

10 对新建的小圆柱体进行复制，继续使用“选择并移动”工具，在顶视图中沿着X轴的方向对其进行移动，在移动的同时按住Shift键，选择“实例”复制方式，设置“副本数”为9。

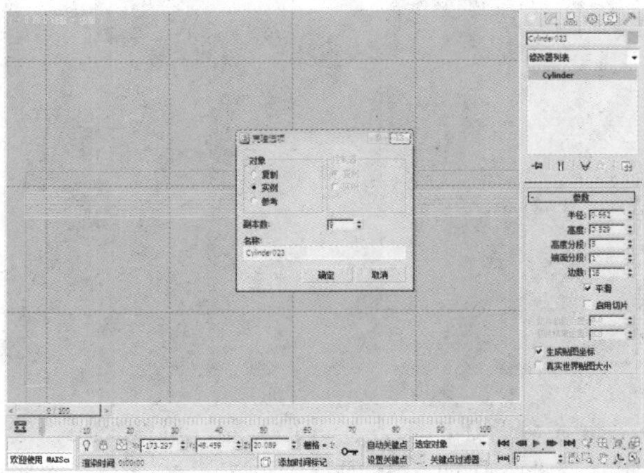

11 在左视图中，单击工具栏中的“窗口/交叉”按钮，然后选择所有的圆柱体。

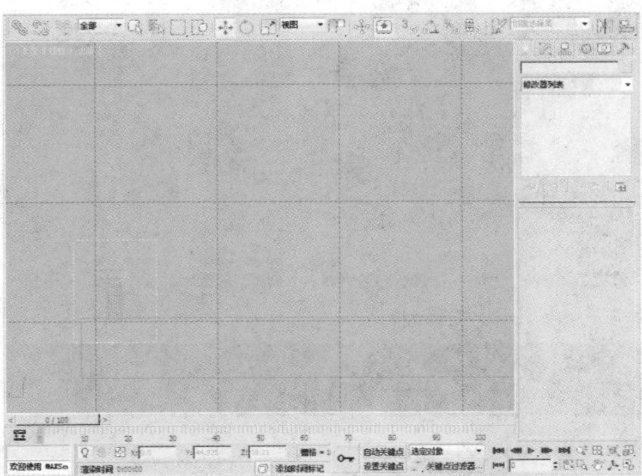

12 在菜单栏中执行“组>成组”命令，将选中的物体成组。

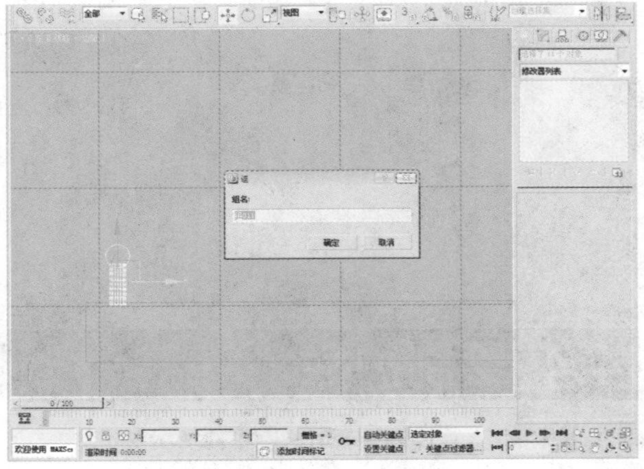

13 使用“选择并移动”工具，在顶视图中沿着Y轴的方向对物体进行移动，在移动的同时按住Shift键，选择“实例”复制方式，设置“副本数”为1。

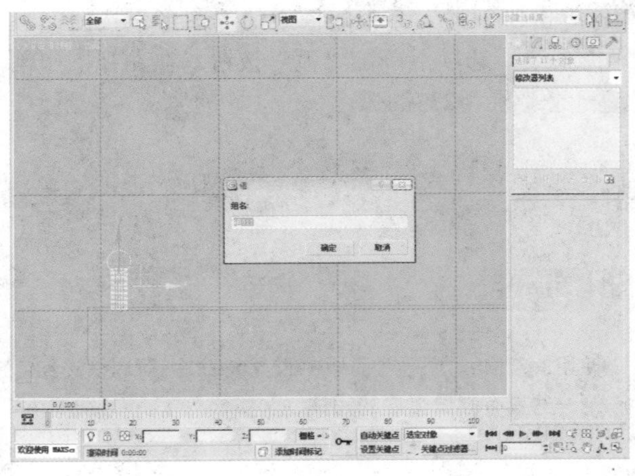

知识点

对于3ds Max中我们接触的第一种复制方式，使用变换复制时，在移动、旋转、缩放对象的同时，按住Shift键，可以复活物体。

14 单击“长方体”按钮，在前视图中创建一个长、宽、高分别为75、30、50的长方体。

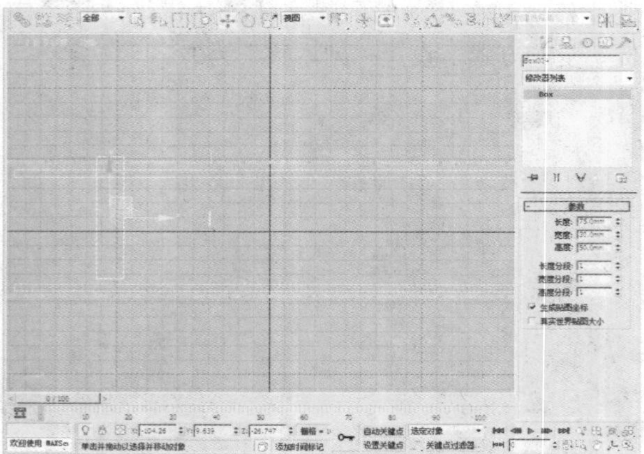

15 使用“选择并移动”工具对新创建出来的物体进行适当调整。

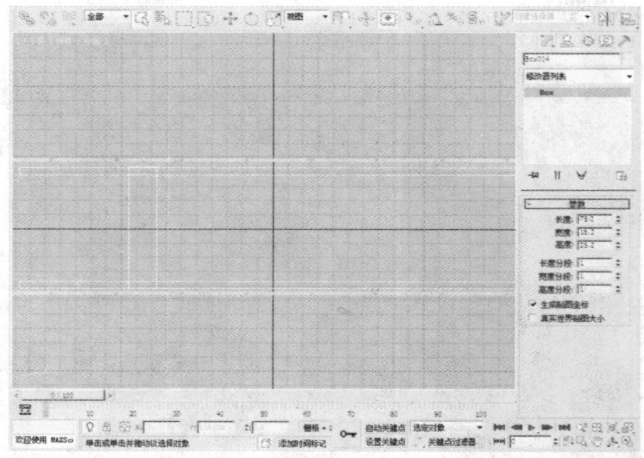

16 现在对新建的长方体进行复制，继续使用“选择并移动”工具，在顶视图中沿着X轴的方向对物体进行移动，在移动的同时按住Shift键，选择“复制”复制方式，并设置“副本数”为3。

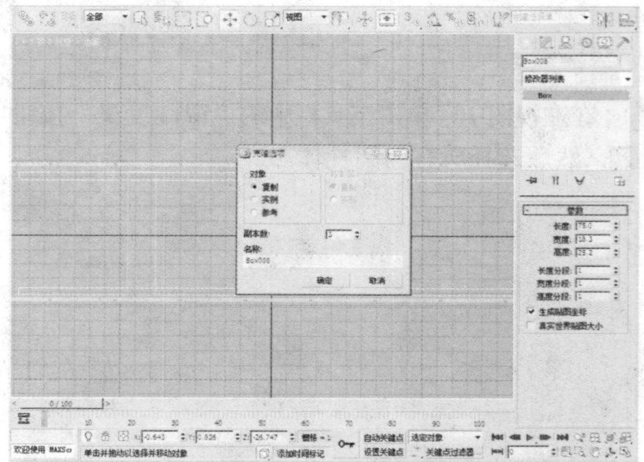

4.4 绘制护栏

护栏的绘制操作具体介绍如下。

01 单击“创建”命令面板中的“图形”按钮，在“样条线”选项下单击“弧”按钮，在左视图中创建一个半径为233的弧。

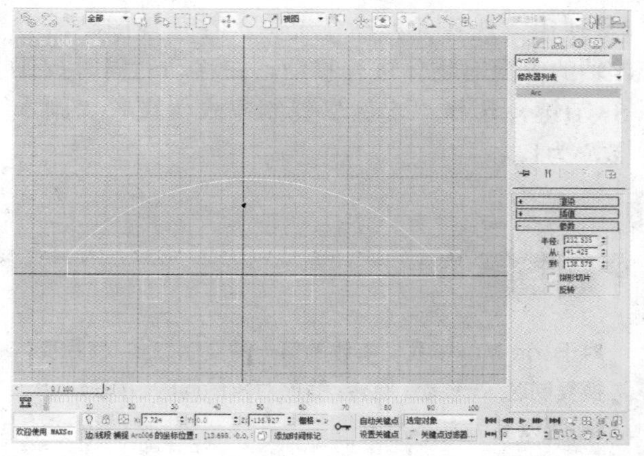

知识点

使用3ds Max“图形”面板中的“弧”命令，可以快速绘制一些具有圆滑弧度的物体。

02 在创建的弧上右击，在弹出的快捷菜单中选择“转换为>转换为可编辑样条线”命令。

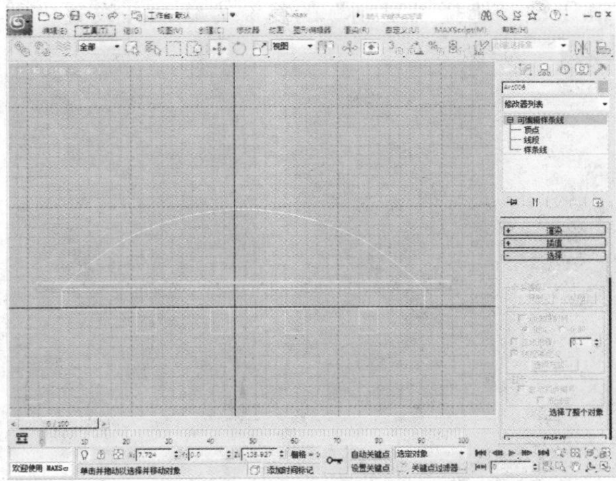

03 在“修改”命令面板中选择“可编辑样条线”下的“样条线”选项。

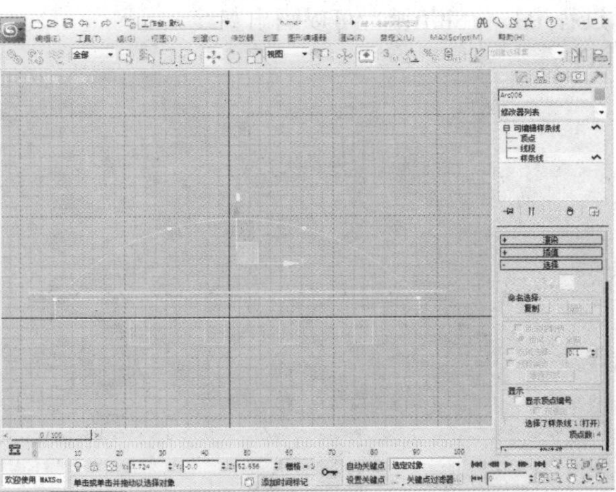

04 在“修改”命令面板的“几何体”卷展栏中设置“轮廓”为4。

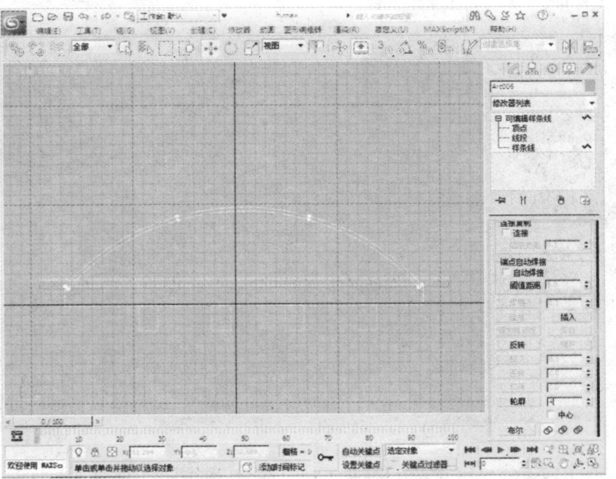

05 执行“修改器>网格编辑>挤出”菜单命令。

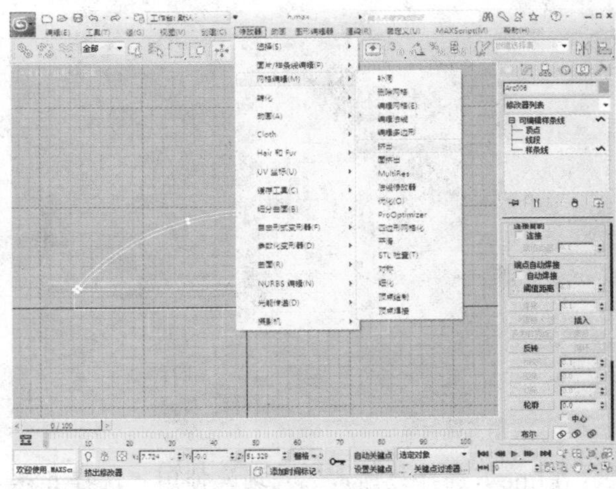

06 在“挤出”修改器中的“参数”卷展栏中设置“数量”为4.0。

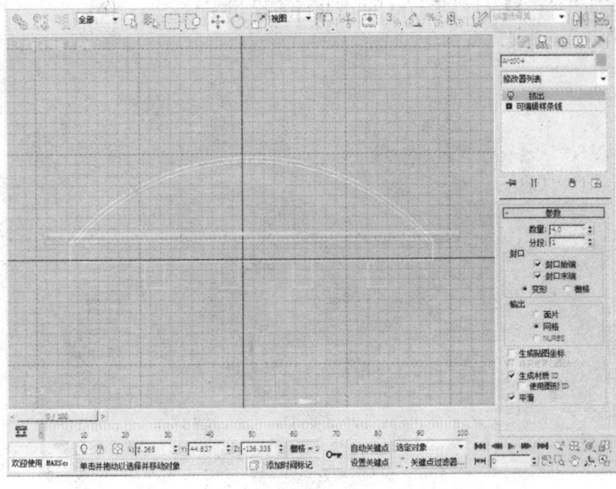

知识点

“挤出”修改器是我们经常使用的修改器之一，使用它可以快速地将图形变为三维几何物体，运算快，修改方便。

07 在“创建”命令面板中单击“图形”按钮，在“样条线”选项下单击“线”按钮，在具体的绘制过程中按住Shift键，可以画出直线。

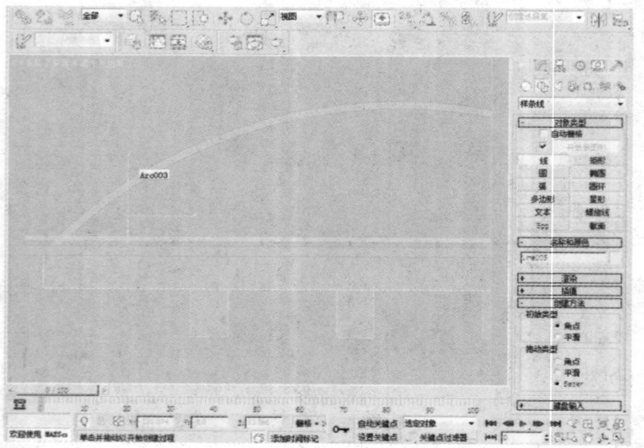

08 单击“选择并移动”按钮，在顶视图中沿着X轴的方向对物体进行移动，在移动的同时按住Shift键，选择“复制”的复制方式，并设置“副本数”为10。

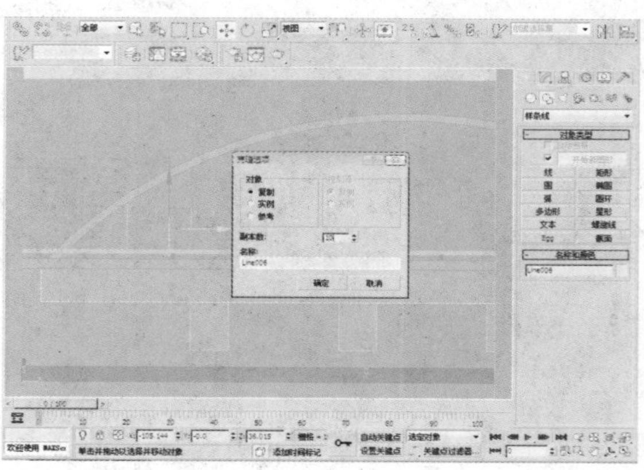

09 选中其中一条线段，在“修改”面板中的“几何体”卷展栏中单击“附加”按钮。

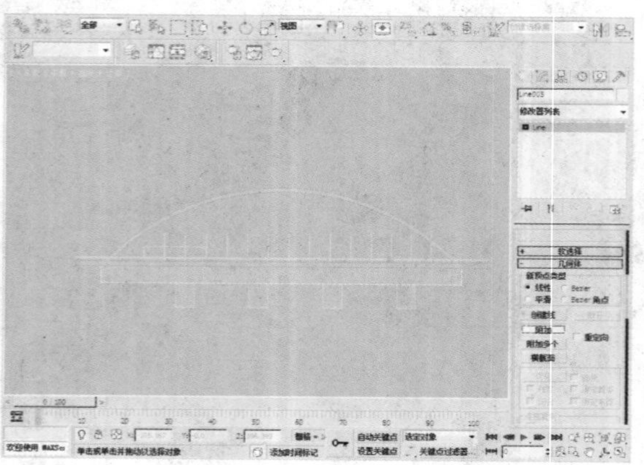

10 然后依次单击其他所有线段，将其附加在一起。

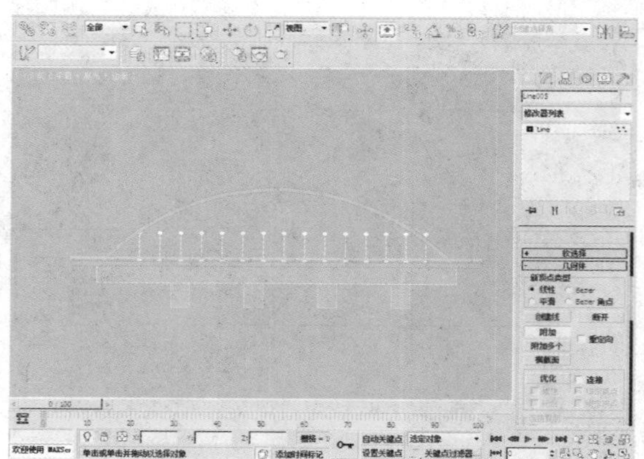

11 在line下选择“顶点”选项，使用“选择并移动”工具对线段的顶点的位置进行适当调整。

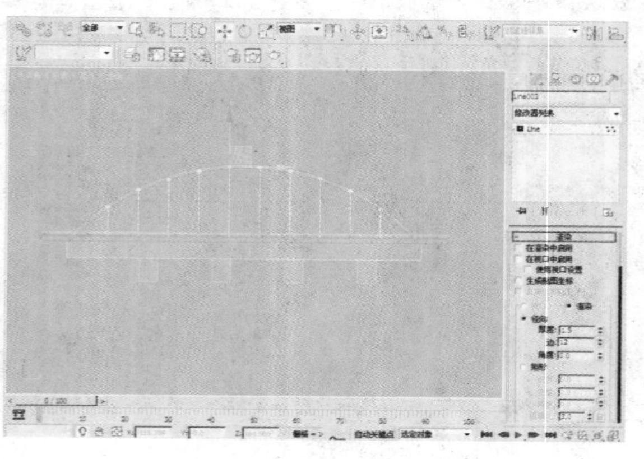

12 选择“样条线”选项，在“渲染”卷展栏中，勾选“在渲染中启用”和“在视图中启用”复选框，并设置“径向”中的“厚度”为1.5。

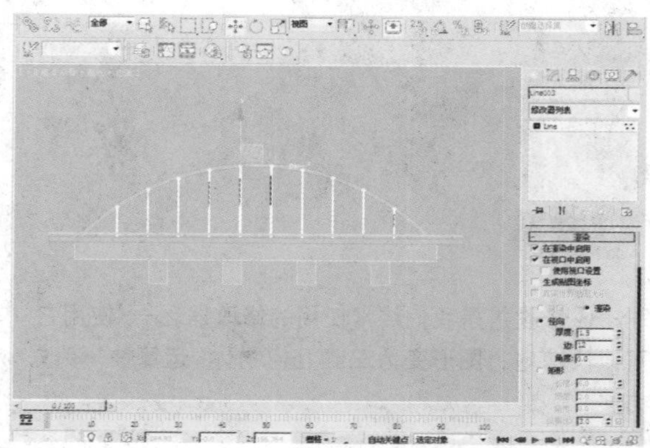

13 使用“选择并移动”工具对样条线的位置进行适当调整。

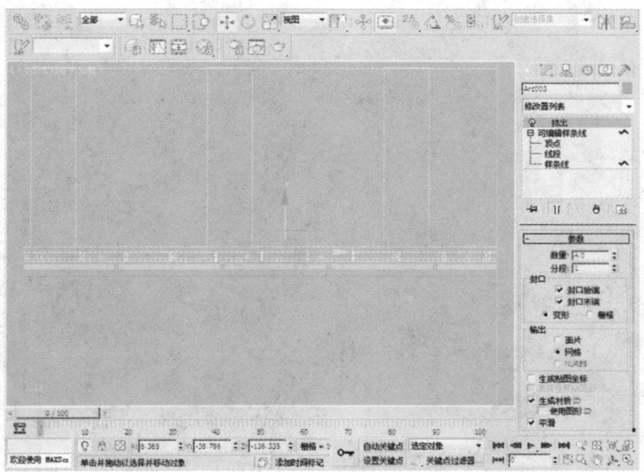

14 执行“组>成组”菜单命令，将选中的物体成组。

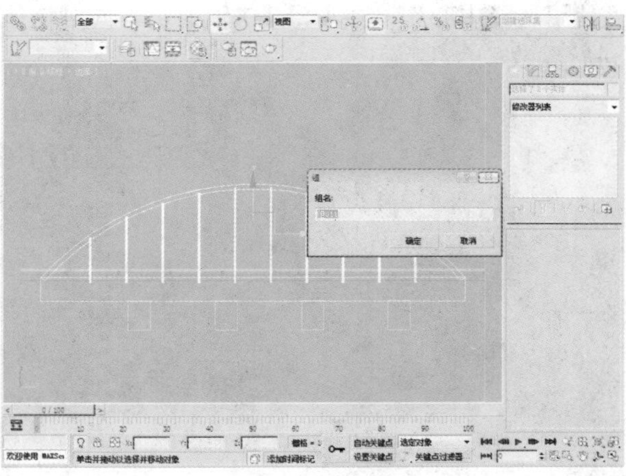

15 切换到左视图，使用“选择并移动”工具，沿着X轴的方向对物体进行移动，在移动的同时按住Shift键，选择“复制”的复制方式，并设置“副本数”为1。

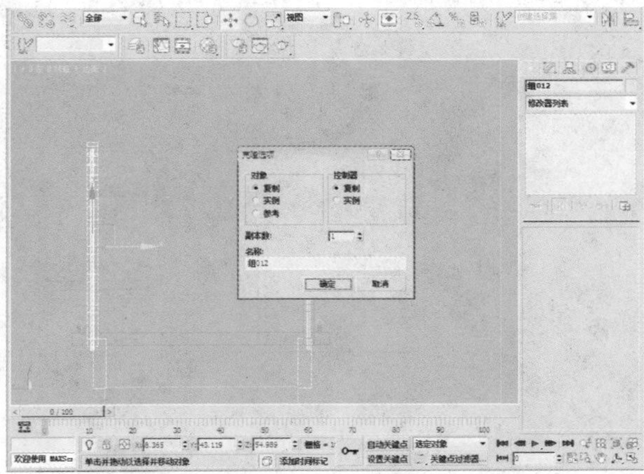

16 单击选择对象工具，然后选取大桥的护栏。

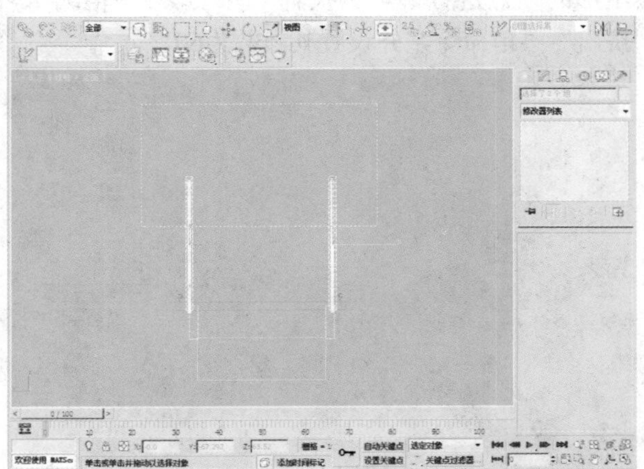

17 在“修改器列表”中选择FFD 2×2×2选项，在FFD 2×2×2下选择“控制点”选项。

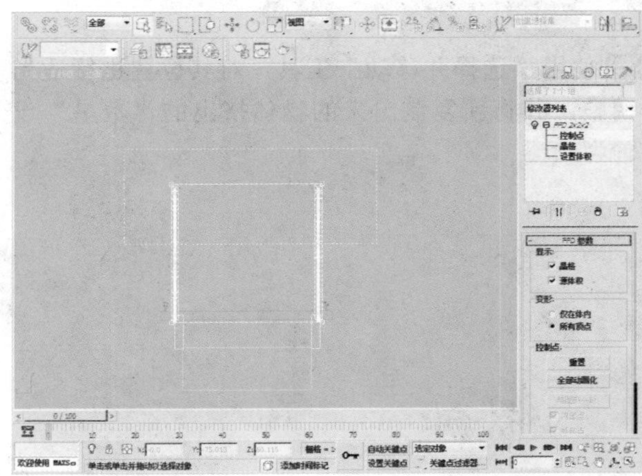

18 单击“选择并均匀缩放”工具对选择的点进行缩放，并在工具栏中修改“使用轴点中心”为“使用选择中心”，接着沿着X轴的负方向对物体进行缩放。

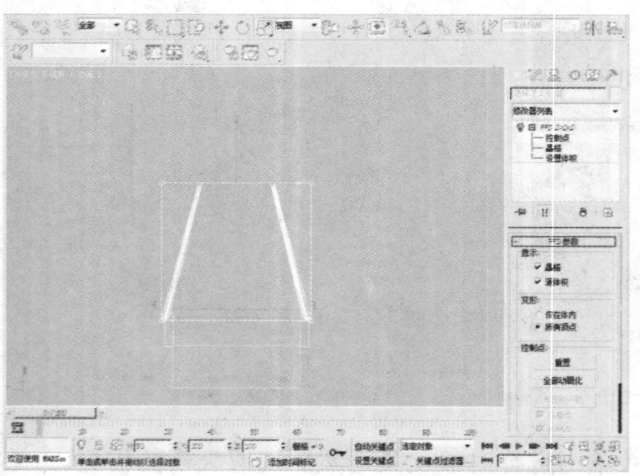

19 在“创建”命令面板中单击“图形”按钮，在“样条线”选项下单击“矩形”按钮，并在视图中创建一个矩形。

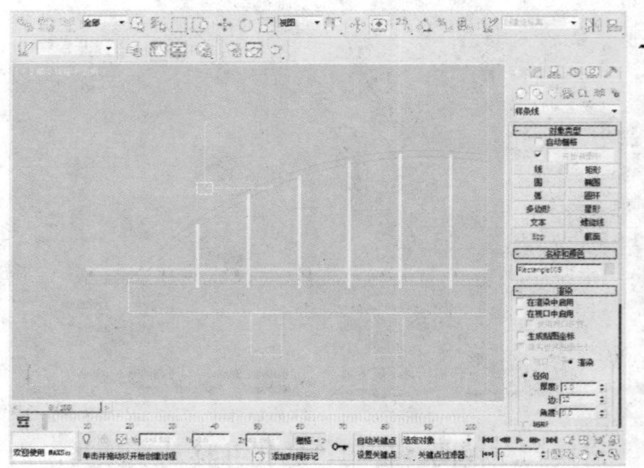

20 在“修改”命令面板中在“可编辑样条线”下选择“顶点”选项，使用“选择并移动”工具对矩形的顶点进行调整。执行“修改器>网格编辑>挤出”菜单命令，并设置其参数为60。

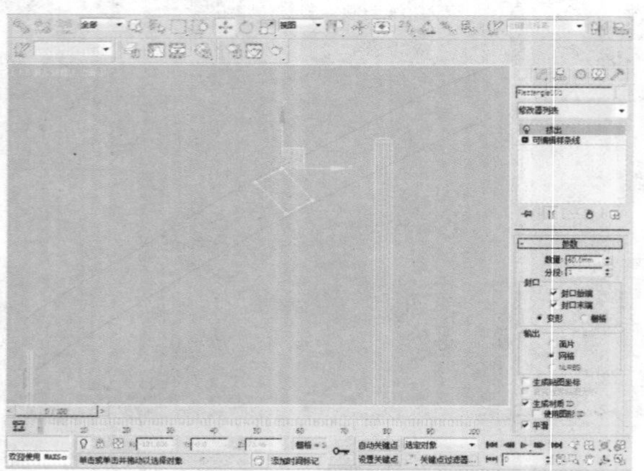

21 使用“选择并移动”工具，沿着X、Y轴的方向对物体进行移动，在移动的同时按住Shift键，选择“复制”的复制方式，并设置“副本数”为1。

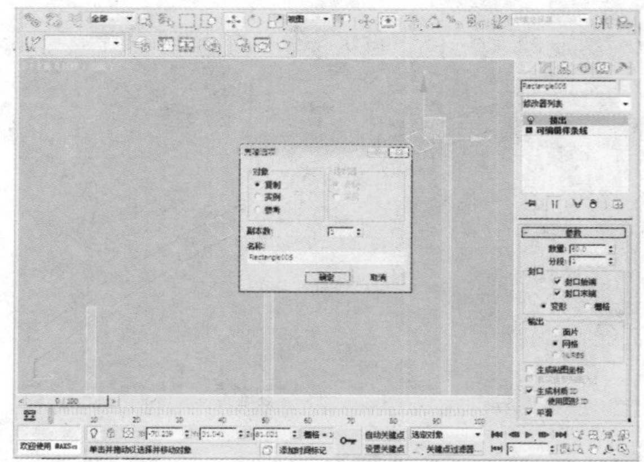

22 使用“选择并移动”工具，对其位置进行适当调整，并将新复制出来的物体挤出的“数量”设置为50。

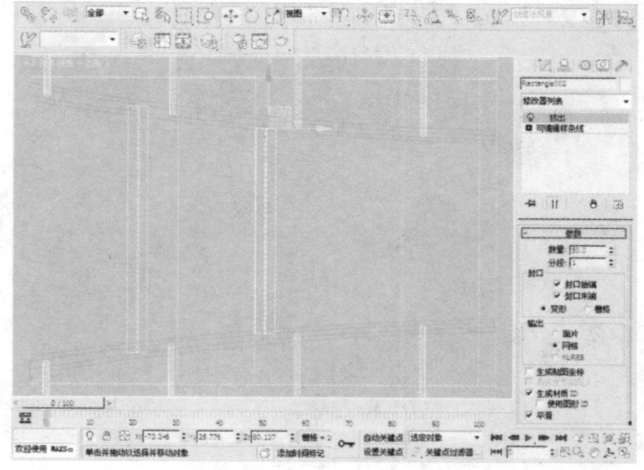

23 选中挤出的两个矩形，执行“菜单>组>成组”命令。

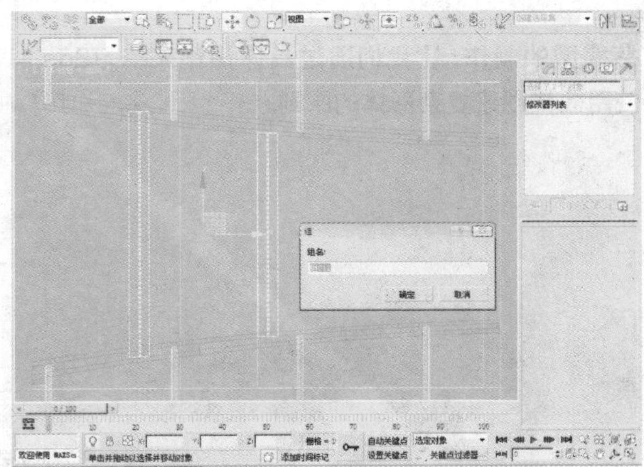

24 单击工具栏中的“镜像”按钮，在X轴方向上镜像复制一个物体。

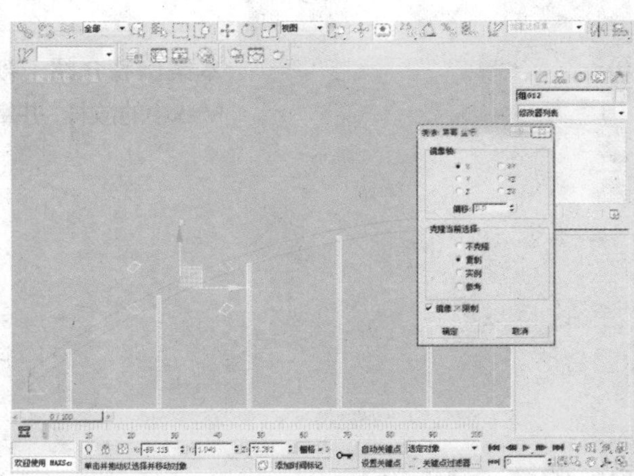

25 使用“选择并移动”工具，对其位置进行适当调整。

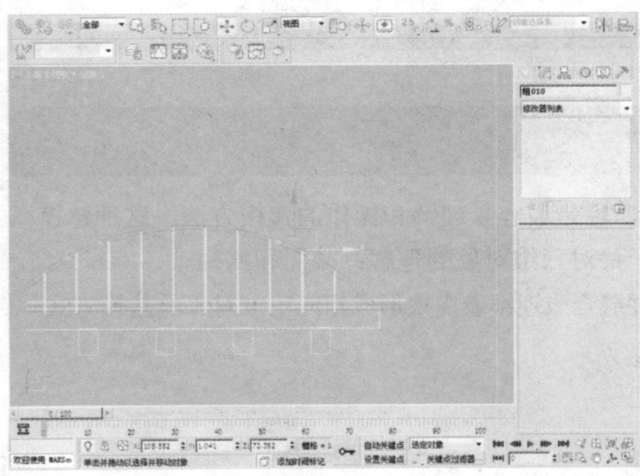

26 单击“材质编辑器”按钮，选中任意一个材质球，再单击将“材质指定给选定对象”按钮为物体指定标准材质。至此，大桥模型绘制完成。

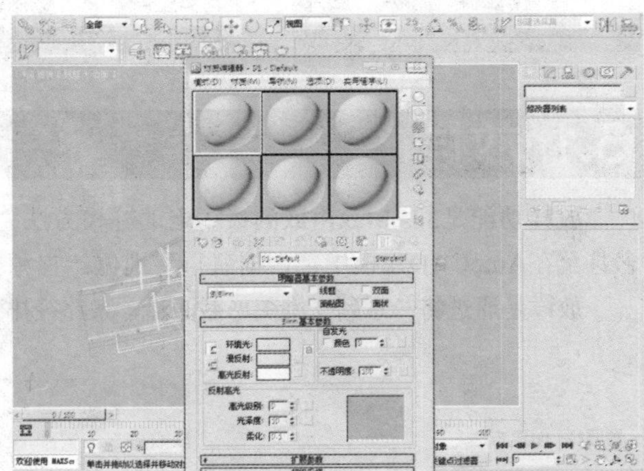

用放样制作花瓶

本案例将介绍一款花瓶模型的制作，让我们通过具体操作来练习3ds Max中的放样，并掌握使用放样创建复杂形体的原则。

知识点

1. 放样命令的介绍
2. 放样工具的使用方法
3. 放样工具的使用要点

5.1 放样

放样功能是3ds Max内嵌的最古老的建模方法之一，也是最容易理解和操作的建模方法。这种建模概念甚至在AutoCAD建模中都占据着重要地位。它源于一种对三维对象的理解：截面和路径。

放样是通过将一系列二维图形截面沿一条路径排列并缝合成连续表皮来形成相应三维对象的建模方式。

卷展栏：创建方法	获取路径	
	获取图形	
	关联方式	
卷展栏：曲面参数	平滑	平滑长度
		平滑宽度
	贴图	应用贴图
		真实世界贴图大小
		长度重复
		宽度重复
		规格化
	材质	生成材质ID
		使用图形ID
	输出	面片：输出为面片对象
		网格：输出为网格对象

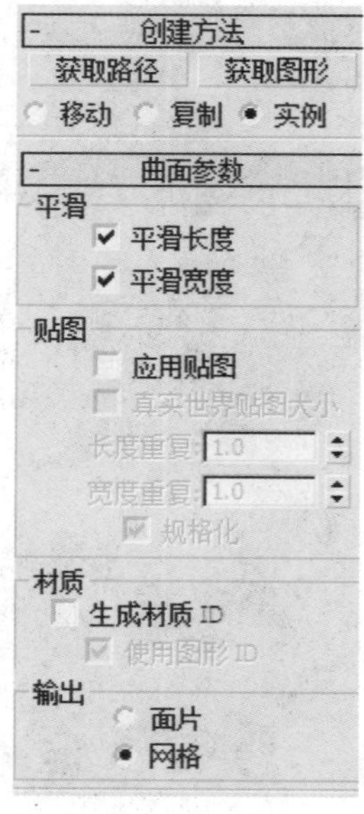

续表

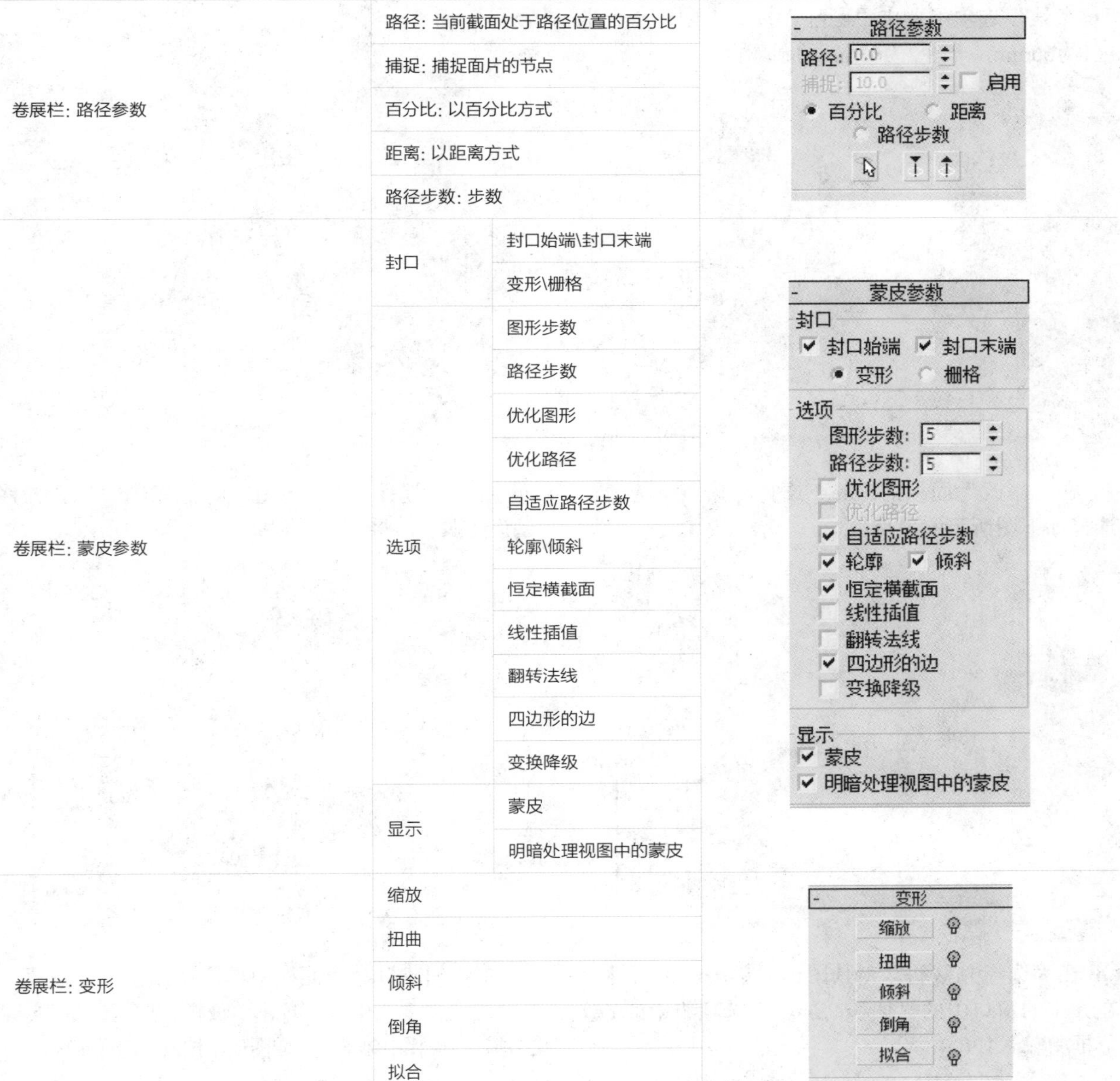

卷展栏	参数	说明
卷展栏: 路径参数	路径: 当前截面处于路径位置的百分比	
	捕捉: 捕捉面片的节点	
	百分比: 以百分比方式	
	距离: 以距离方式	
	路径步数: 步数	
卷展栏: 蒙皮参数	封口	封口始端\封口末端
		变形\栅格
	选项	图形步数
		路径步数
		优化图形
		优化路径
		自适应路径步数
		轮廓\倾斜
		恒定横截面
		线性插值
		翻转法线
		四边形的边
		变换降级
	显示	蒙皮
		明暗处理视图中的蒙皮
卷展栏: 变形	缩放	
	扭曲	
	倾斜	
	倒角	
	拟合	

知识点

在3ds Max中放样是一种针对二维图形的建模工具，与其他的二维建模工具不同，其可在一条路径上拾取多个不同截面，并能够根据不同的位置拾取不同的图形，从而使模型产生不同的效果。

5.2 绘制花瓶底座

在创建物体的时候，首先要确定物体的大体形状，再去建模。下面将对花瓶底座的制作过程进行介绍。

01 在“创建”命令面板中单击“图形”按钮，在“样条线”选项下单击“圆环”按钮，创建一个半径1为66mm，半径2为63mm的圆环。

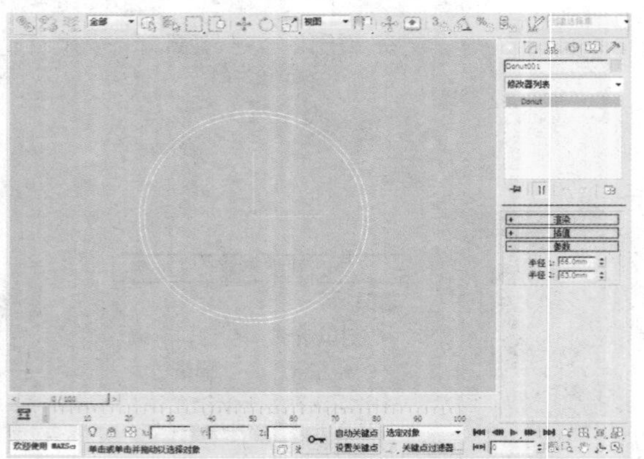

02 单击“线”按钮，在前视图中创建一条直线。

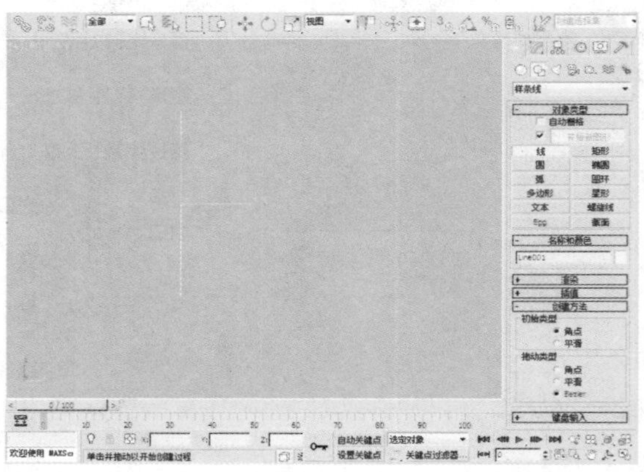

03 在“修改”面板的Line下选择“顶点”选项，选择如下图所示的顶点。

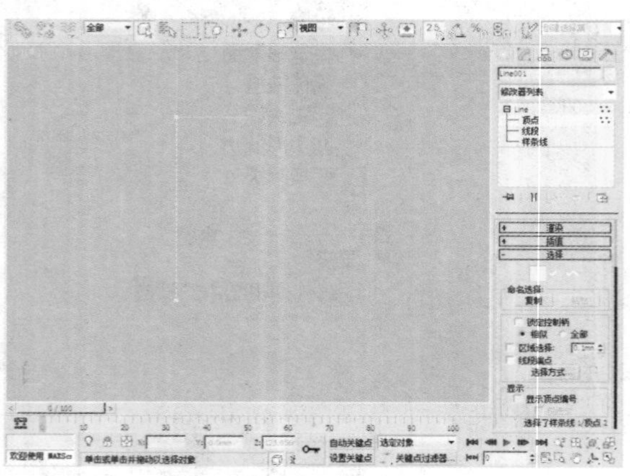

04 单击“捕捉开关”按钮，且单击“选择并移动”工具，将选择的点捕捉到下面的顶点。

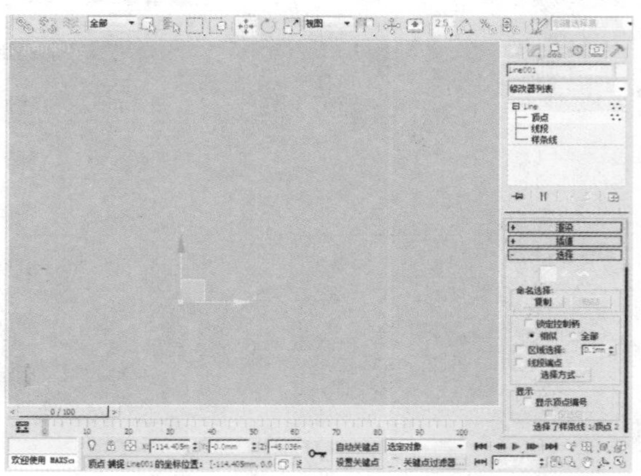

05 在“选择并移动”工具图标上单击鼠标右键，在弹出的窗口中的“偏移：屏幕”选项组中的Y数值框中输入120。

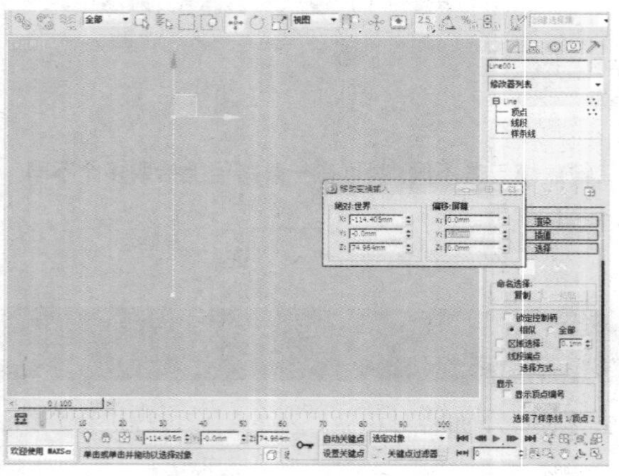

06 在“创建”命令面板中单击“几何体”按钮，在“复合对象”选项下单击“放样”按钮，在“创建方法”卷展栏中单击“获取图形”按钮，选择圆环。

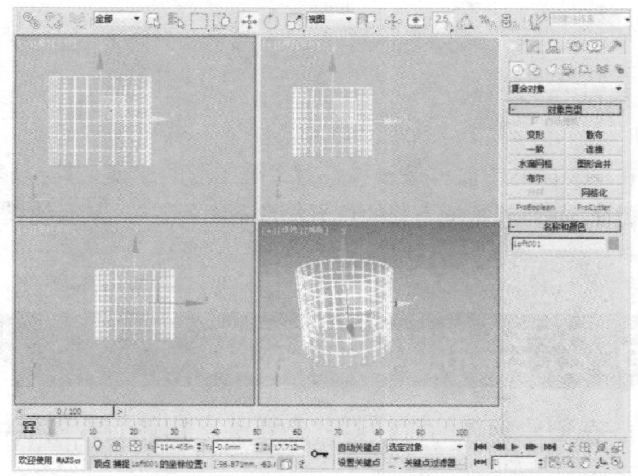

07 在“修改”面板的“变形”卷展栏中单击“缩放”按钮。

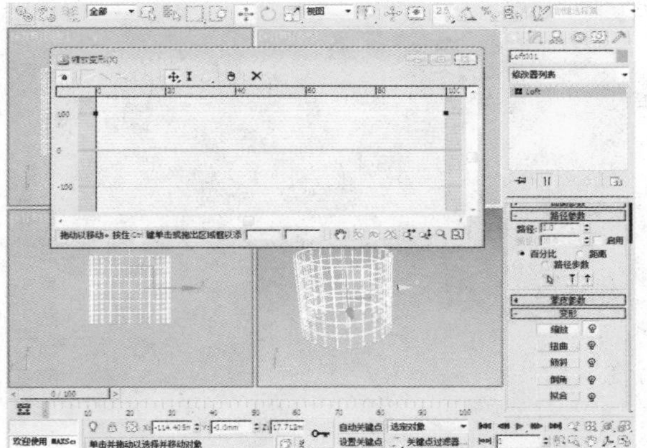

08 单击“缩放变形”窗口工具栏中的“插入角点”图标 ，在窗口中的曲线上单击，插入控制点。

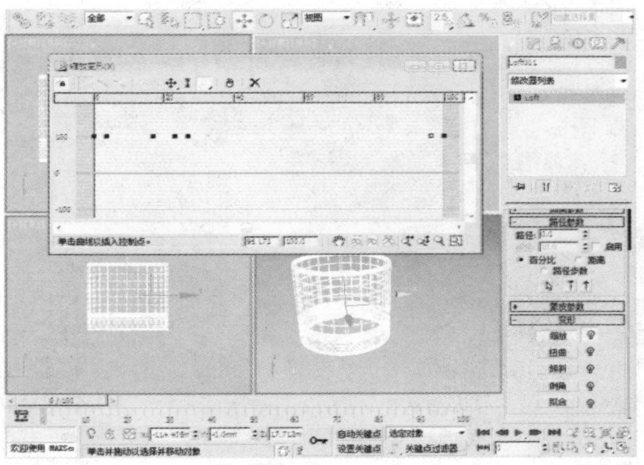

09 选择刚刚插入的点，单击鼠标右键，在弹出的快捷菜单中选择“Bezier-角点”命令。

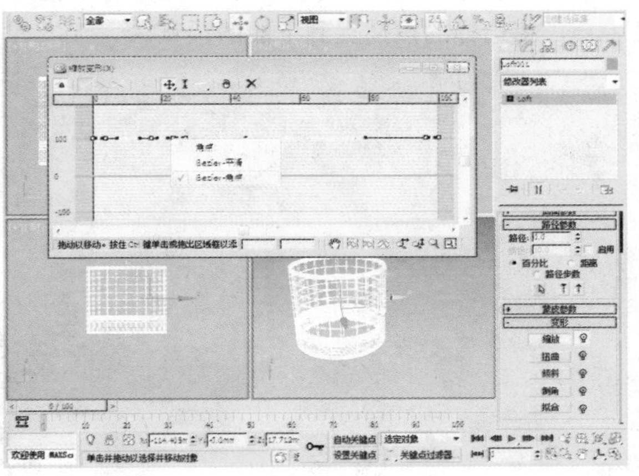

10 通过移动控制点和控制柄将花瓶底座调整为理想形状。

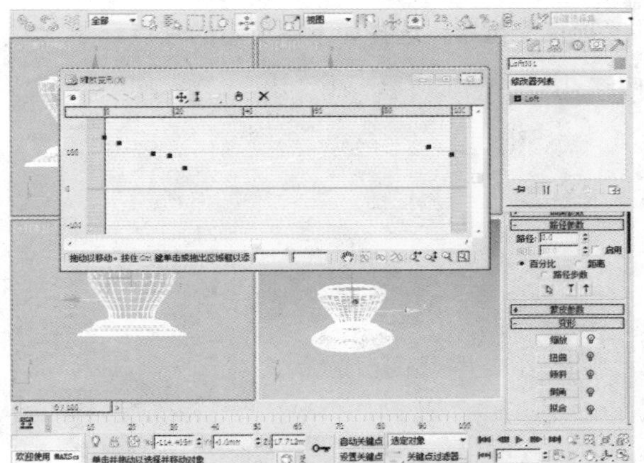

11 在“创建”命令面板中单击“圆柱体”按钮，在顶视图中创建一个半径为88mm，高度为2mm的圆柱体。

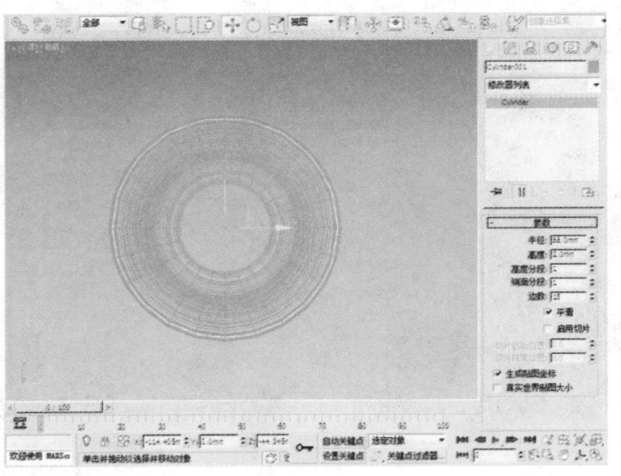

12 在工具栏中单击“对齐”按钮，在视图中单击底座。在弹出的对话框中设置适当的对齐选项。

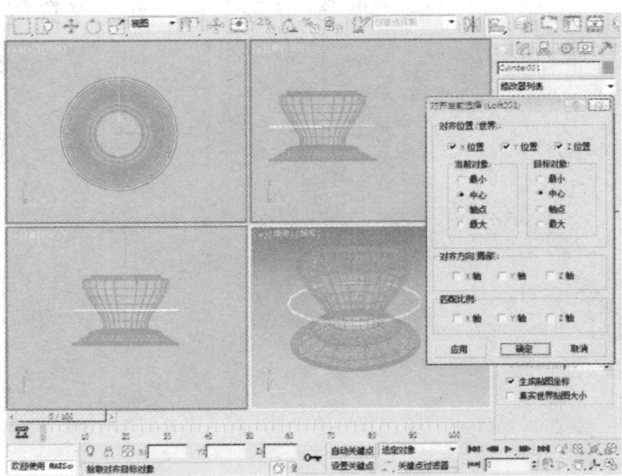

13 利用“选择并移动”工具在前视图中沿Y轴方向移动圆柱体到花瓶底座的底部。

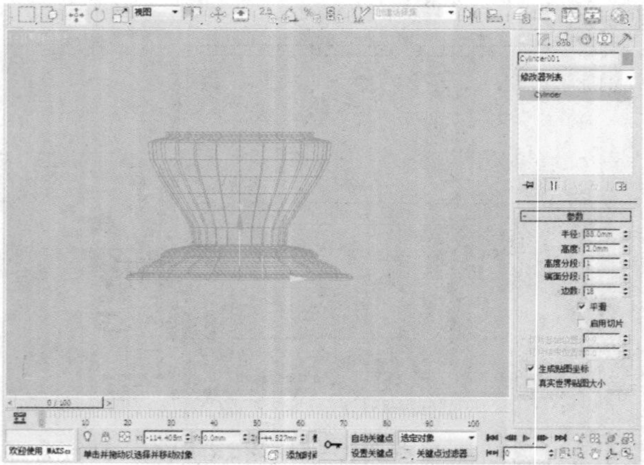

14 在“创建”命令面板中单击“图形”按钮，在“样条线”选项下单击“线”按钮，在前视图中创建一条直线。

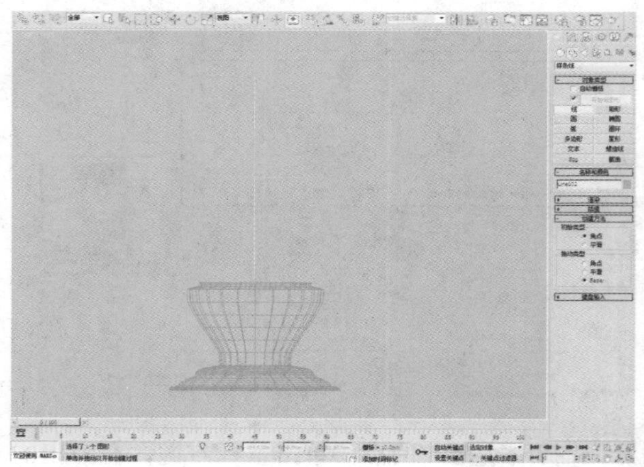

15 在“修改”命令面板中单击“选择”卷展栏中的“顶点”按钮，选择如下图所示的顶点。

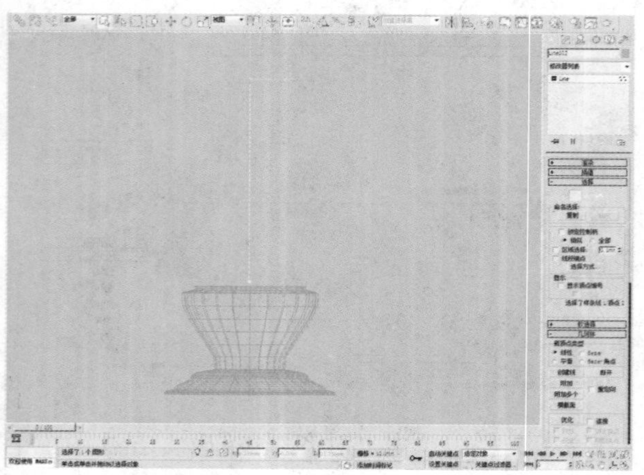

16 单击“捕捉开关”按钮，并且单击选择并移动工具，将选择的点捕捉到下面的顶点。

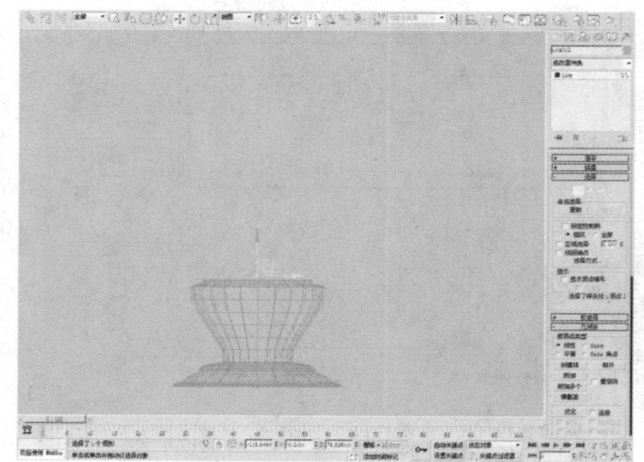

17 在“选择并移动”工具图标上单击鼠标右键，在弹出的窗口中的“偏移:屏幕”选项组的Y数值框中输入150。

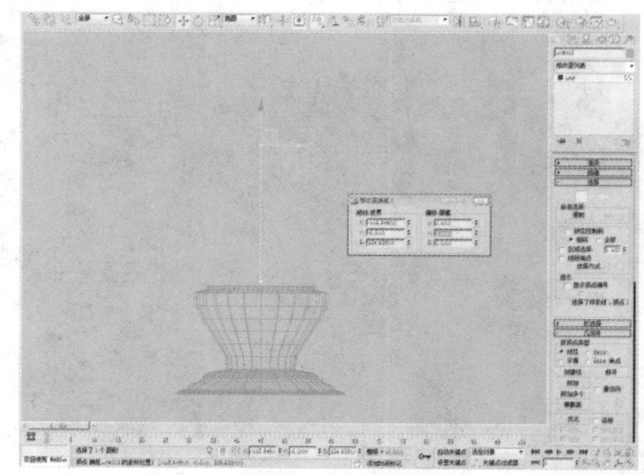

18 在“创建”命令面板中单击“图形”按钮，在“样条线”选项下单击“多边形”按钮，在“参数”卷展栏中设置“半径”为66、“边数”为30，并勾选“圆形”复选框后绘制多边形。

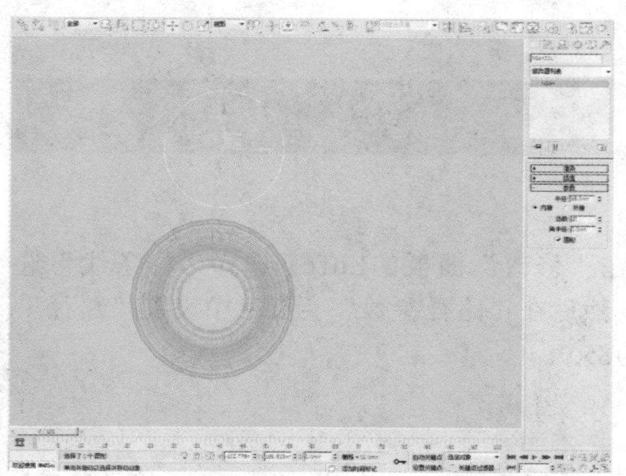

19 单击鼠标右键，将其转换为可编辑样条线。

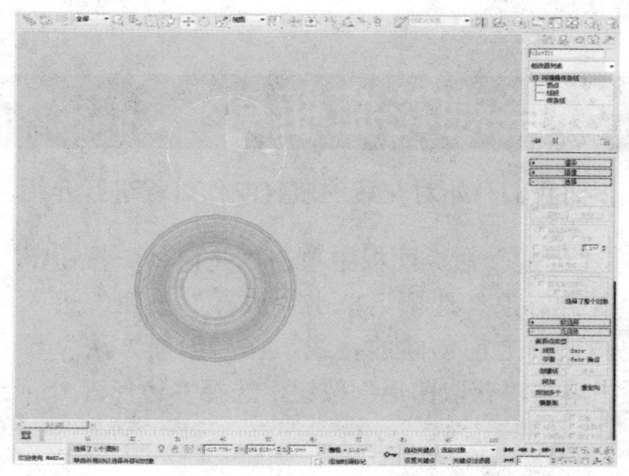

20 在“修改”面板中单击“可编辑样条线”下的“顶点”选项，选中如下图所示的顶点。

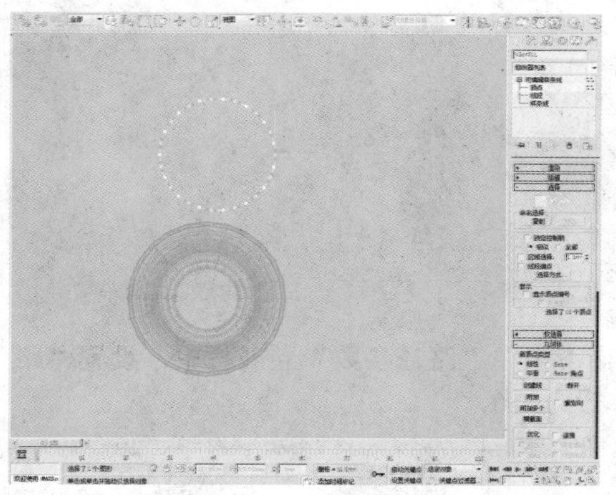

21 单击“选择并均匀缩放”按钮，并且单击“使用选择中心”按钮，调整物体位置得到如下图所示的效果。

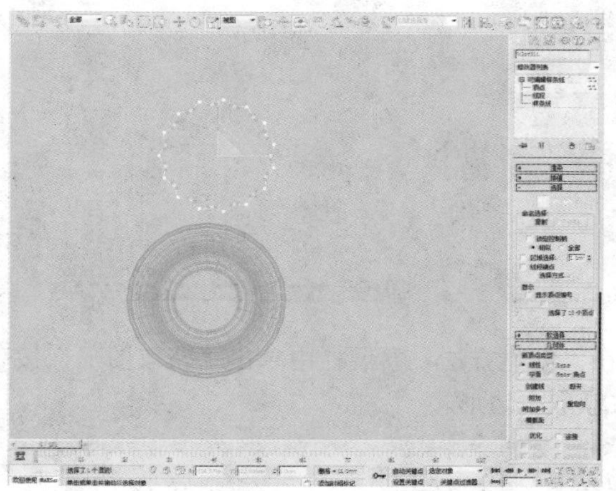

22 在“修改”面板中单击“可编辑样条线”下的“样条线”选项，在“几何体”卷展栏中单击 “轮廓”按钮，设置数值为2。

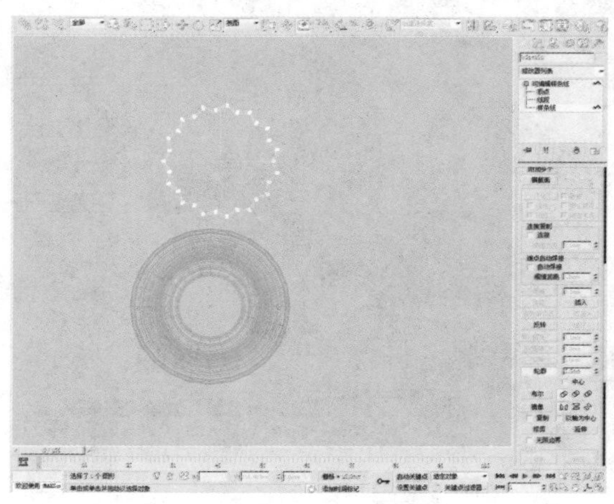

知识点

在放样建模的时候，我们可以使用放样工具中自带的修改命令，如"缩放"、"扭曲"、"倒角"等，通过对路径的更改从而改变创建模型的外观。

5.3 绘制花瓶瓶身

下面我们开始对花瓶的瓶身制作过程进行介绍。

01 在“创建”命令面板中单击“几何体”按钮，在“复合对象”选项下单击“放样”按钮，进入前视图选择之前创建的直线，在“创建方法”卷展栏中单击“获取图形”按钮，选择多边形。

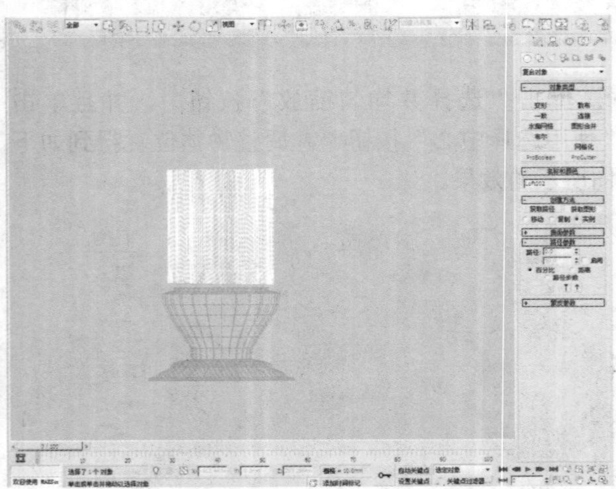

02 在“修改”面板的Loft下选择“样条线”选项，然后在“路径参数”卷展栏中设置“路径”设为85.0。

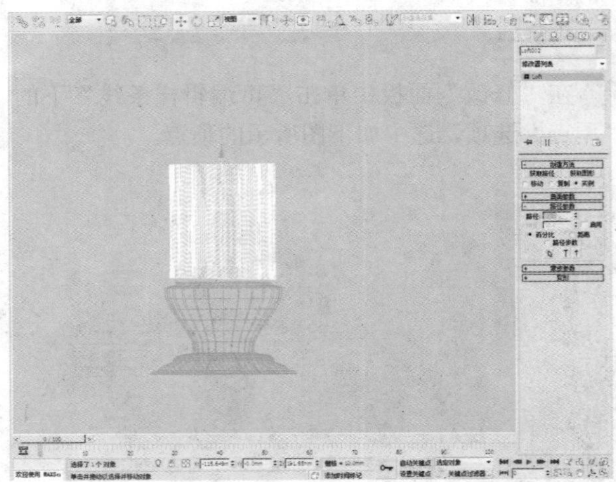

03 在“创建方法”卷展栏中单击“获取图形”按钮，获取多边形。

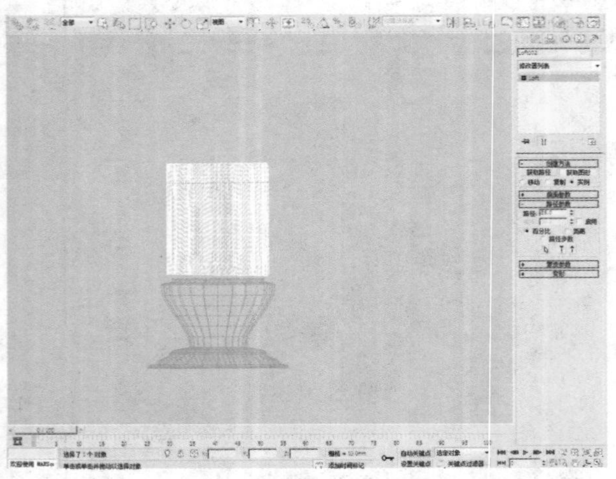

04 接下来在“路径参数”卷展栏中，设置“路径”设为90.0。

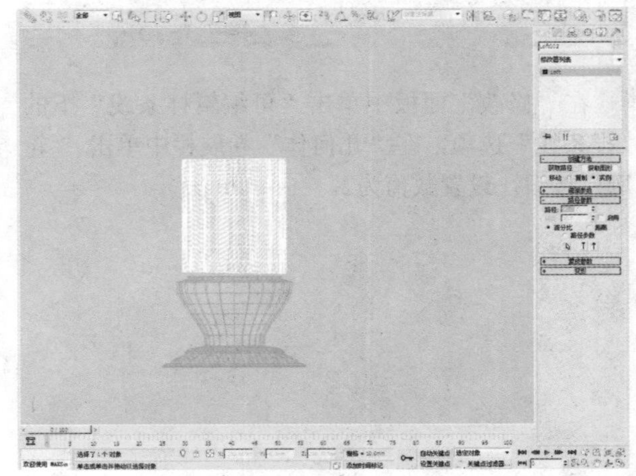

05 在“修改”面板中的Loft下选择“样条线”选项，在“创建方法”卷展栏中单击“获取图形”按钮，获取圆环。

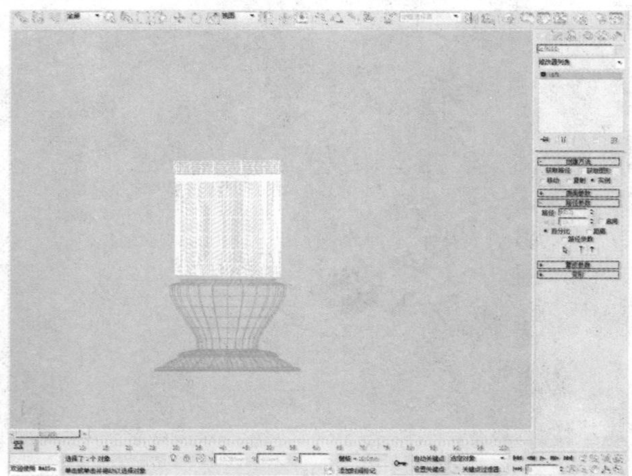

06 切换到“修改”面板，在“变形”卷展栏中单击“缩放”按钮。

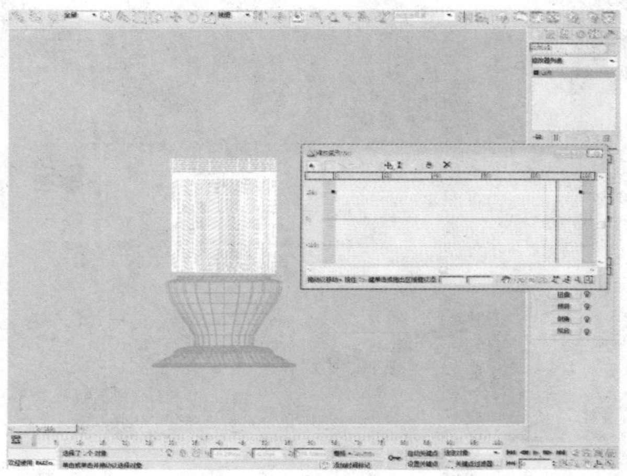

07 在“缩放变形”窗口的工具栏中单击“插入角点”按钮，在窗口中的曲线上单击，以插入控制点。

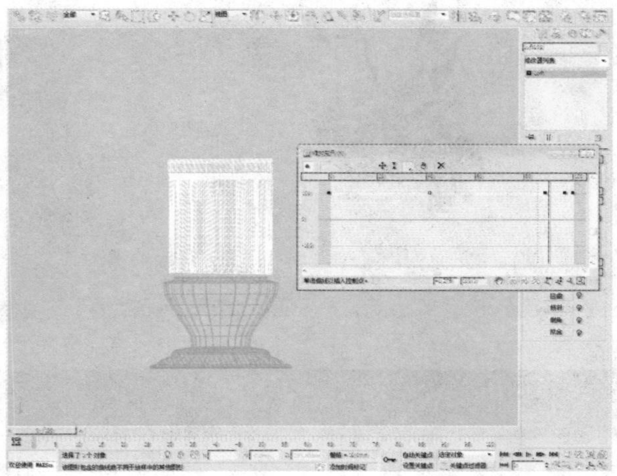

08 选择刚刚插入的点，单击鼠标右键，在弹出的菜单中选择“Bezier-角点”命令。

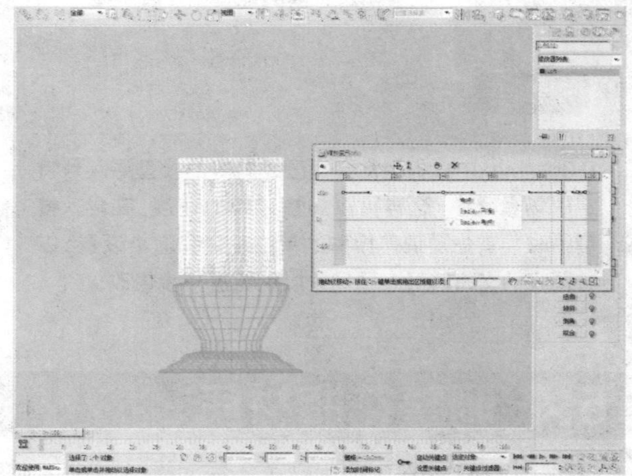

09 通过移动控制点和控制柄将花瓶瓶身调整为理想形状。

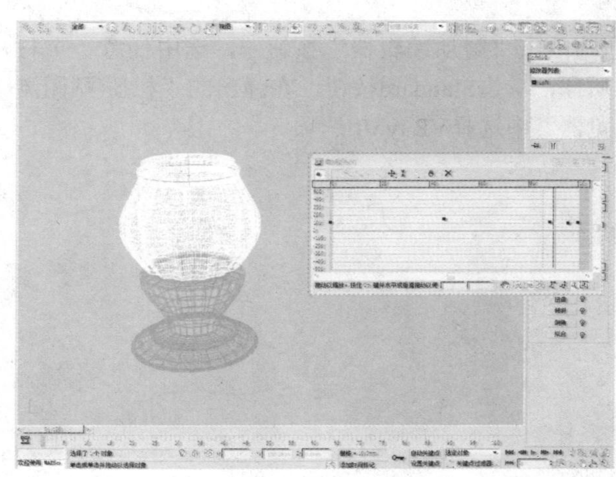

10 在“变形”卷展栏中单击“扭曲”按钮，在“扭曲变形”窗口的工具栏中单击“移动控制点”按钮，将形状调整至理想状态。

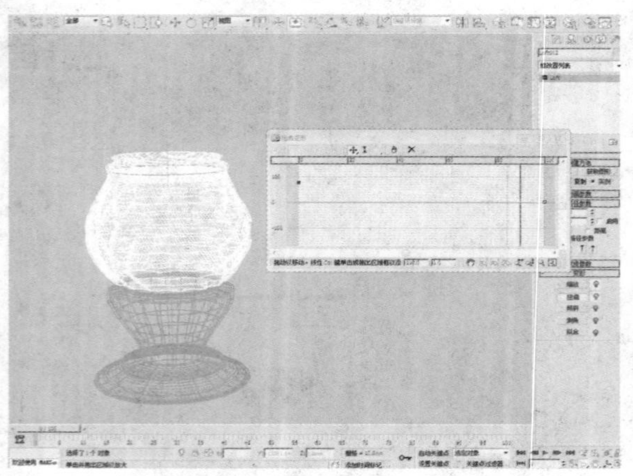

11 选择合适的花模型并将其合并到场景中。

12 至此，花瓶模型建造完毕。

知识点

在3ds Max中我们经常会将已经做好的模型导入到特定的场景之中，这样可以加快建模的速度，在导入模型的时候首先要调整模型的单位设置和渲染设置，以方便我们在将其导入到场景以后能进一步修改。

5.4 调整花瓶材质

下面我们开始对花瓶材质进行调整，具体步骤如下所示。

01 单击“材质编辑器”按钮，选中任意一个材质球，单击Standard按钮，在弹出的“材质/贴图浏览器”中选择VRayMtl选项。

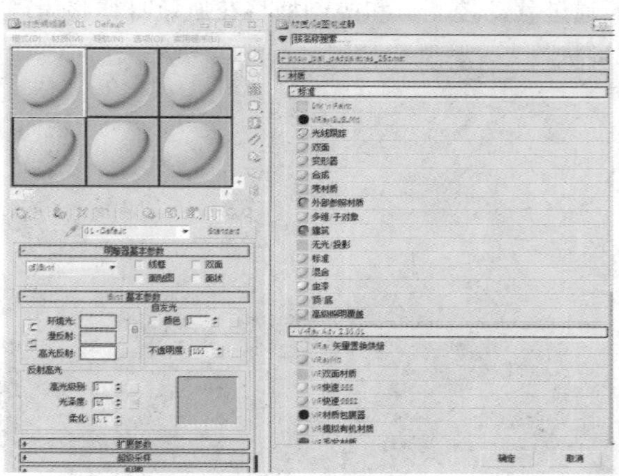

02 将“颜色选择器：漫反射”对话框中的参数设置为如下图所示数值。

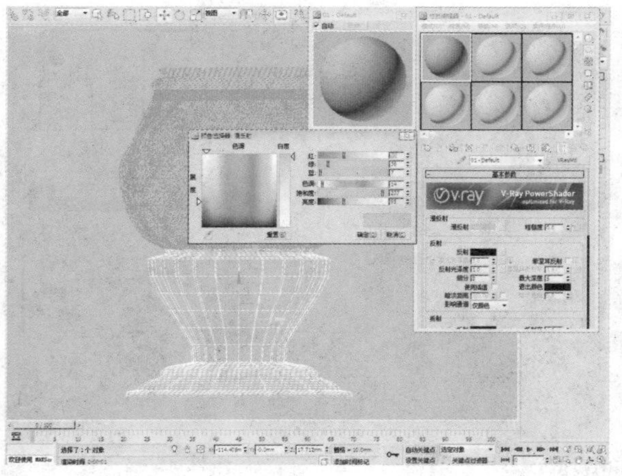

03 进一步对“材质编辑器”“反射”选项组中的“反射”、“高光光泽度”、“反射光泽度”、“细分”的参数进行设置。

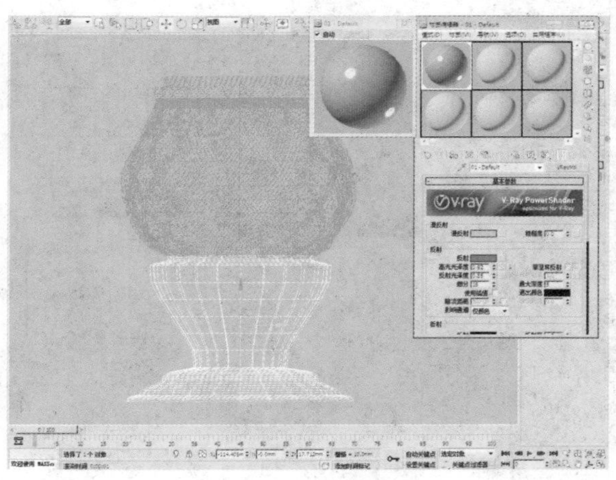

04 选择花瓶底座，单击“将材质指定给选定对象”按钮，将材质赋予花瓶底座。

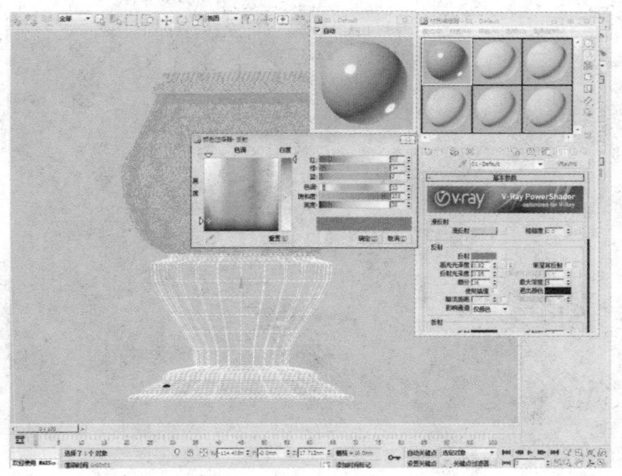

05 在工具栏中单击“材质编辑器”按钮，选中任意一个材质球，单击Standard按钮，在弹出的“材质/贴图浏览器”对话框中选择VRayMtl选项。

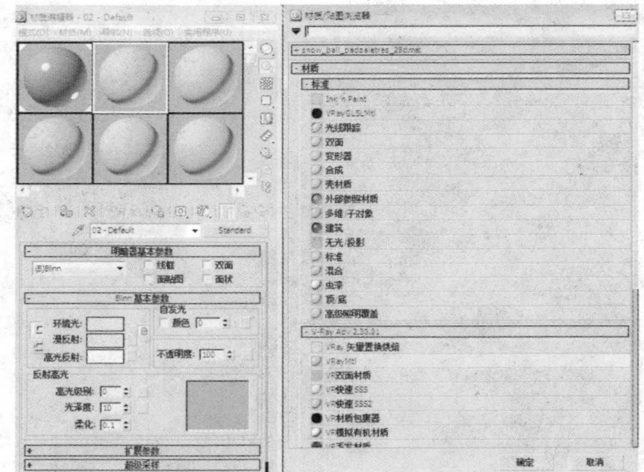

06 在“颜色选择器：漫反射”对话框中如下图所示进行参数设置。

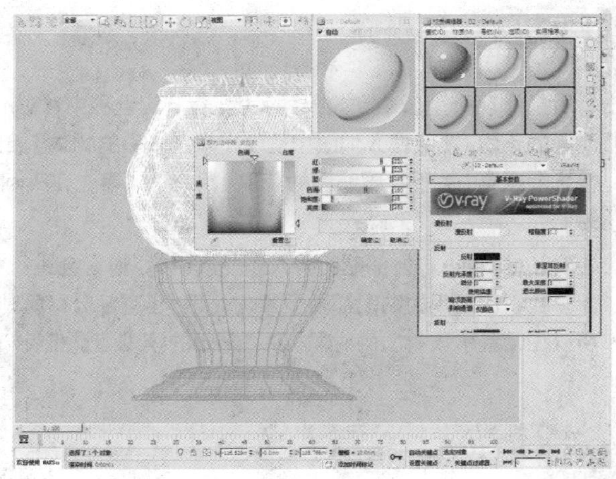

07 进一步对“材质编辑器”“反射”选项组中的“反射”、“高光光泽度”、“反射光泽度”、“细分”的参数进行设置。

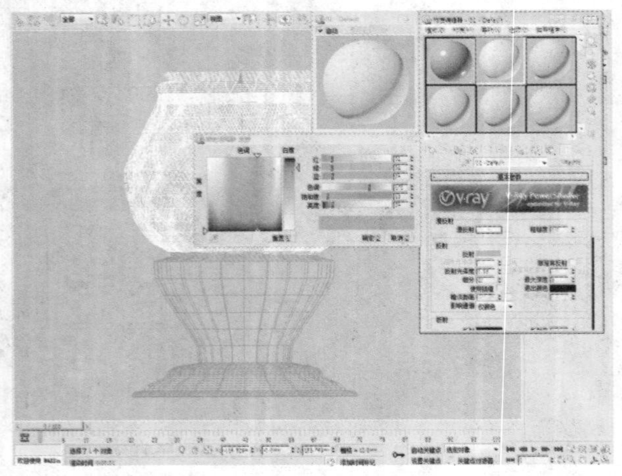

08 选择花瓶瓶身，将此材质赋予花瓶瓶身。

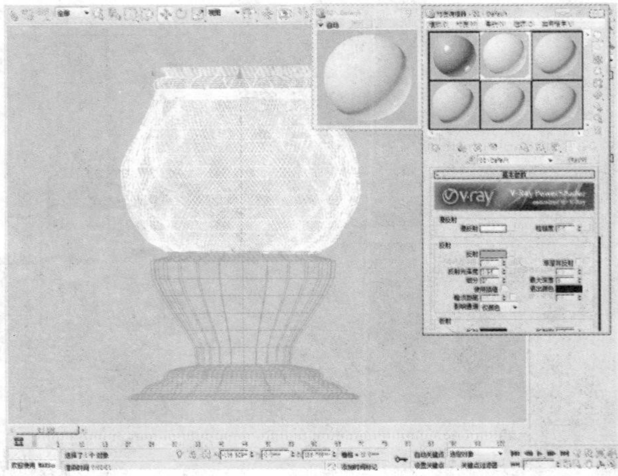

09 至此，花瓶模型制作完成。

知识点

材质是体现模型质感和效果的关键，在真实世界中，诸如石块、木板、玻璃等物体表面的纹理、透明性、颜色、反光性能等的不同，才能在人们眼中呈现出丰富多彩的物体。因此，光有模型是不够的，只有为模型赋予了材质，模型才能变得更加逼真。关于材质贴图的获取，用户可以事先在Photoshop中对素材进行恰当的修改，或是在Photoshop中直接绘制。

在3ds Max中，将外部贴图导入到材质中时，通常会进行模糊处理，默认的模糊值为1，这个值适合很多种材质。因为大多数材质所用的贴图都需要柔化处理，但有部分材质则不需要。如木纹，如果进行过强的模糊处理就会丧失细节，所以在设置木质材质的时候，要将贴图的模糊值调低，一般为0.1～0.3。

用车削制作葫芦

本案例将介绍葫芦模型的制作，让我们通过具体的制作过程，了解3ds Max中车削和样条线的知识。

知识点

1. 车削含义的介绍
2. 车削的使用
3. 样条线的使用

6.1 车削

车削命令适用于二维图形，使用其可以绘制出很多轴心对称的物体，一般绘制围绕一个轴旋转360°所形成的物体时，我们利用车削命令来完成，例如苹果、瓶子、酒杯等。通常我们在前视图中创建物体的剖面，在Y轴上的方向使用车削命令，并设置最小值，这样适合我们平时的习惯，在创建模型时不容易出错。

在前视图中利用样条线画出的图形

为样条线使用车削命令

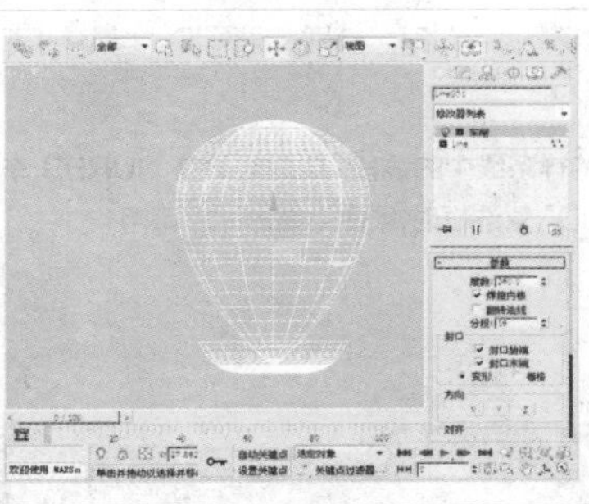

"方向"选择Y轴，"对齐"选择"最小"

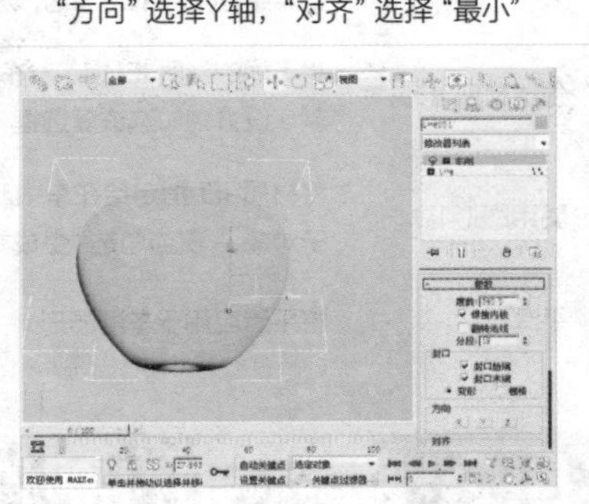

车削“参数”卷展栏各选项含义如下所示。

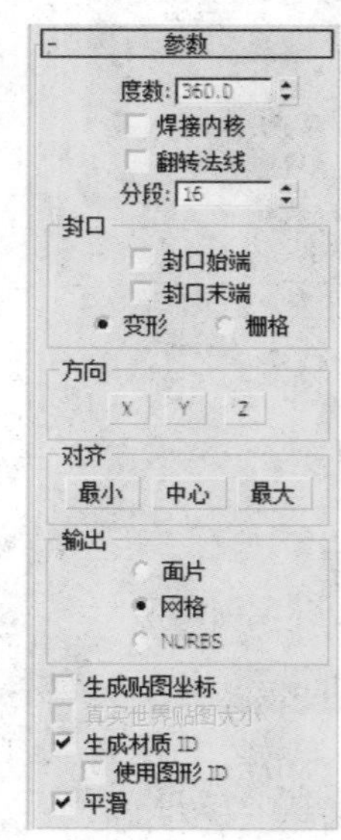

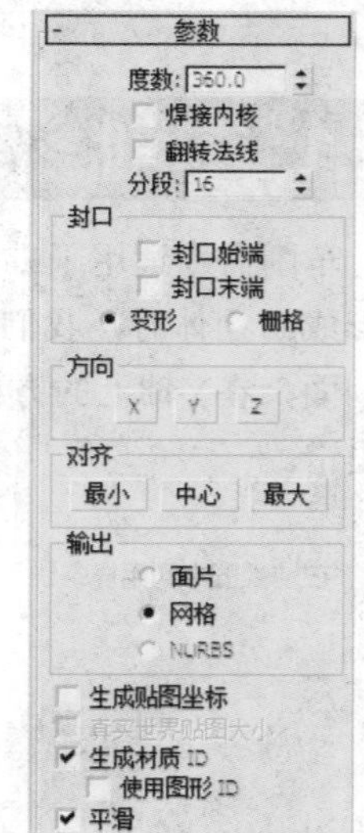

选项	含义
度数	确定对象绕轴旋转多少度（范围为0.0 到 360.0，默认值是 360.0）。可以为“度数”设置关键点，来设置车削对象圆环增强的动画。“车削”轴自动将尺寸调整到与要车削图形同样的高度
焊接内核	通过将旋转轴中的顶点焊接来简化网格。如果要创建一个变形目标，禁用此选项
翻转法线	依赖图形上顶点的方向和旋转方向，旋转对象可能会内部外翻。通过勾选“翻转法线”复选框来对其进行修正
分段	在起始点之间，确定在曲面上创建多少插值线段。此参数也可设置动画，默认值为 16
封口始端	封口设置的“度数”小于 360° 的车削对象的始点，并形成闭合图形
封口末端	封口设置的“度数”小于 360° 的车削对象的终点，并形成闭合图形
变形	根据创建变形目标的需要，以可预测的、可重复的模式排列封口面。渐进封口可以产生细长的面，而不像栅格封口需要渲染或变形。如果要车削出多个渐进目标，主要使用渐进封口的方法
栅格	在图形边界上的方形修剪栅格中安排封口面。此方法会产生尺寸均匀的曲面，可使用其他修改器轻松地将这些曲面变形
方向	X /Y /Z——相对对象轴点，设置轴的旋转方向
对齐	最小/中心/最大——将旋转轴与图形的最小、居中或最大范围对齐
输出	面片——产生一个可以折叠到面片对象中的对象
	网格——产生一个可以折叠到网格对象中的对象
	NURBS——产生一个可以折叠到 NURBS 对象中的对象
生成贴图坐标	将贴图坐标应用到车削对象中。当“度数”的值小于 360 并勾选“生成贴图坐标”复选框时，将另外的图坐标应用到末端封口中，并在每一封口上放置一个 1×1 的平铺图案
真实世界贴图大小	该功能可以创建材质并在“材质编辑器”中指定2D纹理贴图的实际宽度和高度。将该材质指定给场景中的对象时，场景中出现具有正确缩放的纹理贴图
生成材质 ID	将不同的材质 ID 指定给车削对象侧面与封口。特别是侧面 ID 为 3，封口ID 为 1 和 2。默认设置为勾选该复选框
使用图形 ID	将材质 ID 指定给在车削产生的样条线中的线段，或指定给在 NURBS 车削产生的曲线子对象。仅当勾选“生成材质 ID”复选框时，“使用图形 ID”可用
平滑	将平滑应用于车削图形

6.2 葫芦身的制作

本小节主要是运用车削命令对葫芦身进行创建，通过葫芦身的创建来练习车削命令的使用。在创建葫芦四分之一剖面的时候，我们要注意使用车削命令创建物体的规律，并适当调整剖面所围绕旋转的轴。

下面将对葫芦身的制作过程进行详细介绍。

01 在“创建”命令面板中单击“图形”按钮，在“样条线”选项下单击“线”按钮，在前视图中创建一条样条线。

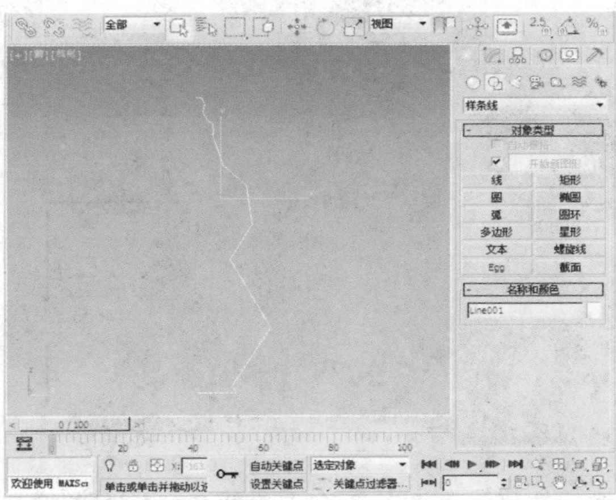

02 在样条线上单击鼠标右键，将创建的样条线转变为可编辑样条线。

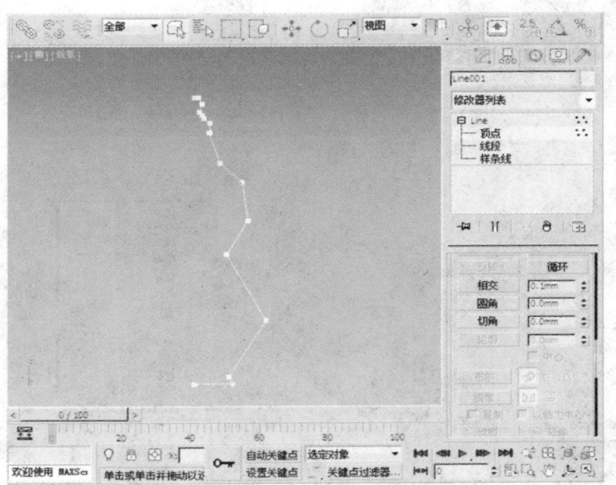

03 在“修改”面板中Line下选择“顶点”选项，在样条线上单击鼠标右键，在弹出的快捷菜单中选择“Bezier-角点”命令。

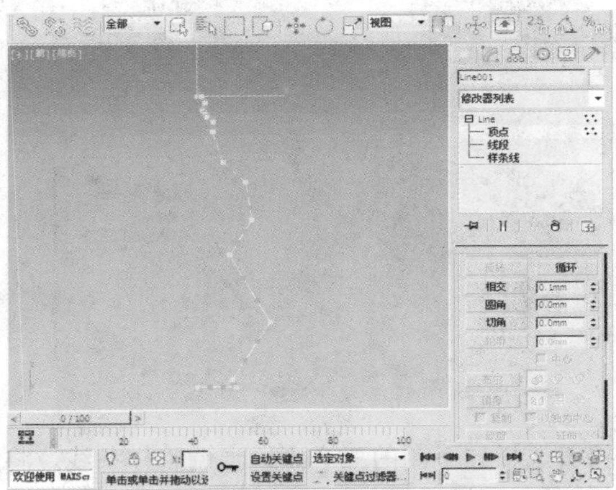

04 选择如下图所示的点，单击工具栏中的“选择并移动”按钮，适当调整样条线。

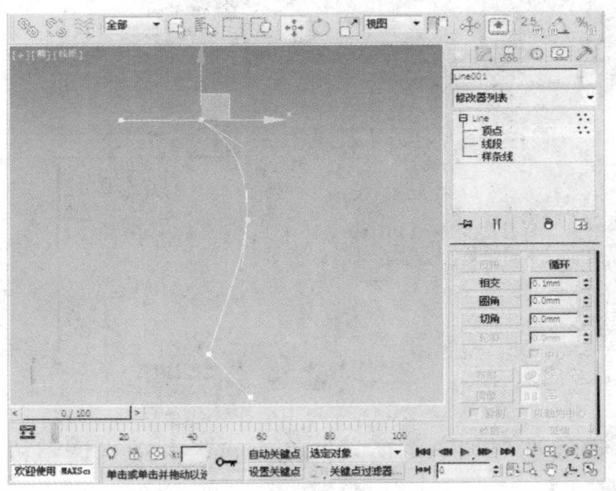

05 选择如右图所示的两个点适当调整样条线。

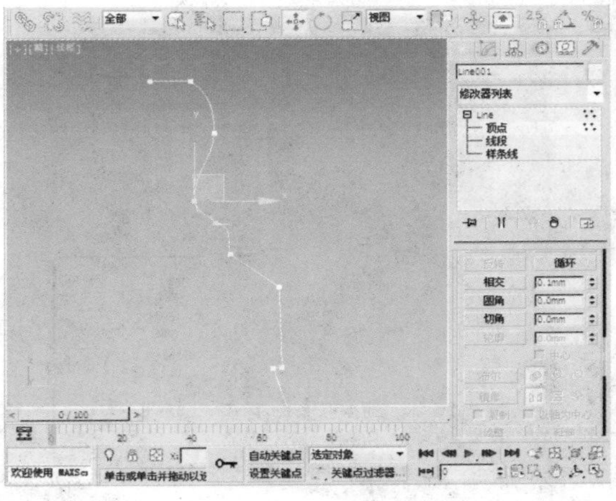

知识点

在调整物体点的位置时，要注意点的类型，以便我们对物体形状的进一步调整。

06 选择如下图所示的两个点并适当调整Bezier点。

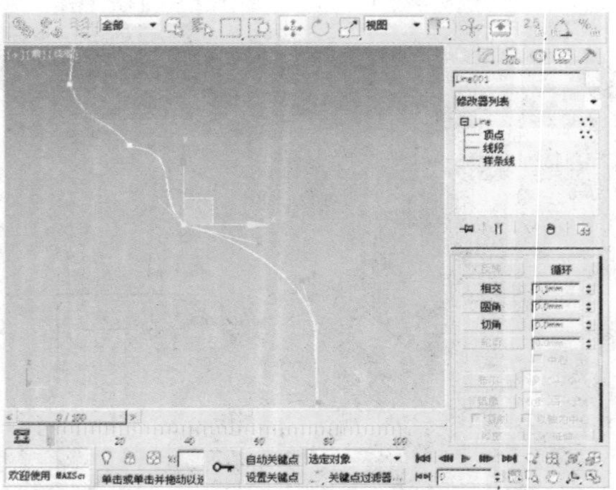

07 然后选择如下图的两个点调整样条线，调整后的位置如下图所示。

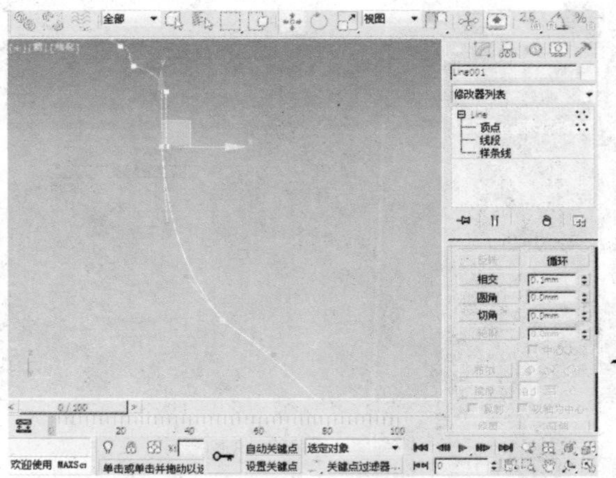

08 继续选择如下图所示的两个点，并适当调整样条线到如下图所示的效果。

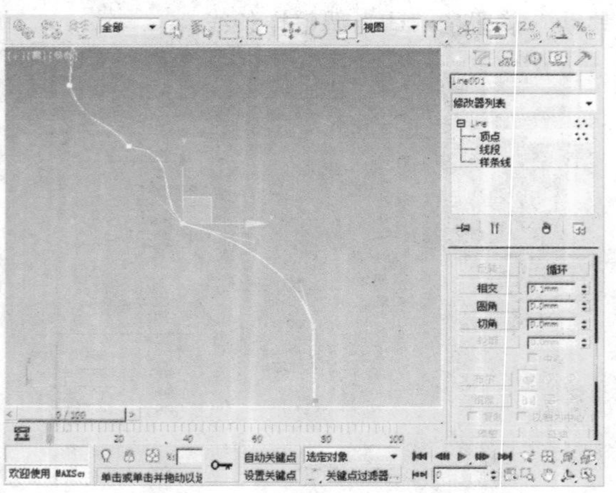

09 然后选择如下图的两个点将样条线的局部调整为圆弧形状。

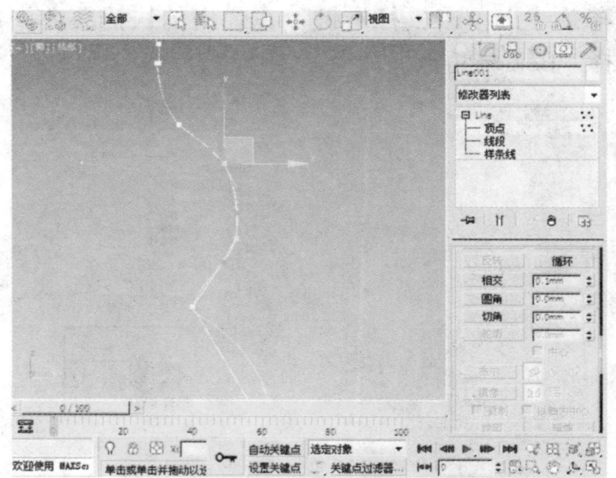

10 继续选择如下图所示的两个点，并适当调整样条线。

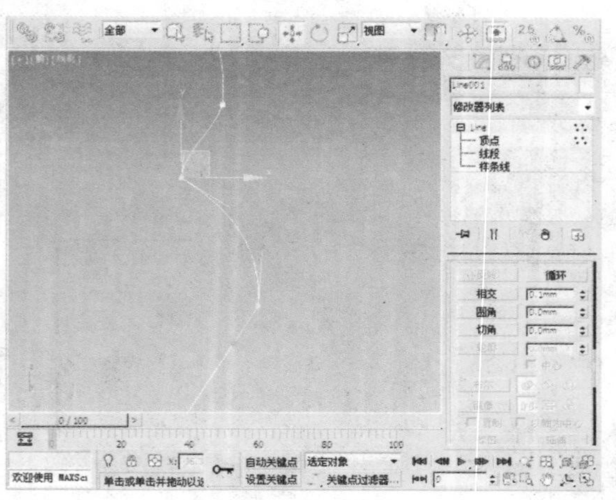

11 接着选择如下图的三个点适当调整样条线，将葫芦底的剖面做出来。

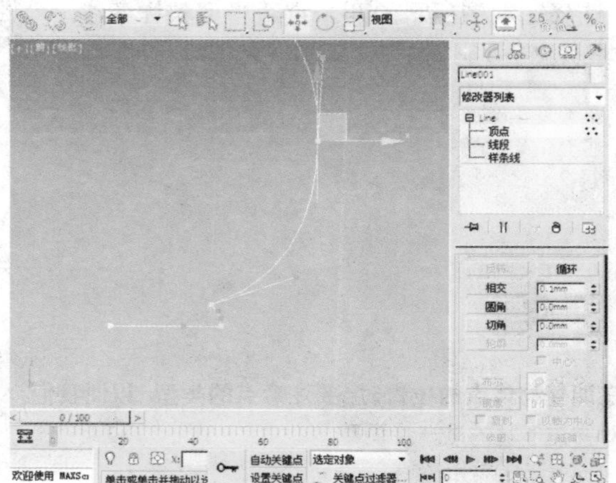

12 进一步选择如下图的三个点，在“几何体”卷展栏中单击“圆角”按钮，使其呈现出圆角效果。

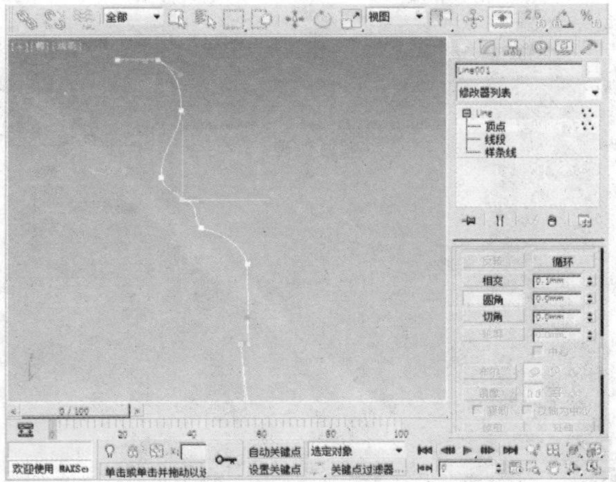

13 接下来选择如下图所示的两个点，为其设置相对大一点的圆角。

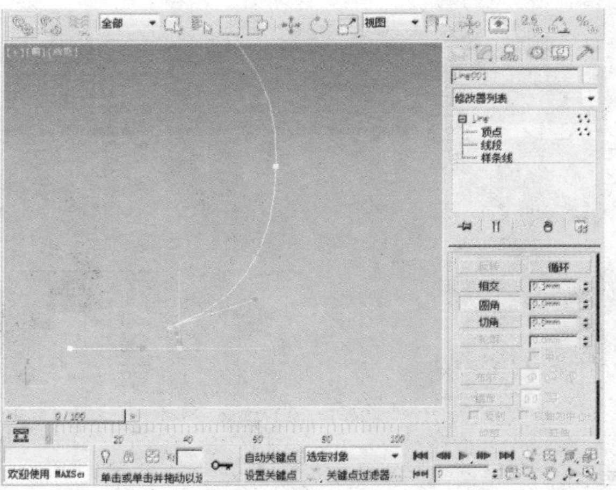

14 继续选择如下图所示的三个点，为其设置更大一些的圆角。

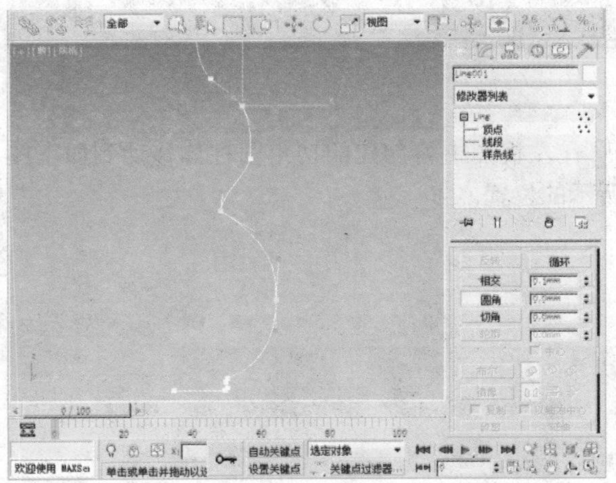

15 至此样条线就调整好了，调整好的样条线效果如下图所示。

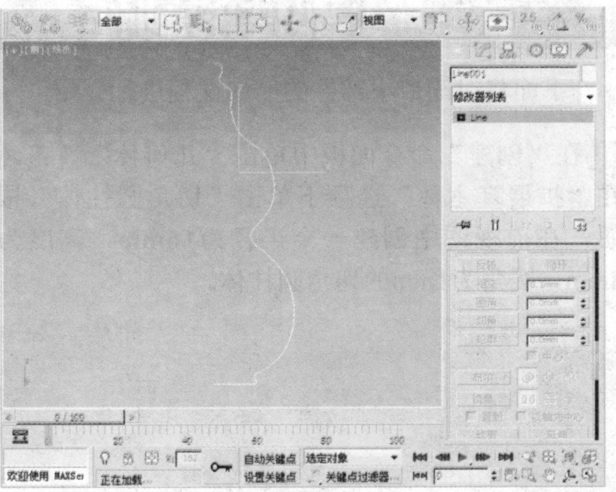

16 在“修改器列表”中选择“车削”命令。

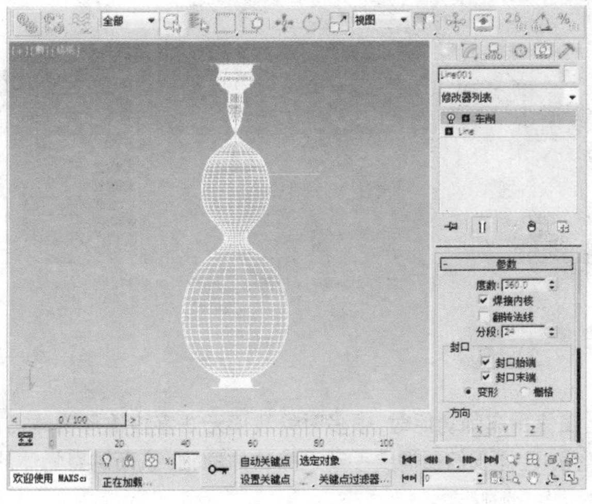

17 在“方向”卷展栏中，单击Y按钮，在“对齐”卷展栏中单击“最小”按钮，如下图所示。

18 至此，葫芦的主体就做好了，效果如下图所示。

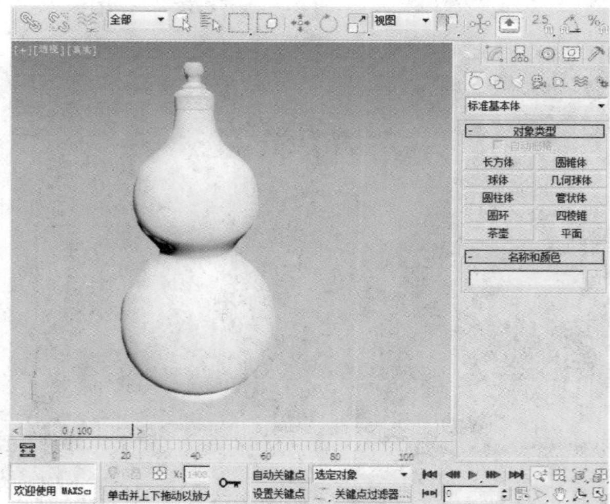

6.3 葫芦小部件的制作

下面将对葫芦小部件的制作过程进行介绍。

01 在“创建”命令面板中单击“几何体”按钮，在“扩展基本体”选项下单击“切角圆柱体”按钮，在前视图中创建一个半径为16mm，高度为8mm，圆角为1mm的切角圆柱体。

02 在左视图中将创建的切角圆柱体移动到如下图所示的位置。

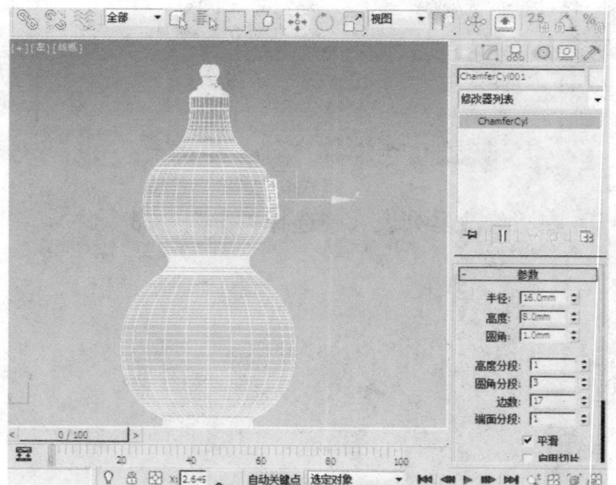

知识点

在使用车削功能时，很多时候我们无法直接选择物体需要围绕其旋转的轴，如“中心”、“最小”、“最大”按钮无法使用，这样我们便需要手动调整物体的轴，从而调整物体的形状。

03 单击工具栏中的“镜像”按钮，镜像复制出一个物体，并将其移动到如下图所示的位置。

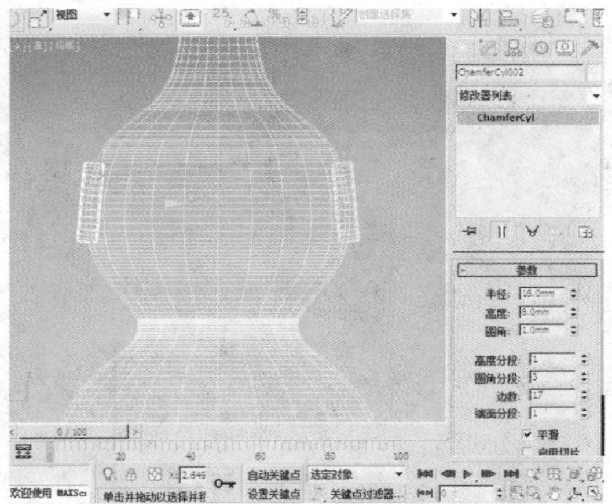

04 按住Shift键拖动，复制出一个切角圆柱体，并设置其“半径”为25mm、“高度”为8mm、“圆角”为1mm。

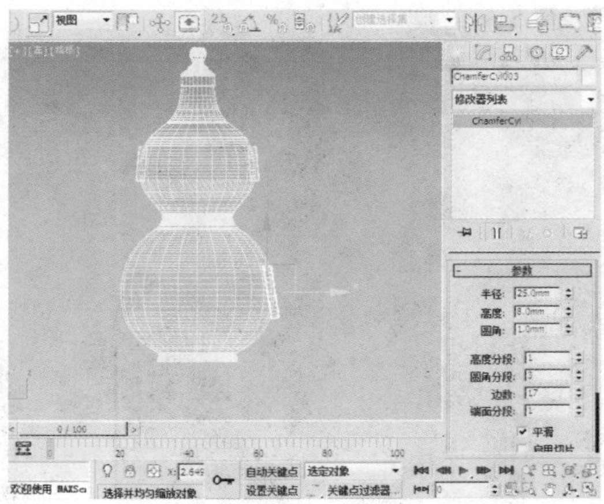

05 单击“选择并旋转”按钮，将物体旋转到如下图所示的位置。

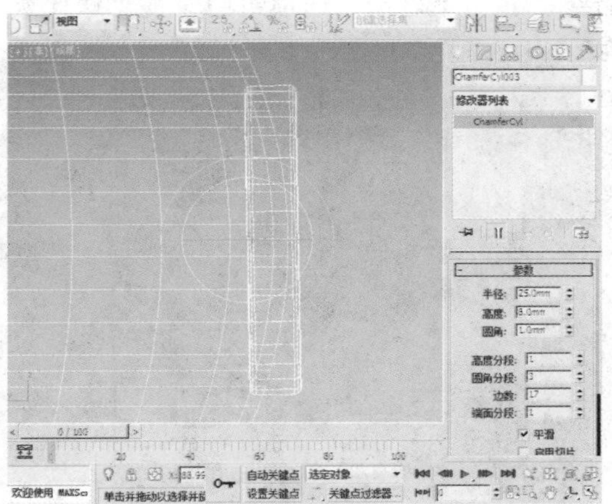

06 按住Shift键，将旋转完的切角圆柱体实例复制出一个。

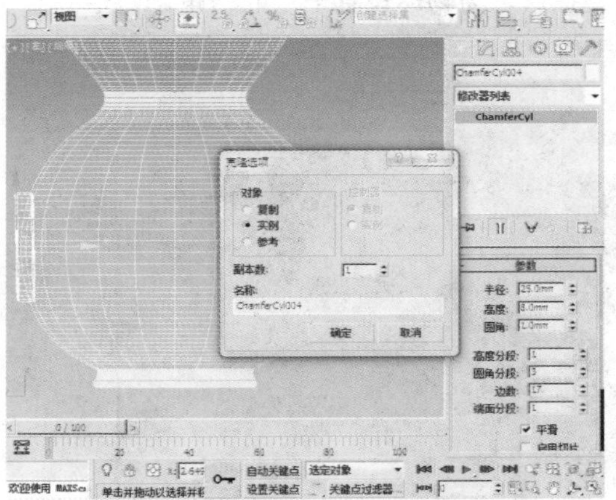

07 至此做出的模型效果如下图所示。

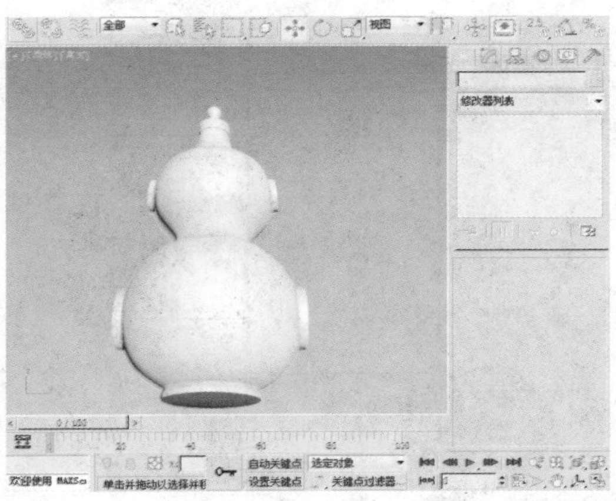

08 在前视图中绘制如下图所示的样条线。

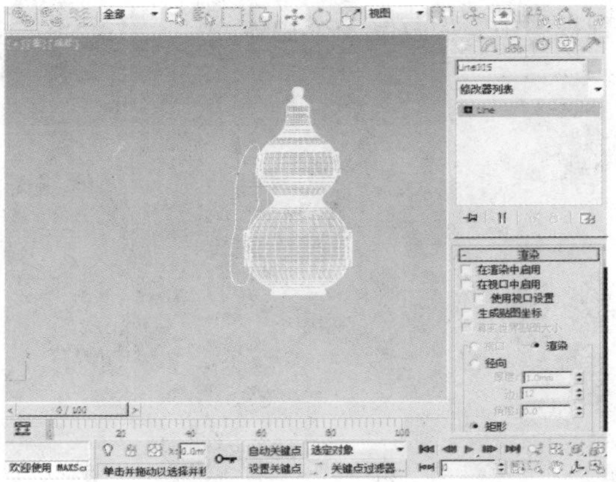

09 在“修改”面板的“渲染”卷展栏中勾选“在渲染中启用”和“在视口中启用”复选框，并且单击“矩形”单选按钮，设置“长度”为10、“宽度”为0.5。

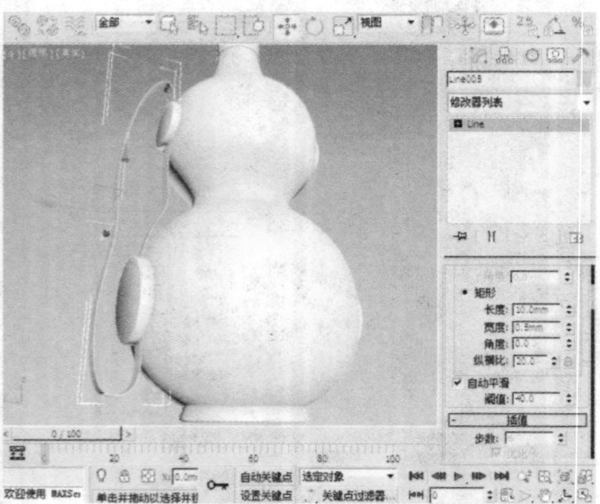

10 单击鼠标右键，在弹出的快捷菜单中选择“转换为>转换为可编辑样条线”命令，选择如下图所示的边。

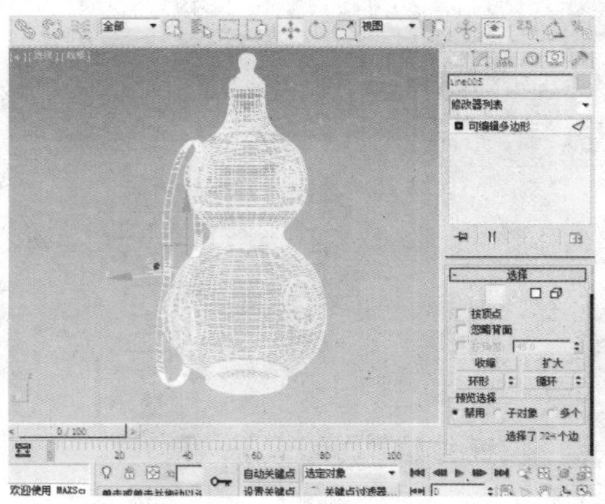

11 在“修改”面板的“编辑边”卷展栏中单击“切角”按钮，为物体设置一定的切角。

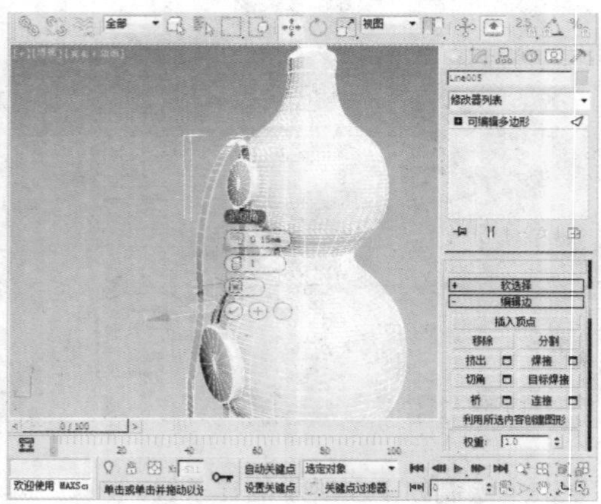

12 选中物体，单击鼠标右键，选择“NURMS切换”命令，并在“显示”选项组中设置“迭代次数”为2。

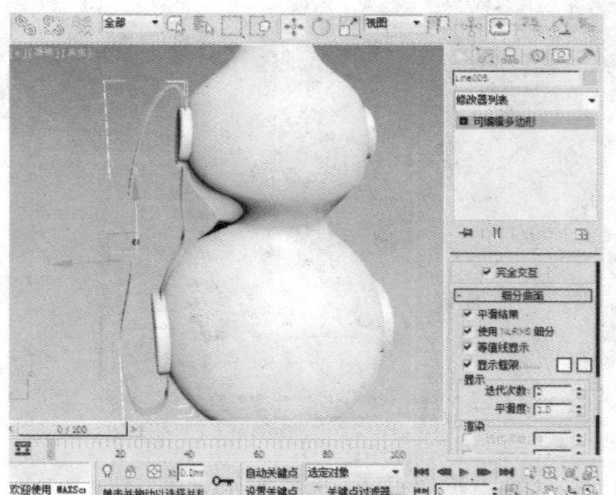

13 在顶视图中镜像复制一个物体。

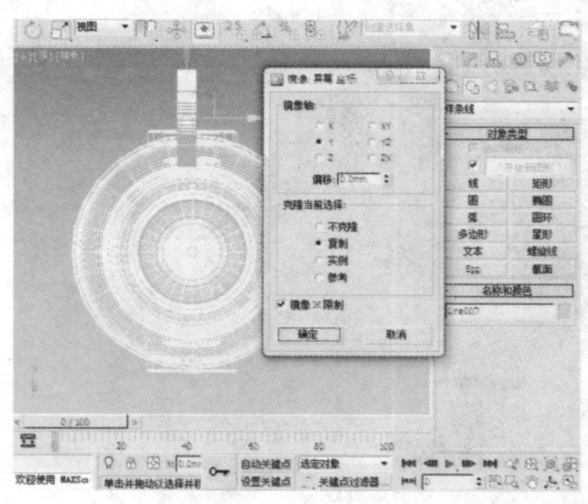

14 将复制的物体移动到如下图所示的位置，这样模型就建好了。

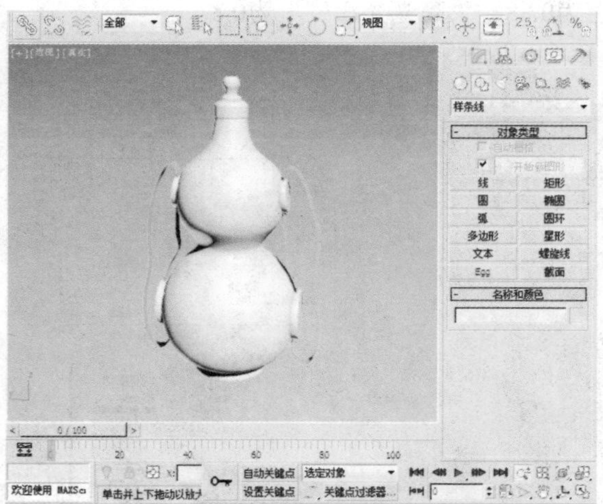

15 选中下图所示的物体，打开“材质编辑器”窗口，选择一个材质球，将材质球改为VRay材质。

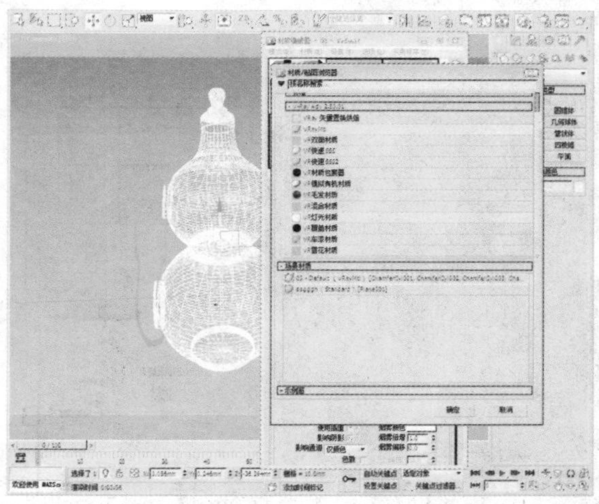

16 将材质的漫反射颜色设置为淡黄色，“反射光泽度”设置为0.92，“细分”设置为16。

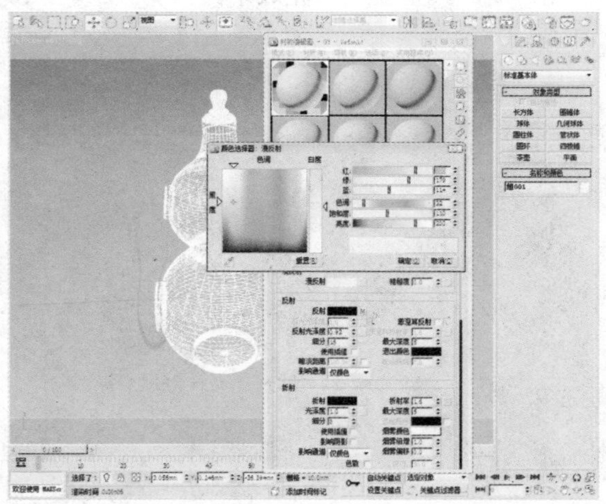

17 适当调低“亮度”的数值，将衰减颜色大体调整为如下图所示的颜色。

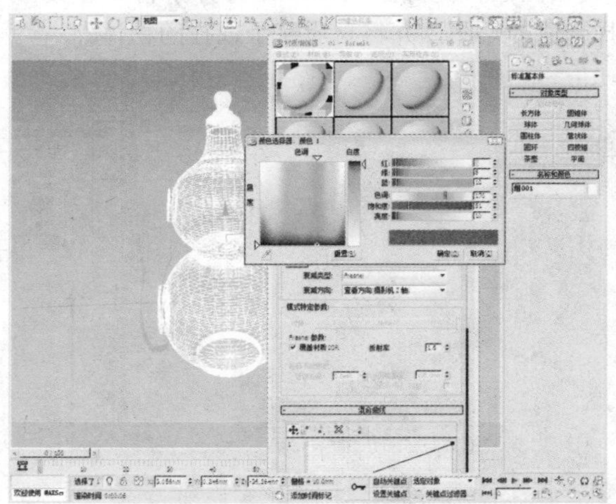

18 在贴图面板的凹凸贴图中，选择适当的贴图。

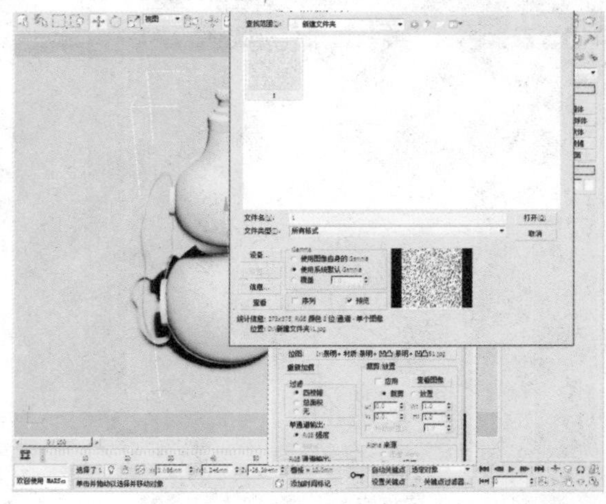

19 在“材质编辑器”窗口中单击“将材质指定给选定对象”按钮，把材质赋予物体。

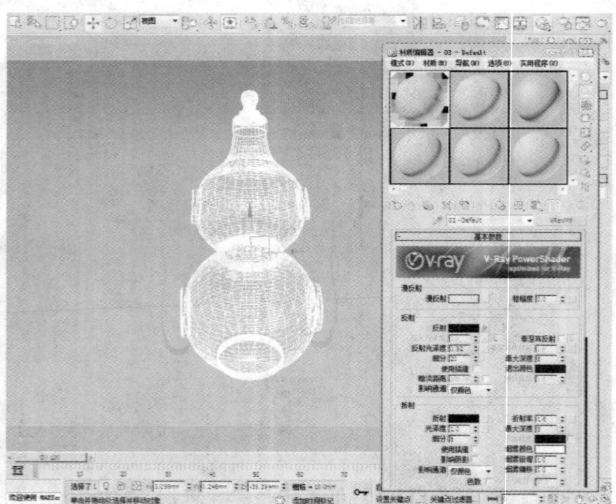

20 选中下图所示的物体，在另一个材质球中，设置漫反射光为暗黄的颜色，并设置“反射光泽度”为0.88、“高光光泽度”为0.8。

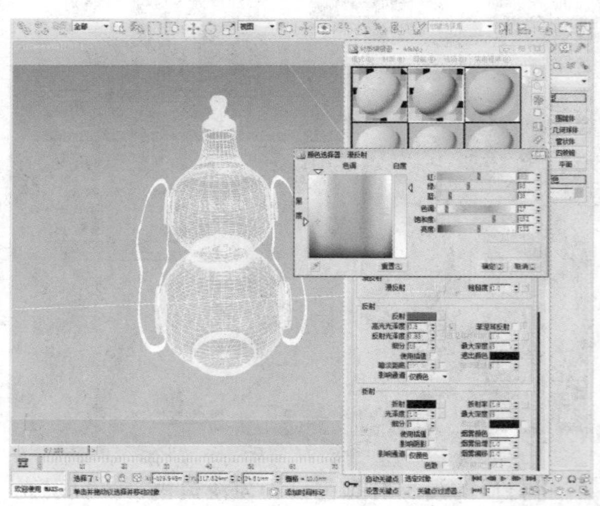

21 在贴图面板的凹凸贴图中，打开素材文件夹，选择合适的贴图，并将材质赋予选择的物体。

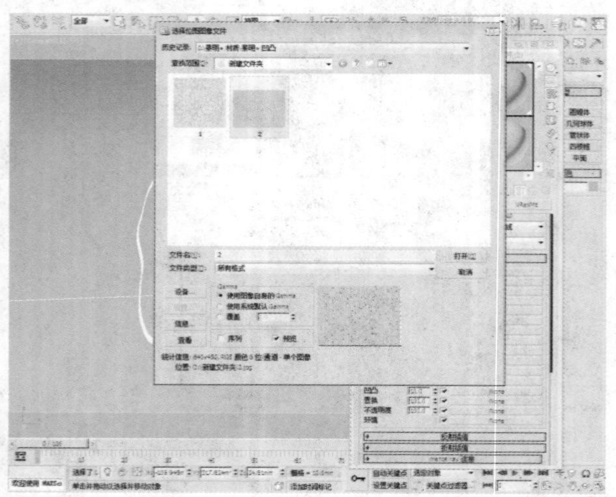

22 至此，葫芦模型就制作完成了。

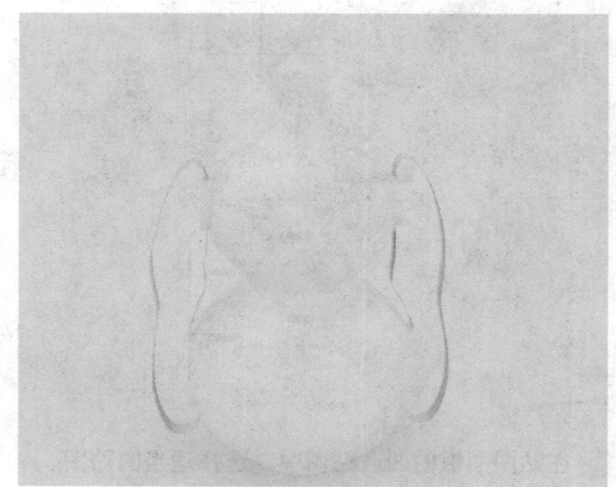

双人床的制作

本案例将介绍一款卧室中双人床模型的制作方法，其中主要用到了Bump贴图、UVW贴图、编辑网格修改器等知识。

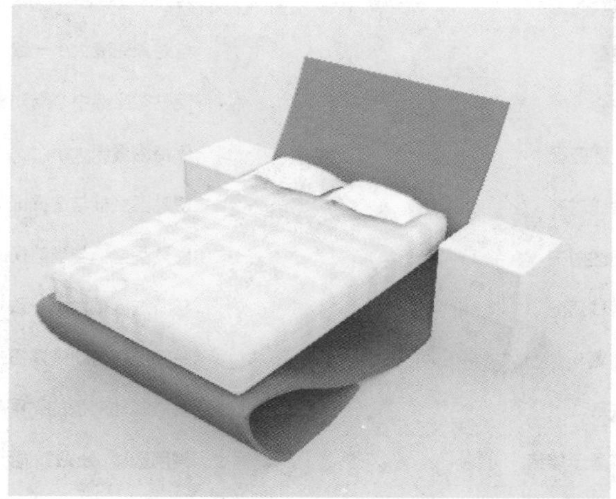

知识点

1. 掌握UVW贴图的使用方法
2. 熟练使用可编辑多边形修改器中的倒角和挤出命令

7.1 UVW贴图

UVW贴图即贴图坐标，它是3ds Max中对贴图进行坐标调整的最基本的修改器，是我们必须掌握的。它定义了一张二维图像以何种方式贴到三维对象的表面之上，被称为贴图方式，贴图方式实际上又是一种投影方式。因此，也可以说UVW贴图是用来定义如何将一张二维贴图投射到另一个三维物体上的修改器，其参数详解如下表所示。

名称	含义	图片
平面	平面投影	
柱形	柱形投影	
球形	球形投影	
收缩包裹	收缩包裹投影	
长方体	长方体投影	
面	面片投影	
XYZ到UVW	使坐标轴的三个方向与贴图坐标的三个方向一致	
长度/宽度/高度	长、宽、高	
U/V/W向平铺	U/V/W方向重复次数	
翻转	向不同的方向翻转	

续表

名称	含义	图片
贴图通道	贴图的通道	
顶点颜色通道	节点颜色	
对齐X/Y/Z	对齐X/Y/Z	
适配	与对象轮廓大小一致	
中心	使贴图坐标中心与对象中心对齐	
位图匹配	保持图像原大小	
法线对齐	使贴图坐标与选择面的坐标一致	
视图对齐	使贴图坐标与当前视图对齐	
区域适配	与所选区域大小一致	
重置	贴图坐标自动恢复初始状态	
获取	获取其他对象的贴图坐标信息	
不显示接缝	常用选项，让贴图显示没有缝隙	
显示薄的接缝	重叠部分有不明显衔接	
显示厚的接缝	重叠部分有明显衔接	

下面将对各种贴图的效果进行介绍。

贴图名称	Gizmo形状	贴图效果
平面	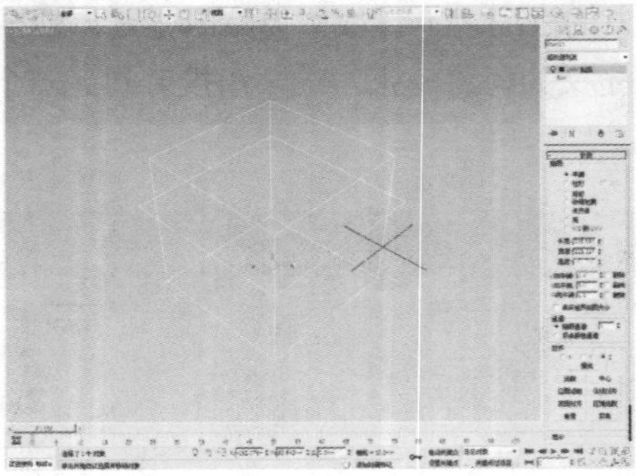	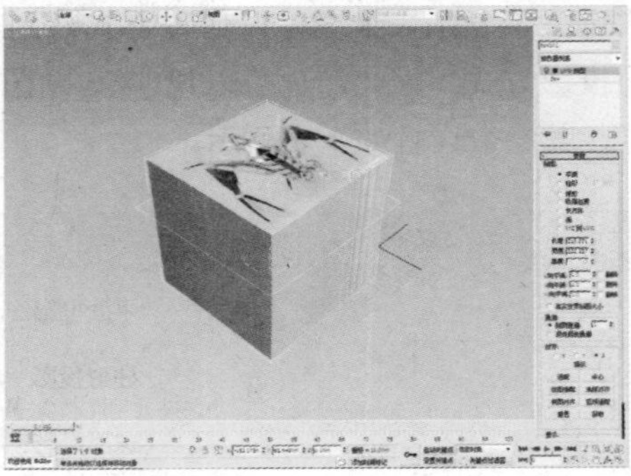
柱形	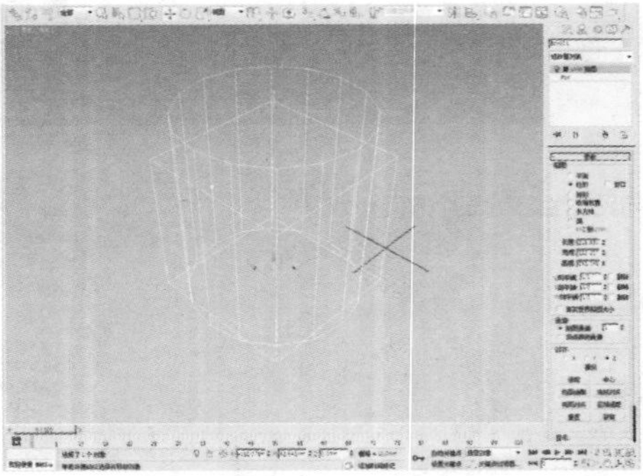	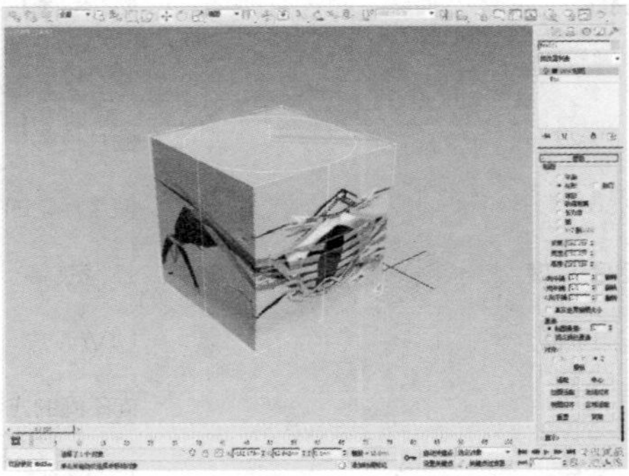

续表

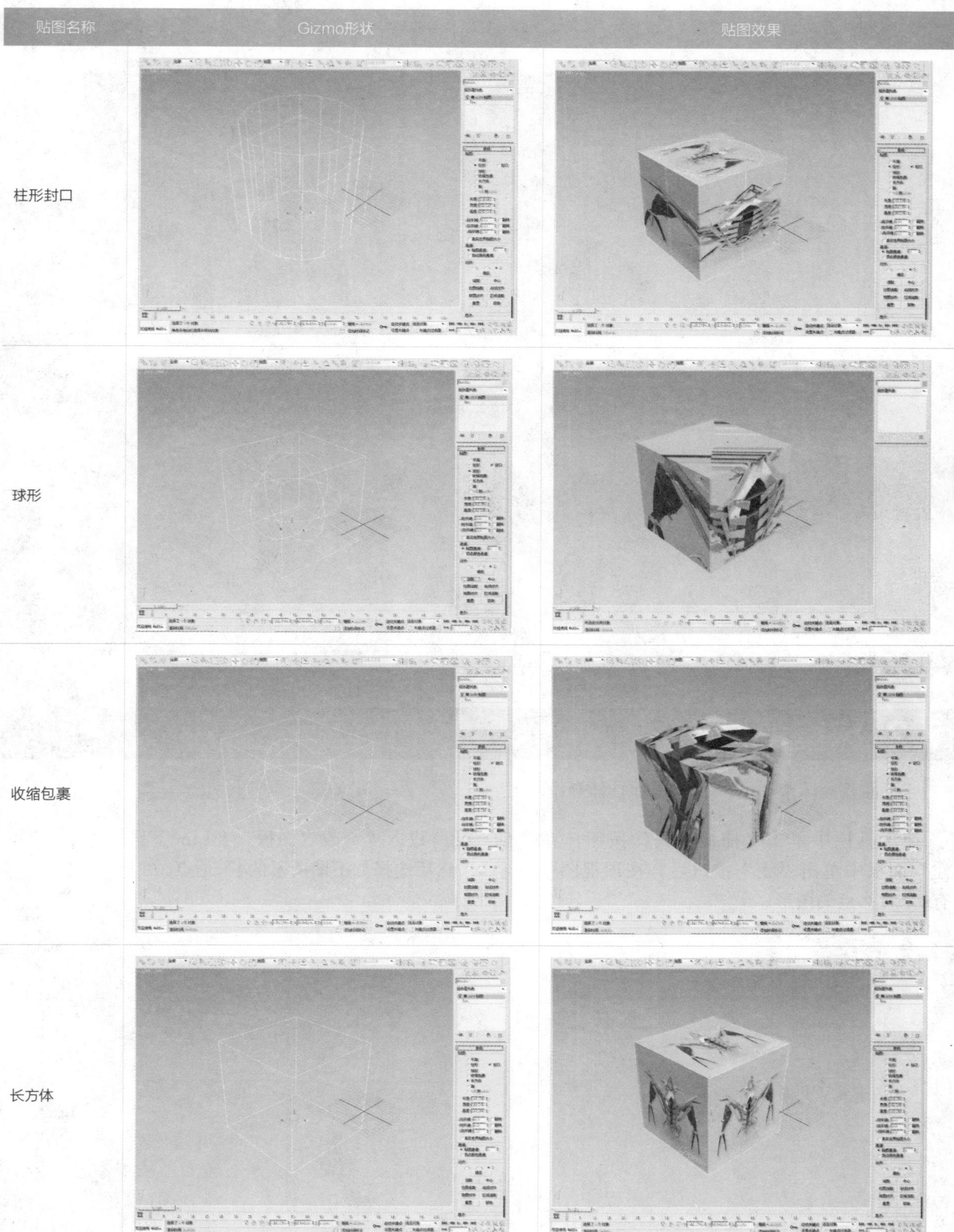

贴图名称	Gizmo形状	贴图效果
柱形封口		
球形		
收缩包裹		
长方体		

续表

贴图名称	Gizmo形状	贴图效果
面	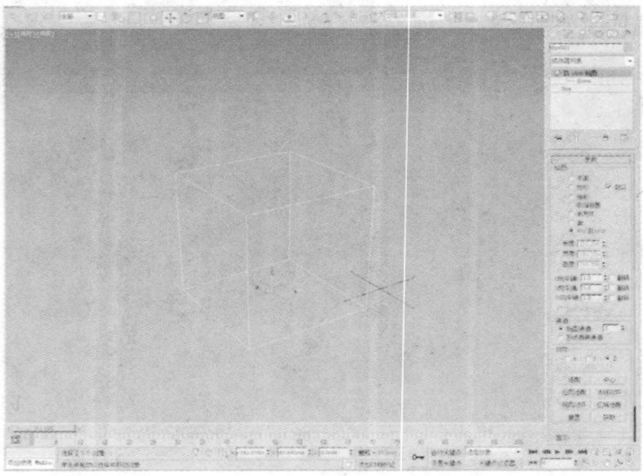	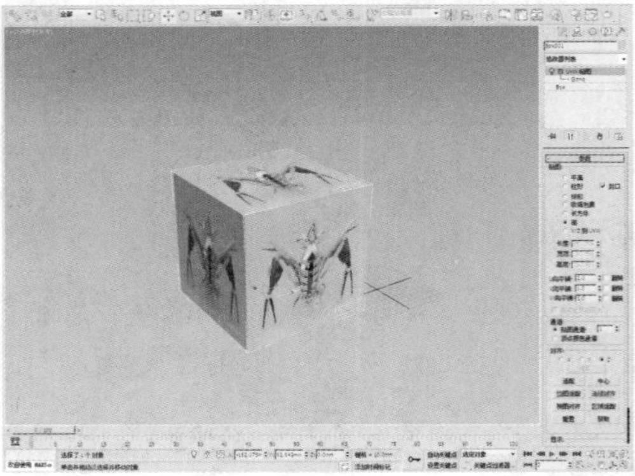
XYZ到UVW	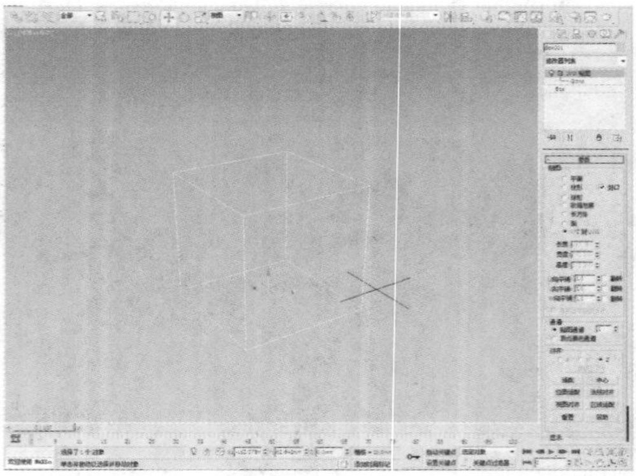	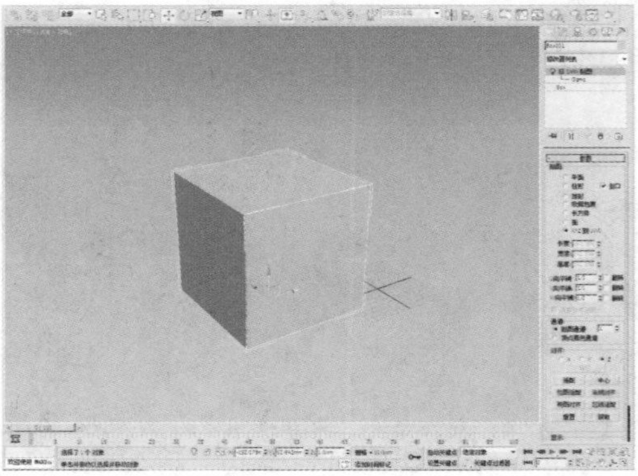

7.2 床垫的制作

下面将对床垫模型的制作进行具体介绍。

01 在工具栏中单击“捕捉开关”按钮，在“创建”面板中单击“线”按钮后，在顶视图中创建有8个对称点的图形。

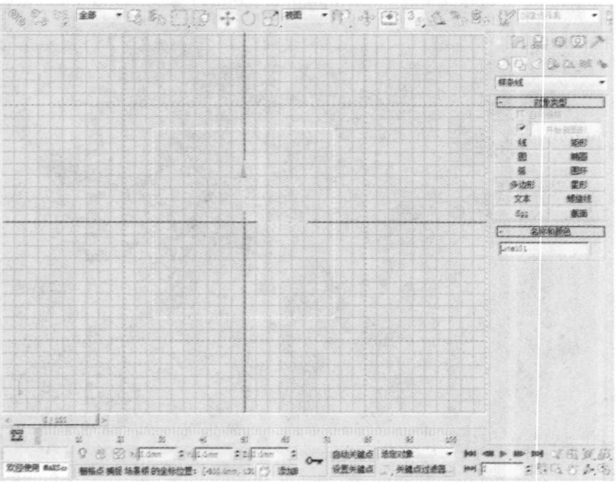

02 进入“修改”面板，在Line下选择“顶点”，然后选择如下图所示的4个顶点。

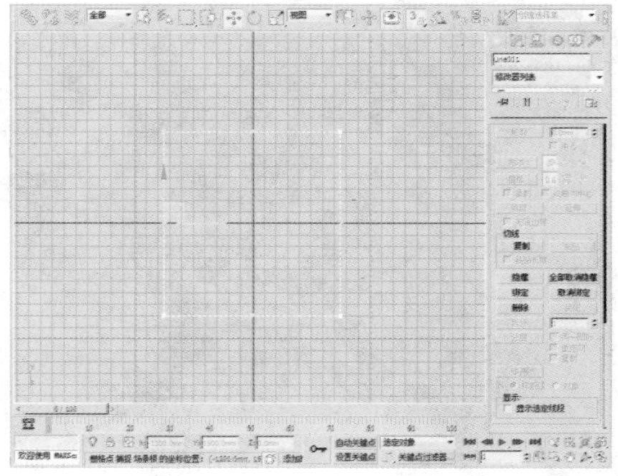

03 单击鼠标右键，通过弹出的快捷菜单将点的类型改为Bezier类型。

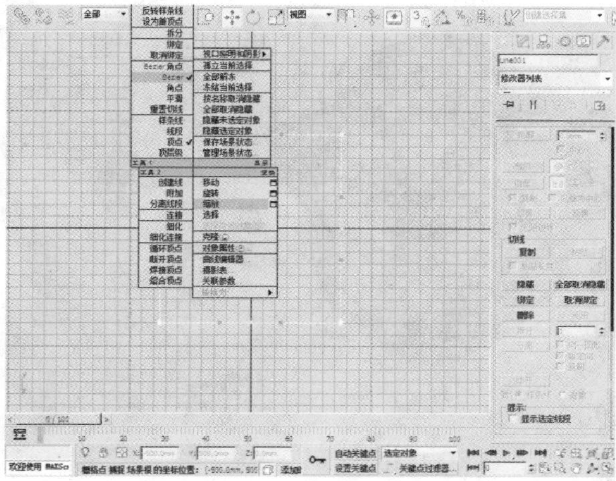

04 单击“选择并移动”按钮，对控制柄进行适当调整。

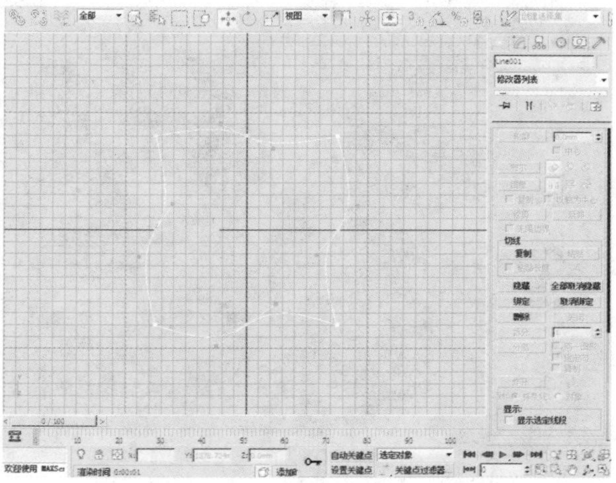

05 在“渲染”卷展栏中，勾选“在渲染中启用”和“在视口中启用”复选框，并设置“厚度”为10mm。

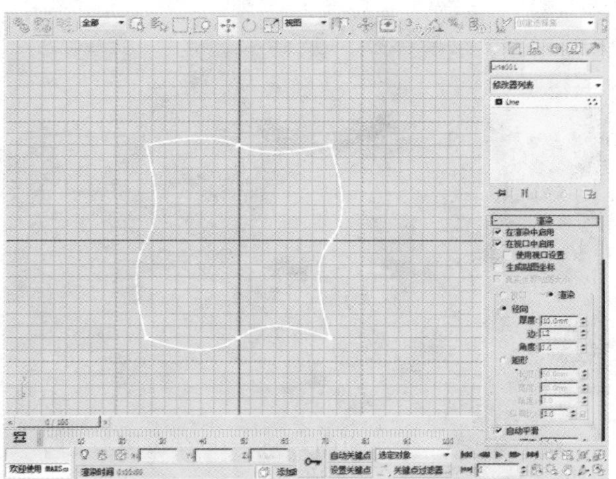

06 按住Shift键的同时沿Z轴方向对物体进行复制，并如下图所示进行设置。

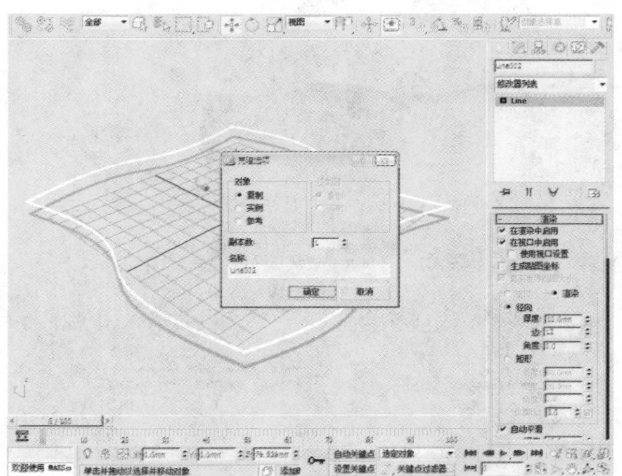

07 为复制的Line02加载“挤出”修改器，并设置“数量”为0。

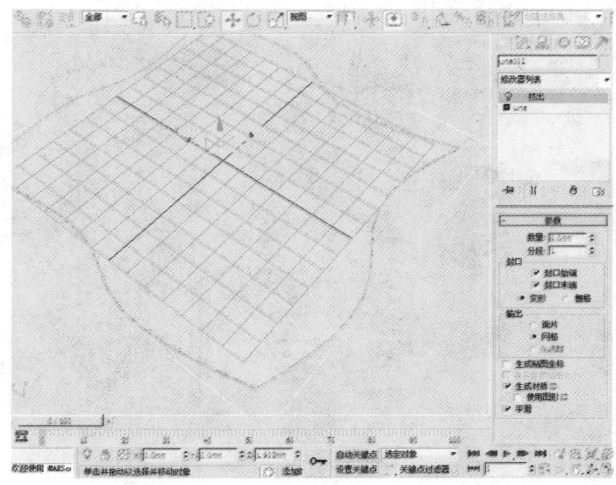

08 打开“材质编辑器”窗口，单击“漫反射”后的按钮，为其添加“渐变”贴图。

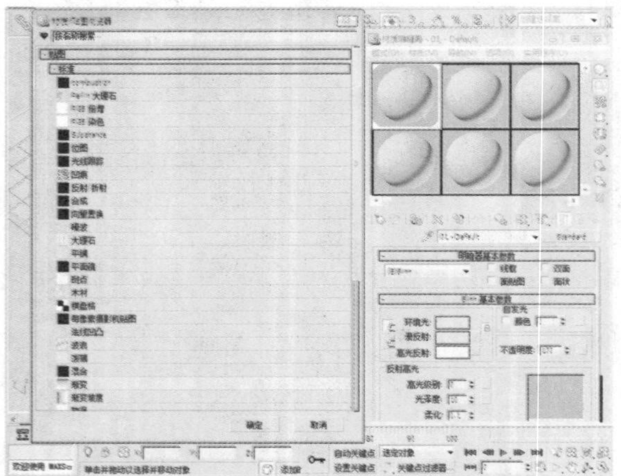

09 将材质赋予Line02，并在“渐变参数”卷展栏中设置“渐变类型”为“径向”。

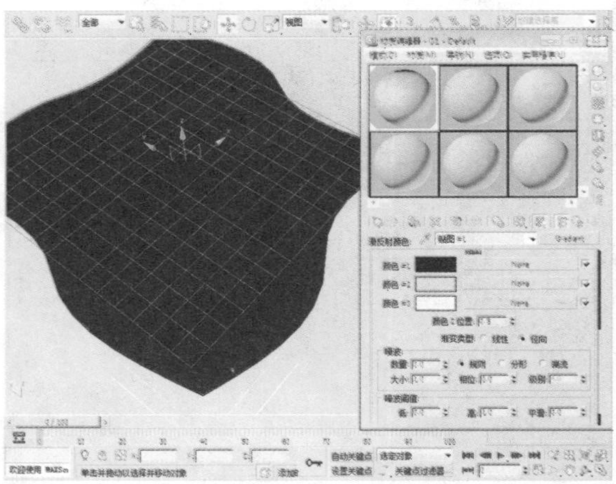

10 按住Shift键的同时沿X轴方向对物体进行复制。

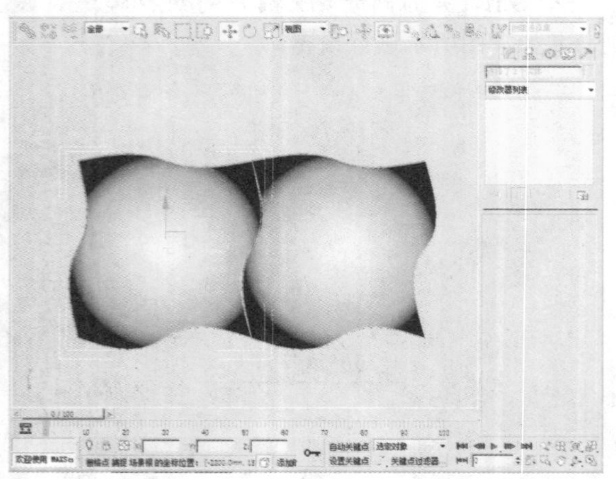

11 再次对物体进行复制操作。

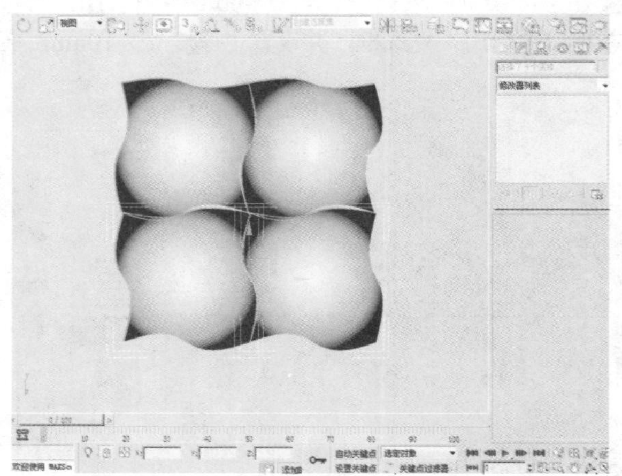

12 按下F10键，在“渲染设置”窗口中的“输出大小”选项组中分别设置“宽度”和“高度”为1000和750。

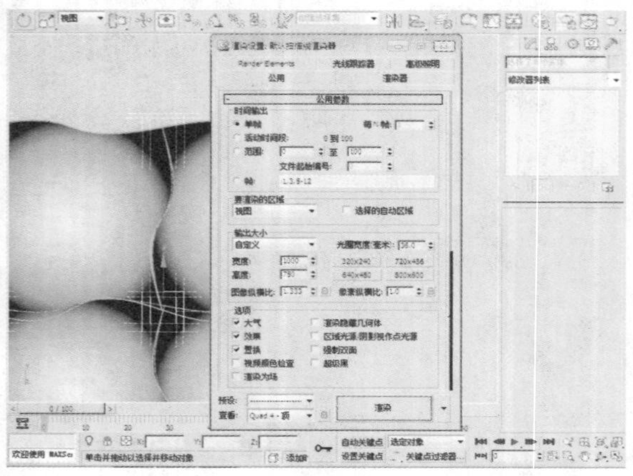

13 对渲染之后得到的图片进行保存，图像如下图所示。

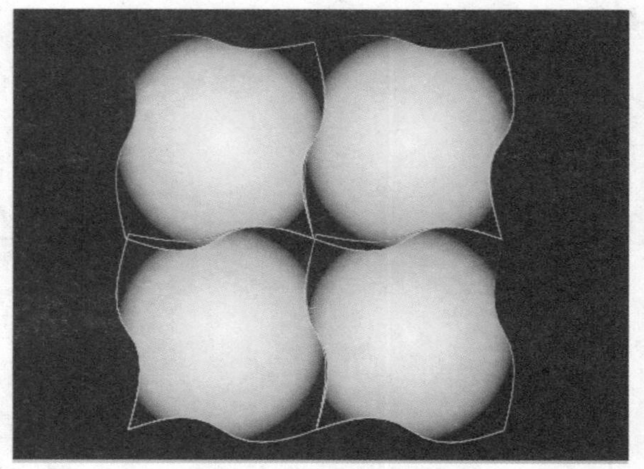

14 在“创建”命令面板的“扩展基本体”下单击“切角长方体”按钮，并分别设置“长度”、“宽度”、“高度”、“圆角”为1600mm、2200mm、300mm、40mm。

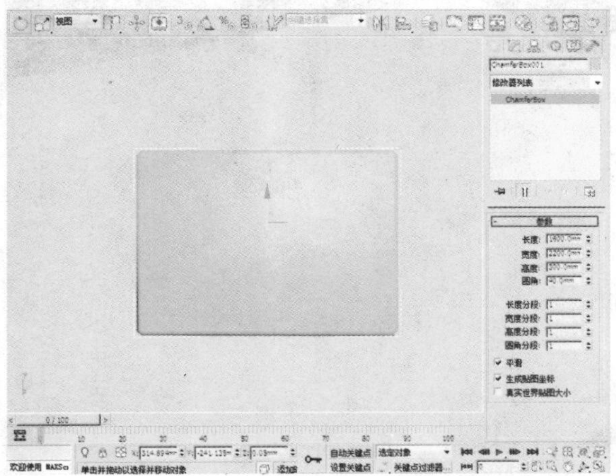

15 在“创建”命令面板中单击“样条线”下的“截面”按钮，在顶视图中绘制截面。

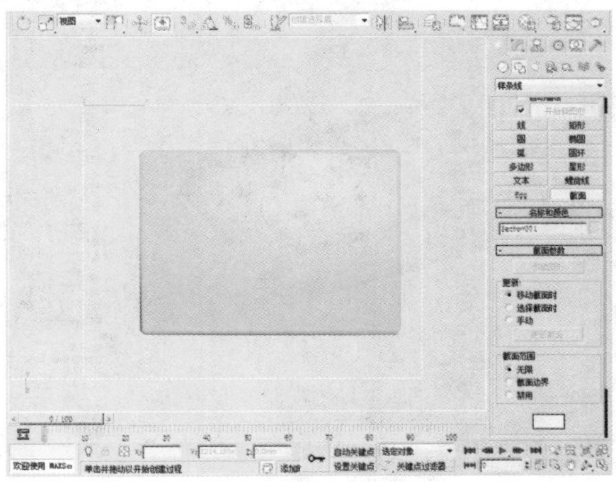

16 在“渲染”卷展栏中设置厚度为10mm，并且复制出一条线段。

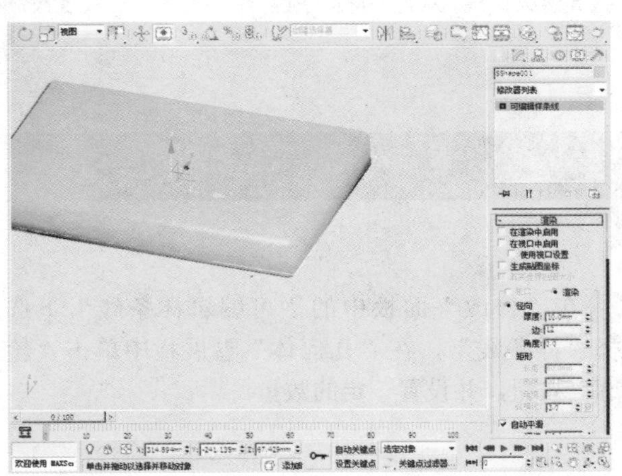

17 选择新创建的图形，在“渲染”卷展栏中勾选“在渲染中启用”和“在视口中启用”复选框。

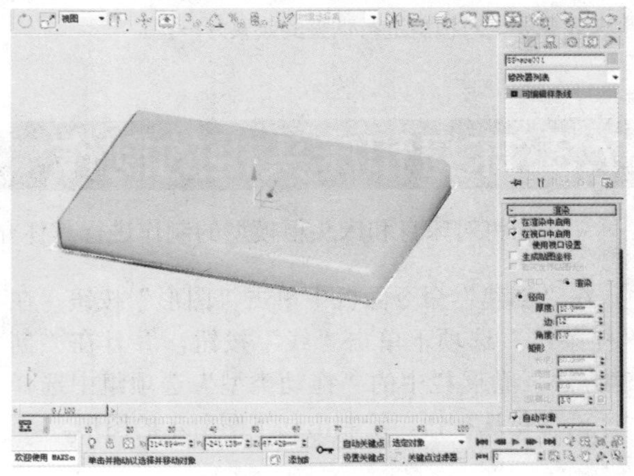

18 打开“材质编辑器”窗口，在“贴图”卷展栏中为“凹凸”设置“位图”选项，并打开步骤13中保存的图片。

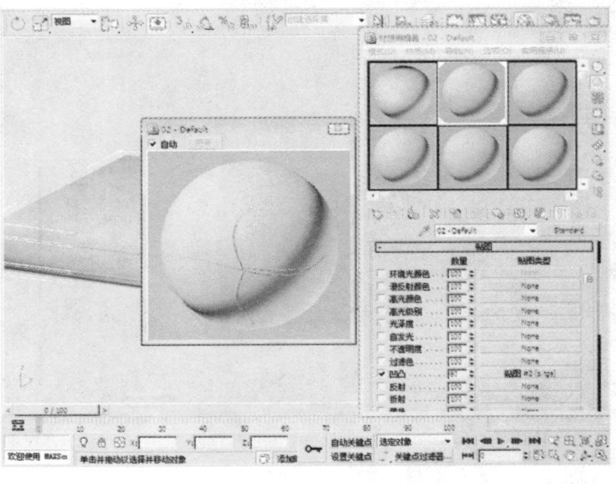

知识点

物体表面的颜色和纹理在3ds Max中是通过材质球的漫反射表达出来的，所以我们在为物体添加表面颜色和纹理时，是在材质球的漫反射贴图设置中添加合适的贴图类型的。

19 在“修改器列表”中选择“UVW贴图”选项，并选择“长方体”单选按钮，然后适当调整贴图的大小。

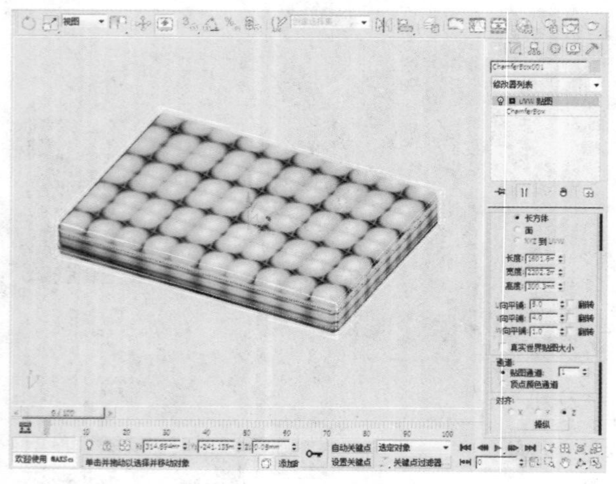

20 最终效果如下图所示。

知识点

在3ds Max中，降低分段数有利于减少软件占用的系统资源，提高渲染速度。从这一角度来说，使用贴图方法实现纹理效果要比对模型进行调整的效果好一些。

7.3 床身和床头柜的制作

下面将对床身和床头柜模型的制作进行具体介绍。

01 在“创建”命令面板中单击“图形”按钮，在“样条线”选项下单击“线”按钮，并且在“创建方法”卷展栏中的“拖动类型”选项组中选择“平滑”单选按钮，绘制出如下图所示的图形。

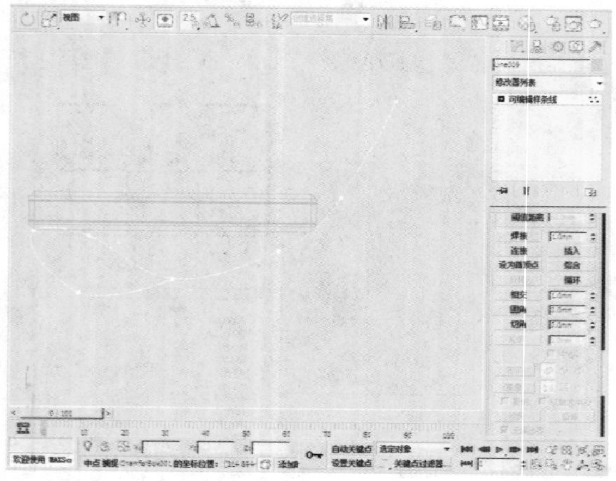

02 在“修改”面板中的“可编辑样条线”下选择“样条线”，在“几何体”卷展栏中单击“轮廓”按钮，并设置一定的数量。

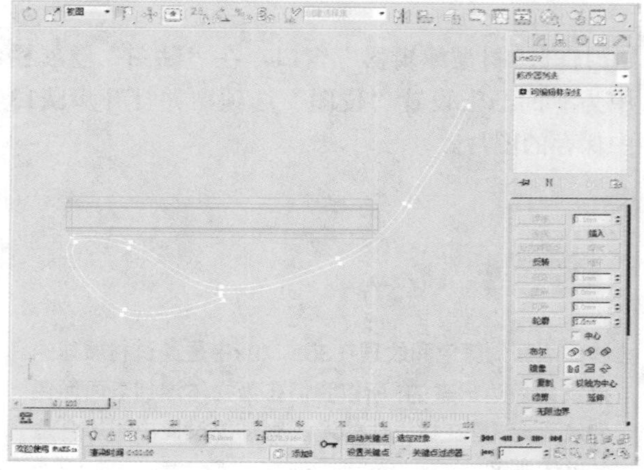

03 对图形中的点进行适当调整。

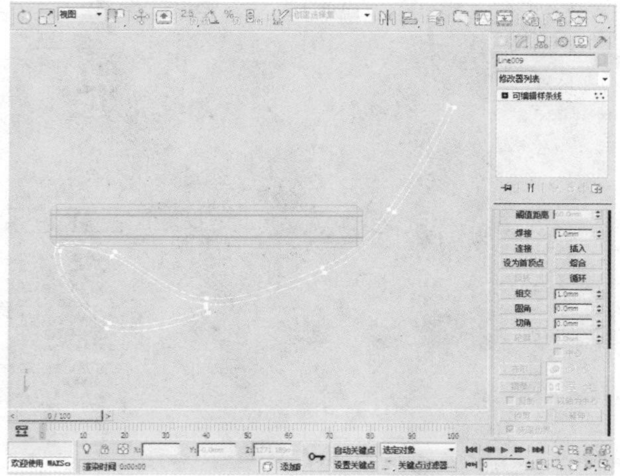

04 在“修改器列表”中选择“挤出”修改器，并设置“数量”为1800mm。

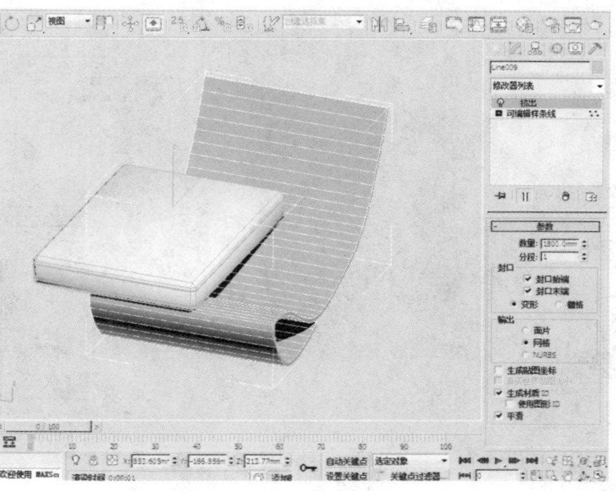

05 使用“选择并移动”工具适当调整物体的位置。

06 在顶视图中，绘制切角长方体。

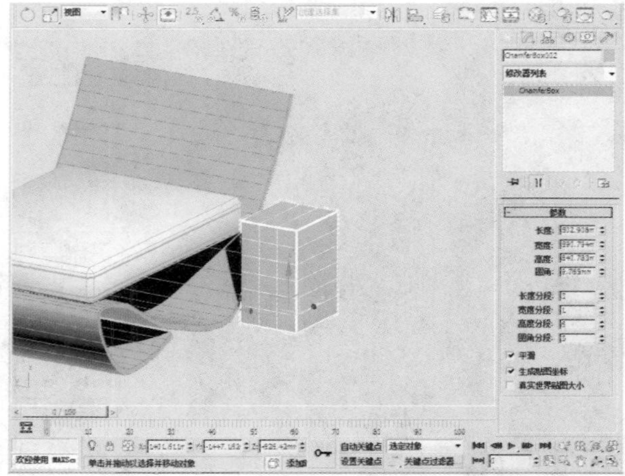

07 将绘制的图形转化为可编辑多边形。

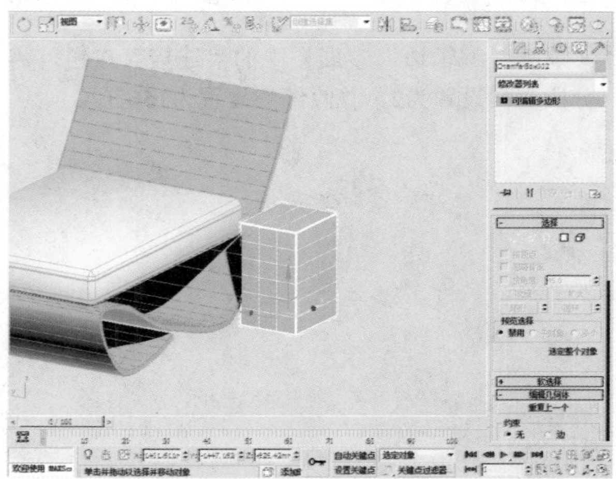

08 在“可编辑多边形”下选择“点”选项，并对物体进行适当调整。

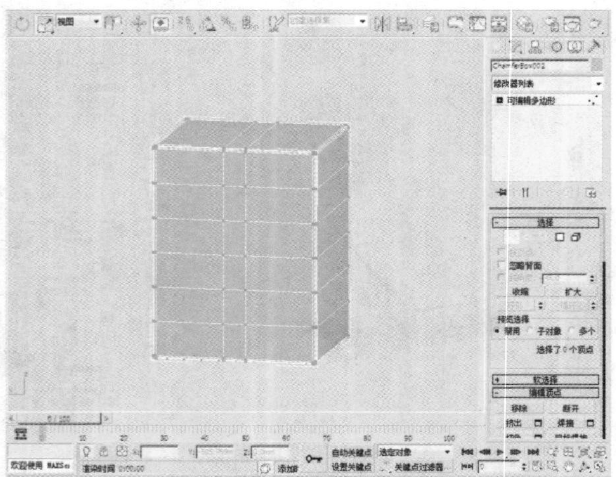

09 选择下图所示的面，单击“编辑多边形”卷展栏中的“插入”按钮。

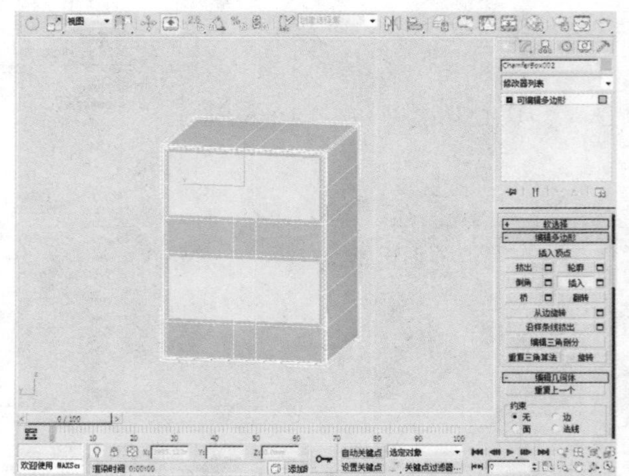

10 单击 “挤出”按钮，将物体沿着X轴向内挤出一定的数量。

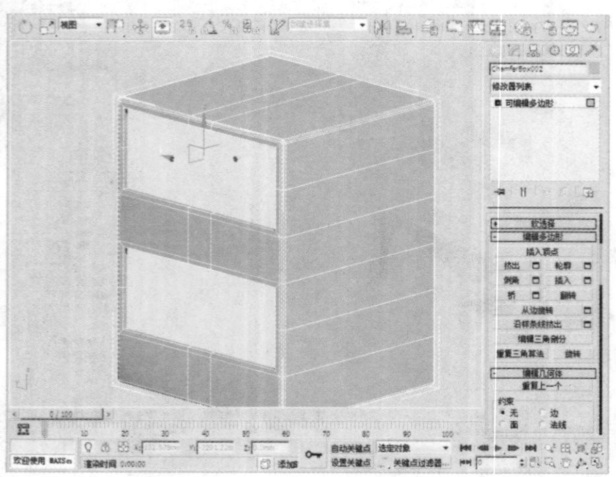

11 在“可编辑多边形”下选择“线段”选项，选择如下图所示的线段。

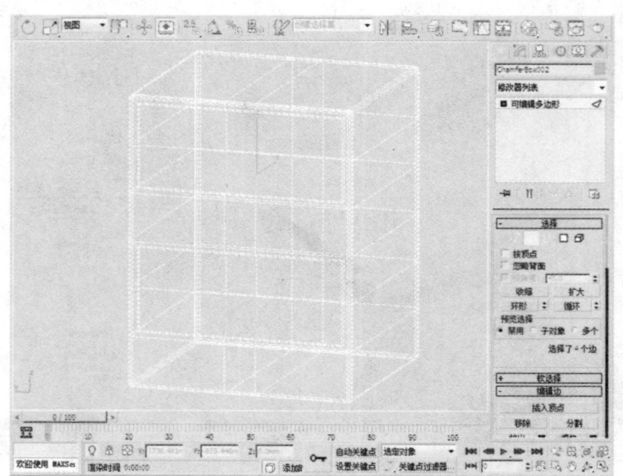

12 单击“编辑边”卷展栏中的“连接”按钮，将“分段数”设置为2，“收缩”设置为15。

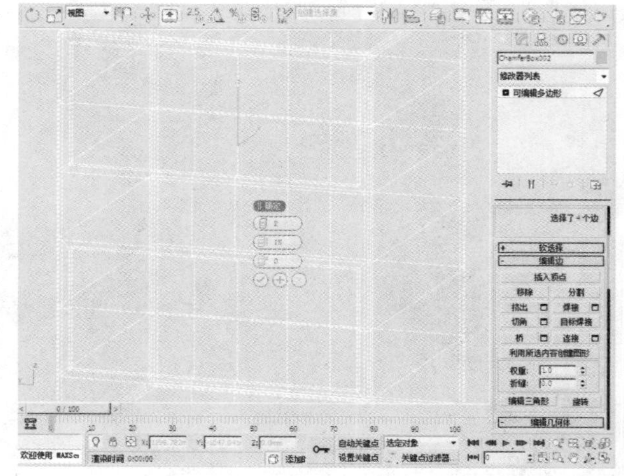

13 在“可编辑多边形”下选择“多边形”选项，选择如下图所示的多边形。

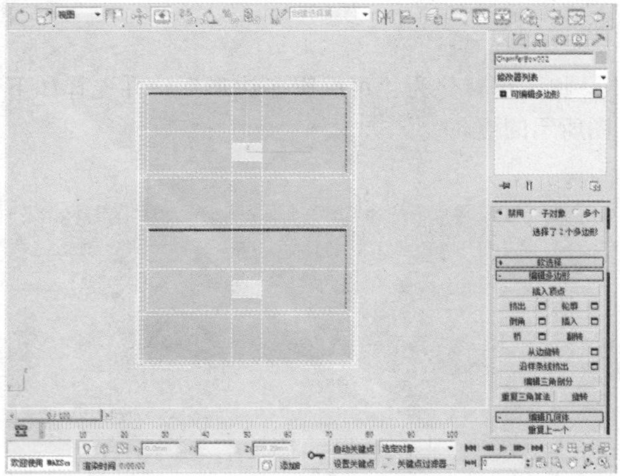

14 单击“编辑多边形”卷展栏中的“挤出”按钮，将物体沿着X轴方向向内挤出一定的数量。

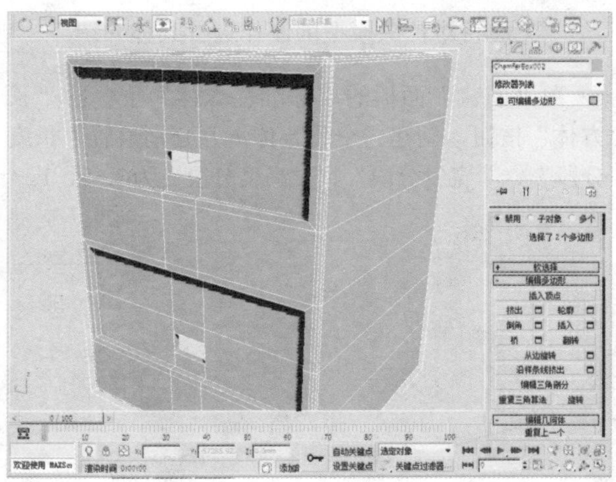

15 按住Shift键的同时沿Y轴方向对物体进行复制。

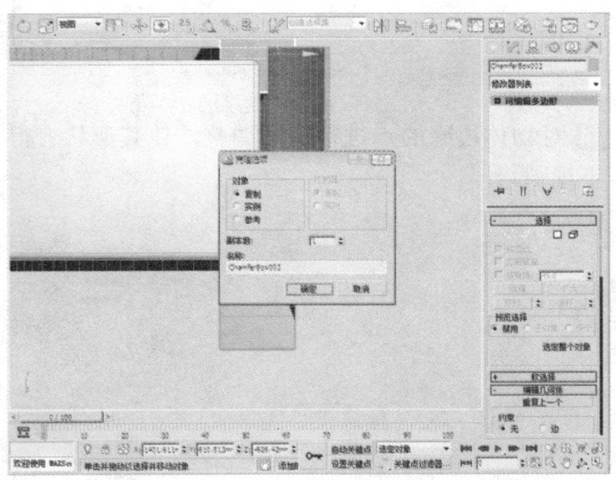

16 使用“选择并移动”工具，适当调整新复制出来的物体的位置。

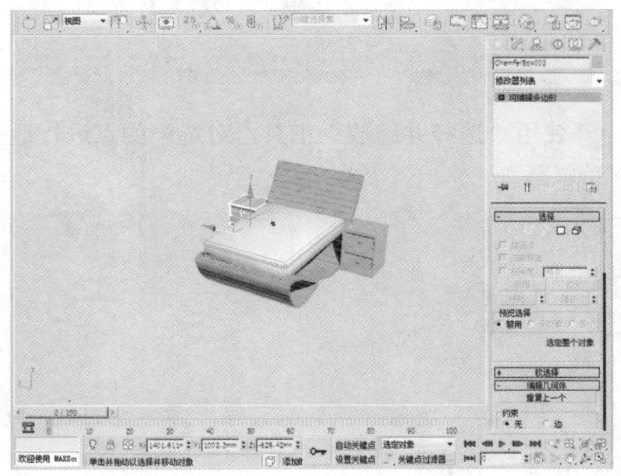

17 单击“材质编辑器”按钮，为新创建的物体赋予适当的材质。

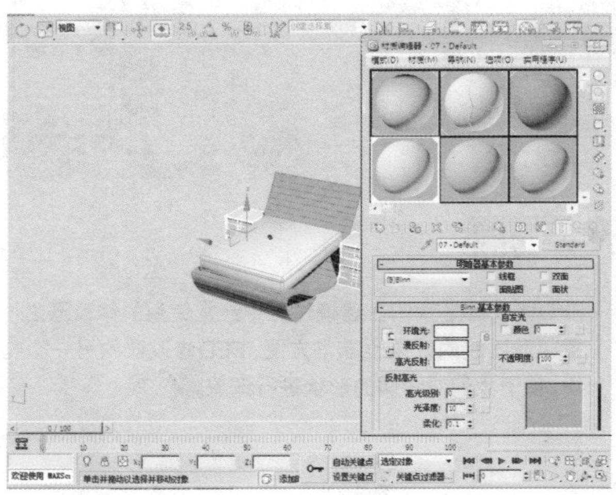

7.4 枕头的制作

下面将对枕头模型的制作进行具体介绍。

01 在“创建”面板的“标准基本体”下单击“长方体”按钮，创建一个长方体，并分别设置“长度分段”、“宽度分段”、“高度分段”为6、5、1。

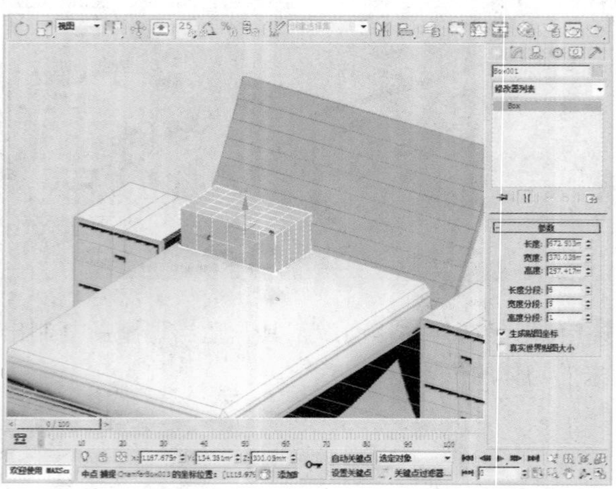

02 将图形转化为“可编辑多边形”，并选择如下图所示的点。

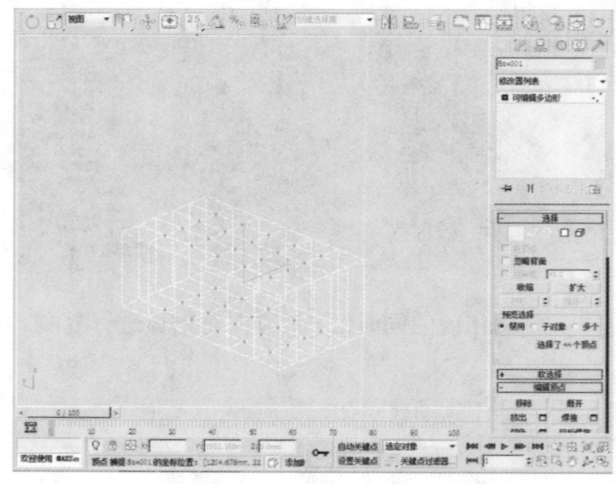

03 使用“选择并缩放”工具，对选中的点进行适当调整。

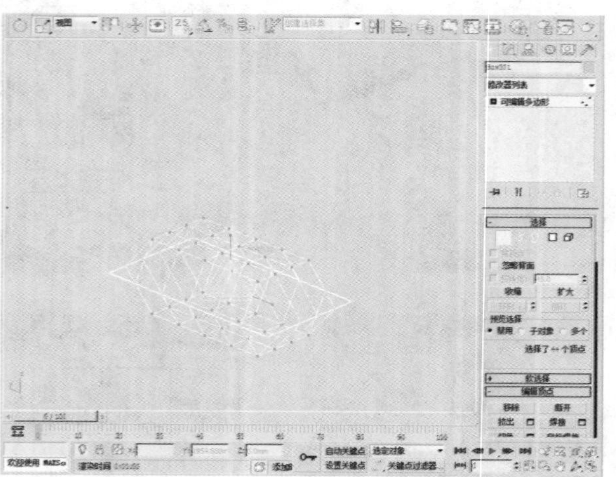

04 对物体边缘的点进行适当调整，使其形状变得不规则。

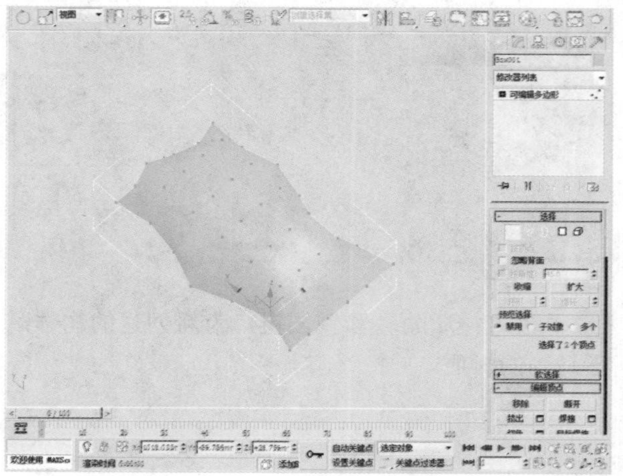

知识点

FFD修改器是我们在建模过程中经常使用的修改器之一，使用它可以快速调整一个或者多个物体的形状，在边缘设置圆滑过渡的效果也非常方便。FFD修改器的另一个特点就是它可以无限制地对一个物体或多个物体进行叠加使用，便于我们对物体的形状进行调整。

05 在“修改器列表”中选择“网格平滑”修改器，在“细分量”卷展栏中设置“迭代次数”为1，并设置“细分方法”为“经典”。

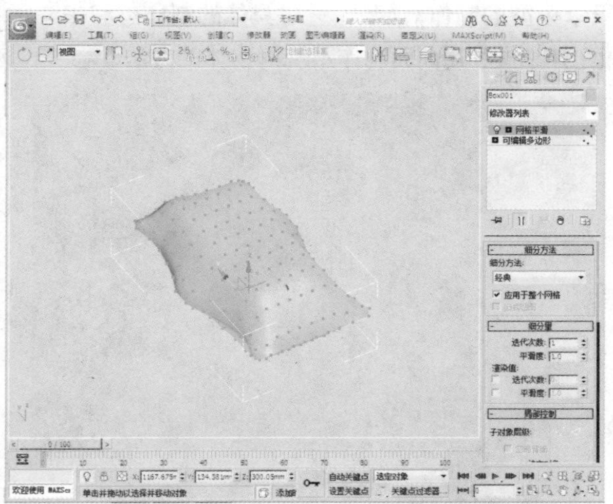

06 继续添加“FFD4×4×4”修改器，对物体进行适当调整。

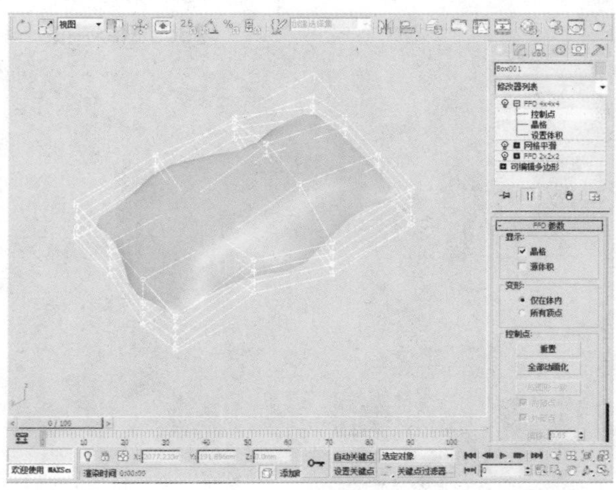

07 按住Shift键的同时沿Y轴方向对物体进行复制。

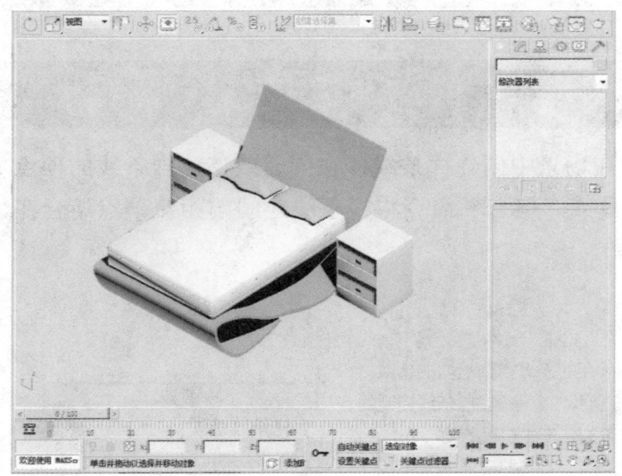

08 单击“材质编辑器”按钮，为新创建的物体赋予适当的材质。

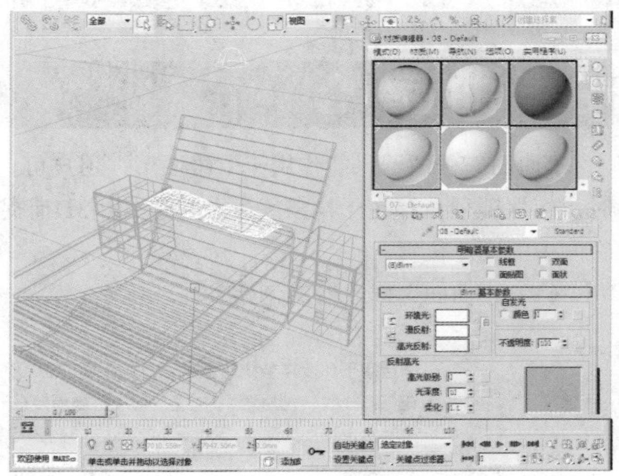

09 至此，模型创建完毕，效果如右图所示。

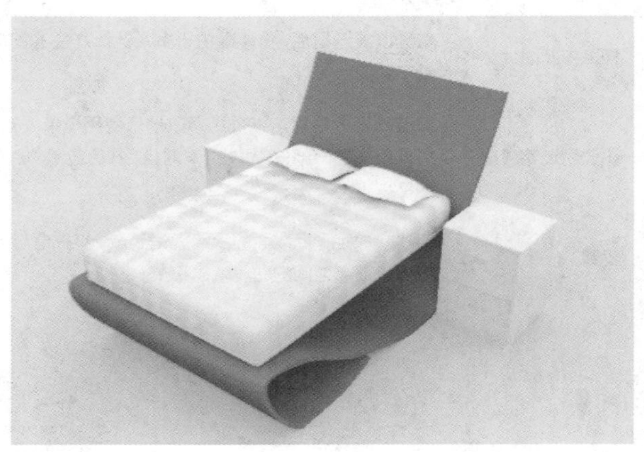

遮阳伞的制作

本案例将介绍一款遮阳伞模型的制作，让我们通过具体的制作过程来学习3ds Max中的一种曲面,并掌握利用曲面制作不规则物体的方法。

知识点

1. 了解曲面的含义
2. 掌握曲面的应用
3. 熟悉使用曲面的限制条件

8.1 曲面

“曲面”修改器只能作用于二维图形，用户可自行在场景中创建样条线，在创建或移动样条线的顶点时，应保证顶点存在于样条线上。可以使用3D捕捉工具或“熔合”命令将样条线之间的相交顶点熔合在空间中的同一位置。

（1）“曲面”修改器的创建参数

阈值	确定用于焊接样条线对象顶点的总距离。如果顶点的间距小于该数值框内的参数，在将拓扑线转化为面片时，这些顶点将被焊接在一起。需要注意的是，样条线控制的控制柄也将视为顶点，因此设置较高的“阈值”级别有可能会产生错误的面
翻转法线	勾选该复选框后，会将面片表面的法线方向翻转
移除内部面片	勾选该复选框后，将移除由于多余计算产生的不需要面片，一般情况下，这些面片是看不到的
仅使用选定分段	勾选该复选框后，“曲面”修改器只使用样条线对象中选定的分段来创建面片，先选择样条线的一部分“线段”次对象，然后应用“曲面”修改器，并勾选该复选框所生成的模型
步数	该参数决定了组成面的顶点间的步数。步数值越高，生成面的密度也就越大，从而所得到的顶点之间的曲线就越平滑。

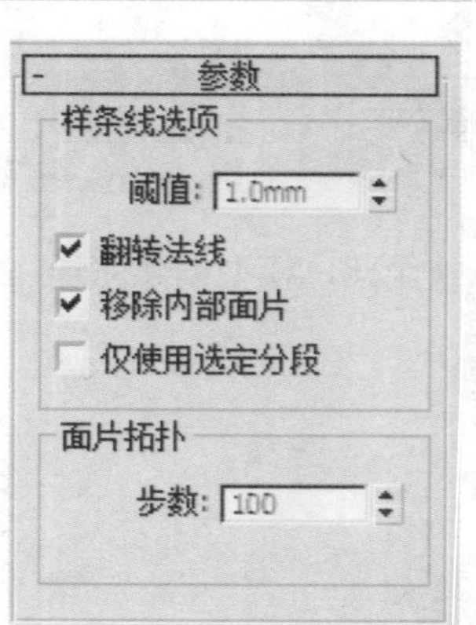

（2）使用“曲面”修改器受到的限制条件

在使用“曲面”修改器时，对拓扑线有如下要求。

第一，拓扑线定义的面最多不能超过4个顶点，如果超过4个顶点，将无法转化为面片对象。3个顶点定义的面将转化为三角形面片，4个顶点定义的面将转化为四边形面片。

第二，不同的拓扑线间重合的顶点距离必须在限定的“阈值”范围之内，如果顶点间的距离过大，拓扑线将无法转化为面片。

第三，如果出现两条线段相交的情况，每条线段必须在交点的位置有一个顶点，如果没有顶点，在定义曲面时，将忽略这个点，使定义的面的顶点超过4个，从而导致无法形成面。

（3）“横截面”修改器

在使用“曲面”修改器之前，必须首先使用二维线框创建对象的拓扑线，这些拓扑线类似于地球仪表面的经纬线，复杂对象的拓扑线的创建过程非常繁琐。

使用“横截面”修改器可以简化拓扑线的创建工作。它的工作方式是连接3D样条线的顶点形成蒙皮。当为曲线添加了“横截面”修改器后，在“修改”命令面板中，用户可对新创建的样条线的曲线类型作出调整。

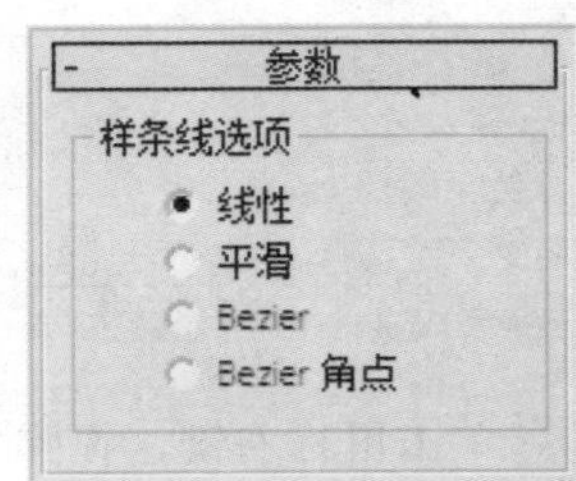

8.2 绘制遮阳伞

下面将对遮阳伞的制作过程进行介绍。

01 在“创建”命令面板中单击“图形”按钮，在“样条线”选项下单击“多边形”按钮，在顶视图中创建一个半径为90mm、边数为5、角半径为0的多边形。

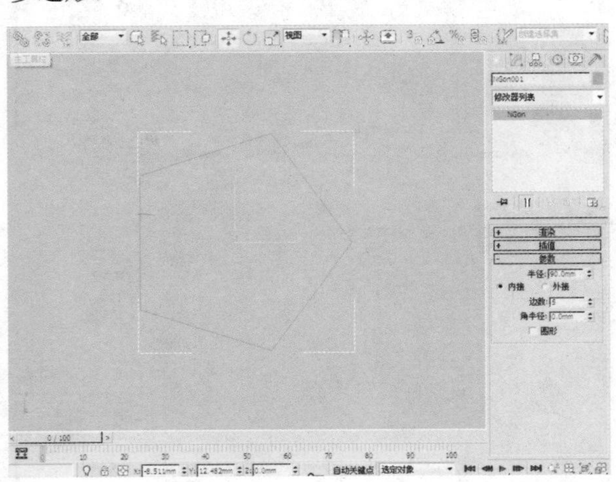

02 单击“线”按钮，在顶视图中添加如下图所示的线。

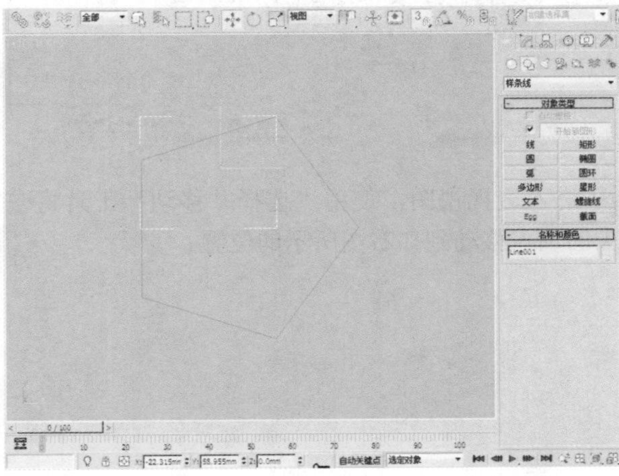

知识点

在3ds Max中制作曲面类型的模型时，经常用到“曲面”修改器，因为使用“曲面”修改器可简单快捷地使物体成面。使用“曲面”修改器成面只需要考虑“曲面”修改器“三点、四点”成面规律就可以使图形成面。

03 单击“线”按钮，在顶视图中添加如下图所示的线。

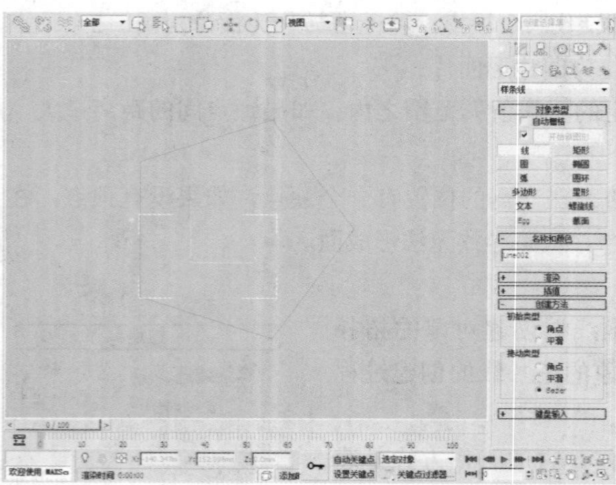

04 继续在顶视图中添加如下图所示的线。

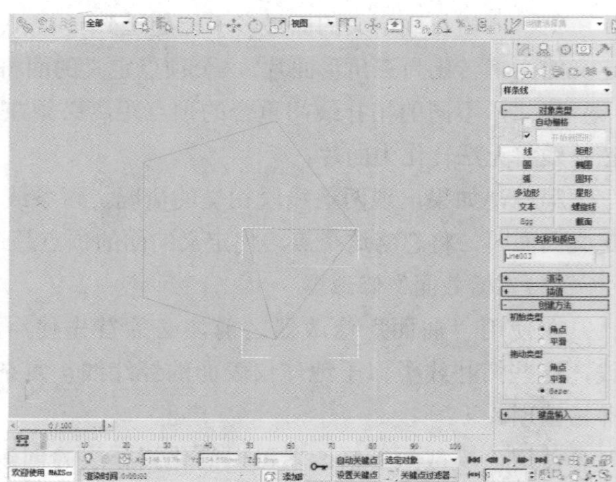

05 单击鼠标右键，在弹出的快捷菜单中选择“附加”命令，把所有的图形附加在一起。

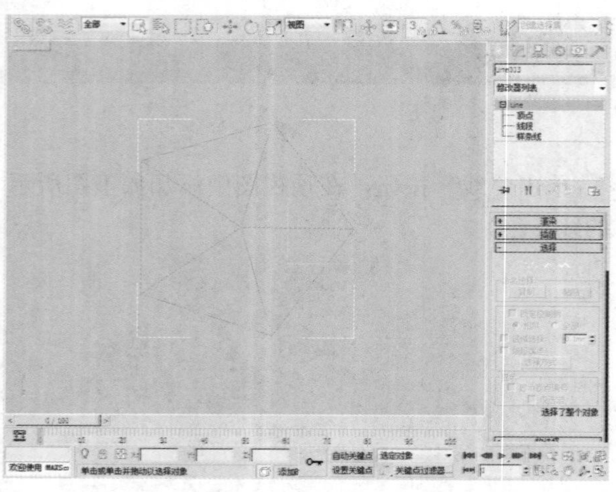

06 在“修改”面板中Line下选择“顶点”，在顶视图中通过右键快捷菜单将顶点转化为Bezier角点。

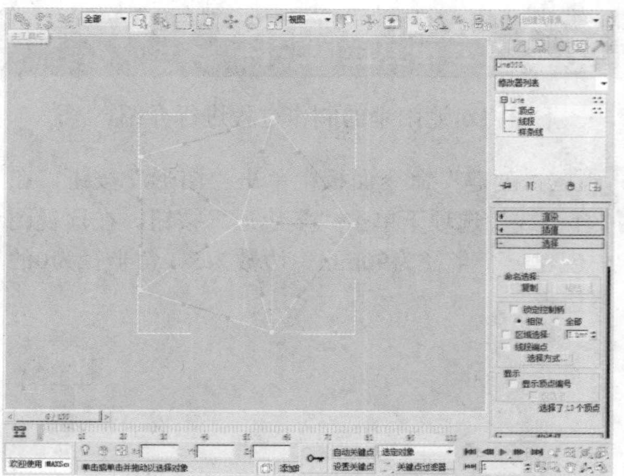

07 进入透视视图，使用“选择并移动”工具将中央的顶点移动到如右图所示的位置。

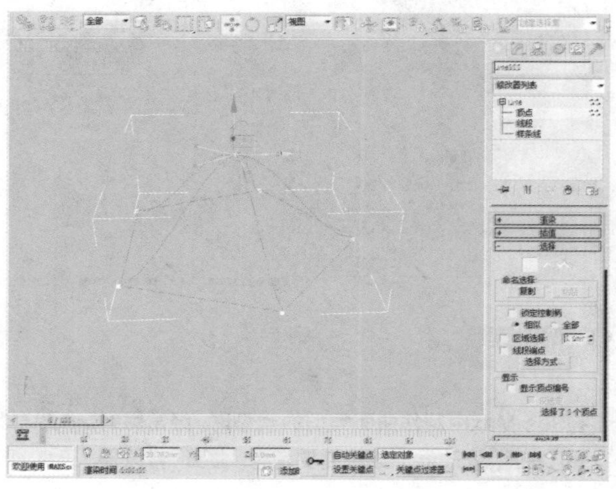

知识点

使用二维样条线调整图形的形状时，只需要将二维图形的外观调整成我们所要创建物体的形状就可以了。

08 进入顶视图，适当移动Bezier控制手柄。

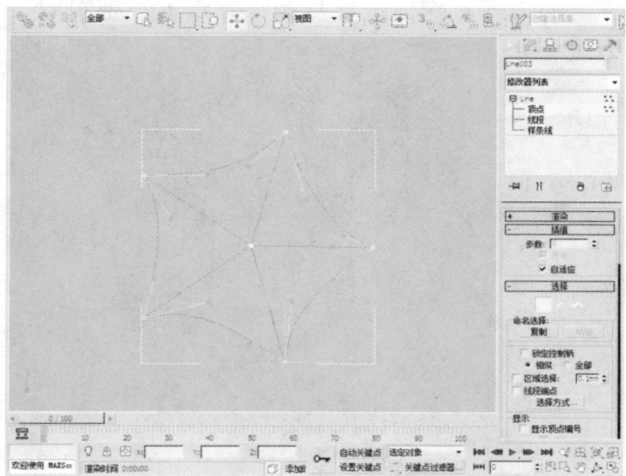

09 进入前视图，适当移动Bezier控制手柄。

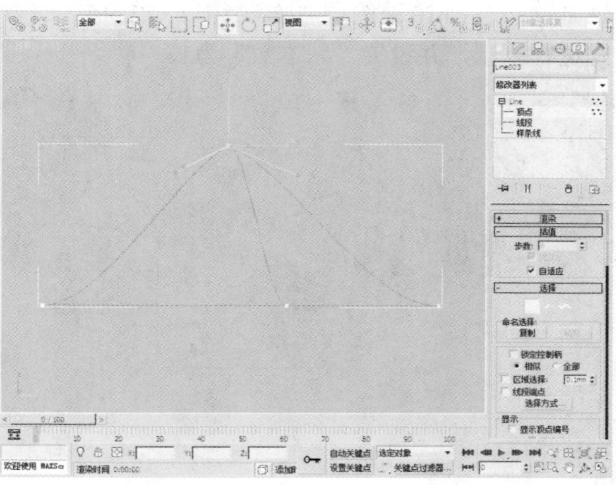

10 进入左视图，适当移动Bezier控制手柄。

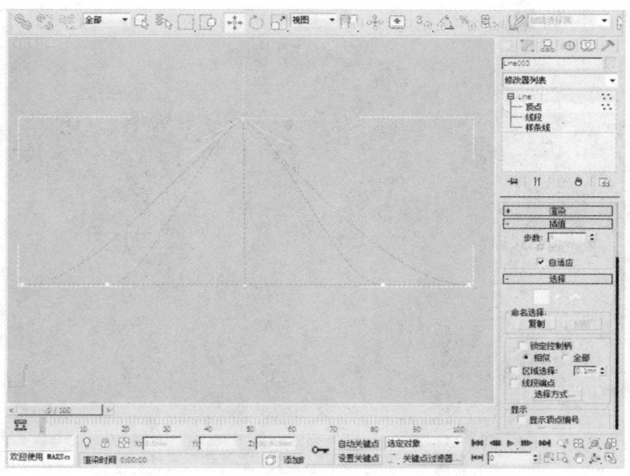

11 在“修改器列表”中选择“曲面”修改器，并进入透视视图中。

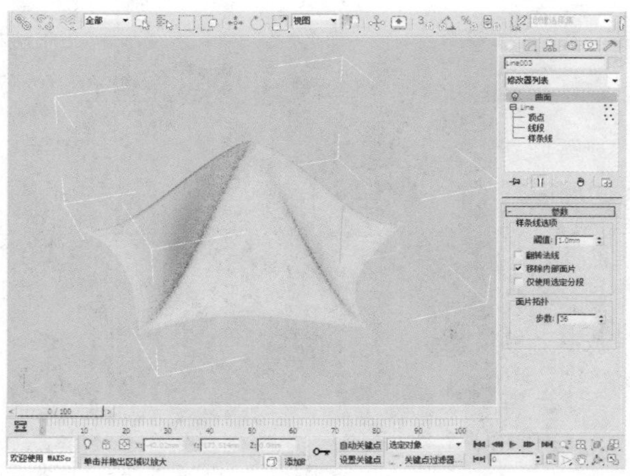

12 在“参数”卷展栏里，勾选“翻转法线”复选框，在“面片拓扑”选项组中设置“步数”为100。

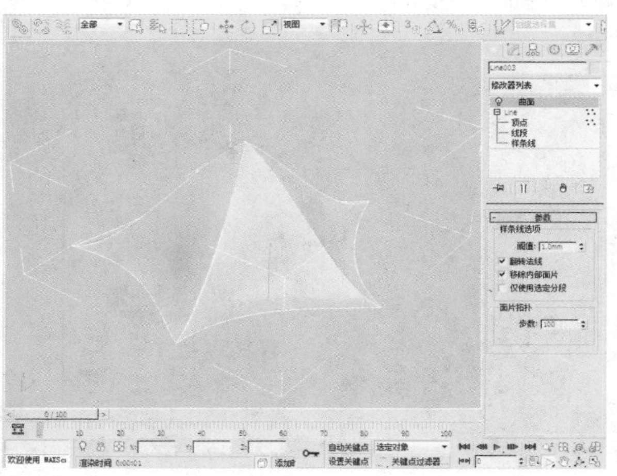

13 单击“圆”按钮，在顶视图中创建一个半径为5mm的圆。

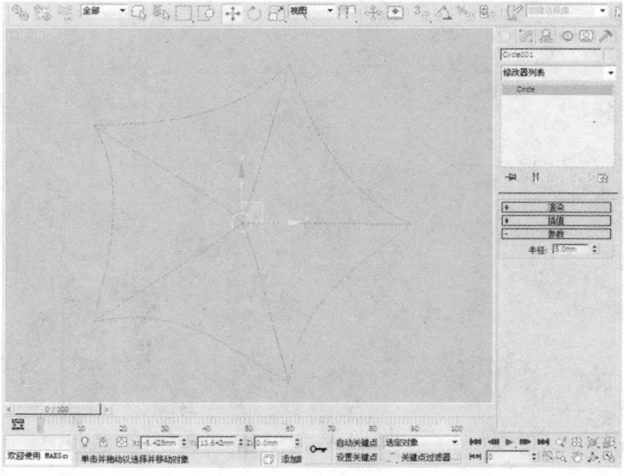

14 进入前视图，使用“选择并移动”工具，沿Y轴方向按住Shift键的同时对物体以“复制”的方式进行复制，并设置“副本数”为1。

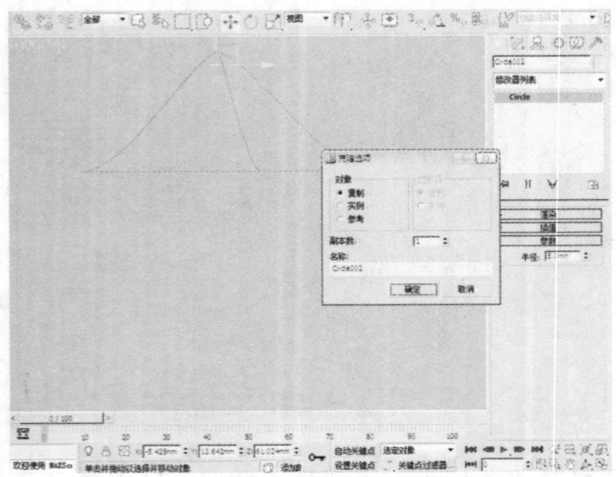

16 重复上述步骤，得到如下图所示的效果。

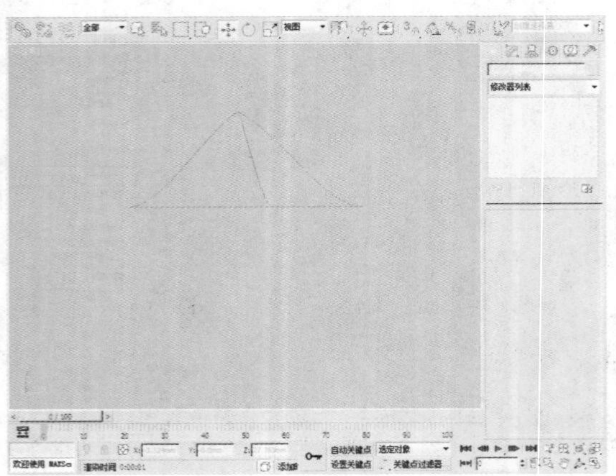

18 任意选择一个圆形，单击鼠标右键，通过弹出的快捷菜单将其转化为可编辑样条线。

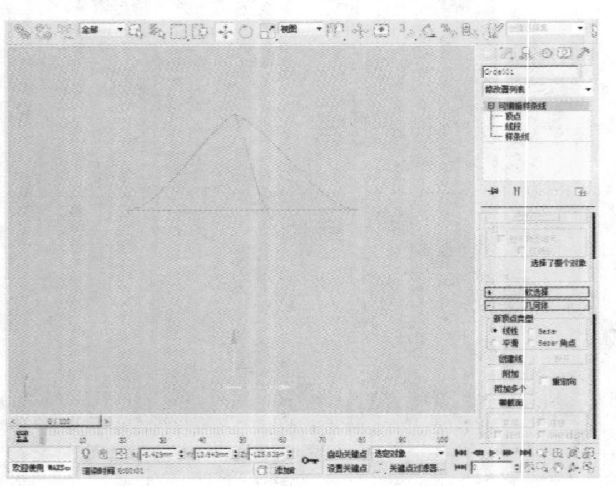

15 按住Shift键的同时，沿Y轴方向再次以“复制”的方式对物体进行复制，并设置“副本数”为1。

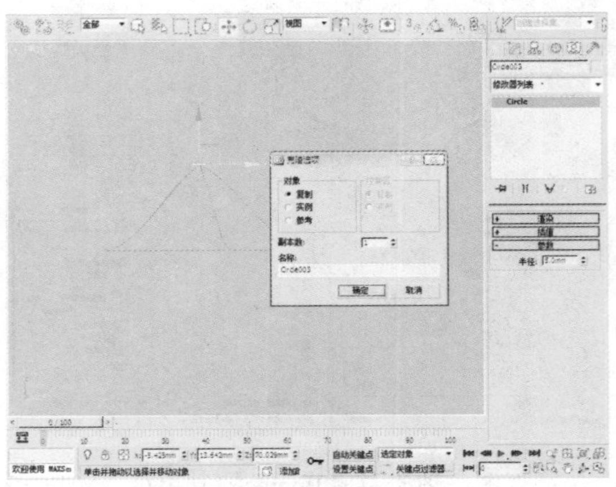

17 修改其中刚刚创建的圆的半径，得到如下图所示的效果。

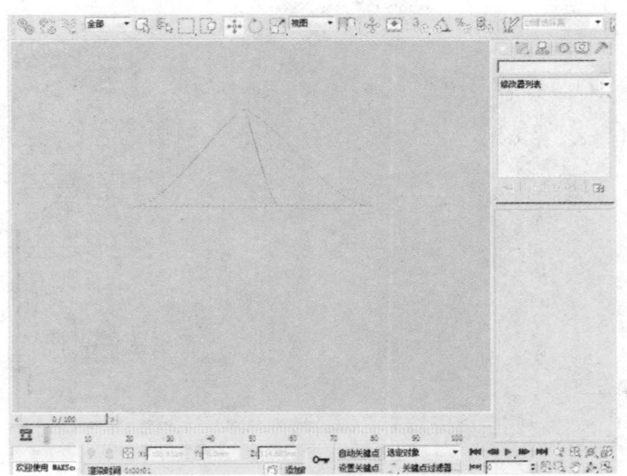

19 单击鼠标右键，选择“附加”命令，将所有的圆形附加到一起。

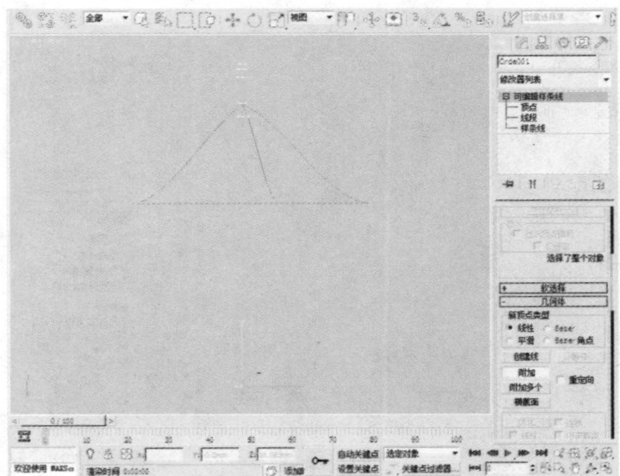

20 在“修改器列表”中选择“横截面”修改器。

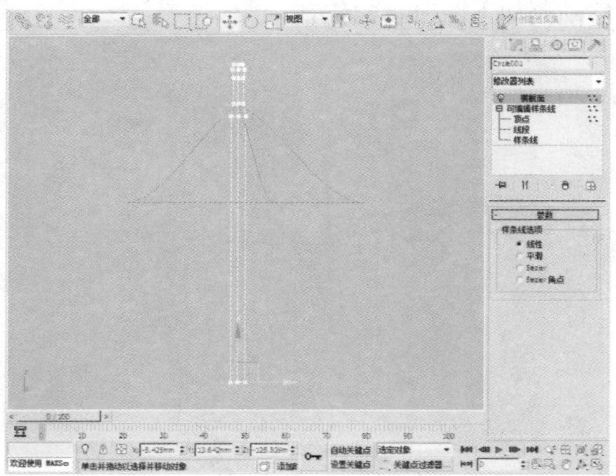

21 然后在“修改器列表”中选择“曲面”修改器。

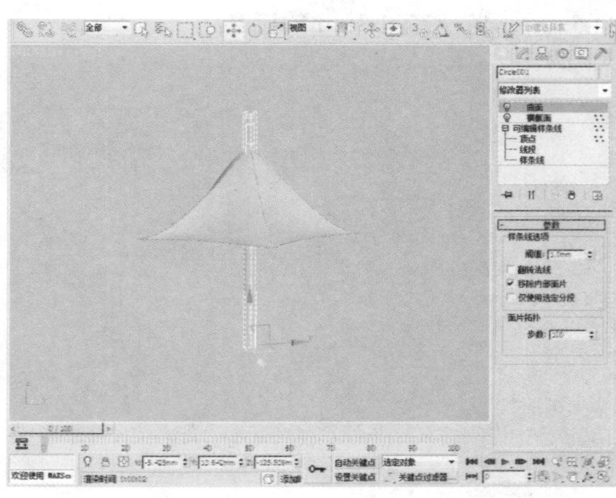

22 在“创建”命令面板中的“样条线”下单击“线”按钮，在前视图中创建线。

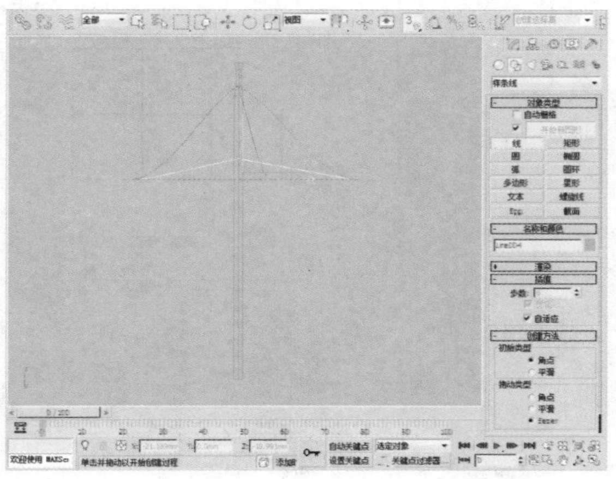

23 单击“修改”面板，在“渲染”卷展栏中勾选“在渲染中启用”和“在视口中启用”复选栏，并设置“厚度”为2.5。

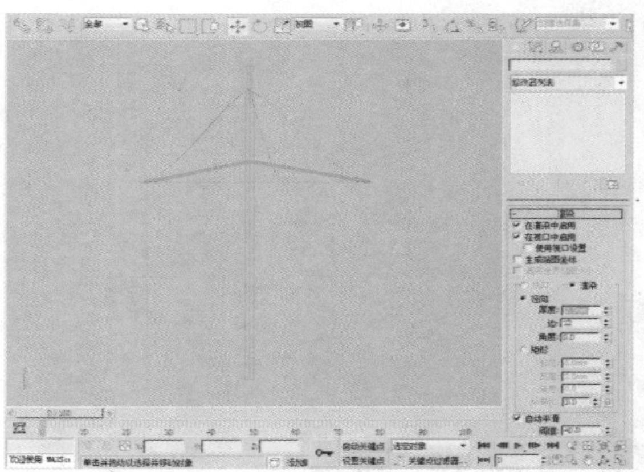

24 在左视图及其他视图中重复步骤22~23，得到如下图所示的效果。

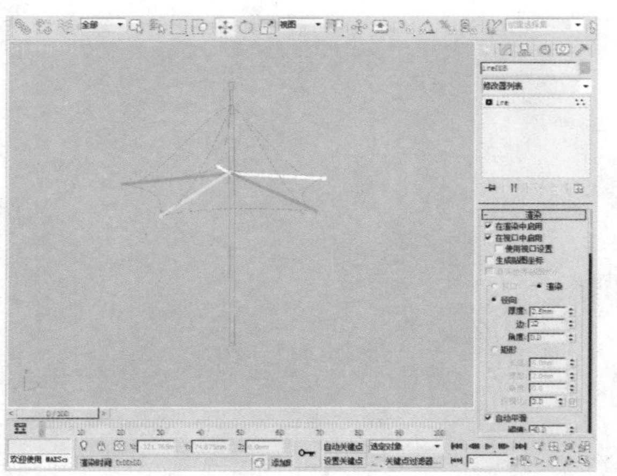

25 继续参照步骤22~23，在图中绘制支架部分，得到如下图所示的效果。

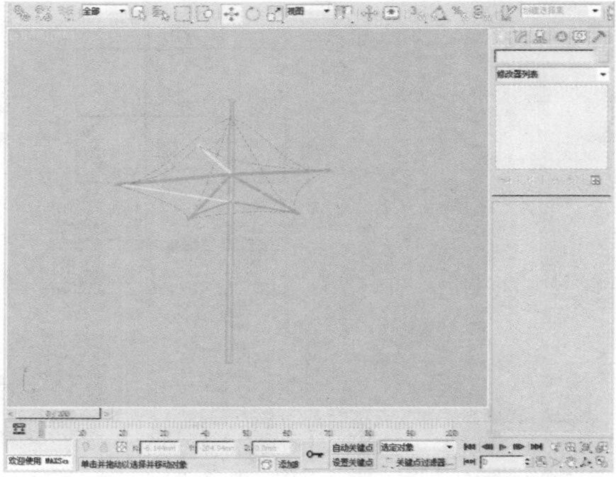

26 单击“圆环”按钮，在顶视图中创建一个半径1为4.5mm、半径2为1.3mm的圆环。

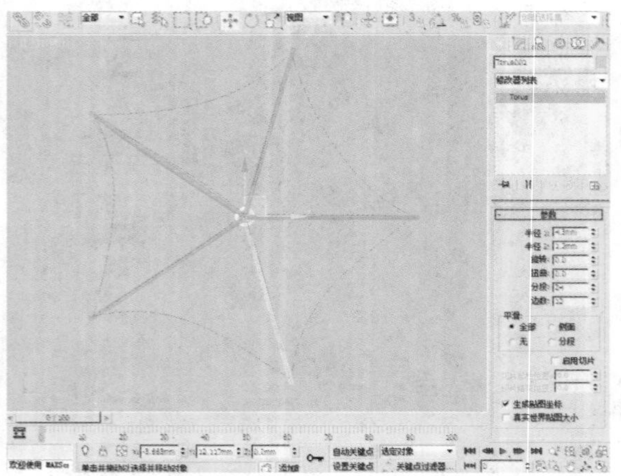

27 进入前视图，使用“选择并移动”工具，将物体移动到如下图所示的位置。

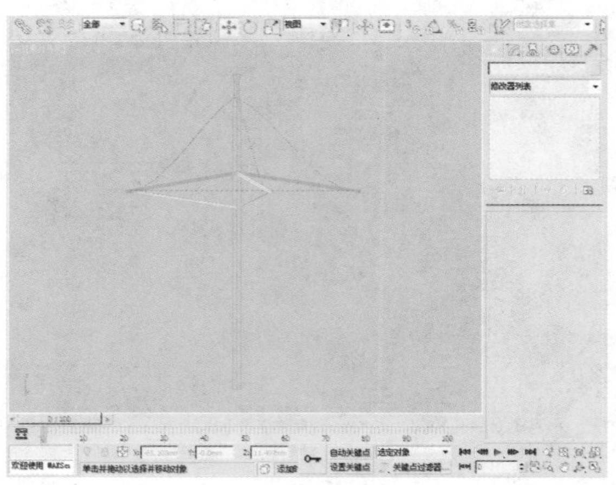

28 选择圆环，按住Shift键的同时沿Y轴方向对其拖动进行复制，并设置“副本数”为1。

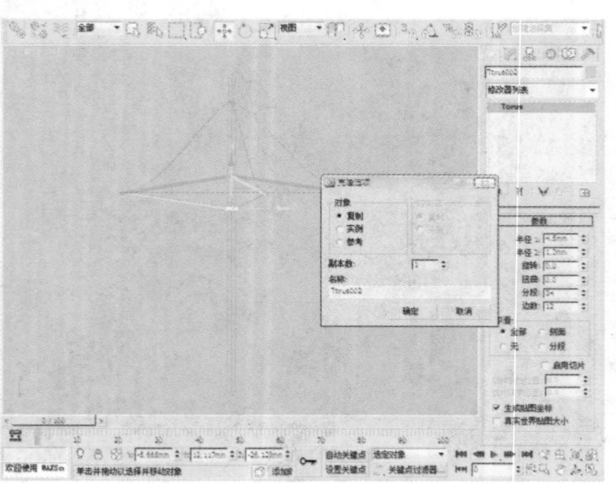

29 单击“材质编辑器”按钮，选中任意一个材质球，并将此材质赋予遮阳伞。

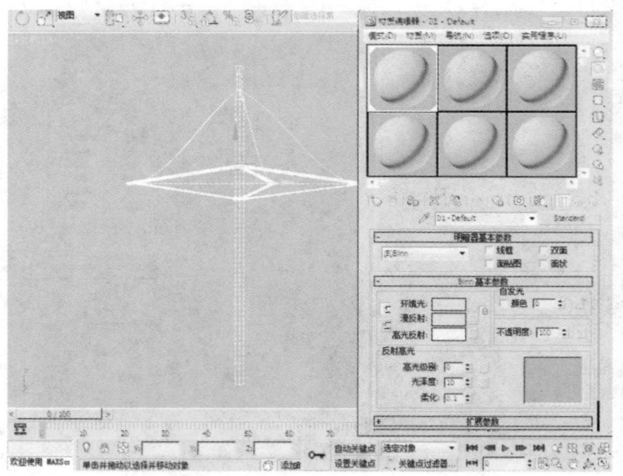

30 对“漫反射”、“高光级别”、“光泽度”按照如下图所示进行设置。

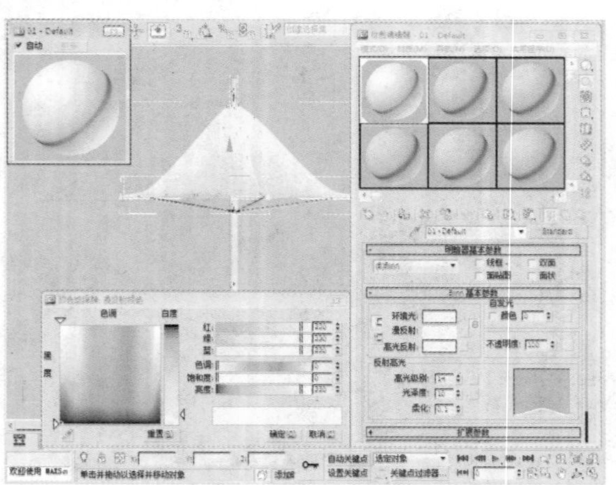

31 至此，遮阳伞模型制作完成。

用阵列制作楼梯

本章通过对“旋转楼梯”、“室内旋转楼梯”的制作过程进行详细讲解，练习3ds Max中阵列工具的使用。

知识点

1. 阵列工具的含义
2. 熟练使用阵列工具
3. 掌握螺旋线图形的创建和参数调整

9.1 阵列工具

阵列是3ds Max中进行批处理的理想工具，尤其是在建筑和室内建模时，使用它能大大减少工作量。与Auto CAD中的阵列功能如出一辙，它能将对象移动阵列和旋转阵列，同时还可以对阵列进行缩放。

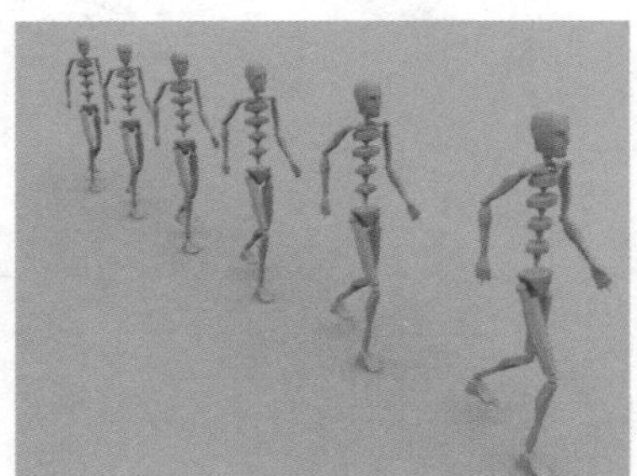

移动阵列

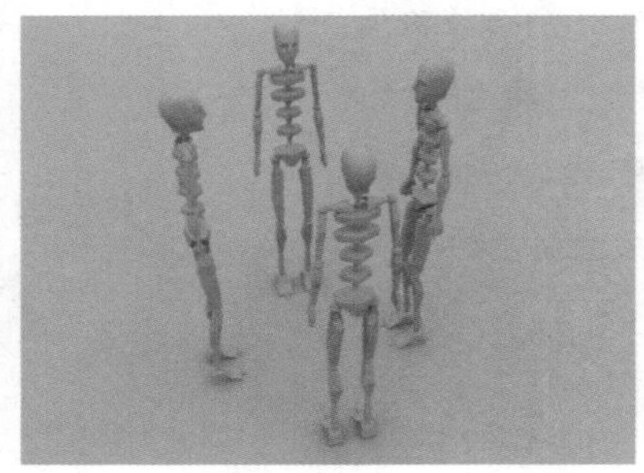

旋转阵列

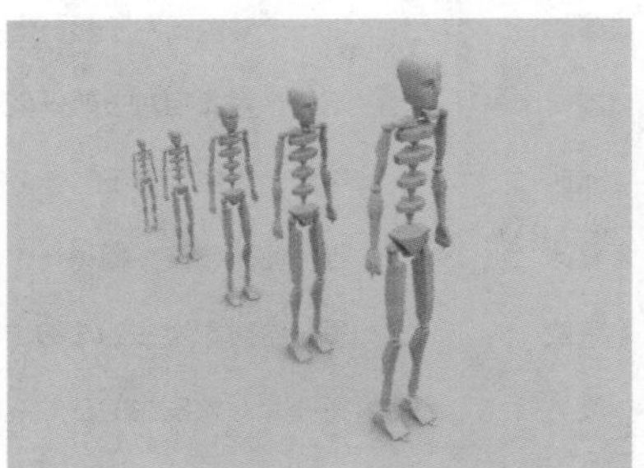

缩放阵列

用户可在工具栏边缘单击鼠标右键，在弹出的快捷菜单中选择“附加”命令，再单击“阵列”按钮即可，或者在菜单栏中执行“工具>阵列”命令，打开“阵列”对话框。

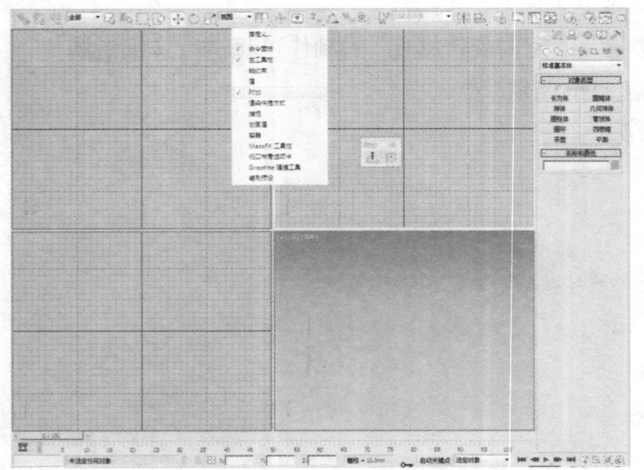

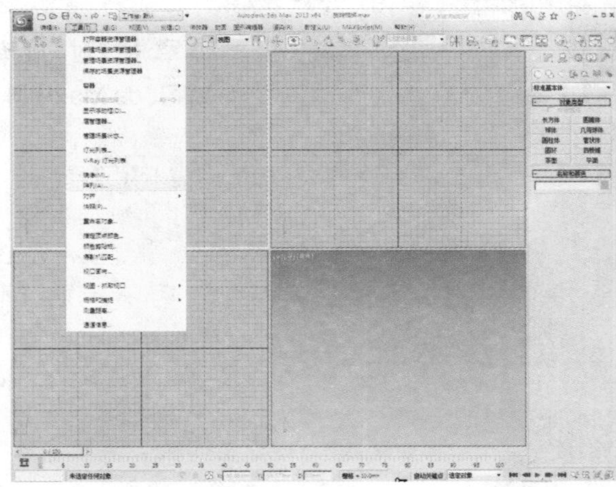

下面将介绍“阵列”对话框中各参数的意义和作用。

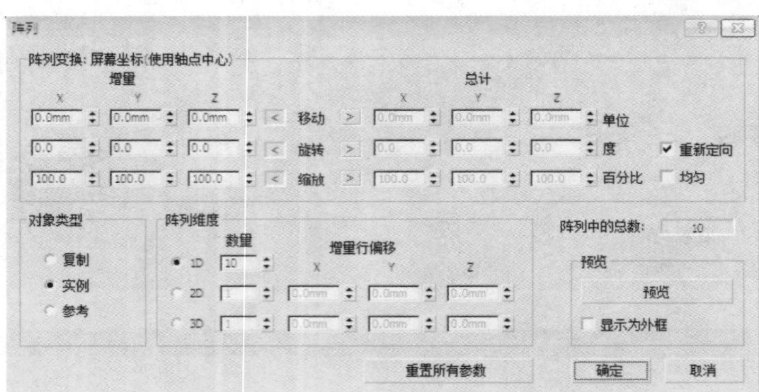

选项名称	功能描述
阵列变换	即阵列+变换，是这两种计算模式的叠加
增量	即下一个对象相对于前一个对象所发生的变换增量
移动	下一个对象相对于前一个对象所发生的相对位移
旋转	下一个对象相对于前一个对象所发生的相对旋转角度
缩放	下一个对象相对于前一个对象所发生的相对缩放差
总计	与“增量”相对，指每一个对象发生的总的变换量
单位	每一个对象发生的总的位移量
度	每一个对象发生的总的旋转量
百分比	每一个对象发生的总的缩放量
对象类型	经阵列后得到的对象之间的克隆关系
复制	各对象之间互相没有控制关系
实例	各对象之间具有互相控制关系

（续表）

选项名称	功能描述
参考	原始对象与复制对象之间为单向控制关系
阵列维度	阵列所发生的维度，分为一维（1D）、二维（2D）和三维（3D）
数量	在相应维度上产生的对象总数
增量行偏移	2D和3D维度下，各行（列）之间发生的增量
重新定向	以某一个轴为中心进行旋转阵列
均匀	以按比例缩放的方式进行阵列
阵列中的总数	阵列得到的对象总数（包括原始对象在内）
重置所有参数	将所有控制参数恢复到默认值

9.2 绘制旋转楼梯

下面将对旋转楼梯的制作过程进行介绍。

01 在“创建”命令面板的“标准基本体”下单击“圆柱体”按钮，在顶视图中创建一个半径、高度、边数分别为200mm、2700mm、25的圆柱体。

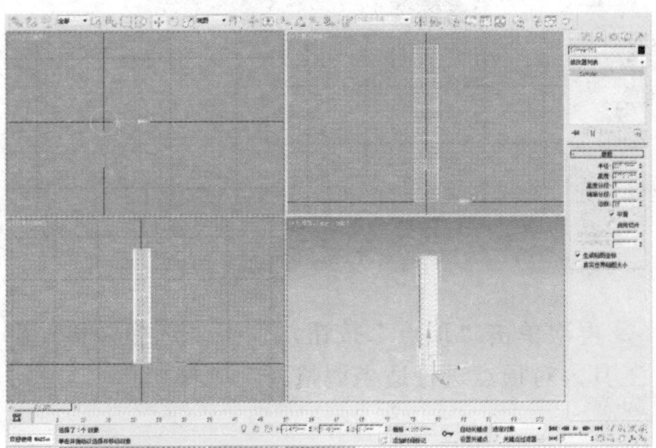

02 单击“矩形”按钮，在顶视图中创建一个长度、宽度分别为400mm、1700mm的矩形。

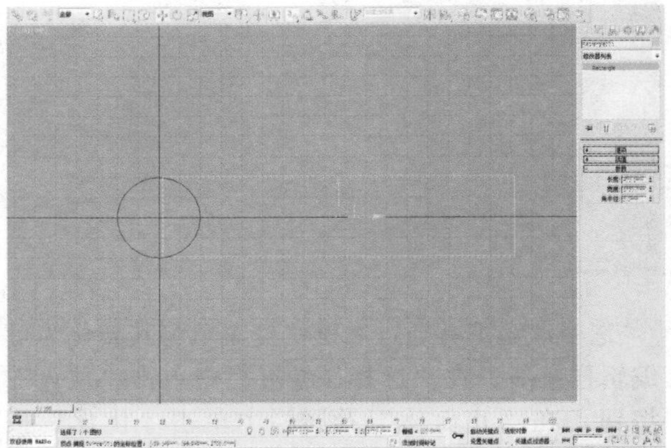

03 选中该矩形并通过右键快捷菜单，将其转化为可编辑样条线。

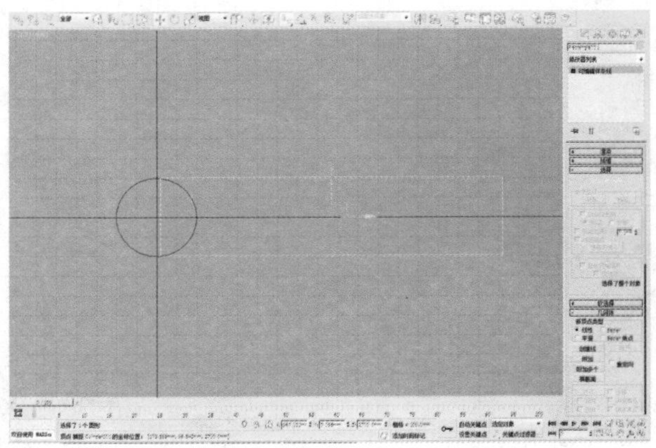

知识点

用二维样条线去调整物体的大致形状，然后利用适当的修改命令使二维图形成为三维物体，是我们经常用到的建模方法。

04 单击“修改”面板的“选择”卷展栏中的“顶点”按钮，并使用“选择并移动”工具，对其进行调整。

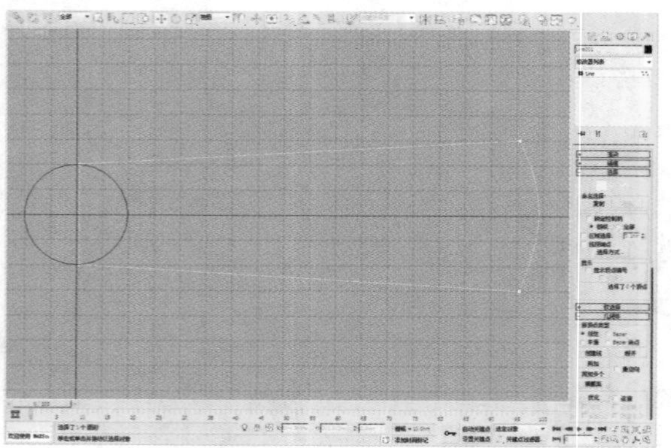

05 选择该形状，在“修改器列表”中选择“挤出”修改器，并设置“数量”为30mm。

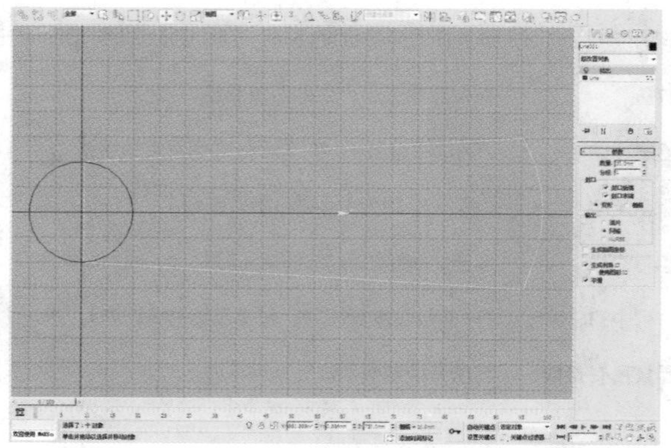

06 选中该物体，在“层次”面板的“调整轴”卷展栏中单击“仅影响轴”按钮，使用“镜像”工具适当调整坐标轴。

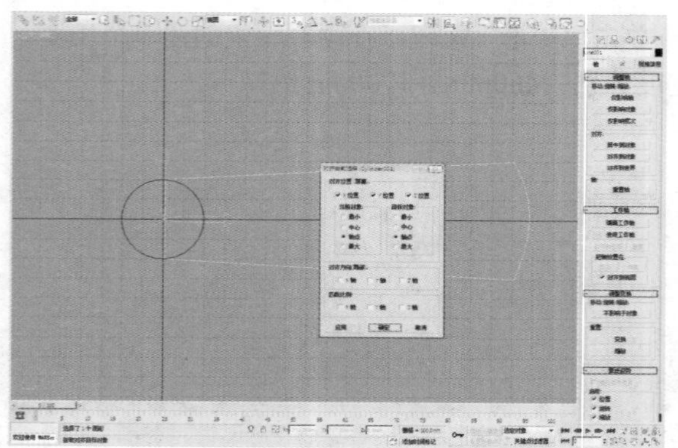

07 单击“创建”面板中的“矩形”按钮，在前视图创建一个长、宽分别为100mm、1600mm的矩形。

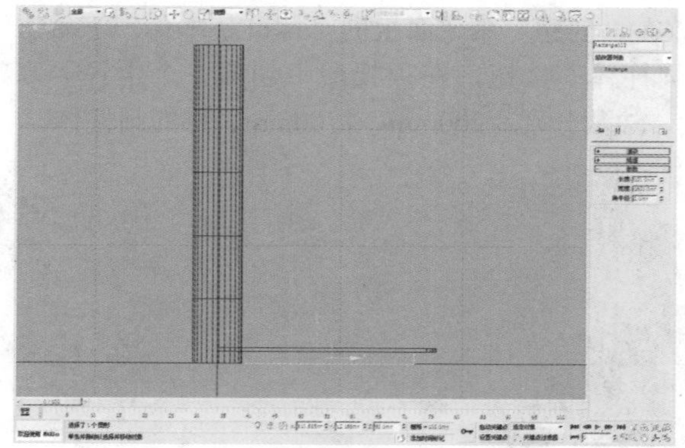

08 选中该矩形并通过右键快捷菜单将其转化为可编辑样条线，在“选择”卷展栏中单击“顶点”按钮，在“几何体”卷展栏中单击“优化”按钮，对矩形加点。

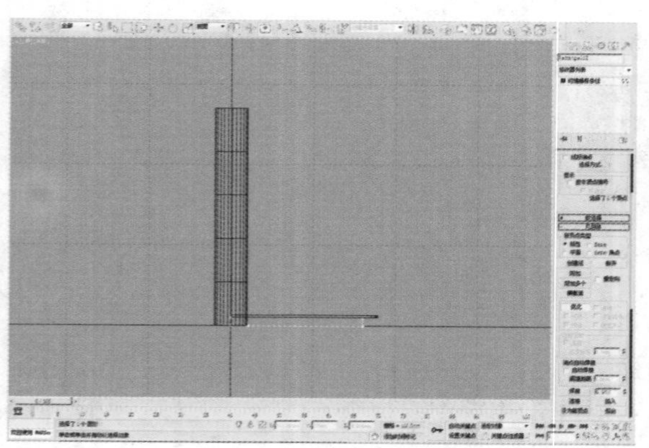

09 再次单击“顶点”按钮，使用“选择并移动”工具，对顶点进行适当调整。

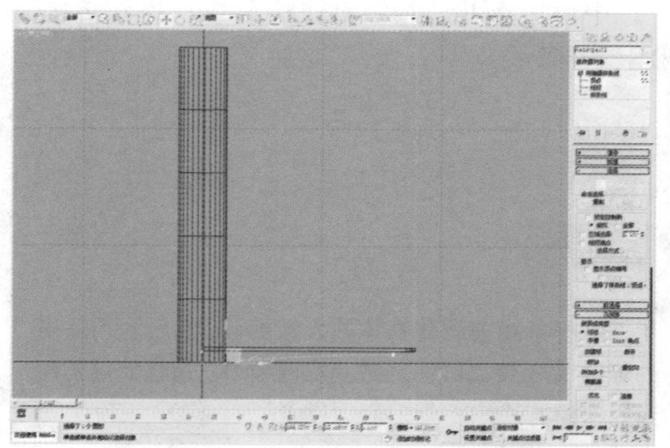

10 选择该形状，在“修改器列表”中选择“挤出”修改器，并设置“数量”为30mm。

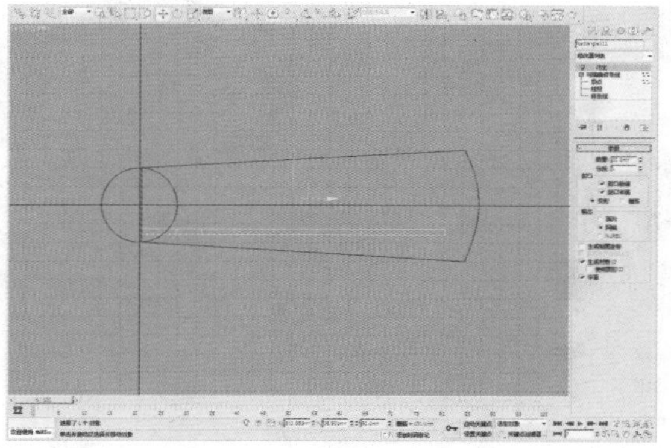

11 选中该物体，使用“选择并移动”工具，在顶视图中沿着Y轴的方向对物体进行移动，在移动的同时按住Shift键，选择“复制”的复制方式，设置“副本数”为1。

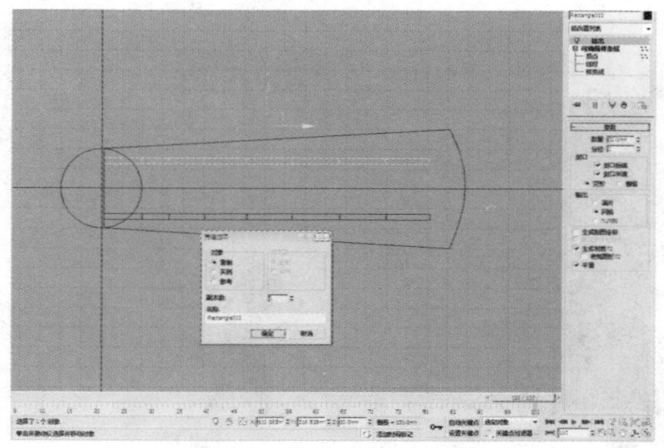

12 在菜单栏中执行“组>成组”命令，将选中的物体成组。

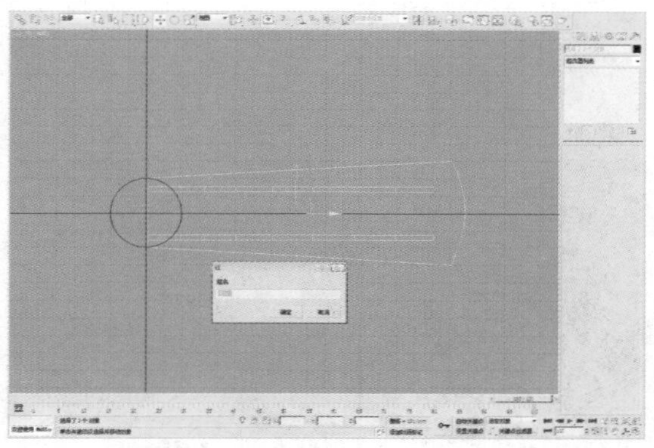

13 选中该物体，在“层次”命令面板中单击“仅影响轴”按钮，使用“对齐”工具适当调整坐标轴的位置。

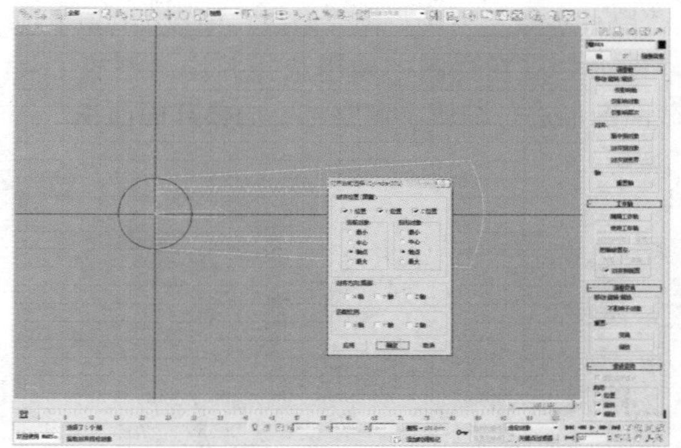

14 在菜单栏中执行“工具>阵列”命令，设置“移动>Z”为200mm、“旋转>Z”为20.0、“数量1D”为18，并选中“实例”单选按钮。

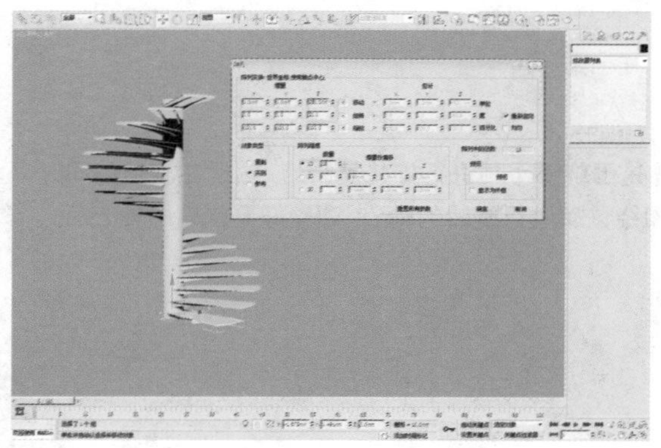

15 在“创建”面板中的“样条线”下单击“螺旋线”按钮，在视图中创建螺旋线，并设置“半径1”和“半径2”均为1800mm、“高度”为4800mm、“圈数”为1，选中“逆时针”单选按钮。

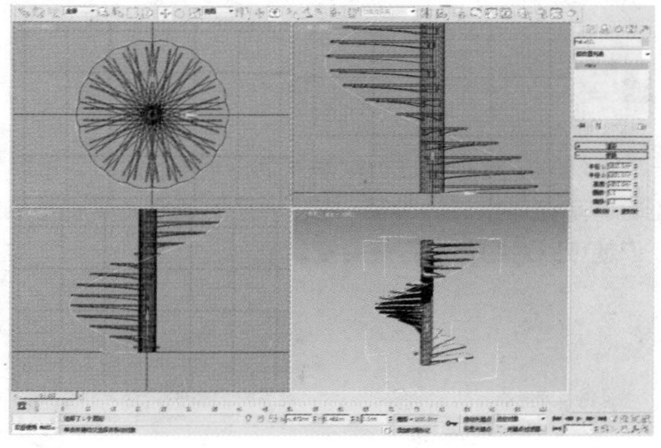

16 在顶视图中创建形状似工字剖面的封闭线。

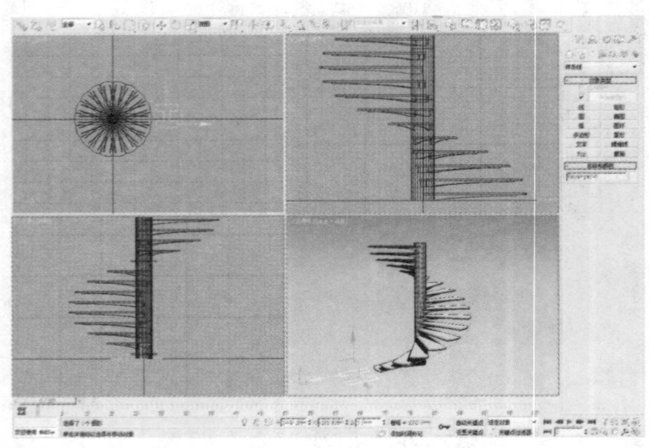

17 选择创建好的螺旋线，以“工”字为图形进行放样。可以看到结果并不理想，工字被扭转，而且其截面图形面积太大，导致工字太粗。

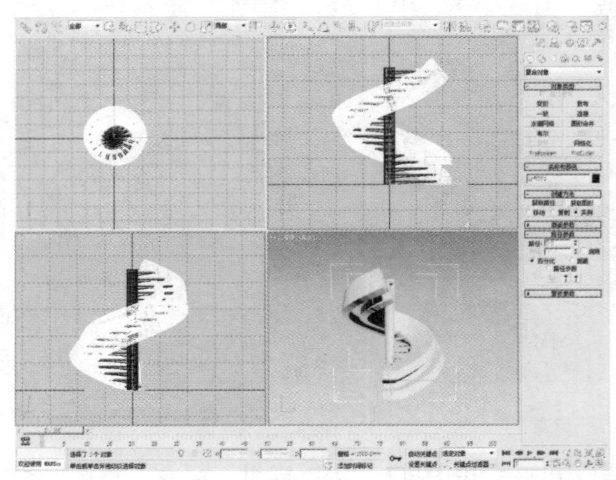

18 在“蒙皮参数”卷展栏中“选项”选项组中取消勾选“倾斜”复选框，并设置“图形步数”为0、“路径步数”为10。在“修改”面板的Loft下选择“图形”，在视图中使用选择并均匀缩放工具对截面图形进行缩放，调整工字的横截面面积。

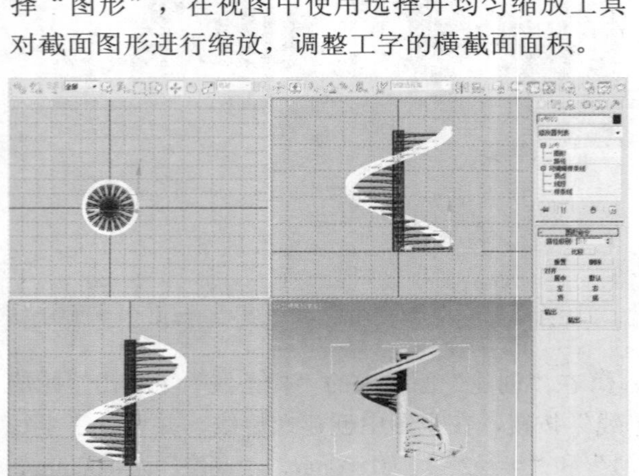

19 在“创建”命令面板中单击“矩形”按钮，在顶视图中创建一个形状。

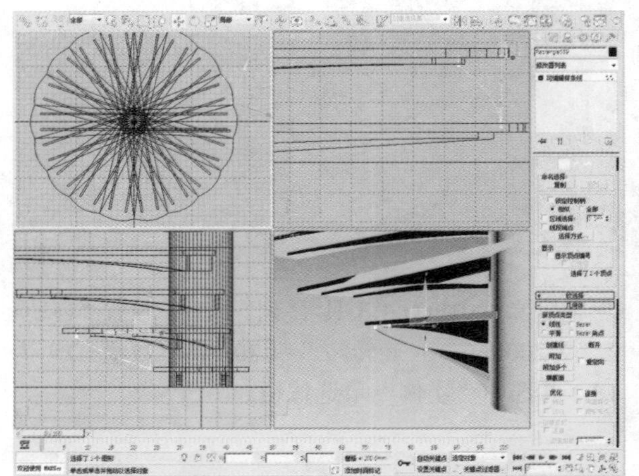

知识点

在3ds Max中对物体进行旋转复制的时候，我们首先要确定物体是围绕哪个轴进行旋转复制的，然后在旋转的同时还要确定物体旋转的半径，旋转半径的确定其实就是确定物体围绕该轴进行旋转的轴心，调整好要旋转的轴心后，我们就可以对物体进行旋转复制了。

20 选择该形状，在“修改器列表”中选择“挤出”修改器，设置“数量”为20mm。

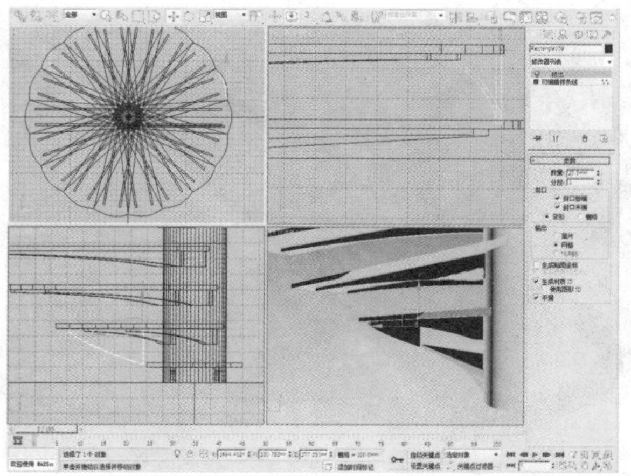

21 选中该物体，在“层次”面板中单击“仅影响轴”按钮，使用“对齐”工具适当调整坐标轴的位置。

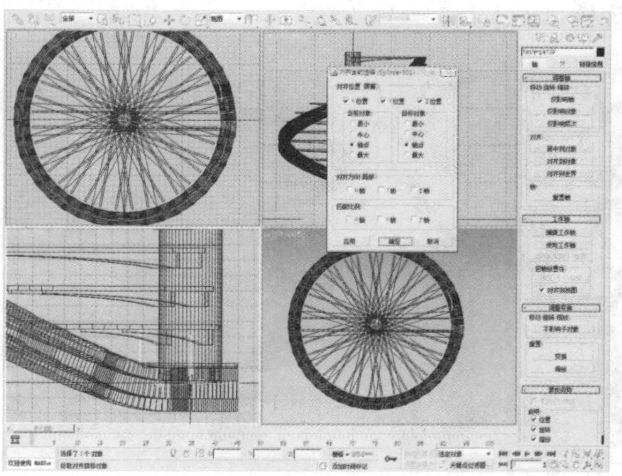

22 在菜单栏中执行“工具>阵列”命令，设置“移动>Z”为250mm、“旋转>Z”为20、“数量1D”为17，并选中“实例”单选按钮。

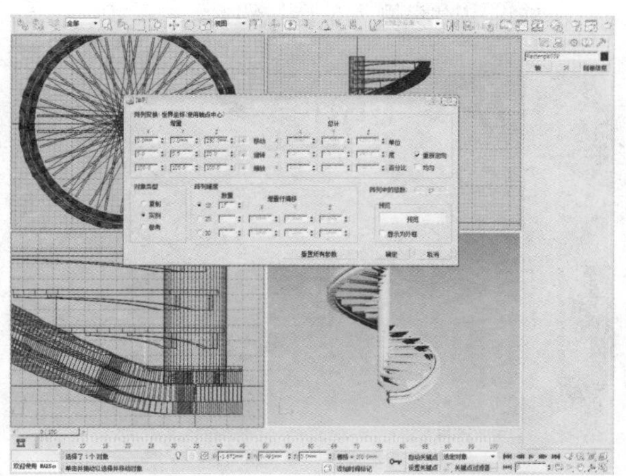

23 在“创建”命令面板中单击“圆柱体”按钮，在顶视图中创建一个半径、高度、边数分别为200mm、450mm、18的圆柱体。

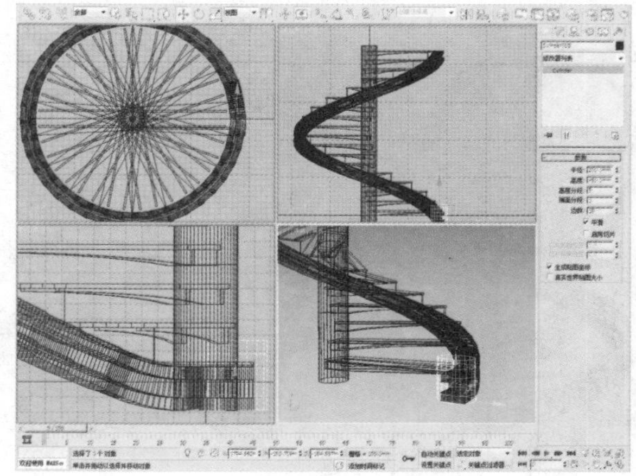

24 在“创建”命令面板中的“扩展基本体”下单击“切角圆柱体”按钮，在顶视图中创建一个半径、高度、圆角分别为220mm、50mm、15的切角圆柱体。

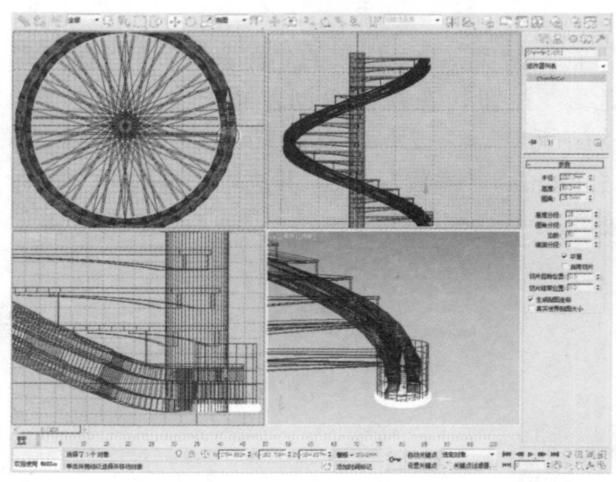

25 选中该物体，使用“选择并移动”工具，在顶视图中沿着Y轴的方向对物体进行移动，在移动的同时按住Shift键，选择“复制”的复制方式，并设置“副本数”为1。

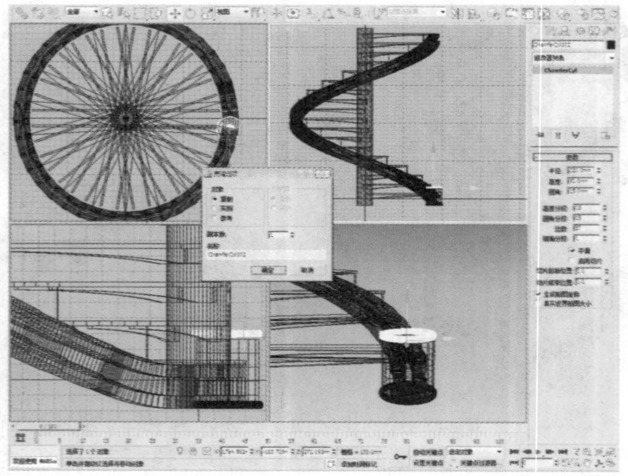

26 在“创建”命令面板中单击“切角圆柱体”按钮，顶视图中创建一个半径、高度、圆角分别为40mm、1200mm、10的切角圆柱体。

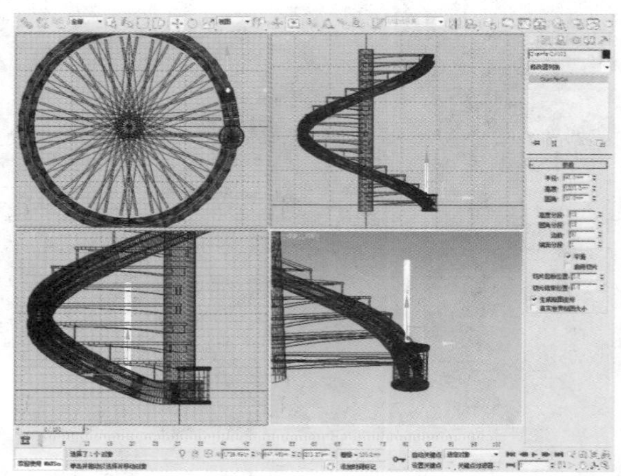

27 选中该物体，在“层次”面板中单击“仅影响轴”按钮，使用“对齐”工具适当调整坐标轴的位置。

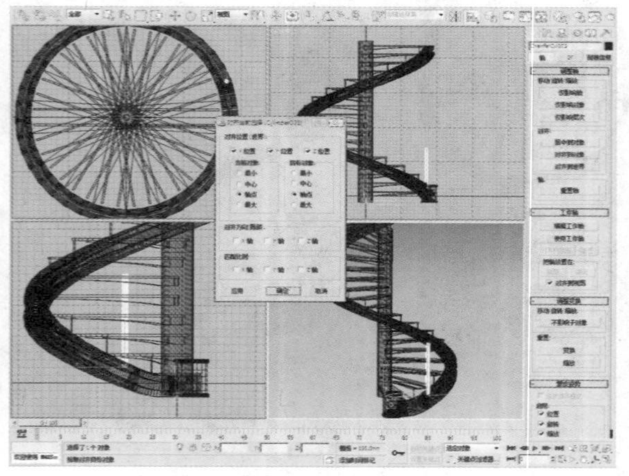

28 在菜单栏中执行“工具>阵列”命令，设置“移动>Z”为250mm、“旋转>Z”为20、“数量1D”为17，并选中“实例”单选按钮。

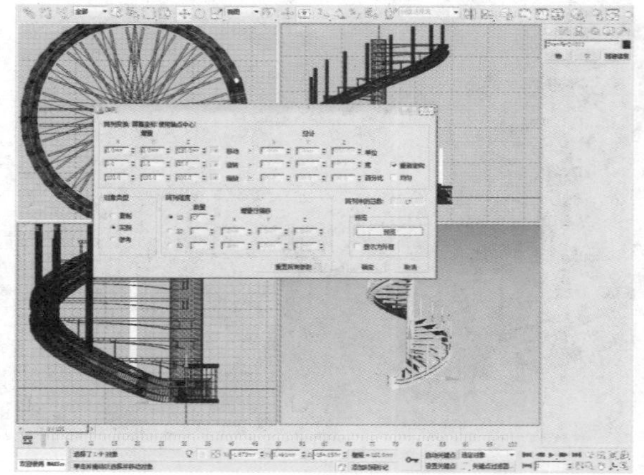

29 在“创建”命令面板的“样条线”下单击“螺旋线”按钮，在视图中创建螺旋线，设置“半径1”和“半径2”均为1850mm、“高度”为4550mm、“圈数”为1，并选中“逆时针”单选按钮。

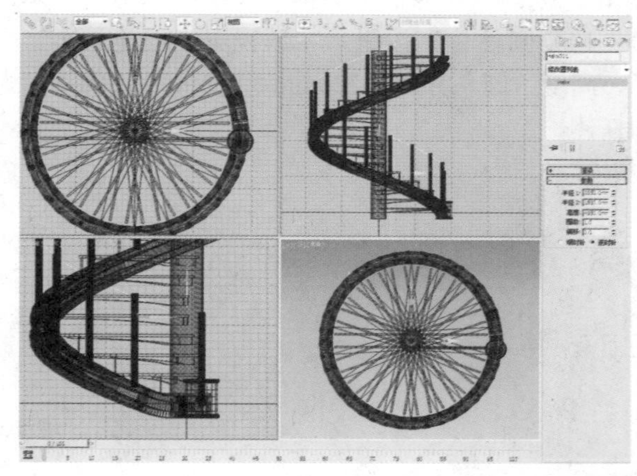

30 选中螺旋线并将其转化为可编辑样条线，在“修改”面板里的“渲染”卷展栏中勾选“在渲染中启用”和“在视口中启用”复选框，并将“厚度”设置为55mm。

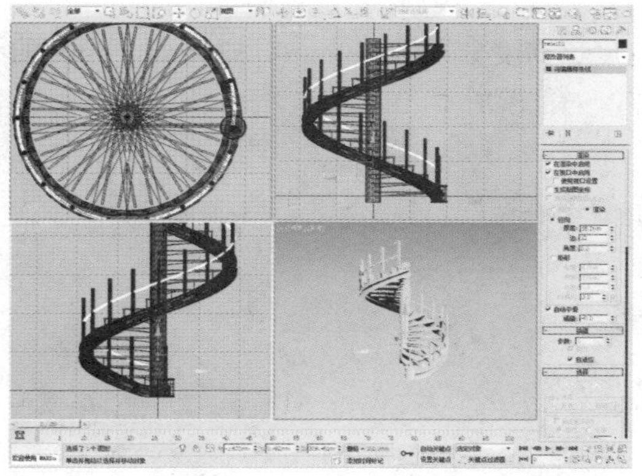

31 选中该物体，使用“选择并移动”工具，在顶视图中沿着Y轴的方向对其进行移动，在移动的同时按住Shift键，选择“复制”的复制方式，设置“副本数”为1。

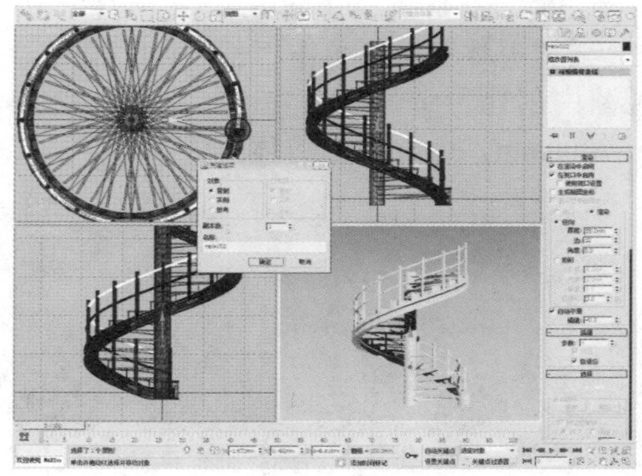

32 在“创建”命令面板中单击“球体”按钮，在顶视图中创建一个半径、分段分别为100mm、32的球体。

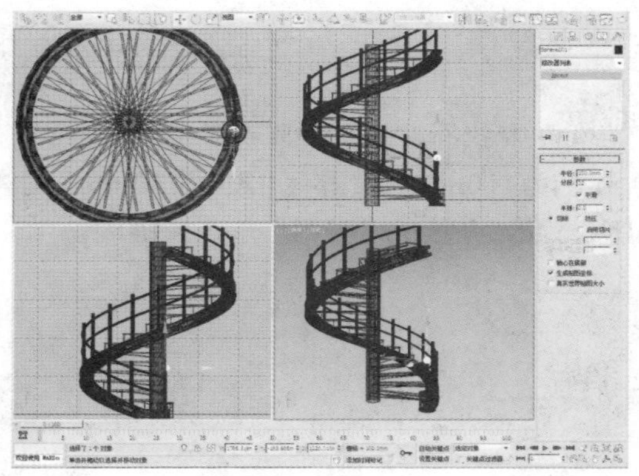

33 选中该球体，在“层次”面板中单击“仅影响轴”按钮，使用“对齐”工具适当调整坐标轴的位置。

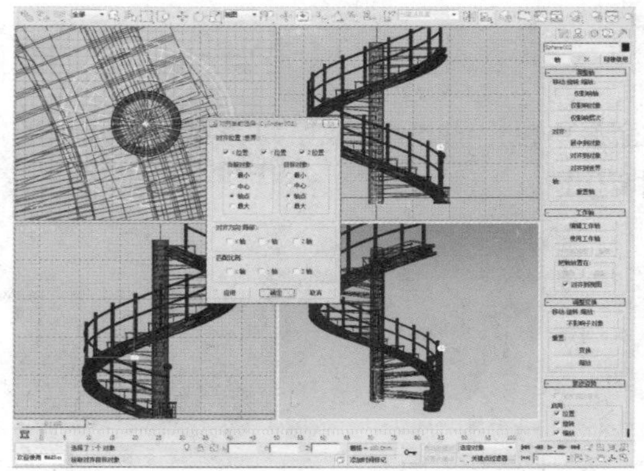

34 在菜单栏中执行“工具>阵列”命令，设置“移动>Z”为250mm、“旋转>Z”为20、“数量1D”为17，并选中“实例”单选按钮。

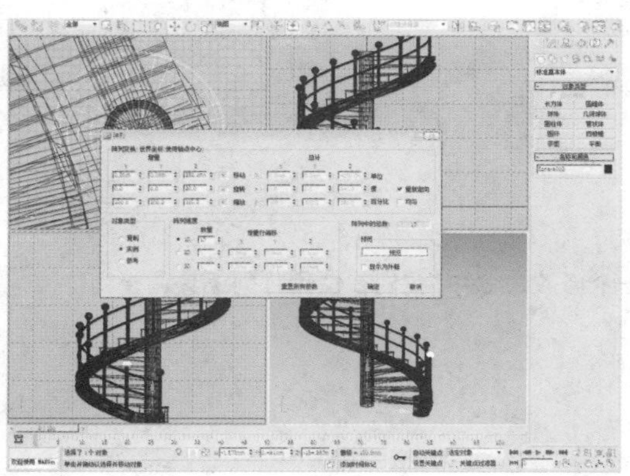

35 至此，完成旋转楼梯的绘制，最终效果如下图所示。

9.3 绘制室内楼梯

下面将对室内楼梯的绘制操作进行介绍。

01 在“创建”命令面板中单击“几何体”按钮，在“标准基本体”下单击“长方体”按钮，在顶视图中创建一个长度、宽度、高度分别为100mm、300mm、30mm的长方体。

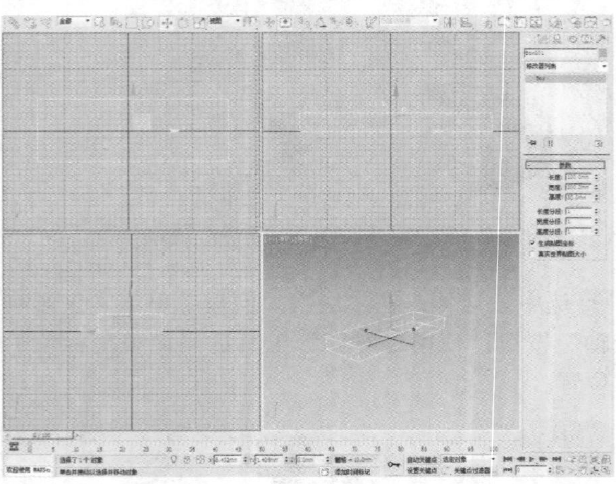

02 单击“长方体”按钮在顶视图中，创建一个长度、宽度、高度分别为120mm、320mm、5mm的长方体，如下图所示。

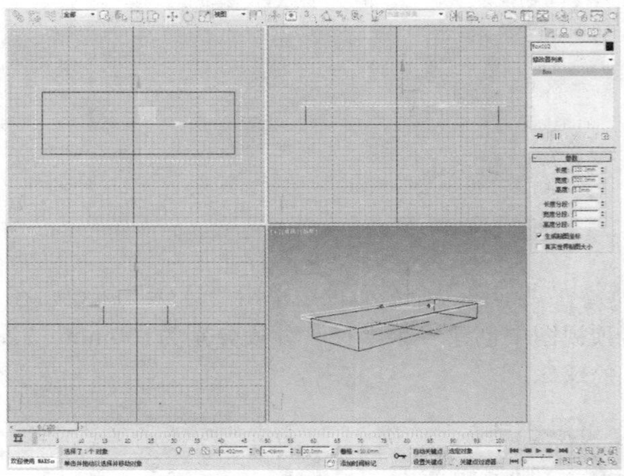

03 执行菜单栏中的“组>成组”命令，将选中的物体组成组。

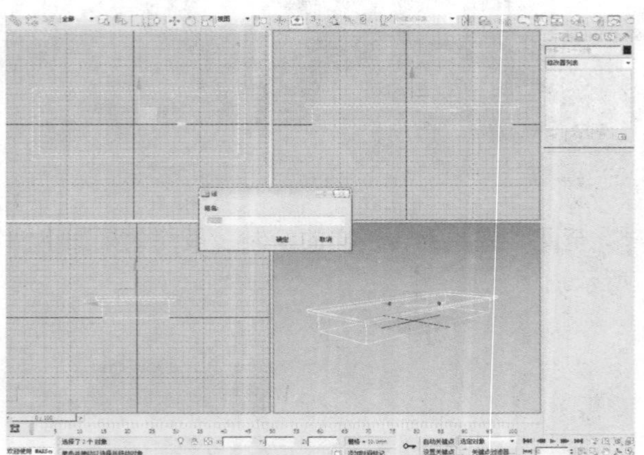

04 在菜单栏中执行“工具>阵列”命令，设置“移动>Y”为110mm、“移动>Z”为30mm”、“数量1D”为8，并选中“实例”单选按钮。

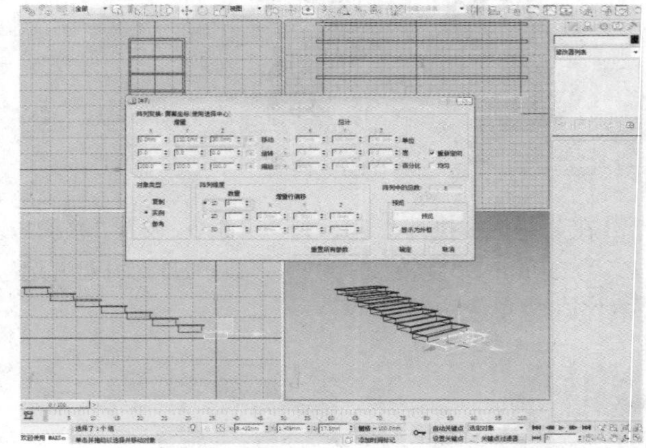

知识点

3ds Max中的阵列工具是将“移动”、“旋转”、“缩放”命令附加在一个修改命令中，我们在使用阵列工具调整物体位置的时候，可以同时对“移动”、“旋转”、“缩放”这三个命令进行调整。

05 单击“长方体”按钮，在顶视图中创建一个长度、宽度、高度分别为300mm、700mm、35mm的长方体。

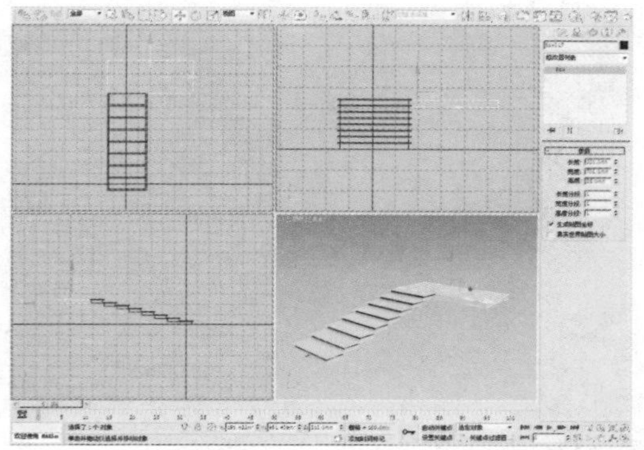

06 选中该物体，使用“选择并移动”工具，在顶视图中沿着X轴的方向对物体进行移动，在移动的同时按住Shift键，选择“复制”的复制方式，并设置“副本数”为1。

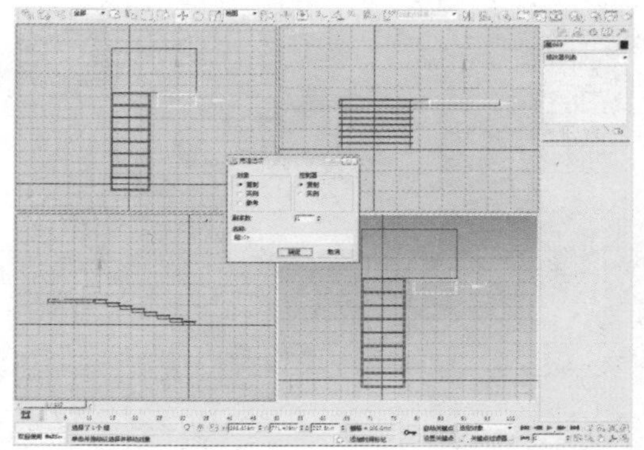

07 在菜单栏中执行“工具>阵列”命令，设置“移动>Y”为-110mm、“移动>Z”为30mm、“数量1D”为8，并选中“实例”单选按钮。

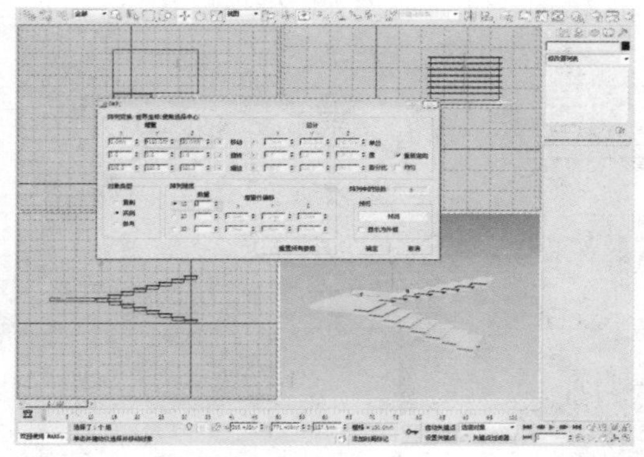

08 使用“选择并移动”工具，在顶视图中沿着Y轴的方向对物体进行移动，在移动的同时按住Shift键，选择“复制”的复制方式，并设置“副本数”为1。

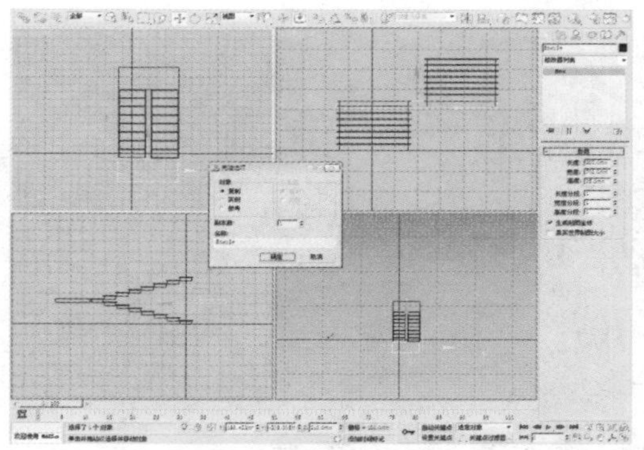

09 使用“选择并移动”工具，在顶视图中沿着X轴的方向对其进行移动，在移动的同时按住Shift键，选择“复制”的复制方式，并设置“副本数”为1。

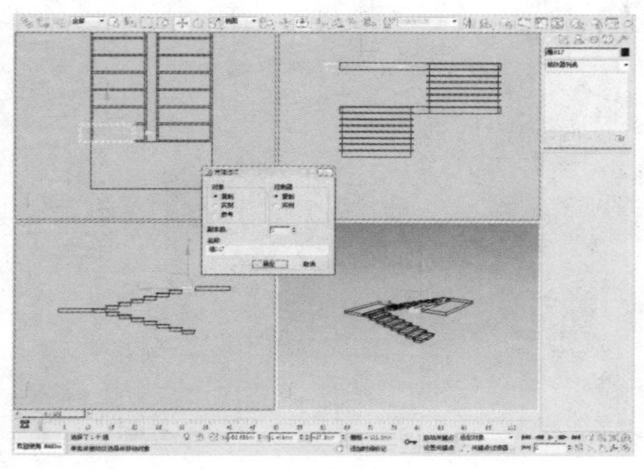

10 在菜单栏中执行“工具>阵列”命令，设置“移动>Y”为110mm、“移动>Z”为30mm、“数量1D”为8，并选中“实例”单选按钮。

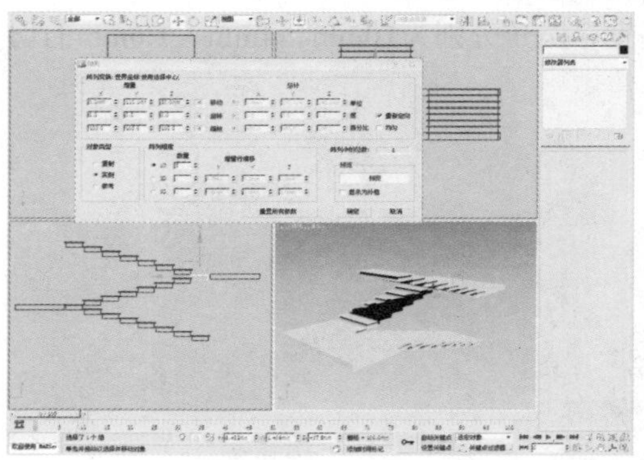

11 使用“选择并移动”工具，在顶视图中沿着Y轴的方向对物体进行移动，在移动的同时按住Shift键，选择“复制”的复制方式，并设置“副本数”为1。

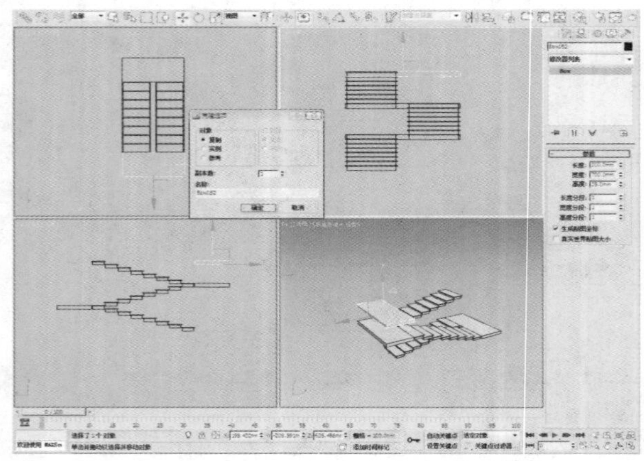

12 单击“长方体”按钮，在顶视图中创建一个长度、宽度、高度分别为1490mm、800mm、665mm的长方体。

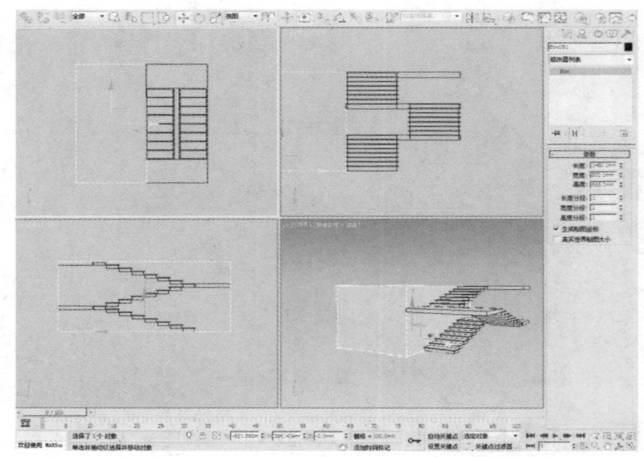

13 单击“圆柱体”按钮，在顶视图中创建一个半径、高度、边数分别为5mm、160mm、5的圆柱体。

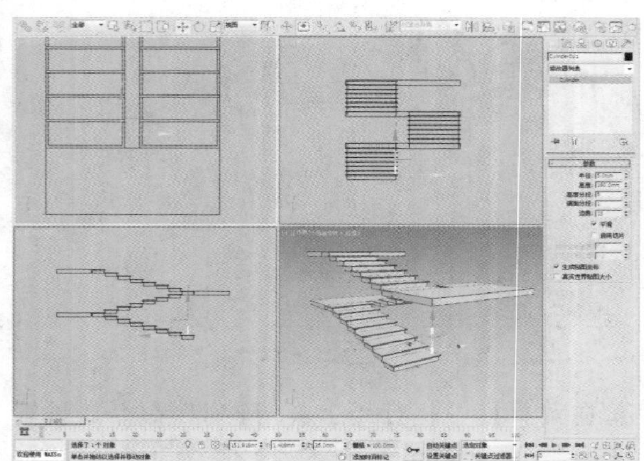

14 在菜单栏中执行“工具>阵列”命令，设置“移动>Y”为110mm、“移动>Z”为30mm、“数量1D”为8，并选中“实例”单选按钮。

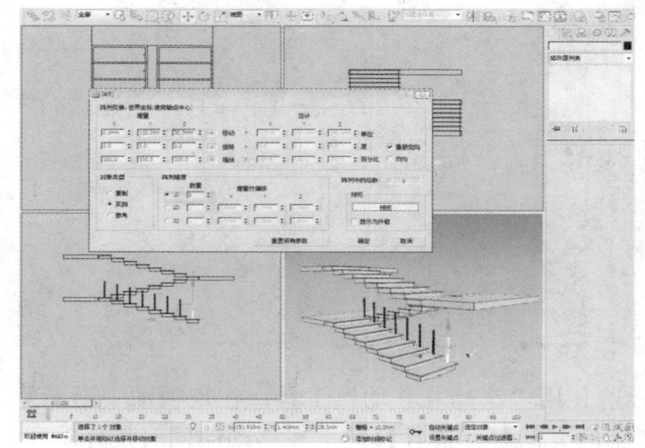

15 在“创建”命令面板中单击“扩展基本体”下的“切角圆柱体”按钮，在顶视图中创建一个半径、高度、圆角分别为10mm、4mm、1.0mm的切角圆柱体。

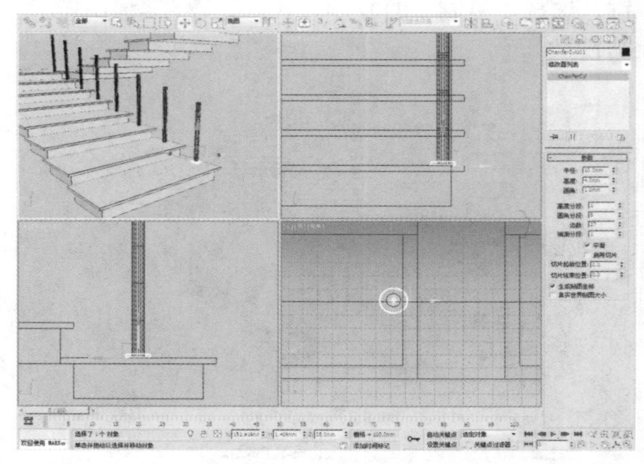

16 在菜单栏中执行“工具>阵列”命令，设置“移动>Y”为110mm、“移动>Z”为30mm、“数量1D”为8，并选中“实例”单选按钮。

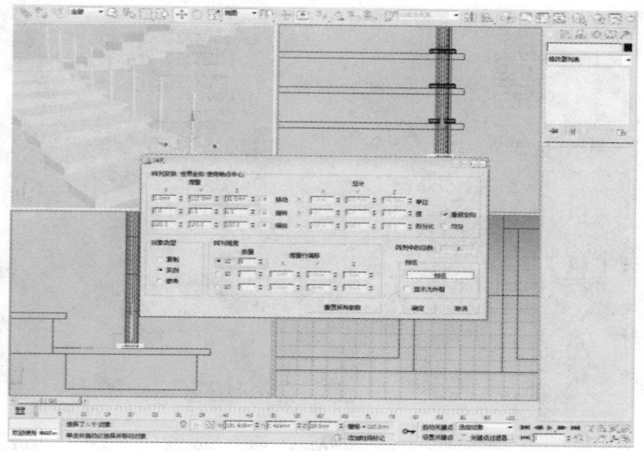

17 使用“选择并移动”工具，在顶视图中沿着中心轴方向对物体进行移动，在移动的同时按住Shift键，选择“复制”的复制方式，并设置“副本数”为1。

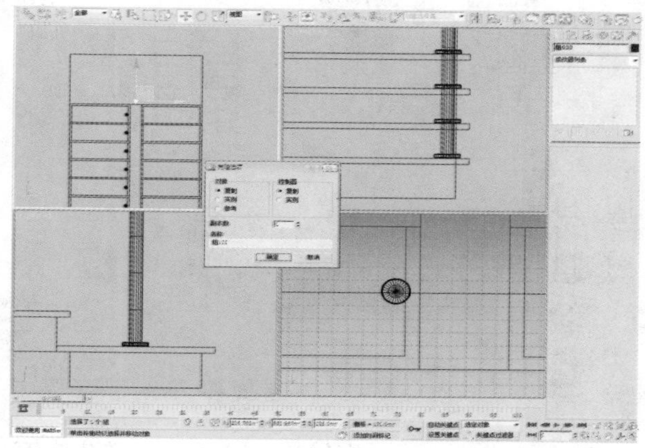

18 在菜单栏中执行“工具>阵列”命令，设置“移动>Y”为-110mm、“移动>Z”为30mm、“数量1D”为8，并选中“实例”单选按钮。

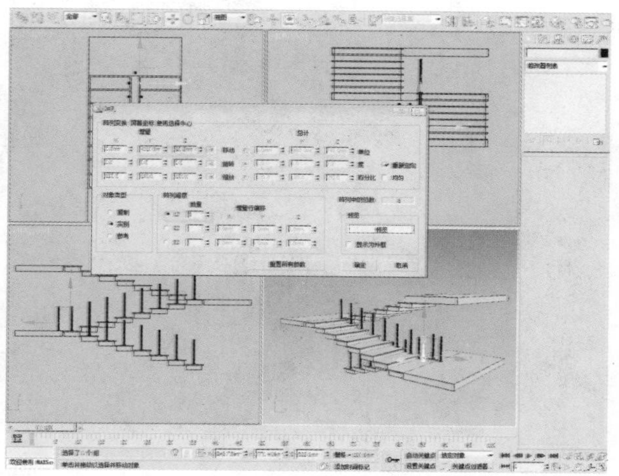

19 使用“选择并移动”工具，在顶视图中沿着X轴方向对物体进行移动，在移动的同时按住Shift键，选择“复制”的复制方式，并设置“副本数”为1。

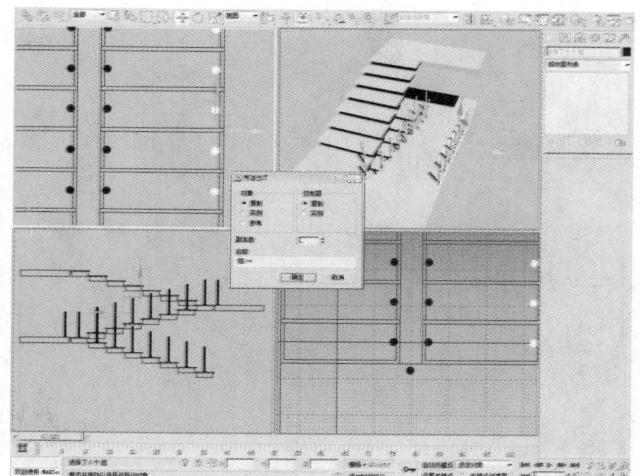

20 在菜单栏中执行“工具>阵列”命令，设置“移动>Y”为110mm、“移动>Z”为30mm、“数量1D”为8，并选中“实例”单选按钮。

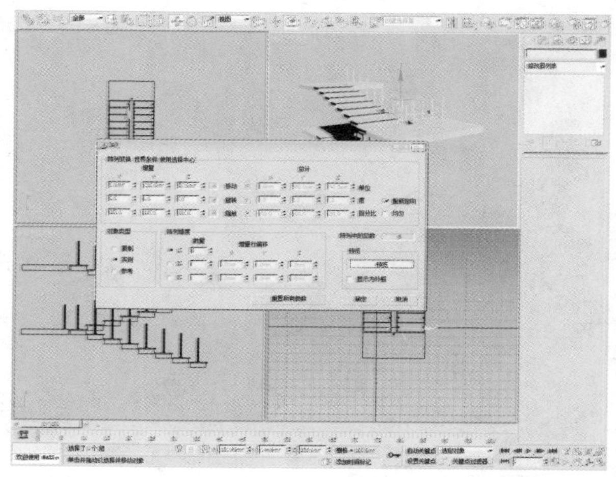

21 使用“选择并移动”工具，按住Shift键的同时，对物体进行复制。

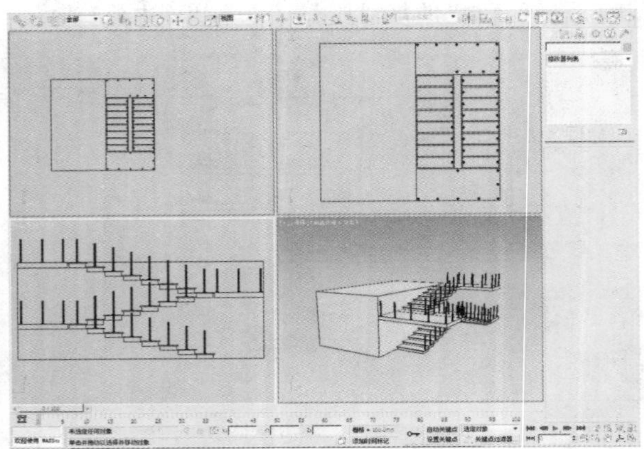

22 在“创建”命令面板中单击“线”按钮，并在左视图中创建一个如下图所示的图形。

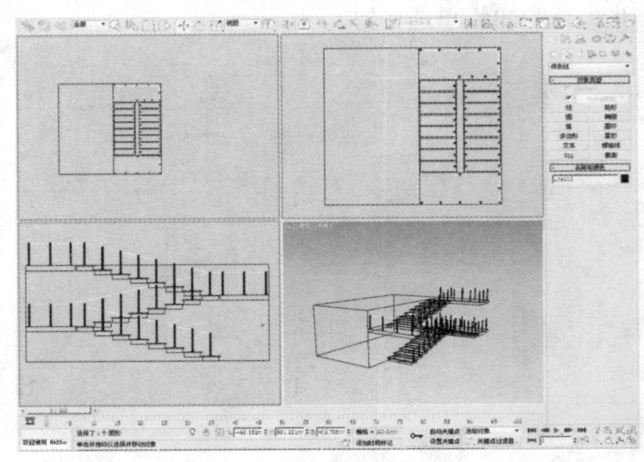

23 选中螺旋线，通过右键快捷菜单将其转化为可编辑样条线，在“修改”面板里的“渲染”卷展栏中勾选“在渲染中启用”和“在视口中启用”复选框，并将“厚度”设置为12mm。

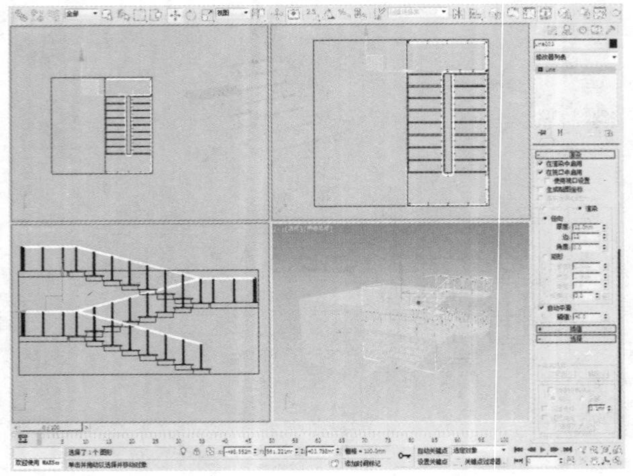

24 至此，完成楼梯模型的绘制，最终效果如下图所示。

闹钟的制作

本案例将介绍闹钟模型的制作，通过具体的制作过程，让我们来练习3ds Max中布尔和扩展基本体的知识。

知识点

1. 了解布尔命令的基本知识
2. 熟悉FFD修改器的使用
3. 掌握扩展基本体的应用

10.1 布尔

通过布尔运算，用户可以得到并集、交集、差集、切割的结果。在布尔的子命令中可以单击操作对象来修改布尔的结果，操作对象我们在作图的时候有时为了方便也可以显示出来。布尔主要用于一些复杂的开洞，它主要的缺点是会产生多线，这个问题我们再给它一个网格选择的命令就可以解决了。当我们用布尔的时候，最好用超级布尔，这样不容易出现问题。操作对象A 即先选择的对象；操作对象B 即拾取的对象。有三种用来设置A和B布尔运算的结果，即并集、交集、差集和切割。

并集	两者相融的效果
差集	常见的一种，称为“雕刻”
交集	用于单一构件的创建
显示	控制布尔运算的显示结果
操作对象	显示布尔合成物体
结果	显示布尔运算的最终结果
结果+隐藏的操作对象	被隐藏的物体用线框显示
更新	设置布尔运算结果何时显示
始终	布尔计算结果随时更新
渲染时	只有在最后渲染时才显示结果
手动	选中此项，想要显示布尔计算结果时，单击下面的更新钮，即可看到最终结果，何时显示由用户掌握

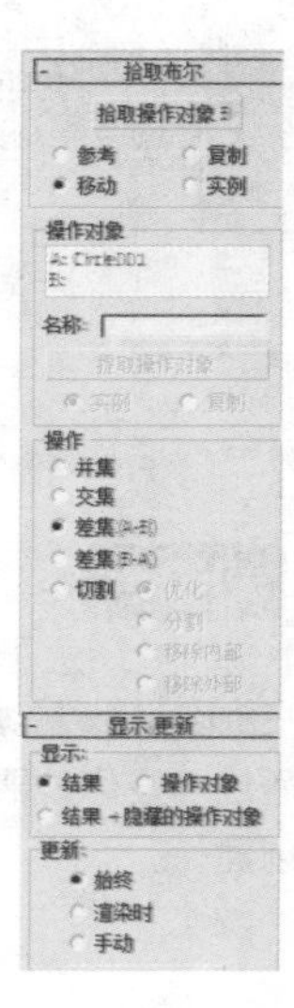

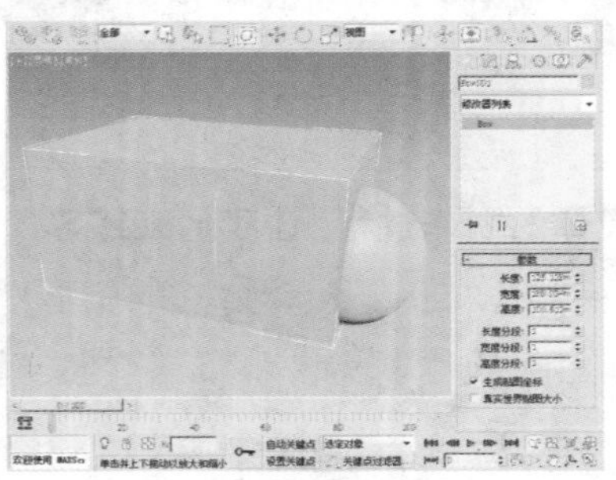
创建一个长方体和球体

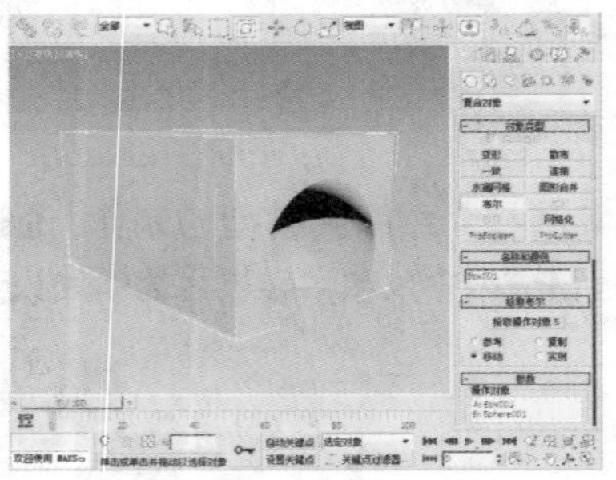
为长方体加一个布尔来拾取球体

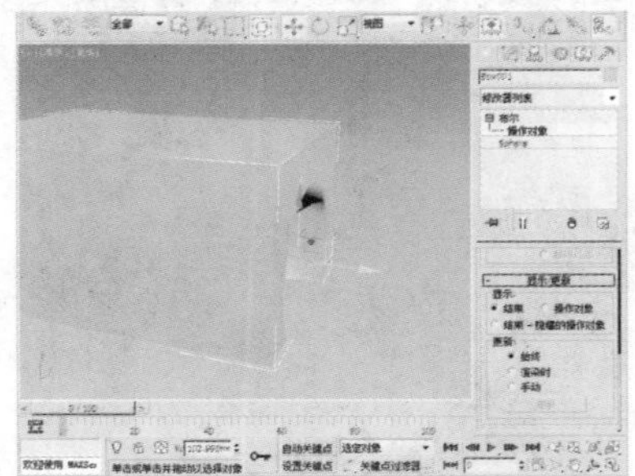
在布尔中可以单击操作对象来操作

10.2 闹钟的制作

本节将对闹钟模型各个部位的制作进行详细介绍。

10.2.1 主体的制作

下面将对闹钟模型主体的制作过程进行介绍。

01 在“创建”命令面板中单击“几何体”按钮，在“扩展基本体”选项下单击“切角长方体”按钮，在顶视图中创建一个长度为290mm，宽度为520mm、高度为300mm、圆角为30mm的切角长方体。

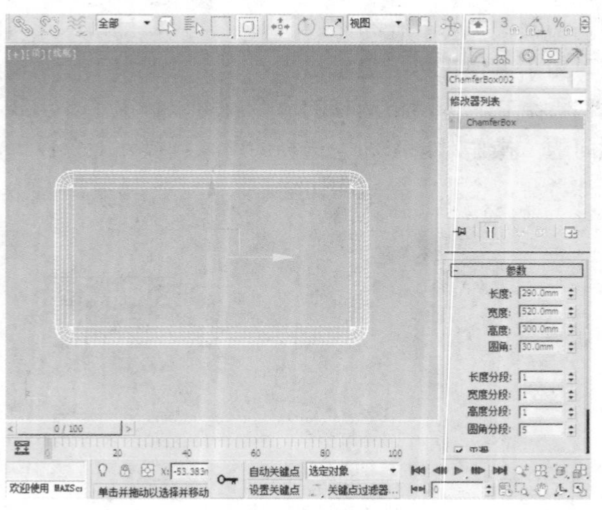

02 在“修改器列表”中选择FFD3×3×3修改器。

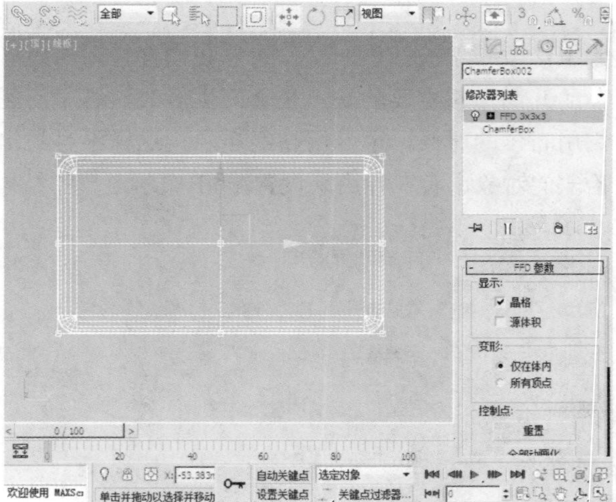

知识点

在3ds Max中创建物体模型时，首先需要在其自带的基本模型中找到我们所要创建的物体模型的大体形状，然后再通过一些修改器适当调整物体的基本形状，所以我们一定要熟悉3ds Max中自带的模型形状，以便之后对物体进行创建。

03 在顶视图中框选中间的点，单击工具栏中的“选择并均匀缩放”按钮。

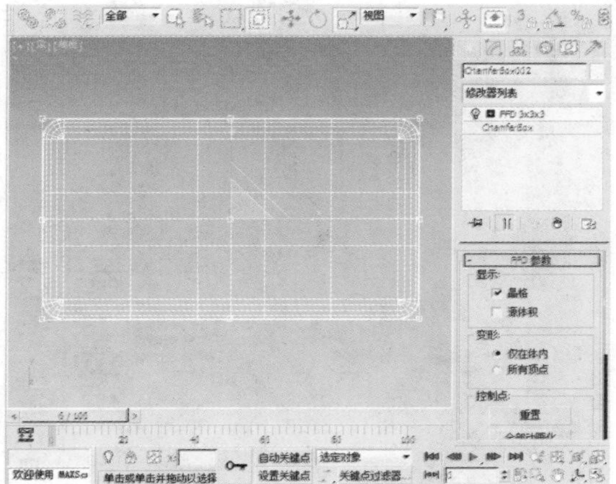

04 利用“选择并均匀缩放”工具在前视图中将物体缩放为下图所示的形状。

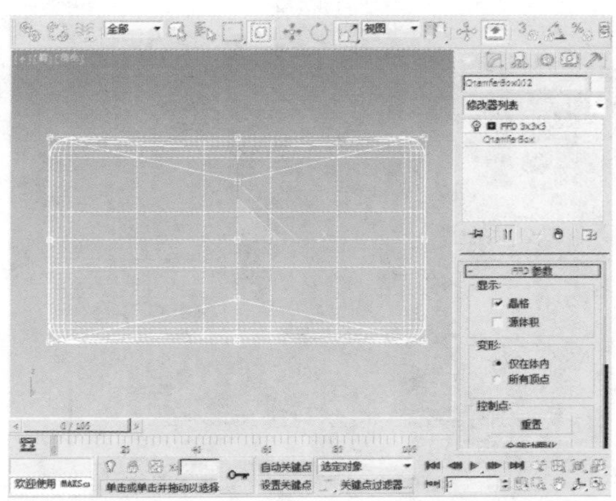

05 在前视图中框选中间的点。

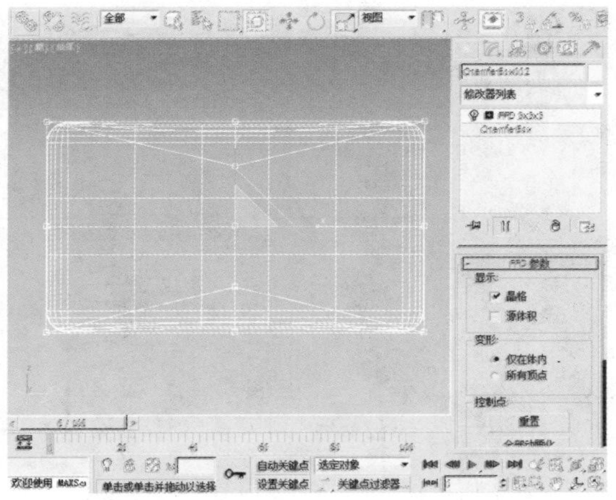

06 利用“选择并均匀缩放”工具在顶视图中适当调整物体的形状。

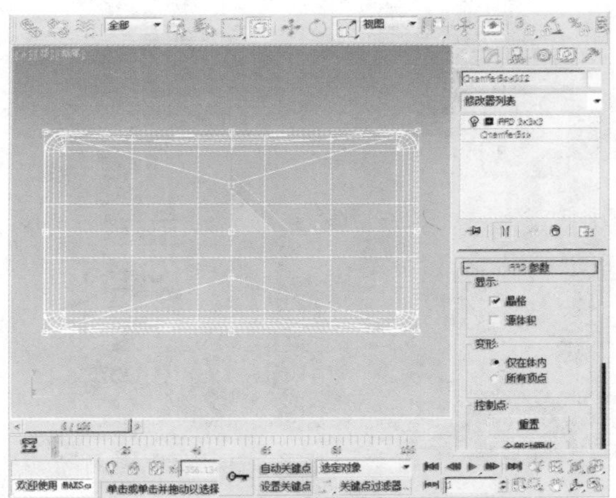

07 在左视图中框选中间的点，单击工具栏中的“选择并均匀缩放”按钮。

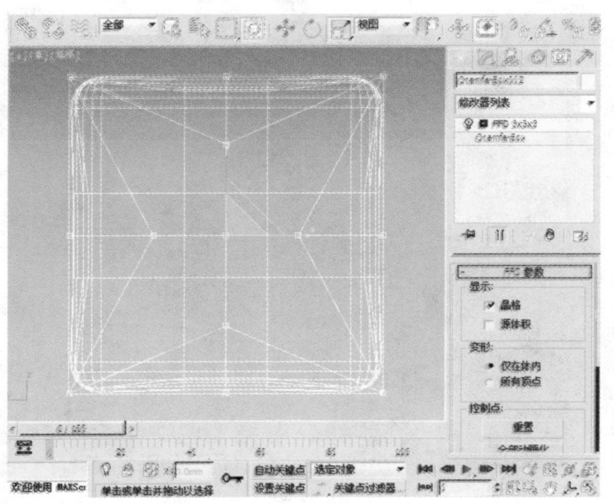

08 利用“选择并均匀缩放”工具在顶视图中适当调整物体的形状。

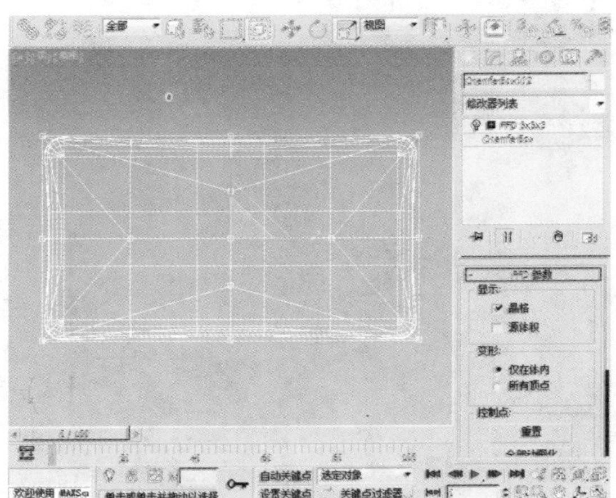

09 调整后的物体效果如下图所示。

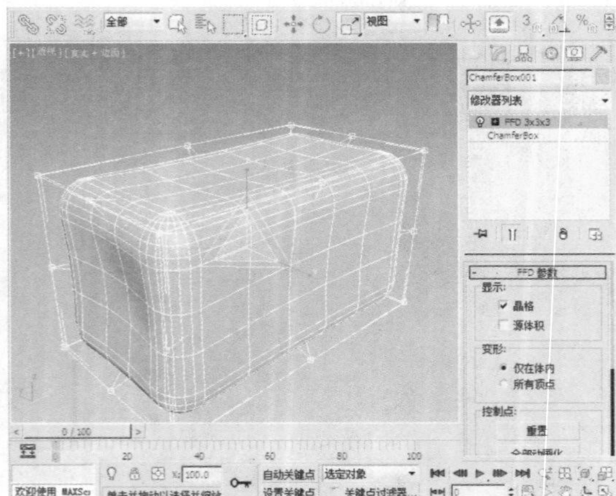

10 在前视图中创建一个半径为16mm、高度为26mm的圆柱体。

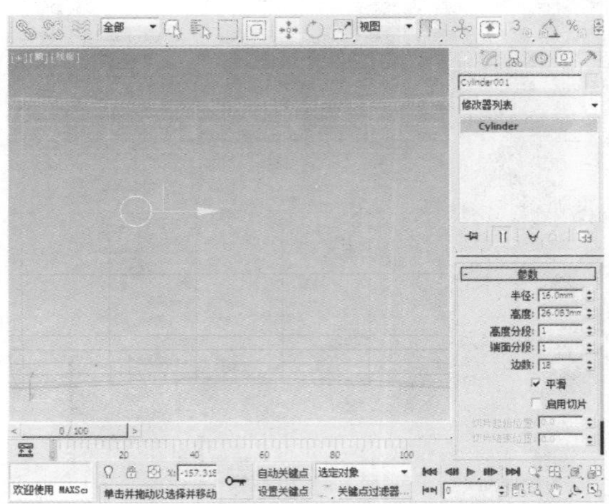

11 在顶视图中将物体移动到合适的位置。

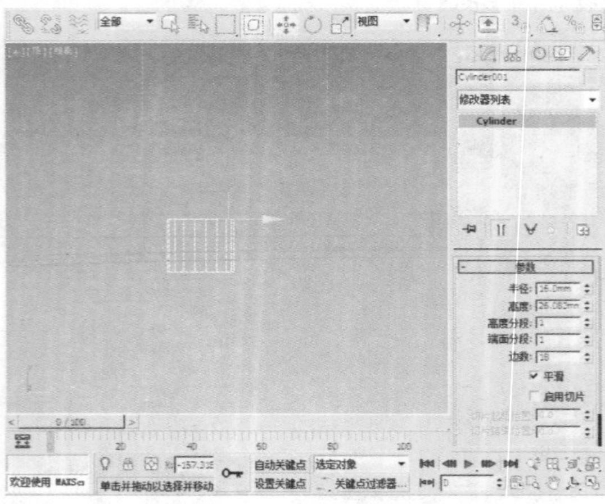

12 按住Shift键的同时拖动物体，复制出一个圆柱体。

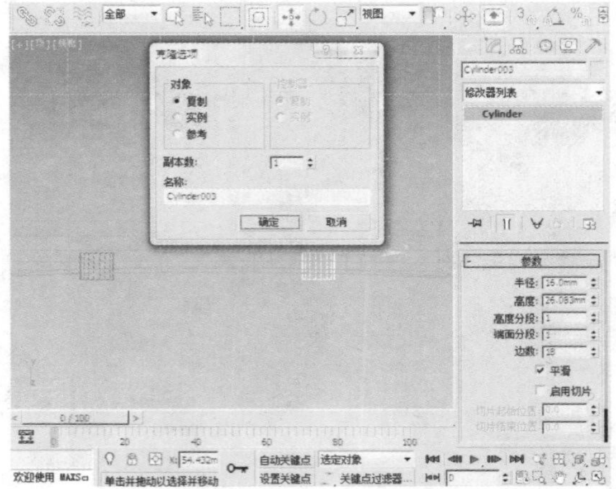

13 在前视图中绘制如下图所示的样条线。

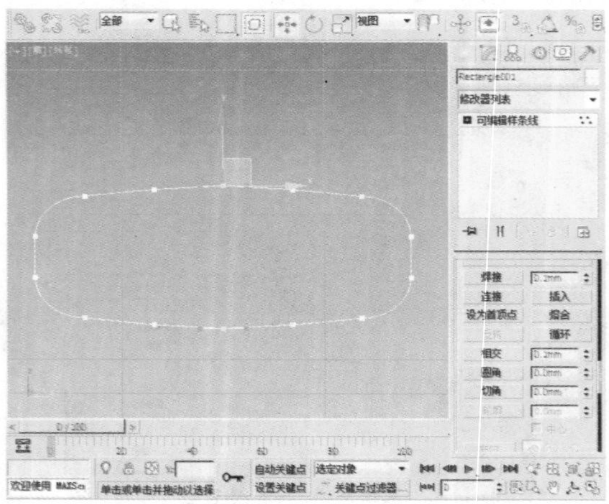

14 选择中间位置的点，单击“几何体”卷展栏中的“圆角”按钮，使选择的点成为“圆角”。

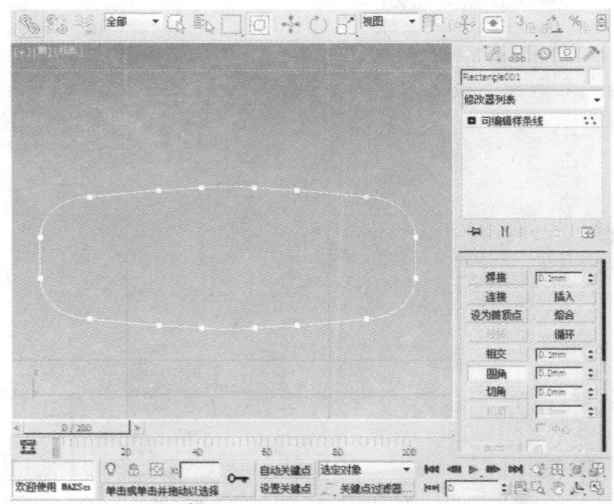

15 选择调整好的样条线，在“修改器列表”中选择“挤出”修改器，在“参数”卷展栏中设置“数量”为43.5mm。

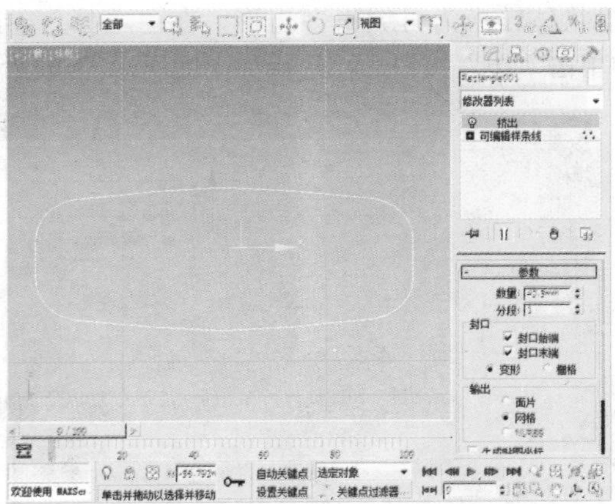

16 在顶视图中将物体移动到如下图所示的位置。

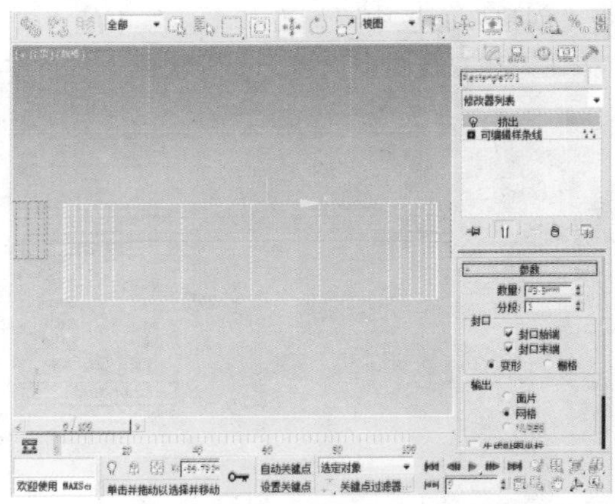

17 按下快捷键Ctrl+V，对挤出的物体进行复制。

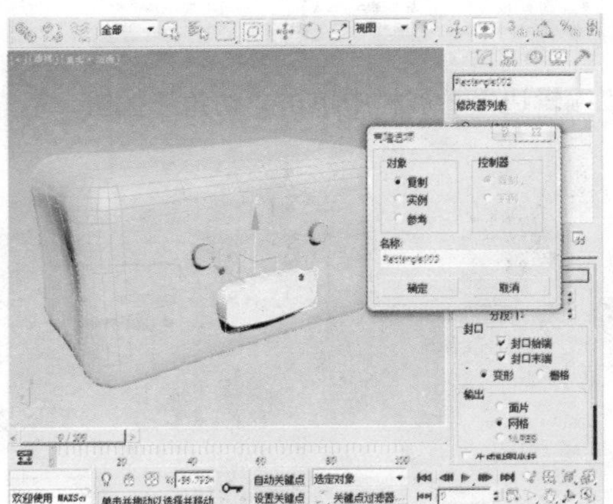

18 在复制的物体对应的“参数”卷展栏中设置“数量”为5mm。

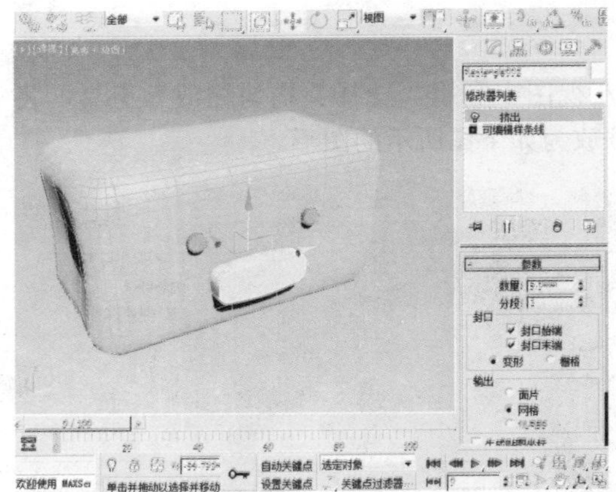

19 选择切角长方体，在“创建”命令面板的“复合对象”选项下单击“布尔”按钮。

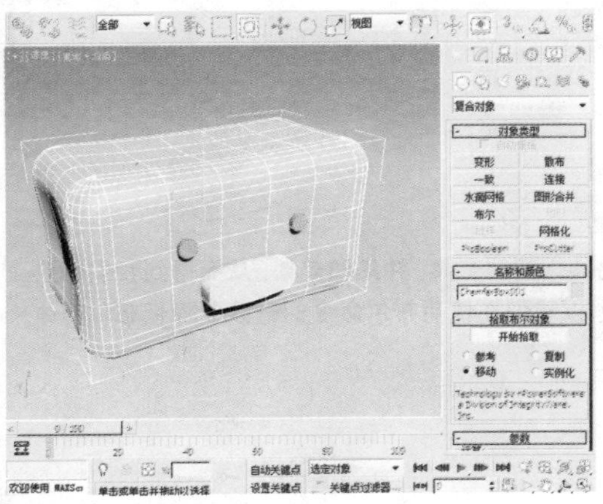

20 在“拾取布尔对象”卷展栏中单击“开始拾取”按钮，将光标置于挤出的物体上并单击。

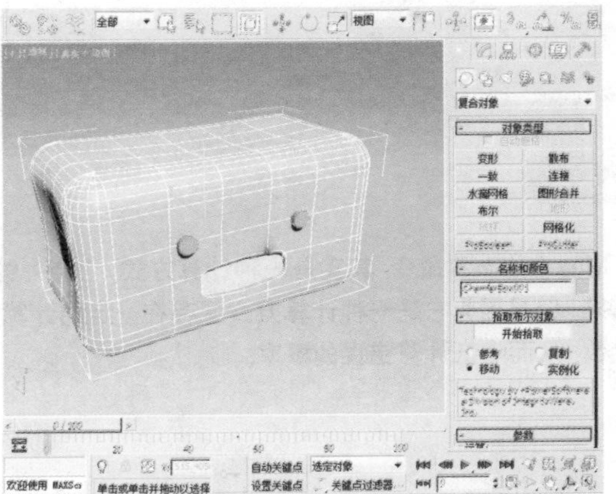

10.2.2 齿轮的制作

下面我们开始对齿轮的制作进行介绍。

01 单击“创建”面板中“标准基本体”下的“管状体”按钮，在左视图中创建一个管状体。

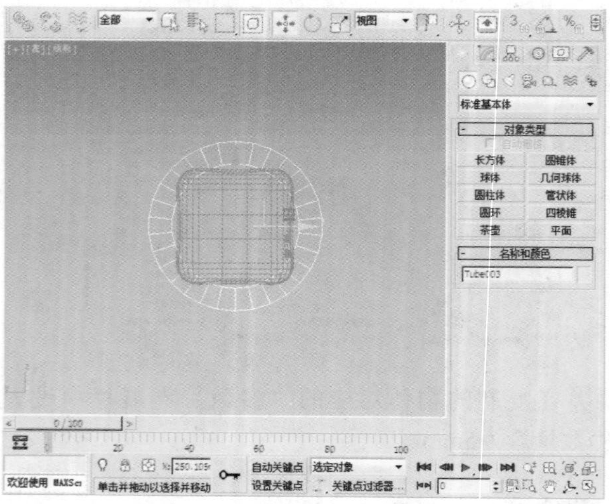

02 将管状体转换为可编辑多边形，在“选择”卷展栏中单击“边”按钮后，选择如下图所示的边。

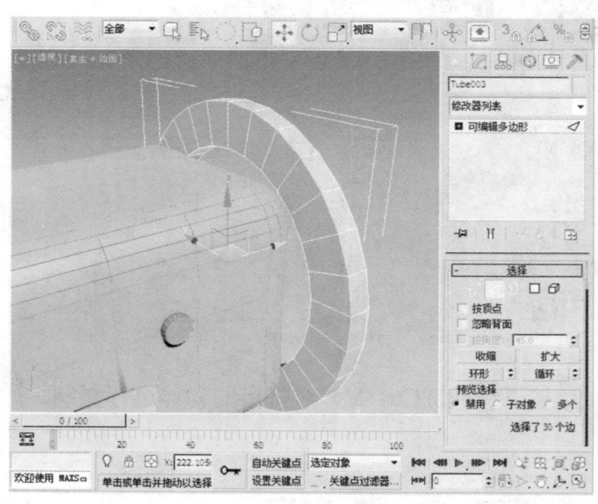

03 在左视图中利用“选择并均匀缩放”工具，将物体缩放为如下图所示的图形。

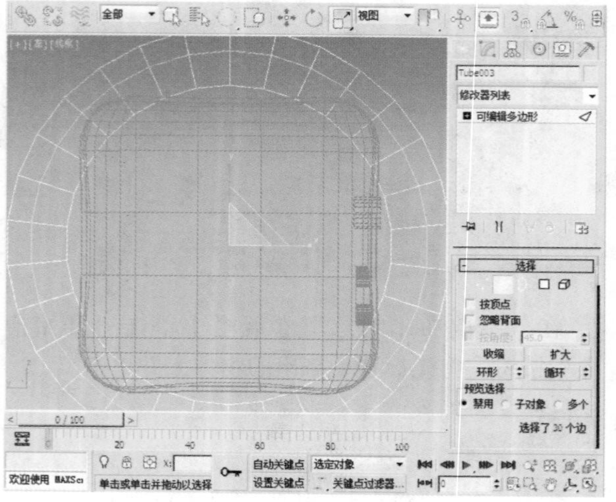

04 在“编辑边”卷展栏中单击“切角”按钮。

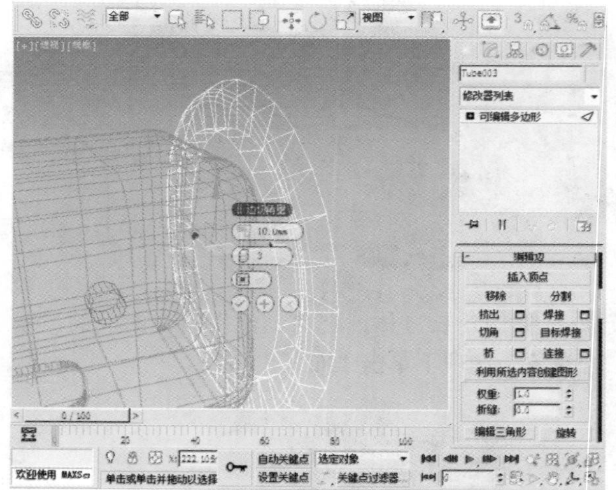

知识点

3ds Max中的布尔命令，其实是一种计算方式，它会去结算物体与物体之间的交集、并集和差集，从而得到我们想要得结果。但是因为它是一种计算方式便存在一定的计算错误概率，所以我们在使用布尔命令的时候要降低布尔物体的次数，从而降低计算错误的概率。

05 在“选择”卷展栏中单击“多边形”按钮后，单击“插入”按钮，选择按多边形的方式，如下图所示的面。

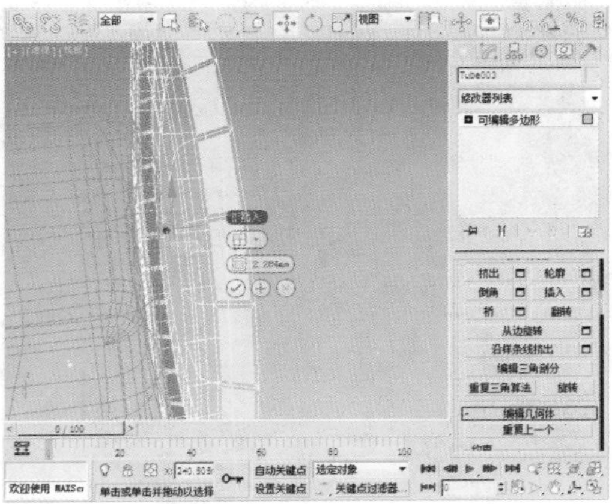

06 单击“挤出”按钮后，将面挤到下方一定的距离处。

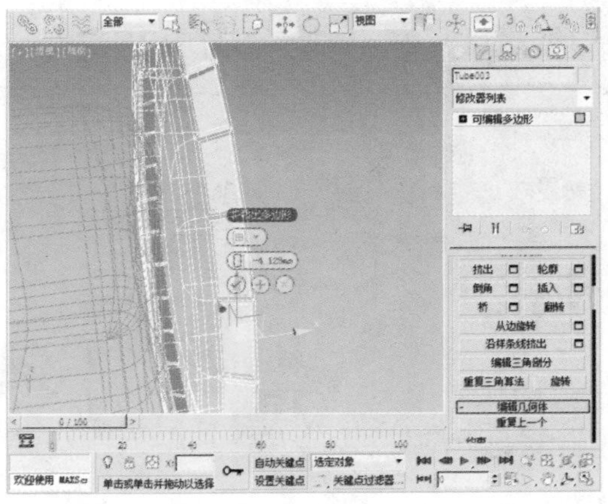

07 在工具栏中单击“镜像”按钮，镜像实例复制出一个相同的物体。

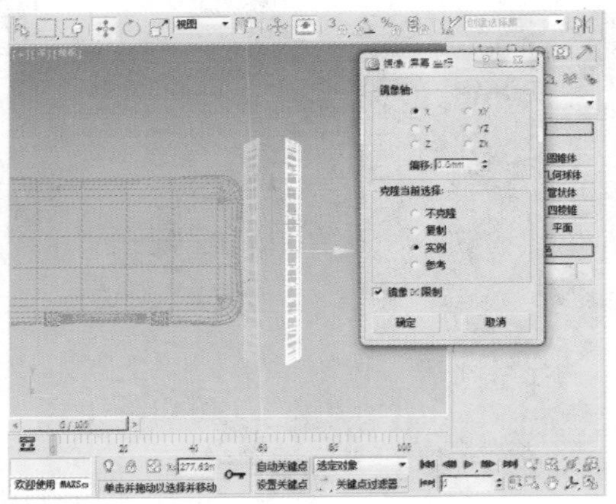

08 在工具栏中单击“对齐”按钮，选择正确的对齐位置，将复制的物体和原物体对齐。

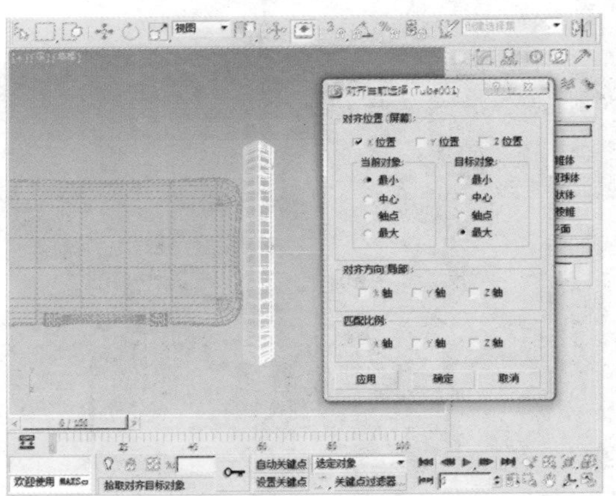

09 按住Shift键的同时，将这两个物体实例复制出两个物体。

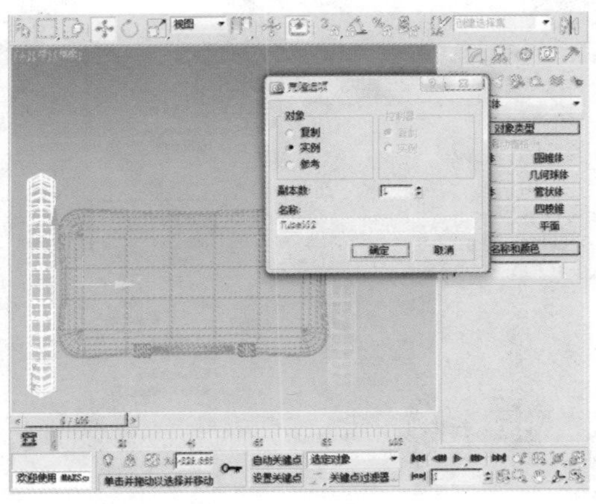

10 至此，模型效果如下图所示。

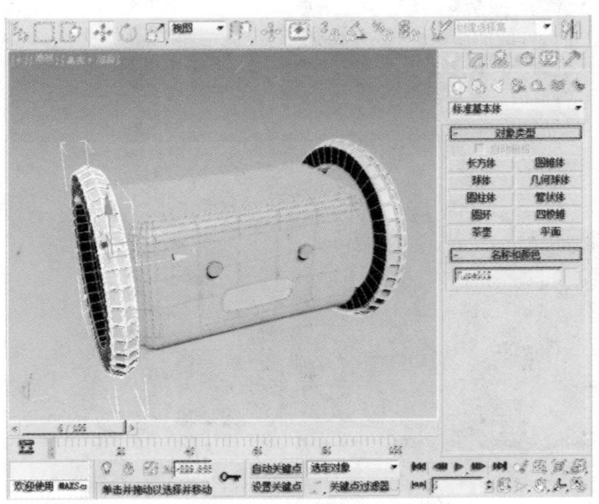

11 单击“创建”命令面板中的“文本”按钮，在前视图中创建文字5:54。

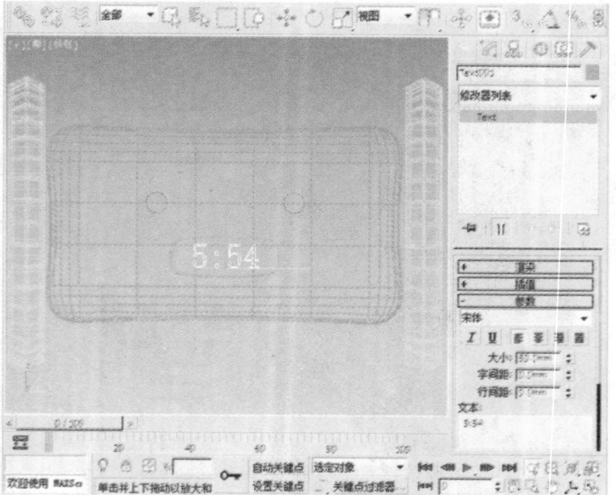

12 选中创建的文字并添加“挤出”修改器，在顶视图中将文字移动到如下图所示的位置。

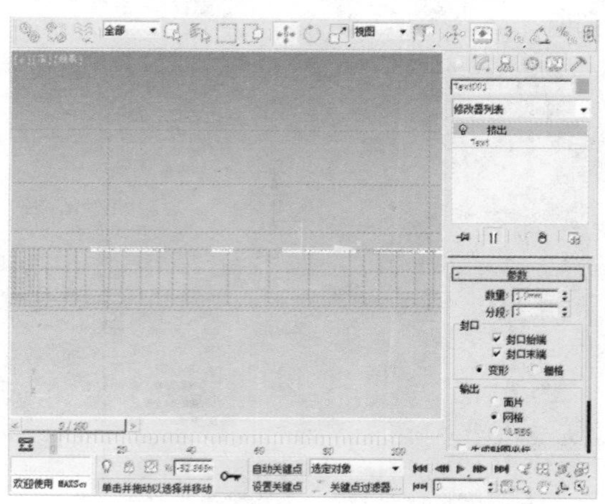

13 在透视视图中，创建的文字效果如下图所示。

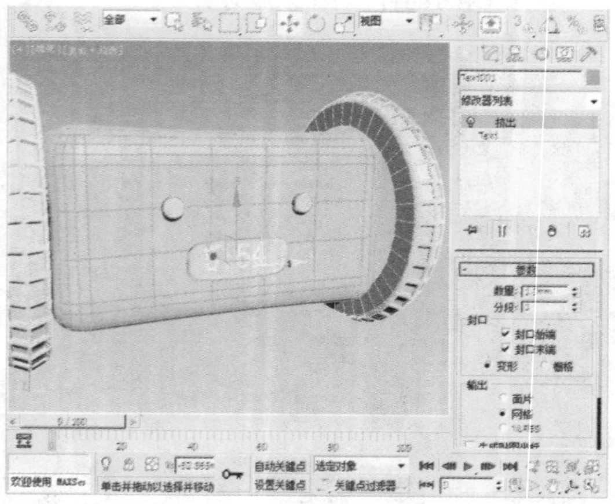

14 在左视图中创建一个半径为30mm、高度为50.0mm的圆柱体。

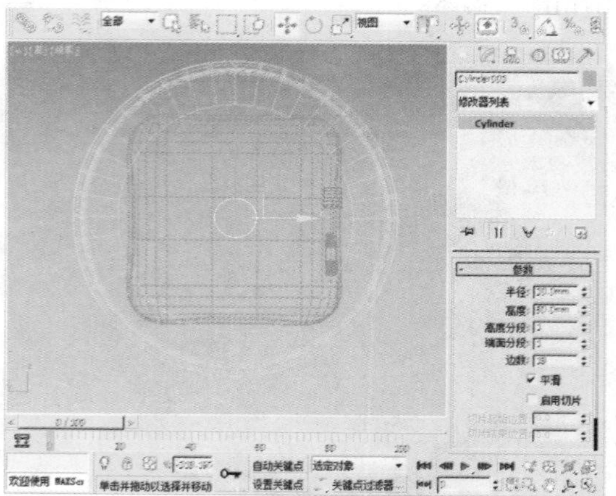

15 在前视图中将圆柱体移动到如下图所示的位置。

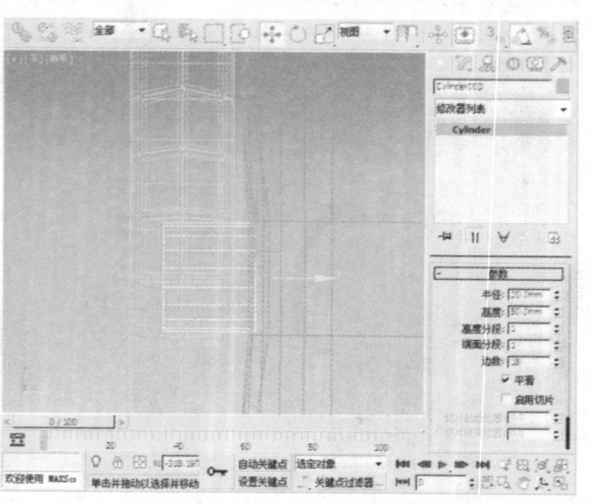

16 在左视图中创建一个如下图所示的管状体。

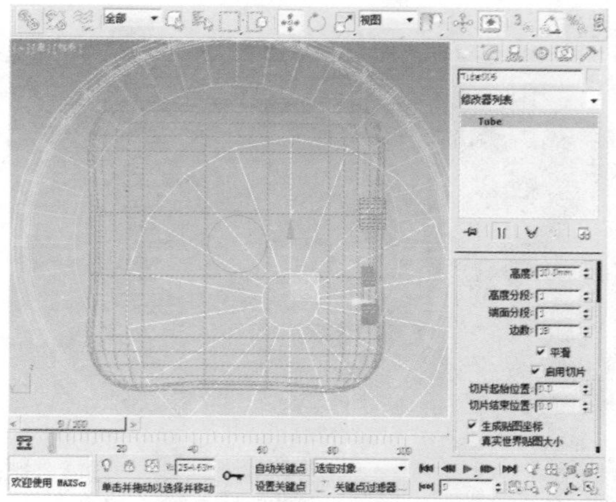

17 利用“对齐”工具将管状体和闹钟齿轮中心对齐。

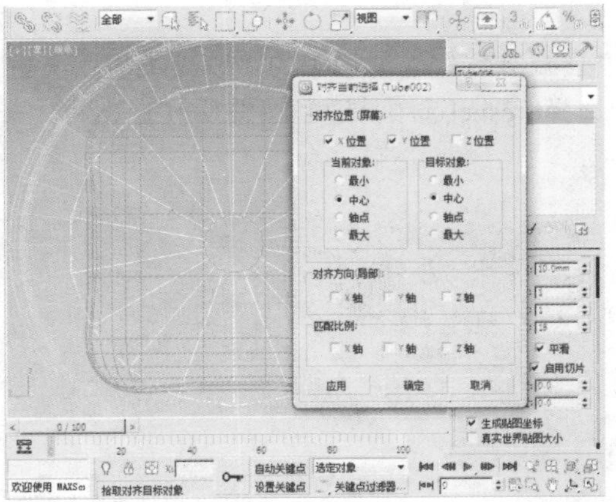

18 选中管状体，在“修改”面板中勾选“启用切片”复选框，将其切成如下图所示的图形。

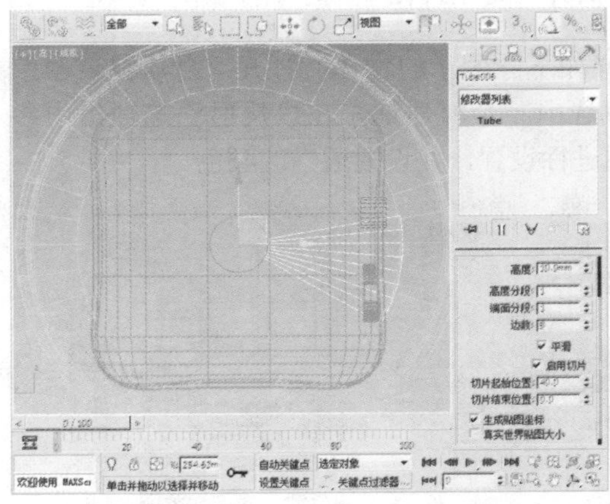

19 利用“选择并旋转”工具，旋转复制两个相同的物体，如下图所示。

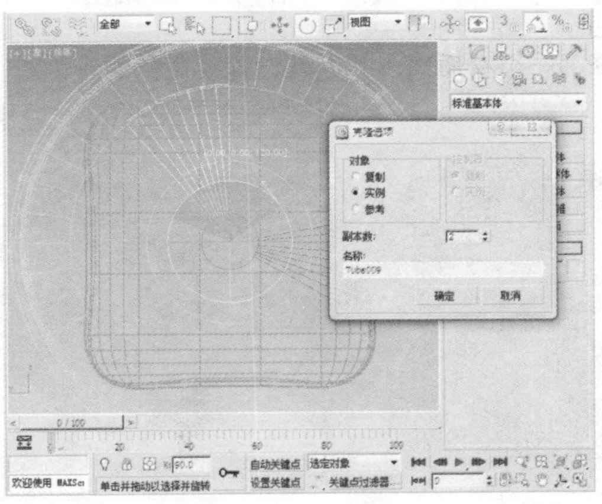

20 选中这三个物体和半径为30mm的圆柱体，单击“选择并移动”按钮后，按住Shift键，移动如下图所示的物体，并选中“实例”单选按钮。

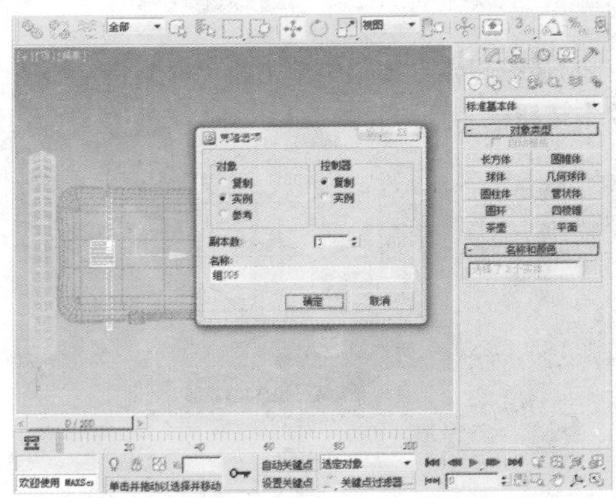

21 利用“对齐”工具，将复制的物体对齐到如下图的位置。

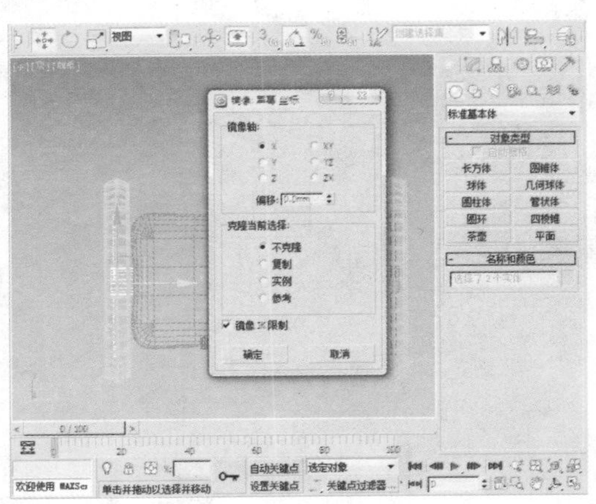

22 至此，小闹钟的模型就创建完成了。

10.2.3 材质的赋予

下面开始为闹钟模型赋予材质。

01 选择如下图所示的物体，打开“材质编辑器”窗口，选中一个材质球，在“反射”选项组中参照下图进行设置，并设置适当的颜色。

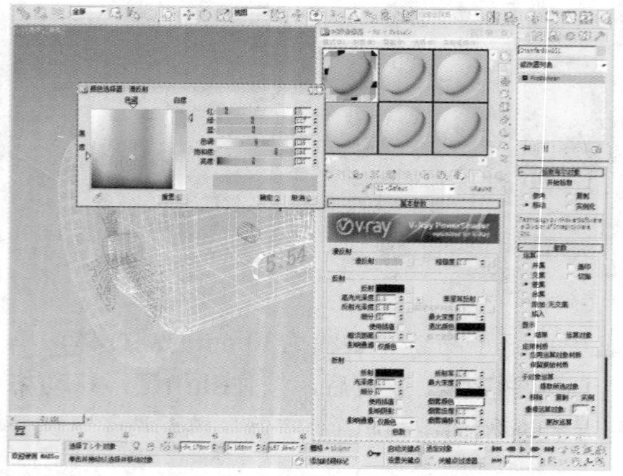

02 在“衰减参数”卷展栏中的“衰减类型”下拉列表中选择Fresnel选项，适当调整反射的效果。

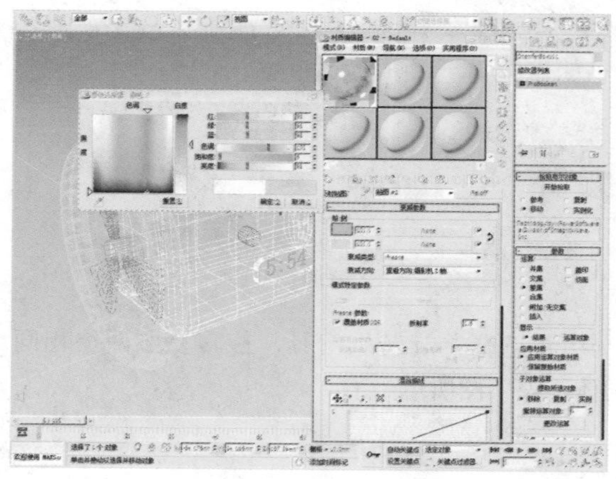

03 在“材质编辑器”窗口中单击将“材质指定给选定对象”按钮。

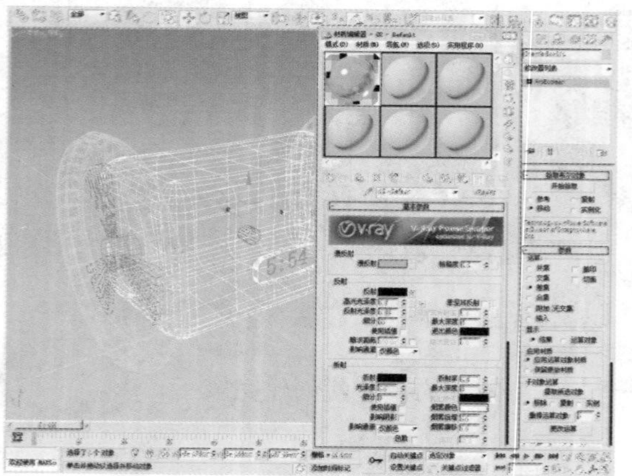

04 选择另一个材质球，并为其设置淡黄色的颜色。

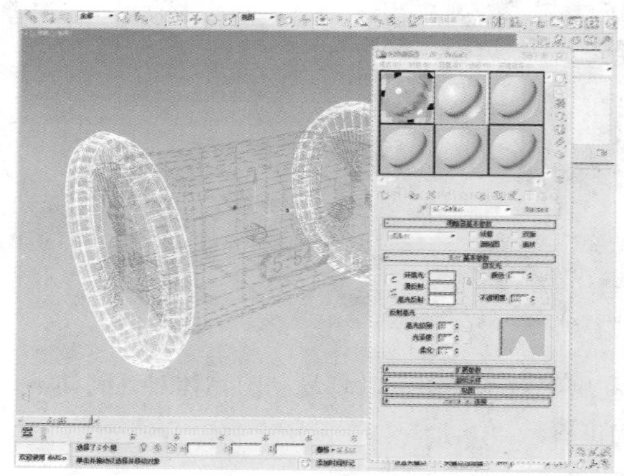

05 在“反射高光”选项组中进行适当的设置，然后单击“将材质指定给选定对象”按钮。

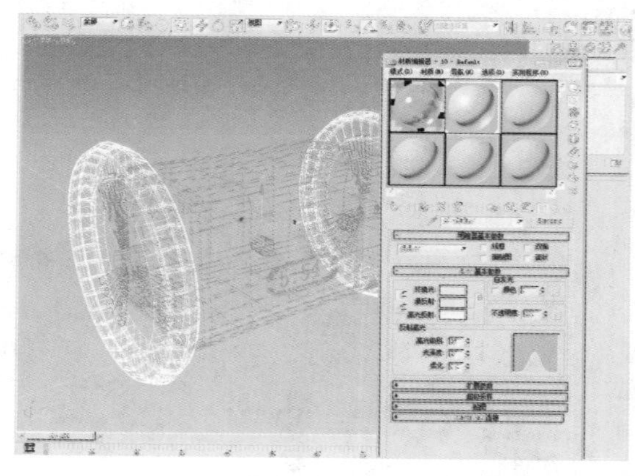

06 选中如下图所示的物体，选中另一个材质球，在Vray材质中选择深蓝色，并在“反射”选项组参照下图进行设置。

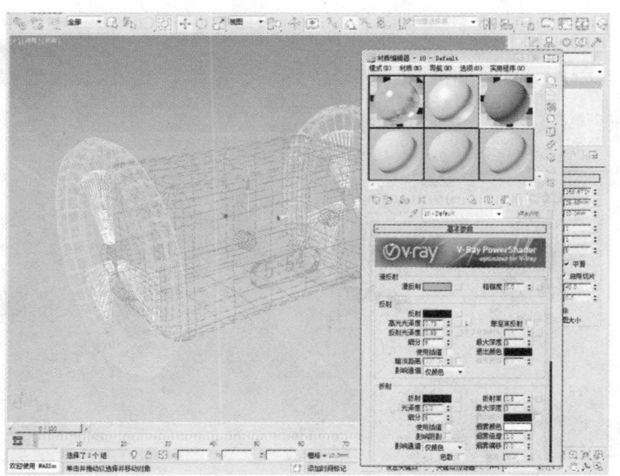

07 然后画面中会呈现出一定的反射效果。

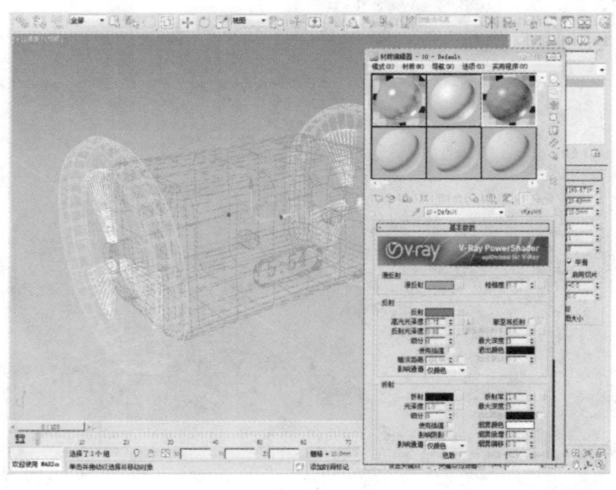

08 选中如下图所示的物体，在Vray材质中选择白色。

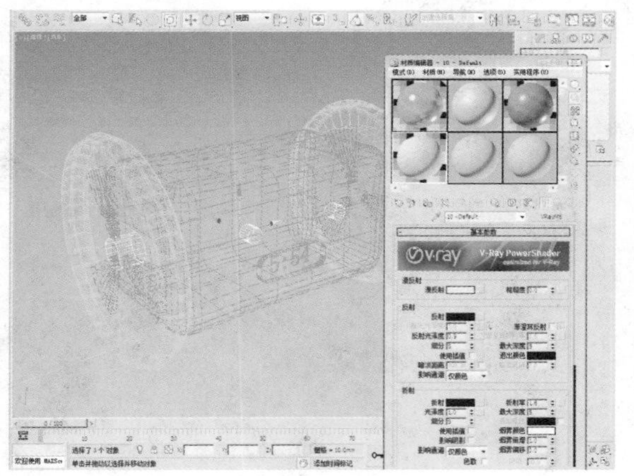

09 在“颜色选择器：反射”对话框中选择深灰色。

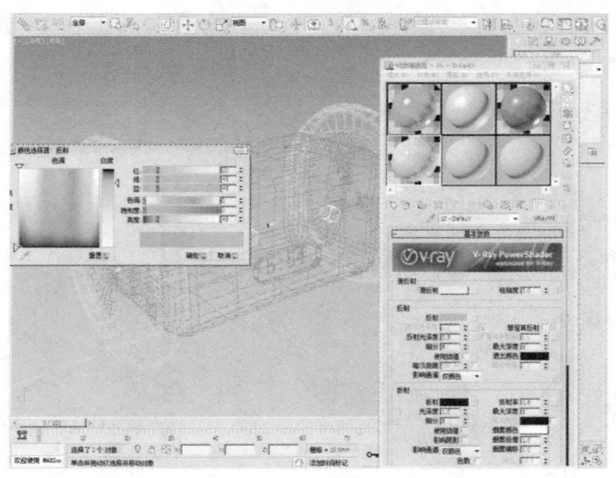

10 选中闹钟上的玻璃，并为其设置淡蓝色漫反射效果。

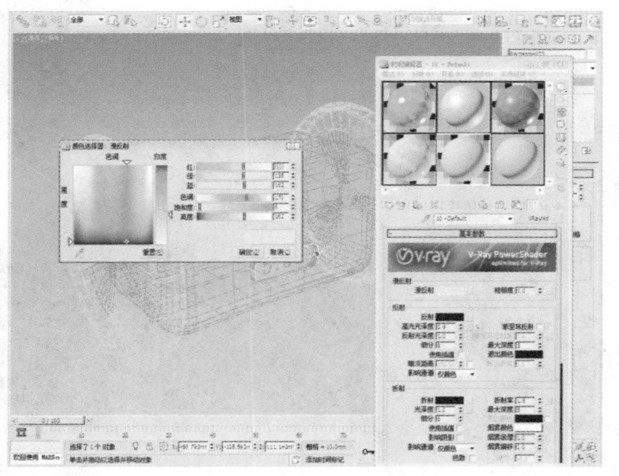

11 然后设置白色的折射效果。

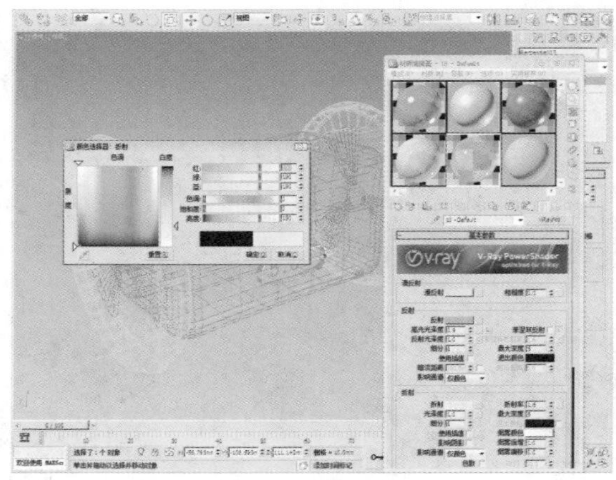

12 选中齿轮，在“可编辑多边形”下选中如下图所示的面，在材质球中为其选择一种黑色的材质。

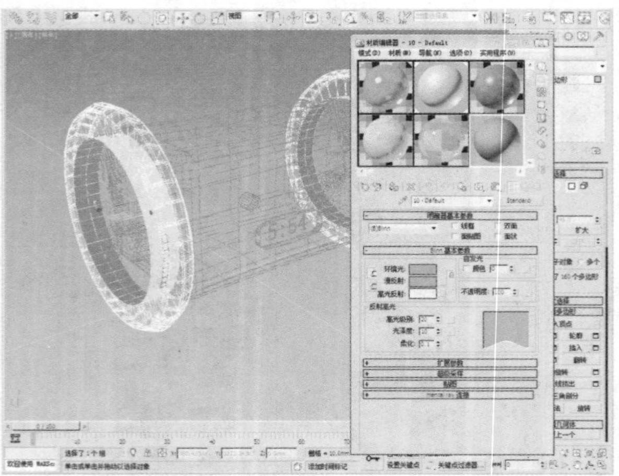

13 把材质都赋予给模型中的各个部件后的效果如下图所示。

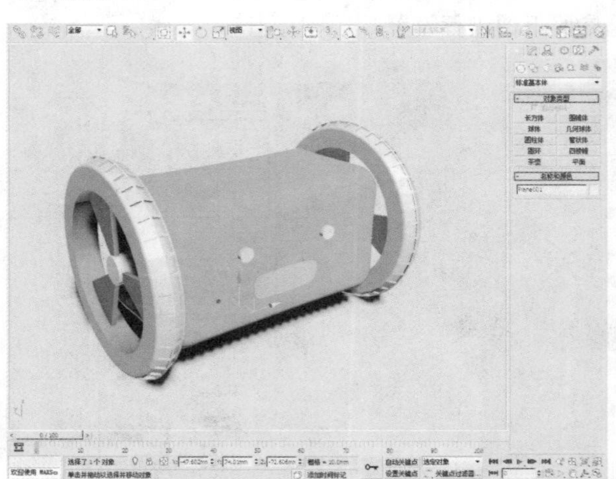

14 至此，完成闹钟模型的制作。

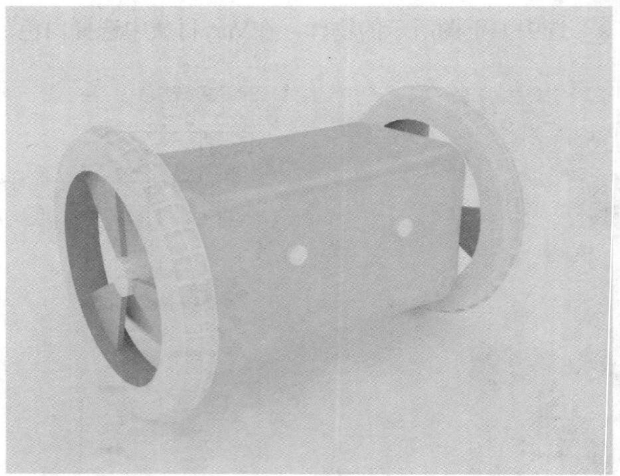

军刀的制作

本案例将介绍一款军刀模型的制作，通过具体的制作过程，让我们来练习3ds Max中的一种样条线，并熟练使用“Bezier角点”。 通过对模型的更改来练习本章第二个命令“可编辑多边形”，熟悉“软选择”的应用。

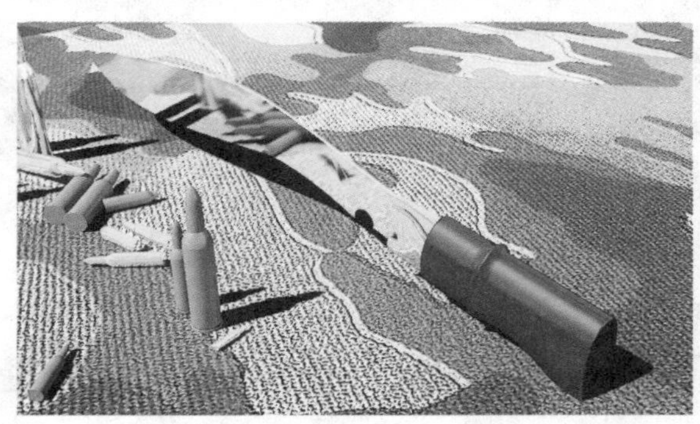

知识点

1. 熟悉样条线的使用
2. 掌握可编辑多边形的使用

11.1 可编辑多边形

可编辑多边形是3ds Max中的高级建模工具，它的应用几乎遍及任何一个对象的建模。它是建模的核心，分为顶点、边、边界、多边形、元素级别。其中，顶点级别中有移除、挤出、切角、焊接等比较常用的命令；在边的级别中有移除、切角、连接、分割等常用命令；在边界级别中，我们主要用封口的命令来对一些有破面的物体进行修复；在多边形级别中，有挤出、轮廓、倒角、插入、桥等常用命令；元素就是代表物体本身。在我们创建一些比较复杂的模型时，需要综合利用这5个级别。

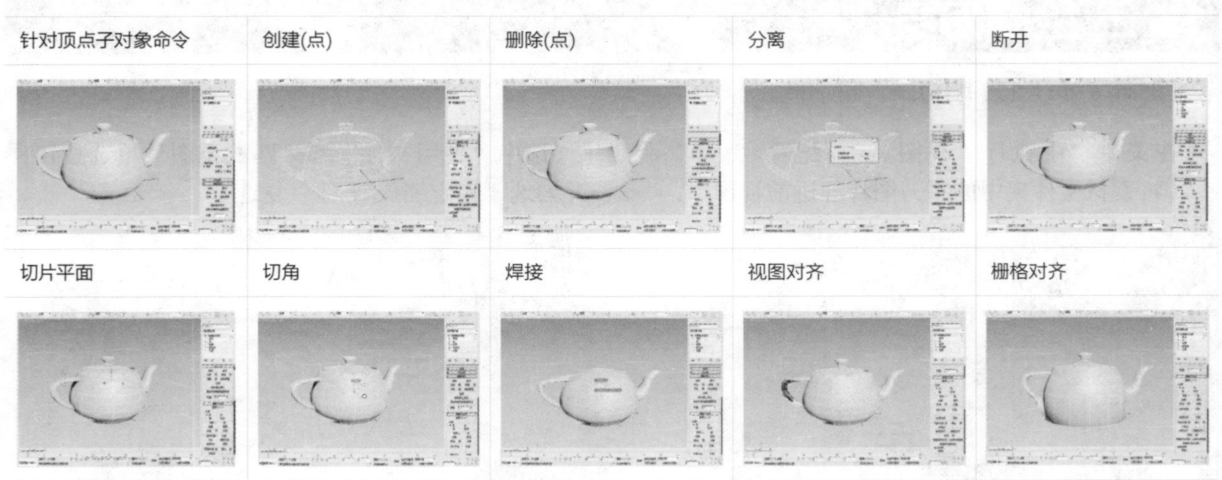

软选择	塌陷	隐藏选定对象	忽略背面	附加
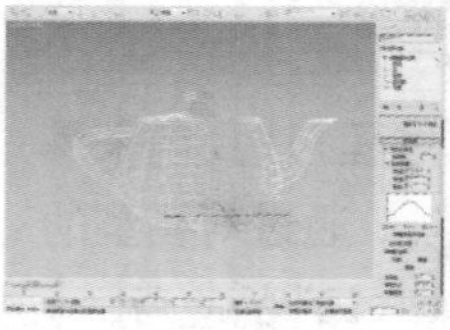		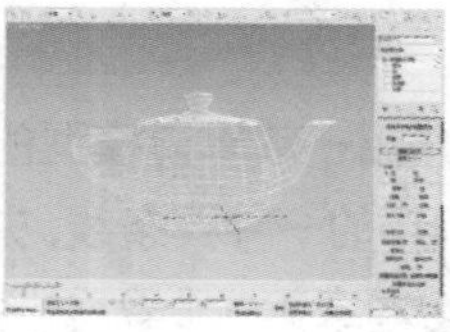	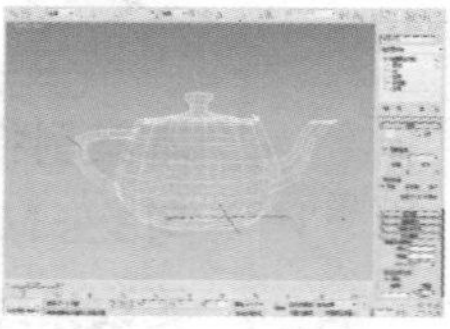	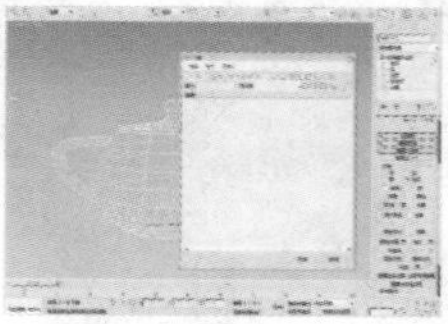
针对多边形子对象的命令	轮廓	桥	分离	连接
		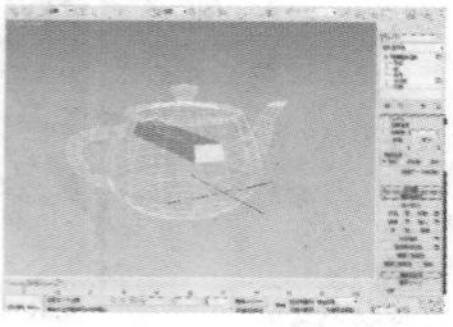	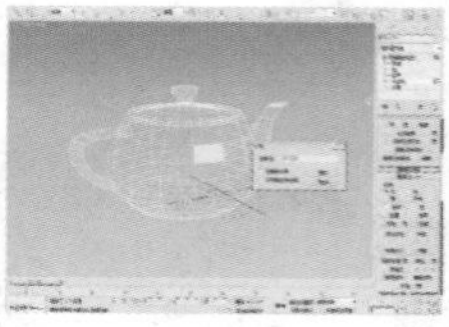	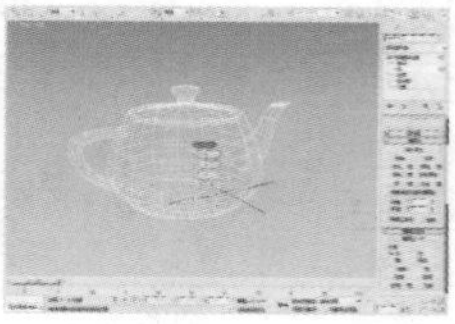
挤出	切角	切片平面	切割	细化
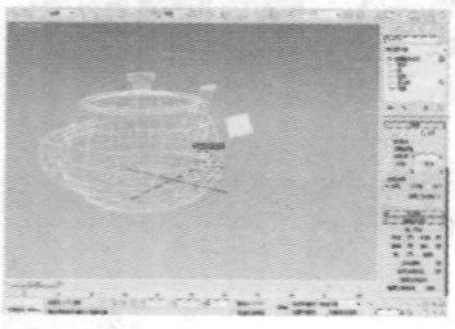			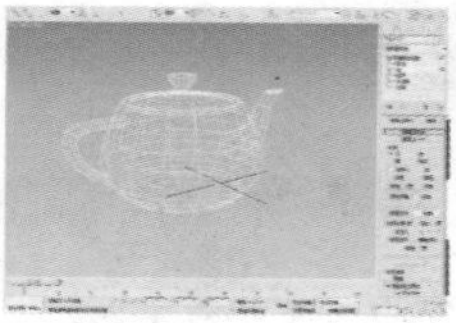	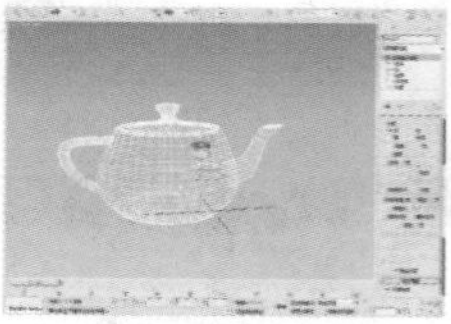
封口	视图对齐	栅格对齐	反转法线	NURMS切换
	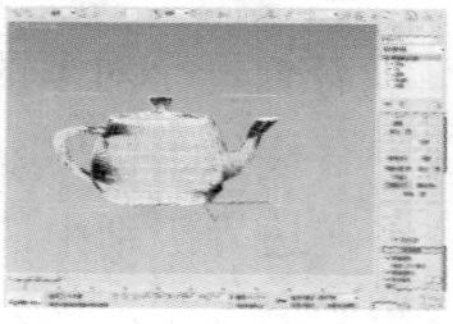	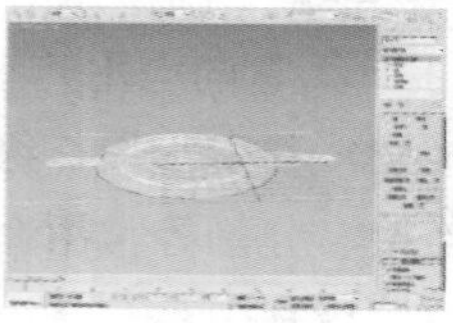	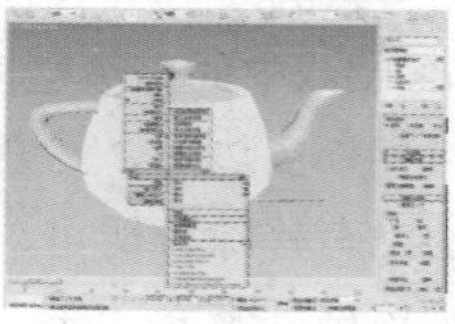	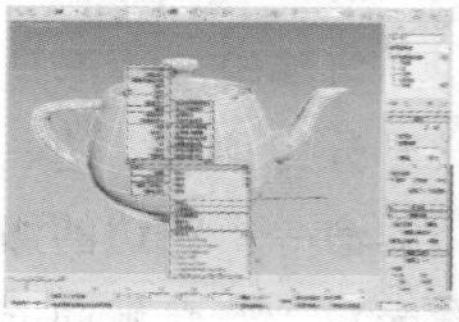

11.2 绘制刀身

下面将对刀身的制作过程进行介绍。

01 在菜单栏中执行“视图>视口配置>背景”命令，将素材文件夹中的军刀图片导进前视图中。

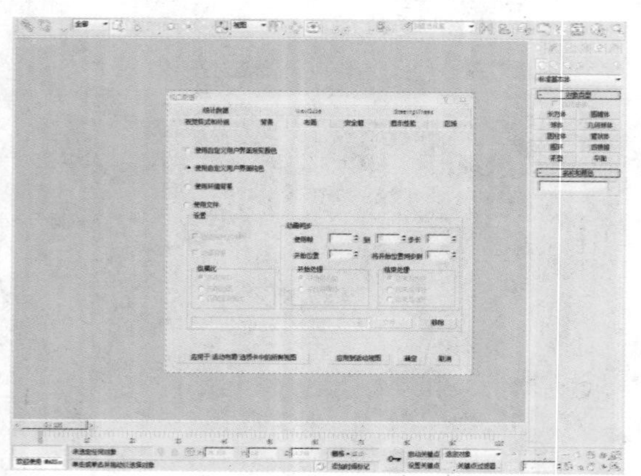

02 选中“使用文件”和“匹配位图”单选按钮，并勾选“锁定缩放/平移”复选框。

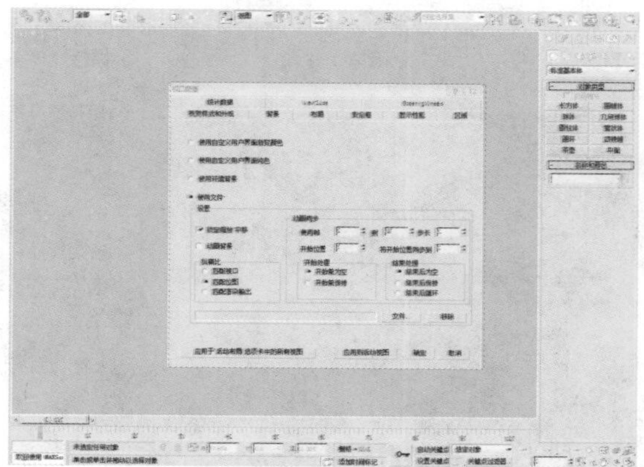

03 选择文件夹中的"军刀图片"，然后双击即可使用。

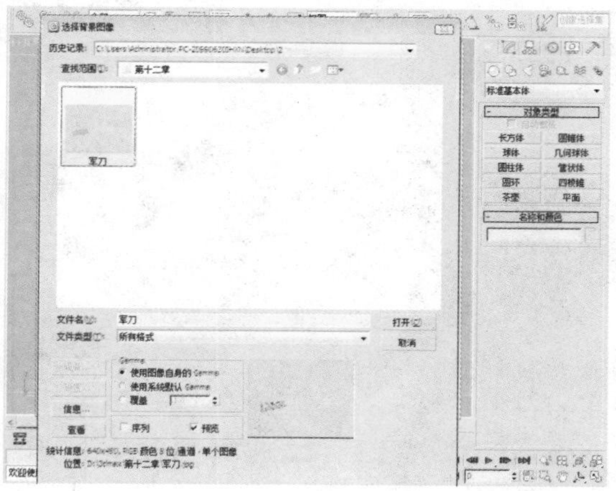

04 在"创建"命令面板中单击"线"按钮，在前视图中沿着刀的轮廓绘制军刀刀身的大体形状。

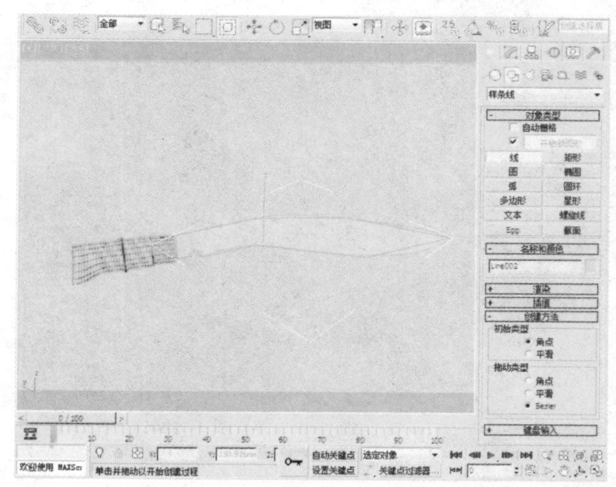

05 在"修改"面板的Line下选择"顶点"选项，选中所有顶点，并将其转化为Bezier角点。

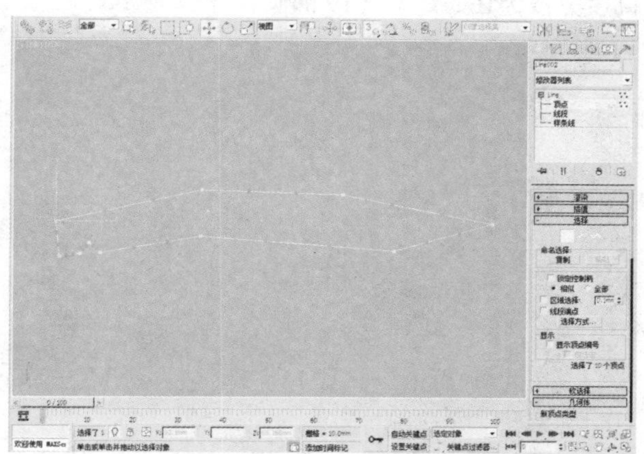

06 使用"选择并移动"工具，依据刀身对所有的顶点进行调整。

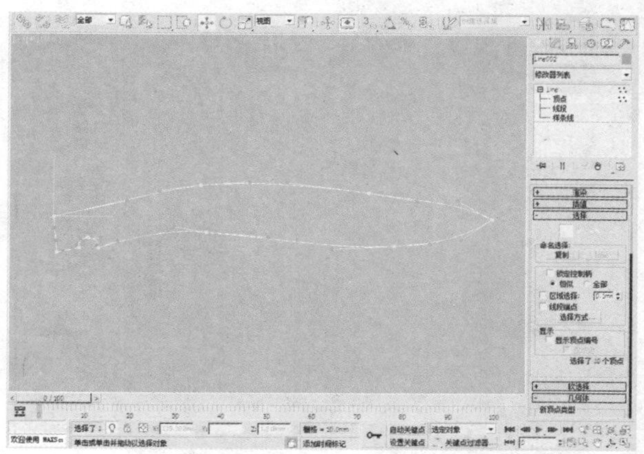

07 在"差值"卷展栏中，勾选"自适应"复选框。

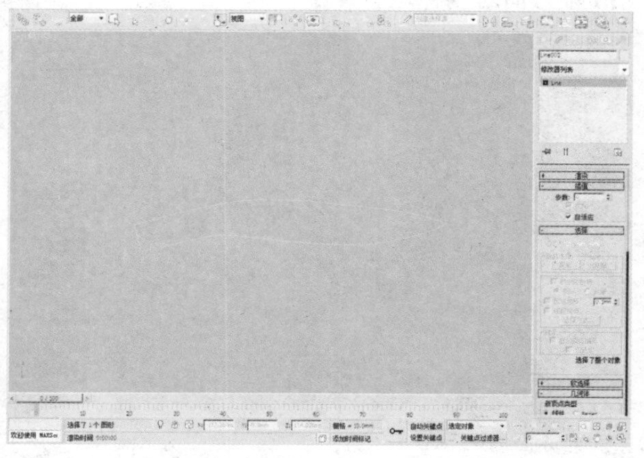

08 在"修改器列表"中选择"挤出"修改器，创建一个"数量"为3mm的刀身。

09 将图形转化为可编辑多边形，在“修改”面板中，选择“可编辑多边形”下的“顶点”选项。

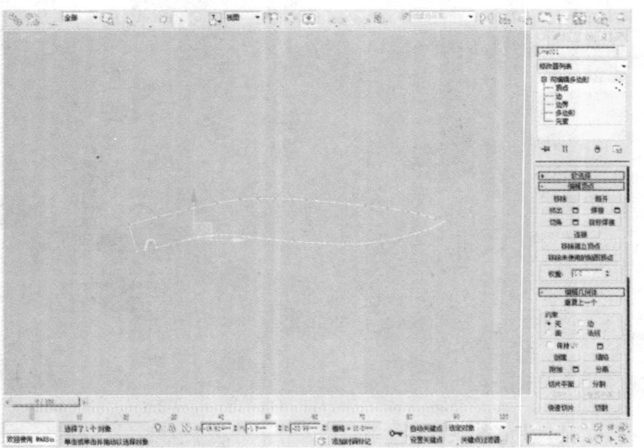

10 在“软选择”卷展栏中，设置“衰减”为36mm。

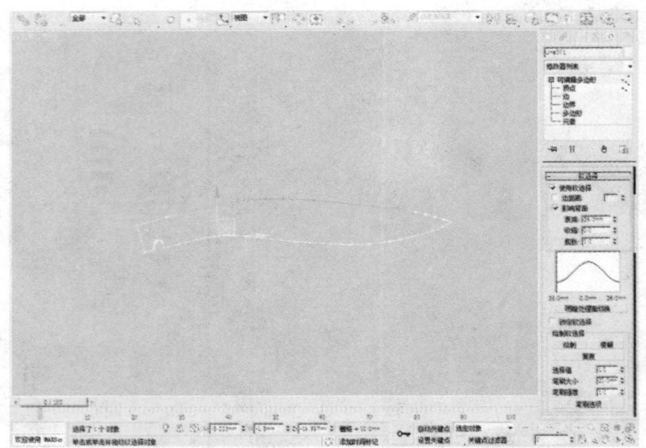

11 进入透视视图，沿Y轴方向对物体进行缩小。

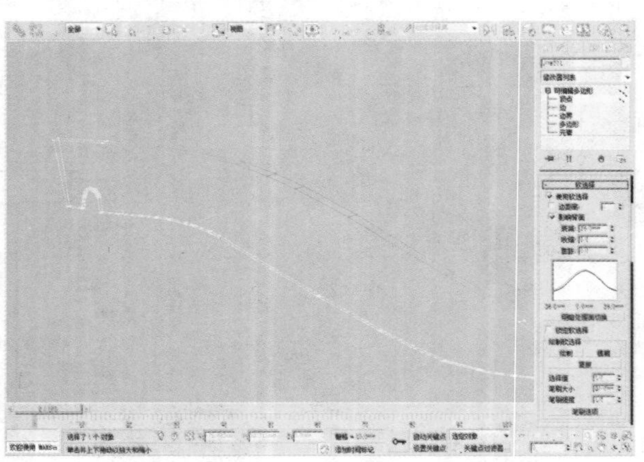

12 单击“创建”命令面板中的“圆柱体”按钮，在左视图中创建一个半径为12mm、高为28mm、高度分段为16、边数为19 的圆柱体。

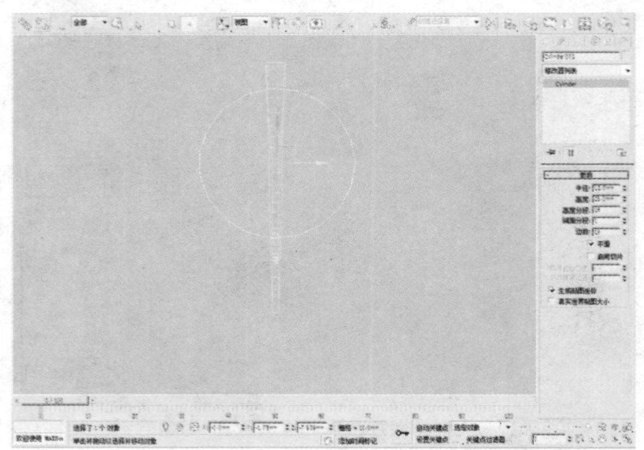

13 再次进入前视图，使用“选择并旋转”工具，将其旋转到和刀身相齐的位置。

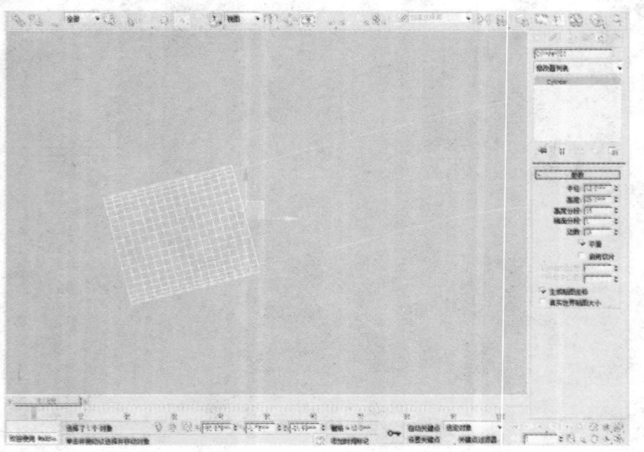

14 使用“选择并均匀缩放”工具，在左视图中，沿Y轴方向对物体进行缩小。

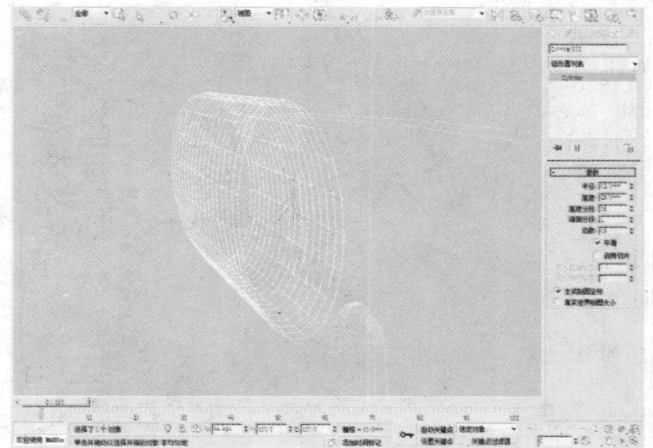

15 将其转化为可编辑多边形后，选择如图所示的顶点，在“软选择”卷展栏中设置“衰减”为20mm。

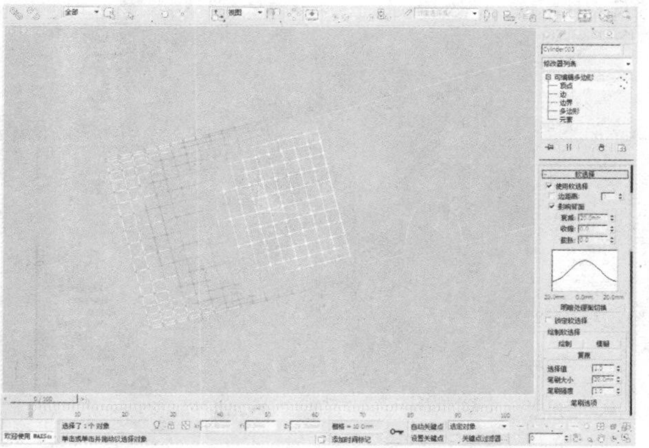

16 使用“选择并均匀缩放”工具，在透视视图中沿Y轴方向对物体进行缩小，缩放到如下图所示的效果。

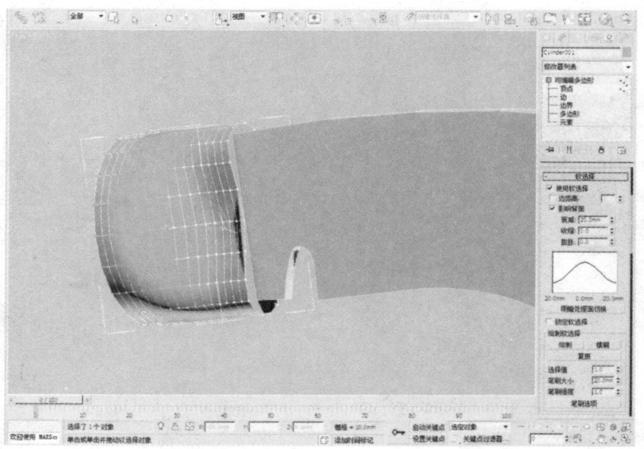

11.3 绘制刀柄

下面将对刀柄的制作过程进行介绍。

01 在“创建”面板中单击“圆柱体”按钮，在左视图中创建一个半径为13mm、高度为66mm、高度分段为25、边数为19的圆柱体。

02 进入前视图，使用“选择并旋转”工具，将其旋转到和刀身相齐的位置。

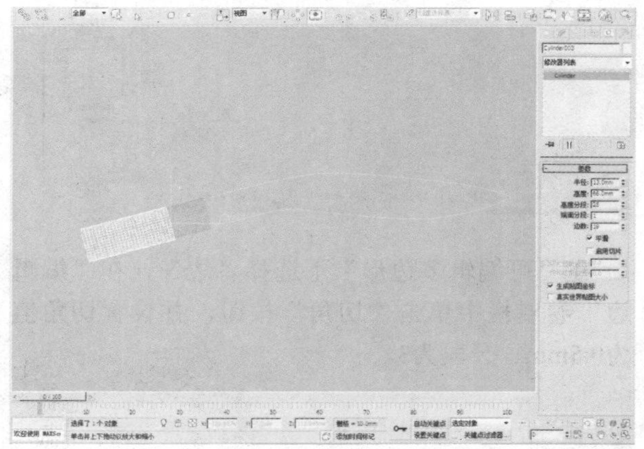

知识点

在3ds Max中，有一种选择方式为“软选择”，使用该选择方式对物体某种元素进行选择时，可以影响到周边的元素，对周边元素影响的剧烈程度是用冷暖色调的变化来确定的，为暖色调的时候影响剧烈，为冷色调的时候影响比较微弱。

我们可以利用这种选择方式去做出一些表面比较柔软，过渡比较平滑的模型。

03 单击工具栏中的“选择并均匀缩放”工具，进入左视图，沿Y轴方向对物体进行缩小。

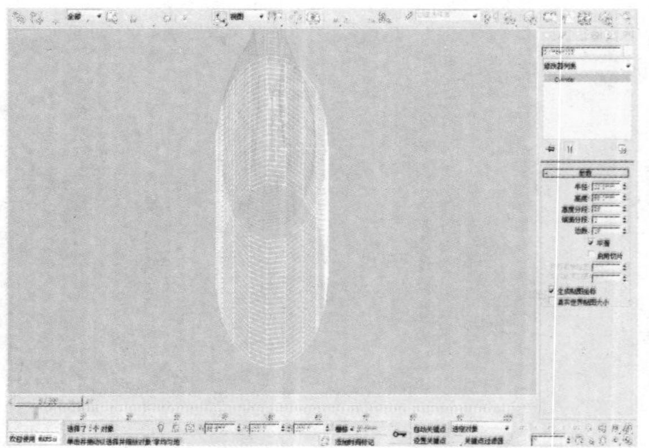

04 进入前视图，将图形转化为可编辑多边形，选择如图所示的顶点，在“软选择”卷展栏中设置“衰减”为22。

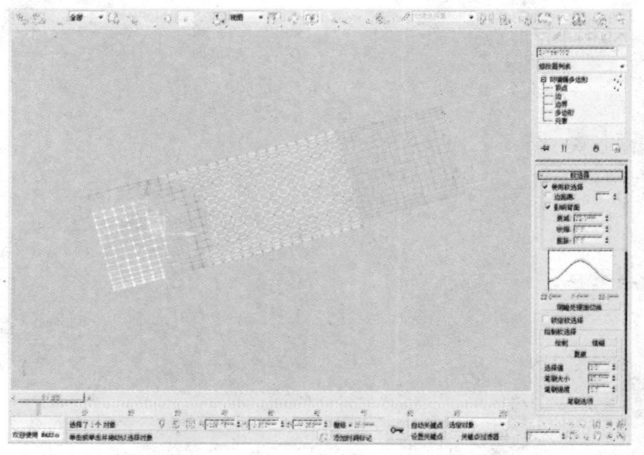

05 使用“选择并移动”工具，将其移动到如下图所示的位置。

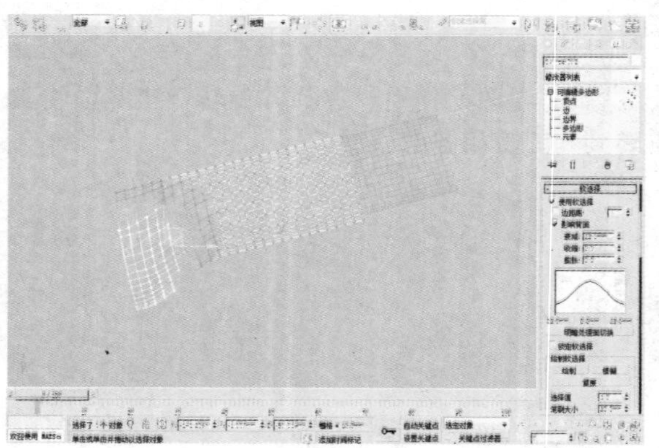

06 取消软选择，并选择如下图所示的顶点，使用“选择并均匀缩放”工具，在X、Y、Z轴方向对物体进行放大。

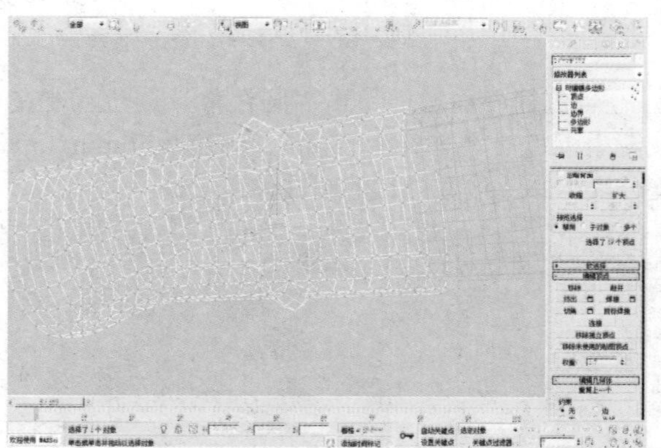

07 在“可编辑多边形”下选择“边”，在“编辑边”卷展栏中单击“切角”按钮，并设置切角值为0.5mm、分段为3。

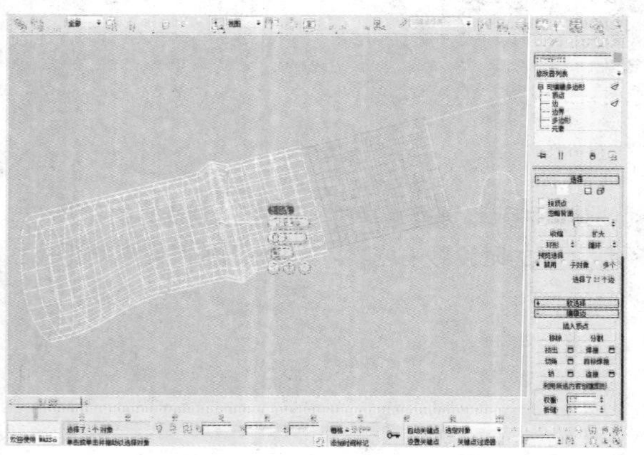

08 同样选择刀柄最前和最后的边，单击“切角”按钮，并设置切角值为1.5mm、分段为4。

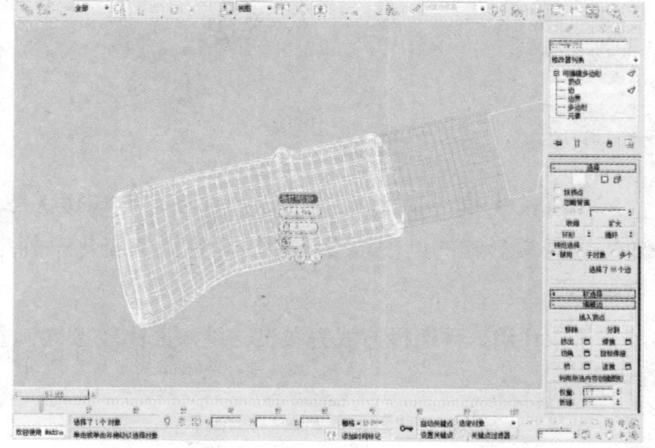

09 单击“材质编辑器”按钮，选中任意一个材质球，并为刀身赋予标准材质。

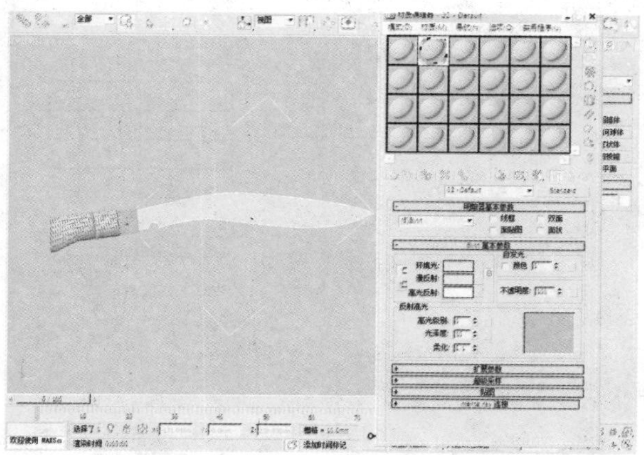

10 在“明暗器基本参数”卷展栏中选择“（M）金属”选项。

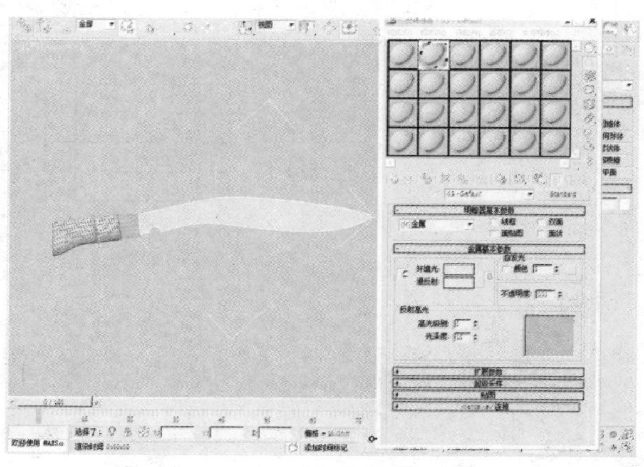

11 在“贴图”卷展栏中，单击“反射”选项，在弹出的对话框中选择“光线跟踪”选项。

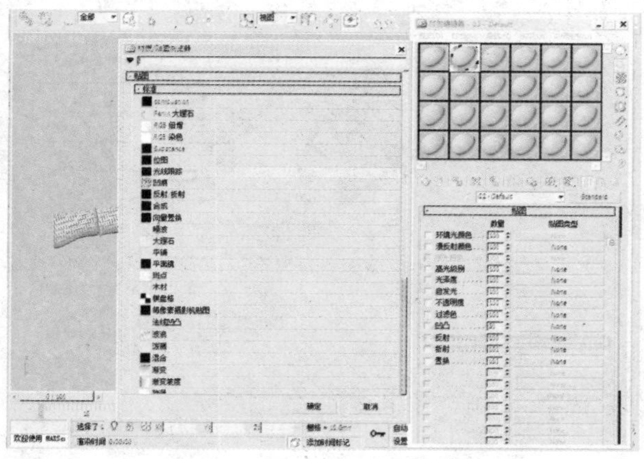

12 单击“转换到父对象”按钮，返回到标准材质面板。

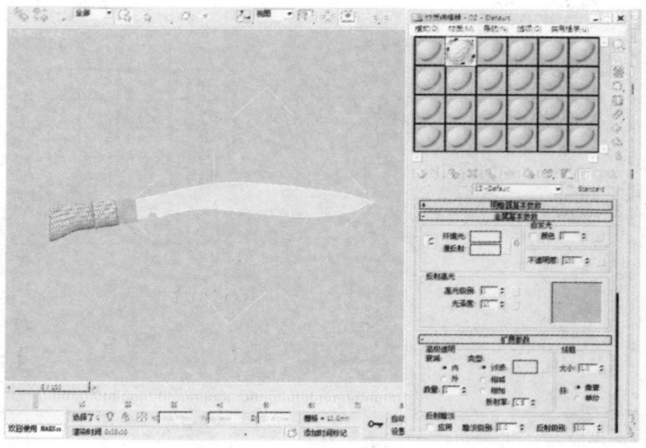

13 在“金属基本参数”卷展栏的“反射高光”选项组中进行如下图所示的设置。

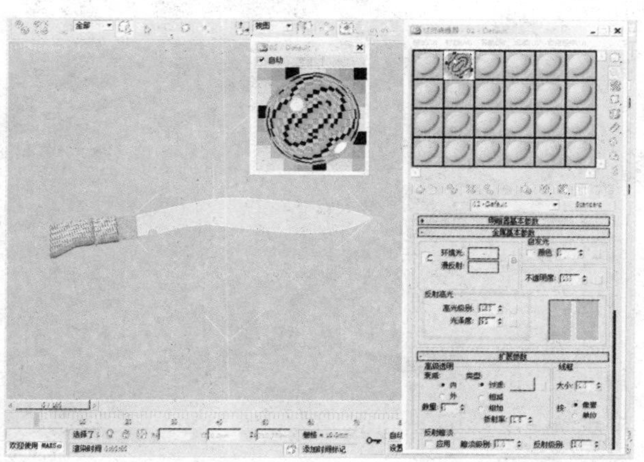

14 选择刀身与刀柄衔接处的物体，并为其赋予材质。

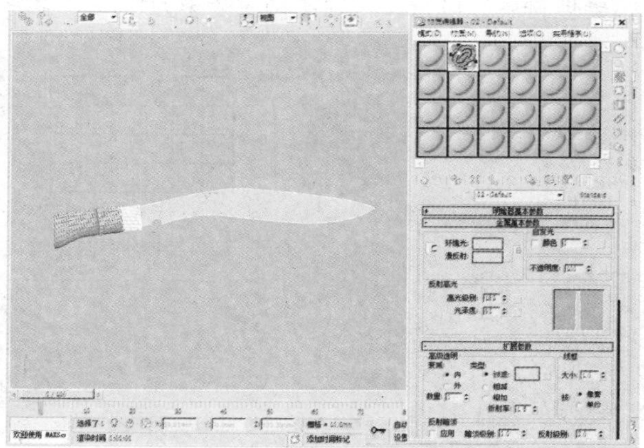

15 再次任意选择一个空白材质球，为刀柄赋予标准材质。

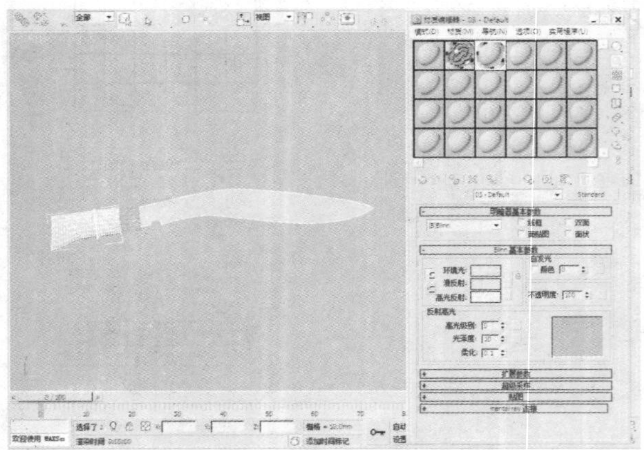

16 单击“Bilnn基本参数”卷展栏中的“漫反射”按钮，在“材质/贴图浏览器”对话框中选择“位图”。

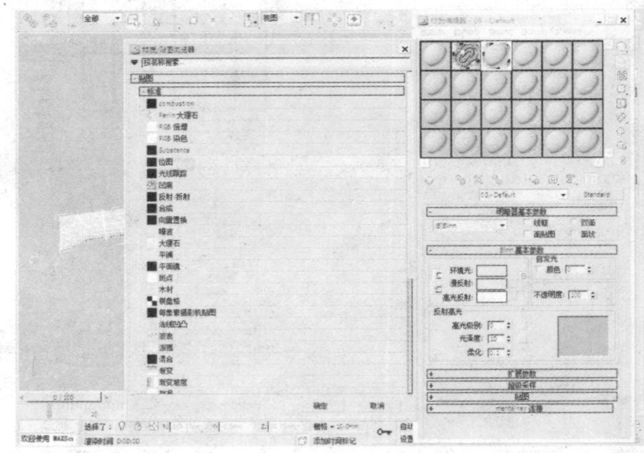

17 在弹出的窗口中选择目标素材。

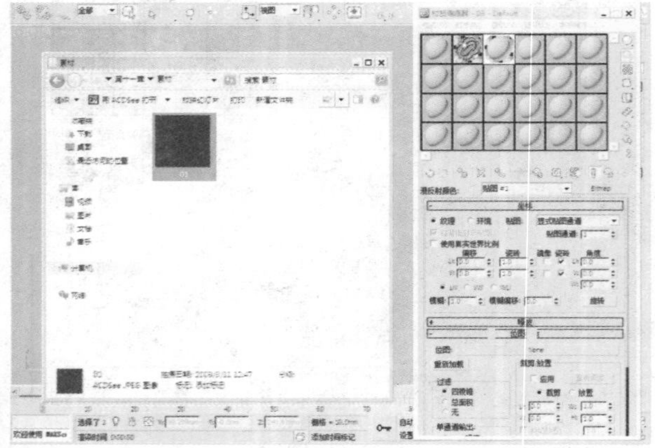

18 在“Blinn基本参数”卷展栏的“反射高光”选项组中，设置“高光级别”为15、“光泽度”为24。

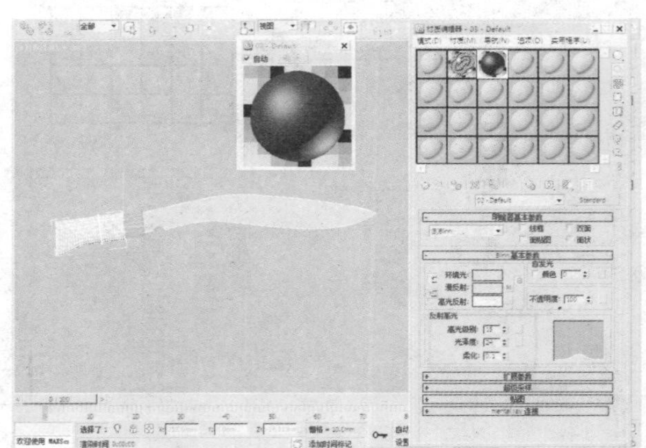

19 在“材质编辑器”窗口中单击“视口中显示明暗处理材质”按钮，将贴图材质赋予刀柄。

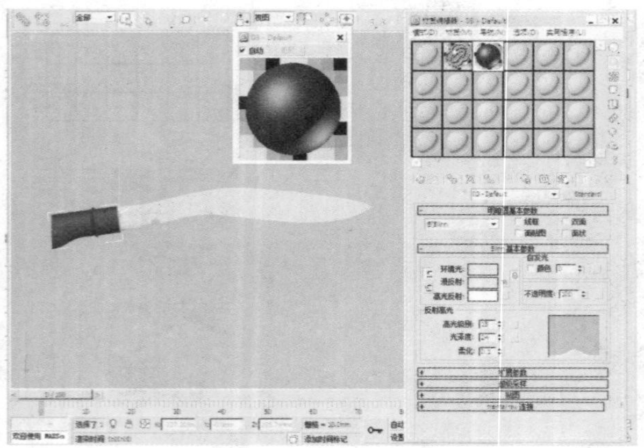

20 至此，军刀模型制作完成，之后将其导入合适的场景中即可。

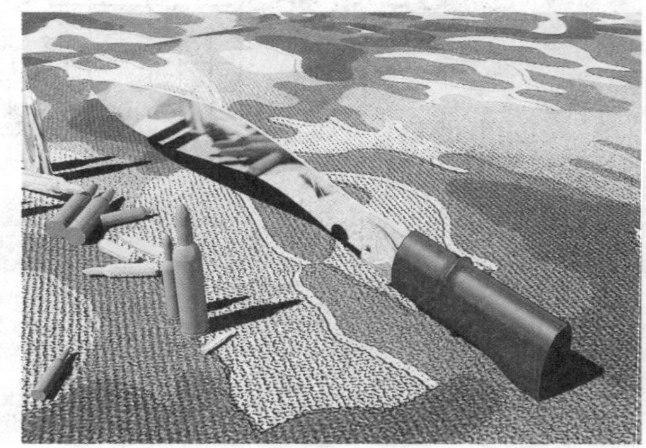

地球仪的制作

本案例将介绍一款地球仪模型的制作，通过具体的制作过程，让读者更加熟练样条线即“Bezier 角点”的使用，并通过对模型的进一步更改来练习使用“可编辑多边形”修改命令。

知识点

1. 样条线的应用
2. 可编辑多边形
3. UVW 贴图的应用

12.1 绘制底座

下面将对底座的制作过程进行介绍。

01 在“创建”面板中单击“长方体”按钮，在顶视图中创建一个长方体。

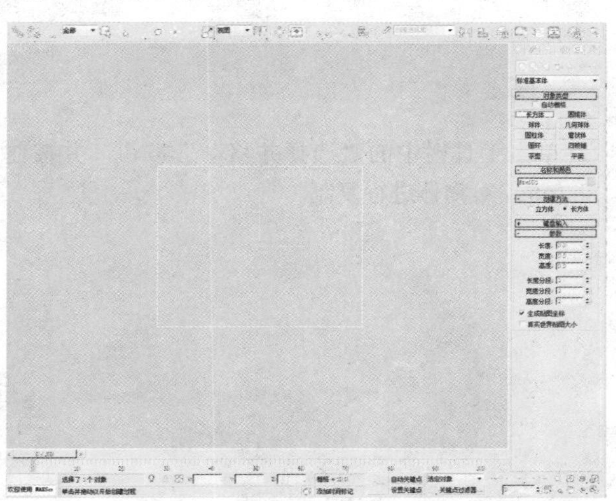

02 单击工具栏中的“选择并移动”按钮，并按住Shift键，对物体进行移动。

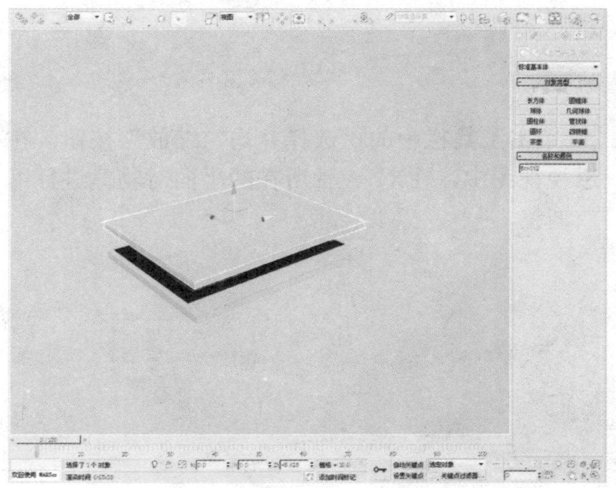

知识点

在3ds Max中创建模型的时候，我们首选要做的是找到模型组成部分的主题，从而方便对模型的制作，不要盲目地进行创建，要尽量简化创建过程。

03 在“克隆选项”对话框中，选择“复制”单选按钮，复制出一个新的长方体。

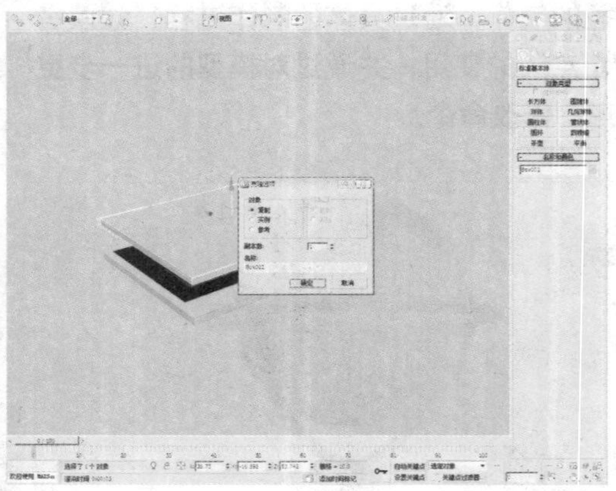

04 单击工具栏中的“选择并均匀缩放”按钮，在透视视图中，在X、Y轴所在的平面对物体进行缩放调整。

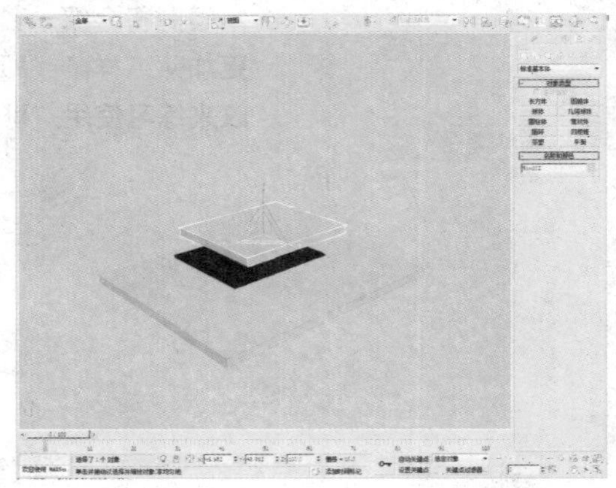

05 单击工具栏中的“选择并移动”按钮，对物体的位置进行适当调整。

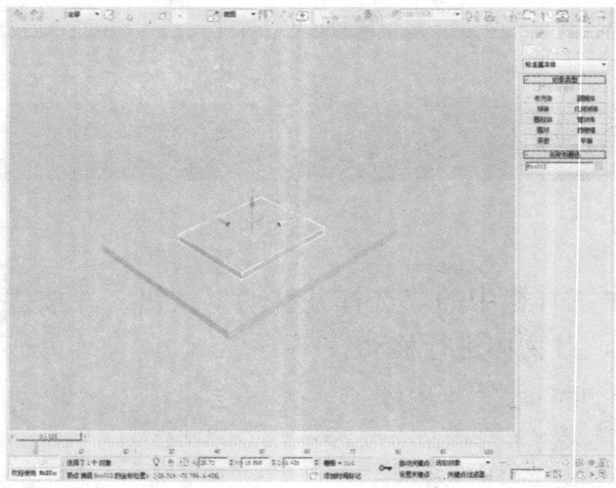

06 单击工具栏中的“选择并移动”按钮，并按住Shift键，对物体进行复制。

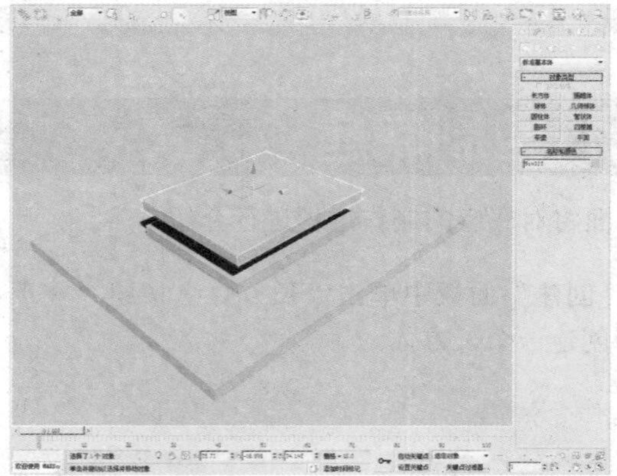

07 单击工具栏中的“选择并均匀缩放”按钮，在透视视图中，在X、Y轴所在的平面对物体进行缩放调整。

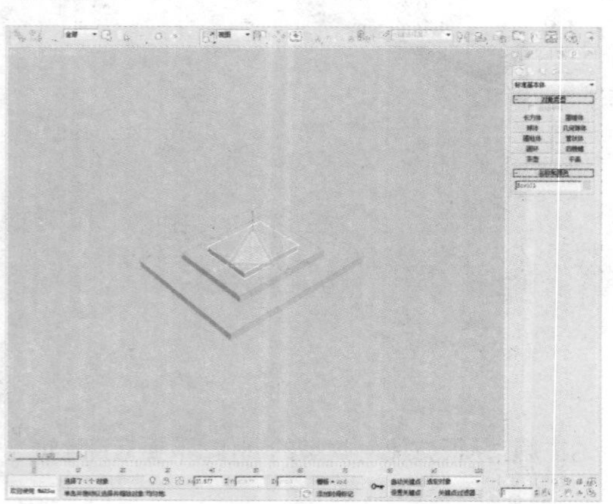

08 单击工具栏中的“选择并移动”按钮，并按住Shift键，对物体进行复制。

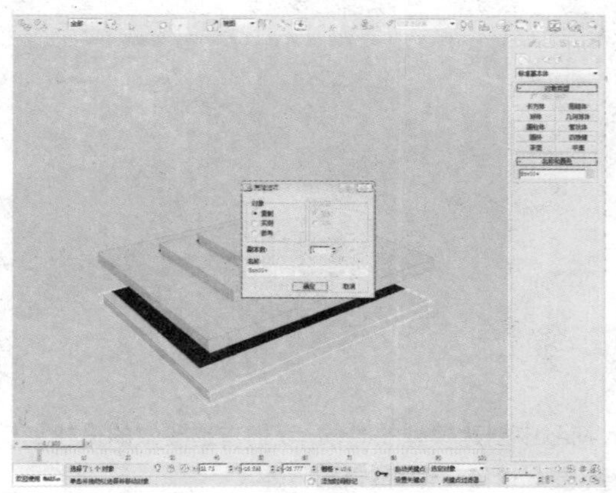

09 单击工具栏中的“选择并均匀缩放”按钮，在X、Y轴所在的平面对物体进行缩放调整。

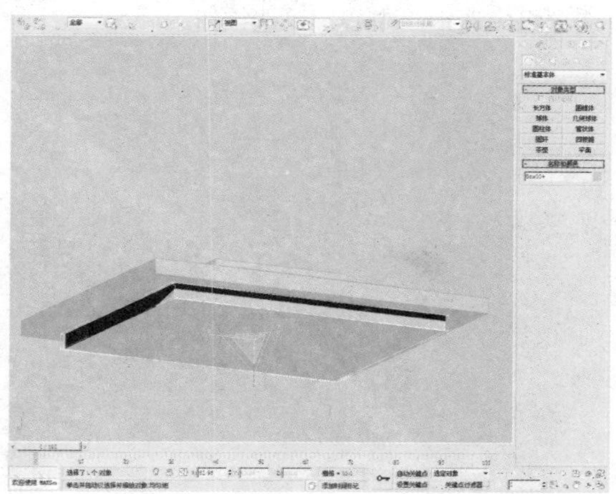

10 在“创建”命令面板中单击“线”按钮，创建如下图所示的图形。

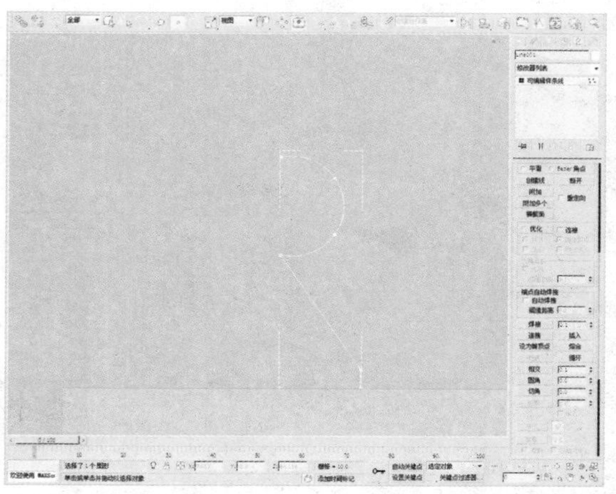

11 选择如下图所示的点，在“几何体”卷展栏中单击“圆角”按钮，并设置一定的数值。

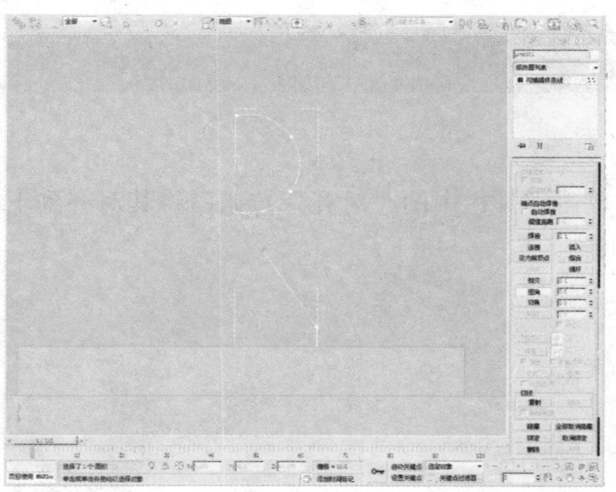

12 选择如下图所示的点，单击“圆角”按钮，并设置一定的数值。

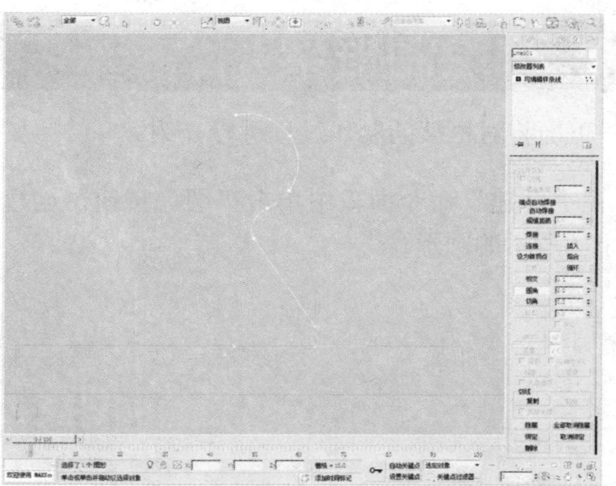

13 执行“修改器>面片/样条线编辑>车削”菜单命令。

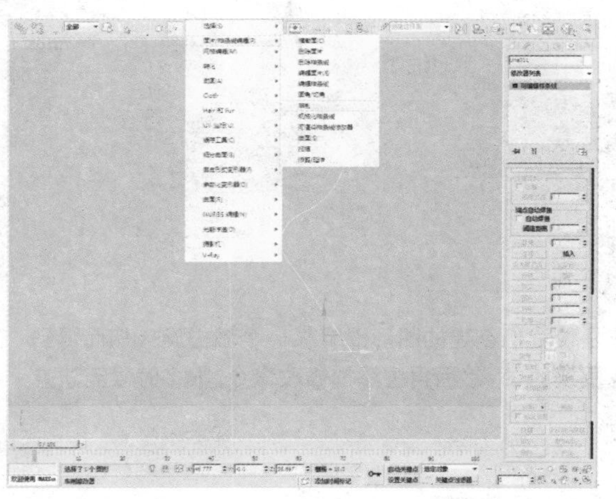

14 在“参数”卷展栏中的“方向”选项组中单击Y按钮，在“对齐”选项组中单击“最小”按钮。

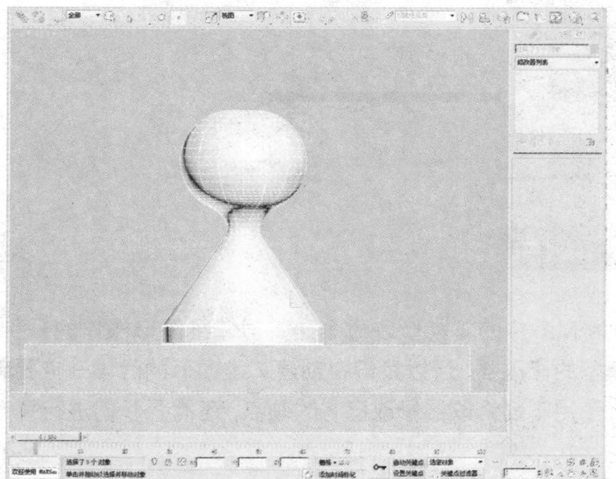

15 单击工具栏中的“对齐”按钮，将其与下方的长方体对齐。

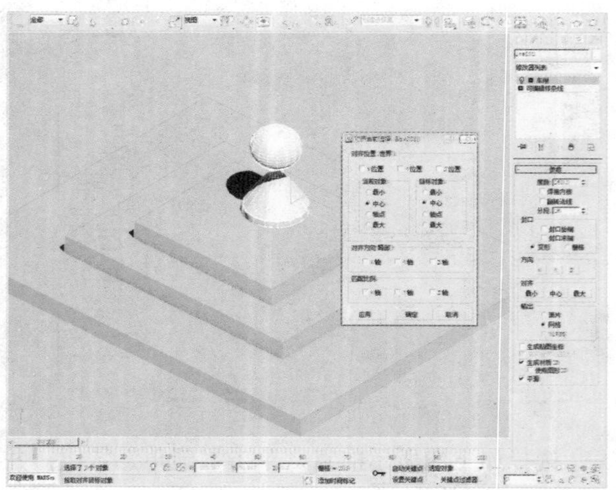

16 在“对齐位置”选项组中勾选“X位置、Y位置”复选框，在“当前对象”选项组和“目标对象”选项组中选中“中心”单选按钮。

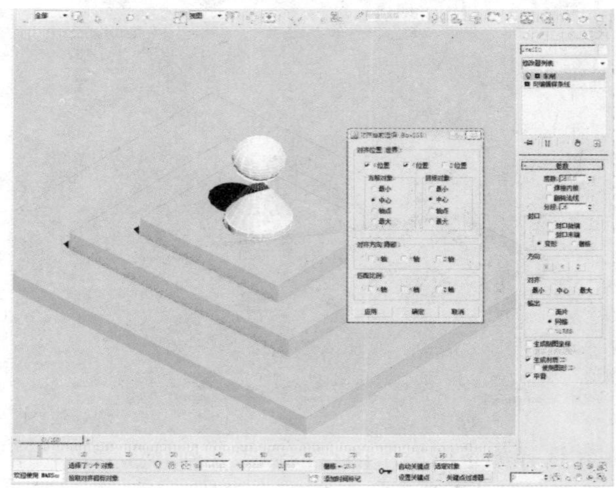

12.2 绘制框架

下面将对框架的制作过程进行介绍。

01 在“创建”命令面板中单击“圆”按钮，创建如下图所示的圆形。

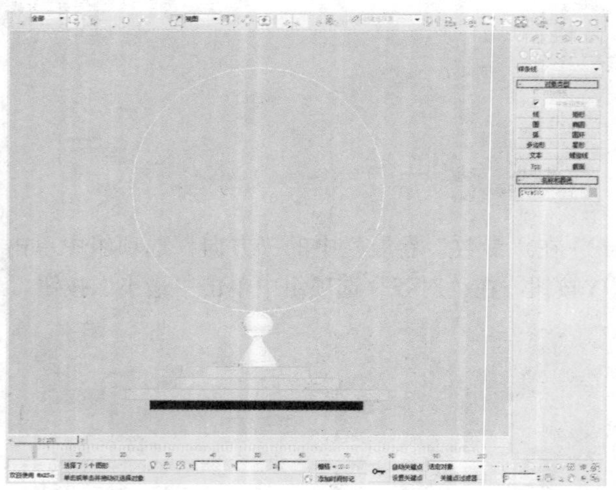

02 单击工具栏中的“对齐”按钮，将其对齐到下方的轴。

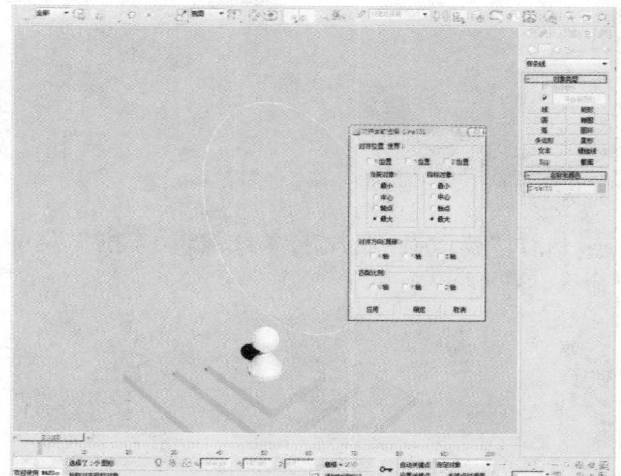

知识点

3ds Max中的车削修改命令是针对二维图形操作的一种命令，它是使我们创建的图形围绕某一个轴去旋转从而得到模型的修改器。所以我们在创建二维图形的时候一定要确立图形围绕的轴，然后再去添加修改命令。很多时候无法直接使用车削修改器修改已有的轴点，还需要我们进行手动调整。

03 在“对齐位置（世界）”选项组中勾选“X位置”、“Y位置”复选框，并在“当前对象”选项组和“目标对象”选项组中分别选中“中心”单选按钮。

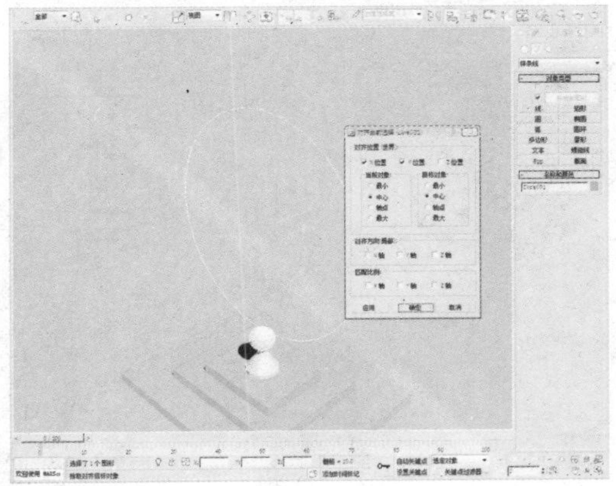

04 按住Shift键，单击工具栏中的“选择并旋转”按钮，选择如下图所示的图形，按住Shift键将其旋转90°复制。

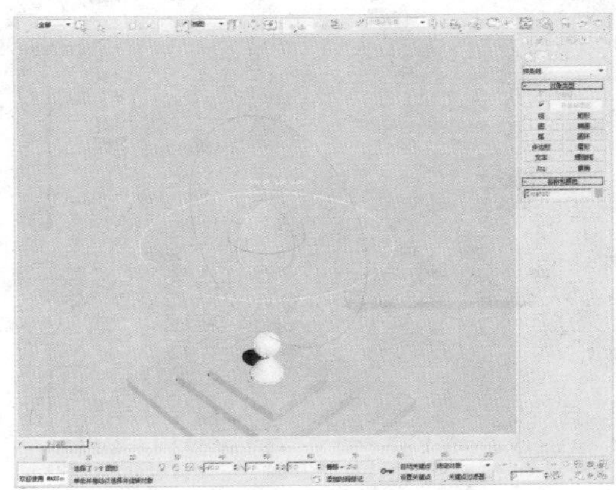

05 进入前视图，选择如下图所示的图形，并将其转化为可编辑样条线。

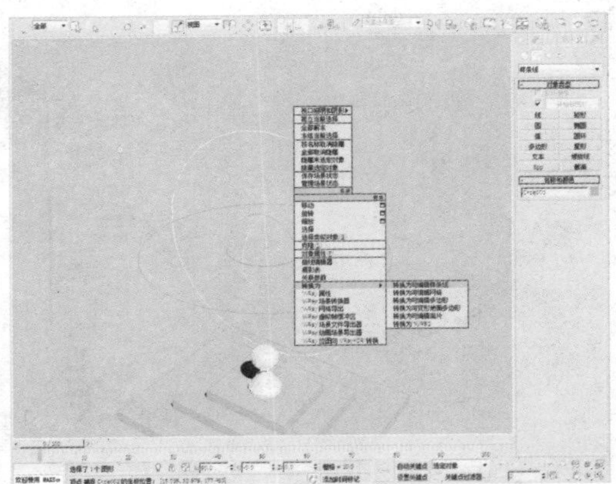

06 在“修改”面板中选择“可编辑样条线”下的“线段”，选择如下图所示的线段。

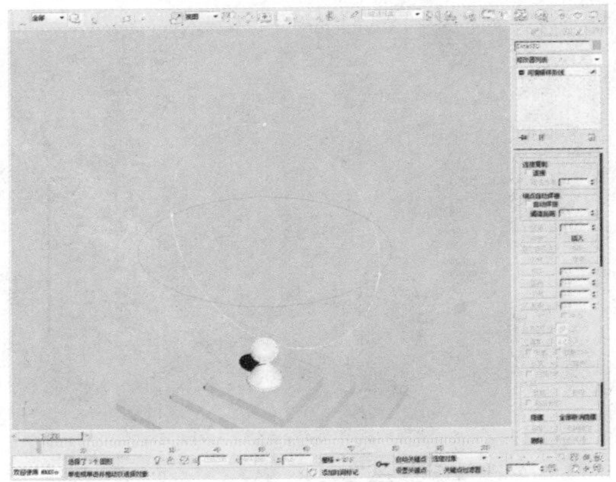

07 按下Delete键，删除所选择的线段。

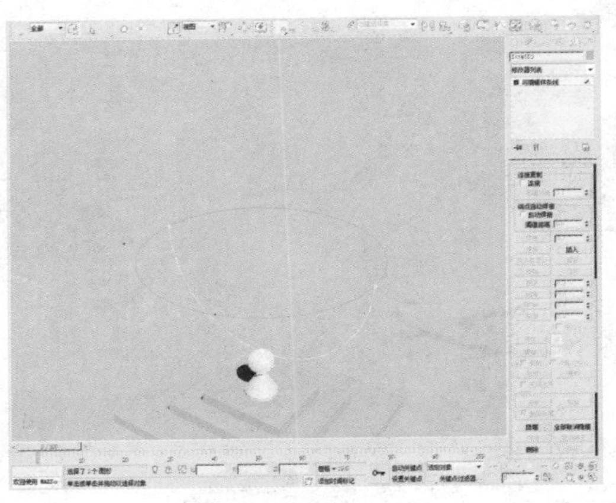

08 在前视图中，选择“可编辑样条线”下的“样条线”，单击“几何体”卷展栏中的“轮廓”按钮，并设置一定的参数。

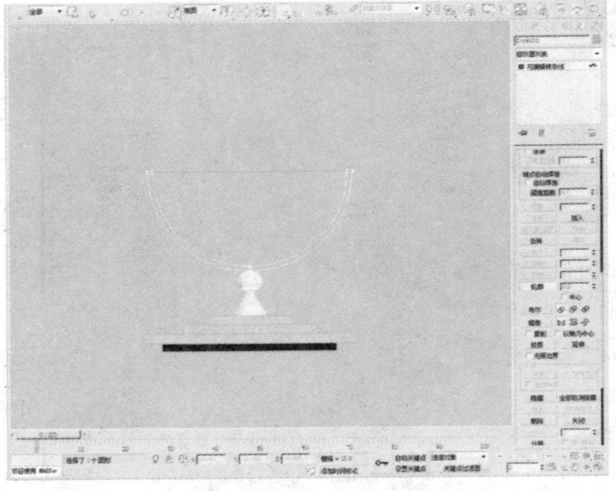

09 执行“修改器>网格编辑>挤出”菜单命令。

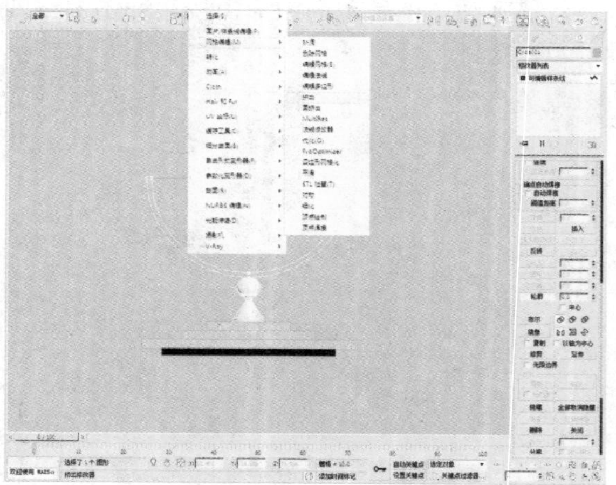

10 在“参数”卷展栏中设置“数量”为5.0。

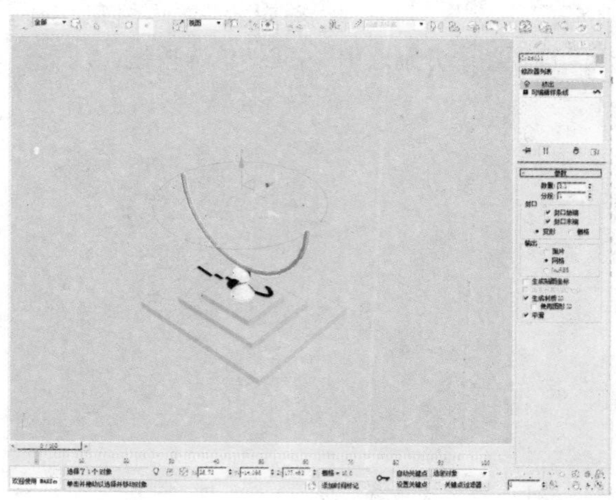

11 选择如下图所示的图形，并将其转化为可编辑样条线。

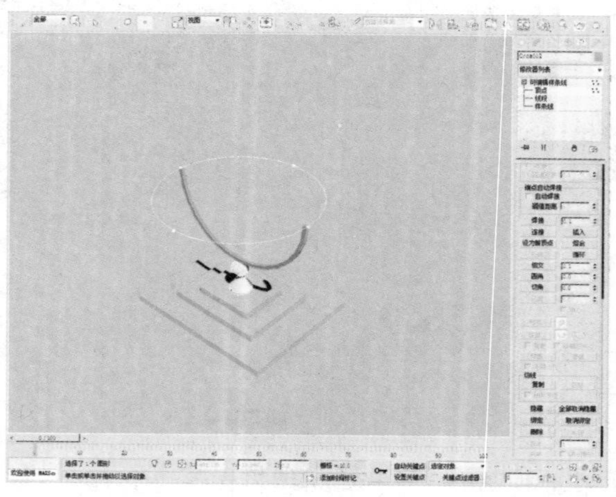

12 在“可编辑样条线”下选择“样条线”，并在“几何体”卷展栏中单击“轮廓”按钮，设置一定的参数。

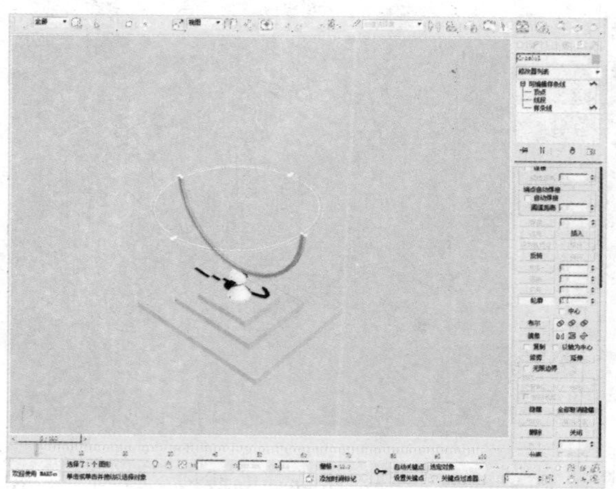

13 执行“修改器>网格编辑>挤出”菜单命令。

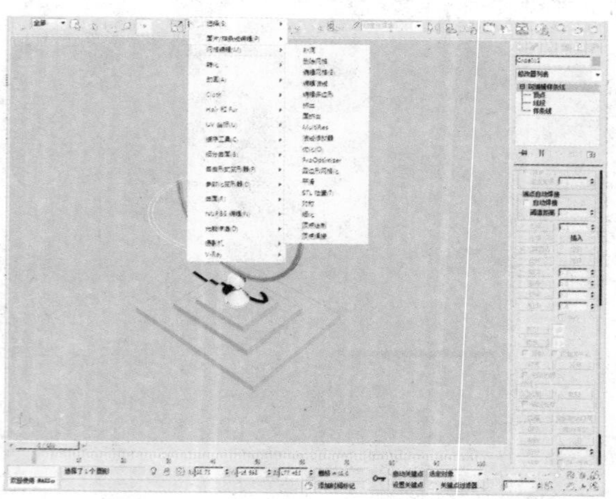

14 在“参数”卷展栏中设置“数量”为5.0。

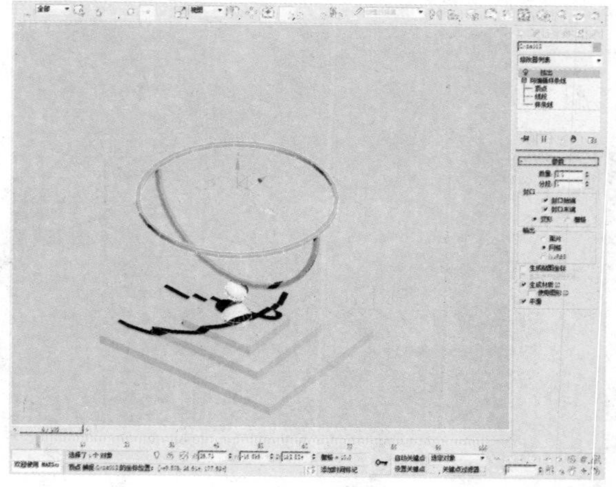

15 在“实用程序”命令面板中，继续单击“塌陷”按钮。

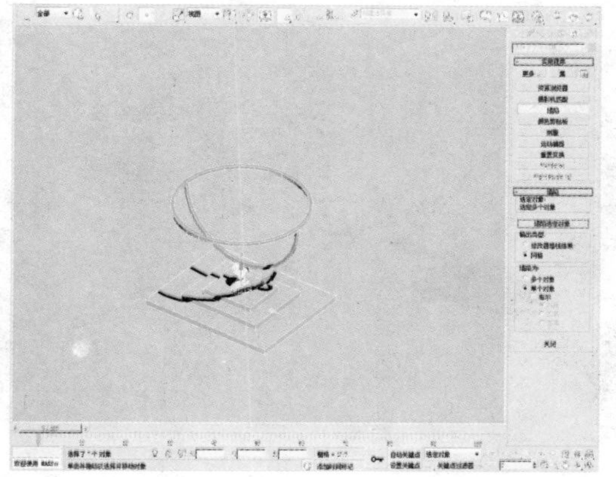

16 在“塌陷”选项组中单击“塌陷选择对象”按钮，将选择的物体塌陷为一个整体，方便以后的操作。

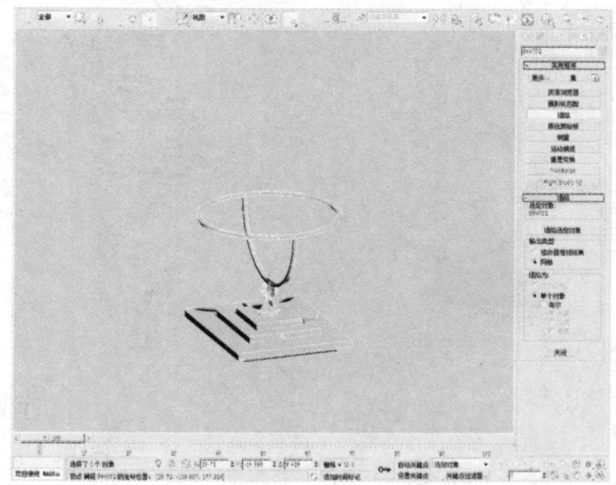

17 选择图形并将其转化为可编辑样条线。

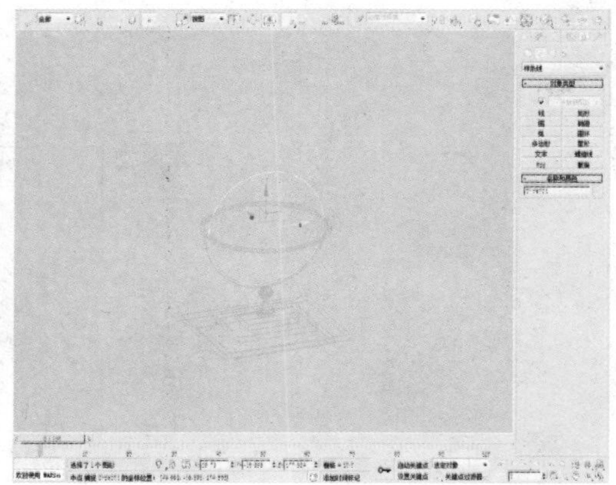

18 在“可编辑样条线”下选择“样条线”，在“几何体”卷展栏中单击“轮廓”按钮，并设置一定的参数。

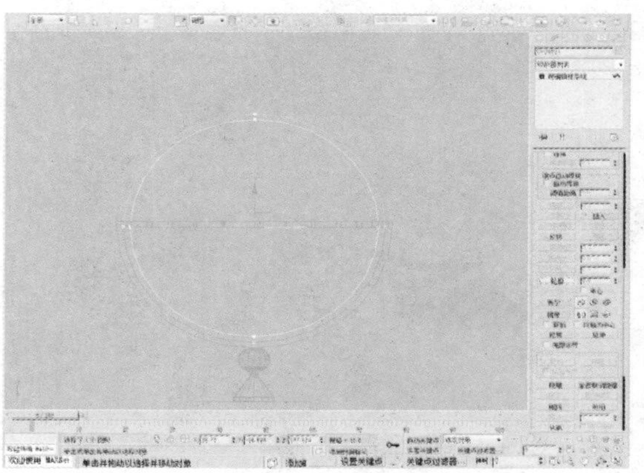

19 执行“修改器>网格编辑>挤出”菜单命令。

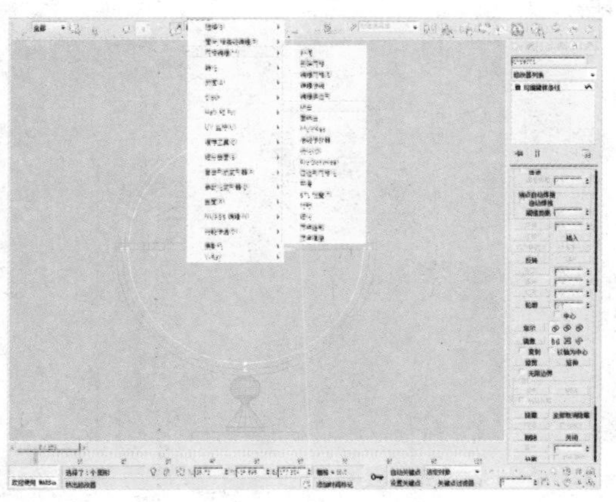

20 在“修改”命令面板的“参数”卷展栏中进行适当的设置。

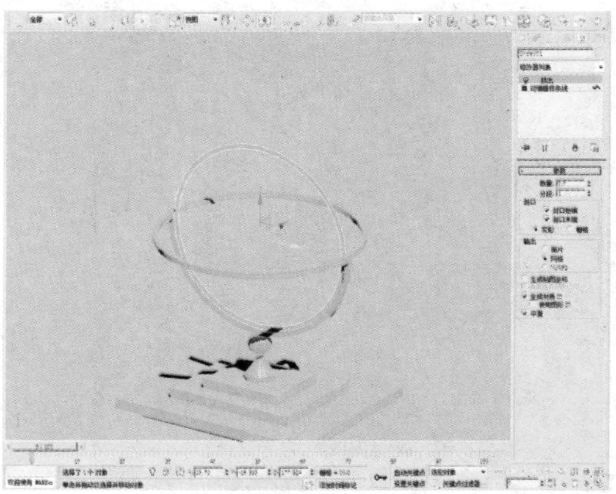

21 在“创建”命令面板中单击“球体”按钮，在顶视图中创建一个球体。

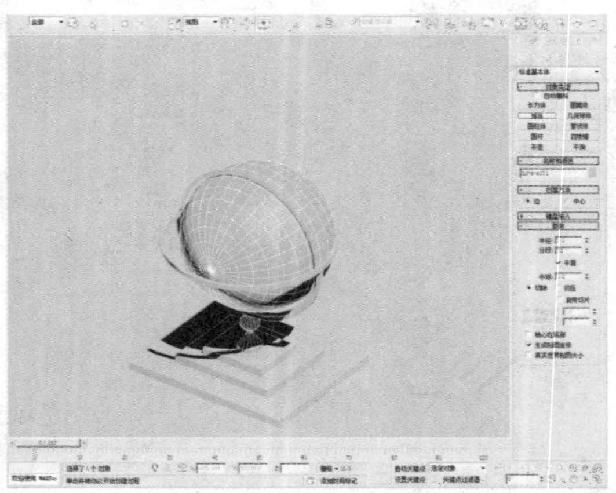

22 单击工具栏中的“对齐”按钮，将其对齐到下方的轴。

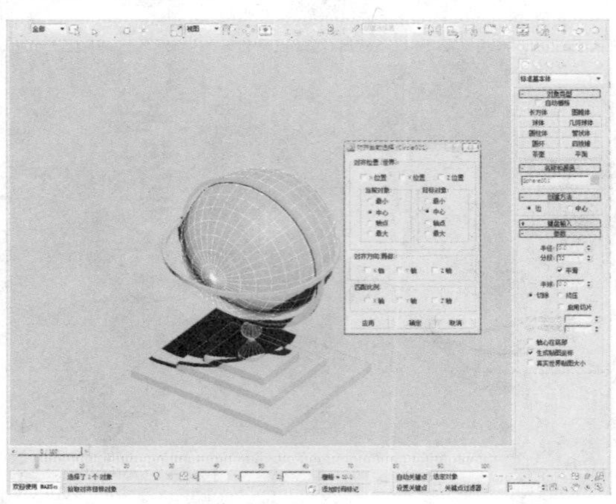

23 在“对齐位置（世界）”选项组中勾选“X位置”、“Y位置”复选框，在“当前对象”选项组和“目标对象”选项组中选中“中心”单选按钮。

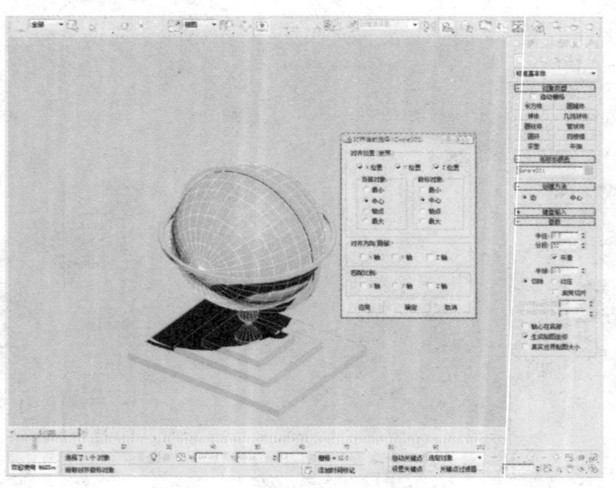

24 在“创建”面板中单击“线”按钮，绘制如下图所示的图形。

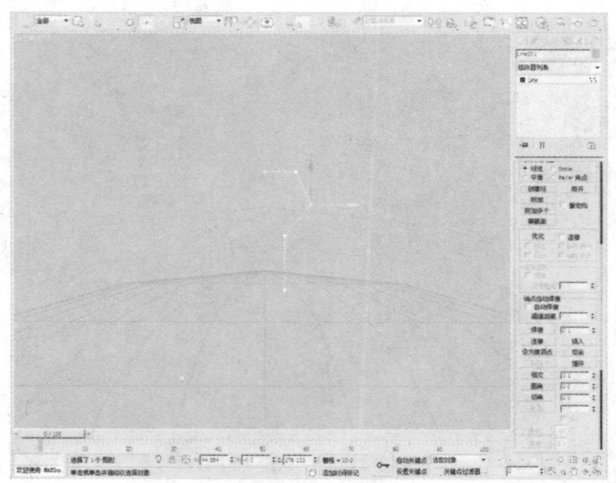

25 在“修改”面板的Lime下选择“顶点”，适当调整线段为如下图所示的形状。

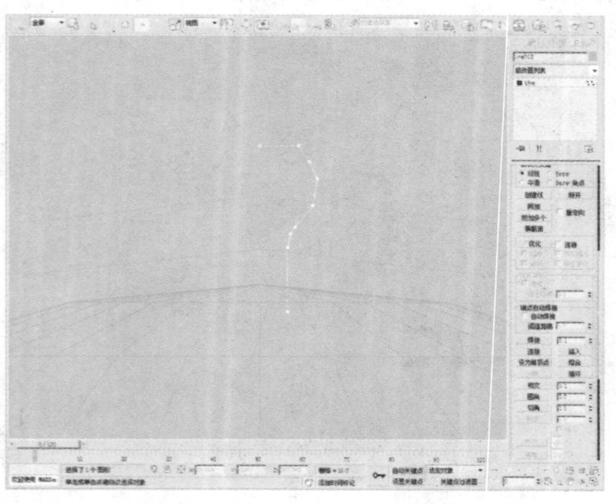

26 执行“修改器>面片/样条线编辑>车削”菜单命令。

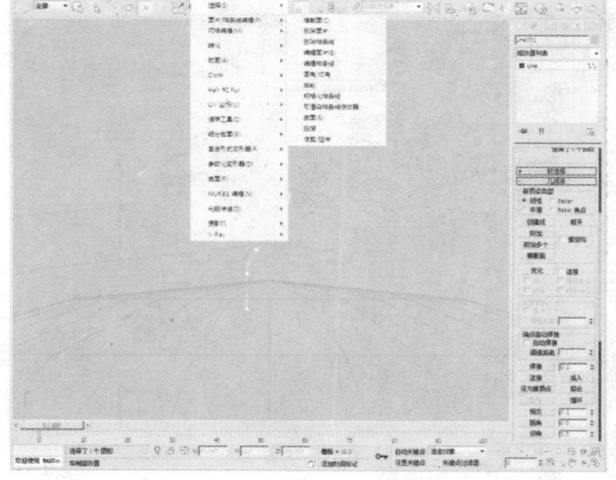

27 在“参数”卷展栏中的“方向”选项组中单击Y按钮，在“对齐”选项组中单击“最小”按钮。

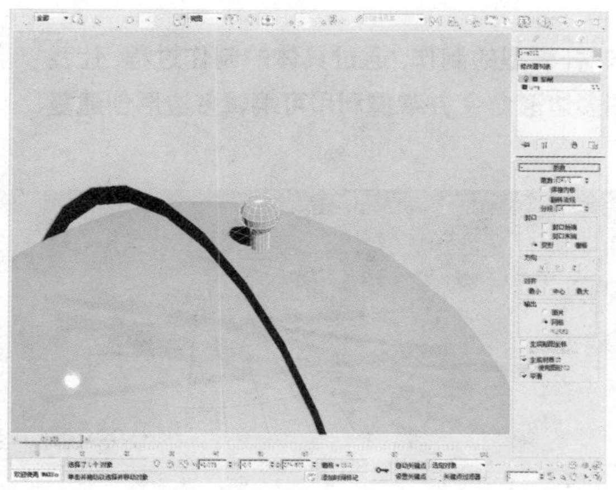

28 单击工具栏中的“对齐”按钮，将其对齐到下方的轴。

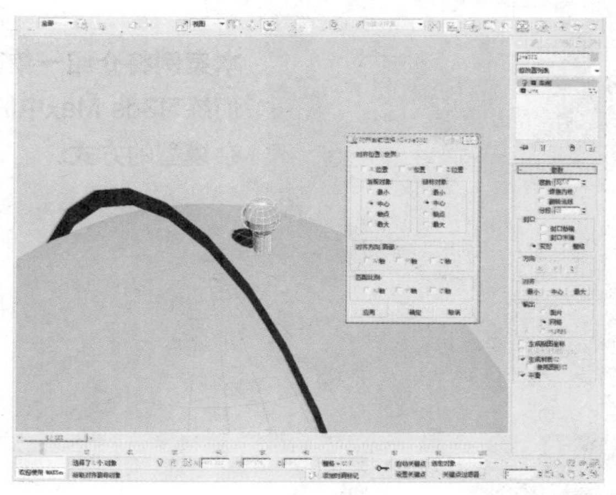

29 在对齐位置中勾选X、Y轴，当前对象勾选“中心”，“目标对象”勾选“中心”，如下图所示。

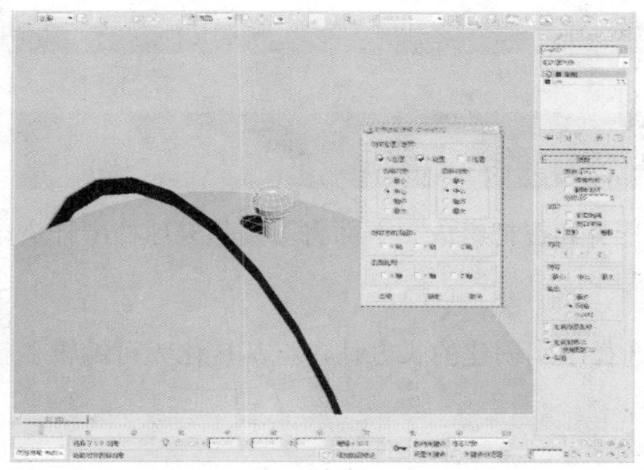

30 选择如下图所示的物体，在“实用程序”面板中，单击“塌陷”按钮。

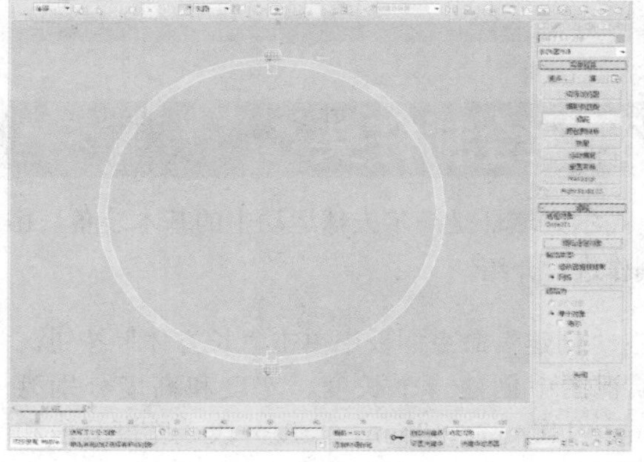

31 单击“塌陷”卷展栏中的“塌陷选定对象”按钮，将选择的物体塌陷为一个整体，方便以后的调整。

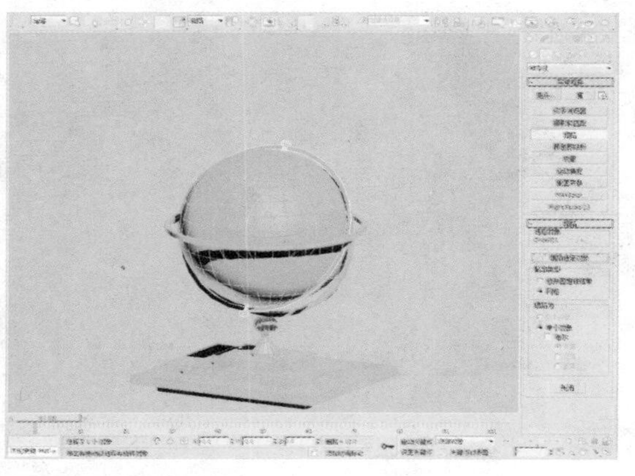

32 至此，地球仪模型就制作完成了。然后通过“材质编辑器”窗口为其赋予适当的材质，其效果如下图所示。

CHAPTER 13

高尔夫球杆的制作

本案例将介绍一款高尔夫球杆模型的制作，通过具体的制作过程，让我们练习3ds Max中的可编辑多边形命令,并掌握利用可编辑多边形创建复杂模型的方式。

知识点

1. 可编辑多边形的使用
2. 挤出修改器的使用
3. NURMS切换的使用

13.1 绘制杆头

高尔夫球杆是高尔夫球运动中的基本装备，由杆头、杆身和握把组成。下面将对高尔夫球杆中杆头的制作进行介绍。

01 在“创建”命令面板中单击“长方体”按钮，在顶视图中创建一个长度、宽度和高度分别为70mm、110mm、50mm，长度分段、宽度分段和高度分段分别为8、10、6的长方体。

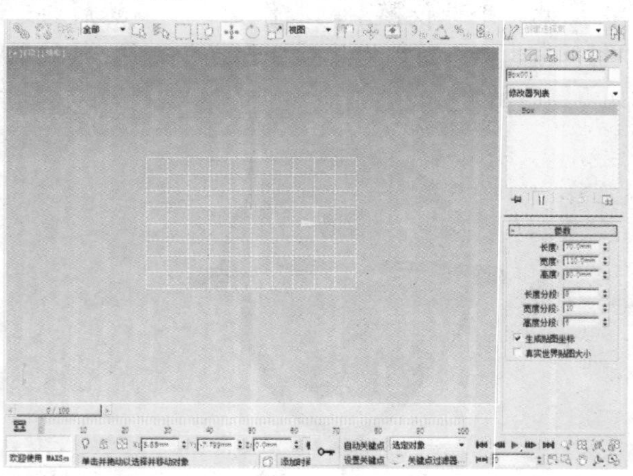

02 选择刚刚创建的长方体，将其转化为可编辑多边形。

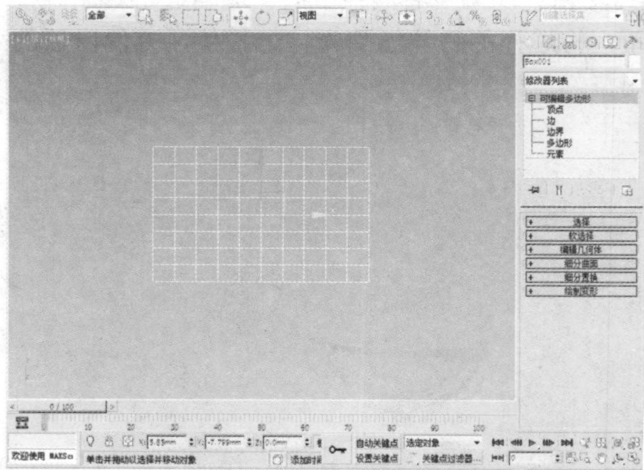

03 在"修改"面板的"可编辑多边形"下选择"顶点"，进入透视视图，选择如下图所示的顶点。

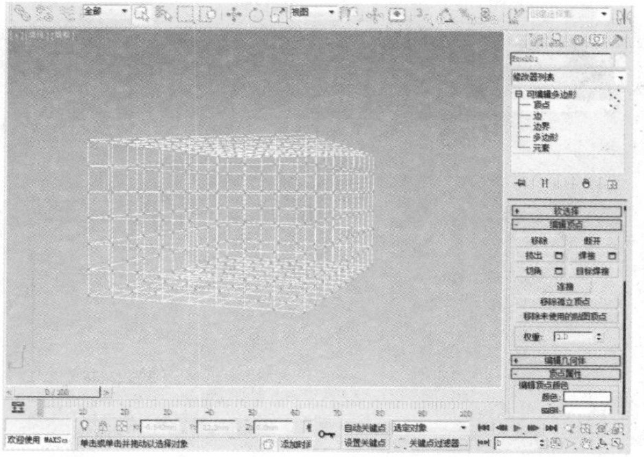

04 在"软选择"卷展栏中勾选"使用软选择"复选框，并设置"衰减"为40.0mm。

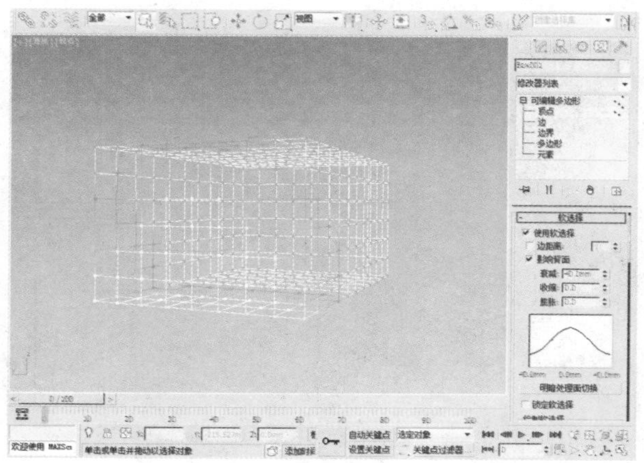

05 使用"选择并移动"工具，将选择的顶点移动到如下图所示的位置。

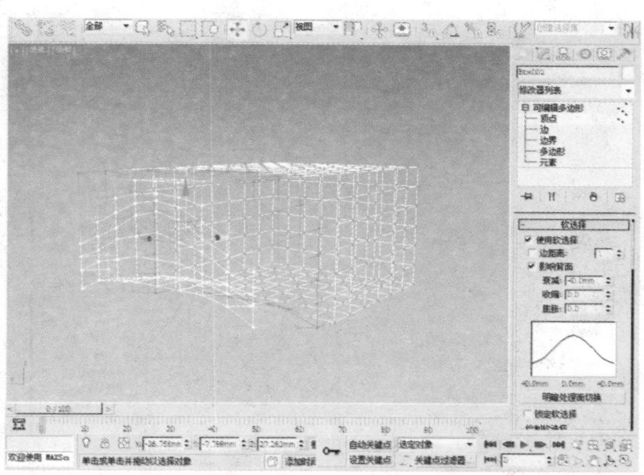

06 在"修改"面板的"可编辑多边形"下选择"顶点"，进入透视视图，选择如下图所示的顶点。

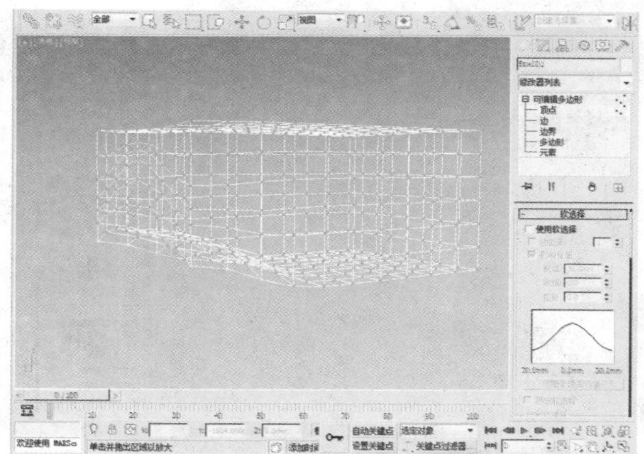

07 使用"选择并移动"工具，将选择的顶点移动到如下图所示的位置。

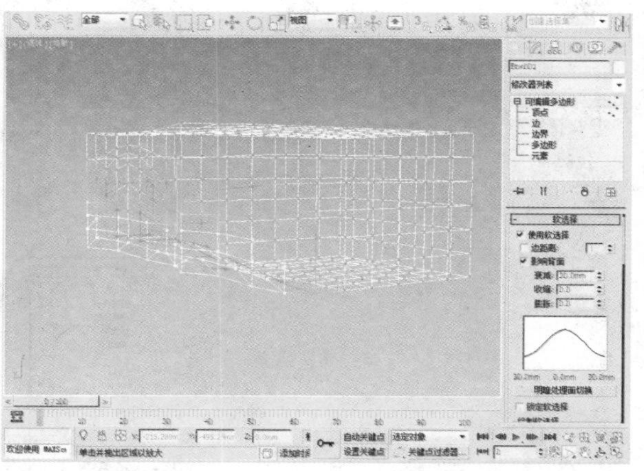

08 在"修改"面板的"可编辑多边形"下选择"顶点"，进入透视视图，选择如下图所示的顶点。

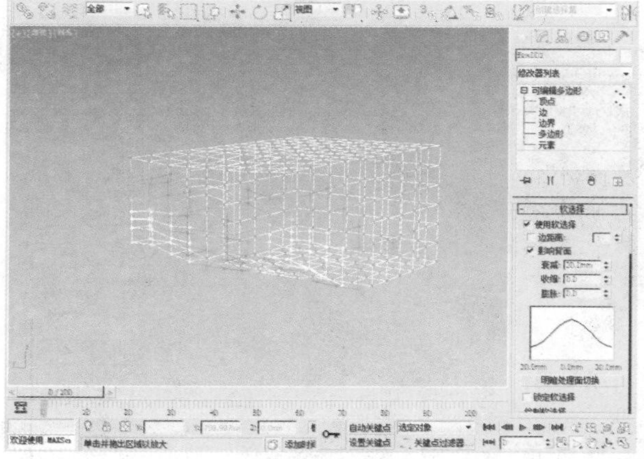

09 重复上述步骤中的操作，将几何体变成如下图所示的形状。

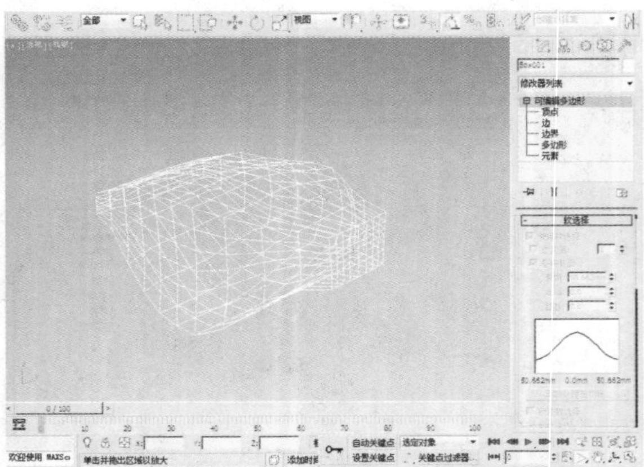

10 在“修改”面板的“可编辑多边形”下选择“多边形”，在透视视图中选择如下图所示的多边形。

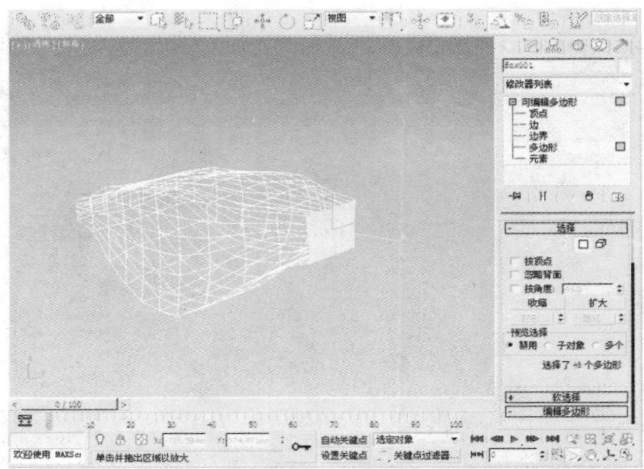

11 在“编辑多边形”卷展栏中单击“倒角”按钮，并设置倒角高度和轮廓分别为10mm和-3mm。

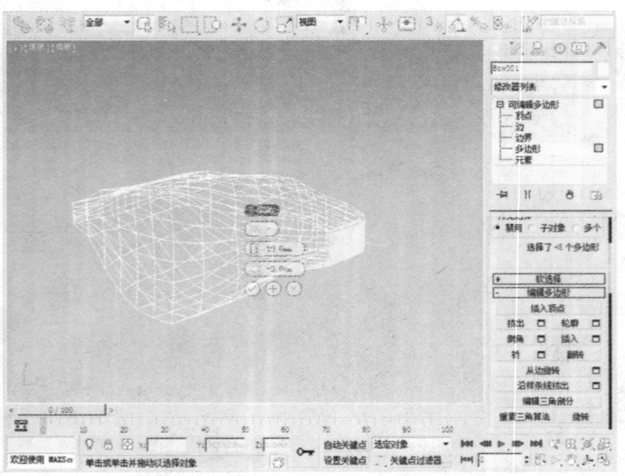

12 使用“选择并移动”工具，将选择的顶点移动到如下图所示的位置。

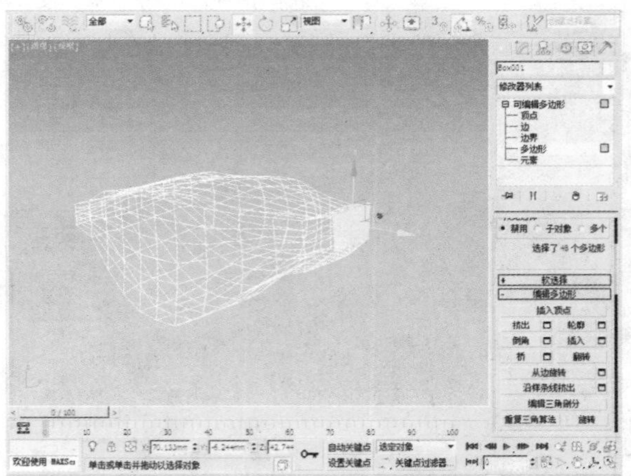

13 在“编辑多边形”卷展栏中单击“挤出”按钮，并设置挤出“高度”为20mm。

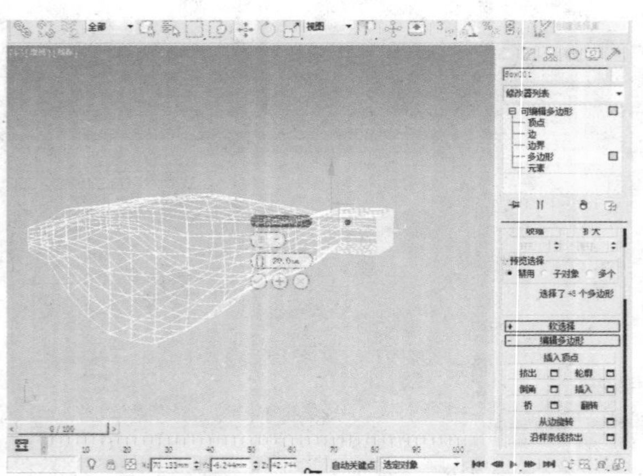

14 使用“选择并移动”工具，将选择的顶点移动到如下图所示的位置。且使用“选择并均匀缩放”工具，对其进行如下图所示的缩放。

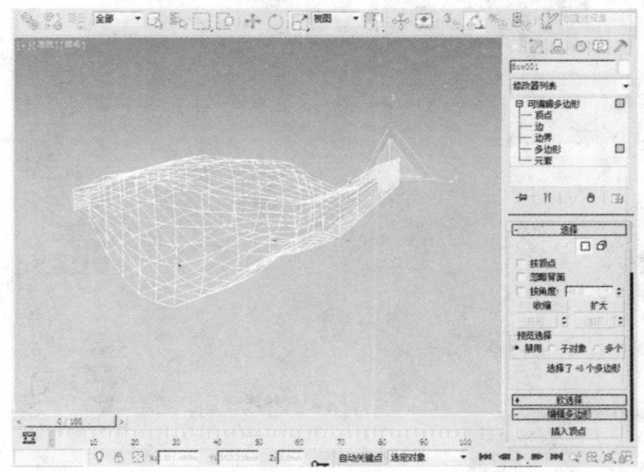

15 在“修改”面板的“可编辑多边形”下选择“多边形”，在透视视图中选择如下图所示的多边形。

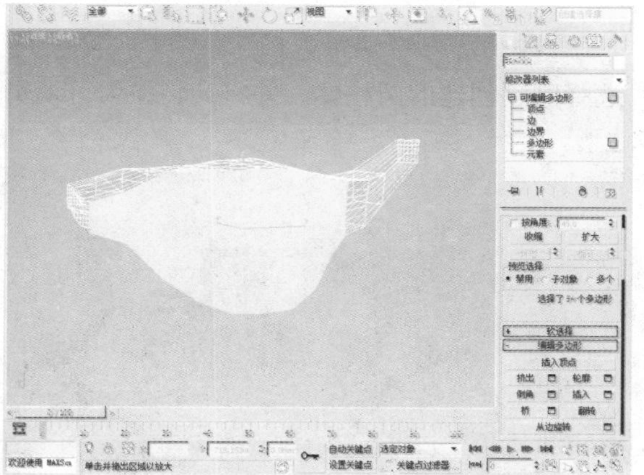

16 在“编辑多边形”卷展栏中单击“插入”按钮，并设置“数量”为3mm。

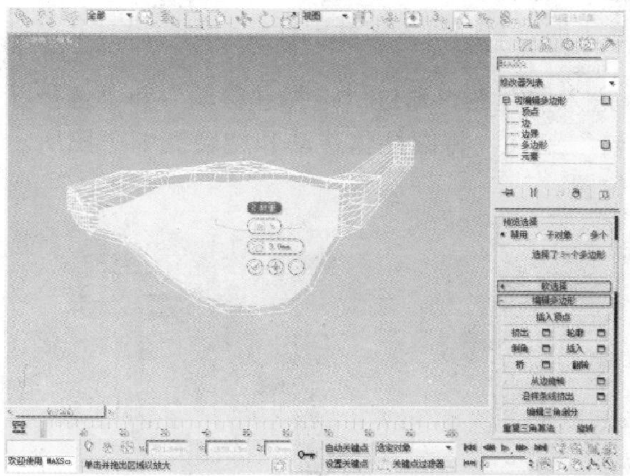

17 在“编辑多边形”卷展栏中单击“挤出”按钮，按组挤出，并设置数量为-1mm。

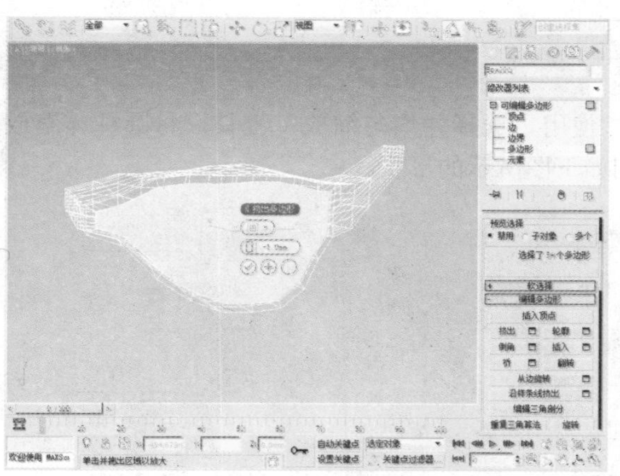

18 选择杆头，单击鼠标右键，在弹出的快捷菜单中选择“NURMS切换”命令。

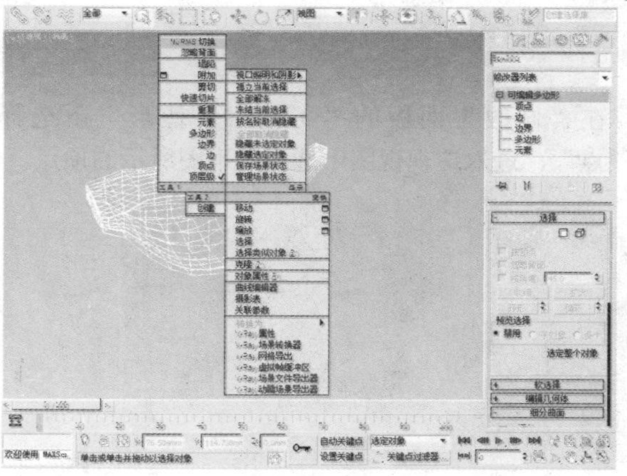

19 在“细分曲面”卷展栏中，设置“迭代次数”为2。

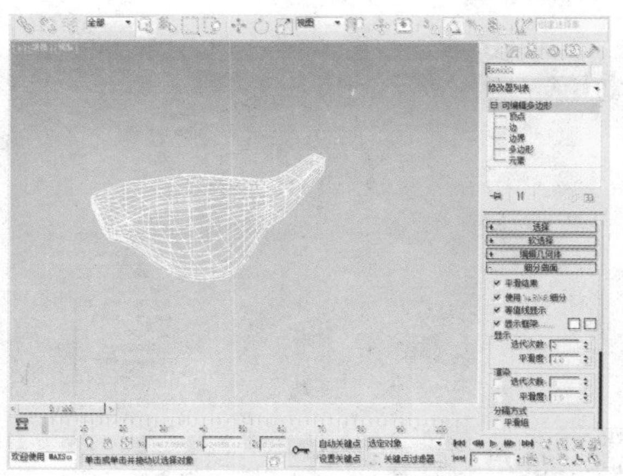

20 在“创建”命令面板中单击“圆柱体”按钮，在左视图中创建一个半径为10mm、高度为25mm的圆柱体。

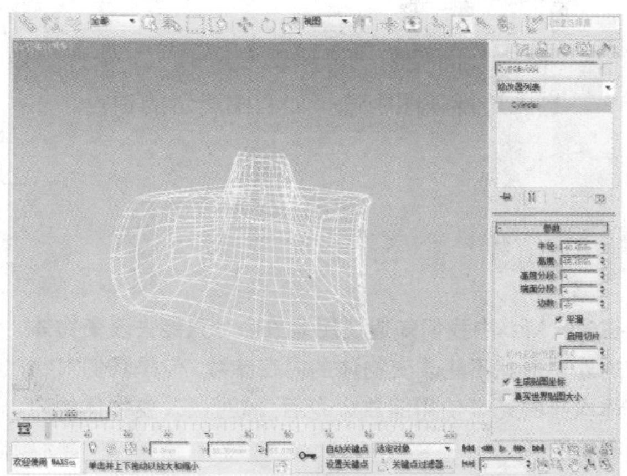

13.2 绘制杆身

下面将对高尔夫球杆中杆身的制作进行介绍。

01 进入前视图，通过“选择并移动”和“选择并旋转”工具，将圆柱体移动和旋转到如下图所示的位置。

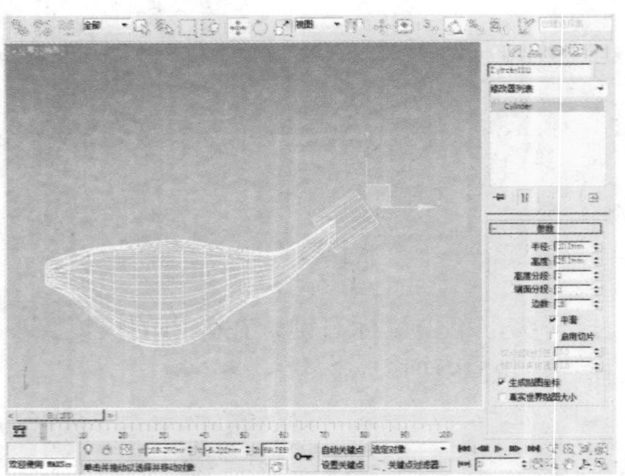

02 选择刚刚创建的圆柱体，并将其转换为可编辑多边形。

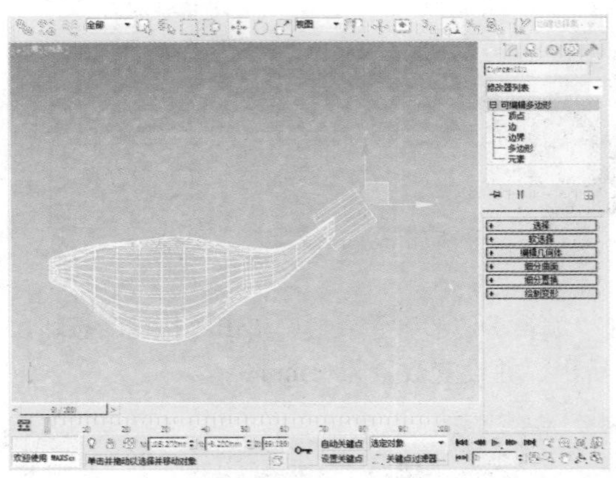

03 在“修改”面板的“可编辑多边形”下选择“顶点”，进入透视视图中选择如下图所示的顶点。

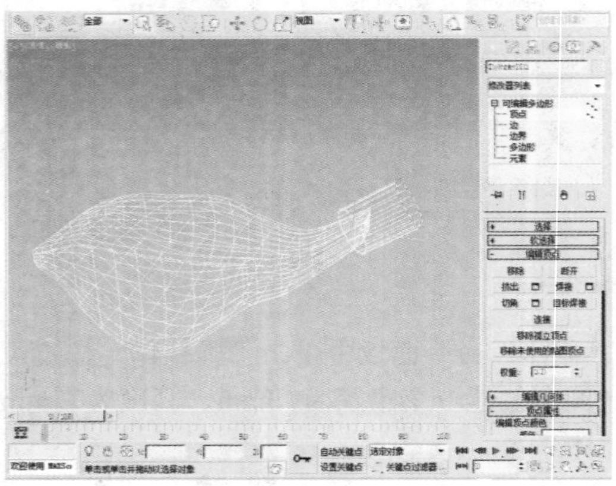

04 使用“选择并均匀缩放”工具，将圆柱体缩放到如下图所示的形状。

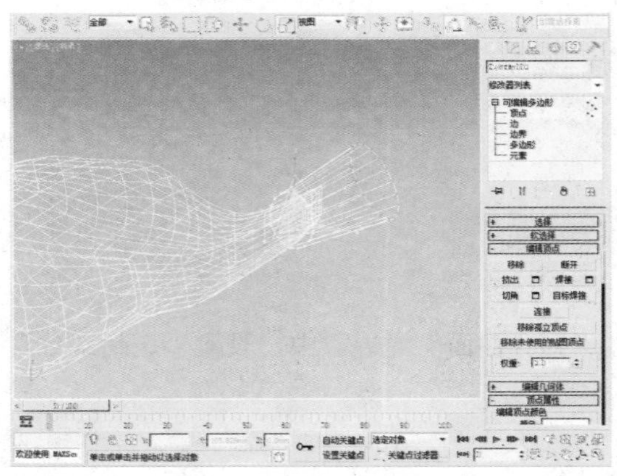

05 在“修改”面板的“可编辑多边形”下选择“顶点”，进入透视视图中选择如右图所示的顶点。

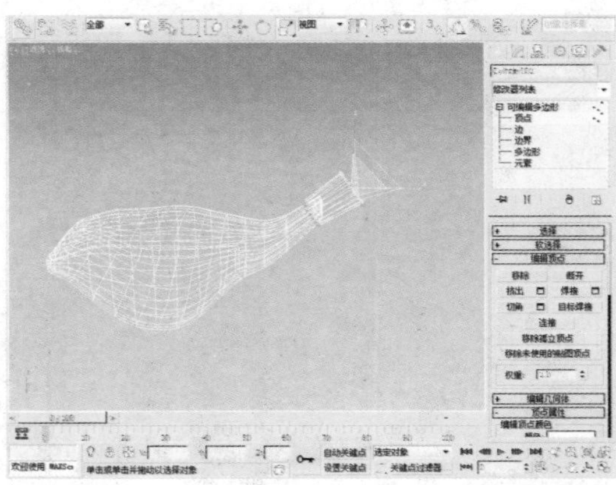

知识点

在3ds Max中我们知道使用缩放命令只能去改变物体的外观形状不能改变物体的内在参数，但是我们对物体本身的元素使用缩放命令后，就可以改变物体的内在参数了。

06 使用“选择并均匀缩放”工具，将圆柱体缩放到如下图所示的形状。

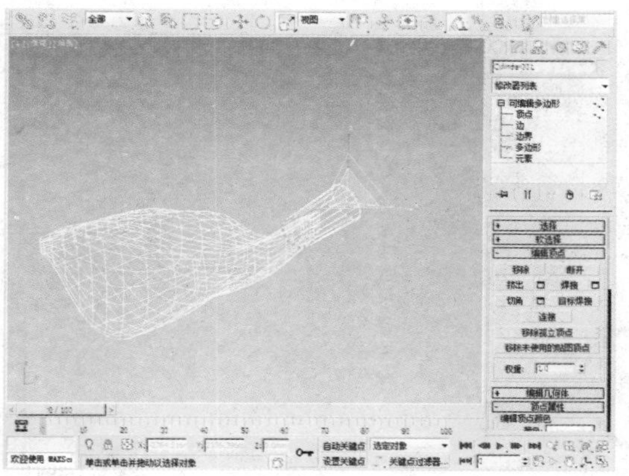

07 在“修改”面板的“可编辑多边形”下选择“边”选项。

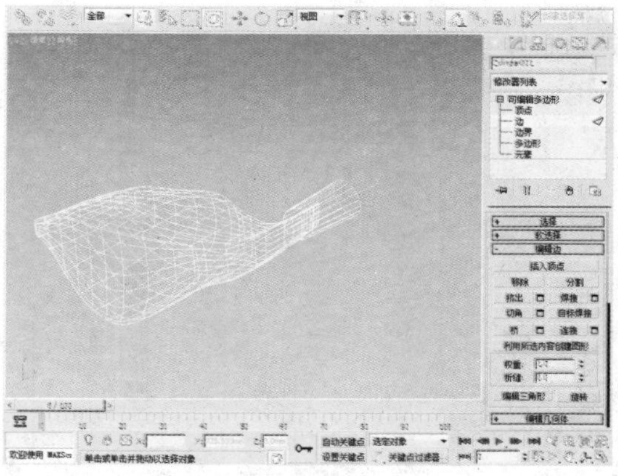

08 在“编辑边”卷展栏中单击“切角”按钮，并设置切角值为0.3mm、连接分段为3。

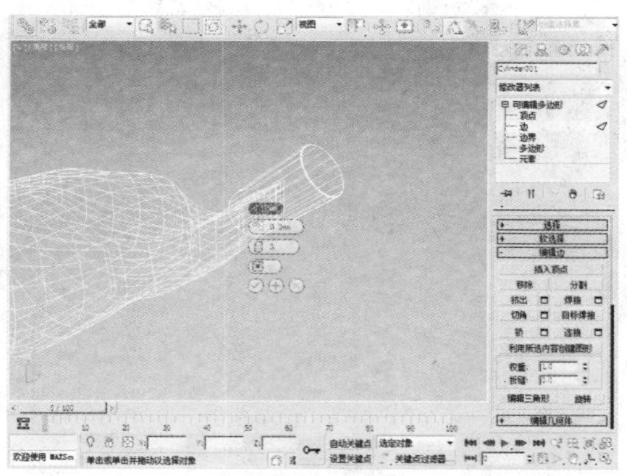

09 单击“创建”命令面板中的“圆柱体”按钮，在左视图中创建一个半径为6mm，高度为900mm的圆柱体。

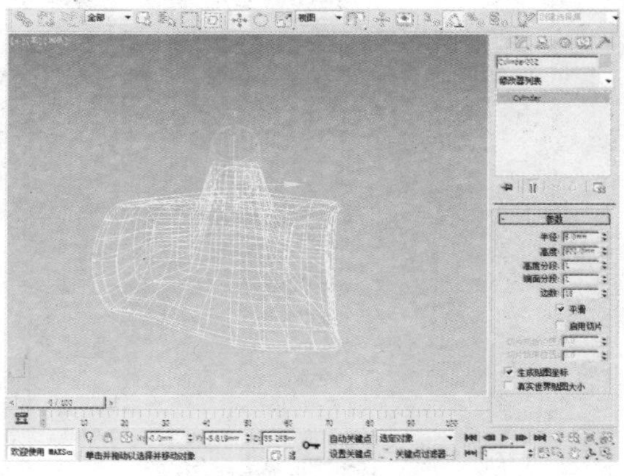

10 进入前视图，通过“选择并移动”和“选择并旋转”工具，将圆柱体移动和旋转到如下图所示的位置。

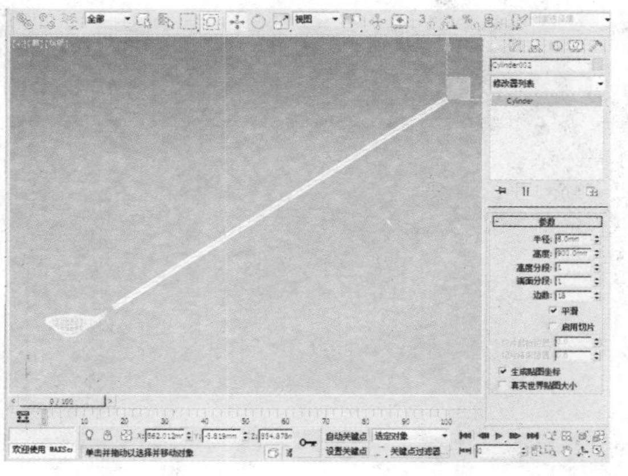

11 选择刚刚创建的圆柱体，并将其转换为可编辑多边形。

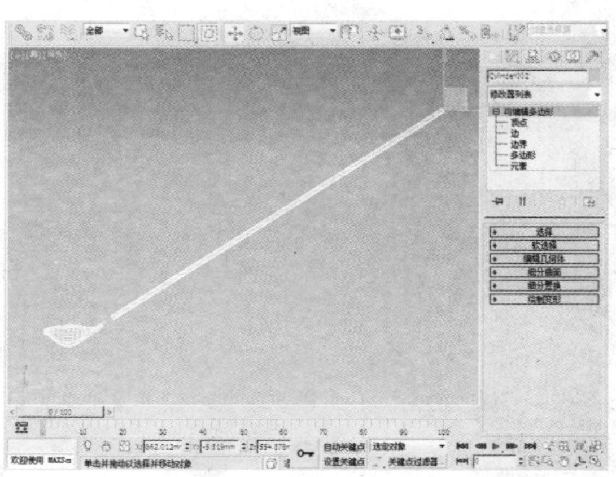

12 在“修改”面板中“可编辑多边形”下选择“顶点”，进入透视视图并选择如下图所示的顶点。

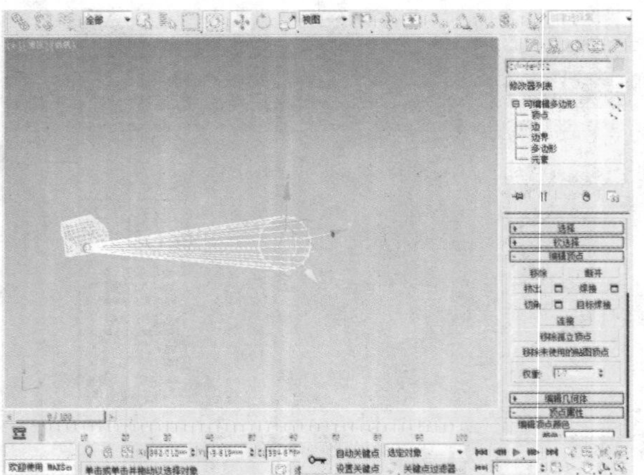

13 使用“选择并均匀缩放”工具，将圆柱体缩放到如下图所示的形状。

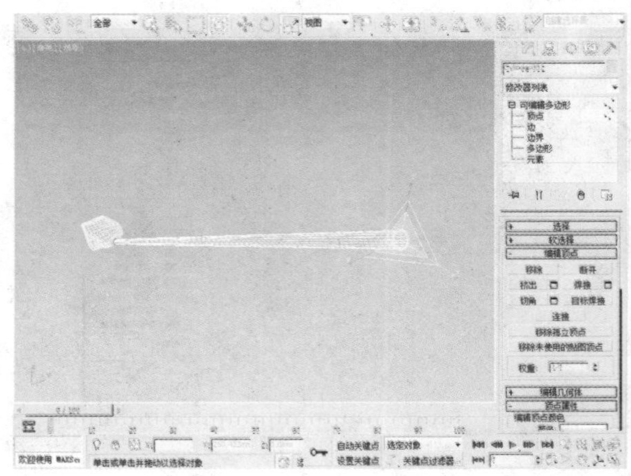

14 在“修改”面板的“可编辑多边形”下选择“边”，在前视图中选择如下图所示的边。

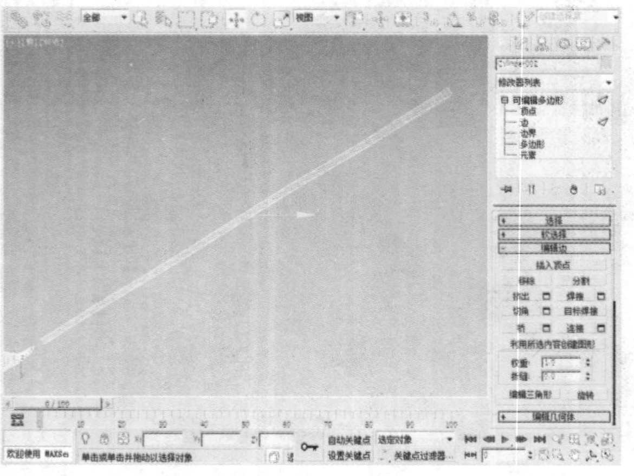

15 在“编辑边”卷展栏中单击“连接”按钮，设置连接分段为1、收缩和滑块都为0。

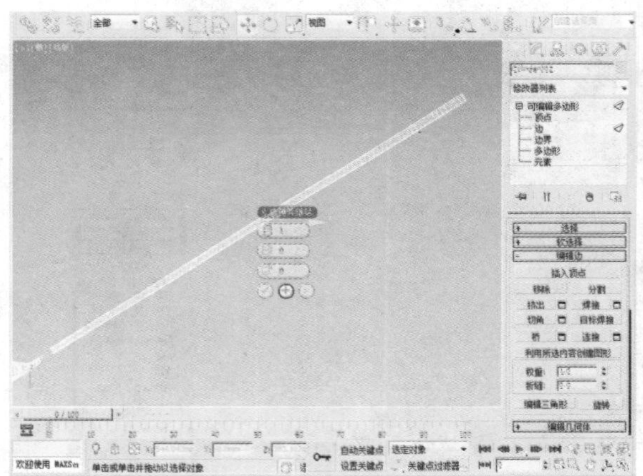

16 使用“选择并移动”工具，将连接的边移动到如下图所示的位置。

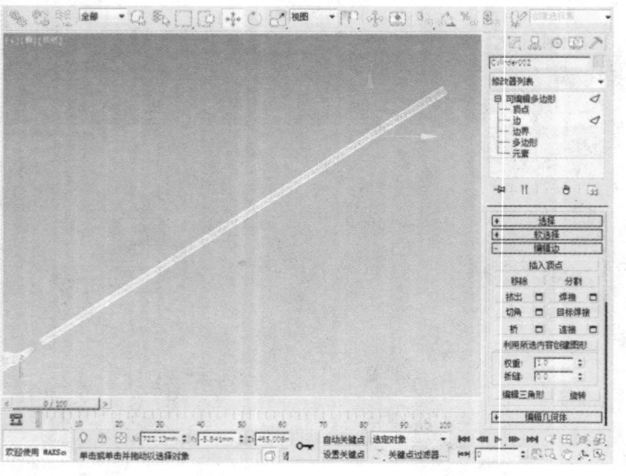

17 在“修改”面板的“可编辑多边形”下选择“多边形”，在前视图中选择如下图所示的多边形。

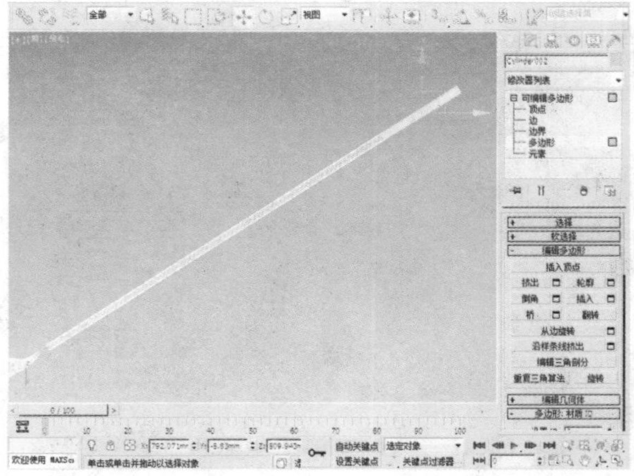

18 在“编辑多边形”卷展栏中单击“挤出”按钮，在透视视图中以局部法线方式挤出。

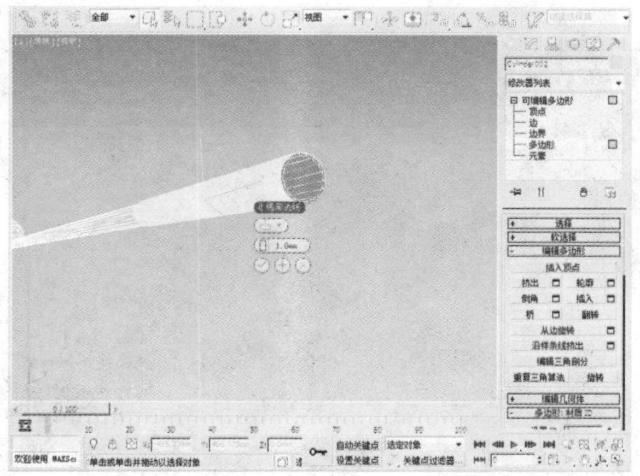

19 在“修改”面板的“可编辑多边形”下选择“边”，在前视图中选择如下图所示的边。

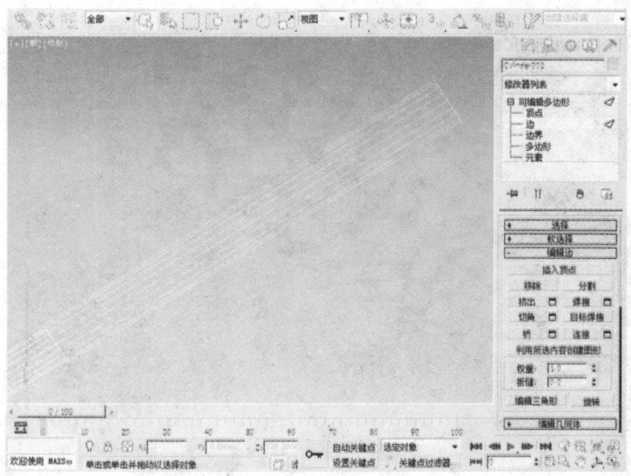

20 在“编辑边”卷展栏中单击“连接”按钮，设置连接分段为50、收缩和滑块都为0。

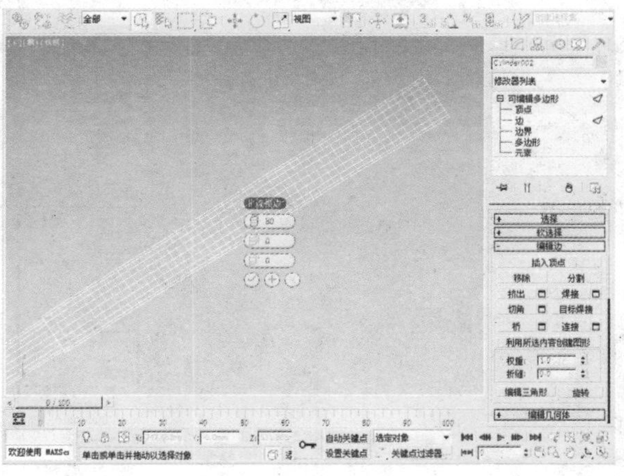

21 在“修改”面板的“可编辑多边形”下选择“顶点”，在前视图中选择如下图所示的顶点。

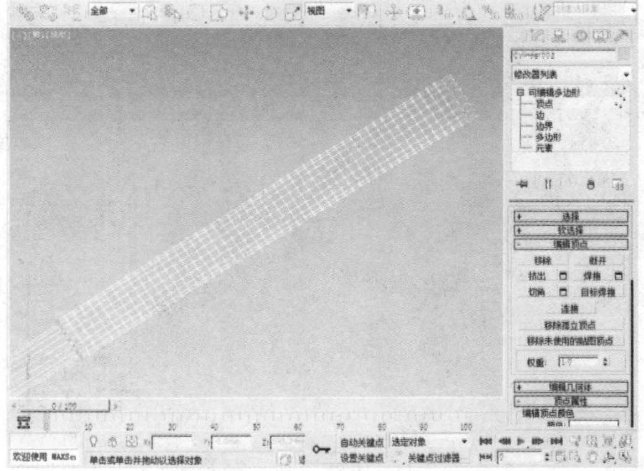

22 在“编辑顶点”卷展栏中单击“切角”按钮，并设置切角值为1。

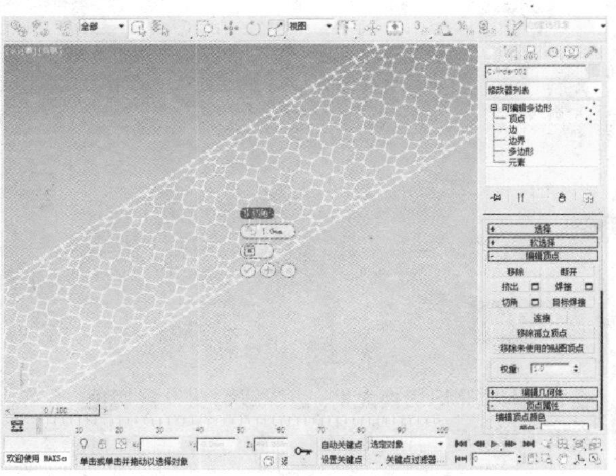

23 在“修改”面板的“可编辑多边形”下选择“多边形”，在前视图中选择如下图所示的多边形。

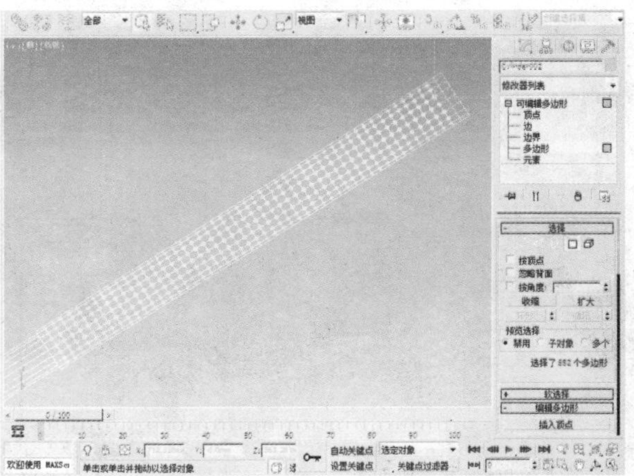

24 在“编辑多边形”卷展栏中单击“倒角”按钮，并设置倒角值为1mm、轮廓量为0.3mm。

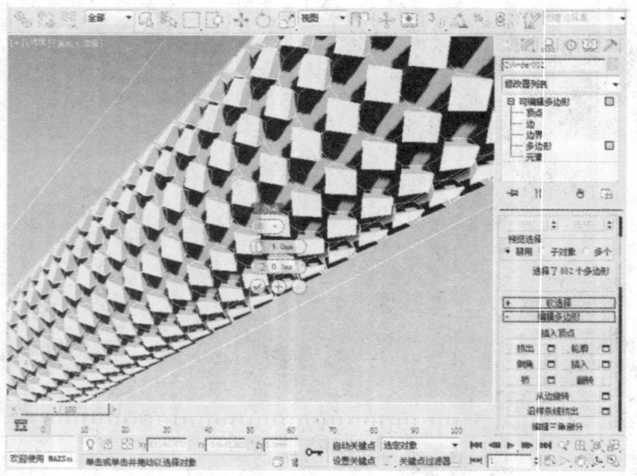

25 在“修改”面板的“可编辑多边形”下选择“多边形”，在透视视图中选择如下图所示的多边形。

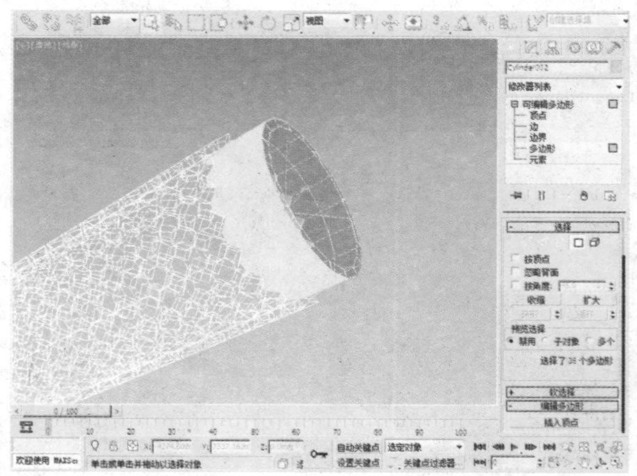

26 在“编辑多边形”卷展栏中单击“挤出”按钮，以局部法线的方式挤出1.8mm。

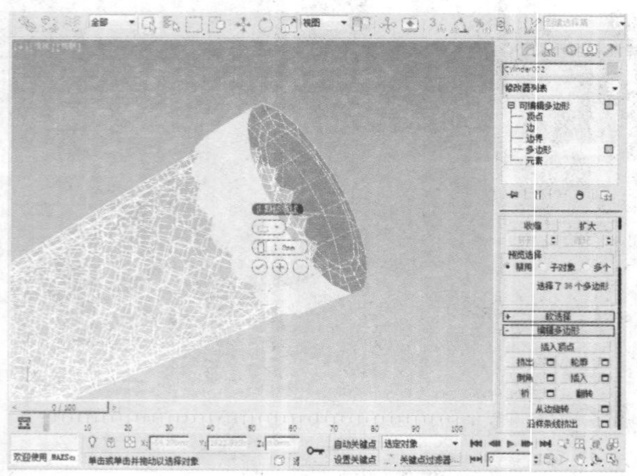

27 在“修改”面板的“可编辑多边形”下选择“多边形”，在透视视图中选择如下图所示的多边形。

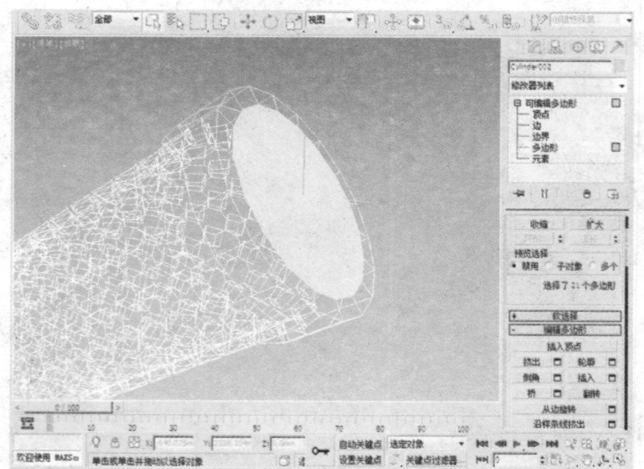

28 在“编辑多边形”卷展栏中单击“挤出”按钮，以多边形的方式挤出-0.3mm。

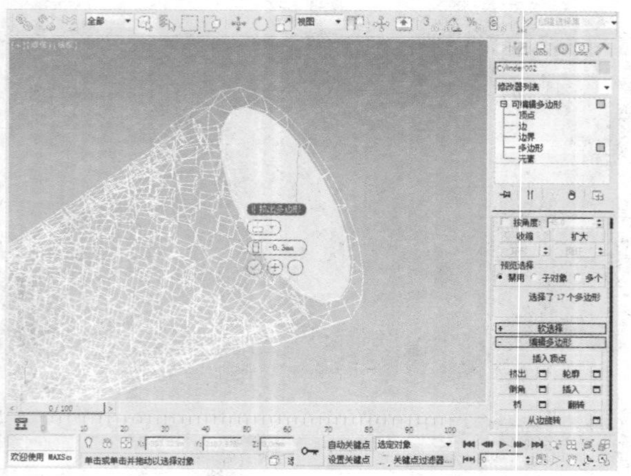

知识点

在转化NURMS切换之前，边缘线需要设置切角，不然会出现错误。

29 选择杆身图形，单击鼠标右键，在弹出的快捷菜单中选择“NURMS切换”命令。

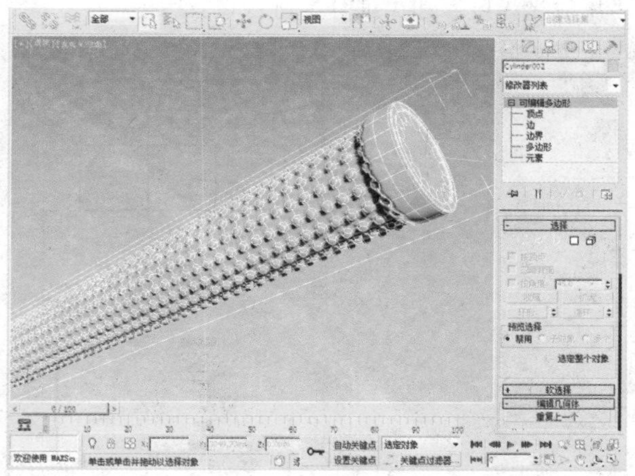

30 在“细分曲面”卷展栏中设置“迭代次数”为2。

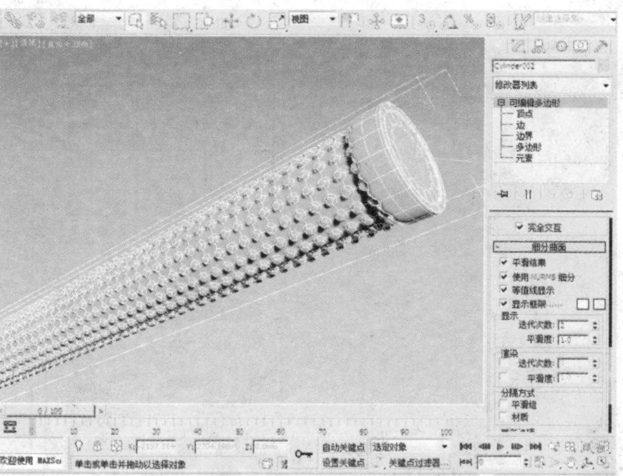

13.3 赋予材质

下面将对球杆赋予材质，其具体操作步骤介绍如下。

01 单击“材质编辑器”按钮，选中任意一个材质球，单击Standard按钮，在弹出的“材质/贴图浏览器”对话框中选择“混合”材质。

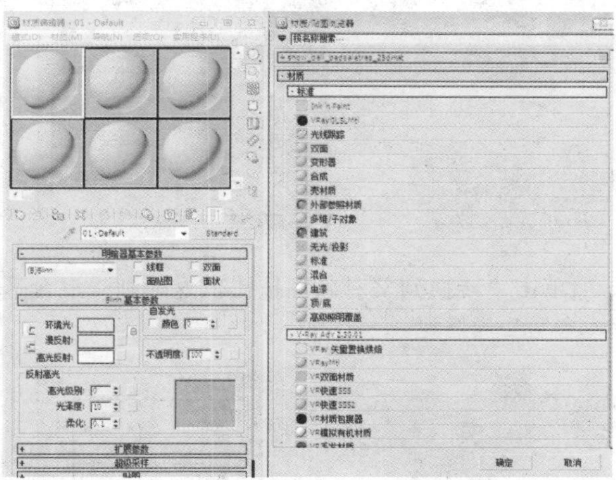

02 选择如下图所示的多边形，并为其赋予材质。

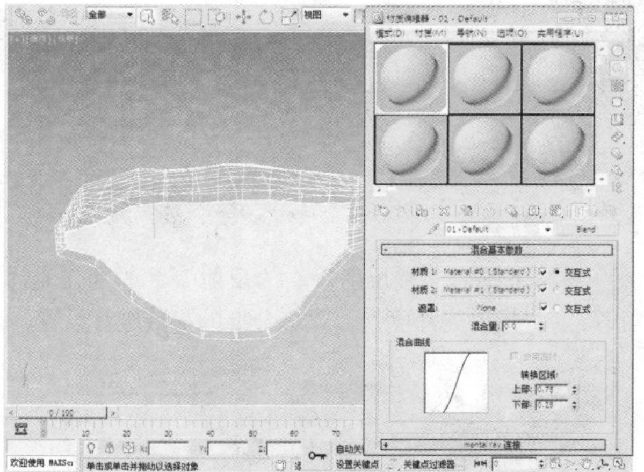

知识点

3ds Max中的可编辑多边形修改器自带了一种使物体圆滑的方式叫“NURMS”，这种显示方式可以对模型的每个面与面之间进行平滑处理。这种平滑处理方式是我们在创建模型时经常使用的一种方式，在平滑的时候根据模型的需要对模型的面进行调整，以便确定进行平滑处理的效果剧烈程度。

03 在“混合基本参数”卷展栏中，选择“材质1”，并将其Standard材质转化为VRayMtl。

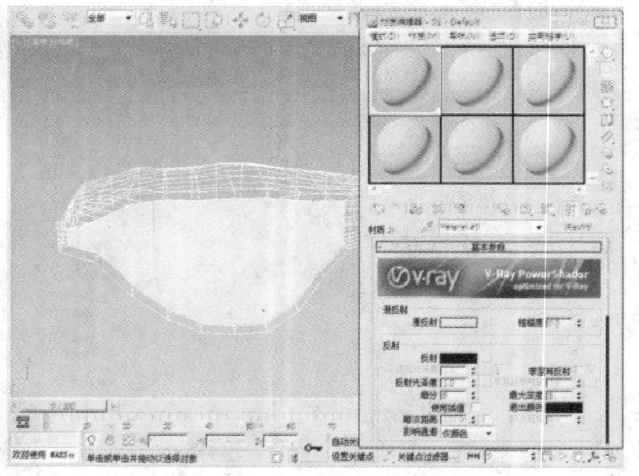

04 进一步设置“漫反射”颜色为黑色，“反射”的颜色为白色，并参照下图对“高光光泽度”、“反射光泽度”和“细分”进行设置。

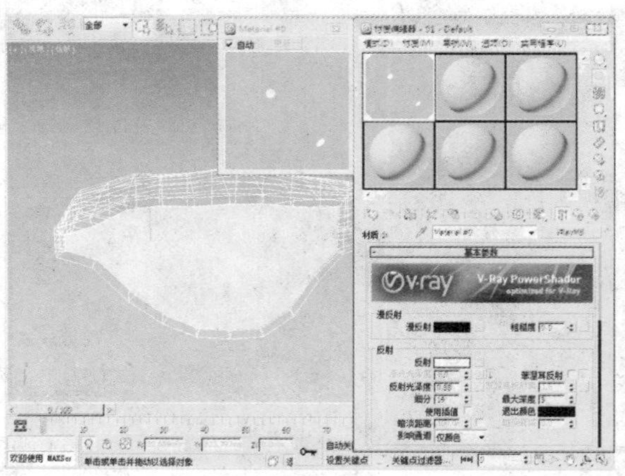

05 单击“转换到父对象”按钮，又返回到“混合基本参数”卷展栏。

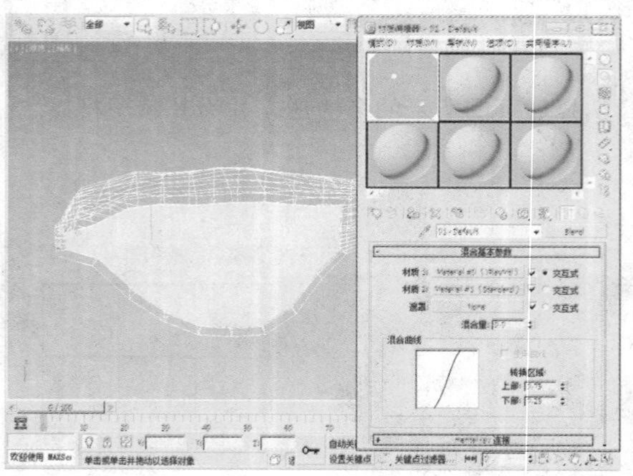

06 选择材质2，并将其Standard材质转化为VRayMtl。

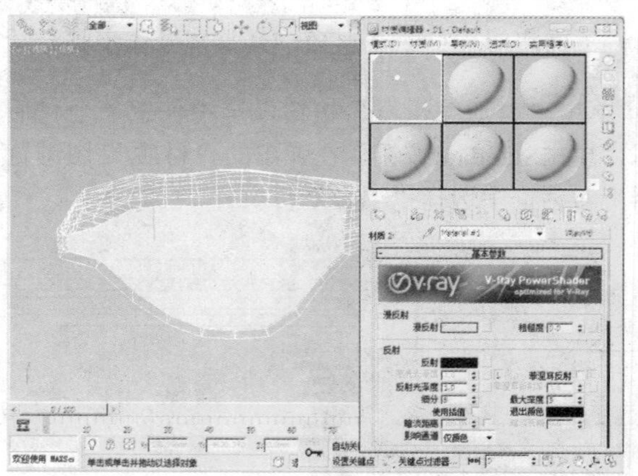

07 参照下图对“漫反射”、“反射”、“高光光泽度”、“反射光泽度”、“细分”的参数进行设置。

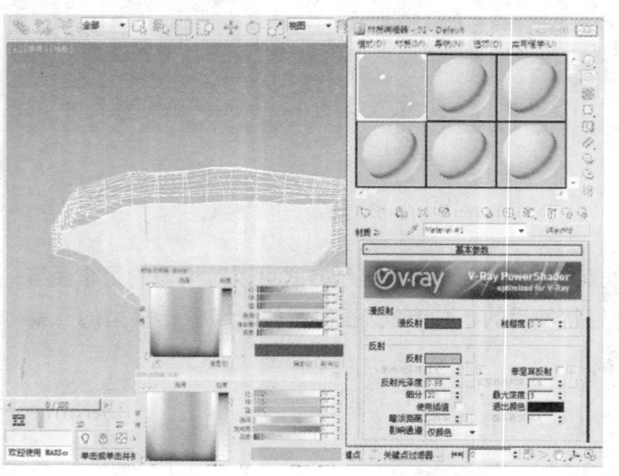

08 单击“转换到父对象”按钮，返回到“混合基本参数”卷展栏。

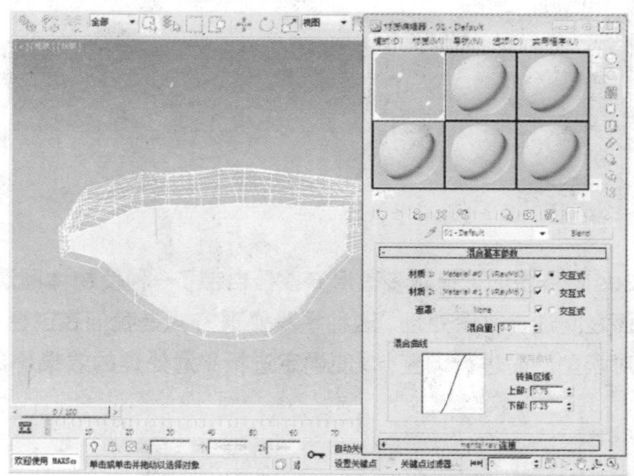

09 单击“遮罩”后的None按钮，在弹出的对话框里添加本章节配套光盘中的素材“标志.jpg”作为贴图。

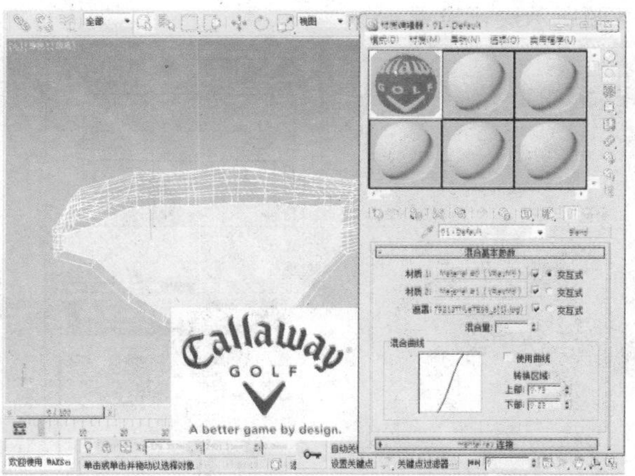

10 在“输出”卷展栏中勾选“反转”复选框。

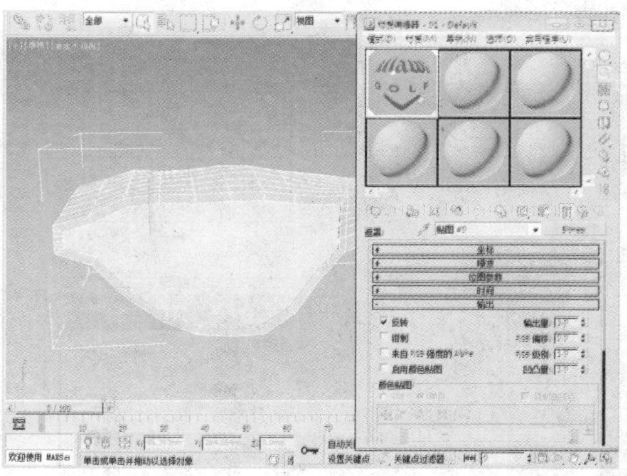

11 在“混合基本参数”卷展栏中，选中“遮罩”后的“交互式”单选按钮。

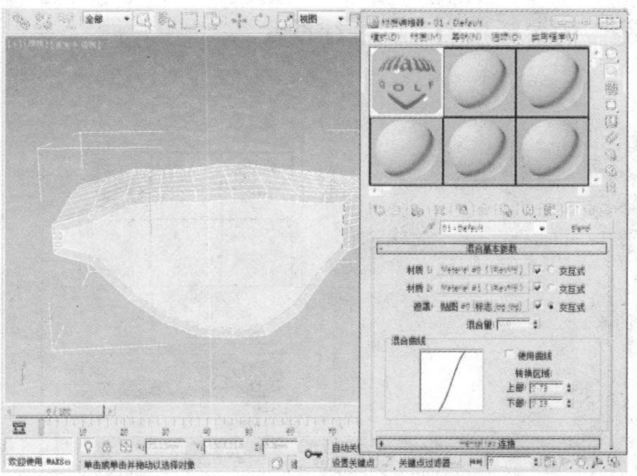

12 进入遮罩位图，单击“视口中显示明暗处理材质”按钮。

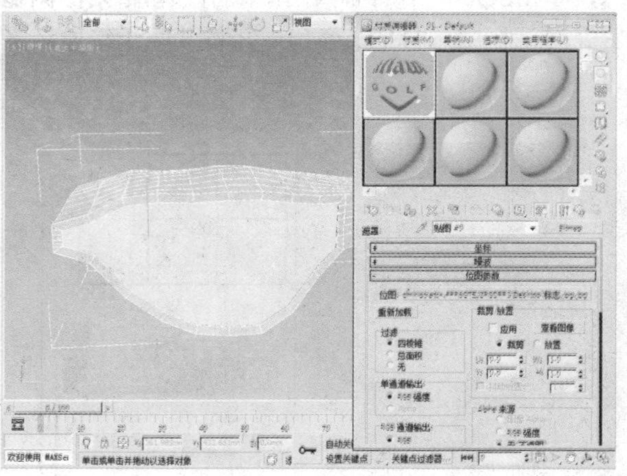

13 在“修改器列表”中选择“UVW贴图”修改器。

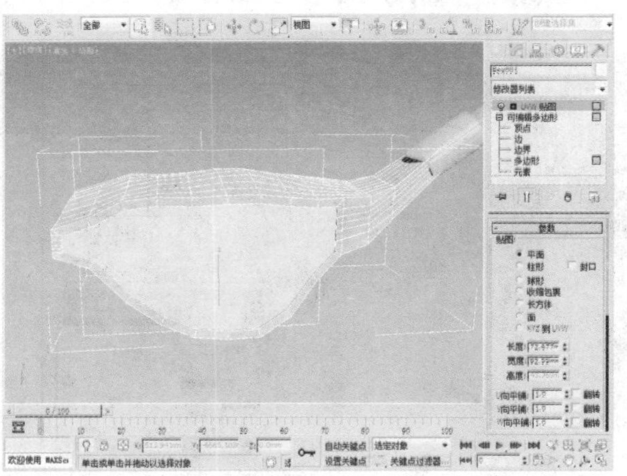

14 适当调整图形的长度和宽度。

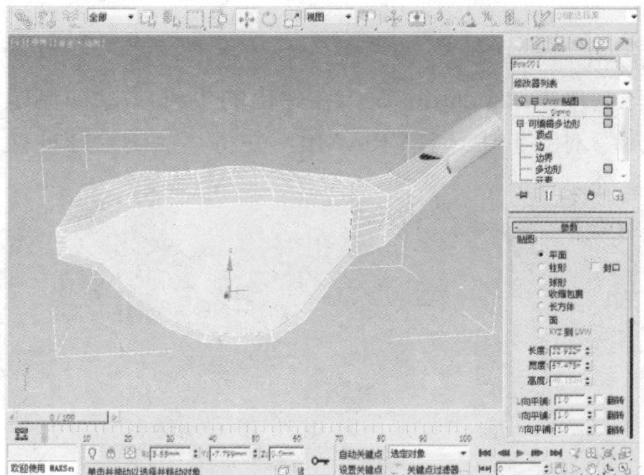

15 打开“材质编辑器”窗口，选中任意一个材质球，单击Standard按钮，在弹出的“材质/贴图浏览器”对话框中选择VRayMtl，并将其赋予给所选多边形。

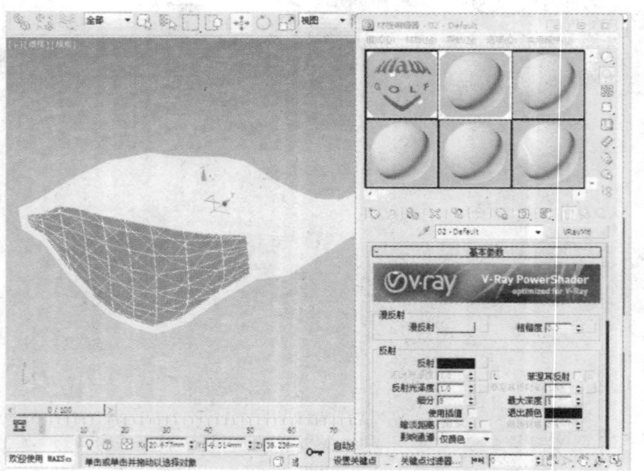

16 在“材质编辑器”窗口中设置“漫反射”颜色为黑色、“反射”颜色为白色，并对“高光光泽度”、“反射光泽度”、“细分”的参数按照如下图所示进行设置。

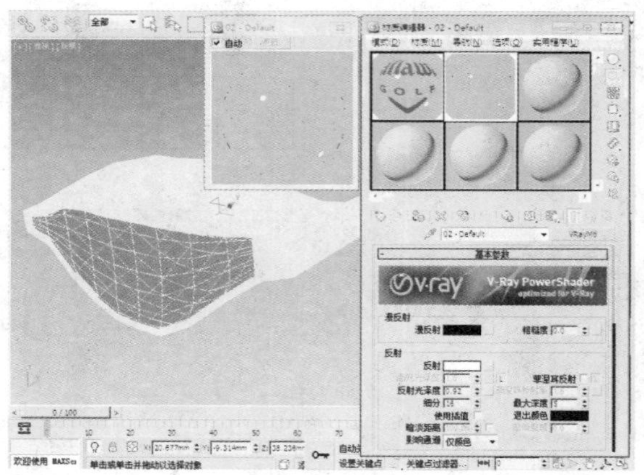

17 在“材质编辑器”窗口中，选中任意一个材质球，单击Standard按钮，在弹出的“材质/贴图浏览器”对话框中选择VRayMtl，并将其赋予给所选多边形。

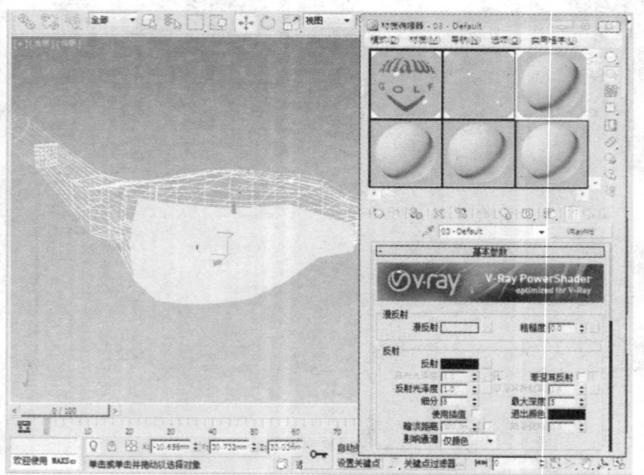

18 在“材质编辑器”窗口中对“漫反射”、“反射”、“高光光泽度”、“反射光泽度”、“细分”的参数按照下图进行设置。

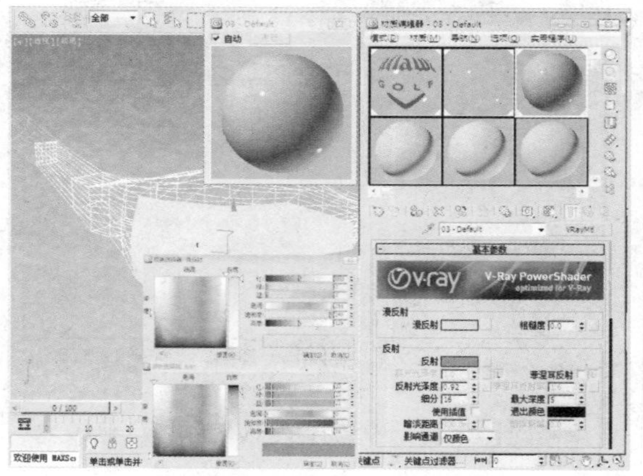

19 在“材质编辑器”窗口中，选中任意一个材质球，单击Standard按钮，在弹出的“材质/贴图浏览器”对话框中选择VRayMtl，并将其赋予给球杆接头处。

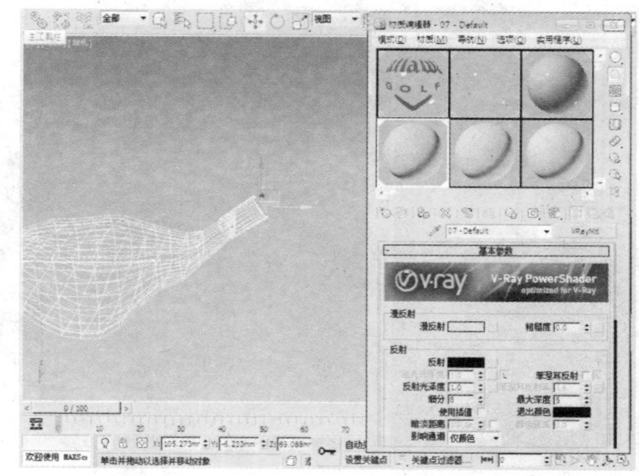

20 单击“漫反射”后的按钮，并选择“渐变坡度”，并按照下图进行设置。

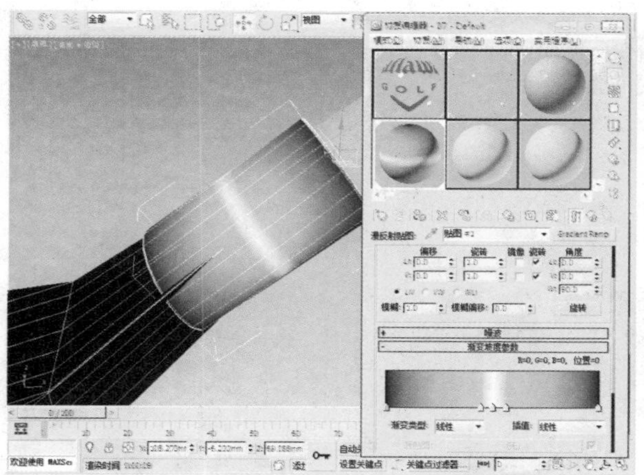

21 在“基本参数”卷展栏中对“反射”、“高光光泽度”、“反射光泽度”、“细分”参数如下图所示进行设置。

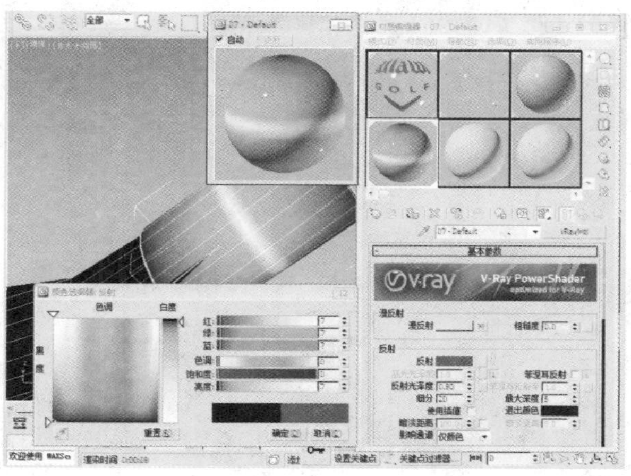

22 在“材质编辑器”窗口中，选中任意一个材质球，单击Standard按钮，在弹出的“材质/贴图浏览器”对话框中选择VRayMtl，并将其赋予多边形。

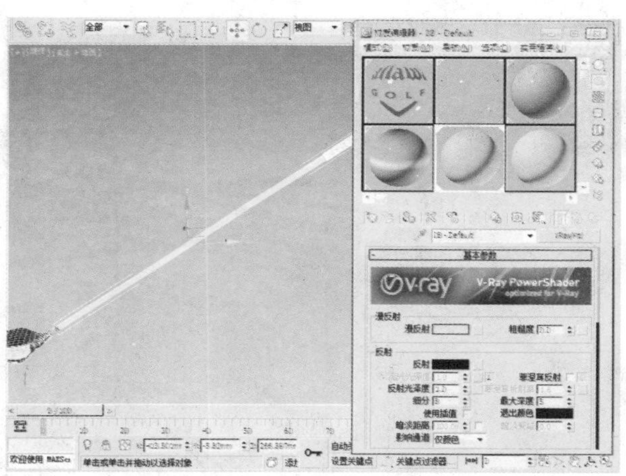

23 在“基本参数”卷展栏中对“漫反射”、“反射”、“高光光泽度”、“反射光泽度”、“细分”参数如下图所示进行设置。

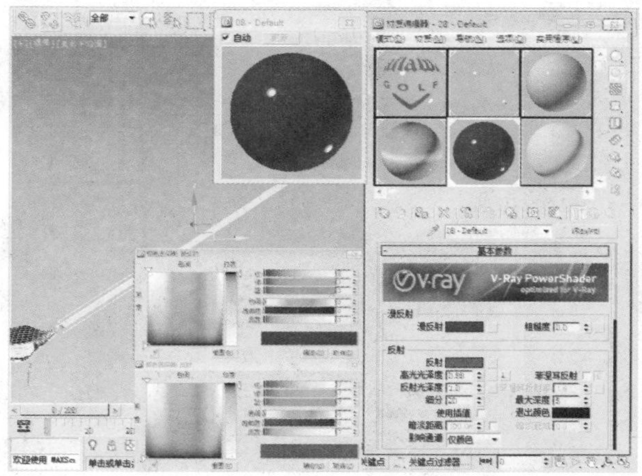

24 在“材质编辑器”窗口中，选中任意一个材质球，单击Standard按钮，在弹出的“材质/贴图浏览器”对话框中选择VRayMtl，并将其赋予多边形。

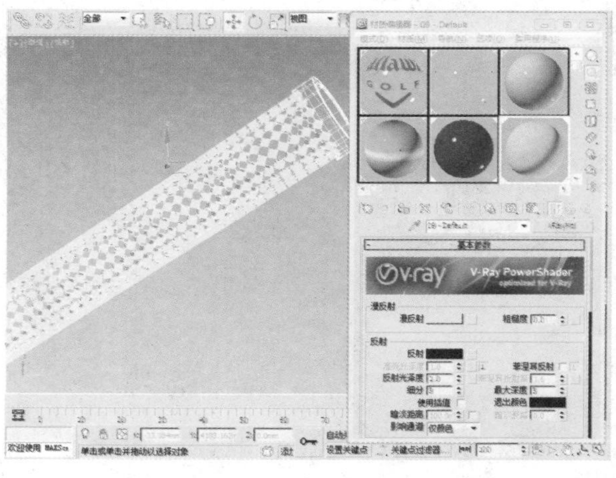

25 在“基本参数”卷展栏中对“漫反射”、“反射”、“高光光泽度”、“反射光泽度”、“细分”的参数如下图所示进行设置。

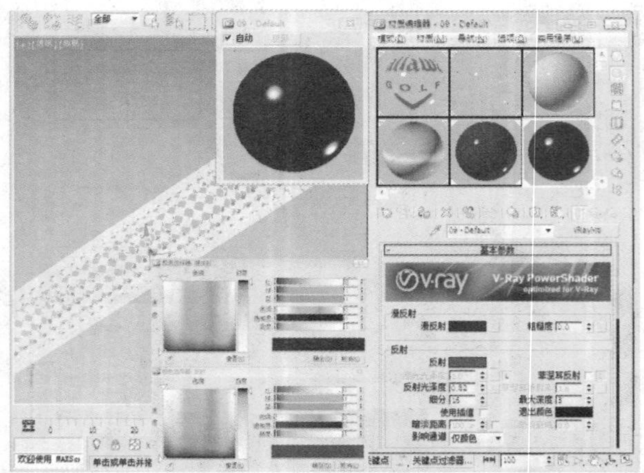

27 在“贴图”卷展栏中单击“凹凸”选项后的None按钮，添加“噪波”贴图，在“噪波参数”卷展栏中，设置“大小”为5。

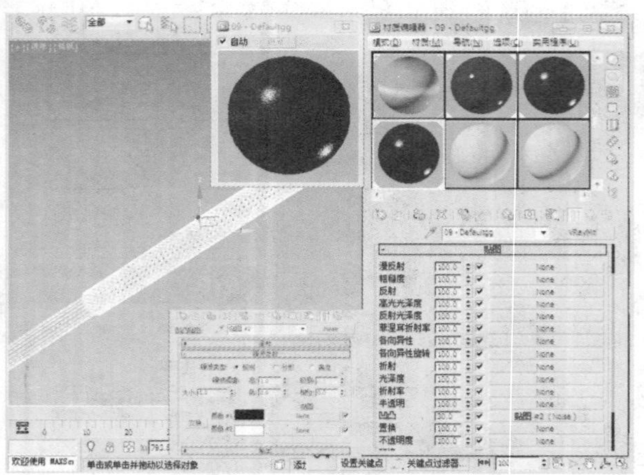

26 将刚刚设置好的塑料材质以拖动复制的方式复制到任意一个空白材质球上，并赋予给如下图所示的多边形。

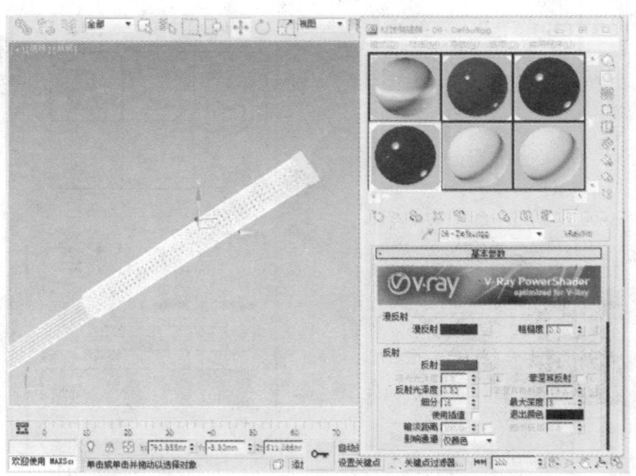

28 至此，高尔夫球杆模型制作完成，然后将其导入适当的场景中即可。

沙发模型的制作

本案例将介绍两款不同类型的沙发模型，通过对该过程的学习，用户可以熟悉并掌握3ds Max中的NURMS切换以及样条线的应用。

知识点

1. NURMS切换的使用
2. 样条线的使用
3. 可编辑多边形的使用

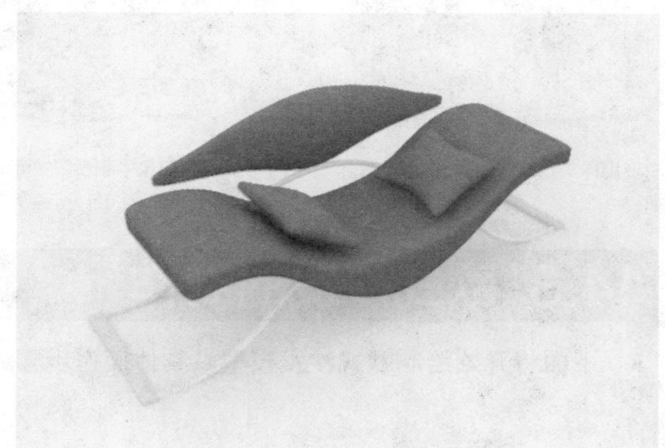

14.1 NURMS切换

在3ds Max中要想让物体的外形趋于圆滑，可以应用NURMS切换命令。NURMS切换命令是建立在可编辑多边形上的命令，当物体的分段数越少物体NURMS切换的变化越大，棱角地方圆滑度幅度越大，当物体的分段数越多，物体NURMS切换的变化越小，棱角地方圆滑度幅度越小。

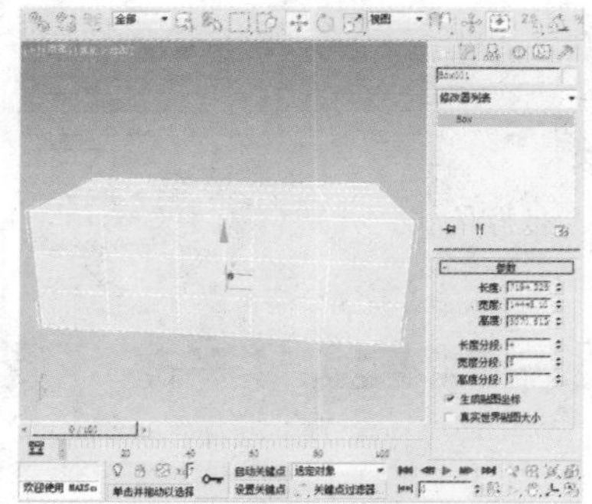

有分段的长方体

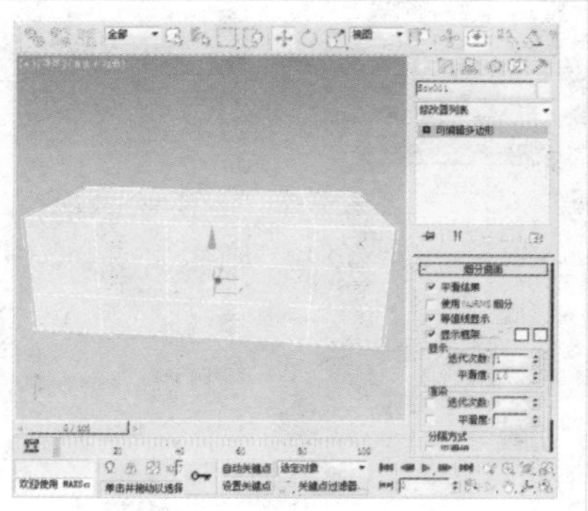

图形转换为可编辑多边形

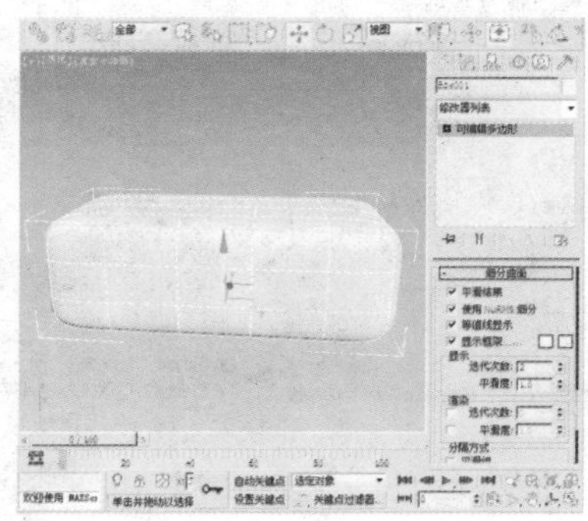

NURMS切换

14.2 样条线

使用样条线可以绘制很多复杂的图形，通过“修改”面板里的很多命令都可以让其转换成三维物体，也可以勾选“在渲染中启用”和“在视口中启用”复选框，并适当改变物体的半径大小，就可以生成三维图形。

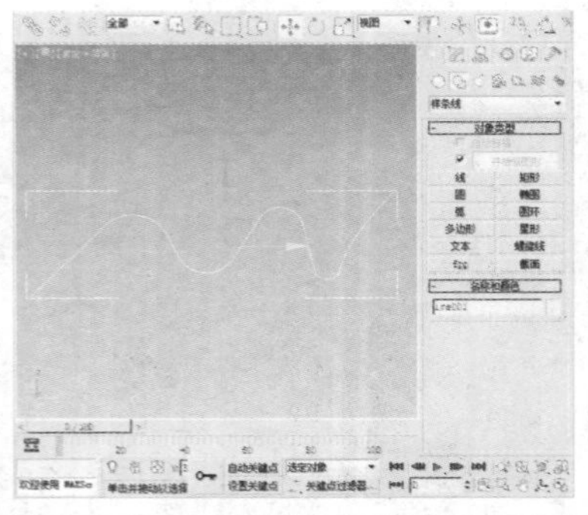

使用样条线绘制的图形

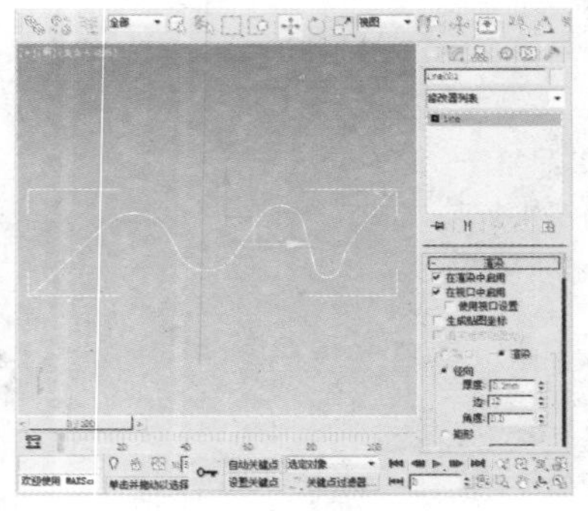

在渲染中和视口中可见启用

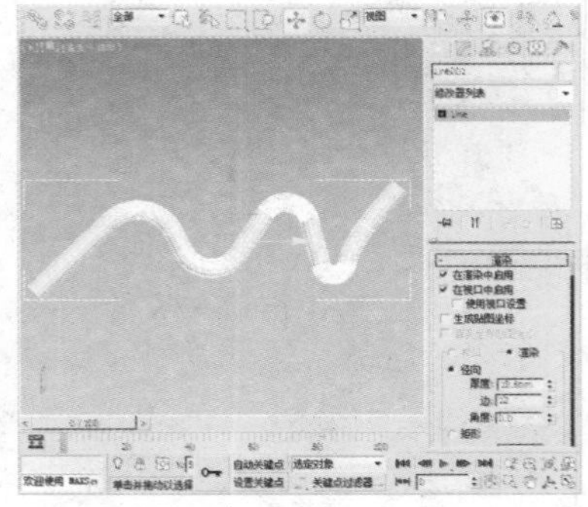

自定义半径后的图形

14.3 欧式沙发的制作

下面将开始绘制欧式沙发模型，具体操作步骤如下。

14.3.1 绘制沙发主体

下面将对欧式沙发主体的制作进行介绍。

01 在“创建”面板中单击“线”按钮，在前视图中创建一条样条线。

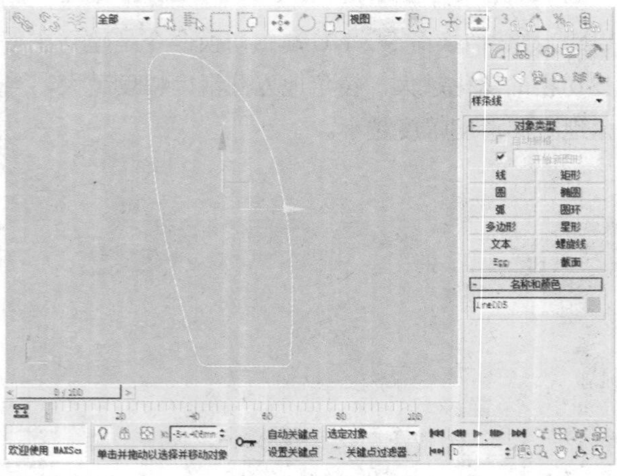

02 在“修改器列表”中添加“挤出”修改器。

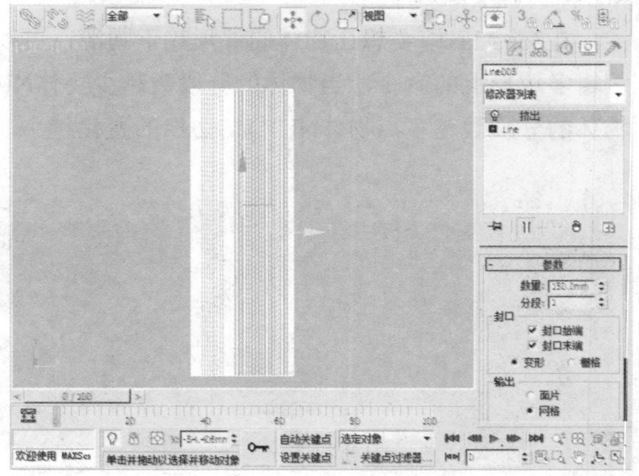

03 将物体转换为可编辑多边形，在“选择”卷展栏中单击“边”按钮，选中如下图所示的边。

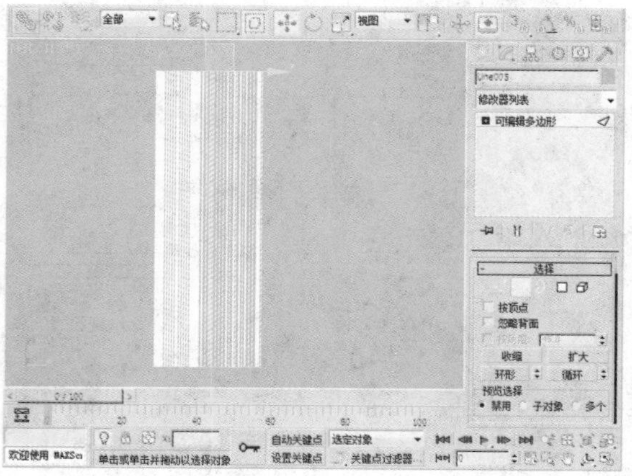

04 在“编辑边”卷展栏中单击“切角”按钮，并进行适当设置。

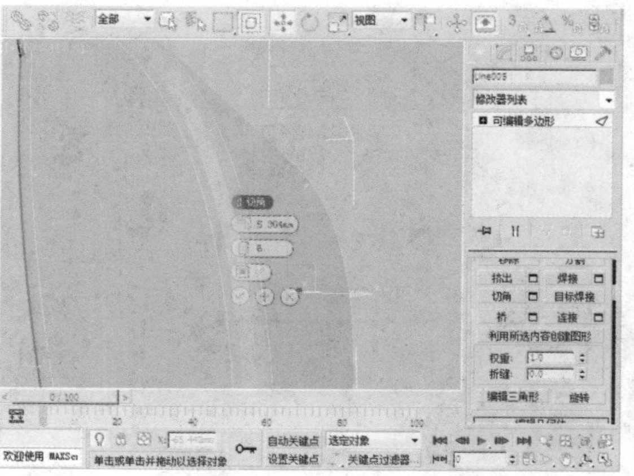

05 在前视图中利用“镜像”对物体镜像复制得到一个物体。

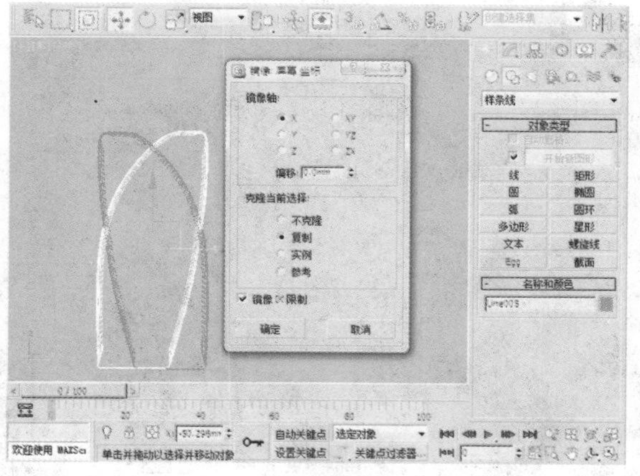

06 使用“选择并移动”工具，将物体移动到合适的位置。

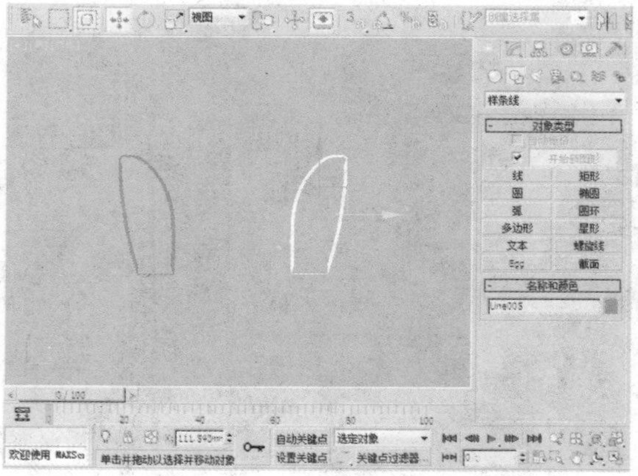

07 在前视图中，创建一个切角长方体，其中“长度”、“宽度”、“高度”和“圆角”分别按下图进行设置。

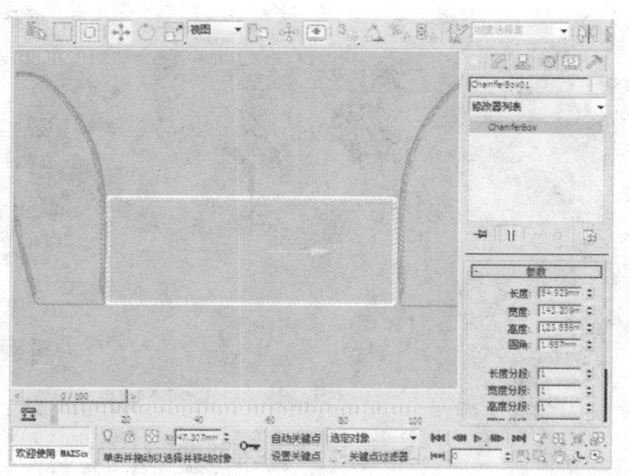

08 为新建的切角长方体添加一个FFD2×2×2修改器，并选择“顶点”后将物体拉成如下图所示的图形。

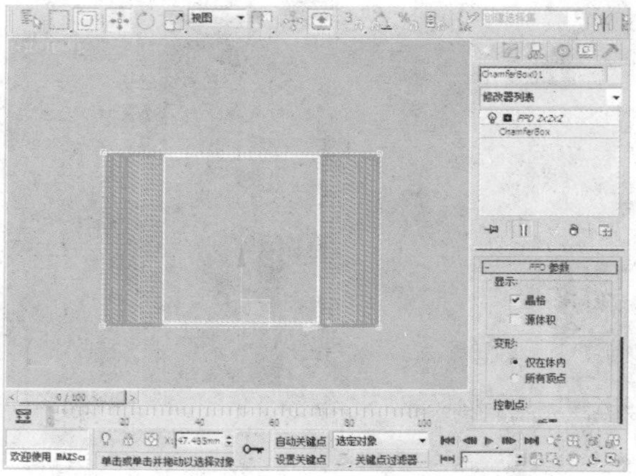

09 在前视图中按住Shift键对切角长方体进行复制，得到一个同样的切角长方体。

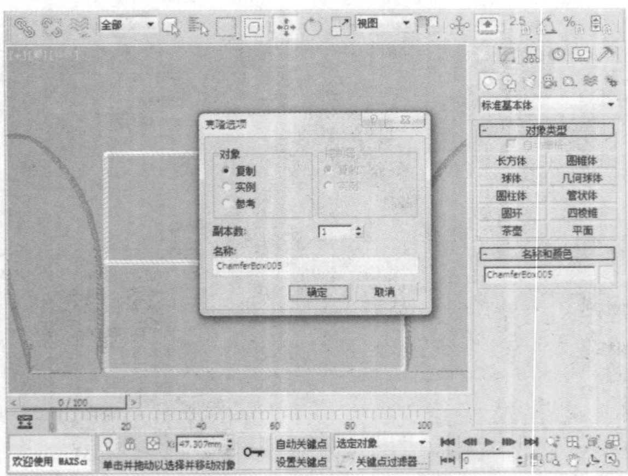

10 在“修改”面板中为复制的物体添加FFD2×2×2修改器，将物体拉成如下图所示的形状。

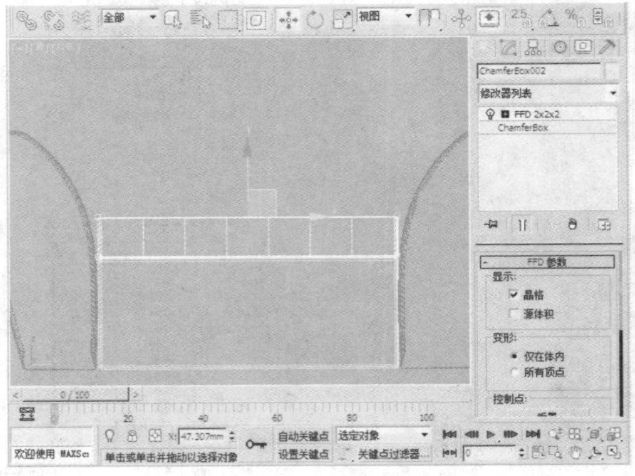

11 按住Shift键，将刚复制的切角长方体再复制出一个。

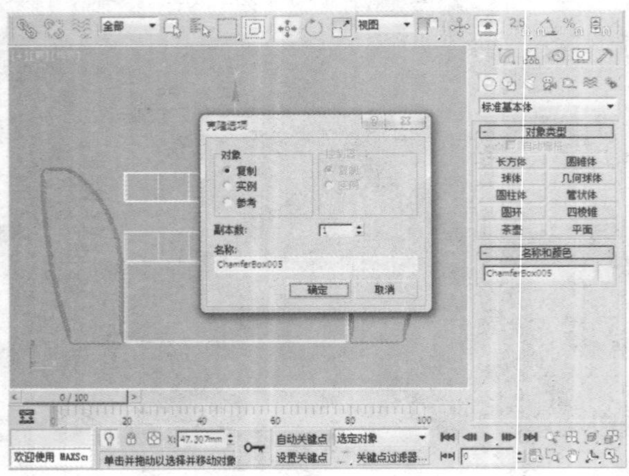

12 在“修改”面板中为复制的物体添加FFD2×2×2修改器，将物体拉成如下图所示的形状。

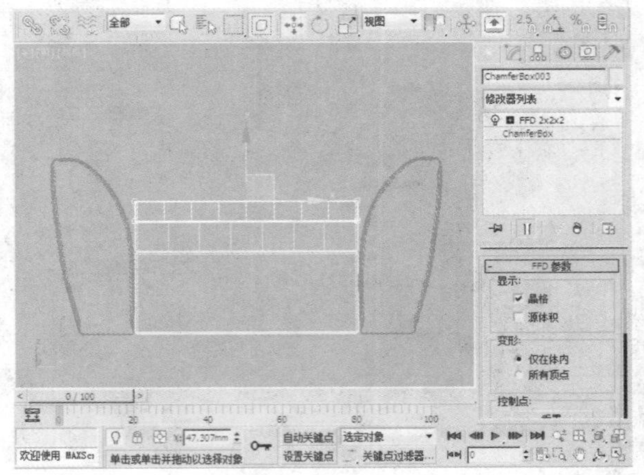

13 为物体再添加一个FFD3×3×3修改器，选中如图的点将物体拉鼓起来。

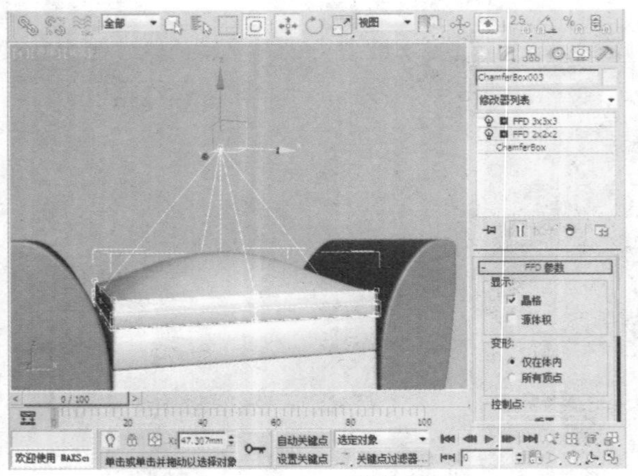

14 在“创建”面板中单击“线”按钮后，在前视图中绘制一条样条线。

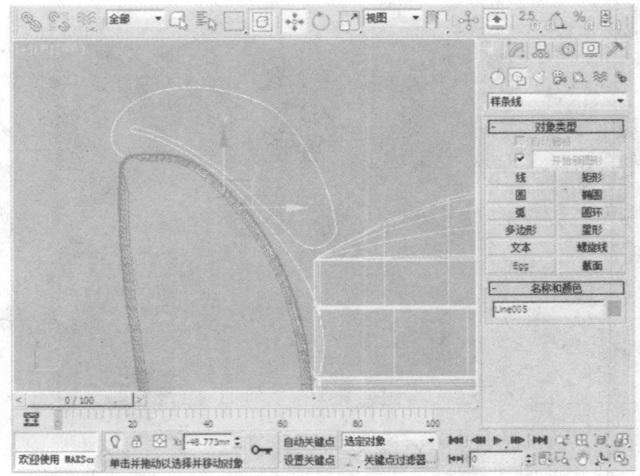

15 为绘制的样条线添加“倒角”修改器。

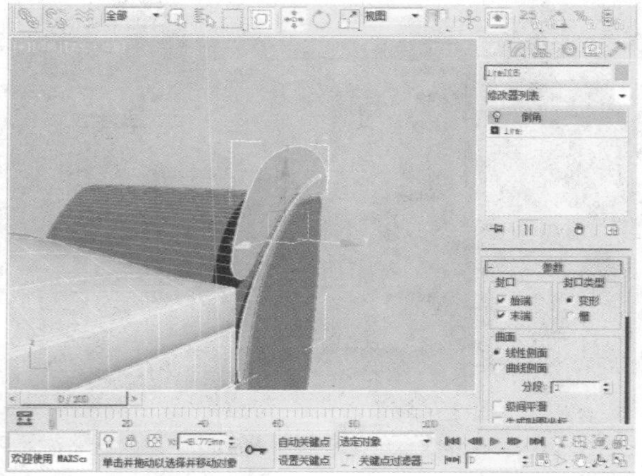

16 在“修改”命令面板中设置“级别1”中的“高度”为2.5mm、“轮廓”为1.5mm。

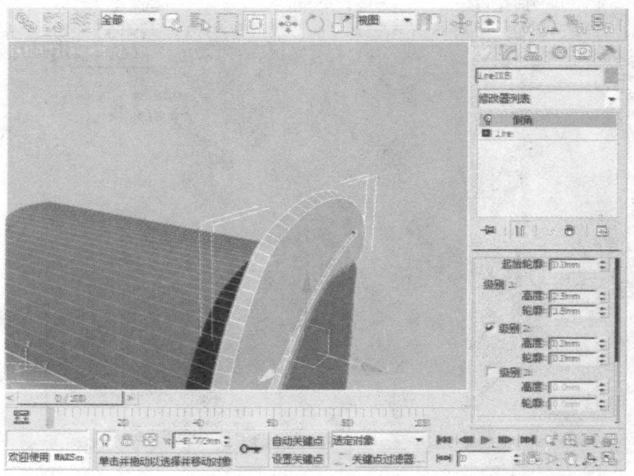

17 设置“级别2”中的“高度”为122.0mm、“轮廓”为0。

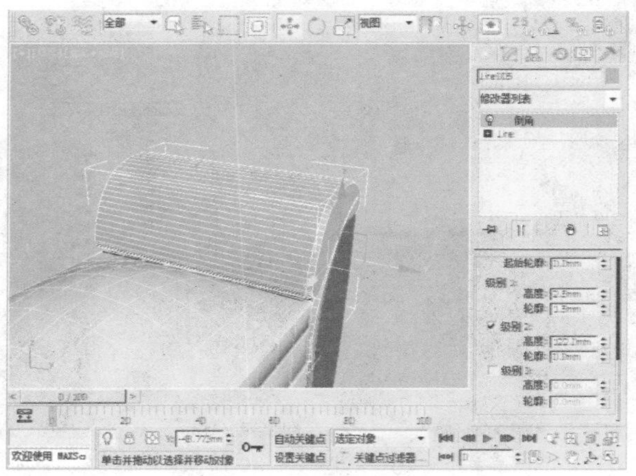

18 设置“级别3”中的“高度”为2.5mm、“轮廓”为-1.5mm。

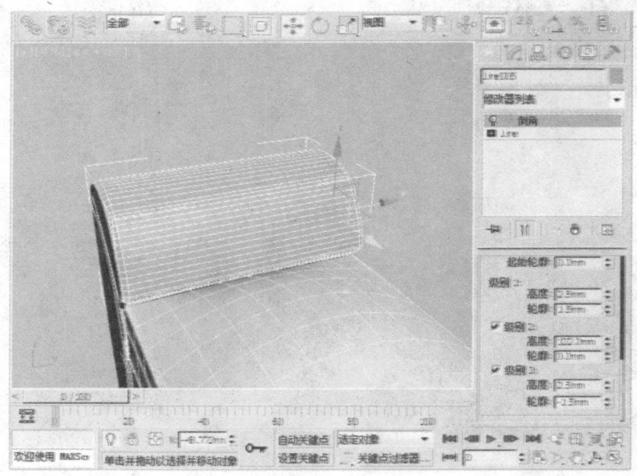

19 在“曲面”选项组中设置“分段”为5。

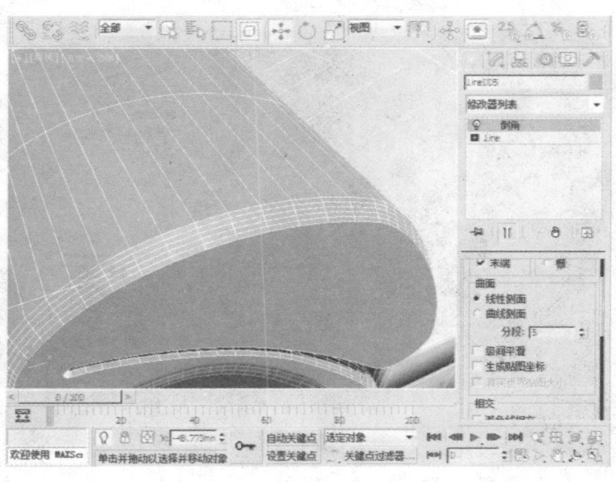

20 将物体转换为可编辑多边形，并选中如下图所示的点。

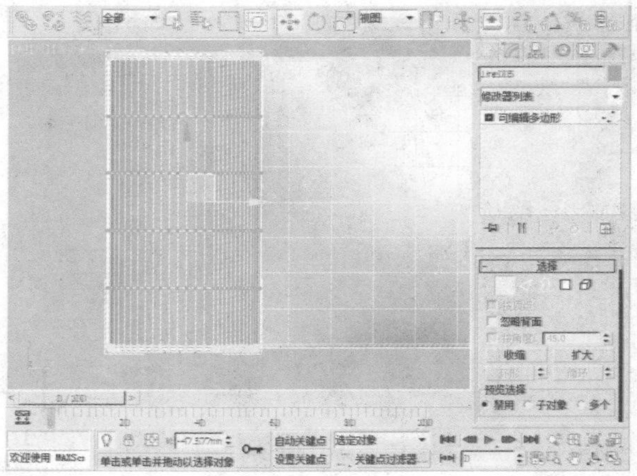

21 在前视图中，使用“选择并均匀缩放”工具，在X和Y轴所在平面上对其进行缩放。

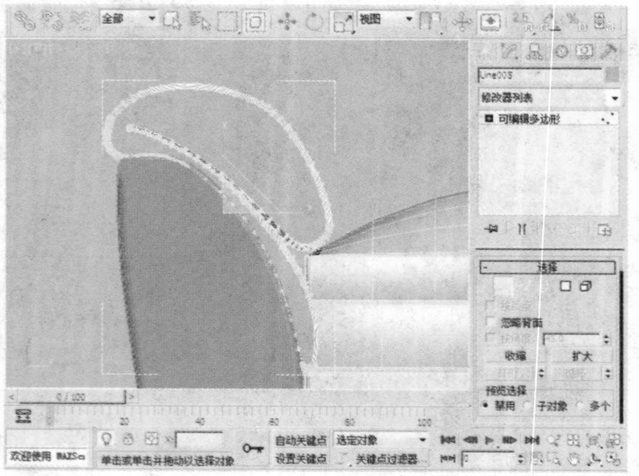

22 选择刚创建的物体，利用“镜像”工具将物体镜像复制一个。

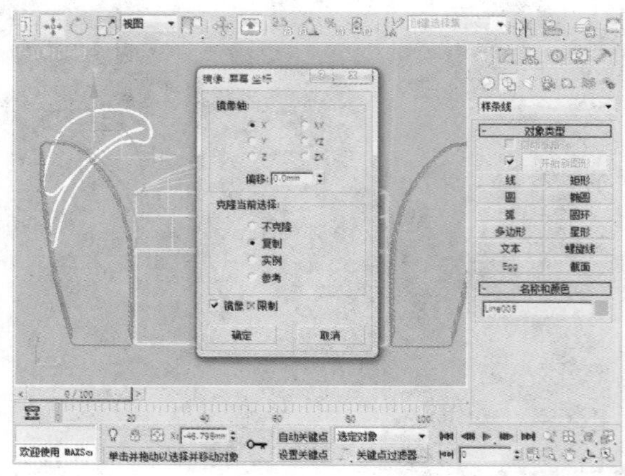

23 在前视图中将镜像复制得到的物体移动到合适的位置。

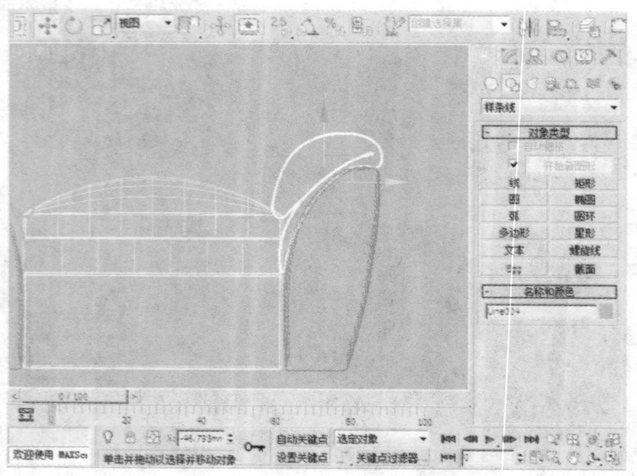

24 到此，模型建成如下图所示。

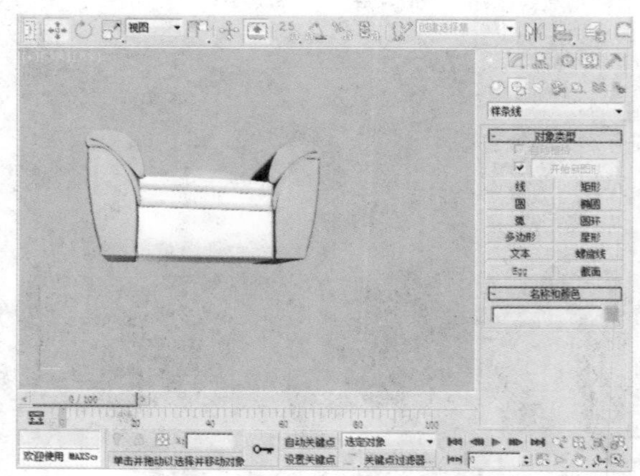

25 在前视图中，创建一个切角长方体，其中“长度”、“宽度”、“高度”“圆角”的参数按照下图进行设置。

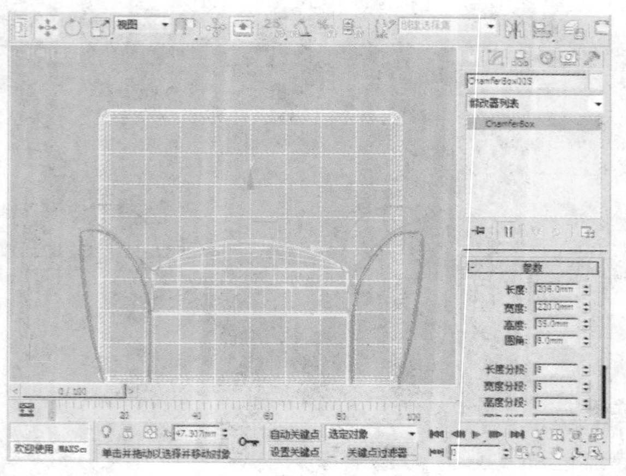

26 在左视图中使用“选择并旋转”工具，将物体旋转一定的角度。

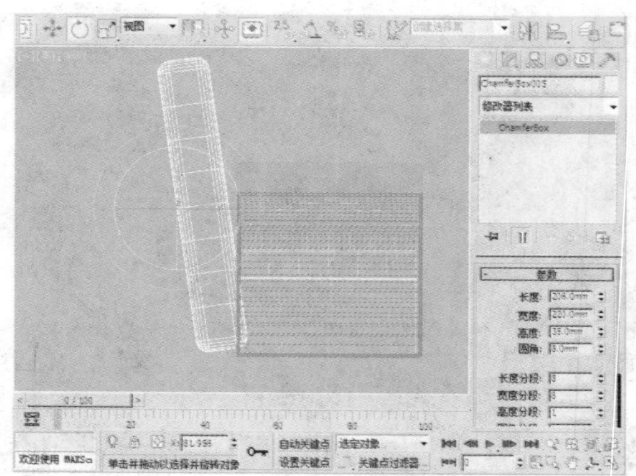

27 为物体加一个FFD3×3×3修改器，选择“顶点”后，选中如下图的点，并拉出一个弧度。

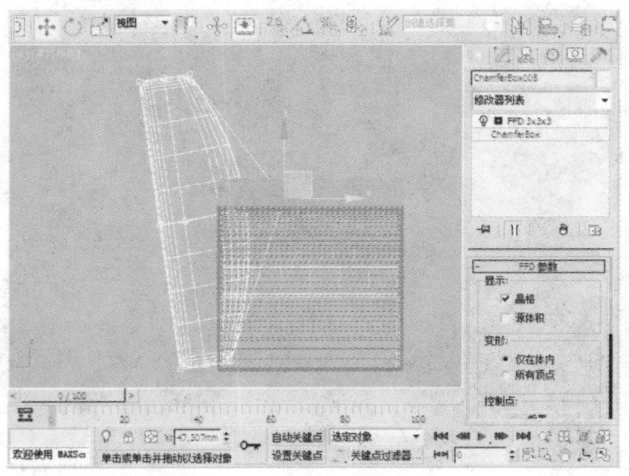

28 再为物体添加一个FFD2×2×2修改器，将物体拉成如下图所示的形状。

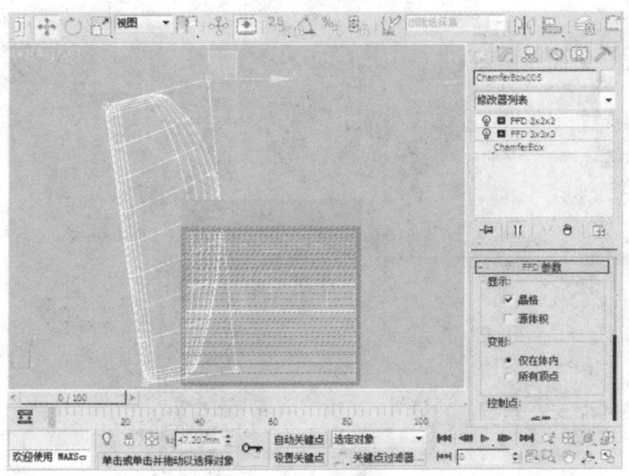

29 利用“选择并均匀缩放”工具将物体整体压扁一些，并把物体移动到合适位置。

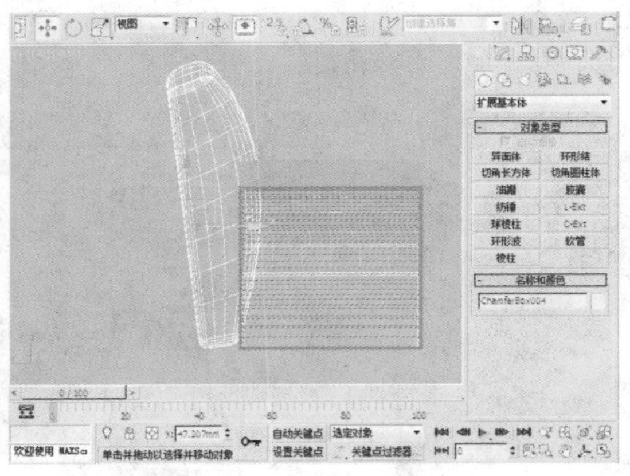

30 在顶视图中创建一个圆锥体，其中“半径1”、“半径2”、“高度”、“边数”的参数按照下图进行设置。

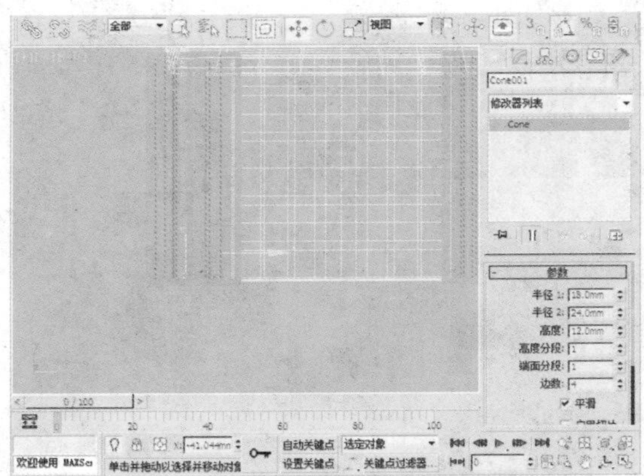

31 将新建的物体转换为可编辑多边形，选中“边”后，在“编辑边”卷展栏中单击“切角”按钮，并设置适当的参数。

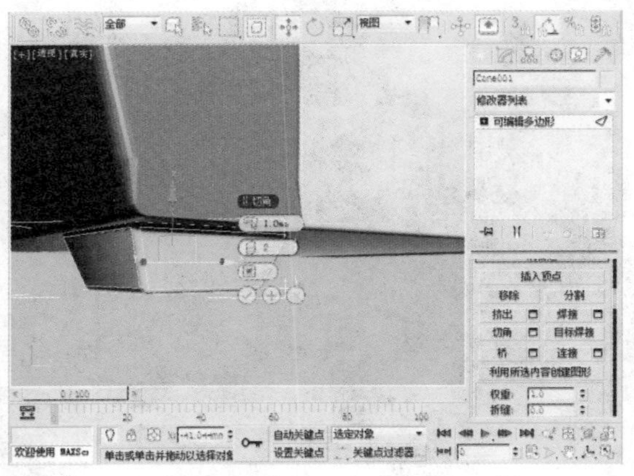

32 按住Shift键使用“选择并移动”工具，将刚创建的物体复制出一个物体。

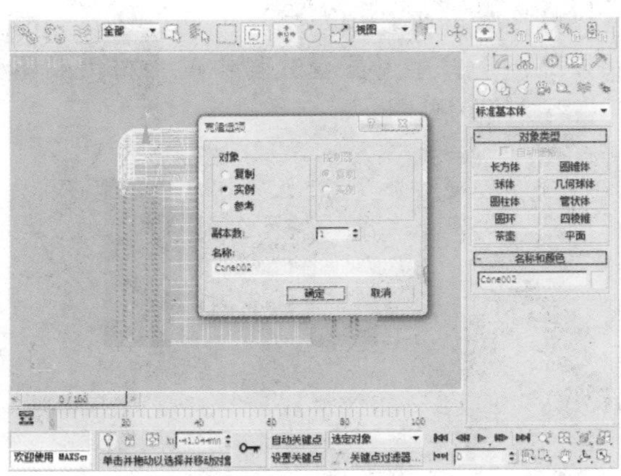

33 选中两个圆锥体，并对其进行复制得到两个物体。

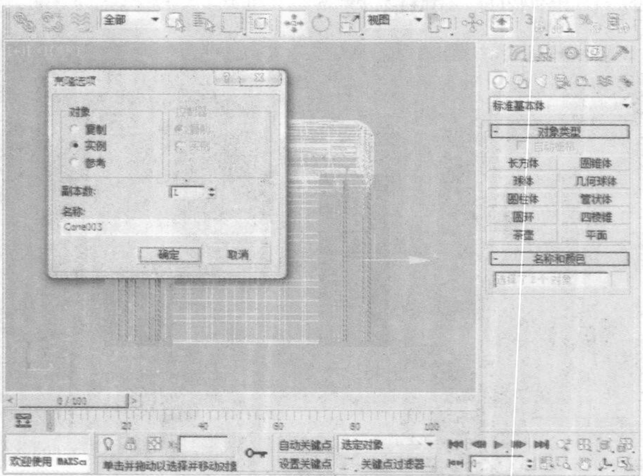

34 至此，沙发的模型创建完成。

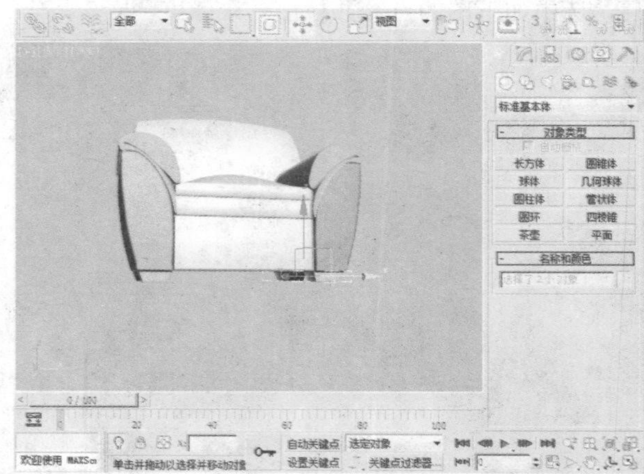

14.3.2 材质的调整

下面对物体赋予材质，具体步骤如下所示。

01 选择如下图所示物体，单击“材质编辑器”按钮，在一个材质球上适当调整它的颜色。

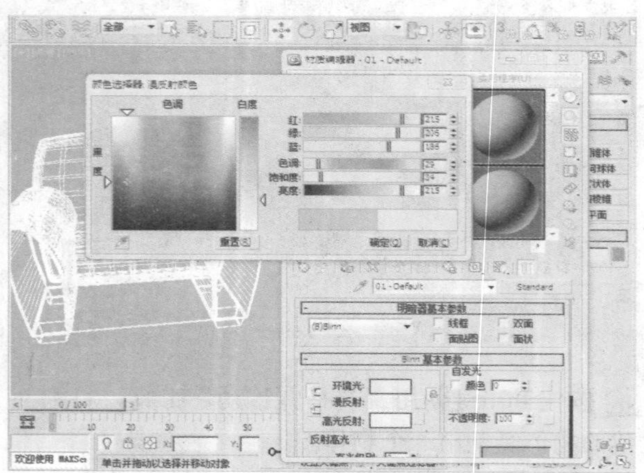

02 在“反射高光”选项组中分别设置“高光级别”和“光泽度”为25和14。

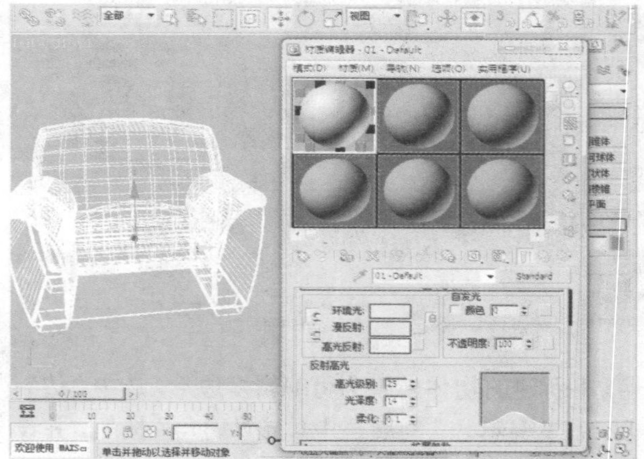

03 在“贴图”卷展栏中单击“凹凸”选项后的None按钮，选择本书配套光盘中的素材“贴图5”，并导入作为贴图。

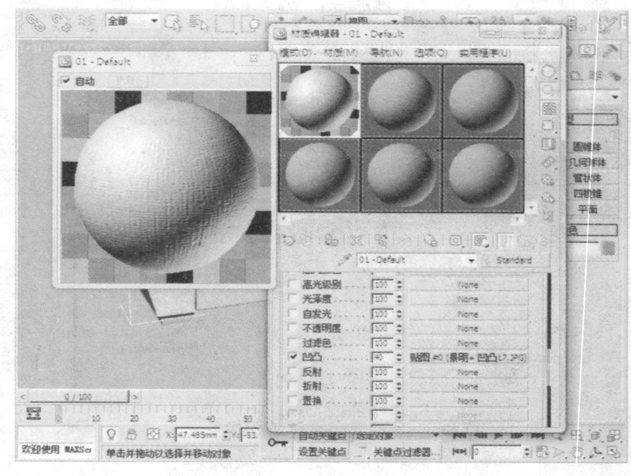

04 单击“材质编辑器”窗口中的“将材质指定给选定对象”按钮。

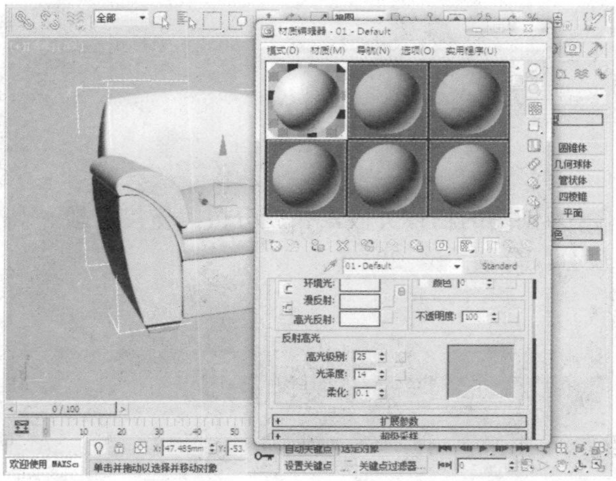

05 选择另一个材质球，在“颜色选择器：漫反射颜色”对话框进行如下图所示的设置。

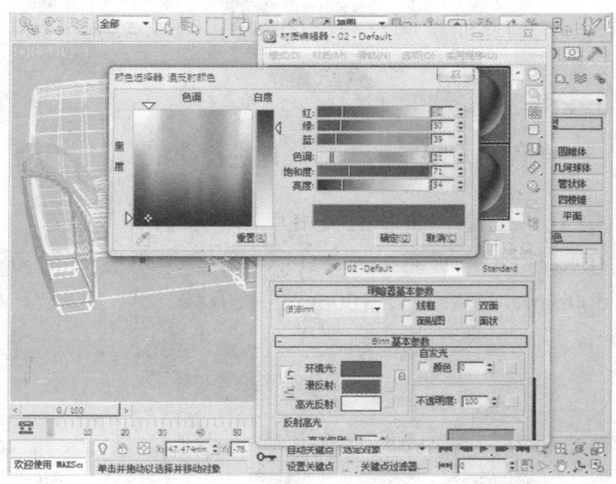

06 在“反射高光”选项组中设置“高光级别”为60、“光泽度”为40。

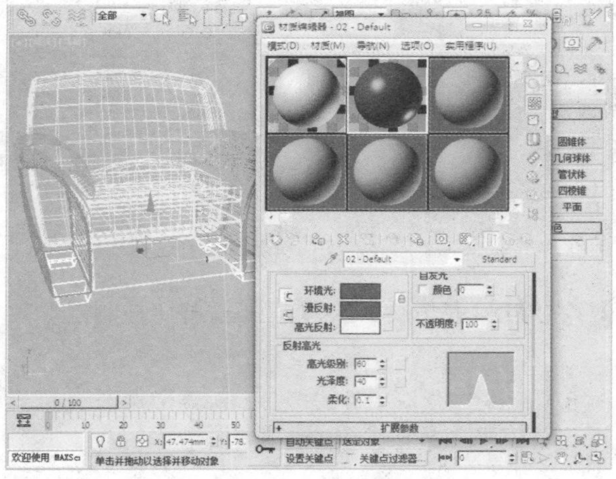

07 单击“材质编辑器”窗口中的“将材质指定给选定对象”按钮。

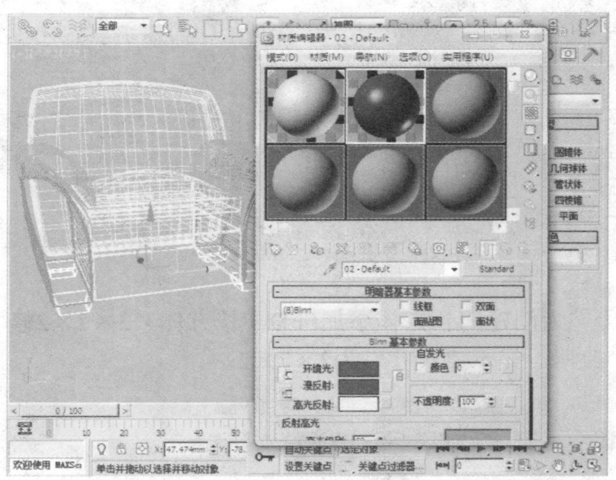

08 到此，欧式沙发模型就制作完成了。

14.4 时尚沙发的制作

下面开始绘制时尚沙发模型，具体步骤如下所示。

14.4.1 绘制坐垫

下面将对坐垫的制作过程进行介绍。

01 在“创建”命令面板中单击“长方体”按钮，在顶视图中创建一个长度、宽度、高度分别为600mm、1800mm、100mm的长方体。

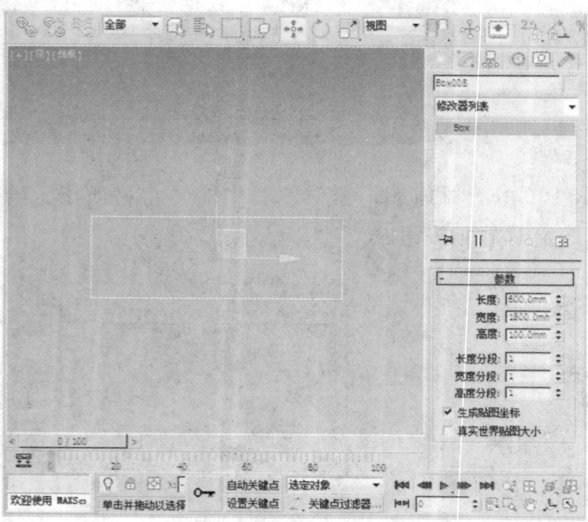

02 为创建的物体分段，长度分段、宽度分段、高度分段分别为6、20、3。

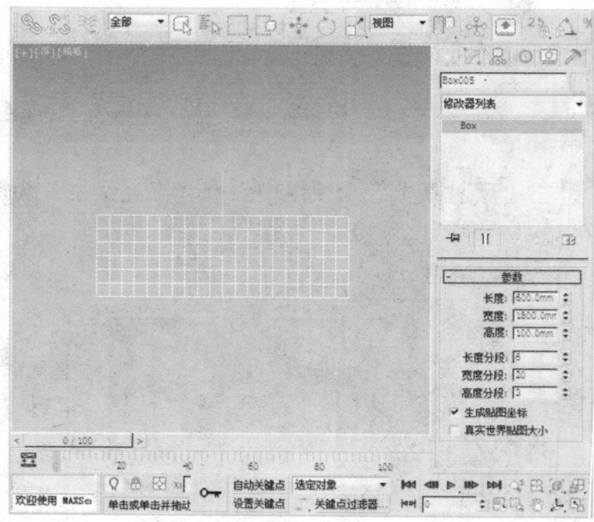

03 为创建的长方体添加FFD（长方体）2×7×2修改器，显示“尺寸”为2×7×2。

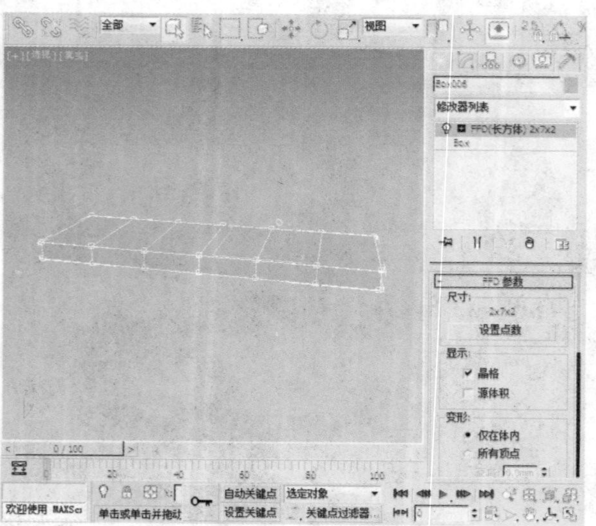

04 在FFD（长方体）2×7×2下选择“控制点”。

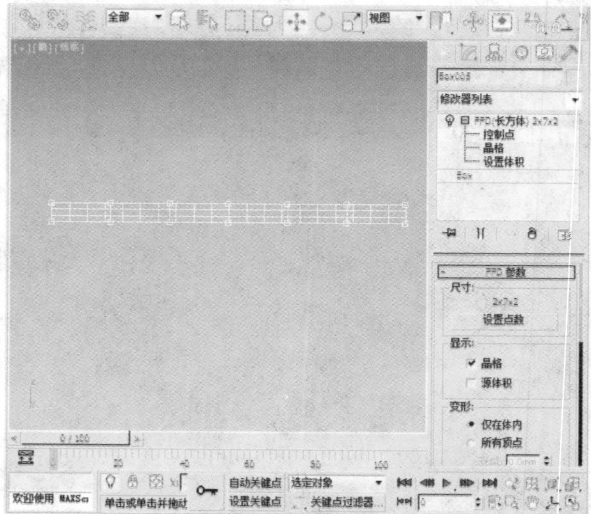

05 在前视图中框选中间的六个控制点，单击工具栏中的“选择并移动”按钮，按如下图所示进行调整 。

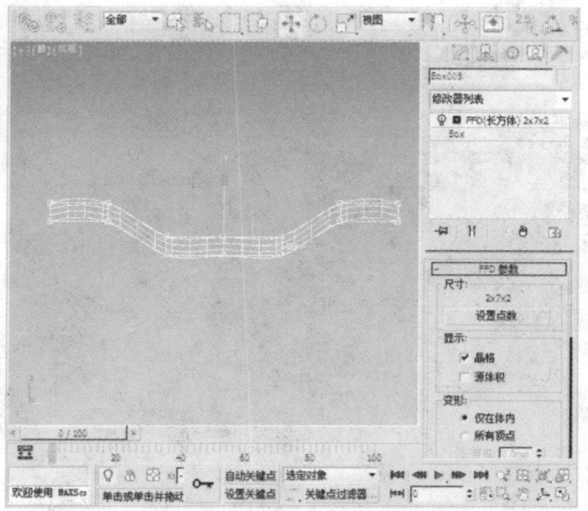

06 在前视图中框选中间的下面三个控制点，单击工具栏中的“选择并移动”按钮，按如下图所示进行调整。

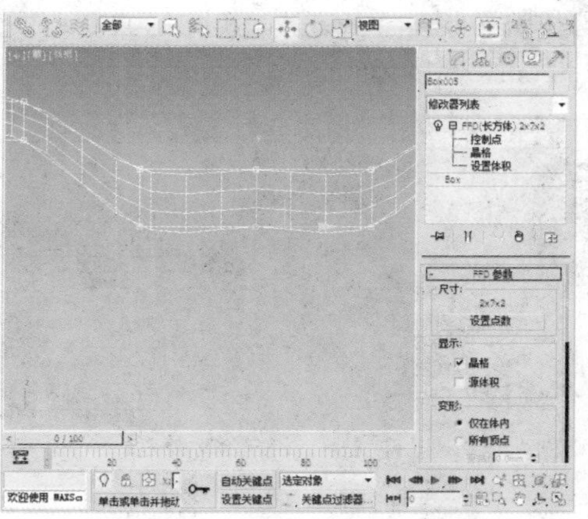

07 在前视图中框选正中间下面的控制点，并将其调整至适当位置。

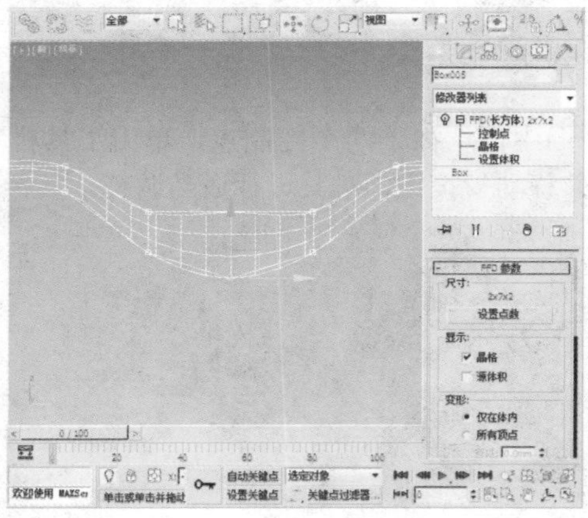

08 在前视图中框选正中间上面的控制点，并将其调整至适当位置。

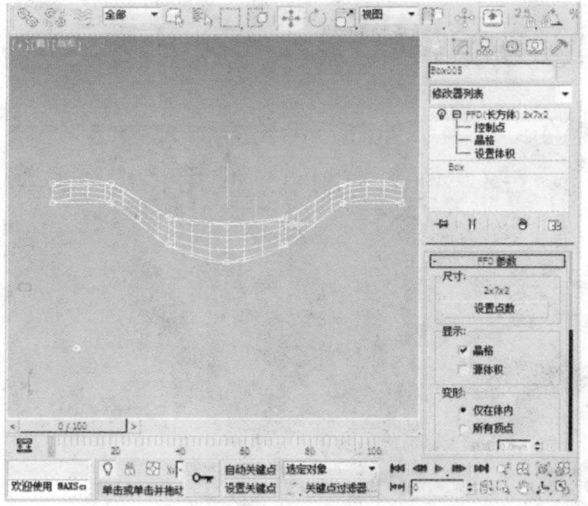

09 将调整好的长方体转换为可编辑多边形。

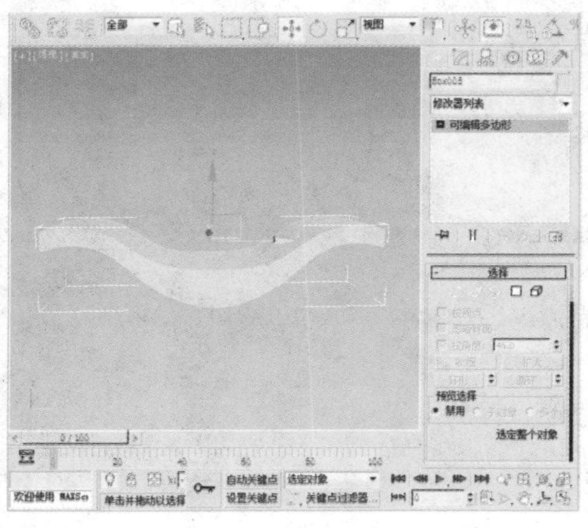

10 右击图形并选择“NURMS切换”命令，在“显示”选项组中设置“迭代次数”为2。

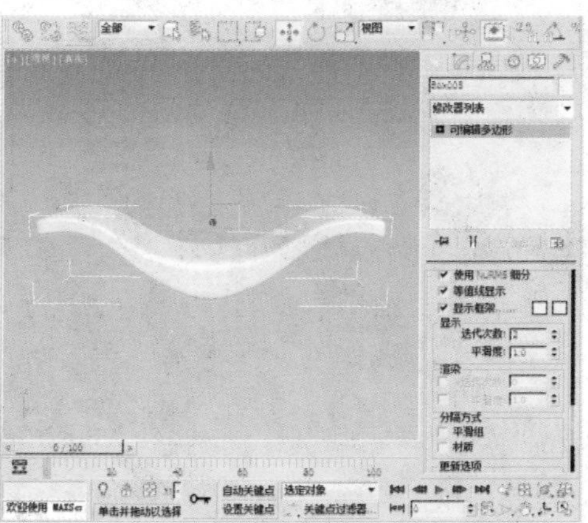

14.4.2 绘制靠垫

下面开始绘制沙发靠垫，具体步骤如下所示。

01 在前视图中再创建一个长方体，其长度为340mm、宽度为1200mm、高度为50mm。

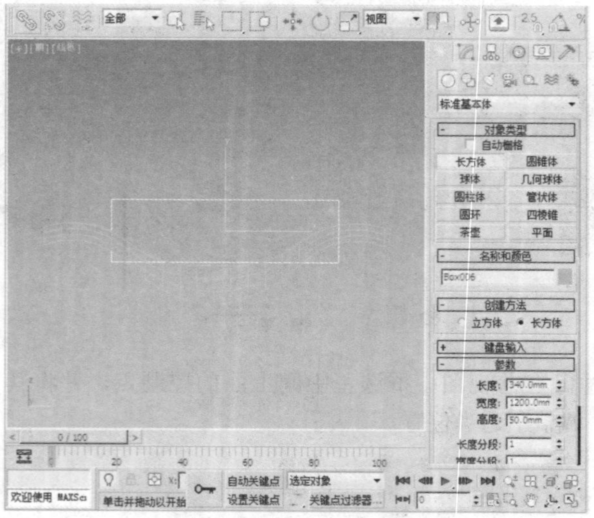

02 为新创建的长方体进行分段，其参数按照如下图所示进行设置。

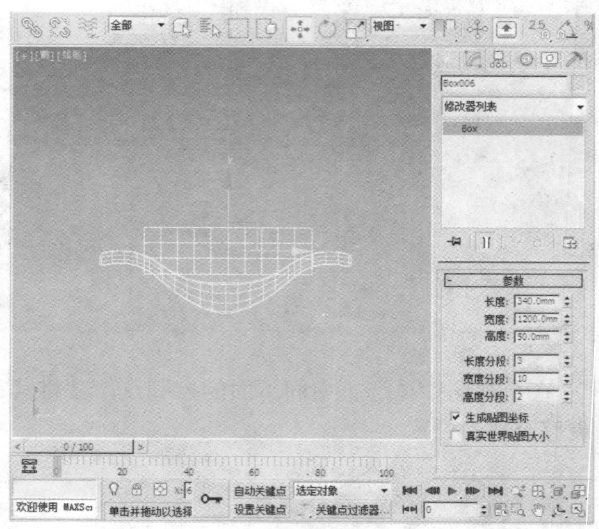

03 为创建的长方体添加FFD（长方体）3×5×2修改器，在前视图中框选控制点，使用“选择并移动”工具进行适当调整。

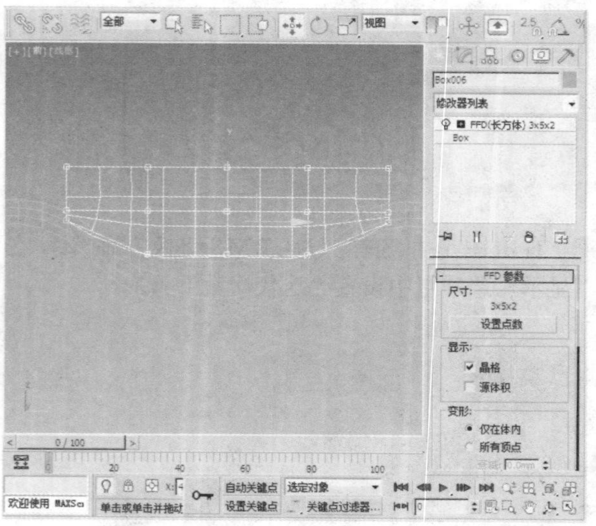

04 在前视图中框选如下两个控制点，单击工具栏中“选择并移动”按钮，对其进行适当调整。

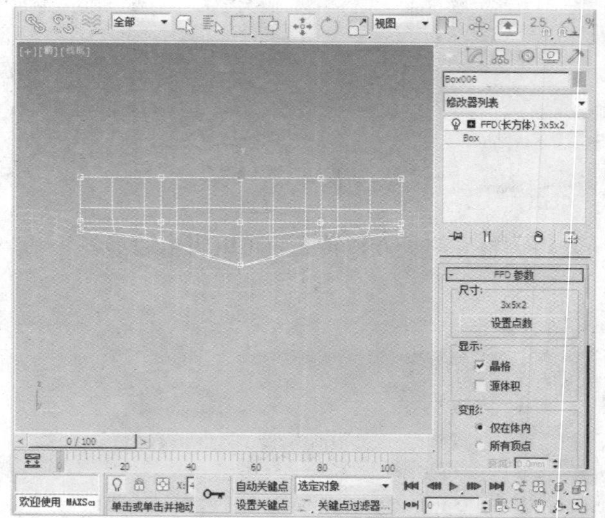

05 在前视图中框选如下控制点，单击工具栏中的“选择并移动”按钮，并进行适当调整。

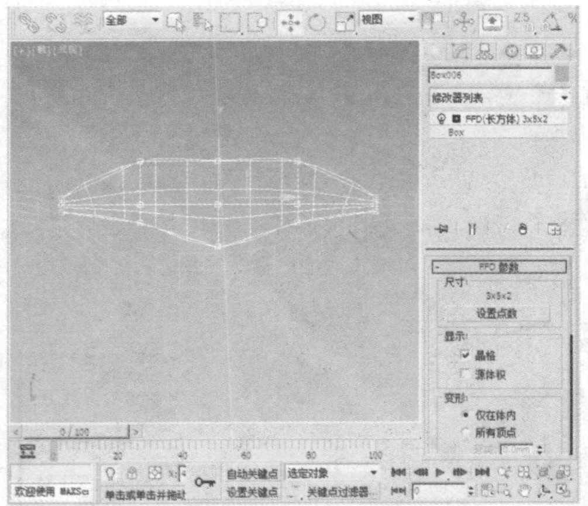

06 在前视图框选如下控制点，单击工具栏中的“选择并移动”按钮，并进行适当调整。

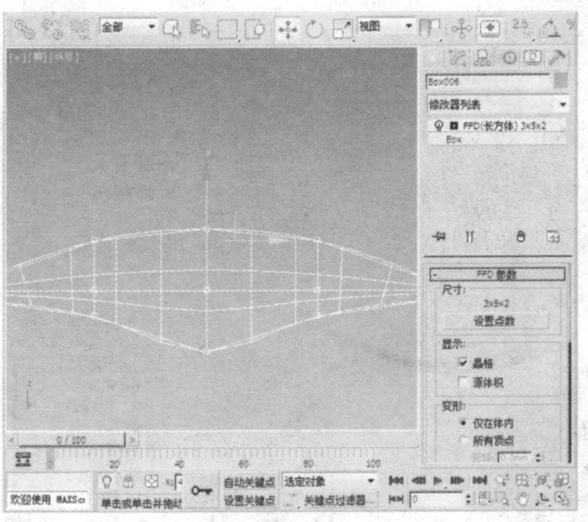

07 再为调整后的物体添加一个FFD（长方体）3×3×3修改器。

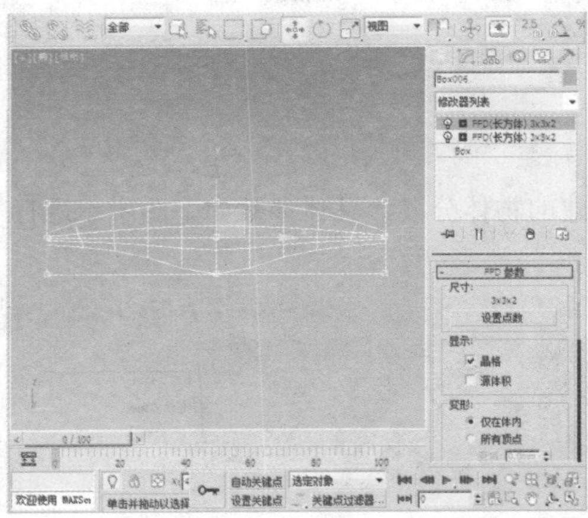

08 选择“控制点”后，在透视视图中单击如下图所示的控制点。

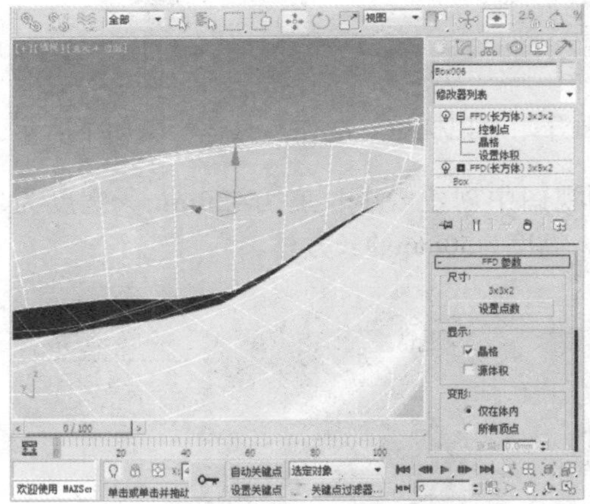

09 使用“选择并移动”工具，适当调整选择的控制点。

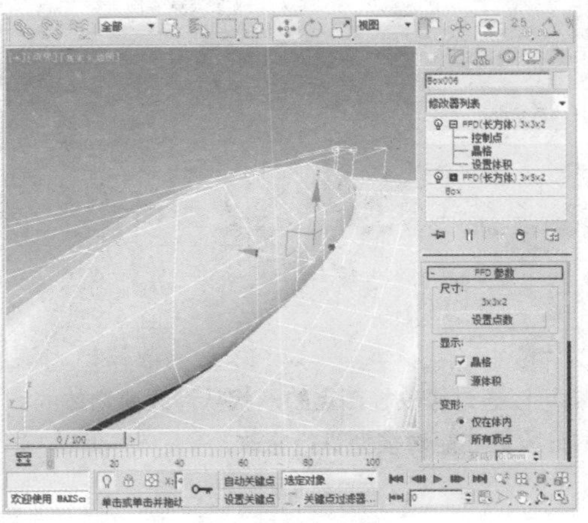

10 将调整好的物体转换为可编辑多变形。

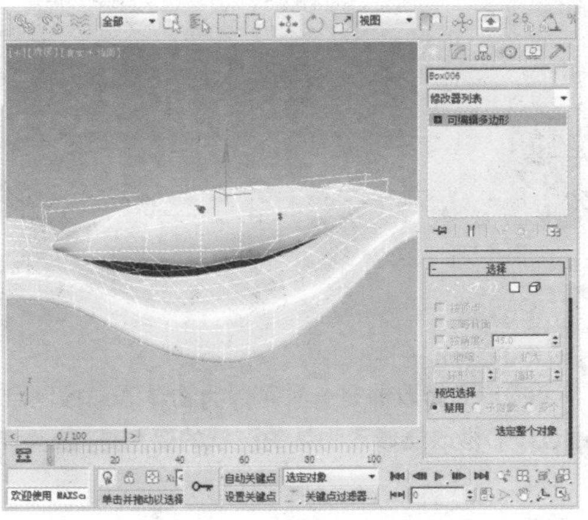

11 右击并选择“NURMS切换”命令，在“细分曲面”卷展栏中设置“迭代次数”为2，使其形状如下。

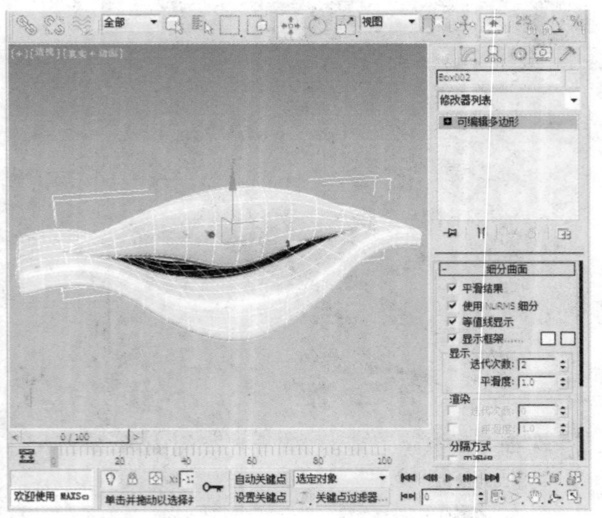

12 在顶视图中，使用“选择并移动”工具，适当调整物体的位置。

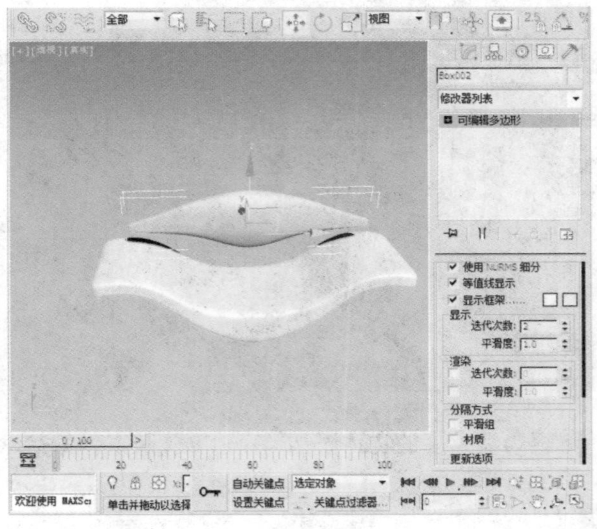

14.4.3 绘制抱枕

下面开始对抱枕进行制作，具体步骤如下所示。

01 在顶视图中创建一个长度为420mm、宽度为480mm、高度为50mm的长方体。

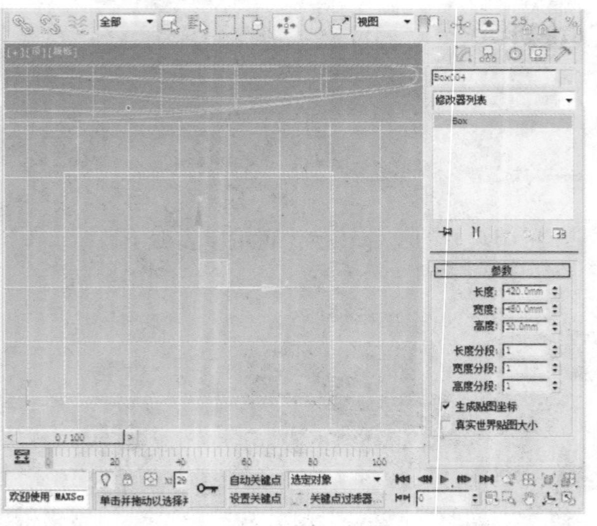

02 为创建的物体分段，具体参数如下图所示进行设置。

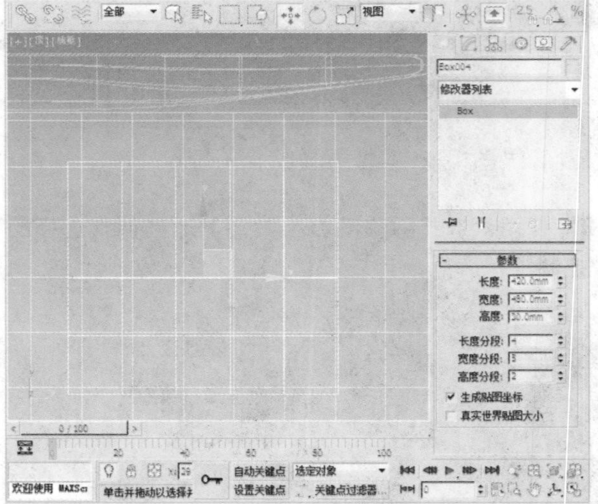

知识点

在3ds Max中FFD修改器是一种可以为物体添加控制点的修改器，我们可以通过修改控制点的形状从而改变物体的形状，通过FFD修改器修改物体的形状的要点是，要为模型添加合适的分段数才能对模型进行修改。

03 为创建的物体加一个FFD3×3×3修改器。

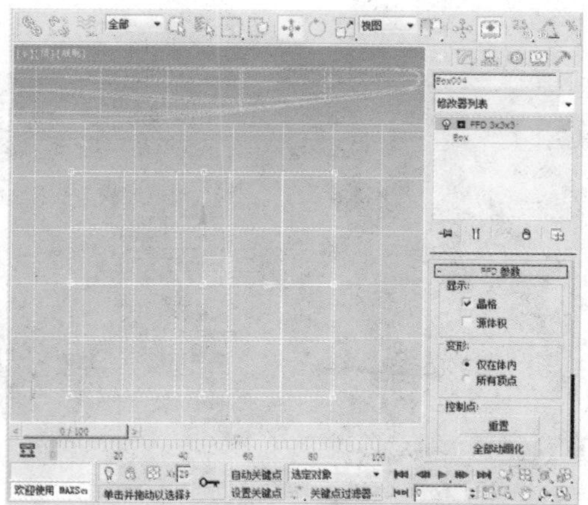

04 使用“选择并均匀缩放”工具，框选如下图所示的控制点并进行适当的调整。

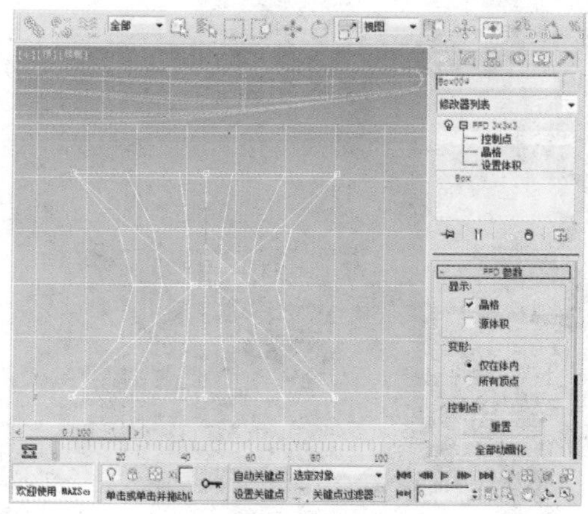

05 使用“选择并均匀缩放”工具，框选如下图所示的控制点，并进行适当调整。

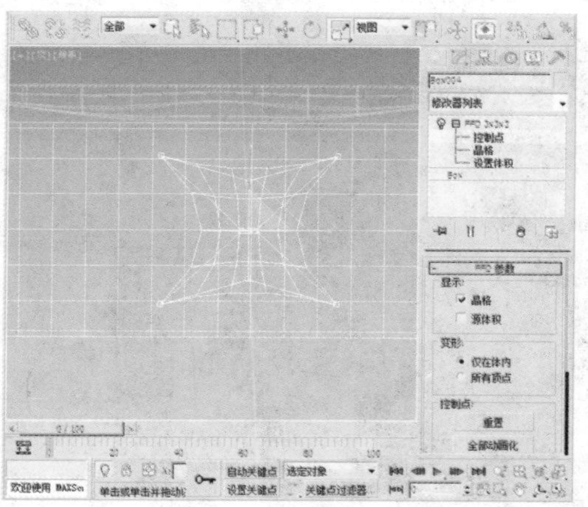

06 使用“选择并移动”工具，在前视图中适当调整如下图所示的控制点。

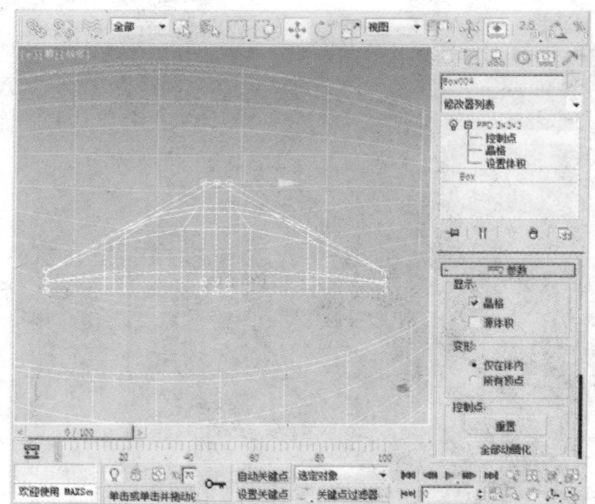

07 在前视图中，使用“选择并移动”工具，在前视图中框选并调整如下图所示的控制点。

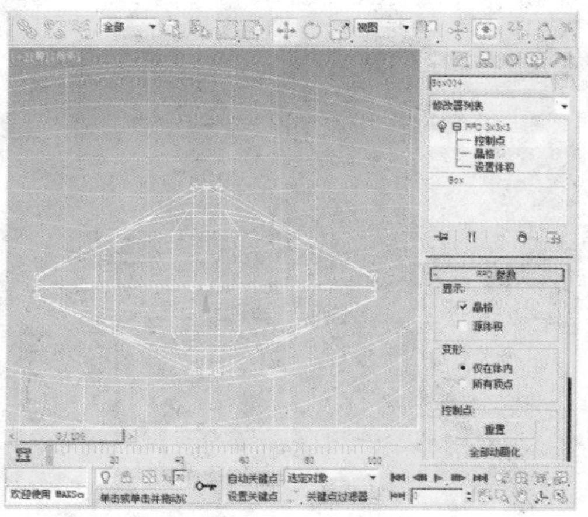

08 切换到“创建”命令面板。

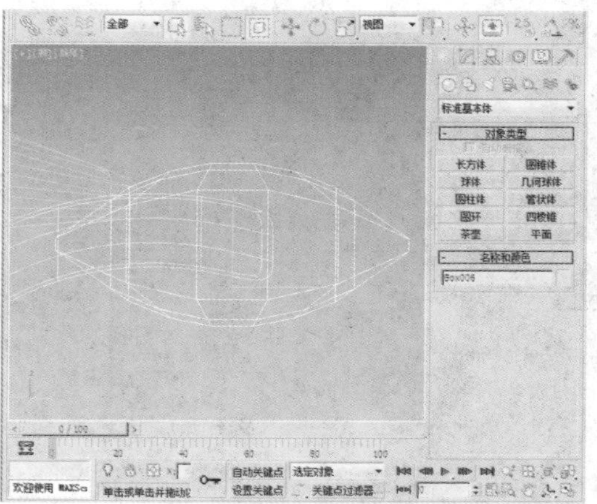

09 将物体转换为可编辑多边形。

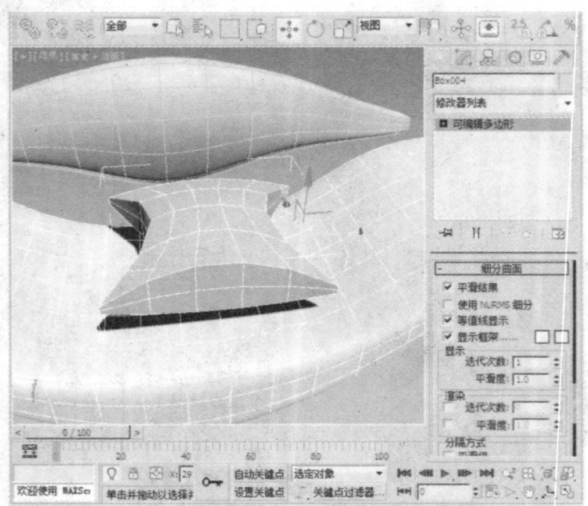

10 右击并选择“NURMS切换”命令，在“细分曲面”卷展栏中设置“迭代次数”为2。

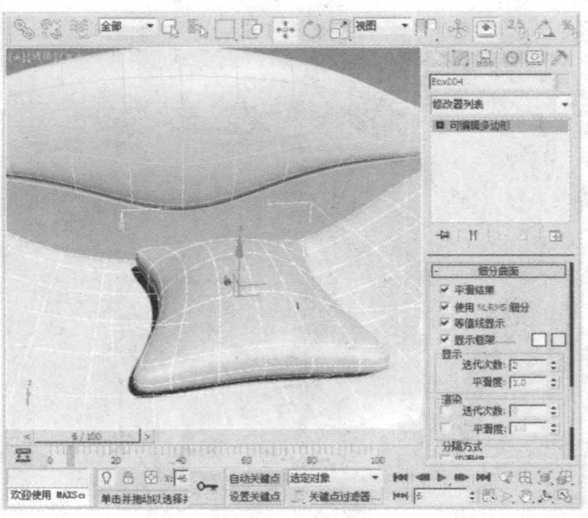

11 使用“选择并移动”工具，在顶视图中调整物体到如下位置。

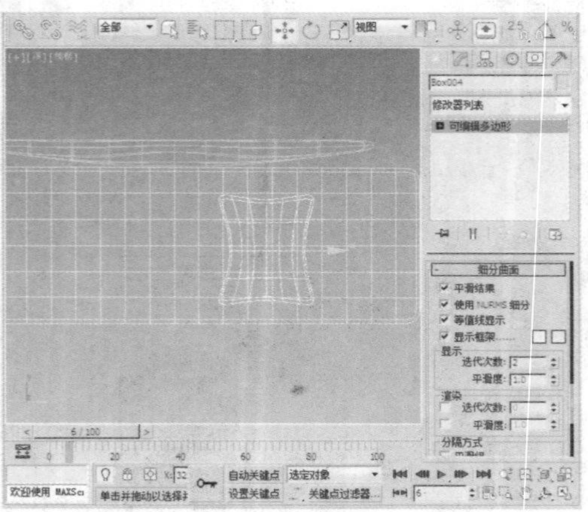

12 使用“选择并旋转”工具，在前视图中旋转物体并将其移动到如下位置。

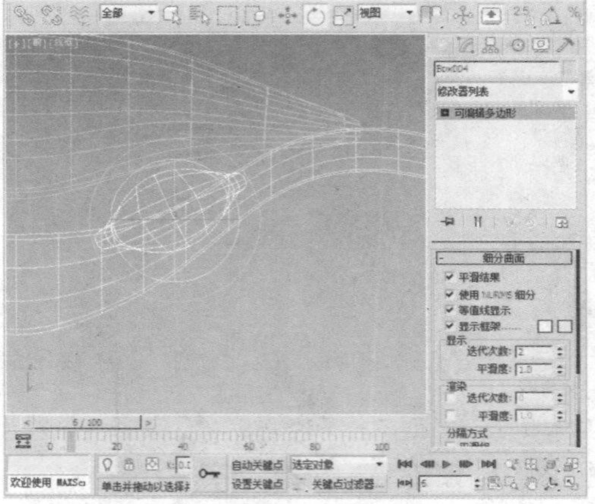

13 在前视图中，单击工具栏中的“选择并移动”按钮。

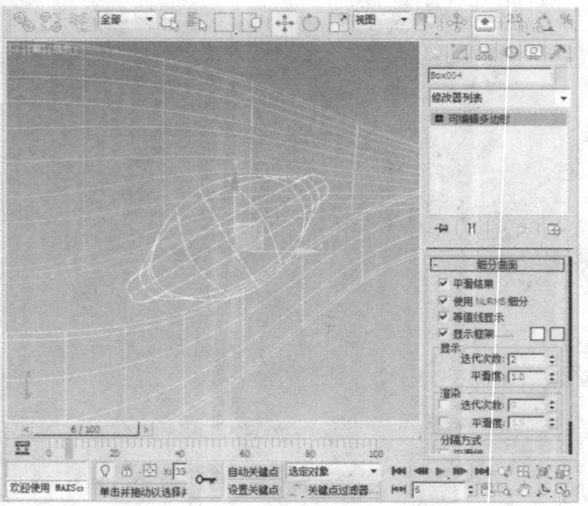

14 按住Shift键复制一个抱枕，并将其移动到如下图所示的位置。

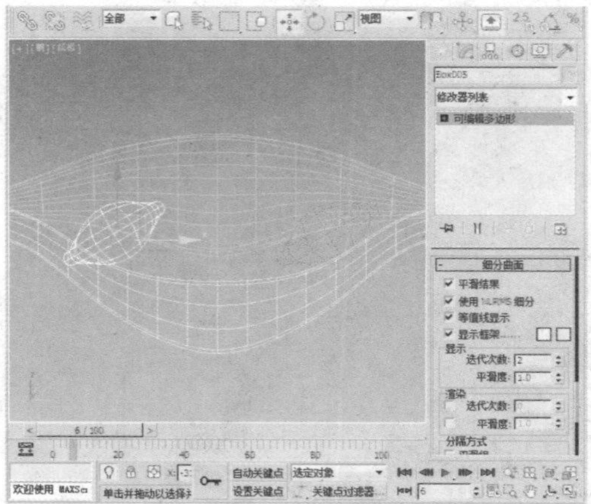

15 在前视图中使用“选择并旋转”工具，旋转物体为如下图所示的形状。

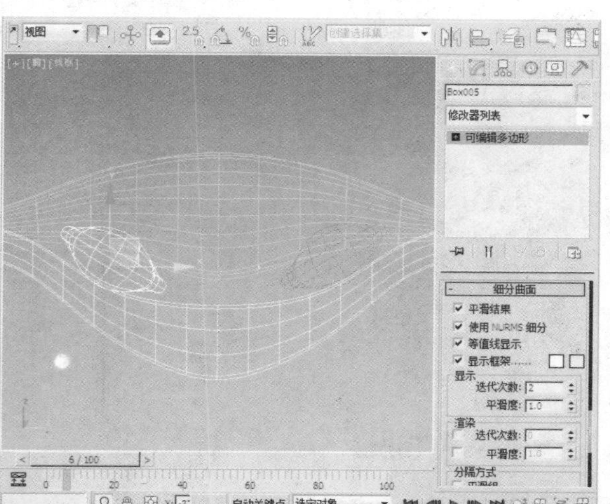

16 在透视视图中观察模型没有出现错误。

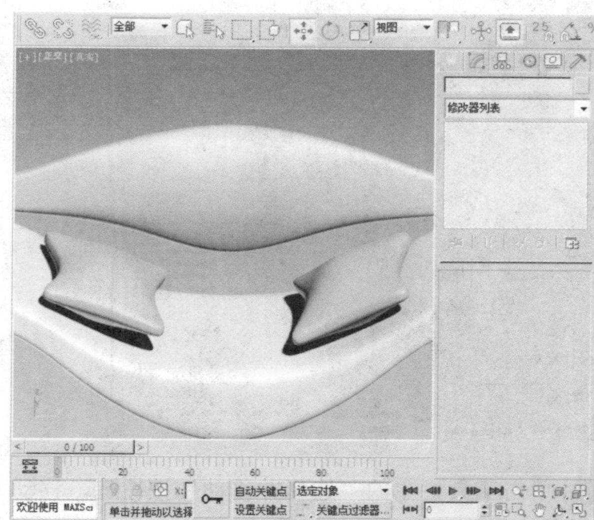

14.4.4 绘制沙发腿

下面开始绘制沙发腿部模型，具体步骤如下所示。

01 单击“创建”面板中的“线”按钮。

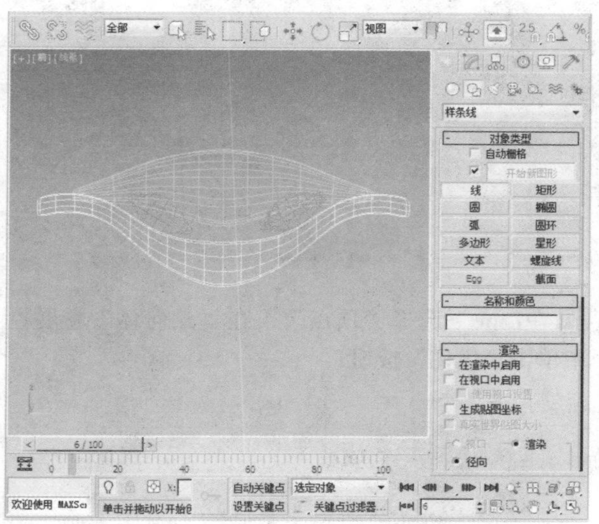

02 在前视图中绘制如下图所示的样条线。

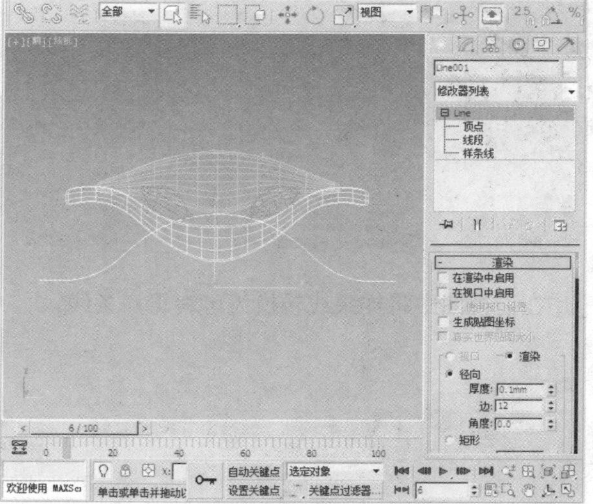

知识点

在3ds Max中创建弯曲的圆柱形和长方形的模型最常见的方式还是使用样条线来进行。但是需要我们注意的是即使勾选了“在视口中启用”和“在渲染中启用”复选框，我们所创建的样条线还是一个二维图形不是三维的几何物体，所以结合实际需要我们还需要将样条线转换为可编辑多边形，使其成为三维几何物体。

03 在“修改”面板的“渲染”卷展栏中，勾选“在渲染中启用”和“在视口中启用”复选框。

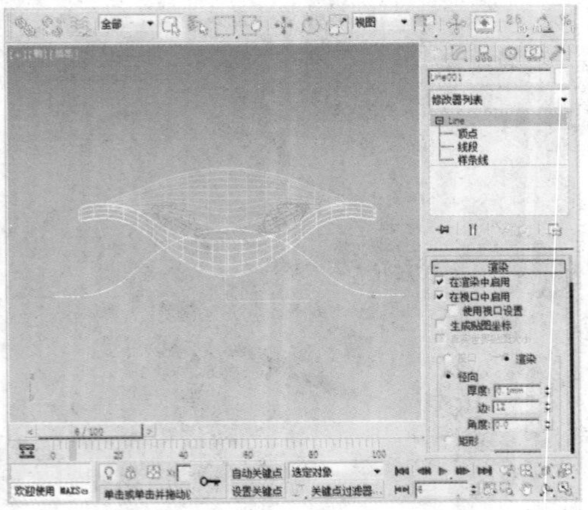

04 然后选中“径向”单选按钮，并设置“厚度”为30mm。

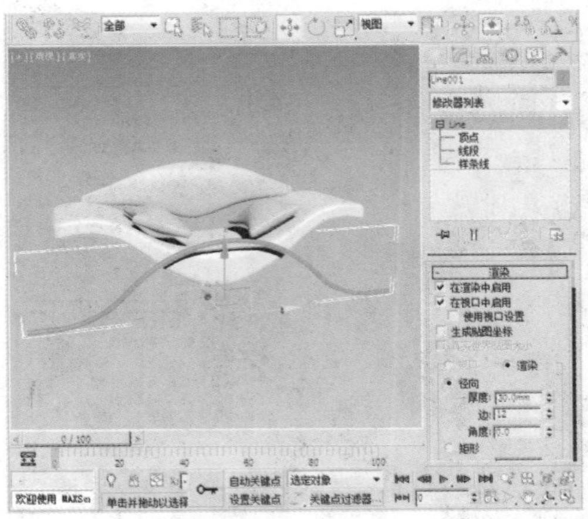

05 单击工具栏中的“选择并移动”按钮，移动样条线至如下图所示的位置。

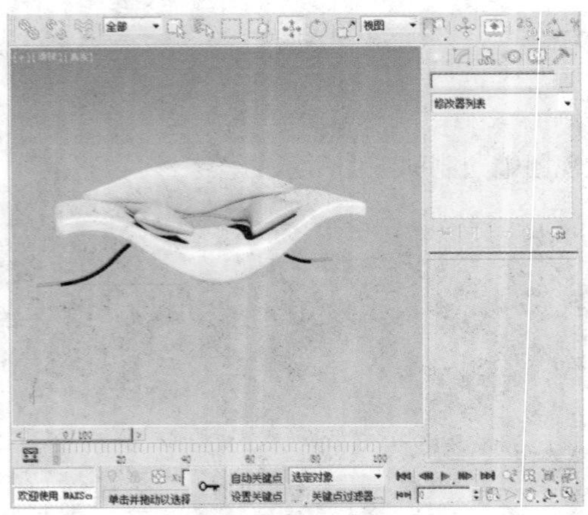

06 在顶视图按住Shift键复制另一个沙发腿到如下图所示的位置。

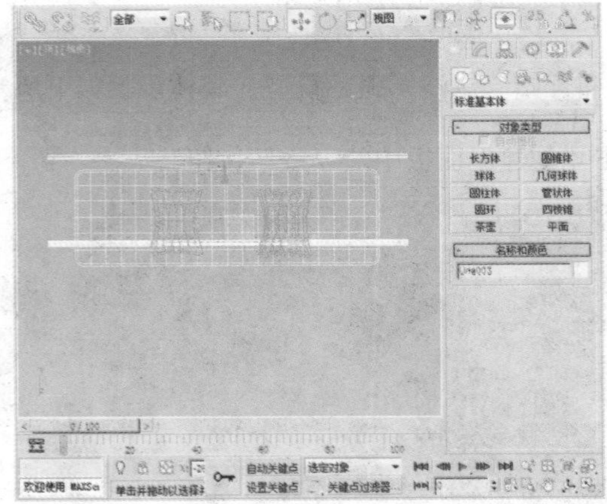

07 在前视图中将样条线转换为可编辑样条线。

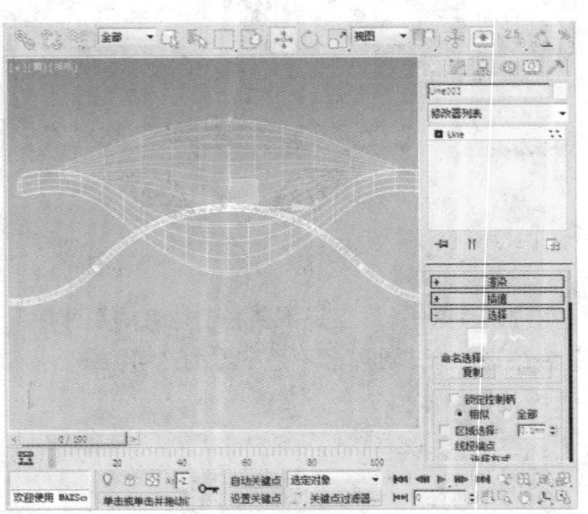

08 在Line下选择“顶点”，在“几何体”卷展栏中单击“优化”按钮。

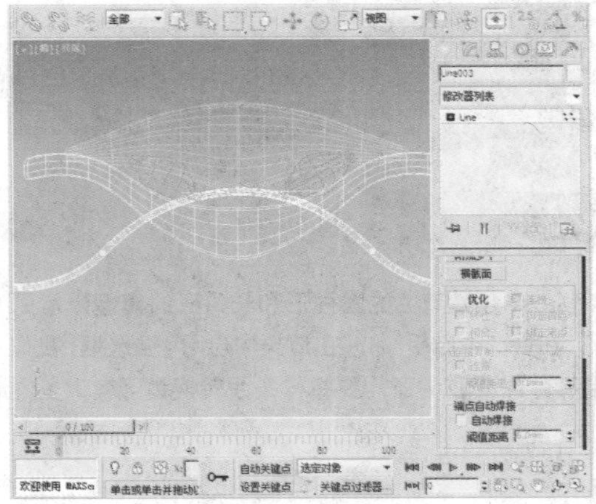

09 在前视图中为线添加两个点。

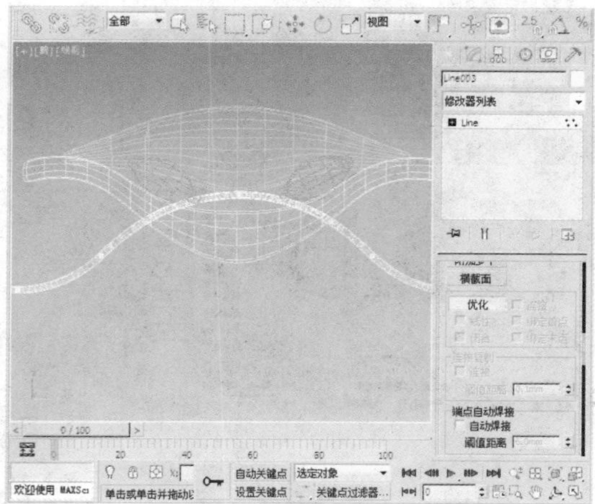

10 在“修改”面板的Line下选择“线段”。

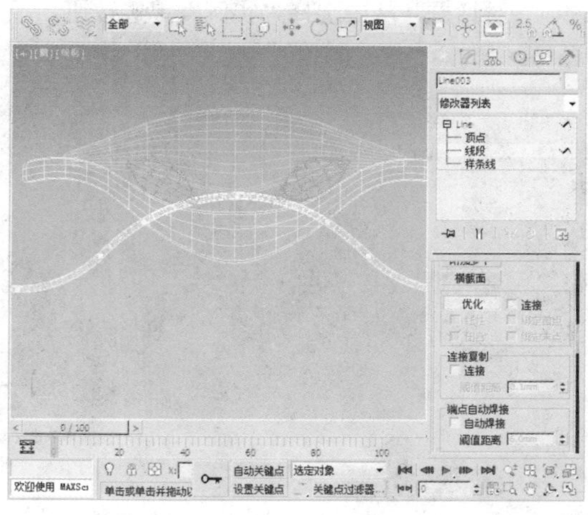

11 选择上面的两条线段，按下Delete键将其删除。

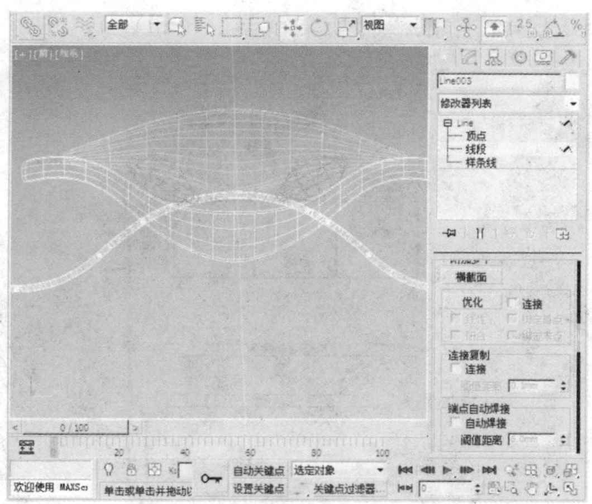

12 单击“创建”面板中的“切角长方体”按钮。

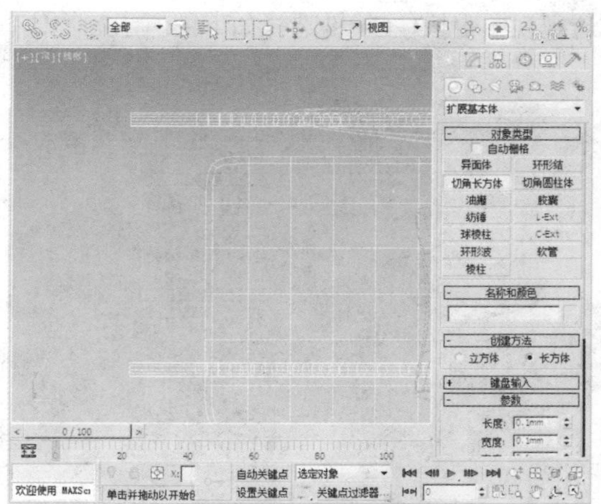

13 在顶视图中创建一个切角长方体，长度为550.0mm、宽度为150mm、高度为60mm、圆角为4mm。

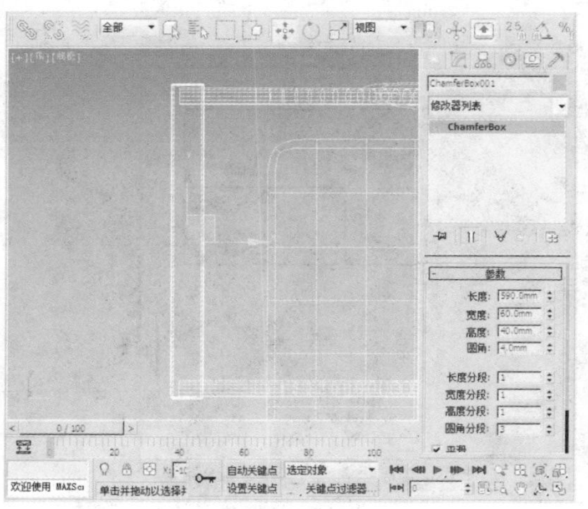

14 在前视图中，单击工具栏中的“选择并移动”按钮，移动物体到如下图所示的位置。

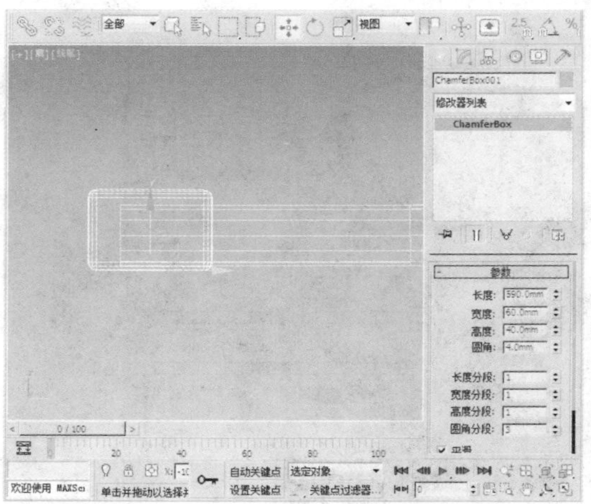

15 在按住Shift键的同时，继续移动物体，将打开“克隆选项”对话框，从中选择“实例”单选按钮。

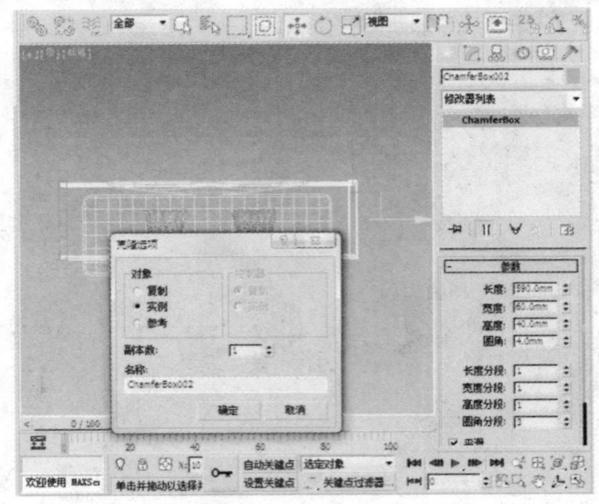

14.4.5 调整材质

下面将对沙发赋予材质，具体操作过程介绍如下。

01 在透视视图中按住Ctrl键选择如下图所示的物体。

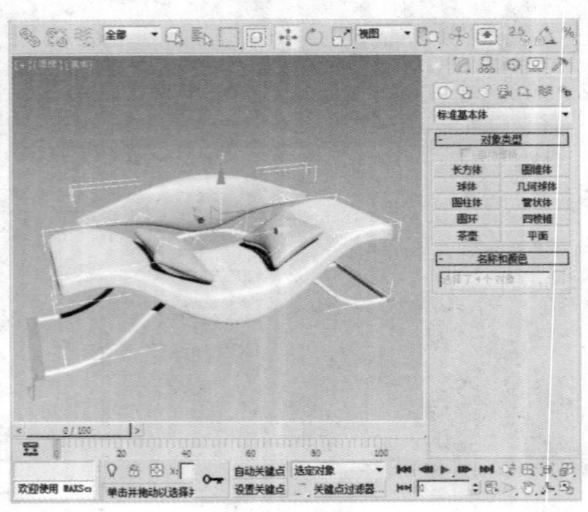

02 单击工具栏中的“材质编辑器”按钮。

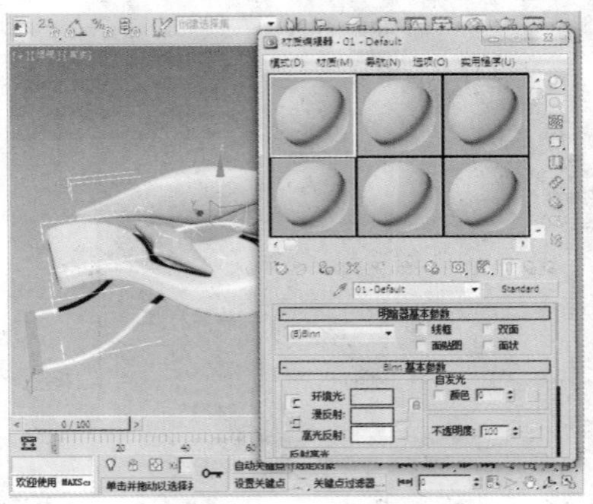

03 在“材质编辑器”窗口中，选中一个材质球，打开“颜色选择器：漫反射颜色”对话框，按如下图所示进行设置。

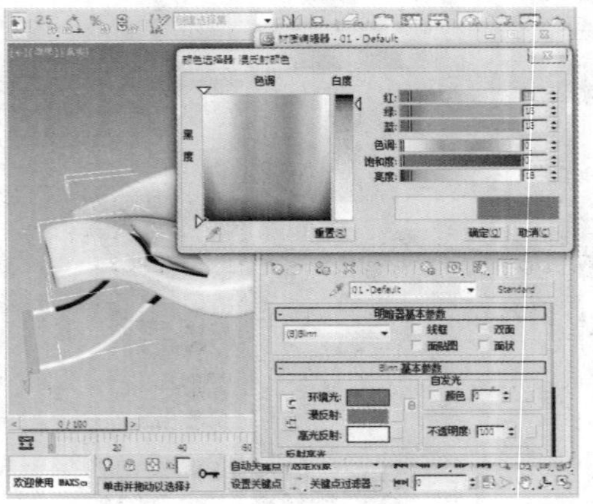

04 在“反射高光”选项组中分别设置“高光级别”和“光泽度”为60和25。

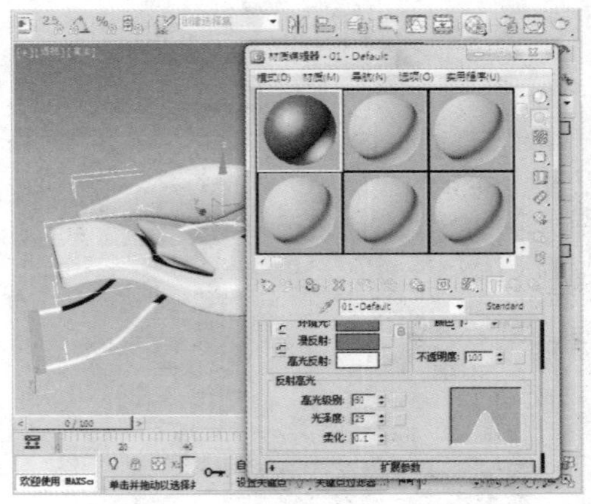

05 在材质编辑器的下拉菜单中，找到贴图的面板。

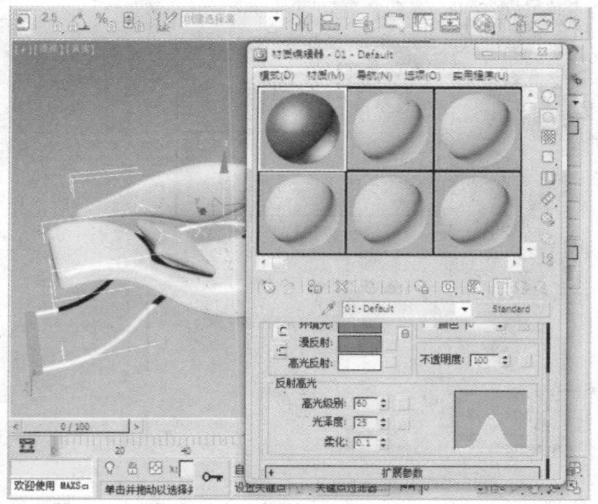

06 单击材质编辑器里面的贴图面板，效果如下图所示。

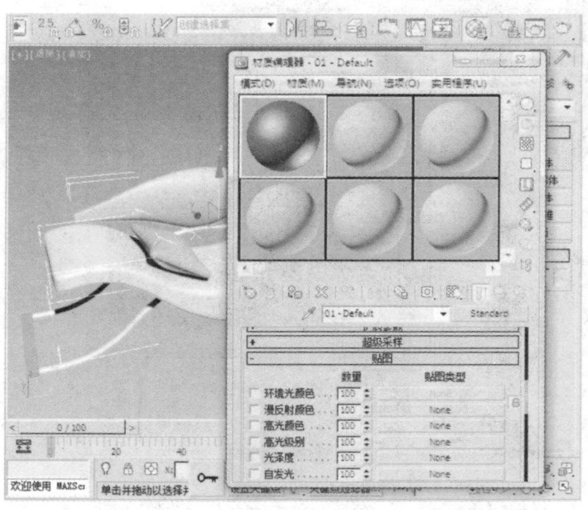

07 在“贴图”卷展栏中找到“凹凸”贴图类型。

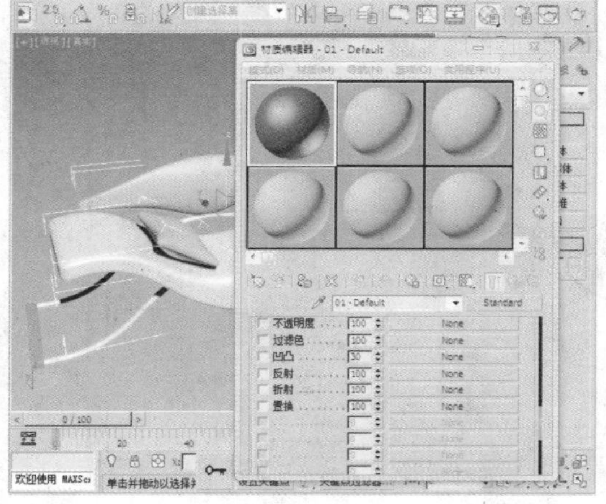

08 单击“凹凸”贴图类型后的None按钮。

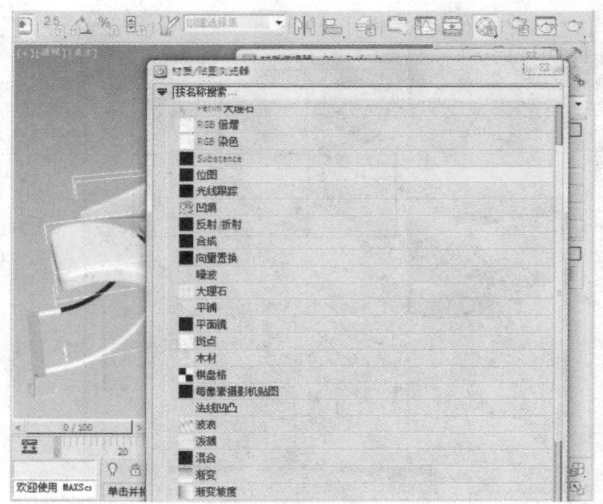

09 在“材质/贴图浏览器”对话框中选择“位图”。

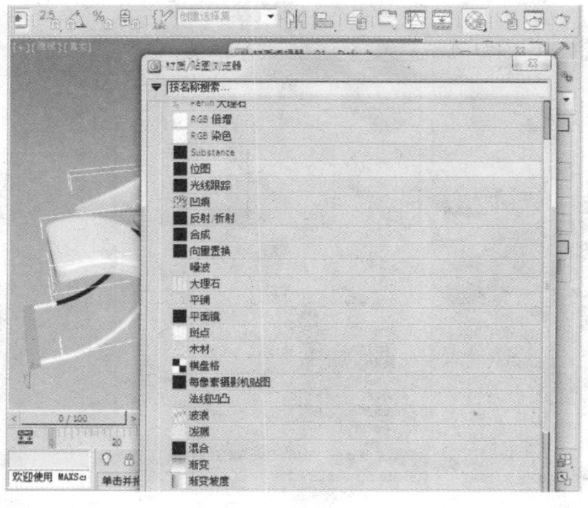

10 双击“位图”选项，在弹出的窗口中选择合适的素材贴图。

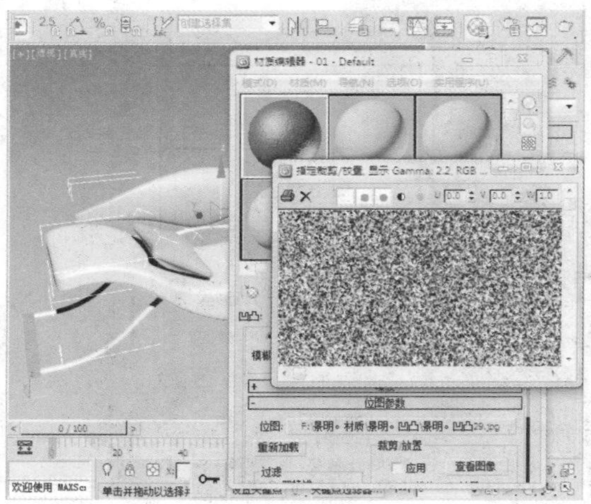

11 双击图片，图片就添加进来了。

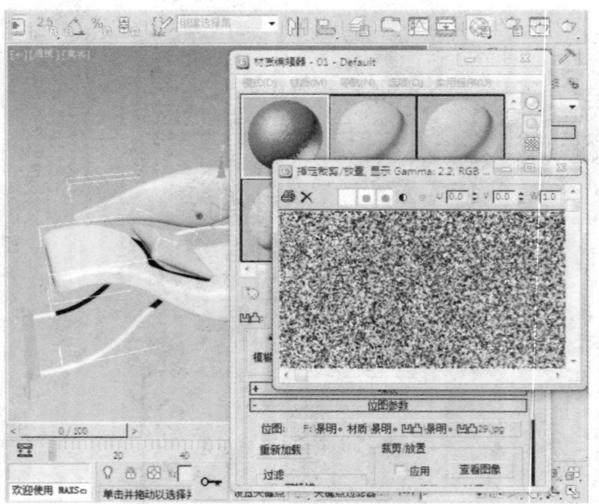

12 在“凹凸”级别中设置“数值”为50。

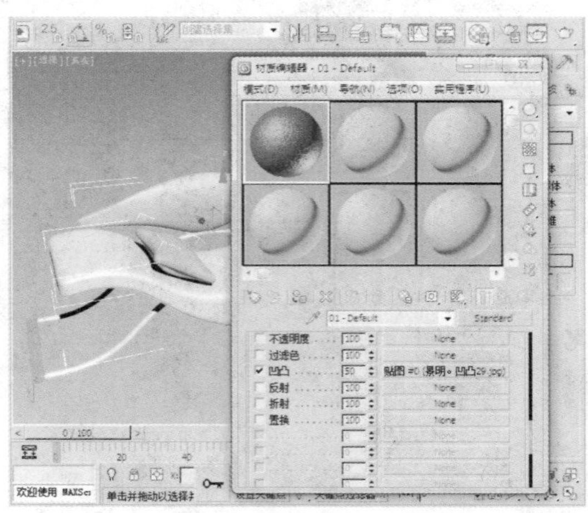

13 单击“将材质指定给选定对象”按钮，把此材质赋予选中的物体。

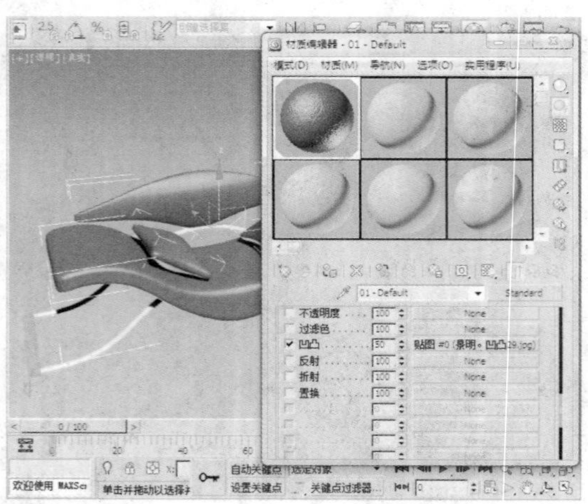

14 选中另一个材质球，在“颜色选择器：漫反射颜色”对话框中，进行如下图所示的调整。

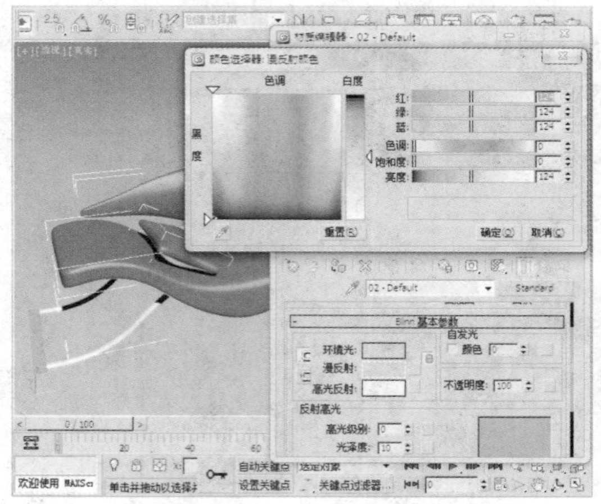

15 选中剩余的物体，在“反射高光”选项组中，分别设置“高光级别”和“光泽度”为75和65。

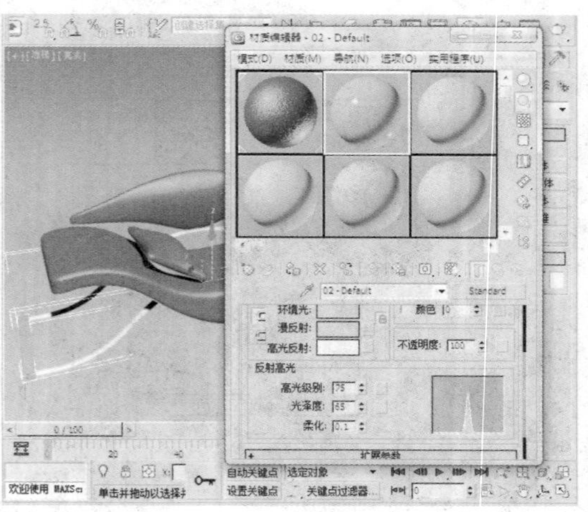

16 切换到“材质编辑器”窗口中的“贴图”卷展栏。

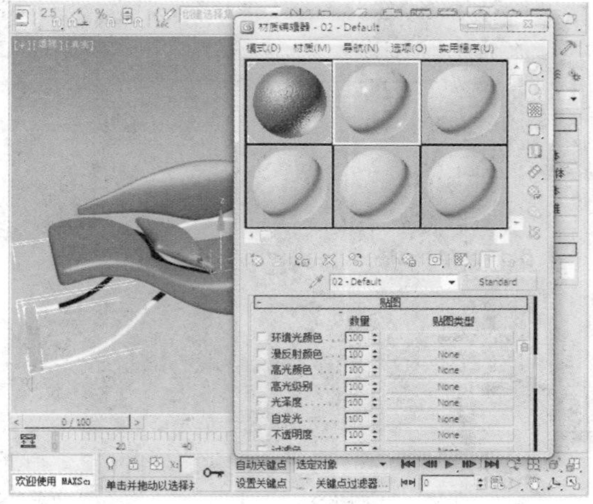

17 在“贴图”卷展栏中找到“反射”贴图类型。

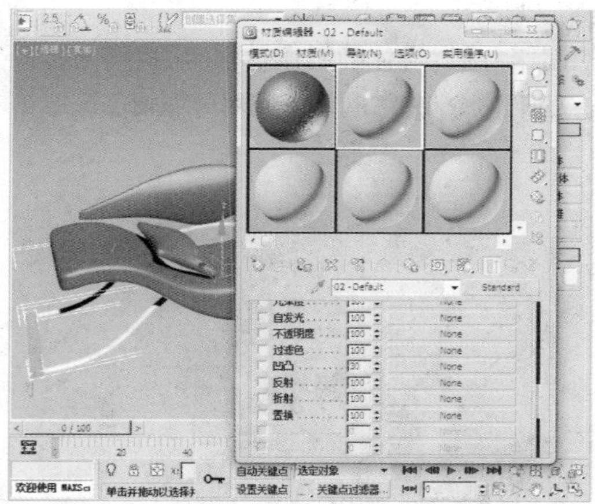

18 单击“反射”贴图类型后的None按钮，出现各种贴图类型，找到“光线跟踪”选项。

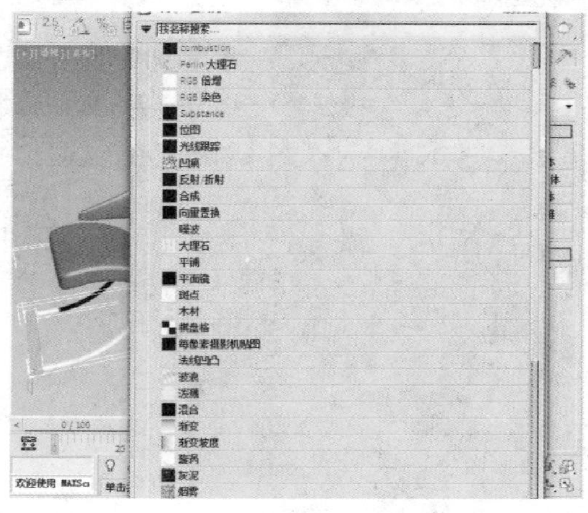

19 双击“光线跟踪”选项，得到如下图的结果。

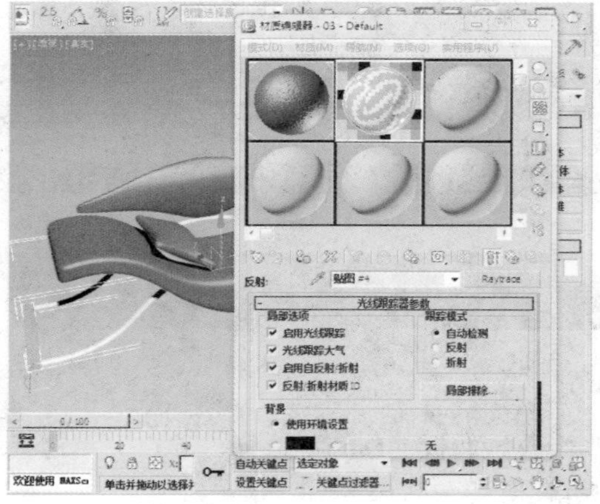

20 将“反射”后的“数量”设置为50。

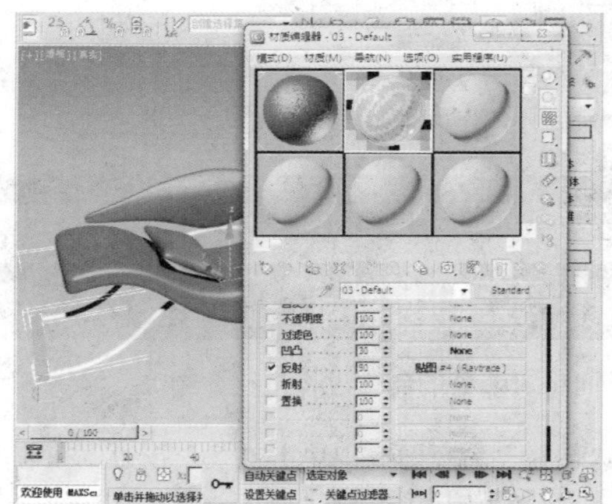

21 单击“将材质指定给选定对象”按钮，将此材质赋予选中的物体。

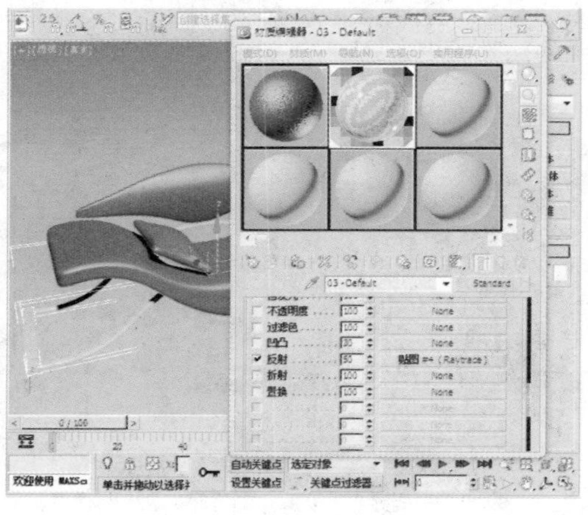

22 至此，时尚沙发模型就制作完成了。

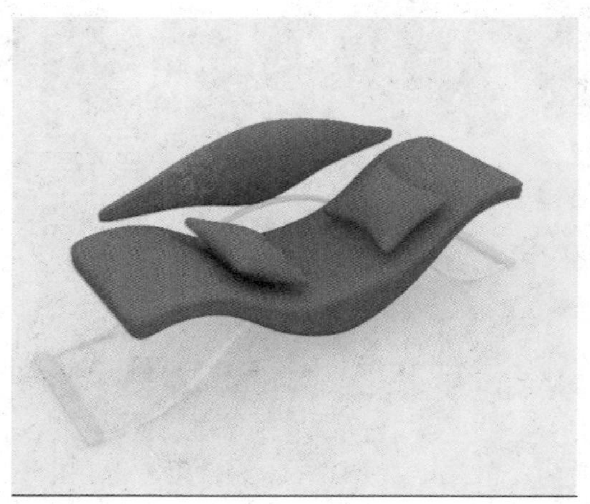

CHAPTER 15

躺椅模型的制作

本案例将介绍一款躺椅模型的制作，通过具体的制作过程，让我们一起练习使用3ds Max中的可编辑多边形命令，并掌握如何使用可编辑多边形创建复杂的模型。

知识点

1. 熟悉可编辑多边形的应用
2. 熟悉可编辑样条线的使用
3. 熟练使用NURMS切换

15.1 绘制躺椅

下面将对躺椅的制作过程进行介绍。

01 在“创建”命令面板中单击“线”按钮，在前视图中创建如下图所示的图形。

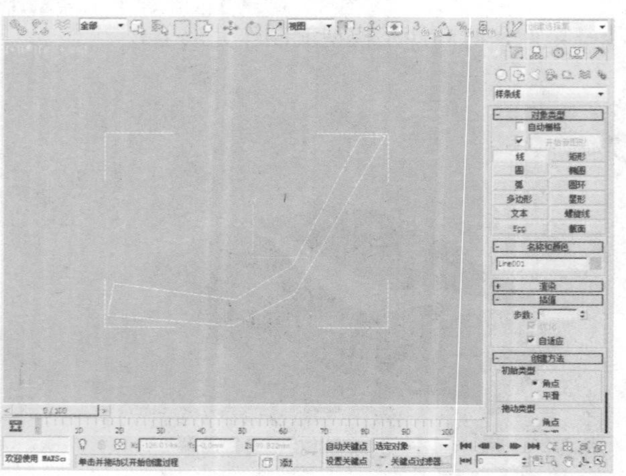

02 在“修改”面板的Line下选择“顶点”，选择图中的所有顶点。

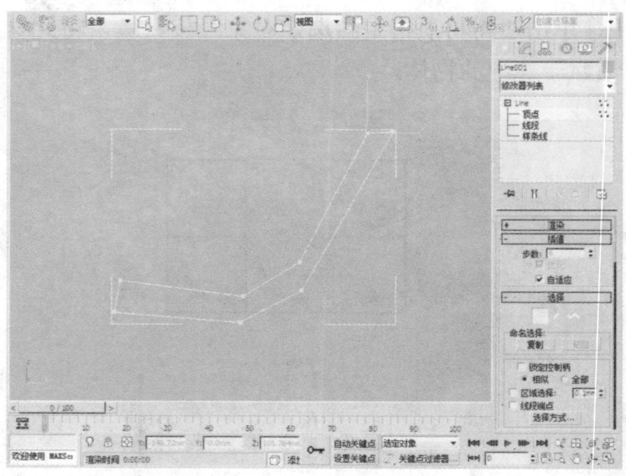

03 单击鼠标右键，在弹出的快捷菜单选择“Bezeier角点”命令。

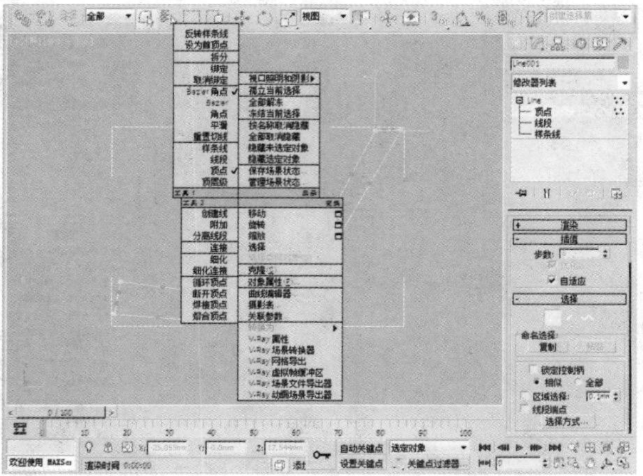

04 通过移动顶点的位置和适当改变其形状，得到如下图所示的理想形状。

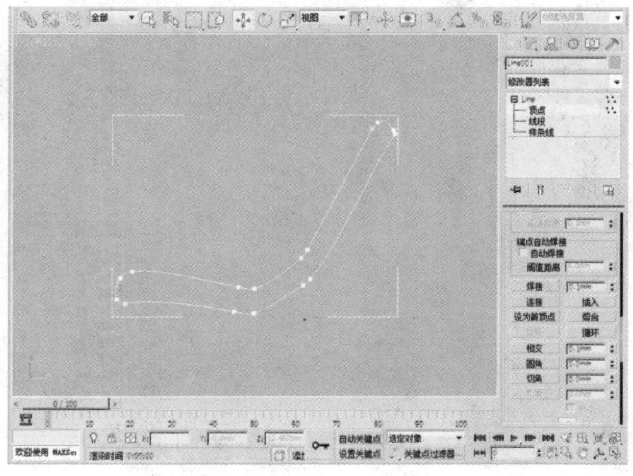

05 在“修改器列表”中选择“挤出”修改器，并进入透视视图中。

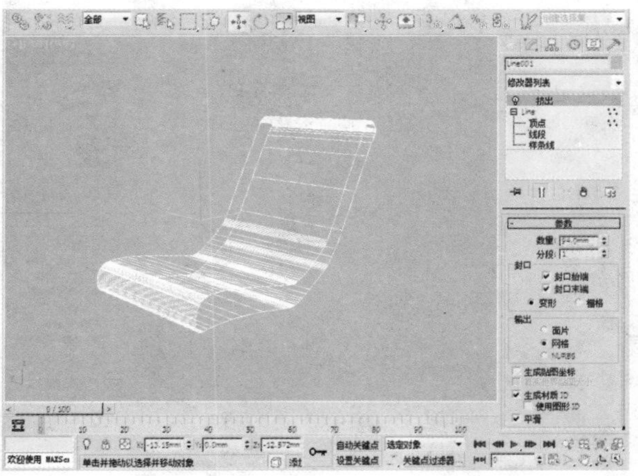

06 将图形转换为可编辑多边形。

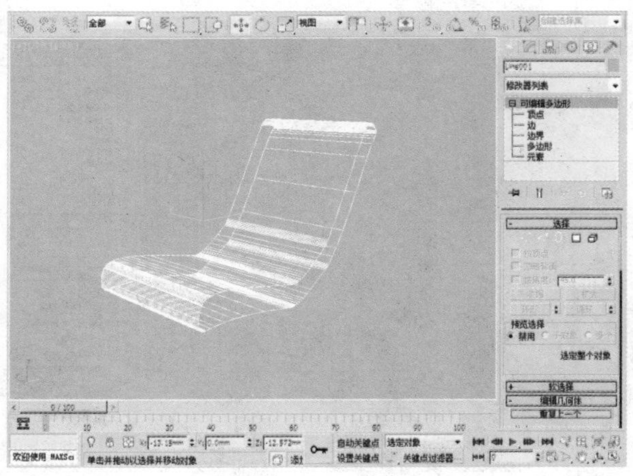

07 在“修改”面板的“可编辑多边形”下选择“边”，在透视视图中选择如下图所示的边。

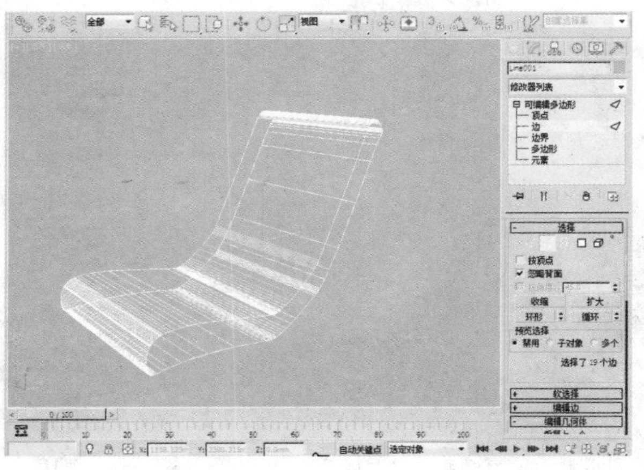

08 在“编辑边”卷展栏中，单击“连接”按钮，设置“分段”为7、“收缩”和“滑块值”都为0。

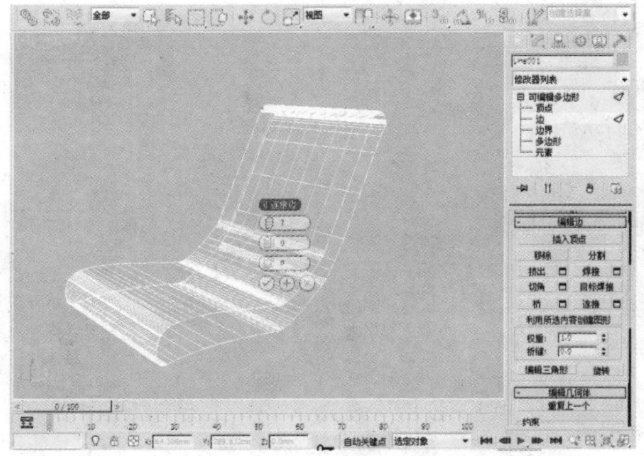

09 在“修改”面板的“可编辑多边形”下选择“边”，在透视视图中选择如下图所示的边。

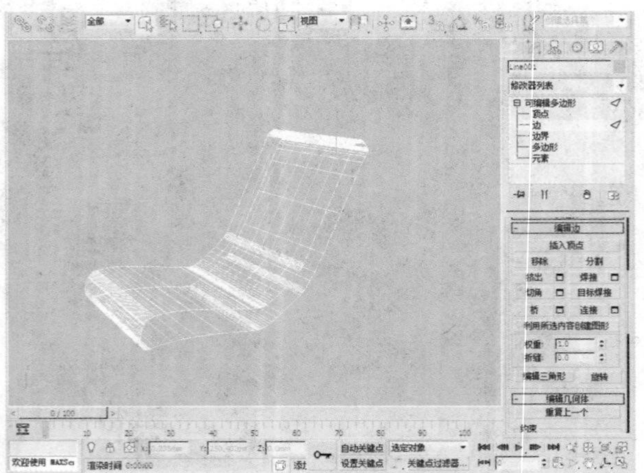

10 在“编辑边”卷展栏中，单击“连接”按钮，设置“分段”为6、“收缩”和“滑块值”都为0。

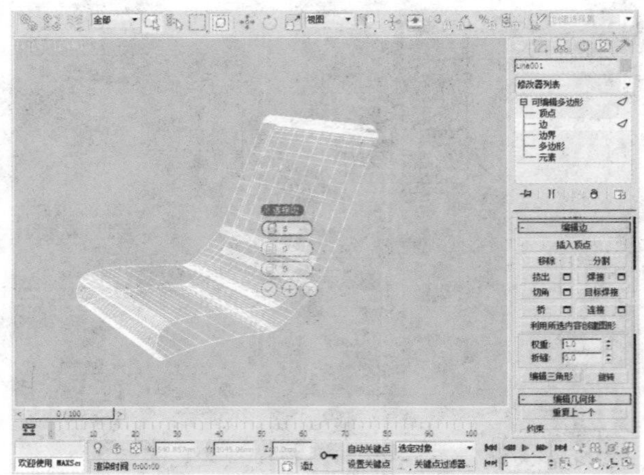

11 在“修改”面板的“可编辑多边形”下选择“顶点”，在透视视图中选择如下图所示的顶点。

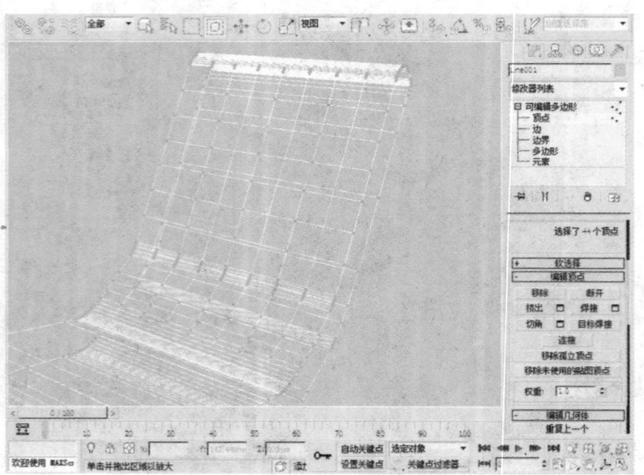

12 在“编辑顶点”卷展栏中，单击“挤出”按钮，效果如下图所示。

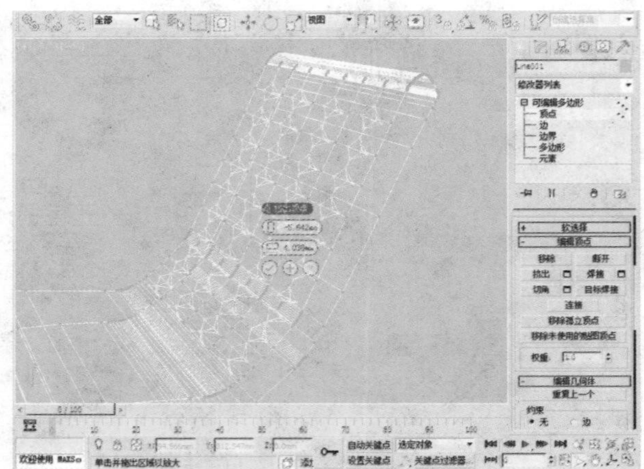

13 单击鼠标右键并选择“剪切”命令，剪切出如下图所示的边。

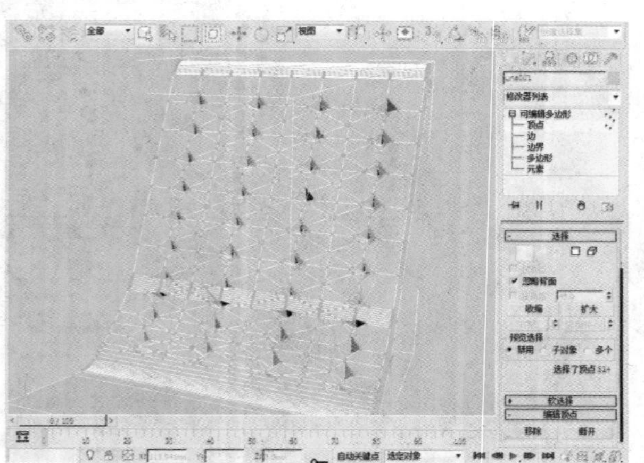

14 在“修改”面板的“可编辑多边形”下选择“多边形”，在透视视图中选择如下图所示的多边形。

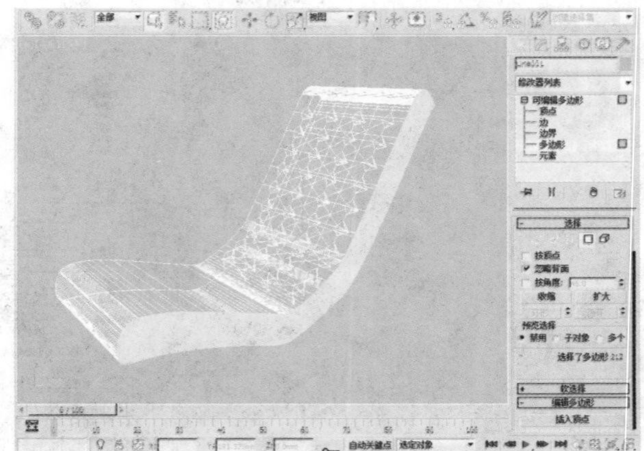

15 在“编辑几何体”卷展栏中，单击“分离”按钮，在“分离”对话框中勾选“以克隆对象分离”复选框。

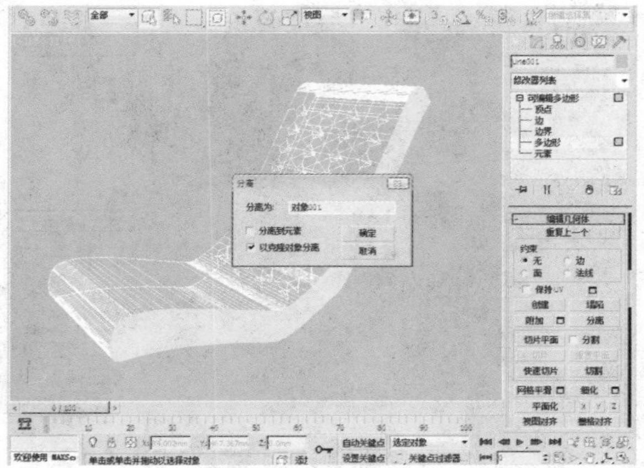

16 再次选择剪切好的躺椅，在“修改”面板的“可编辑多边形”下选择“边”，选择如下图所示的边。

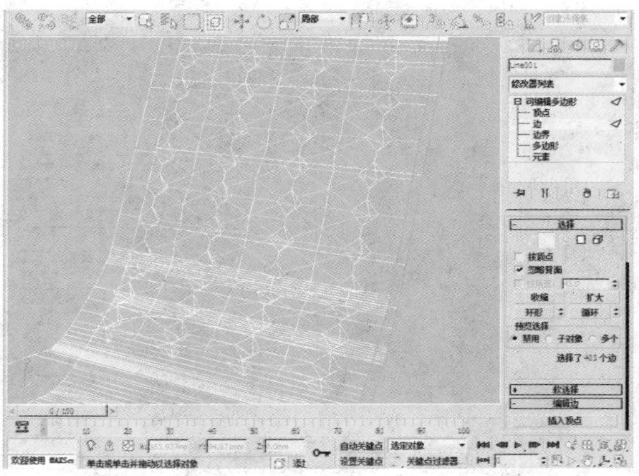

17 在“编辑边”卷展栏中单击“挤出”按钮，按组挤出，挤出如下图所示的效果。

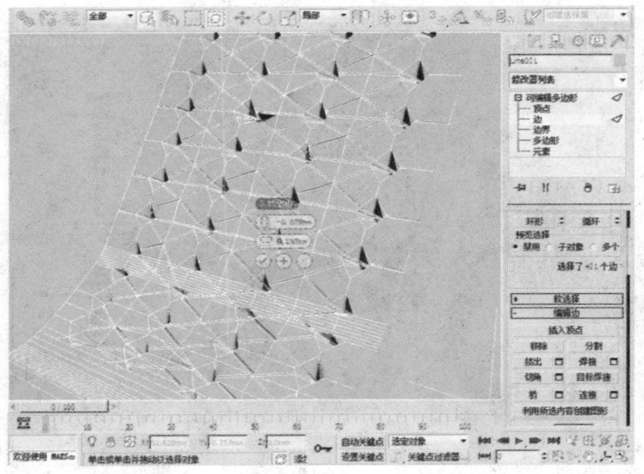

18 通过“连接”和“剪切”按钮，得到如此下图所示的效果。

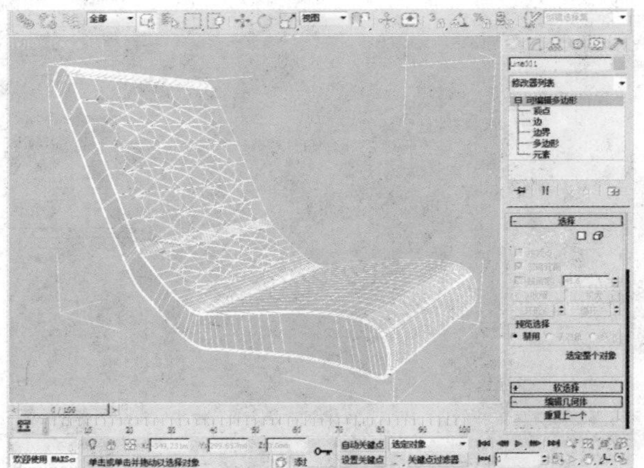

19 单击鼠标右键并选择“NURMS切换”命令。

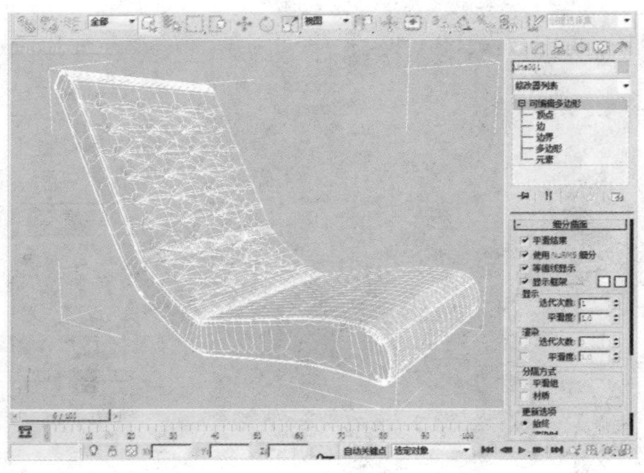

20 在“细分曲面”卷展栏中，设置“显示”选项组中的“迭代次数”为2。

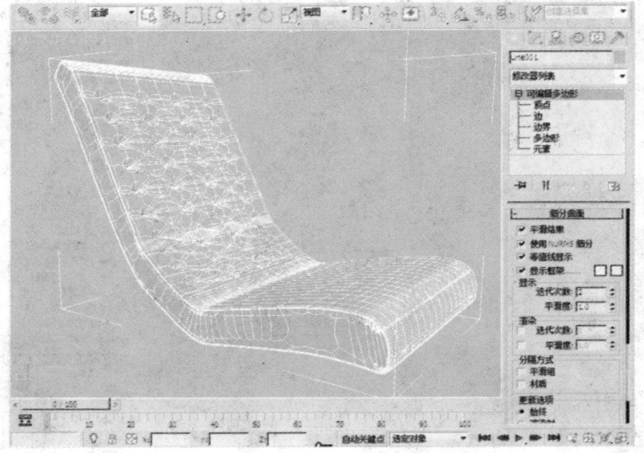

21 在“创建”面板中单击“球体”按钮，在左视图中创建一个球体。

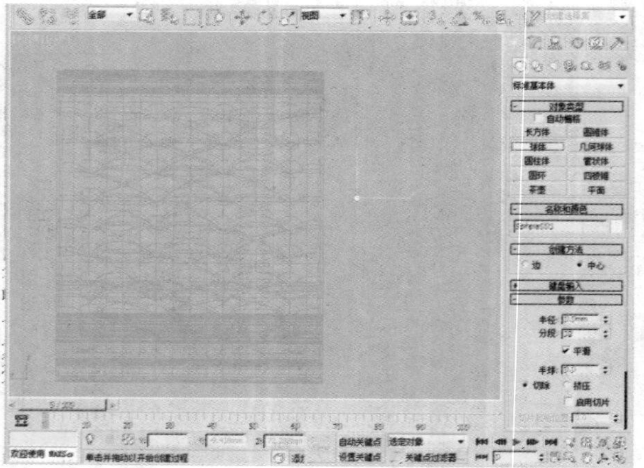

22 切换到“修改”面板，在“参数”卷展栏中，设置半球为0.5，进入透视视图中按下快捷键Alt+Q，孤立出球体。

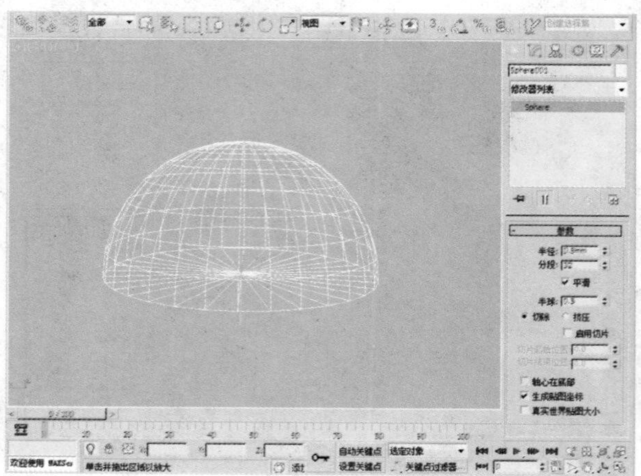

23 将图形转换为可编辑多边形。

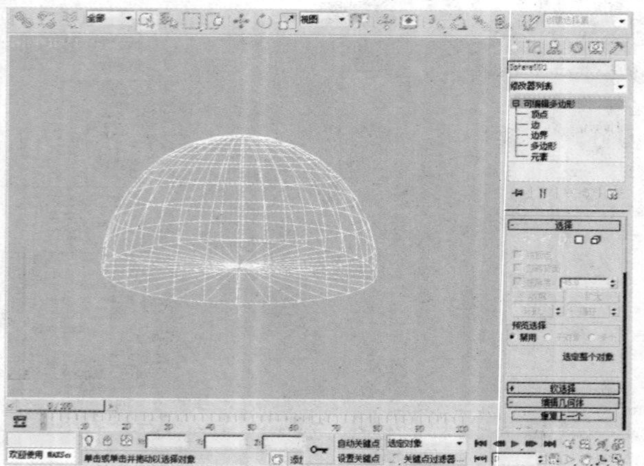

24 在“修改”面板的“可编辑多边形”下选择“多边形”，选择如下图所示的多边形。

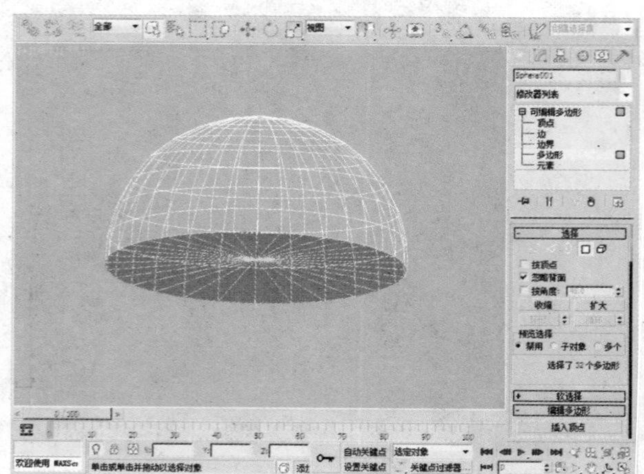

25 在“编辑多边形”卷展栏中，单击“倒角”按钮。

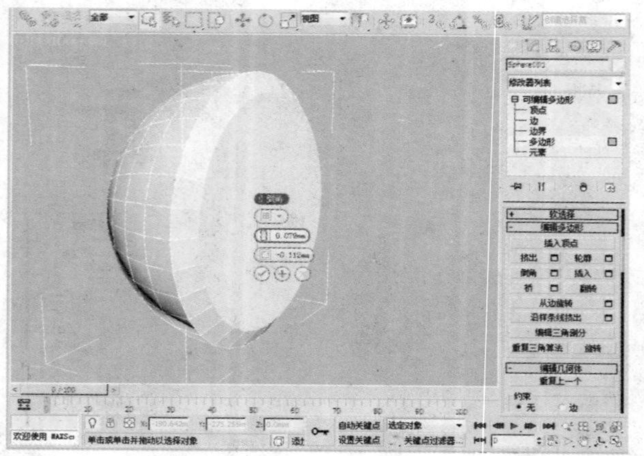

26 应用倒角后的效果如下图所示。

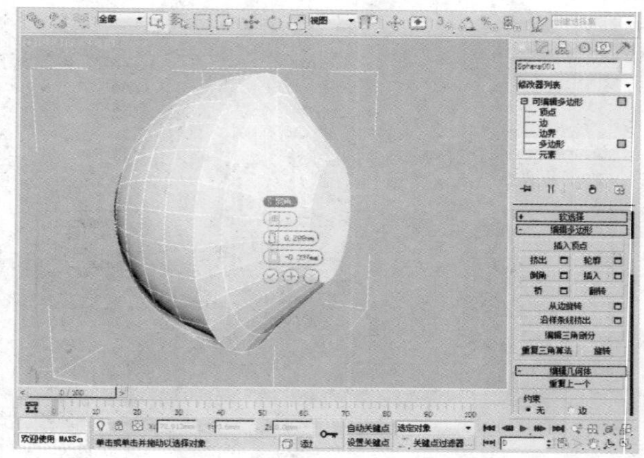

27 全部取消隐藏，通过选择并移动和选择并旋转工具，将纽扣放置到如下图所示的位置。

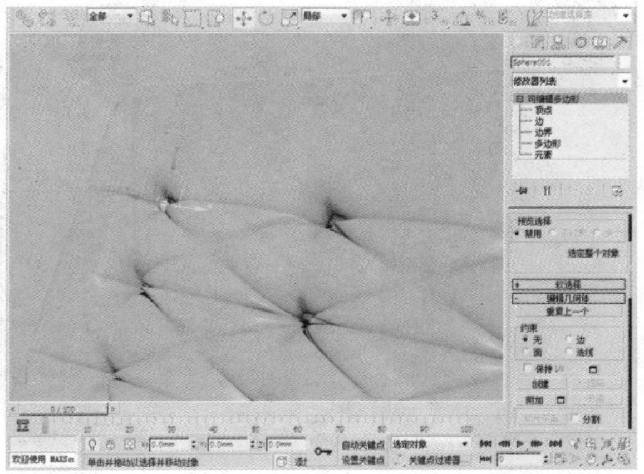

28 进入左视图，按住Shift键的同时使用“选择并移动”工具，以“实例”方式对物体进行复制，并设置“副本数”为3。

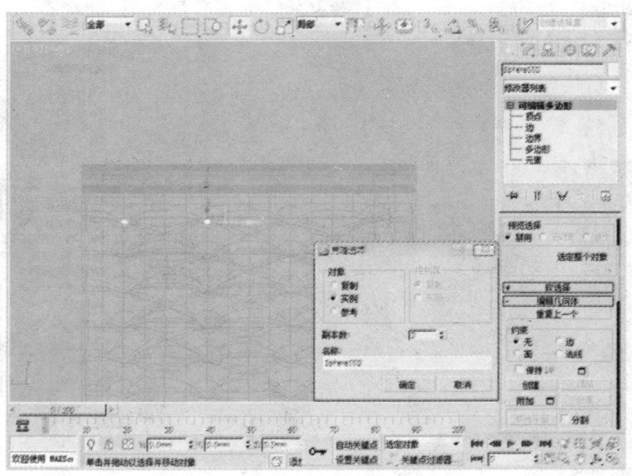

29 重复步骤27~28的操作，得到最终如下图所示的效果。

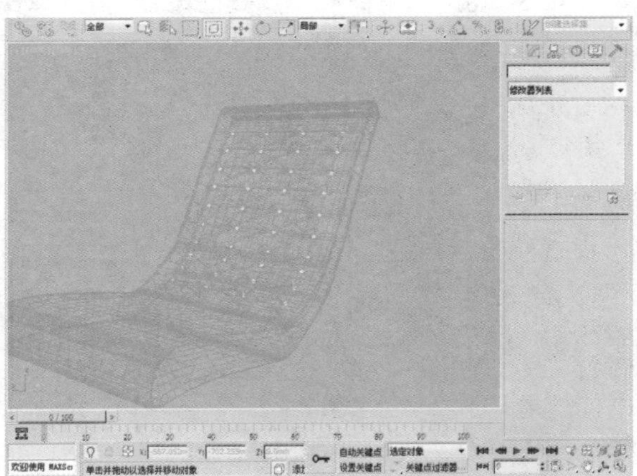

30 选择步骤15中分离出的面，在“修改器列表”中添加“面挤出”修改器。

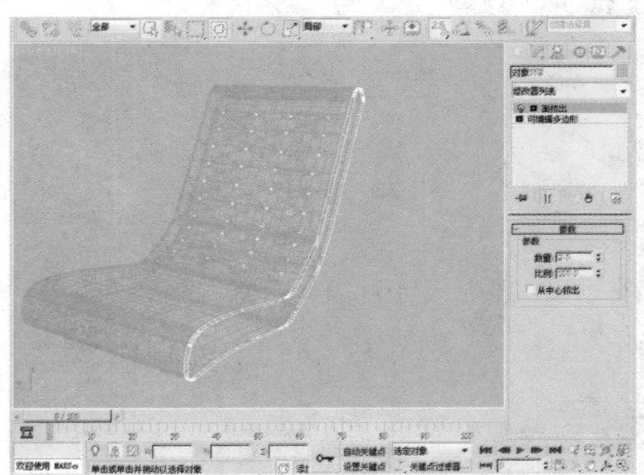

31 将图形再次转换为可编辑多边形，并按下快捷键Alt+Q使其孤立出来。

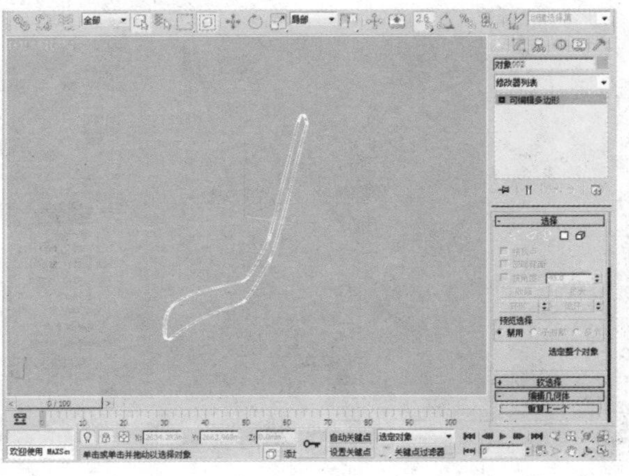

32 在“修改”面板的“可编辑多边形”下选择“边界”，选择如下图所示的边界。

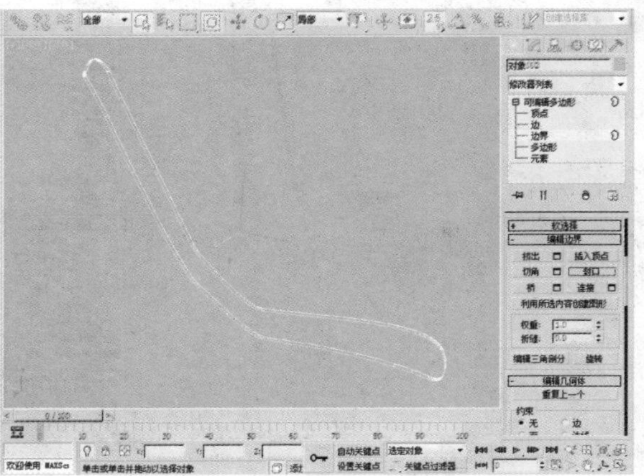

33 在“编辑边界”卷展栏中单击“封口”按钮。

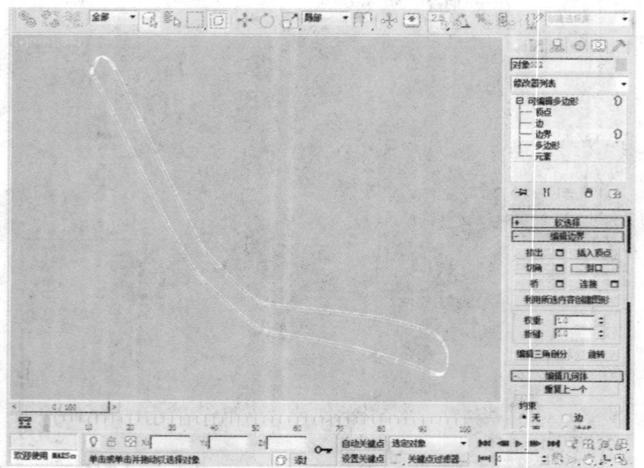

34 在“修改”面板的“可编辑多边形”下选择“多边形”，选择如下图所示的多边形。

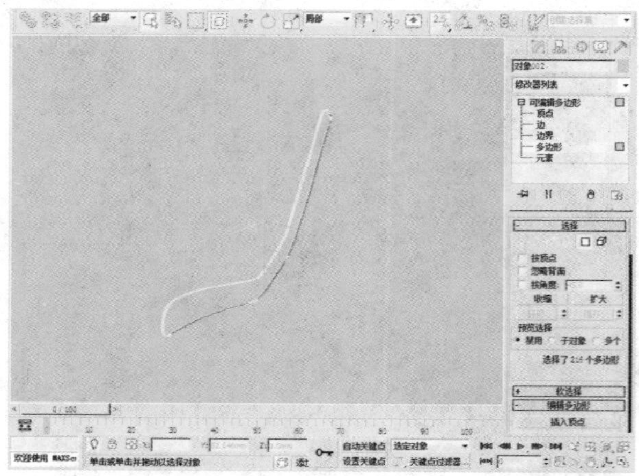

35 在“编辑多边形”卷展栏中单击“插入”按钮，并设置适当的参数。

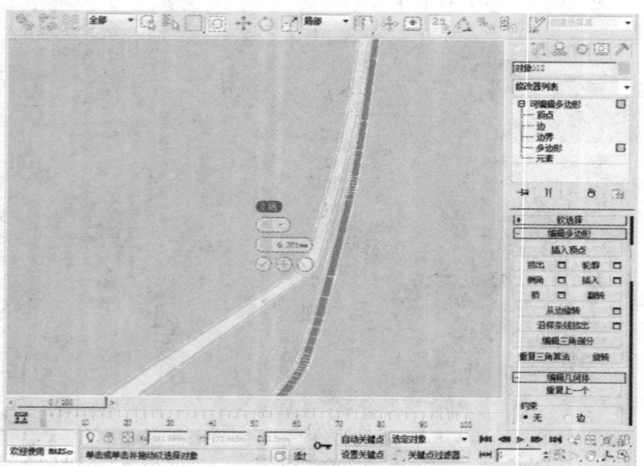

36 在“编辑多边形”卷展栏中单击“挤出”按钮，以局部法线方式挤进去。

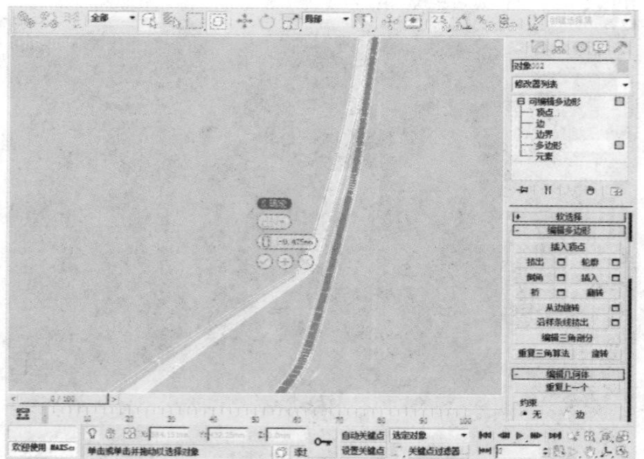

37 在“编辑多边形”卷展栏中再次单击“插入”按钮，并设置适当的参数。

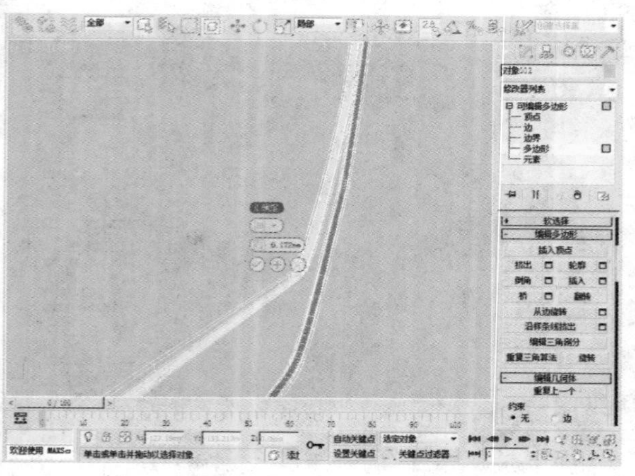

38 在“编辑多边形”卷展栏中再次单击“挤出”按钮，以局部法线方式挤出来。

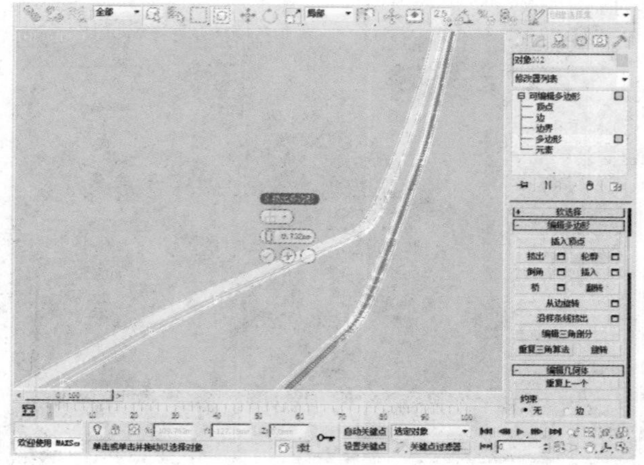

39 在“修改”面板的“可编辑多边形”下选择“边”，在前视图中选择如下图所示的边。

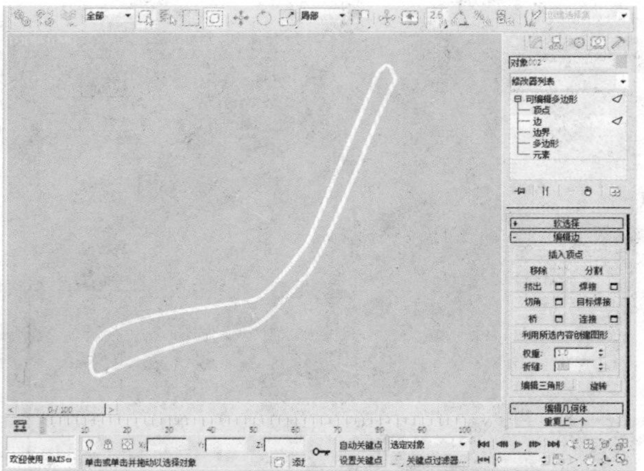

40 在“编辑边”卷展栏中设置“折缝”为1.0。

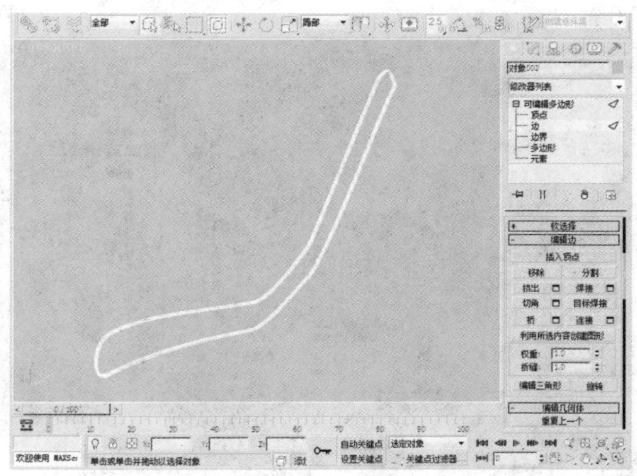

41 通过连接和剪切，得到如下图所示的效果。

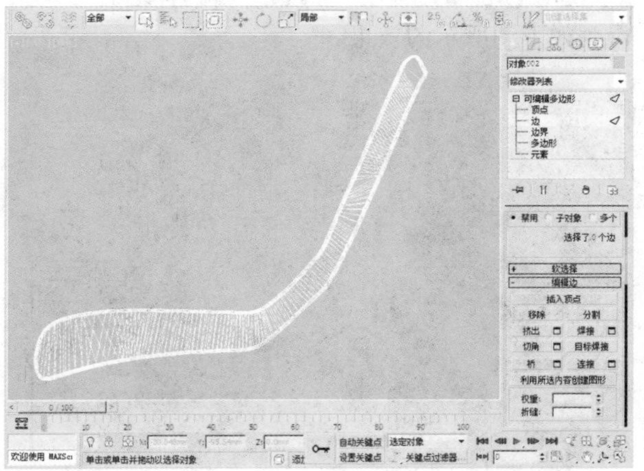

42 单击鼠标右键并选择“NURMS切换”命令。

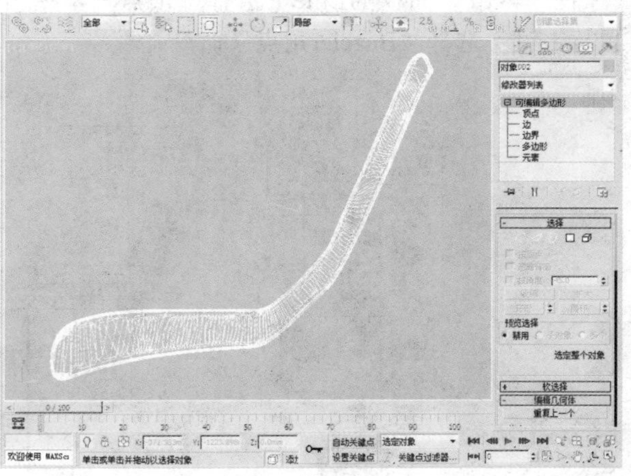

43 在“细分曲面”卷展栏中，设置“迭代次数”为2。

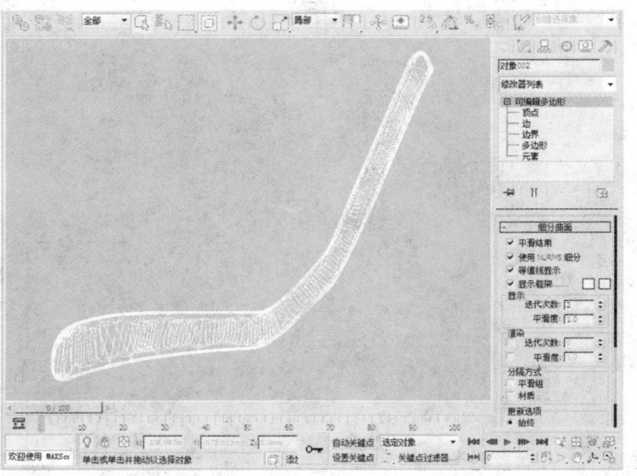

44 退出孤立模式，效果如下图所示。

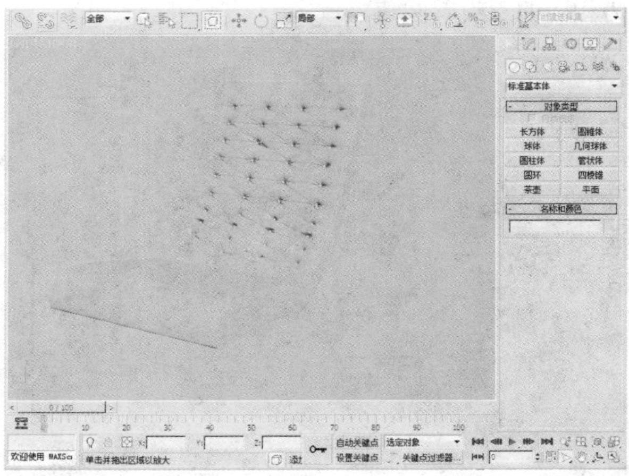

45 进入左视图，按住Shift键的同时使用“选择并移动”工具拖动物体，以“实例”方式复制，并设置“副本数”为1。

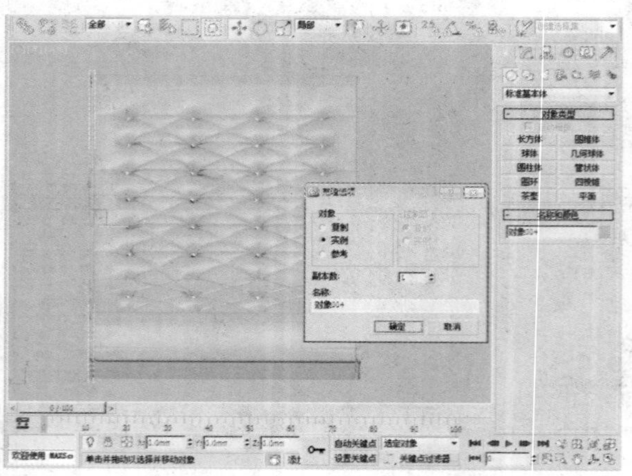

46 在“创建”面板中单击“线”按钮，在前视图中创建一个如下图所示的图形。

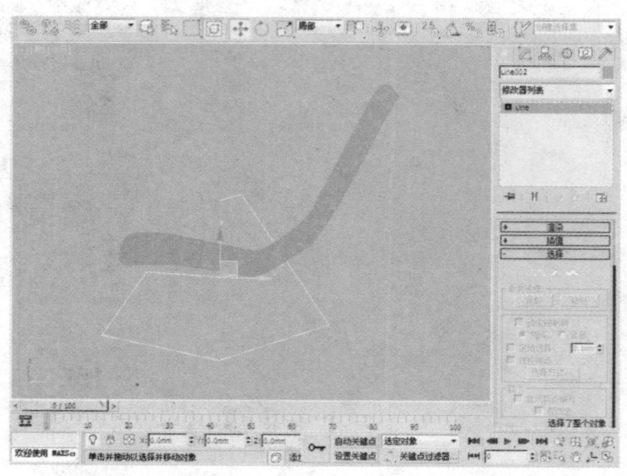

47 在“修改”面板的Line下选择“顶点”，单击鼠标右键，选择“Bezeier角点”命令。

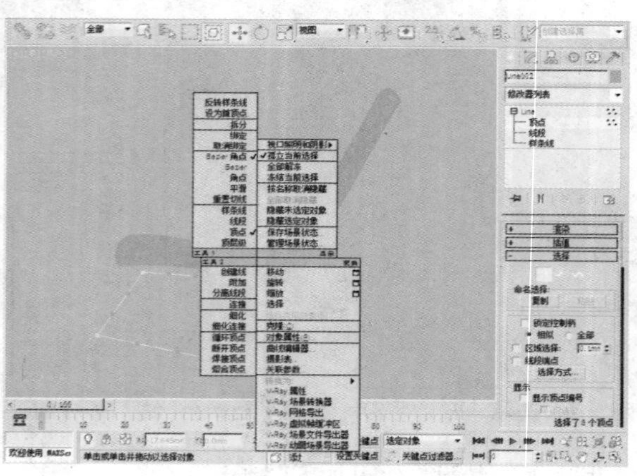

48 使用“选择并移动”工具，对物体进行移动后得到如下图所示的效果。

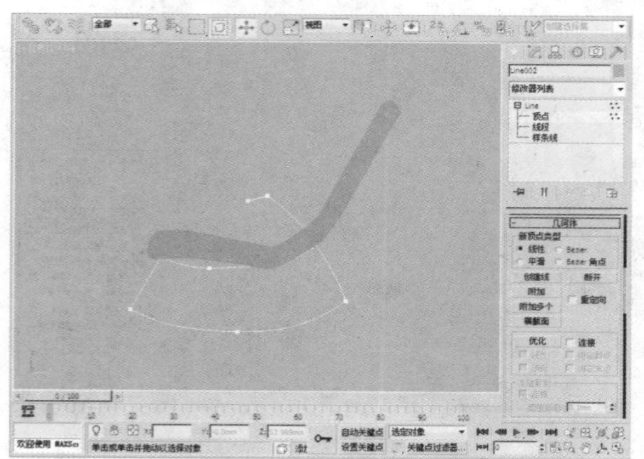

49 在“几何体”卷展栏中，单击“圆角”按钮，为相应的点设置圆角。

50 在“修改”面板的Line下选择“样条线”，在“几何体”卷展栏中单击“轮廓”按钮。

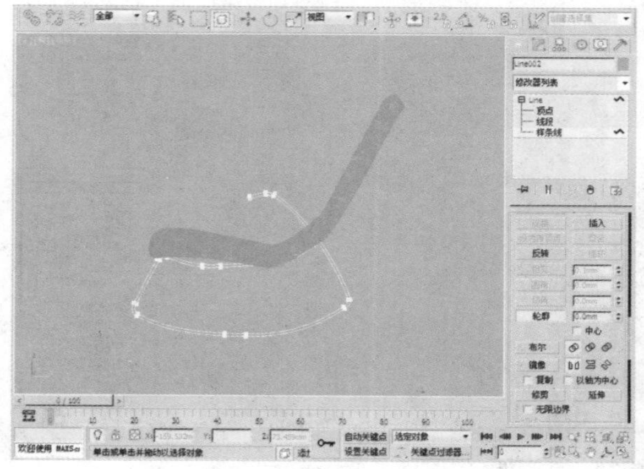

51 在“修改器列表”中选择“挤出”修改器，并设置相应的数值。

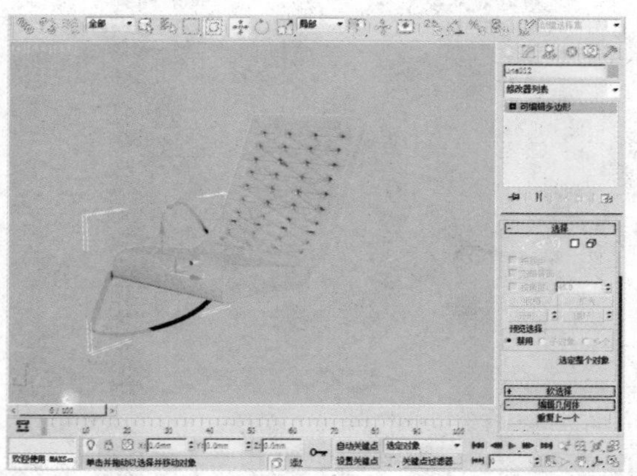

52 单击鼠标右键，通过弹出的快捷菜单将其转换为可编辑多边形。

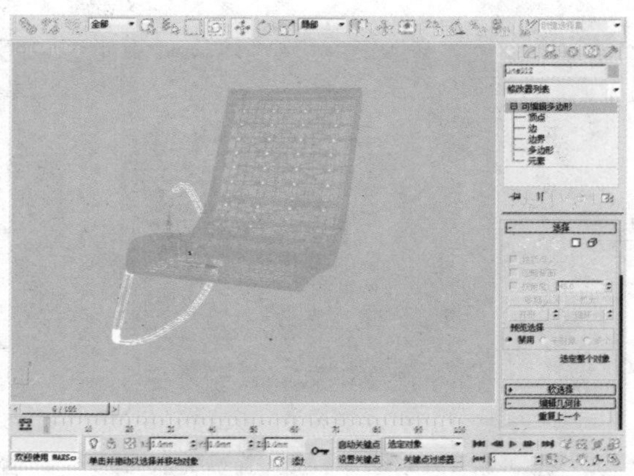

53 在“修改”面板的“可编辑多边形”下选择“元素”，进入左视图，按住Shift键的同时使用“选择并移动”工具对物体，以“克隆到元素”的方式进行复制。

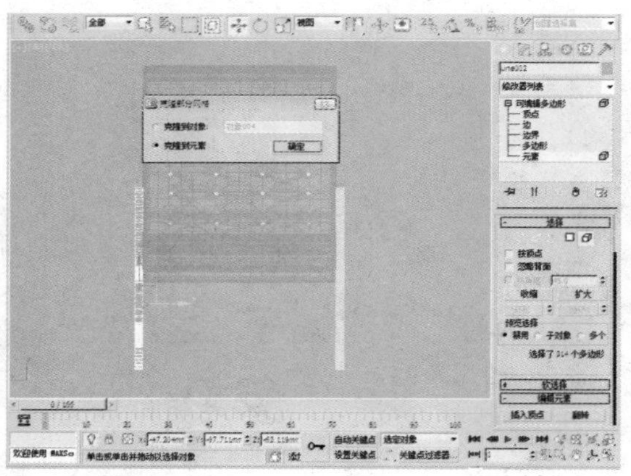

54 在“修改”面板的“可编辑多边形”下选择“顶点”命令，按下快捷键Alt+Q使其孤立出来，并单击“剪切”按钮，连接出两条边来，另一个同样使用剪切效果。

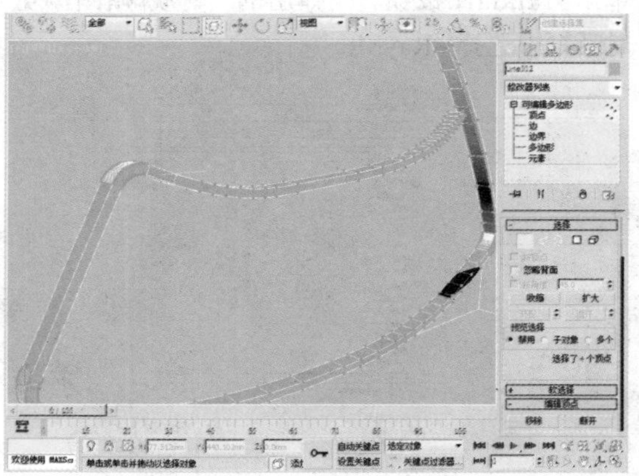

55 在“修改”面板的“可编辑多边形”下选择“多边形”，选择如下图所示的多边形。

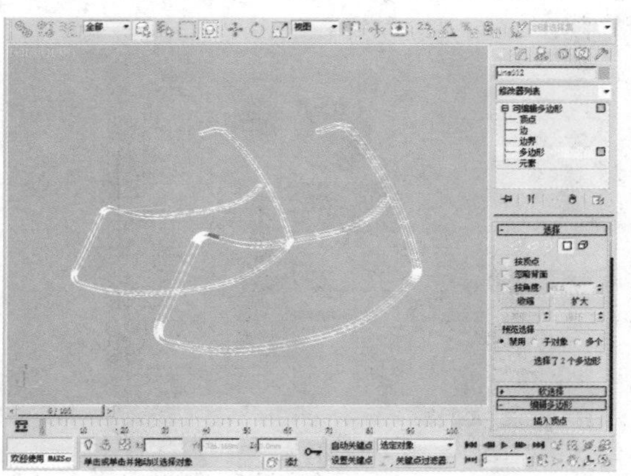

56 在“可编辑多边形”卷展栏中单击“桥”按钮。

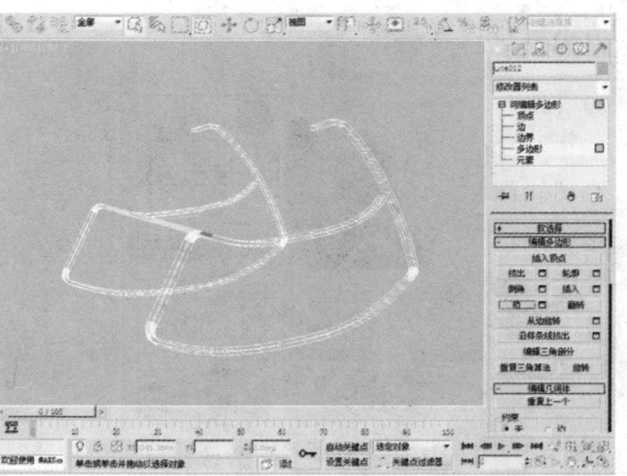

57 重复步骤54～56的操作，得到如下图所示的效果。

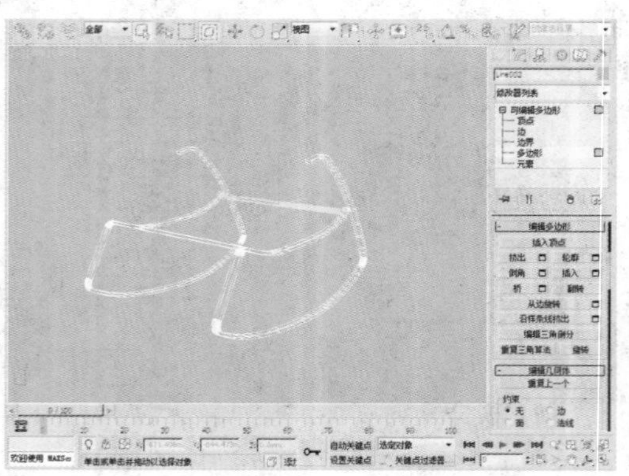

58 按下快捷键Alt+Q，退出孤立，效果如下图所示。

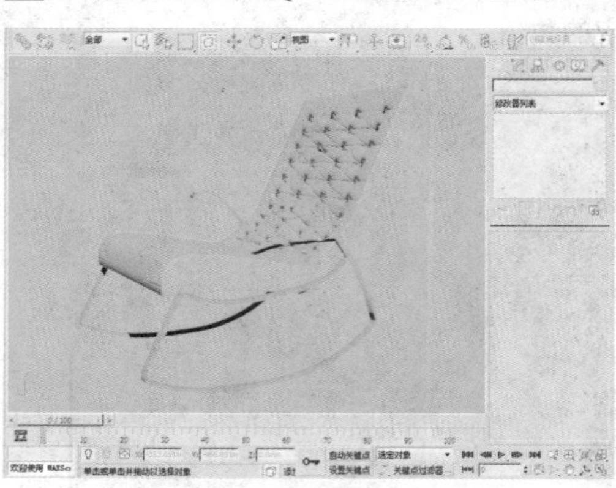

15.2 制作材质贴图

下面将对材质贴图的制作过程进行介绍。

01 单击“材质编辑器”按钮，选中任意一个材质球，单击Standard按钮，在弹出的“材质/贴图浏览器”对话框中选择VRayMt。

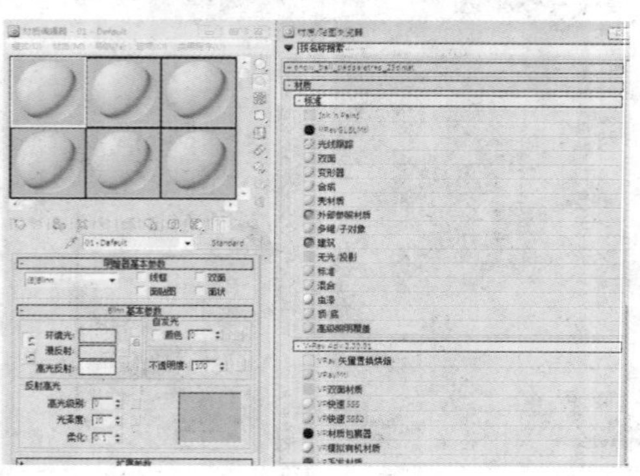

02 选择如图所示的躺椅，并为其赋予材质。

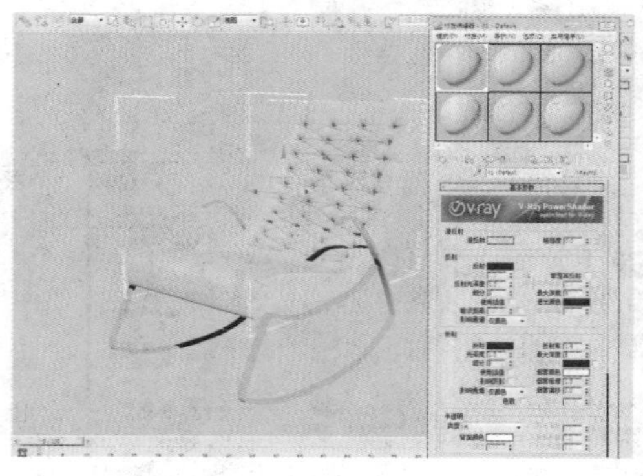

03 在“材质编辑器”窗口中对“漫反射”、“高光光泽度”、“反射光泽度”和“细分”参数如下图所示进行设置。

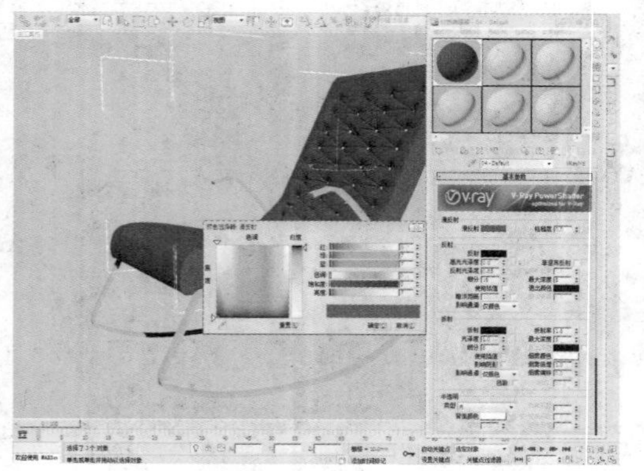

04 为“反射”添加一个“衰减”贴图，设置“衰减类型”为Fresenl，参数设置如下图所示。

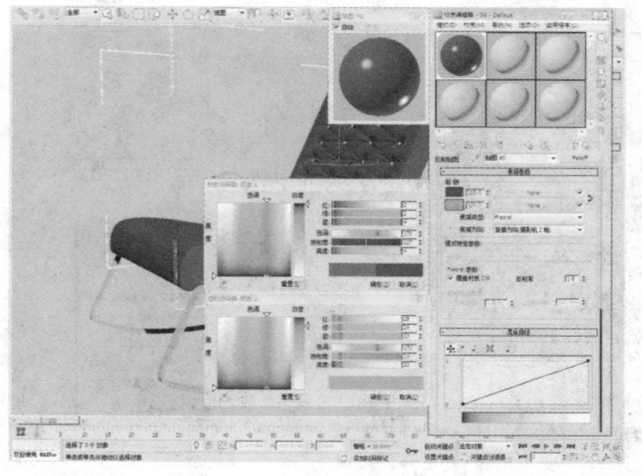

05 打开“贴图”卷展栏，为“凹凸”选项添加一个贴图（素材见本书配套光盘），参数设置如下图所示。

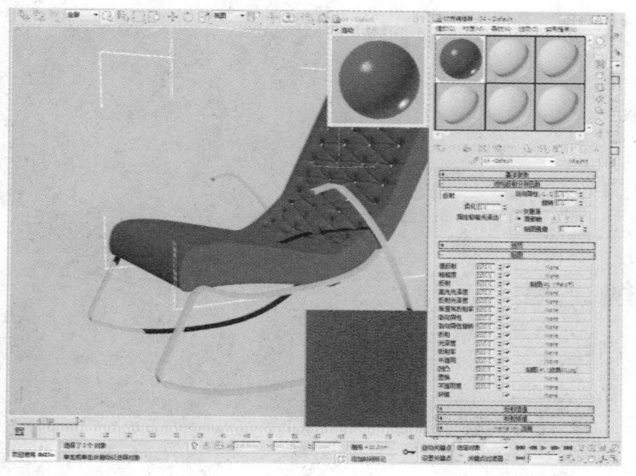

06 单击“材质编辑器”按钮，选中任意一个材质球，单击Standard按钮，在弹出的“材质/贴图浏览器”对话框中选择VRayMtl，并将其赋予给所有躺椅纽扣。

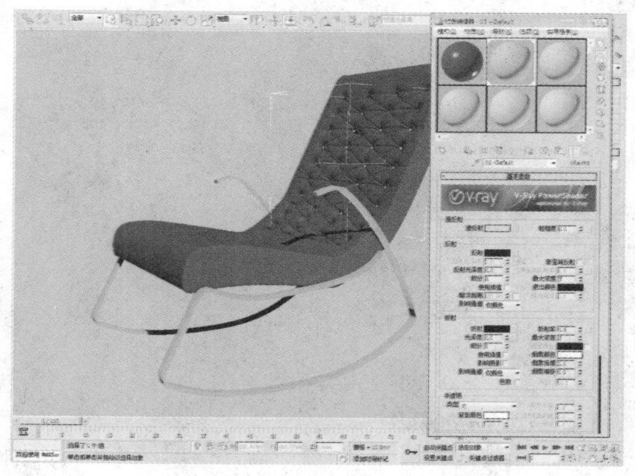

07 在“材质编辑器”窗口中对“漫反射”、“反射”、“高光光泽度”、“反射光泽度”、“细分”参数如下图所示进行设置。

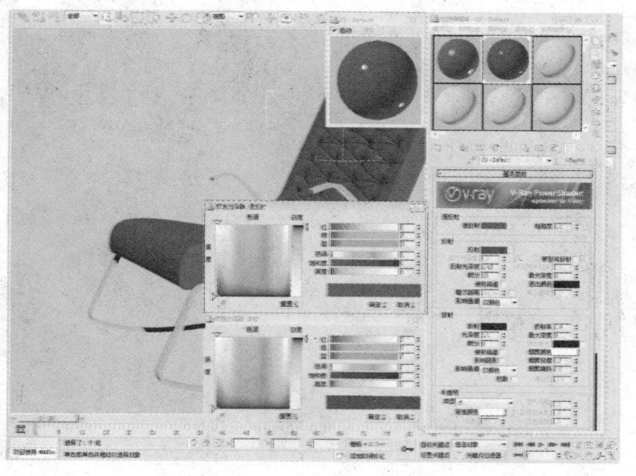

08 单击“材质编辑器”按钮，选中任意一个材质球，单击Standard按钮，在弹出的“材质/贴图浏览器”对话框中选择VRayMtl，并将其赋予给躺椅底座。

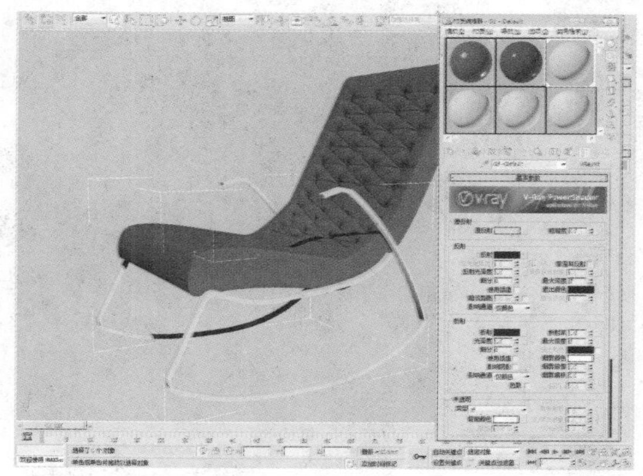

09 设置“漫反射”颜色为黑色、“反射”颜色为白色，“高光光泽度”、“反射光泽度”、“细分”的参数如下图所示。

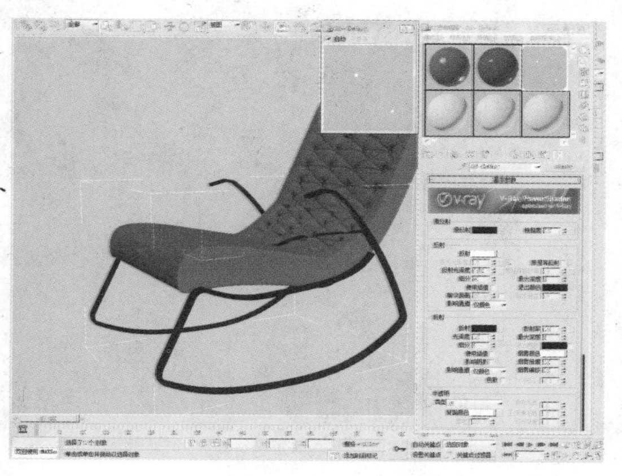

10 至此，躺椅模型制作完成，然后将其导入合适的场景中即可。

中　篇

室内模型的制作与渲染

室内效果图是室内设计师运用3ds Max软件制作出来的，是将创意构思进行形象化再现的形式。关于模型的创建流程大致为：首先要打开该建筑的CAD文件（一般图纸中会包含建筑的平面图及立面图），然后将图中的文字、铺地、绿色植物等建模不需要的图纸信息删除。最后将各层平面图及立面图分别导入3ds Max软件中。接下来就可以根据图纸一步步创建模型了。

在这里我们讲解了卫生间、书房、客厅及厨房等室内模型的设计与渲染，通过模仿绘制，以帮助读者完全掌握室内建模的操作方法与技巧。

CHAPTER 16

卫生间的创建与渲染

本案例将介绍一款卫生间模型的制作，在整个制作过程中，可以练习使用3ds Max中的样条线。通过对模型的更改练习“挤出”修改器，并熟练使用“车削”修改器来制作等规则物体。通过对模型进行细节刻画来练习“多边形”工具，运用基础几何物体结合“多边形”工具进行模型制作并熟练的使用“多边形”工具。

知识点

1. 样条线的使用
2. 挤出修改器的使用
3. 可编辑多边形的使用

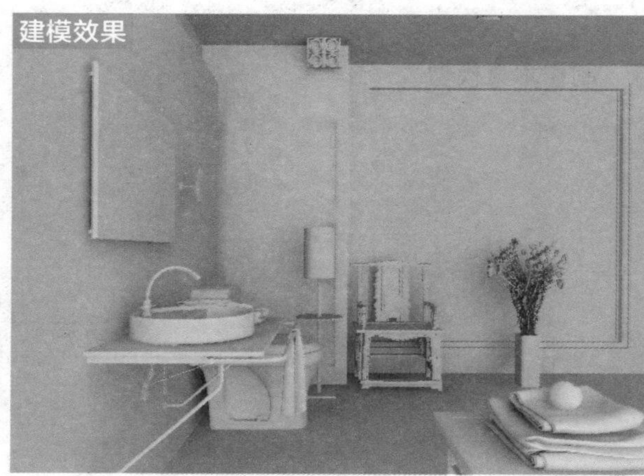
建模效果

渲染效果

16.1 卫生间的制作流程

下面我们先来了解一下卫生间的制作流程。

01 制作房子结构。

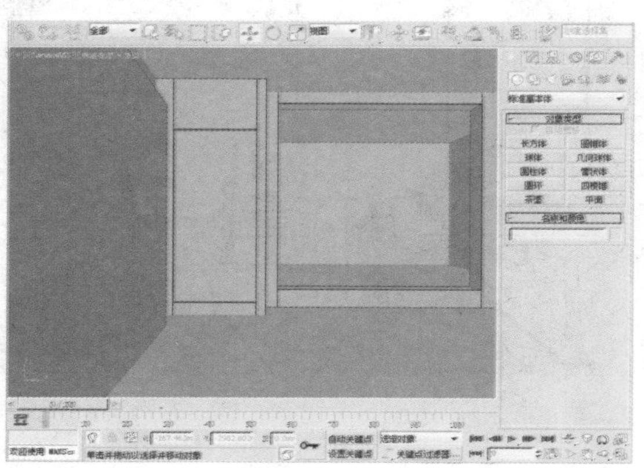

02 制作窗架结构。

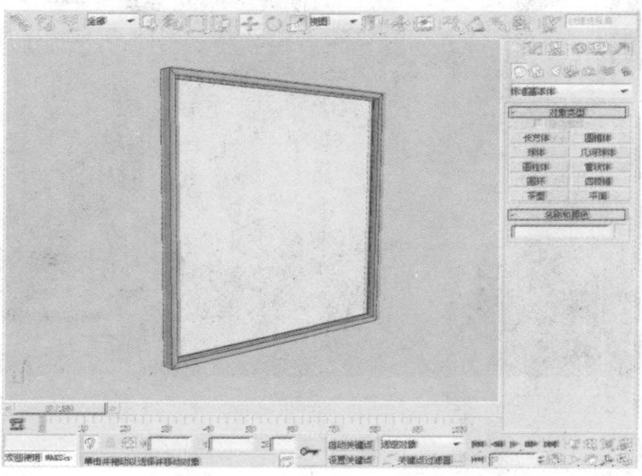

03 制作洗手台模型。

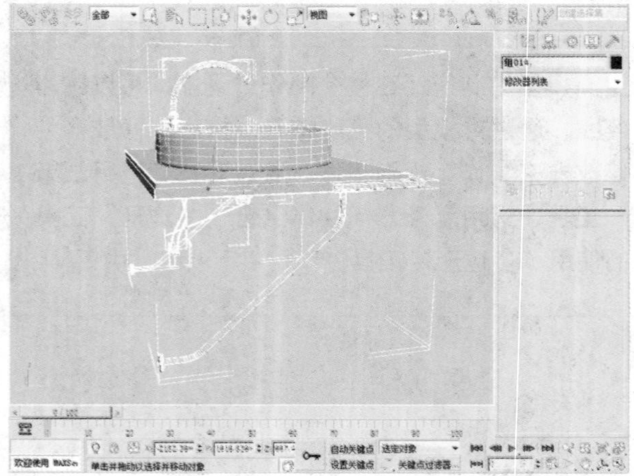

04 制作台灯模型。

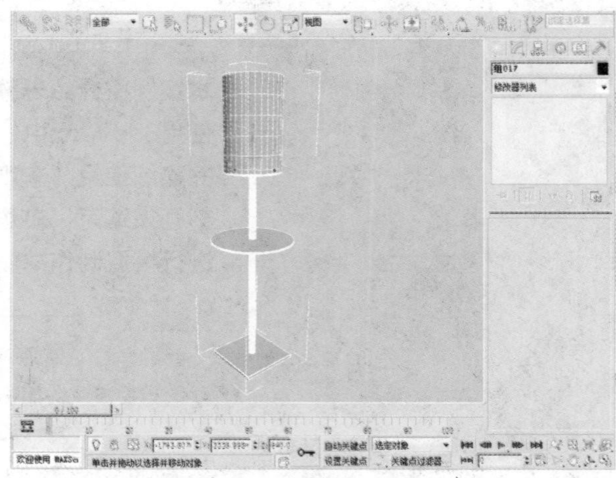

05 制作壁灯模型。

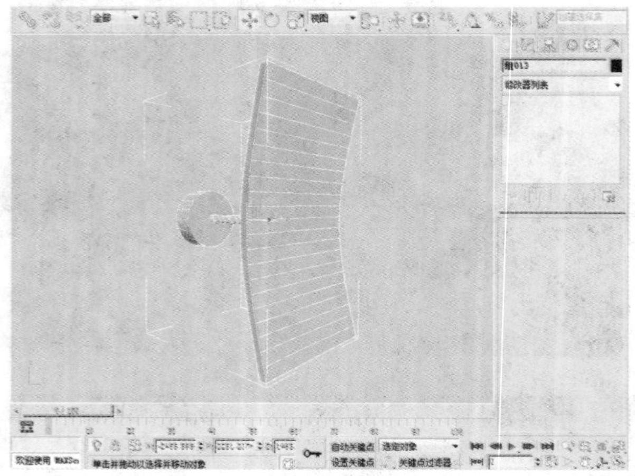

06 制作木桌模型。

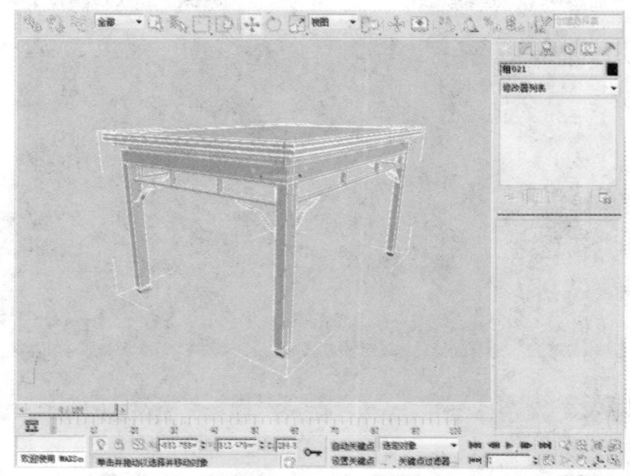

07 创建白模渲染效果。

08 创建线框渲染效果。

16.2 卫生间结构的制作

卫生间结构的绘制操作具体介绍如下。

01 在“创建”面板中单击“长方体”按钮，在顶视图中创建一个长方体，长度、宽度和高度分别为8000mm、5500mm和2800mm。选中该物体并单击鼠标右键，在弹出的快捷菜单中选择“转换为>转换为可编辑多边形”命令。

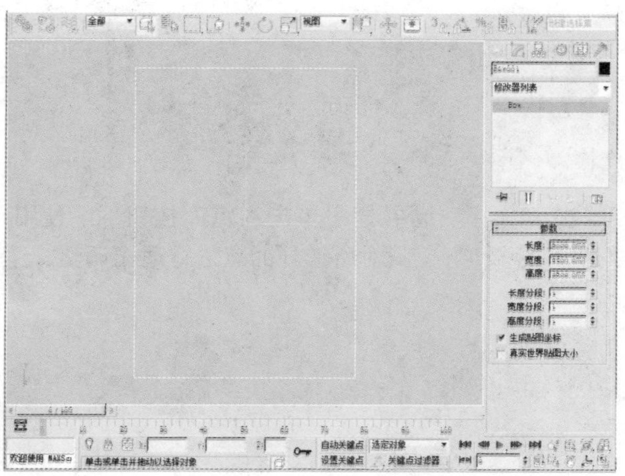

02 将所绘的长方体转换成可编辑多边形后，在“修改”面板的“选择”卷展栏中单击“多边形”按钮，选择如下大图所示的面并按Delete键删除。然后按下快捷键Ctrl+A选中所有面，单击“编辑多边形”卷展栏中的“翻转”按钮，翻转法线，效果如下小图所示。

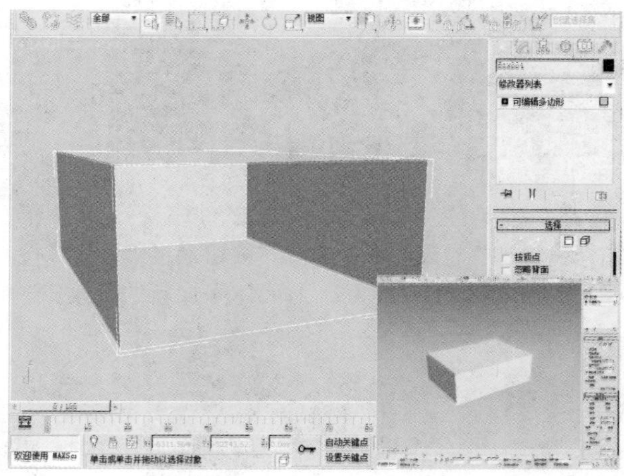

03 在“创建”命令面板中单击“摄影机”按钮，在“对象类型”卷展栏中单击“目标”按钮，在顶视图中绘制一个摄影机。

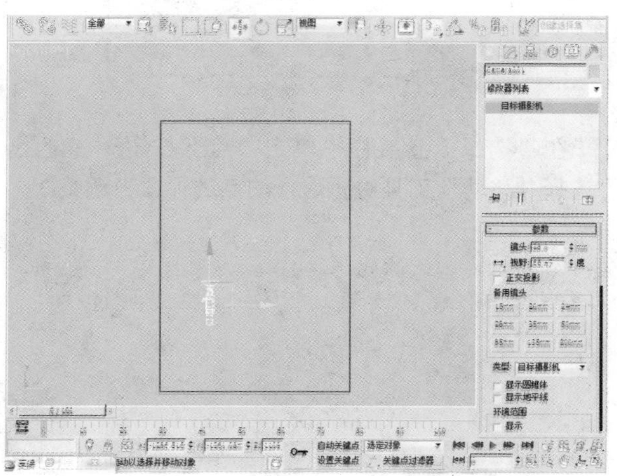

04 选中该摄影机，单击工具栏中的“选择并移动”按钮在前视图中单机摄影机，将其提高1100mm。

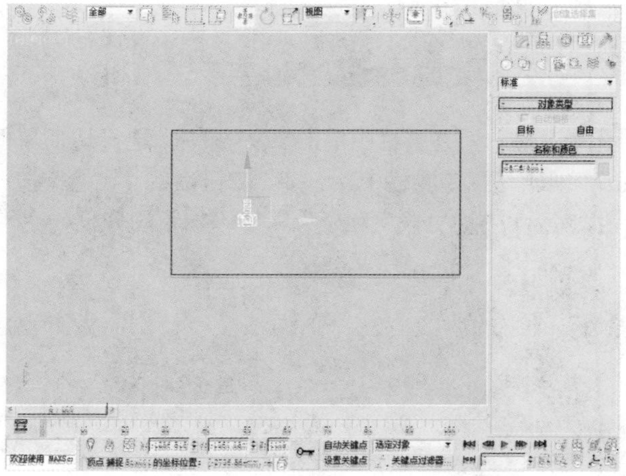

05 在“修改”面板的“选择”卷展栏中单击“边”按钮，选择边后在“编辑边”卷展栏中单击“连接”后的“设置”按钮，然后设置“分段”为2，为墙体添加新的分段。

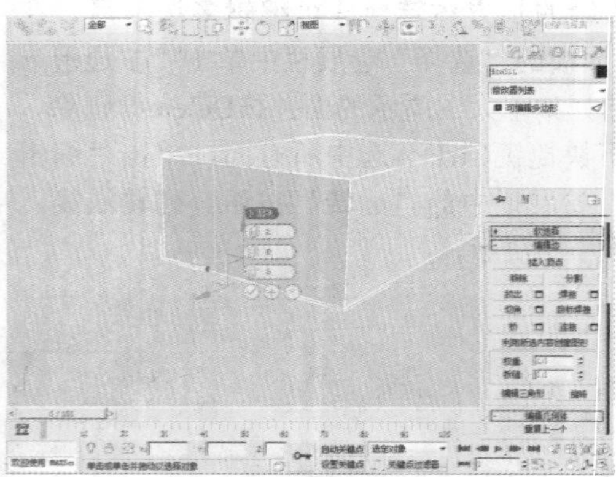

06 在“选择”卷展栏中单击“点”按钮，使用“选择并移动”工具对所选择的点进行适当调整。

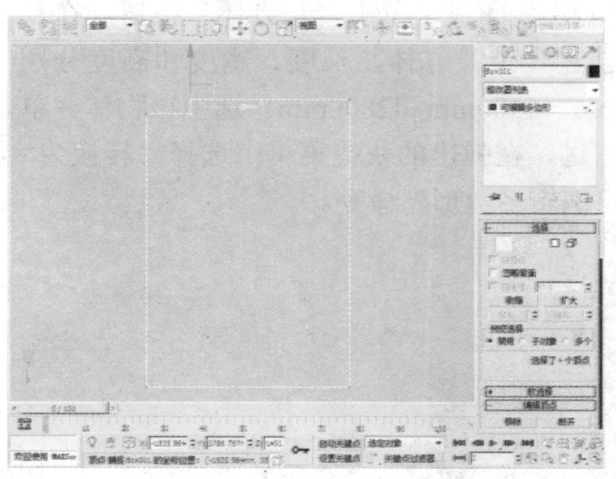

07 在“选择”卷展栏中单击“边”按钮，然后单击“编辑边”卷展栏中“选择”按钮后的“设置”按钮，然后设置“分段”为2，为墙体添加新的分段。

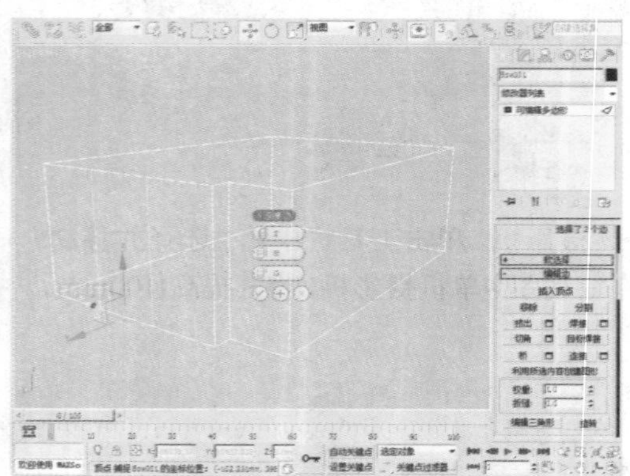

08 在“选择”卷展栏中单击“点”按钮，使用“选择并移动”工具对所选择的点进行适当调整。

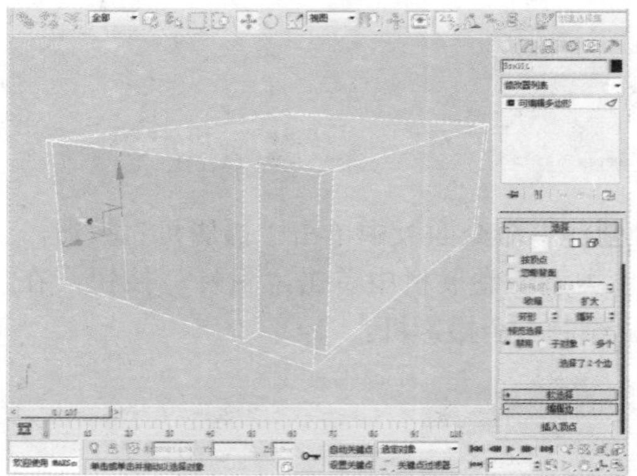

09 在“选择”卷展栏中单击“边”按钮，选择边后单击“编辑边”卷展栏中“连接”按钮后的“设置”按钮，然后设置“分段”为2，为墙体添加新的分段。

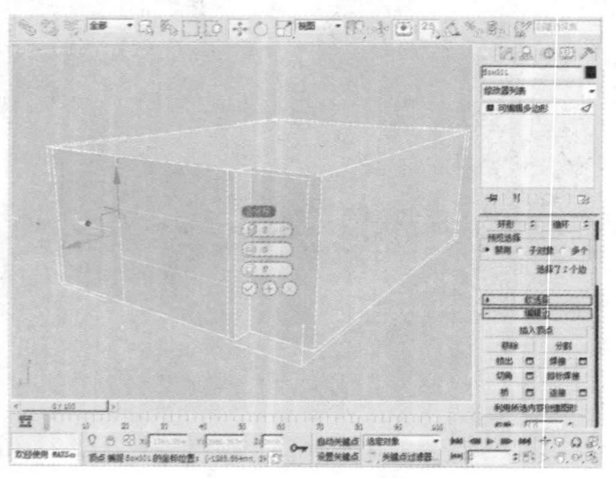

10 在“选择”卷展栏中单击“点”按钮，使用“选择并移动”工具对所选择的点进行适当调整。

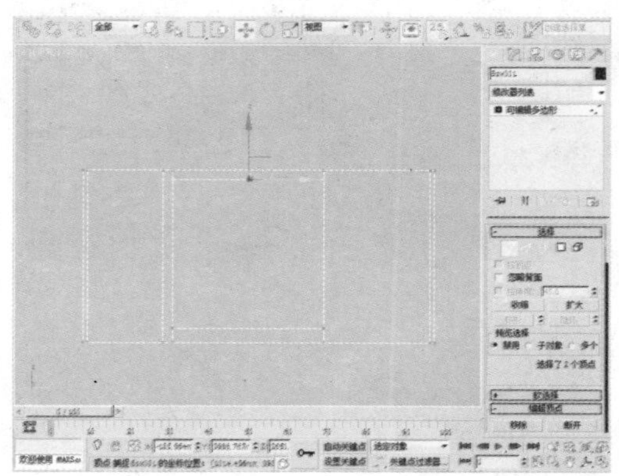

11 在“选择”卷展栏中单击“边”按钮，选择边后单击“编辑边”卷展栏中“连接”按钮后的“设置”按钮，然后设置“分段”为2，为墙体添加新的分段。

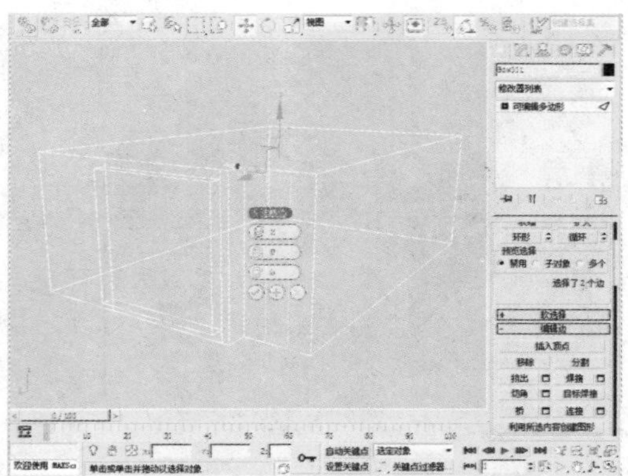

12 在“选择”卷展栏中单击“点”按钮，使用“选择并移动”工具对所选择的点进行适当调整。

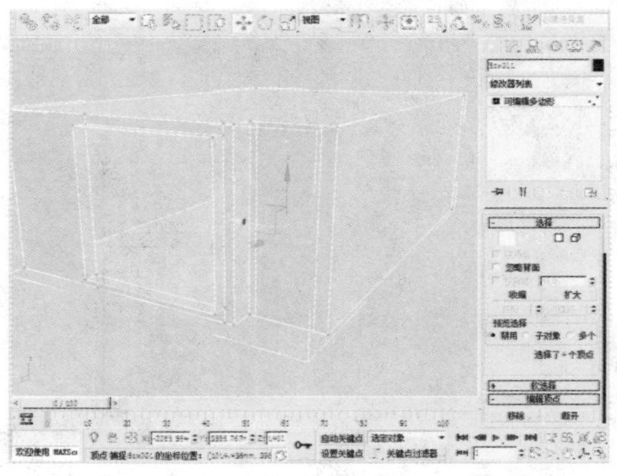

13 在“选择”卷展栏中单击“边”按钮，选择边后后单击“编辑边”卷展栏中“连接”按钮后的“设置”按钮，然后设置“分段”为2，为墙体添加新的分段。

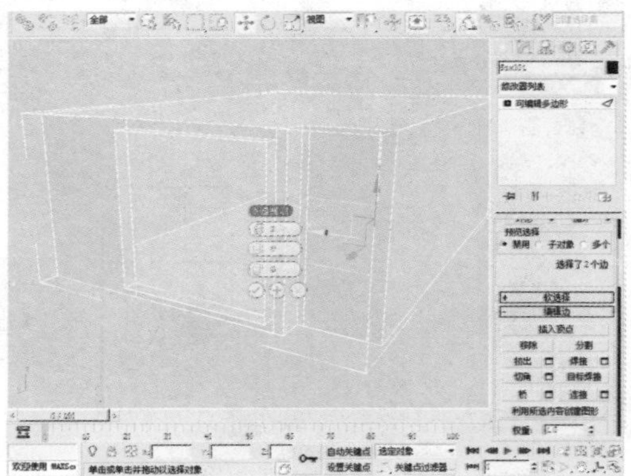

14 在“选择”卷展栏中单击“点”按钮，使用“选择并移动”工具对所选择的点进行适当调整。

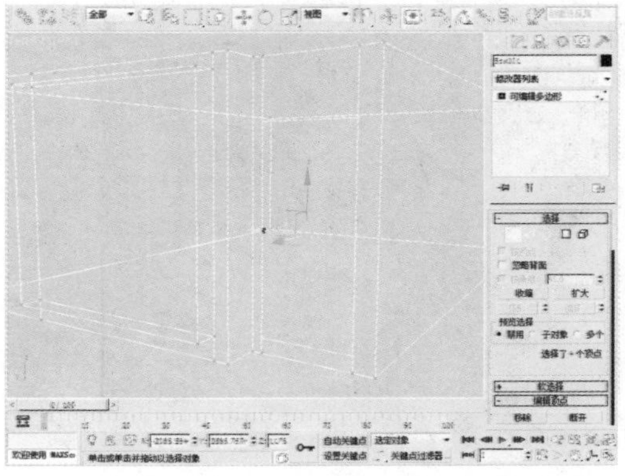

15 在“选择”卷展栏中单击“多边形”按钮，选择面后单击“编辑多边形”卷展栏中“挤出”按钮后的“设置”按钮，然后设置“高度”为-50mm。

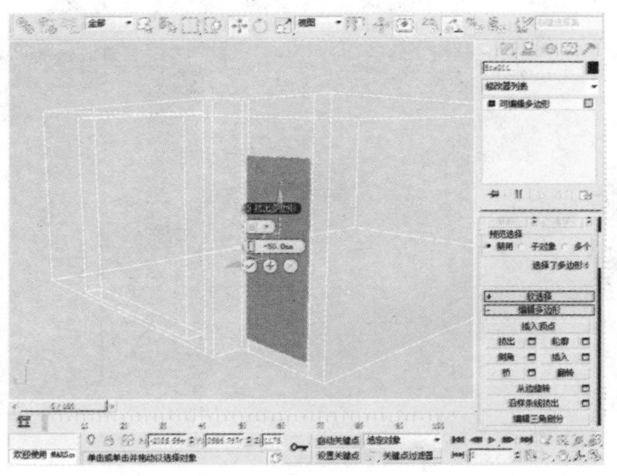

16 在“创建”面板中单击“长方体”按钮，在顶视图中创建一个长方体，长度、宽度和高度分别为2050mm、900mm和15mm。

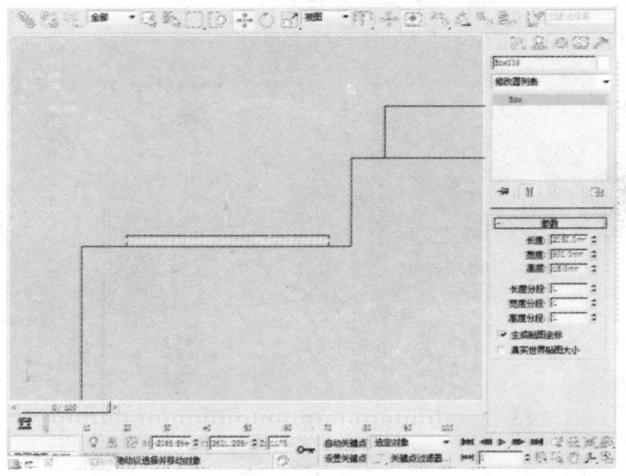

17 在“选择”卷展栏中单击“多边形”按钮，选择面后单击“编辑多边形”卷展栏中“挤出”按钮后的“设置”按钮，然后设置“高度”为-240mm。

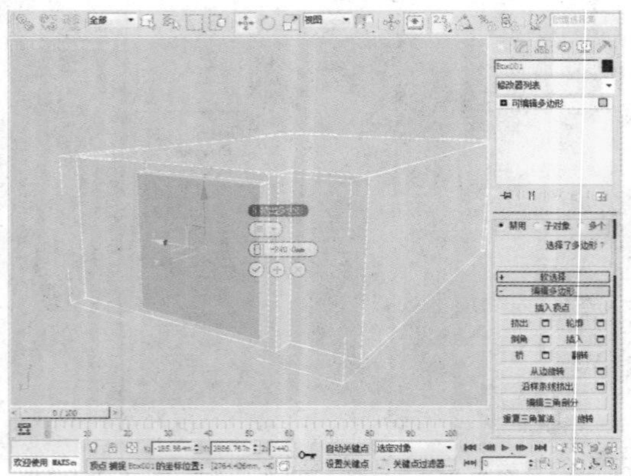

18 选择面，再次单击“挤出”按钮后的“设置”按钮，并设置“高度”为-2500mm。

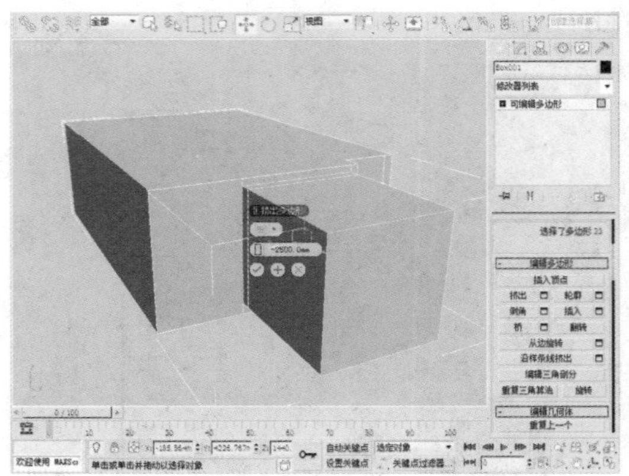

19 选择左右的面，再次单击“挤出”按钮后的“设置”按钮，然后设置“高度”为-2500mm。

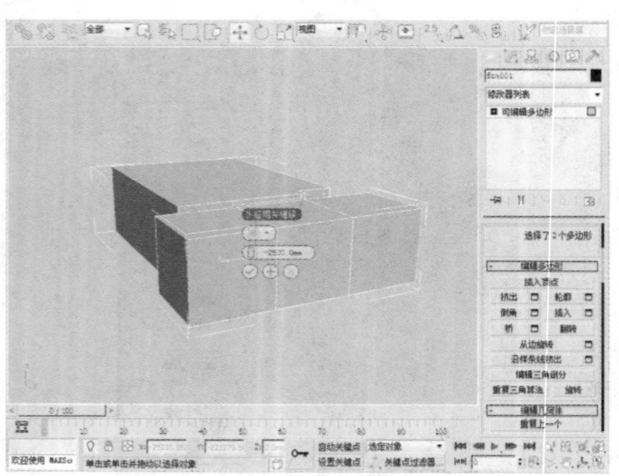

20 在“修改”面板的“选择”卷展栏中单击“点”按钮，使用“选择并移动”工具对所选择的点进行适当调整。

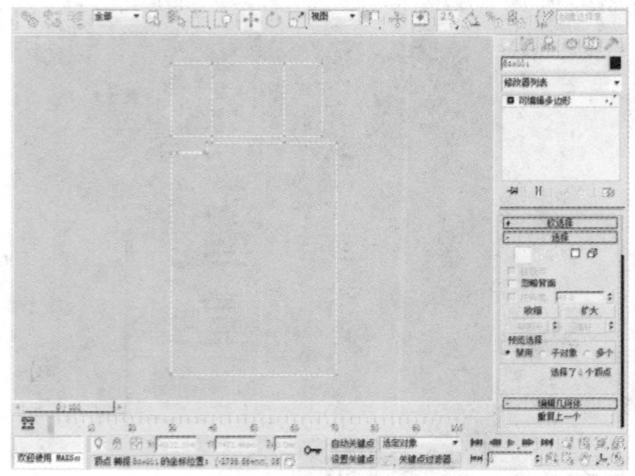

21 选择面，再次单击“挤出”按钮后的“设置”按钮，然后设置“高度”为-150mm。

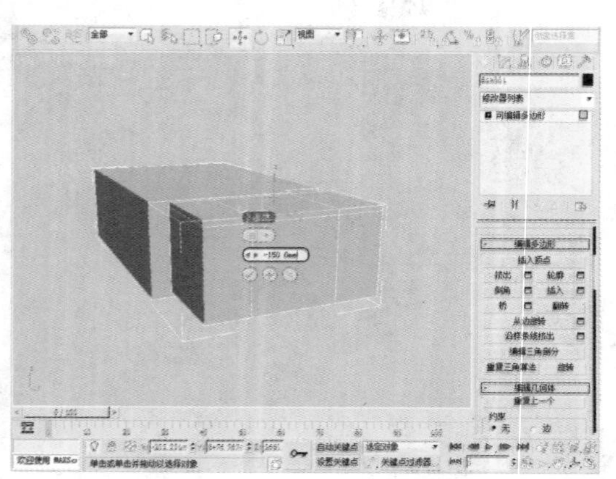

22 在“选择”卷展栏中单击“边”按钮，按住Ctrl键选择多余的边，然后在“编辑边”卷展栏中单击“移除”按钮。

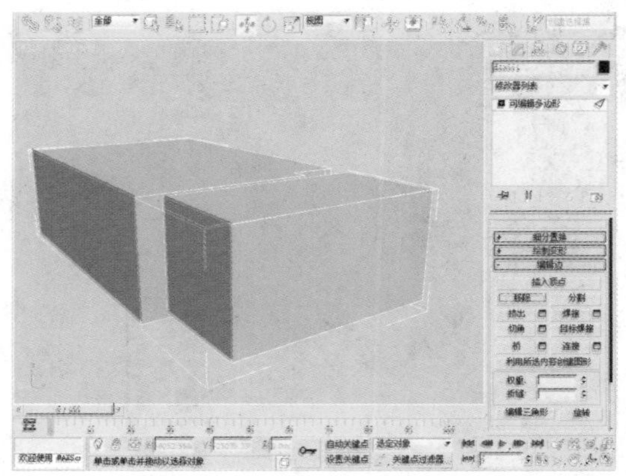

23 在“创建”命令面板中单击“长方体”按钮，在顶视图中创建一个长度、宽度和高度分别为7200mm、220mm和2350mm的长方体。

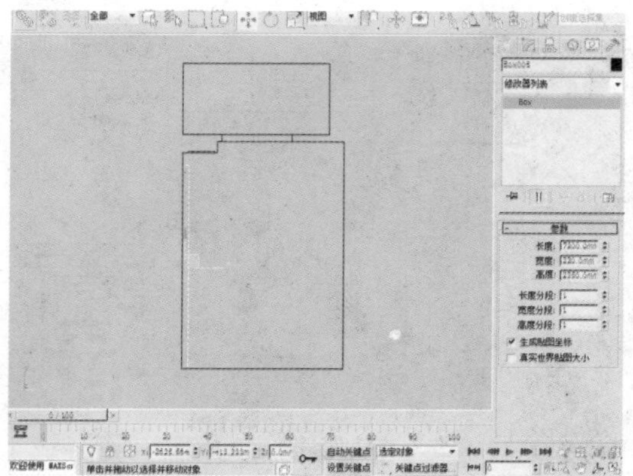

24 在“创建”命令面板中单击“线”按钮，在顶视图中创建如下图所示的图形。

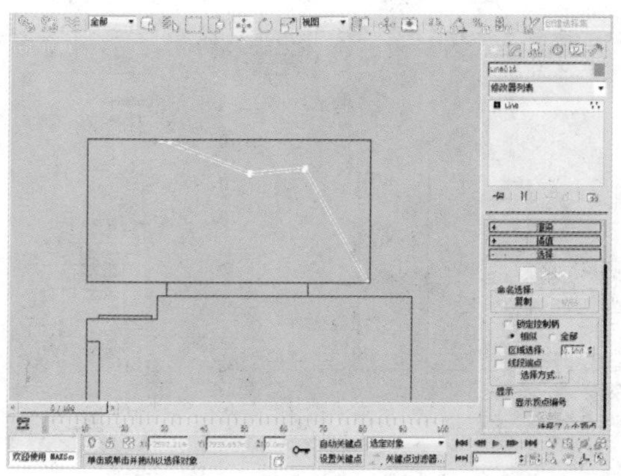

25 选中形状，在“修改”面板的“修改器列表”中选择“挤出”修改器，并在“参数”卷展栏中设置“数量”为2800mm。

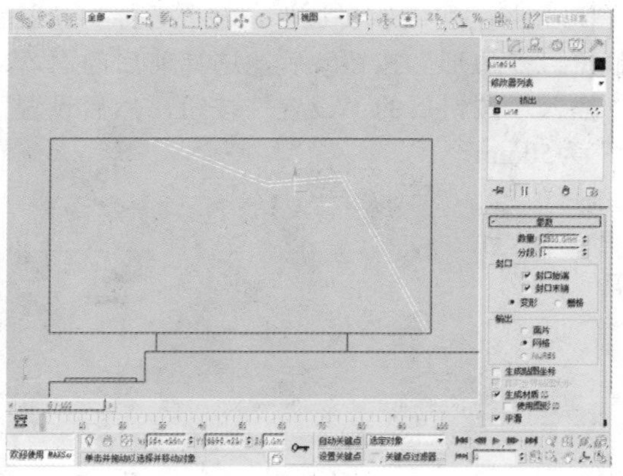

26 在“创建”命令面板中单击“线”按钮，在顶视图中创建如下图所示的图形。

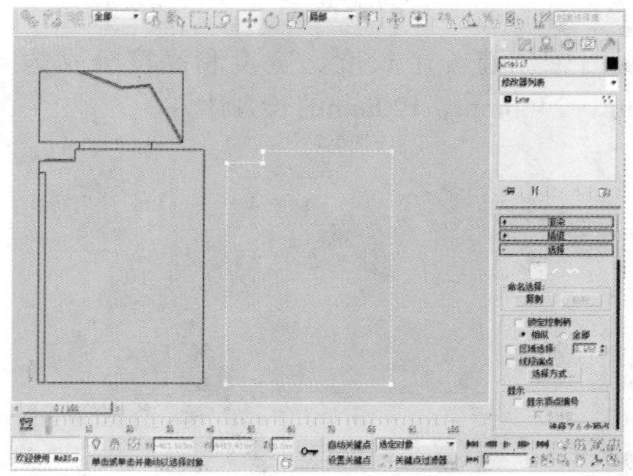

27 在“创建”命令面板中单击“矩形”按钮，在顶视图中创建如下图所示的图形。

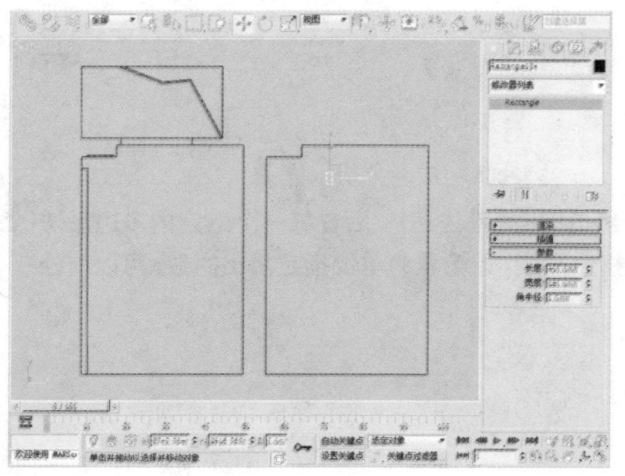

28 选中该矩形并将其转换为可编辑样条线，单击“几何体”卷展栏中的“附加”按钮，将所有矩形全部附加。

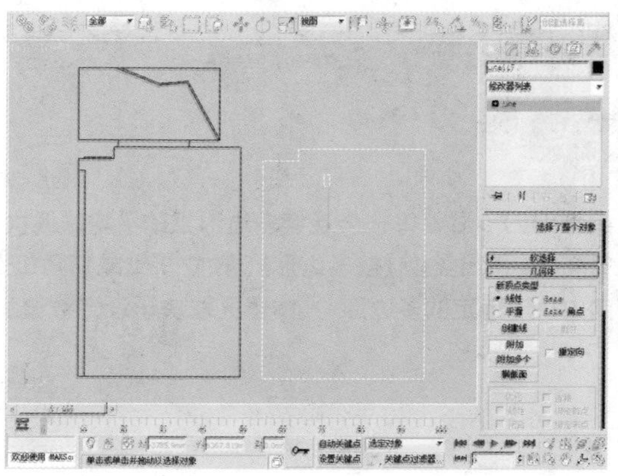

29 选中该形状，在“修改”面板的“修改器列表”中选择“挤出”修改器，并在“参数”卷展栏中设置“数量”为50mm。

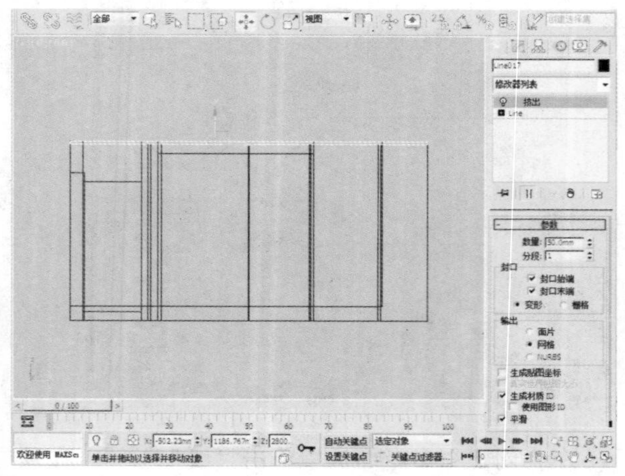

30 至此，卫生间结构模型制作完毕。

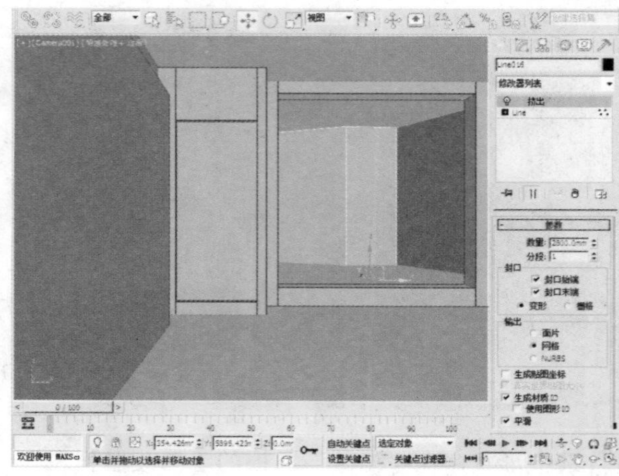

窗架的绘制操作具体介绍如下。

01 在“创建”命令面板中单击“长方体”按钮，在顶视图中创建一个长度、宽度和高度分别为2400mm、2400mm、120mm的长方体。

02 将图形转换为可编辑多边形，在“选择”卷展栏中单击“多边形”按钮□后，选择前后的面，单击“插入”按钮后的“设置”按钮，然后设置“数量”为50mm。

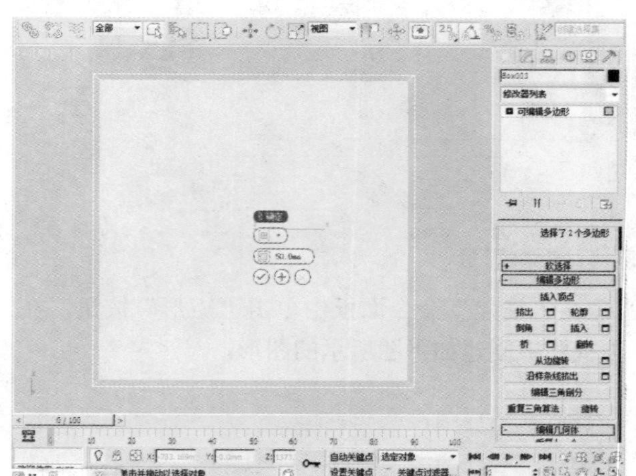

知识点

挤出类型（组）：沿着每一个连续多边形组的平均法线执行挤出；挤出类型（局部法线）：沿着每一个选定的多边形法线执行挤出；挤出类型（按多边形）：独立挤出或切角每个多边形；挤出高度：以场景为单位指定挤出的数。可以向外或者向内挤出选定的多边形，具体情况取决于设定数值的正负值。

03 进入左视图，单击“挤出”按钮后的“设置”按钮，然后设置“高度”为-50mm。

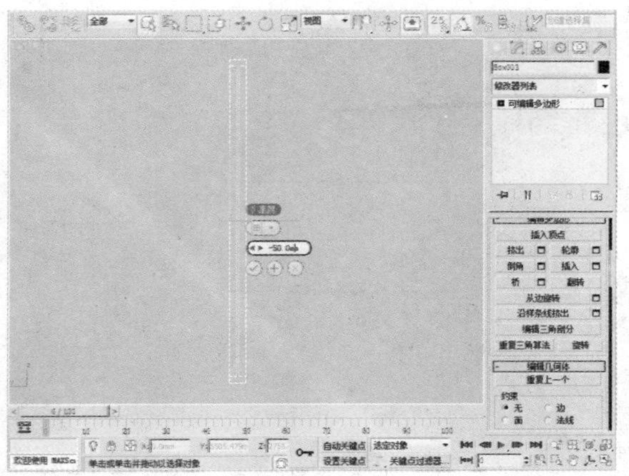

04 进入前视图，单击“插入”按钮后的“设置”按钮，然后设置“数量”为20mm。

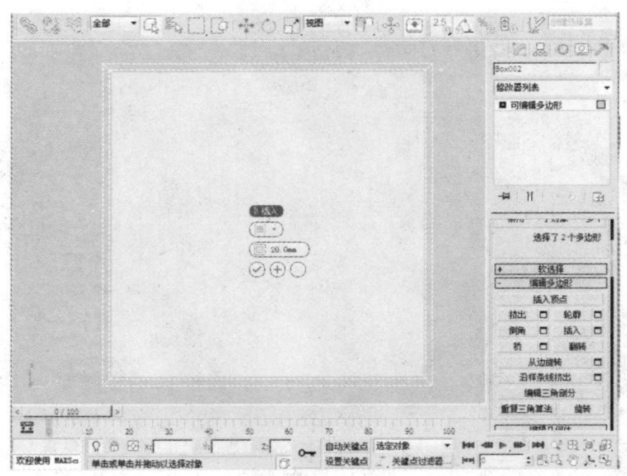

05 进入左视图，单击“挤出”按钮后的“设置”按钮，然后设置“高度”为-7mm。

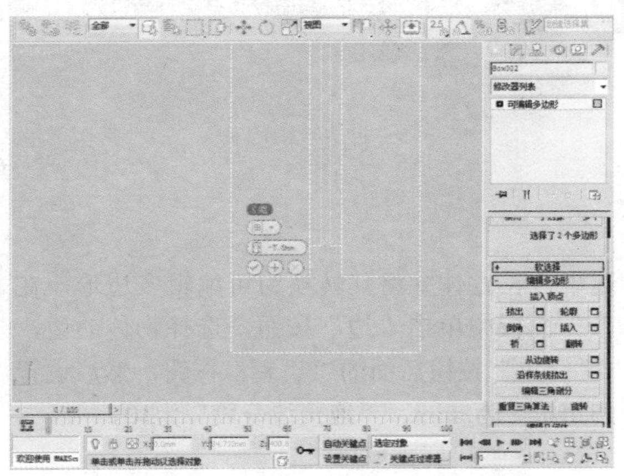

06 单击“编辑多边形”卷展栏中的“桥”按钮，将框架中间的面打通。

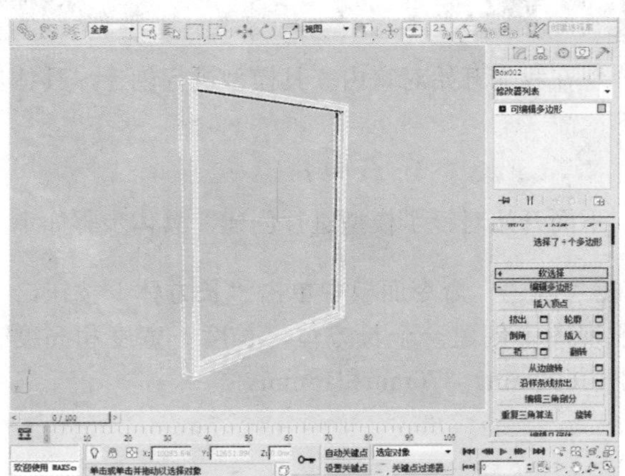

07 进入左视图，单击“挤出”按钮，然后设置挤出类型为“局部法线”、“高度”为-7.0mm。

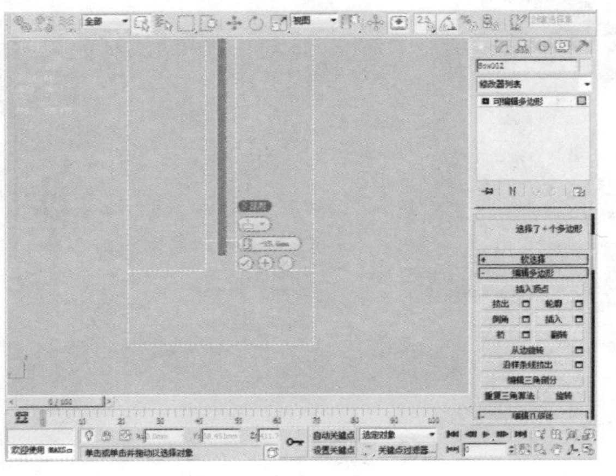

08 在“创建”命令面板中单击“长方体”按钮，在顶视图中创建一个长方体，长度、宽度和高度分别为2300mm、2280mm和6mm。

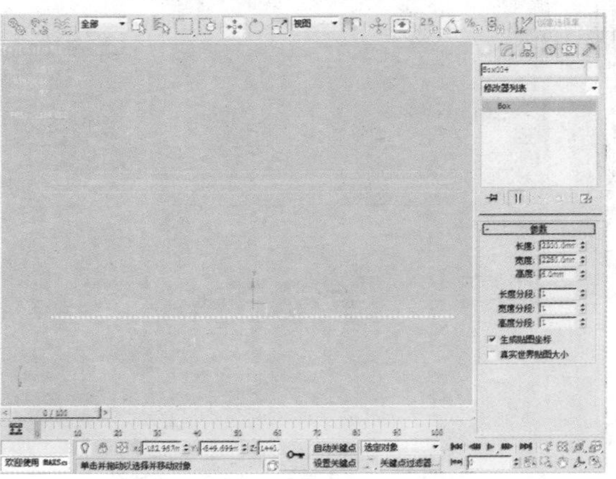

09 使用“选择并移动”工具将创建的长方体放置于窗架之内。

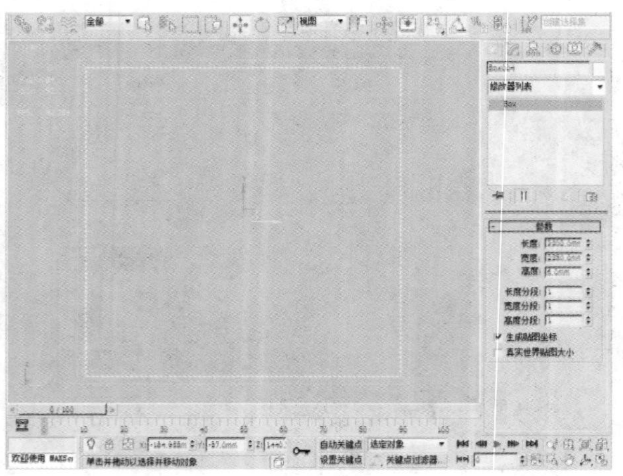

10 执行“组>成组”菜单命令，将选中的物体成组。

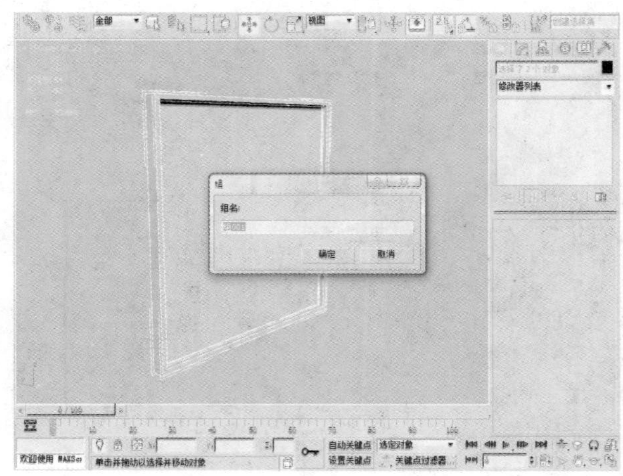

16.3 绘制家具

现在我们开始对室内家具模型进行创建，具体步骤如下。

16.3.1 镜子的绘制

下面开始对镜子模型进行创建，具体步骤如下。

01 在“创建”命令面板中单击“长方体”按钮，在前视图中创建一个长方体，长度、宽度和高度分别为600mm、870mm和15mm。

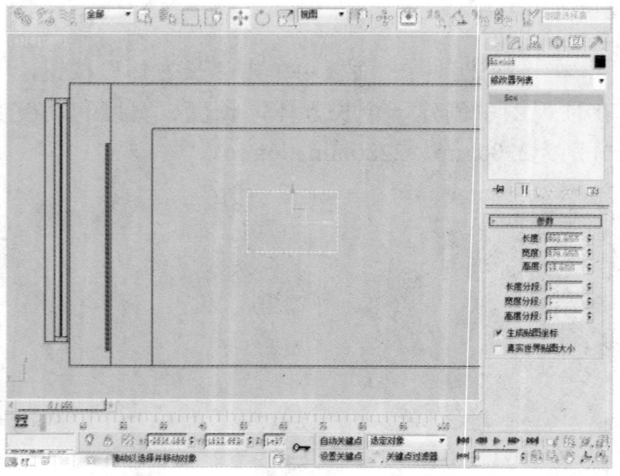

02 选中该长方体并将其转换为可编辑多边形，在“修改”面板中单击“边”按钮，选择物体的边，单击“切角”按钮后面的“设置”按钮，然后设置“边切角量”为5mm、“连接边分段”为10。

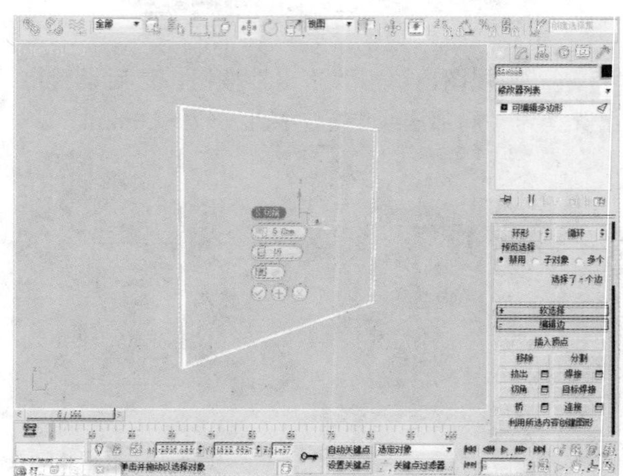

03 在“创建”命令面板中单击“长方体”按钮，在左视图中创建一个长方体，长度、宽度和高度分别为15mm、15mm、20mm。

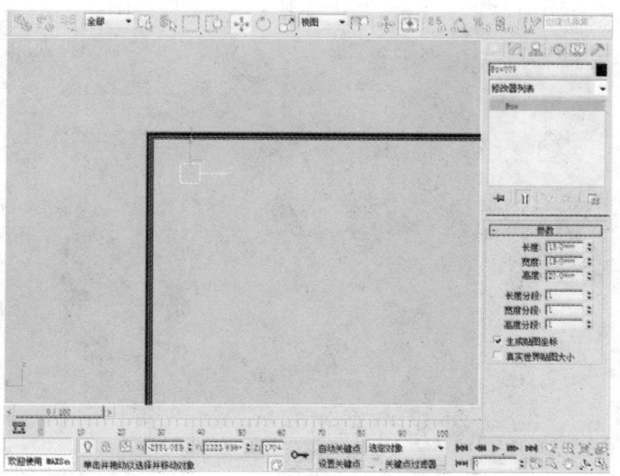

04 使用“选择并移动”工具，在左视图中沿Y轴方向在按住Shift键的同时拖动物体，选择“复制”的复制方式，并设置“副本数”为1。

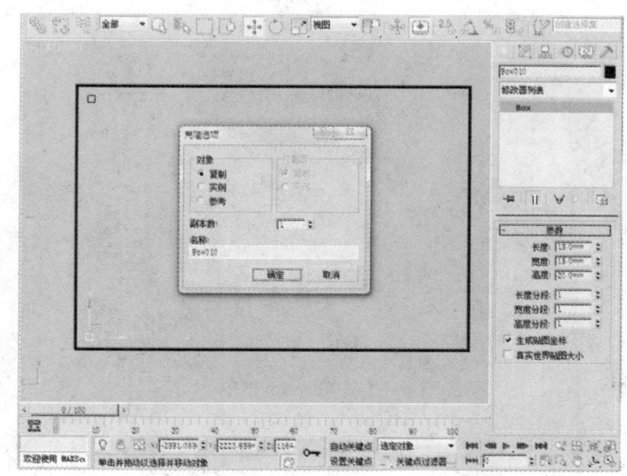

05 使用“选择并移动”工具，在左视图中沿X轴在按住Shift键的同时拖动物体，选择“复制”的复制方式，并设置“副本数”为1。

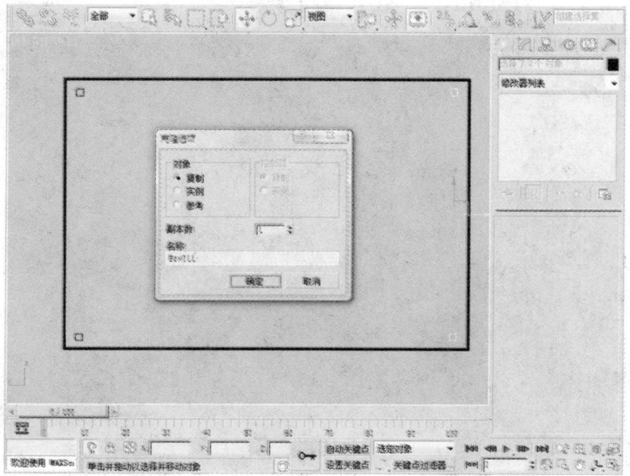

06 执行“组>成组”菜单命令，将选中的物体成组。

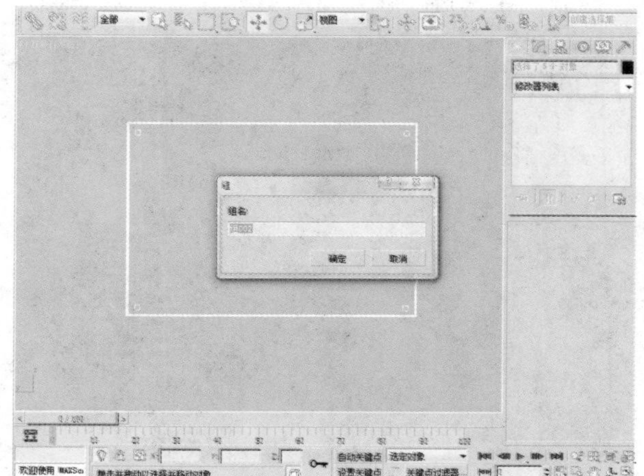

知识点

在3ds Max中创建模型，虽然设计人员是在虚拟空间中建模，但也应该与现实生活中创建房屋一样，事先确定好房屋尺寸。设计人员不但要为创建的模型赋予精确的尺寸，且要为场景设置统一的单位。通常将场景和系统的单位设置为“毫米”，使场景中所创建的模型以毫米为单位来表示，例如一米的场景将表示为1000毫米。

16.3.2 洗漱台的绘制

下面开始对洗漱台模型进行创建，具体操作步骤介绍如下。

01 在“创建”命令面板中单击“长方体”按钮，在顶视图中创建一个长方体，长度、宽度和高度分别为900mm、600mm和15mm。

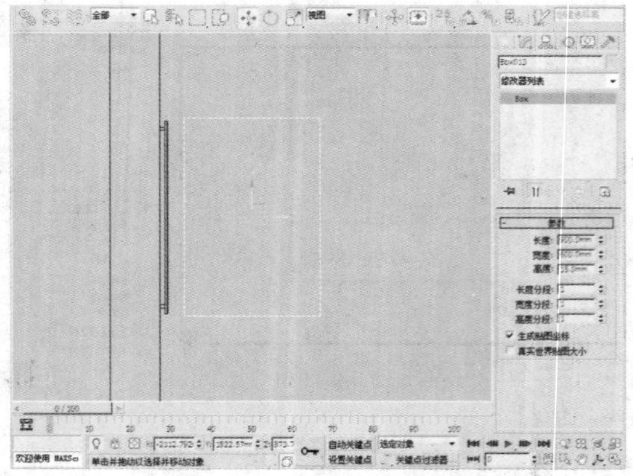

02 选中该长方体并将其转换为可编辑多边形，在“选择”卷展栏中单击“边”按钮，选择边，然后单击“切角”按钮后的“设置”按钮，然后设置“边切角量”为3mm、“连接边分段”为10。

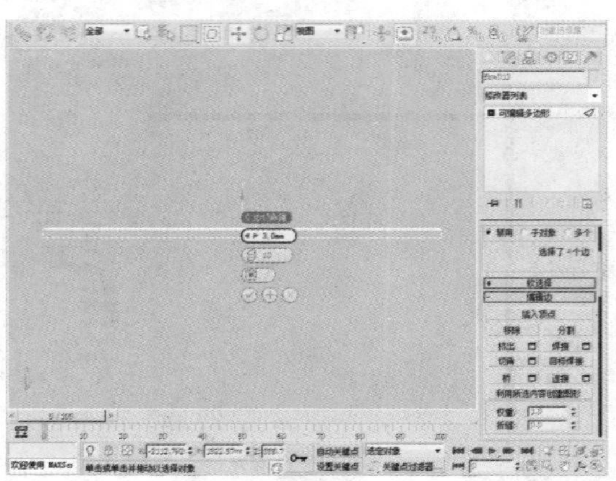

03 在“创建”命令面板中单击“长方体”按钮，在左视图中创建一个长方体，长度、宽度和高度分别为850mm、550mm和30mm。

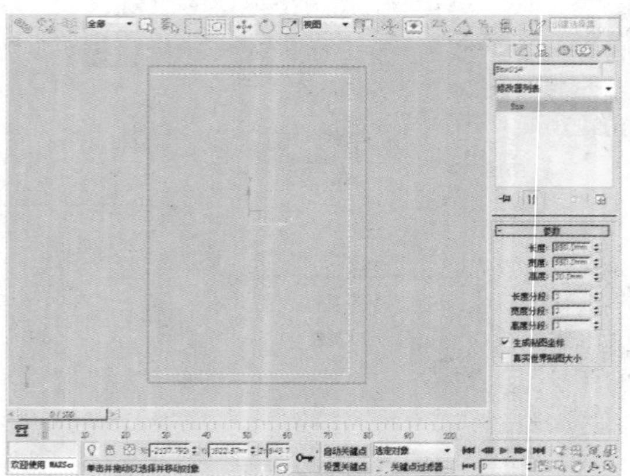

04 选中该长方体并将其转换为可编辑多边形，在“选择”卷展栏中单击“边”按钮，然年后单击“切角”按钮后的“设置”按钮，然后设置“边切角量”为3mm、“连接边分段”为10。

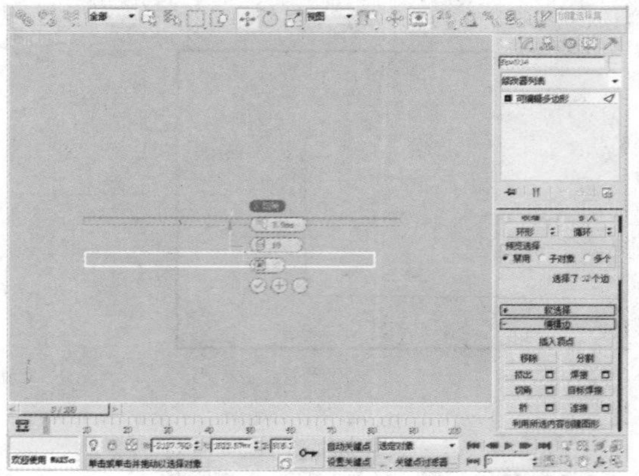

05 在“创建”命令面板中单击“圆柱体”按钮，在左视图中创建一个圆柱体，其半径、高度和边数分别为240mm、100mm、30。

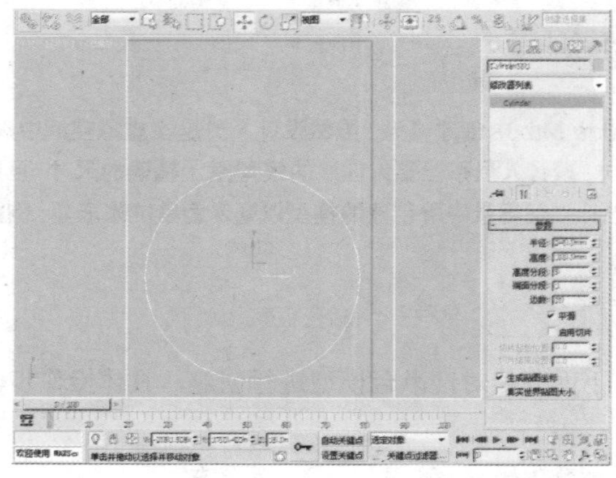

06 选中该圆柱体并将其转换为可编辑多边形，在“选择”卷展栏中单击“多边形”按钮后，单击“插入”按钮后的“设置”按钮，然后设置“数量”为20mm。

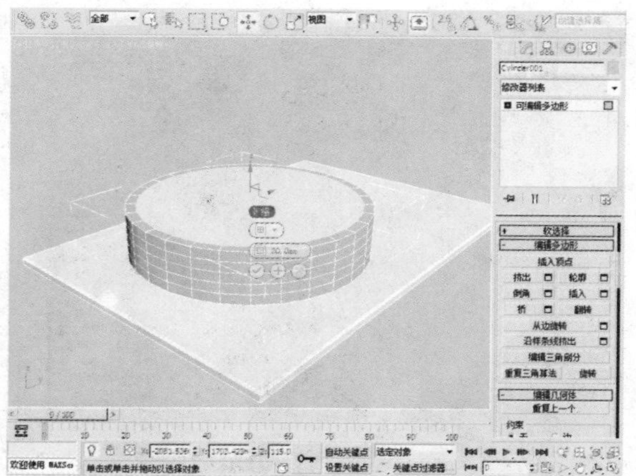

07 在“选择”卷展栏中单击“多边形”按钮后选择物体的面，然后单击“挤出”按钮后的“设置”按钮，并设置“高度”为-80mm。

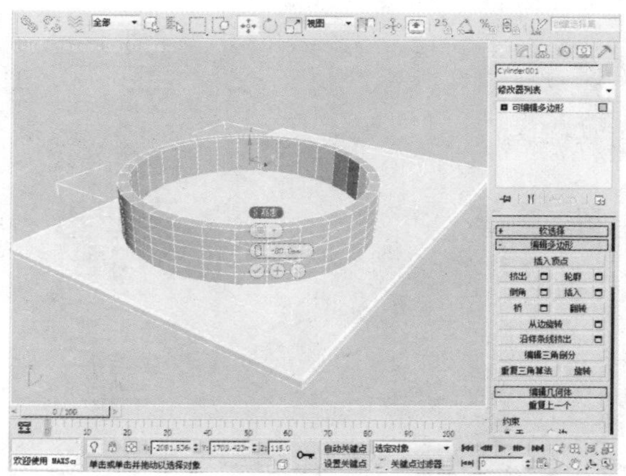

08 在“选择”卷展栏中单击“边”按钮后选择边，然后单击“切角”按钮后的“设置”按钮，并设置“边切角量”为3mm、“连接边分段”为3。

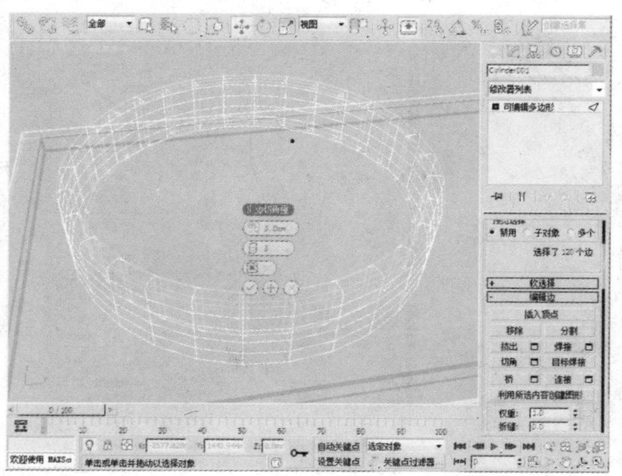

09 在“选择”卷展栏中单击“多边形”按钮后选择物体的面，然后单击“插入”按钮后的“设置”按钮，并设置多次插入。

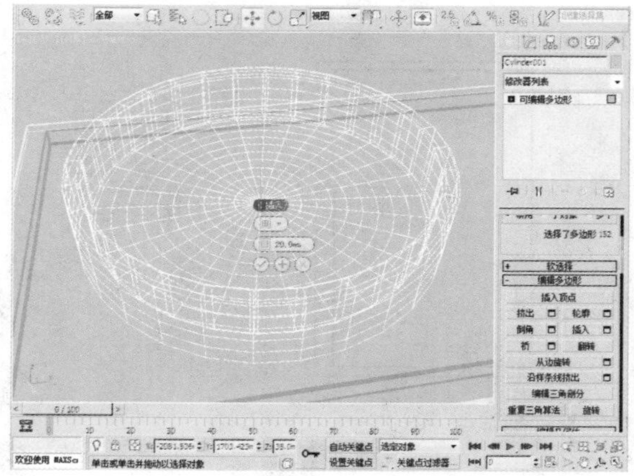

10 选中物体，在“选择”卷展栏中单击“边”按钮后选择物体的边，然后单击“切角”按钮后的“设置”按钮，设置“边切角量”为3mm、“连接分段”为3。然后选中该物体后单击鼠标右键，在弹出的快捷菜单中选择“NURMS切换”命令。

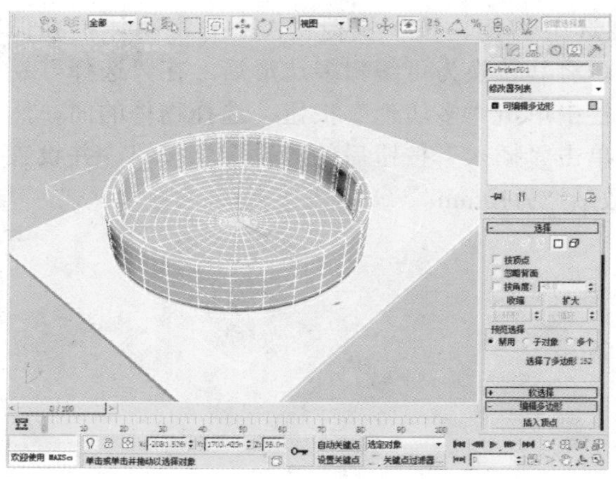

11 在“创建”命令面板中单击“圆柱体”按钮，在顶视图中创建一个圆柱体，半径、高度和边数分别为220mm、80mm、30并勾选“启用切片”复选框。

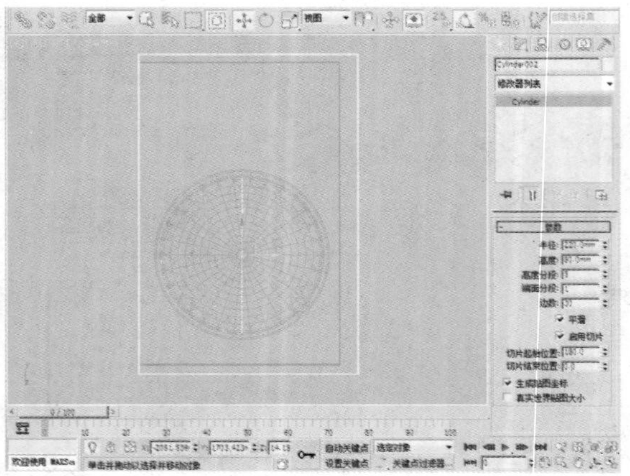

12 选中该物体，在“选择”卷展栏中单击“边”按钮后选择物体的边，然后单击“切角”按钮后的“设置”按钮，并设置“边切角量”为3mm、“连接边分段”为3。

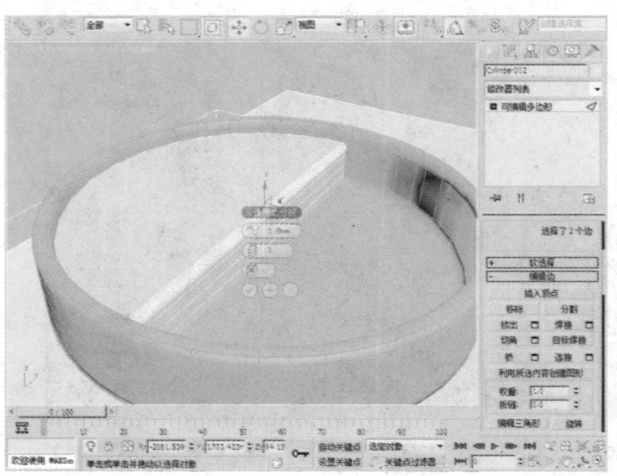

13 执行“组>成组”菜单命令，将选中的物体成组。

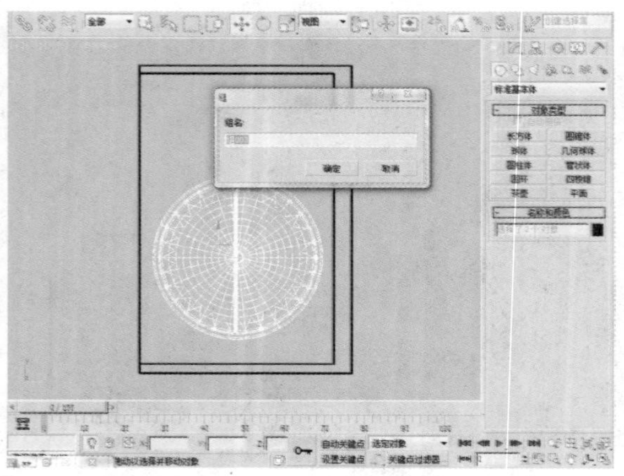

14 在“创建”命令面板中单击“圆柱体”按钮，在顶视图中创建一个圆柱体，半径、高度和边数分别为30mm、80mm和3。

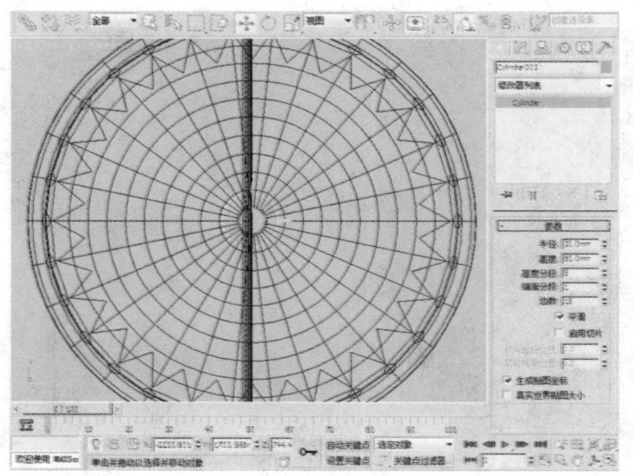

15 选中物体，按下快捷键Alt+Q将物体单独孤立。将其转换为可编辑多边形后，在“选择”卷展栏中单击“多边形”按钮，选择物体的面，然后单击“插入”按钮后的“设置”按钮，并设置“数量”为10mm。

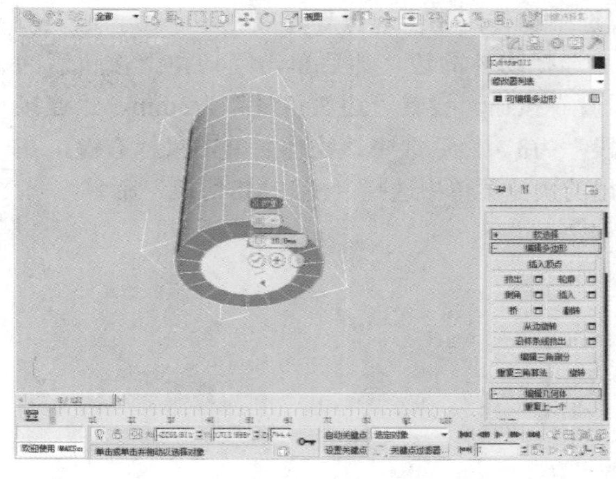

16 单击“挤出”按钮后的“设置”按钮，然后设置“高度”为20.0mm。

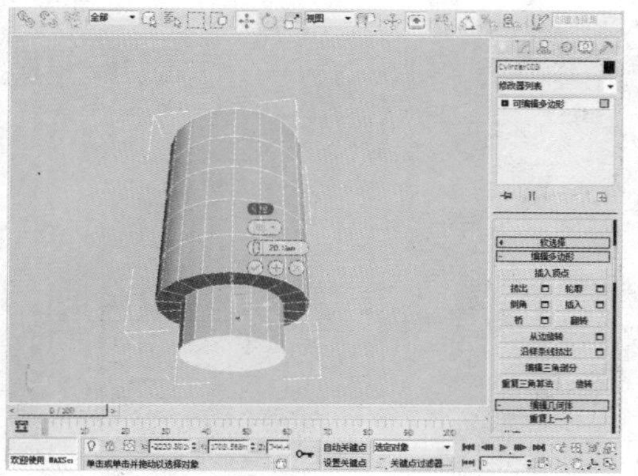

17 在“选择”卷展栏中单击“边”按钮，选择边，然后单击“切角”按钮后的“设置”按钮，进一步设置“边切角量”为2.0mm、“连接边分段”为5。

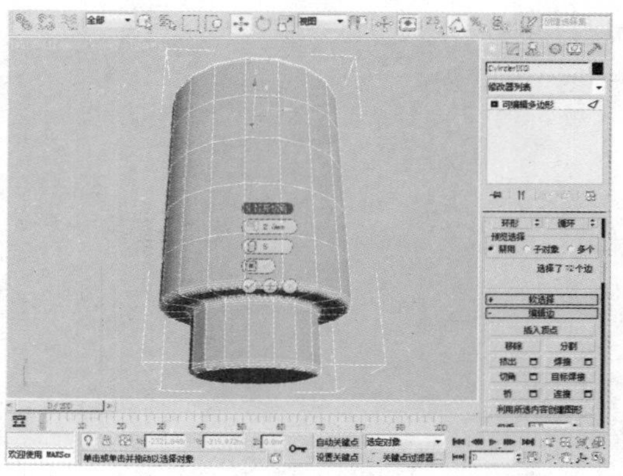

18 选择该物体并单击鼠标右键，在弹出的快捷菜单中选择“NURMS切换”命令。

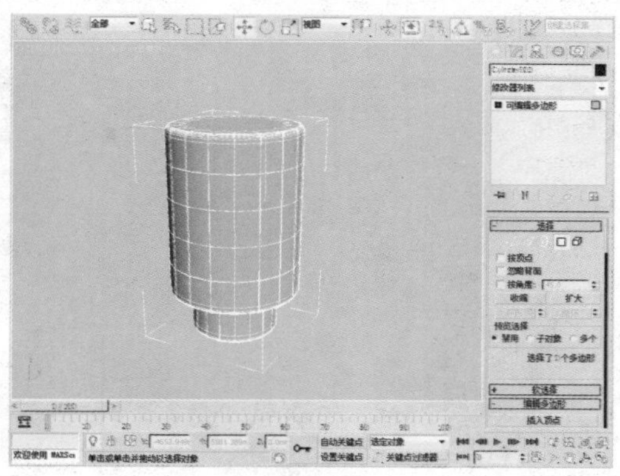

19 在“创建”命令面板中单击“圆”按钮，在左视图中创建一个半径为12mm的圆。

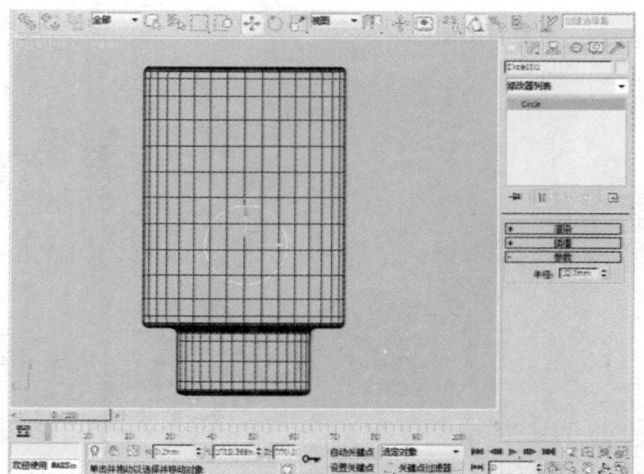

20 选中圆柱体，在“创建”命令面板中单击“几何体”按钮，在“复合对象”选项下单击“图形合并”按钮，然后切换到“修改”命令面板，在“拾取操作对象”卷展栏中单击“拾取图形”按钮，选择所创建的圆。

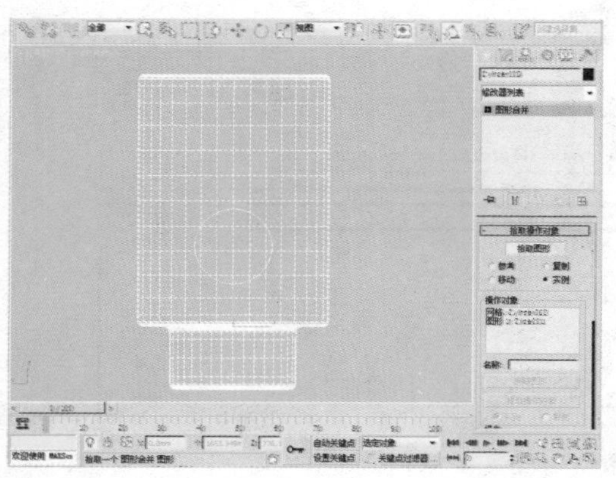

21 选中该物体并将其转换为可编辑多边形，在“选择”卷展栏中单击“多边形”按钮，选择面后，单击“挤出”按钮后的“设置”按钮，然后设置数量为20mm。

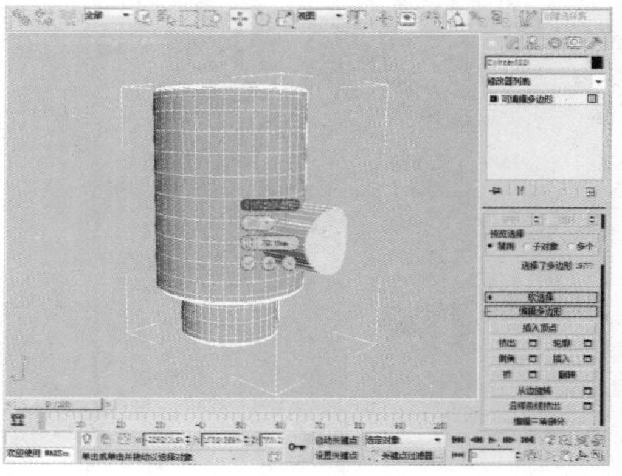

22 在“选择”卷展栏中单击“顶点”按钮，选择如下图所示的点，使用“选择并移动”工具在顶视图适当调整顶点。

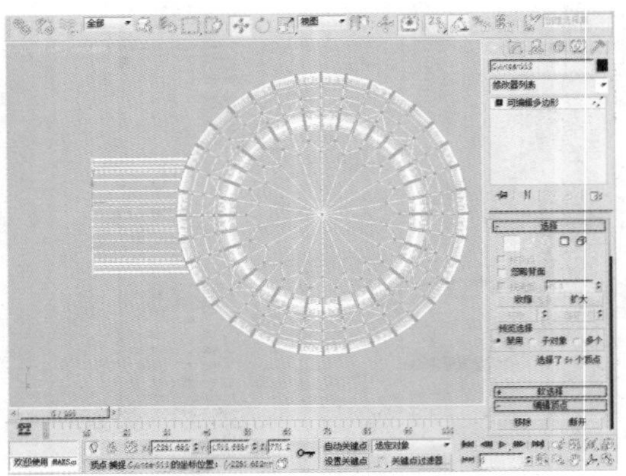

23 在“选择”卷展栏中单击“多边形”按钮，选择面后，单击“挤出”按钮后的“设置”按钮，然后设置“数量”为10mm。

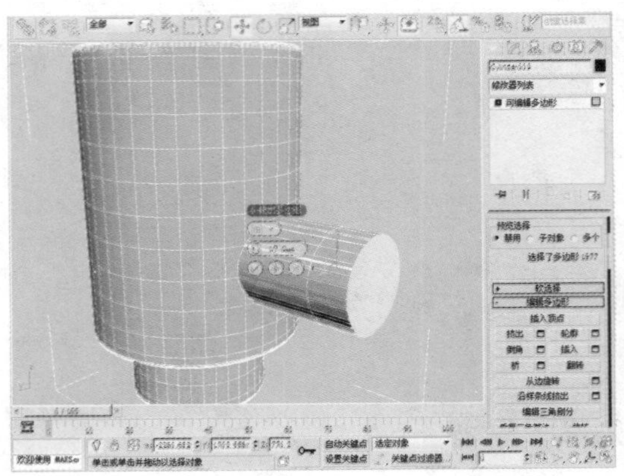

24 选择适当的面后，单击“挤出”按钮后的“设置”按钮，然后选择“局部法线”挤出方式，并设置“高度”为10mm。

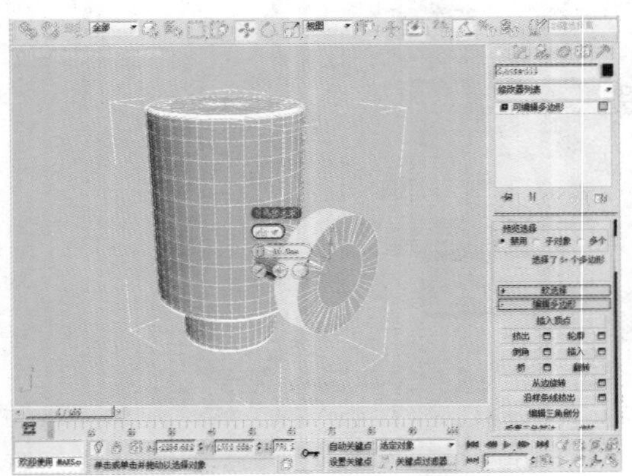

25 选择适当的面，单击“挤出”按钮后的“设置”按钮，然后设置挤出类型为“组”、“高度”为10mm。

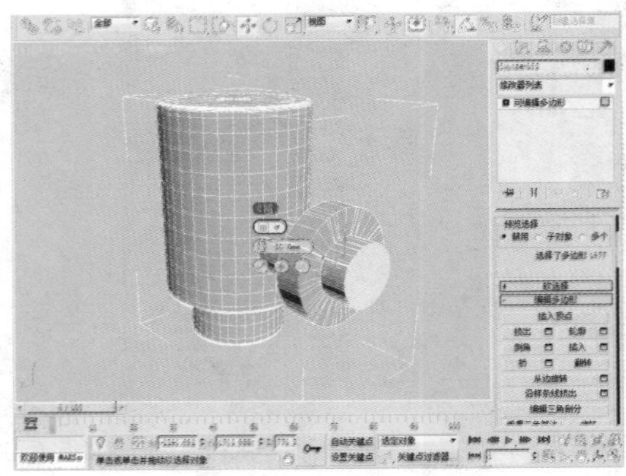

26 在“选择”卷展栏中单击“边”按钮，选择边后，单击“切角”按钮后的“设置”按钮，进一步设置“边切角量”为1mm、“连接边分段”为5。

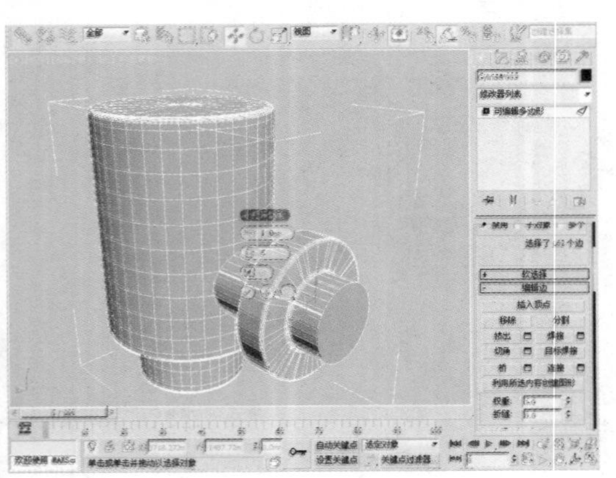

27 在“创建”命令面板中单击“线”按钮，在前视图中创建如下图所示的图形。

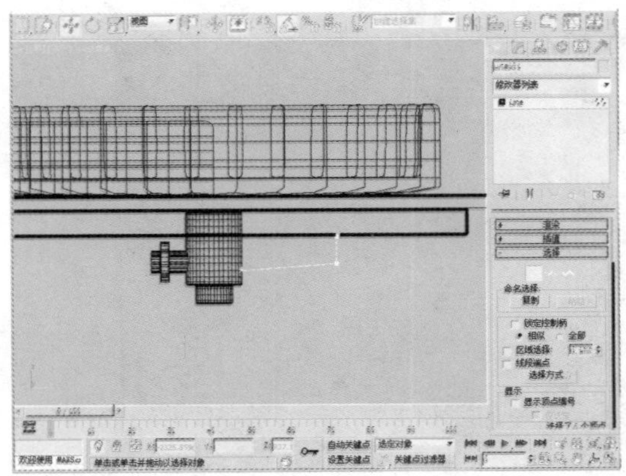

28 在“选择”卷展栏中单击“顶点”按钮，选中顶点后，单击“圆角”按钮对顶点的圆滑度进行处理。在“渲染”卷展栏中勾选“在渲染中启用”和“在视口中启用”复选框，使线条显示并可渲染。

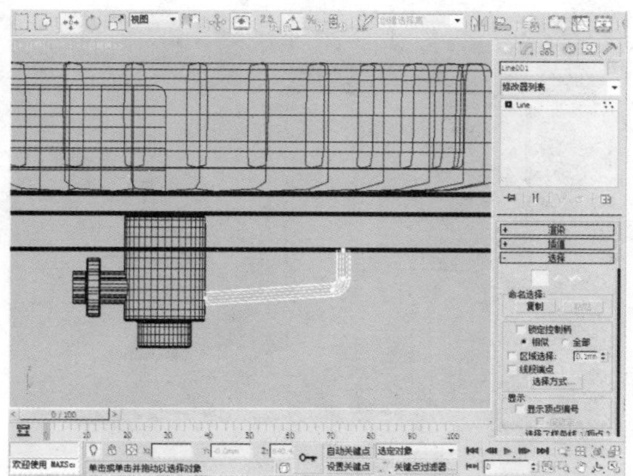

29 执行“组>成组”菜单命令，将选中的物体成组。

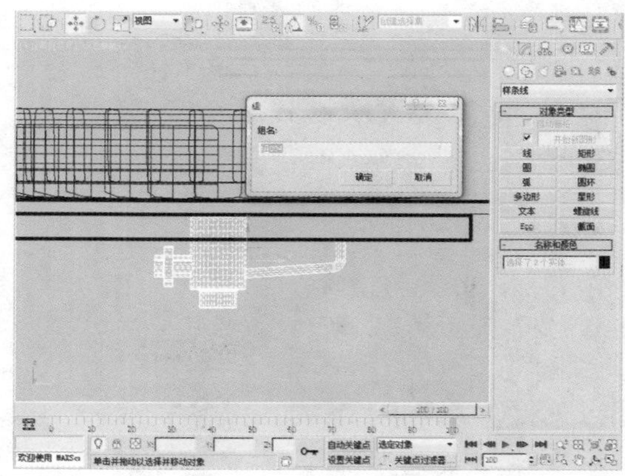

30 在“创建”命令面板中单击“线”按钮，在前视图中创建如下图所示的图形。

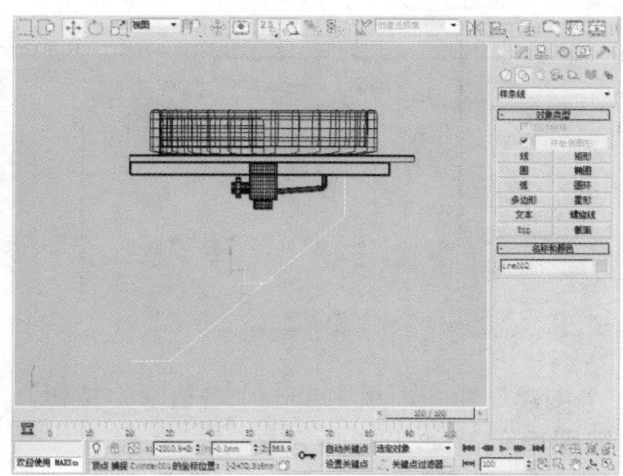

31 在“选择”卷展栏中单击“顶点”按钮，选中顶点后，单击“圆角”按钮后对顶点的圆滑度进行处理。在“渲染”卷展栏中勾选“在渲染中启用”和“在视口中启用”复选框，使线条显示并可渲染。

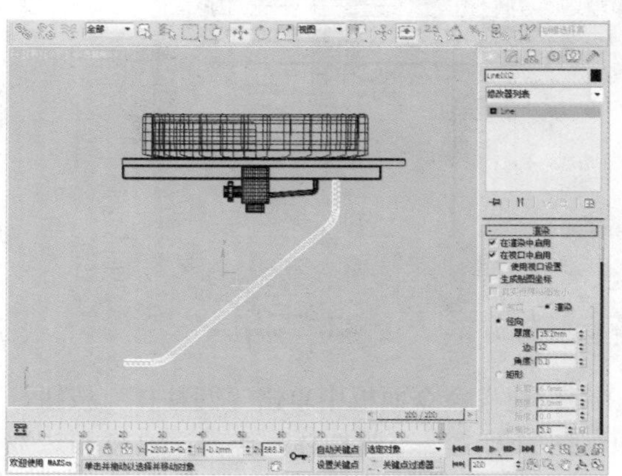

32 选中物体，在顶视图中，使用“选择并移动”工具，在按住Shift键的同时沿Y轴对物体进行拖动，选择“复制”的复制方式，并设置“副本数”为1。

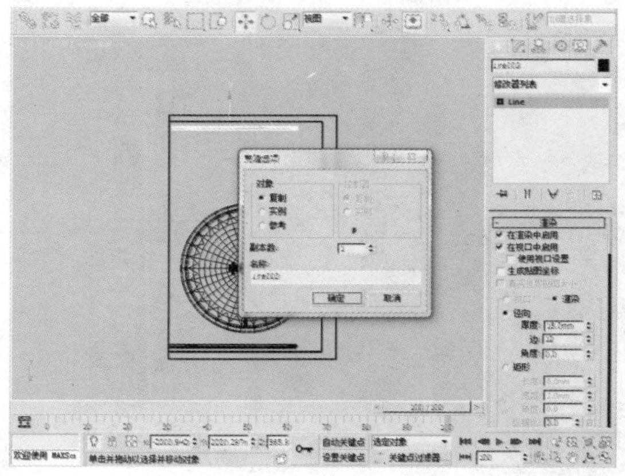

33 在“创建”命令面板中单击“圆柱体”按钮，在顶视图中创建一个圆柱体，半径、高度和边数分别为15mm、5mm和5。

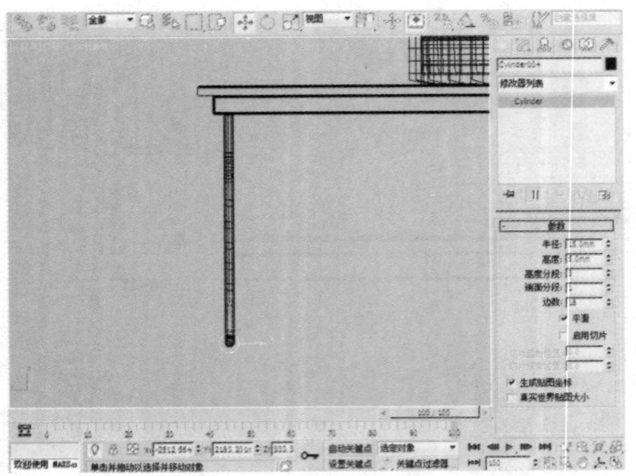

34 选中物体，在左视图中，使用“选择并移动”工具，按住Shift键的同时沿X轴对物体进行拖动，选择“复制”的复制方式，并设置“副本数”为1。

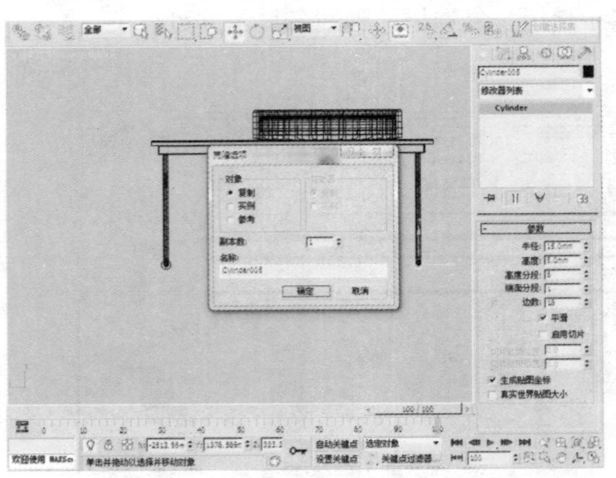

35 在“创建”命令面板中单击“线”按钮，在前视图中创建如下图所示的图形。

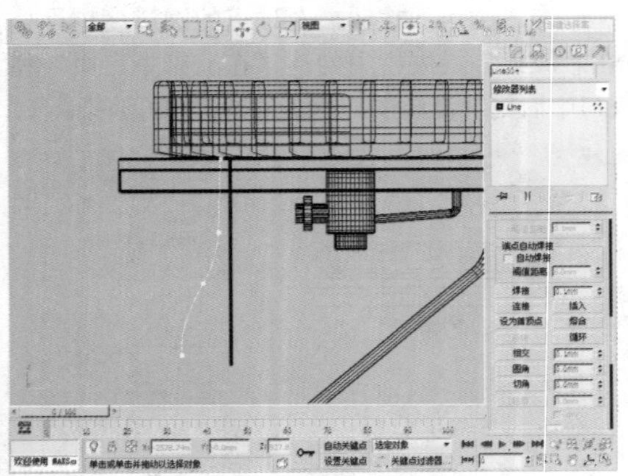

36 在“渲染”卷展栏中勾选“在渲染中启用”和“在视口中启用”复选框，使线条显示并可渲染 。

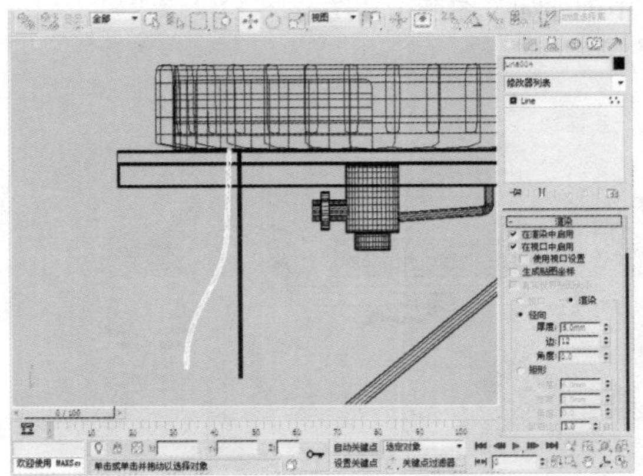

37 在“创建”命令面板中单击“圆柱体”按钮，在顶视图中创建一个圆柱体，半径、高度和边数分别为4mm、10mm和10。

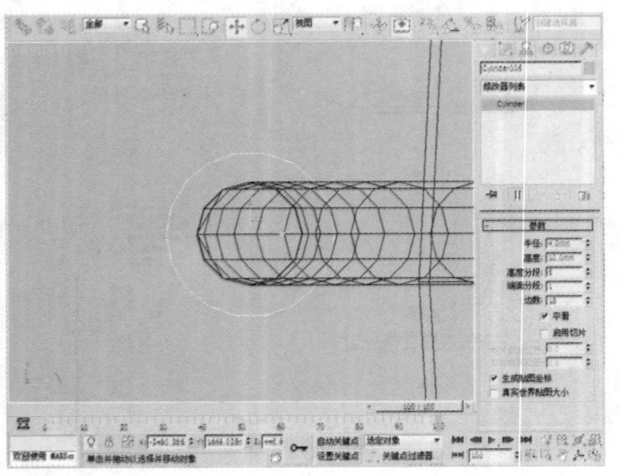

38 在“创建”命令面板中单击“多边形”按钮，在前视图中创建如下图所示图形，并设置“数量”为6mm。

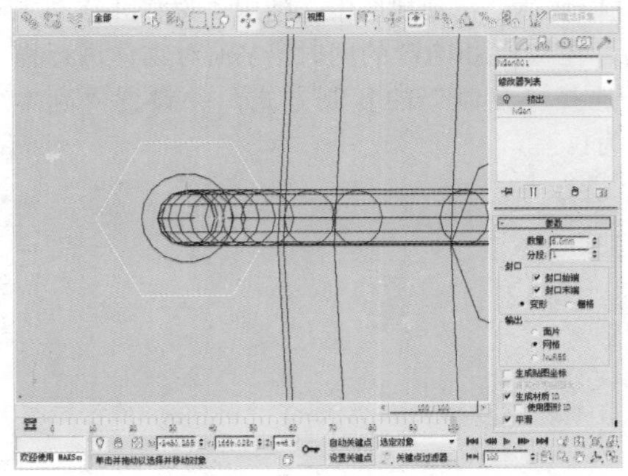

39 选中该形状，在“修改器列表”中选择“挤出”修改器，并设置挤出“数量”为6mm。

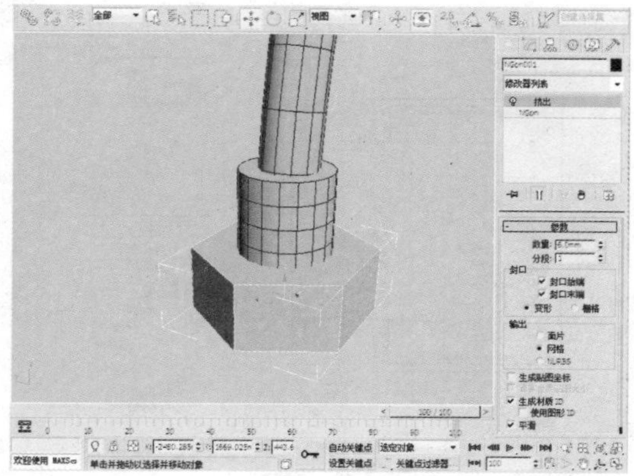

40 选中物体，在顶视图中，使用“选择并移动”工具，在按住Shift键的同时沿Y轴拖动物体，选择“复制”的复制方式，并设置“副本数”为1。

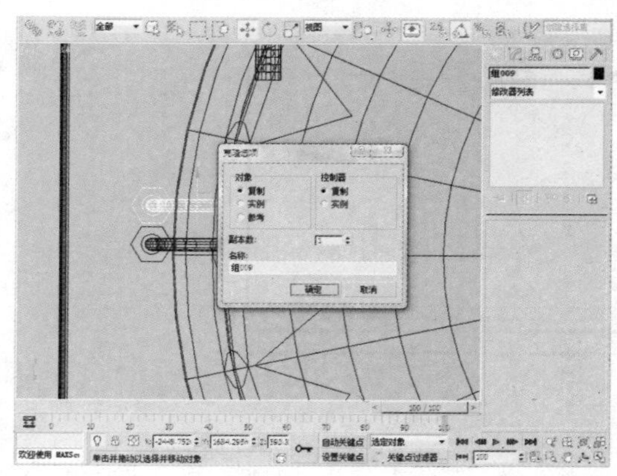

41 在“创建”命令面板中单击“圆柱体”按钮，在顶视图中创建一个圆柱体，半径、高度和边数分别为2mm、280mm和18。

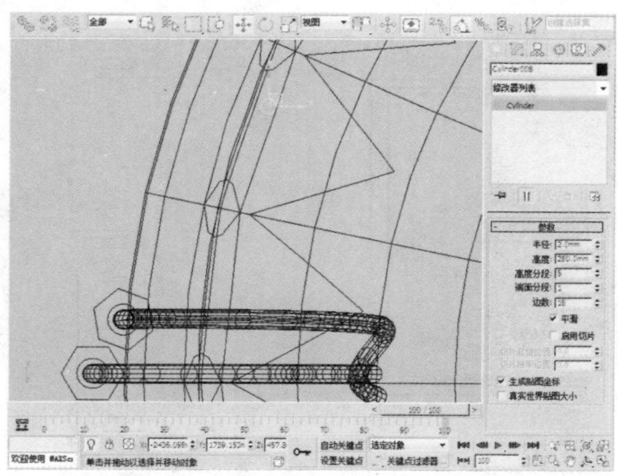

42 在“创建”命令面板中单击“圆柱体”按钮，在前视图中创建一个圆柱体，半径、高度和边数分别为5mm、15mm和18。

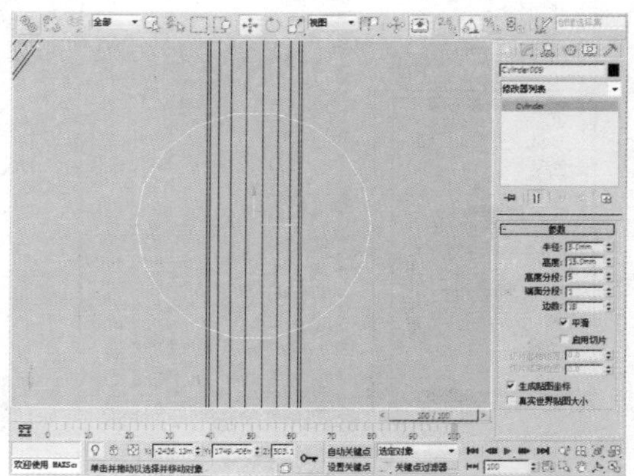

43 选中物体，在顶视图中，使用“选择并移动”工具，在按住Shift键的同时沿Y轴拖动物体，选择“复制”的复制方式，设置“副本数”为1。

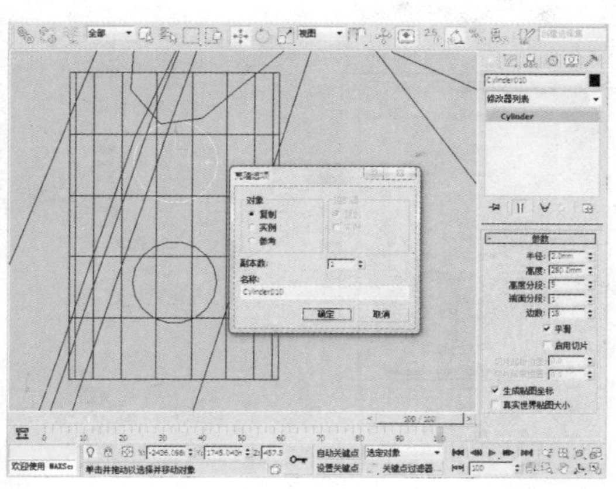

44 选中物体，在“修改”面板将“半径”和“高度”分别调整为2.0mm和260.0mm。在前视图中，使用“选择并旋转”工具适当调整物体的形状。

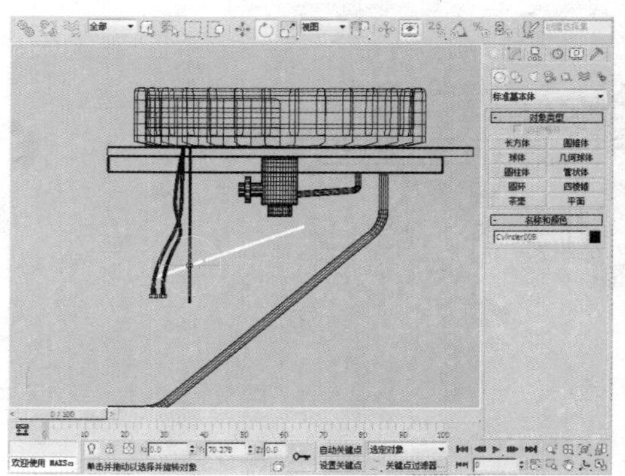

45 在“创建”命令面板中单击“圆柱体”按钮，在顶视图中创建一个圆柱体，半径、高度和边数分别为12mm、20mm和18。

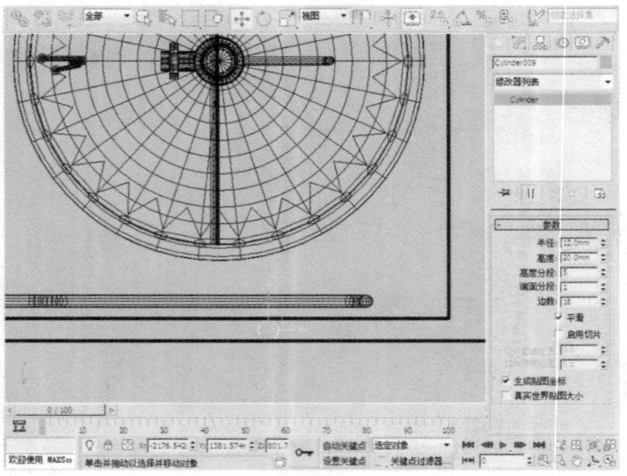

46 选中物体，在顶视图中，使用“选择并移动”工具，在按住Shift键的同时沿Y轴拖动物体，选择“复制”的复制方式，并设置“副本数”为1。

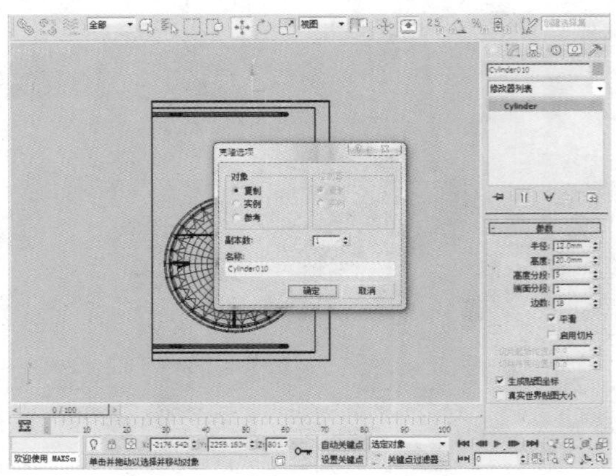

47 在“创建”命令面板中单击“线”按钮，在顶视图中创建如下图所示的图形。

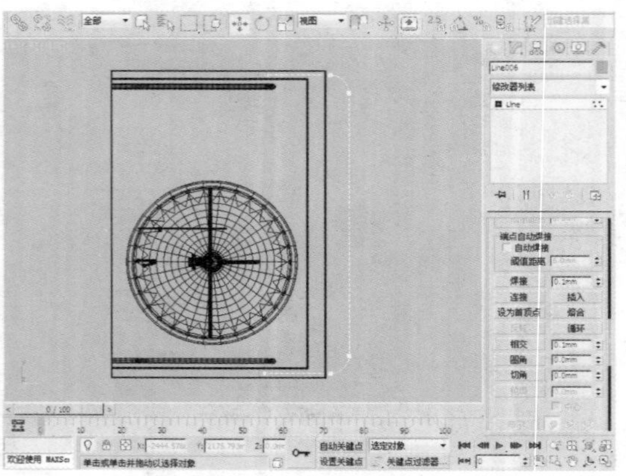

48 在“修改”命令面板的“渲染”卷展栏中勾选“在渲染中启用”和“在视口中启用”复选框，使线条显示并可渲染。

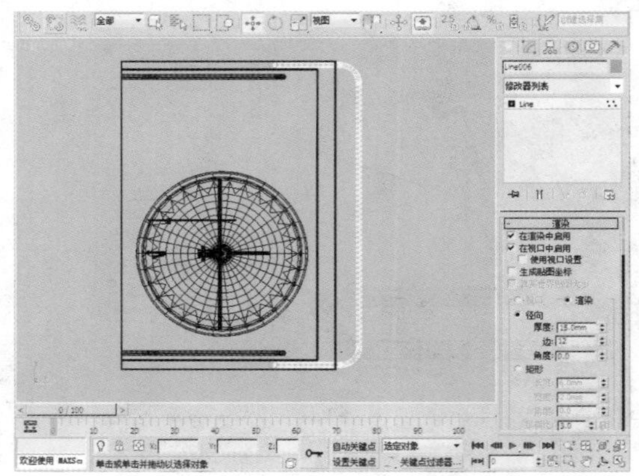

49 使用“选择并移动”工具，在前视图中选中物体，并适当调整该物体的位置。

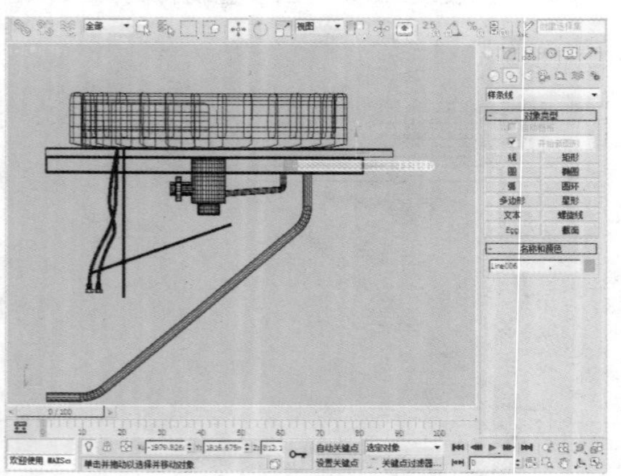

50 执行“组>成组”菜单命令，将选中的物体成组。

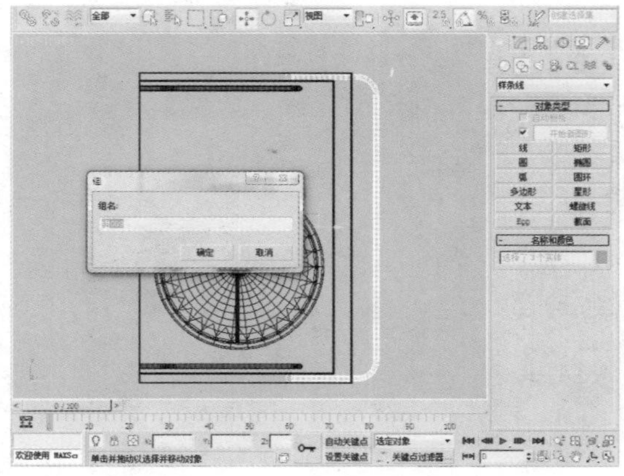

51 在“创建”命令面板中单击“圆柱体”按钮，在顶视图中创建一个圆柱体，半径、高度和边数分别为20mm、12mm和18。

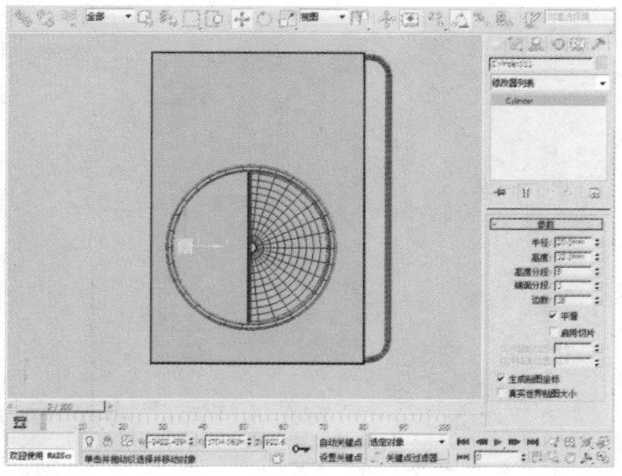

52 在“创建”命令面板中单击“线”按钮，在顶视图中创建如下图所示的图形。

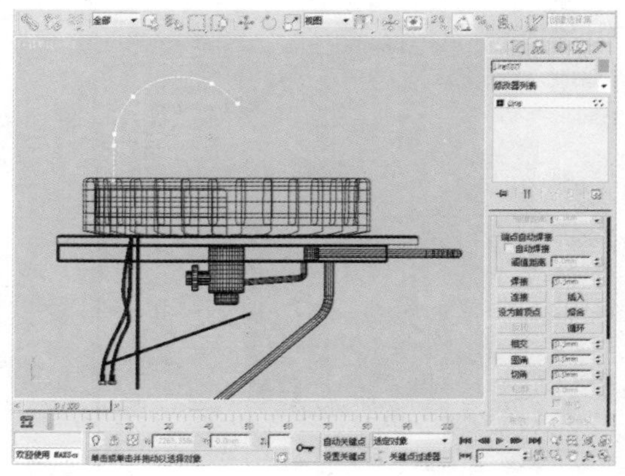

53 在“修改”命令面板的“渲染”卷展栏中勾选“在渲染中启用”和“在视口中启用”复选框，使线条显示并可渲染。

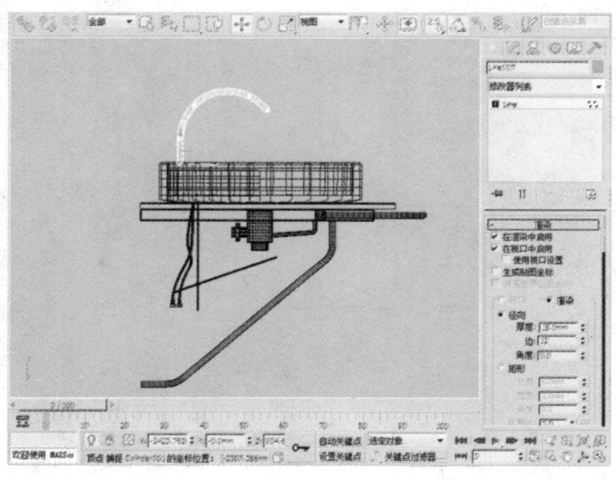

54 选中该物体并将其转换为可编辑多边形，在“选择”卷展栏中单击“边”按钮，选择边后，单击“连接”按钮后的“设置”按钮，然后设置“分段”为1。

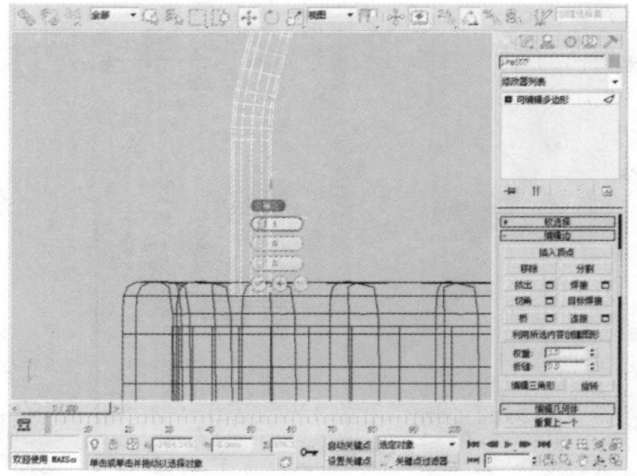

55 在“选择”卷展栏中单击“多边形”按钮，选择面后单击“挤出”按钮后的“设置”按钮，然后设置挤出类型为“局部法线”、“高度”为5mm。

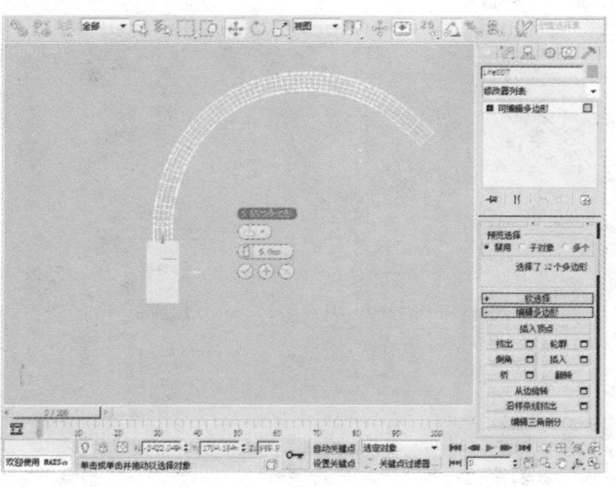

56 单击工具栏中的“选择并移动”按钮，在“选择”卷展栏中单击“边”按钮，选择边后适当调整其位置。

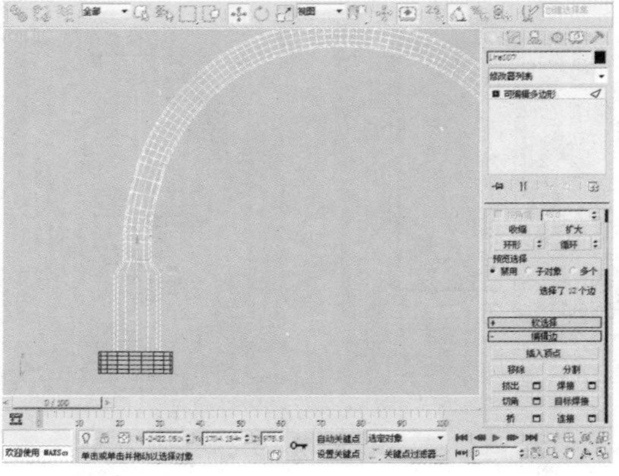

57 激活 按钮，选择边，单击 连接 □后面的小方块按钮，在弹出的“连接”对话框中设置分段3mm，连接边分段10，如下图所示。

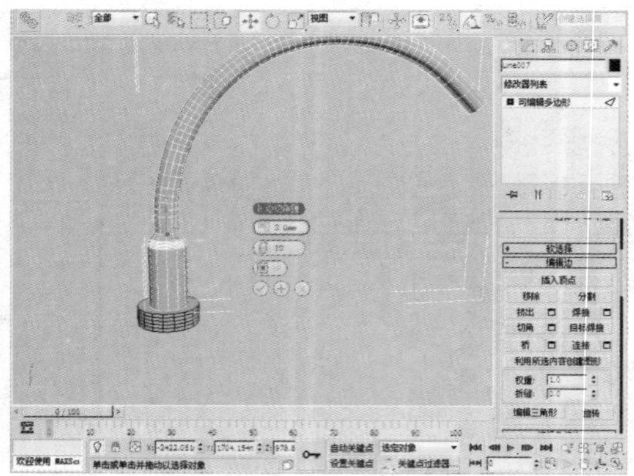

58 在“选择”卷展栏中单击“多边形”按钮，选择面后单击“挤出”按钮后的“设置”按钮，然后设置挤出类型为“局部法线”、“高度”为2mm。

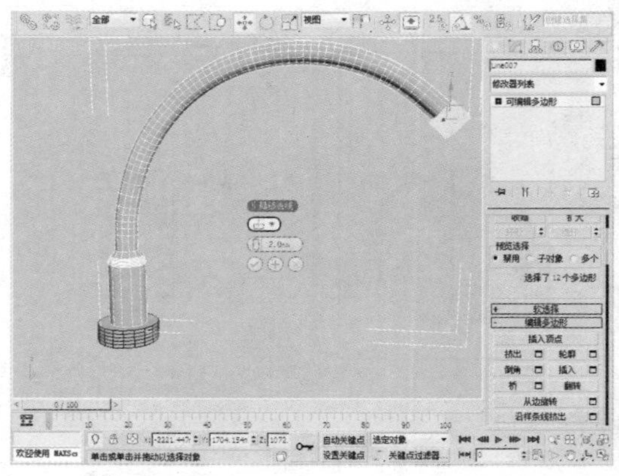

59 激活 按钮，选择边，单击 连接 □后面的小方块按钮，在弹出的“连接”对话框中设置分段1mm，连接边分段5，如下图所示。

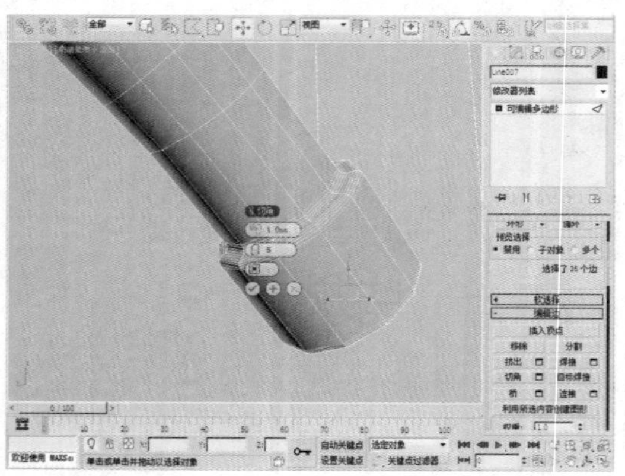

60 执行“组>成组”命令，将选中的物体成组。

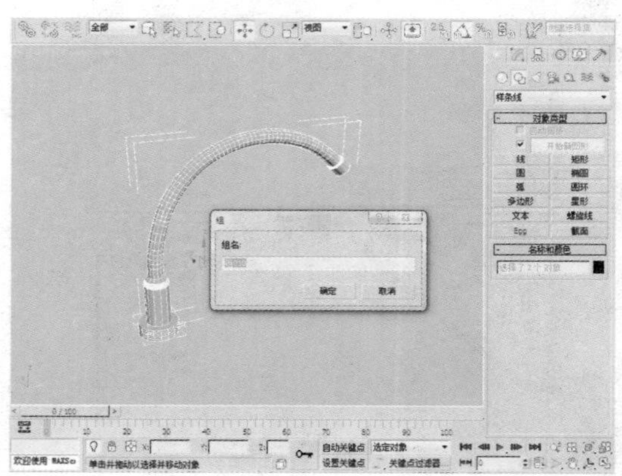

61 在“创建”命令面板中单击“圆柱体”按钮，在前视图中创建一个圆柱体，半径、高度和边数分别为5mm、25mm和18。

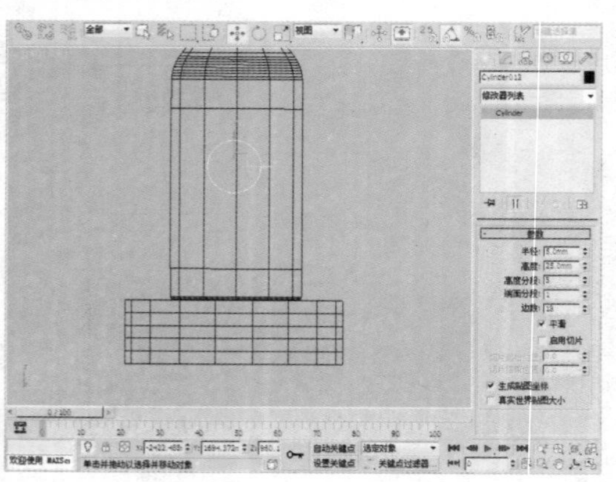

62 在“创建”命令面板中单击“球体”按钮，在前视图中创建一个球体，半径和分段别为8mm和32。

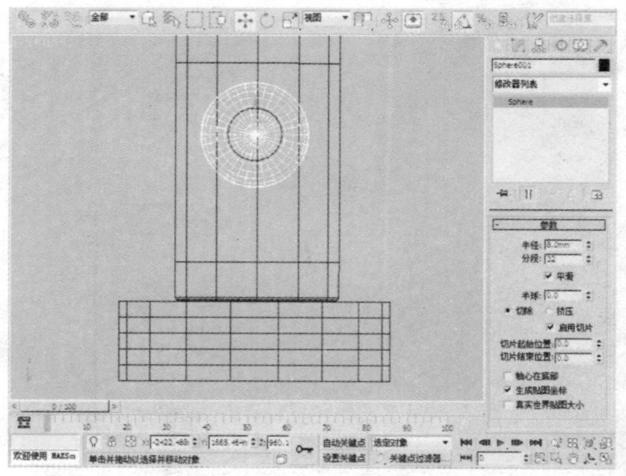

63 在“创建”命令面板中单击“圆柱体”按钮，在左视图中创建一个圆柱体，半径、高度和边数分别为2mm、20mm的圆柱体，如下图所示。

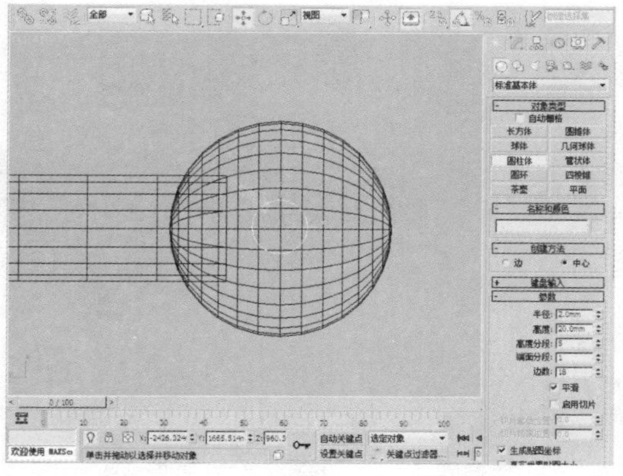

64 在“创建”命令面板中单击“球体”按钮，在左视图中创建一个球体，半径和分段分别为2.5mm和32。

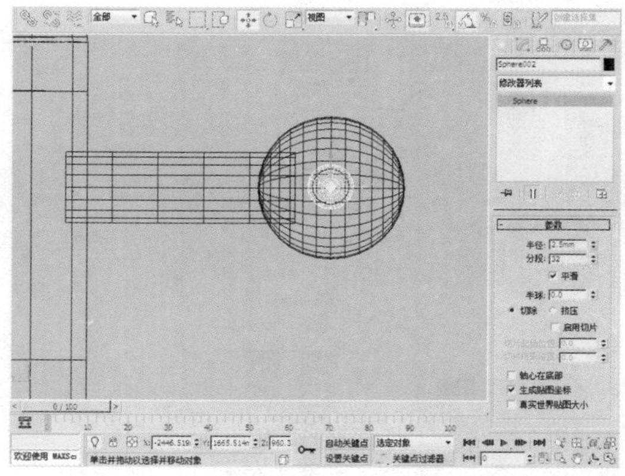

65 执行“组>成组”菜单命令，将选中的物体成组。

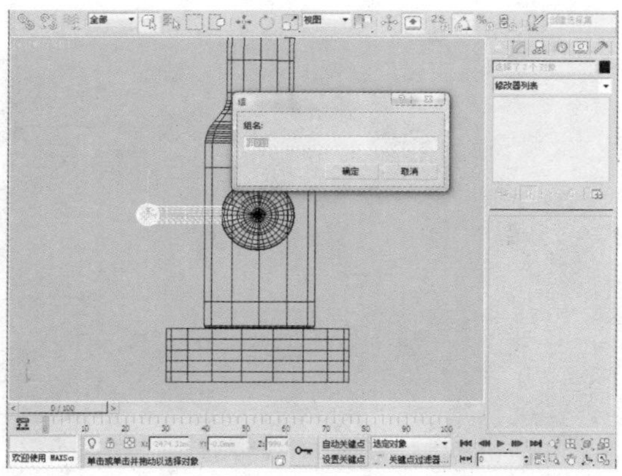

66 在“层次”面板中单击“轴”按钮，然后在“调整轴”卷展栏中单击“仅影响轴”按钮，使用“选择并移动”工具适当调整坐标轴的位置。

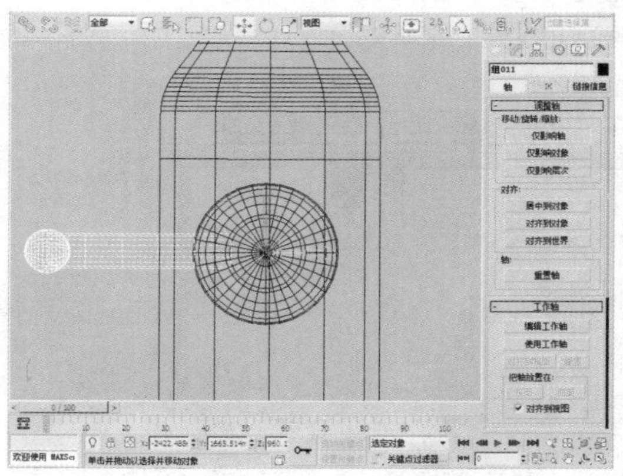

67 选中物体，使用“选择并旋转”工具，在按住Shift键的同时对物体进行旋转，选择“复制”的复制方式，并设置“副本数”为3。

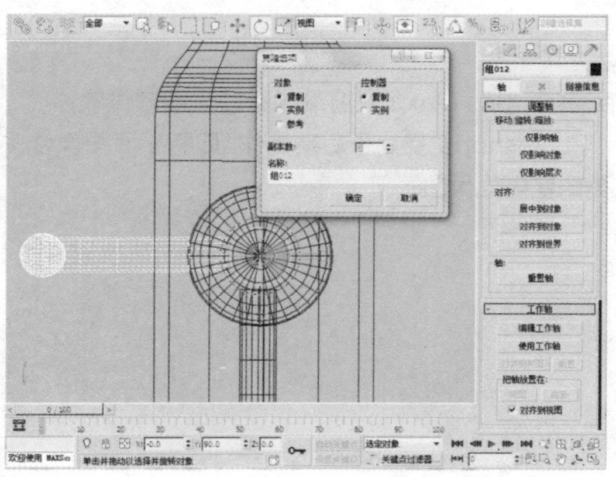

68 执行“组>成组”菜单命令，将选中的物体成组。

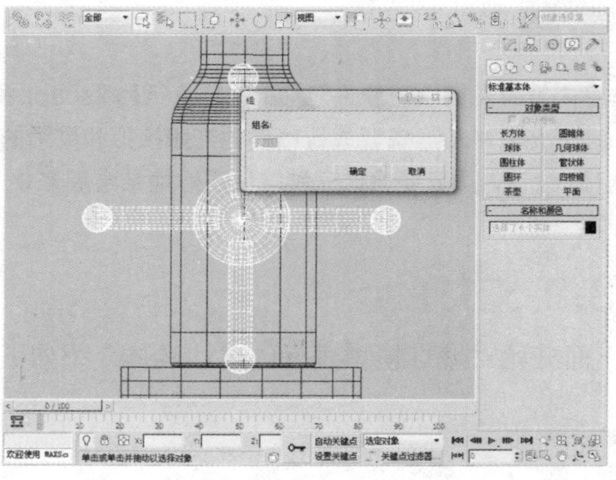

69 选中物体，选择“镜像”工具，将物体沿Y轴进行复制。

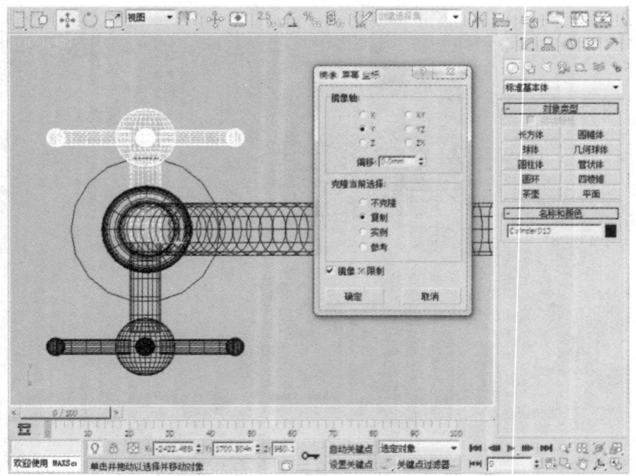

70 在“创建”命令面板中单击“圆柱体”按钮，在左视图中创建一个圆柱体，半径、高度和边数分别为20mm、10mm和18。

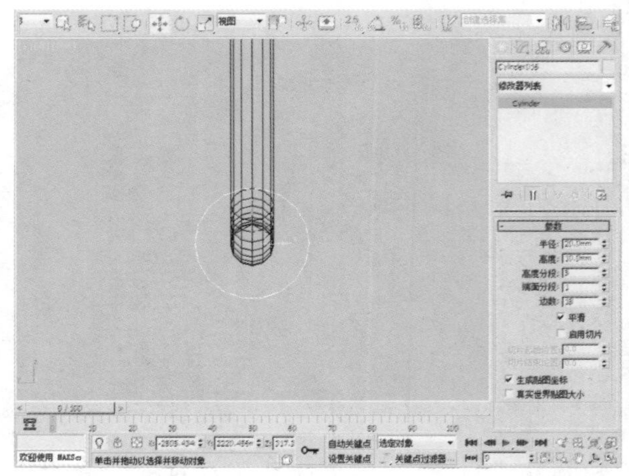

71 选中物体，使用“选择并移动”工具，在按住Shift键的同时沿X轴拖动物体，选择“复制”的复制方式，并设置“副本数”为1。

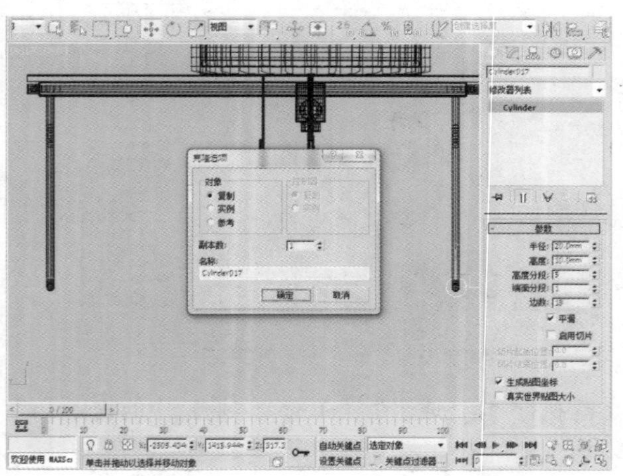

72 至此，洗漱台模型制作完毕。

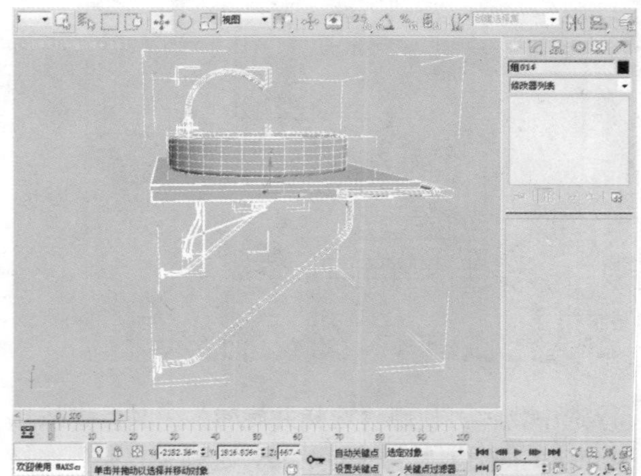

知识点

制作室内效果图的主流软件包括3ds Max、Lightscape和Photoshop。其中，3ds Max是目前最优秀的三维制作软件，Lightscape可对三维模型进行精确的光照模拟和灵活的可视化设计，Photoshop主要用于后期制作，即将平面图像合成处理，设计人员只要将这三种软件巧妙地结合起来便能制作出完美的室内效果图。

16.3.3 壁灯的绘制

下面开始对壁灯模型进行创建，具体介绍如下。

01 在“创建”命令面板中单击“圆柱体”按钮，在左视图中创建一个圆柱体，半径和高度分别为3.5mm和150mm。

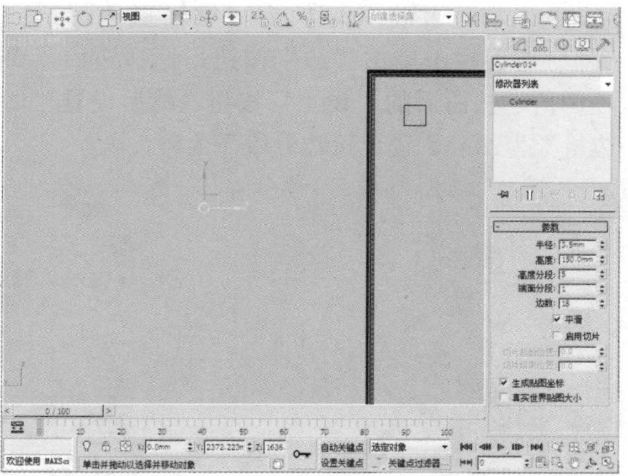

02 在“创建”命令面板中单击“圆柱体”按钮，在左视图中创建一个圆柱体，半径和高度分别为25mm和15mm。

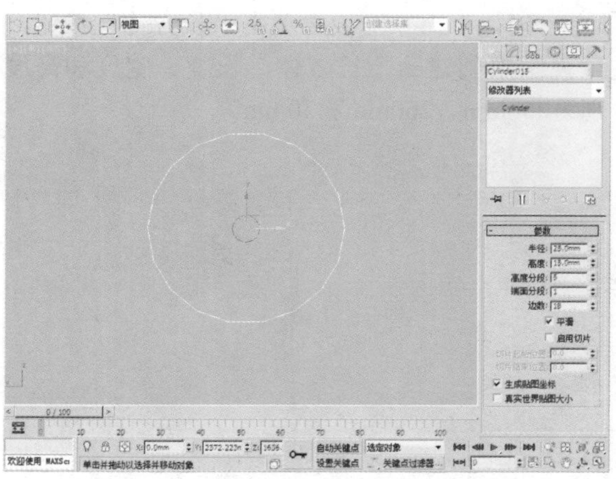

03 在“创建”命令面板中单击“线”按钮，在前视图中创建如下图所示的图形。

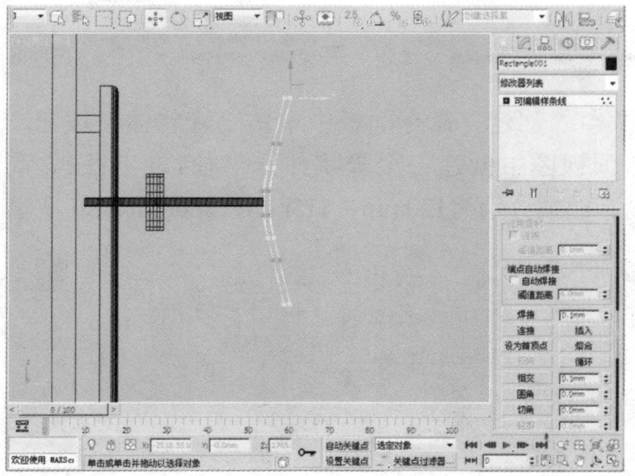

04 选中该形状，在“修改器列表”中添加“挤出”修改器，设置“数量”为100mm。

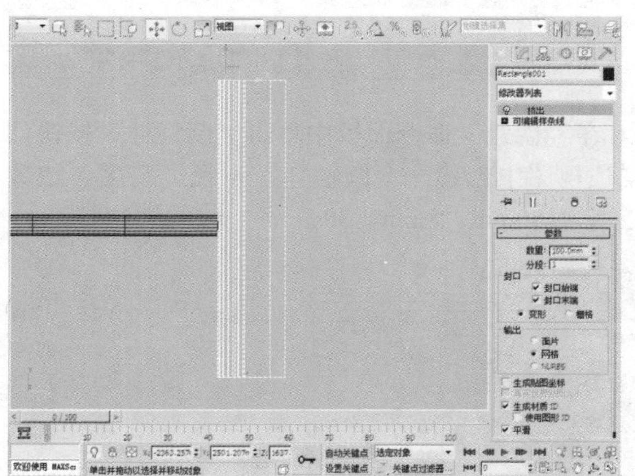

05 执行“组>成组”菜单命令，将选中的物体成组。

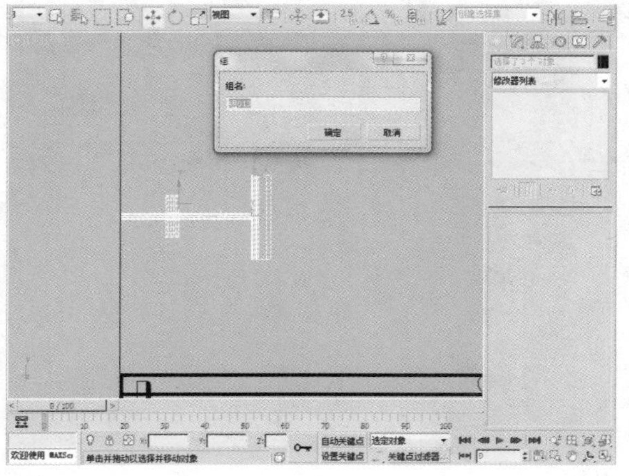

06 至此，壁灯模型制作完毕。

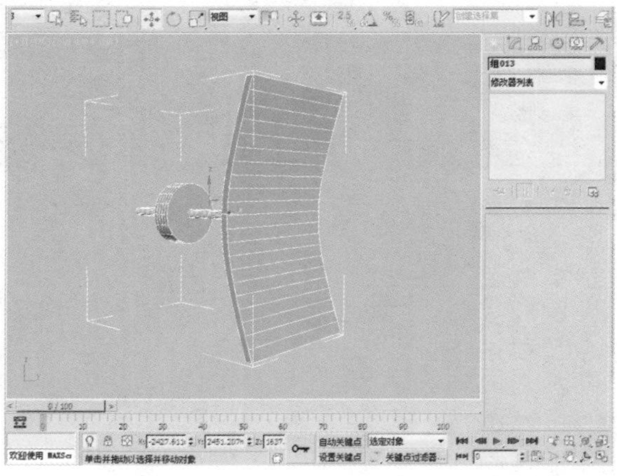

16.3.4 台灯的绘制

下面开始对台灯模型进行创建，具体介绍如下。

01 在“创建”命令面板中单击“长方体”按钮，在顶视图中创建一个长方体，长度、宽度和高度分别为260mm、260mm和30mm。

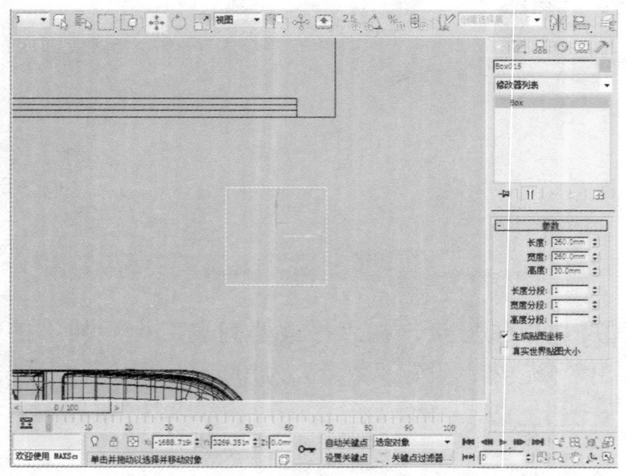

02 选中该物体并将其转换为可编辑多边形，在“选择”卷展栏中单击“边”按钮，选择边后，单击“切角”按钮后的“设置”按钮，然后设置“切角边量”为2mm、“连接边分段”为5。

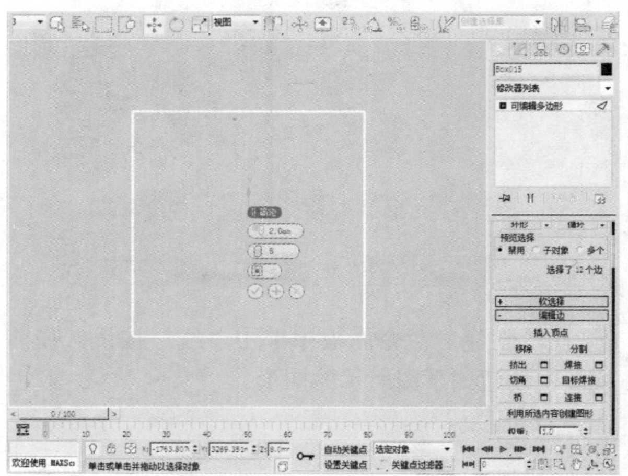

03 在“创建”命令面板中单击“圆柱体”按钮，在顶视图中创建一个圆柱体，半径、高度、边数分别为180mm、8mm、30。

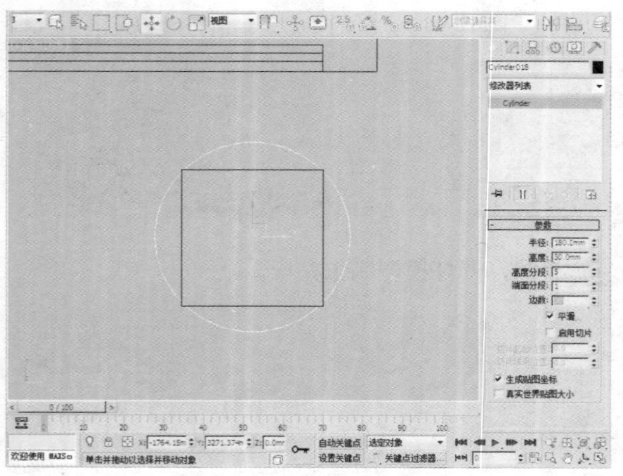

04 在“创建”命令面板中单击“管状体”按钮，在顶视图中创建一个管状体，半径1、半径2、高度、边数分别为120mm、115mm、380mm、30。

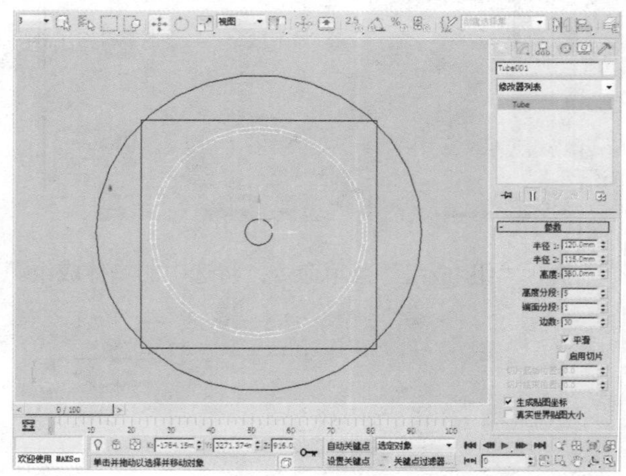

05 在“创建”命令面板中单击“圆柱体”按钮，在顶视图中创建一个圆柱体，半径、高度、边数分别为15mm、1050mm、30。

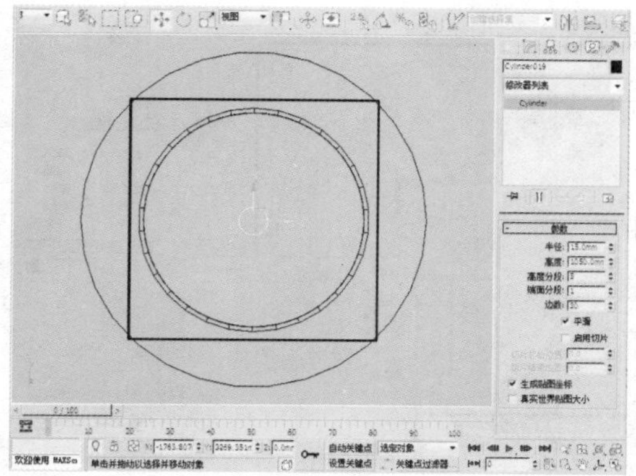

06 在“创建”命令面板中单击“圆柱体”按钮，在顶视图中创建一个圆柱体，半径、高度、边数分别为115mm、5mm、30。

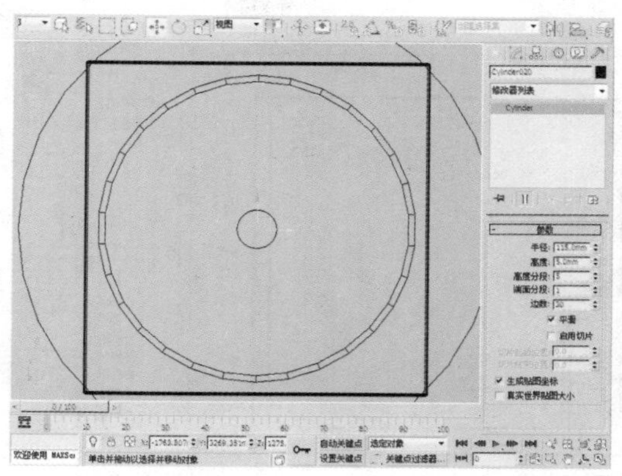

07 在“创建”命令面板中单击“正方体”按钮，在顶视图中创建一个正方体，长度、宽度、高度分别为 70mm、70mm、70mm。

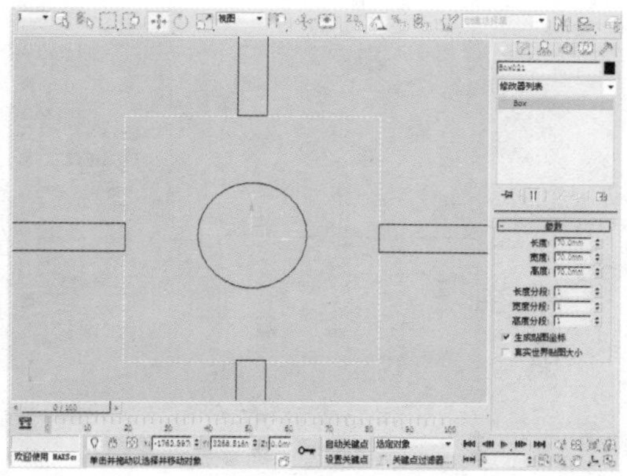

08 选中该物体并将其转换为可编辑多边形，在“选择”卷展栏中单击“多边形”按钮，选择面后，单击“插入”按钮后的“设置”按钮，然后设置“数量”为3.0mm。

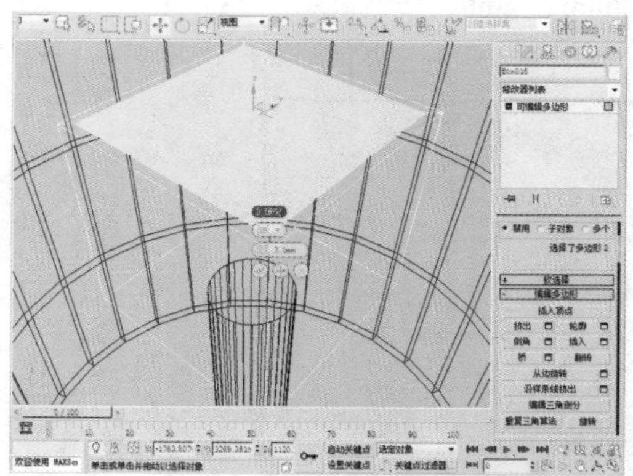

09 在“选择”卷展栏中单击“多边形”按钮，选择面后，单击“挤出”按钮后的“设置”按钮，然后设置“高度”为-65 mm。

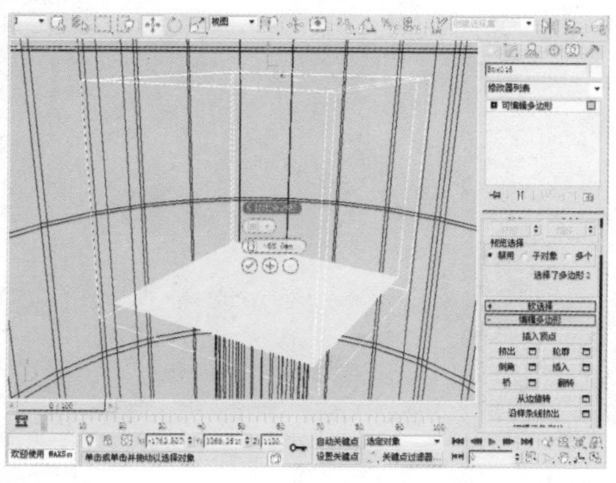

10 在“选择”卷展栏中单击“边”按钮，选择边后，单击“切角”按钮后的“设置”按钮，然后设置“边切角量”为0.5mm、“连接边分段”为5。

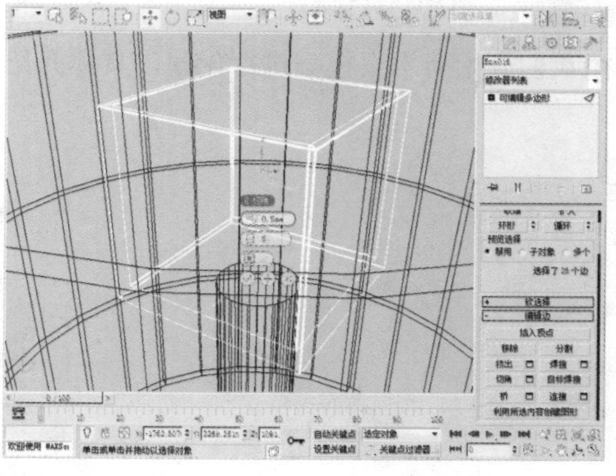

11 在“创建”命令面板中单击“正方体”按钮，在前视图中创建一个正方体，长度、宽度、高度分别为 8mm、8mm、80mm。

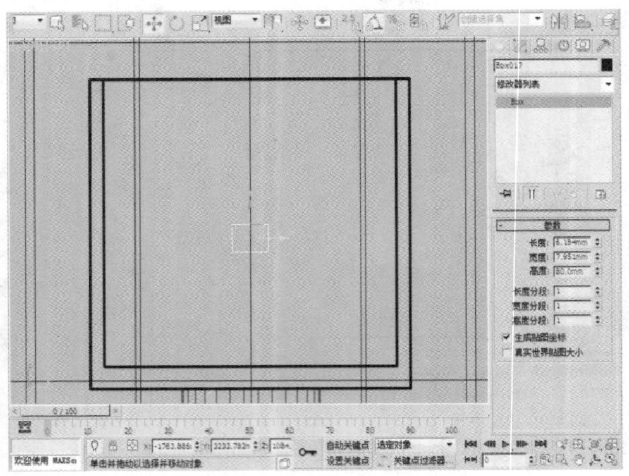

12 选中物体，单击工具栏中的“选择并旋转”按钮，按住Shift键的同时对物体进行旋转，选择“复制”的复制方式，并设置“副本数”为3。

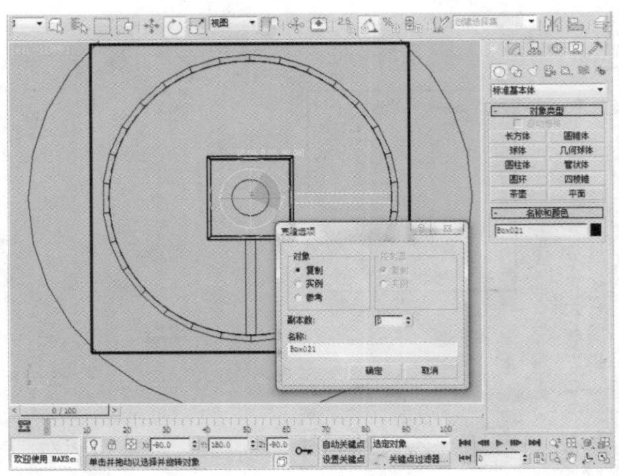

13 在“创建”命令面板中单击“圆环”按钮，在顶视图中创建一个圆环，半径1、半径2、分段分别为 118mm、4mm、35。

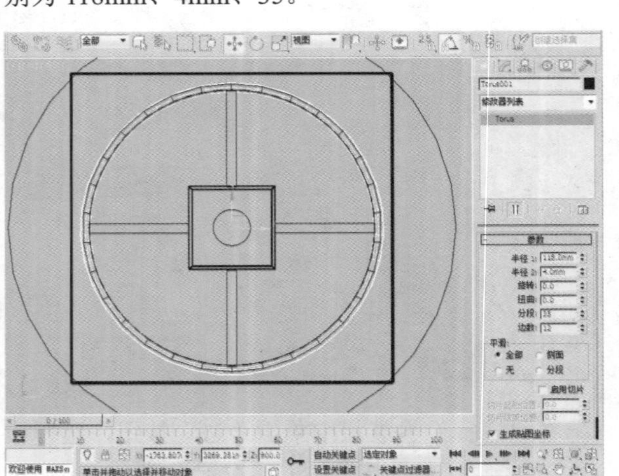

14 执行“组>成组”命令，将选中的物体成组。

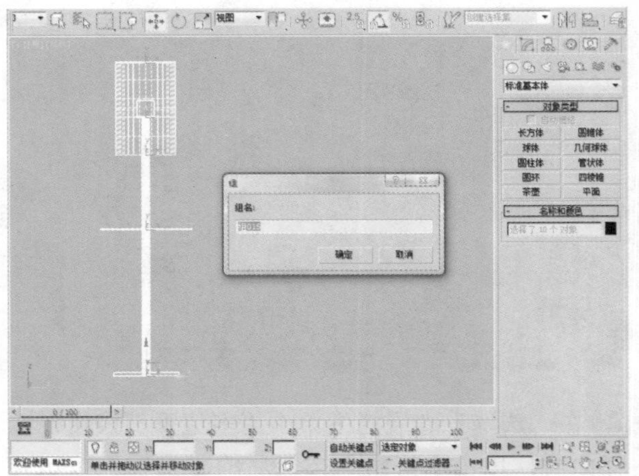

16.3.5 木桌的绘制

下面我们开始对木桌模型进行创建，具体介绍如下。

01 在“创建”命令面板中单击“长方体”按钮，在顶视图中创建一个正方体，长度、宽度、高度分别为680mm、1000mm、10mm。

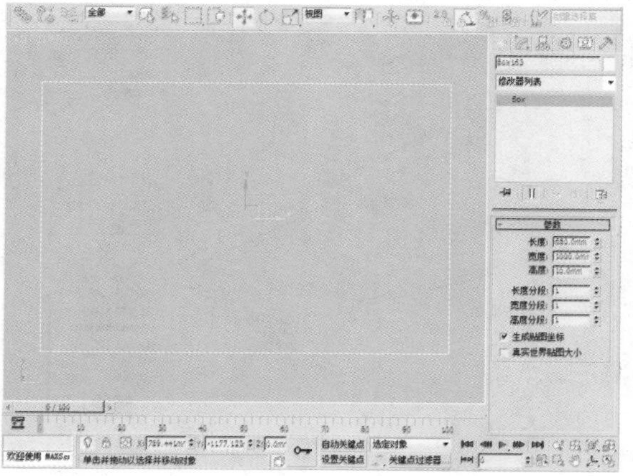

02 选中该物体并使其转换为可编辑多边形，在“选择”卷展栏中单击“边”按钮，选择边后，单击“切角”按钮后的“设置”按钮，然后设置“边切角量”为1mm、“连接边分段”为5。

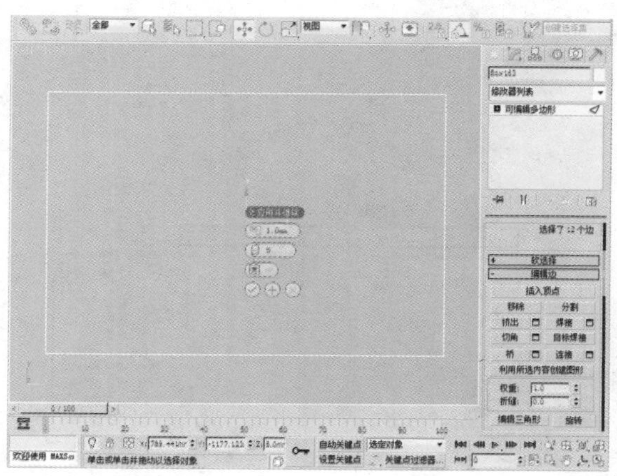

03 在“选择”卷展栏中单击“多边形”按钮，选择面后，单击“插入”按钮后的“设置”按钮，然后设置“数量”为50mm。

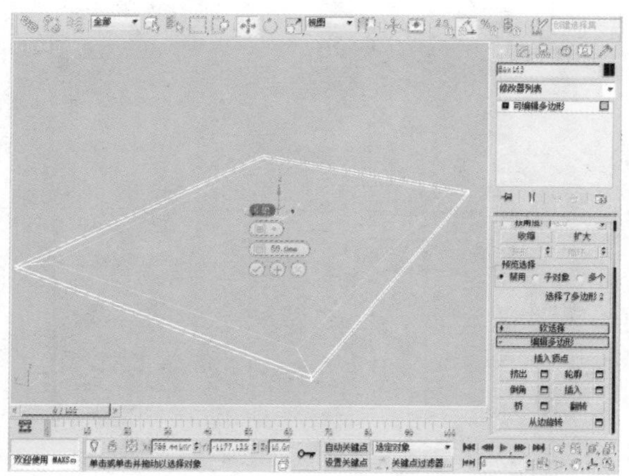

04 在“选择”卷展栏中单击“多边形”按钮，选择面后，单击“挤出”按钮后的“设置”按钮，然后设置“高度”为-3mm。

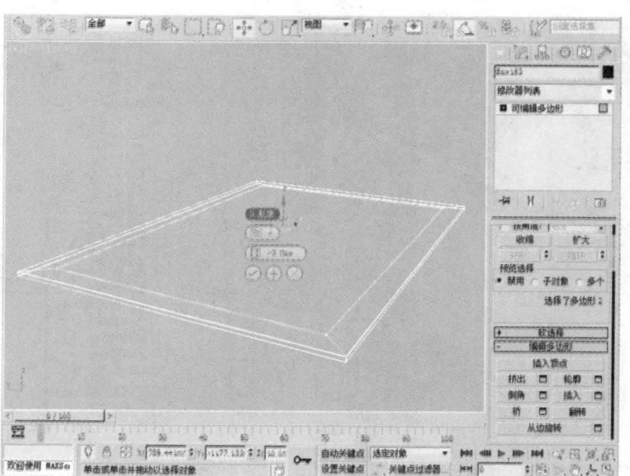

05 在“创建”命令面板中单击“长方体”按钮，在顶视图中创建一个正方体，长度、宽度、高度分别为680mm、1000mm、10mm。

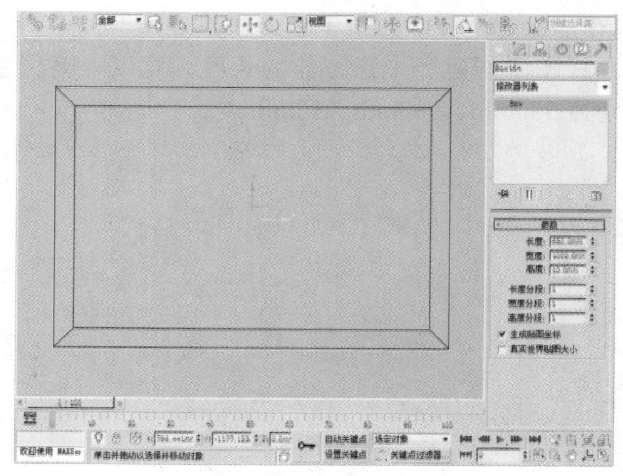

06 选中该物体并将其转换为可编辑多边形，在“选择”卷展栏中单击“边”按钮，选择边后，单击“切角”按钮后的“设置”按钮，然后设置“边切角量”为2mm、“连接边分段”为5。

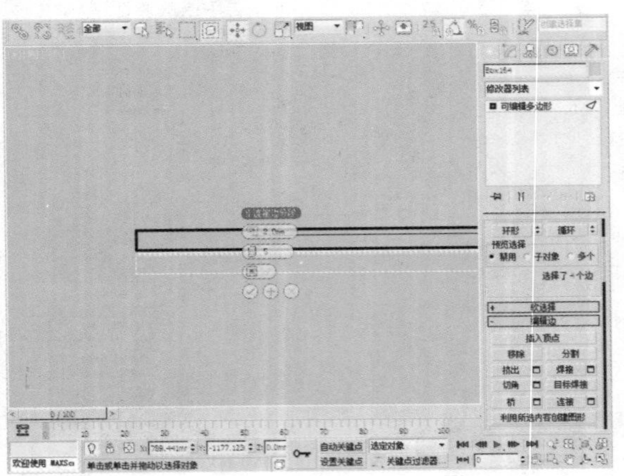

07 在“选择”卷展栏中单击“边”按钮，选择边后，单击“切角”按钮后的“设置”按钮，然后设置“边切角量”为4mm、“连接边分段”为5。

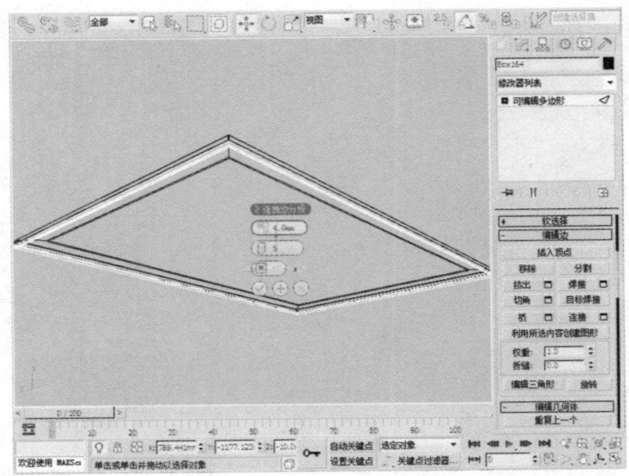

08 在“选择”卷展栏中单击“多边形”按钮，选择面后，单击“插入”按钮后的“设置”按钮，然后设置“数量”为15mm。

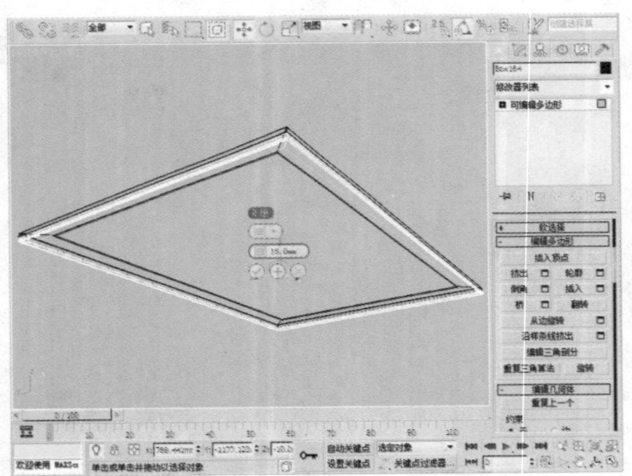

09 在“选择”卷展栏中单击“多边形”按钮，选择面后，单击“挤出”按钮后的“设置”按钮，然后设置“高度”为10mm。

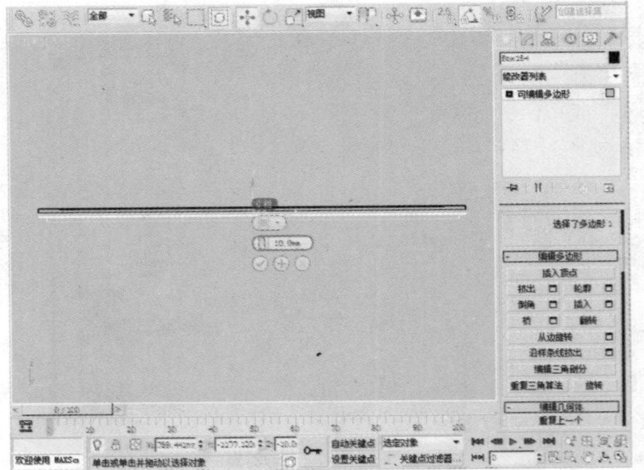

10 在“创建”命令面板中单击“长方体”按钮，在顶视图中创建一个正方体，长度、宽度、高度分别为 580mm、900mm、15mm 。

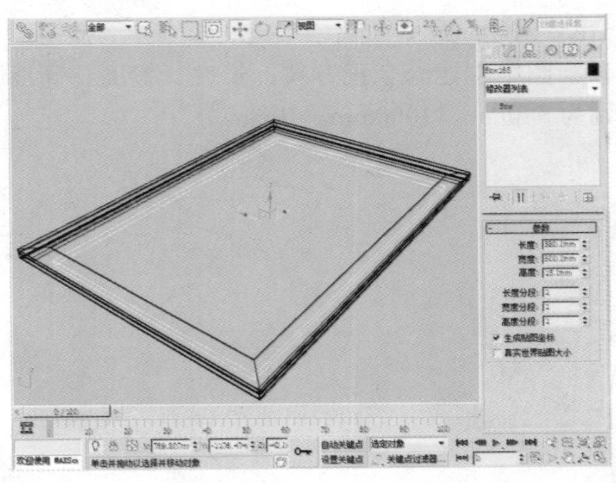

11 在“创建”命令面板中单击“长方体”按钮，在顶视图中创建一个正方体，长度、宽度、高度分别为30mm、45mm、450mm。

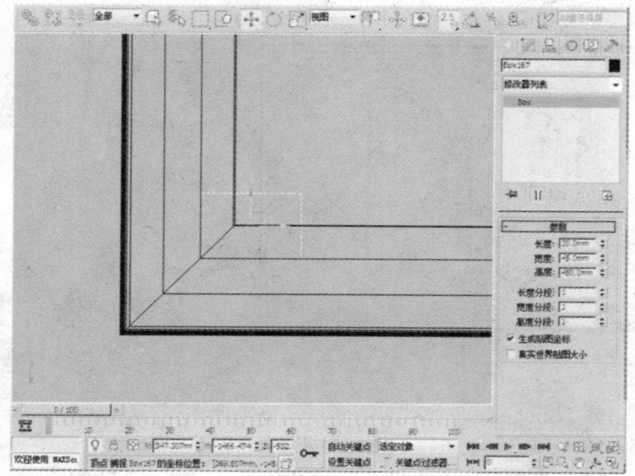

12 选中该物体并将其转换为可编辑多边形，在“选择”卷展栏中单击“边”按钮，选择边后，单击“切角”按钮后的“设置”按钮，然后设置“边切角量”为1mm、“连接边分段”为5。

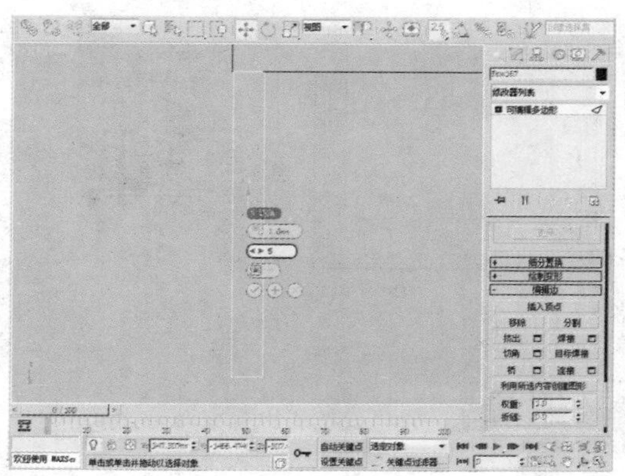

13 在“选择”卷展栏中单击“多边形”按钮，选择面后，单击“挤出”按钮后的“设置”按钮，然后设置“高度”为5mm。

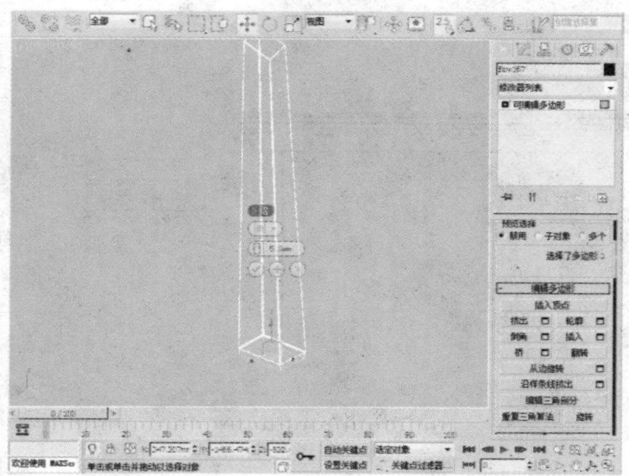

14 选择面后，单击“挤出”按钮后的“设置”按钮，然后设置“高度”为20mm。

15 选择面后，单击“挤出”按钮后的“设置”按钮，然后设置挤出类型为“局部法线”、“高度”为5mm。

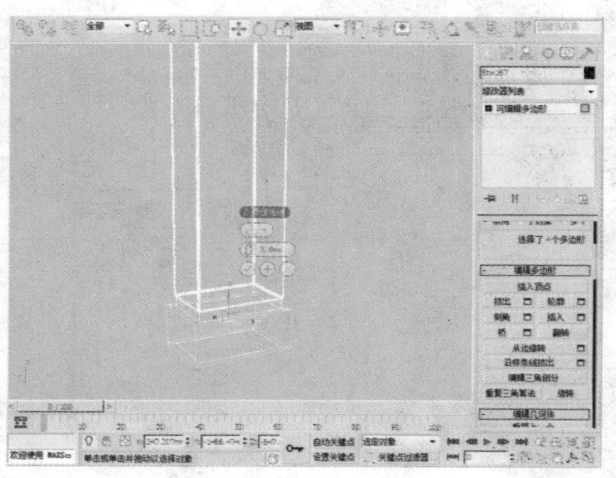

16 在“选择”卷展栏中单击“顶点”按钮，使用“选择并均匀缩放”工具对所选的顶点进行适当调整。

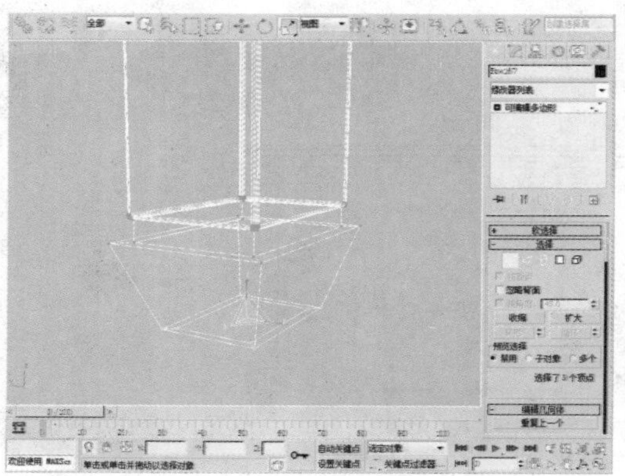

17 选中该物体，单击工具栏中的“选择并移动”按钮，按住Shift键的同时沿X轴拖动物体，选择“复制”的复制方式，并设置“副本数”为1。

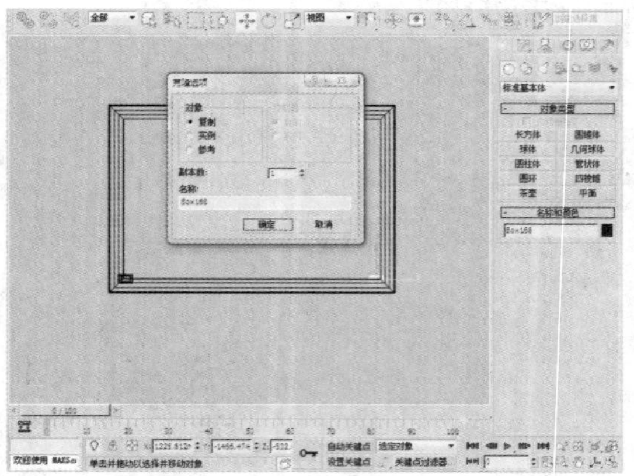

18 再次选中物体，单击工具栏中的“选择并移动”按钮，按住Shift键的同时沿Y轴拖动物体，选择“复制”的复制方式，并设置“副本数”为1。

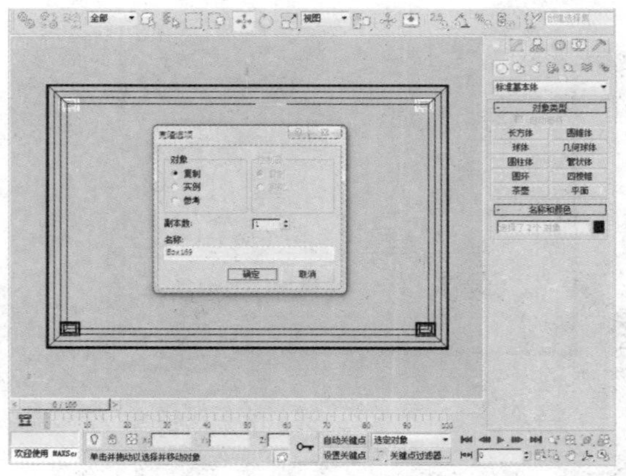

19 在“创建”命令面板中单击“矩形”按钮，在前视图中创建一个如下图所示的图形。

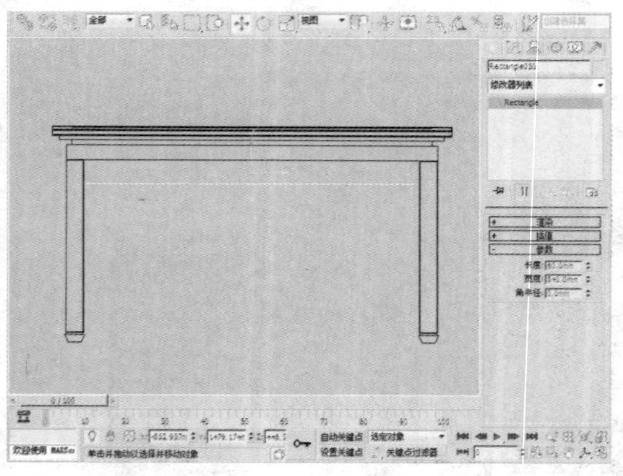

20 在“创建”命令面板中单击“矩形”按钮，在前视图中创建一个矩形。

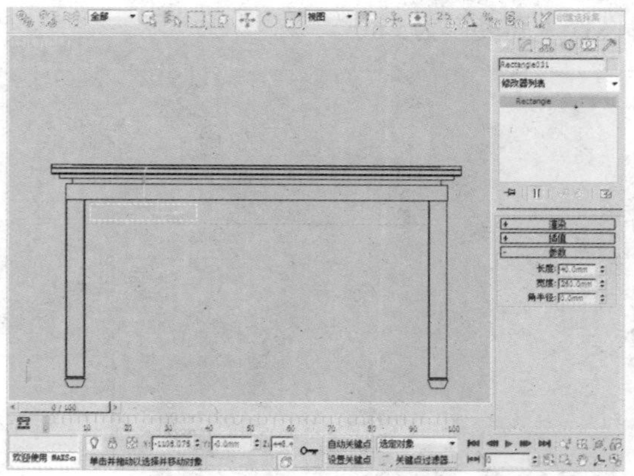

21 选中矩形，单击工具栏中的“选择并移动”按钮，按住Shift键的同时沿X轴拖动物体，选择“复制”的复制方式，并设置“副本数”为2。

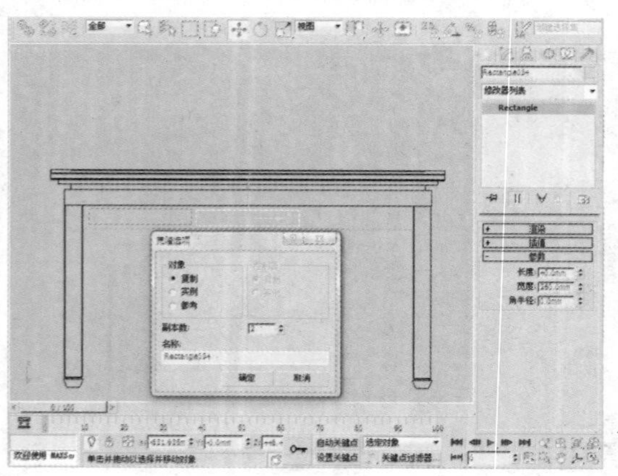

22 选中该矩形，并将其转换为可编辑样条线，单击“几何体”卷展栏中的“附加”按钮，将所有矩形全部附加。

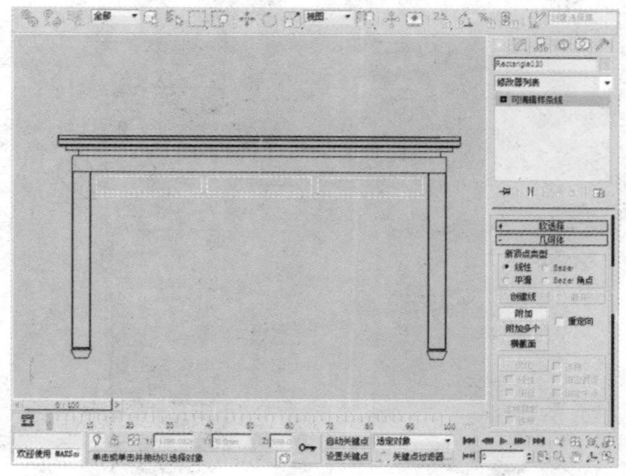

23 选择该图形，在“修改器列表”中选择“挤出”修改器，设置挤出“数量”为15mm。

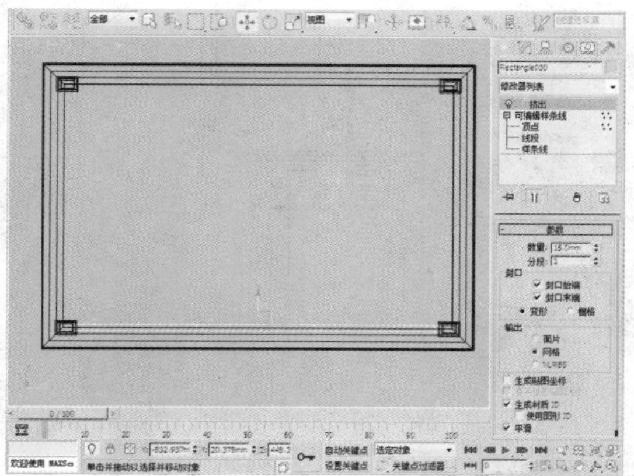

24 选中该物体，单击工具栏中的“选择并移动”按钮，按住Shift键的同时沿Y轴拖动物体，选择“复制”的复制方式，并设置“副本数”为1。

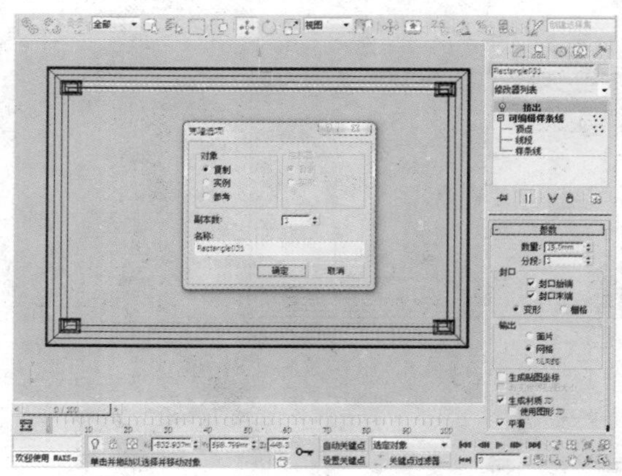

25 选中该物体，单击工具栏中的“选择并旋转”按钮，按住Shift键的同时对物体进行旋转，选择“复制”的复制方式，并设置“副本数”为1。

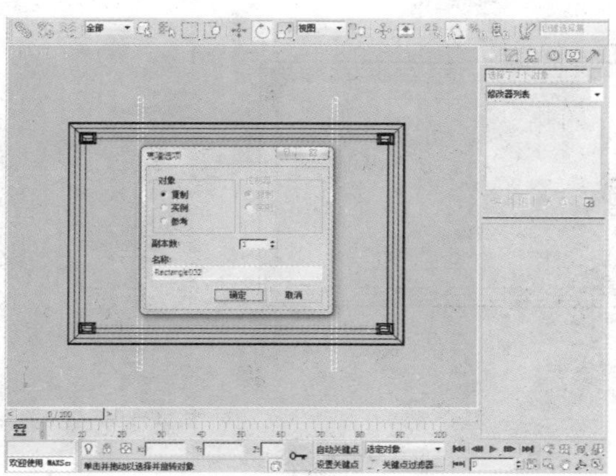

26 选中该图形，在“修改器列表”中选择FFD2×2×2，选择控制点并对其进行调整。

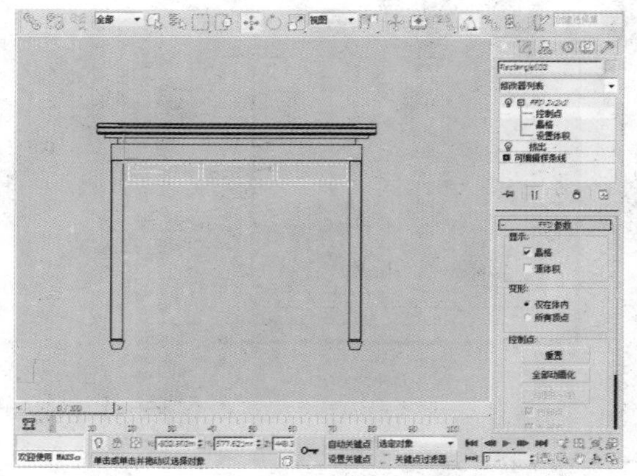

27 在“创建”命令面板中单击“矩形”按钮，在前视图中创建一个矩形。

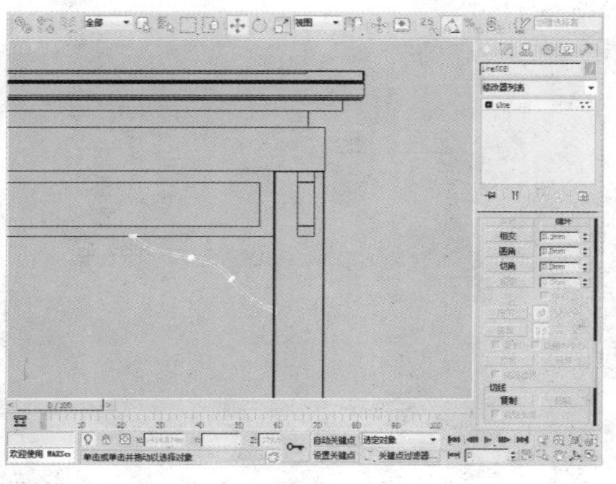

28 选中该图形，在“修改器列表”中选择“挤出”修改器，设置挤出“数量”为15mm。

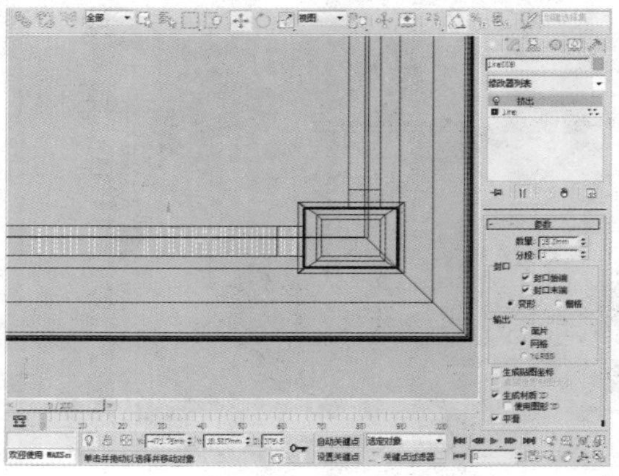

29 选中该物体，单击工具栏中的“选择并移动”按钮，按住Shift键的同时对物体沿Y轴进行拖动，选择“复制”的复制方式，并设置“副本数”为1。

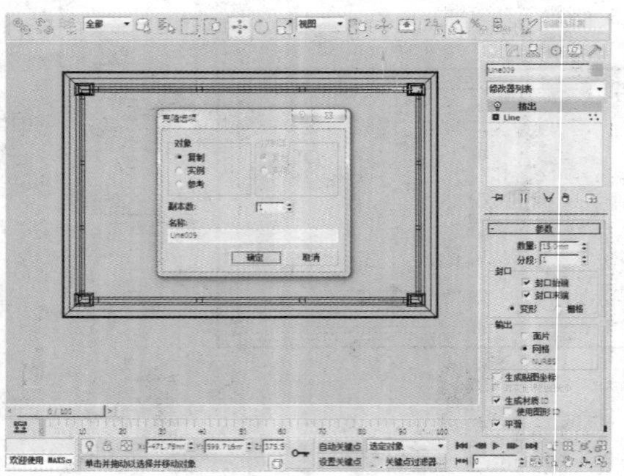

30 选中该物体，使用“镜像”工具对物体以X轴为镜像轴进行复制。

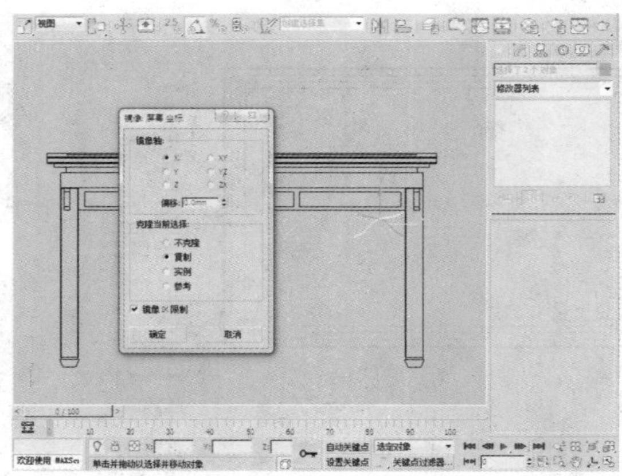

31 选中该物体，单击工具栏中的“选择并旋转”按钮，按住Shift键的同时对物体进行旋转，选择“复制”的复制方式，并设置“副本数”为1。

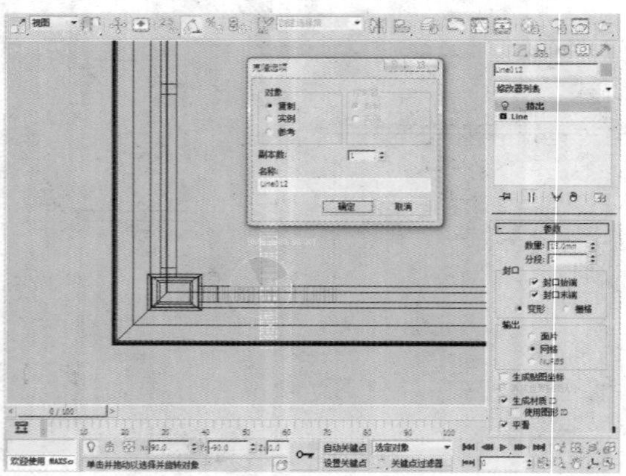

32 选中该物体，单击工具栏中的“选择并移动”按钮，按住Shift键的同时对物体沿X轴进行拖动，选择“复制”的复制方式，并设置“副本数”为1。

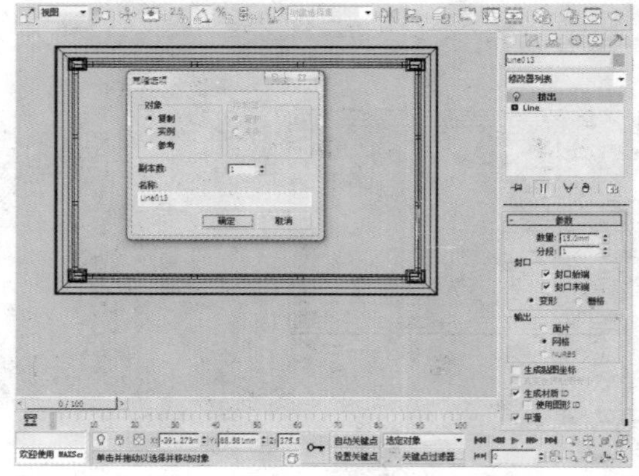

33 选中该物体，使用“镜像”工具对物体以X轴为镜像轴进行复制。

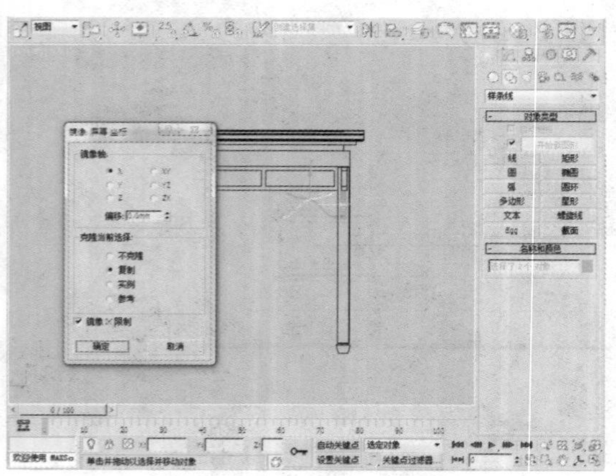

34 执行“组>成组”菜单命令，将选中的物体成组。

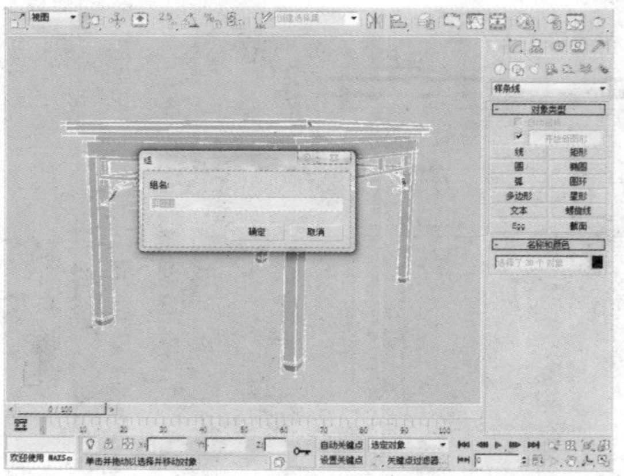

16.3.6 卷纸的绘制

下面开始对卷纸模型进行创建，具体介绍如下。

01 在“创建”命令面板中单击“线”按钮，在前视图中创建一个形状。

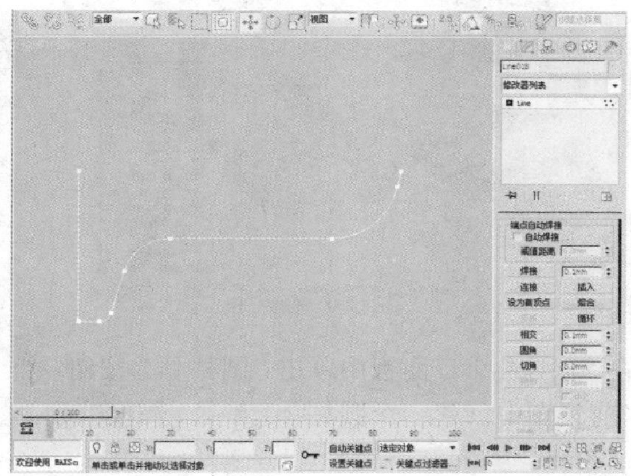

02 选择该图形，在“修改器列表”中选择“车削”修改器，并在“方向”卷展栏中单击X按钮，在“对齐”卷展栏中单击“最小”按钮。

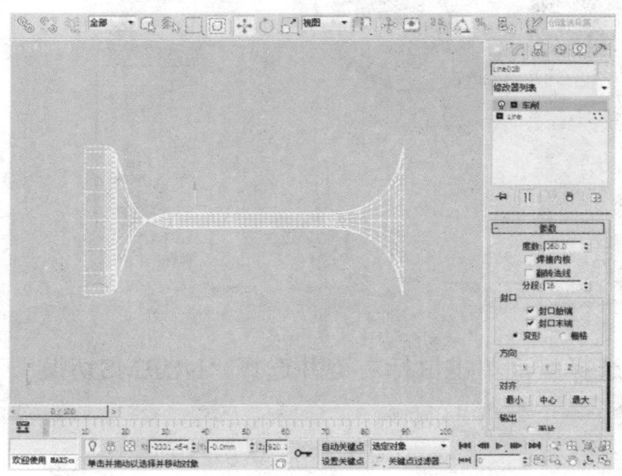

03 选中该物体，在“修改”面板中选择“轴”，并使用“选择并移动”工具对物体进行适当调整。

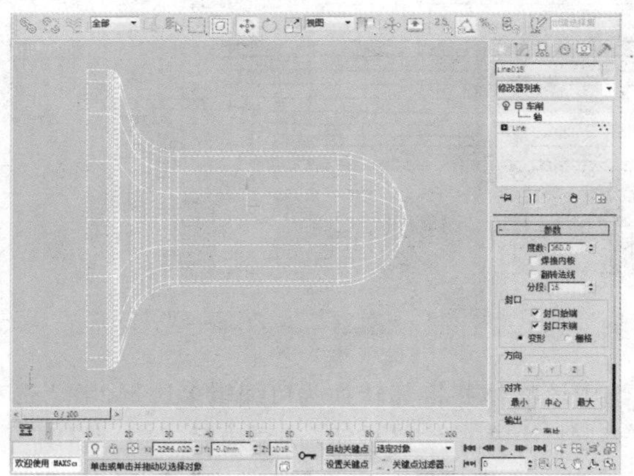

04 在“创建”命令面板中单击“线”按钮，在前视图中创建一个形状。

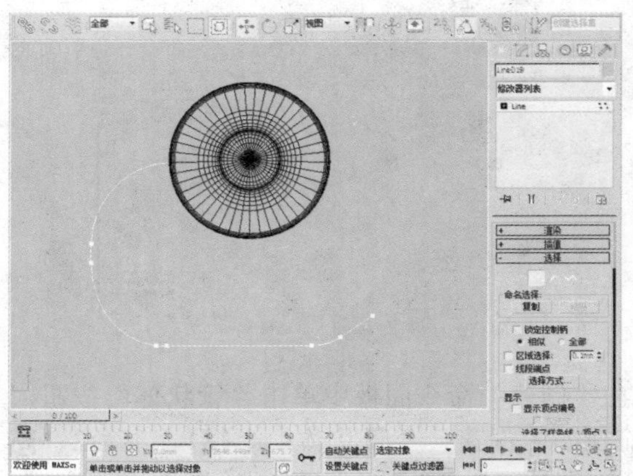

05 在“修改”命令面板的“渲染”卷展栏中勾选“在渲染中启用”和“在视口中启用”复选框，使线条显示并可渲染。

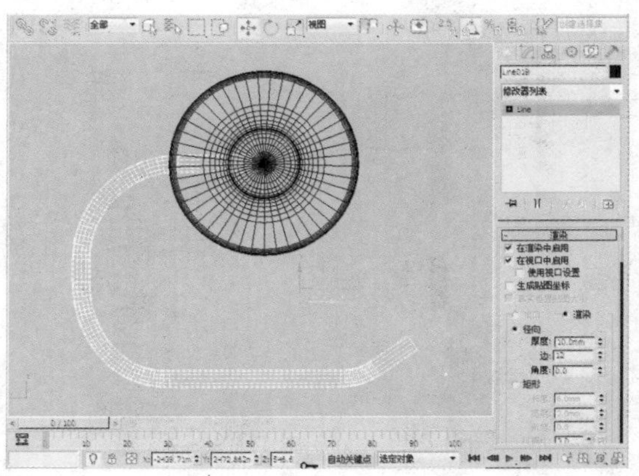

06 选中该物体并将其转换为可编辑多边形，在“选择”卷展栏中单击“边”按钮，选择边后，单击“连接”按钮后的“设置”按钮，然后设置“分段”为1。

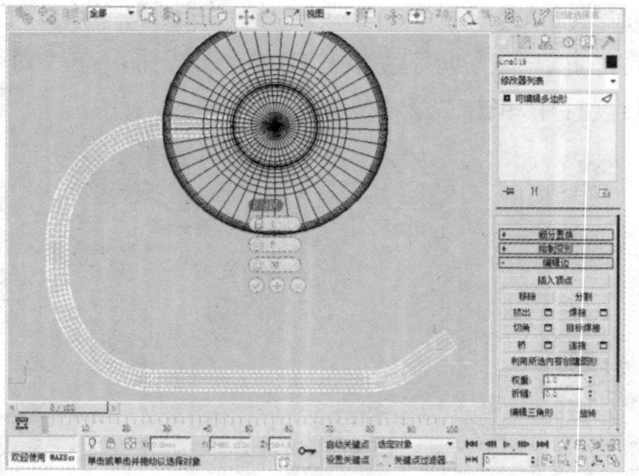

07 在“选择”卷展栏中单击“多边形”按钮，选择面后，单击“挤出”按钮后的“设置”按钮，然后设置挤出类型为“局部法线”、“高度”为2mm。

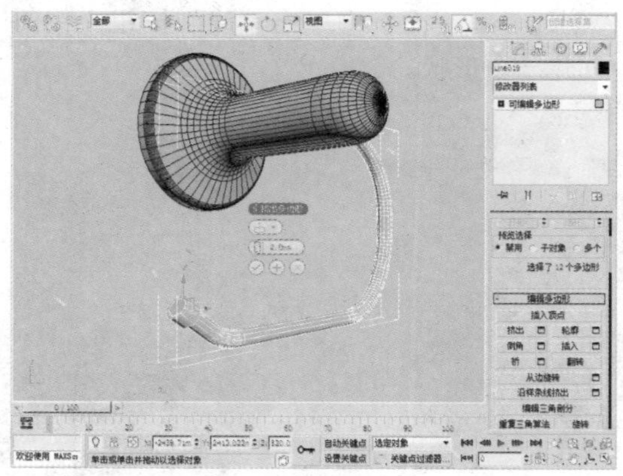

08 选择面，单击鼠标右键并选择“NURMS切换”命令。

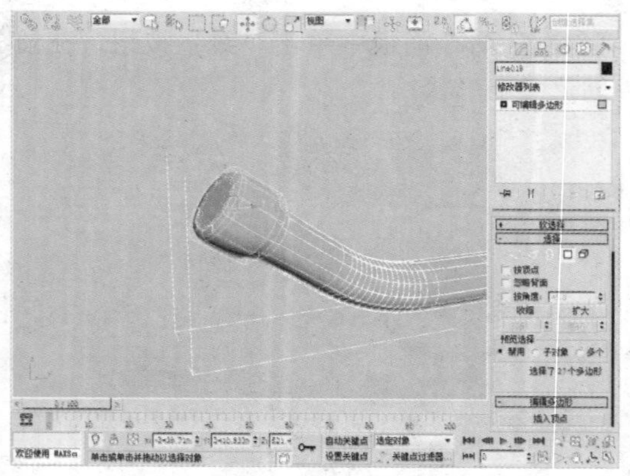

09 在“创建”命令面板中单击“圆柱体”按钮，然后在前视图中创建一个圆柱体，半径、高度分别为7mm、8mm。

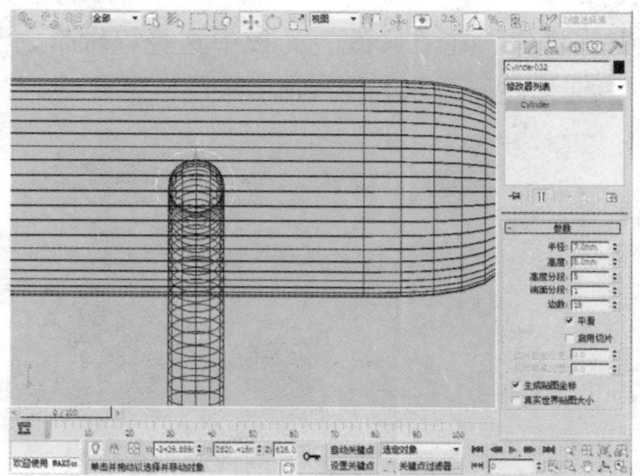

10 在“创建”命令面板中单击“管状体”按钮，在前视图中创建一个管状体，半径1、半径2、高度分别为50mm、15mm、100mm。

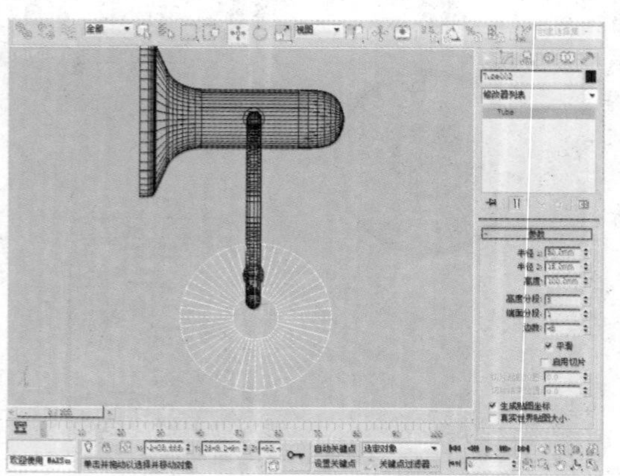

11 选中该物体并将其转换为可编辑多边形，在“选择”卷展栏中单击“边”按钮，选择边后，单击“挤出”按钮后的“设置”按钮，并设置“高度”为10mm。

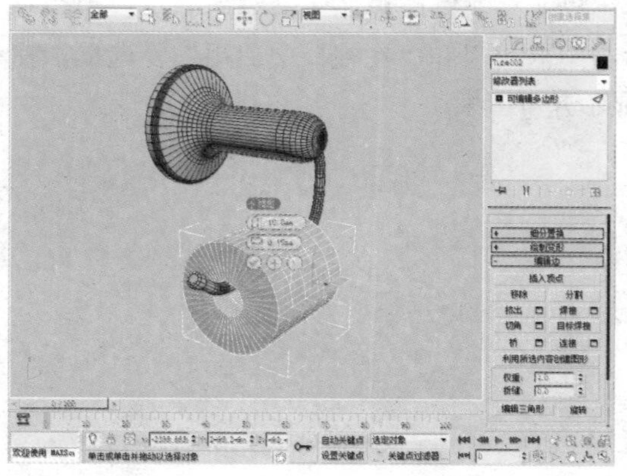

12 在“选择”卷展栏中单击“顶点”按钮，选择顶点后，使用“选择并移动”工具对顶点进行适当调整。

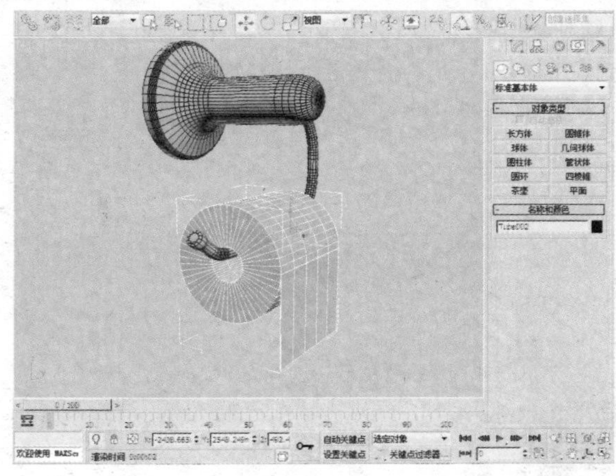

16.4 模型的导入

下面将对模型的导入操作进行介绍，需要说明的是用户需要提前将模型放置在合适位置。

01 导入马桶模型。单击按钮，在弹出的菜单中选择“导入”命令，在“选择要导入的文件”对话框中选择目标文件。

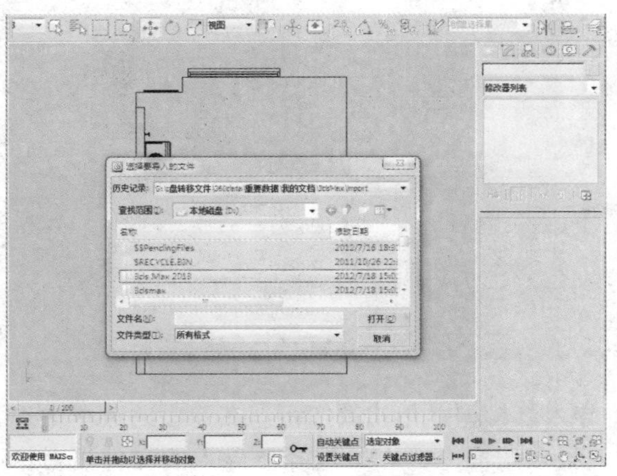

02 选中导入的马桶，单击“合并文件”，使用“选择并移动”工具，适当调整物体的位置。

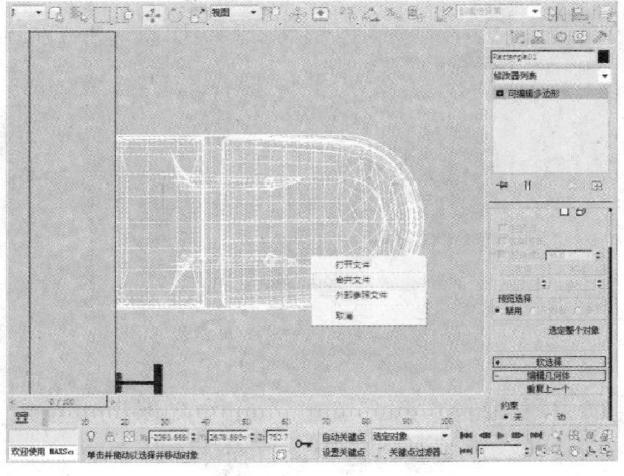

03 导入盆栽模型。单击按钮，在弹出的菜单中选择“导入”命令，在“选择要导入的文件”对话框中选择目标文件。

在“创建方法”卷展栏中，可确定使用图像还是路径创建放样对象，以及对结果放样对象使用的操作模型。“获取路径”选项确定将路径指定给选定的图形或更改当前指定的路径。“获取图形”选项确定将图像指定给选定的路径或更改当前指定的图形。获取图形时按住Ctrl键的同时可反转图形Z轴的方向。

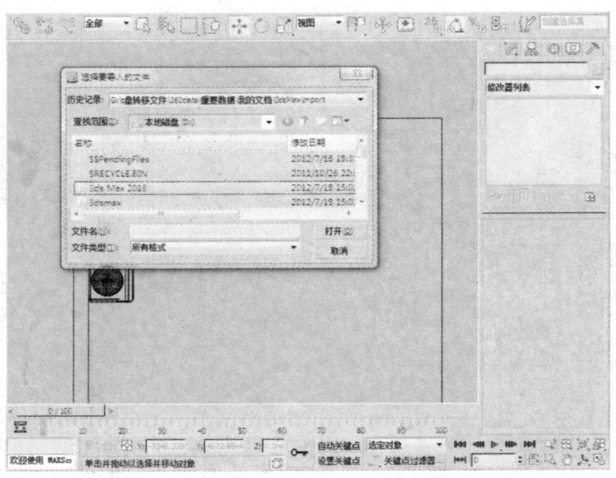

04 选中导入的盆栽，单击“合并文件”，使用“选择并移动”工具，适当调整物体的位置。

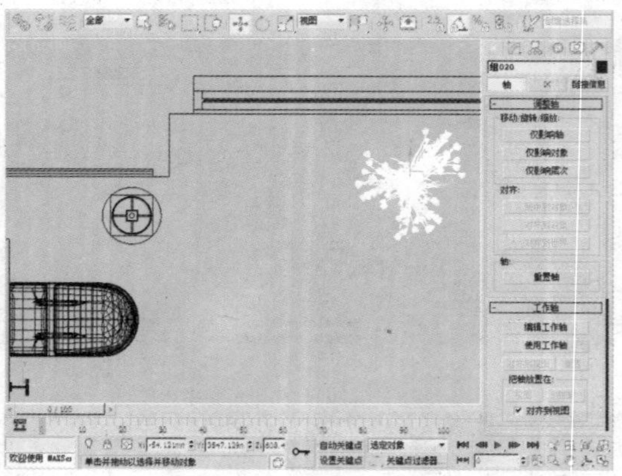

05 导入毛巾模型。单击按钮，在弹出的菜单中选择“导入”命令，在“选择要导入的文件”对话框中选择目标文件。

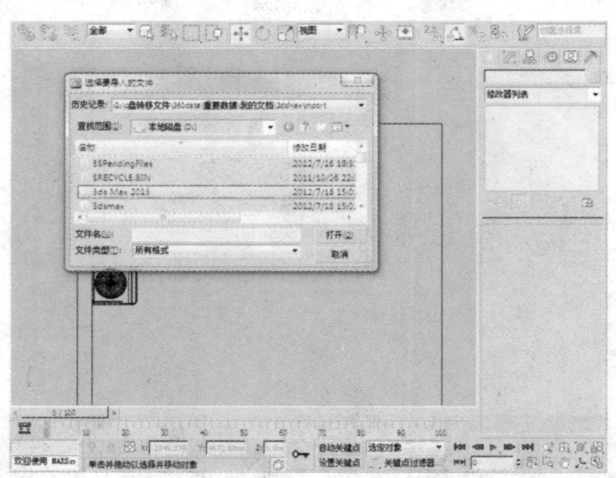

06 选中导入的毛巾，单击“合并文件”，使用“选择并移动”工具，调整物体的位置。

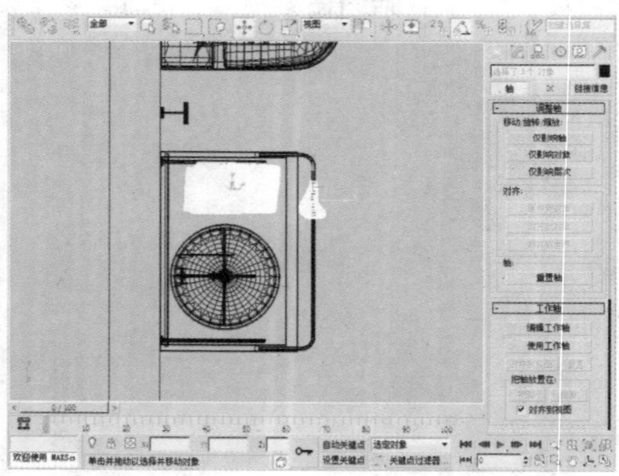

07 导入木椅模型。单击按钮，在弹出的菜单中选择“导入”命令，在“选择要导入的文件”对话框中选择目标文件。

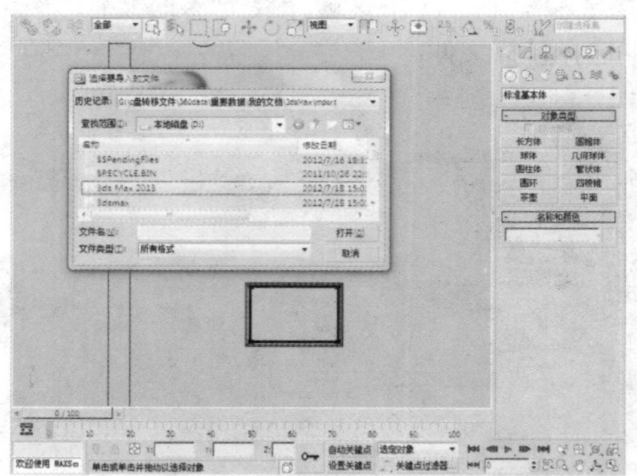

08 选中导入的木椅，单击“合并文件”，使用“选择并移动”工具，适当调整物体的位置。

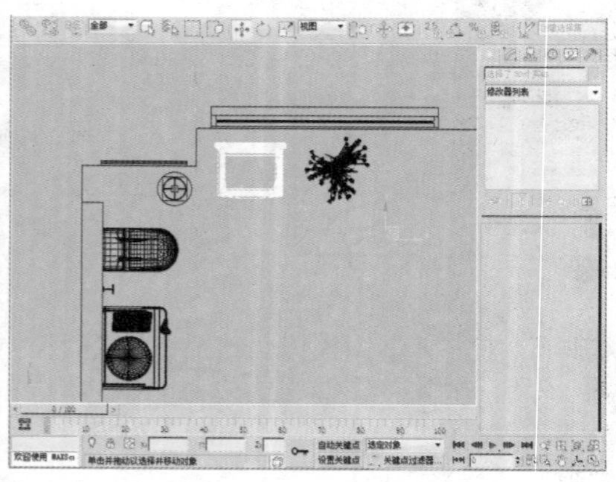

09 导入灯模型。单击按钮，在弹出的菜单中选择“导入”命令，在“选择要导入的文件”对话框中选择目标文件。

10 选中导入的灯，单击“合并文件”，使用“选择并移动”工具，适当调整物体的位置。

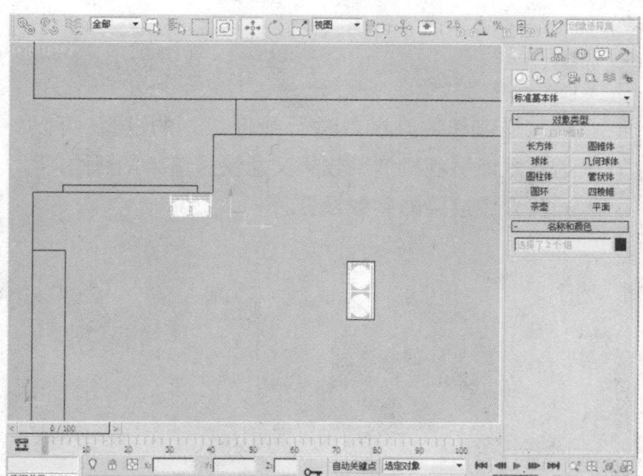

11 卫生间最终的模型效果如下图所示。

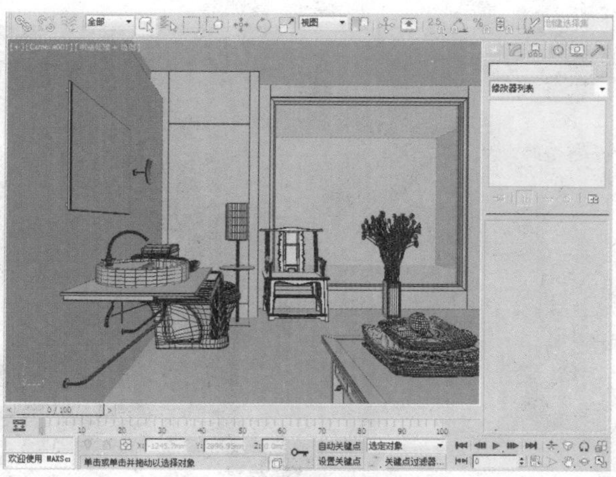

16.5 场景渲染案例分析

学习要点	通过制作一个浴室场景来讲述浴室的灯光设置以及浴室材质的设置方法
结构特点	本场景是一个宽敞的浴室场景空间，场景采用竖向构图，包括落地灯、太师椅、洗手盆、马桶、花瓶以及其他物品摆设
材质特点	材质以大理石墙体材质、木质墙体材质，以及地砖地面材质为背景材质，在家具的材质设置上以木质材质、白色陶瓷和不锈钢材质为主
灯光特点	在灯光设置上使用VRay灯光面光源进行窗口的暖色补光和室内补光，模拟灯槽照明使用自由灯光
最终渲染效果	

16.6 测试渲染设置

重点提示

对采样值和渲染参数进行最低级别的设置，可以达到既能够观察渲染效果又能快速渲染的目的。下面将介绍渲染的参数设置。

01 按下F10键打开渲染设置对话框，首先设置V-Ray Adv 2.30.01为当前渲染器。

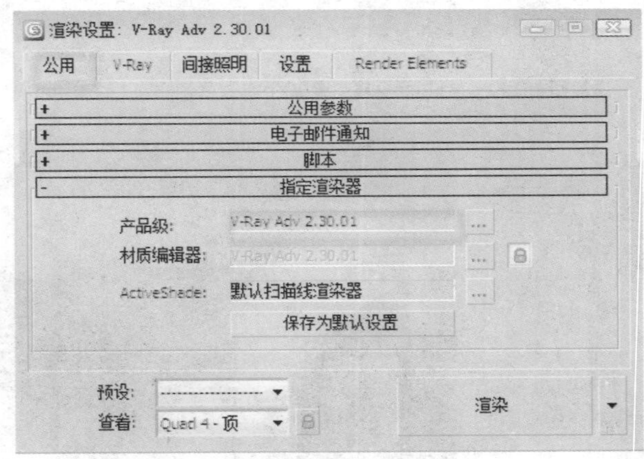

知识点

默认灯光，是否使用3ds Max的默认灯光。反射/折射，是否计算VRay贴图或材质中的光线的反射/折射效果。光泽效果，取消这个选项后，光泽材质就不起作用，因为光泽效果参数会严重影响渲染速度，所以应该在最终渲染时将这个选项打开。

02 在“V-Ray::全局开关”卷展栏中设置总体参数。因为要调整灯光，所以在此关闭了默认灯光，且取消设置反射/折射和光泽效果，这两项都是非常影响渲染速度的。

03 在“V-Ray::图像采样器”卷展栏中，参数设置如下图所示。

04 在“V-Ray::颜色贴图”卷展栏中设置颜色贴图“类型”为“线性倍增”，其他参数如下图所示。

知识点

“默认灯光”关闭，是关闭3ds Max自带的灯光，因为其自带的灯光效果很不真实，所以要通过后期添加V-Ray灯光来模拟真实环境光。

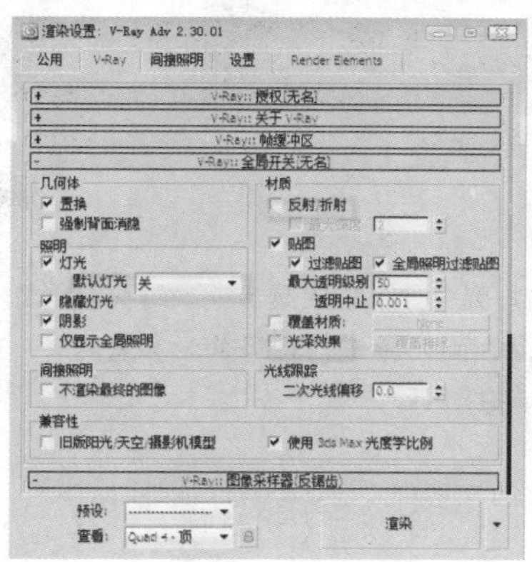

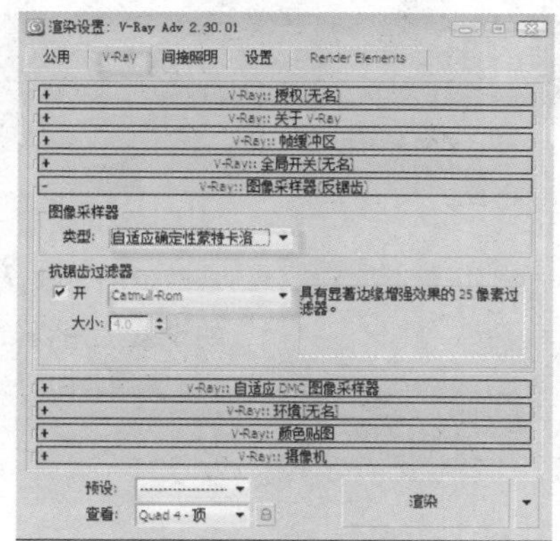

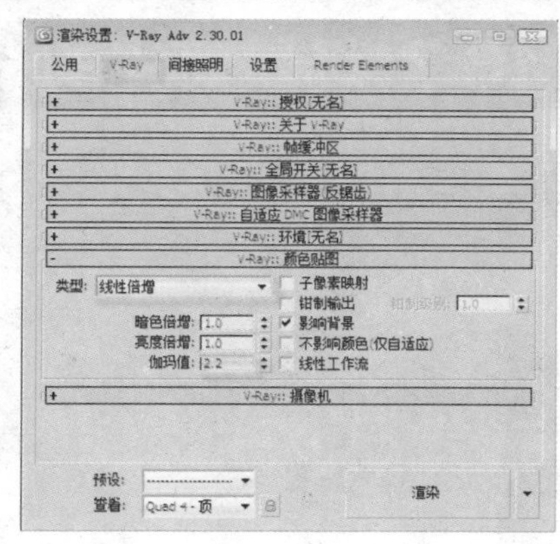

05 在“V-Ray::间接照明”卷展栏中的参数设置如下图所示。

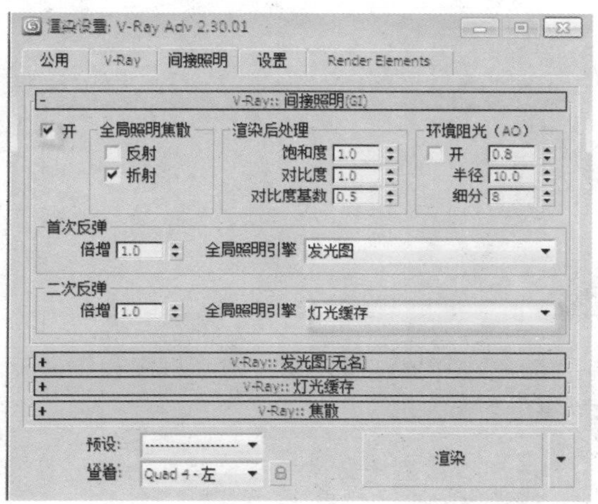

06 在“V-Ray::发光图”卷展栏中，参数设置如下图所示。

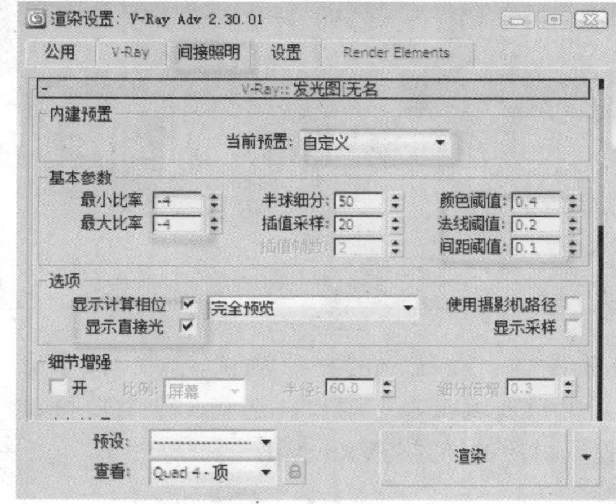

知识点

VRay的二次光线反弹其实是一种漫反射效果。现实世界中，光线进行一次光线反弹后在物体上的令一次反弹，不会像第一次反弹那样强烈，呈现减弱的效果。在二次反弹参数中，这种强度是可以调整的。

07 在“V-Ray::灯光缓存”卷展栏中设置灯光参数如下图所示。

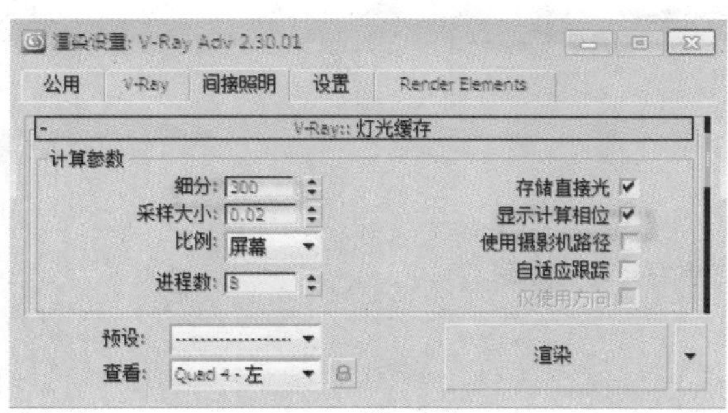

08 按8键打开“环境和效果”对话框，设置背景颜色为黑色。

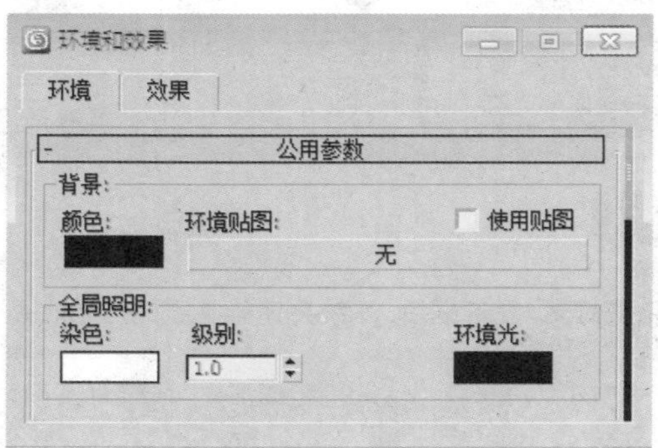

16.7 场景灯光的设置

重点提示

目前关闭了默认的灯光，所以需要建立灯光。在灯光的设置上用VRayLight面光源进行窗口补光和室内补光，使用自由灯光模拟射灯。

01 首先制作一个统一的材质测试模型。按下M键打开“材质编辑器”窗口，选择一个空白材质球，设置材质的样式为VRayMtl。

02 在“颜色选择器：漫反射”对话框中设置漫反射的“亮度”为220。

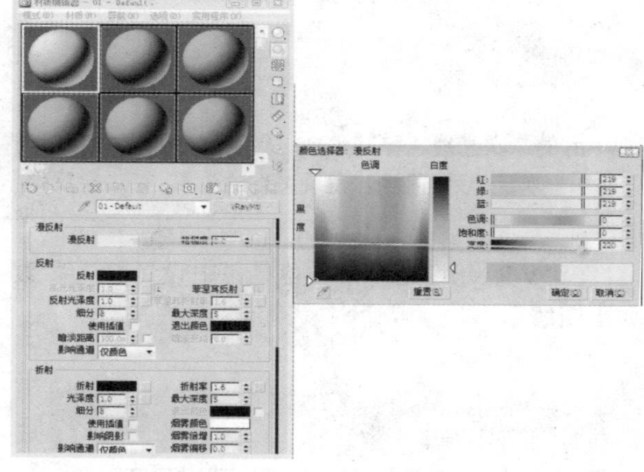

知识点

勾选“隐藏灯光”复选框后，系统会渲染隐藏的灯光效果而不会考虑灯光是否隐藏。

03 按F10键打开渲染设置窗口，勾选“覆盖材质”复选框，将该材质拖动到None按钮上，这样就为整体场景设置了一个临时的测试用的材质。

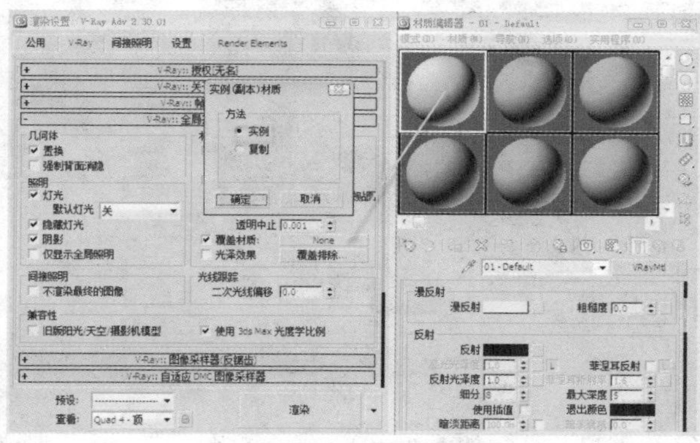

04 设置窗口补光。在“创建”命令面板中单击“VR灯光”按钮，在窗口中建立一组叠灯，用来模拟真实的光线，具体位置如下图所示。

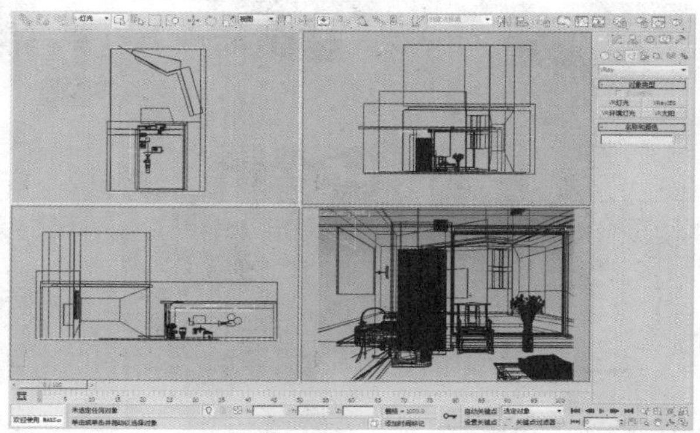

05 在“修改”面板中适当设置光源的参数。

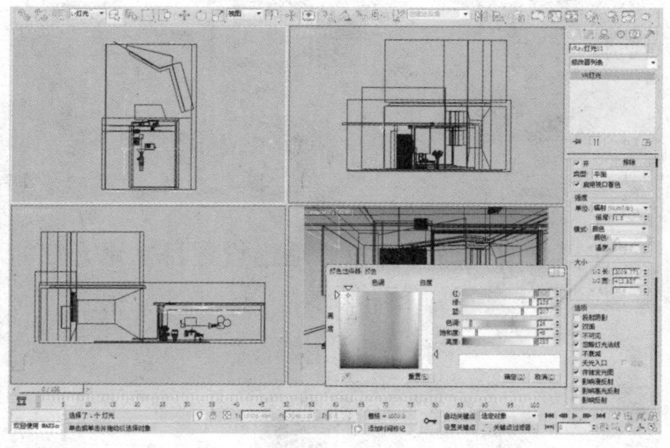

06 设置射灯照明。在“创建”命令面板中单击“自由灯光”按钮，在室内建立六盏射灯，用来模拟射灯照明；在“创建”命令面板单击“泛光”按钮，在室内创建三盏泛光灯，具体位置如下图所示。

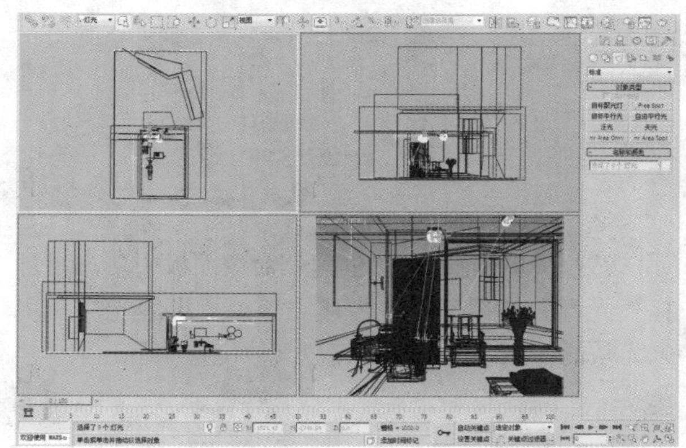

知识点

VRay灯光的最大特点是可以自动产生极其真实的自然光影效果。VRay灯光可以创建平面光、穹顶光、球体光和网格光。

知识点

“全局材质”是为场景中所有的材质进行简单易渲染的材质，这个材质灰度适中，不会影响场景本来材质对灯光的影响。更重要的是，使用全局材质可以简单快速地对灯光进行测试。

07 在“修改”面板设置面泛光灯的参数如图A、B和C所示，设置自由灯光参数如图D所示。

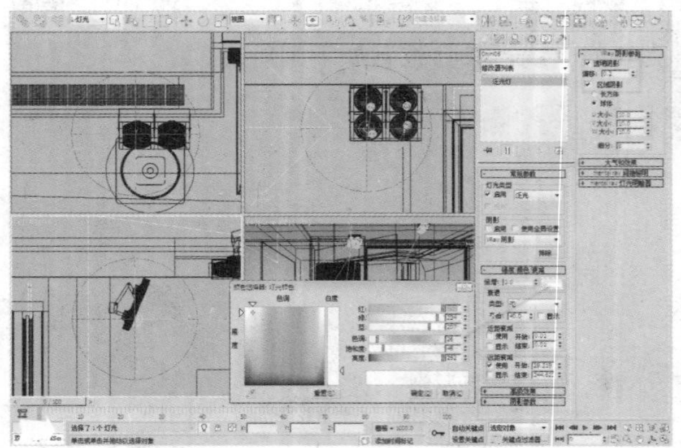

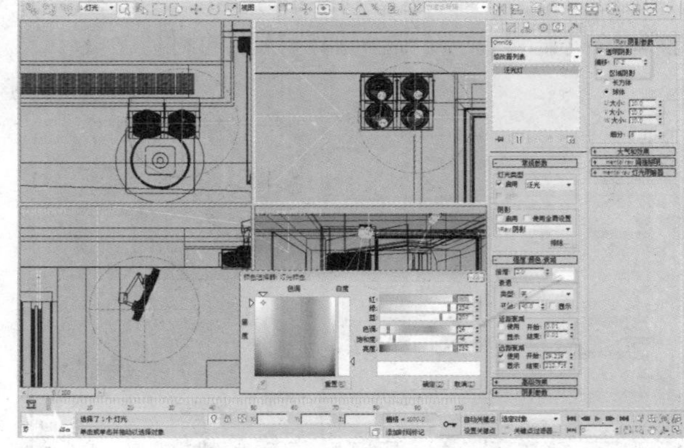

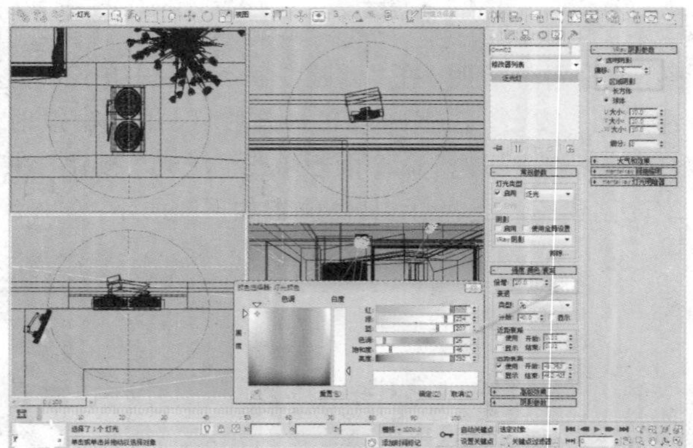

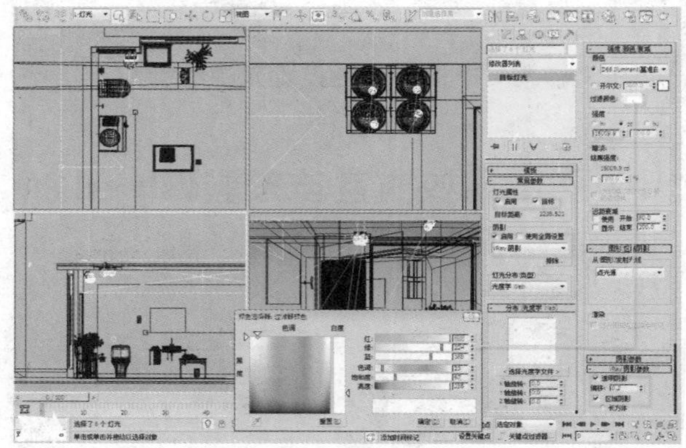

08 设置马桶补光。在“创建”命令面板中单击“目标聚光灯”按钮，在室内建立一盏目标聚光灯，用来为马桶补光，增强其质感，具体位置如下。

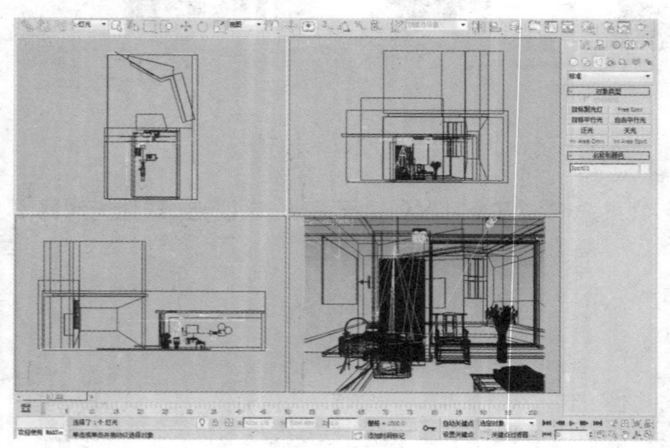

09 在“修改”命令面板中适当设置目标聚光灯的参数，具体设置如下图所示。

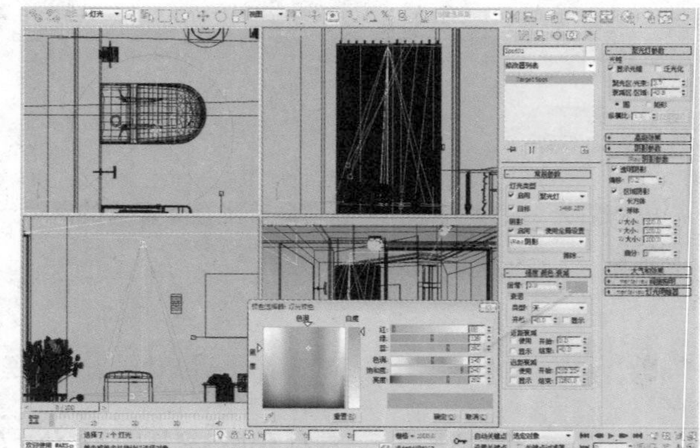

知识点

“目标灯光”像标准的泛光灯一样从几何体点发射光线。

10 设置洗手盆补光。在"创建"命令面板中单击"VR灯光"按钮，在室内建立一盏VRay灯光，用来为洗手盆补光，增强其质感，其具体位置如下图所示。

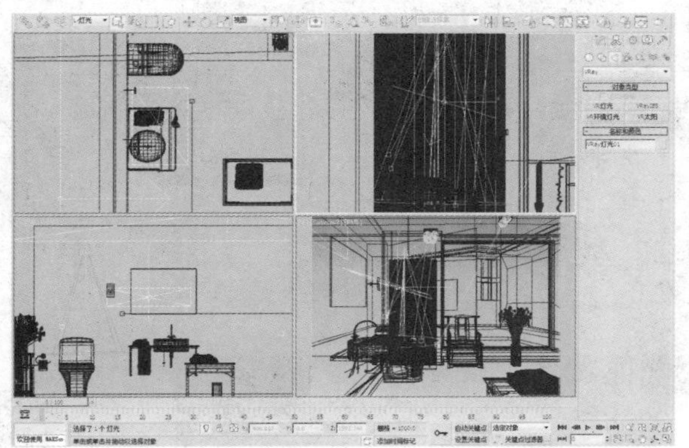

12 设置木栅格补光。在"创建"命令面板中单击"目标聚光灯"按钮，在室内建立一盏目标聚光灯，用来为木栅格补光，增强其质感，其具体位置如下图所示。

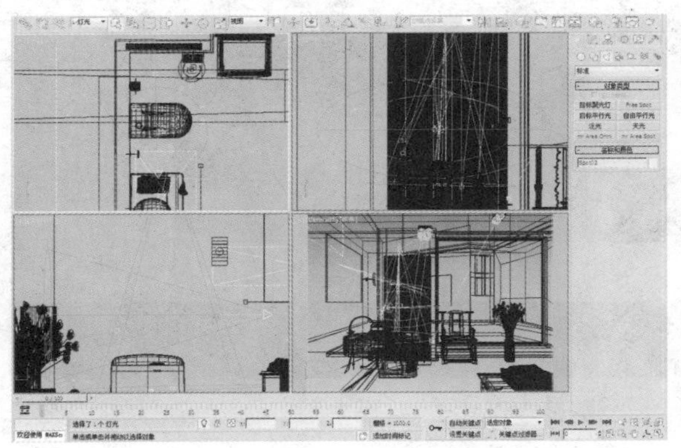

14 设置卫生间另一套间的补光。在"创建"命令面板中单击"目标聚光灯"按钮，在室内建立两盏目标聚光灯，在"创建"命令面板中单击"VR灯光"按钮，在室内建立一盏VRay灯光，其具体位置如下图所示。

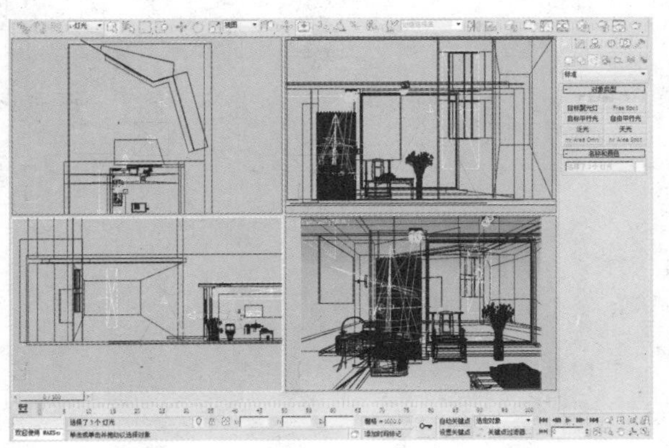

11 在"修改"面板中适当设置面光源的参数，具体设置如下图所示。

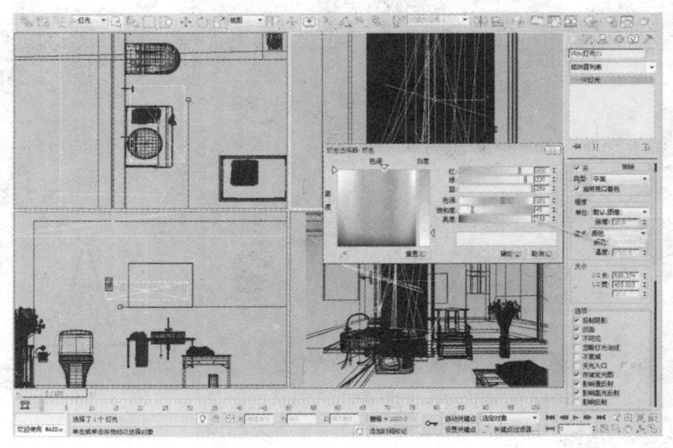

13 在"修改"面板中适当设置目标聚光灯的参数，具体设置如下图所示。

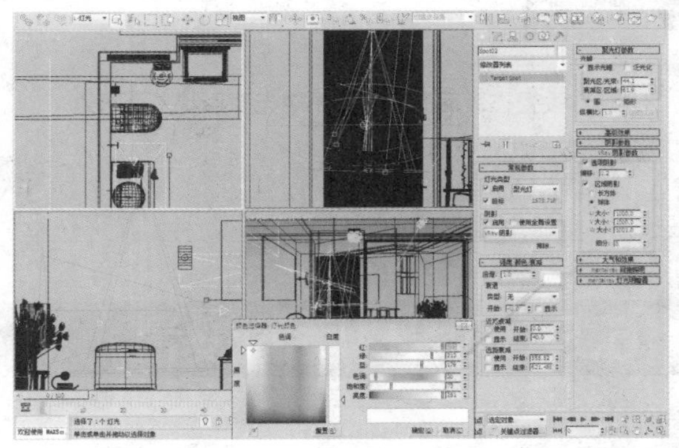

15 在"修改"面板中设置面聚光灯的参数如图A和B所示，设置面光源参数如图C所示。

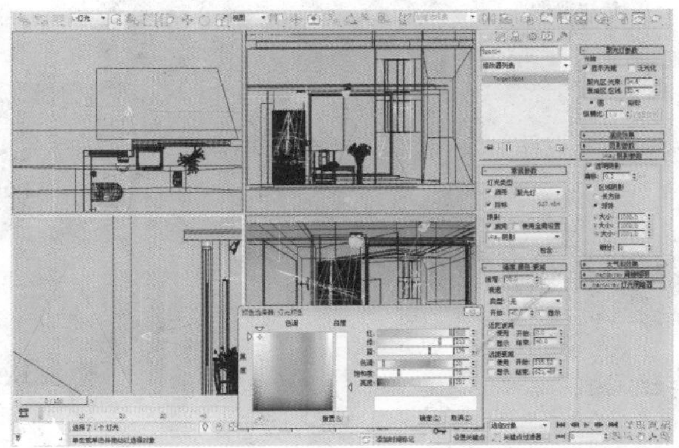

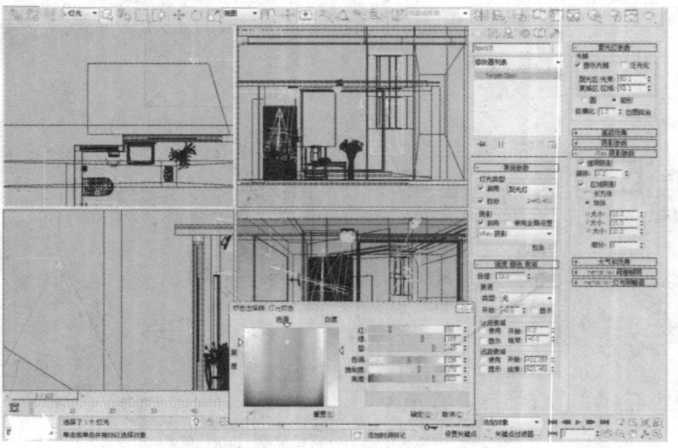

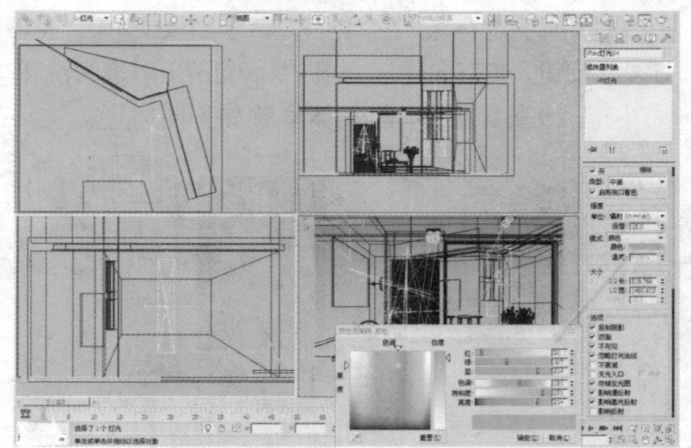

16 重新对摄影机视图进行渲染，效果如右图所示。

知识点

不可见，设置在最后的渲染效果中光源形状是否可见。

颜色，设置灯光的颜色。

倍增值，设置灯光颜色的倍增值。

16.8 场景材质的设置

重点提示

本节将逐一设置场景中的材质，从影响整体效果的材质（如墙面、地面等）开始，到浴室家具（如落地灯、太师椅、洗手盆和马桶等），最后到装饰品（如花瓶等）。

16.8.1 设置渲染参数

下面我们开始设置渲染参数，具体介绍如下。

上一节中介绍了快速渲染的图像采样器的参数设置，目的是为了在能够观察到光效的前提下快速出图。本节内容涉及到了材质效果，所以要进行合适观察材质效果的设置。

按下F10键打开渲染设置窗口，在“V-Ray::全局开关[无名]”卷展栏中的参数设置如下左图所示。

按下F10键打开渲染设置窗口，在“V-Ray::颜色贴图”卷展栏中的参数设置如下右图所示。这样渲染出来的灯光不会出现过度曝光的现象。

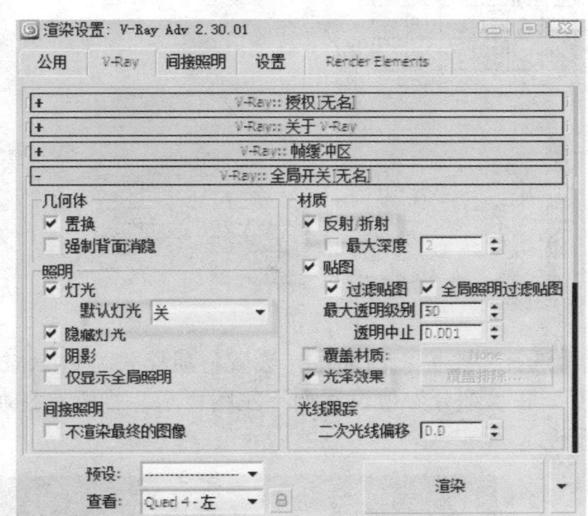

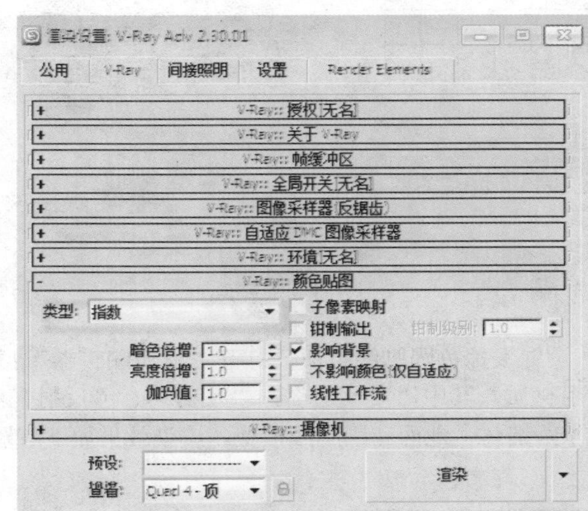

16.8.2 设置墙体、地面和踢脚线材质

墙体材质是灰色水泥材质、屋顶材质是白色乳胶材质、地面材质包括灰色水泥材质和青石砖材质，其具体操作设置介绍如下。

01 首先设置灰色水泥墙体材质。打开“材质编辑器”窗口，选择一个空白材质球，设置材质样式为VRayMtl专用材质，为“漫反射”参数添加一个贴图（见本章配套光盘中的“地砖瓷砖2405.jpg”文件），参数设置如下图所示。

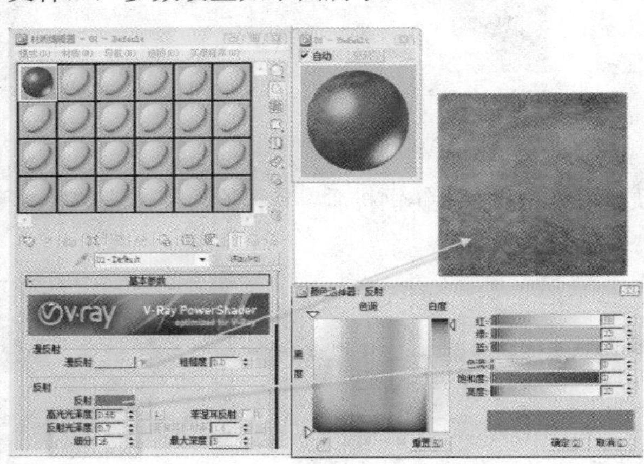

02 设置灰色水泥地面材质。打开“材质编辑器”窗口，选择一个空白材质球，设置材质样式为VRay-Mtl专用材质，为“漫反射”参数添加一个贴图（见本章配套光盘中的“地砖瓷砖2402.jpg”文件），参数设置如下图所示。

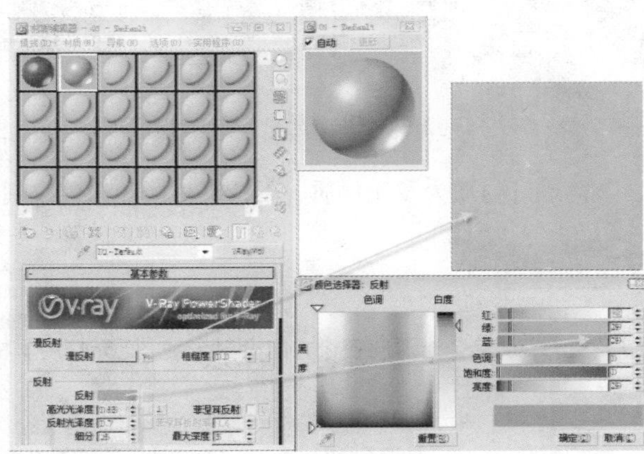

03 接着设置青砖地面材质，打开“材质编辑器”窗口，选择一个空白材质球，设置材质样式为VRayMtl专用材质，为“漫反射”参数添加一个贴图（见本章配套光盘中的“地砖瓷砖40.jpg”文件），参数设置如下图所示。

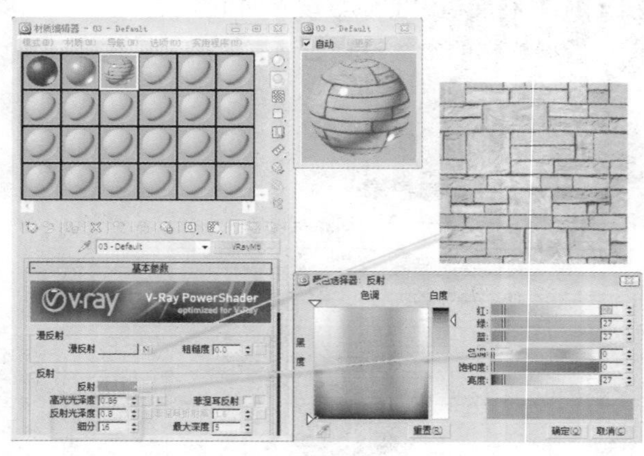

04 展开“贴图”卷展栏，为“凹凸”选项设置贴图（见本章配套光盘中的“地砖瓷砖40.jpg”文件），参数设置如下图所示。

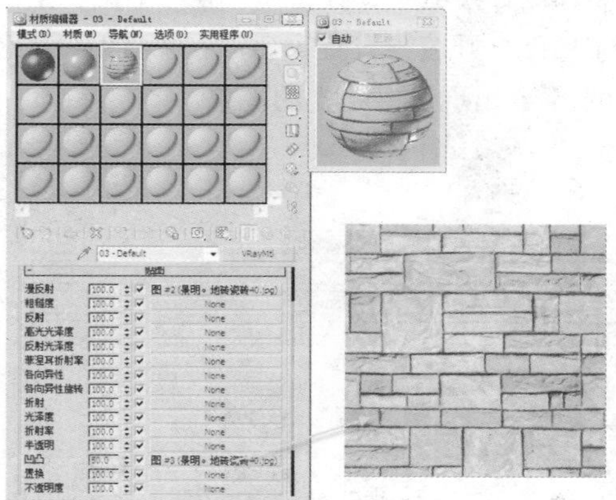

05 设置浅棕色踢脚线材质。打开“材质编辑器”窗口，选择一个空白材质球，设置材质样式为VRayMtl专用材质，其中“漫反射”、“反射”、“反射光泽度”和“细分”值设置如下左图所示。将所有材质赋予给墙体、地面和踢脚线模型，渲染效果如下右图所示。

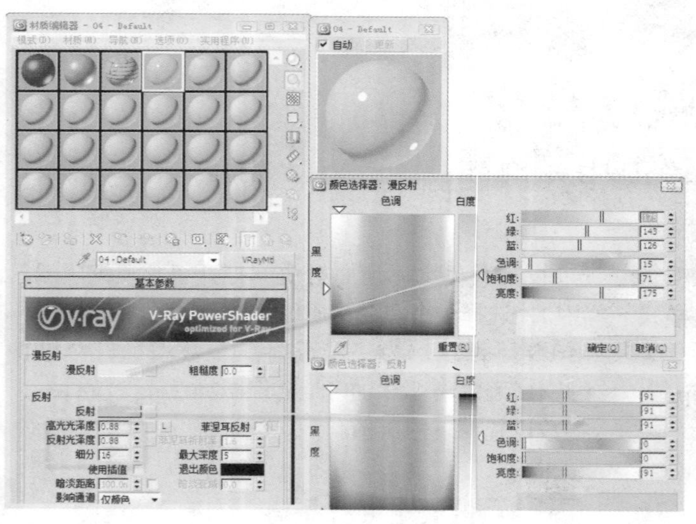

16.8.3 设置落地灯和射灯材质

落地灯材质为发光材质、不锈钢材质和白色纹理材质。射灯材质为不锈钢材质。具体的设置方法如下。

知识点

“泛光灯”从单个光源向各个方向投射光线。泛光灯用于将辅助照明添加到场景中，或模拟点光源。

01 首先设置灯罩材质。打开“材质编辑器”窗口，选择一个空白材质球，设置材质样式为“VR灯光材质”专用材质，设置“颜色”为白色，倍增参数设置如下图所示。

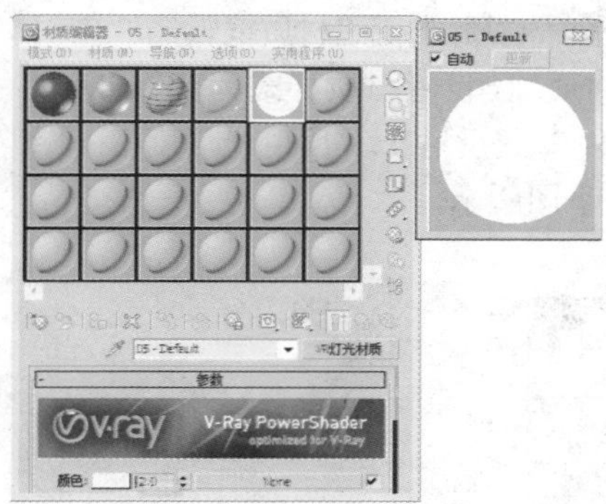

02 设置灯杆材质。打开“材质编辑器”窗口，选择一个空白材质球，设置材质样式为VRayMtl专用材质，其中“漫反射”、“反射”、“反射光泽度”和“细分”值设置如下图所示。

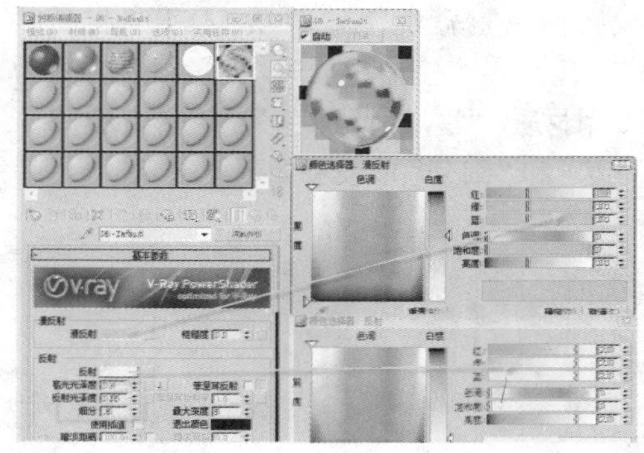

03 接着设置灯座材质。打开“材质编辑器”窗口，选择一个空白材质球，设置材质样式为VRay-Mtl专用材质，“漫反射”的颜色设置为白色，其中“反射”、“反射光泽度”和“细分”值设置如下图所示。

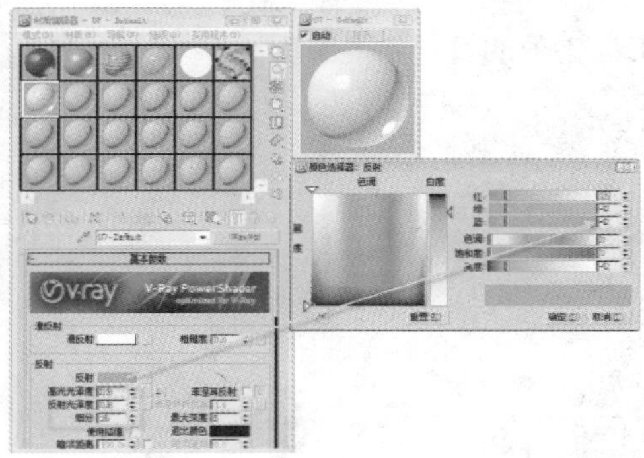

04 展开“贴图”卷展栏，为“凹凸”选项选择贴图，贴图为本章配套光盘中的“木纹07.jpg”文件，参数设置如下图所示。

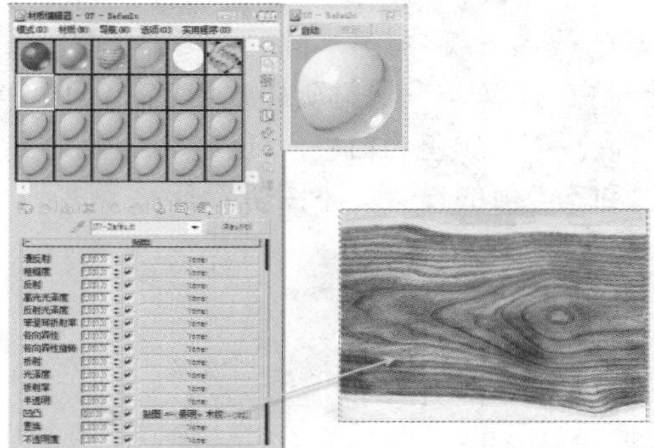

05 接着设置灯座材质。打开“材质编辑器”窗口，选择一个空白材质球，设置材质样式为VRay-Mtl专用材质，其中“漫反射”、“反射”、“反射光泽度”和“细分”值设置如下图所示。

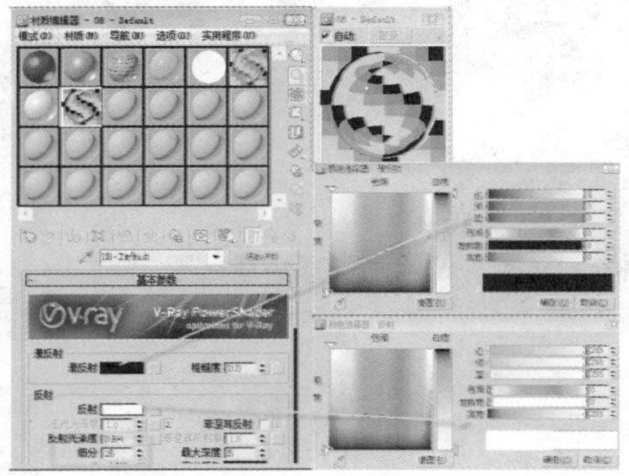

06 到此将所有材质赋予落地灯和射灯模型，渲染效果如下图所示。

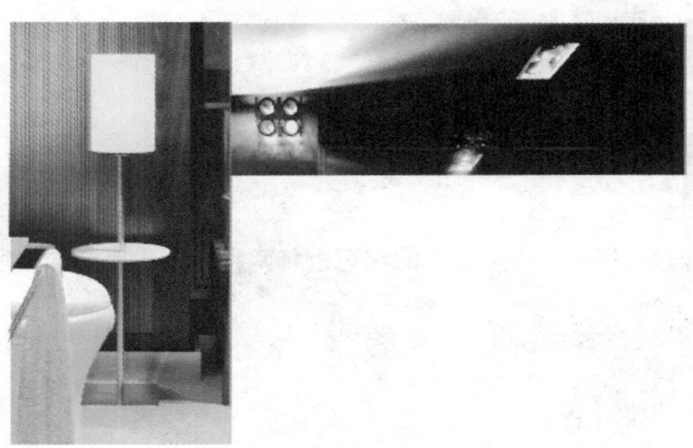

16.8.4 设置洗手盆和马桶材质

洗手盆材质包括白色陶瓷材质、蓝色玻璃材质和不锈钢材质；马桶材质为白色陶瓷材质。具体设置方法如下。

01 首先设置白色陶瓷洗手盆材质。打开“材质编辑器”窗口，选择一个空白材质球，设置材质样式为VRayMtl专用材质，“漫反射”颜色为白色，“反射”、“反射光泽度”和“细分”值设置如下图所示。

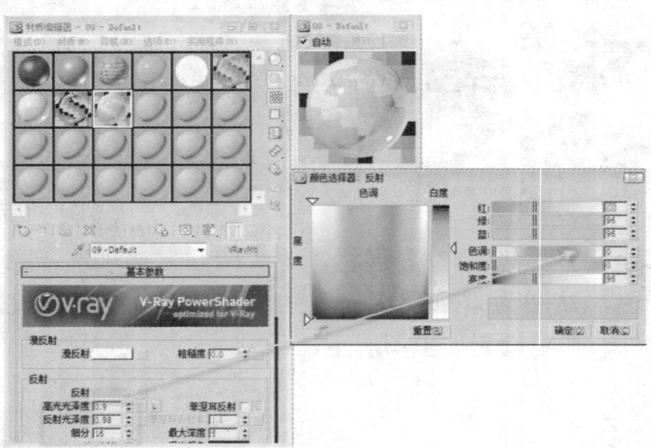

02 设置不锈钢管子材质。打开“材质编辑器”窗口，选择一个空白材质球，设置材质样式为VRayMtl专用材质，“漫反射”、“反射”、“反射光泽度”和“细分”值的设置如下图所示。

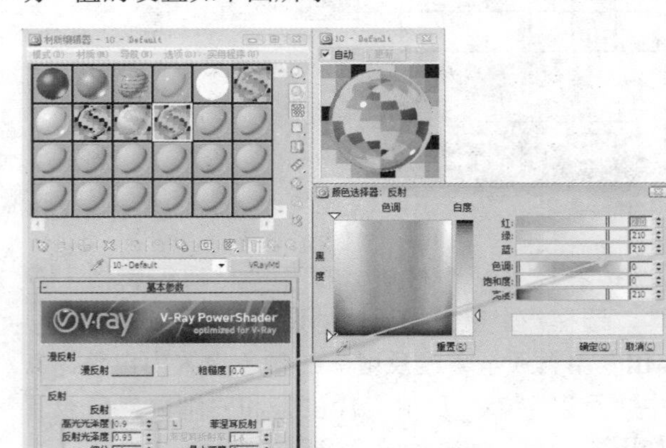

03 设置蓝色玻璃材质。打开“材质编辑器”窗口，选择一个空白材质球，设置材质样式为VRayMtl专用材质，“漫反射”颜色为白色，“反射”、“反射光泽度”和“细分”值的设置如下图所示。

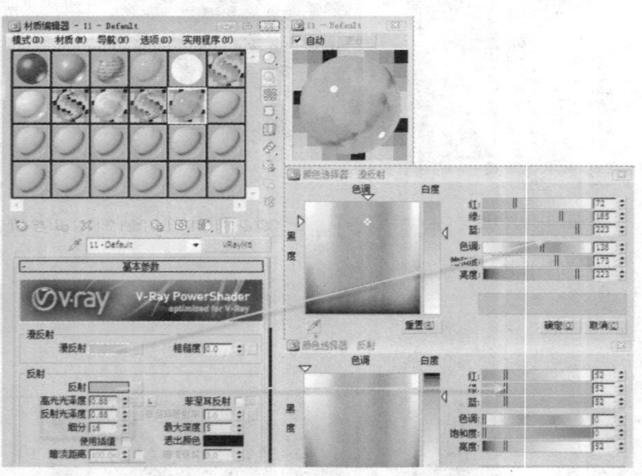

04 “折射”参数的设置如下图所示。

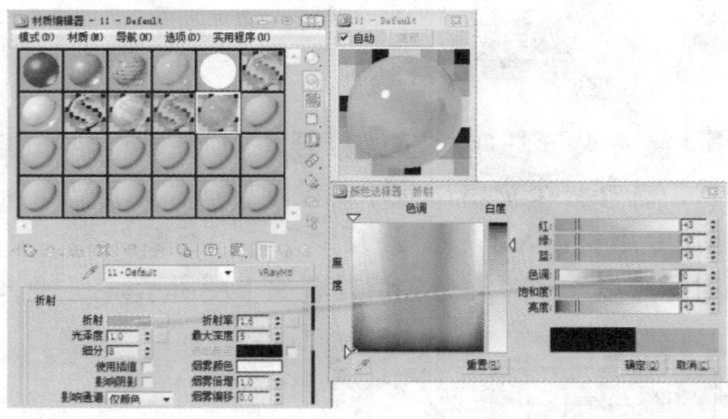

知识点

“混合贴图”：通过混合贴图可以将两种以上的颜色或材质合成在曲面的一侧；“交换”：交换两种颜色或贴图。

05 设置马桶材质。打开“材质编辑器”窗口，选择一个空白材质球，设置材质样式为VRayMtl专用材质，“漫反射”颜色为白色，“反射”、“反射光泽度”和“细分”值的设置如下图所示。

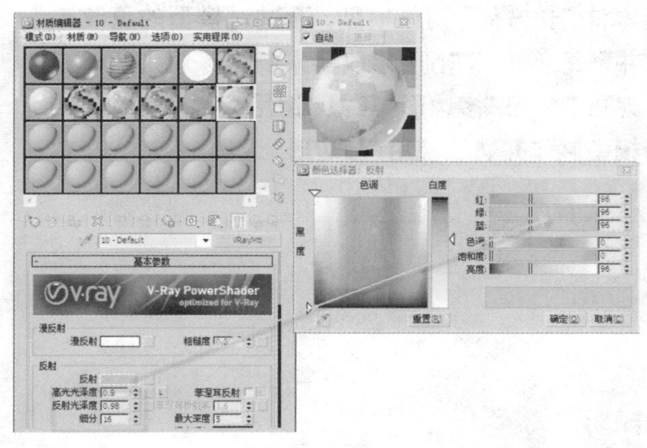

06 至此将所有材质赋予洗手盆和马桶模型，渲染效果如下图所示。

16.8.5 设置毛巾材质

毛巾材质包括白色绒毛材质和棕色材质。具体设置方法如下。

01 设置毛巾材质。打开“材质编辑器”窗口，选择一个空白材质球，设置材质样式为VRayMtl专用材质，“漫反射”、“反射”、“反射光泽度”和“细分”值的设置如下图所示。

02 展开“贴图”卷展栏，在“置换”通道中添加一个黑白贴图，黑白贴图为本章配套光盘中的Arch30_towelbump5.jpg文件贴图参数设置如下图所示。

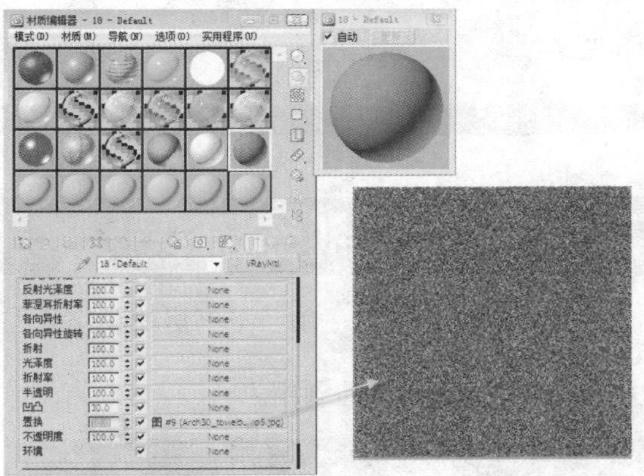

03 到此将所有材质赋予毛巾模型，渲染效果如右图所示。

CHAPTER 17

书房的创建与渲染

本案例将介绍一款书房模型的制作，通过具体的制作过程，让我们练习在3ds Max中使用基本体“长方体”制作模型。通过对模型的更改来练习“车削”修改器，并熟练使用“车削”修改器来制作等规则物体。通过对模型进行细节刻画来练习“多边形”工具，运用基础几何物体结合“多边形”工具进行模型制作并熟练使用“多边形”工具。

知识点

1. 标准基本体的使用
2. 车削的使用
3. 可编辑多边形的使用

建模效果

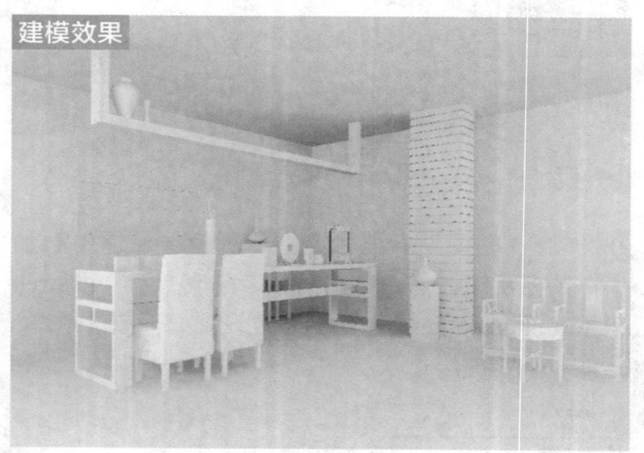

渲染效果

17.1 书房的制作流程

在具体学习之前先来了解一下书房的制作流程。

01 房子结构和柱子模型的制作。

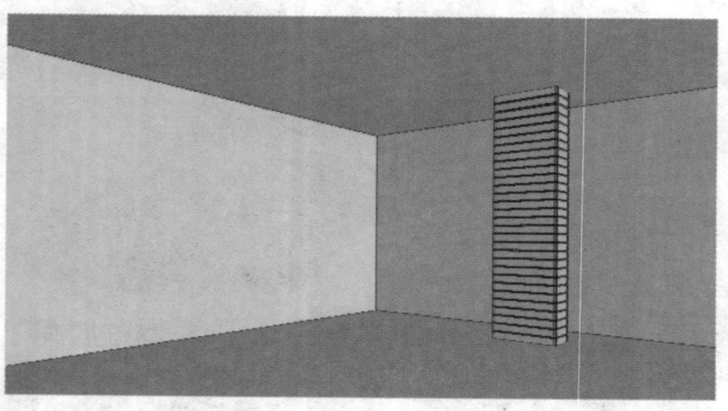

02 桌子模型的制作。

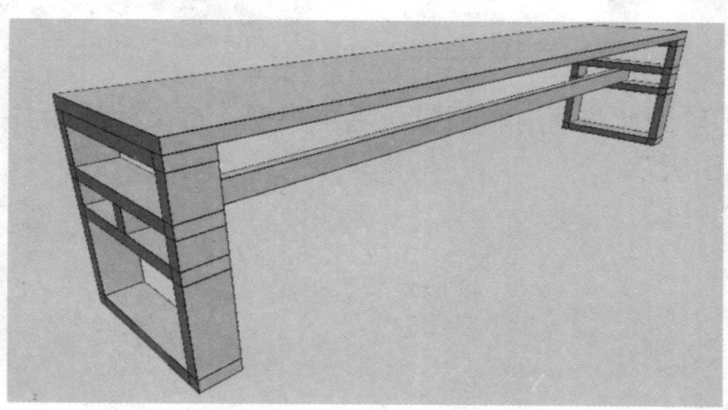

03 靠椅和书桌模型的制作。

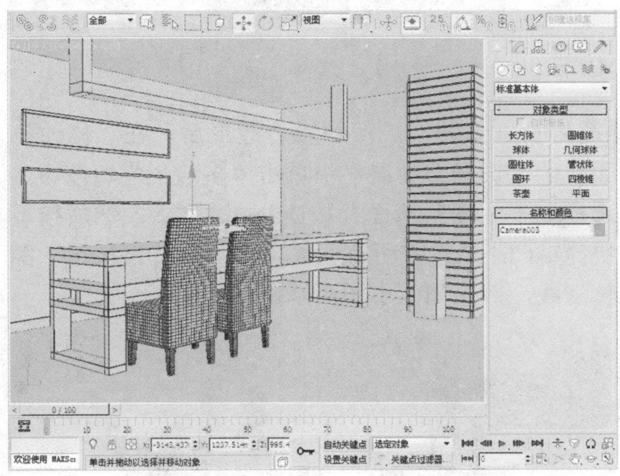

04 茶几模型的制作。

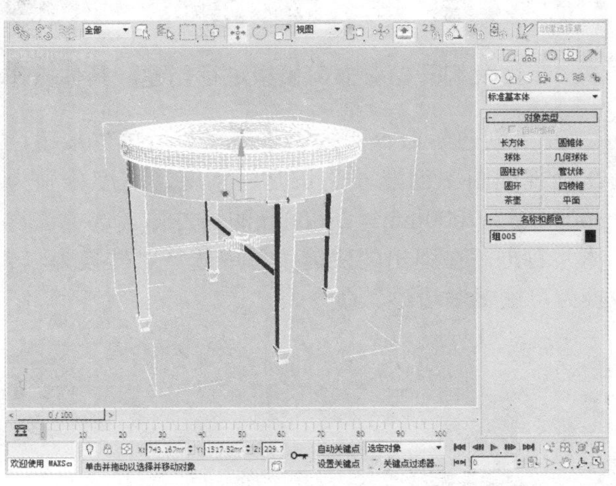

05 木椅模型的制作。

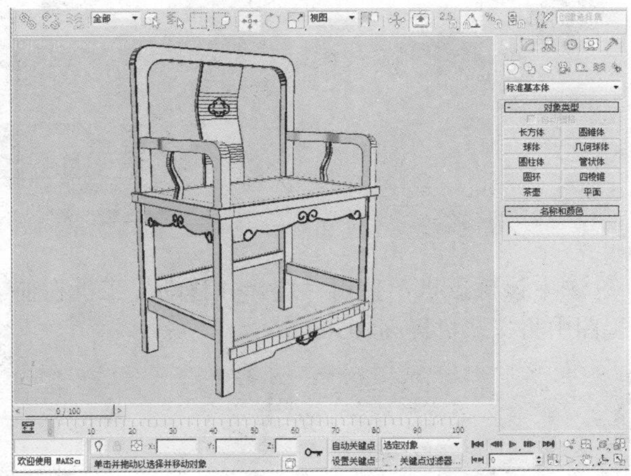

06 花瓶和装饰物模型的制作。

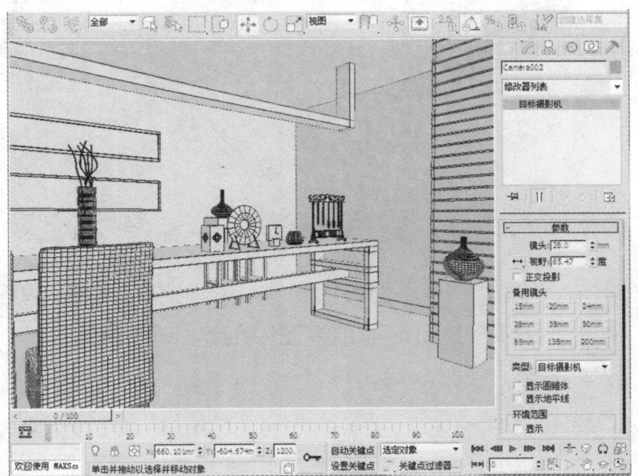

07 创建白模渲染效果。

08 创建线框渲染效果。

17.2 书房结构的制作

下面我们开始对书房模型进行创建，具体操作过程如下。

01 在“创建”命令面板中单击“长方体”按钮，在透视视图中创建一个长度、宽度、高度分别为8000mm、7000mm、2800mm的长方体。选中该物体并右击，在弹出的快捷菜单中选择“转换为>转换为可编辑多边形”命令。

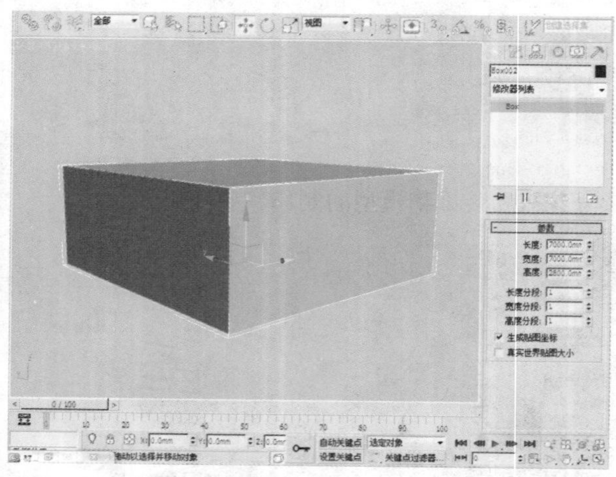

02 将长方体转换成可编辑多边形后，在“修改”面板的“选择”卷展栏中单击“多边形”□按钮，选择如下大图所示面并按Delete键删除。然后按下快捷键Ctrl+A选中所有面，单击“翻转”按钮，翻转法线，效果如下小图所示。

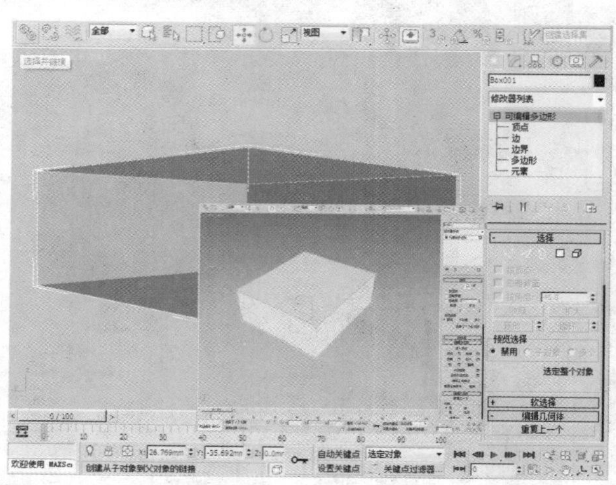

03 在“创建”命令面板中单击“摄影机”按钮，再单击“目标”按钮，在顶视图中创建一个摄影机。

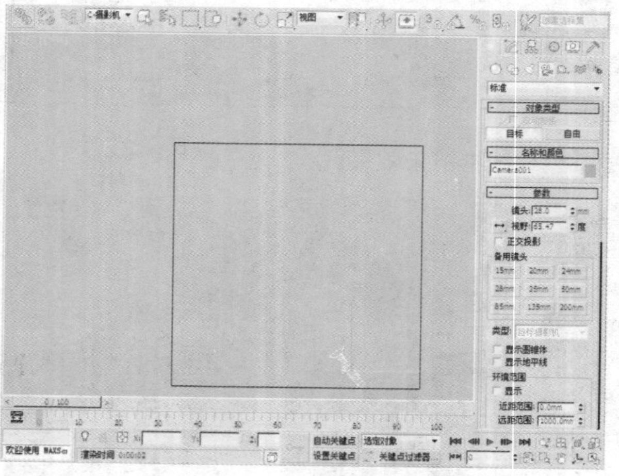

04 选中该摄影机，使用“选择并移动”工具在前视图中将摄影机提高1050mm。

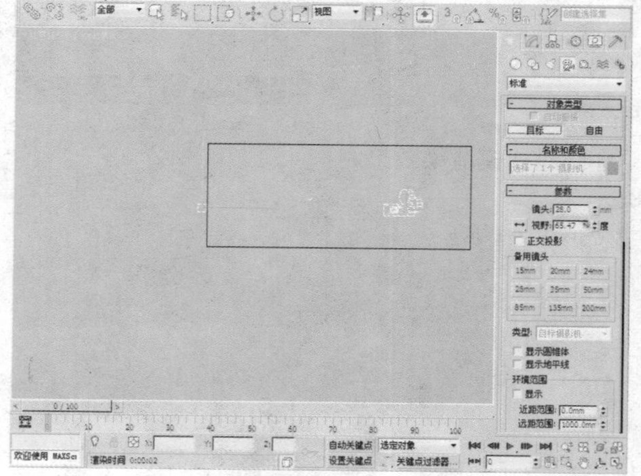

知识点

使用连接功能的默认快捷键为Ctrl+Shift+E，其功能是在选定的边之间创建新边，且只能连接统一多边形上的边，连接不会让新的边交叉。其中“分段”表示分段数；“收缩”表示在分段数大于2时，可调整边之间的距离；“滑块”表示分段的偏移。

05 在“创建”命令面板中单击“长方体”按钮，在视图中创建一个长度、宽度、高度分别为300mm、700mm、2800mm的长方体。

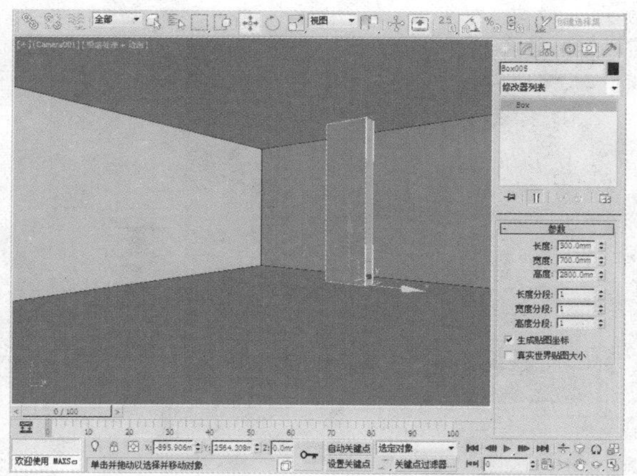

06 在“创建”命令面板中单击“长方体”按钮，在透视视图中创建一个长度、宽度、高度分别为350mm、750mm、80mm的长方体。

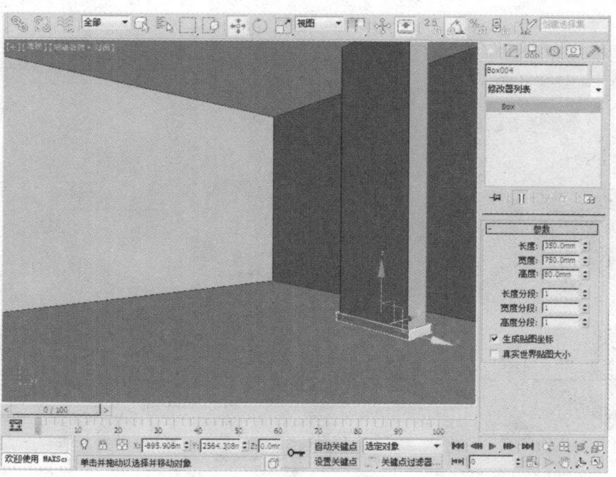

07 选中该物体，按下快捷键Alt+Q将其单独孤立。单击鼠标右键，将该长方体转换为可编辑多边形，在“修改”面板中单击“边”按钮，然后单击“连接”按钮，为物体添加新的分段。

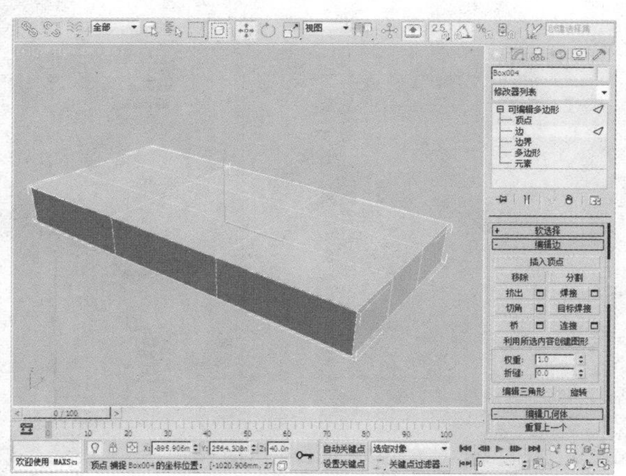

08 单击“顶点”按钮，并对物体进行适当调整。然后单击“多边形”按钮，选择该物体上下的面，然后单击“桥”按钮，将其打通。

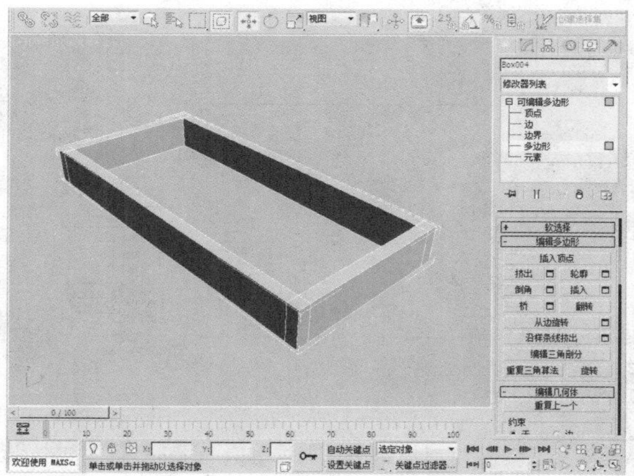

09 选中该长方体，按下快捷键Alt+Q将其退出孤立。使用“选择并移动”工具，在前视图中沿着Y轴的方向对物体进行移动，在移动的同时按住Shift键，选择“复制”的复制方式，设置“副本数”为29，并对其比例间距进行调整。

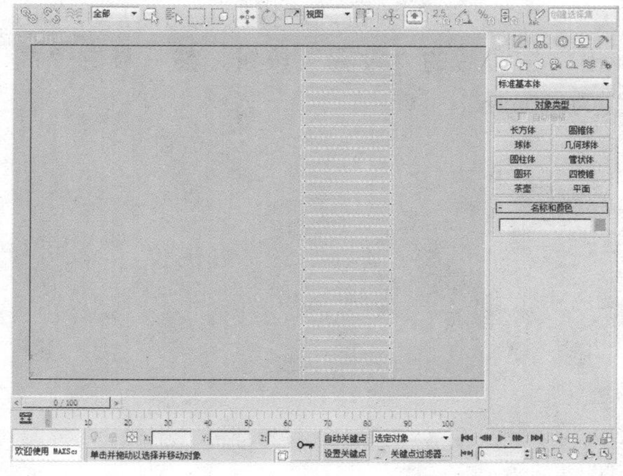

10 执行“组>成组”菜单命令，将选中的物体成组。

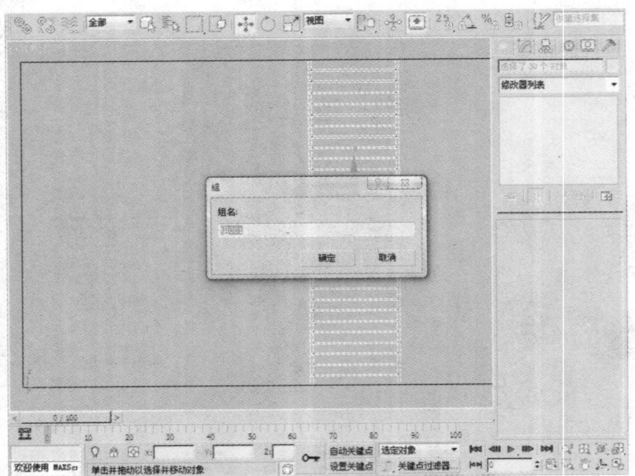

11 在“创建”命令面板中单击“长方体”按钮，在视图中创建一个长度、宽度、高度分别为250mm、250mm、650mm的长方体。

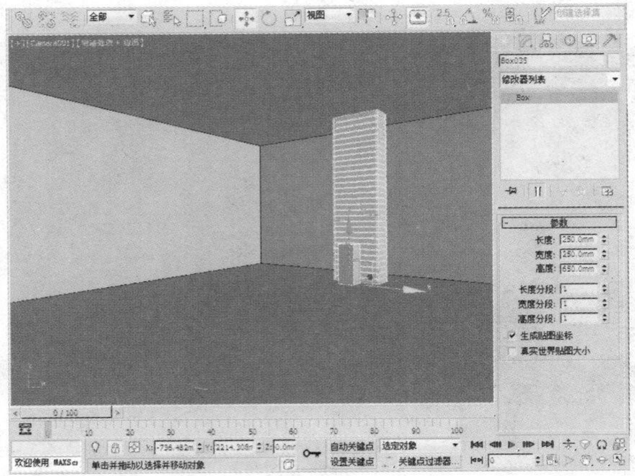

12 在“创建”命令面板中单击“长方体”按钮，在视图中创建一个长度、宽度、高度分别为3800mm、170mm、80mm的长方体。

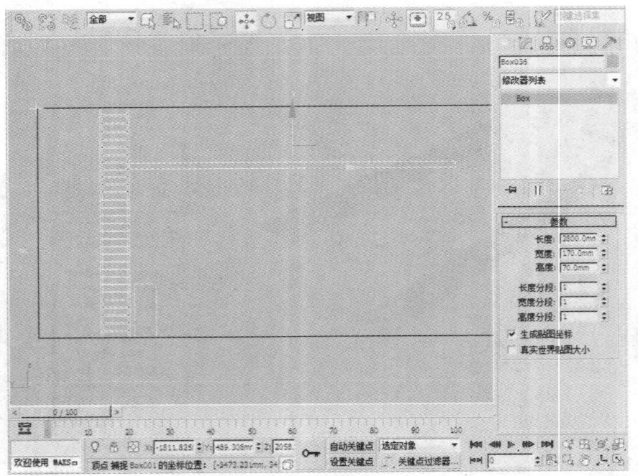

13 选中该长方体并将其转换为可编辑多边形，在“修改”面板中单击“边”按钮，然后单击“连接”按钮，为物体添加新的分段，再次单击“修改”面板中的“顶点”按钮，对物体进行适当调整。

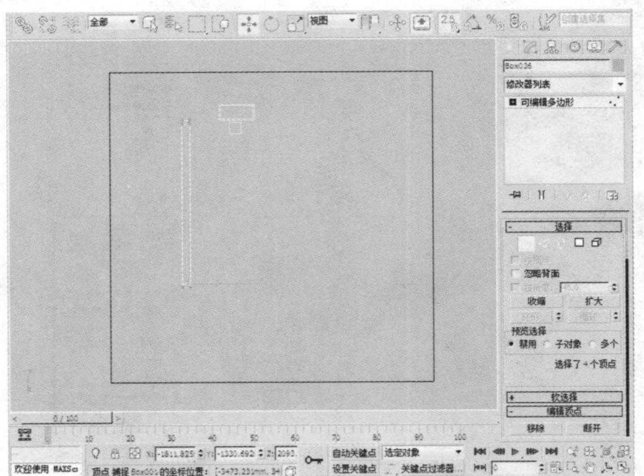

14 单击“多边形”按钮，选择左右的面后，单击“挤出”按钮后的“设置”按钮，然后设置“高度”为620mm。

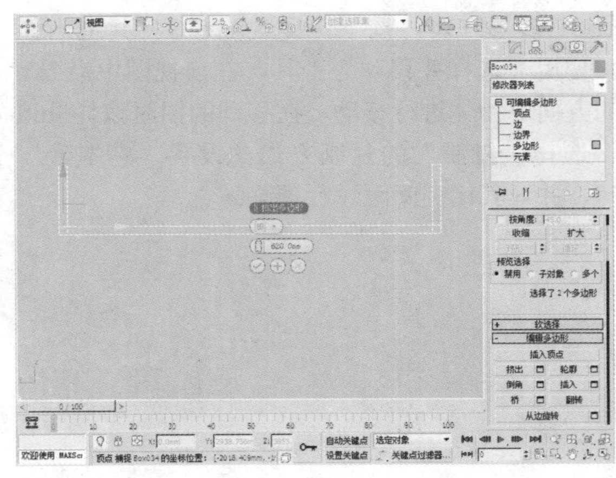

17.3 绘制家具

本节将对家具模型的绘制逐一进行介绍。

17.3.1 书桌的绘制

下面开始创建书桌模型，具体操作如下。

01 在“创建”命令面板中单击“长方体”按钮，在透视视图中创建一个长度、宽度、高度分别为3800mm、700mm、50mm的长方体。

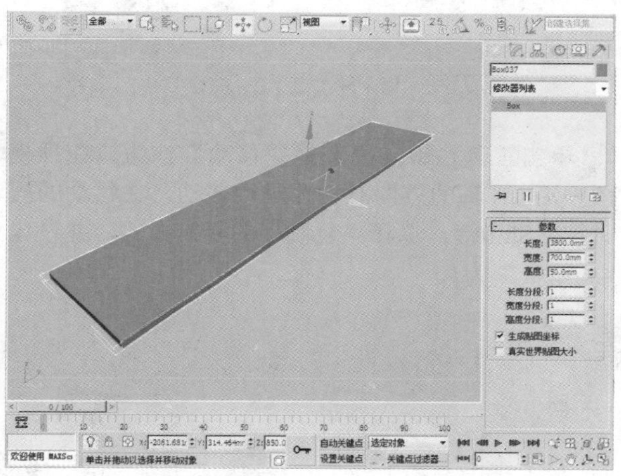

02 选中长方体，单击鼠标右键，在弹出的快捷菜单中选择“转换为>转换为可编辑多边形”命令，将其转换成可编辑多边形。在“修改”面板中单击“边”按钮，选择所有的边，单击“切角”按钮后的“设置”按钮，并进一步设置相关参数。

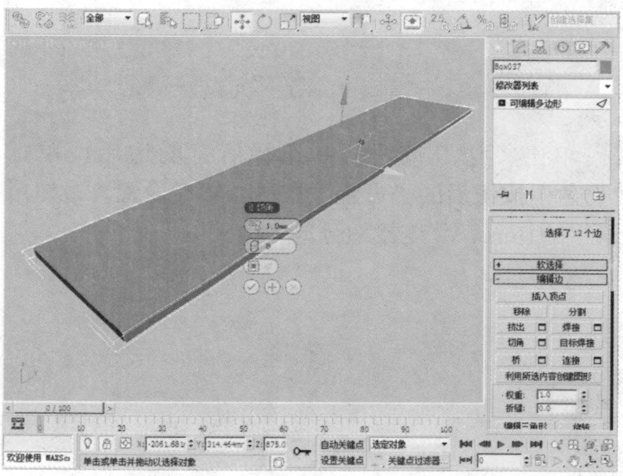

03 在“创建”命令面板中单击“长方体”按钮，在透视视图中创建一个长度、宽度、高度分别为800mm、700mm、150mm的长方体。

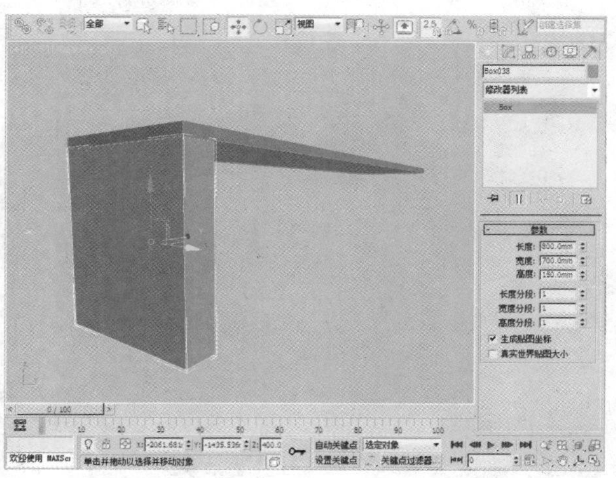

04 选中该长方体并将其转换为可编辑多边形，在“修改”面板中单击“边”按钮，然后单击连接按钮，为物体添加新的分段，并设置相关的参数，再次单击“修改”面板中的“顶点”按钮，对物体进行适当调整。

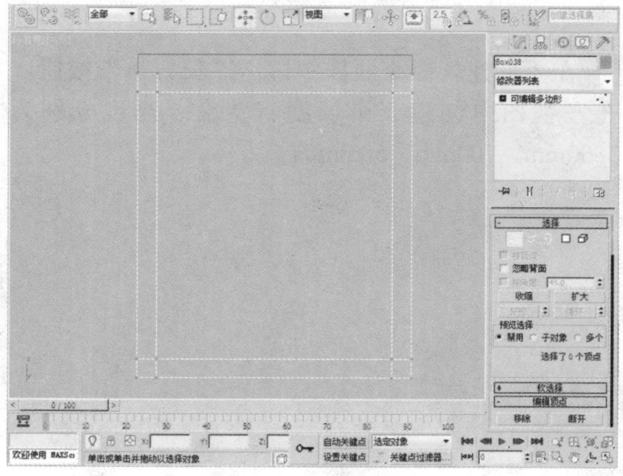

05 单击“顶点”按钮，对物体进行调整。再次单击“多边形”按钮，选择该物体上下的面，单击“桥”按钮，将其打通。

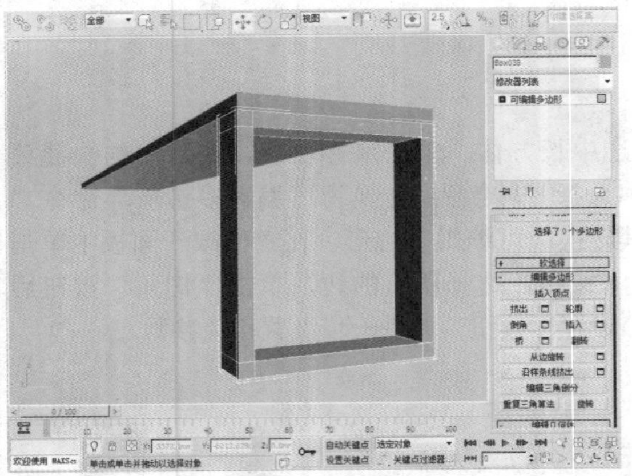

06 单击“边”按钮后，单击“连接”按钮，为物体添加新的分段，对分段进行调整。在“修改”面板中单击“多边形”按钮，选择该物体左右的面，然后单击“桥”按钮，将其连接。

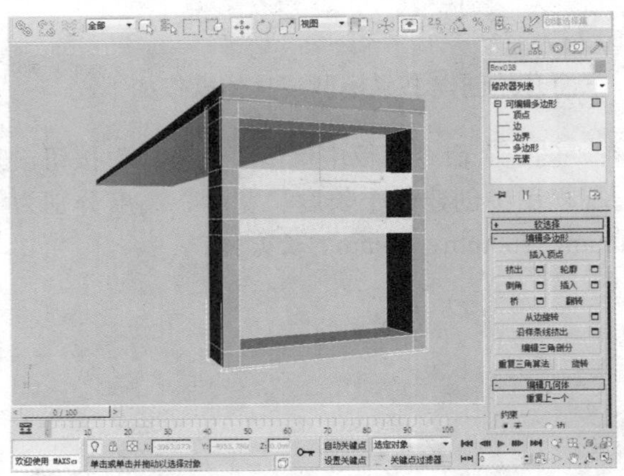

07 单击“边”按钮，并选择所有的边后，单击“切角”按钮后的“设置”按钮，然后设置“边切角量”为1mm、“连接边分段”为5。

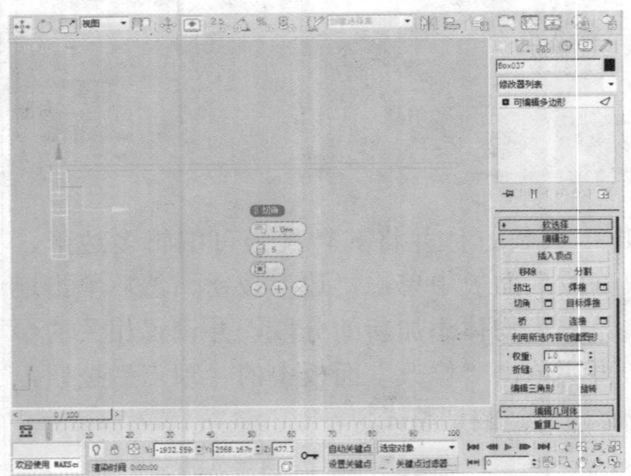

08 单击工具栏中的“选择并移动”按钮，在顶视图中沿着Y轴的方向对物体进行移动，在移动的同时按住Shift键，选择“复制”的复制方式，并设置“副本数”为1。

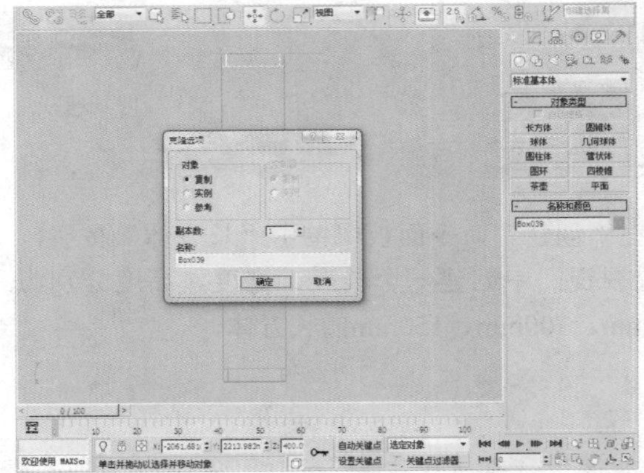

09 在“创建”命令面板中单击“长方体”按钮，在左视图中创建一个长度、宽度、高度分别为3800mm、700mm、50mm的长方体。

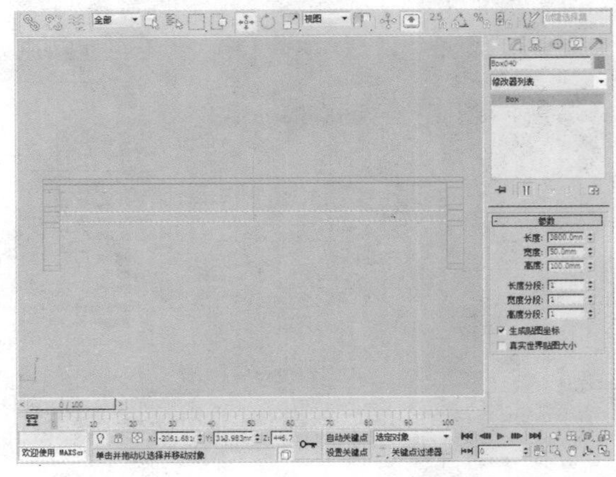

10 选中该长方体并将其转换为可编辑多边形，在“修改”面板中单击“边”按钮，选择所有的边后，单击“切角”后的“设置”按钮，然后设置“边切角量”为1mm、“连接边分段”为5。

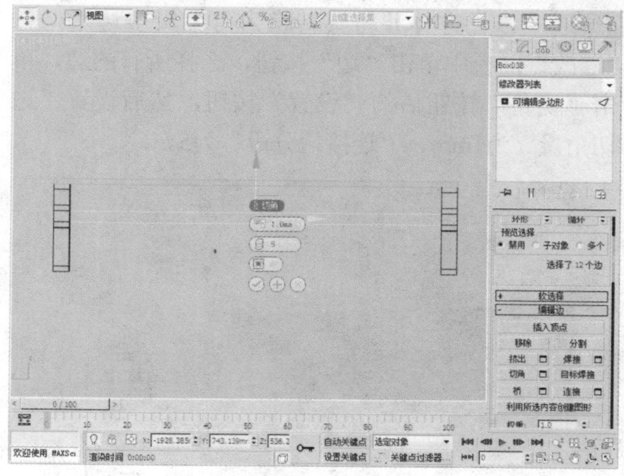

11 执行“组>成组”命令，将选中的物体成组。

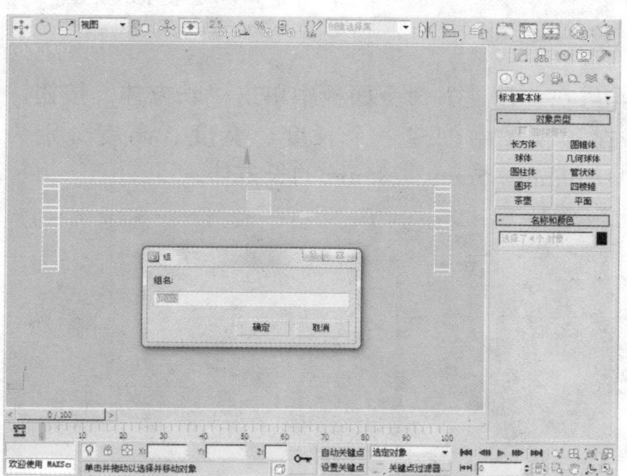

12 至此，书桌模型制作完毕。

17.3.2 画框的绘制

下面开始创建画框模型，具体操作为如下。

01 在“创建”命令面板中单击“长方体”按钮，在左视图中创建一个长度、宽度、高度分别为350mm、1900mm、30mm的长方体。

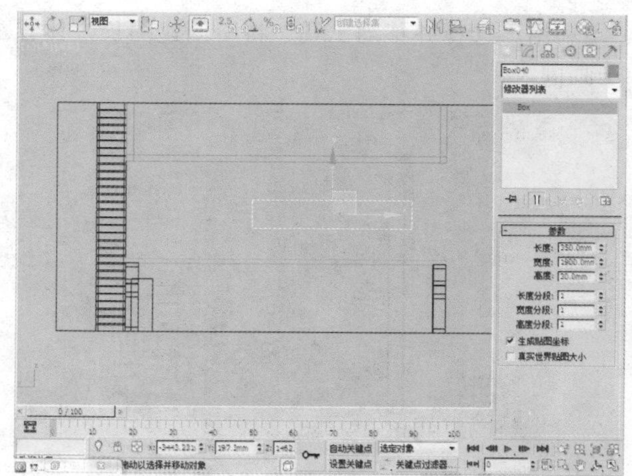

02 选中该长方体并将其转换为可编辑多边形，在“修改”面板中单击“边”按钮，选择所有的边，单击“切角”按钮后的“设置”按钮，然后设置“边切角量”为1mm、“连接边分段”为5。

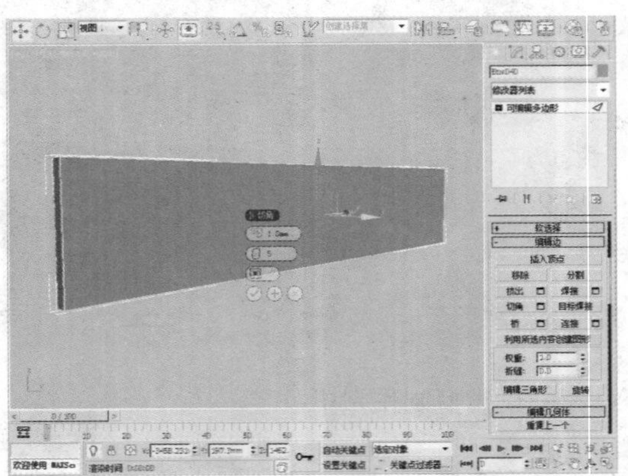

03 单击“多边形”按钮，选择面后，单击“插入”按钮后的“设置”按钮，然后设置“数量”为20mm。

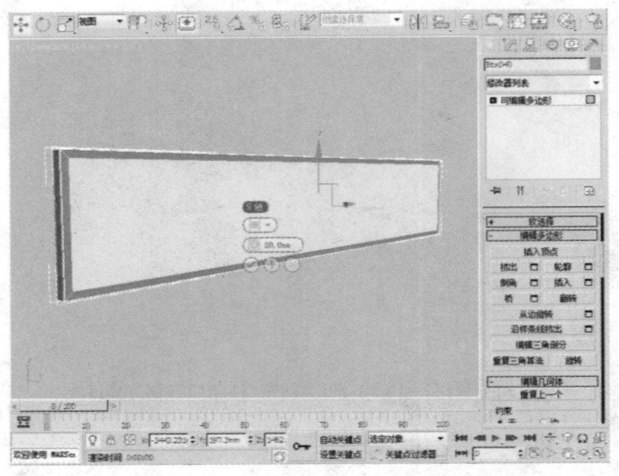

04 进入前视图，单击“挤出”按钮后的“设置”按钮，然后设置“高度”为-20mm。

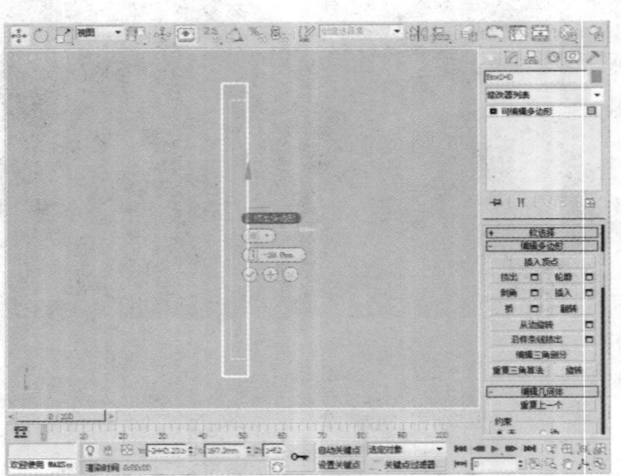

05 在“创建”命令面板中单击“长方体”按钮，在顶视图中创建一个长度、宽度、高度分别为1850mm、5mm、285mm的长方体。

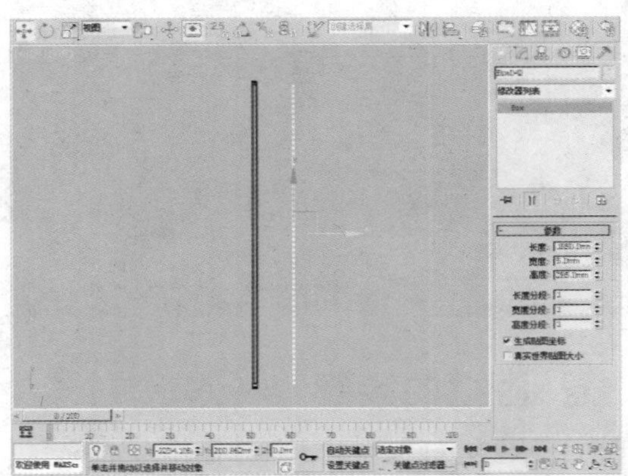

06 利用“选择并移动工具”将所创建的长方体置于画框内。

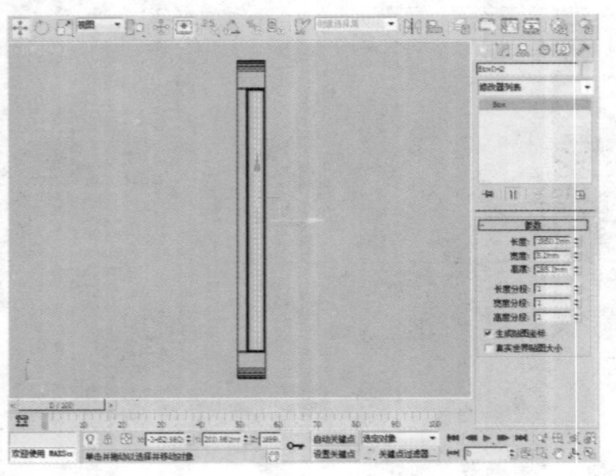

07 执行“组>成组”菜单命令，将选中的物体成组。

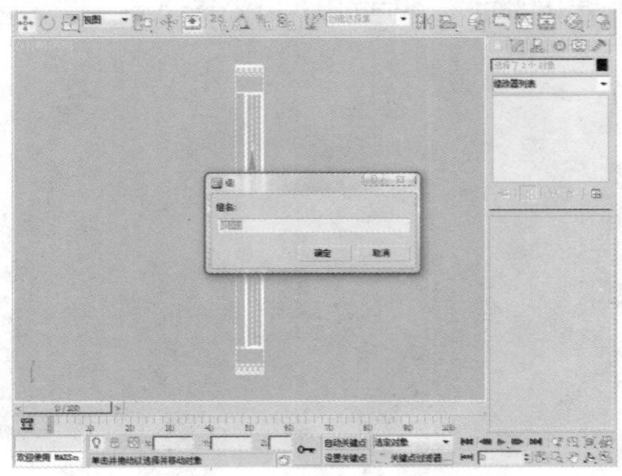

08 使用“选择并移动”工具，在顶视图中沿着Y轴的方向对物体进行移动，在移动的同时按住Shift键，选择“复制”的复制方式，并设置“副本数”为1。

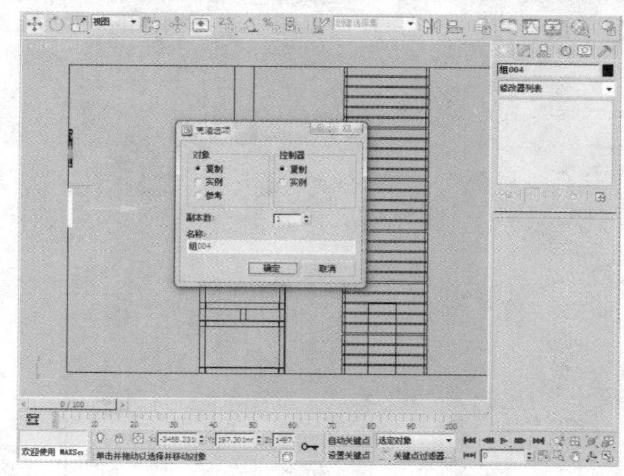

17.3.3 椅子的绘制

下面开始创建椅子模型，其具体操作如下。

01 在“创建”命令面板中单击“切角长方体”按钮，在前视图中创建一个长度、宽度、高度分别为900mm、500mm、80mm的切角长方体。

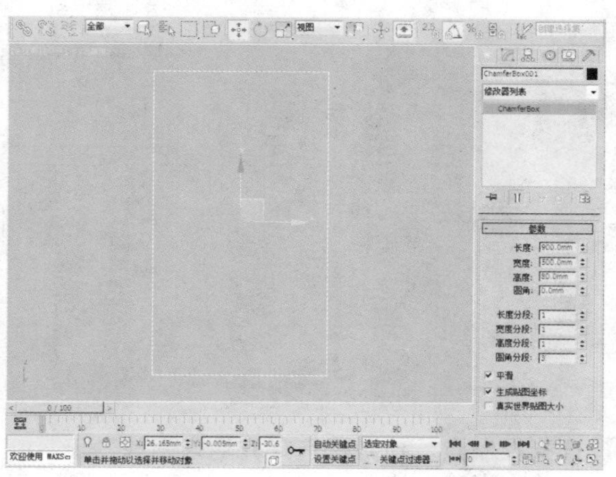

02 选中该切角长方体，在“修改”面板设置长度分段、宽度分段、高度分段、圆角分段分别为20、15、3、1。

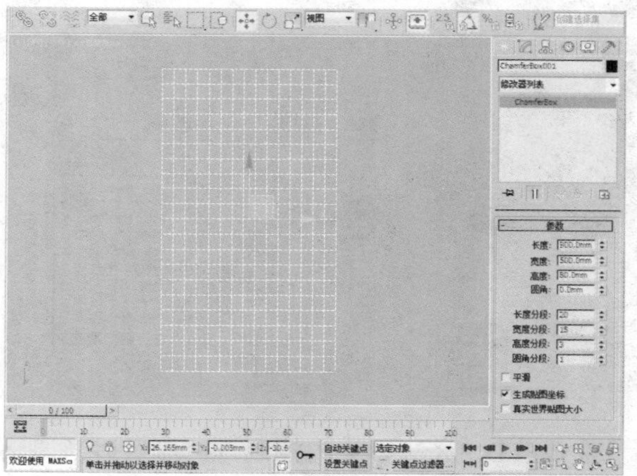

03 选中切角长方体并将其转换为可编辑多边形，在“选择”卷展栏中单击“多边形”按钮，选择面后，单击“挤出”按钮后的“设置”按钮，然后设置“高度”为400mm。

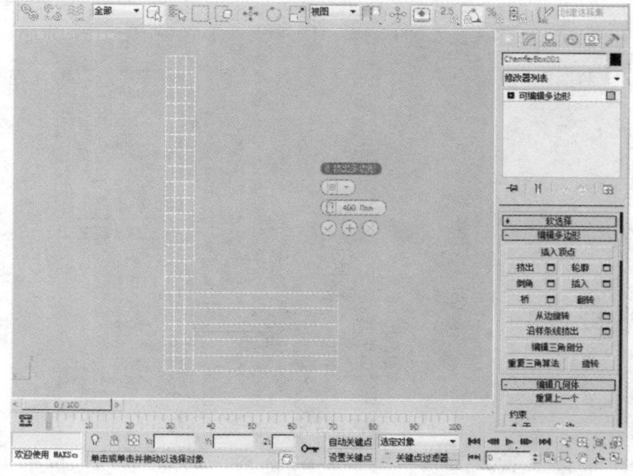

04 单击“边”按钮，在前视图中选择物体的一圈边。

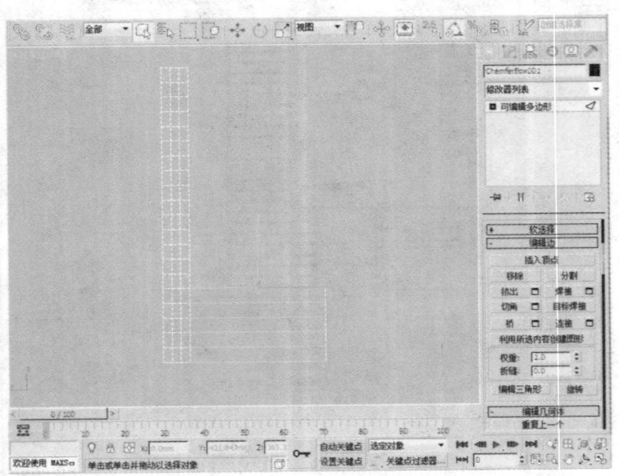

05 单击“连接”按钮后的“设置”按钮，然后设置“分段”为12。

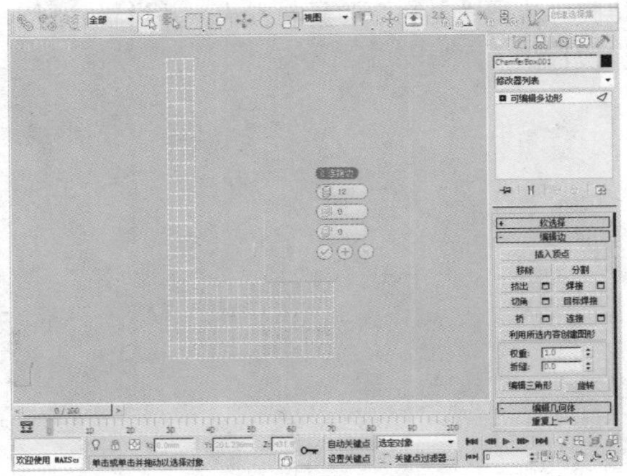

06 选择边后，单击“切角”按钮后的“设置”按钮，然后设置“边切角量”为25.0mm、“连接边分段”为2。

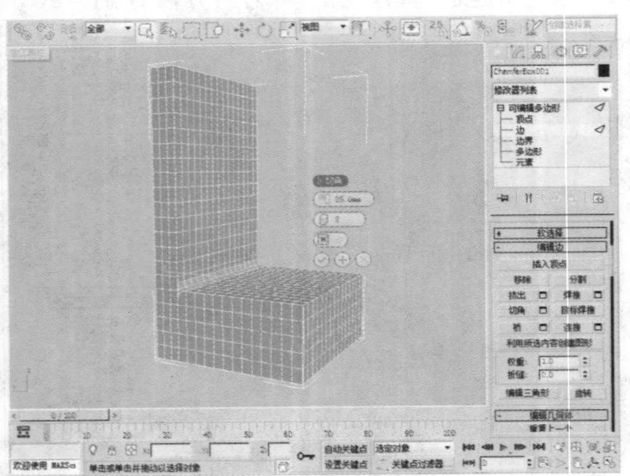

07 在前视图中选中该物体，单击“顶点”按钮，选中物体上的顶点，在“修改器列表”中选择FFD 3×3×3修改器。

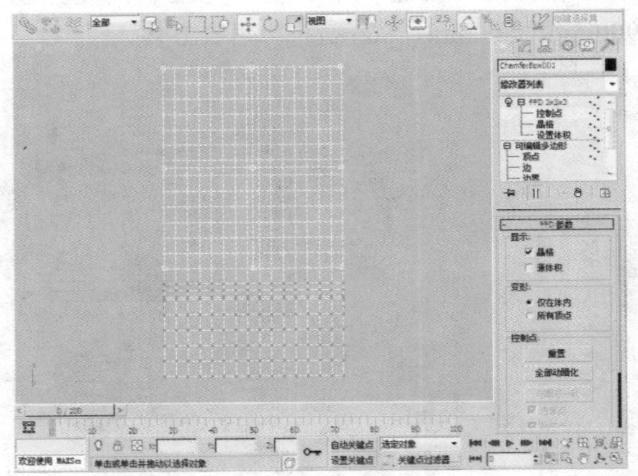

08 选择FFD 3×3×3下的控制点，然后适当调整物体的形状。

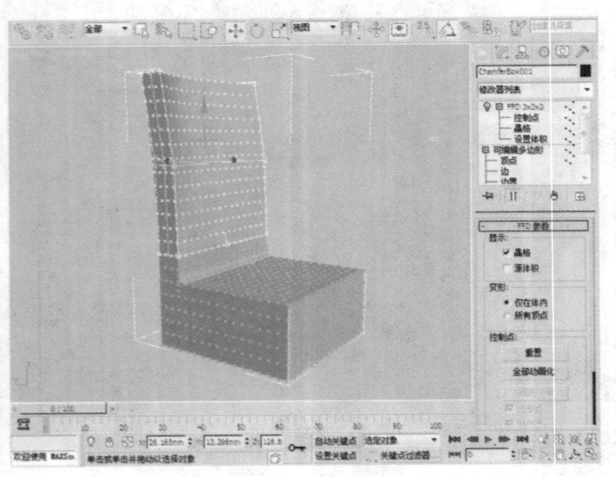

09 选择控制点，使用“选择并均匀缩放”工具，沿Y轴对物体进行调整。

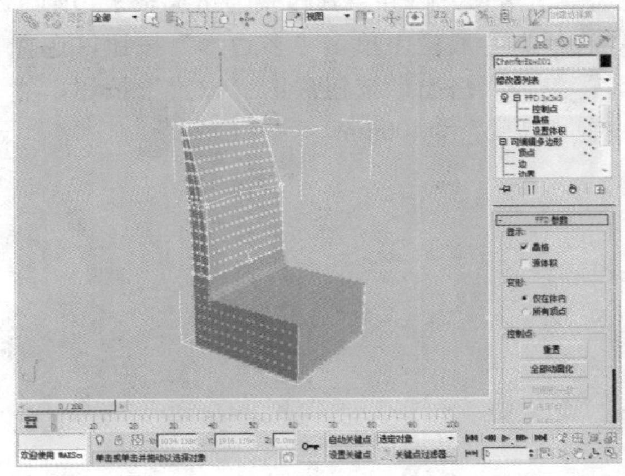

10 选中该物体并单击鼠标右键，将其转换为可编辑多边形，单击“边”按钮，选择物体的一圈边。

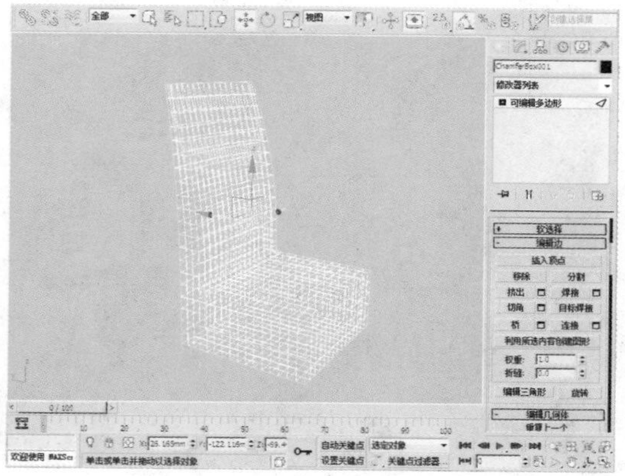

11 单击“切角”按钮后的“设置”按钮，然后设置“边切角量”为8mm、“连接边分段”为2。

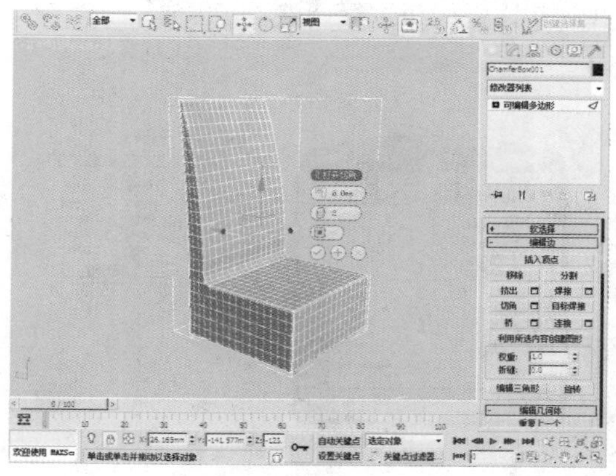

12 选中该物体单击鼠标右键，通过右键快捷菜单将其转换为可编辑多边形，再次单击鼠标右键选择“NURMS 切换”命令。

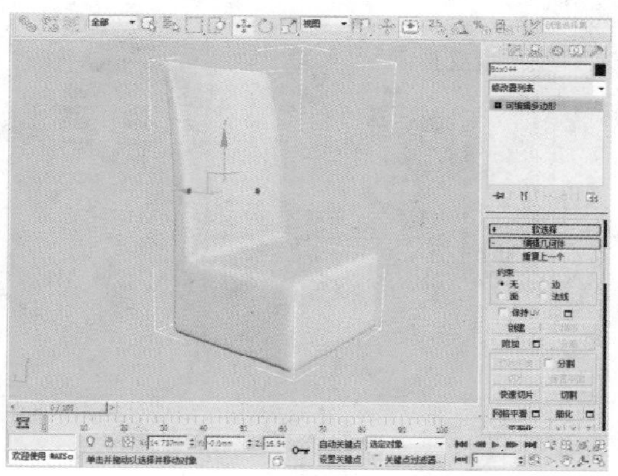

13 在“创建”命令面板中单击“长方体”按钮，在顶视图中创建一个长度、宽度、高度分别为45mm、45mm、150mm的长方体。

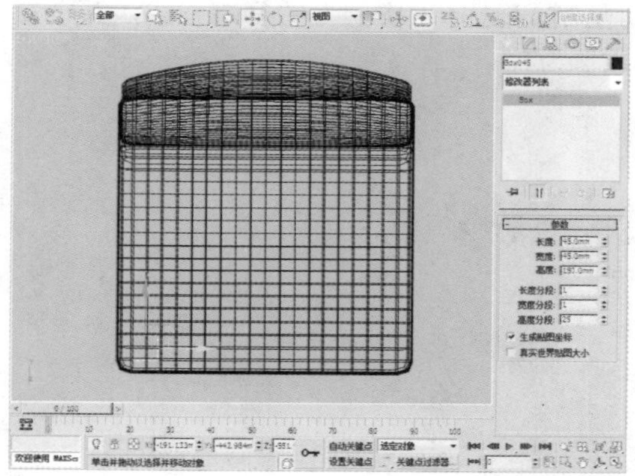

14 在前视图中选中该物体，在“修改器列表”中选择FFD 2×2×2修改器。

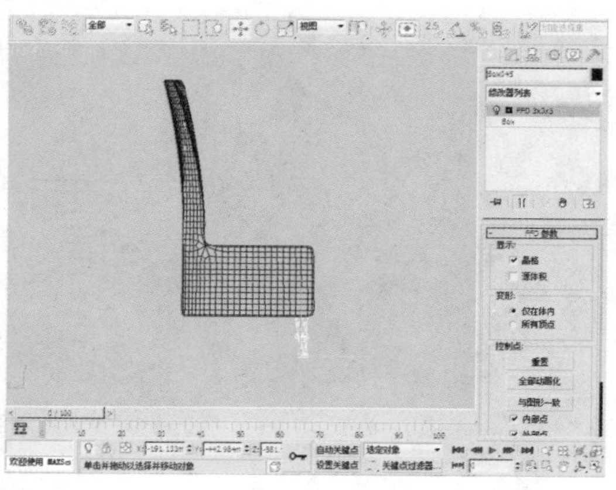

15 使用“选择并移动”工具，在顶视图中沿着Y轴的方向对物体进行移动，在移动的同时按住Shift键，选择“实例”的复制方式，并设置“副本数”为1。

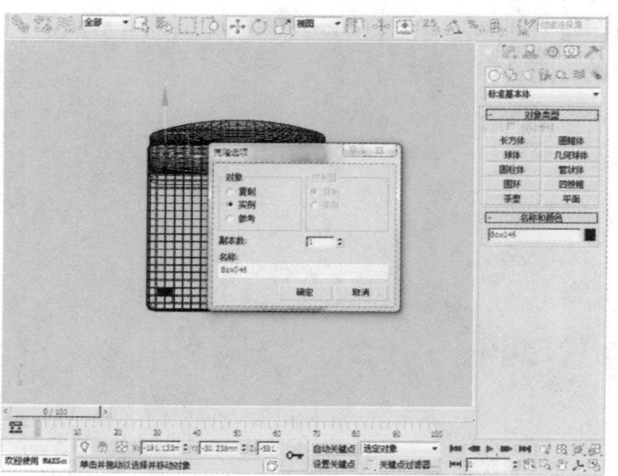

16 在顶视图中沿着X轴方向对物体进行移动复制，选择“实例”的复制方式，设置“副本数”为1，并对其比例间距进行调整。

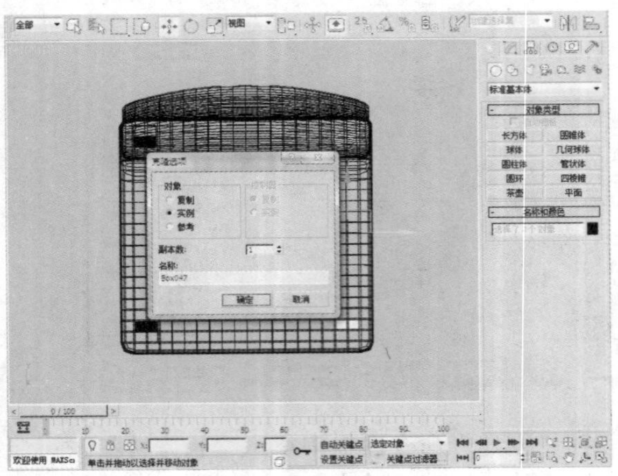

17 执行“组>成组”菜单命令，将选中的物体成组。

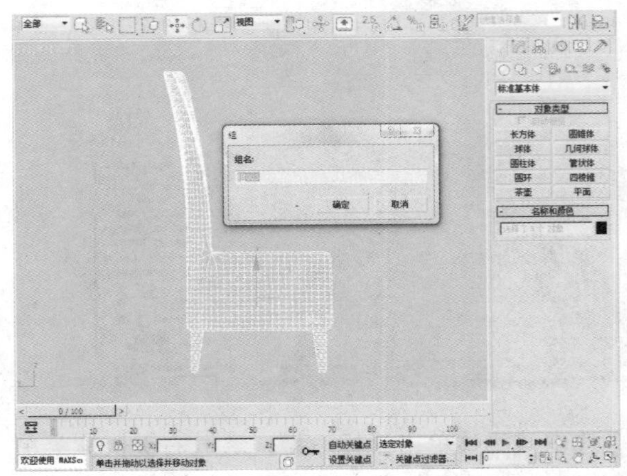

18 选中该物体，在顶视图中沿着Y轴方向对其进行移动复制，选择“实例”的复制方式，并设置“副本数”为1。

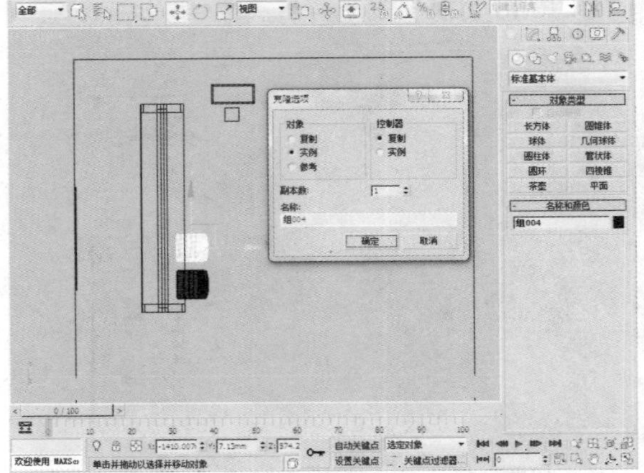

17.3.4 茶几的绘制

下面开始创建茶几模型，具体操作如下。

01 在“创建”命令面板中单击“圆柱体”按钮，在顶视图中创建一个半径、高度分别为250mm、30mm的圆柱体。

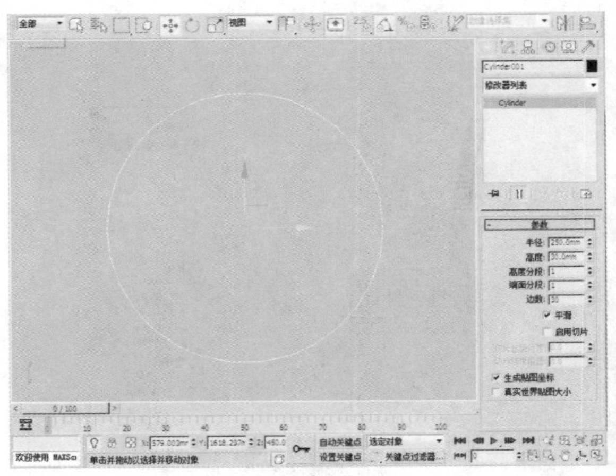

02 选中该物体后并右击，将其转换为可编辑多边形。单击“多边形”按钮，选择上下的面，单击“挤出”按钮后的“设置”按钮，然后设置“高度”为400mm。

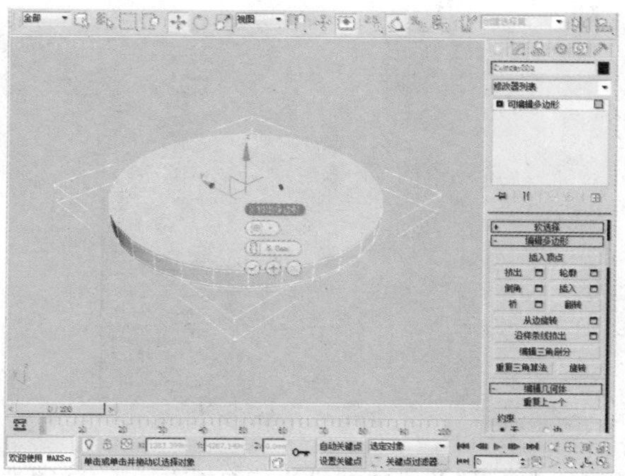

03 单击“多边形”按钮，选择上下的面，单击“插入”按钮后的“设置”按钮，然后设置“数量”为5mm。

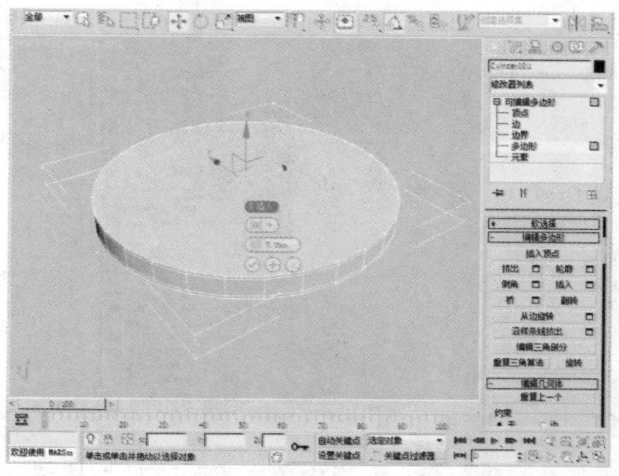

04 单击“多边形”按钮，选择上下的面，单击“挤出”按钮后的“设置”按钮，然后设置“高度”为-5mm。

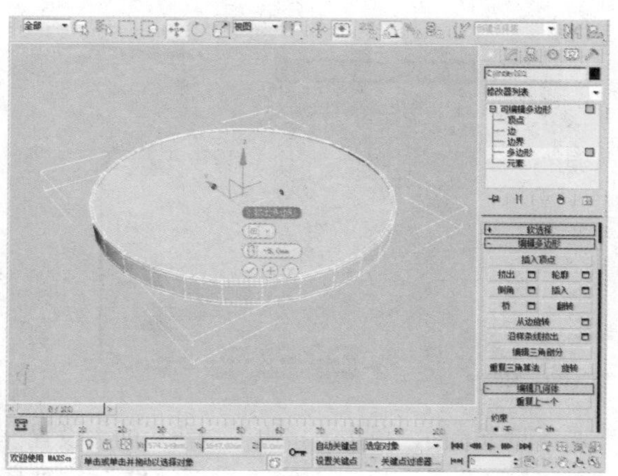

05 单击“边”按钮，选择上下的边，单击“切角”按钮后的“设置”按钮，然后设置“边切角量”为3mm、“连接边分段”为5。

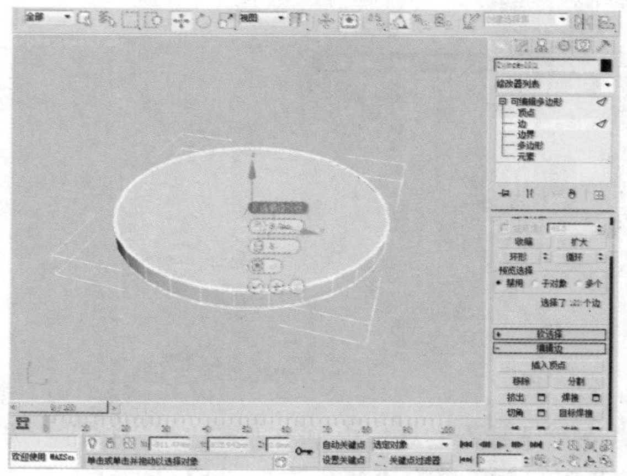

06 在“创建”命令面板中单击“圆柱体”按钮，在顶视图中创建一个半径、高度分别为240mm、60mm的圆柱体。

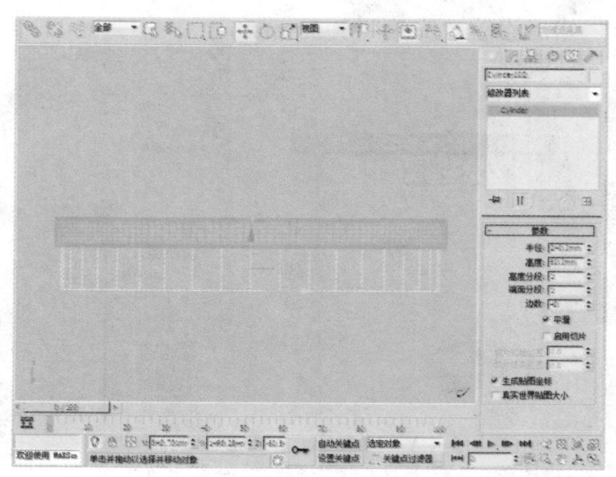

07 选中该物体并将其转换为可编辑多边形。单击“多边形”按钮，选择上下的面，然后单击“插入”按钮后的“设置”按钮，并进一步设置“数量”为20mm。

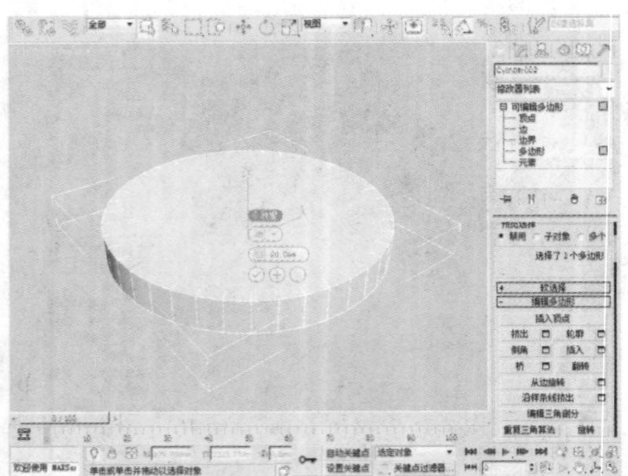

08 单击“多边形”按钮，选择上下的面，然后单击“桥”按钮。

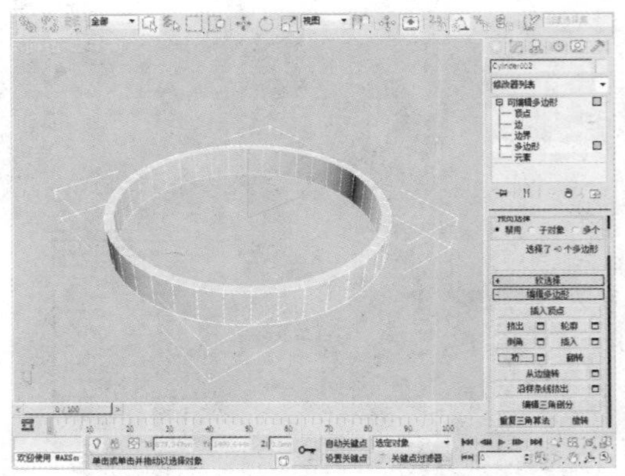

09 在“创建”命令面板中单击“长方体”按钮，在顶视图中创建一个长方体，长度、宽度、高度分别为30mm、30mm、300mm。

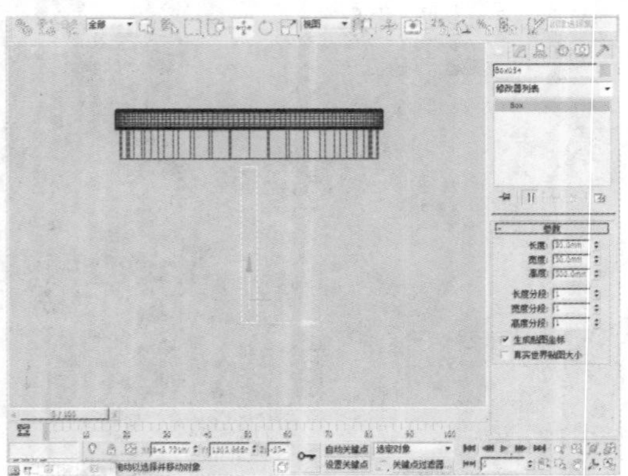

10 选中该物体并将其转换为可编辑多边形，在“选择”卷展栏中单击“顶点”按钮，选择下方的点，使用“选择并均匀缩放”工具对其进行适当调整。

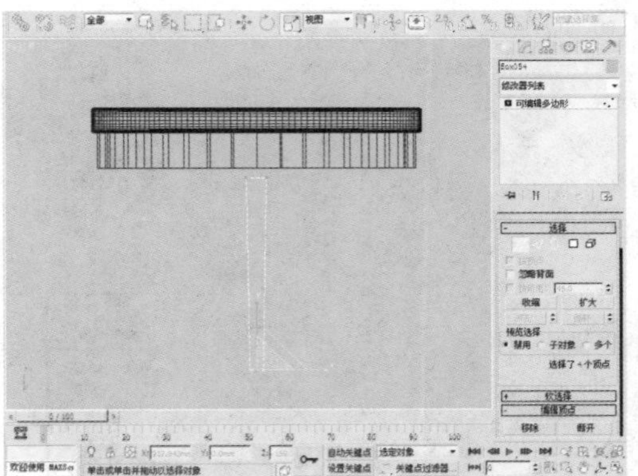

11 在“选择”卷展栏中单击“多边形”按钮，选择上下的面，单击“挤出”按钮后的“设置”按钮，然后设置“高度”为5mm。

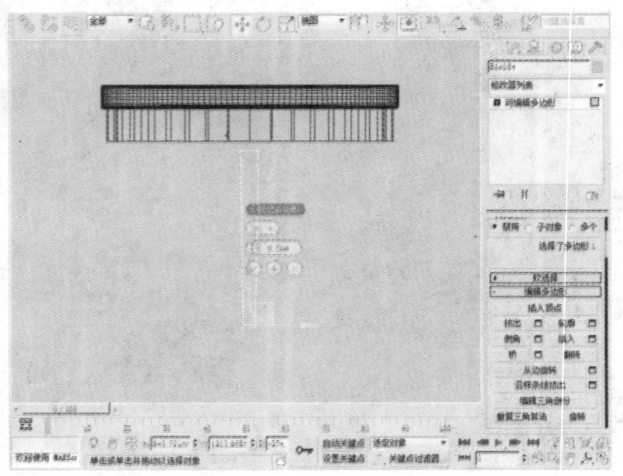

12 选择四边的面，单击“挤出”按钮后的“设置”按钮，然后设置挤出类型为“局部法线”、“高度”为5mm。

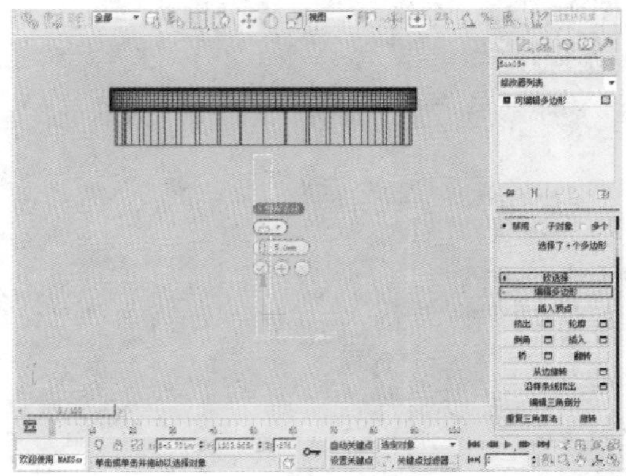

13 选择下边的面，单击“挤出”按钮后的“设置”按钮，然后设置“高度”为20mm。

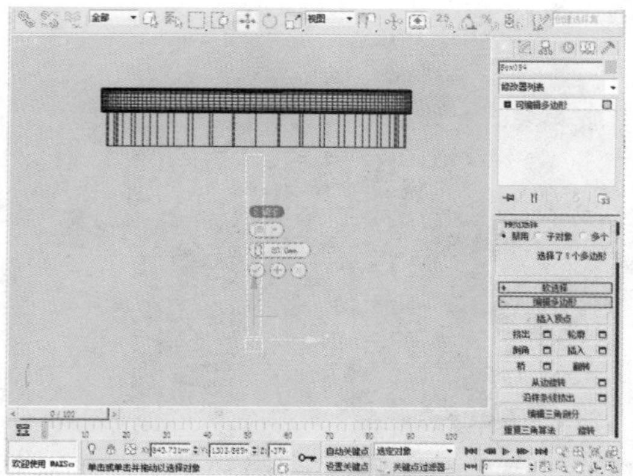

14 在“选择”卷展栏中单击“顶点”按钮，选择下方的四个点，使用“选择并均匀缩放”工具对其进行适当调整。

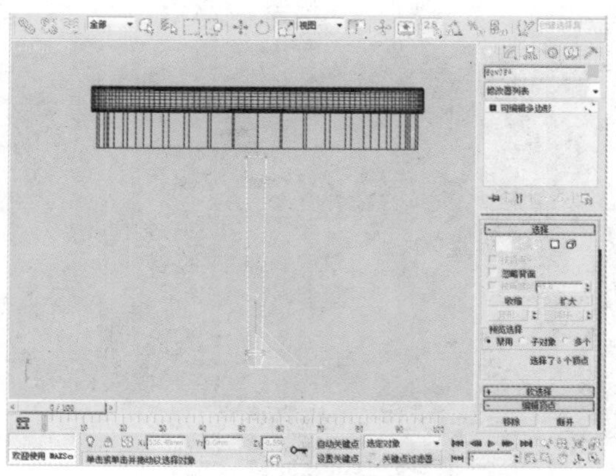

15 在“选择”卷展栏中单击“多边形”按钮，选择下方的面，单击“挤出”按钮后的“设置”按钮，然后设置“高度”为5mm。

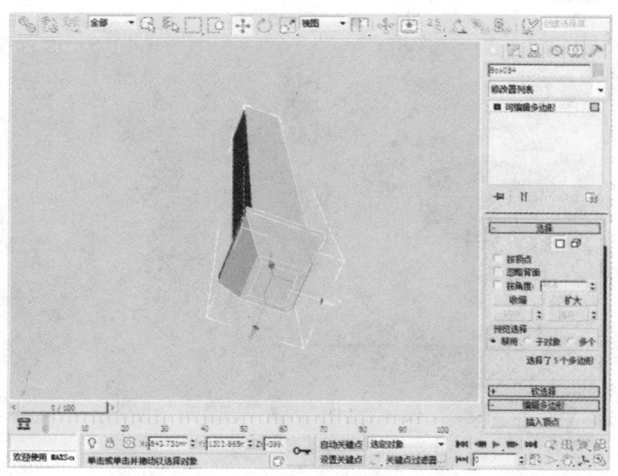

16 在“选择”卷展栏中单击“多边形”按钮，选择上下的面，单击“挤出”按钮后的“设置”按钮，然后设置“高度”为3mm。

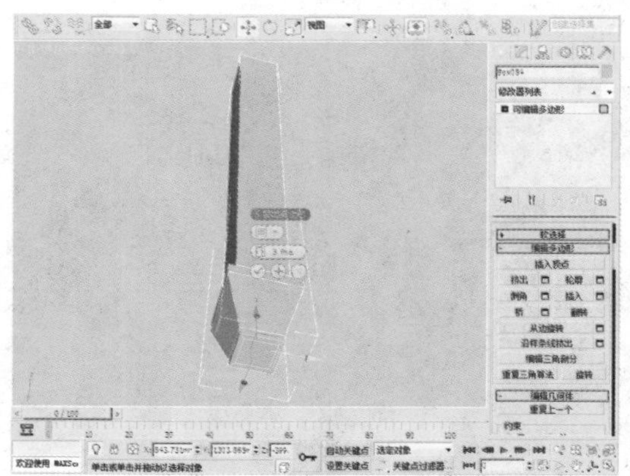

17 在“选择”卷展栏中单击“顶点”按钮，选择下方的点，使用“选择并均匀缩放”工具对其进行适当调整。

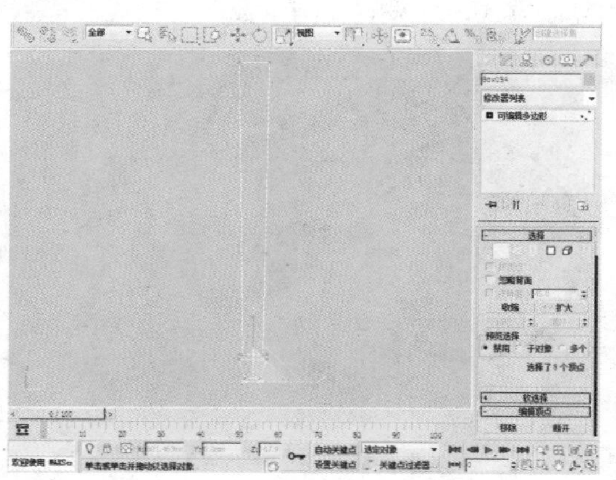

18 在“选择”卷展栏中单击“多边形”按钮，选择上下的面，单击“挤出”按钮后的“设置”按钮，然后设置“高度”为3mm。

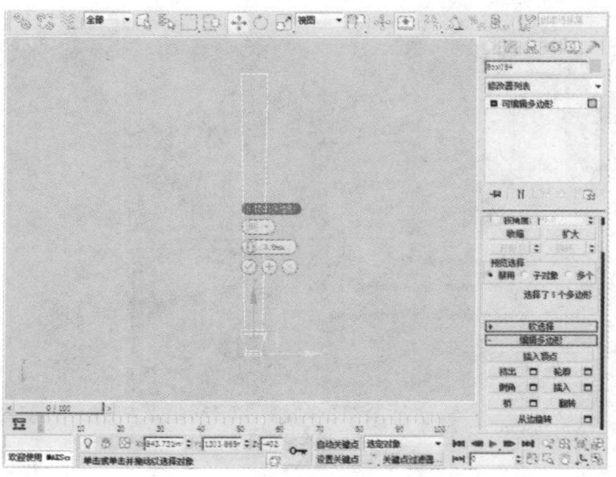

19 在“创建”命令面板中单击“长方体”按钮，在顶视图中创建一个长方体，长度、宽度、高度分别为10mm、70mm、15mm。

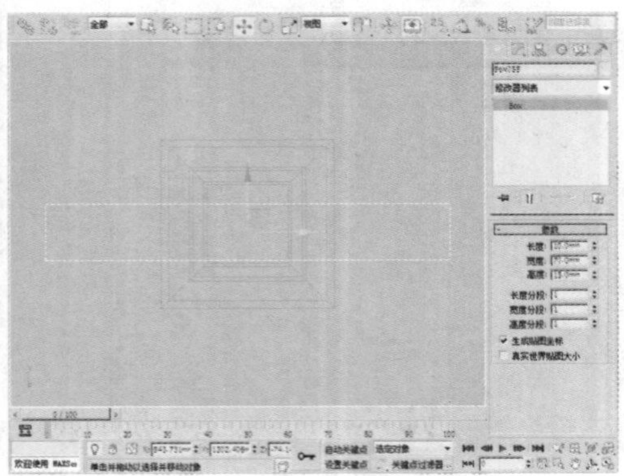

20 单击工具栏中的“选择并移动”按钮，在顶视图中沿着Y轴方向对物体进行移动，在移动的同时按住Shift键，选择“复制”的复制方式，并设置“副本数”为1。

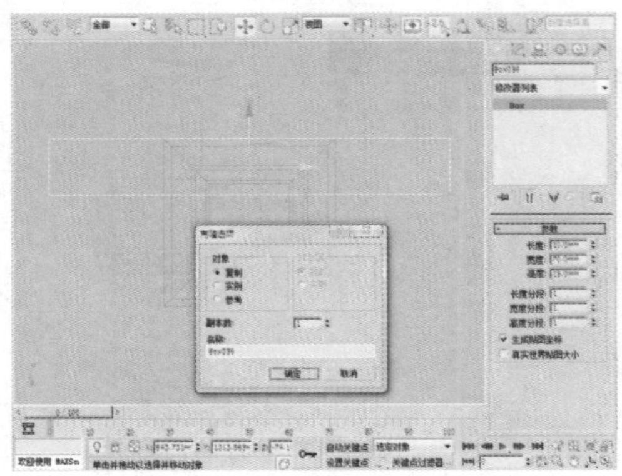

21 选择该长方体，调整长度、宽度、高度分别为10mm、10mm、30mm。

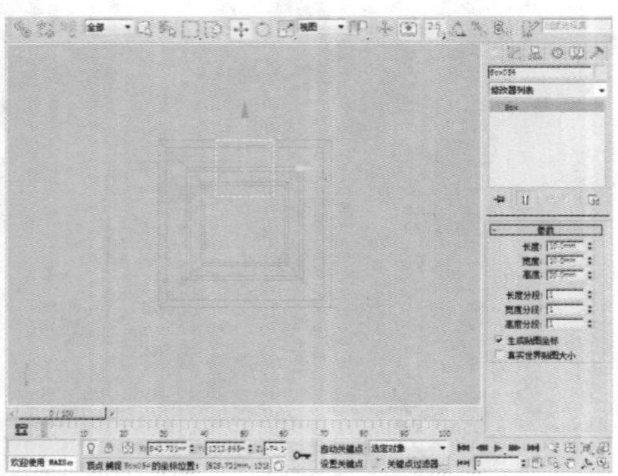

22 单击工具栏中的“选择并移动”按钮，在顶视图中沿着Y轴的方向对物体进行移动，在移动的同时按住Shift键，选择“复制”的复制方式，并设置“副本数”为1。

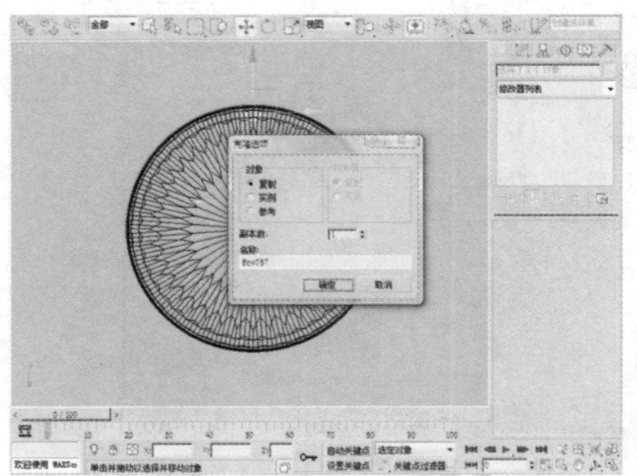

23 在工具栏中单击“角度捕捉切换”按钮，在“栅格和捕捉设置”窗口中设置“角度”为90.0度。

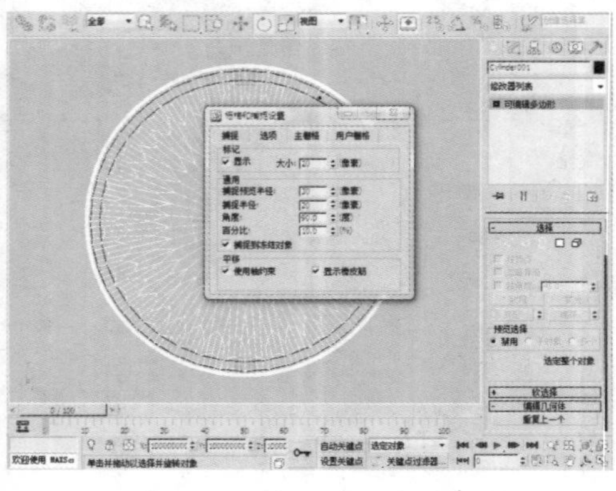

24 单击工具栏中的“选择并旋转”按钮，在顶视图中按住Shift键的同时对物体进行旋转，选择“复制”的复制方式，并设置“副本数”为1。

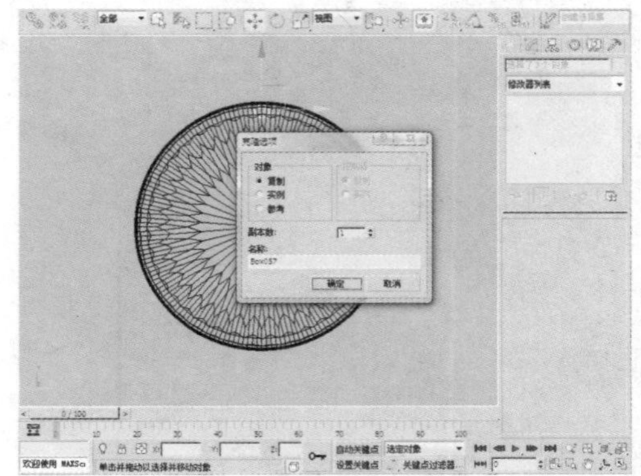

25 在“创建”命令面板中单击“长方体”按钮，在顶视图中创建一个长方体，长度、宽度、高度分别为435mm、15mm、15mm。

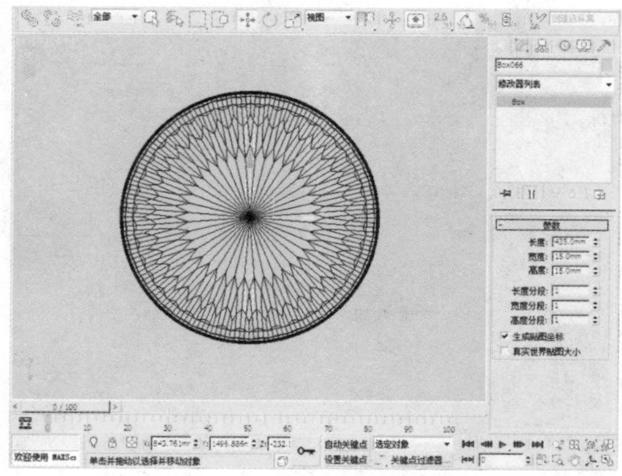

26 单击工具栏中的“选择并旋转”按钮，在顶视图中按住Shift键的同时对物体进行旋转，选择“复制”的复制方式，并设置“副本数”为1。

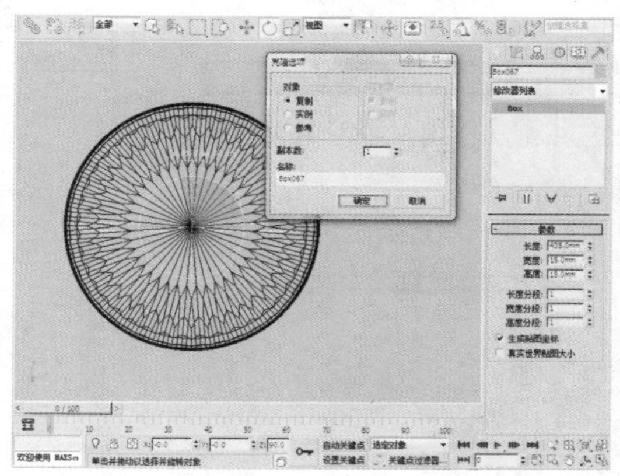

27 在“创建”命令面板中单击“线”按钮，在顶视图中创建如下图所示的形状。

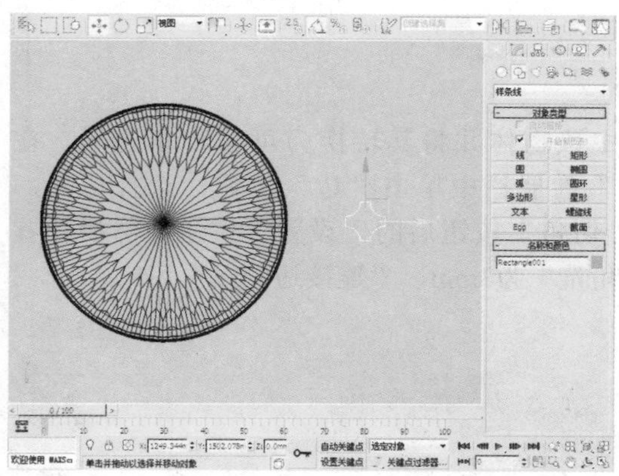

28 选中该形状，在“修改器列表”中选择“挤出”修改器，设置“高度”为25mm。

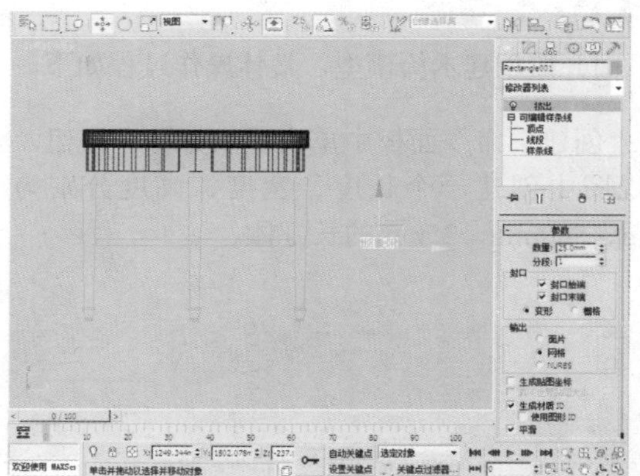

29 选中该物体并将其转换为可编辑多边形，在“选择”卷展栏中单击“边”按钮，选择边后，单击“切角”按钮后的“设置”按钮，然后设置“边切角量”为2mm、“连接边分段”为1。

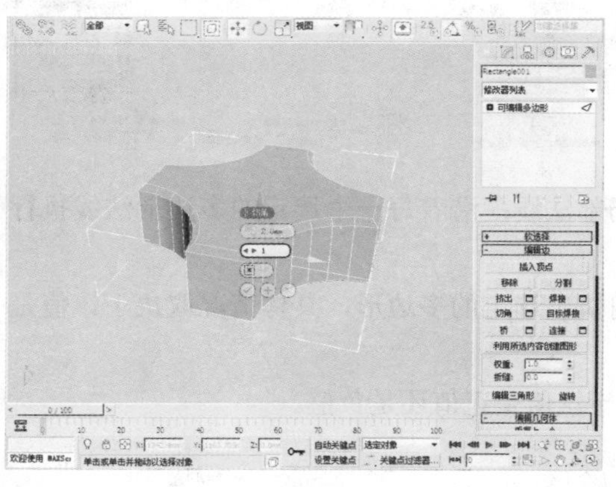

30 选中该物体，然后使用“选择并移动”工具对其进行适当调整。

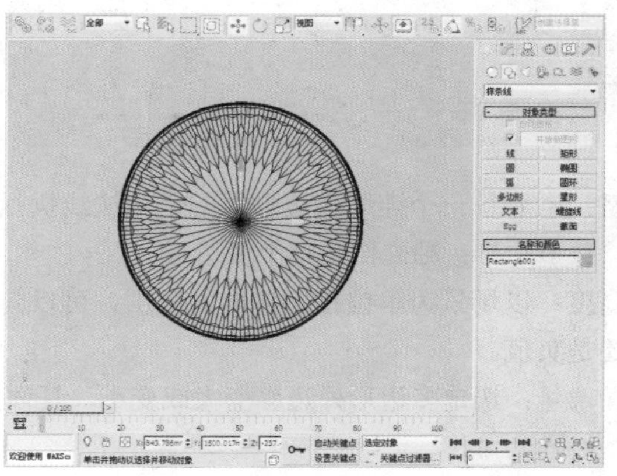

31 在“创建”命令面板中单击“圆柱体”按钮，在顶视图中创建一个圆柱体，半径和高度分别为15mm、35mm。

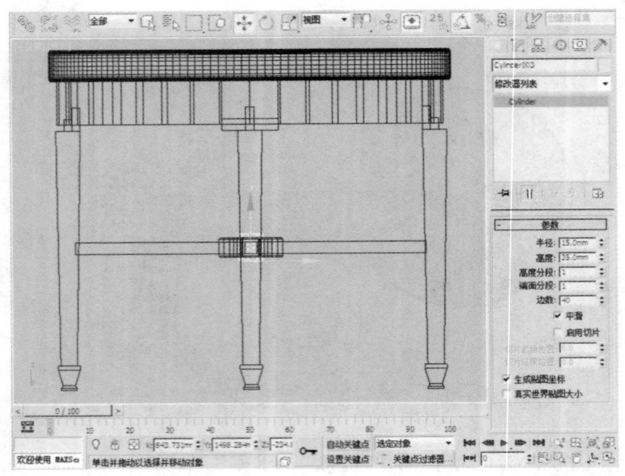

32 执行“组>成组”菜单命令，将选中的物体成组。

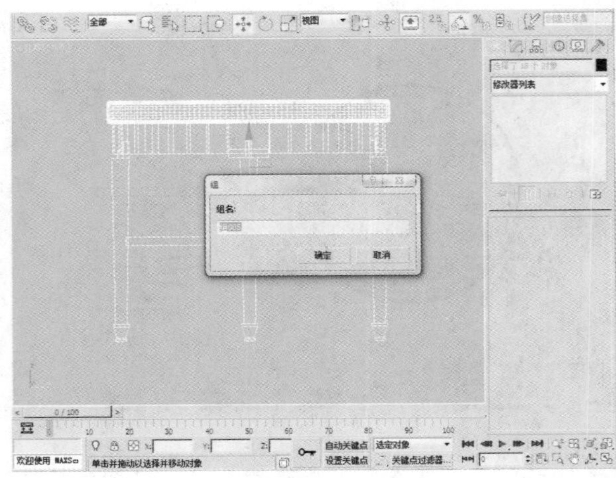

17.3.5 木椅的绘制

下面开始创建木椅模型，具体操作过程如下。

01 在“创建”命令面板中单击“长方体”按钮，在顶视图中创建一个长度、宽度、高度分别为350mm、550mm、25mm的长方体。

02 选中该物体并将其转换为可编辑多边形，在“选择”卷展栏中单击“边”按钮，选择边后，单击“切角”按钮后的“设置”按钮，然后设置“边切角量”为3mm、“连接边分段”为5。

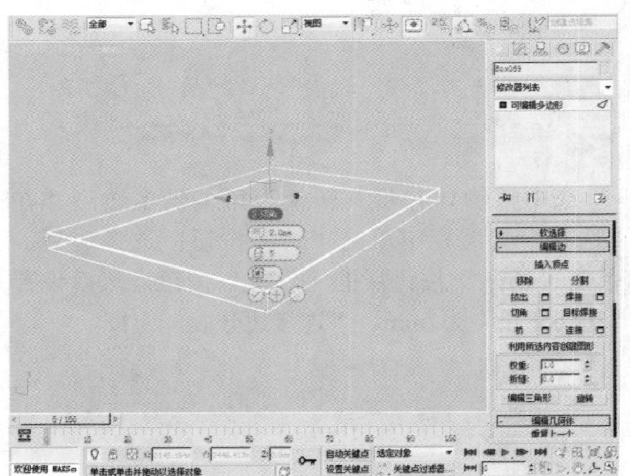

组：沿着每一个连续多边形组的平均法线执行倒角；局部法线：沿着每一个选定的多边形法线执行倒角；按多边形：独立倒角每个多边形。

高度：以场景为单位指定挤出的范围，可以向外或向内挤出选定的多边形，具体情况取决于该值是正值还是负值。

轮廓量：选定多边形外边界变大或变小，具体情况取决于该值是正值还是负值。

03 在“选择”卷展栏中单击“边”按钮，选择边后单击“连接”按钮，为物体添加新的分段。

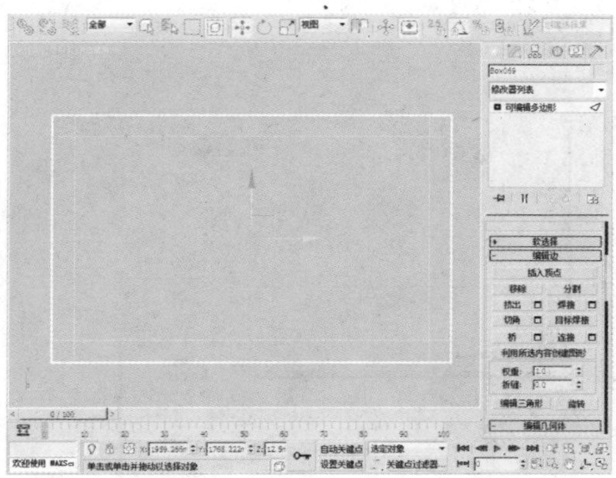

04 在“选择”卷展栏中单击“多边形”按钮，选择面后，单击“挤出”按钮后的“设置”按钮，然后设置“高度”为-4mm。

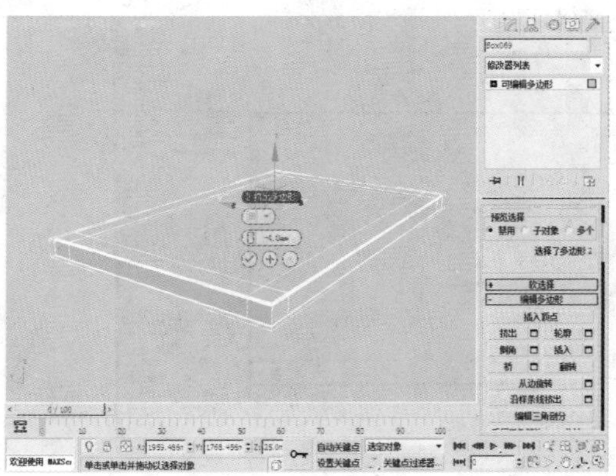

05 在“创建”命令面板中单击“长方体”按钮，在顶视图中创建一个长度、宽度、高度分别为25mm、35mm、420mm的长方体。

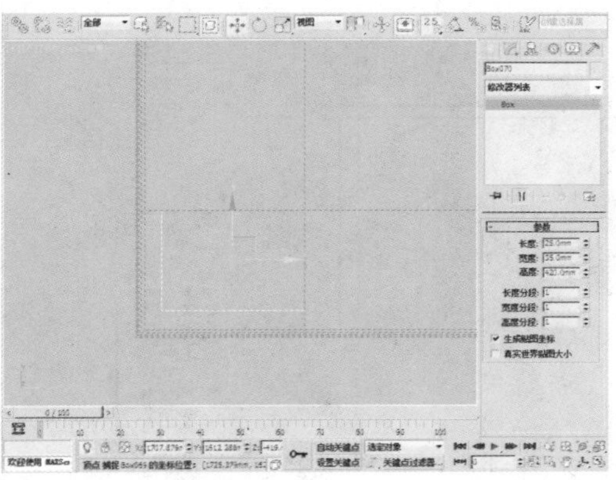

06 选中该物体并将其转换为可编辑多边形，在“选择”卷展栏中单击“边”按钮，选择边后，单击“切角”按钮后的“设置”按钮，然后设置“边切角量”为2mm、“连接边分段”为3。

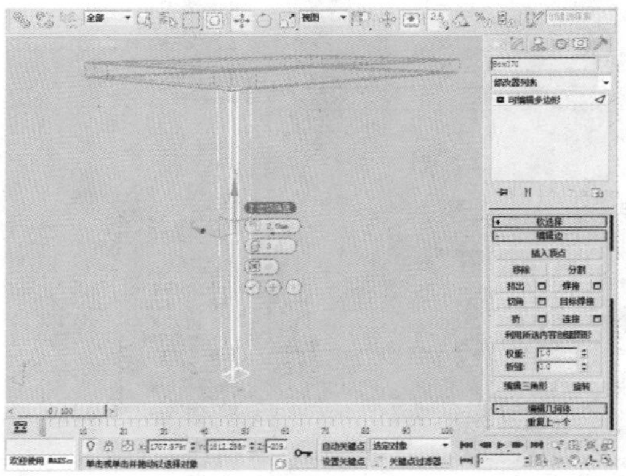

07 使用“选择并移动”工具，在顶视图中按住Shift键的同时对物体进行复制。

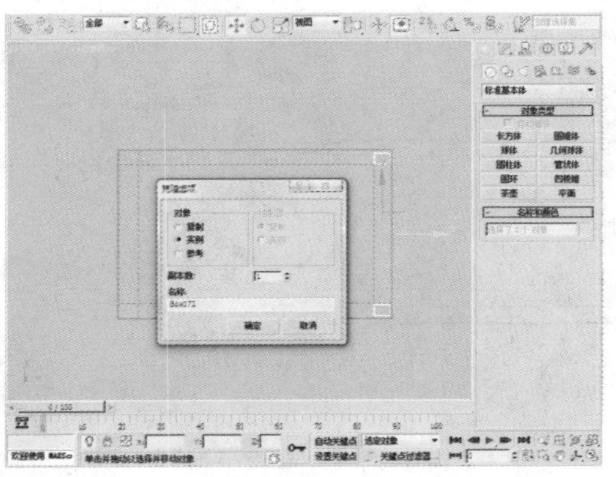

08 在“创建”命令面板中单击“长方体”按钮，在顶视图中创建一个长度、宽度、高度分别为35mm、500mm、25mm的长方体。

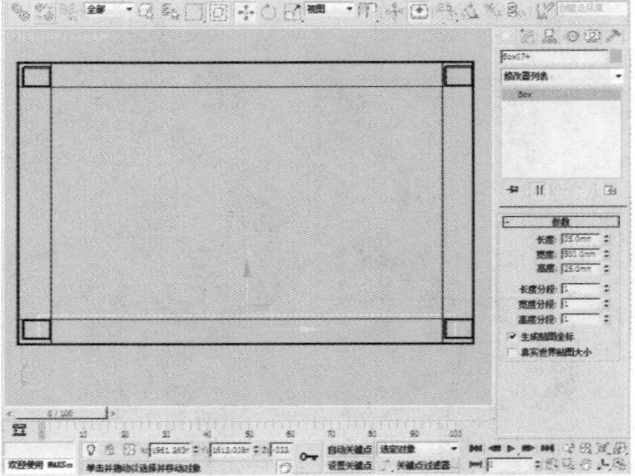

09 选中该物体，将其转换为可编辑多边形，在“选择”卷展栏中单击“边”按钮，选中边后，单击“连接”按钮后的“设置”按钮，然后设置“分段”为4。

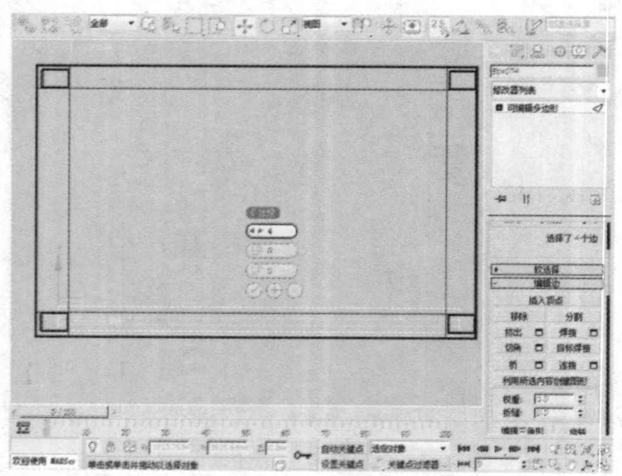

10 在“选择”卷展栏中单击“顶点”按钮，在顶视图中选择物体上的点，使用“选择并移动工具”对顶点进行适当调整。

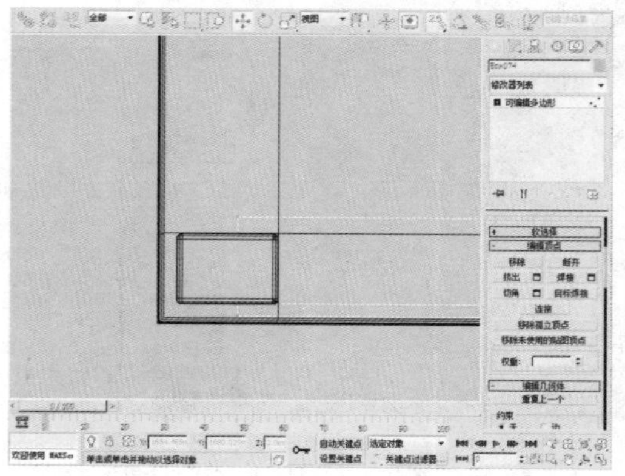

11 在“选择”卷展栏中单击“边”按钮，选择边后，单击“切角”按钮后的“设置”按钮，然后设置“边切角量”为1mm、“连接边分段”为3。

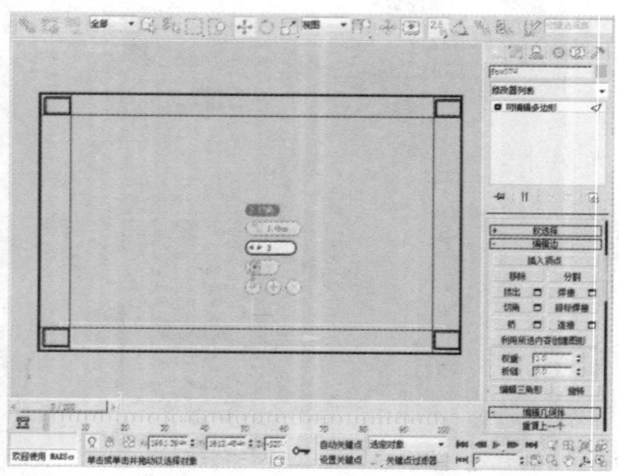

12 选择边后，单击“连接”按钮后的“设置”按钮，然后设置“分段”为20。

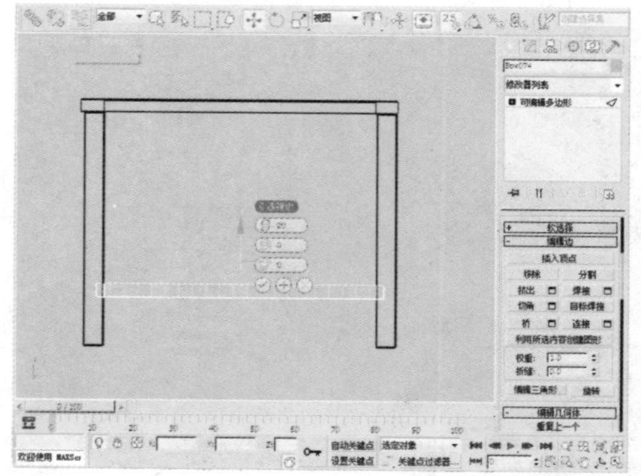

13 在“选择”卷展栏中单击“顶点”按钮，在顶视图中选择物体的点，然后在“修改器列表”中选择FFD 3×3×3修改器，并对物体进行适当调整。

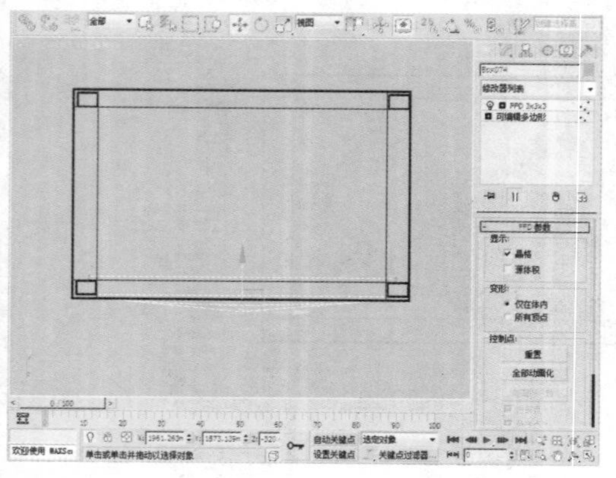

14 在“创建”命令面板中单击“长方体”按钮，在顶视图中创建一个长度、宽度、高度分别为290mm、20mm、35mm的长方体。

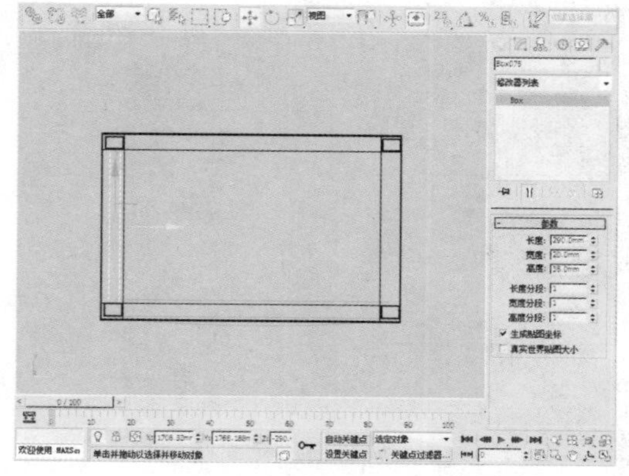

15 选中该物体，并将其转换为可编辑多边形，在“选择”卷展栏中单击“边”按钮，选择边后，单击“切角”按钮后的“设置”按钮，然后设置“边切角量”为2mm、“连接边分段”为5。

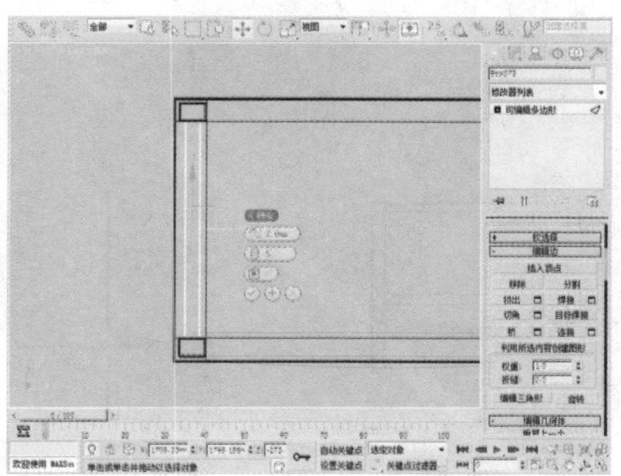

16 单击工具栏中的“选择并移动”按钮，在顶视图中按住Shift键的同时移动物体，选择“实例”的复制方式，并设置“副本数”为1。

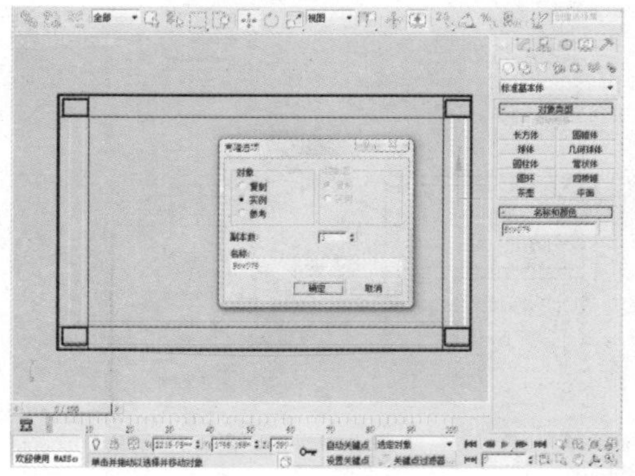

17 在“创建”命令面板中单击“长方体”按钮，在顶视图中创建一长度、宽度、高度分别为15mm、475mm、30mm的长方体。

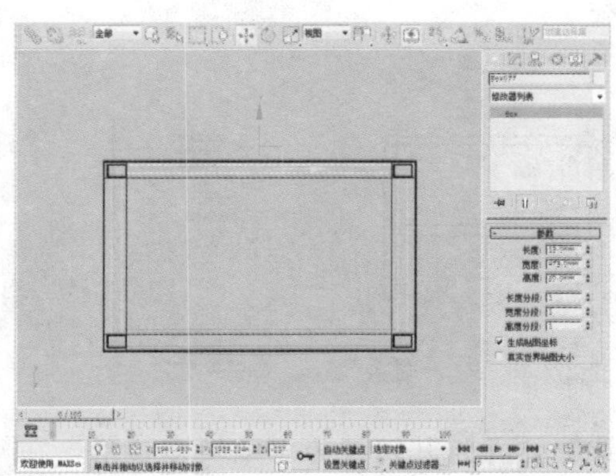

18 选中该物体并将其转换为可编辑多边形，在“选择”卷展栏中单击“边”按钮，选择边后，单击“切角”按钮后的“设置”按钮，然后设置“边切角量”为2mm、“连接边分段”为5。

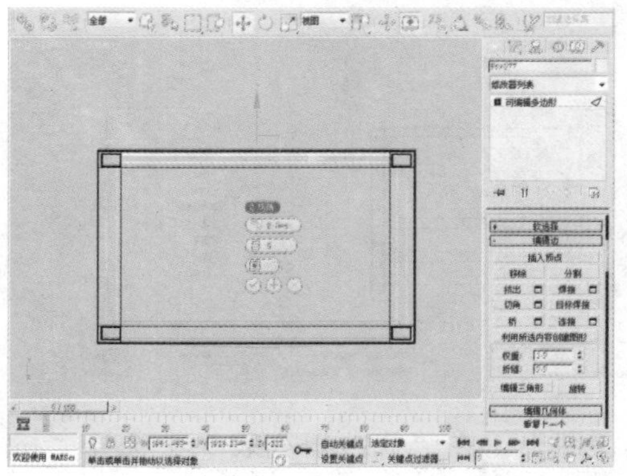

19 在“创建”命令面板中单击“矩形”按钮，在前视图中创建一个如下图所示的图形。

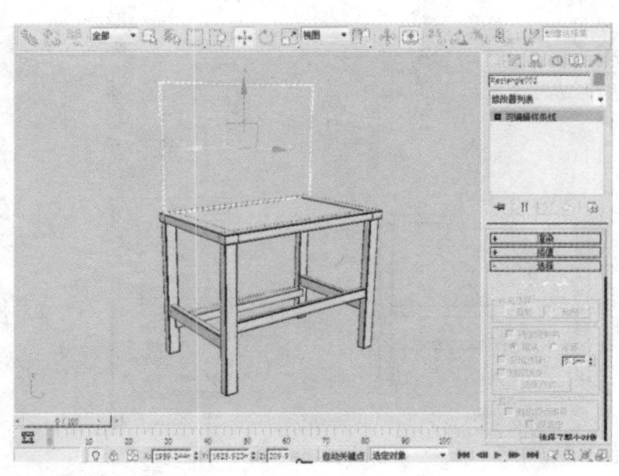

20 将图形转换为可编辑样条线后，在“选择”卷展栏中单击“样条线”按钮，然后在“几何体”卷展栏中单击“轮廓”按钮，对图形进行适当调整。

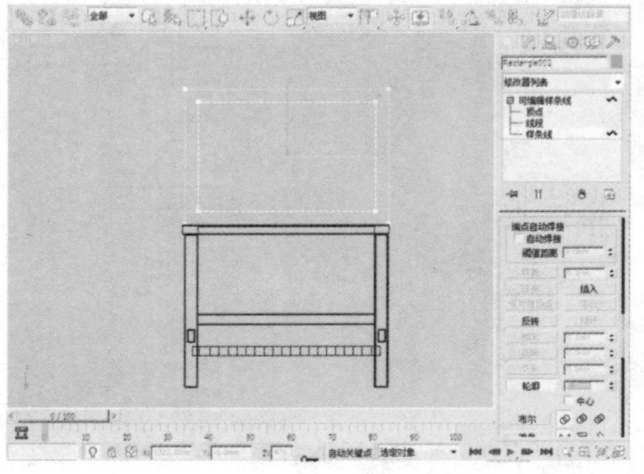

21 在“选择”卷展栏中单击“顶点”按钮，对选中的点进行适当调整。

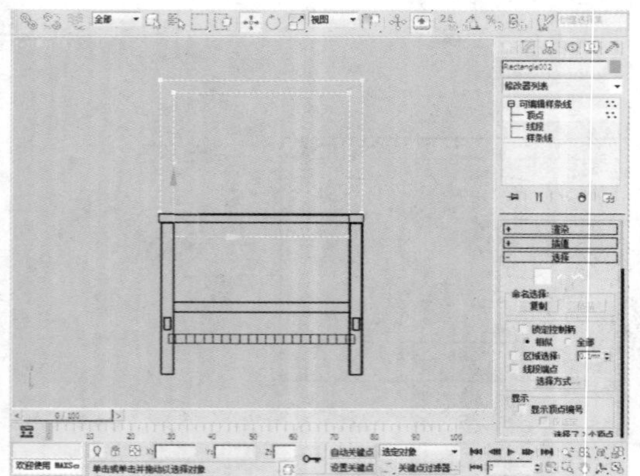

22 在“选择”卷展栏中单击“样条线”按钮，然后在“几何体”卷展栏中单击“修剪”按钮，对图像进行适当修剪。

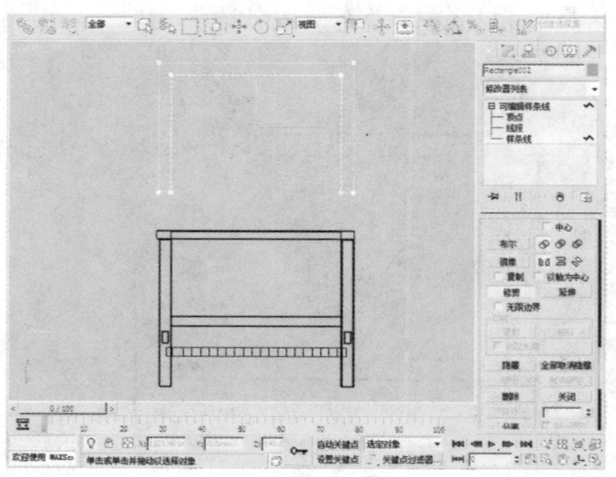

23 在“选择”卷展栏中单击“顶点”按钮，然后单击“焊接”按钮，对选中的点进行焊接。

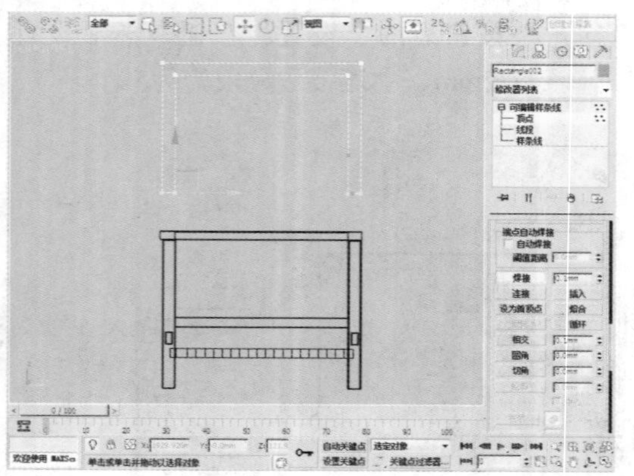

24 在“几何体”卷展栏中单击“圆角”按钮，对选中的点进行适当调整。

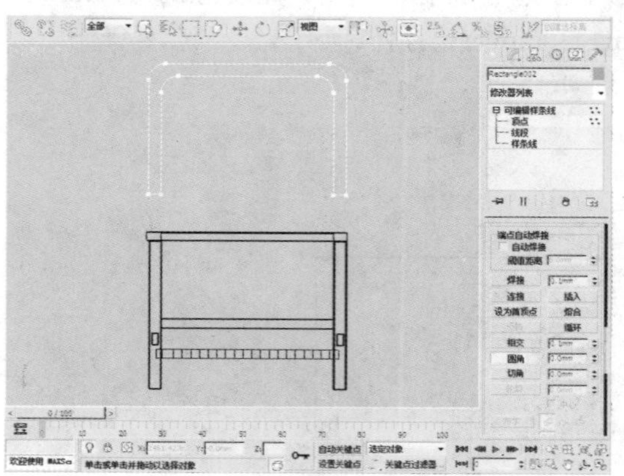

25 选中该图形，在“修改器列表”中选择“挤出”修改器，并设置“数量”为25mm。

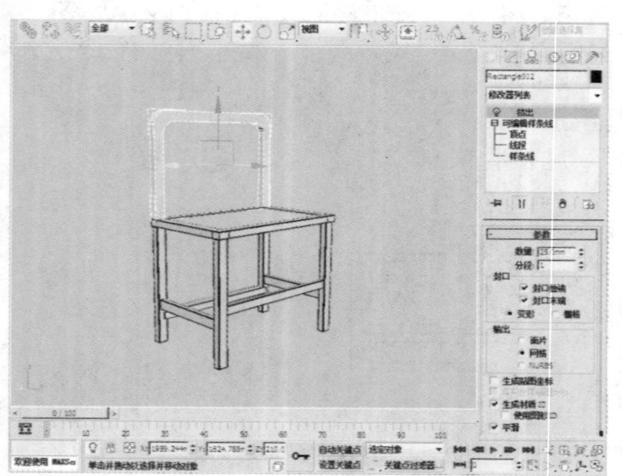

26 选中该物体并将其转换为可编辑多边形，在“选择”卷展栏中单击“边”按钮，选择边后，单击“切角”按钮后的“设置”按钮，然后设置“切边角量”为2mm、“连接边分段”为5。

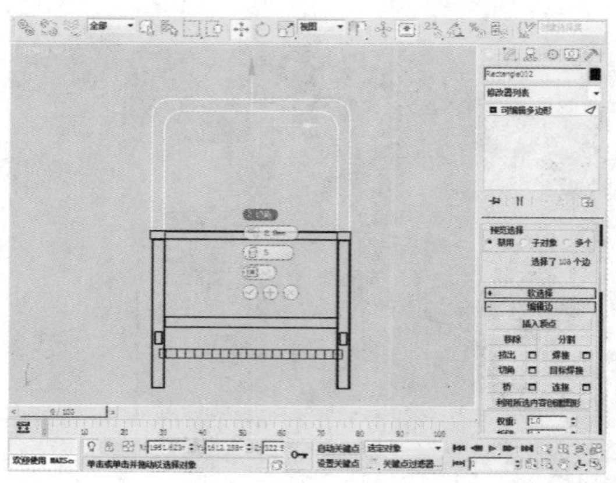

27 在“创建”命令面板中单击“线”按钮，在前视图中创建如下图所示的图形。

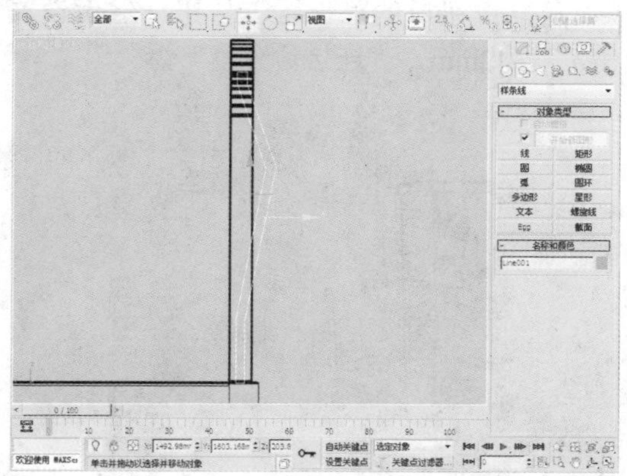

28 在“选择”卷展栏中单击“顶点”按钮，然后单击“圆角”按钮，对选中的点进行适当调整。

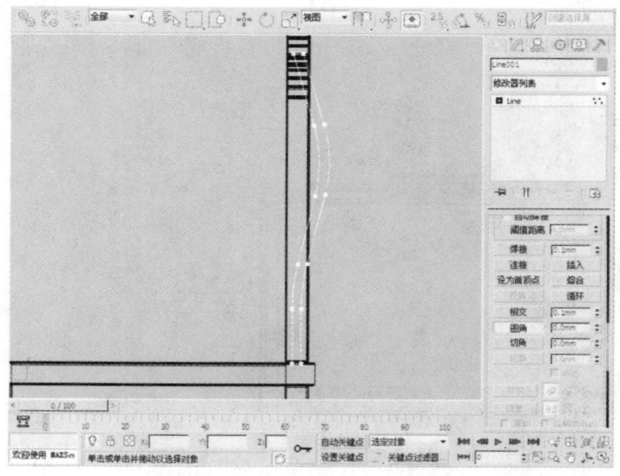

29 选择该图形，在“修改器列表”中选择“挤出”修改器，并设置“数量”为140mm。

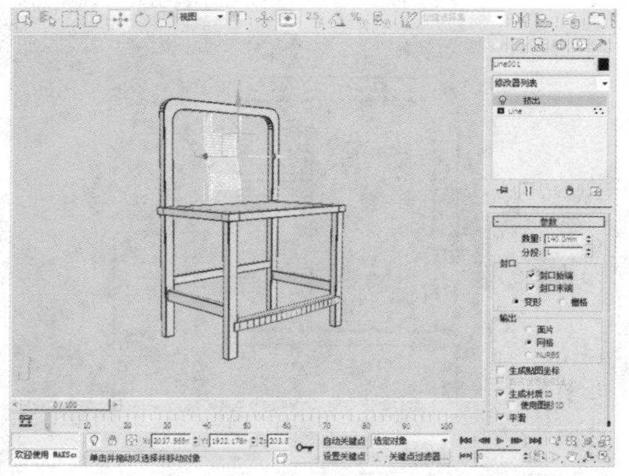

30 选中该物体并将其转换为可编辑多边形，在“选择”卷展栏中单击“边”按钮，选择边后，单击“切角”按钮后的“设置”按钮，然后设置“切边角量”为2mm、“连接边分段”为5。

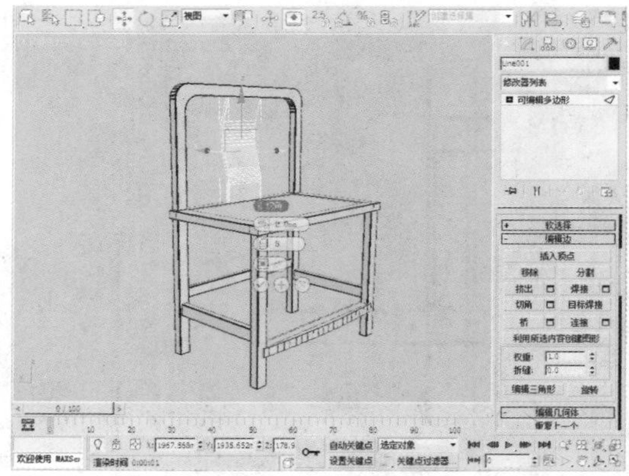

31 在“创建”命令面板中单击“线”按钮，在左视图中创建如下图所示的图形。

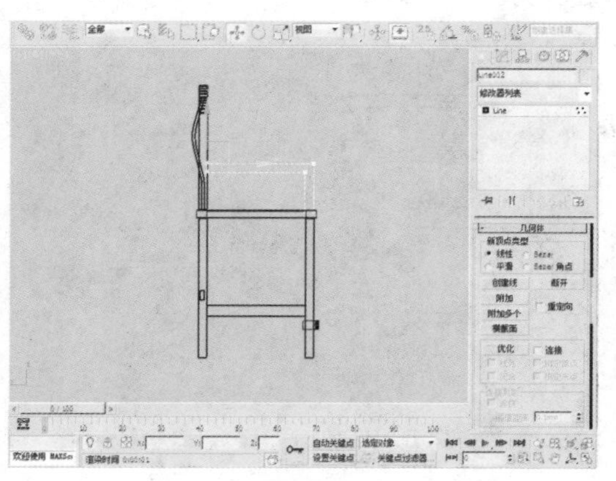

32 在“选择”卷展栏中单击“顶点”按钮，然后单击“优化”按钮，在左视图中对图形添加适当的点，单击“圆角”按钮，在顶视图中对图形进行适当调整。

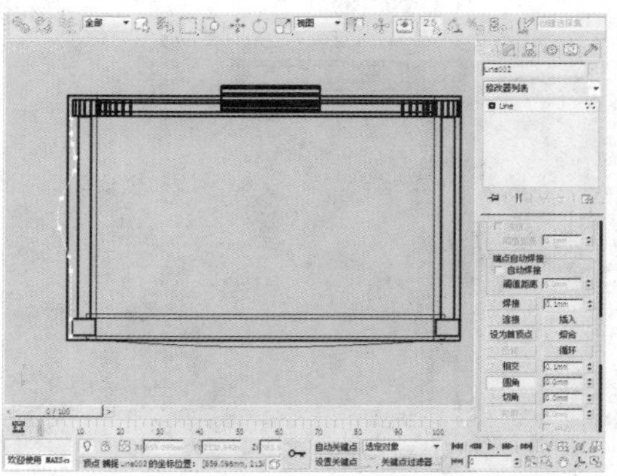

33 选中该图形，在“修改器列表”中选择“挤出”修改器，并设置“数量”为25mm。

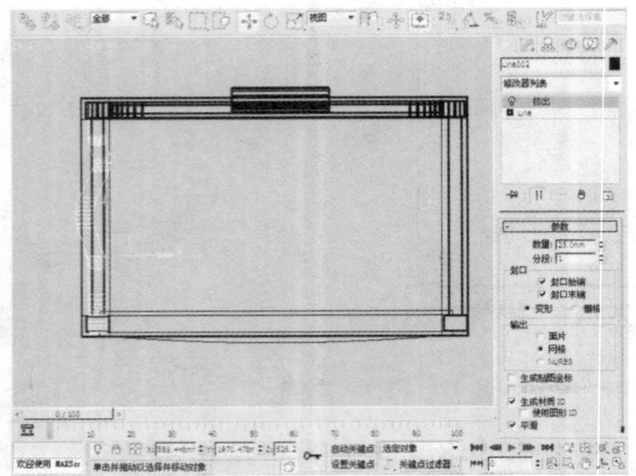

34 选中该物体并将其转换为可编辑多边形，在“选择”卷展栏中单击“边”按钮，选择边后，单击“切角”按钮后的“设置”按钮，然后设置“切边角量”为2mm、“连接边分段”为5。

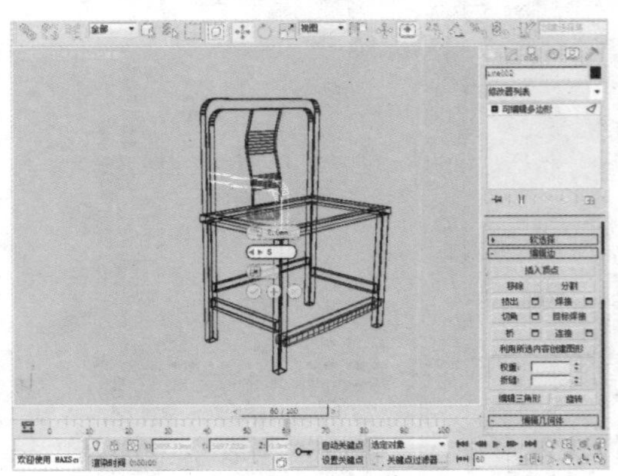

35 在“创建”命令面板中单击“线”按钮，在前视图中创建如下图所示的图形。

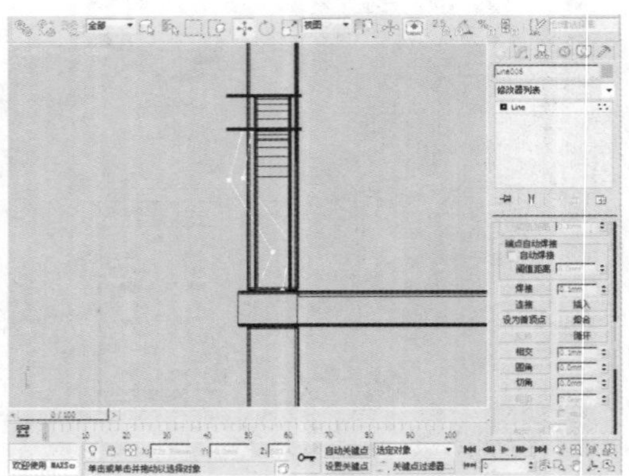

36 在“选择”卷展栏中单击“顶点”按钮，然后单击“优化”按钮，在左视图中对图形添加适当的点，单击“圆角”按钮，在顶视图中对图形进行适当调整。

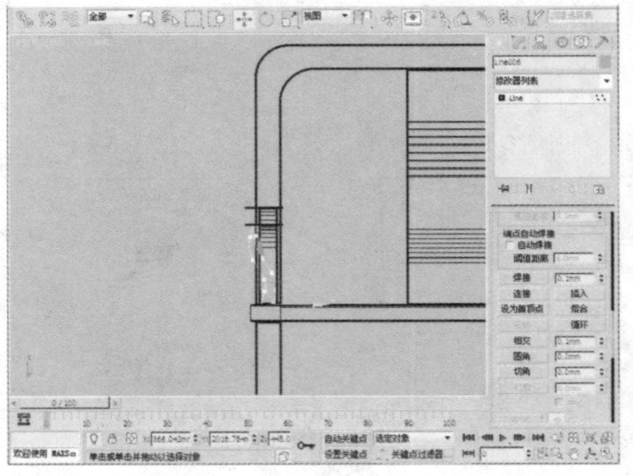

37 选中该图形，在“修改器列表”中选择“挤出”修改器，并设置“数量”为15mm。

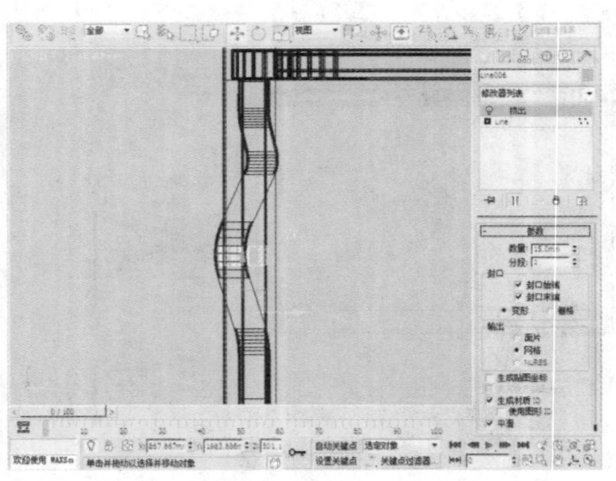

38 单击工具栏中的“镜像”按钮，在前视图中以X轴为镜像轴，选择“复制”的复制方式，并设置“副本数”为1。

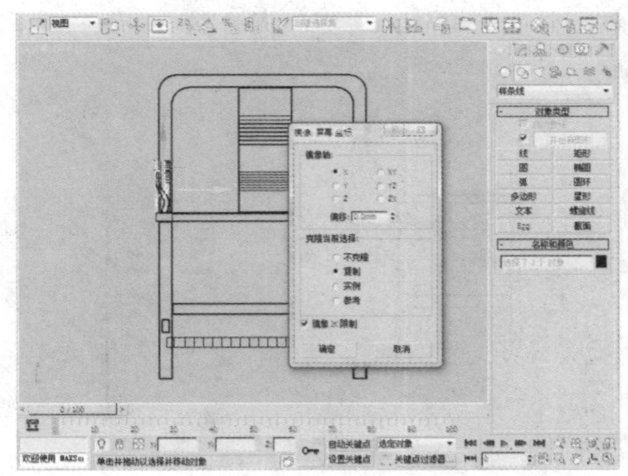

39 选中该物体，使用“选择并移动”工具适当调整物体的位置。

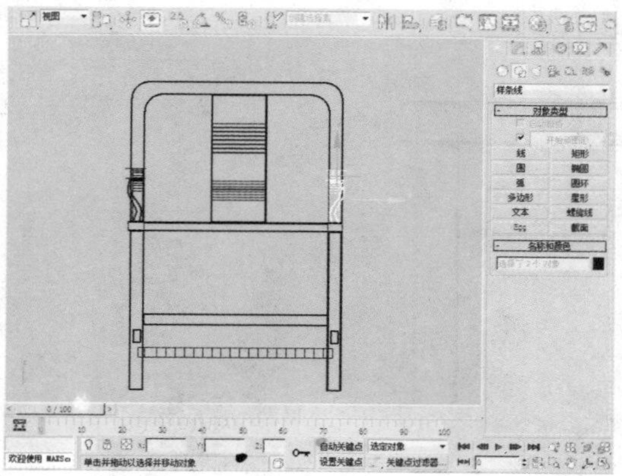

40 在“创建”命令面板中单击“线”按钮，在前视图中创建如下图所示的图形。

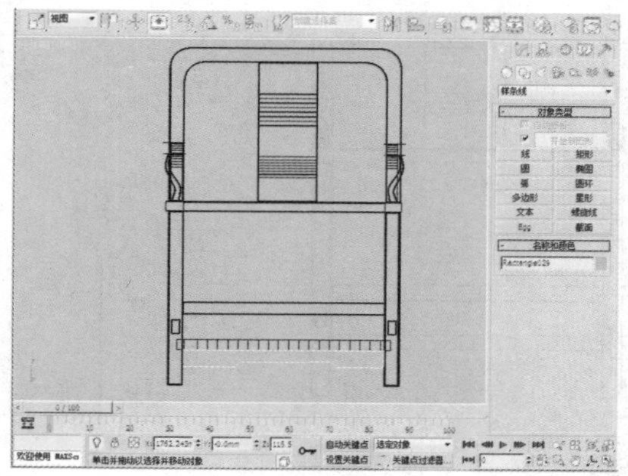

41 选中该图形，在“修改器列表”中选择“挤出”修改器，并设置“数量”为15mm。

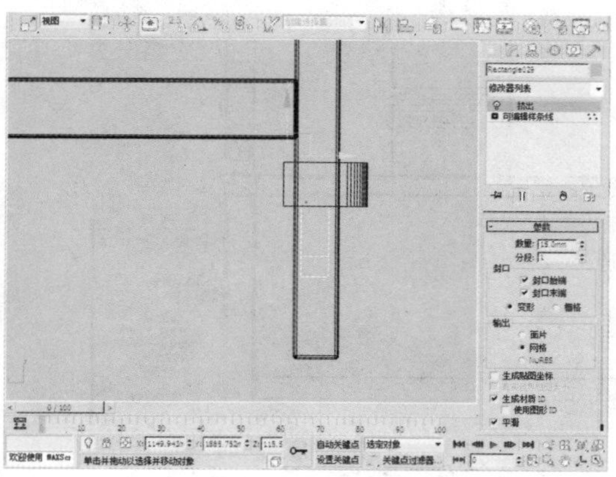

42 选中该物体并将其转换为可编辑多边形，在“选择”卷展栏中单击“边”按钮，选择边后，单击“切角”按钮后的“设置”按钮，然后设置“切边角量”为2mm、“连接边分段”为5。

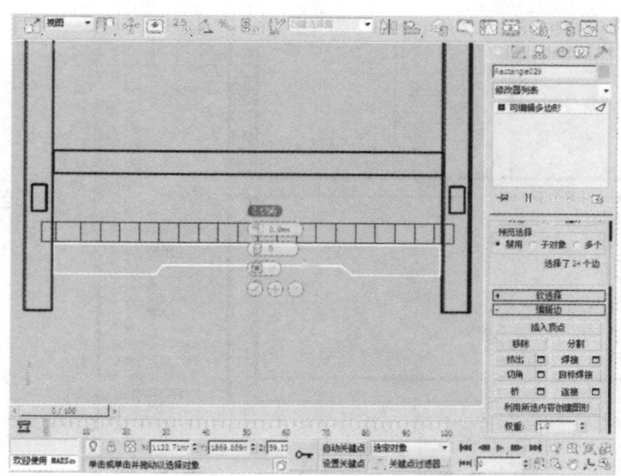

43 在“创建”命令面板中单击“线”按钮，在前视图中创建如下图所示的图形。

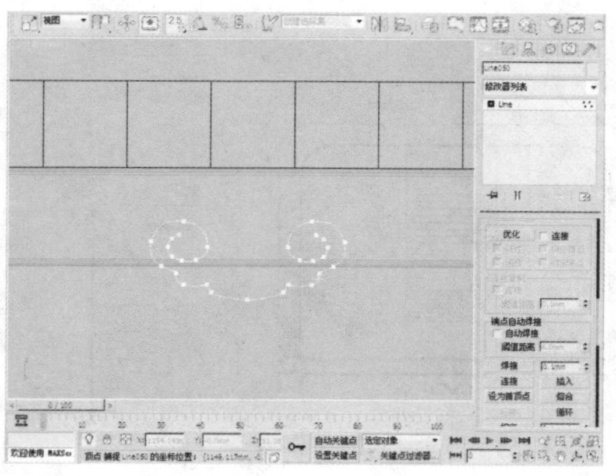

44 在“修改”命令面板的“渲染”卷展栏中勾选“在渲染中启用”和“在视口中启用”复选框，使线条显示并可渲染。

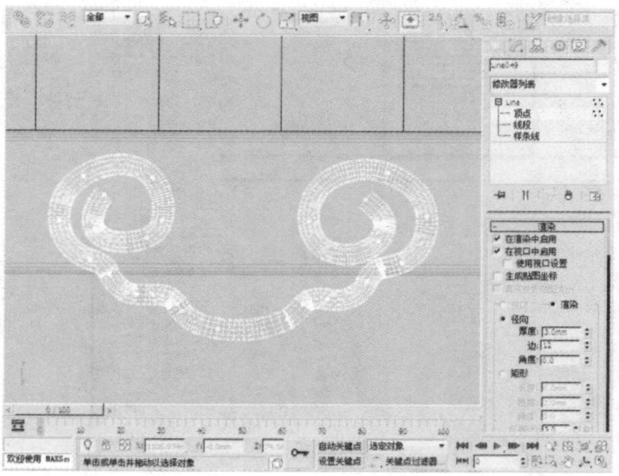

45 在“创建”命令面板中单击“线”按钮，在前视图中创建如下图所示的图形。

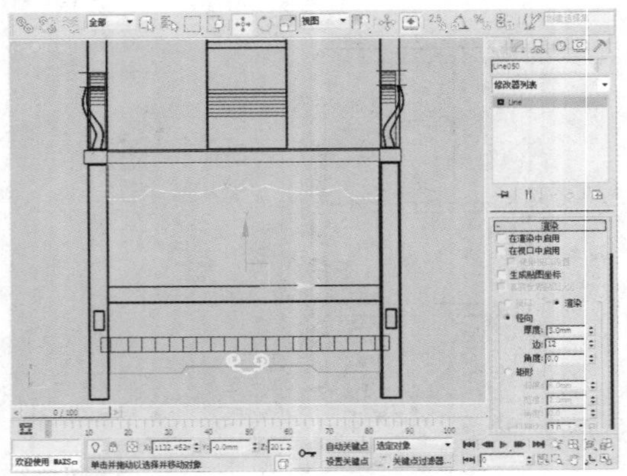

46 选中该图形，在“修改器列表”中选择“挤出”修改器，并设置“数量”为15mm。

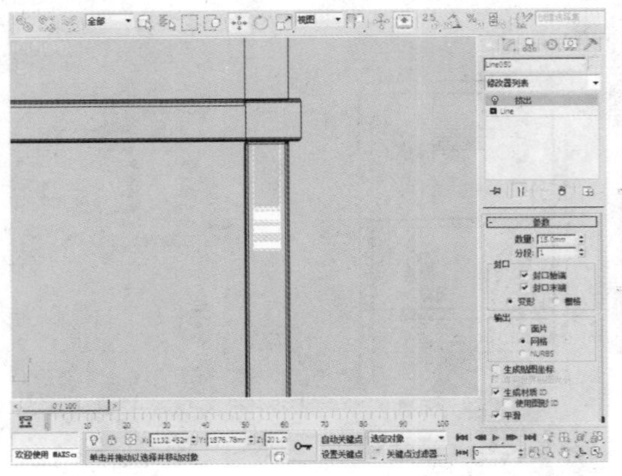

47 选中该物体并将其转换为可编辑多边形，在“选择”卷展栏中单击“边”按钮，选择边后，单击“切角”按钮后的“设置”按钮，然后设置“切边角量”为2mm、“连接边分段”为5。

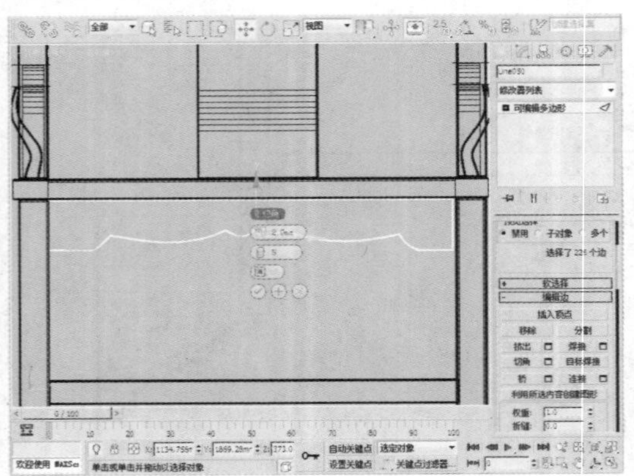

48 在“创建”命令面板中单击“线”按钮，在前视图中创建如下图所示的图形。

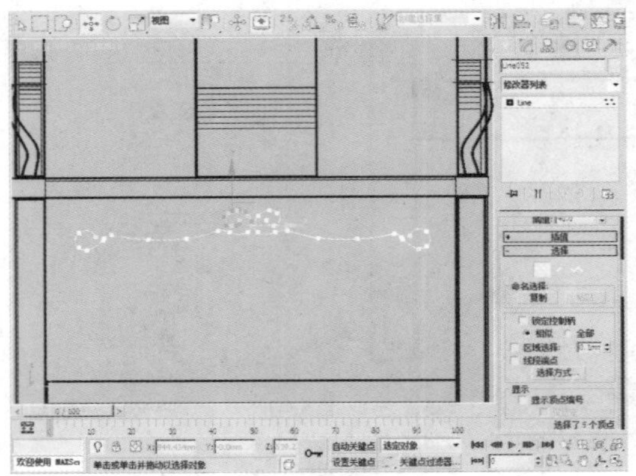

49 选中该形状，在“修改”命令面板的“渲染”卷展栏中勾选“在渲染中启用”和“在视口中启用”复选框，使线条显示并可渲染。

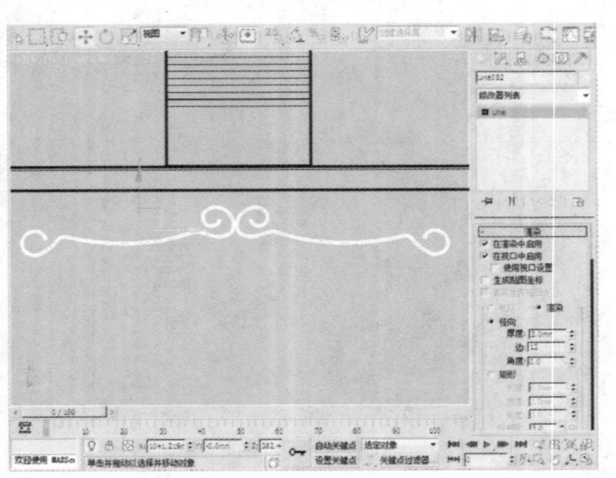

50 在“创建”命令面板中单击“线”按钮，在前视图中创建如下图所示的图形。

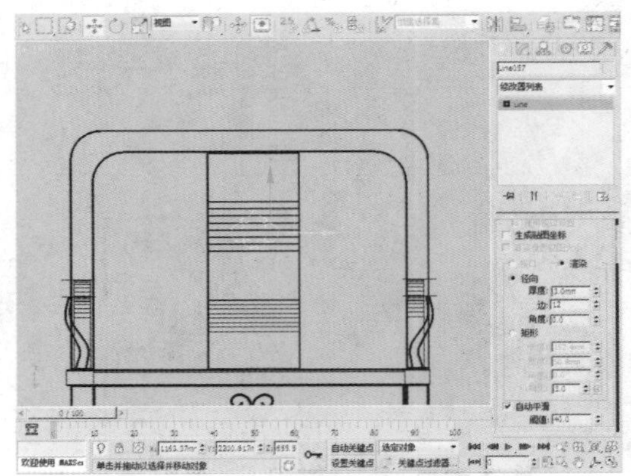

51 在“修改”命令面板的“渲染”卷展栏中勾选“在渲染中启用”和“在视口中启用”复选框，使线条显示并可渲染。

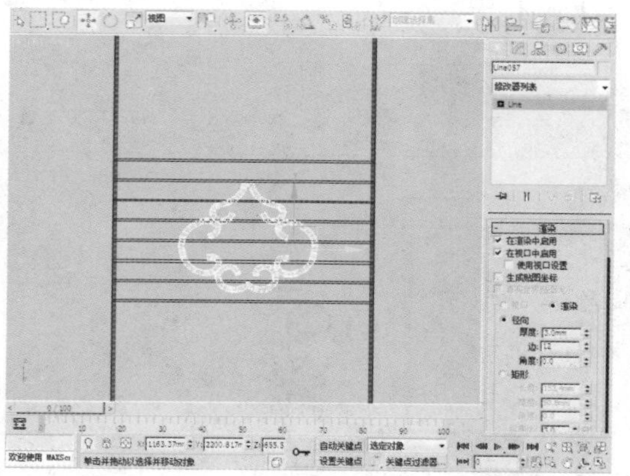

52 单击工具栏中的“选择并移动”按钮，在顶视图中按住Shift键的同时对物体进行拖动，选择“复制”的复制方式，并设置“副本数”为1。

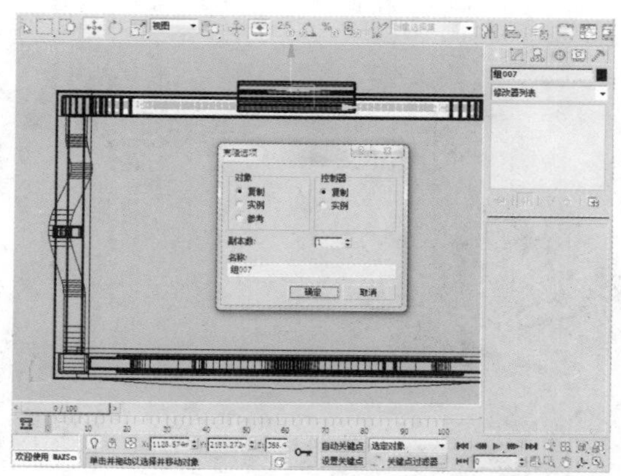

53 单击工具栏中的“选择并旋转”按钮，在顶视图中按住Shift键的同时对物体进行旋转，选择“复制”的复制方式，并设置“副本数”为1。

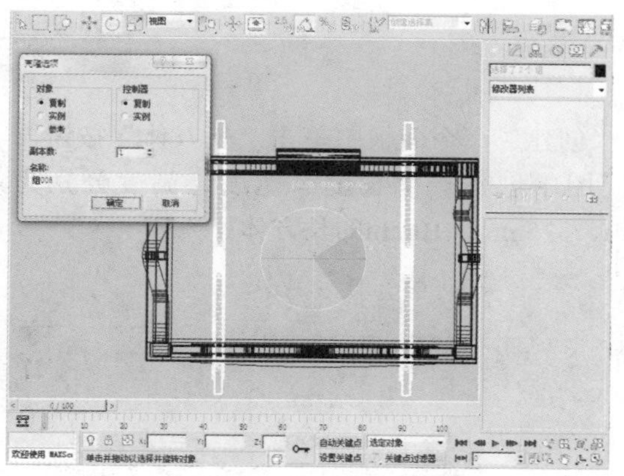

54 选中该物体，在“修改器列表”中选择FFD 2×2×2修改器，并对物体进行调整。

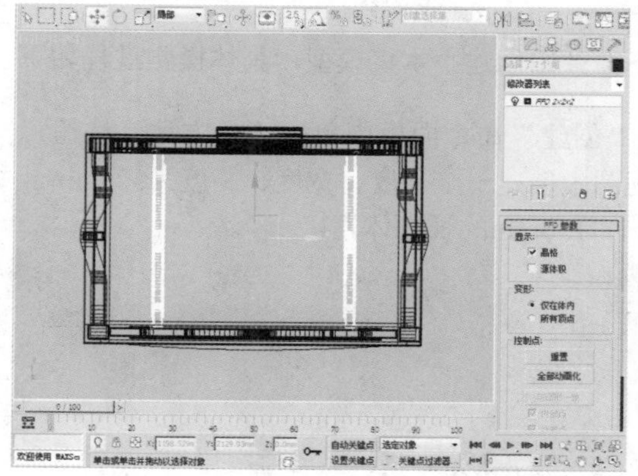

55 选中该物体，使用“选择并移动”工具适当调整物体的位置。

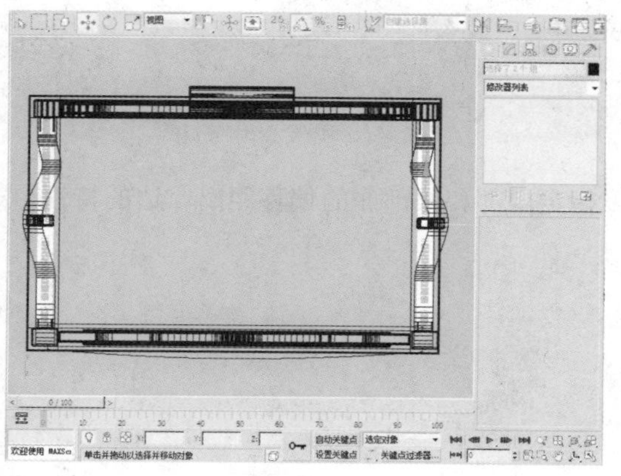

56 单击工具栏中的“选择并移动”按钮，在顶视图中按住Shift键的同时对物体进行移动，选择“复制”的复制方式，并设置“副本数”为1。

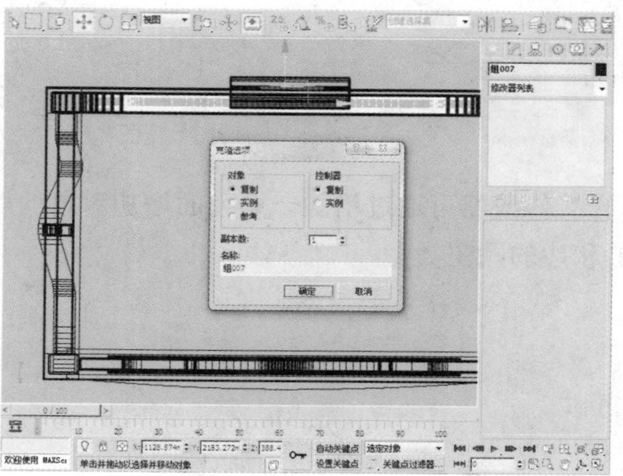

57 执行“组>成组”菜单命令，将选中的物体成组。

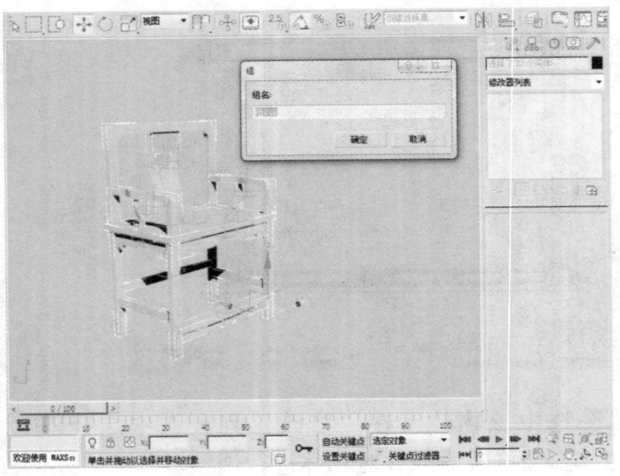

58 选中成组的椅子模型，单击工具栏中的“选择并移动”按钮，在顶视图中按住Shift键的同时对物体进行拖动，选择“复制”复制方式，并设置“副本数”为1。

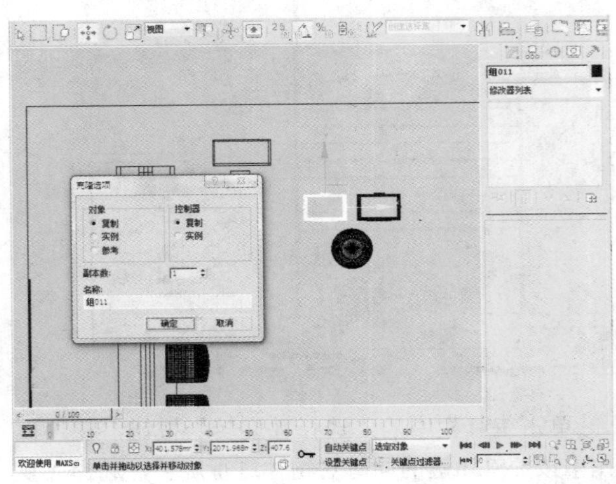

17.3.6 小木桌的绘制

下面开始创建小木桌模型，具体操作过程如下。

01 在“创建”命令面板中单击“长方体”按钮，在顶视图中创建一个长度、宽度、高度为320mm、320mm、150mm的长方体。

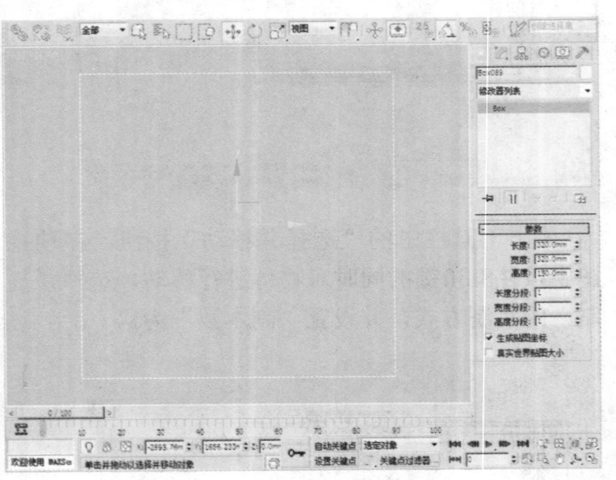

02 在“创建”命令面板中单击“长方体”按钮，在顶视图中创建一个长度、宽度、高度分别为325mm、325mm、10mm的长方体。

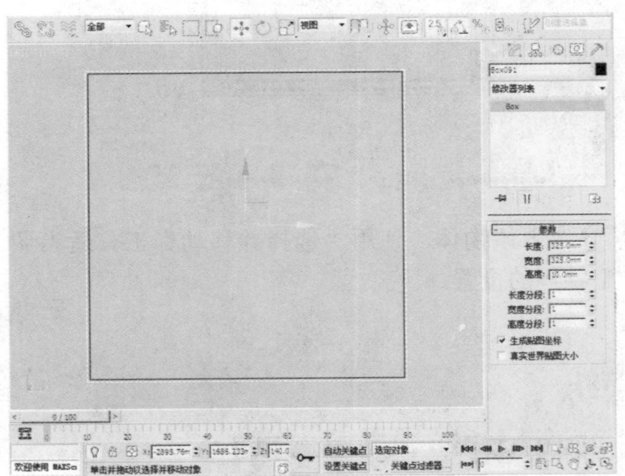

“壳”修改器可通过增加一系列面增加对象的厚度，可以指定内部和外部面的偏移距离、边的特性、材质ID和边的贴图类型。

03 单击工具栏中的“选择并移动”按钮，在前视图中按住Shift键的同时对物体进行移动，选择“复制”复制方式，并设置“副本数”为1。

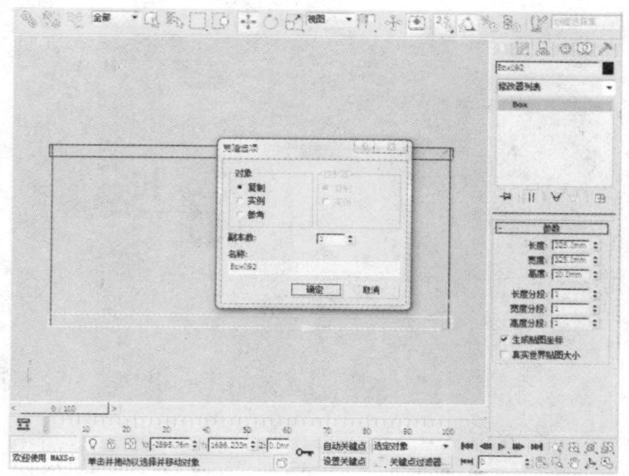

04 在“创建”命令面板中单击“圆柱体”按钮，在前视图中创建一个半径、高度分别为5mm、10mm 的圆柱体。

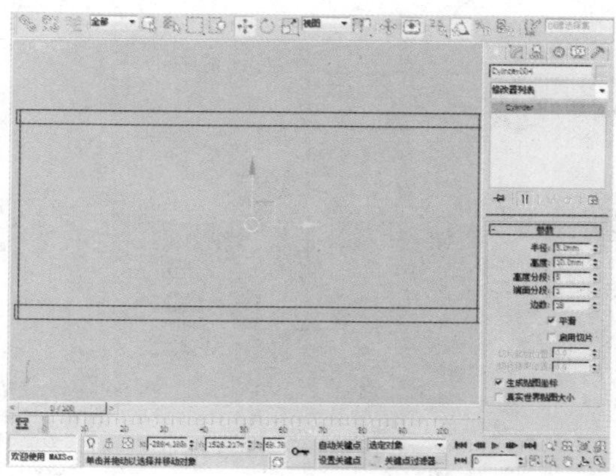

05 在“创建”命令面板中单击“长方体”按钮，在顶视图中创建一个长度、宽度、高度分别为20mm、40mm、5mm的长方体。

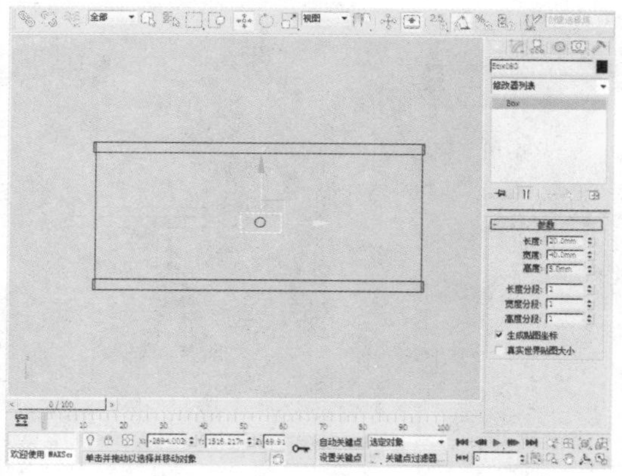

06 在“创建”命令面板中单击“长方体”按钮，在前视图中创建一个长度、宽度、高度分别为40mm、40mm、900mm的长方体。

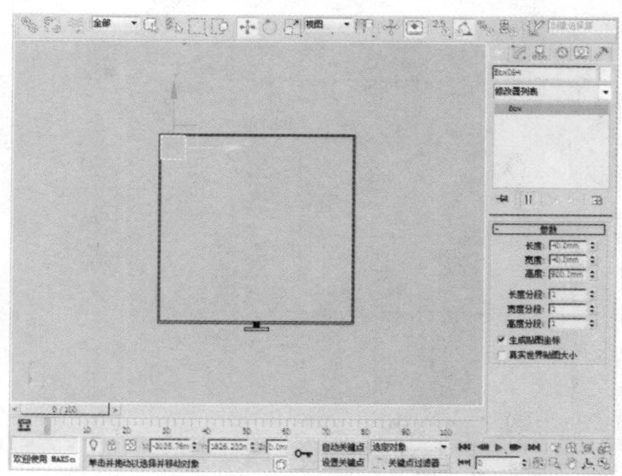

07 单击工具栏中的“选择并移动”按钮，在顶视图中按住Shift键的同时对物体进行移动，选择“复制”的复制方式。

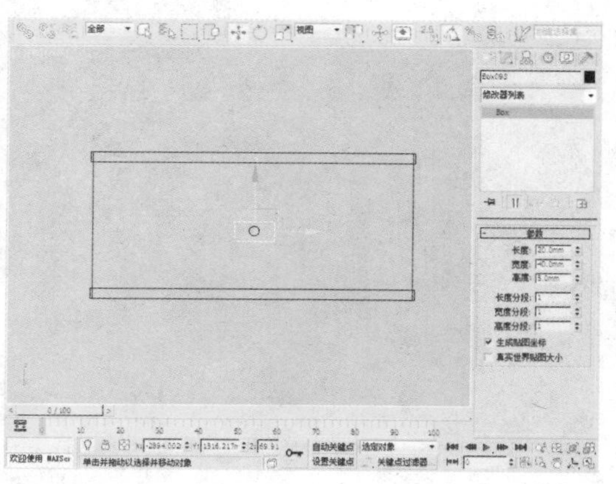

08 在“创建”命令面板中单击“长方体”按钮，在前视图中创建一个长度、宽度、高度分别为40mm、40mm、900mm的长方体。

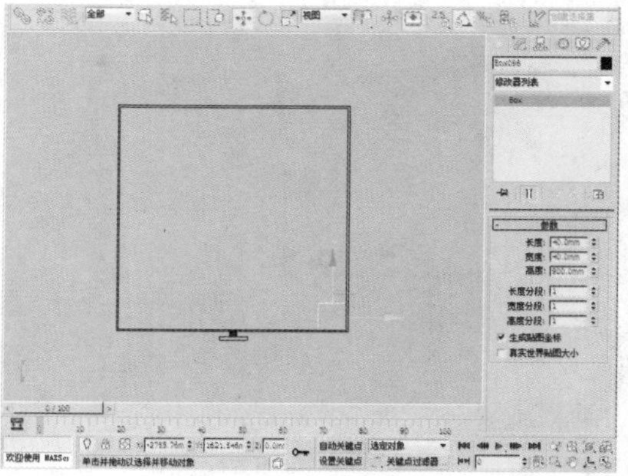

09 在“创建”命令面板中单击“长方体”按钮，在前视图中创建一个长度、宽度、高度分别为300mm、300mm、10mm的长方体。

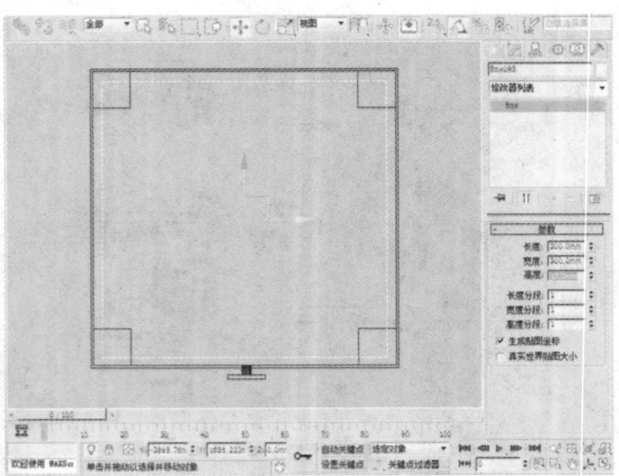

10 执行“组>成组”菜单命令，将选中的物体成组。

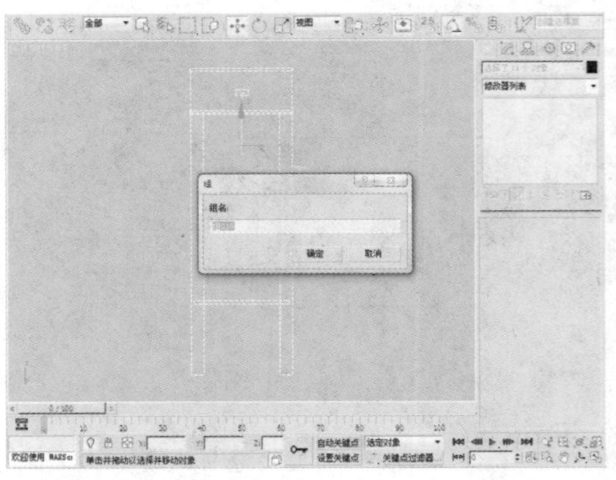

11 单击工具栏中的“选择并移动”按钮，在顶视图中按住Shift键的同时将物体沿Y轴进行移动，选择“复制”复制方式，并设置“副本数”为1。

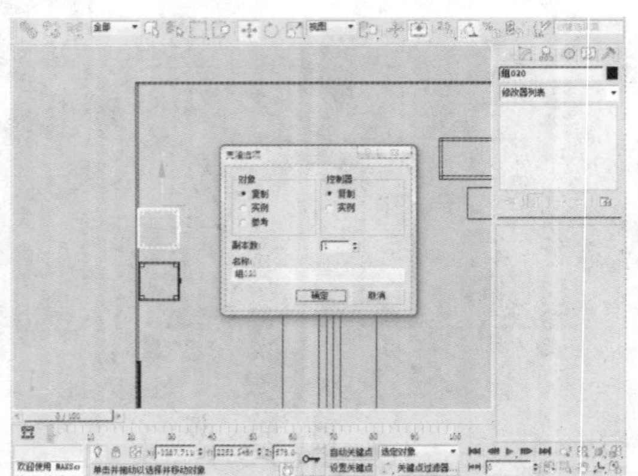

12 执行“组>解组”菜单命令，将选中的物体解组，调整桌子四个桌腿的高度为500mm。

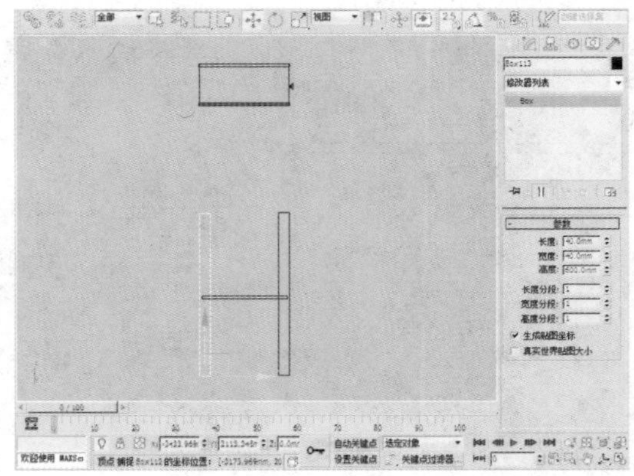

13 单击工具栏中的“选择并移动”按钮，在前视图中对桌子进行调整。执行“组>成组”菜单命令，将选中的物体成组。

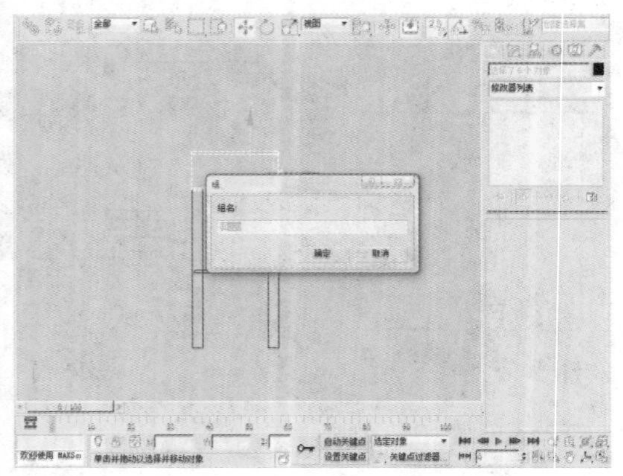

14 至此，小木桌模型绘制完毕。

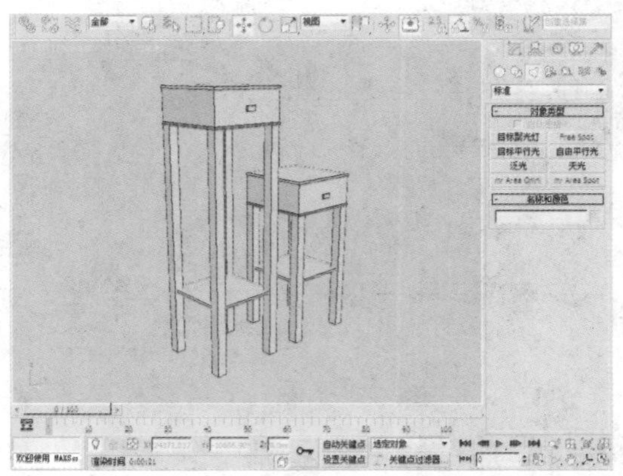

17.3.7 踢脚线的绘制

下面开始创踢脚线模型，具体操作步骤如下所示。

01 在“创建”命令面板中单击“长方体”按钮，在顶视图中创建一个长度、宽度、高度分别为7000mm、15mm、100mm的长方体。

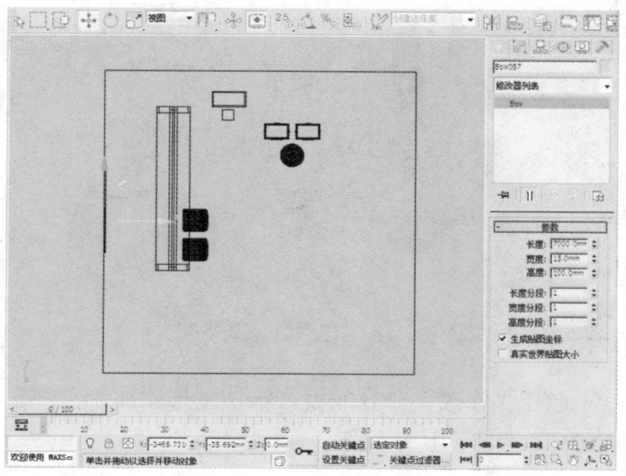

02 单击工具栏中的“选择并旋转”按钮，在顶视图中按住Shift键的同时对物体进行旋转，选择“复制”的复制方式，并设置“副本数”为1。

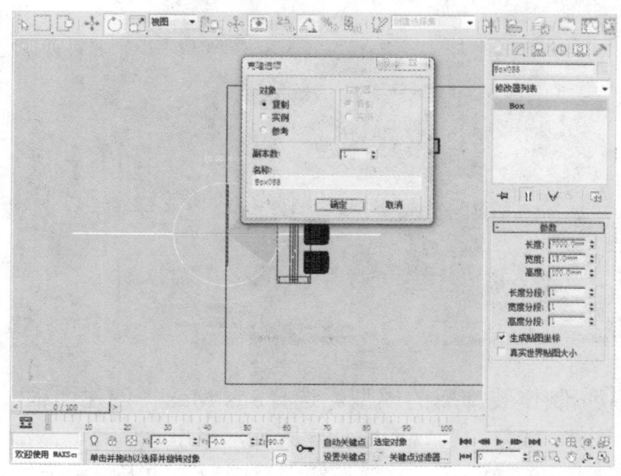

03 选中该物体，使用“选择并移动”工具适当调整物体的位置。

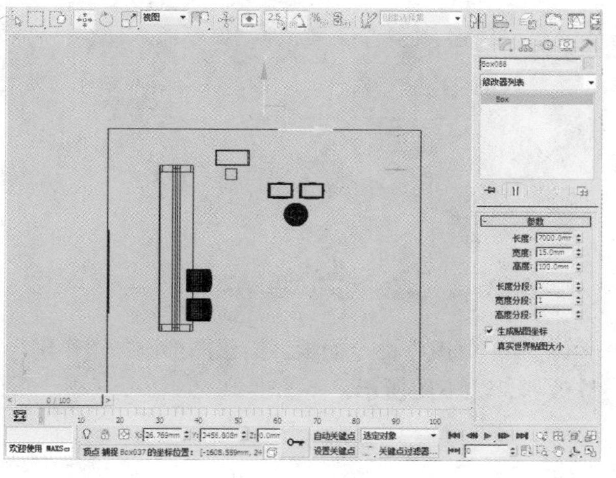

04 至此，踢脚线模型制作完毕。

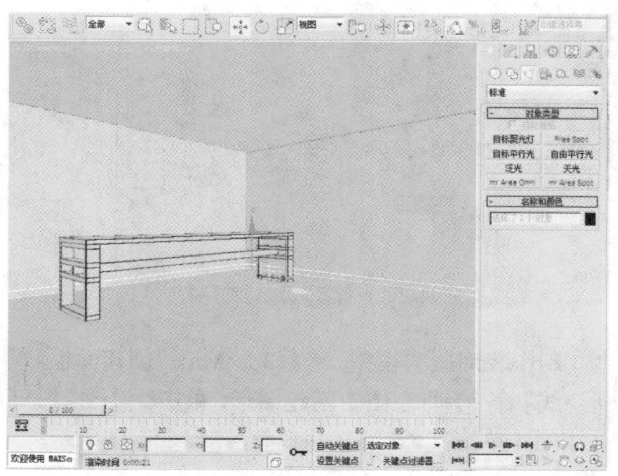

17.3.8 装饰物的绘制

下面将对书房里面的装饰物模型进行绘制，具体操作过程如下。

01 制作装饰瓶的模型。在“创建”命令面板中单击“线”按钮，在前视图中创建如下图所示图形，并将其转换为可编辑样条线，在“修改”面板中的“选择”卷展栏中单击“样条线”按钮，然后单击“轮廓”按钮并对图形进行适当调整。

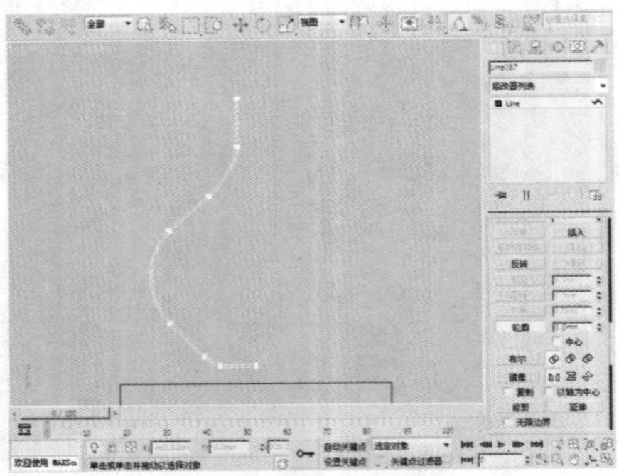

02 在“修改器列表”中选择“车削”修改器。

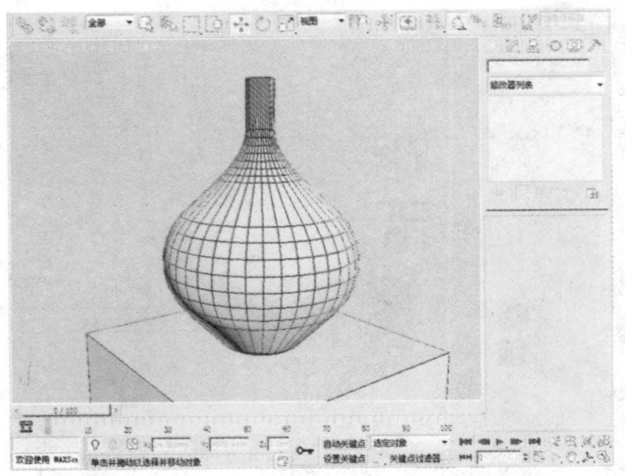

03 制作装饰瓶的模型。选择3ds Max“创建面板>图形>线”，前视图中创建图形，单击“修改”激活 按钮，单击 轮廓 按钮调整图形，如下图所示。

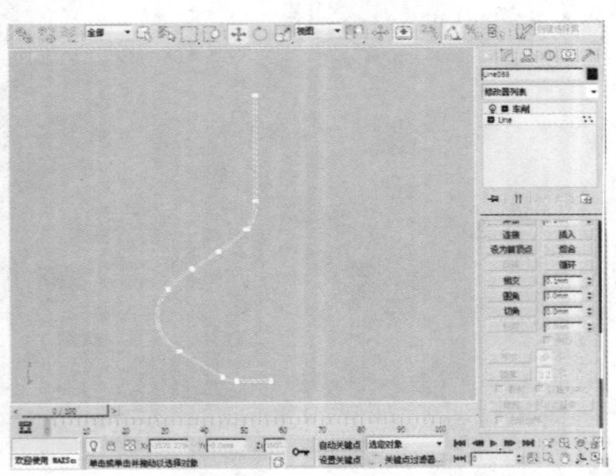

04 选择“修改”命令面板，给该图形添加“车削”修改器，如下图所示。

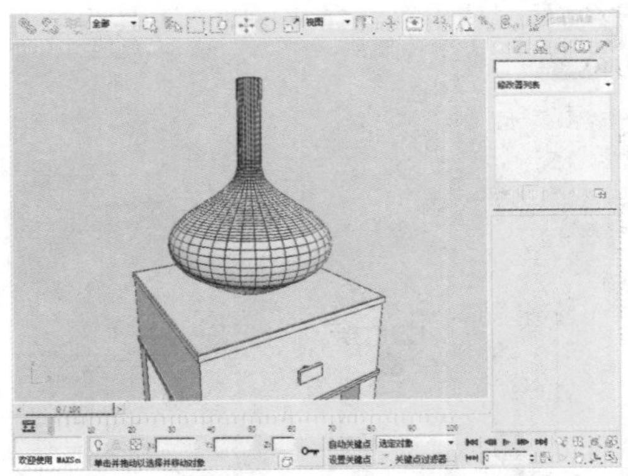

05 制作装饰瓶的模型。选择3ds Max“创建面板>图形>线”命令，前左图中创建图形，单击“修改”激活 按钮，单击 轮廓 按钮调整图形，如下图所示。

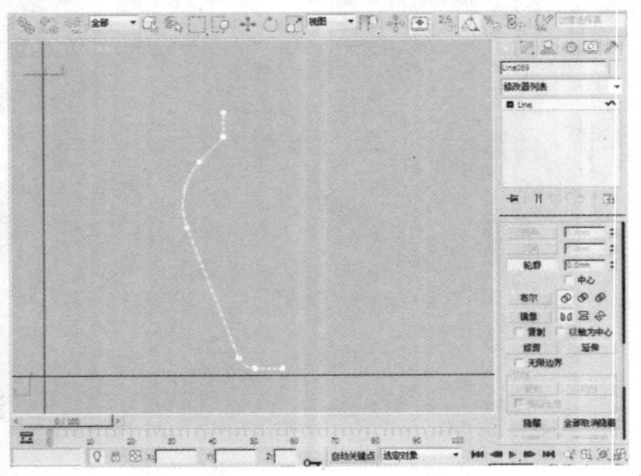

06 选择“修改”命令面板，给该图形添加“车削”修改器，如下图所示。

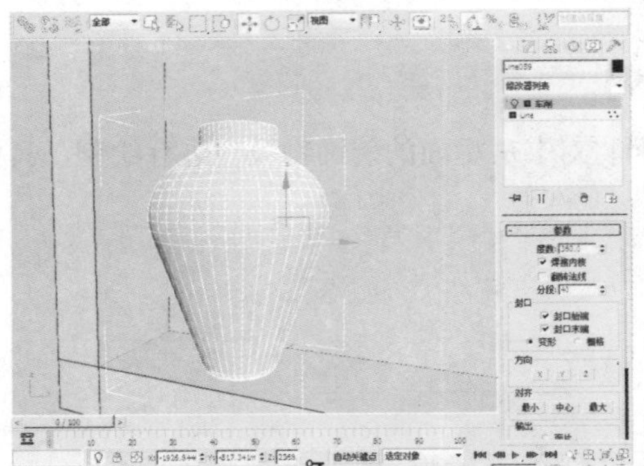

07 制作装饰瓶的模型。选择3ds Max“创建面板>图形>线”命令，左视图中创建图形，单击“修改”激活按钮，单击 轮廓 按钮调整图形，如下图所示。

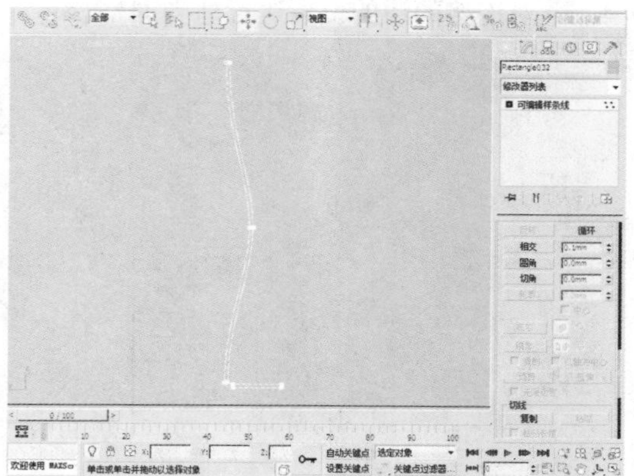

08 选择“修改”命令面板，给该图形添加“车削”修改器，如下图所示。

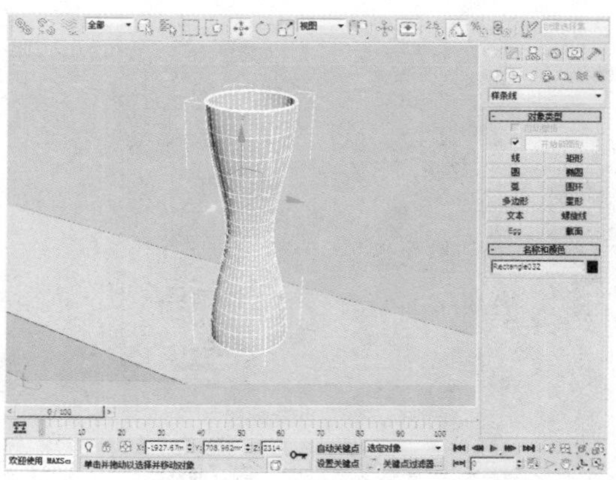

09 制作花瓶瓶的模型。选择3ds Max“创建面板>图形>线”命令，前视图中创建图形，单击“修改”激活按钮，单击 轮廓 按钮调整图形，如下图所示。

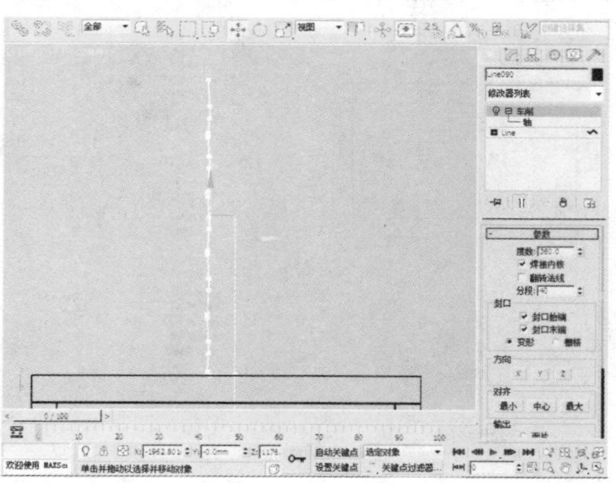

10 选择“修改”命令面板，给该图形添加“车削”修改器，如下图所示。

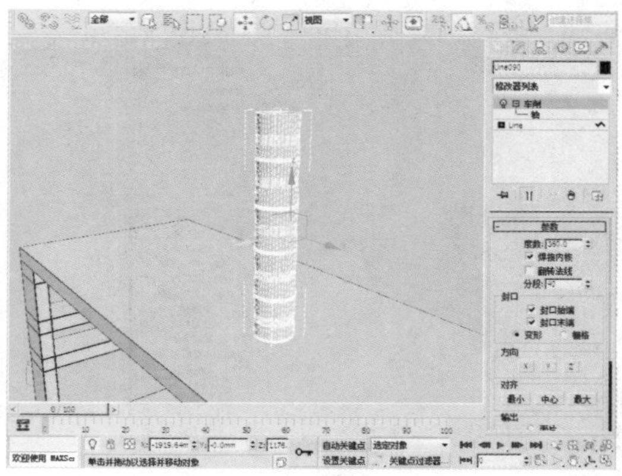

11 制作干支的模型。在“创建”命令面板中单击“线”按钮，在前视图中创建如下图所示的图形。

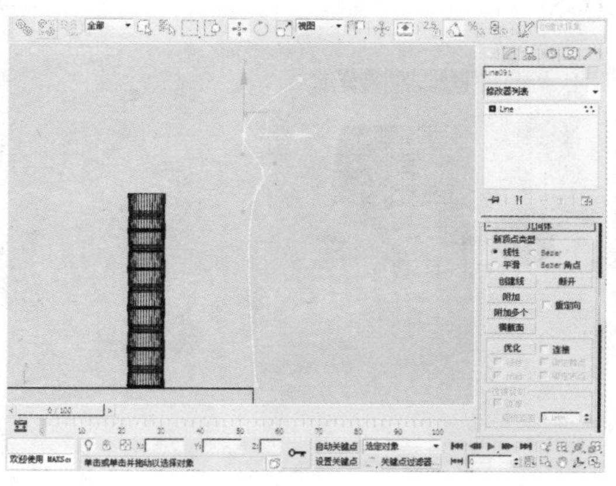

12 在“修改”命令面板的“渲染”卷展栏中勾选“在渲染中启用”和“在视口中启用”复选框，使线条显示并可渲染。

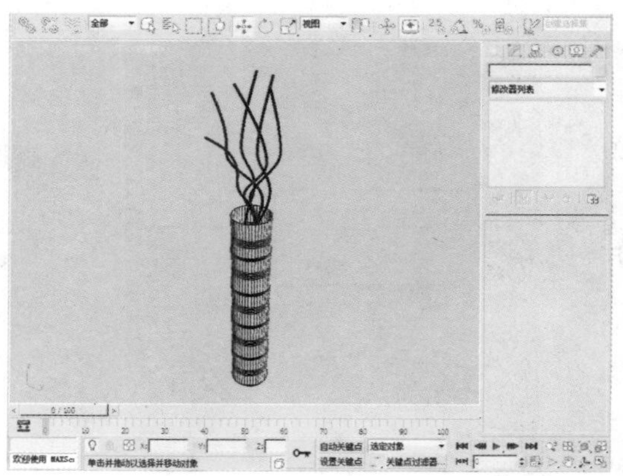

13 制作装饰盒的模型。在“创建”命令面板中单击“长方体”按钮，在前视图中创建一个长度、宽度、高度分别为120mm、200mm、40mm的长方体。

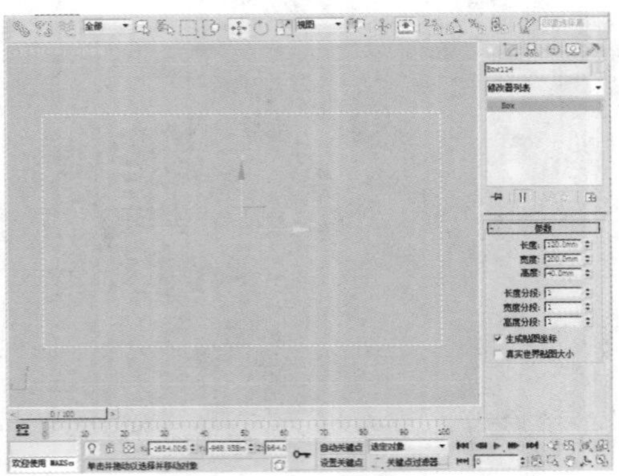

14 选中该物体并将其转换为可编辑多边形，在“选择”卷展栏中单击“边”按钮，选中边后，单击“连接”按钮后的“设置”按钮，然后设置“数量”为4，并对连接的边的位置进行适当调整。

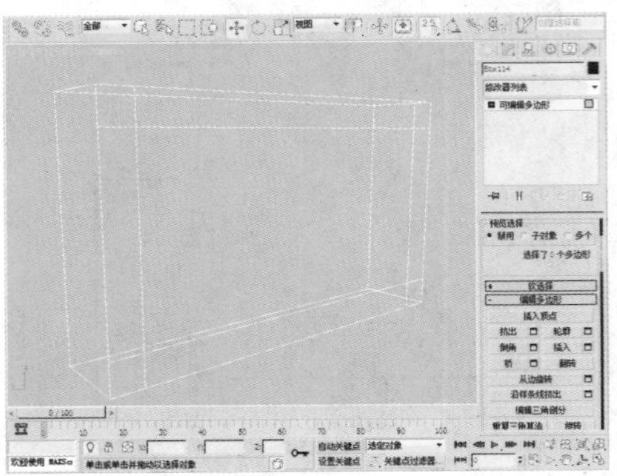

15 在“选择”卷展栏中单击“多边形”按钮，选择面后，单击“挤出”按钮后的“设置”按钮，然后设置“高度”为-30mm。

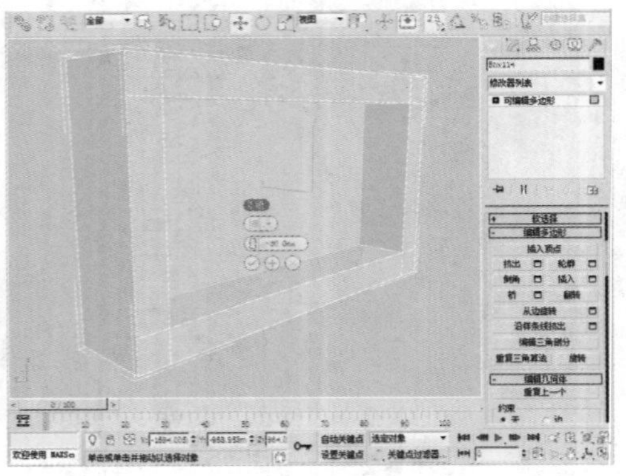

16 在“创建”命令面板中单击“长方体”按钮，在左视图中创建一个长方体，长度、宽度、高度分别为90mm、170mm、3mm。

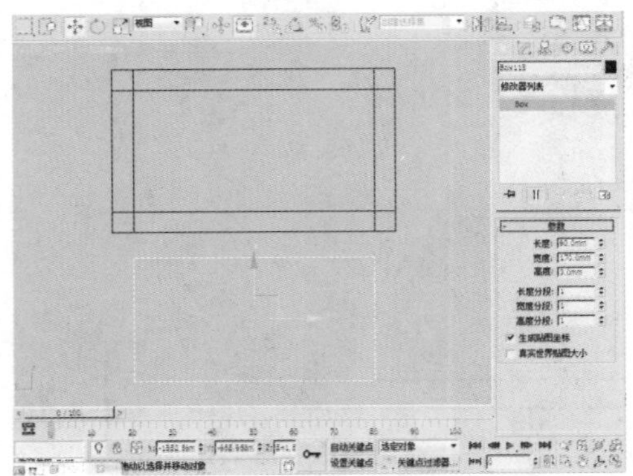

17 选中该物体，使用“选择并移动”工具，将长方体放置于装饰盒中，执行“组>成组”菜单命令，使选中的物体成组。

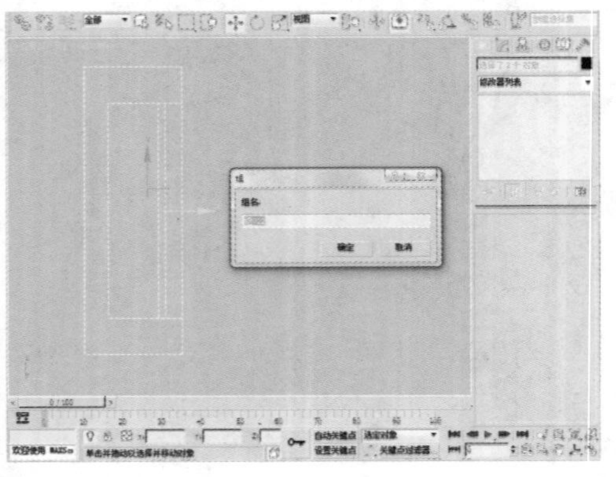

18 选中该物体，单击工具栏中的“选择并移动”按钮，在顶视图中按住Shift键的同时对物体进行移动，选择“复制”的复制方式，并设置“副本数”为1。

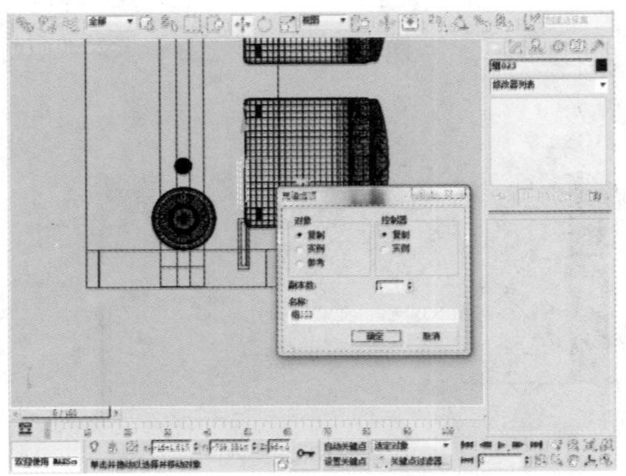

19 制作笔筒模型。在“创建”命令面板中单击“长方体”按钮，前视图中创建一个长方体，长度、宽度、高度分别为120mm、120mm、200mm。

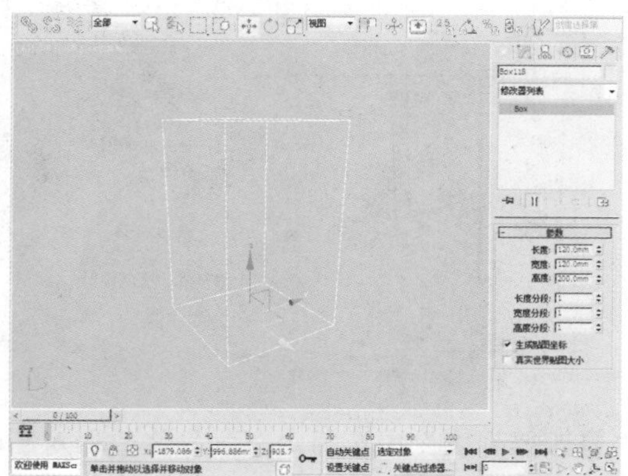

20 选中该物体并将其转换为可编辑多边形，在“选择”卷展栏中单击“多边形”按钮，选中面后，单击“插入”按钮后的“设置”按钮，然后设置“数量”为10mm。

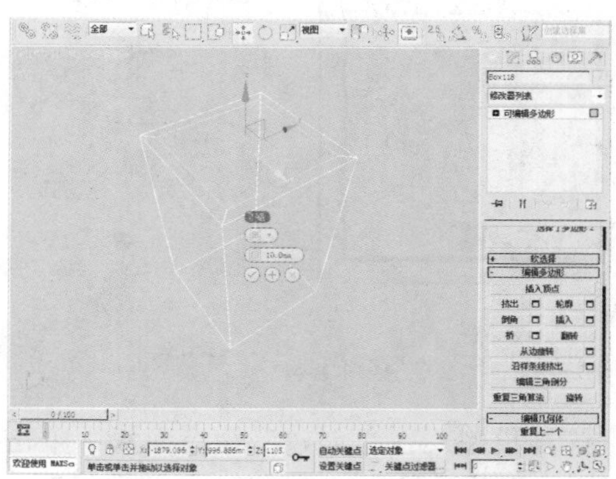

21 在“选择”卷展栏中单击“多边形”按钮，选中面后，单击“挤出”按钮后的“设置”按钮，然后设置“高度”为-180mm。

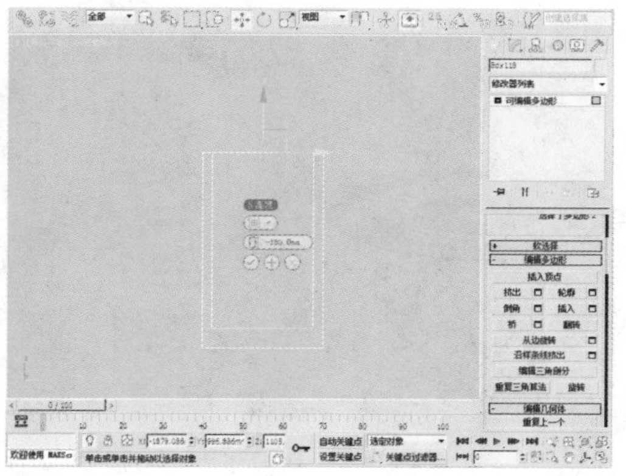

22 在“选择”卷展栏中单击“边”按钮，选中边后，单击“切角”按钮后的“设置”按钮，然后设置“切边角量”为1mm、“连接边分段”为5。

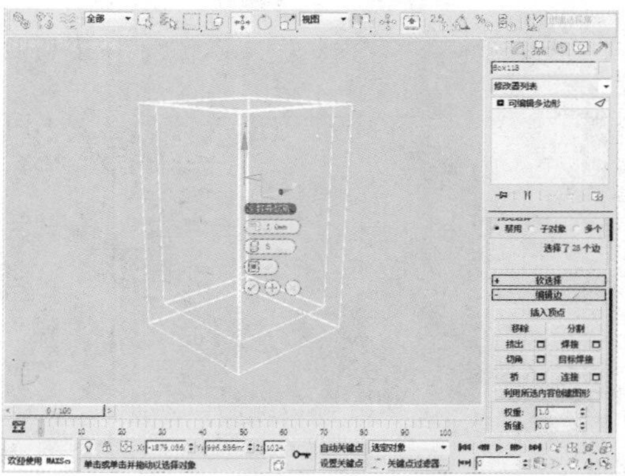

23 在“创建”命令面板中单击“线”按钮，在左视图中创建如下图所示的图形。

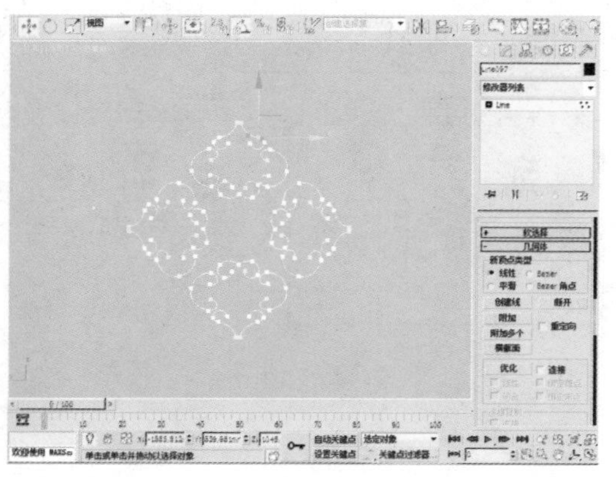

24 在“修改”命令面板的“渲染”卷展栏中勾选“在渲染中启用”和“在视口中启用”复选框，使线条显示并可渲染。

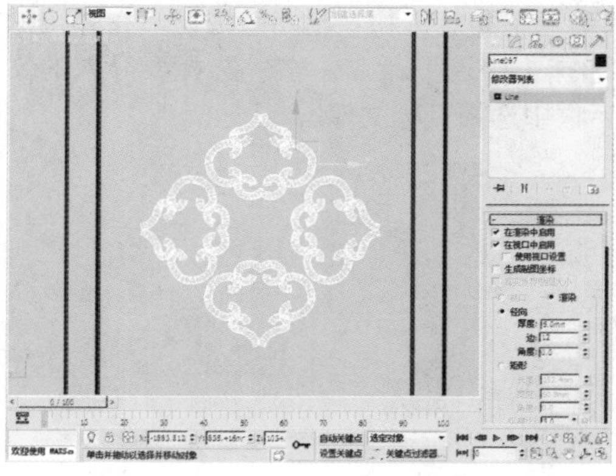

25 选中该物体，在顶视图中，对笔筒的四个面以“复制”的方式进行复制。

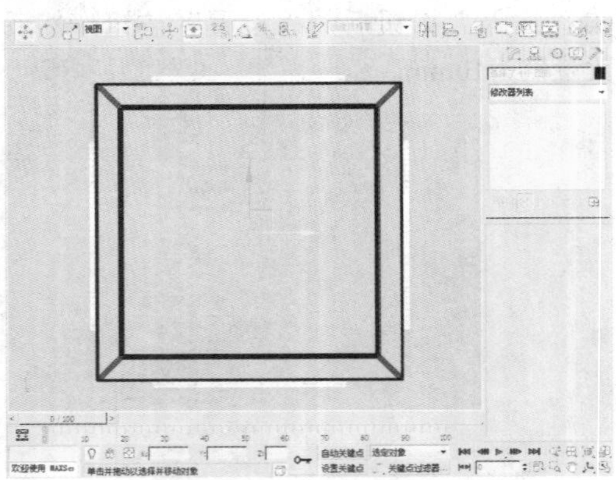

26 选中该物体，执行“组>成组”菜单命令。

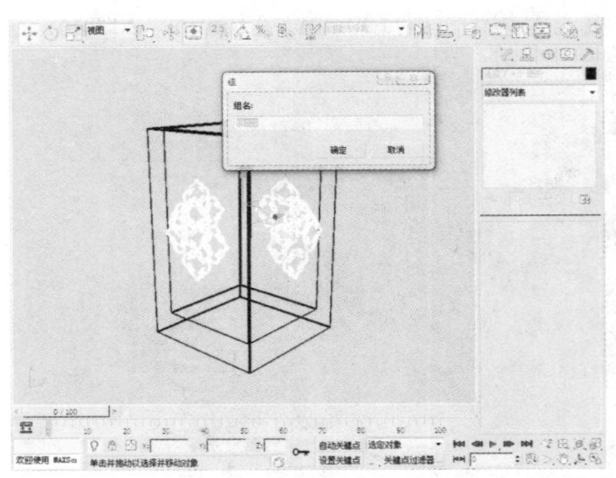

27 制作筒灯模型。在“创建”命令面板中单击“线”按钮，在前视图中创建图形，在“选择”卷展栏中单击“样条线”按钮，然后单击“轮廓”按钮对图形进行调整。

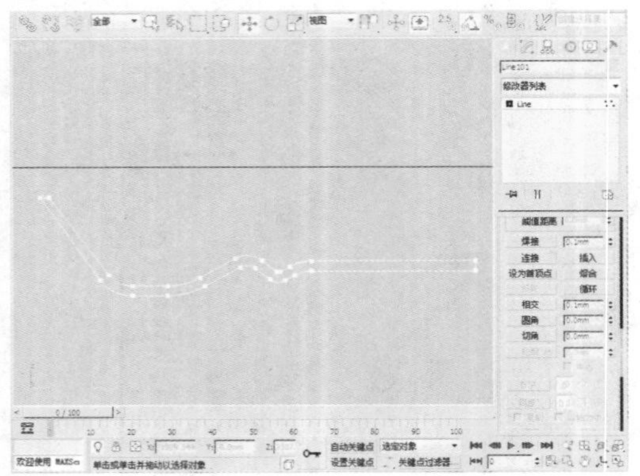

28 在“修改器列表”中选择“车削”修改器对图形进行适当调整。

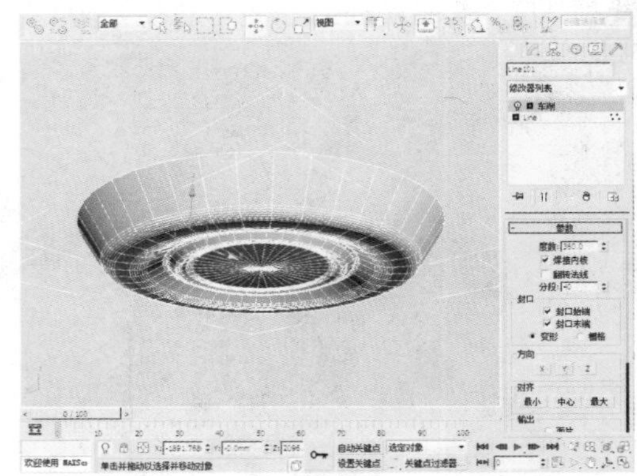

17.4 模型的导入

下面将对模型的导入操作进行介绍，需要说明的是用户需要提前将模型放置在合适位置。

01 导入毛笔架和装饰物。单击按钮，在弹出的菜单中选择“导入”命令，在“选择要导入的文件”对话框中选择目标文件。

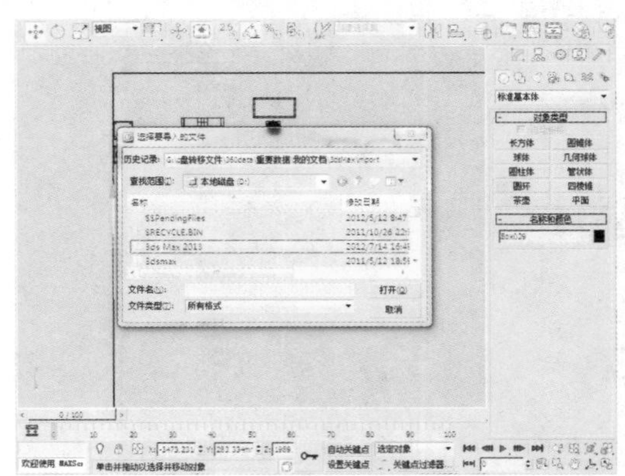

02 选中导入的毛笔架和装饰物，选择“选择并移动”工具，调整物体的位置，如下图显示。

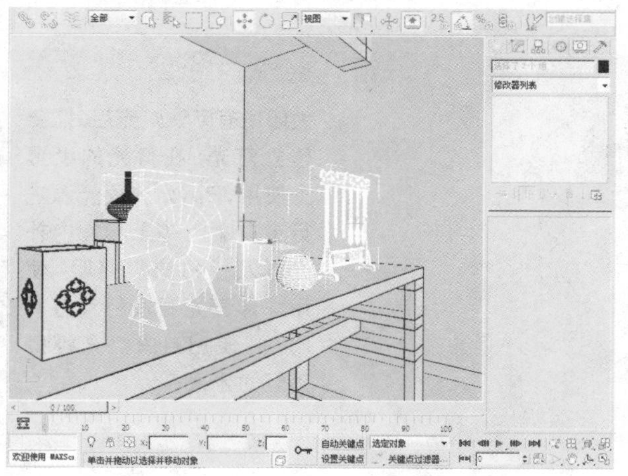

03 使用同样的方法将其他未绘制的模型导入，书房模型的最终效果如下图所示。

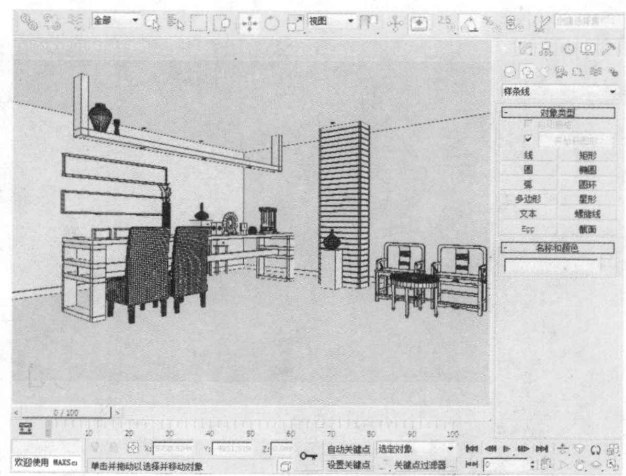

17.5 场景渲染案例分析

学习要点	通过制作一个书房场景来讲述室内的灯光设置以及书房材质的设置
结构特点	在空间结构上采用横向构图、天井式的窗式结构，家具及摆设品种繁多，主要包括书桌、椅子、休闲椅子及茶几等
材质特点	以白色乳胶漆以及黄色石材为背景材质，在家具材质的设置上以棕色木纹、藤蔓为主
灯光特点	在灯光设置上使用VRay灯光面光源进行窗口的暖色补光和室内补光，模拟灯槽照明用自由灯光
最终渲染效果	

17.6 测试渲染设置

重点提示

关闭所有默认灯光后，需要建立灯光。在灯光的设置上使用VRay灯光面光源进行窗口暖色补光和室内补光以及模拟筒灯照明，使用球形面光源进行筒灯照明，并使用自由灯光模拟筒灯的效果。

01 按F10键打开渲染设置窗口，首先设置V-Ray Adv 2.30.01为当前渲染器。

知识点

“默认灯光”选项用于设置是否使用3ds Max中的默认灯光。“反射/折射”选项用于设置是否计算VRay贴图或材质中光线的反射/折射效果。取消勾选“光泽效果”复选项后，光泽材质就不起作用，因为光泽效果参数会严重影响渲染速度，所以应该在最终渲染时勾选该复选框。

02 在V-Ray::全局开关卷展栏中设置总体参数，具体设置如下图所示。因为需要调整灯光效果，所以设置“默认灯光”为“关”。并取消勾选“反射/折射”和“光泽效果”复选框，这两项都是非常影响渲染速度的。

03 在V-Ray::图像采样器卷展栏中的参数设置如下图所示。

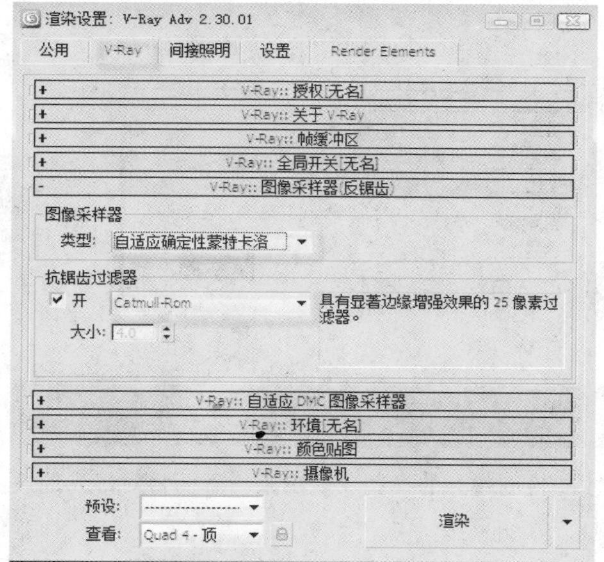

04 在“V-Ray::颜色贴图”卷展栏中设置颜色贴图类型为“线性倍增”，其他参数如下图所示。

05 在V-Ray::间接照明卷展栏中设置的参数如下图所示。

06 在V-Ray::发光图卷展栏中设置的参数如下图所示。

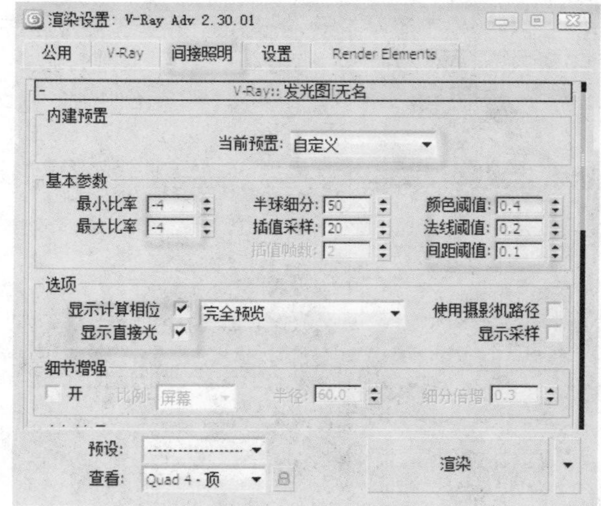

知识点

“线性倍增”这种模式将基于最终图像色彩的亮度来进行简单的倍增，一些亮度太高的颜色成分将会被限制。但使用这种模式可能会导致光源过分明亮。

07 在V-Ray::BF强算全局光卷展栏中设置的灯光参数如下图所示。

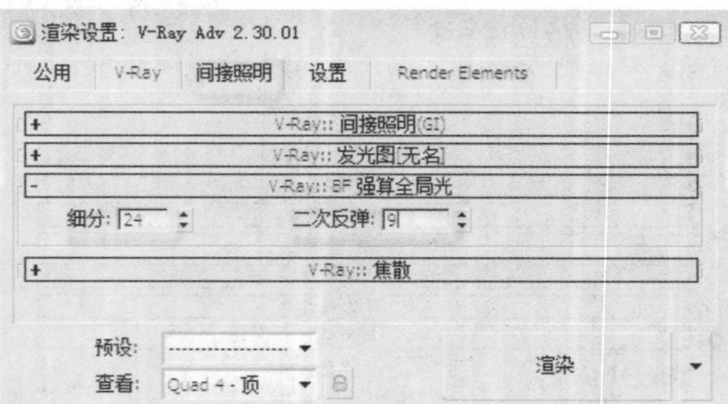

08 按8键打开“环境和效果”窗口，设置背景颜色为白色。

17.7 场景灯光设置

灯光是照亮场景的关键，设计者通过恰当的光照才能将创建好的模型表现出来。下面将对灯光的设置方法进行介绍。

01 首先制作一个统一的材质测试模型。按M键打开“材质编辑器”窗口，选择一个空白材质球，设置材质的样式为VRayMtl。

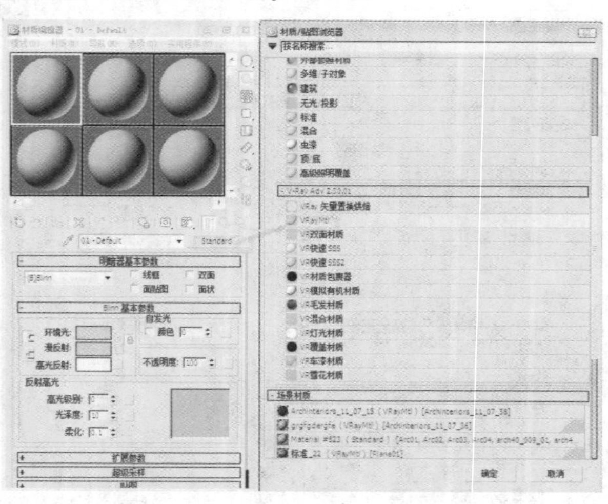

02 在“颜色选择器：漫反射”对话框中设置“亮度”为220。

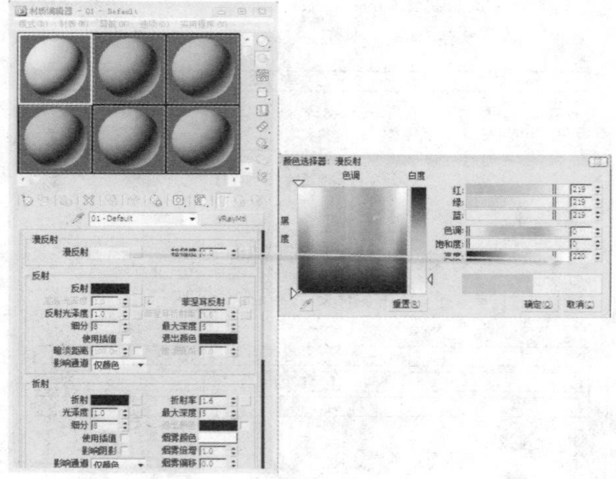

知识点

勾选“隐藏灯光”复选框后，系统会渲染隐藏的灯光效果而不会考虑灯光是否被隐藏。

知识点

VRay能够使用一种类似于发光贴图的缓存方案来加快模糊反射的计算速度，勾选“使用插值”复选框表示使用缓存方案。

03 按F10键打开渲染设置窗口，勾选“覆盖材质”复选框，并将该材质拖动到None按钮上，这样就为整体场景设置了一个临时测试用的材质。

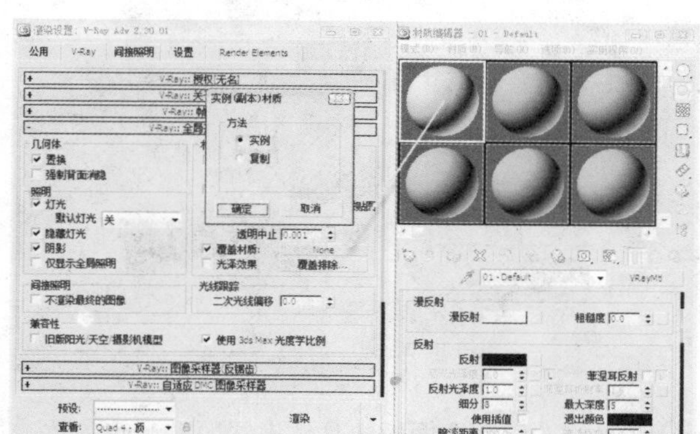

04 在“创建”命令面板中单击“灯光”按钮，在“标准”选项下单击“目标平行光”按钮，在室外创建一束目标平行光，用来模拟太阳光，具体位置如下图所示。

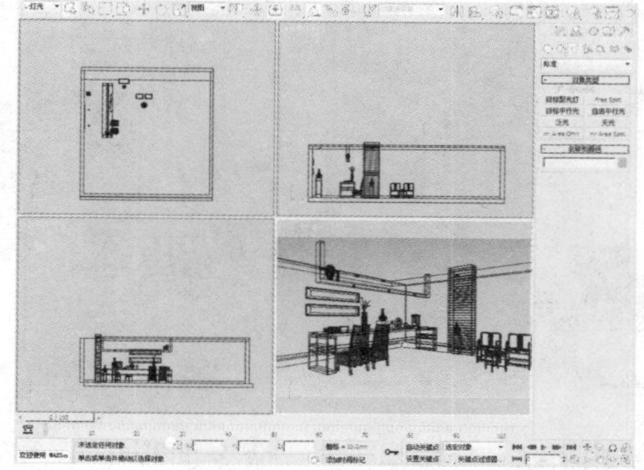

知识点

勾选“覆盖材质”复选框时，允许用户通过使用后面的材质槽指定的材质来替代场景中所有物体的材质以进行渲染。

05 在“修改”面板中进一步设置目标平行光的参数，具体设置如下图所示。

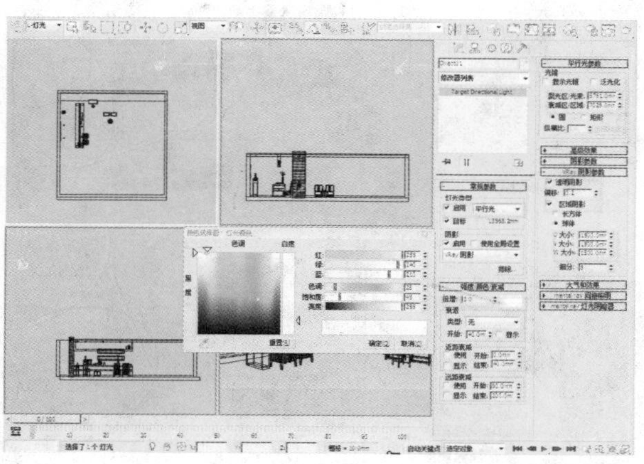

06 设置窗口补光。在“创建”命令面板中单击“灯光”按钮，在VRay选项下单击“VR灯光”按钮在窗口中建立一组叠灯，用来模拟真实的光线，具体位置如下图所示。

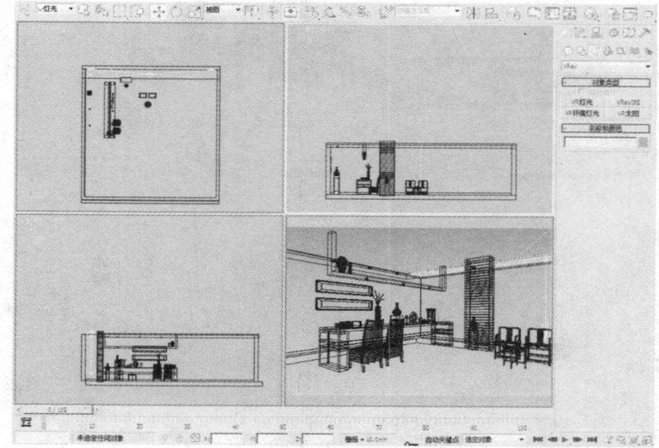

知识点

“叠灯”就是两个VRay灯光放置在一起，暖光在前冷光在后，使场景中呈现真实的光线效果。

知识点

“大气的浑浊度”：设置空气的浑浊度。这个参数越大，空气越不透明，而且会呈现出不同的阳光色，早晨和黄昏浑浊度较大，正午浑浊度较低。

07 在“修改”面板中具体设置面光源的参数，如图A、B所示。

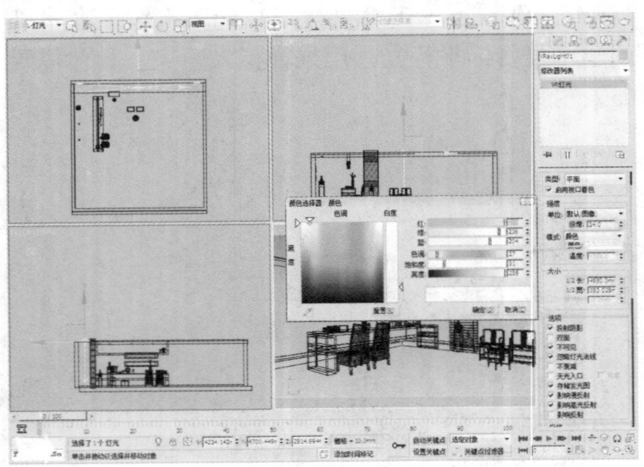

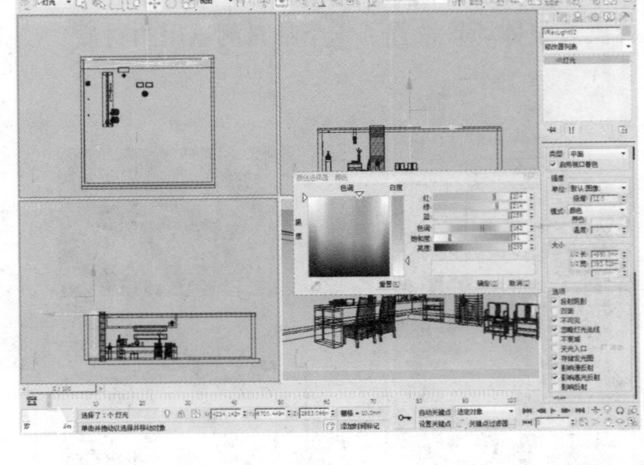

08 设置室内补光。在“创建”命令面板中单击“VR灯光”按钮，在室内建立五盏VRay灯光，用来为室内进行补光。

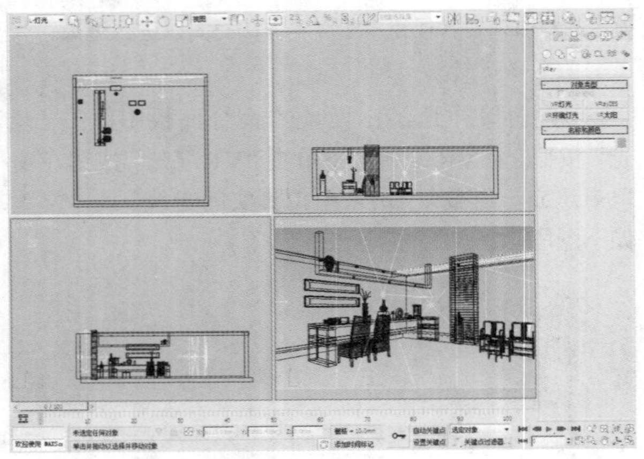

09 在“修改”命令面板中具体设置面光源的参数，如下图A、B、C、D和E所示。

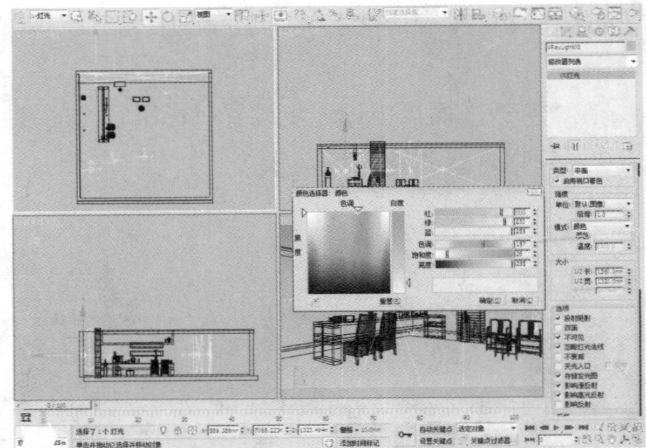

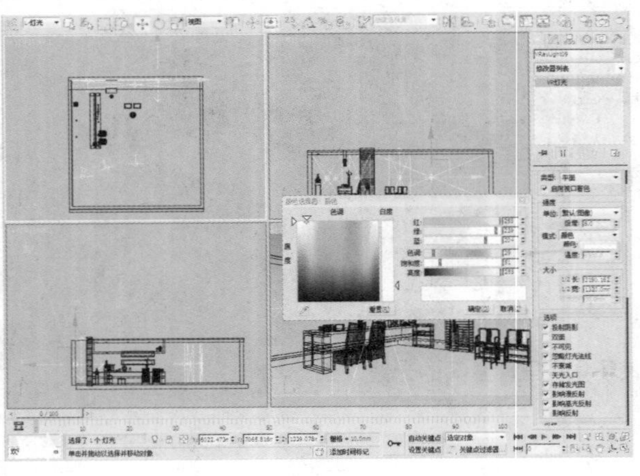

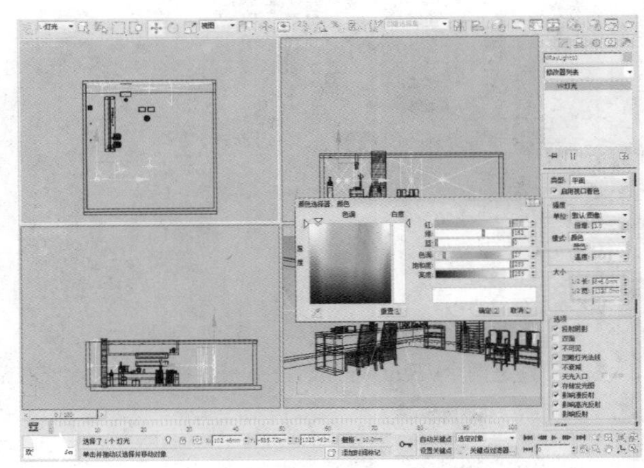

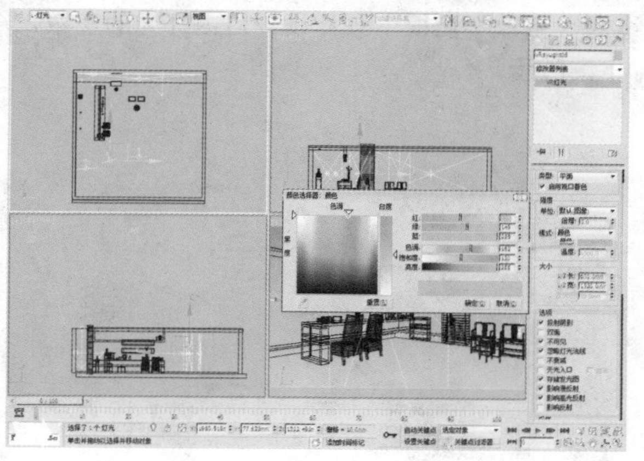

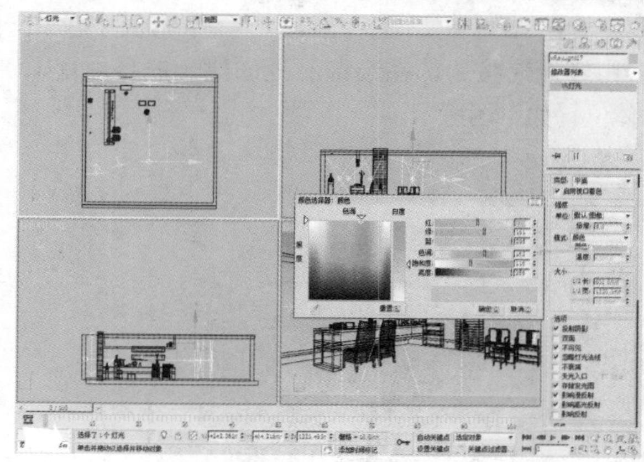

知识点

"细分"选项用于设置灯光信息的细腻程度（确定有多少模拟相机的路径被追踪），一般开始作图时设置其参数为100，可进行快速渲染测试，正式渲染时设置其参数为1000~1500，但渲染速度会很慢。

10 接下来设置筒灯的照明。在"创建"命令面板中单击"自由灯光"按钮，在天花板上建立七盏自由灯，具体位置如下图所示。

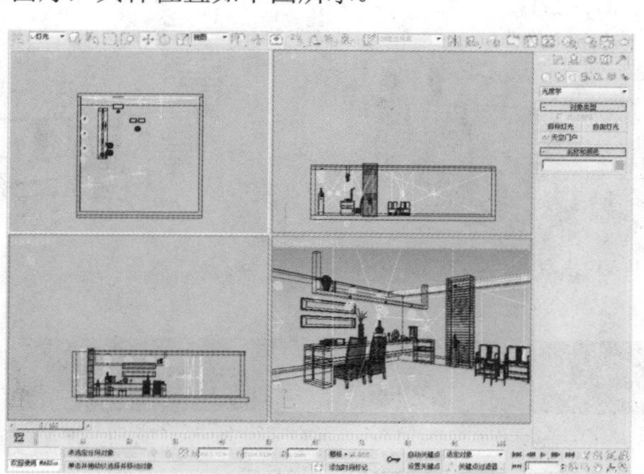

11 在"修改"面板中具体设置自由灯光的参数，如下图A、B和C所示。

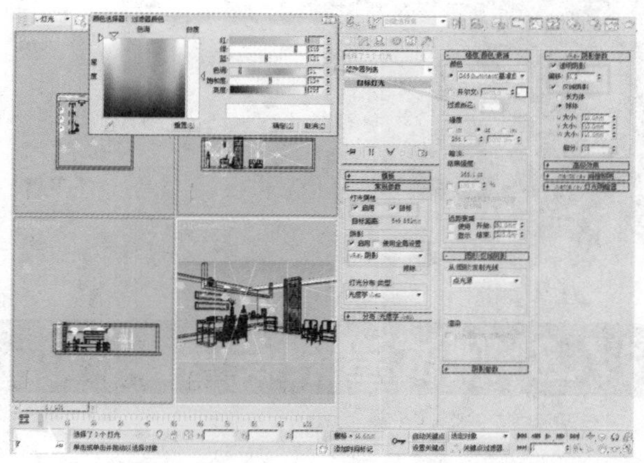

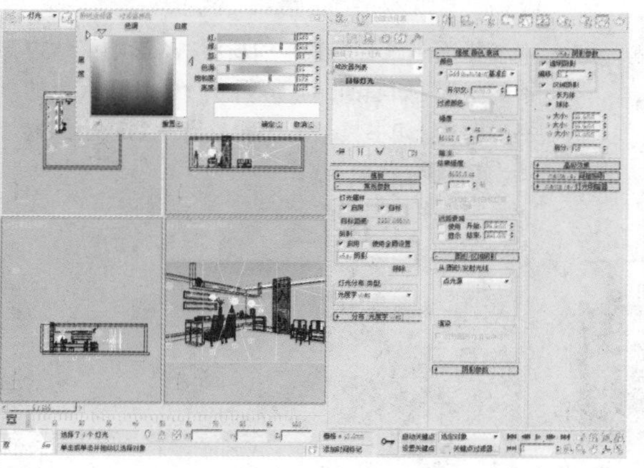

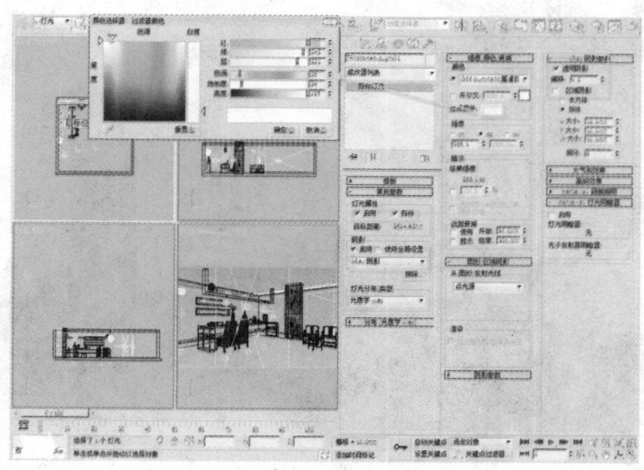

12 设置装饰灯光。在“创建”命令面板中单击“自由灯光”按钮，在装饰品上创建一盏自由灯，具体位置如下图所示。

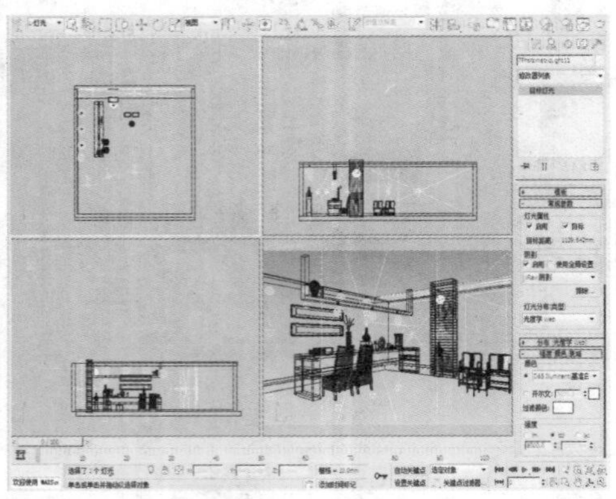

13 在“修改”面板中具体设置自由灯光的参数，如下图所示。

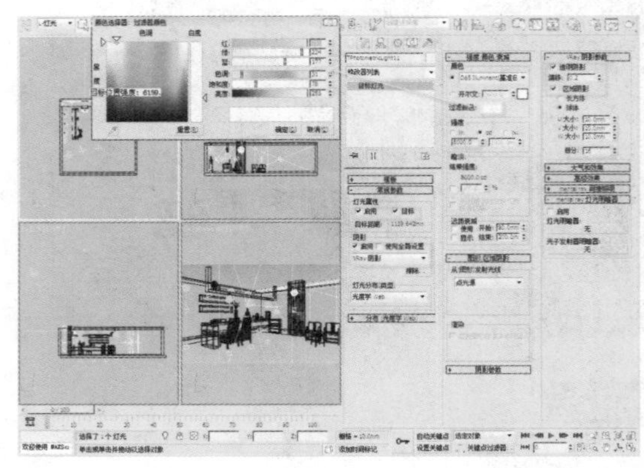

14 按下Shift+Q键对摄影机01进行渲染，此时的效果如下图所示。

15 下图是线框渲染的效果，使用线框是一种检验灯光最省时简单的方法。

17.8 测试渲染设置

重点提示

本节将逐一设置场景中的材质，从影响整体效果的材质（如墙面、地面等）开始，到较大大的书房家具（如书桌，椅子等），最后到较小的物体（如挂画，花瓶等）。

17.8.1 设置渲染参数

上一节中介绍了用于快速渲染的参数设置，目的是为了能够在观察到光效的前提下快速出图。本节涉及到了材质效果，所以要设置适合观察材质的效果。

按F10键打开渲染设置窗口，在“V-Ray::全局开关”卷展栏中的参数设置如下左图所示。

按F10键打开渲染设置窗口，在“V-Ray::颜色贴图”卷展栏中的参数设置如下右图所示。

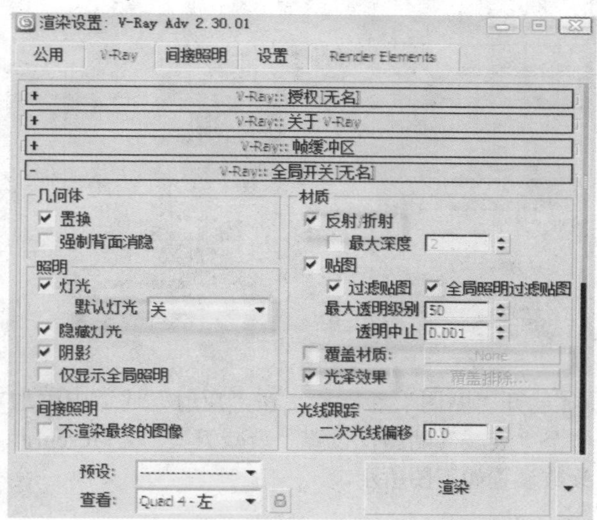

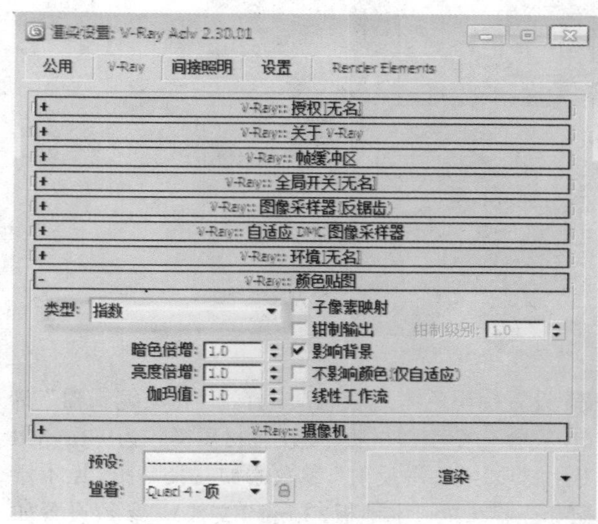

17.8.2 设置墙体、屋顶和地面材质

墙体材质包括白色乳胶材质和黄色石材材质；屋顶材质为白色乳胶材质；地面材质为棕黑色木地板材质。

01 首先设置白色乳胶漆墙体材质。打开“材质编辑器”窗口，选择一个空白材质球，设置材质样式为VRayMtl专用材质，其中“漫反射”、“反射”、“反射光泽度”和“细分”参数的设置如下图所示。

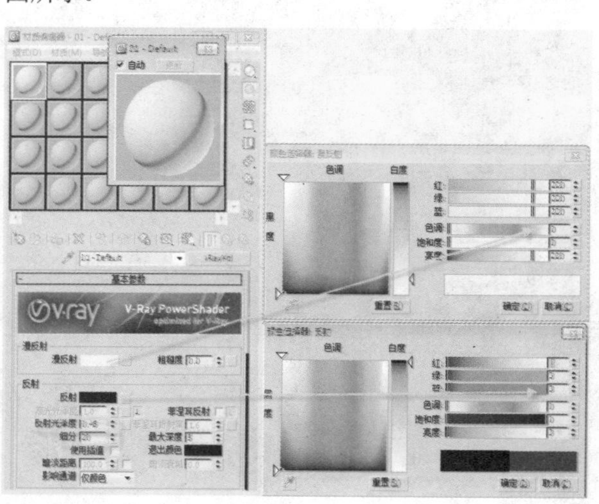

02 设置黄色石材墙体材质，打开“材质编辑器”窗口，选择一个空白材质球，设置材质样式为VRayMtl专用材质，为“漫反射”参数添加一张贴图（见本章节配套光盘中的“布料191.jpg”文件），参数设置如下图所示。

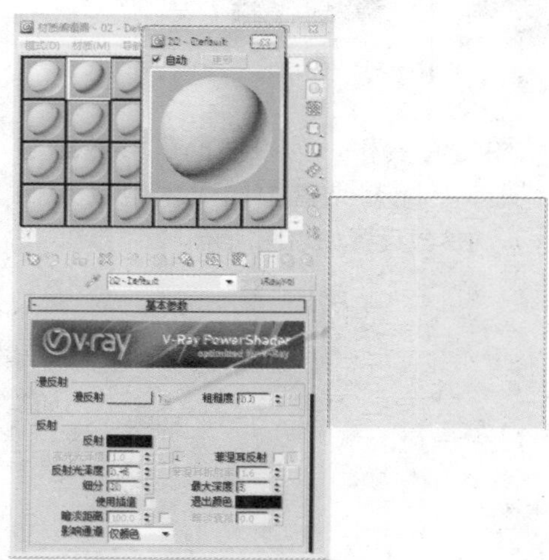

03 展开“贴图”卷展栏，在“反射”通道中添加一个“衰减”贴图，设置“衰减类型”为Fresenl，参数设置如下图所示。

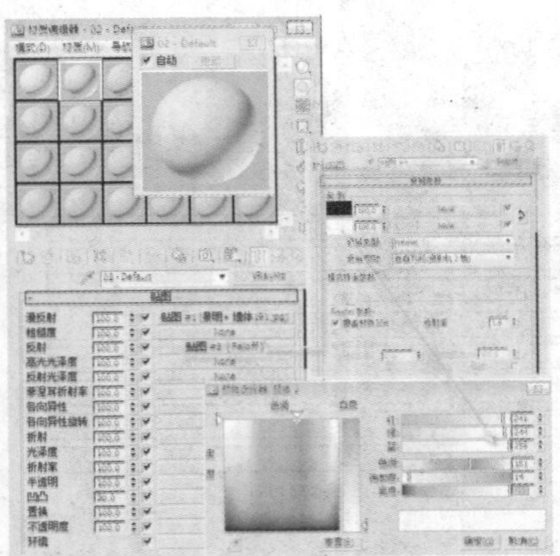

04 设置白色乳胶漆屋顶材质。打开“材质编辑器”窗口，选择一个空白材质球，设置材质样式为VRayMtl专用材质，其中“漫反射”、“反射”、“反射光泽度”和“细分”参数的设置如下图所示。

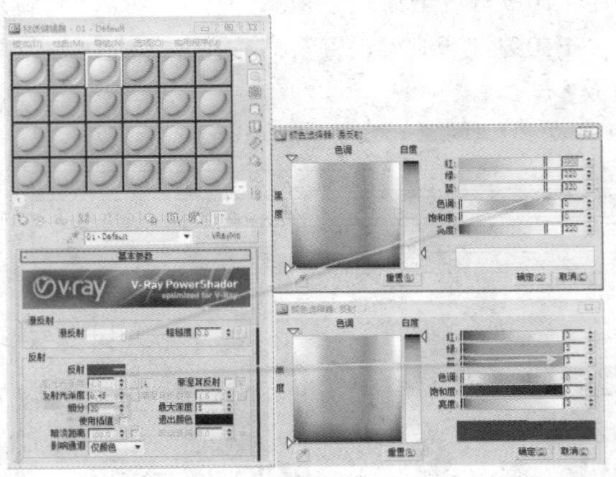

05 设置棕黑色木地板材质。打开“材质编辑器”窗口，选择一个空白材质球，设置材质样式为VRayMtl专用材质，为“漫反射”参数添加一张贴图（见本章配套光盘中的“木地板33.jpg”文件），参数设置如下图所示。

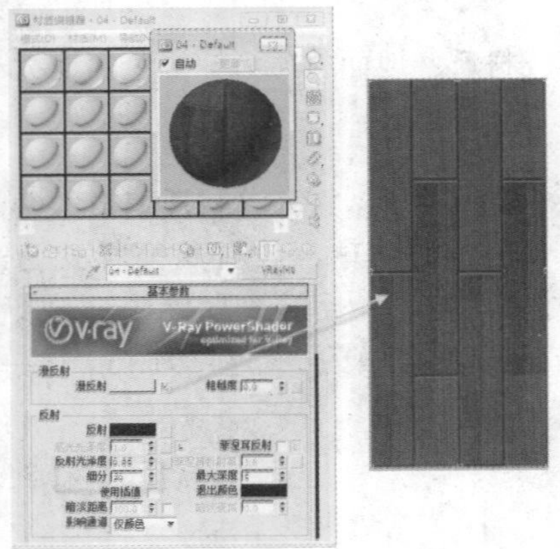

06 展开“贴图”卷展栏，在“反射”通道中添加一个“衰减”贴图，设置“衰减类型”为Fresenl，参数设置如下图所示。

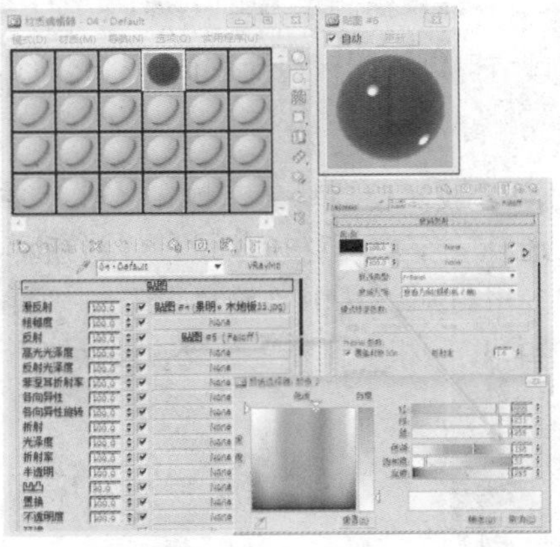

07 展开“贴图”卷展栏，为“凹凸”参数添加一张贴图（见本章配套光盘中的“木地板33凹凸.jpg”文件），参数设置如右图所示。

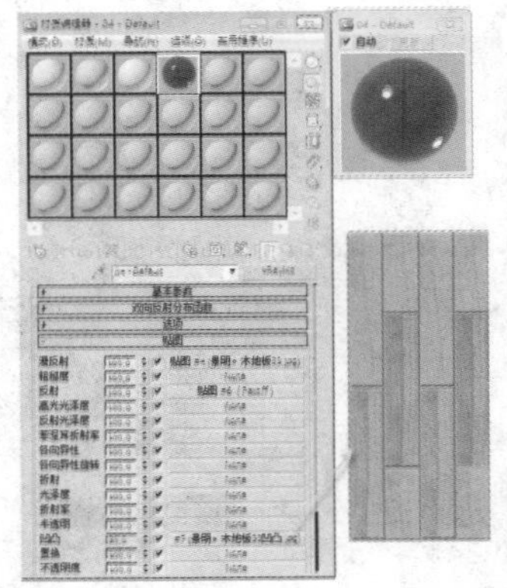

08 将所有材质分别赋予墙体、屋顶、地面模型，渲染效果如右图所示。

17.8.3 设置书房家具（书桌和椅子）材质

书桌材质为棕红色木头材质，椅子材质包括藤蔓材质和棕红色木头材质。具体设置方法如下。

01 首先设置书桌材质。打开“材质编辑器”窗口，选择一个空白材质球，设置材质样式为VRay-Mtl专用材质，为“漫反射”参数添加一个贴图（见本章配套光盘中的“木头123.jpg”文件），参数设置如下图所示。

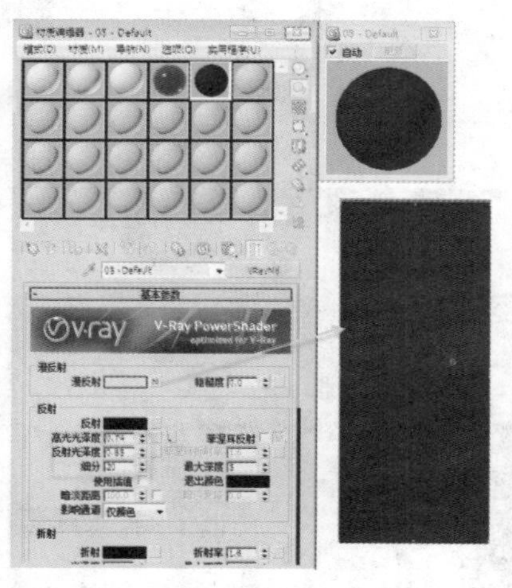

02 展开“贴图”卷展栏，在“反射”通道中添加一个“衰减”贴图，设置“衰减类型”为Fresenl，参数设置如下图所示。

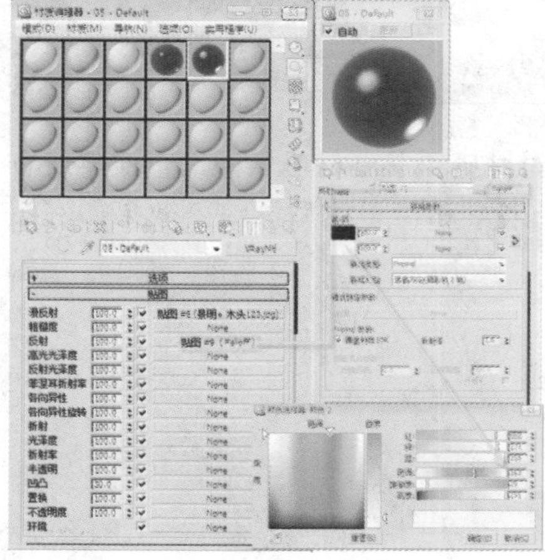

03 展开贴图卷展栏，为“凹凸”参数添加一个贴图（见本章配套光盘中的“木头123.jpg”文件），参数设置如右图所示。

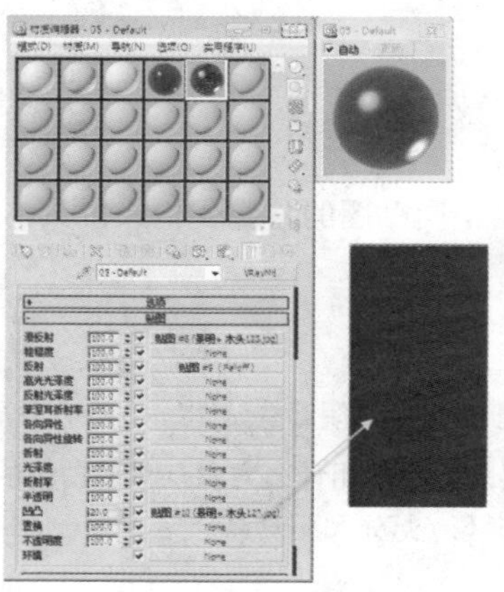

04 接着设置椅子材质。打开“材质编辑器”窗口，选择一个空白材质球，设置材质样式为VRay-Mtl专用材质，为“漫反射”参数添加一个贴图（见本章配套光盘中的“布料198.jpg”文件），参数设置如下图所示。

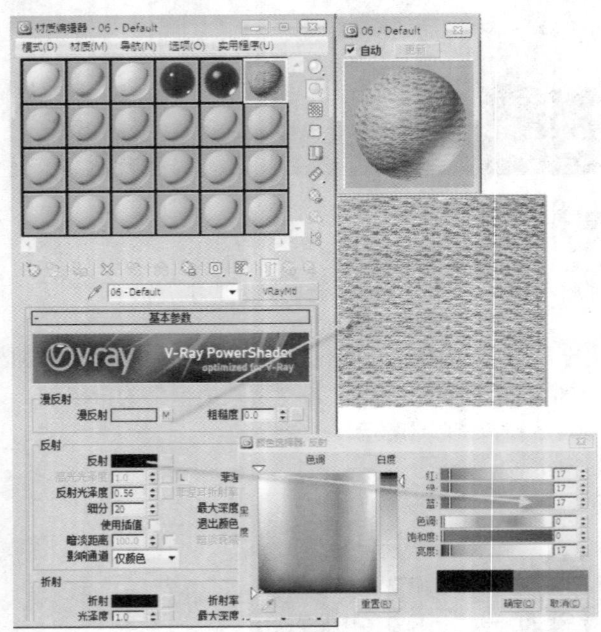

05 展开“贴图”卷展栏，为“凹凸”参数添加一个贴图（见本章配套光盘中的“布料198.jpg”文件），参数设置如下图所示。

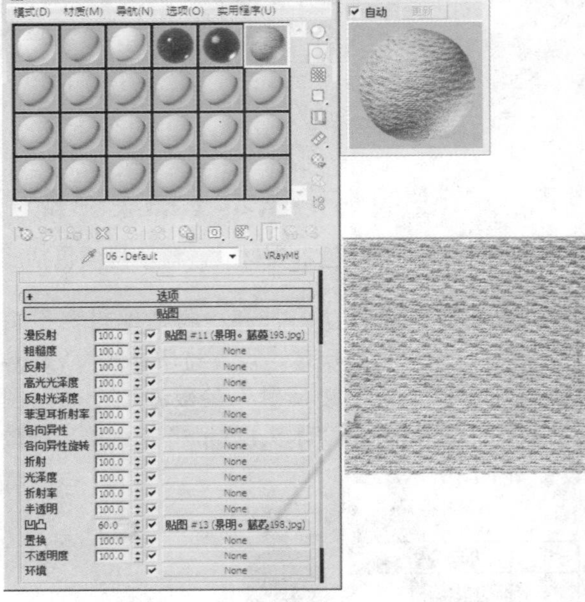

06 椅子腿部的材质和书桌材质一样。至此将所有材质分别赋予书桌和椅子模型，渲染效果如右图所示。

17.8.4 设置花瓶材质

花瓶材质主要由不同贴图的青花瓷构成。具体设置方法如下。

知识点

VRayMtlMrapper材质可以控制阴影的贴图。

“衰减类型”选项用来决定使用什么方式从黑到白色的过渡衰减。共有5种选择方式，垂直/平行、朝向/背离、Fresnel（菲涅尔）、阴影/灯光和距离混合。

01 首先设置青花瓷材质。打开“材质编辑器”窗口，选择一个空白材质球，设置材质样式为VRayMtl专用材质，为“漫反射”选项添加一个贴图（见本章配套光盘中的“陶瓷02.jpg”文件），参数设置如下图所示。

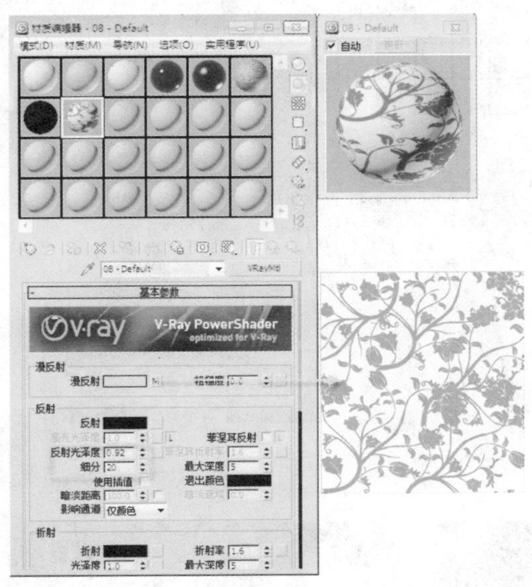

02 展开“贴图”卷展栏，为“反射”参数中添加一个衰减贴图，设置“衰减类型”为Fresenl，参数设置如下图所示。

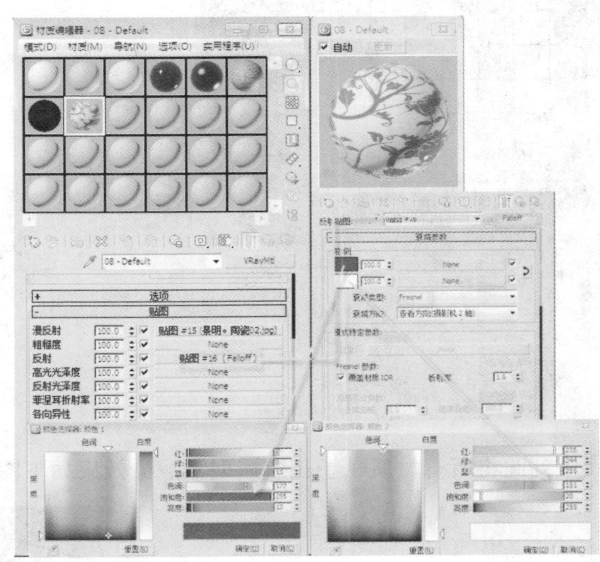

03 设置青花瓷材质。打开“材质编辑器”窗口，选择一个空白材质球，设置材质样式为VRayMtl专用材质，为“漫反射”参数添加一个贴图（见本章配套光盘中的“陶瓷01.jpg”文件），参数设置如下图所示。

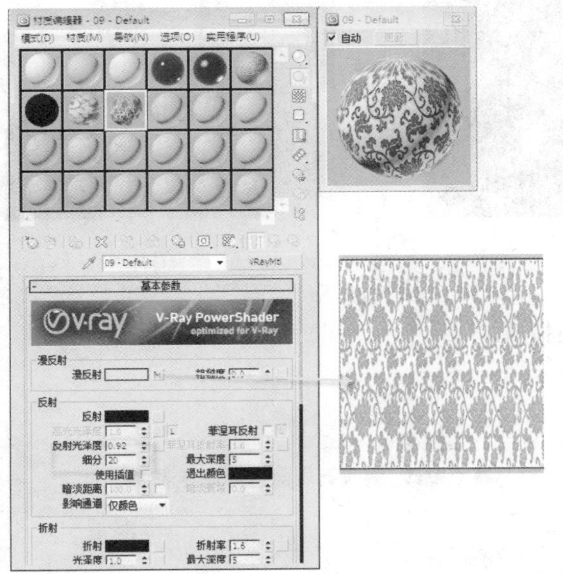

04 展开“贴图”卷展栏，为“反射”参数添加一个衰减贴图，设置“衰减类型”为Fresenl，参数设置如下图所示。

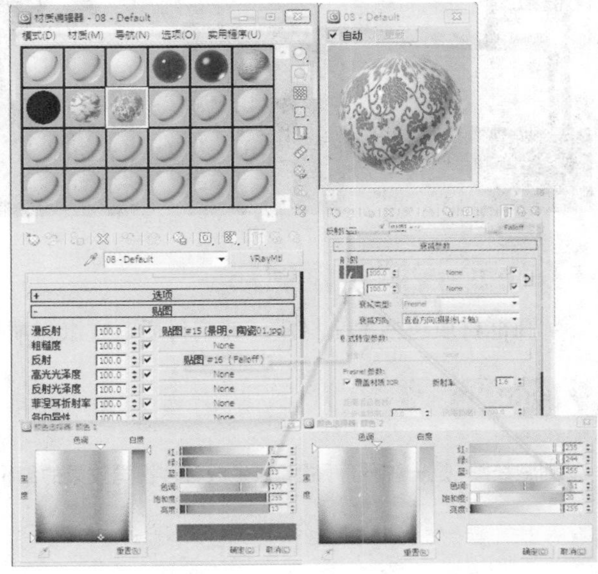

05 设置青花瓷材质。打开“材质编辑器”窗口，选择一个空白材质球，设置材质样式为VRayMtl专用材质，参数设置如下图所示。

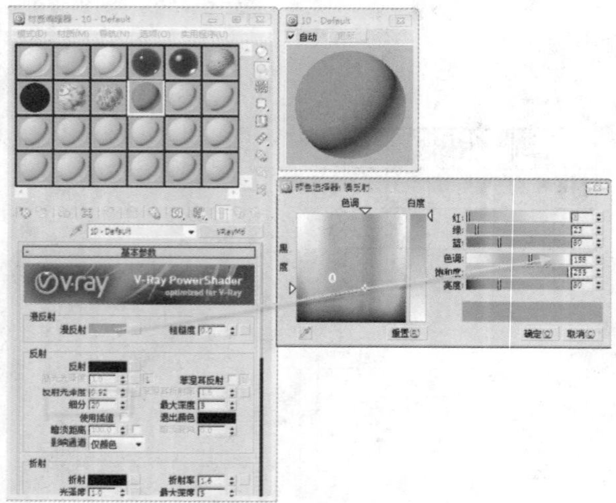

06 展开“贴图”卷展栏，为“反射”参数添加一个衰减贴图，设置“衰减类型”为Fresenl，参数设置如下图所示。

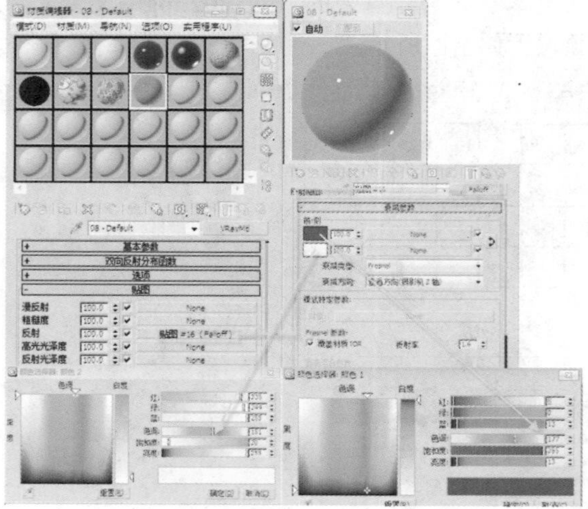

07 到此将所有材质赋予花瓶模型，渲染效果如下图所示。

17.8.5 设置画框材质

画框材质包括木头材质、玻璃材质、宣纸材质和字画材质。

知识点

“细胞贴图”是一种程序贴图，可生成各种视觉效果的细胞图案，包括马赛克瓷砖、鹅暖石表面甚至海洋表面。

01 首先设置外框材质。打开“材质编辑器”窗口，选择一个空白材质球，设置材质样式为VRayMtl专用材质，为“漫反射”参数添加一个贴图（见本章配套光盘中的“木头123.jpg”文件），参数设置如下图所示。

02 展开“贴图”卷展栏，为“反射”参数添加一个衰减贴图，设置“衰减类型”为Fresenl，参数设置如下图所示。

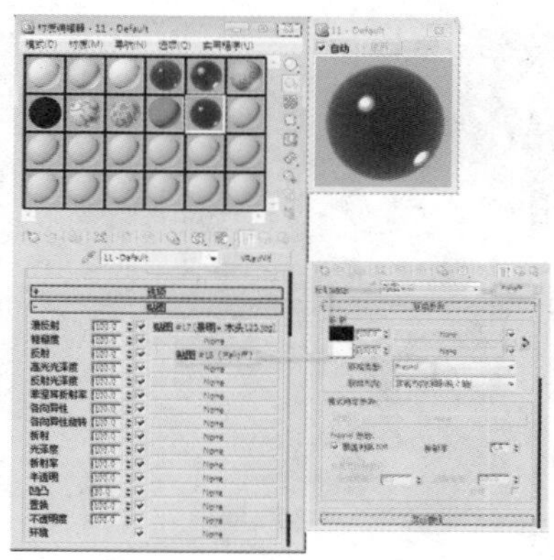

03 展开“贴图”卷展栏，为“凹凸”参数添加一个贴图（见本章配套光盘中的“木头123.jpg”文件），参数设置如下图所示。

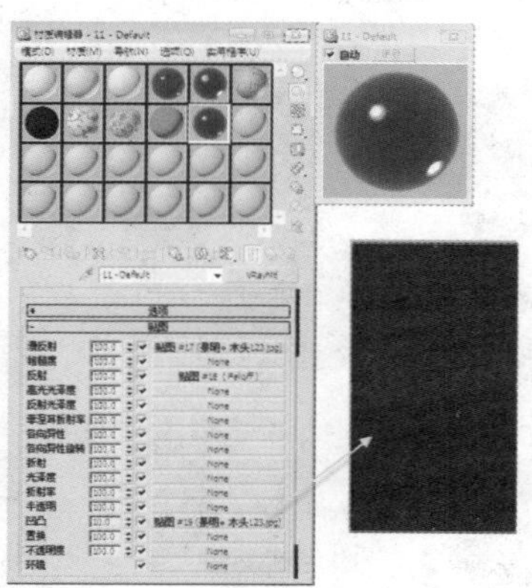

04 设置玻璃材质。打开“材质编辑器”窗口，选择一个空白材质球，设置材质样式为VRayMtl专用材质，其中“漫反射”、“反射”、“反射光泽度”和“细分”参数设置如下图所示。

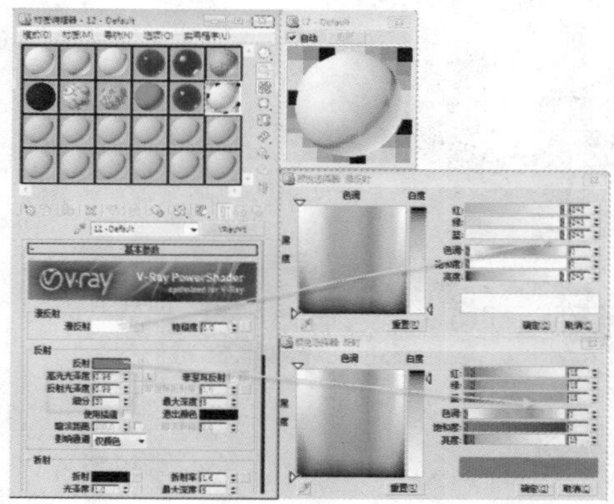

05 接着设置“折射”的参数，具体参数如右图所示。

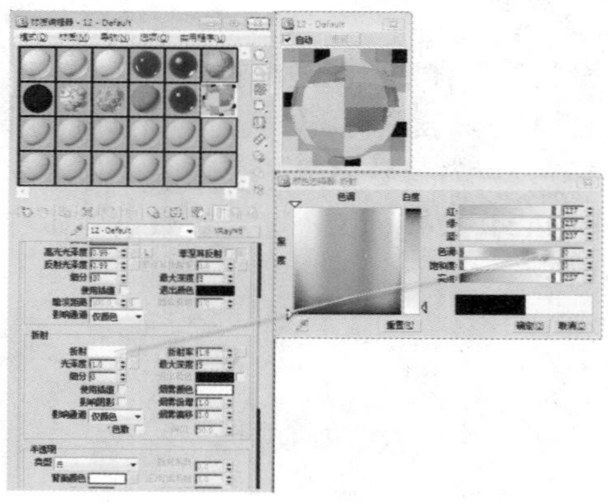

知识点

勾选“Affect shadows（影响阴影）”复选框将导致物体投射透明阴影，透明颜色的颜色决定于折射颜色和雾颜色。

06 设置宣纸材质。打开“材质编辑器”窗口，选择一个空白材质球，设置材质样式为VRayMtl专用材质，其中“漫反射”、“反射”、“反射光泽度”和“细分”值的设置如下图所示。

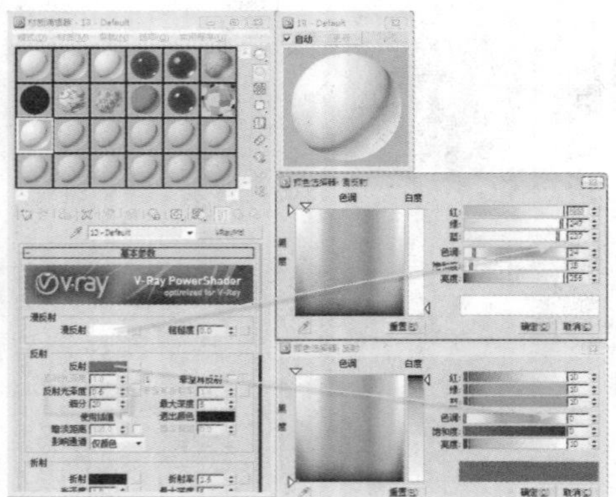

08 接着设置“反射”的参数，具体参数如下图所示。

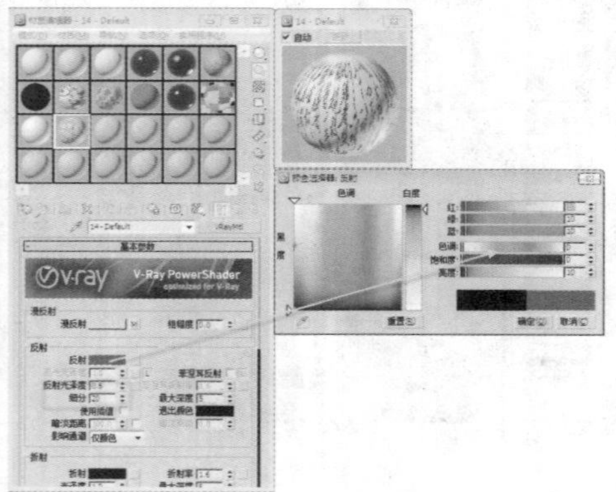

10 设置字画材质。打开“材质编辑器”窗口，选择一个空白材质球，设置材质样式为VRayMtl专用材质，为“漫反射”参数添加一个贴图（见本章配套光盘中的h2d_224.jpg文件），参数设置如右图所示。

07 设置字画材质。打开“材质编辑器”窗口，选择一个空白材质球，设置材质样式为VRayMtl专用材质，为“漫反射”参数添加一个贴图（见本章配套光盘中的“中国字画21.jpg”文件），参数设置如下图所示。

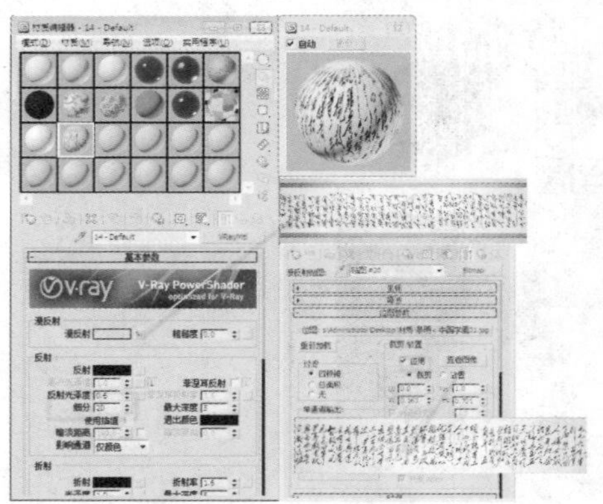

09 设置字画材质。打开“材质编辑器”窗口，选择一个空白材质球，设置材质样式为VRayMtl专用材质，为“漫反射”参数添加一个贴图（见本章配套光盘中的“中国字画11.jpg”文件），参数设置如下图所示。

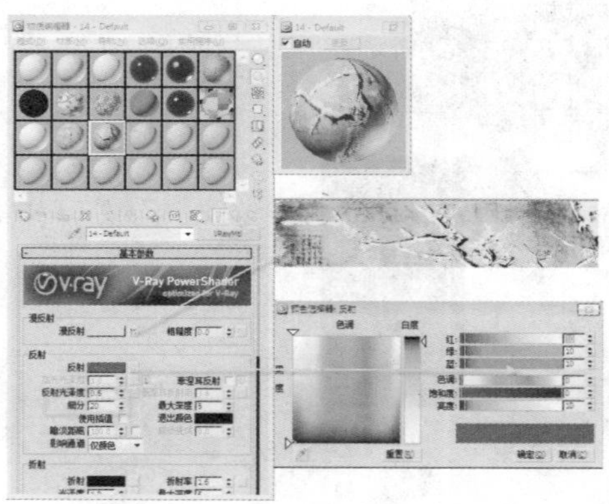

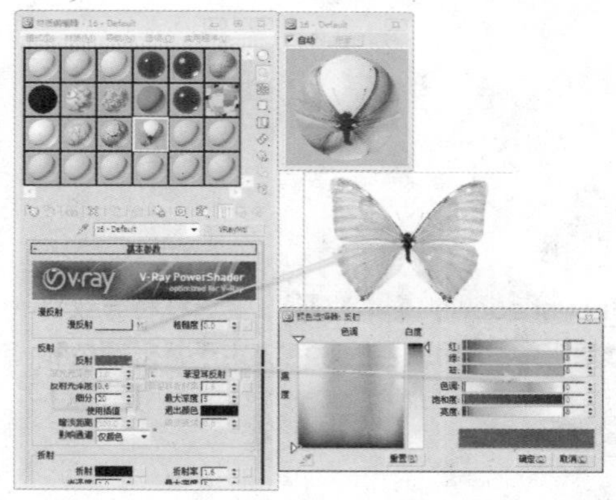

11 展开“贴图”卷展栏，为“不透明度”参数添加一个贴图（见本章配套光盘中的hd2_224-1.jpg文件），参数设置如下图所示。

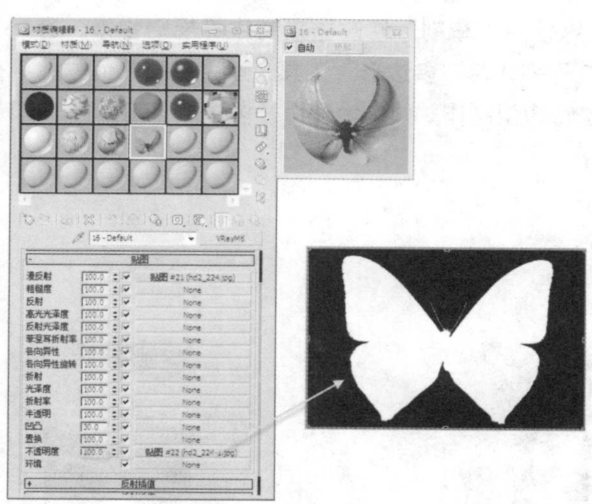

12 设置字画材质。打开“材质编辑器”窗口，选择一个空白材质球，设置材质样式为VRayMtl专用材质，为“漫反射”参数添加一个贴图（见本章配套光盘中的hd2_162.jpg文件），参数设置如下图所示。

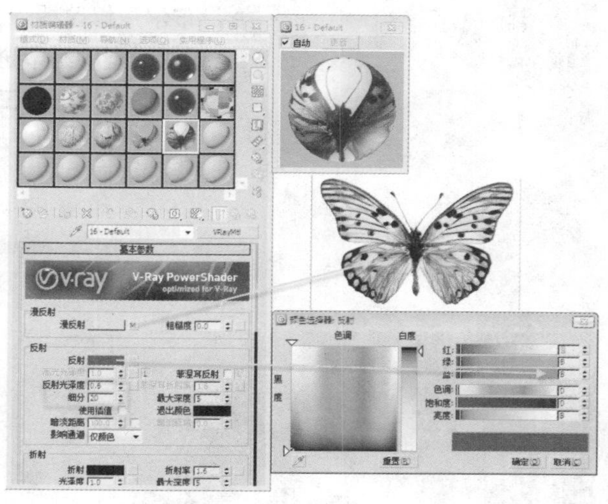

13 展开“贴图”卷展栏，为“不透明度”参数添加一个贴图（见本章配套光盘中的hd2_162-1.jpg文件），参数设置如下图所示。

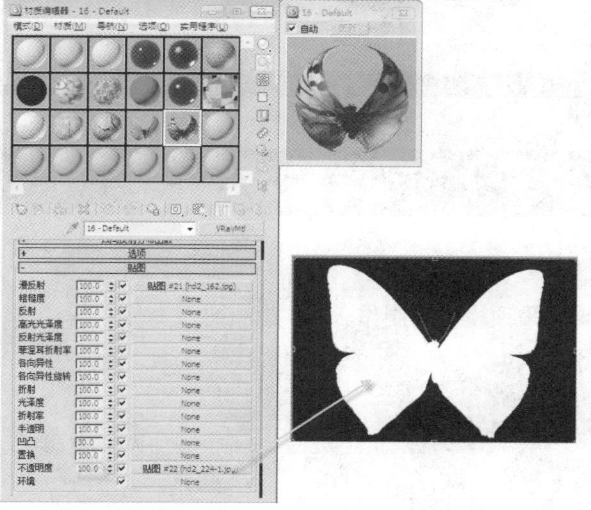

14 至此将所有材质赋予画框模型，渲染效果如下图所示。

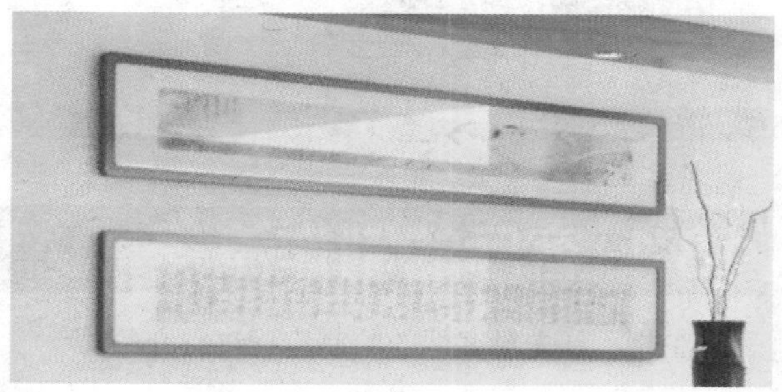

知识点

VRayMap的主要作用就是在3ds Max标准材质或第三方材质中增加反射/折射效果，其用法类似于3ds Max中光线追踪类型的贴图，在VRay中式不支持这种贴图类型的，需要的时候以VRayMap代替。

客厅的创建与渲染

本案例将介绍一款客厅模型的制作，通过具体的制作过程，让我们练习在3ds Max中使用“样条线”制作模型。通过对模型的更改来练习“布尔”修改器，并熟练使用“车削”修改器来制作等规则物体。通过对模型的细节进行刻画来练习“多边形”工具，运用基础几何物体结合“多边形”工具进行模型制作并熟练地使用“多边形”工具。

知识点

1. 样条线的使用
2. 布尔修改器的使用
3. 可编辑多边形的使用

建模效果

渲染效果

18.1 客厅的制作流程

在此，首先对客厅的绘制流程进行介绍。

01 客厅结构的制作。

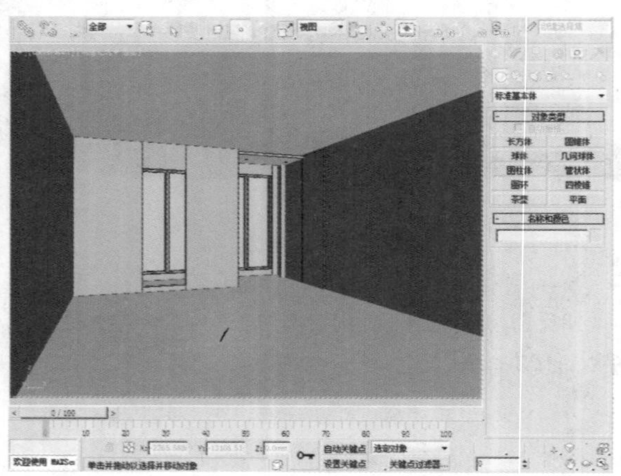

02 吊顶模型的制作。

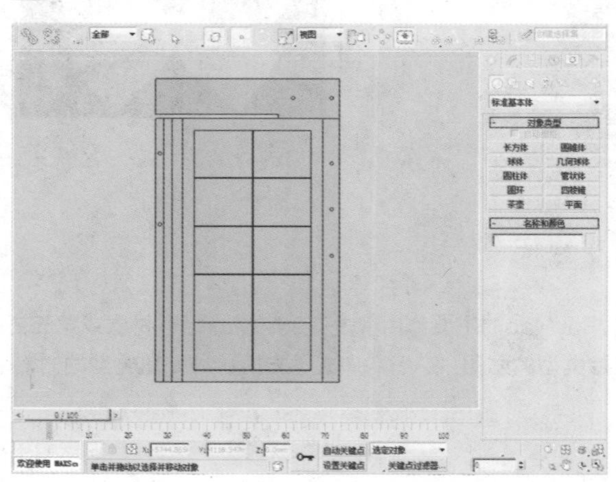

03 背景墙模型的制作。

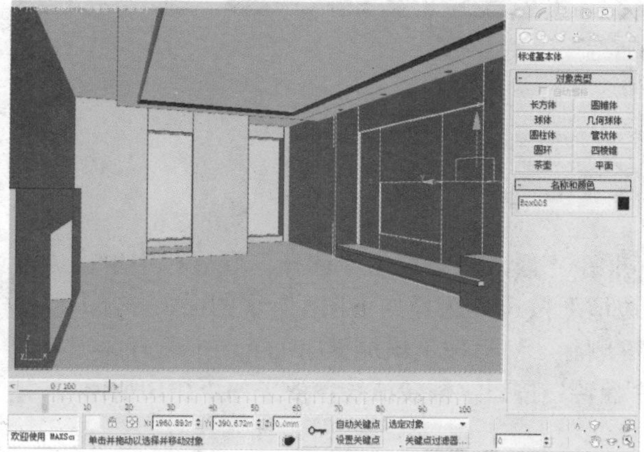

04 沙发模型的制作。

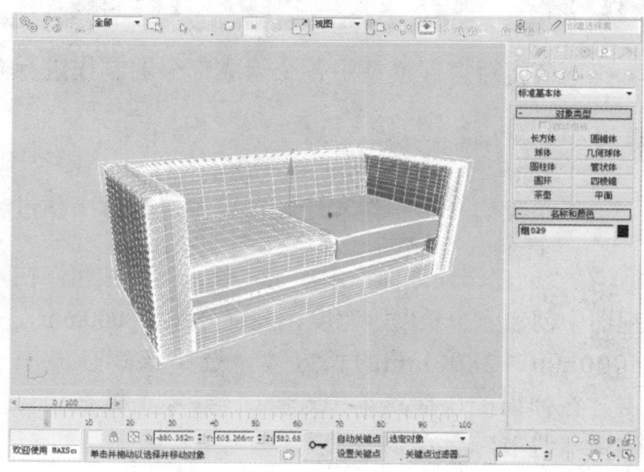

05 茶几模型的制作。

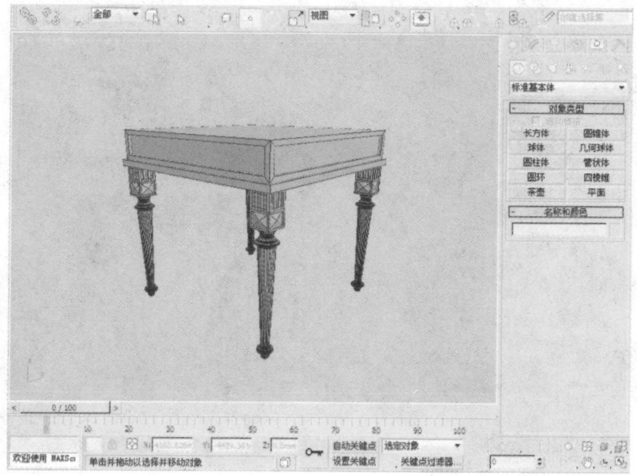

06 台灯模型的制作。

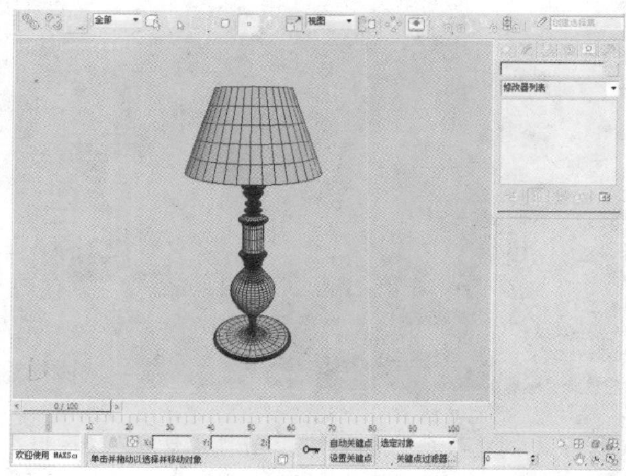

07 创建白模渲染效果。

08 创建线框渲染效果。

18.2 客厅模型的制作

本节将对客厅模型中各个组成部分的制作进行介绍。

18.2.1 客厅结构的绘制

下面我们开始制作客厅结构模型，具体操作过程如下。

01 在“创建”命令面板中单击“长方体”按钮，在视图中创建一个长度、宽度、高度分别为8000mm、5000mm、2800mm的长方体。选中该物体并右击，在弹出的快捷菜单中选择“转换为>转换为可编辑多边形”命令。

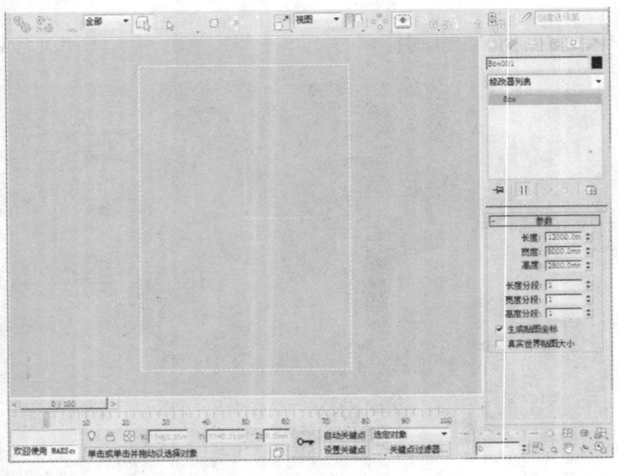

02 在“修改”面板的“选择”卷展栏中单击“多边形”按钮，选择如下图A所示的面，按下Delete键删除。然后按下快捷键Ctrl+A选中所有面，单击“翻转”按钮，翻转法线，效果如下图B所示。

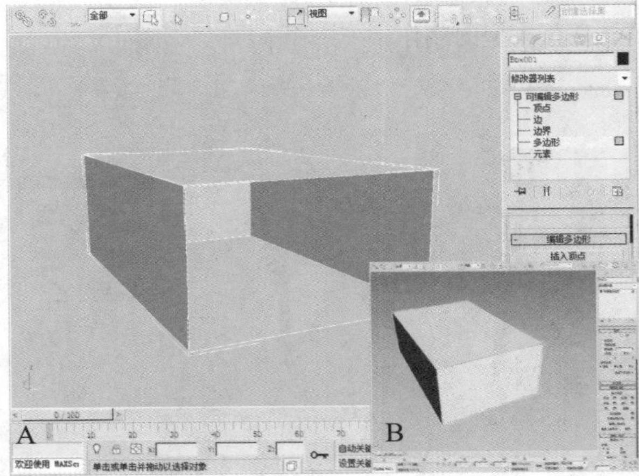

03 在“创建”命令面板中单击“摄影机”按钮，在“标准”选项下单击“目标”按钮，在顶视图中创建一个摄影机。

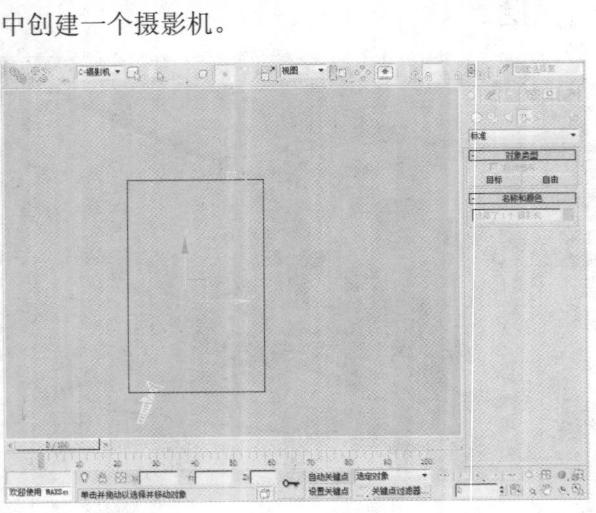

04 选中该摄影机，单击工具栏中的“选择并移动”按钮，在前视图中将摄影机提高1100mm。

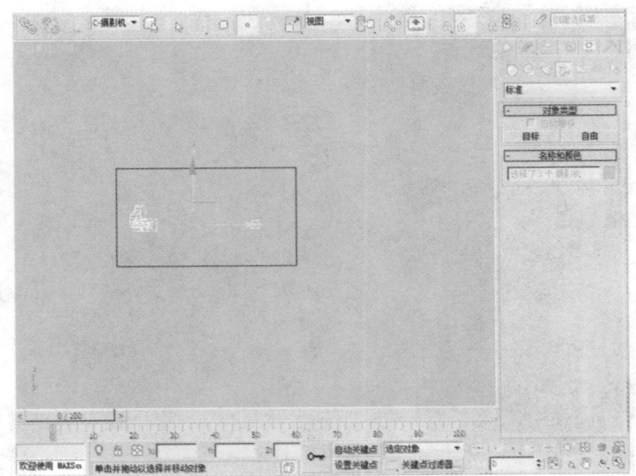

05 在“修改”面板的“选择”卷展栏中单击“边”按钮，选中边后，单击“连接”按钮后的“设置”按钮，然后设置“分段”为2，为墙体添加新的分段。

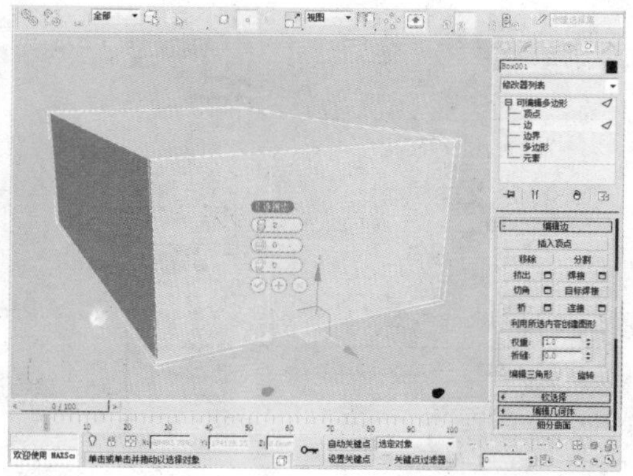

06 在“修改”面板的“选择”卷展栏中单击“顶点”按钮，选择顶点后，单击工具栏中的“选择并移动”工具，对所选择的点进行适当调整。

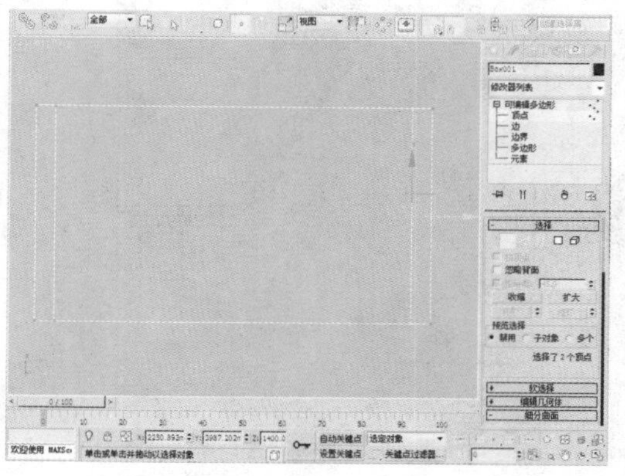

07 单击“连接”按钮后的“设置”按钮，然后设置“分段”为2，为墙体添加新的分段。

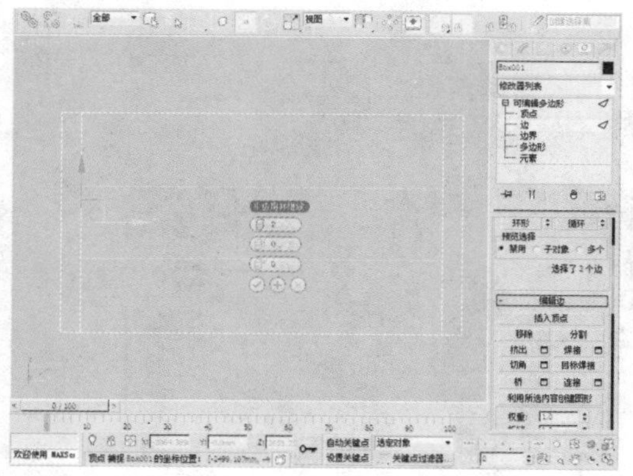

08 在“修改”面板的“选择”卷展栏中单击“顶点”按钮，选择顶点后，单击工具栏中的“选择并移动”工具，对所选择的点进行适当调整。

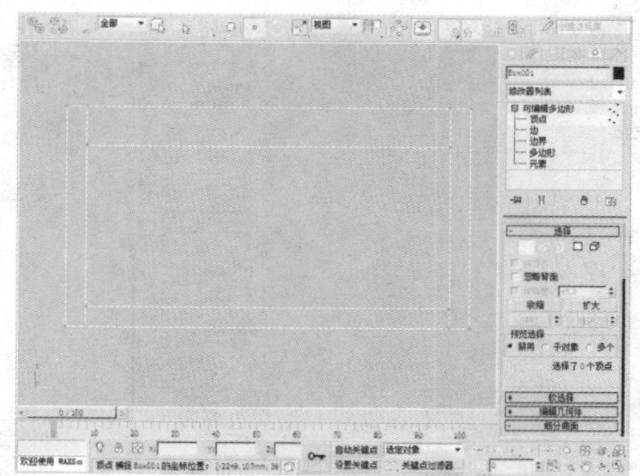

09 在“选择”卷展栏中单击“多边形”按钮，选择面后，单击“挤出”按钮后的“设置”按钮，然后设置“高度”为-240mm。

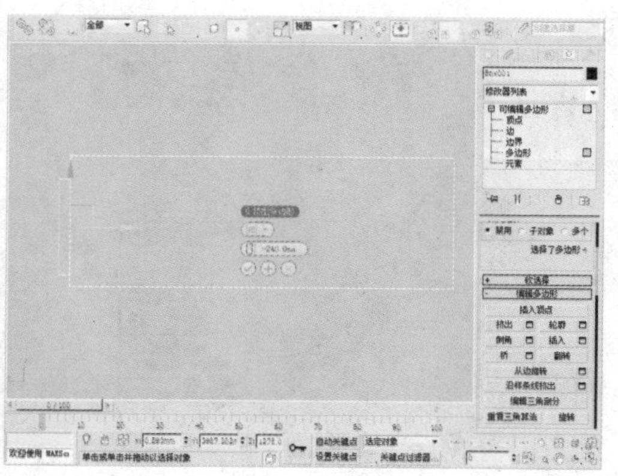

10 在“选择”卷展栏中单击“多边形”按钮，选择面后，按下Delete键将其删除。

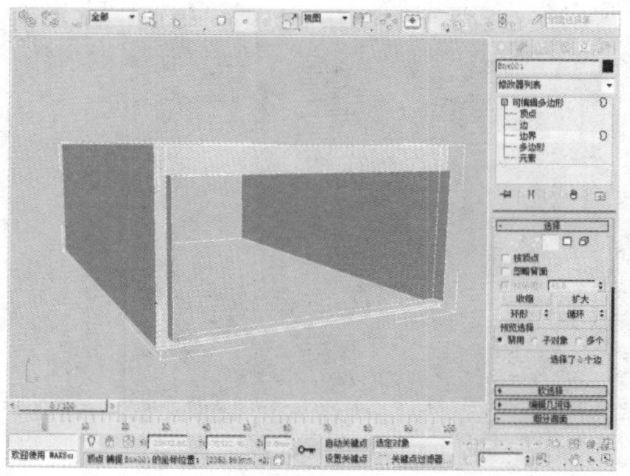

11 在“创建”命令面板中单击“长方体”按钮，在顶视图中创建一个长度、宽度、高度分别为100mm、3000mm、2800mm的长方体。选中该长方体并将其转换为可编辑多边形。

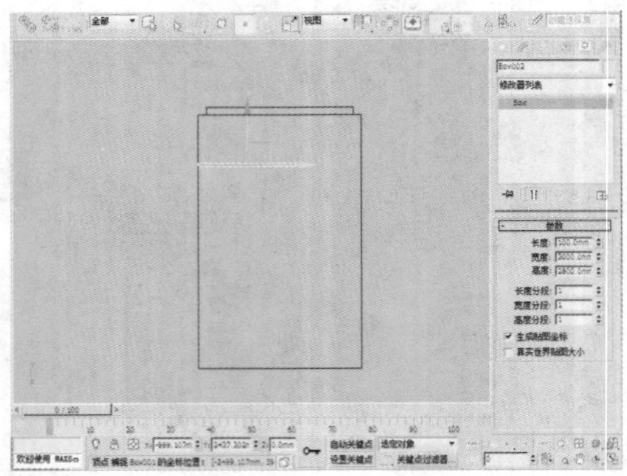

12 在“修改”面板的“选择”卷展栏中单击“边”按钮，选中边后，单击“连接”按钮后的“设置”按钮，然后设置“分段”为2，为墙体添加新的分段。

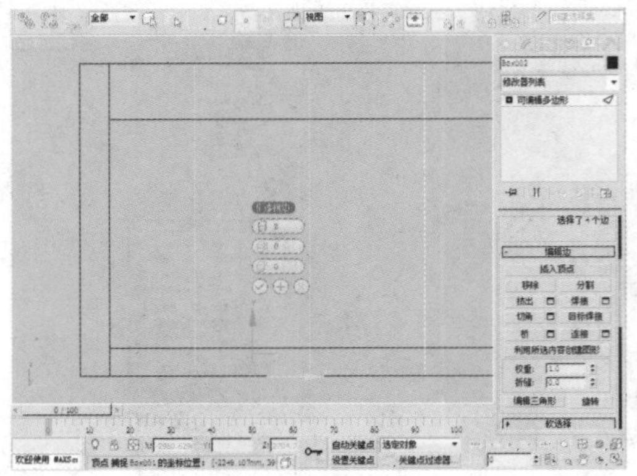

13 在“修改”面板的“选择”卷展栏中单击“顶点”按钮，选择顶点后，单击工具栏中的“选择并移动”按钮，对所选择的点进行适当调整。

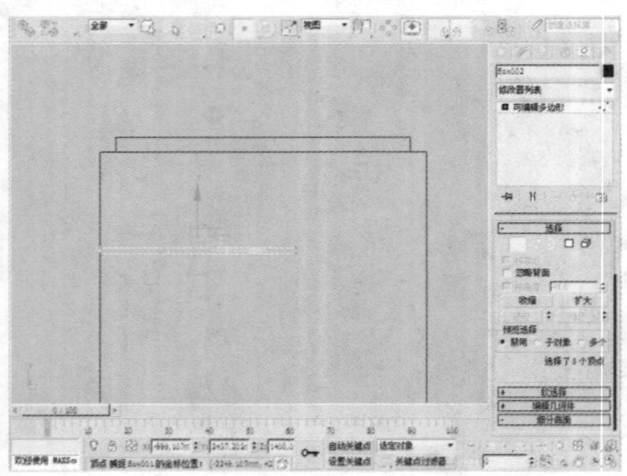

14 在“修改”面板的“选择”卷展栏中单击“边”按钮，选中边后，单击“连接”按钮后的“设置”按钮，然后设置“分段”为2。

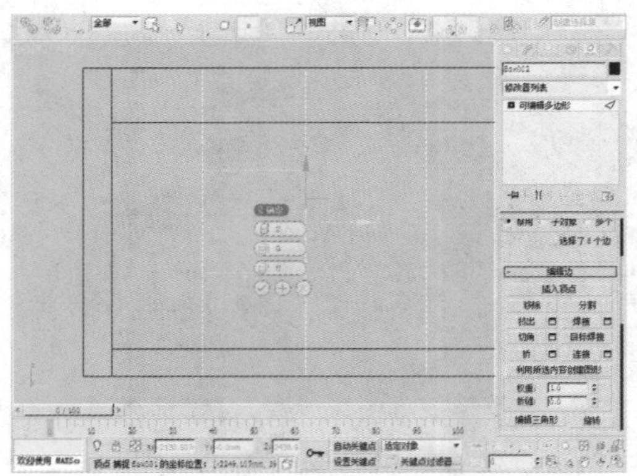

15 在“修改”面板的“选择”卷展栏中单击“顶点”按钮，选择顶点后，单击工具栏中的“选择并移动”按钮，对所选择的点进行适当调整。

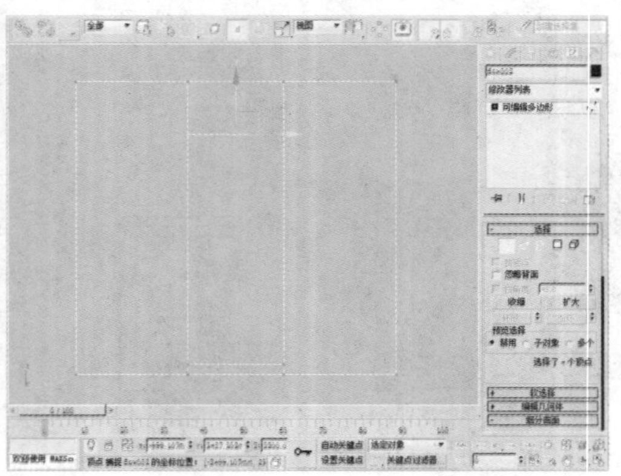

16 在“选择”卷展栏中单击“多边形”按钮，选择前后的面，单击“桥”按钮，将前后的面打通。

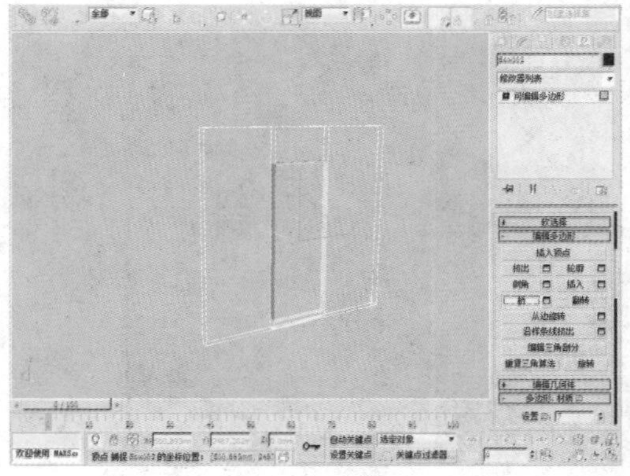

18.2.2 吊顶的绘制

下面我们开始制作吊顶模型，具体操作过程如下。

01 在“创建”命令面板中单击“圆”按钮，在顶视图中创建一个长度、宽度分别为6600mm、200mm的矩形。

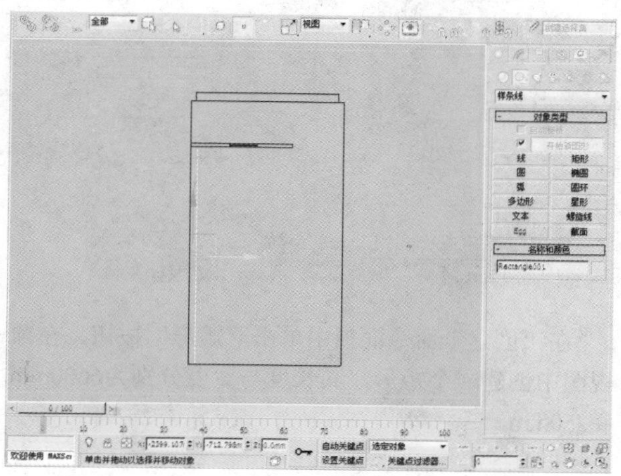

02 在“创建”命令面板中单击“圆”按钮，在顶视图中创建一个半径为40mm的圆。

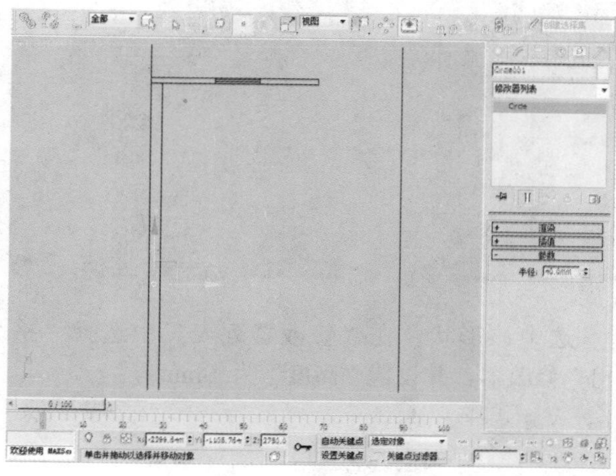

03 选中该形状，在顶视图中，单击工具栏中的“选择并移动”按钮，按住Shift键的同时沿Y轴对物体进行拖动，选择“复制”的复制方式，并设置“副本数”为1。

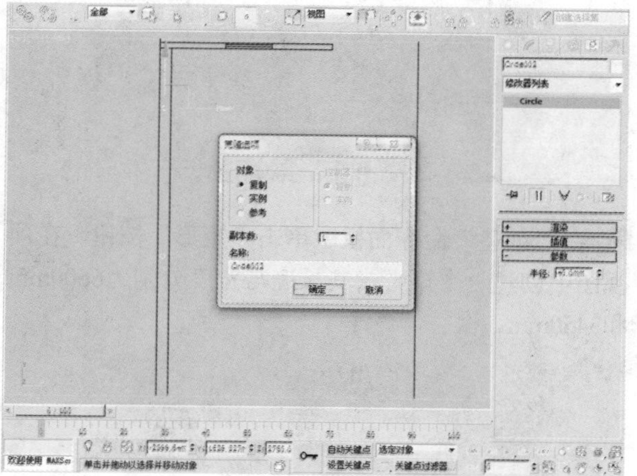

04 选中该圆，并将其转换为可编辑样条线，单击“附加”按钮，将矩形和圆附加。

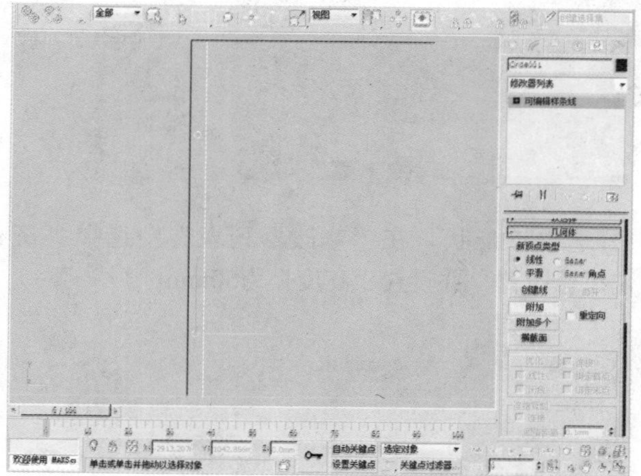

知识点

在创建一些尺寸要求非常严格或者必须要求尺寸支持的复杂对象时，对大量尺寸的记忆尤为重要。有时我们需要将它们记在一张纸上或其他文件中，以便在之后的创建过程中再次用到或参考这些数据，此时AutoCAD文件即可作为一种承载数据的媒介。

05 选中该形状，在“修改器列表”中选择“挤出”修改器，并设置“高度”为50mm。

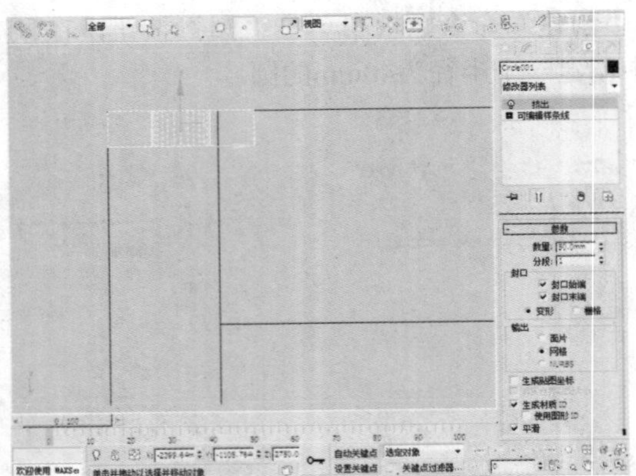

06 在“创建”命令面板中单击“矩形”按钮，在顶视图中创建一个矩形，其长度、宽度分别为6600mm、200mm。

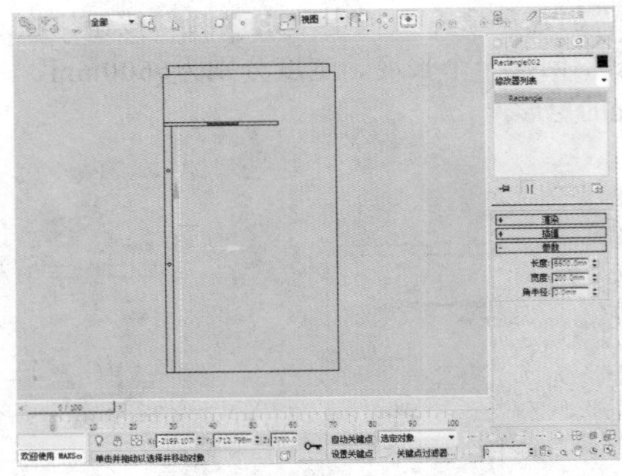

07 选中该形状，在“修改器列表”中选择“挤出”修改器，并设置“高度”为50mm。

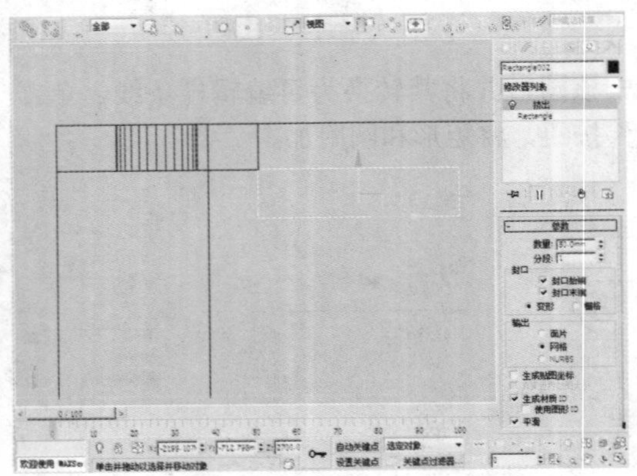

08 在“创建”命令面板中单击“矩形”按钮，在顶视图中创建一个矩形，其长度与宽度分别为6600mm和250mm。

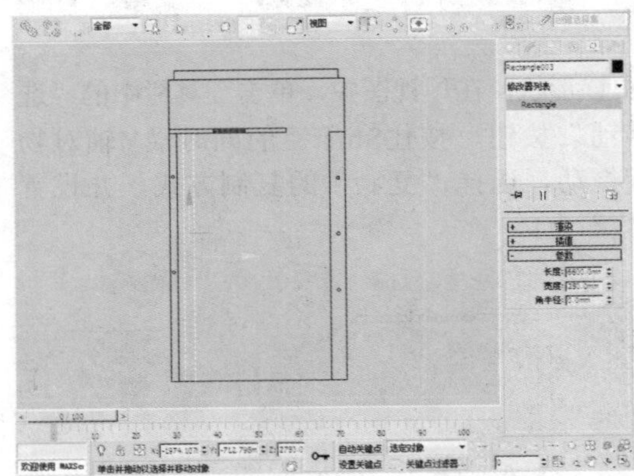

09 选中该形状，在“修改器列表”中选择“挤出”修改器，并设置“高度”为50mm。

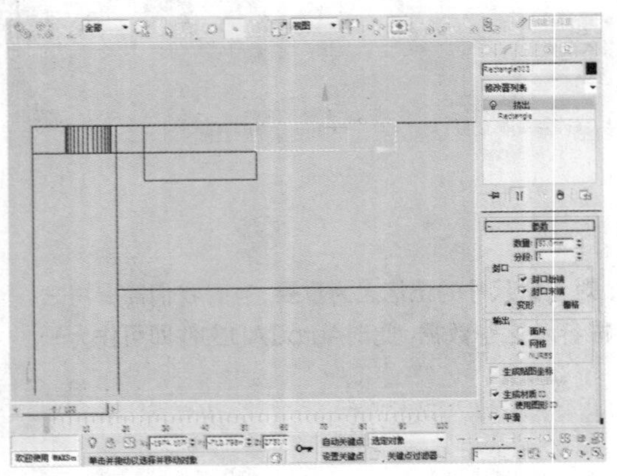

10 在“创建”命令面板中单击“矩形”按钮，在顶视图中创建一个矩形，其长度与宽度分别为6600mm和3450mm。

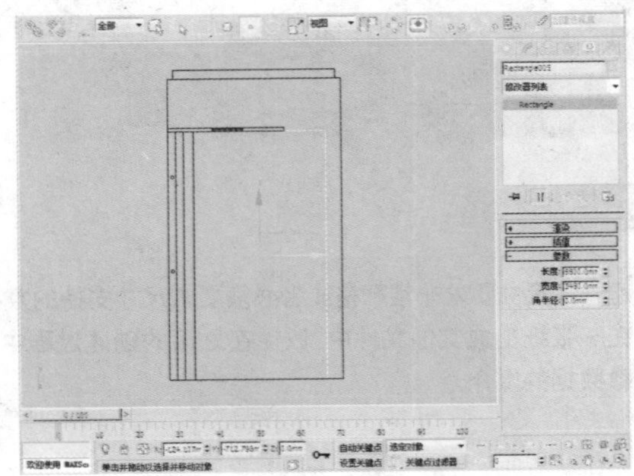

11 选中该矩形并将其转换为可编辑样条线，在“选择”卷展栏中单击“样条线”按钮后，单击“轮廓”按钮并设置数值为300mm。

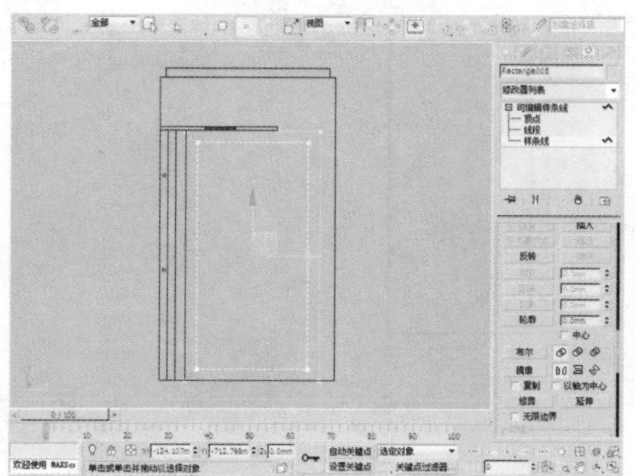

12 选中该形状，在“修改器列表”中选择“挤出”修改器，设置“高度”为50mm。

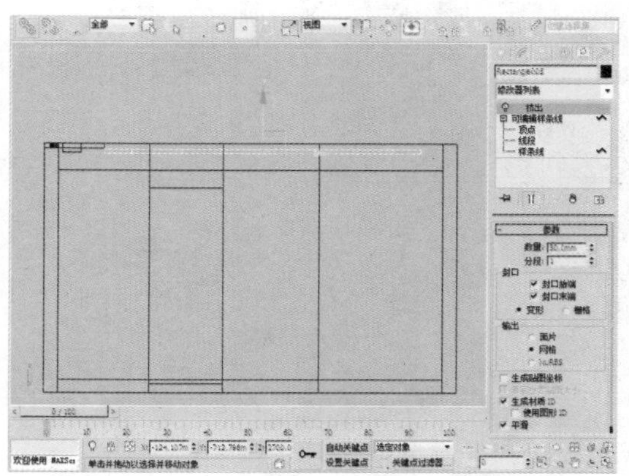

13 在“创建”命令面板中单击“线”按钮，在顶视图中创建一个如下图所示的图形。

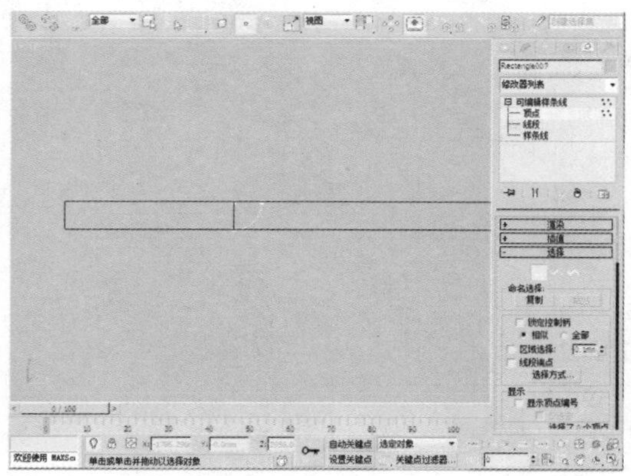

14 选中该形状，然后在“修改器列表”中选择“挤出”修改器，并设置“高度”为6000mm。

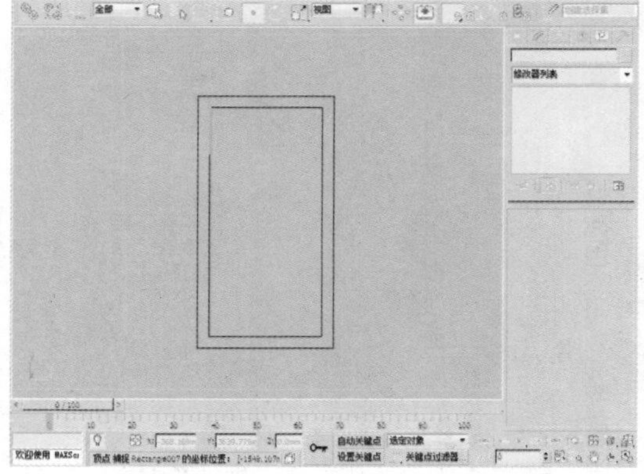

15 选中该形状，进入顶视图，单击工具栏中的“镜像”按钮，以X轴为镜像轴对其进行镜像复制。

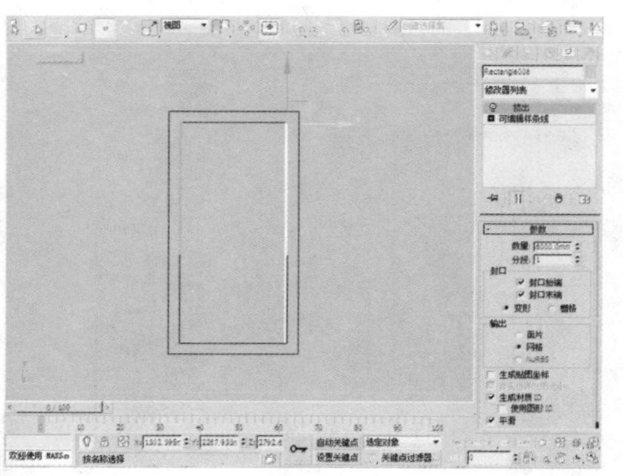

16 选中该形状，进入顶视图，单击工具栏中的“选择并旋转”按钮，按住Shift键的同时对物体进行旋转，选择“复制”的复制方式，并设置“副本数”为1。

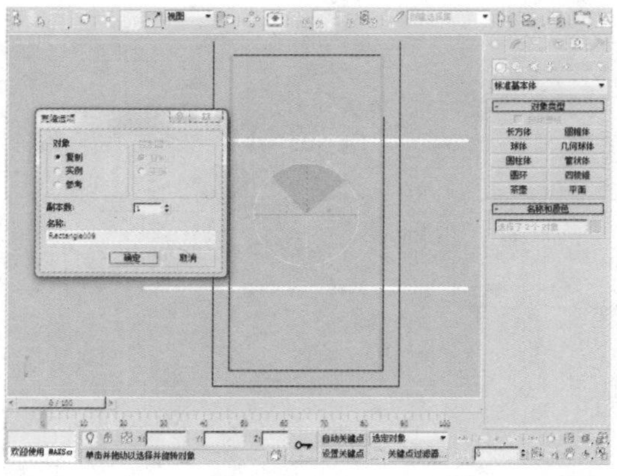

17 选中该物体，进入前视图，在“修改”面板，修改挤出的“高度”为2850mm。

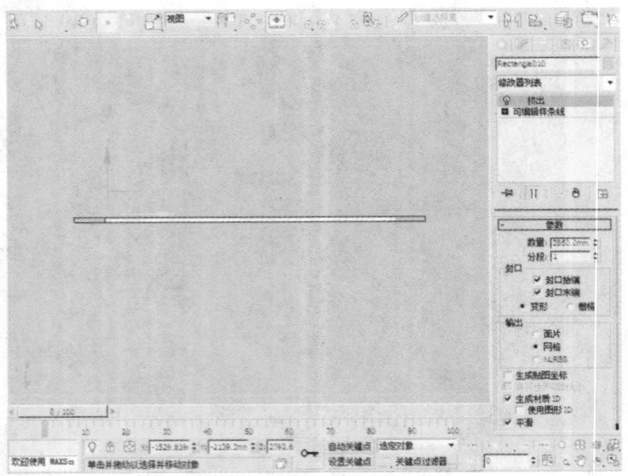

18 选中该物体，进入顶视图，使用“选择并移动”工具，适当调整物体的位置。

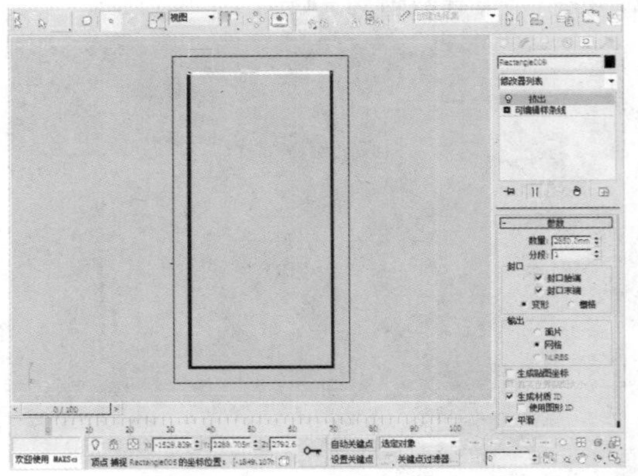

19 在“创建”命令面板中单击“矩形”按钮，在顶视图中创建一个矩形，其长度、宽度分别为6600mm、400mm。

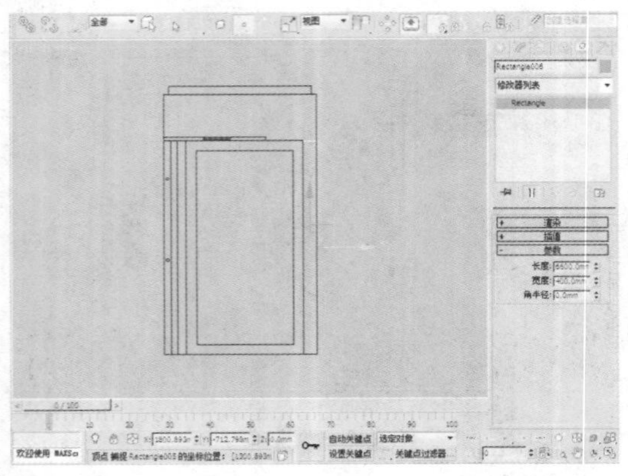

20 在“创建”命令面板中单击“圆”按钮，在顶视图中创建一个圆，半径为40mm。

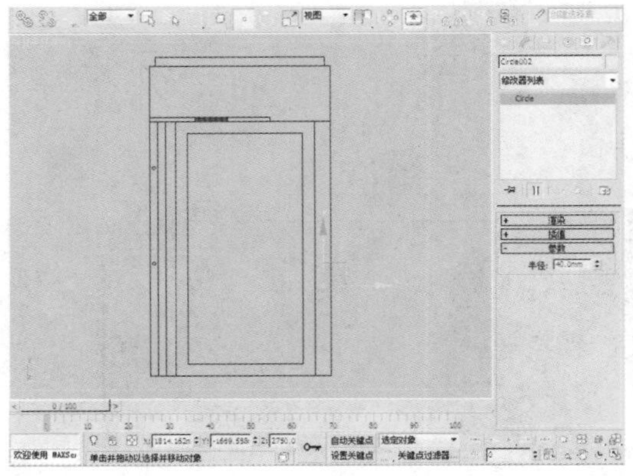

21 选中该形状，进入顶视图，单击工具栏中的“选择并移动”按钮，按住Shift键的同时沿Y轴对物体进行移动，选择“复制”的复制方式，并设置“副本数”为2。

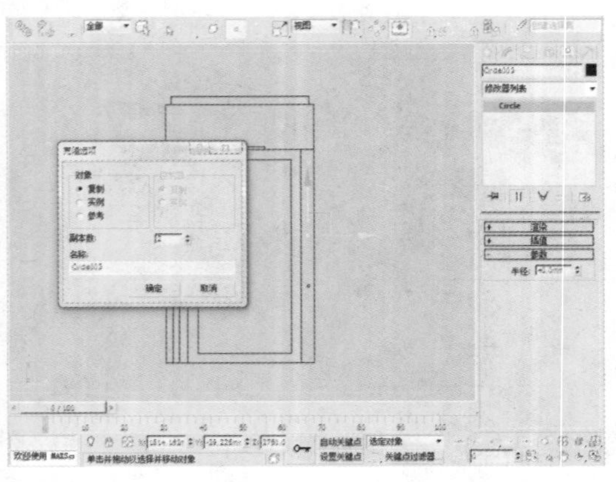

22 选中该圆并将其转换为可编辑样条线，单击“附加”按钮，将矩形和圆附加。

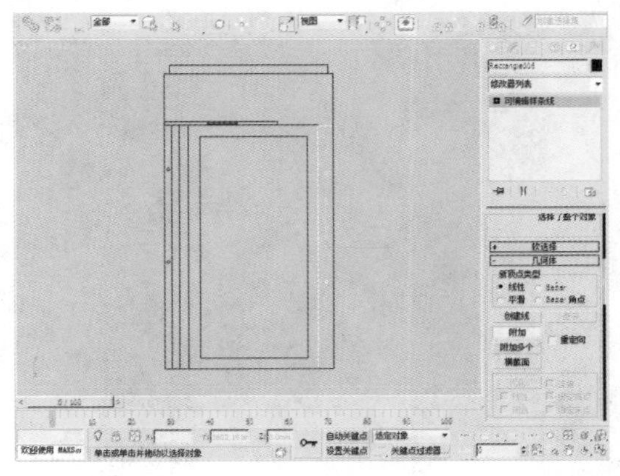

23 选中该形状，然后在“修改器列表”中选择“挤出”修改器，并设置挤出“高度”为50mm。

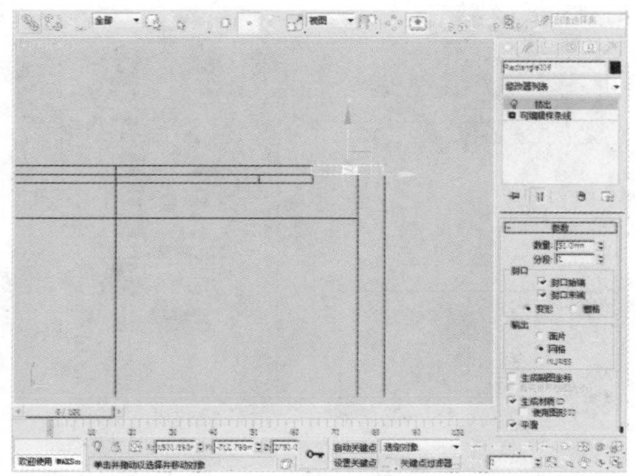

24 在“创建”命令面板中单击“长方体”按钮，在顶视图中创建一个长方体，其长度、宽度、高度分别为6000mm、2850mm、30mm。

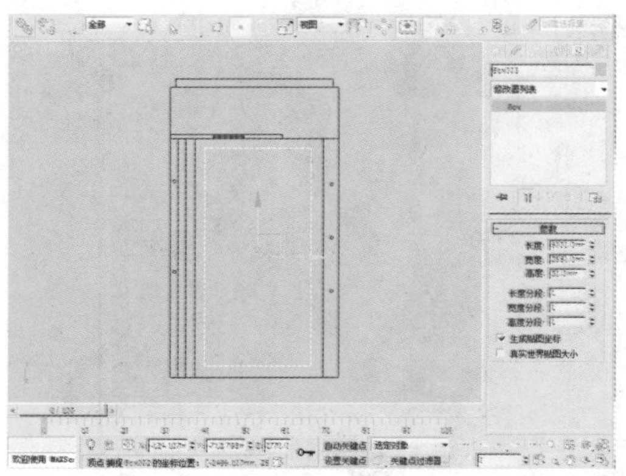

25 选中该长方体并将其转换为可编辑多边形，在“选择”卷展栏中单击“边”按钮，选择物体的边后，单击“连接”按钮后的“设置”按钮，然后设置“分段”为4。

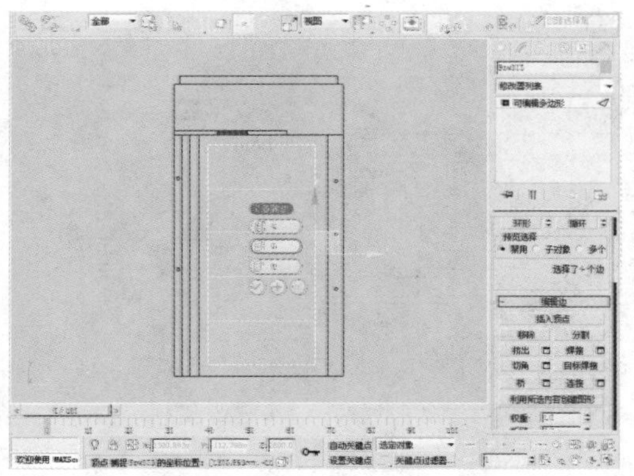

26 在“选择”卷展栏中单击“边”按钮，选中边后，单击“切角”按钮后的“设置”按钮，然后设置“边切角量”为7mm。

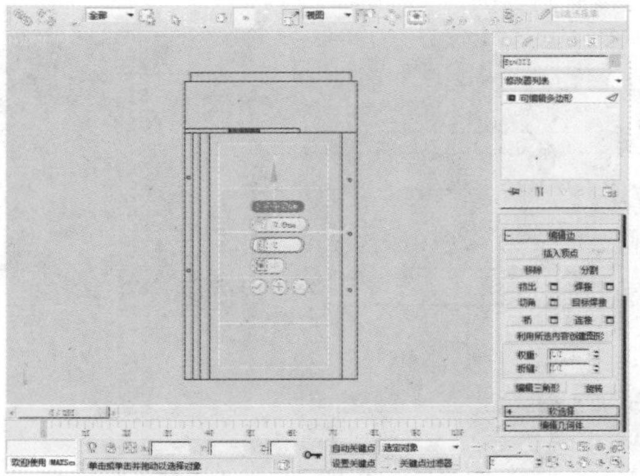

27 在“选择”卷展栏中单击“边”按钮，选择物体的边后，单击“连接”按钮后的“设置”按钮，然后设置“分段”为1。

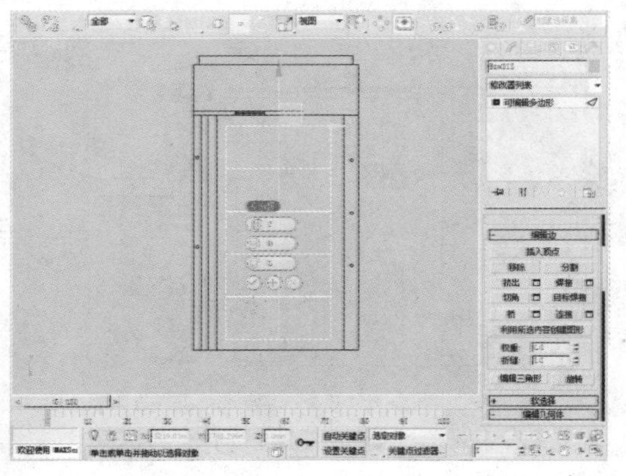

28 在“选择”卷展栏中单击“边”按钮，选择物体的边后，单击“切角”按钮后的“设置”按钮，然后设置“边切角量”为1。

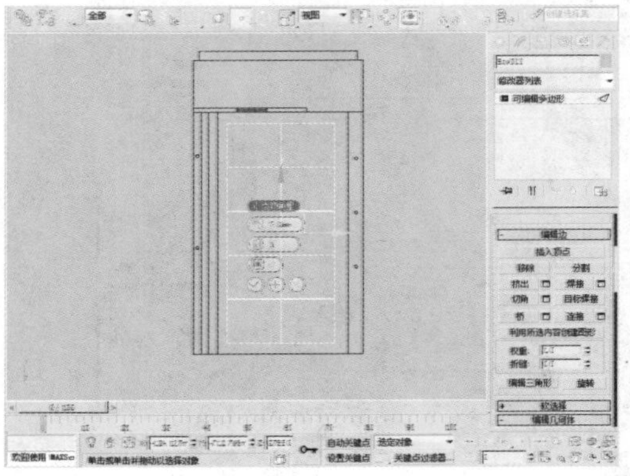

29 在“选择”卷展栏中单击“多边形”按钮，选择面后，单击“挤出”按钮后的“设置”按钮，然后设置“高度”为25mm。

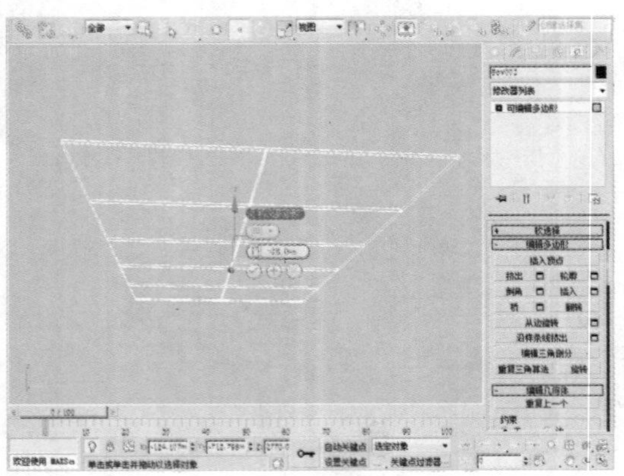

30 在“创建”命令面板中单击“线”按钮，在顶视图中创建如下图所示的图形。

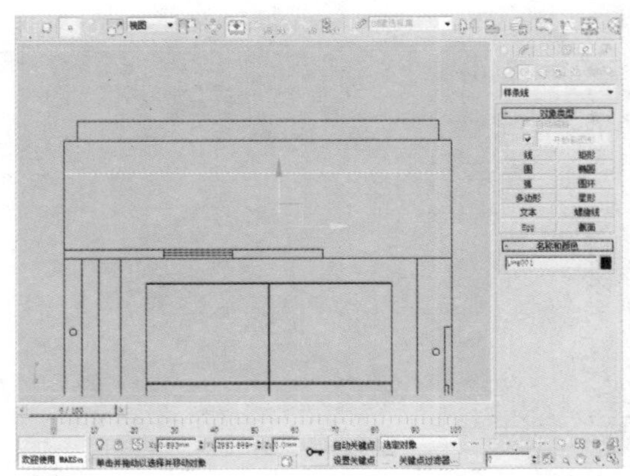

31 在“创建”命令面板中单击“圆”按钮，在顶视图中创建一个圆，半径为40mm。

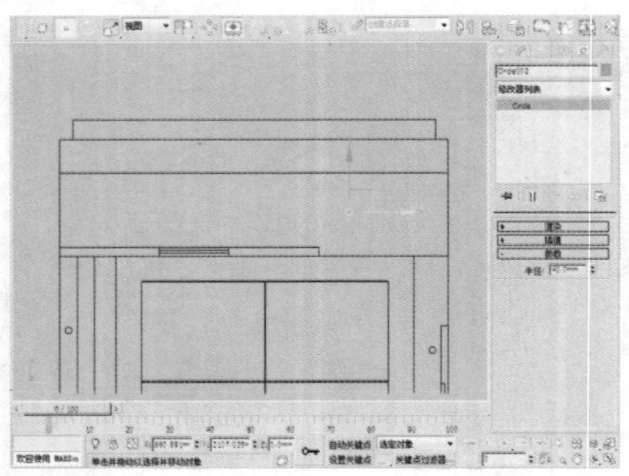

32 选中该形状，进入顶视图，单击工具栏中的“选择并移动”按钮，按住Shift键的同时沿X轴对物体进行移动，选择“复制”的复制方式，并设置“副本数”为1。

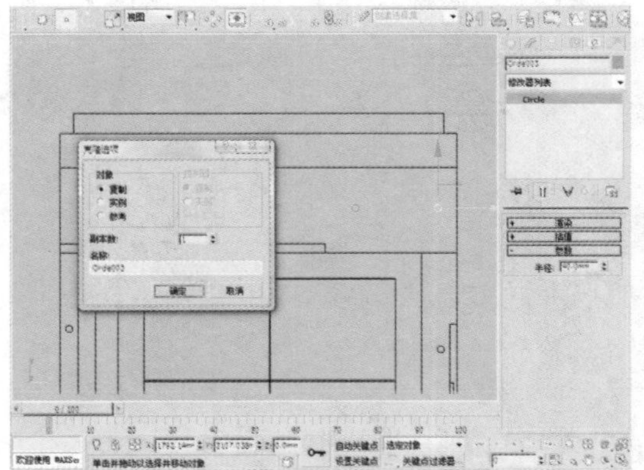

33 选中该圆并将其转换为可编辑样条线，单击“附加”按钮，将矩形和圆附加。

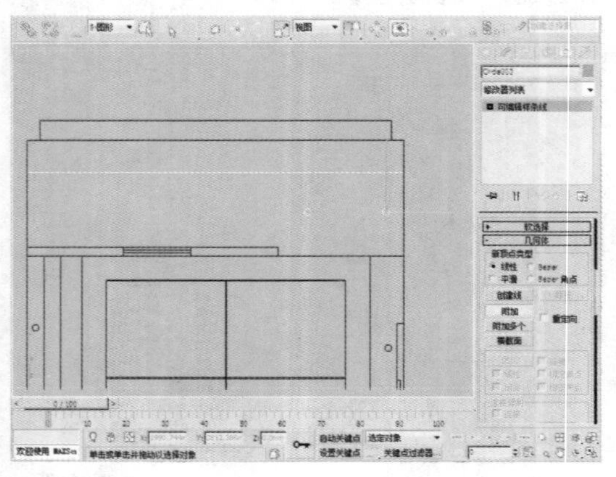

34 选中该形状，在“修改器列表”中选择“挤出”修改器，并设置挤出“高度”为50mm。

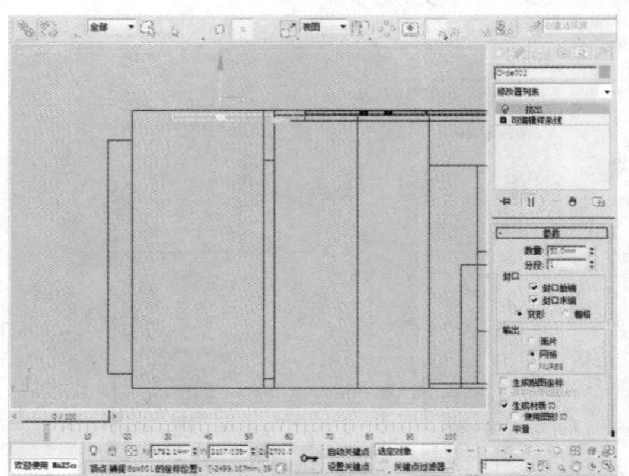

18.2.3 背景墙的绘制

下面我们开始制作背景墙模型，具体操作过程如下。

01 在“创建”命令面板中单击“长方体”按钮，在顶视图中创建一个长度、宽度、高度分别为2800mm、250mm、1300mm的长方体。

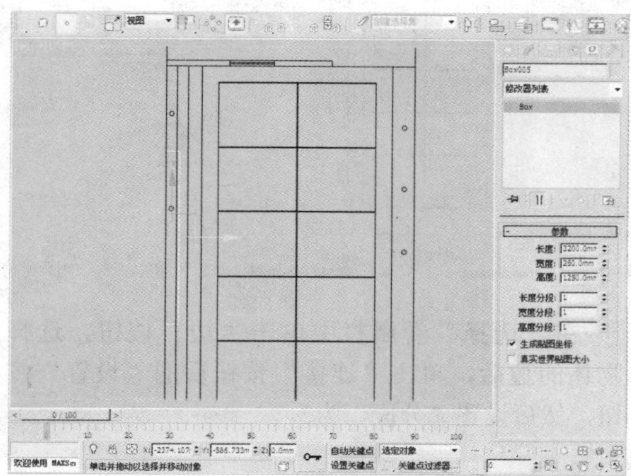

02 在“选择”卷展栏中单击“边”按钮，选择物体的边后，单击“连接”按钮后的“设置”按钮，然后设置“分段”为2。

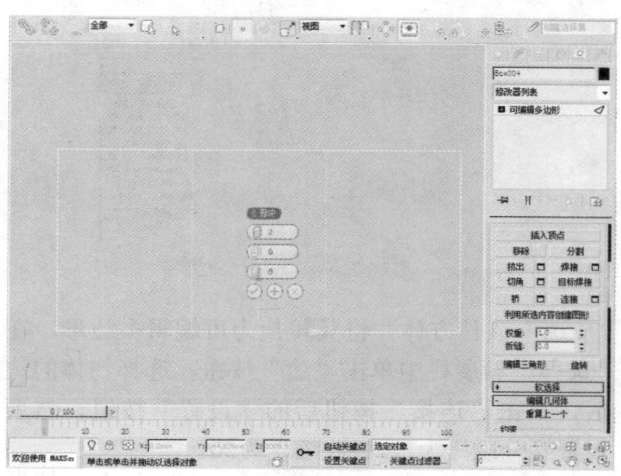

03 在“选择”卷展栏中单击“边”按钮，选择物体的边后，单击“连接”按钮后的“设置”按钮，然后设置“分段”为2。

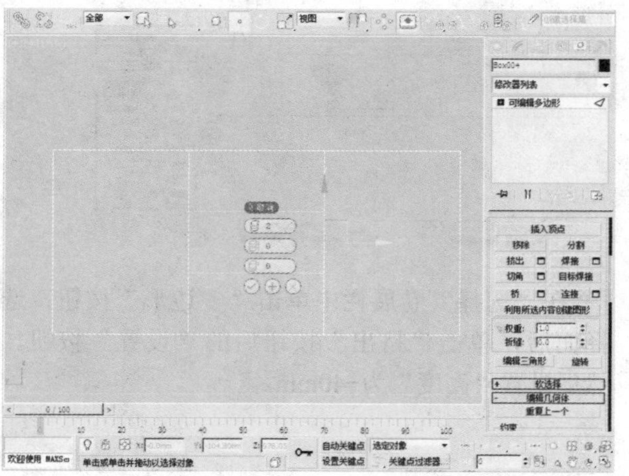

04 在“选择”卷展栏中单击“顶点”按钮，选择物体的点后，单击工具栏中的“选择并移动”工具，对所选择的点进行适当调整。

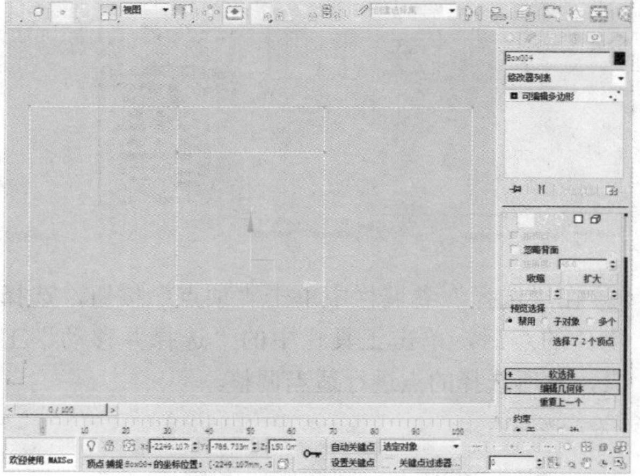

知识点

在“选择并移动”、“选择并旋转”和“选择并均匀缩放”3个工具状态下，按住Shift键对物体进行移动时都可以实现克隆效果，因此为了提高效率可以将两个操作结合进行。

05 在“选择”卷展栏中单击“多边形”按钮，选择面后，单击“挤出”按钮后的“设置”按钮，然后设置“高度”为-200mm。

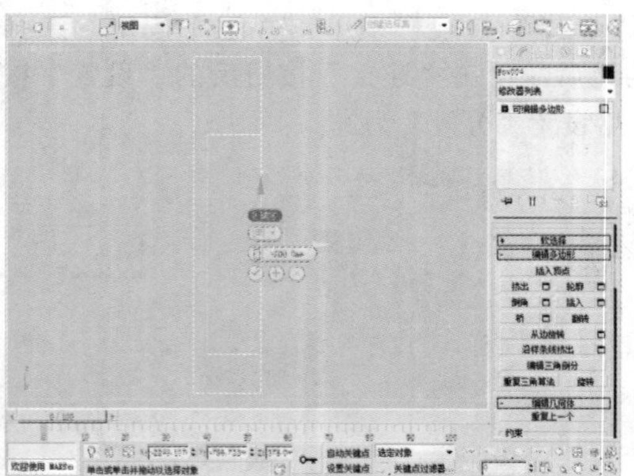

06 在“创建”命令面板中单击“长方体”按钮，在顶视图中创建一个长方体，其长度、宽度、高度分别为3700mm、80mm、2750mm。

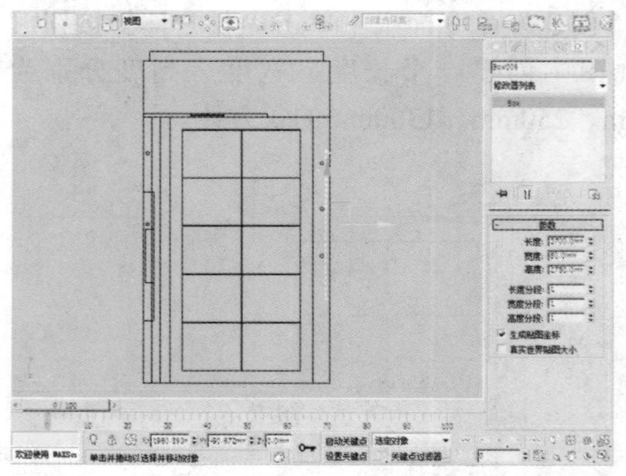

07 选中该长方体并将其转换为可编辑多边形，在“选择”卷展栏中单击“边”按钮，选择物体的边后，单击“连接”按钮后的“设置”按钮，然后设置“分段”为2、“收缩”为50。

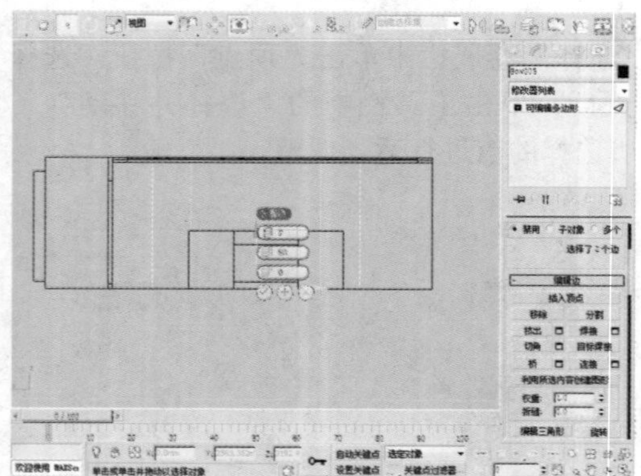

08 在“选择”卷展栏中单击“边”按钮，选择物体的边后，单击“连接”按钮后的“设置”按钮，然后设置“分段”为2。

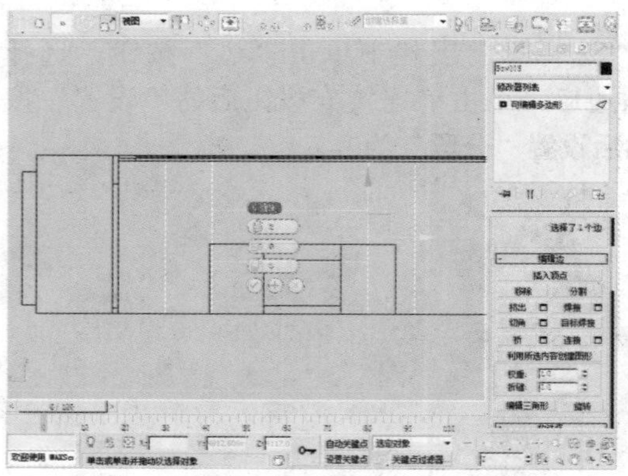

09 在“选择”卷展栏中单击“顶点”按钮，选择物体的点后，单击工具栏中的“选择并移动”工具，对所选择的点进行适当调整。

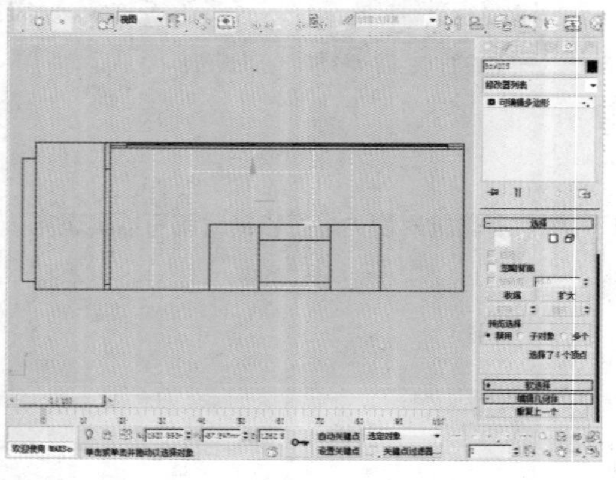

10 在“选择”卷展栏中单击“多边形”按钮，选择面后，单击“挤出”按钮后的“设置”按钮，然后设置“高度”为-40mm。

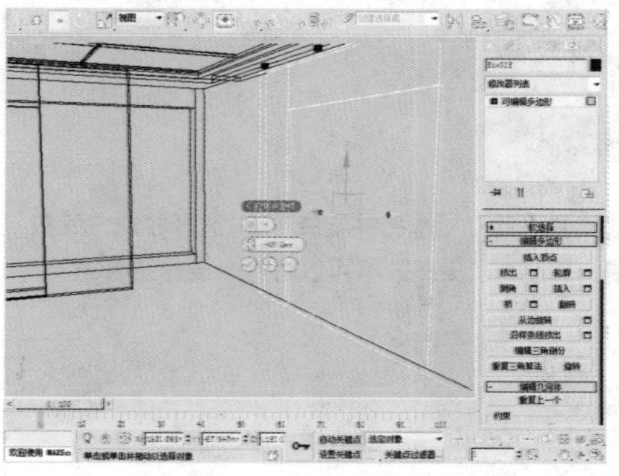

11 在“选择”卷展栏中单击“边”按钮，选择物体的边后，单击“连接”按钮后的“设置”按钮，然后设置“分段”为2。

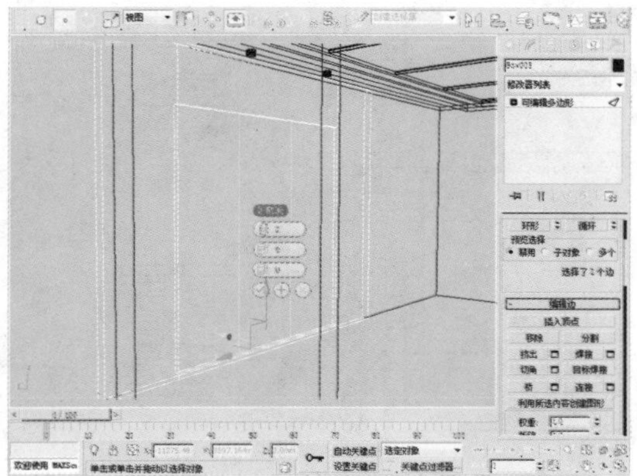

12 在“选择”卷展栏中单击“边”按钮，选择物体的边后，单击“连接”按钮后的“设置”按钮，然后设置“分段”为2。

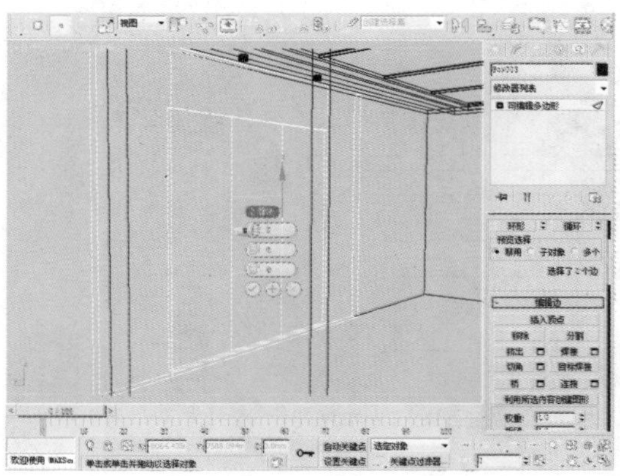

13 在“选择”卷展栏中单击“顶点”按钮，选择物体的点后，单击工具栏中的“选择并移动”工具，对所选择的点进行适当调整。

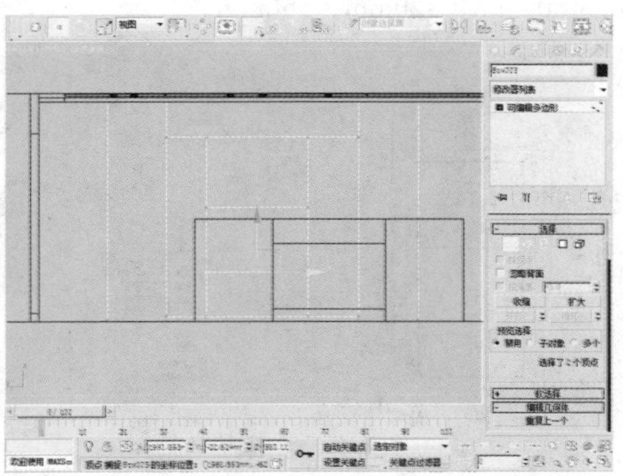

14 在“选择”卷展栏中单击“多边形”按钮，选择面后，单击“挤出”按钮后的“设置”按钮，然后设置“高度”为-20mm。

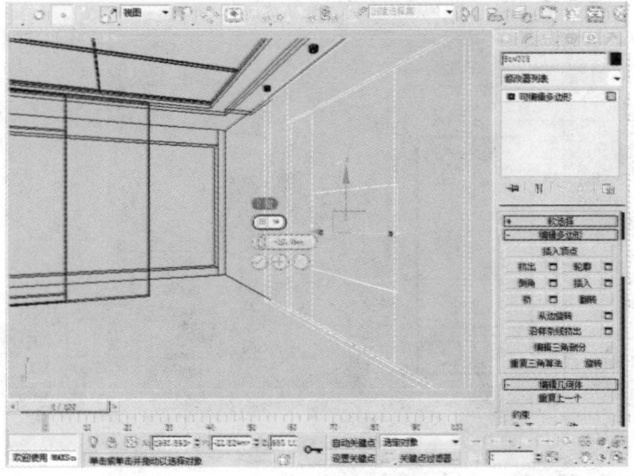

15 在“创建”命令面板中单击“长方体”按钮，在顶视图中创建一个长方体，其长度、宽度、高度分别为100mm、140mm、2750mm。

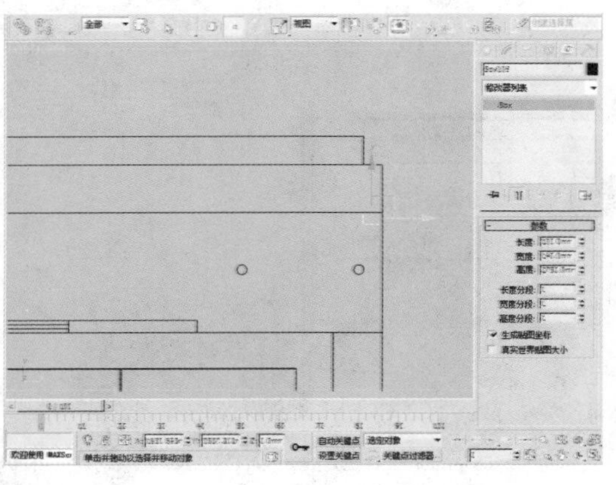

16 在“创建”命令面板中单击“长方体”按钮，在顶视图中创建一个长方体，其长度、宽度、高度分别为1700mm、20mm、2750mm。

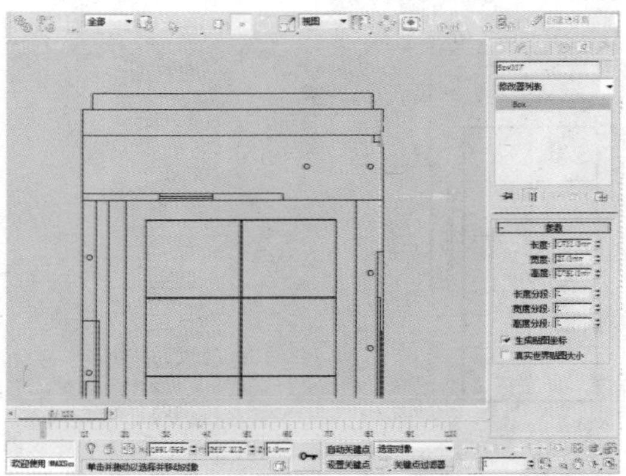

17 在“创建”命令面板中单击“长方体”按钮，在顶视图中创建一个长方体，其长度、宽度、高度分别为840mm、20mm、2750mm。

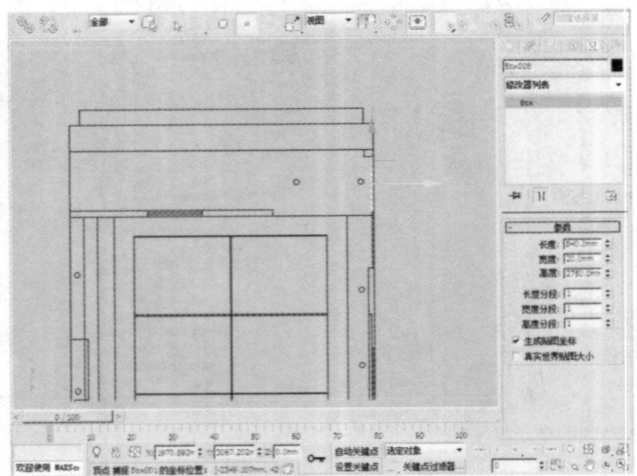

18 选中该形状，在顶视图中，单击工具栏中的“选择并移动”按钮，按住Shift键的同时沿Y轴移动物体，选择“复制”的复制方式，并设置“副本数”为1。

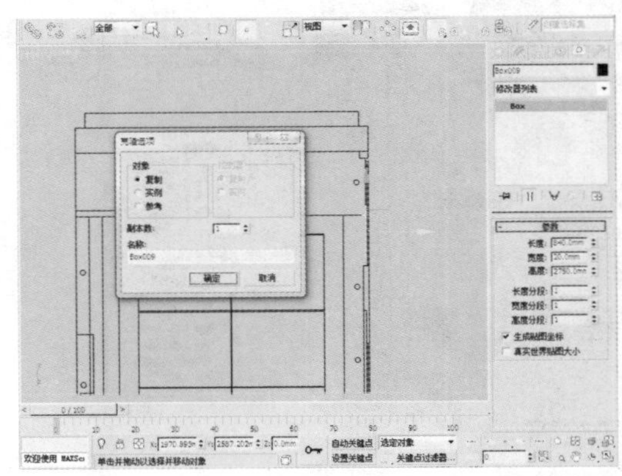

19 在“创建”命令面板中单击“长方体”按钮，在顶视图中创建一个长方体，其长度、宽度、高度分别为2600mm、400mm、50mm。

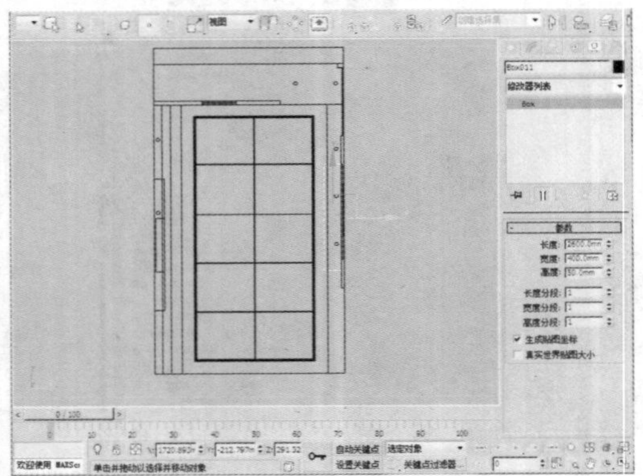

20 在“创建”命令面板中单击“长方体”按钮，在顶视图中创建一个长方体，其长度、宽度、高度分别为600mm、320mm、550mm。

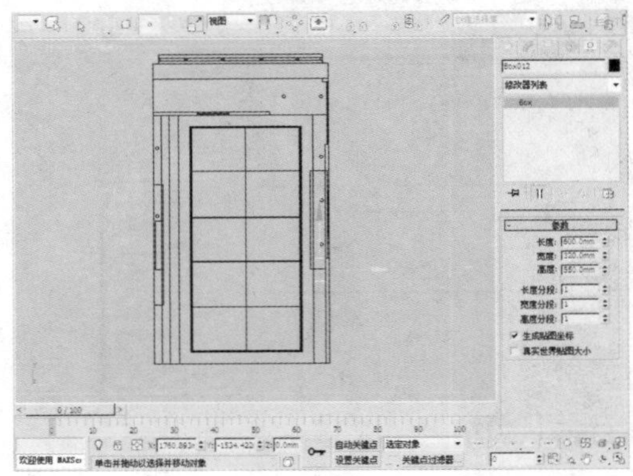

21 在“创建”命令面板中单击“长方体”按钮，在顶视图中创建一个长方体，其长度、宽度、高度分别为2320mm、320mm、150mm。

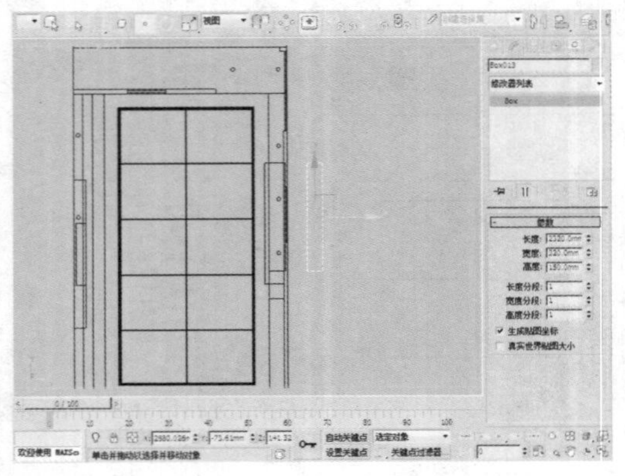

22 执行“组>成组”菜单命令，将选中的物体成组。

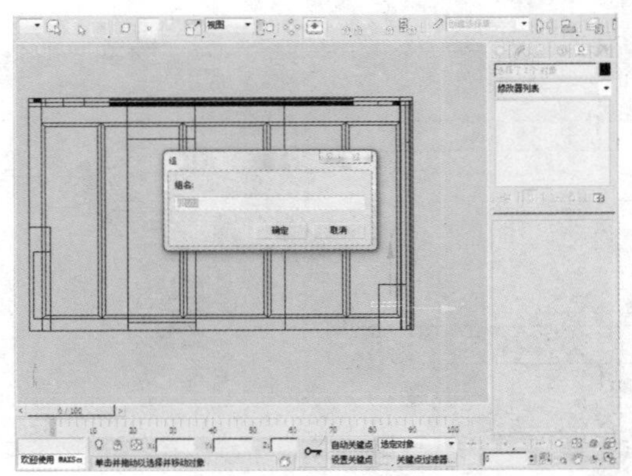

18.2.4 窗架的绘制

下面我们开始制作窗架模型，具体操作过程如下。

01 在“创建”命令面板中单击“长方体”按钮，在顶视图中创建一个长方体，其长度、宽度、高度分别为80mm、4200mm、2350mm。

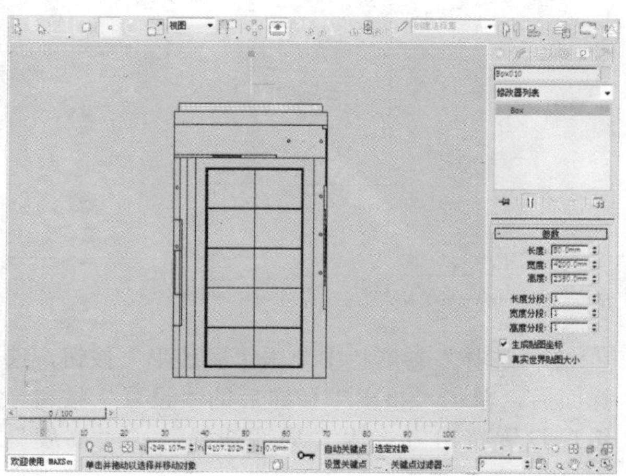

02 选中该长方体并将其转换为可编辑多边形，在“选择”卷展栏中单击“边”按钮，选择物体的边后，单击“连接”按钮后的“设置”按钮，然后设置“分段”为4。

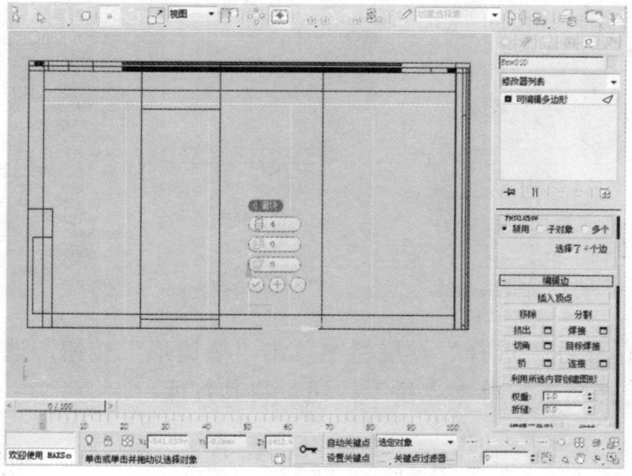

03 在“选择”卷展栏中单击“多边形”按钮，选择面后，单击“插入”按钮后的“设置”按钮，然后设置“数量”为50mm。

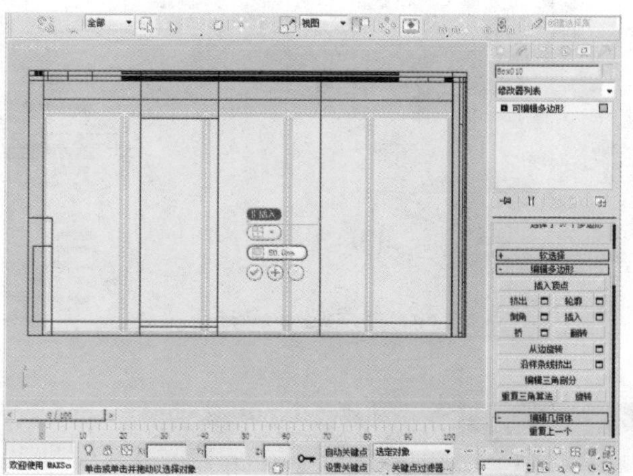

04 在“选择”卷展栏中单击“多边形”按钮，选择面后，单击“挤出”按钮后的“设置”按钮，然后设置“高度”为-35mm。

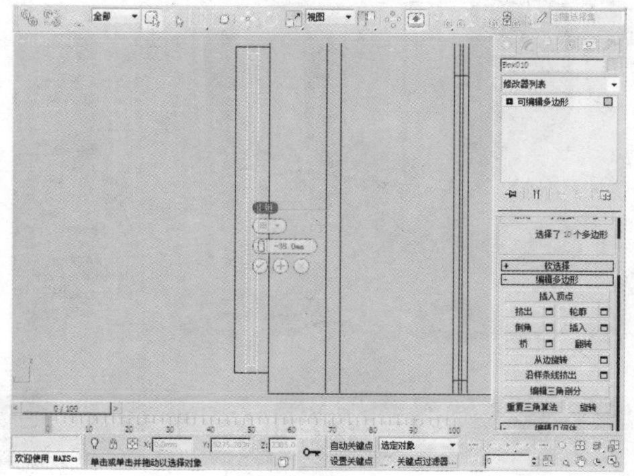

单击“切角”按钮，拖动活动对象的边，要采用数字方式对边进行切角处理，请单击“切角设置”按钮，然后更改“切角量”值。如果对多个选定的边进行切角处理，则这些边的切角相同。如果拖动一条未选定的边，那么将取消选定任何选中的边。

05 在“选择”卷展栏中单击“多边形”按钮，选择面后，单击“插入”按钮后的“设置”按钮，然后设置“数量”为10mm。

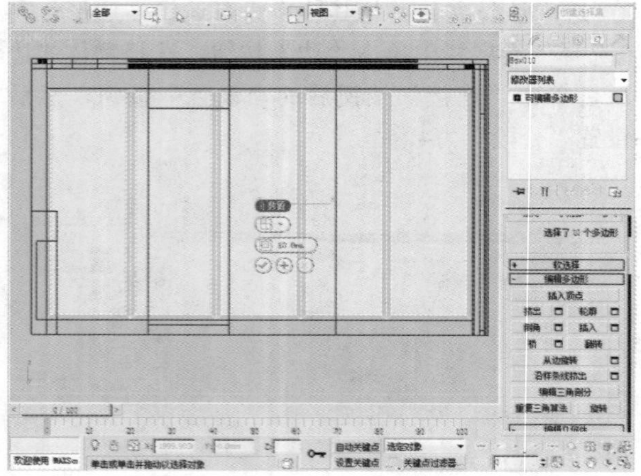

06 在“选择”卷展栏中单击“多边形”按钮，选择面后，单击“挤出”按钮后的“设置”按钮，然后设置“高度”为-3mm。

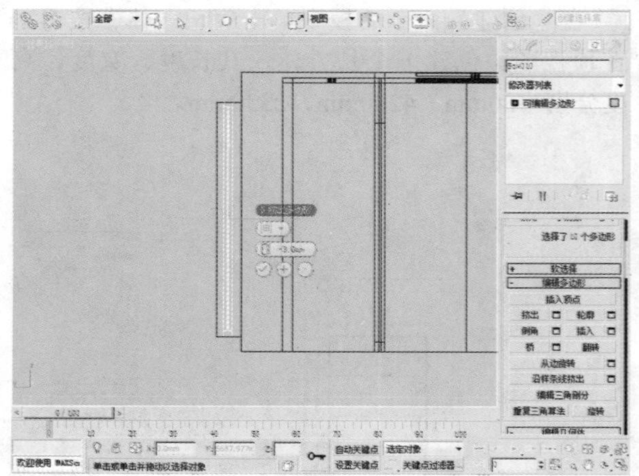

07 在“选择”卷展栏中单击“多边形”按钮，选择面后，单击“桥”按钮，将其打通。

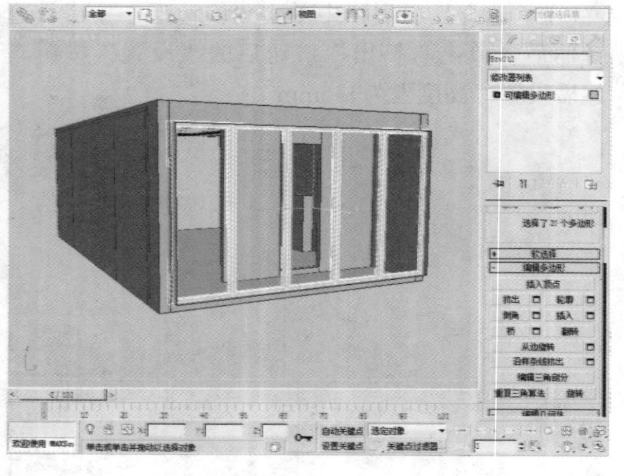

08 在“选择”卷展栏中单击“多边形”按钮，选择面后，单击“挤出”按钮后的“设置”按钮，然后设置挤出方式为“局部法线”、“高度”为-10mm。

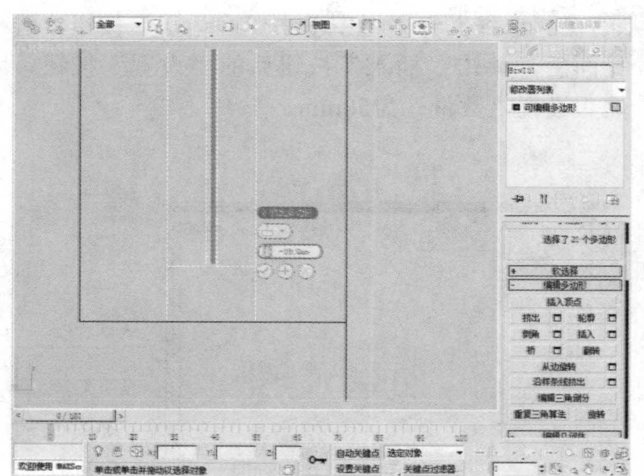

18.3 家具的制作

本节将对客厅模型中的家具绘制操作进行介绍。

18.3.1 沙发的绘制

下面开始制作沙发模型，具体操作过程如下。

01 在“创建”命令面板中单击“切角长方体”按钮，在顶视图中创建一个长度、宽度、高度、圆角分别为1400mm、900mm、150mm、20mm的切角长方体。

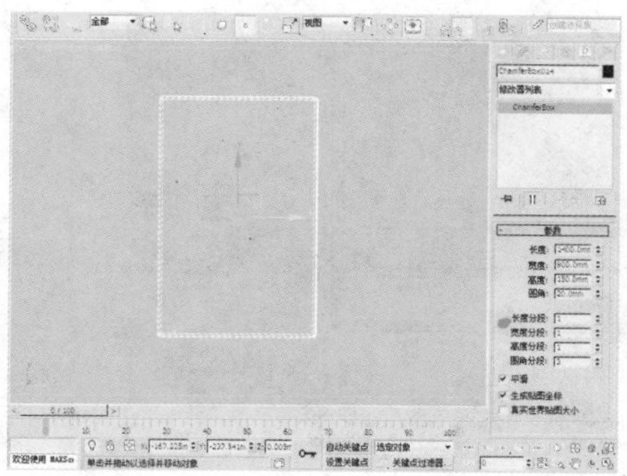

02 在“创建”命令面板中单击“切角长方体”按钮，在顶视图中创建一个长度、宽度、高度、圆角分别为1400mm、800mm、100mm、10mm的切角长方体。

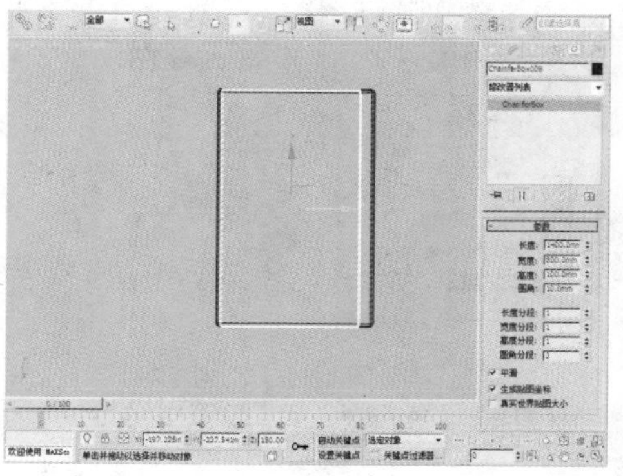

03 在“创建”命令面板中单击“切角长方体”按钮，在顶视图中创建一个长度、宽度、高度、圆角分别为200mm、900mm、7000mm、25mm的切角长方体。

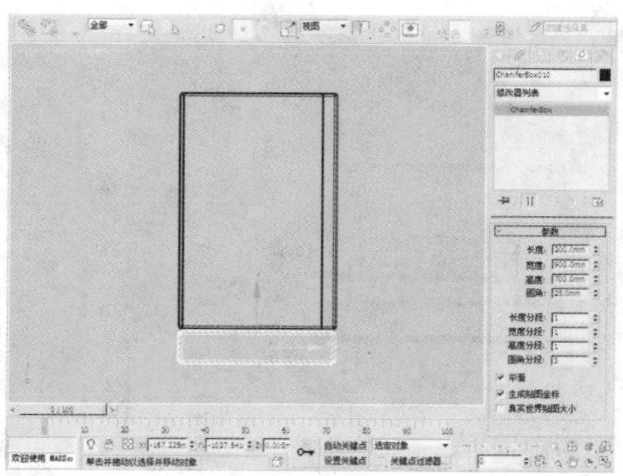

04 选中物体，单击工具栏中的“选择并移动”按钮，按住Shift键的同时沿Y轴对物体进行拖动，选择“复制”的复制方式，并设置“副本数”为1。

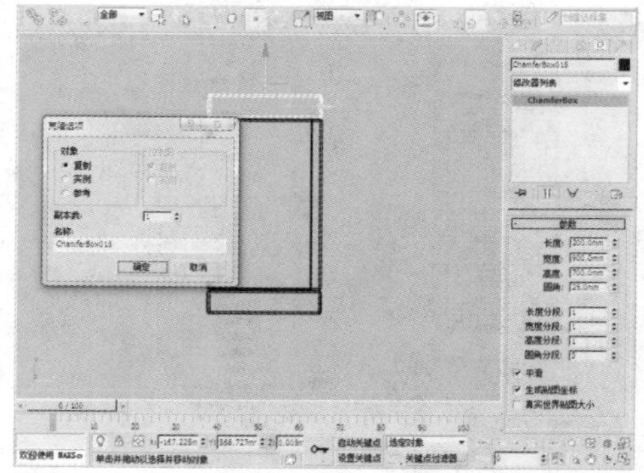

05 在“创建”命令面板中单击“切角长方体”按钮，在顶视图中创建一个长度、宽度、高度、圆角分别为700mm、700mm、150mm、20mm的切角长方体。

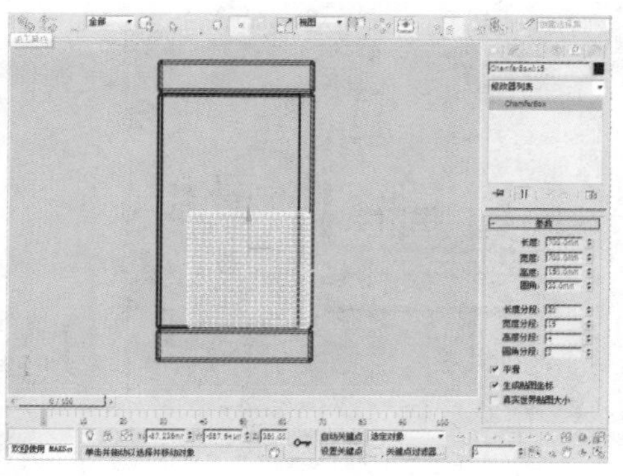

06 选中该物体，在“修改器列表”中选择FFD 3×3×3修改器，选择物体上的控制点并对其进行调整。

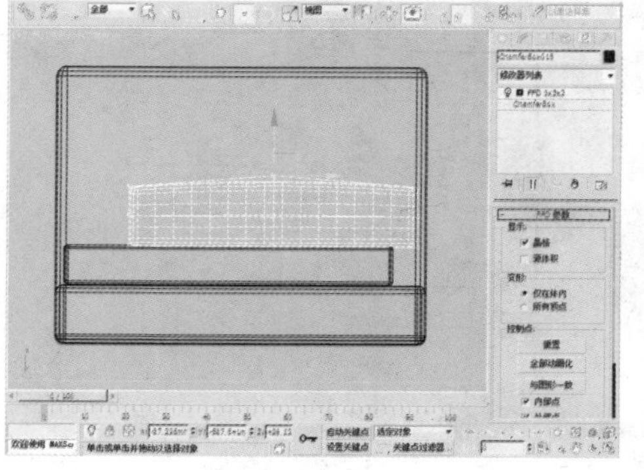

07 选中物体，单击工具栏中的“选择并移动”按钮，按住Shift键的同时沿Y轴对物体进行拖动，选择“复制”的复制方式，并设置“副本数”为1。

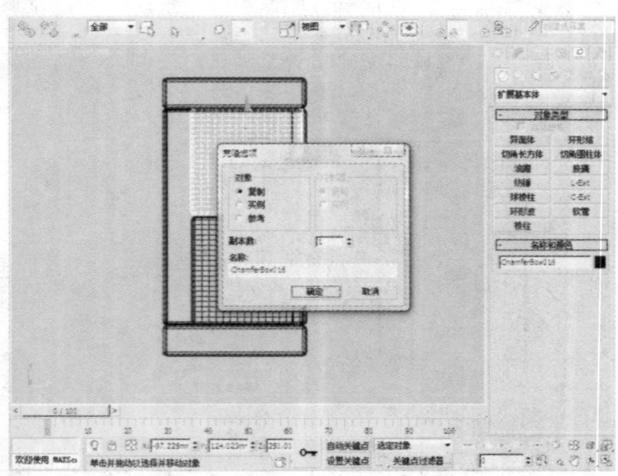

08 选中该物体，在“修改器列表”中选择FFD 3×3×3修改器，选择物体上的控制点并对其进行调整。

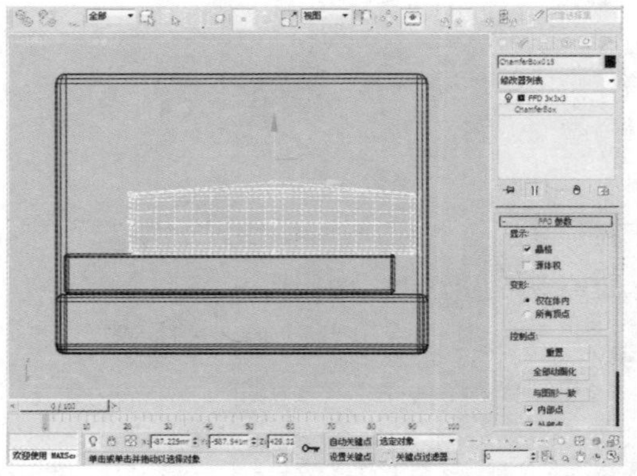

09 在“创建”命令面板中单击“切角长方体”按钮，在顶视图中创建一个长度、宽度、高度、圆角分别为1400mm、180mm、450mm、20mm的切角长方体。

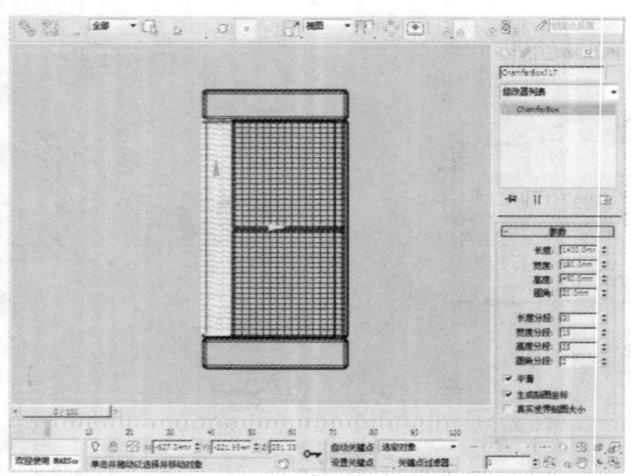

10 选中该物体，在“修改器列表”中选择FFD 3×3×3修改器，选择物体上的控制点并对其进行调整。

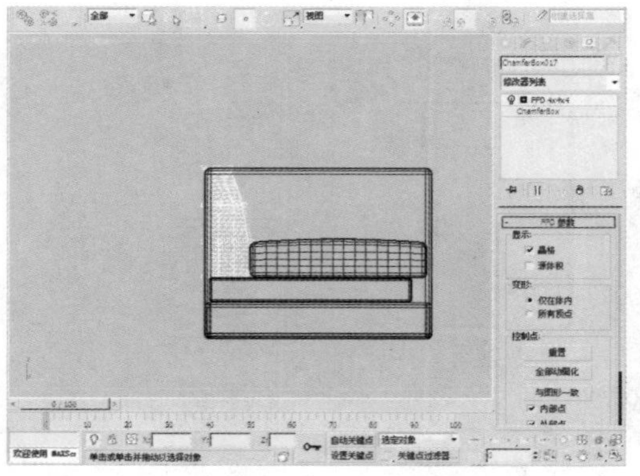

11 选中物体，单击工具栏中的“选择并移动”按钮，按住Shift键的同时沿Y轴对物体进行拖动，选择“复制”的复制方式，并设置“副本数”为1。

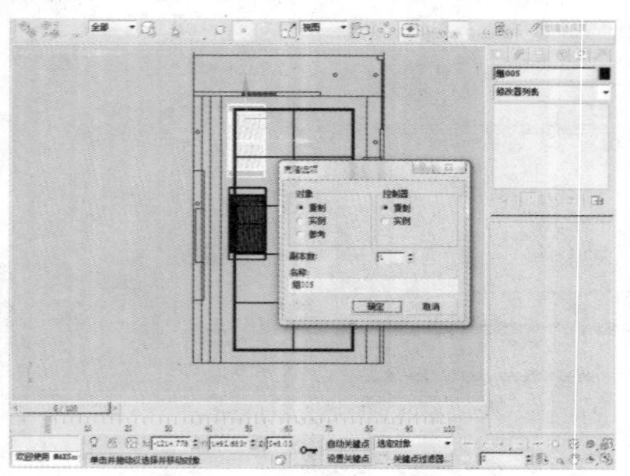

12 选中该物体，在“修改器列表”中选择FFD 3×3×3修改器，选择物体上的控制点并对其进行调整。

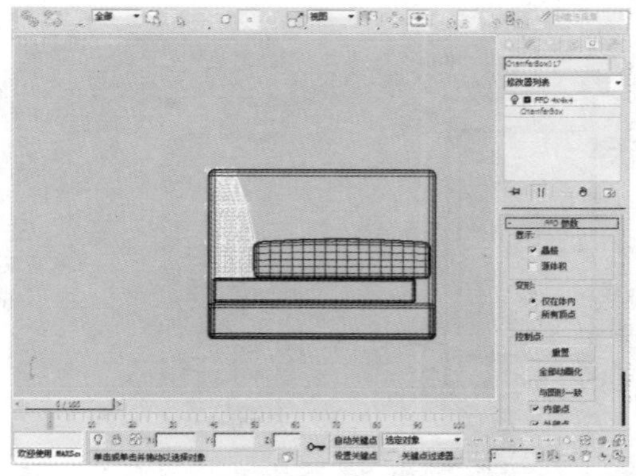

18.3.2 木桌的绘制

下面我们开始制作木桌模型，具体操作过程如下。

01 在“创建”命令面板中单击“长方体”按钮，在顶视图中创建一个长度、宽度、高度分别为600mm、600mm、100mm的长方体。

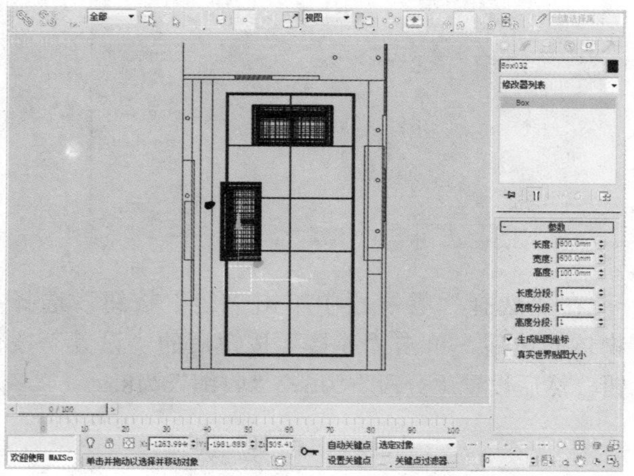

02 选中该物体并将其转换为可编辑多边形，在“选择”卷展栏中单击“多边形”按钮，选择面后，单击“插入”按钮后的“设置”按钮，然后设置“数量”为15mm。

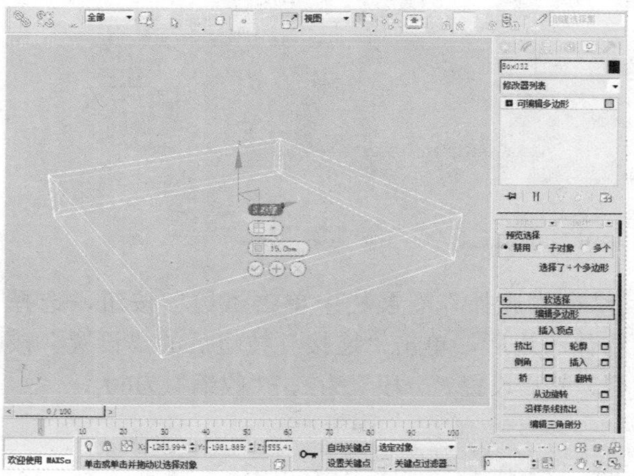

03 在“选择”卷展栏中单击“多边形”按钮，选择面后，单击“挤出”按钮后的“设置”按钮，然后设置“高度”为15mm。

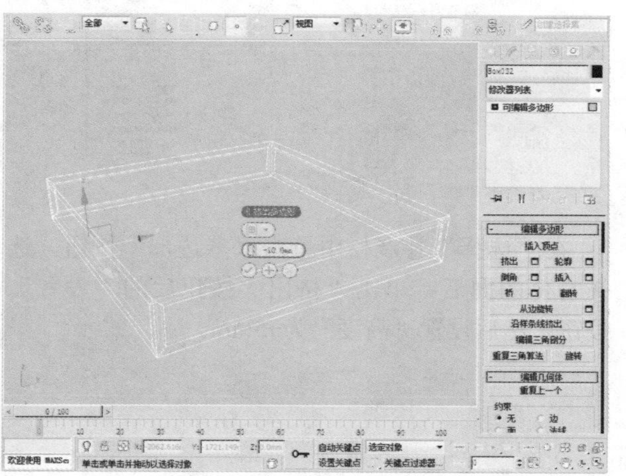

04 在“创建”命令面板中单击“长方体”按钮，在顶视图中创建一个长度、宽度、高度分别为620mm、620mm、20mm的长方体。

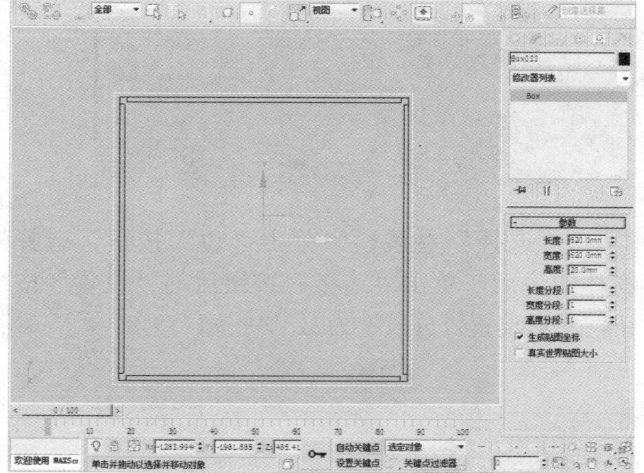

为了得到较好的图像效果，在前期制作模型时不能忽视对细节的刻画。对模型棱角进行光滑处理就是最基本的细节体现，因为现实世界中很难看到有尖锐棱角的物体，这样的模型对象看起会非常不真实。对物体棱角的处理除了在前期的模型制作中可以进行外，还可以在后期渲染的时候利用渲染器的特殊功能完成。

05 在“创建”命令面板中单击“长方体”按钮，在顶视图中创建一个长度、宽度、高度分别为60mm、60mm、20mm的长方体。

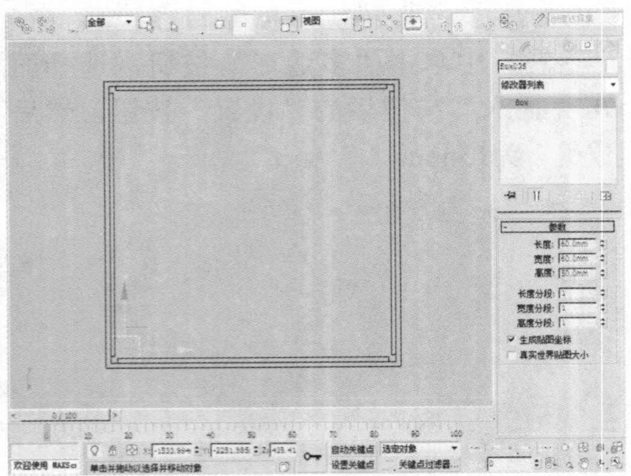

06 在“选择”卷展栏中单击“边”按钮，选择物体的边后，单击“连接”按钮后的“设置”按钮，然后设置“分段”为2、“收缩”为8。

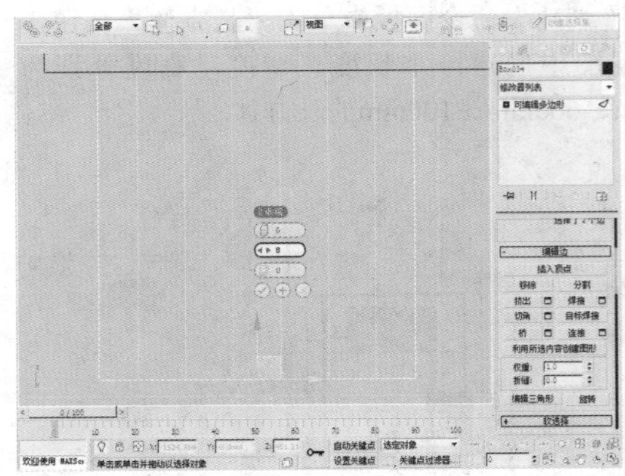

07 在“选择”卷展栏中单击“边”按钮，选择物体的边后，单击“连接”按钮后的“设置”按钮，然后设置“分段”为2、“收缩”为60。

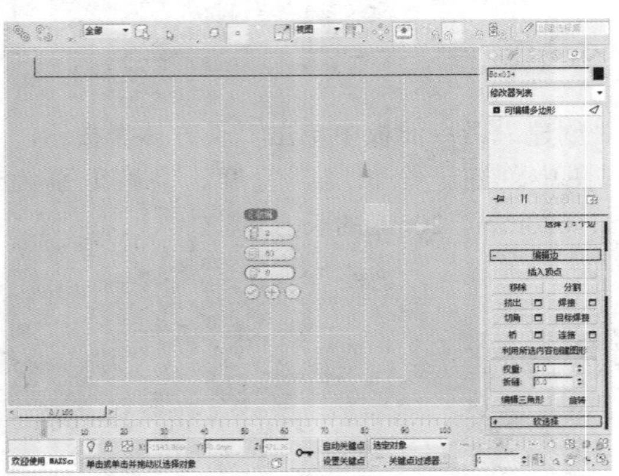

08 在“选择”卷展栏中单击“边”按钮，选择物体的边后，单击“连接”按钮后的“设置”按钮，然后设置“分段”为6、“收缩”为8。

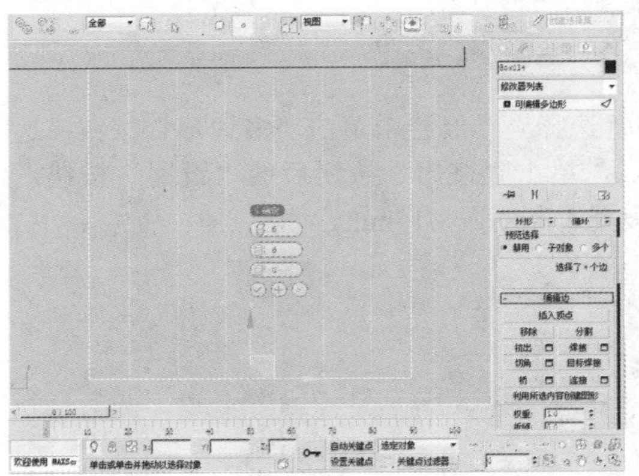

09 在“选择”卷展栏中单击“边”按钮，选择物体的边后，单击“连接”按钮后的“设置”按钮，然后设置“分段”为2、“收缩”为8。

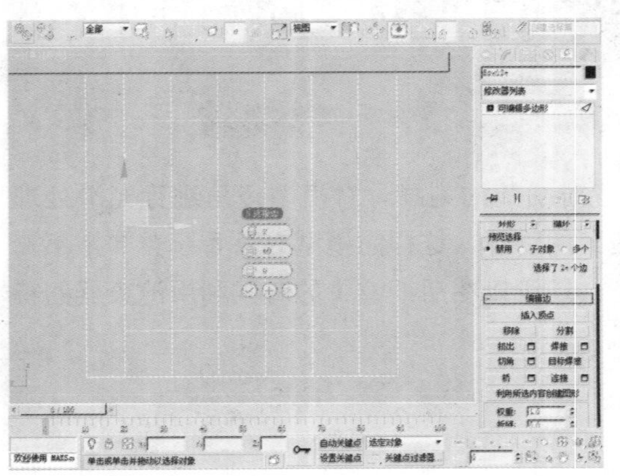

10 在“选择”卷展栏中单击“多边形”按钮，选择物体的面后，单击“挤出”按钮后的“设置”按钮，然后设置“高度”为-5mm。

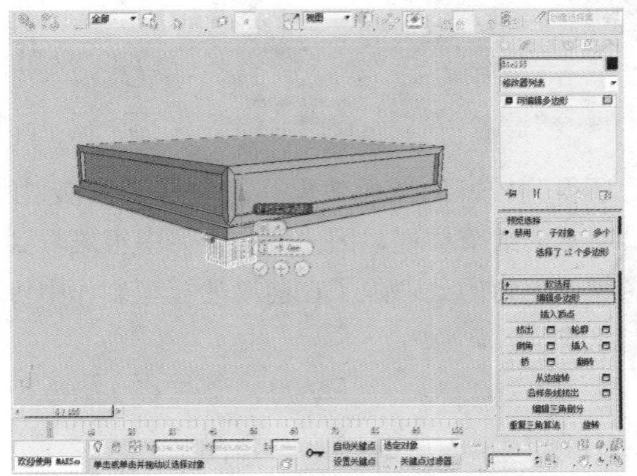

11 选中物体，单击工具栏中的“选择并移动”按钮，按住Shift键的同时沿Y轴对物体进行拖动，选择“复制”的复制方式，并设置“副本数”为1。

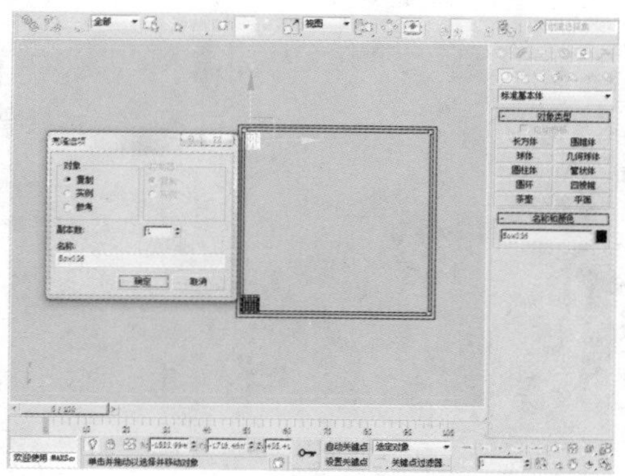

12 选中物体，单击工具栏中的“选择并移动”按钮，按住Shift键的同时沿X轴对物体进行拖动，选择“复制”的复制方式，并设置“副本数”为1。

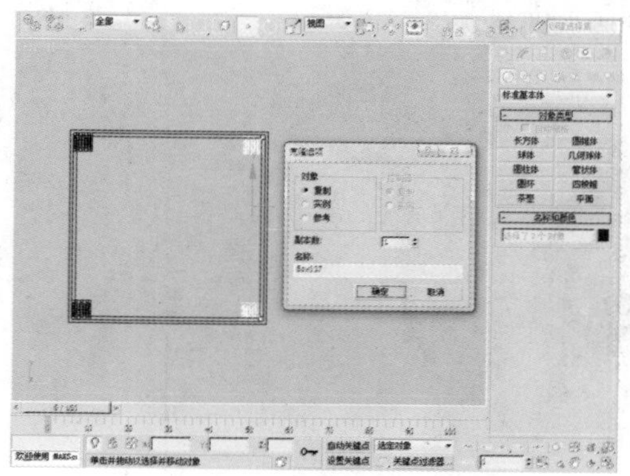

13 在“创建”命令面板中单击“长方体”按钮，在顶视图中创建一个长度、宽度、高度分别为60mm、60mm、50mm的长方体。

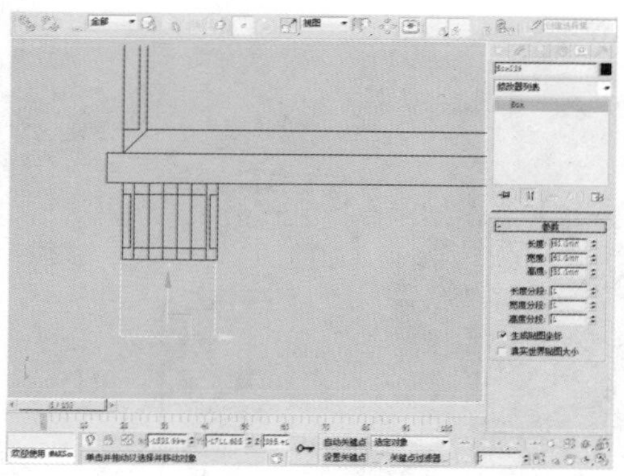

14 在“创建”命令面板中单击“长方体”按钮，在顶视图中创建一个长度、宽度、高度分别为70mm、50mm、40mm的长方体。

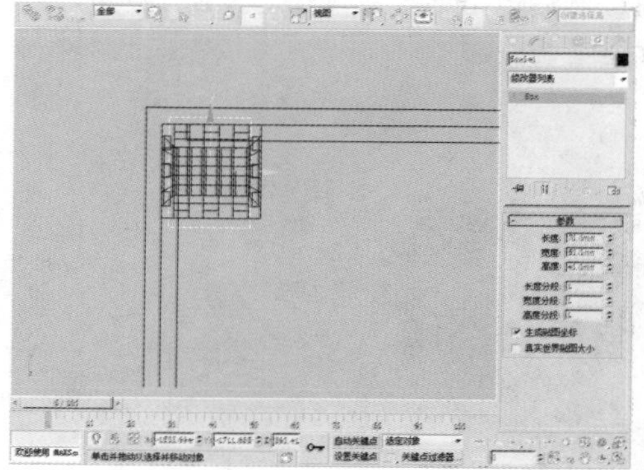

15 选中物体，单击工具栏中的“选择并旋转”按钮，按住Shift键的同时对物体进行旋转，选择“复制”的复制方式，并设置“副本数”为1。

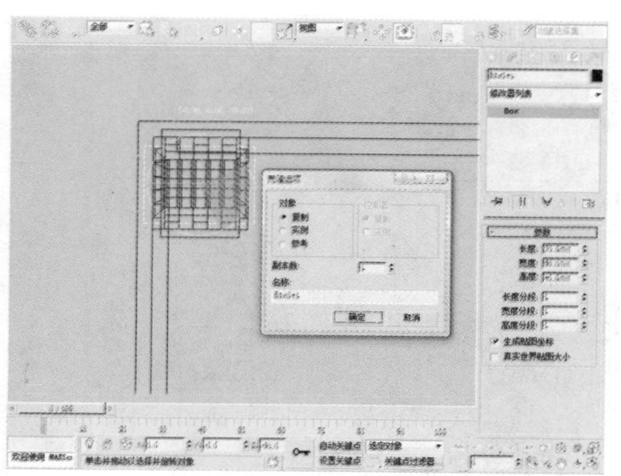

16 选中物体，单击工具栏中的“选择并旋转”按钮，按住Shift键的同时对物体进行旋转，选择“复制”的复制方式，并设置“副本数”为1，然后在“修改”面板中设置长度、宽度、高度分别为70mm、50mm、50mm。

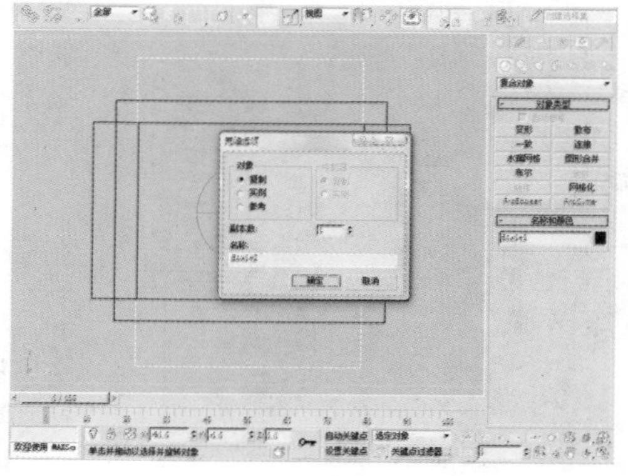

17 选中该物体，在“创建”命令面板中单击“几何体”按钮，在“复合对象”选项下单击“布尔”按钮，然后单击“拾取操作对象B”按钮，对物体进行适当调整。

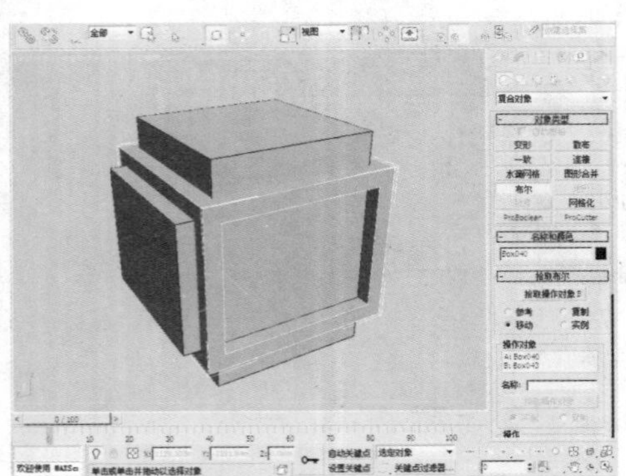

18 选中该物体，然后将其转换为可编辑多边形。

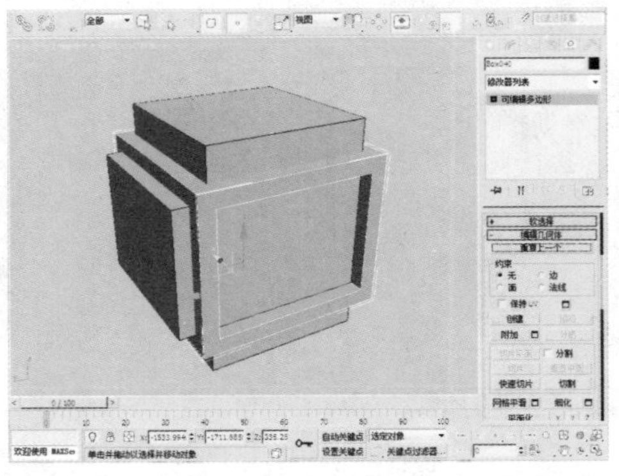

19 选中该物体，在“创建”命令面板中单击“几何体”按钮，在“复合对象”选项下单击“布尔”按钮，然后单击“拾取操作对象B”按钮，对物体进行适当调整。

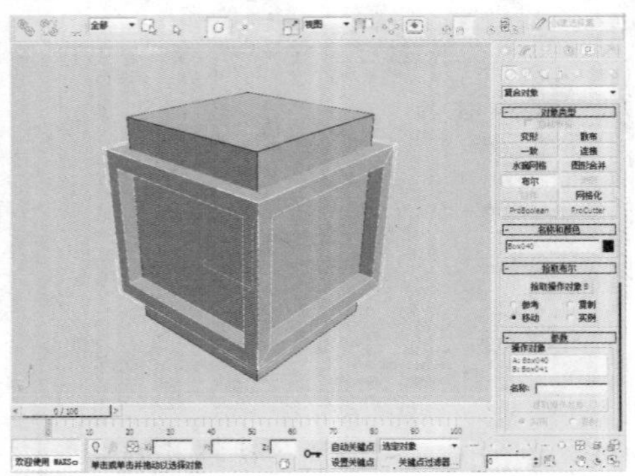

20 选中该物体，然后将其转换为可编辑多边形。

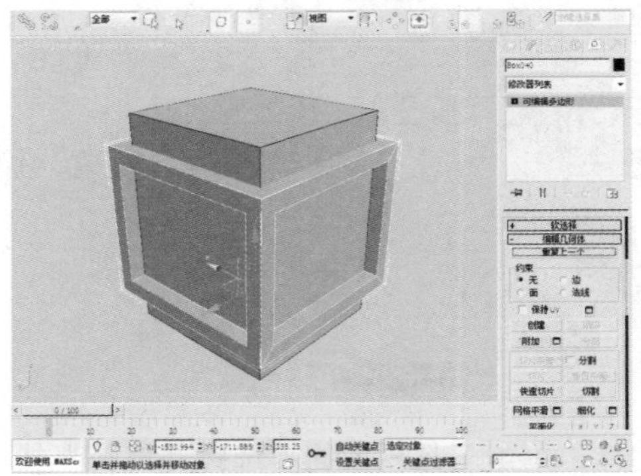

21 选中该物体，在“创建”命令面板中单击“几何体”按钮，在“复合对象”选项下单击“布尔”按钮，然后单击“拾取操作对象B”按钮，对物体进行适当调整。

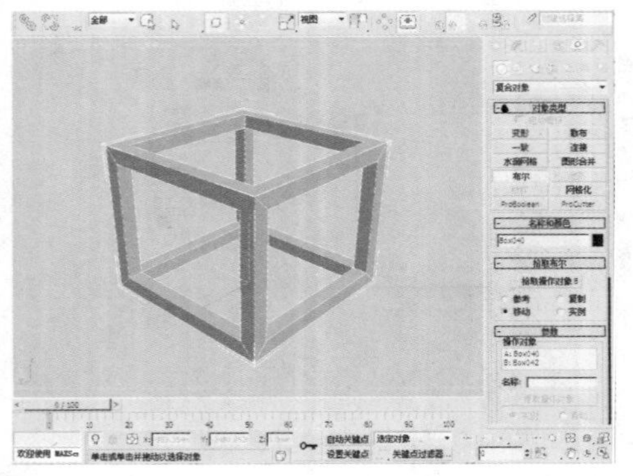

22 在“创建”命令面板中单击“四棱锥”按钮，在前视图中创建一个四棱锥，其宽度、深度、高度分别为50mm、40mm、5mm。

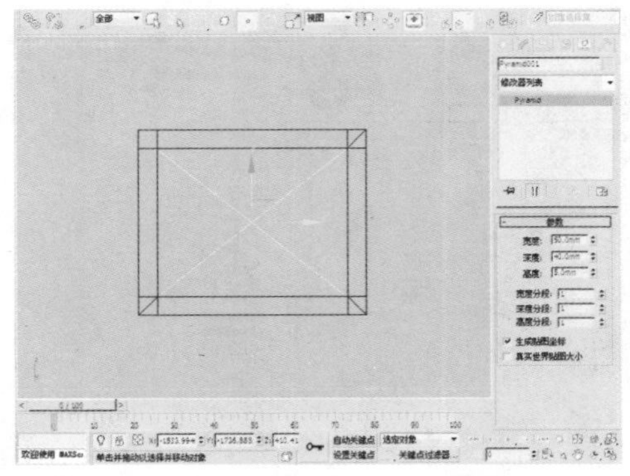

23 选中该物体，在顶视图中，使用“镜像”工具，以Y轴为镜像对物体进行复制。

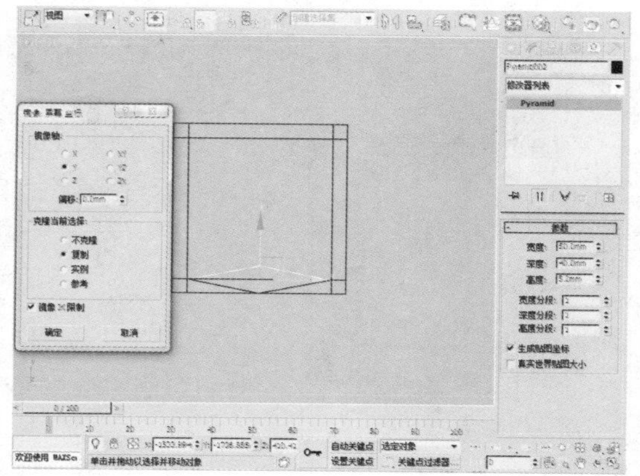

24 选中物体，单击工具栏中的“选择并旋转”按钮，按住Shift键的同时对物体进行旋转，选择“复制”的复制方式，并设置“副本数”为1。

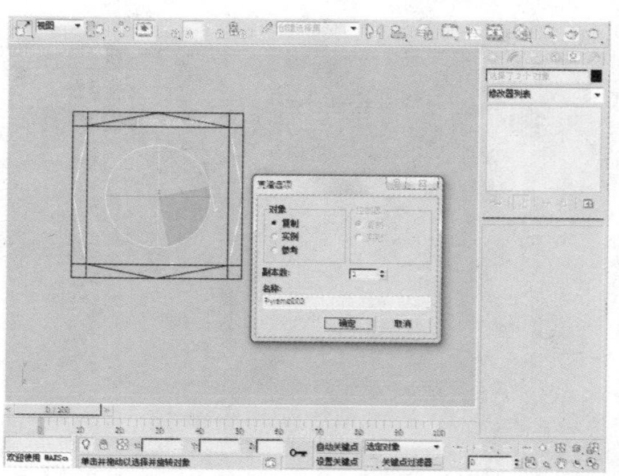

25 选中物体，单击工具栏中的“选择并移动”按钮，按住Shift键的同时对物体沿Y轴进行移动，选择“复制”的复制方式，并设置“副本数”为1。

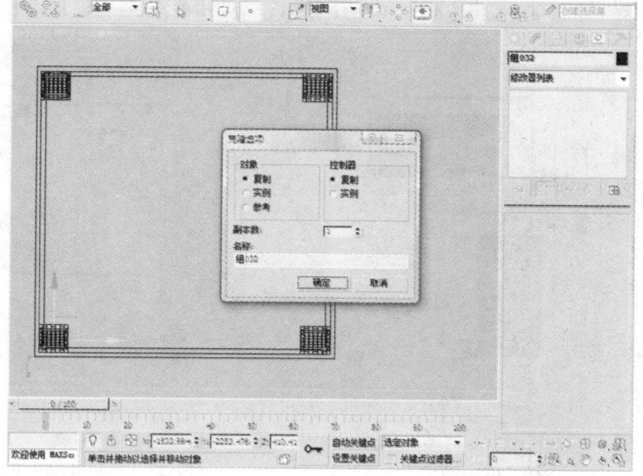

26 选中物体，单击工具栏中的“选择并移动”按钮，按住Shift键的同时对物体沿X轴进行移动，选择“复制”的复制方式，并设置“副本数”为1。

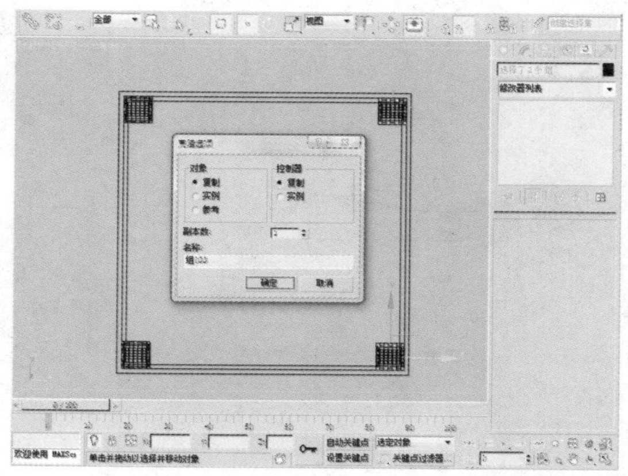

27 在“创建”命令面板中单击“线”按钮，在前视图中创建一个如下图所示的图形。

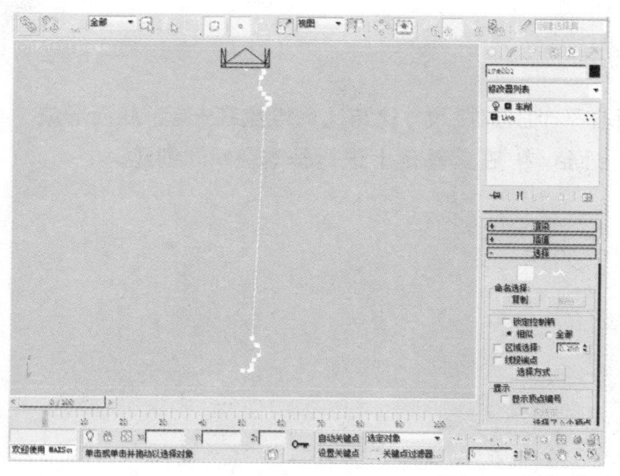

28 选中该形状，在“修改器列表”中选择“挤出”修改器，然后设置挤出“高度”为50mm。

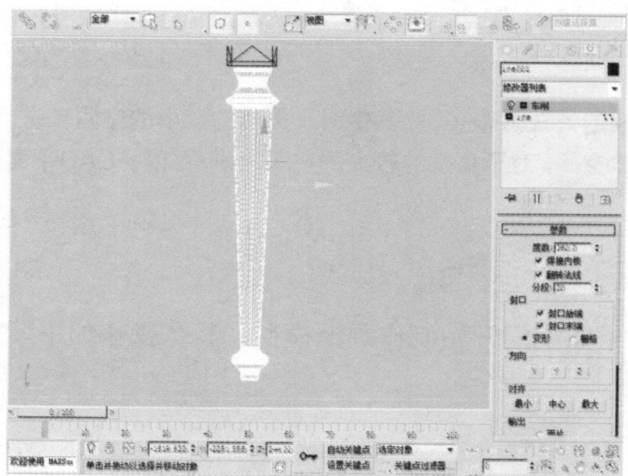

29 选中物体，单击工具栏中的“选择并移动”按钮，按住Shift键的同时对物体沿Y轴进行移动，选择“复制”的复制方式，并设置“副本数”为1。

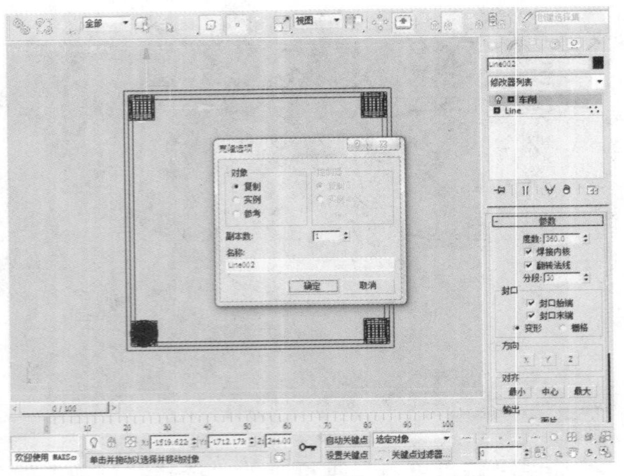

30 选中物体，单击工具栏中的“选择并移动”按钮，按住Shift键的同时对物体沿X轴进行移动，选择“复制”的复制方式，并设置“副本数”为1。

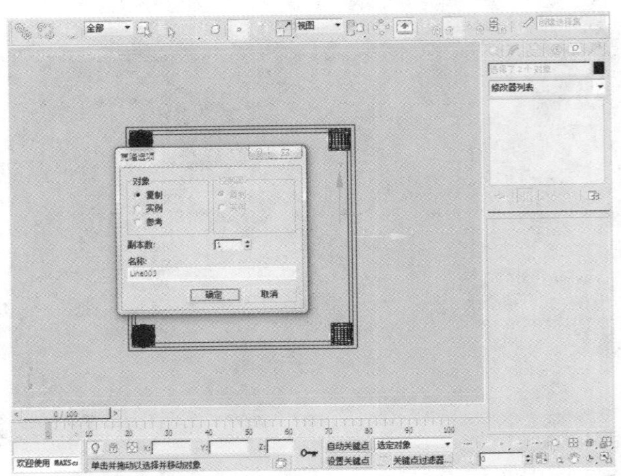

31 执行“组>成组”菜单命令，将选中的物体成组。

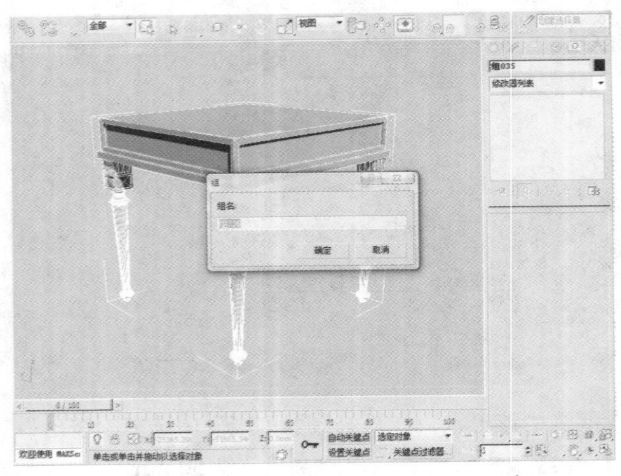

32 选中物体，单击工具栏中的“选择并移动”按钮，按住Shift键的同时对物体沿Y轴进行移动，选择“复制”的复制方式，并设置“副本数”为1。

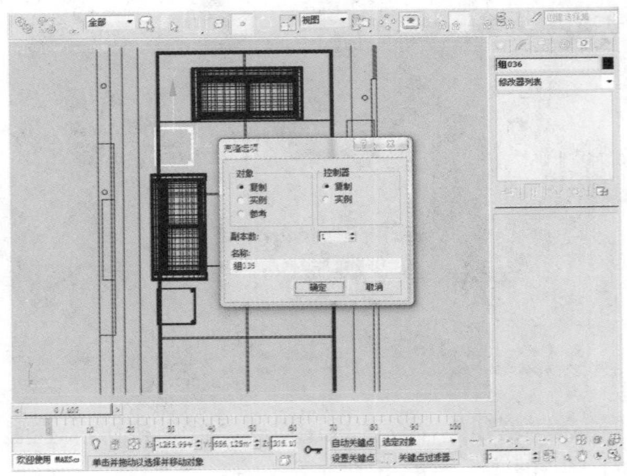

知识点

建模的方法有很多种，其中对于简单的较小的空间来讲，可以使用若干个BOX按尺寸比与比例堆放在一起，从而形成基本空间，对于复杂的较大的空间来讲，可以将CAD平面图导入3ds Max中，在其基础上进行基本空间的创建。

18.3.3 画框的绘制

下面我们开始制作画框模型，具体操作如下。

01 在“创建”命令面板中单击“长方体“按钮，在顶视图中创建一个长度、宽度、高度分别为1300mm、20mm、950mm的长方体。

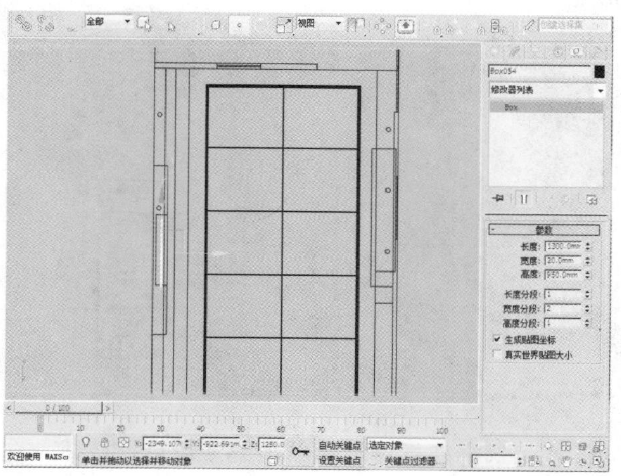

02 选中该物体并将其转换为可编辑多边形，在“选择”卷展栏中单击“多边形”按钮，选择面后，单击“插入”按钮后的“设置”按钮，然后设置“数量”为50mm。

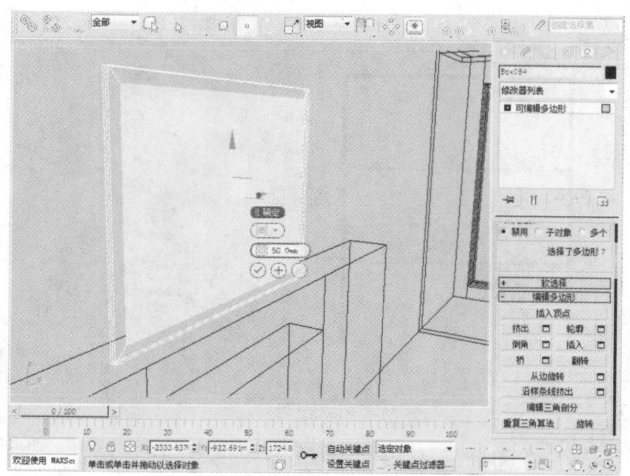

03 在“选择”卷展栏中单击“多边形”按钮，选择面后，单击“挤出”按钮后的“设置”按钮，然后设置“高度”为-10mm。

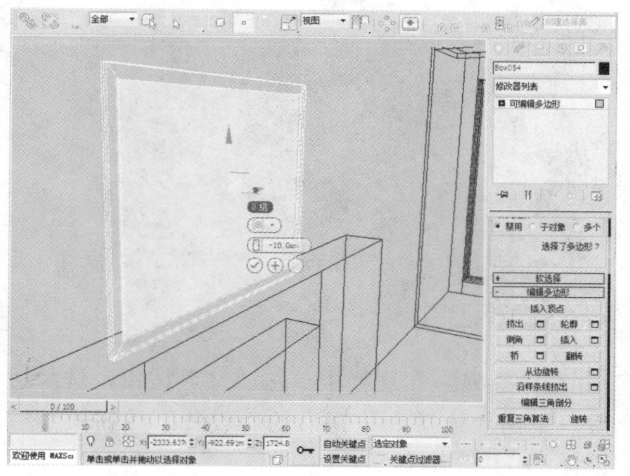

04 选中该物体，使用“选择并旋转”工具在前视图对该物体进行适当调整。

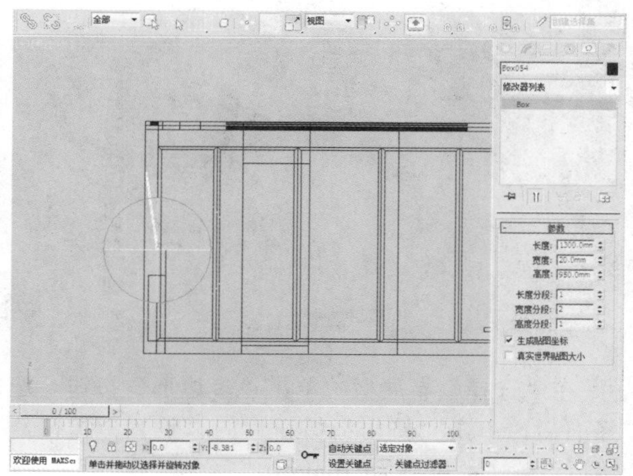

知识点

在制图的过程中，建模是最基础的工作，如果场景中的部分模型可以使用素材库中的模型，那么就不必再去创建了，这样可以大大提高工作效率，例如通用的桌子、浴室中的浴缸等常规模型。

18.3.4 电视机的绘制

下面我们开始制作电视机模型，具体操作过程如下。

01 在“创建”命令面板中单击“长方体“按钮，在顶视图中创建一个长度、宽度、高度分别为750mm、1150mm、65mm的长方体。

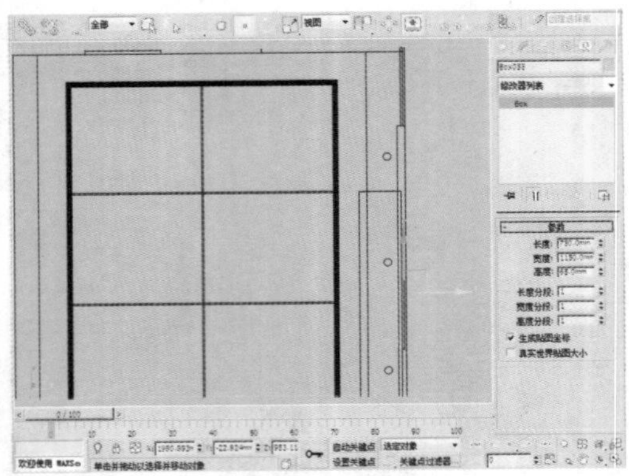

02 选中该物体并将其转换为可编辑多边形，在“选择”卷展栏中单击“多边形”按钮，选择面后，单击“插入”按钮后的“设置”按钮，然后设置“数量”为40mm。

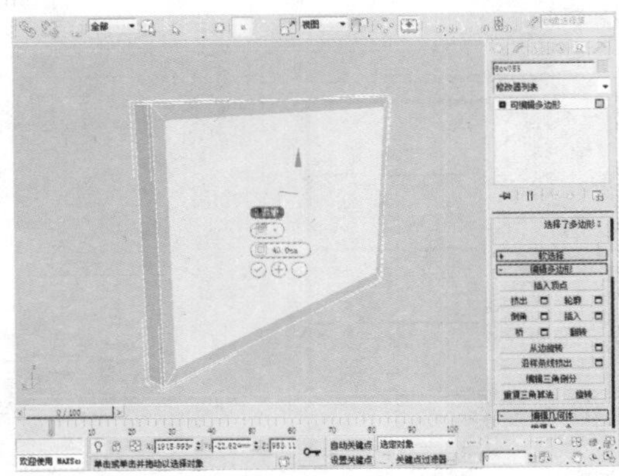

03 在“选择”卷展栏中单击“多边形”按钮，选择面后，单击“挤出”按钮后的“设置”按钮，然后设置“高度”为-10mm。

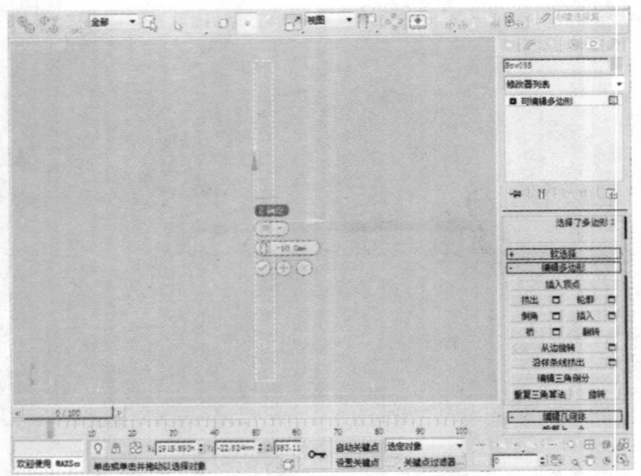

04 在“选择”卷展栏中单击“多边形”按钮，选择面后，单击“插入”按钮后的“设置”按钮，然后设置“数量”为15mm。

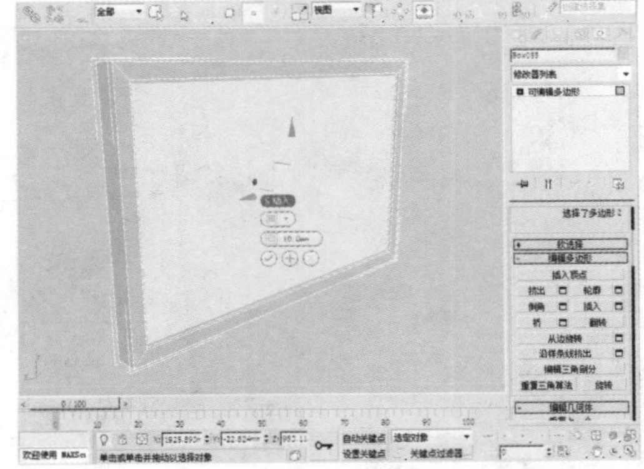

05 在“选择”卷展栏中单击“多边形”按钮，选择面后，单击“挤出”按钮后的“设置”按钮，然后设置“高度”为-10mm。

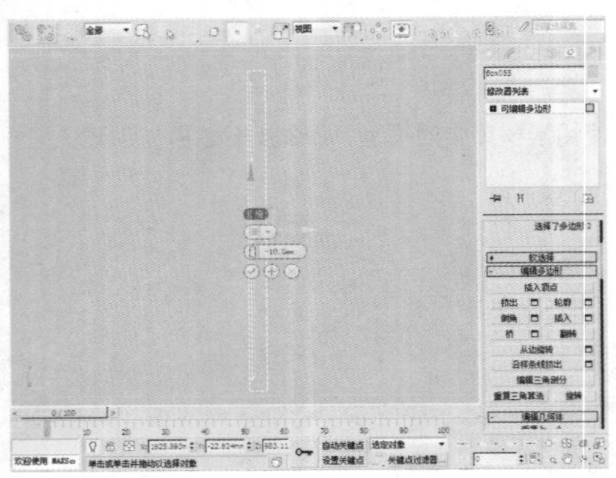

06 在“选择”卷展栏中单击“边”按钮，选择边后，单击“连接”按钮后的“设置”按钮，然后设置“分段”为1。

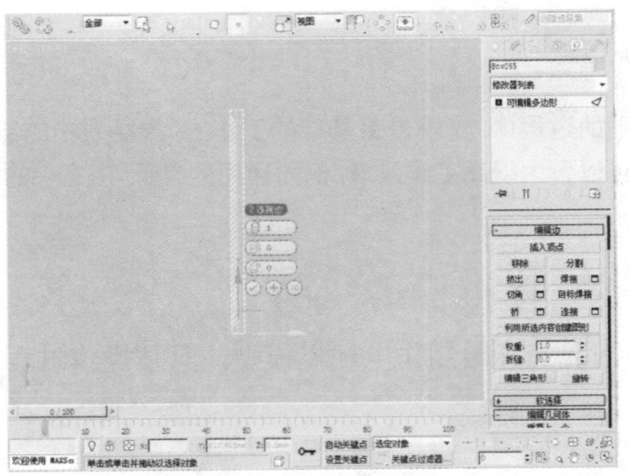

07 在“选择”卷展栏中单击“顶点”按钮，选择顶点后，使用“选择并均匀缩放”工具对顶点进行适当调整。

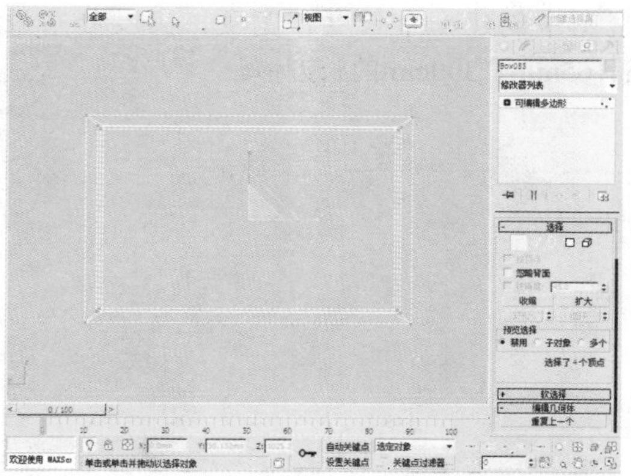

08 选中该物体并将其转换为可编辑多边形，在“选择”卷展栏中单击“边”按钮，选择边后，单击“切角”按钮后的“设置”按钮，然后设置“边切角量”为2mm、“连接边分段”为5。

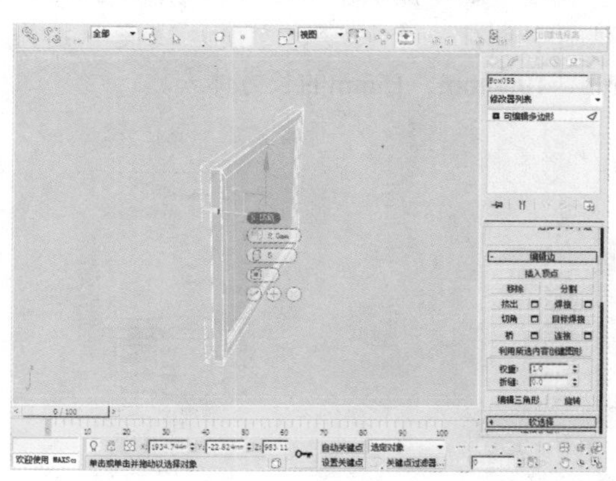

09 在“创建”命令面板中单击“文本”按钮，在左视图中创建一个文本。

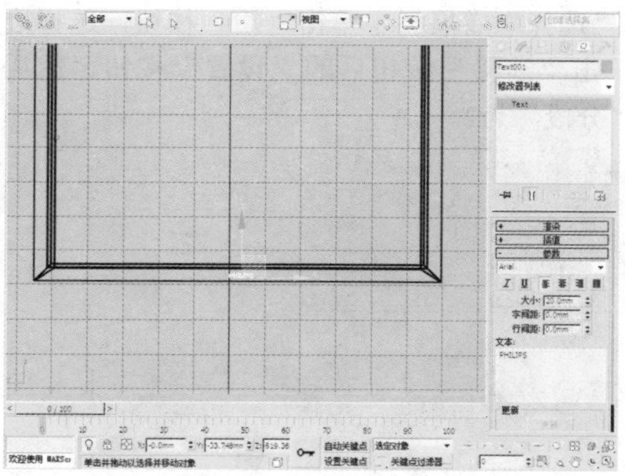

10 选中该图形，在“修改器列表”中选择“挤出”修改器，设置其挤出“数量”为4.5mm。

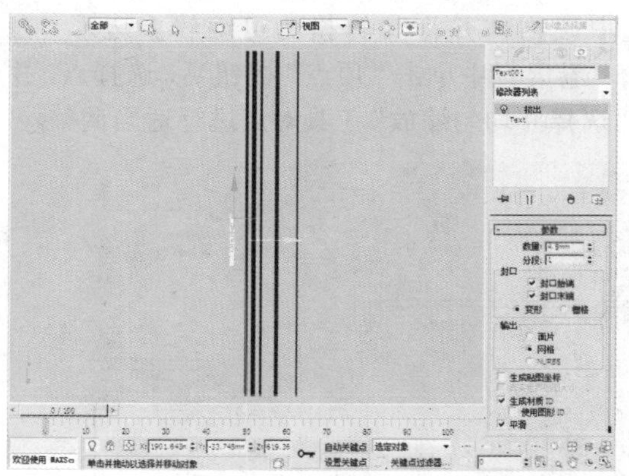

11 在“创建”命令面板中单击“长方体“按钮，在顶视图中创建一个长度、宽度、高度分别为650mm、1050mm、5mm的长方体。

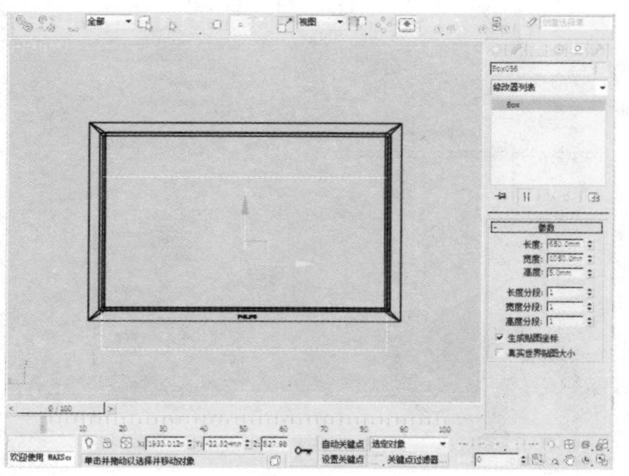

12 执行“组>成组”菜单命令，将选中的物体成组。

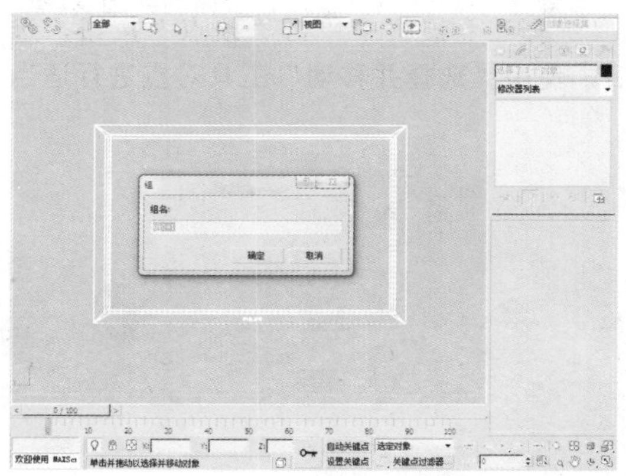

18.3.5 茶几的绘制

下面我们开始制作茶几模型，具体操作过程如下。

01 在“创建”命令面板中单击“长方体”按钮，在顶视图中创建一个长度、宽度、高度分别为1000mm、1000mm、15mm的长方体。

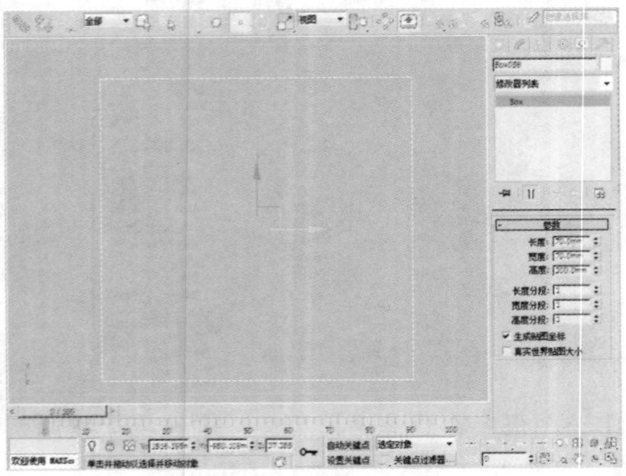

02 在“创建”命令面板中单击“长方体”按钮，在顶视图中创建一个长度、宽度、高度分别为65mm、65mm、300mm的长方体。

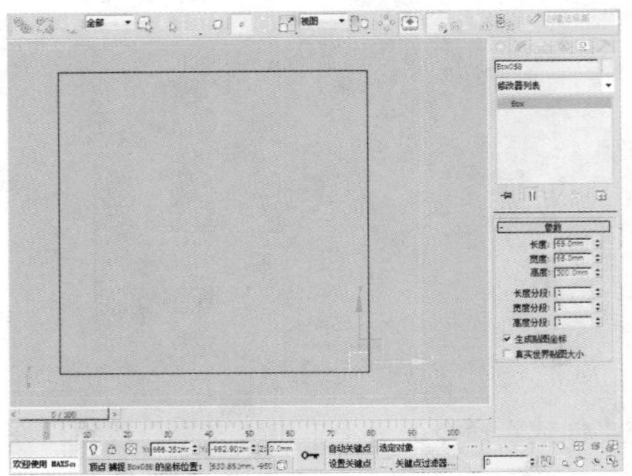

03 选中该物体并将其转换为可编辑多边形，在“选择”卷展栏中单击“顶点”按钮后，选择点，并使用“选择并均匀缩放”工具对点进行适当调整。

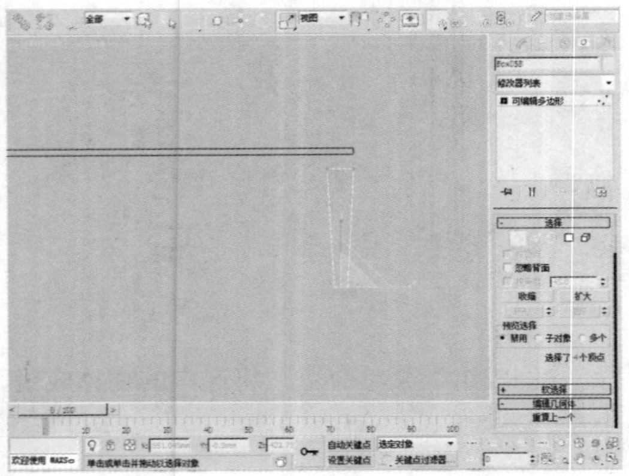

04 在“选择”卷展栏中单击“边”按钮，选择边后，单击“连接”按钮后的“设置”按钮，然后设置“分段”为2。

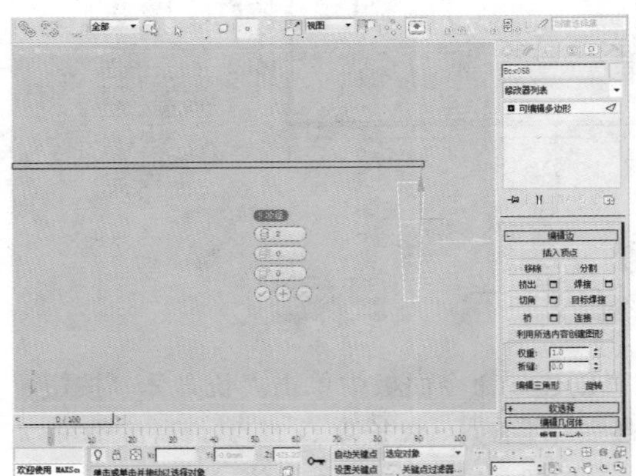

05 在“选择”卷展栏中单击“顶点”按钮，选择点后，使用“选择并移动”工具对点进行适当调整。

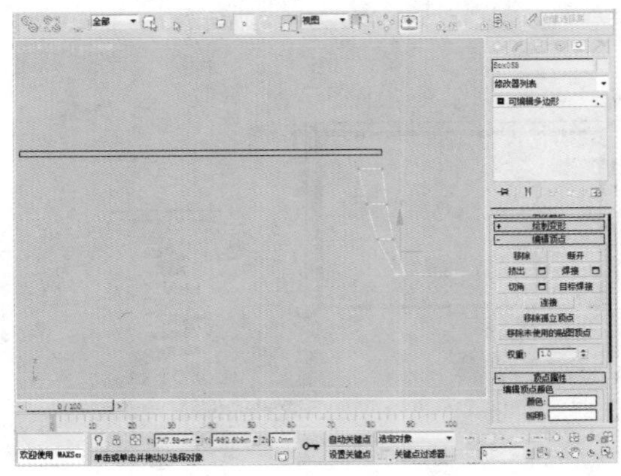

06 选中物体，单击工具栏中的“选择并移动”按钮，按住Shift键的同时对物体沿Y轴进行移动，选择“复制”的复制方式，并设置“副本数”为1。

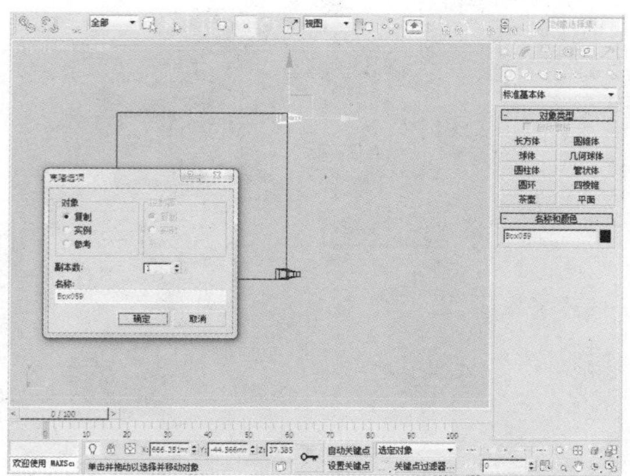

07 选中该形状，在顶视图中，使用“镜像”工具，以X轴为镜像轴对物体进行镜像复制。

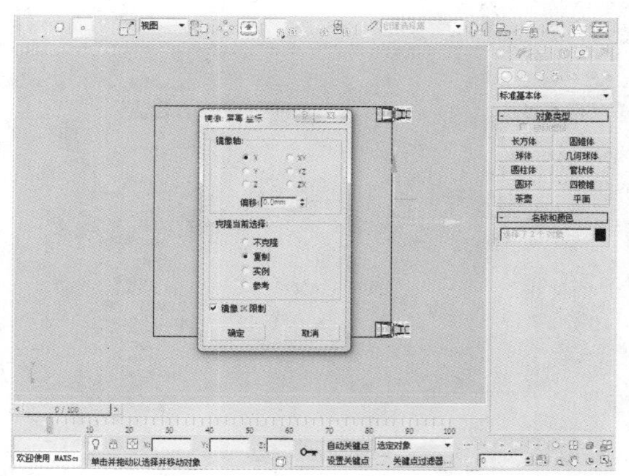

08 选中物体，使用“选择并移动”工具对物体的位置进行适当调整。

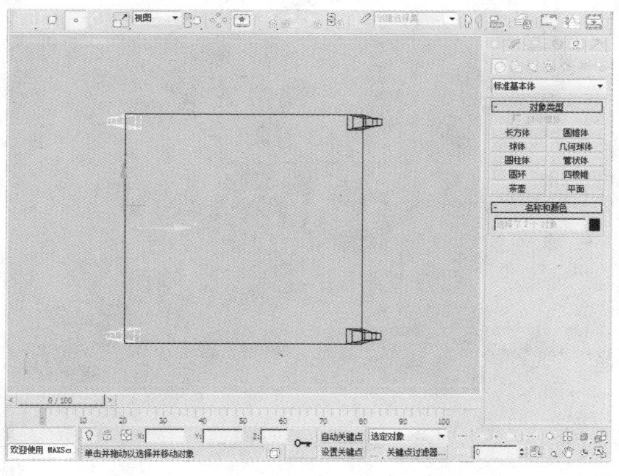

09 选中桌腿，使用“选择并旋转”工具对物体进行适当调整。

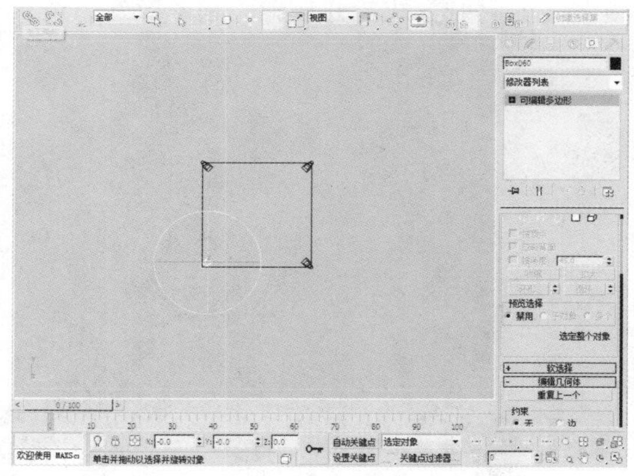

10 在“创建”命令面板中单击“矩形”按钮，在前视图中创建一个如下图所示的矩形。

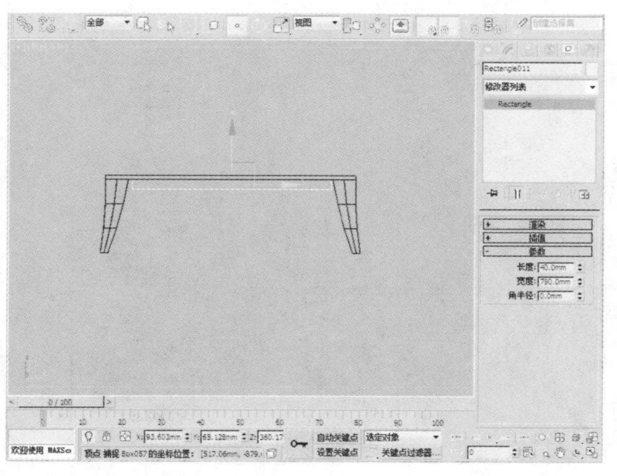

11 选中该物体并将其转换为可编辑样条线，在“选择”卷展栏中单击“顶点”按钮，使用“选择并移动”工具对物体进行适当调整。

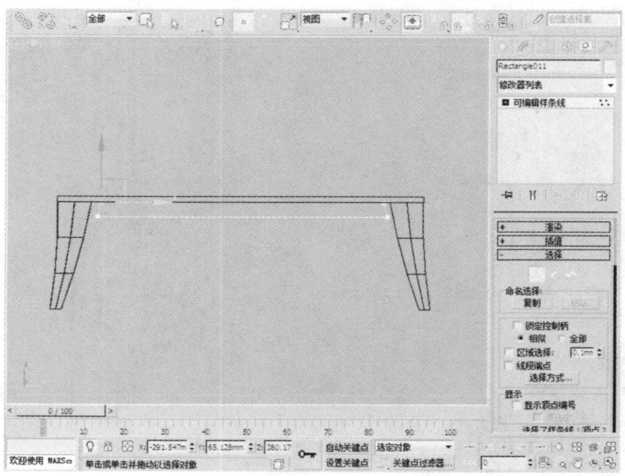

12 选中该图形，在“修改器列表”中选择“挤出”修改器，设置挤出“数量”为20mm。

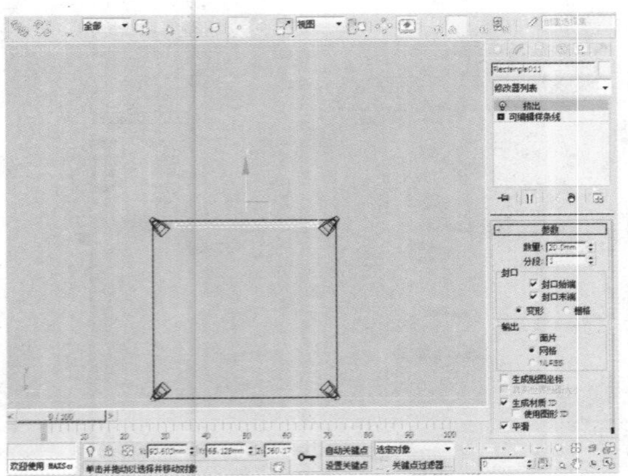

13 再次选中物体，单击工具栏中的“选择并移动”工具，按住Shift键的同时对物体沿Y轴进行移动，选择“复制”的复制方式，并设置“副本数”为1。

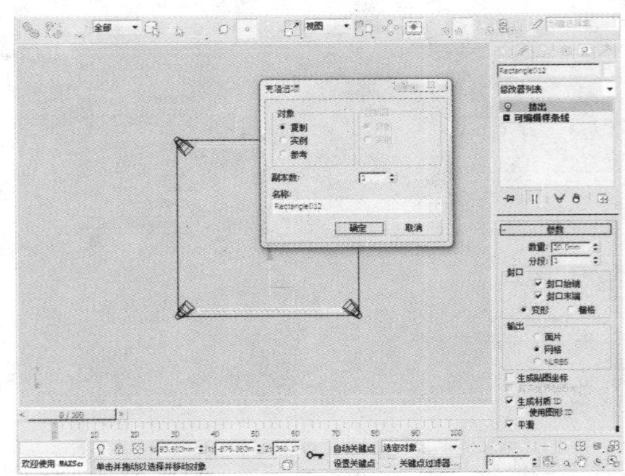

14 再次选中物体，单击工具栏中的“选择并旋转”工具，按住Shift键的同时对物体进行旋转，选择“复制”的复制方式，并设置“副本数”为1。

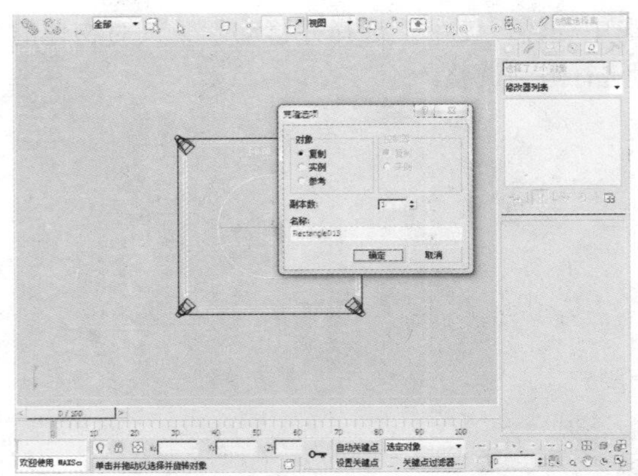

18.3.6 台灯的绘制

下面我们开始制作台灯模型，具体操作过程如下。

01 在“创建”命令面板中单击“矩形”按钮，在前视图中创建一个如下图所示的图形。

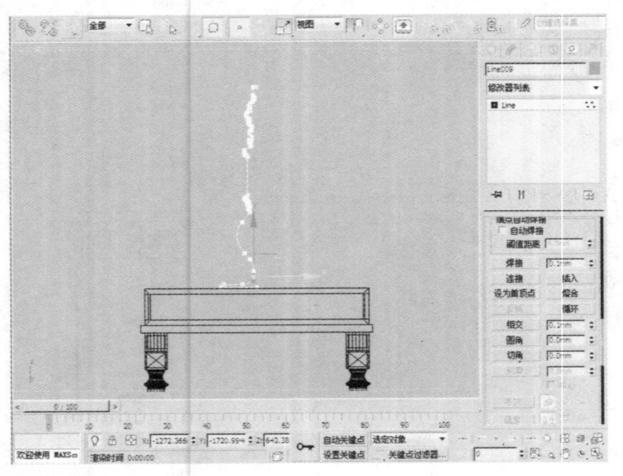

02 选中该图形，在“修改器列表”中选择“车削”修改器，适当调整物体的形状。

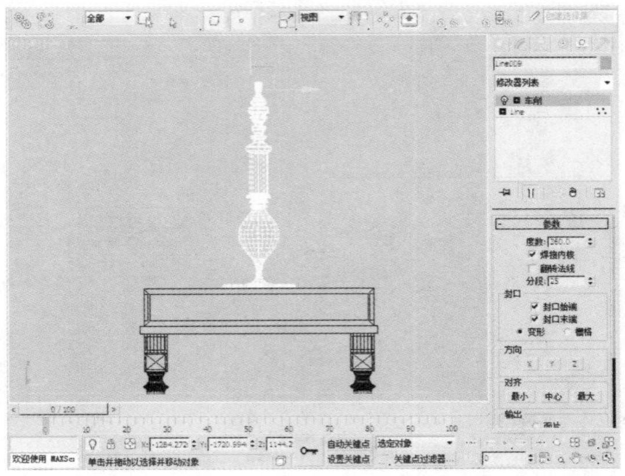

03 选中该物体并将其转换为可编辑多边形，在“选择”卷展栏中单击“多边形”按钮，选择面后，单击“插入”按钮后的“设置”按钮，然后设置“数量”为3mm。

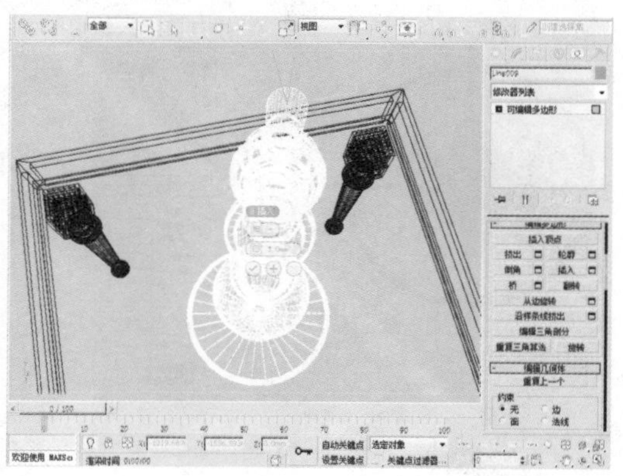

04 在“选择”卷展栏中单击“多边形”按钮，选择面后，单击“挤出”按钮后的“设置”按钮，然后设置“高度”为5mm。

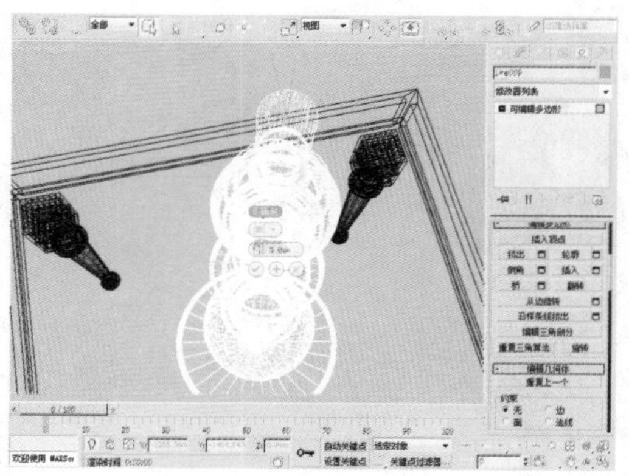

05 在“选择”卷展栏中单击“多边形”按钮，选择面后，单击“插入”按钮后的“设置”按钮，然后设置“数量”为1mm。

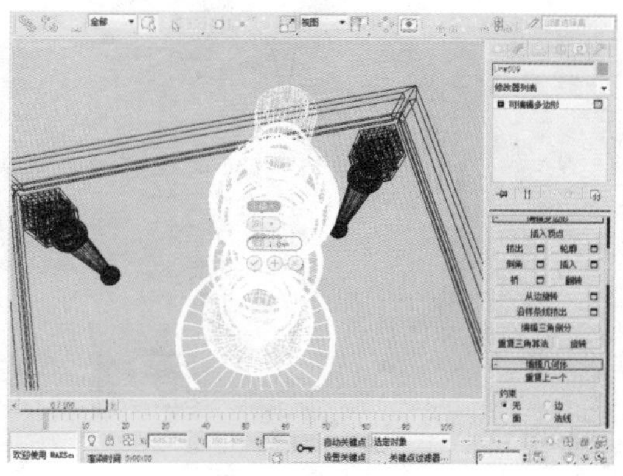

06 在“选择”卷展栏中单击“多边形”按钮，选择面后，单击“挤出”按钮后的“设置”按钮，然后设置“高度”为-10mm。

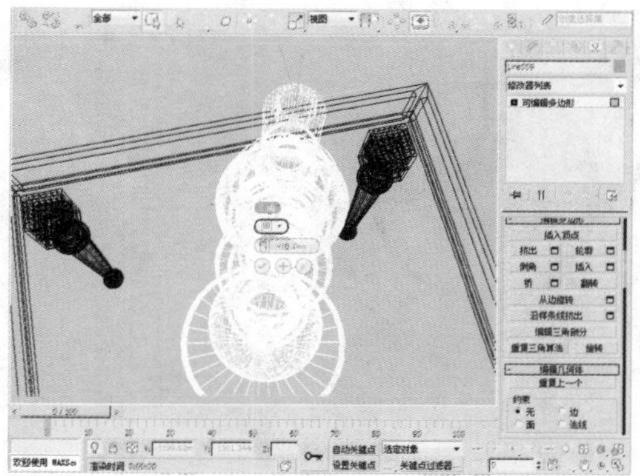

07 在“创建”面板中单击“圆柱体”按钮，在前视图中创建一个圆柱体，其半径、高度分别为2mm、160mm。

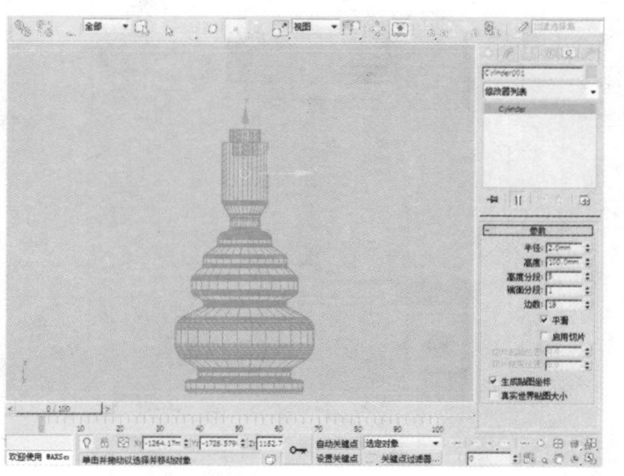

08 选中物体，单击工具栏中的“选择并移动”工具，按住Shift键的同时沿Y轴对物体进行移动，选择“复制”的复制方式，并设置“副本数”为1。

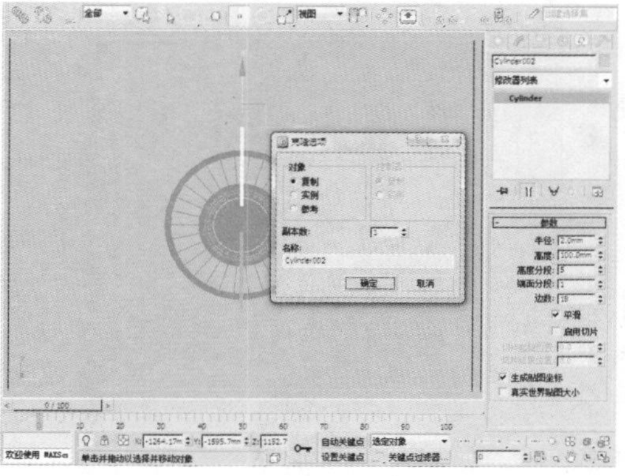

09 再次选中物体，单击工具栏中的“选择并旋转”按钮，按住Shift键的同时对物体进行旋转，选择“复制”的复制方式，并设置“副本数”为1。

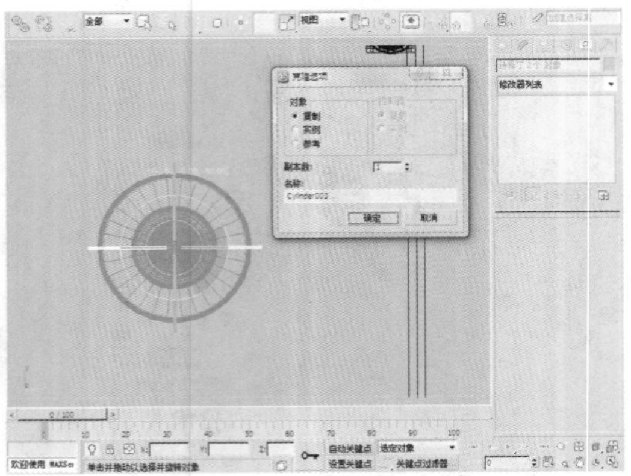

10 “创建”面板中单击“管状体”按钮，在顶视图中创建一个管状体，其半径1、半径2、高度分别为130mm、125mm、160mm。

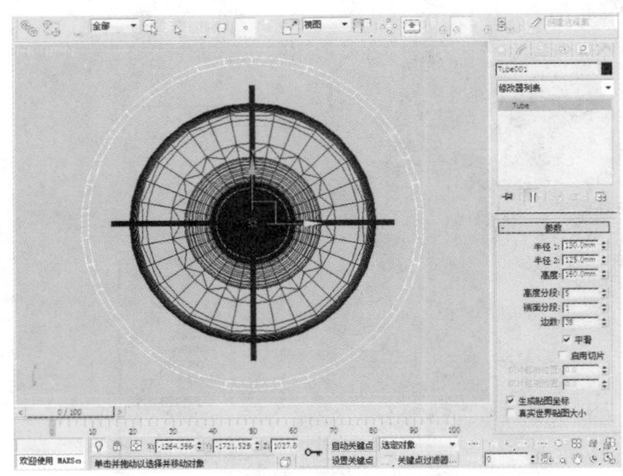

11 在“创建”面板中单击“球体”按钮，在顶视图中创建一个球体，半径为15mm。

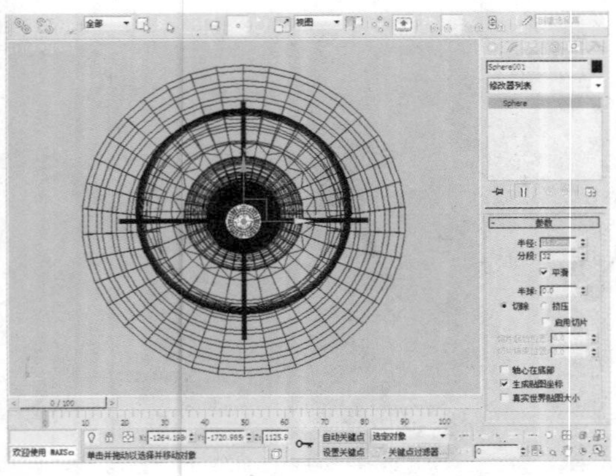

12 选中该物体，在“修改器列表”中选择FFD 2×2×2修改器，选择控制点后，使用“选择并均匀缩放”工具对物体进行调整。

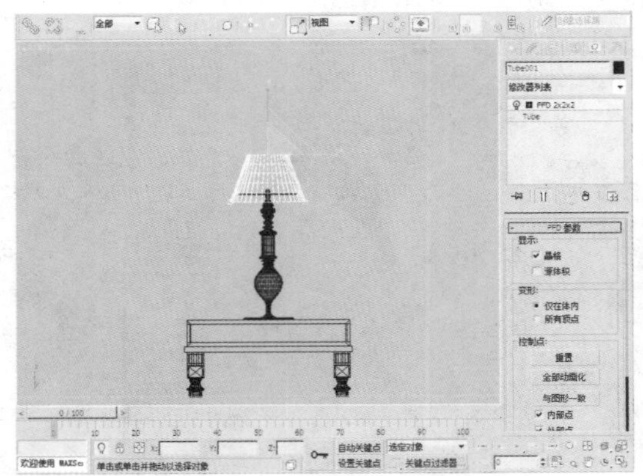

13 执行“组>成组”菜单命令，将选中的物体成组。

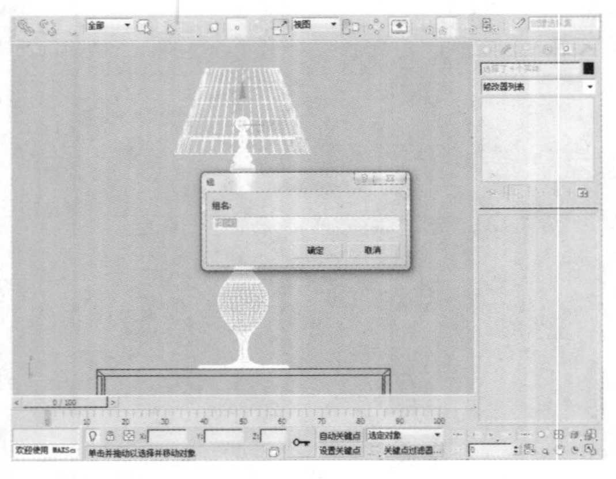

14 再次选中物体，单击工具栏中的“选择并移动”按钮，按住Shift键的同时沿Y轴对物体进行移动，选择“复制”的复制方式，并设置“副本数”为1。

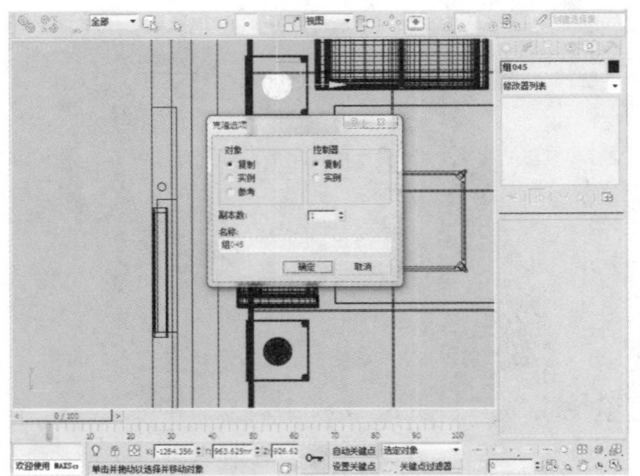

18.4 模型的导入

下面将对模型的导入操作进行介绍，需要说明的是用户需要提前将模型放置在合适位置。

01 导入窗帘模型。单击按钮，在弹出的菜单中单击“导入”命令，在“选择要导入的文件”对话框中选择目标文件。

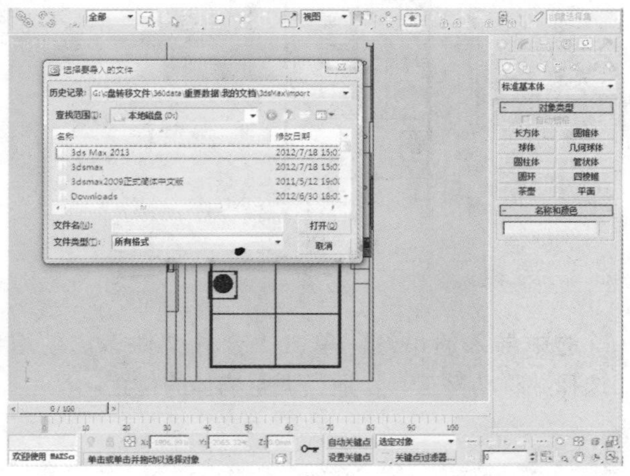

02 选中导入的窗帘，单击“合并文件”，使用“选择并移动”工具，适当调整物体的位置。

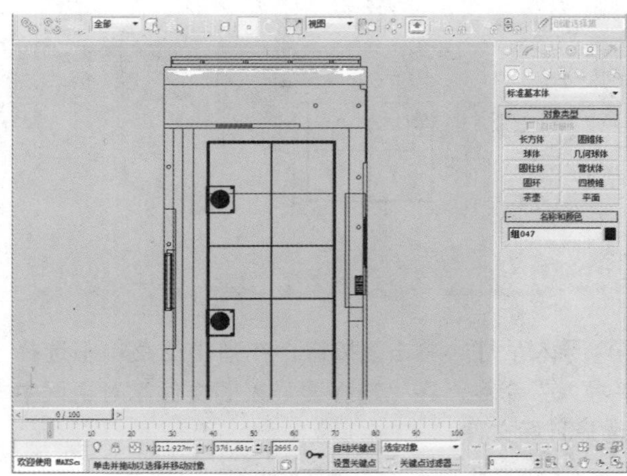

03 导入花与花瓶模型。单击按钮，在弹出的菜单中单击“导入”命令，在“选择要导入的文件”对话框中选择目标文件。

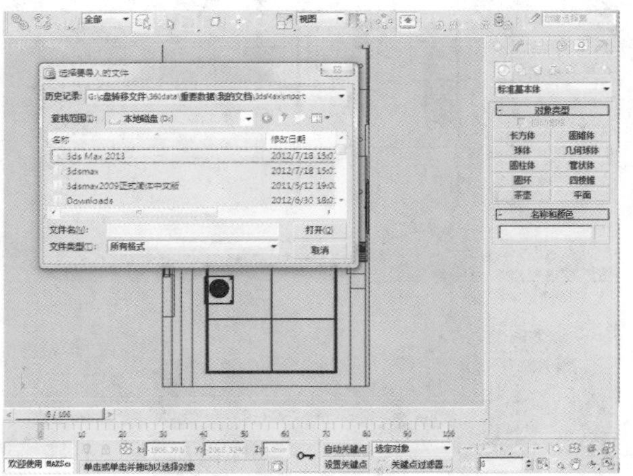

04 选中导入的花与花瓶，单击“合并文件”，使用“选择并移动”工具，适当调整物体的位置。

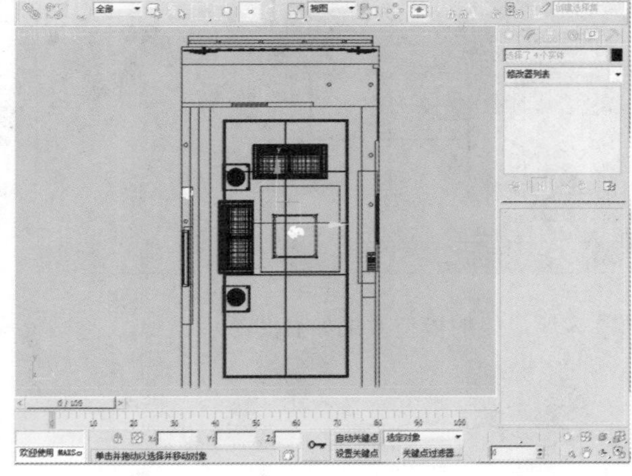

知识点

利用“可编辑多边形”创建模型对象，就是对简单的几何体进行加线细分的过程，将细分后的物体在“顶点”、“边”、“多边形”等级别下进行编辑，最终完成模型的塑造。

05 导入装饰物模型。单击按钮，在弹出的菜单中选择“导入”命令，在“选择要导入的文件”对话框中选择目标文件。

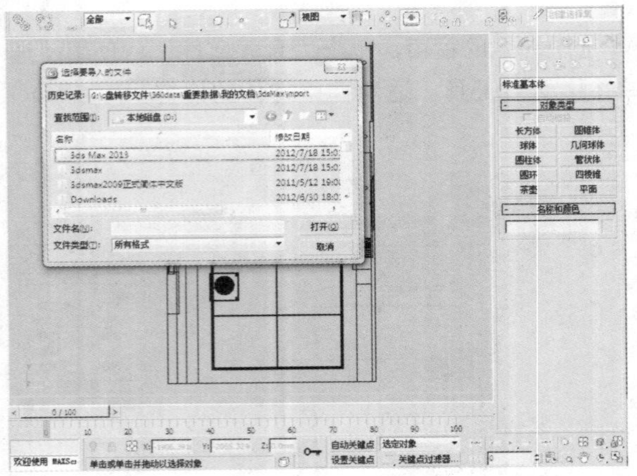

06 选中导入的装饰物，单击“合并文件”，使用“选择并移动”工具，适当调整物体的位置。

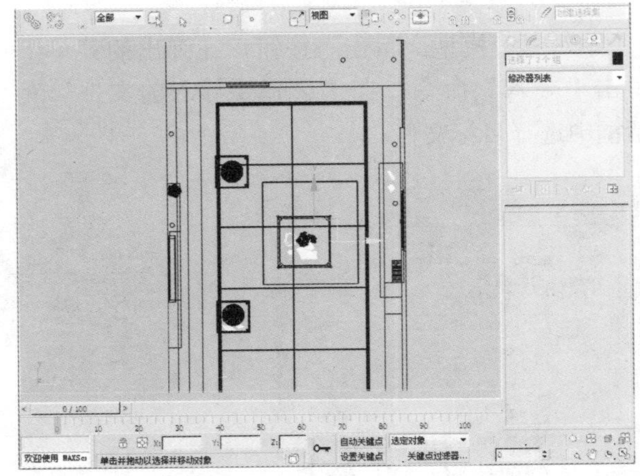

07 导入吊灯。单击按钮，在弹出的菜单中选择“导入”命令，在“选择要导入的文件”对话框中选择目标文件。

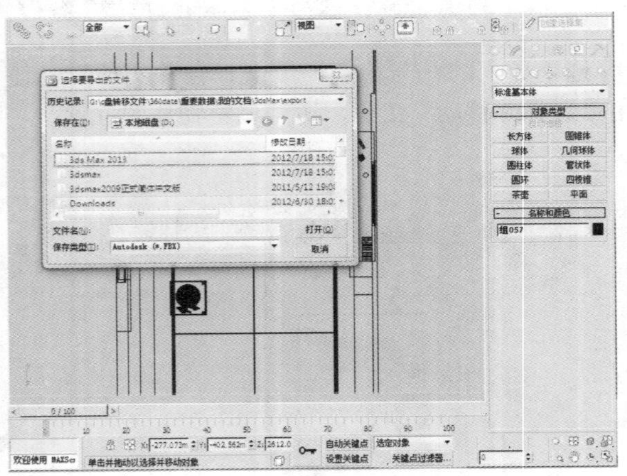

08 选中导入的吊灯，单击“合并文件”，使用“选择并移动”工具，适当调整物体的位置。

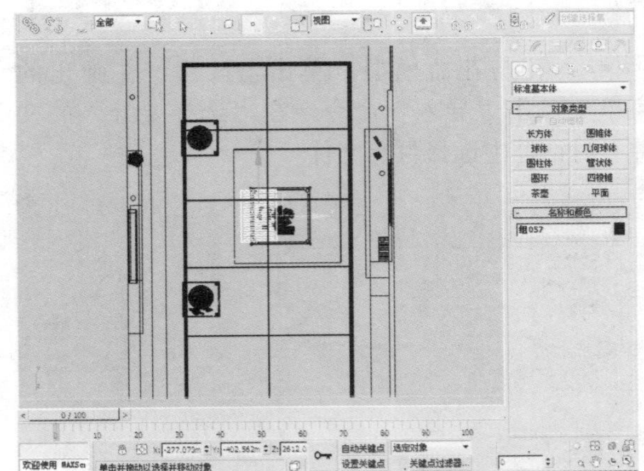

09 客厅最终的模型效果如右图所示。

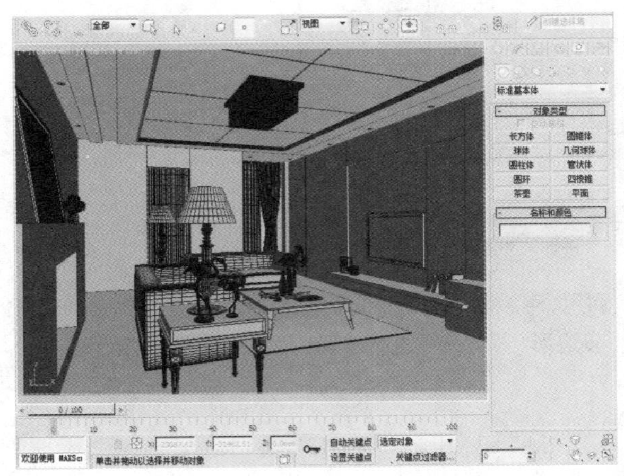

18.5 场景渲染案例分析

学习要点	通过制作一个客厅场景来讲述室内灯槽、台灯和射灯的灯光设置以及室内材质的设置方法
结构特点	在空间结构上采用横向构图，家具及摆设品种繁多，主要包括沙发、茶几、桌子和灯具等
材质特点	在材质上以黄色木纹为背景材质，在家具材质上以皮革材质、布纹理材质和棕红色钢琴烤漆材质为主
灯光特点	在灯光设置上使用VRay灯光面光源进行窗口的暖色补光和室内补光，使用球形面光源进行台灯的照明，使用自由灯光模拟射灯照明
最终渲染效果	

18.6 测试渲染设置

重点提示

对采样值和渲染参数进行最低级别的设置，可以达到既能够观察渲染效果又能快速渲染的目的。

01 按F10键打开渲染设置窗口，首先设置V-Ray Adv 2.30.01为当前渲染器。

渲染设置：V-Ray Adv 2.30.01
公用 V-Ray 间接照明 设置 Render Elements
+ 公用参数
+ 电子邮件通知
+ 脚本
- 指定渲染器
产品级： V-Ray Adv 2.30.01
材质编辑器： V-Ray Adv 2.30.01
ActiveShade： 默认扫描线渲染器
保存为默认设置
预设：
查看： Quad 4 - 顶
渲染

02 在V-Ray::全屏开关卷展栏中设置总体参数，具体设置如下图所示。设置“默认灯光”为“关”，并取消勾选“反射/折射”和“光泽效果”复选框，这两项都是非常影响渲染速度的。

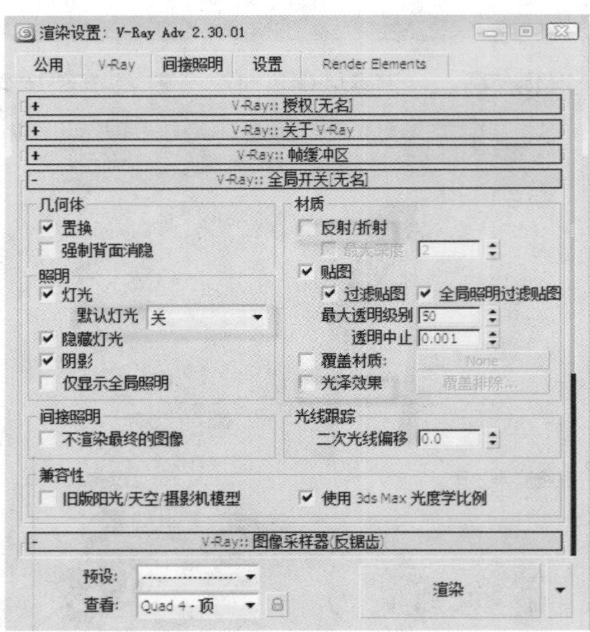

03 在V-Ray::图像采样器卷展栏中的参数设置如下图所示。

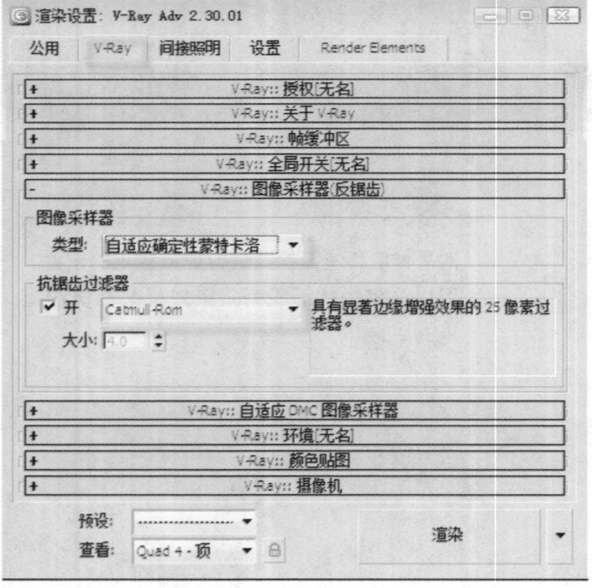

04 在“V-Ray::颜色贴图”卷展栏中设置颜色贴图“类型”为“线性倍增”，其他参数如下图所示。

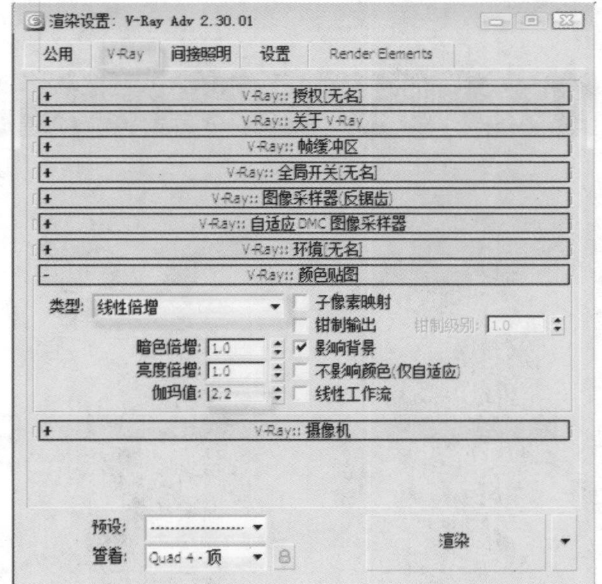

05 在V-Ray::间接照明卷展栏设置参数如下图所示。

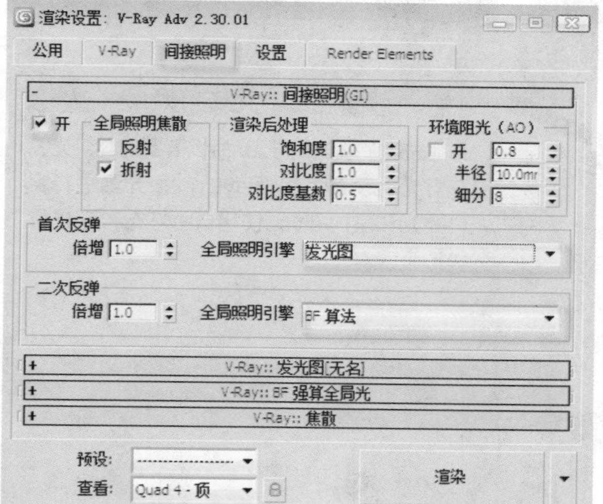

06 在V-Ray::发光图卷展栏中，设置参数如下图所示。

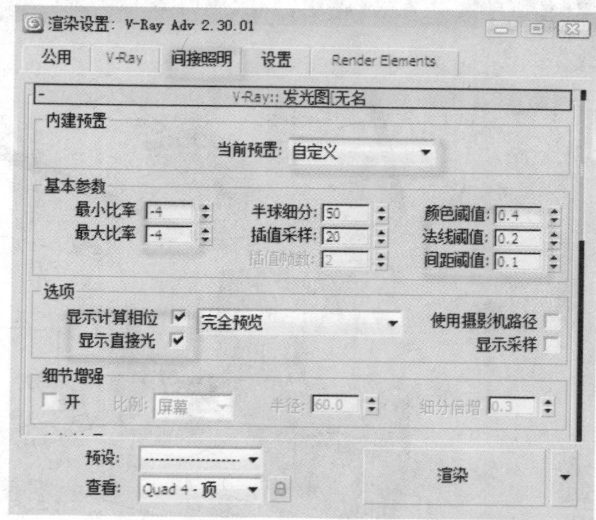

知识点

VRay物理摄影机的参数设置是模拟真实数码相机的一些设置，其中光圈的数值越大，光圈越小，进光量就越少，那么渲染出的图像就会变暗；反之，光圈的数值越小，光圈越大，进光量就越大。

07 在V-Ray::BF强算全局光卷展栏中设置灯光参数如下图所示。

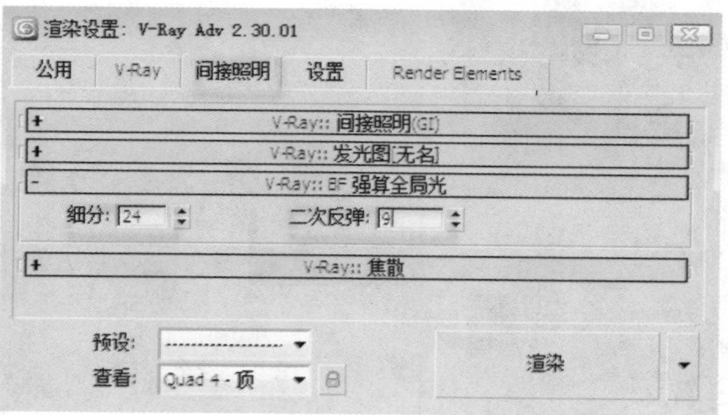

08 按8键打开“环境和效果”窗口，设置背景“颜色”为白色。

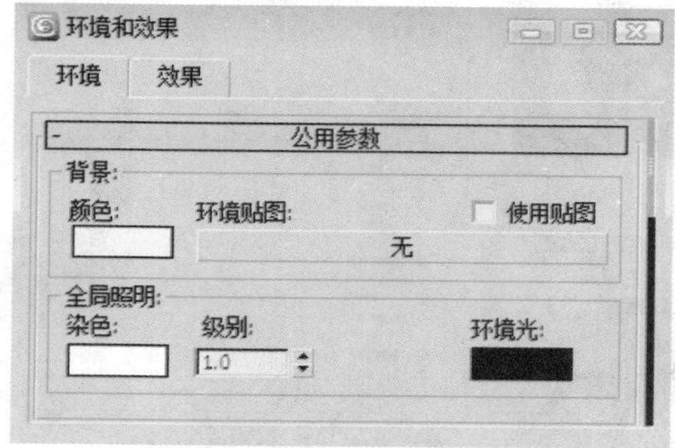

知识点

VRay物理摄影机的景深大小是通过光圈来调节的，设置的f-number值越大，光圈越小，景深越深；反之，设置的f-number值越小，光圈越大，景深越浅。

18.7 场景灯光设置

重点提示

目前关闭了默认的灯光，所以需要建立灯光。在灯光的设置上用VRayLight面光源进行窗口补光和室内补光，使用自由灯光和泛光灯模拟吸顶灯。

01 首先制作一个统一的材质测试模型。按M键打开材质编辑器窗口，选择一个空白材质球，设置材质的样式为VRayMtl。

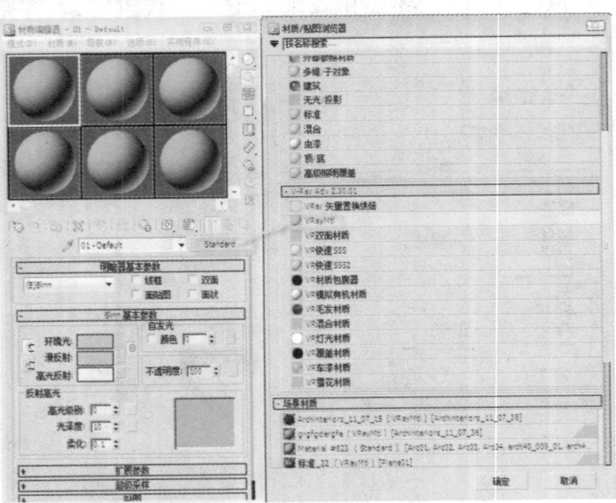

02 在"颜色选择器：漫反射"对话框中设置"漫反射"的"亮度"为220。

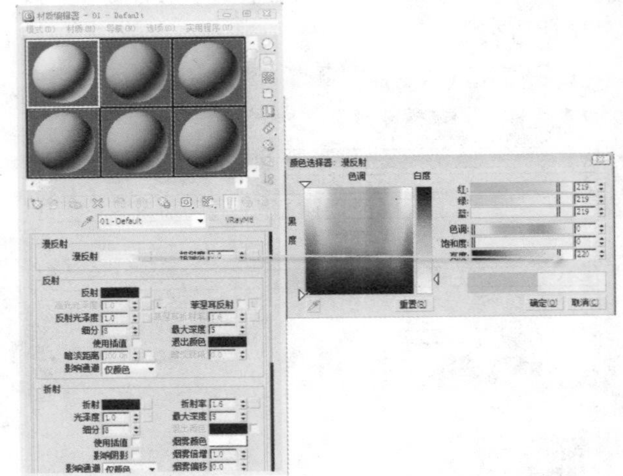

03 在“基本参数”卷展栏中单击“漫反射”后的按钮，为其添加“VR边纹理”材质。

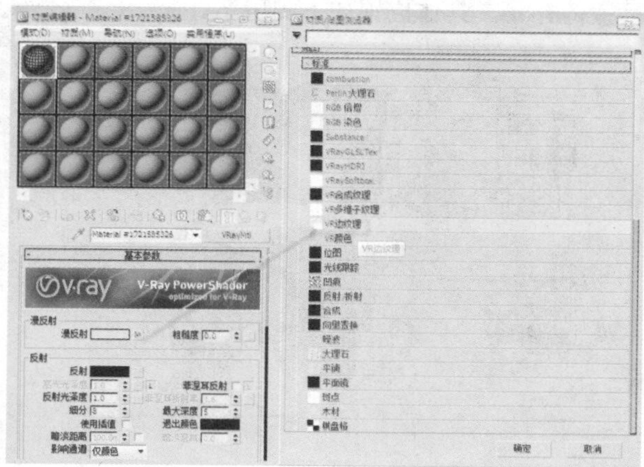

04 按F10键打开渲染设置窗口，勾选“覆盖材质”复选框，将该材质拖动到None按钮上，这样就为整体场景设置了一个临时测试用的材质。

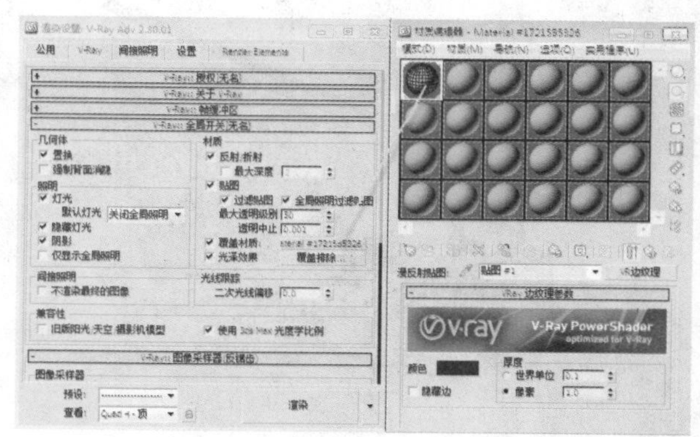

05 设置窗口补光。在“创建”命令面板中单击“VR灯光”按钮，在室内建立二盏VRay灯光，用来进行室内补光，具体位置如右图所示。

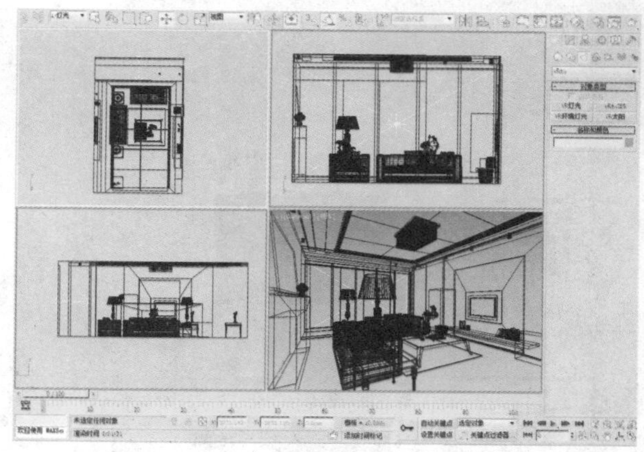

06 在“修改”面板设置面光源的参数，如图A、B所示。

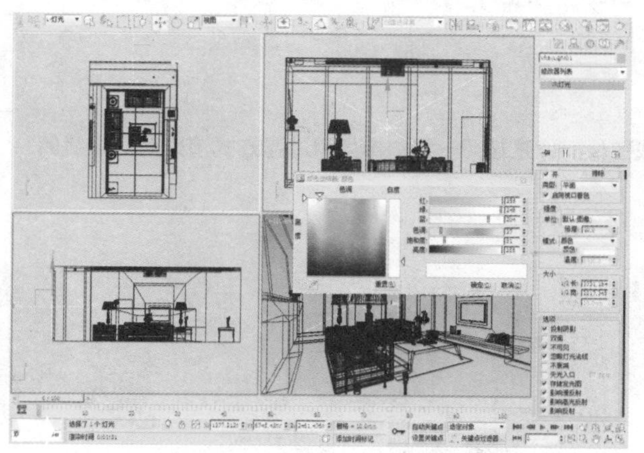

07 按F9键对图形进行渲染，此时效果如下图所示。

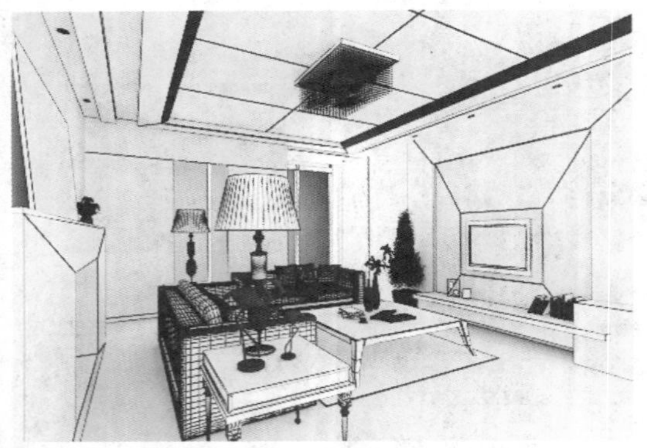

08 设置室内补光。在“创建”命令面板中单击“VR灯光”按钮，在室内建立一盏VRay灯光，用来进行室内补光，具体位置如下图所示。

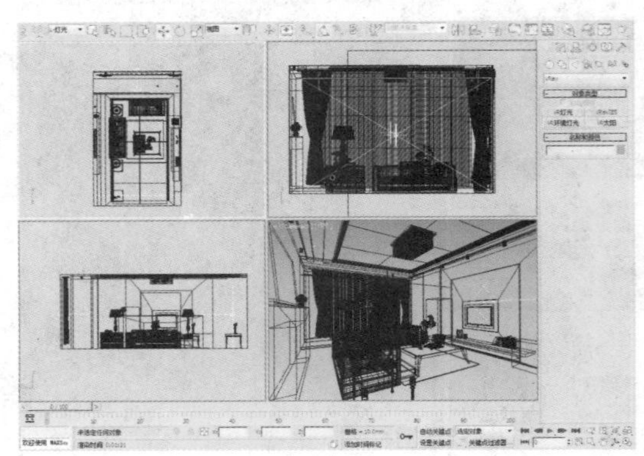

09 在“修改”面板中设置面光源的参数。

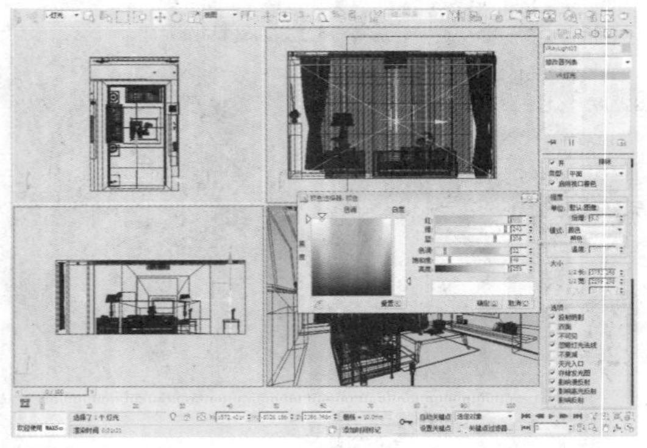

10 接下来设置吸顶灯的照明。在“创建”命令面板中单击“泛光”按钮，在吸顶灯中央上建立一盏泛光灯，同时单击“VR灯光”按钮，创建六盏VR灯光，具体位置如下图所示。

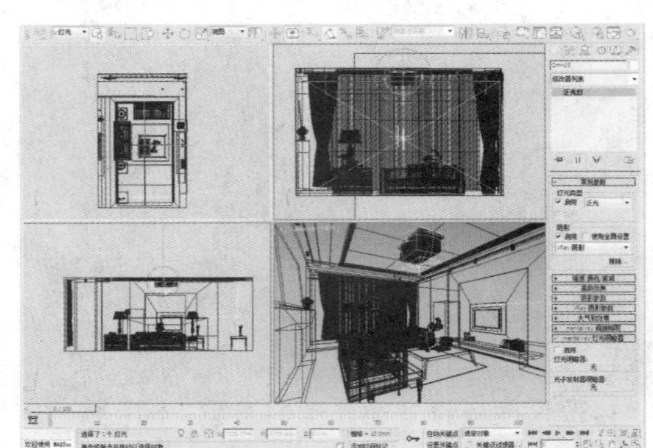

知识点

使用VRay渲染器进行渲染时，通过采样设置选项组，将组成图像的像素按照一定的排列和过滤方式渲染完成最终的画面效果，也就是常说的抗锯齿设置。

11 在“修改”面板中设置泛光参数，具体设置如右图所示。面光源参数的设置，如图A、B、C和D所示。

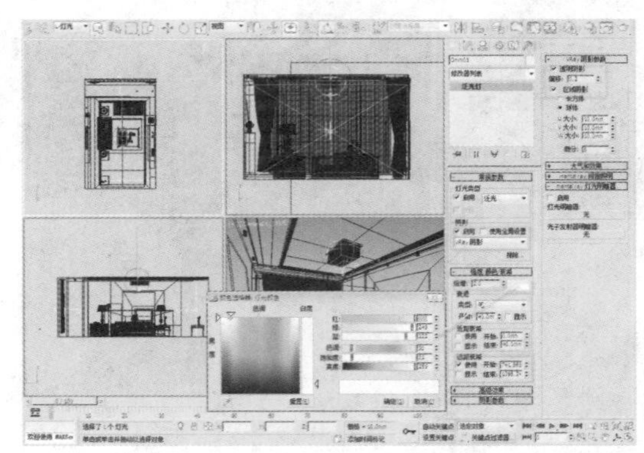

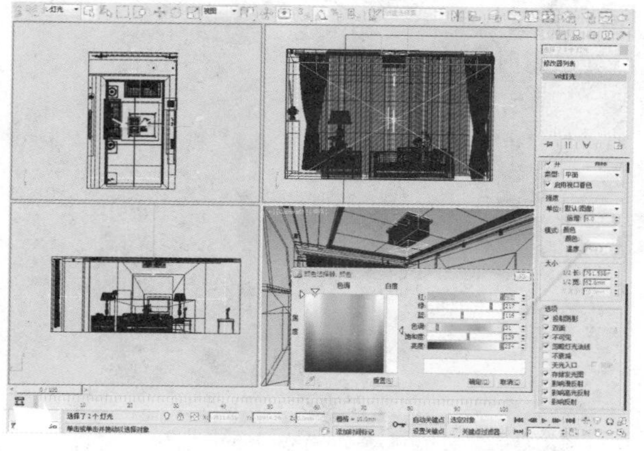

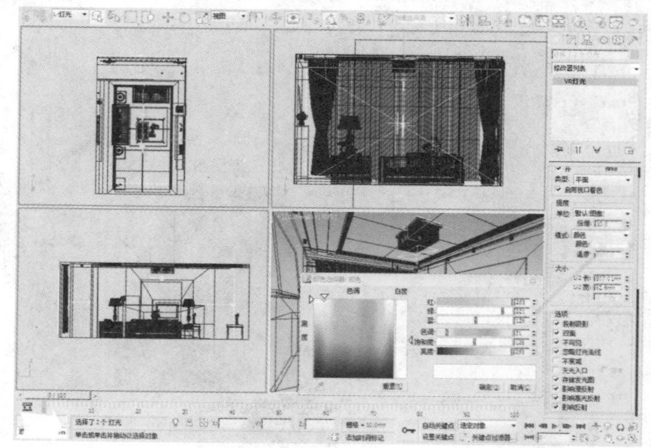

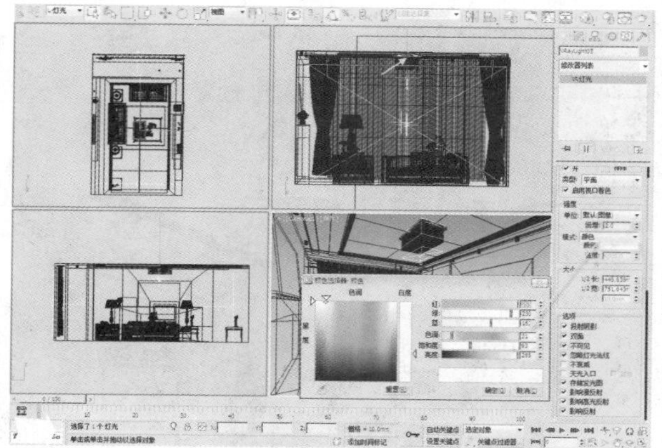

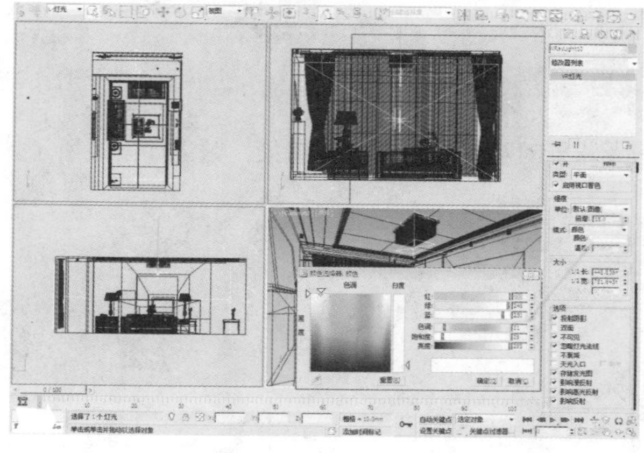

12 设置射灯照明。在“创建”命令面板单击“自由灯光”按钮，在室内创建六盏自由灯光，具体位置如下图所示。

13 在“修改”面板中设置自由灯光的参数，具体设置如下图所示。

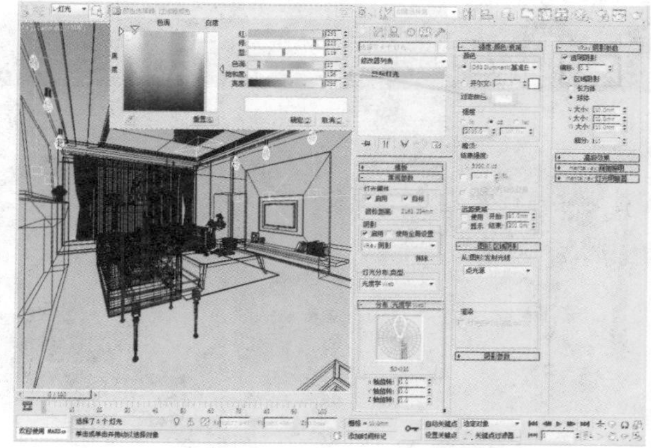

知识点

广域网是一个光源灯光强度分布文件。平行光分布信息以IES格式存储在光度学数据文件中，而对于光度学数据采用LTLI或CIBSE格式。

14 为沙发周围进行补光。在“创建”命令面板中单击“泛光”按钮，在室内创建四盏泛光灯，具体位置如下图所示。

15 此图是线框渲染的效果，线框渲染是一种检验灯光最省时简单的方式。

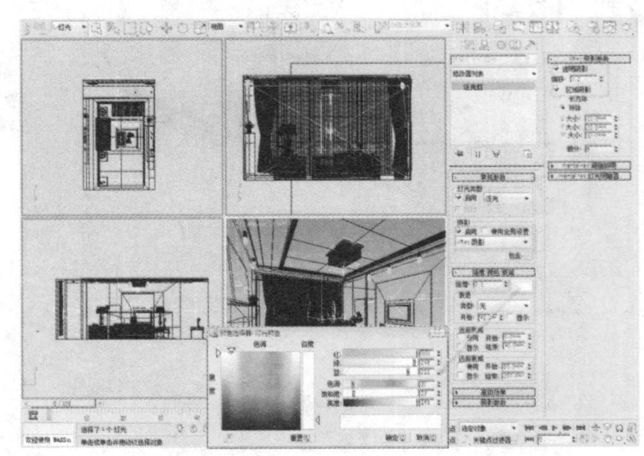

16 重新对摄影机视图进行渲染，效果如下图所示。

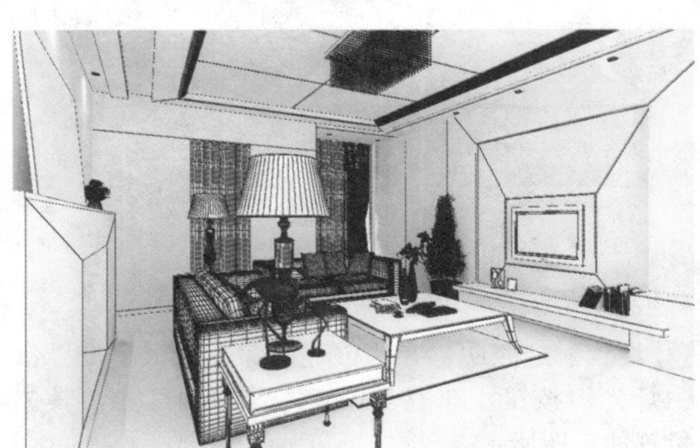

18.8 场景材质设置

重点提示

本节将逐一设置场景中的材质，从影响整体效果的材质（如墙面、地面等）开始，到较大的客厅用品（如沙发、茶几、桌子等），最后到较小的物体（如场景内的摆设品等）。

18.8.1 设置渲染参数

上一节中介绍了快速渲染的参数设置，目的是为了在能够观察到光效的前提下快速出图。本章涉及到了材质效果，所以要进行合适观察材质效果的相关设置。

按F10键打开渲染设置窗口，在V-Ray::全局开关卷展栏中的参数设置如下左图所示。

按F10键打开渲染设置窗口，在V-Ray::颜色贴图卷展栏中的参数设置如下右图所示。

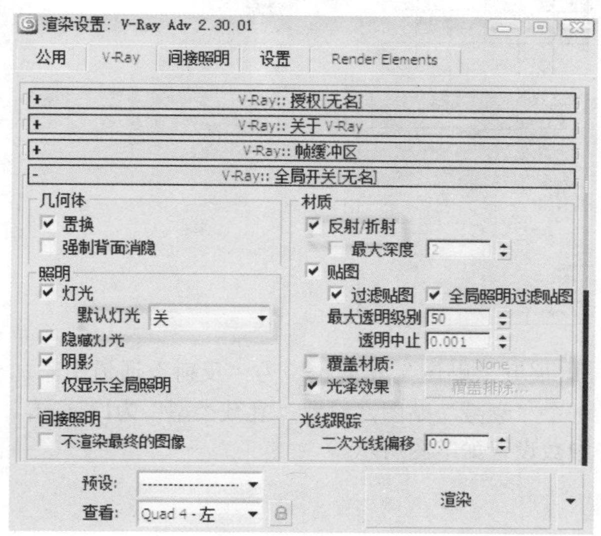

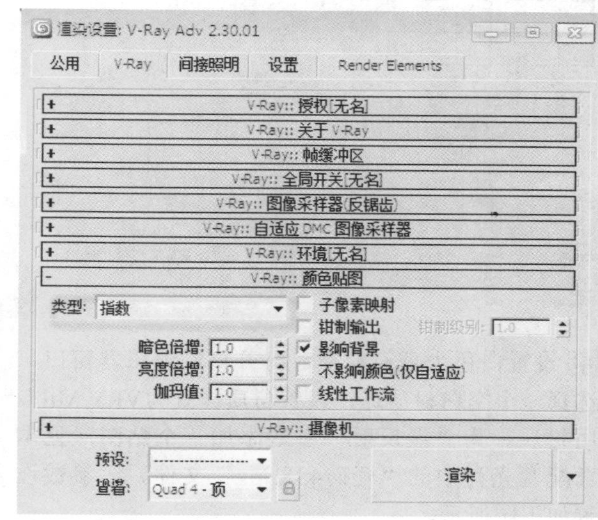

18.8.2 设置墙体和地面材质

墙体材质包括黄色木纹材质和棕红色大理石材质；地面材质为浅白色大理石材质。具体设置方法介绍如下。

01 首先设置棕红色大理石墙体材质。打开材质编辑器窗口，选择一个空白材质球，设置材质样式为VRayMtl专用材质，其中“漫反射”、“反射”、“反射光泽度”和“细分”值的设置如下图所示。

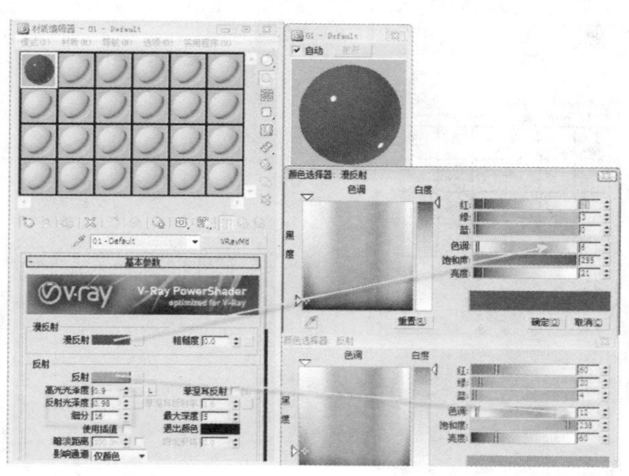

02 设置黄色木纹墙体材质，打开材质编辑器窗口，选择一个空白材质球，设置材质样式为VRay-Mtl专用材质，为“漫反射”参数添加一个贴图（见本章配套光盘中的“木纹61.jpg”文件），参数设置如下图所示。

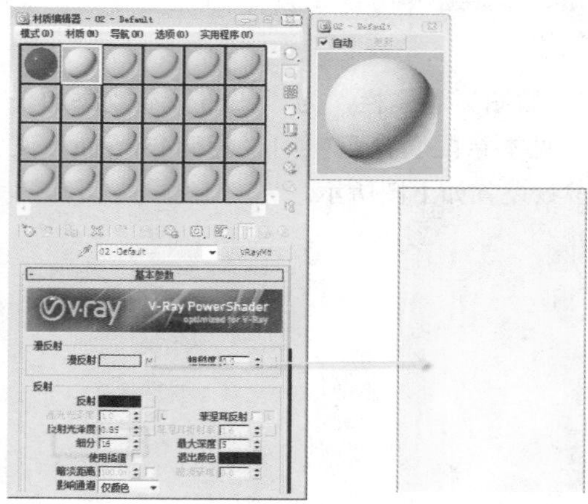

03 展开“贴图”卷展栏，为“反射”参数添加一个“衰减”贴图，设置“衰减类型”为Fresenl，参数设置如下图所示。

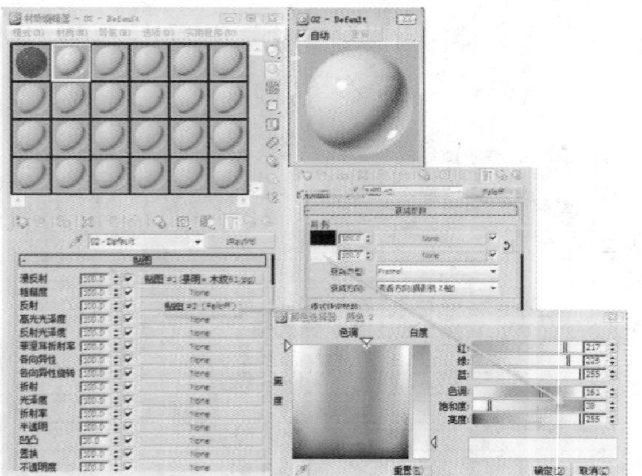

04 展开“贴图”卷展栏，为“凹凸”参数添加一个贴图（见本章配套光盘中的“木纹61.jpg”文件）参数设置如下图所示。

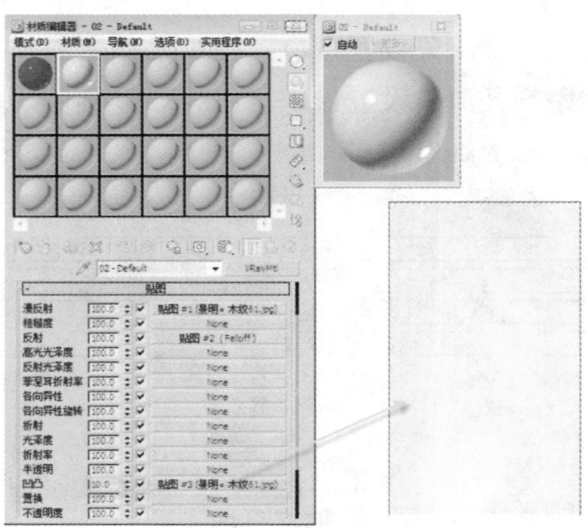

05 设置白色大理石材质。打开材质编辑器窗口，选择一个空白材质球，设置材质样式为VRayMtl专用材质，为“漫反射”参数添加一个贴图（见本章配套光盘中的“瓷砖438.jpg”文件），参数设置如下图所示。

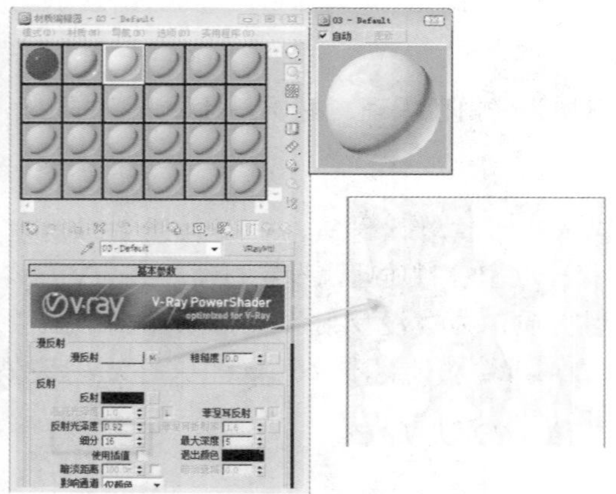

06 展开“贴图”卷展栏，为“反射”通道中添加一个“衰减”贴图，设置“衰减类型”为Fresenl，参数设置如下图所示。

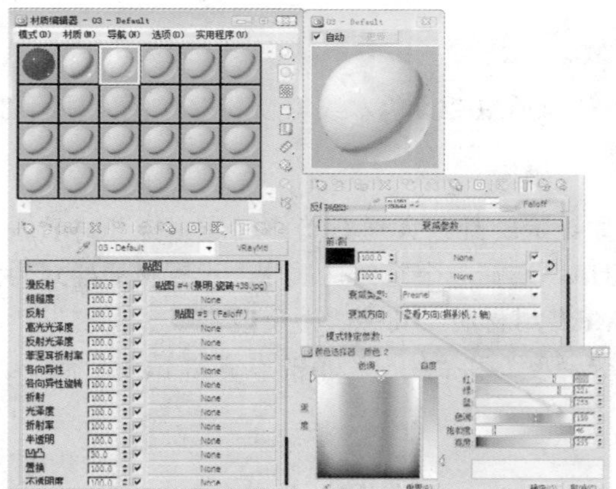

07 展开“贴图”卷展栏，为“凹凸”参数添加一个贴图（见本章配套光盘中的“瓷砖438.jpg”文件），参数设置如下图所示。

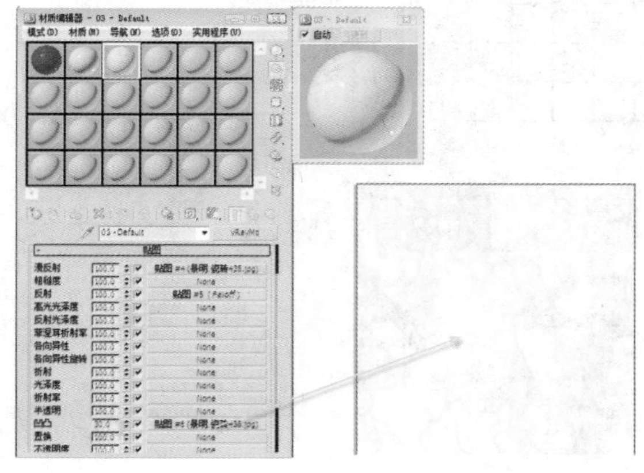

08 将所有材质赋予墙体和地面模型，渲染效果如右图所示。

18.8.3 设置窗帘材质

窗帘材质分为白色窗帘材质和浅灰色窗帘材质。具体设置方法如下。

01 首先设置白色窗帘材质。打开材质编辑器窗口，选择一个空白材质球，设置材质样式为Standard专用材质，“漫反射”、“高光级别”、“光泽度”和“不透明名度”的值的设置如下图所示。

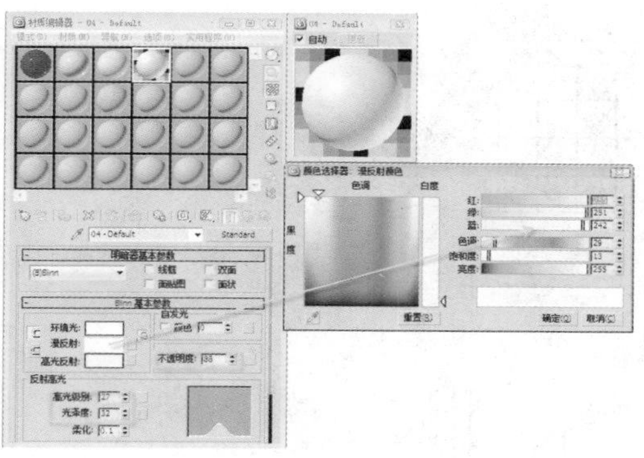

02 置浅灰色窗帘材质。打开材质编辑器窗口，选择一个空白材质球，设置材质样式为Standard专用材质，为“漫反射”参数添加一个贴图（见本章配套光盘中的“布料638.jpg”文件），参数设置如下图所示。

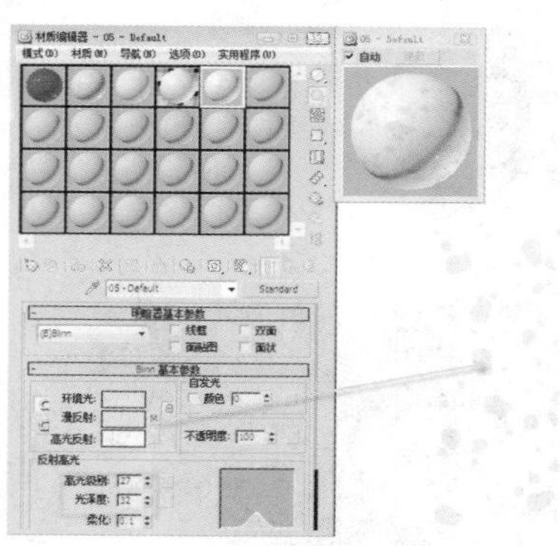

03 在“Blinn基本参数”卷展栏的“自发光”选项组中勾选“颜色”复选框，并为其添加一个“遮罩”贴图。

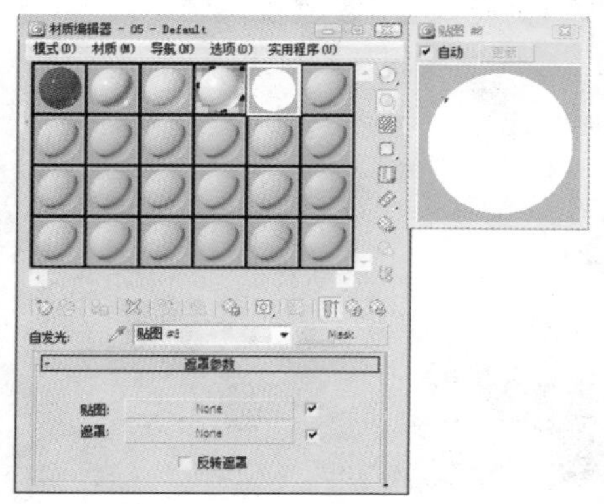

04“遮罩”参数的设置如下图所示。

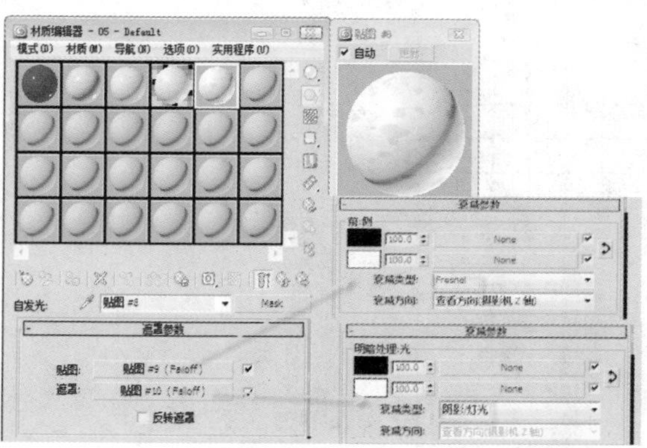

05 在“衰减参数”卷展栏中对颜色进行进一步的设置，参数设置如下图所示。

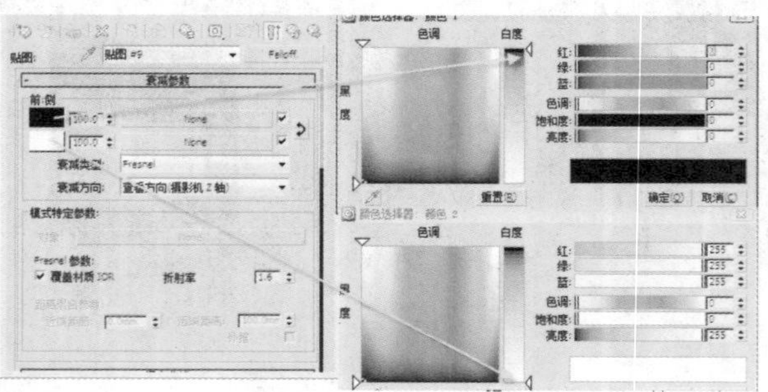

06 至此将所有材质赋予窗帘模型，渲染效果如下图所示。

18.8.4 设置沙发材质

沙发材质为黄色皮质材质，具体设置方法如下。

01 首先设置沙发材质。打开材质编辑器窗口，选择一个空白材质球，设置材质样式为VRayMtl专用材质，为“漫反射”参数添加一个贴图（见本章配套光盘中的“皮质贴图39.jpg”文件），参数设置如下图所示。

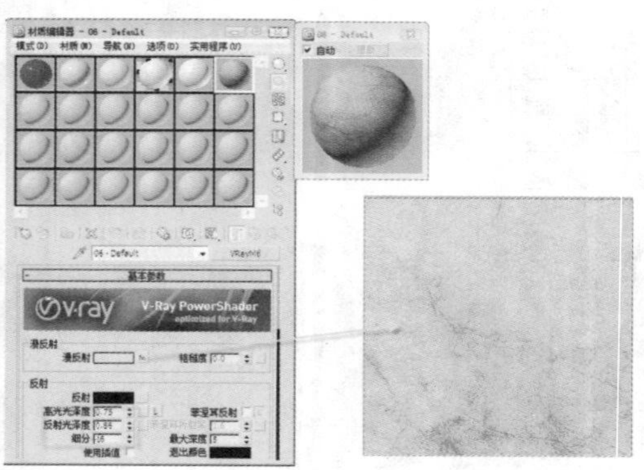

02 展开“贴图”卷展栏，为“反射”参数添加一个“衰减”贴图，设置“衰减类型”为Fresenl，参数设置如下图所示。

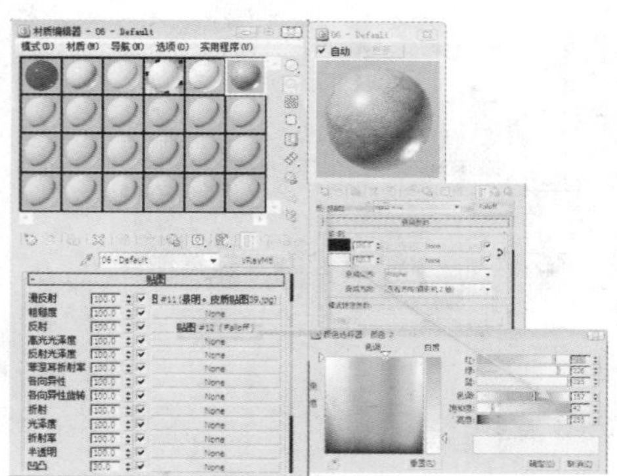

03 展开贴图卷展栏，为“凹凸”参数添加一个贴图（见本章配套光盘中的“皮质贴图39.jpg”文件），参数设置如下图所示。

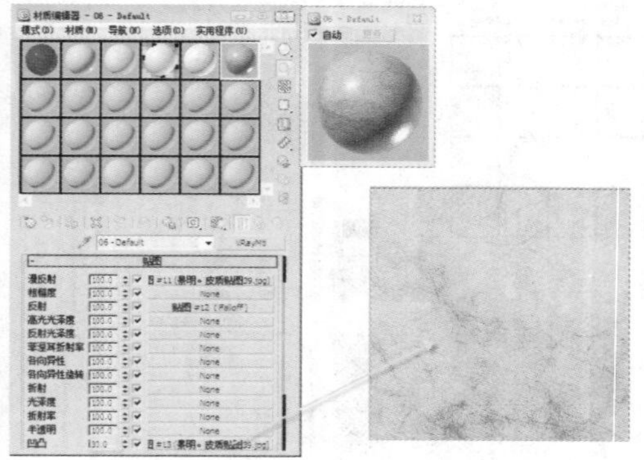

04 到此将所有材质赋予沙发模型，渲染效果如下图所示。

18.8.5 设置吸顶灯材质

吸顶灯材质包括灯罩材质和水晶灯材质，具体设置方法如下。

01 首先设置灯罩材质。打开材质编辑器窗口，选择一个空白材质球，设置材质样式为VRayMtl专用材质，“漫反射”、“反射”、“反射光泽度”和“细分”值的设置如下图所示。

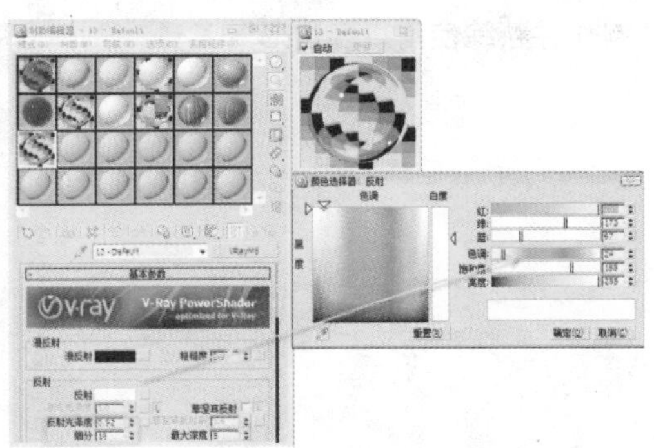

02 设置水晶灯材质材质。打开材质编辑器窗口，选择一个空白材质球，设置材质样式为VRayMtl专用材质，“漫反射”、“反射”、“反射光泽度”和“细分”值的设置如下图所示。

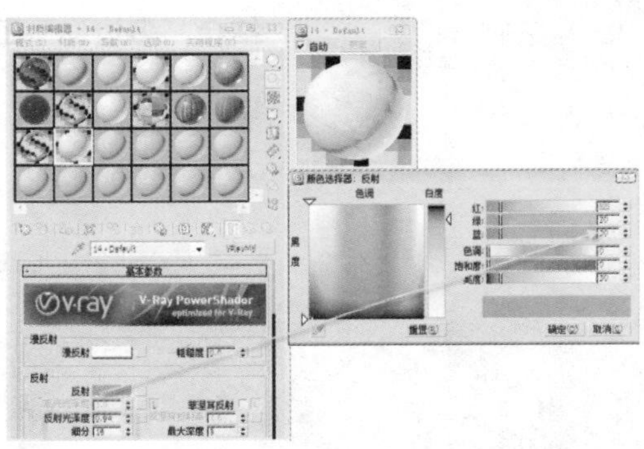

03 接着设置“折射”参数，具体参数如下图所示。

04 将所有材质赋予吸顶灯模型，渲染效果如下图所示。

18.8.6 设置室外环境

下面我们开始设置室外环境，具体操作过程如下。

01 打开材质编辑器窗口，选择一个空白材质球，设置材质样式为VR灯光材质专用材质，并将本章配套光盘中的“配楼035.jpg文件”作为贴图。

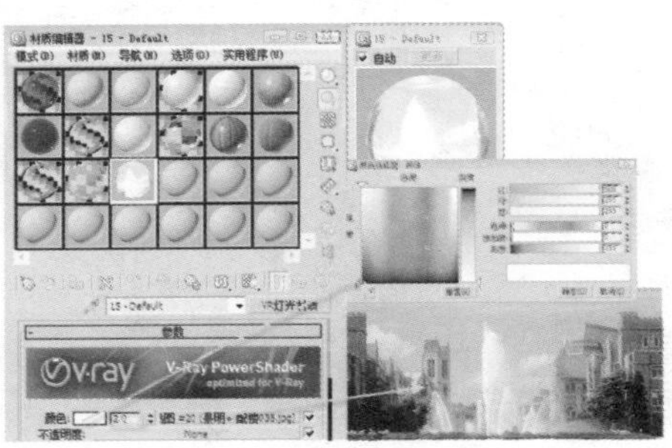

02 将所有材质赋予室外面片模型，渲染效果如下图所示。

CHAPTER 19

厨房的创建与渲染

本案例将介绍一款厨房模型的制作，通过具体的制作过程，让我们练习3ds Max中使用“样条线”制作模型。通过对模型的更改来练习“布尔”修改器，并熟练使用“车削”修改器来制作等规则物体。通过对模型进行细节刻画来练习“多边形”工具、 运用基本几何物体结合“多边形”工具进行模型制作并熟练使用“多边形”工具。

知识点

1. 样条线的使用
2. 车削的使用
3. 可编辑多边形的使用

19.1 厨房的制作流程

厨房模型的绘制流程介绍如下。

01 厨房结构的制作。

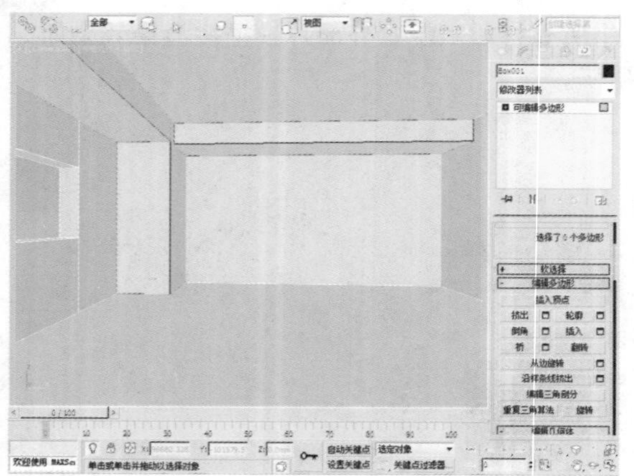

02 吊顶模型的制作。

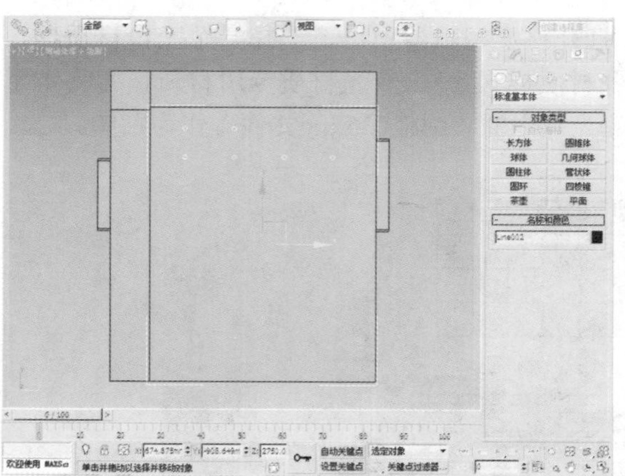

03 床架模型的制作。

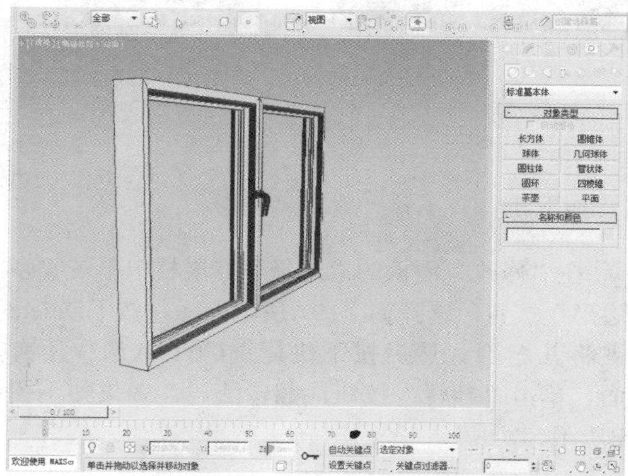

04 门模型的制作。

05 茶几模型的制作。

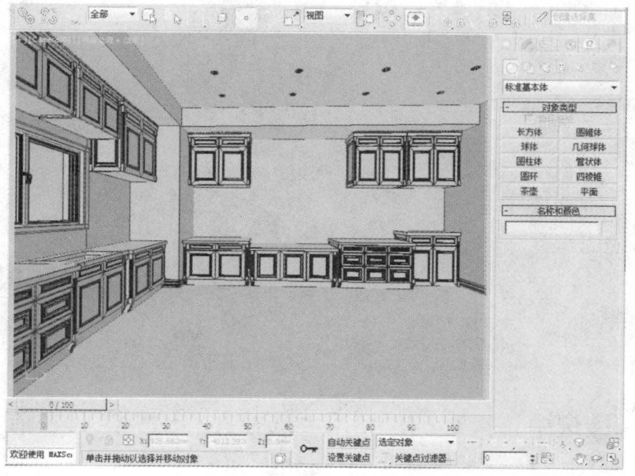

06 厨桌模型的制作。

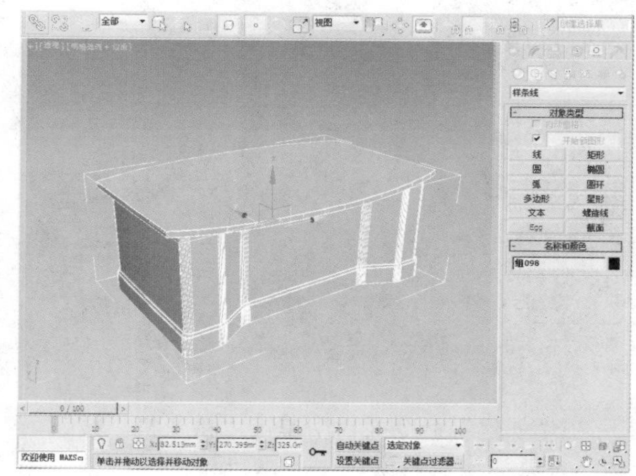

07 创建白模渲染效果。

08 创建线框渲染效果。

19.2 厨房结构的制作

本节将对厨房模型中各组成部分的绘制进行介绍。

19.2.1 厨房结构的绘制

下面我们开始对厨房的结构进行创建，具体操作过程如下。

01 在“创建”命令面板中单击“长方体“按钮，在顶视图中创建一个长度、宽度、高度分别为6000mm、5500mm、2800mm的长方体。选中该物体并右击，在弹出的快捷菜单中选择“转换为>转换为可编辑多边形”命令。

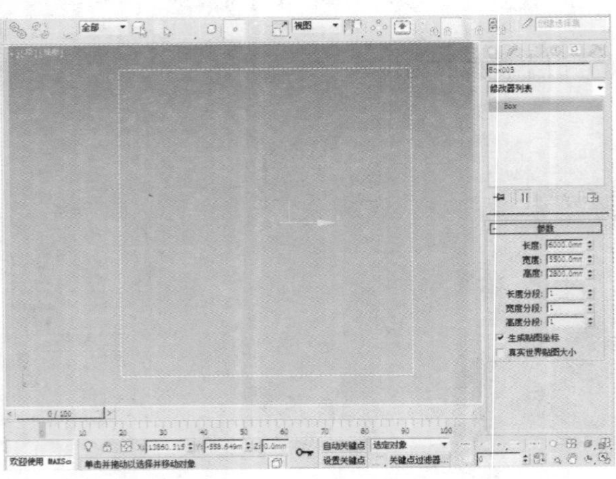

02 在“修改”面板的“选择”卷展栏中单击“多边形”按钮，选择如下图A所示的面，按下Delete键将其删除。然后按下快捷键Ctrl+A选中所有面，单击“翻转”按钮，翻转法线，效果如下图B所示。

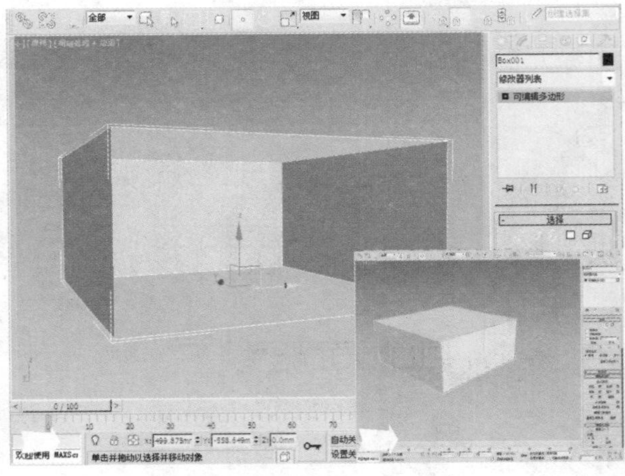

03 在“创建”命令面板中单击“摄影机”按钮，在“对象类型”卷展栏中单击“目标”按钮，在顶视图创建一个摄影机，如下图所示。

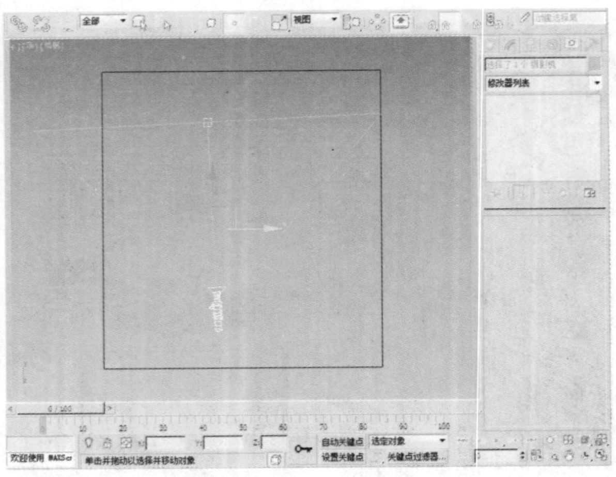

04 选中该摄影机，使用“选择并移动”工具在前视图中将摄影机提高1100mm。

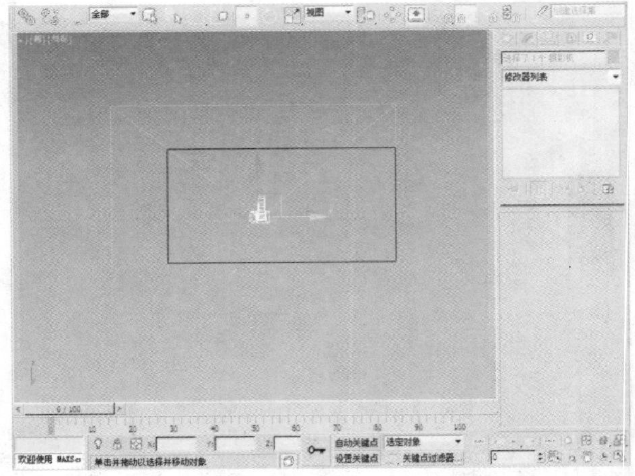

05 在“创建”命令面板中单击“长方体”按钮，在顶视图中创建一个长度、宽度、高度分别为850mm、850mm、2800mm的长方体。

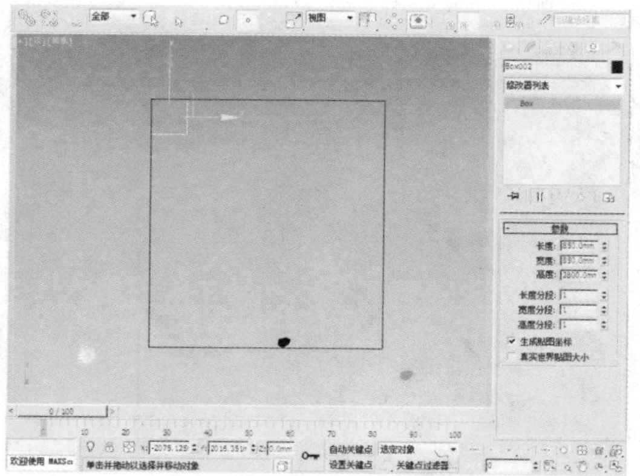

06 使用同样的方法，在顶视图中创建一个长度、宽度、高度分别为5150mm、850mm、350mm的长方体。

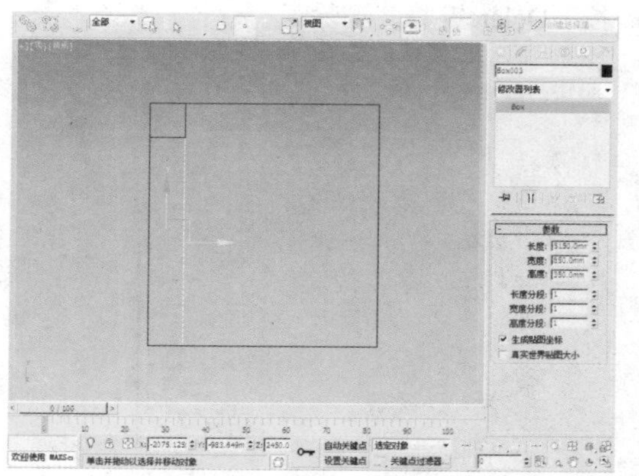

07 使用同样的方法，再在顶视图中创建一个长度、宽度、高度分别为400mm、4650mm、350mm的长方体。

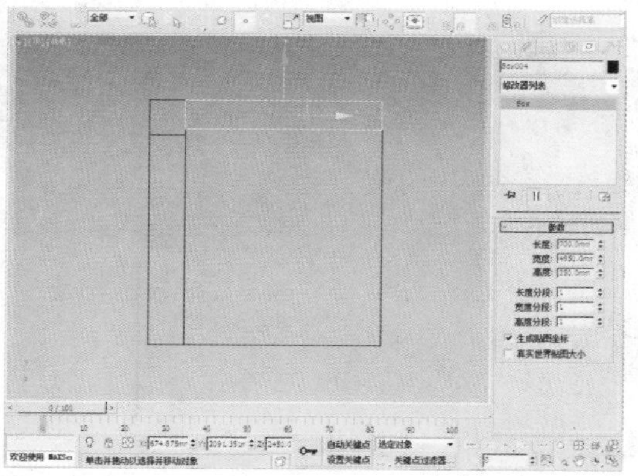

08 在“选择”卷展栏中单击“边”按钮，选择物体的边后，单击“连接”按钮后的“设置”按钮，然后设置“分段”为2，为墙体添加新的分段。

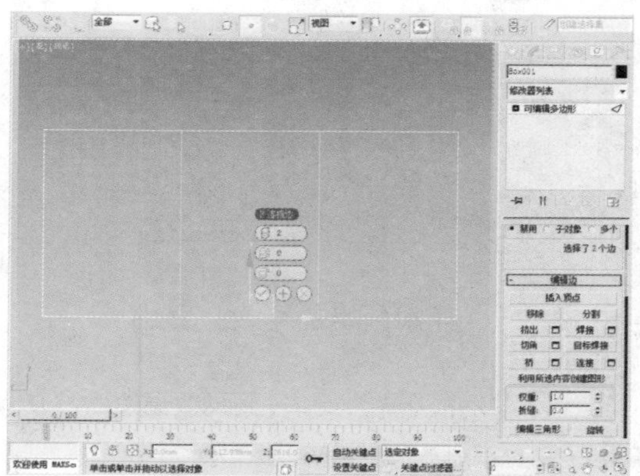

09 在“选择”卷展栏中单击“边”按钮，选择物体的边后，单击“连接”按钮后的“设置”按钮，然后设置“分段”为2，为墙体添加新的分段。

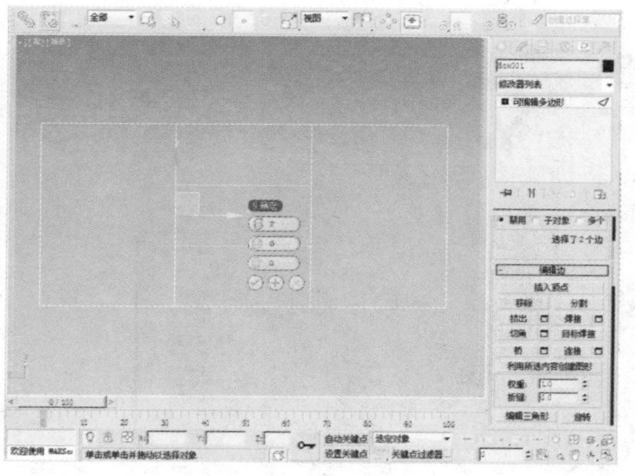

10 在“选择”卷展栏中单击“顶点”按钮，选择物体的点后，使用“选中并移动”工具对其进行适当调整。

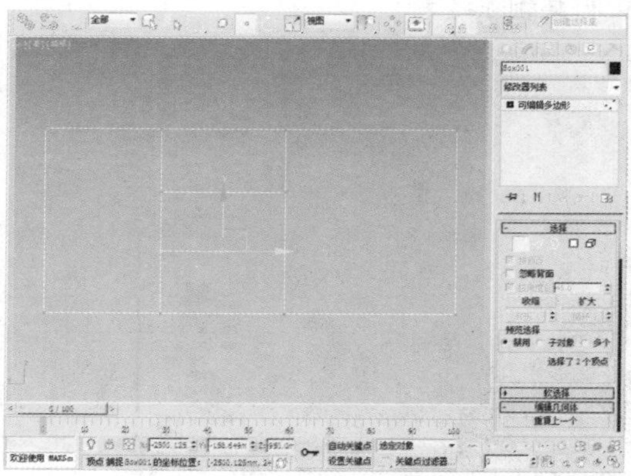

11 在“选择”卷展栏中单击“多边形”按钮，选择面后，单击“挤出”按钮后的“设置”按钮，然后设置“高度”为-240mm。选择如下图所示的面后，按下Delete键将其删除。

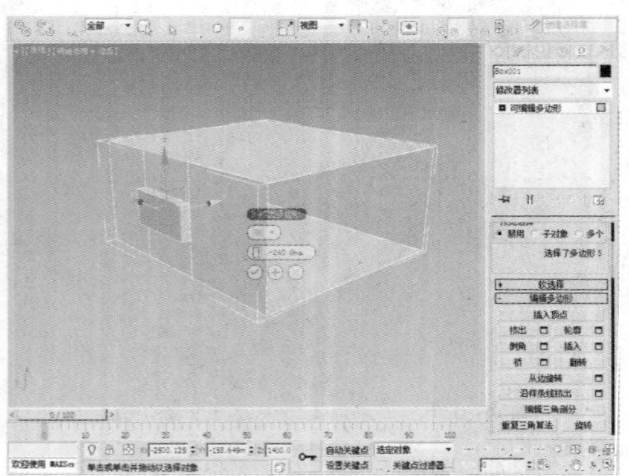

12 在“选择”卷展栏中单击“边”按钮，选择物体的边后，单击“连接”按钮后的“设置”按钮，然后设置“分段”为2，为墙体添加新的分段。

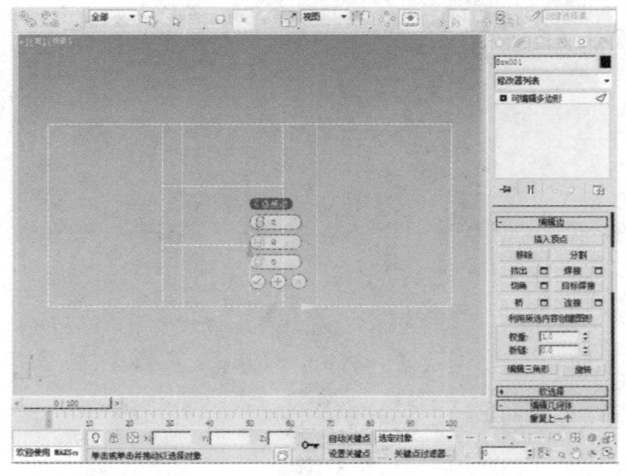

13 在“选择”卷展栏中单击“边”按钮，选择物体的边后，单击“连接”按钮后的“设置”按钮，然后设置“分段”为1，为墙体添加新的分段。

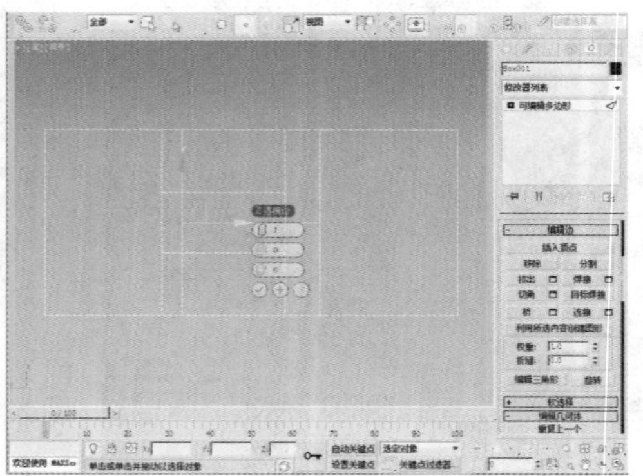

14 在“选择”卷展栏中单击“顶点”按钮，选择物体的点后，使用“选中并移动”工具对其进行适当调整。

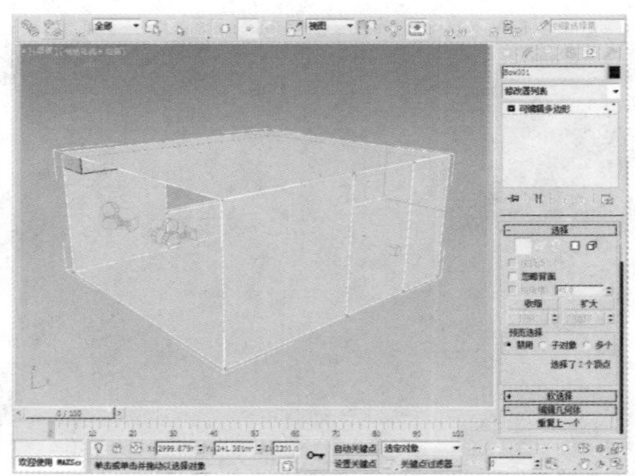

15 在“选择”卷展栏中单击“多边形”按钮，选择面后，单击“挤出”按钮后的“设置”按钮，然后设置“高度”为-240mm。选择如下图所示的面后，按下Delete键将其删除。

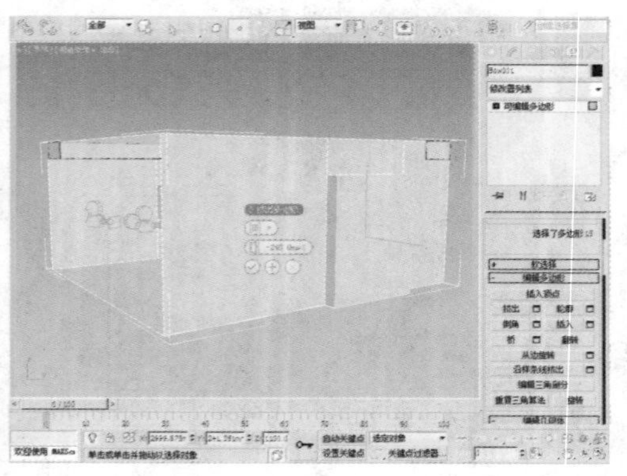

16 至此，厨房结构制作完成。

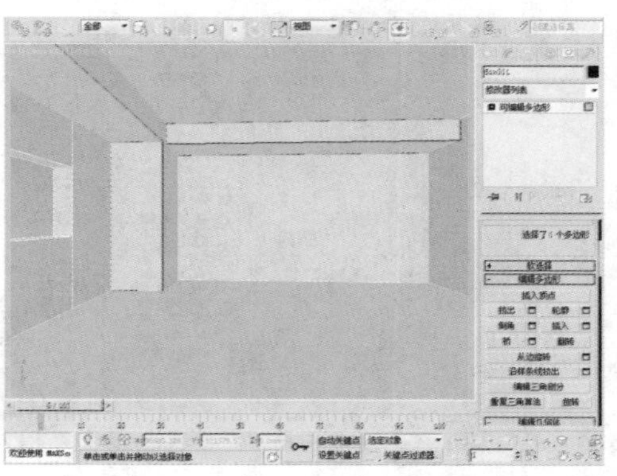

19.2.2 吊顶的绘制

下面我们开始对吊顶模型进行创建，具体操作过程如下。

01 在“创建”命令面板中单击“矩形”按钮，在顶视图中创建一个长度、宽度分别为5300mm、4650mm的矩形。

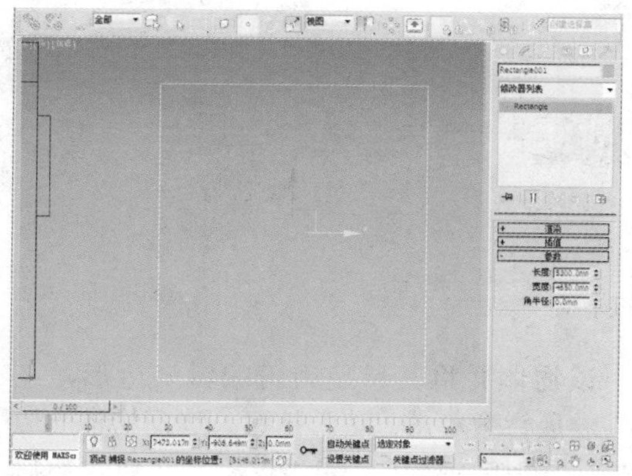

02 在“创建”命令面板中单击“圆”按钮，在顶视图中创建一个圆，其半径为40mm。

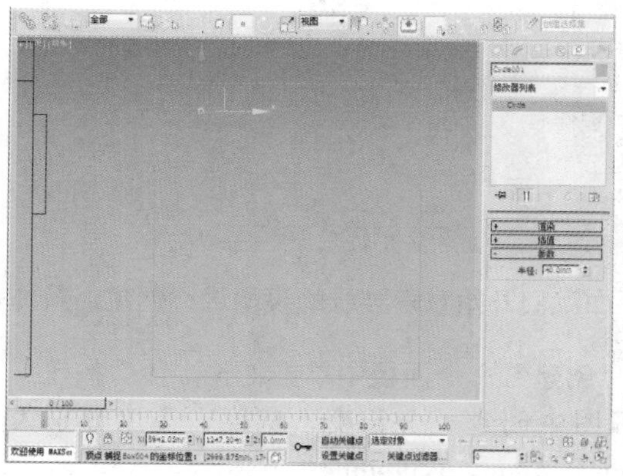

03 选中该形状，单击工具栏中的“选择并移动”工具，在顶视图中，按住Shift键的同时沿X轴对物体进行移动，选择“复制”的复制方式，并设置“副本数”为3。

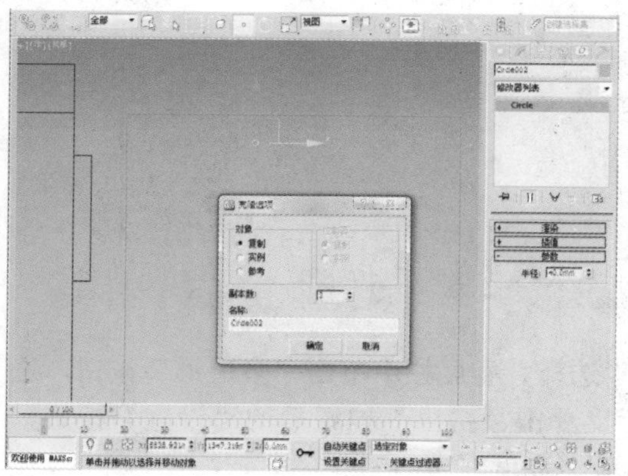

04 选中该形状，单击工具栏中的“选择并移动”工具，在顶视图中，按住Shift键的同时沿X轴对物体进行移动，选择“复制”的复制方式，并设置“副本数”为1。

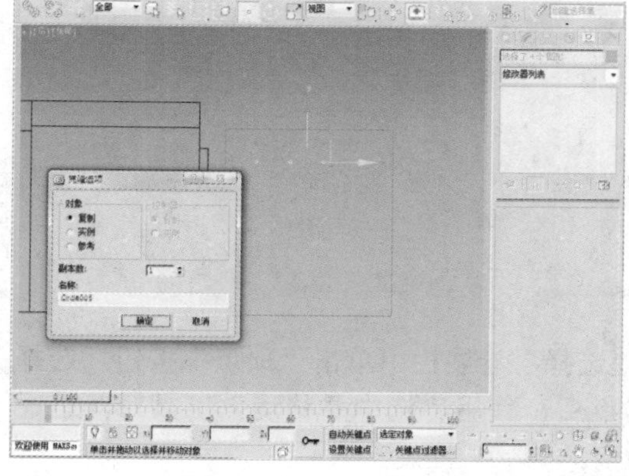

05 选中该圆并将其转换为可编辑样条线，单击“几何体”卷展栏中的“附加”按钮，将矩形和圆附加。

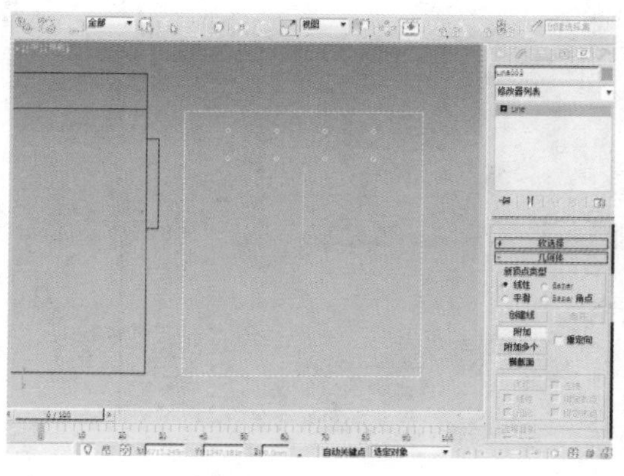

06 选中该形状，然后在“修改器列表”中选择“挤出”修改器并设置“高度”为50mm。

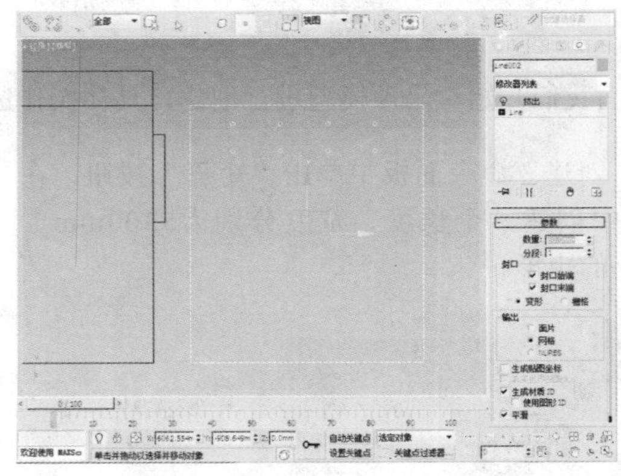

19.2.3 踢脚线的绘制

下面我们开始对踢脚线的模型进行创建，具体操作过程如下。

01 在“创建”命令面板中单击“长方体”按钮，在顶视图中创建一个长度、宽度、高度分别为5300mm、15mm、120mm的长方体。

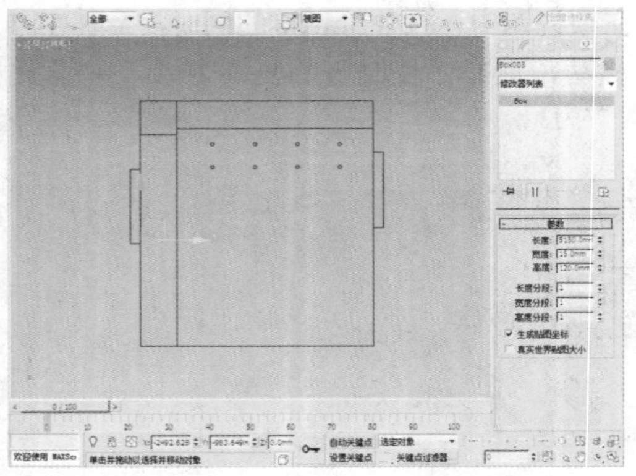

02 选中该物体并将其转换为可编辑多边形，在“选择”卷展栏中单击“边”按钮，选择物体的边后，单击“连接”按钮后的“设置”按钮，然后设置“分段”为1，为墙体添加新的分段。

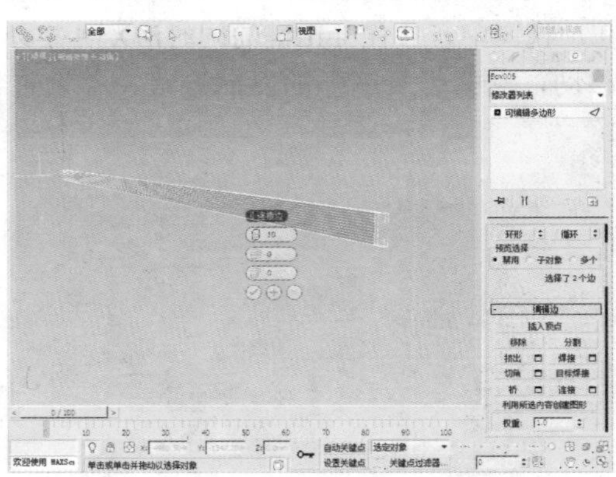

03 在“选择”卷展栏中单击“顶点”按钮，选择物体的点后，使用“选中并移动”工具对其进行适当调整。

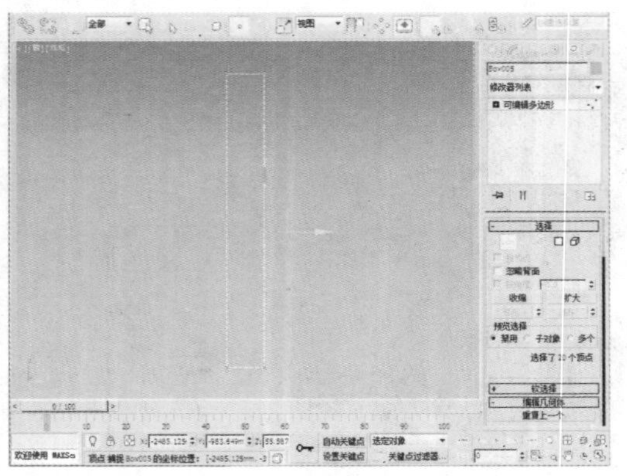

04 在“选择”卷展栏中单击“多边形”按钮，选择面后，单击“挤出”按钮后的“设置”按钮，然后设置“高度”为-5mm。

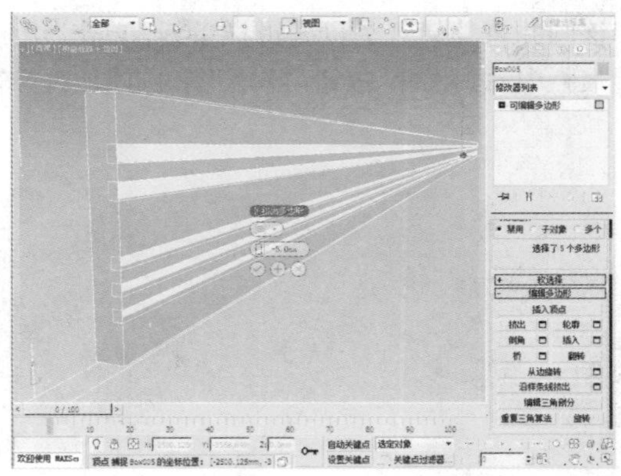

05 选中该物体，使用“镜像”工具以X轴为镜像轴对其进行复制。

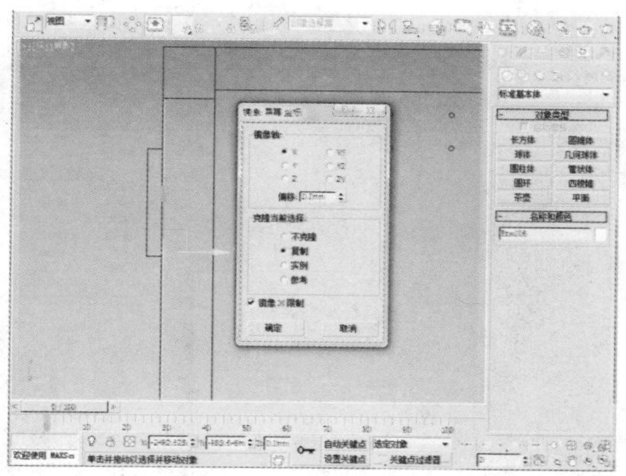

06 选中该物体，使用“选择并移动”工具适当调整该物体的位置。

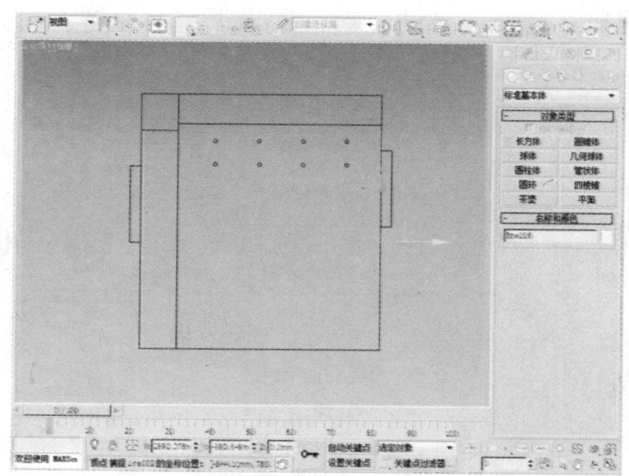

07 在“选择”卷展栏中单击“顶点”按钮，选择物体的点后，使用“选中并移动”工具对其进行适当调整。

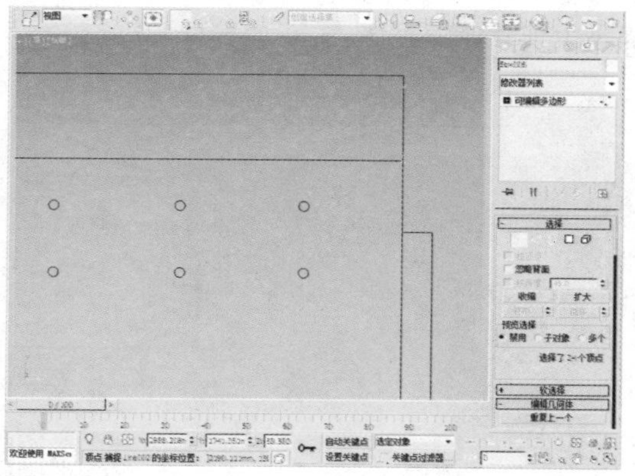

08 选中该物体，单击工具栏中的“选择并旋转”工具，按住Shift键的同时对物体进行旋转，选择“复制”的复制方式，并设置“副本数”为1。

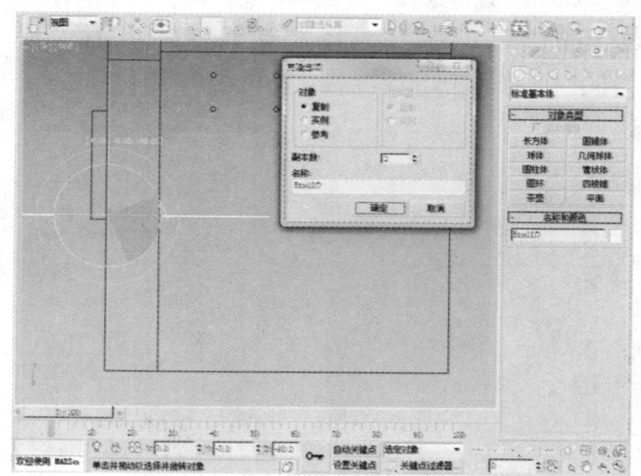

09 选中该物体，使用“选择并移动”工具适当调整物体的位置，在“选择”卷展栏中单击“顶点”按钮，选择物体的点后，适当调整其位置。

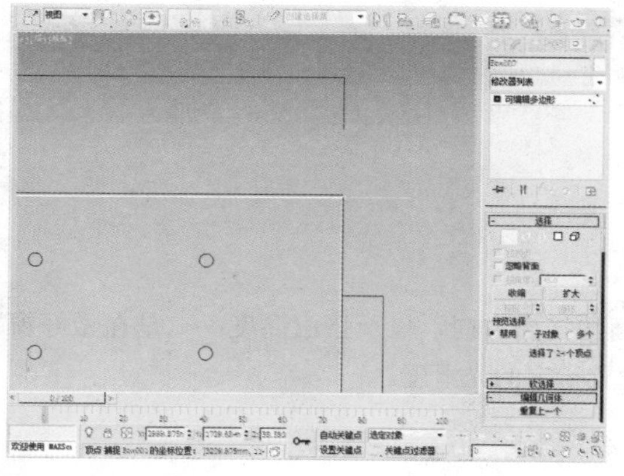

10 选中该形状，单击工具栏中的“选择并移动”工具，在顶视图中，按住Shift键的同时沿Y轴对物体进行移动，选择“复制”的复制方式，并设置“副本数”为1。

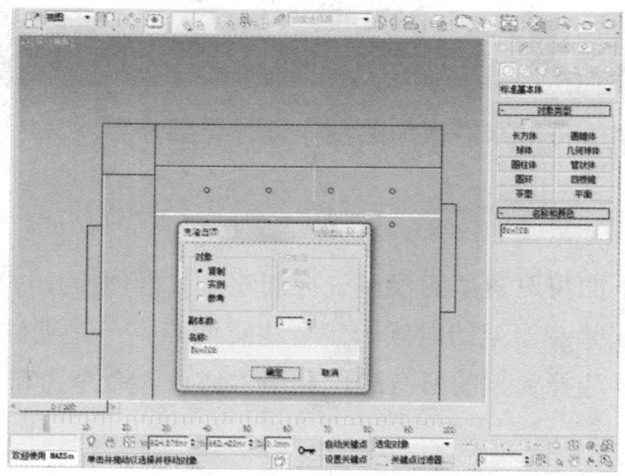

11 选中该物体，使用“选择并移动”工具适当调整物体的位置，在“选择”卷展栏中单击“顶点”按钮，选择物体的点后，适当调整其位置。

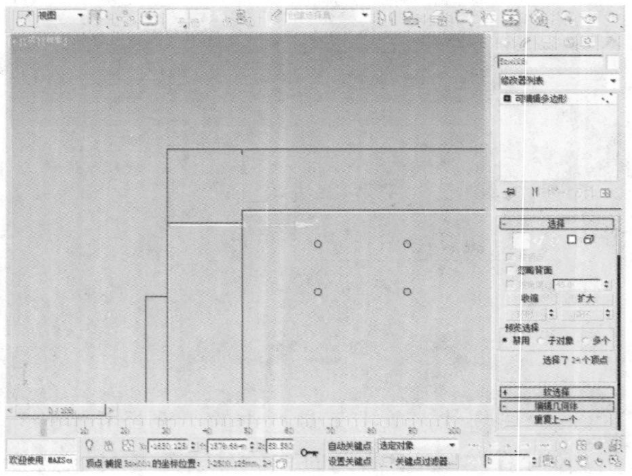

12 选中该物体，单击工具栏中的“选择并旋转”按钮，按住Shift键的同时对物体进行旋转，选择“复制”的复制方式，并设置“副本数”为1。

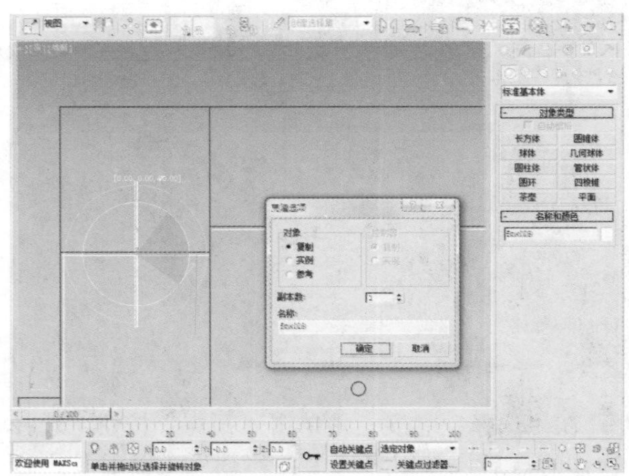

13 选中该物体，使用“选择并移动”工具适当调整物体的位置，在“选择”卷展栏中单击“顶点”按钮，选择物体的点后，适当调整其位置。

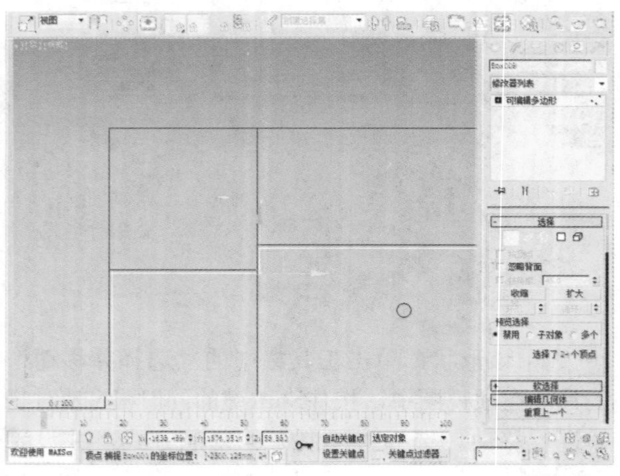

14 选中该物体，单击“附加”按钮，将踢脚线附加到模型上使其成为整体。

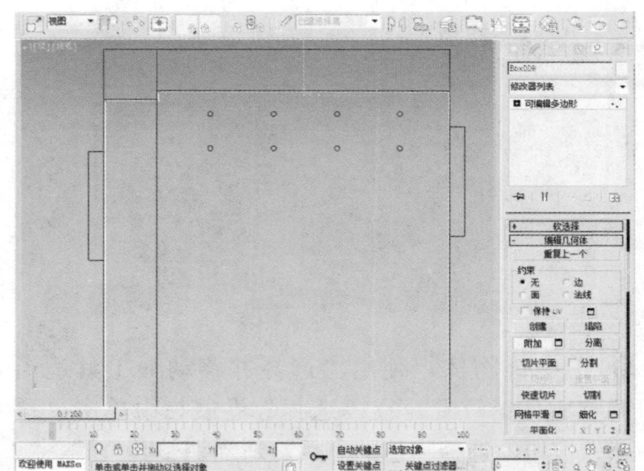

19.3 家具的制作

本节将对家居模型的制作进行详细介绍。

19.3.1 窗架的绘制

下面将对窗架的模型进行创建，其具体操作过程如下。

在绘制窗架的时候一定要注意两点，一是要注意每个面的挤出方向，以及挤出高度；二是在做好窗架后要选择窗架的所有边，利用“切角”命令为窗架的边设置一定的光滑度。

01 在“创建”命令面板中单击“长方体”按钮，在左视图中创建一个长度、宽度、高度分别为5300mm、15mm、120mm的长方体。

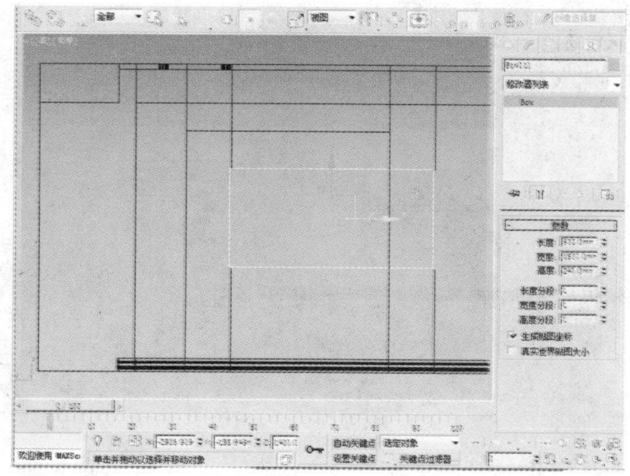

02 选中该物体并将其转换为可编辑多边形，在“选择”卷展栏中单击“边”按钮，选择物体的边后，单击“连接”按钮后的“设置”按钮，然后设置“分段”为2。

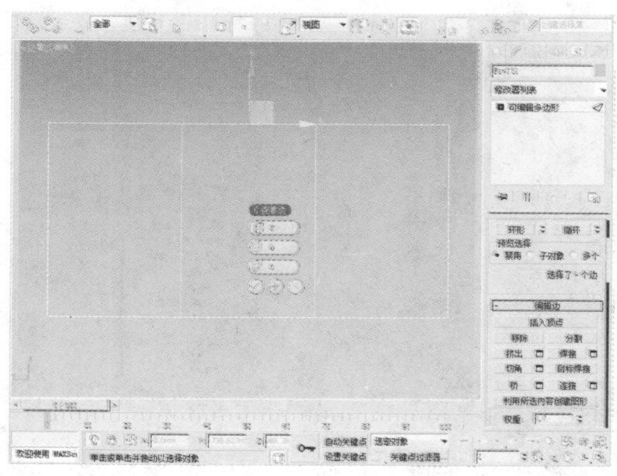

03 在“选择”卷展栏中单击“边”按钮，选择物体的边后，单击“连接”按钮后的“设置”按钮，然后设置“分段”为2。

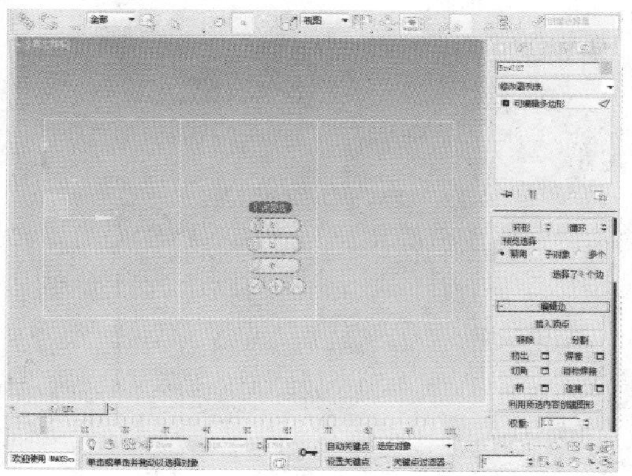

04 在“选择”卷展栏中单击“顶点”按钮，选择物体的点后，使用“选中并移动”工具对其进行适当调整。

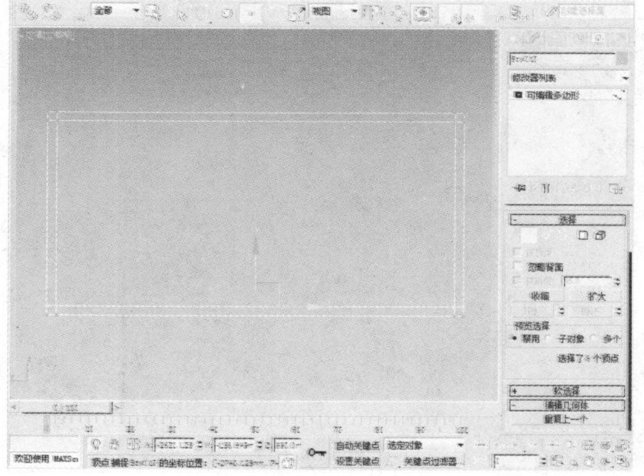

05 在“选择”卷展栏中单击“多边形”按钮，选择物体的面后，单击“桥”按钮将其打通。

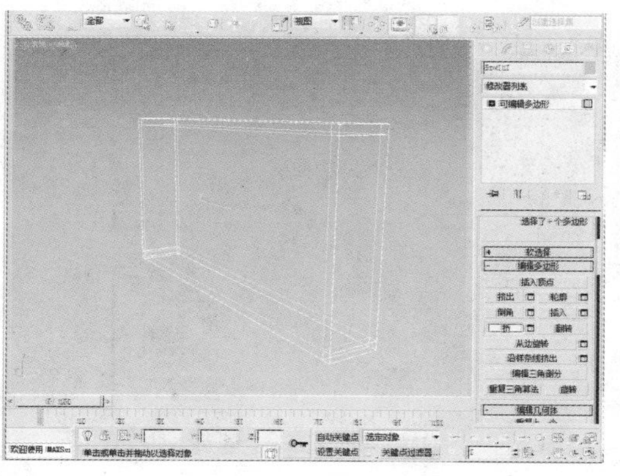

06 在“选择”卷展栏中单击“多边形”按钮，选择面后，单击“挤出”按钮后的“设置”按钮，然后设置“高度”为10mm。

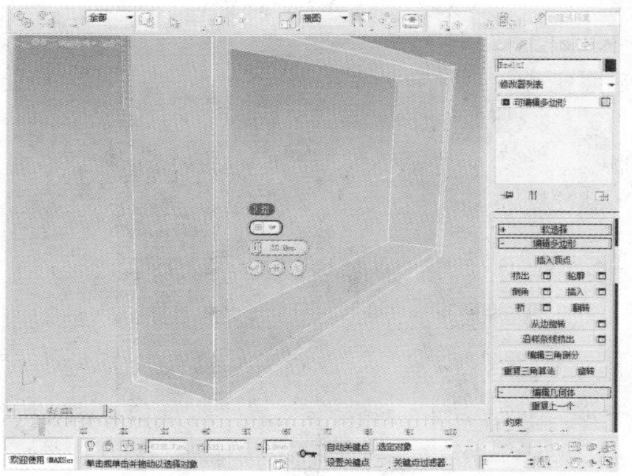

07 在“选择”卷展栏中单击“多边形”按钮，选择面后，单击“挤出”按钮后的“设置”按钮，然后设置挤出类型为“局部法线”、“高度”为15mm。

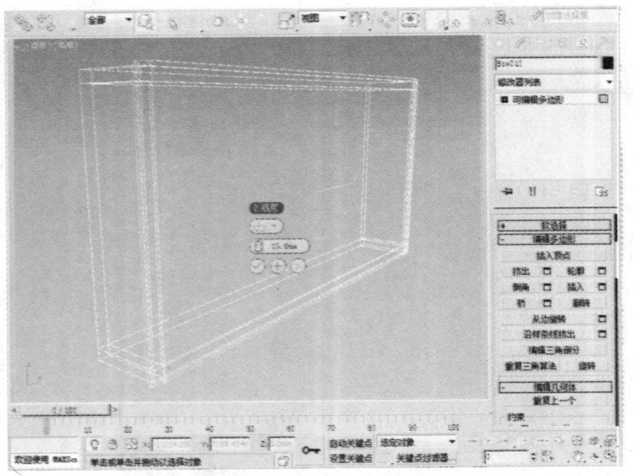

08 在“创建”命令面板中单击“长方体”按钮，在左视图中创建一个长度、宽度、高度分别为820mm、860mm、100mm的长方体。

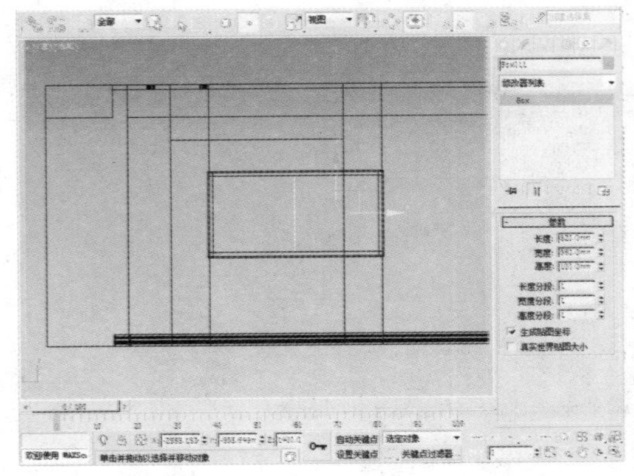

09 选中该长方体并将其转换为可编辑多边形，在“选择”卷展栏中单击“多边形”按钮，选择面后，单击“插入”按钮后的“设置”按钮，然后设置“数量”为40mm。

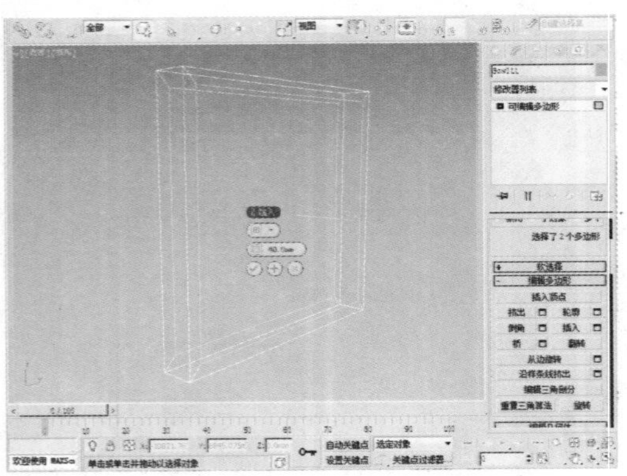

10 在“选择”卷展栏中单击“多边形”按钮，选择面后，单击“挤出”按钮后的“设置”按钮，然后设置“高度”为-40mm。

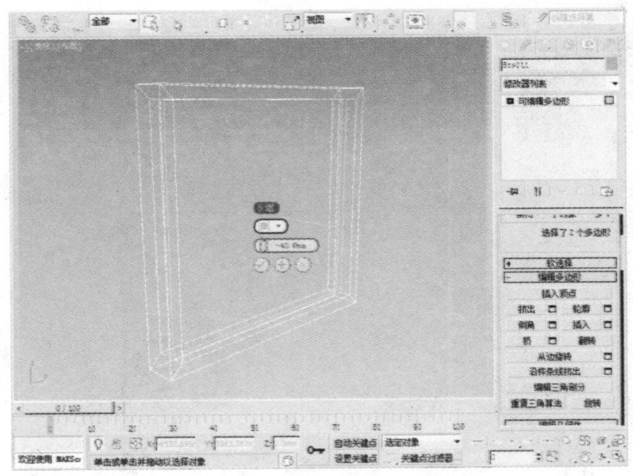

11 在“选择”卷展栏中单击“多边形”按钮，选择面后，单击“插入”按钮后的“设置”按钮，然后设置“数量”为10mm。

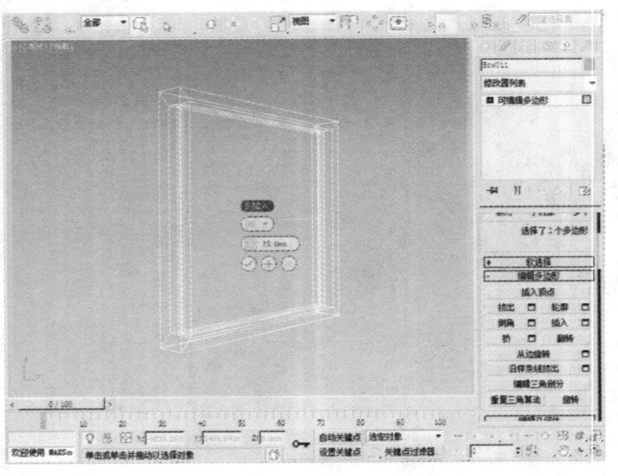

12 在“选择”卷展栏中单击“多边形”按钮，选择面后，单击“挤出”按钮后的“设置”按钮，然后设置“高度”为-8mm。

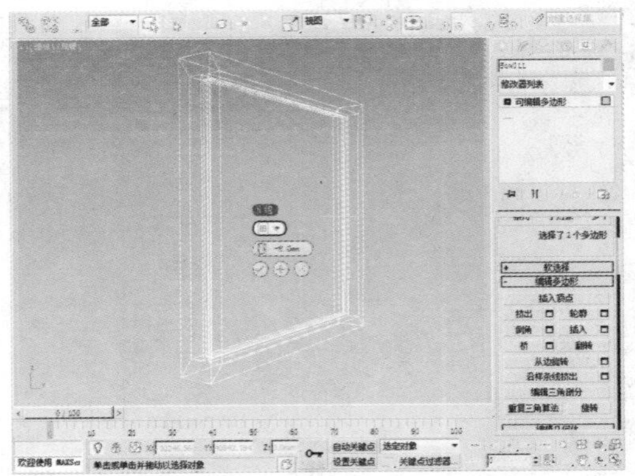

13 在“选择”卷展栏中单击“多边形”按钮，选择物体的面后，单击“桥”按钮将其打通。

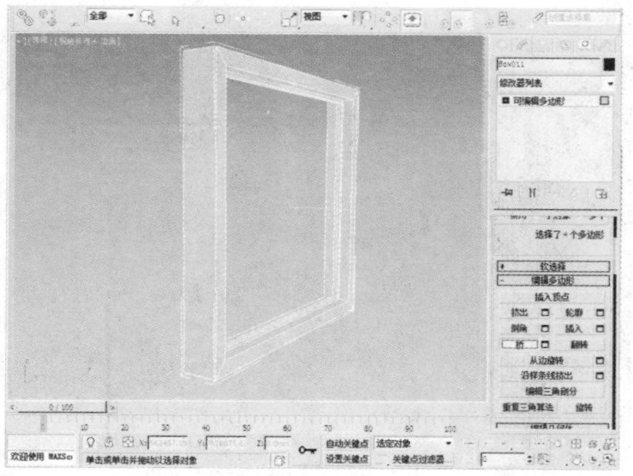

14 在“选择”卷展栏中单击“多边形”按钮，选择面后，单击“挤出”按钮后的“设置”按钮，然后设置挤出类型为“局部法线”、“高度”为-8mm。

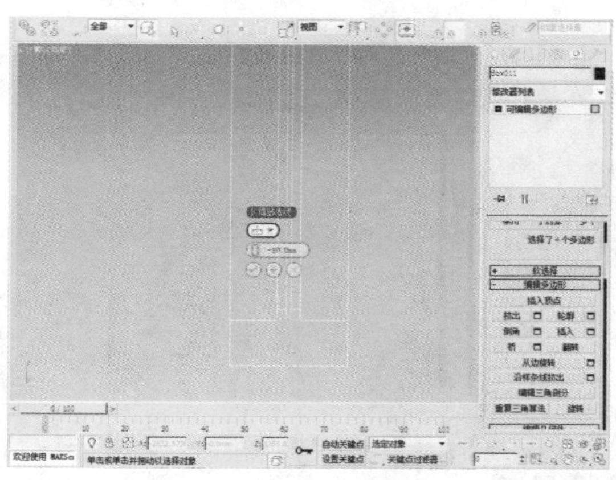

15 在“选择”卷展栏中单击“边”按钮，选择物体的边后，单击“切角”按钮，然后设置“边切角量”为20mm、“连接边分段”为15。

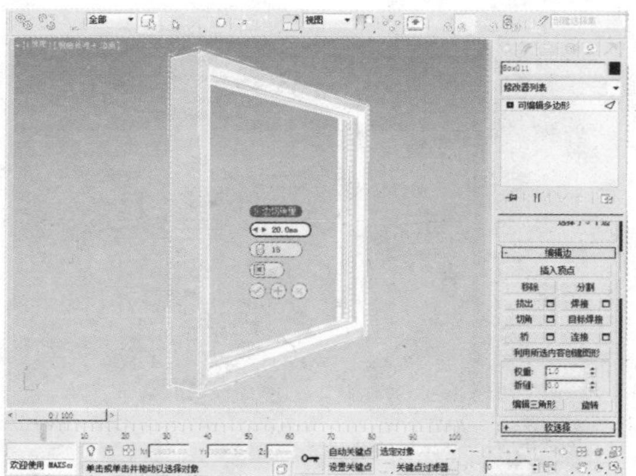

16 选中该物体，使用“镜像”工具以Y轴为镜像轴对其进行复制。

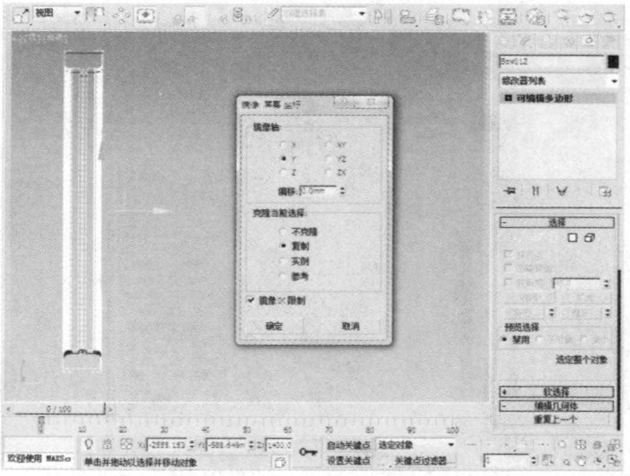

17 选中该物体，使用“选择并移动”工具，适当调整该物体的位置。

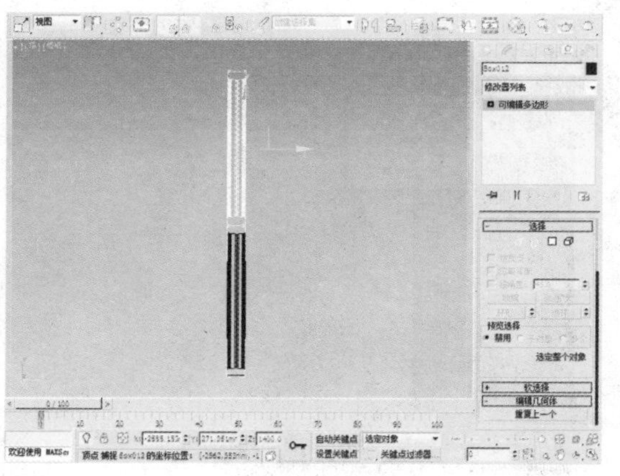

18 在“创建”命令面板中单击“线”按钮，在前视图中创建一个如下图所示的形状。

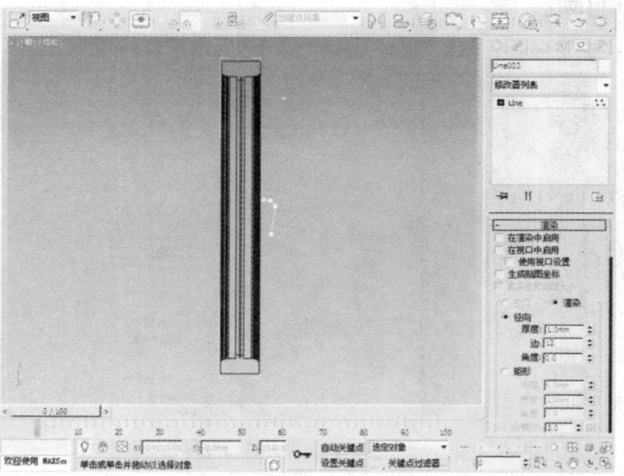

19 选中该形状，“修改”命令面板的“渲染”卷展栏中勾选“在渲染中启用”和“在视口中启用”复选框，使线条显示并可渲染。

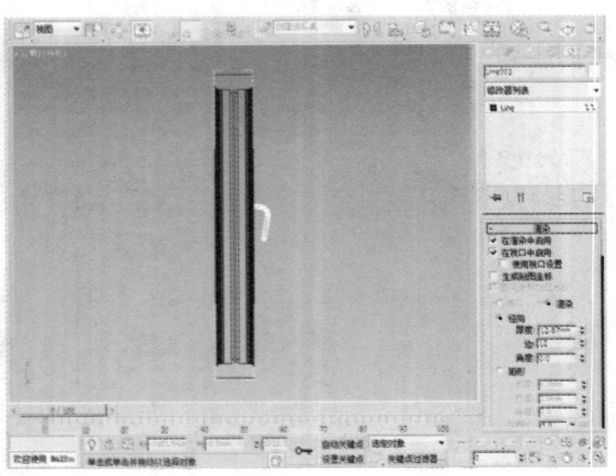

20 选中该物体并将其转换为可编辑多边形，在“选择”卷展栏中单击“边”按钮，选择物体的边后，使用“选择并均匀缩放”工具对物体进行适当调整。

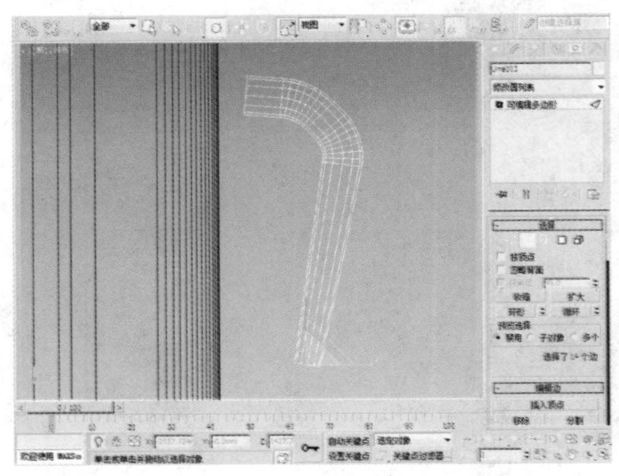

21 在“选择”卷展栏中单击“边”按钮，选择物体的边后，单击“切角”按钮，然后设置“边切角量”为2mm、“连接边分段”为15。

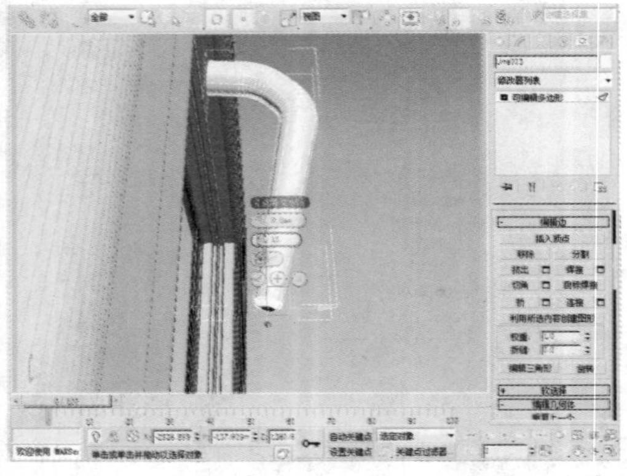

22 在“创建”命令面板中单击“圆柱体”按钮，在左视图中创建一个半径和高度分别为15mm和8mm的圆柱体。

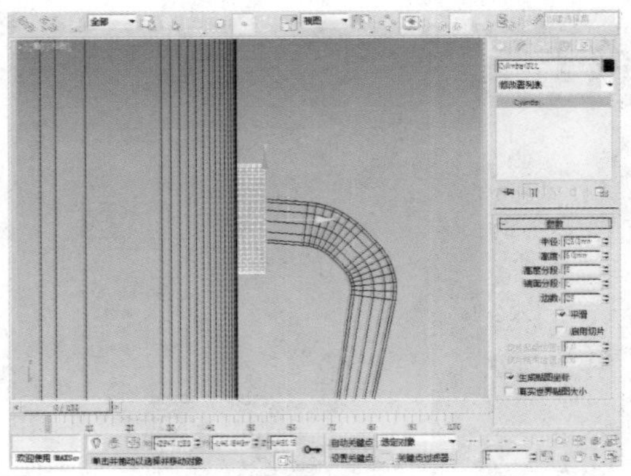

23 在“创建”命令面板中单击“圆柱体”按钮，在前视图中创建一个半径和高度分别为15mm和8mm的圆柱体。

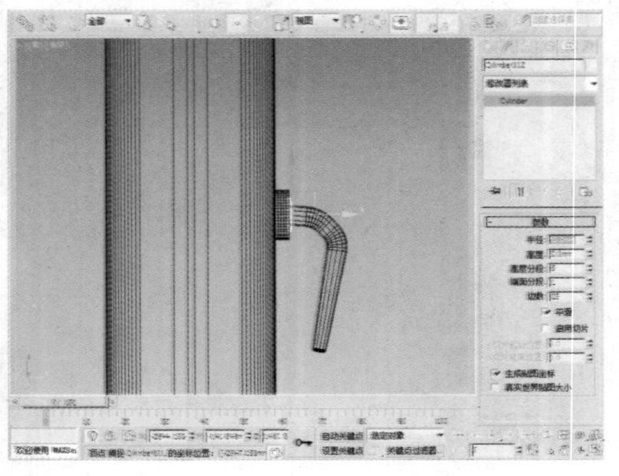

24 执行“组>成组”菜单命令，将选中的物体成组，如下图所示。

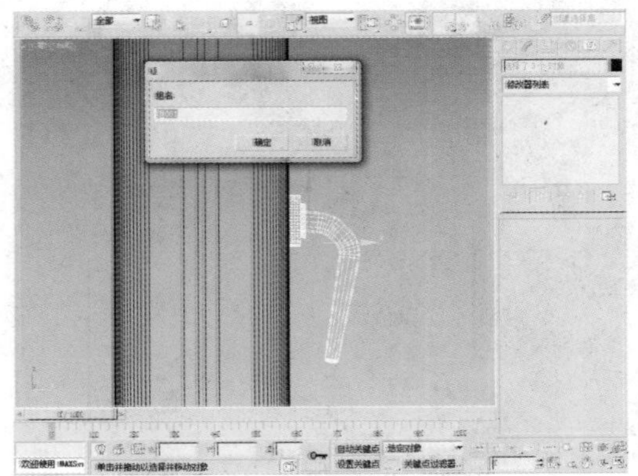

25 选中该形状，单击工具栏中的“选择并移动”按钮，在顶视图中，按住Shift键的同时沿X轴对物体进行移动，选择“复制”的复制方式，并设置“副本数”为1。

26 执行“组>成组”命令，将选中的物体成组。

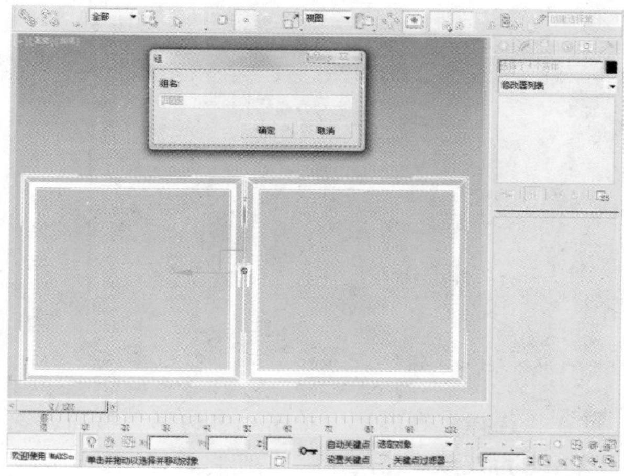

19.3.2 门的绘制

下面将对门的模型进行创建，其具体操作过程如下。

01 在“创建”命令面板中单击“长方体”按钮，在左视图中创建一个长度、宽度、高度分别为2200mm、1800mm、240mm的长方体。

02 选中该长方体并将其转换为可编辑多边形，在“选择”卷展栏中单击“边”按钮，选择物体的边后，单击“连接”按钮后的“设置”按钮，然后设置“分段”为2。

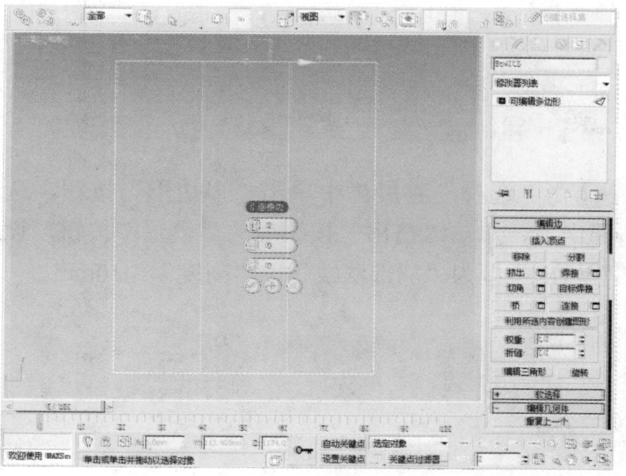

当视图中的对象太多时，可以将其中的某些或者全部对象隐藏起来，这样不仅可以方便新对象的创建，同时也可以加快操作速度（随着视图中显示的面的数量越来越大，软件的运行速度会变得越来越慢）。将隐藏的对象整合为一个组不失为一个好方法，同时在右键快捷菜单中选择“按名称取消隐藏”命令，可以很容易地找出刚刚隐藏的所有对象。

03 在“选择”卷展栏中单击“边”按钮，选择物体的边后，单击“连接”按钮后的“设置”按钮，然后设置“分段”为2。

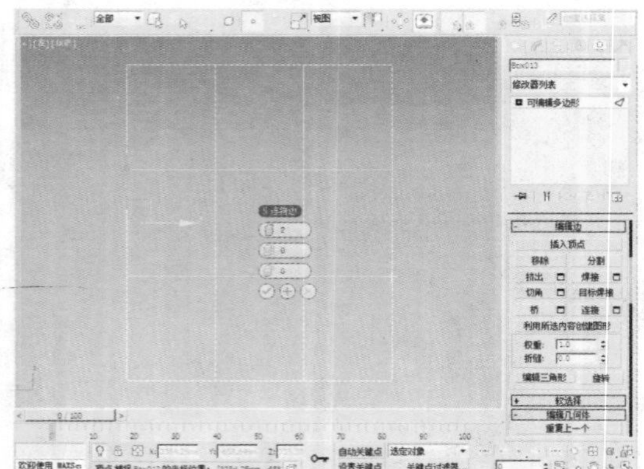

04 在“选择”卷展栏中单击“顶点”按钮，选择物体的点后，使用“选中并移动”工具对其进行适当调整。

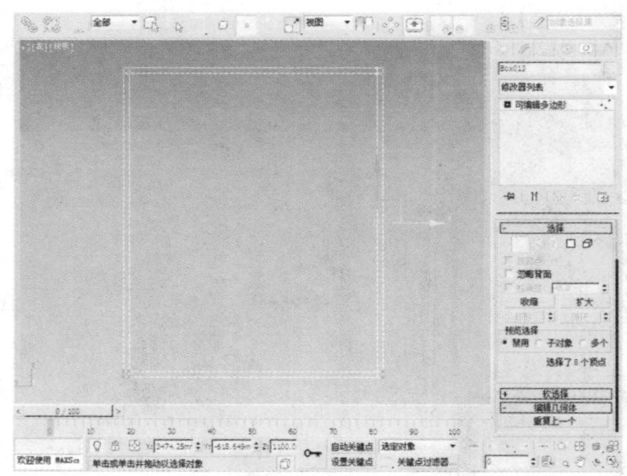

05 在“选择”卷展栏中单击“多边形”按钮，选择物体的面后，单击“桥”按钮将其打通。

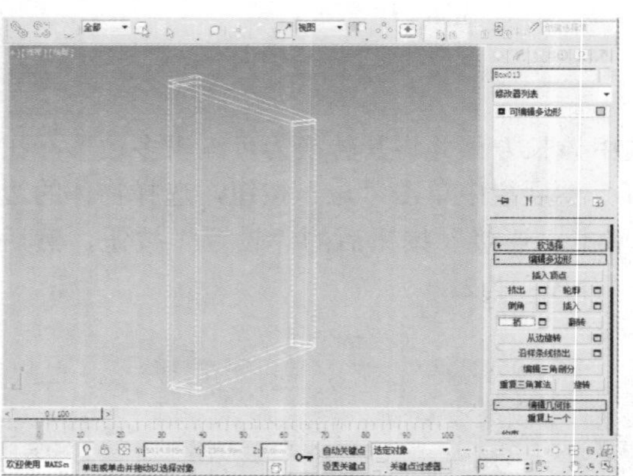

06 在“选择”卷展栏中单击“多边形”按钮，选择面后，单击“挤出”按钮后的“设置”按钮，然后设置“高度”为10mm。

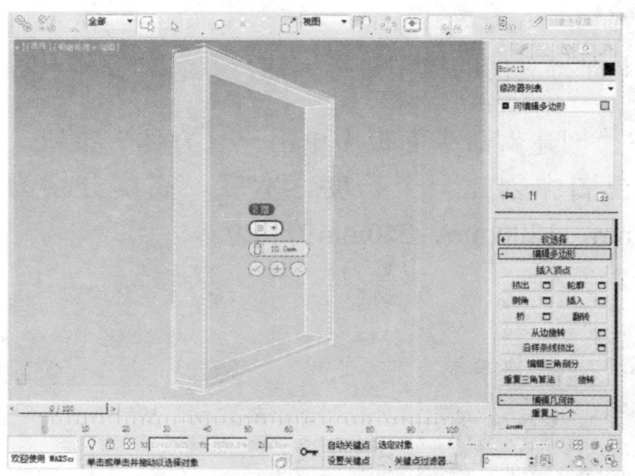

07 在“选择”卷展栏中单击“多边形”按钮，选择面后，单击“挤出”按钮后的“设置”按钮，设置挤出类型为“局部法线”、“高度”为10mm。

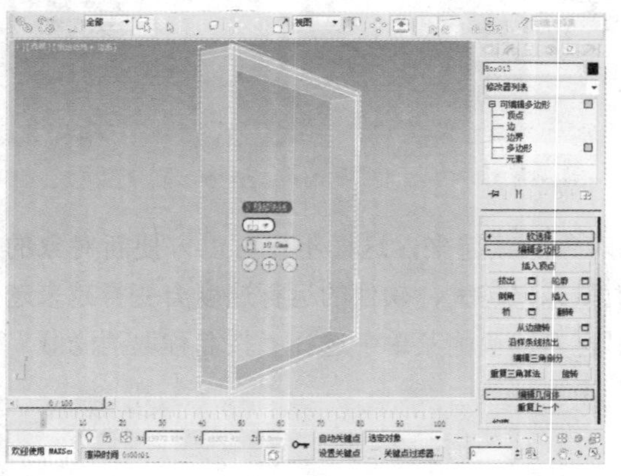

08 在“创建”命令面板中单击“长方体”按钮，在左视图中创建一个长度、宽度、高度分别为2120mm、1720mm、80mm的长方体。

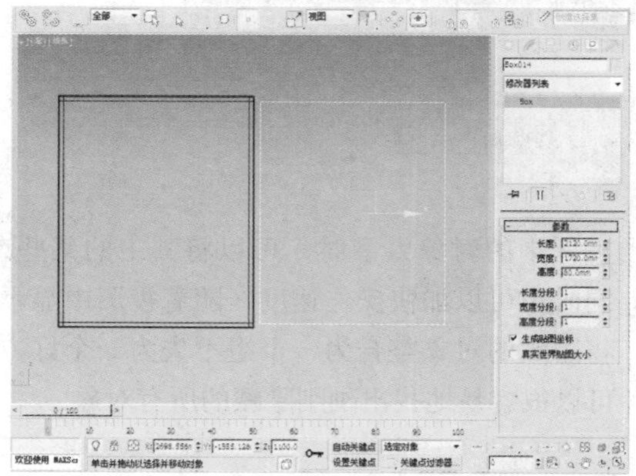

09 在“选择”卷展栏中单击“多边形”按钮，选择面后，单击“插入”按钮后的“设置”按钮，然后设置“数量”为40mm。

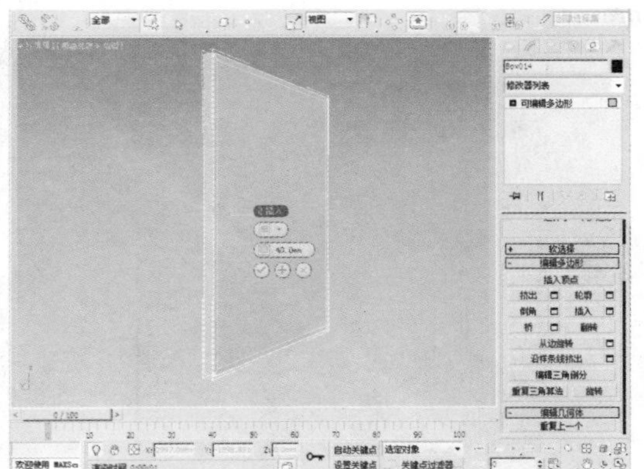

10 在“选择”卷展栏中单击“多边形”按钮，选择面后，单击“挤出”按钮后的“设置”按钮，然后设置“高度”为-15mm。

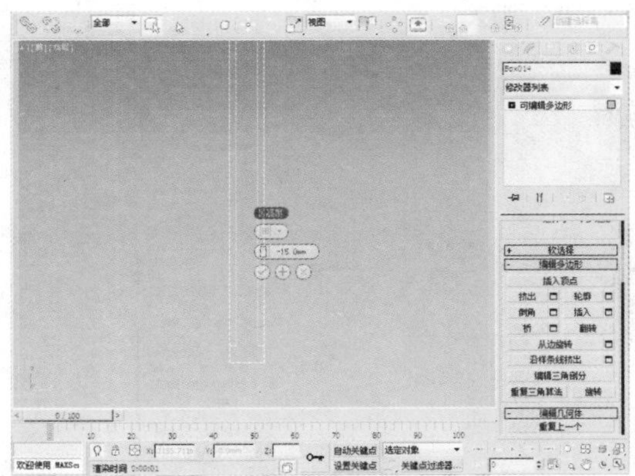

11 再次选择物体的面，单击“挤出”按钮后的“设置”按钮，然后设置“高度”为-15mm。

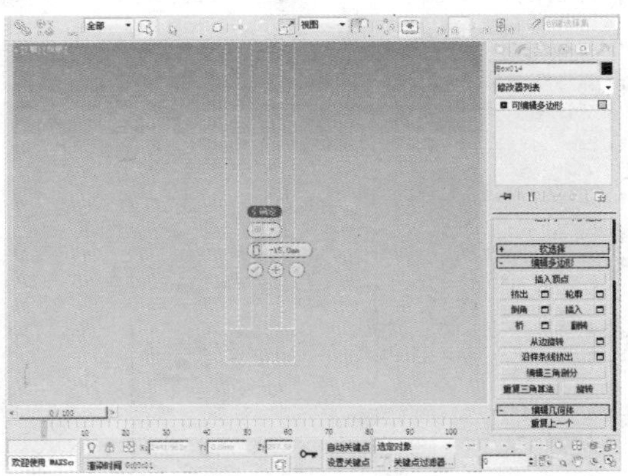

12 在“选择”卷展栏中单击“多边形”按钮，选择物体的面后，单击“桥”按钮将其打通。

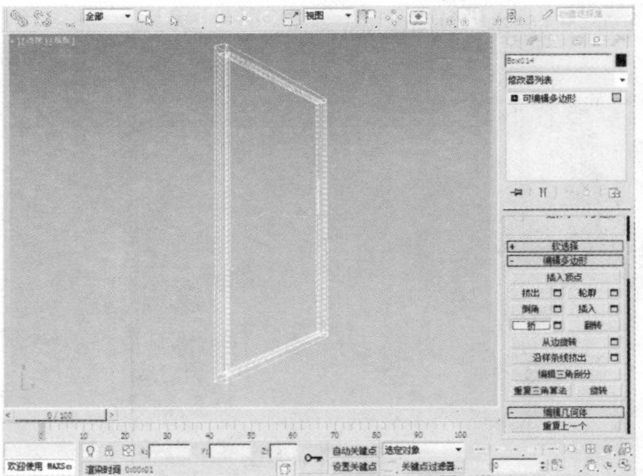

13 在“选择”卷展栏中单击“多边形”按钮，选择面后，单击“挤出”按钮后的“设置”按钮，然后设置挤出类型为“局部法线”、“高度”为-20mm。

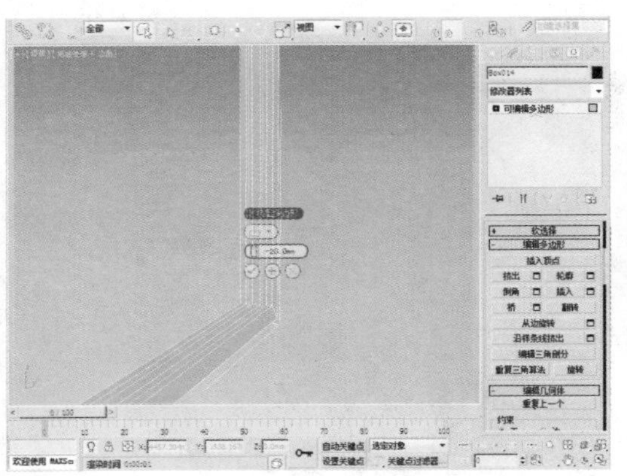

14 在“创建”命令面板中单击“长方体”按钮，在左视图中创建一个长度、宽度、高度分别为2040mm、820mm、30mm的长方体。

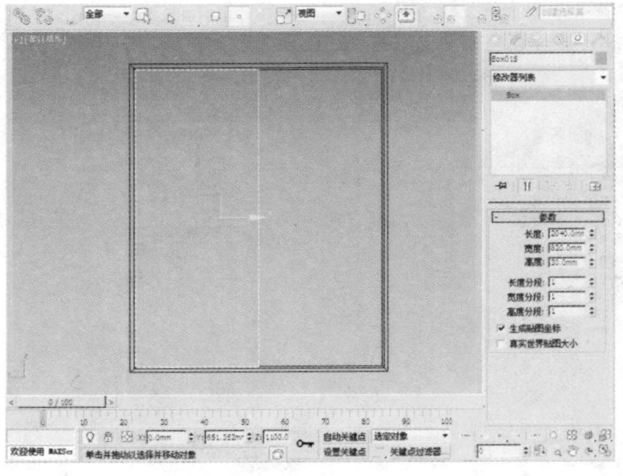

15 选中该长方体并将其转换为可编辑多边形，在“选择”卷展栏中单击“边”按钮，选择物体的边后，单击“连接”按钮后的“设置”按钮，然后设置“分段”为2。

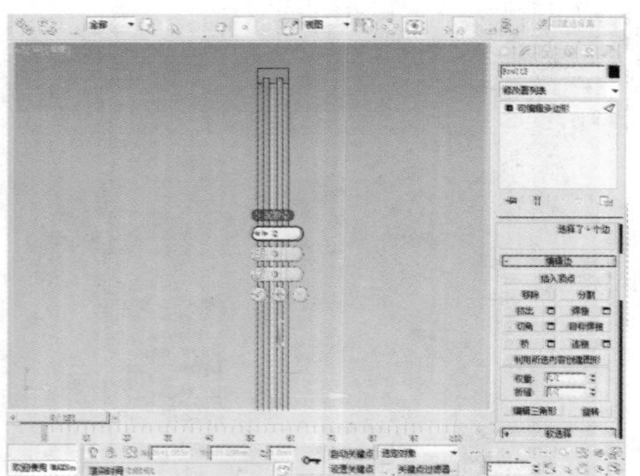

16 在“选择”卷展栏中单击“多边形”按钮，选择面后，单击“挤出”按钮后的“设置”按钮，然后设置挤出类型为“挤出多边形”、“高度”为20mm。

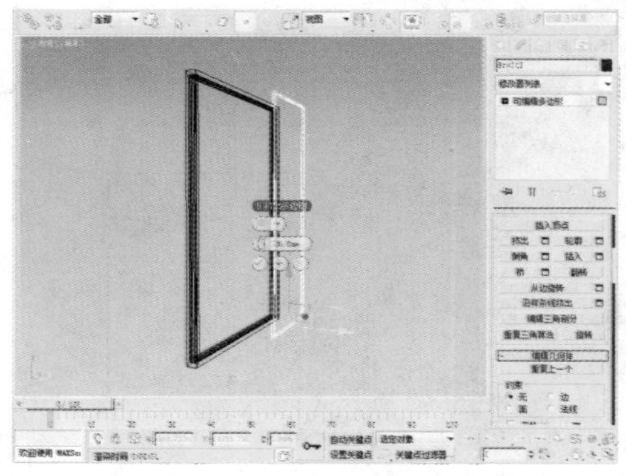

17 在“选择”卷展栏中单击“多边形”按钮，选择面后，单击“插入”按钮后的“设置”按钮，然后设置“数量”为40mm。

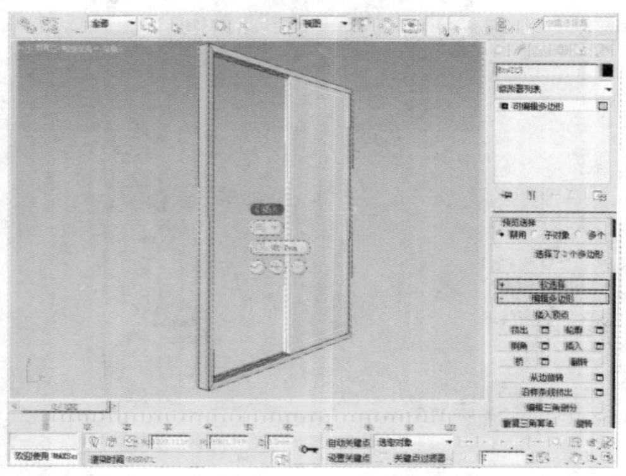

18 在“选择”卷展栏中单击“多边形”按钮，选择物体的面后，单击“桥”按钮将其打通。

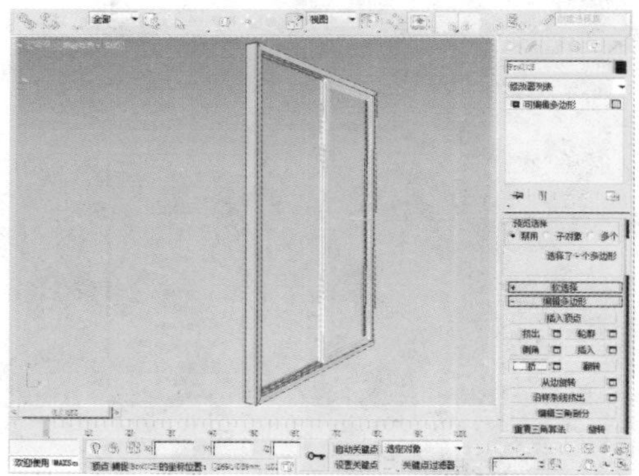

19 选中该物体，单击工具栏中的“选择并移动”按钮，在顶视图中，按住Shift键的同时沿Y轴对物体进行移动，选择“复制”的复制方式，并设置“副本数”为1。

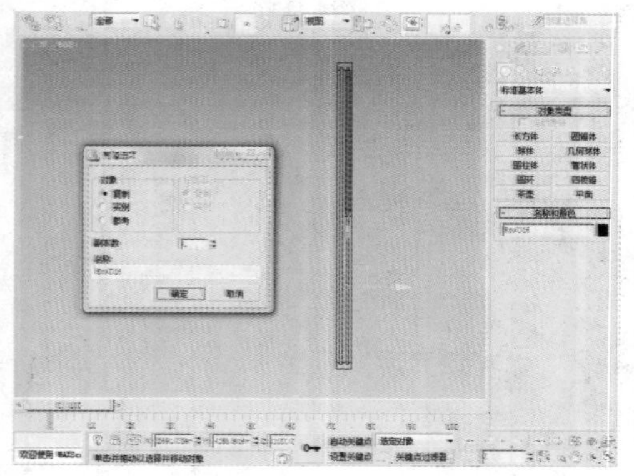

20 选中该物体，使用“选择并移动”工具，适当调整该物体的位置。

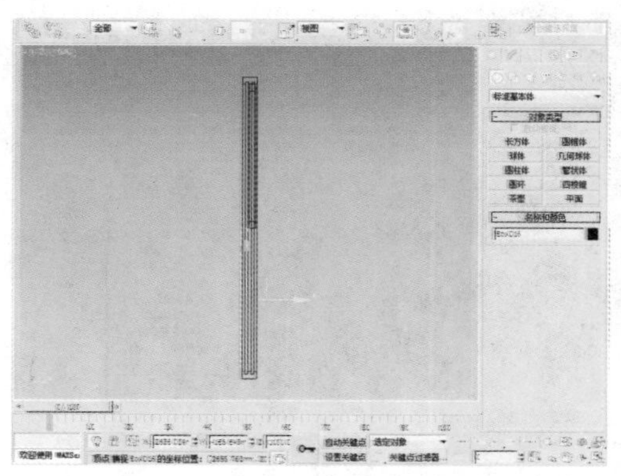

21 在“创建”命令面板中单击“长方体”按钮，在左视图中创建一个长度、宽度、高度分别为80mm、35mm、15mm的长方体。

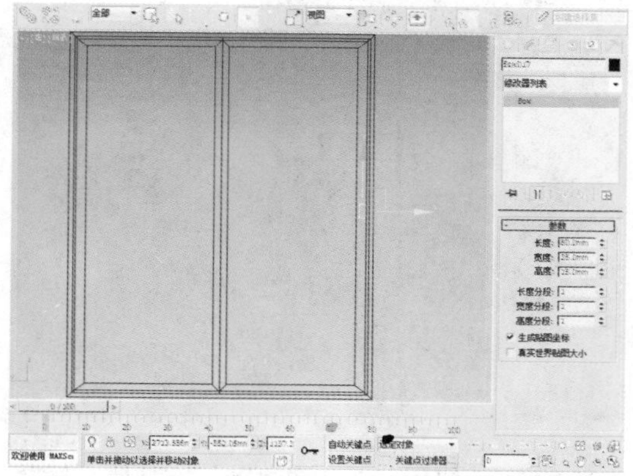

22 在“选择”卷展栏中单击“边”按钮，选择物体的边后，单击“切角”按钮，然后设置“边切角量”为3mm、“连接边分段”为10。

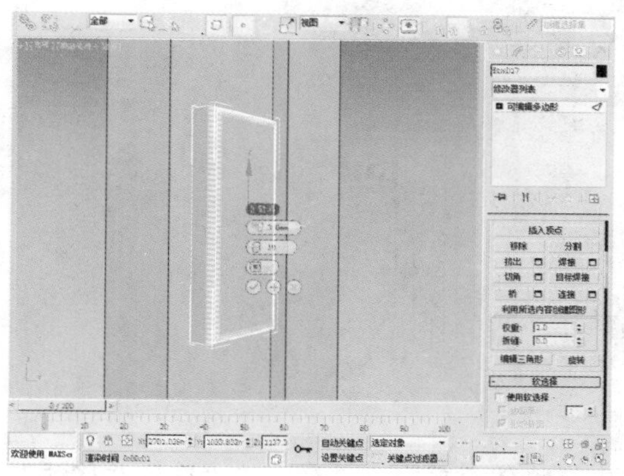

23 在“创建”命令面板中单击“线”按钮，在前视图中创建一个如下图所示的图形。

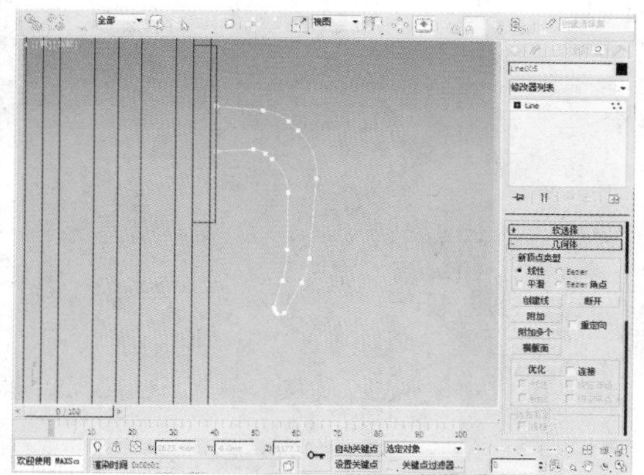

24 选中该形状，在“修改器列表”中选择“挤出”修改器，设置挤出“高度”为13mm。

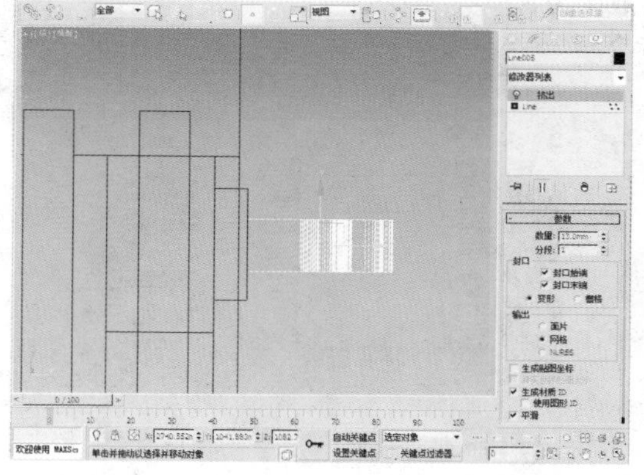

25 选中该长方体并将其转换为可编辑多边形，在“选择”卷展栏中单击“边”按钮，选择物体的边后，单击“切角”按钮，然后设置“边切角量”为1mm、“连接边分段”为5。

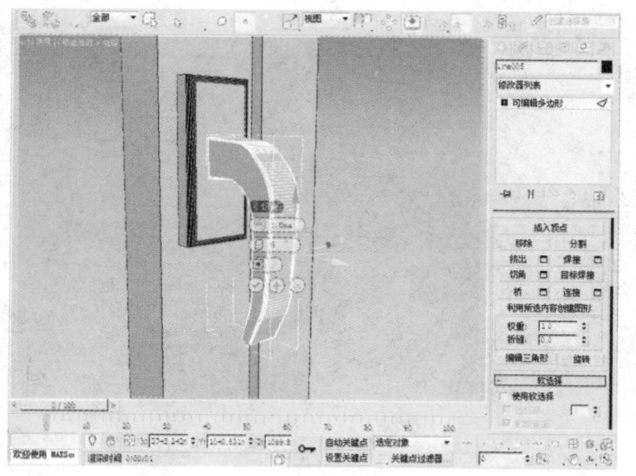

26 执行“组>成组”命令，将选中的物体成组。

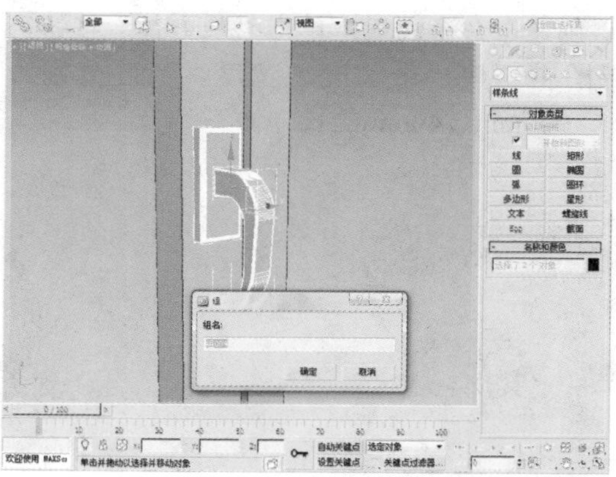

27 选中该物体，使用“镜像”工具以X轴为镜像轴对其进行复制。

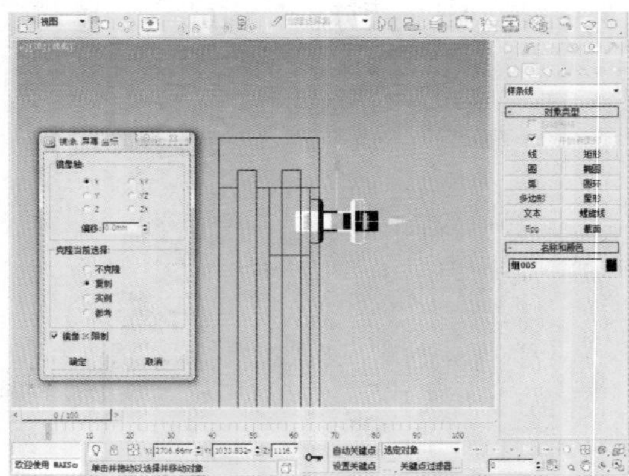

28 选中该物体，使用“选择并移动”工具，适当调整该物体的位置。

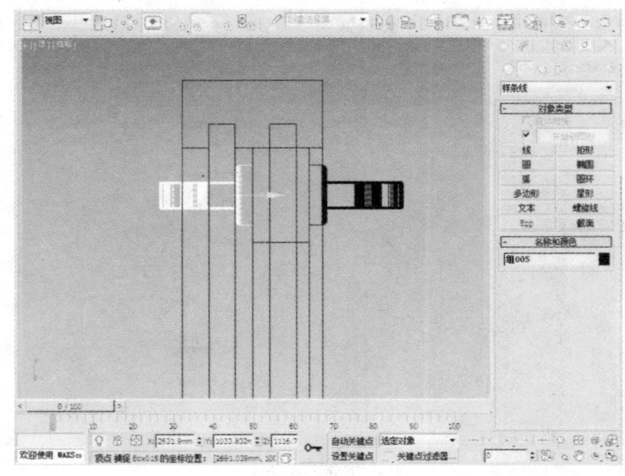

29 选中该物体，单击工具栏中的“选择并移动”工具，在顶视图中，按住Shift键的同时沿Y轴对物体进行移动，选择“复制”的复制方式，并设置“副本数”为1。

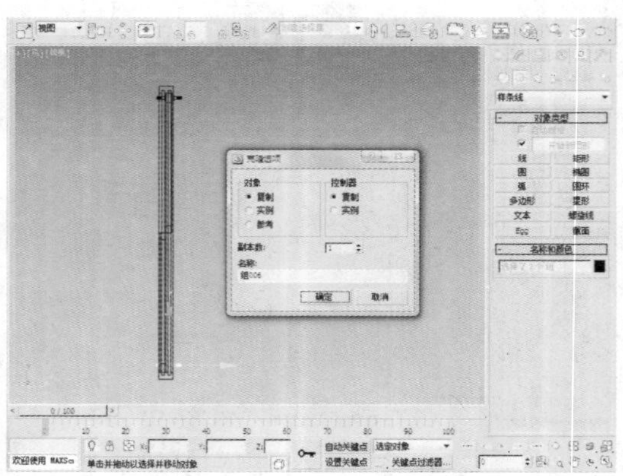

30 选中该物体，使用“选择并移动”工具，适当调整该物体的位置。

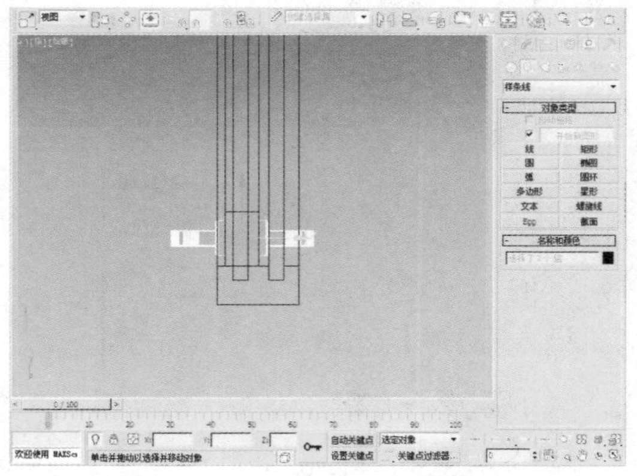

19.3.3 橱柜的绘制

下面将对橱柜模型进行创建，具体操作过程如下。

01 在“创建”命令面板中单击“长方体”按钮，在左视图中创建一个长度、宽度、高度分别为650mm、900mm、40mm的长方体。

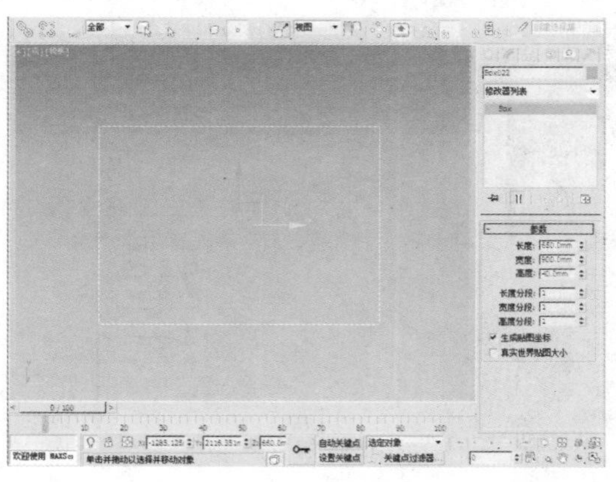

02 选中该长方体并将其转换为可编辑多边形，在“选择”卷展栏中单击“边”按钮，选择物体的边后，单击“切角”按钮，然后设置“边切角量”为2mm、“连接边分段”为5。

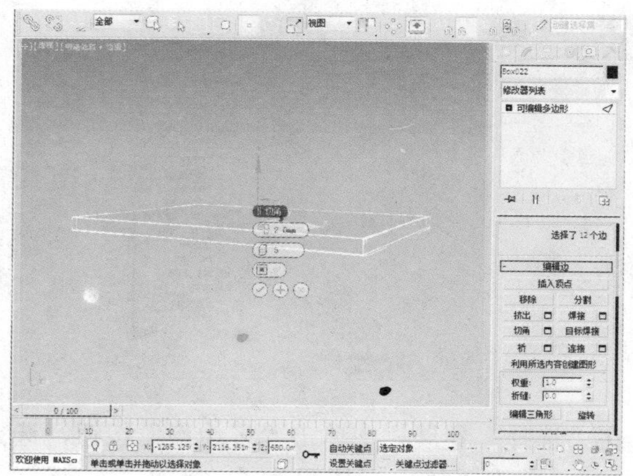

03 在顶视图中再创建一个长方体，其长度、宽度、高度分别为30mm、800mm、560mm。选中该长方体将其转换为可编辑多边形。

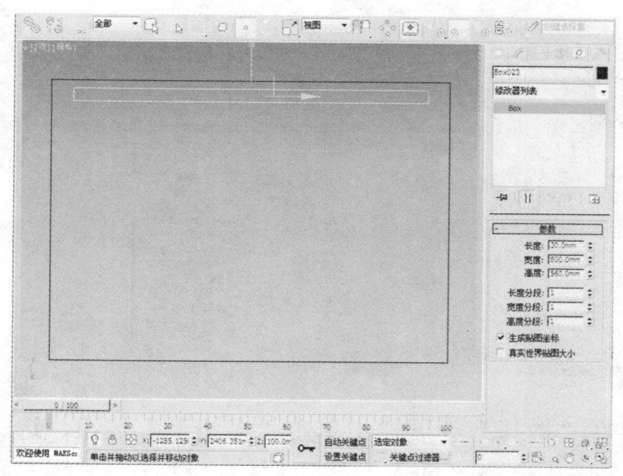

04 在“选择”卷展栏中单击“边”按钮，选择物体的边后，单击“连接”按钮后的“设置”按钮，然后设置“分段”为1。

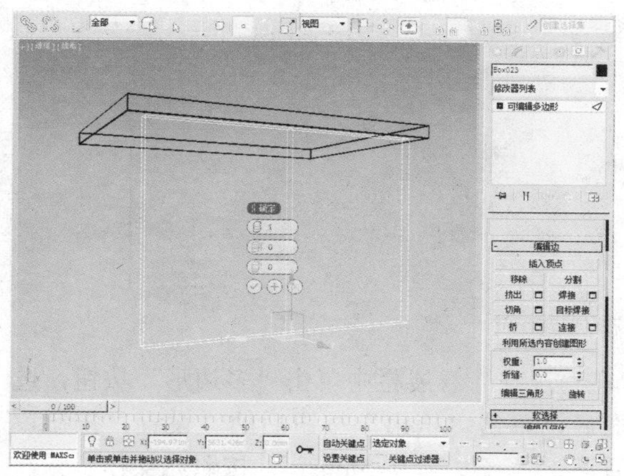

05 在“选择”卷展栏中单击“边”按钮，选择物体的边后，单击“切角”按钮，然后设置“边切角量”为3mm。

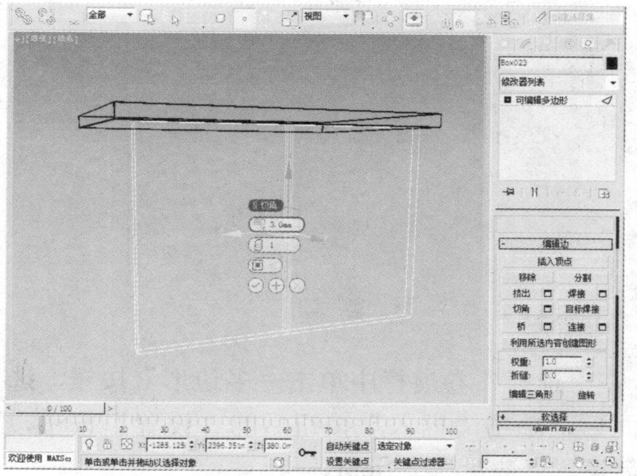

06 在“选择”卷展栏中单击“边”按钮，选择物体的边后，单击“连接”按钮后的“设置”按钮，然后设置“分段”为1、“滑块”为60。

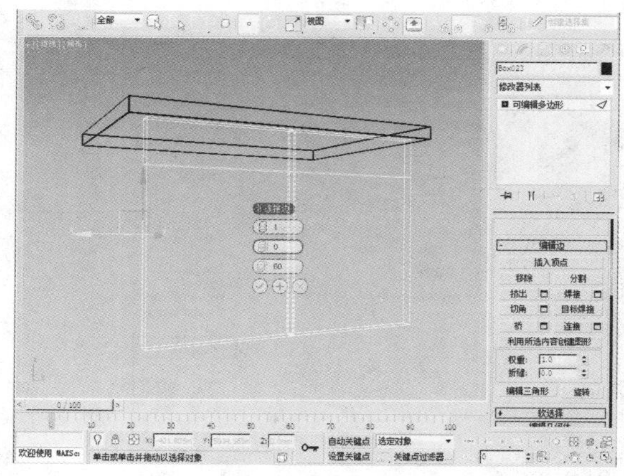

07 在“选择”卷展栏中单击“边”按钮，选择物体的边后，单击“切角”按钮，然后设置“边切角量”为3mm。

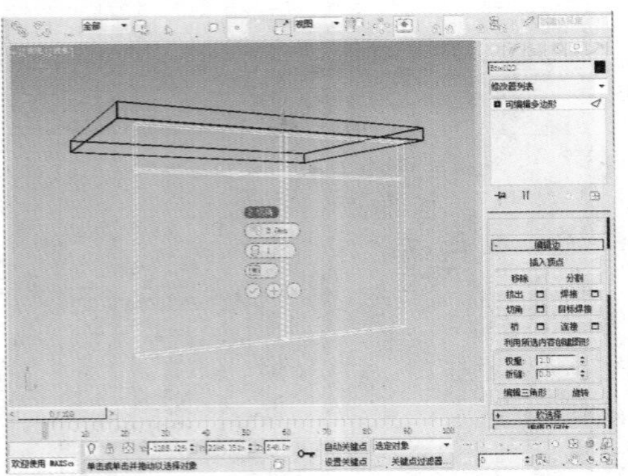

08 在“选择”卷展栏中单击“多边形”按钮，选择面后，单击“挤出”按钮后的“设置”按钮，然后设置“高度”为-10mm。

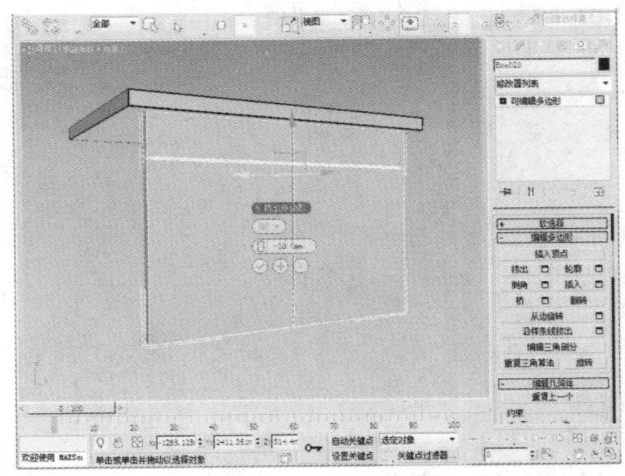

09 在“选择”卷展栏中单击“多边形”按钮，选择面后，单击“插入”按钮后的“设置”按钮，然后设置“数量”为25mm。

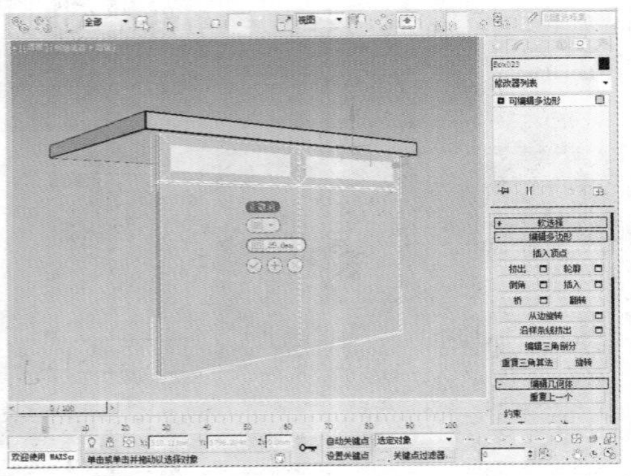

10 在“选择”卷展栏中单击“多边形”按钮，选择面后，单击“挤出”按钮后的“设置”按钮，然后设置“高度”为5mm。

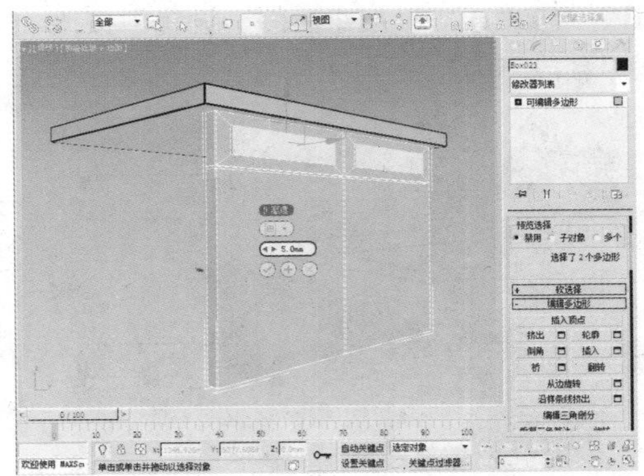

11 在“选择”卷展栏中单击“多边形”按钮，选择面后，单击“插入”按钮后的“设置”按钮，然后设置“数量”为2mm。

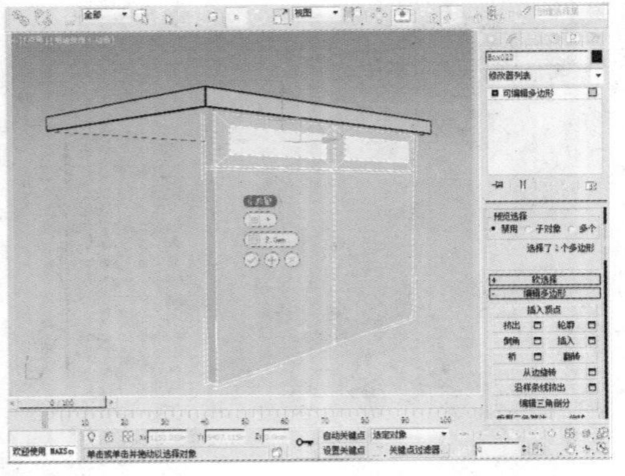

12 在“选择”卷展栏中单击“多边形”按钮，选择面后，单击“挤出”按钮后的“设置”按钮，然后设置“高度”为-5mm。（按照此操作步骤，先进行“插入”操作，再进行“挤出”操作，重复两次即可得到理想效果。）

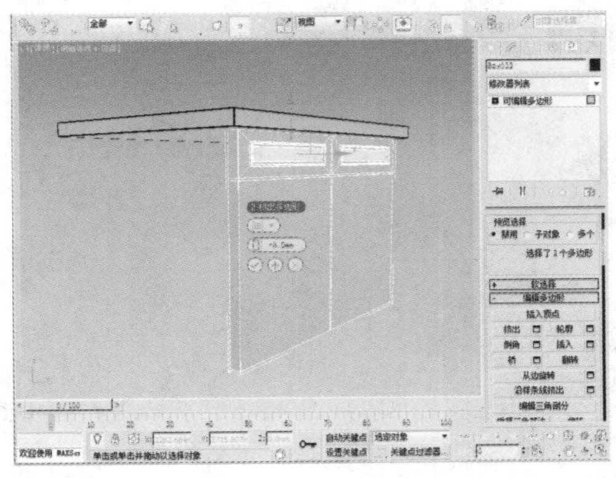

13 在“选择”卷展栏中单击“边”按钮，选择物体的边后，单击“切角”按钮，然后设置“边切角量”为1mm、“连接边分段”为8。

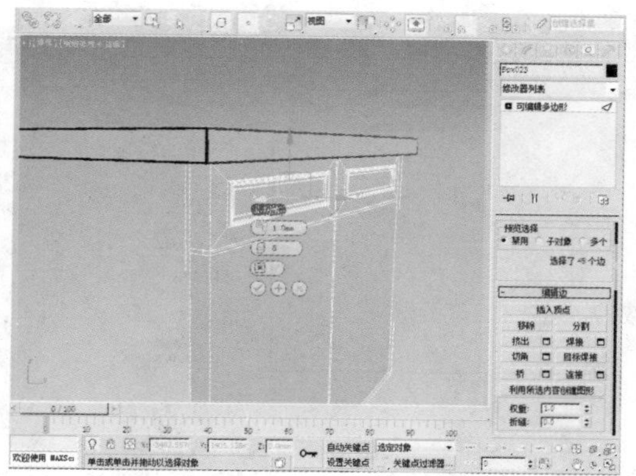

14 在“选择”卷展栏中单击“多边形”按钮，选择面后，单击“插入”按钮后的“设置”按钮，然后设置“数量”为50mm。

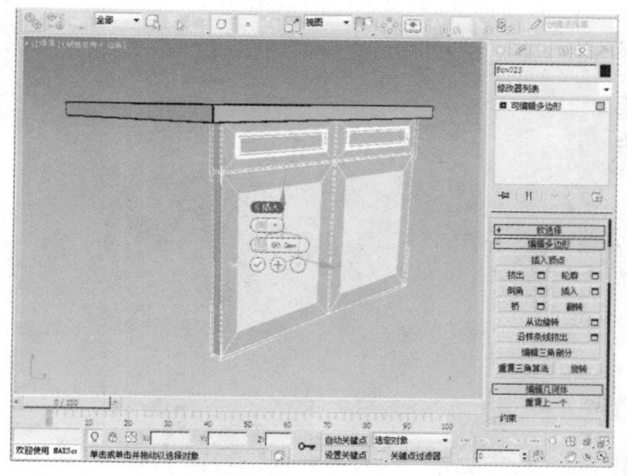

15 在“选择”卷展栏中单击“多边形”按钮，选择面后，单击“挤出”按钮后的“设置”按钮，然后设置“高度”为5mm。

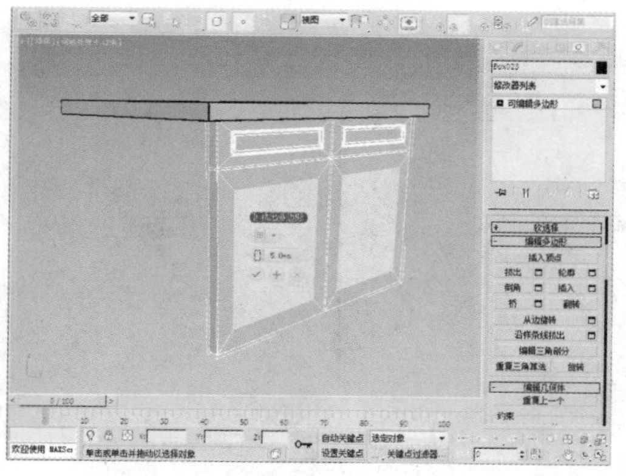

16 在“选择”卷展栏中单击“多边形”按钮，选择面后，单击“插入”按钮后的“设置”按钮，然后设置“数量”为5mm。

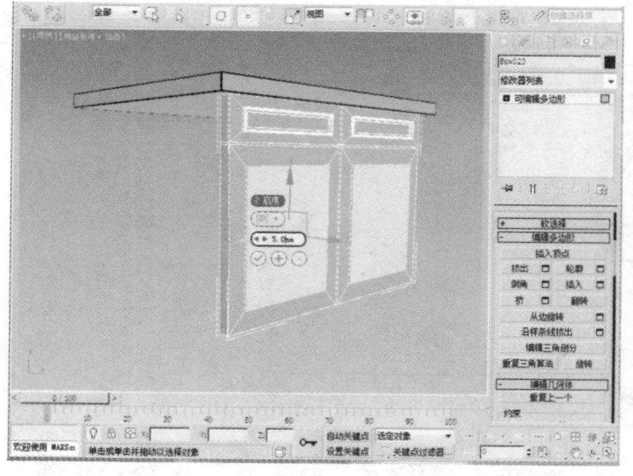

17 在“选择”卷展栏中单击“多边形”按钮，选择面后，单击“挤出”按钮后的“设置”按钮，然后设置“高度”为-5mm。

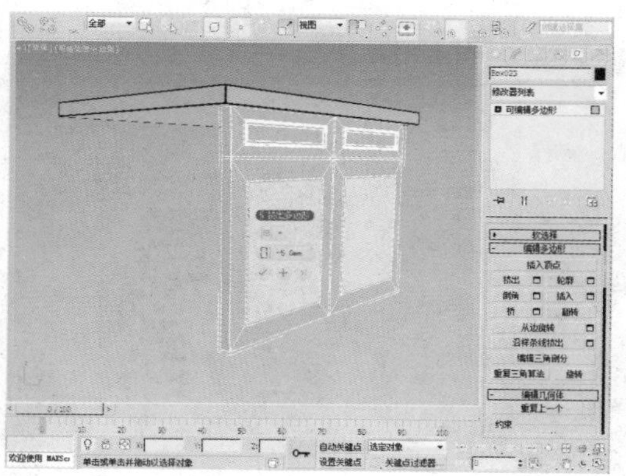

18 激活□按钮，选择该物体的面，（按照此做法：先“插入”在“挤出”重复做几次，在参数上尽可能能微调整，这样做出来的橱柜纹理才具有层次感）如下图所示。

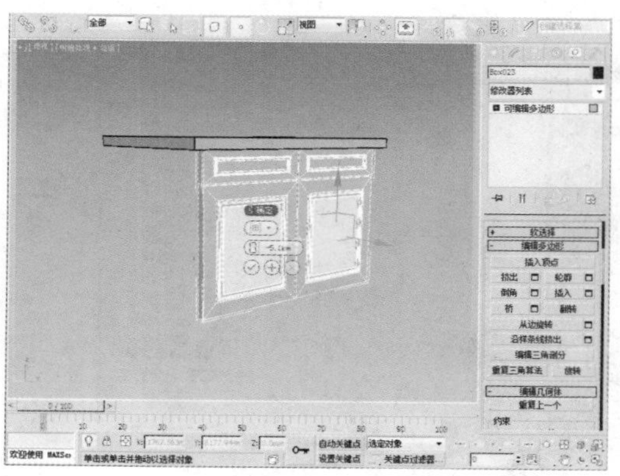

19 在“选择”卷展栏中单击“边”按钮，选择物体的边后，单击“切角”按钮，然后设置“边切角量”为1.5mm、“连接边分段”为8。

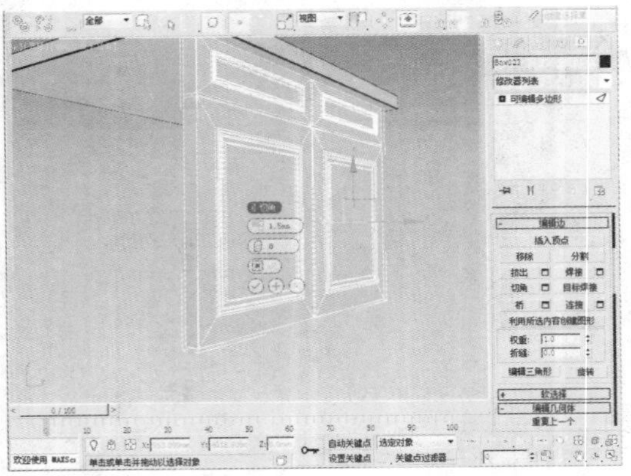

20 在“创建”命令面板中单击“长方体”按钮，在顶视图中创建一个长度、宽度、高度分别为30mm、800mm、560mm的长方体。

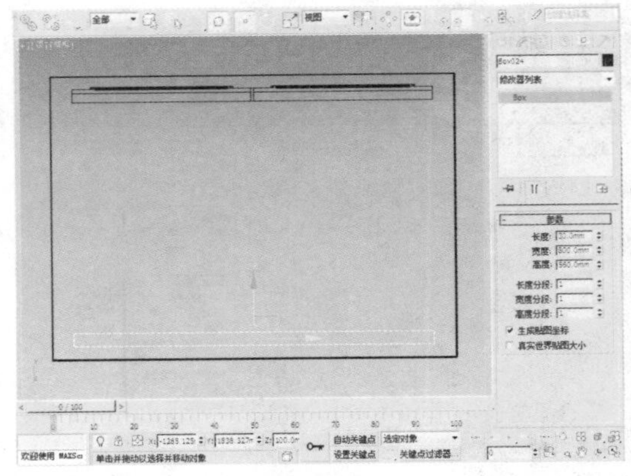

21 在“创建”命令面板中单击“长方体”按钮，在顶视图中创建一个长度、宽度、高度分别为560mm、800mm、150mm的长方体。

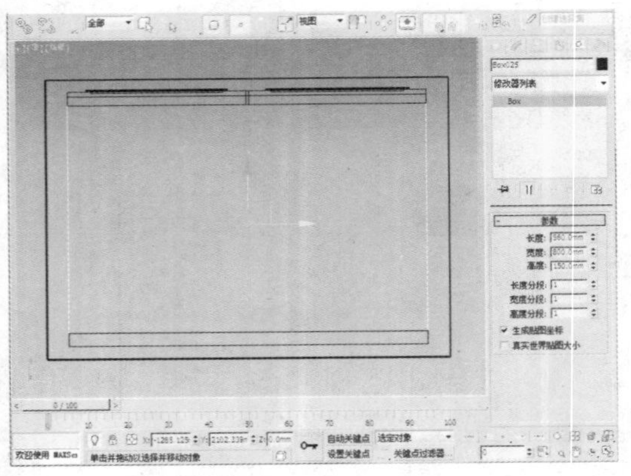

22 在顶视图中再创建一个长方体，其长度、宽度、高度分别为530mm、30mm、560mm。

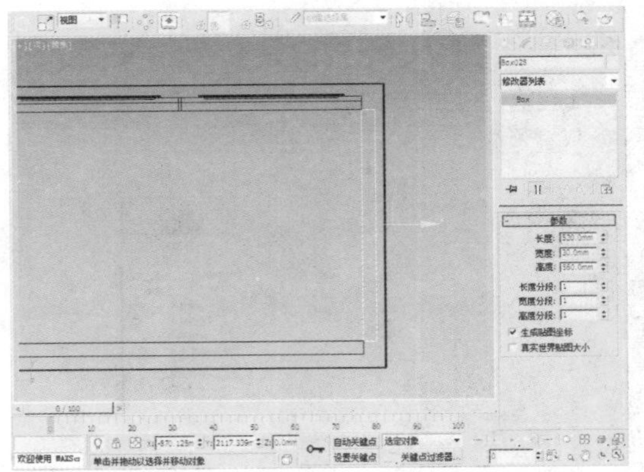

23 在“选择”卷展栏中单击“多边形”按钮，选择面后，单击“插入”按钮后的“设置”按钮，然后设置“数量”为50mm。

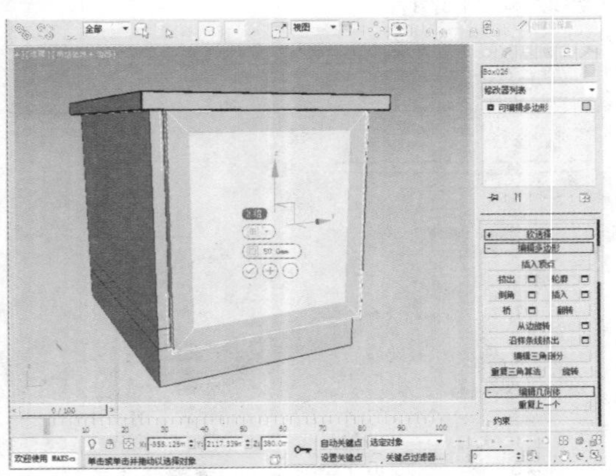

24 在“选择”卷展栏中单击“多边形”按钮，选择面后，单击“挤出”按钮后的“设置”按钮，然后设置“高度”为10mm。

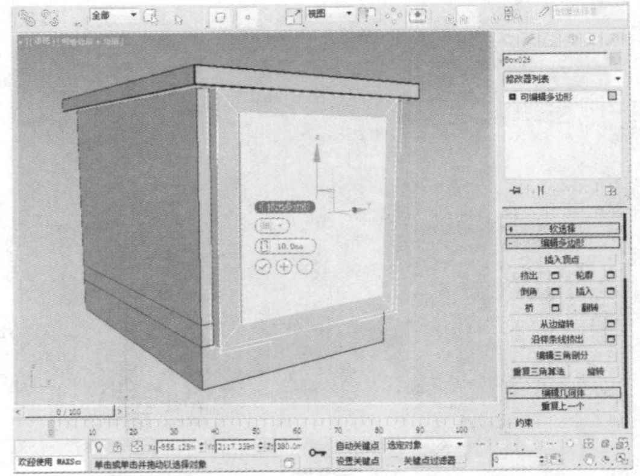

25 在“选择”卷展栏中单击“多边形”按钮，选择面后，单击“插入”按钮后的“设置”按钮，然后设置“数量”为10mm。

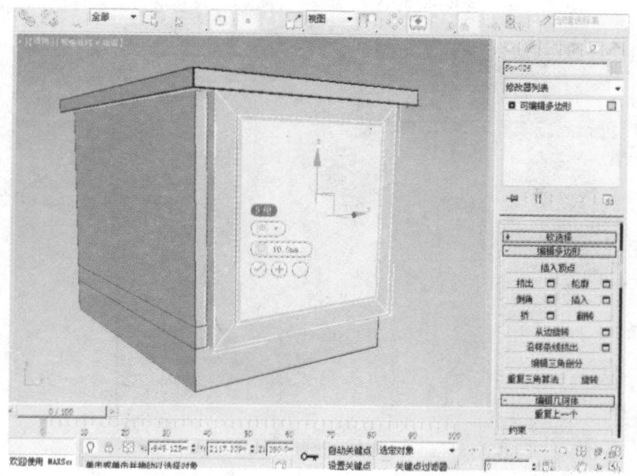

26 在“选择”卷展栏中单击“多边形”按钮，选择面后，单击“挤出”按钮后的“设置”按钮，然后设置“高度”为-10mm。

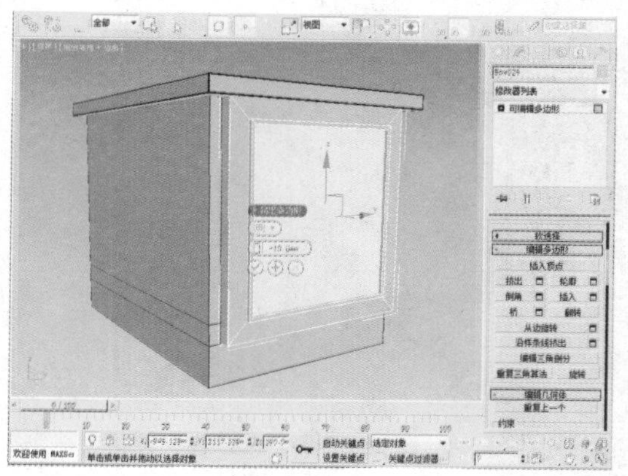

27 在“选择”卷展栏中单击“多边形”按钮，选择面后，单击“插入”按钮后的“设置”按钮，然后设置“数量”为20mm。

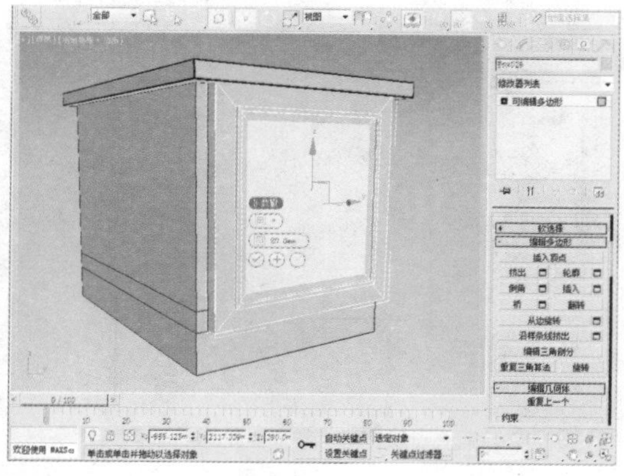

28 在“选择”卷展栏中单击“多边形”按钮，选择面后，单击“挤出”按钮后的“设置”按钮，然后设置“高度”为5mm。

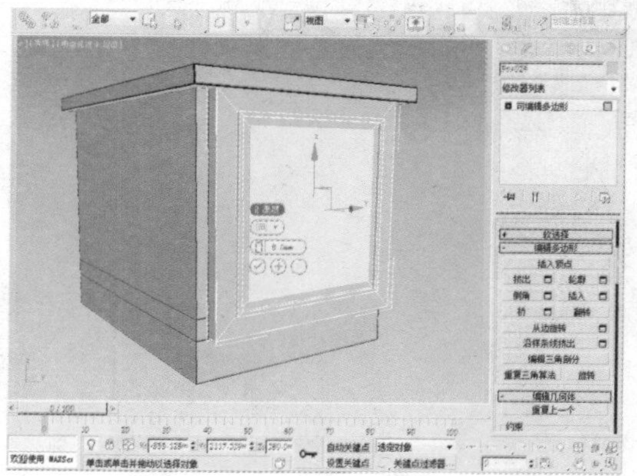

29 在“选择”卷展栏中单击“多边形”按钮，选择面后，单击“插入”按钮后的“设置”按钮，然后设置“数量”为5mm。

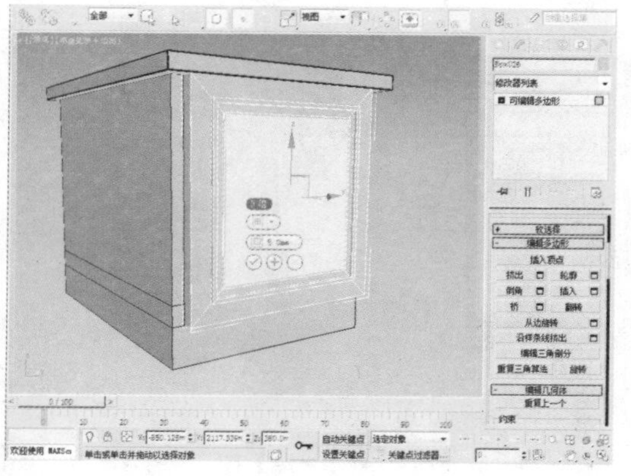

30 在“选择”卷展栏中单击“多边形”按钮，选择面后，单击“挤出”按钮后的“设置”按钮，然后设置“高度”为-5mm。

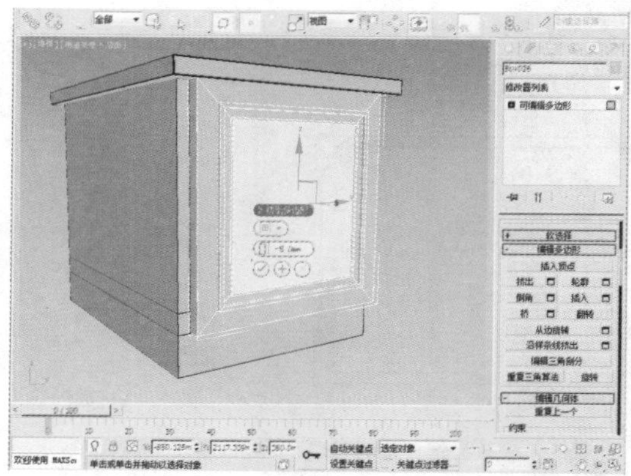

31 在“选择”卷展栏中单击“多边形”按钮，选择面后，单击“插入”按钮后的“设置”按钮，然后设置“数量”为5mm。

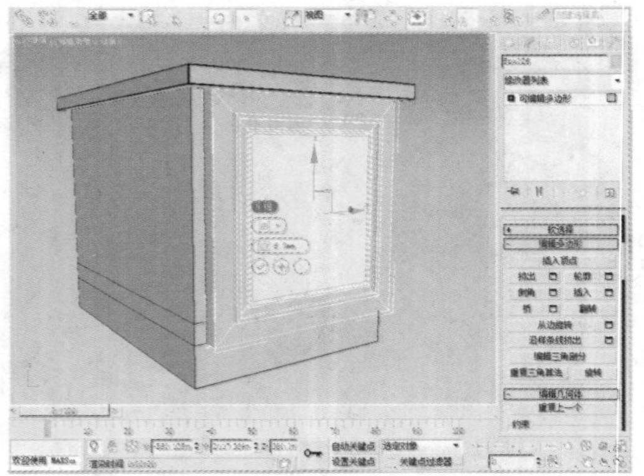

32 在“选择”卷展栏中单击“多边形”按钮，选择面后，单击“挤出”按钮后的“设置”按钮，然后设置“高度”为-5mm。

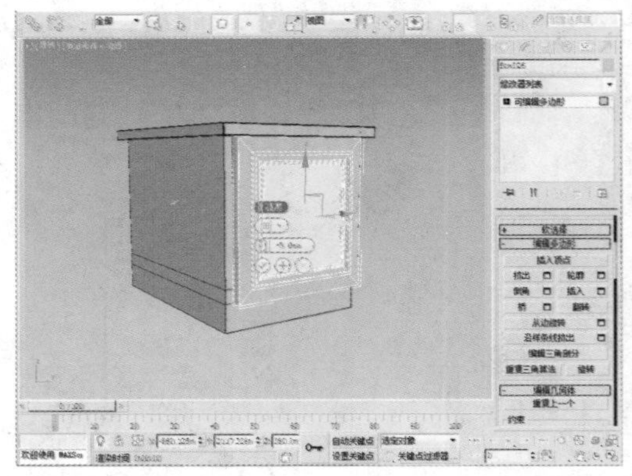

33 在“选择”卷展栏中单击“边”按钮，选择物体的边后，单击“切角”按钮，然后设置“边切角量”为2.5mm、“连接边分段”为5。

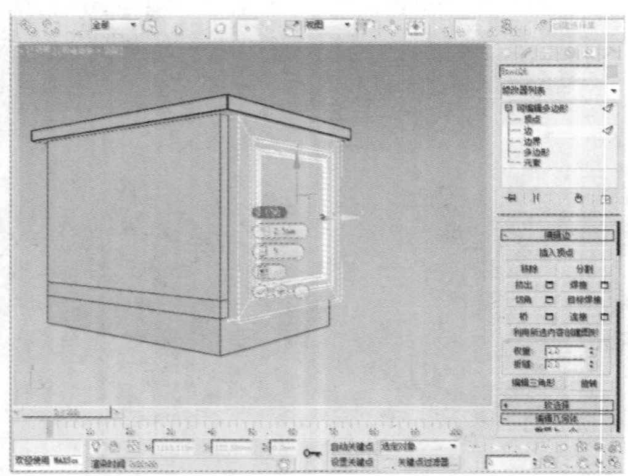

34 选中该物体，使用“镜像”工具以X轴为镜像轴对其进行复制。

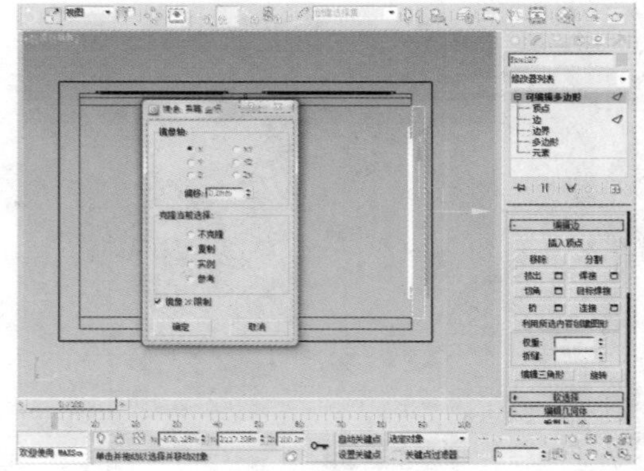

35 在“创建”命令面板中单击“长方体”按钮，在顶视图中创建一个长度、宽度、高度分别为35mm、35mm、60mm的长方体。

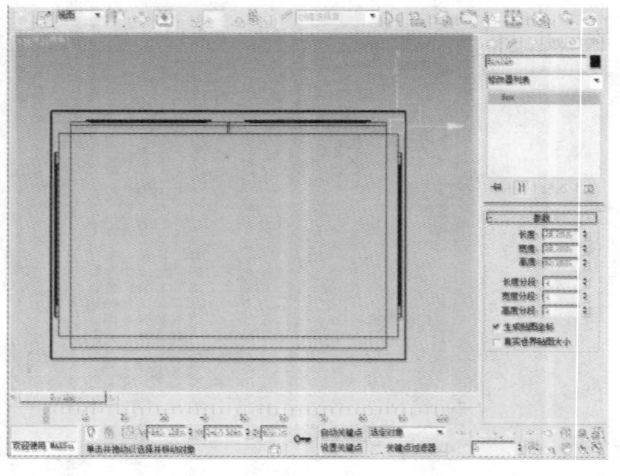

36 选中该物体，单击工具栏中的“选择并移动”按钮，在顶视图中，按住Shift键的同时沿Y轴对物体进行移动，选择“复制”的复制方式，并设置“副本数”为1。

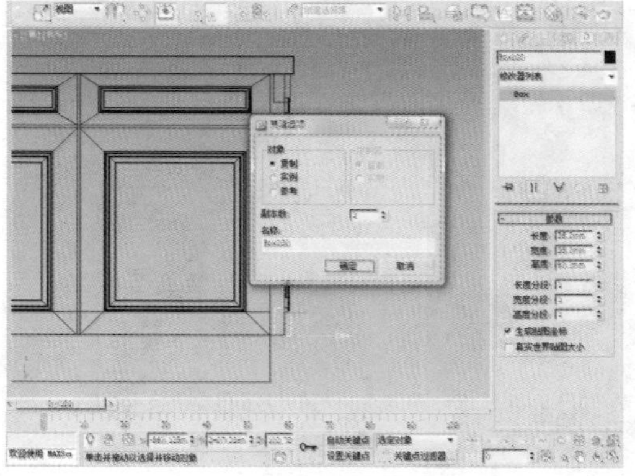

37 在“创建”命令面板中单击“线”按钮，在前视图中创建一个如下图所示的图形。

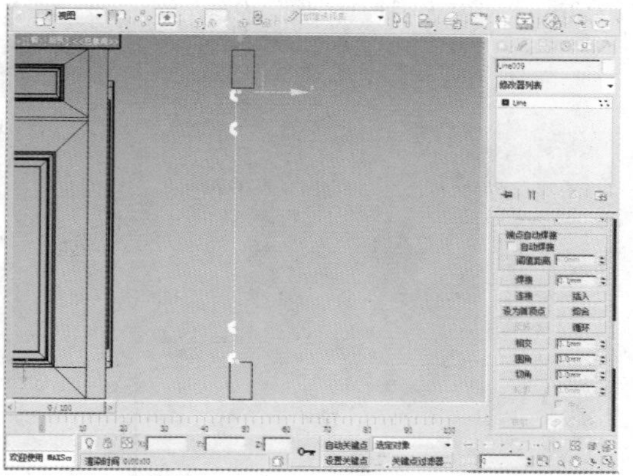

38 在“修改器列表”中选择“车削”修改器，适当调整物体的形状。

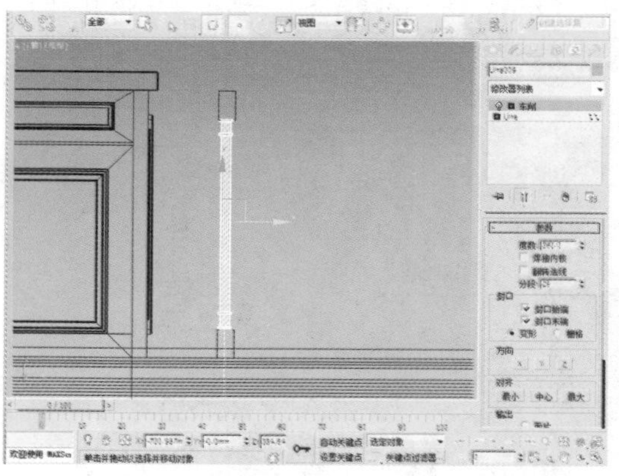

39 选中该物体，单击工具栏中的“选择并移动”按钮，在顶视图中，按住Shift键的同时对物体进行移动，选择“复制”的复制方式，并设置“副本数”为1。

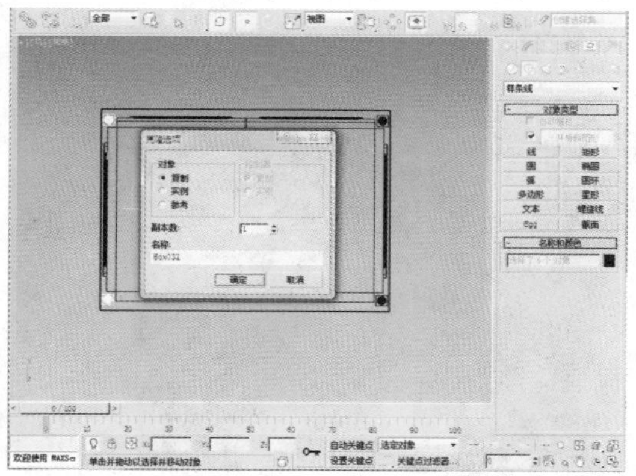

40 在“创建”命令面板中单击“线”按钮，在左视图中创建一个如下图所示的图形。

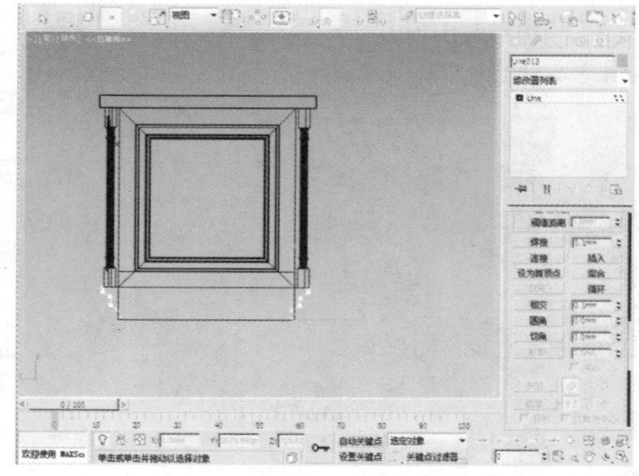

41 在“修改器列表”中选择“挤出”修改器，并设置挤出“数量”为35mm。

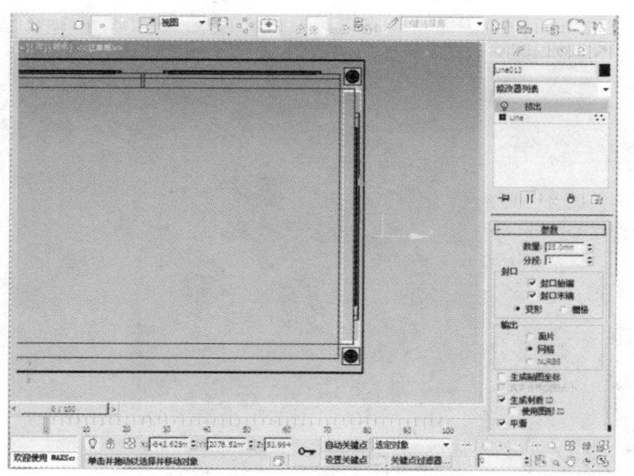

42 选中该物体，单击工具栏中的“选择并移动”按钮，在顶视图中，按住Shift键的同时沿X轴对物体进行移动，选择“复制”的复制方式，并设置“副本数”为1。

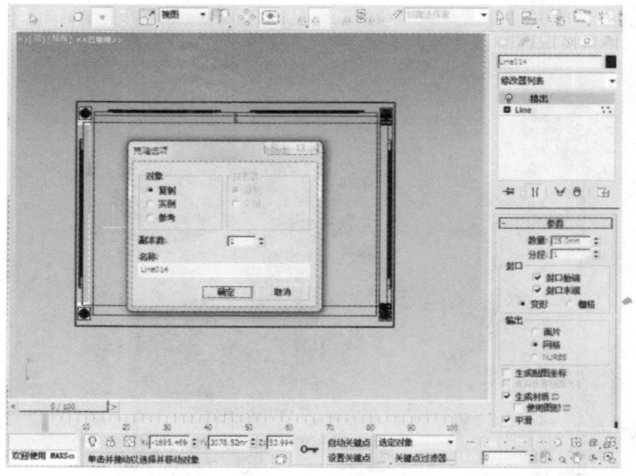

43 在“创建”命令面板中单击“长方体”按钮，在顶视图中创建一个长度、宽度、高度分别为650mm、1300mm、40mm的长方体，并将其转换为可编辑多边形。

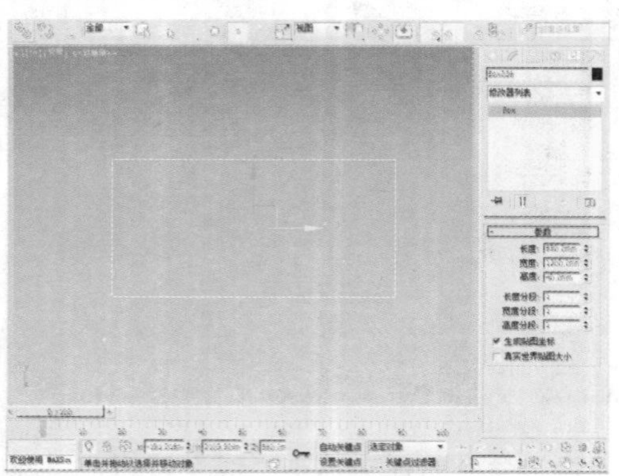

44 在“选择”卷展栏中单击“边”按钮，选择物体的边后，单击“切角”按钮，然后设置“边切角量”为2mm、“连接边分段”为6。

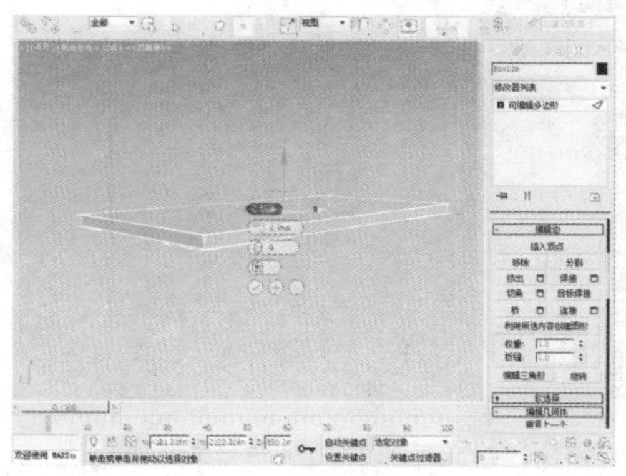

45 在“创建”命令面板中单击“长方体”按钮，在顶视图中创建一个长度、宽度、高度分别为35mm、1150mm、460mm的长方体，并将其转换为可编辑多边形。

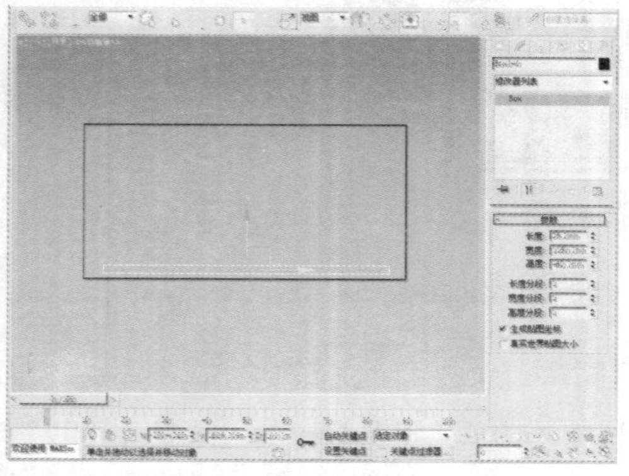

46 在“选择”卷展栏中单击“边”按钮，选择物体的边后，单击“连接”按钮后的“设置”按钮，然后设置“分段”为2。

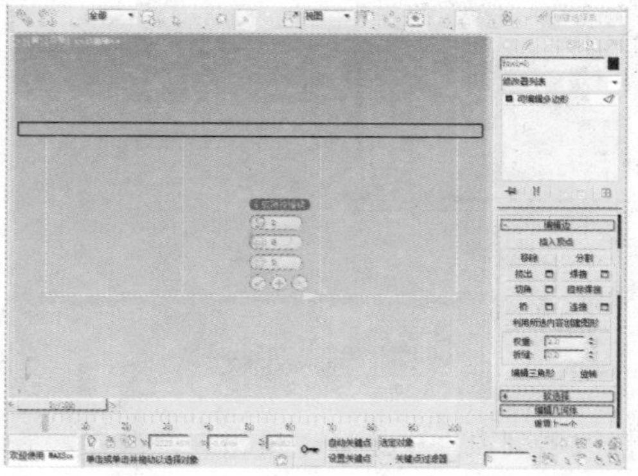

47 在“选择”卷展栏中单击“边”按钮，选择物体的边后，单击“切角”按钮，然后设置“边切角量”为5mm。

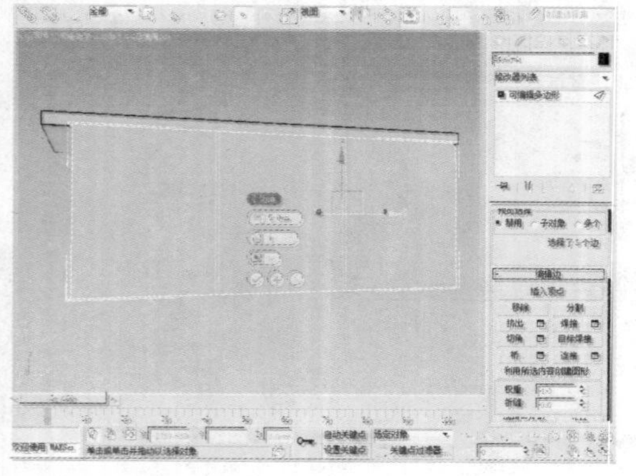

48 在“选择”卷展栏中单击“多边形”按钮，选择面后，单击“挤出”按钮后的“设置”按钮，然后设置“高度”为-10mm。

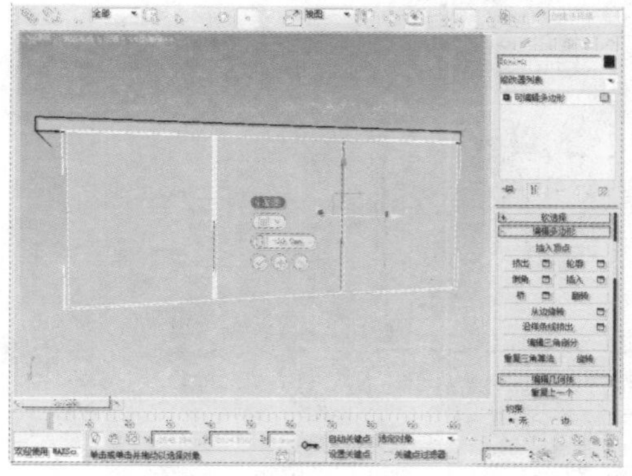

49 在“选择”卷展栏中单击“多边形”按钮，选择面后，单击“插入”按钮后的“设置”按钮，然后设置“数量”为50mm。

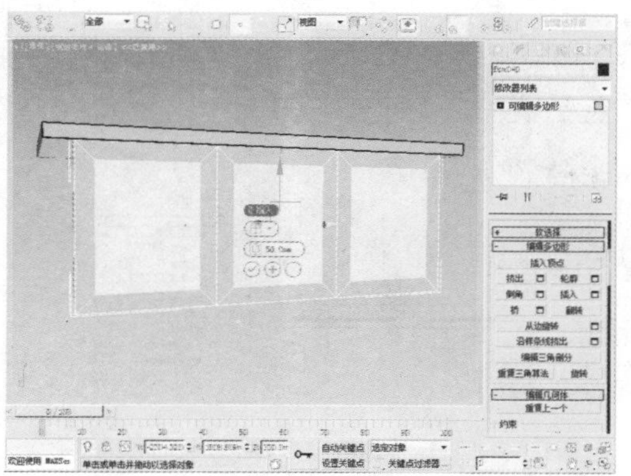

50 在“选择”卷展栏中单击“多边形”按钮，选择面后，单击“挤出”按钮后的“设置”按钮，然后设置“高度”为10mm。

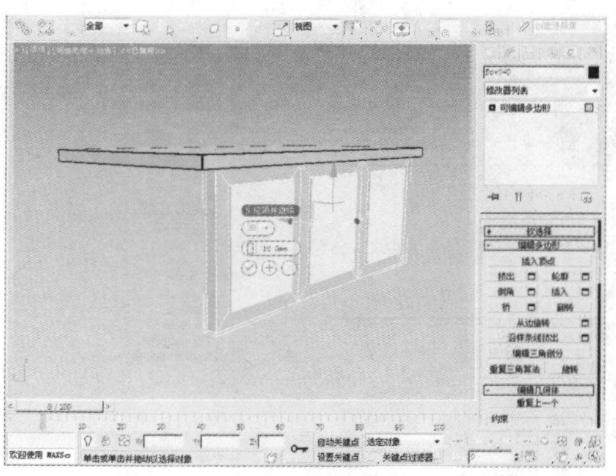

51 在“选择”卷展栏中单击“多边形”按钮，选择面后，单击“插入”按钮后的“设置”按钮，然后设置“数量”为5mm。

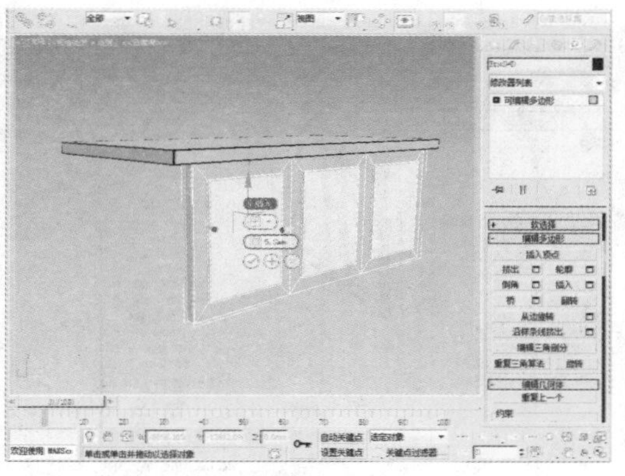

52 在“选择”卷展栏中单击“多边形”按钮，选择面后，单击“挤出”按钮后的“设置”按钮，然后设置“高度”为-10mm。

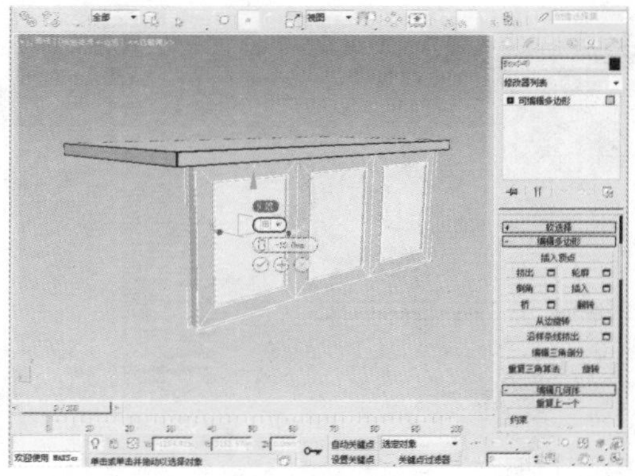

53 激活□按钮，选择该物体的面，（按照此做法：先“插入”在“挤出”重复做几次，在参数上尽可能能微调整，这样做出来的橱柜纹理才具有层次感）如下图所示。

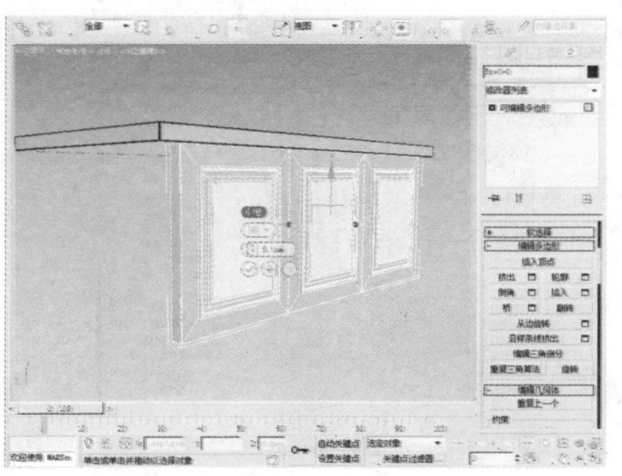

54 在“选择”卷展栏中单击“边”按钮，选择物体的边后，单击“切角”按钮，然后设置“边切角量”为5mm、“连接边分段”为8。

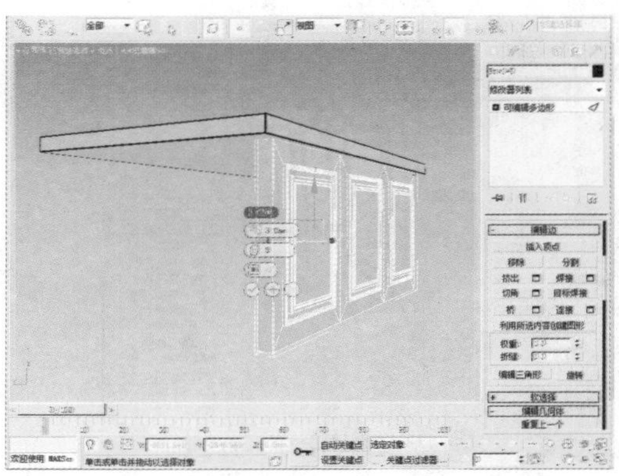

55 在“创建”命令面板中单击“长方体”按钮，在顶视图中创建一个长度、宽度、高度分别为35mm、1150mm、460mm的长方体。

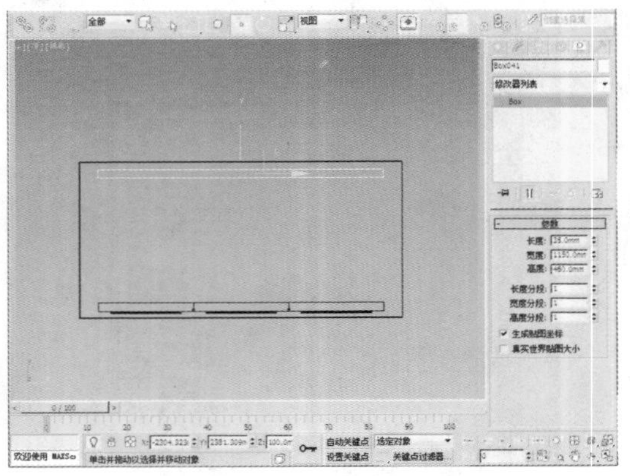

56 在“创建”命令面板中单击“长方体”按钮，在顶视图中创建一个长度、宽度、高度分别为520mm、1150mm、120mm的长方体。

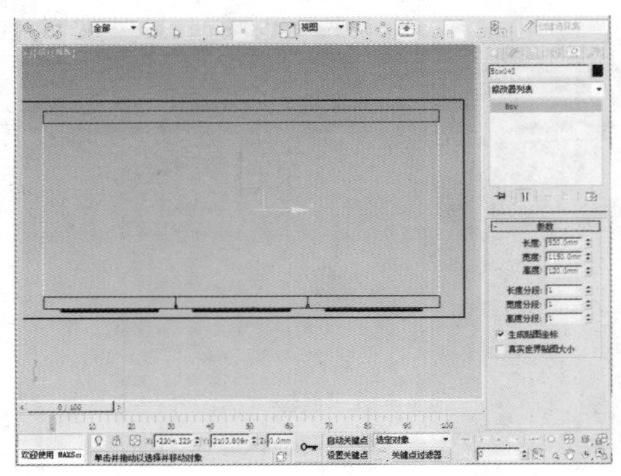

57 在“创建”命令面板中单击“长方体”按钮，在顶视图中创建一个长度、宽度、高度分别为460mm、520mm、40mm的长方体。

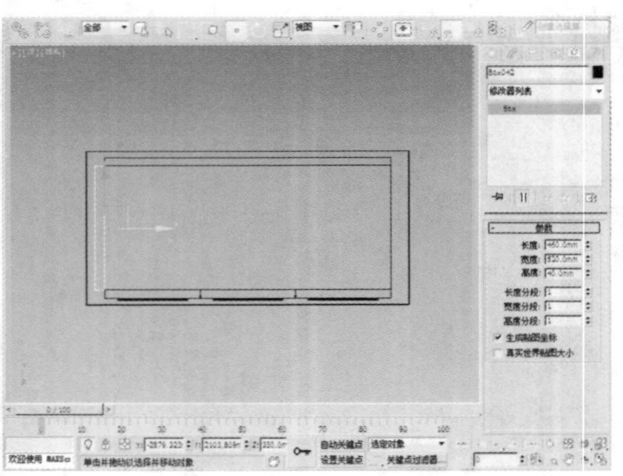

58 在“选择”卷展栏中单击“多边形”按钮，选择面后，单击“插入”按钮后的“设置”按钮，然后设置“数量”为50mm。

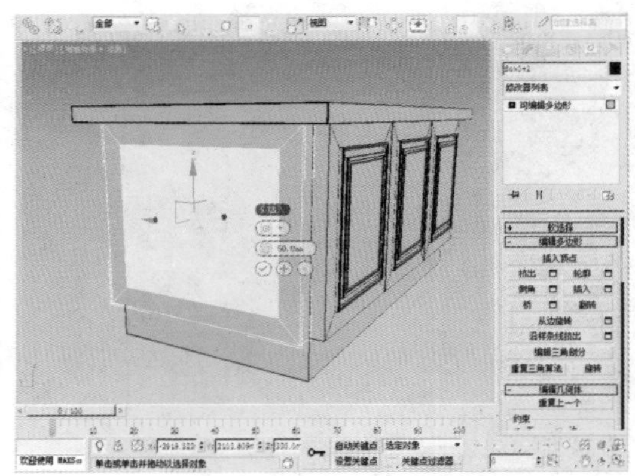

59 在“选择”卷展栏中单击“多边形”按钮，选择面后，单击“挤出”按钮后的“设置”按钮，然后设置“高度”为10mm。

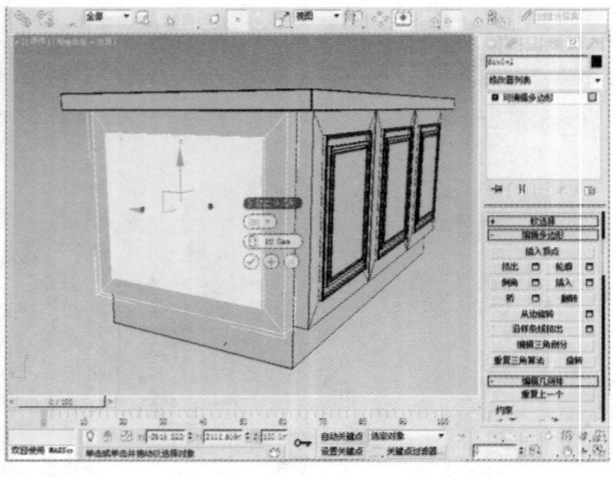

60 在“选择”卷展栏中单击“多边形”按钮，选择面后，单击“插入”按钮后的“设置”按钮，然后设置“数量”为3mm。

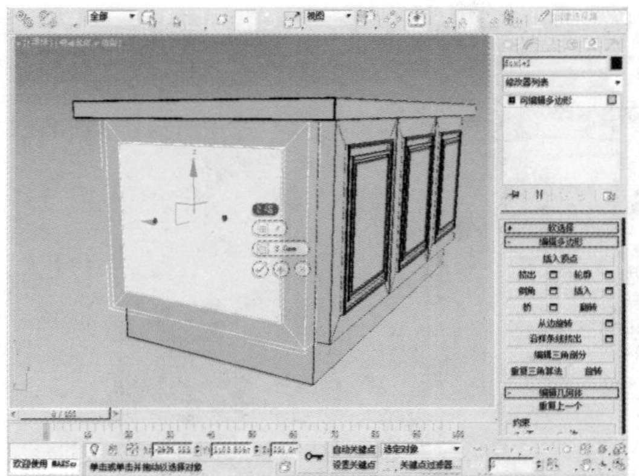

61 在“选择”卷展栏中单击“多边形”按钮，选择面后，单击“挤出”按钮后的“设置”按钮，然后设置“高度”为8mm。

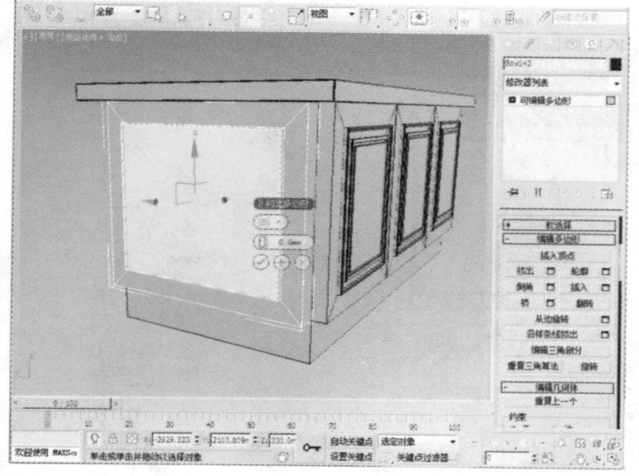

62 激活□按钮，选择该物体的面，（按照此做法：先“插入”在“挤出”重复做几次，在参数上尽可能能微调整，这样做出来的橱柜纹理才具有层次感）如下图所示。

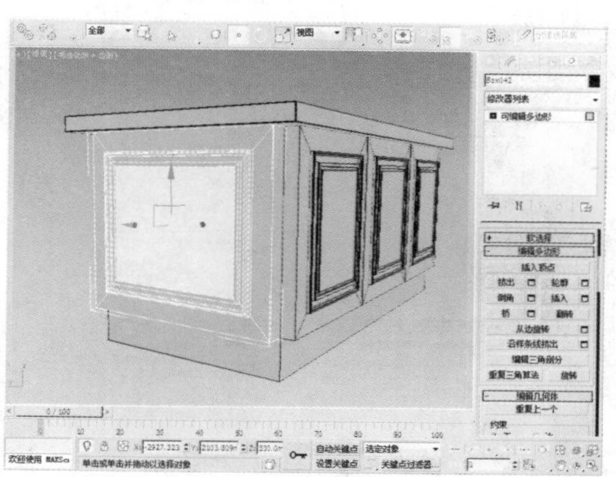

63 在“选择”卷展栏中单击“边”按钮，选择物体的边后，单击“切角”按钮，然后设置“边切角量”为2mm、“连接边分段”为5。

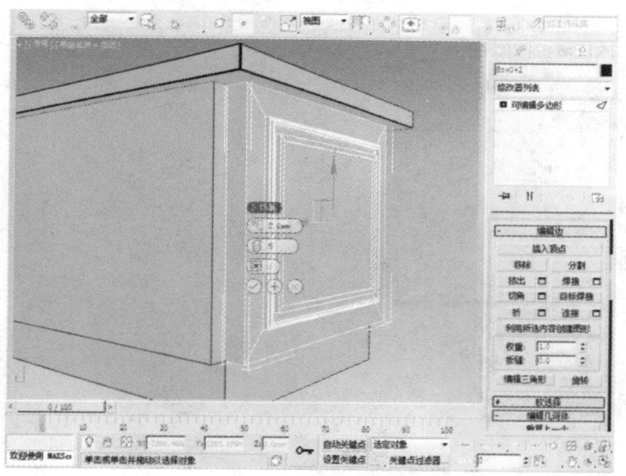

64 在“选择”卷展栏中单击“边”按钮，选择物体的边后，单击“切角”按钮，然后设置“边切角量”为5mm、“连接边分段”为10。

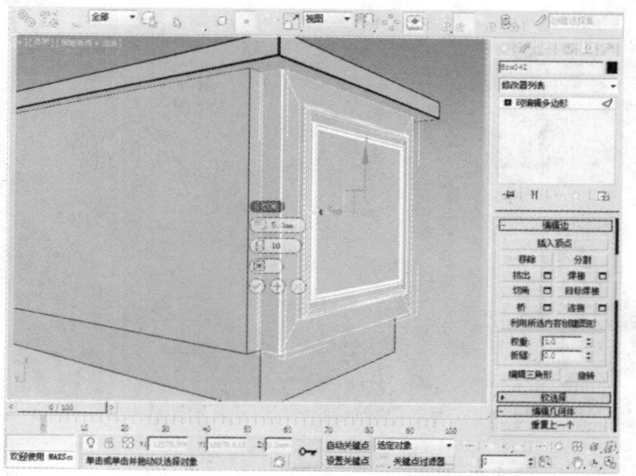

65 选中该物体，使用“镜像”工具以X轴为镜像轴对其进行复制。

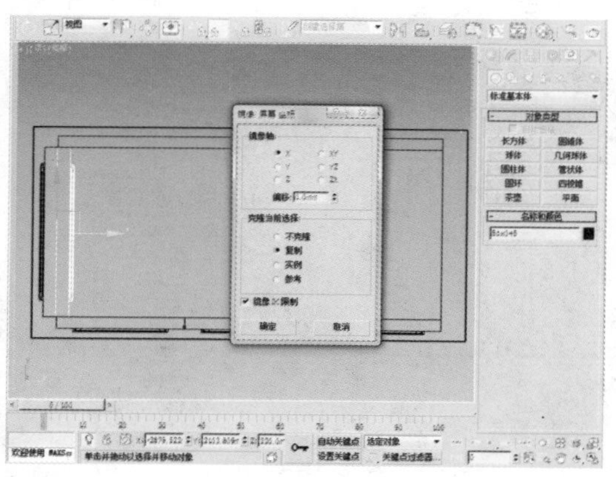

66 在顶视图中创建一个长方体，其长度、宽度、高度分别为40mm、40mm、60mm。

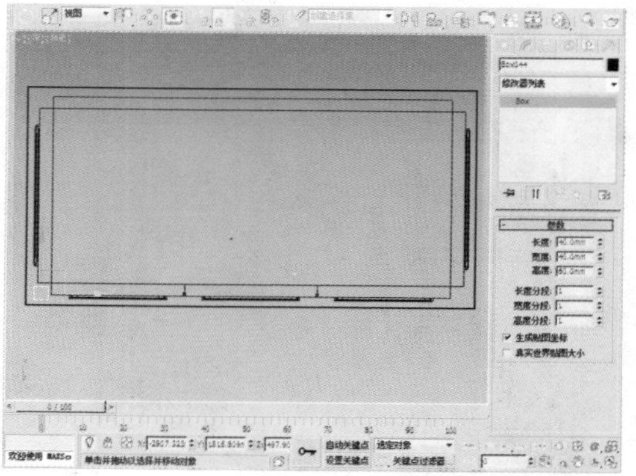

67 选中该物体，单击工具栏中的“选择并移动”工具，在顶视图中，按住Shift键的同时沿Y轴对物体进行移动，选择“复制”的复制方式，并设置“副本数”为1。

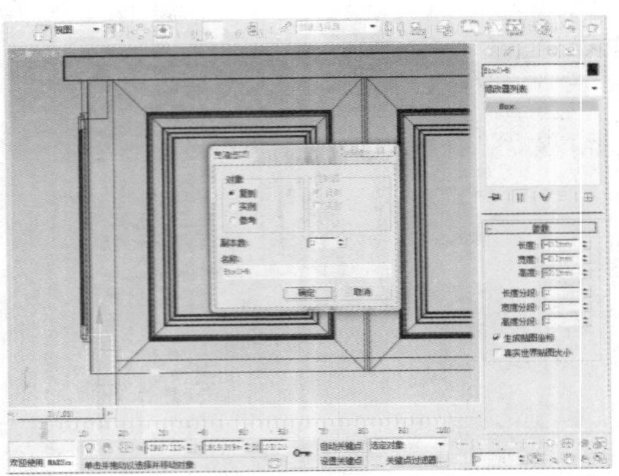

68 在“创建”命令面板中单击“线”按钮，在左视图中创建一个如下图所示的图形。

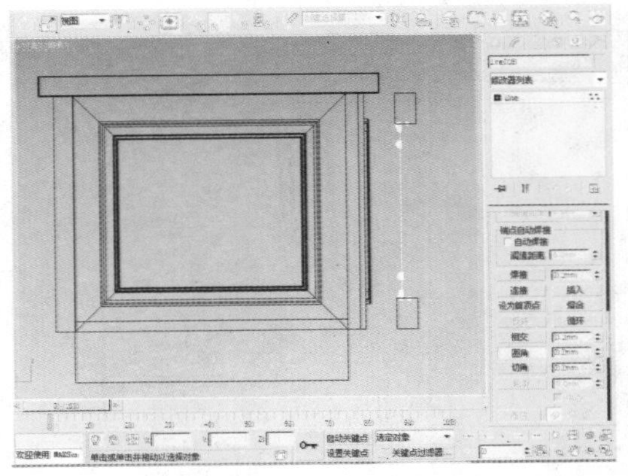

69 选中该图形，在“修改器列表”中选择“车削”修改器”，并适当调整物体的形状。

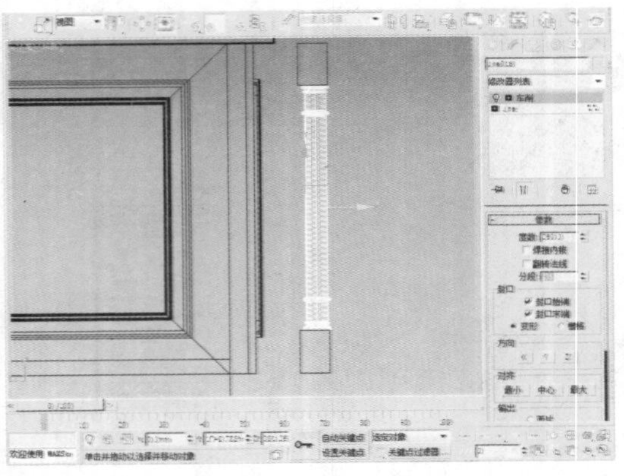

70 选中该物体，单击工具栏中的“选择并移动”工具，在顶视图中，按住Shift键对物体进行移动，选择“复制”的复制方式，并设置“副本数”为1。

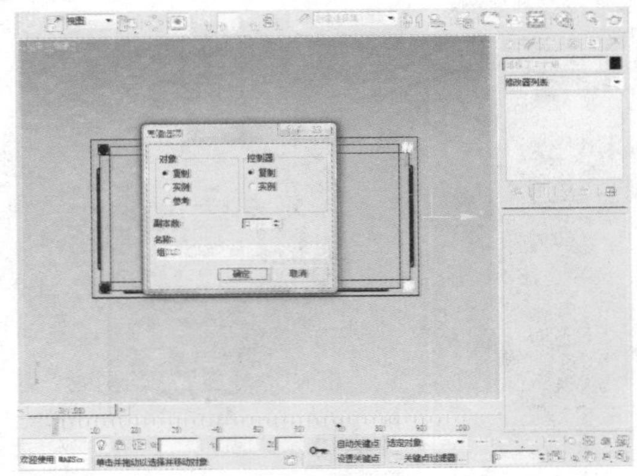

71 在“创建”命令面板中单击“线”按钮，在左视图中创建一个如下图所示的图形。

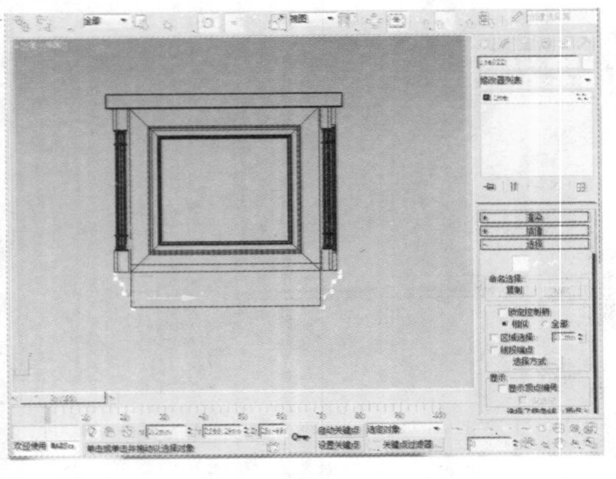

72 选中该图形，在“修改器列表”中选择“挤出”修改器，设置挤出“数量”为35mm。

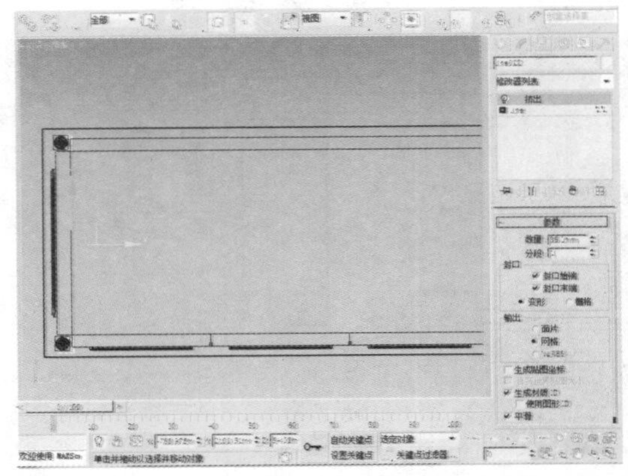

73 选中该物体，单击工具栏中的“选择并移动”按钮，在顶视图中，按住Shift键的同时沿X轴对物体进行移动，选择“复制”的复制方式，并设置“副本数”为1。

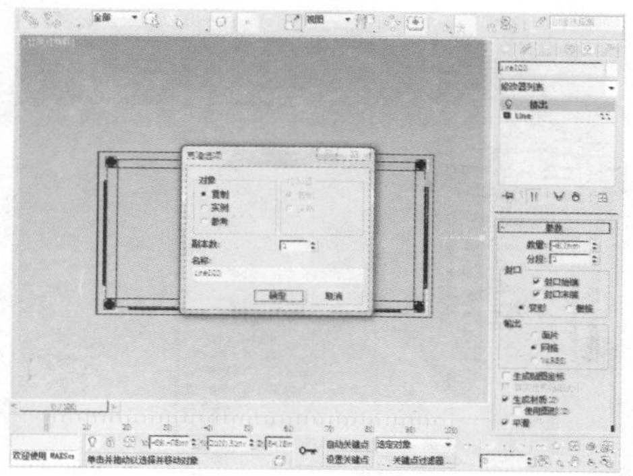

74 选中该物体，单击工具栏中的“选择并移动”按钮，在顶视图中，按住Shift键的同时沿X轴对物体进行移动，选择“复制”的复制方式，并设置“副本数”为1。

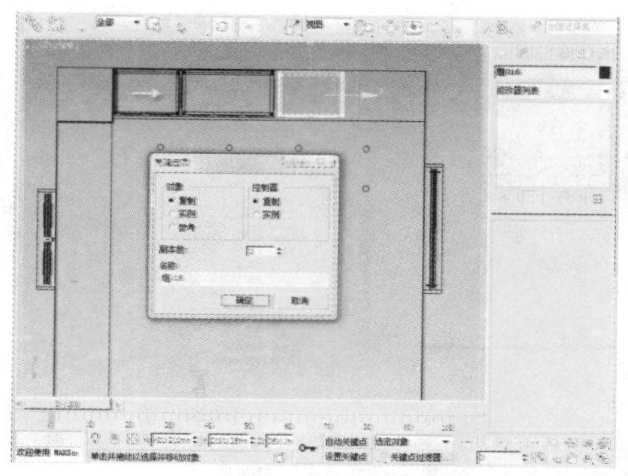

75 选中复制的橱柜正面并按下Delete键将其删除，重新创建长方体（按照以上操作先进行“插入”操作在进行“挤出”操作，并重复做几次，在参数上尽可能进行微调整，这样制作出来的橱柜纹理才具有层次感）。

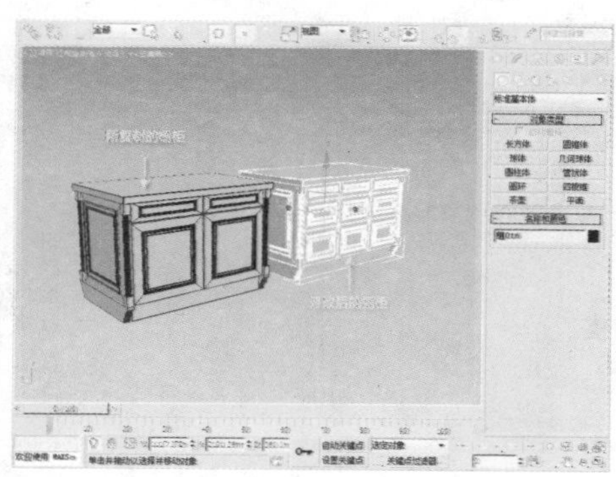

76 选中该物体，单击工具栏中的“选择并移动”按钮，在顶视图中，按住Shift键的同时沿X轴对物体进行移动，选择“复制”的复制方式，并设置“副本数”为1。

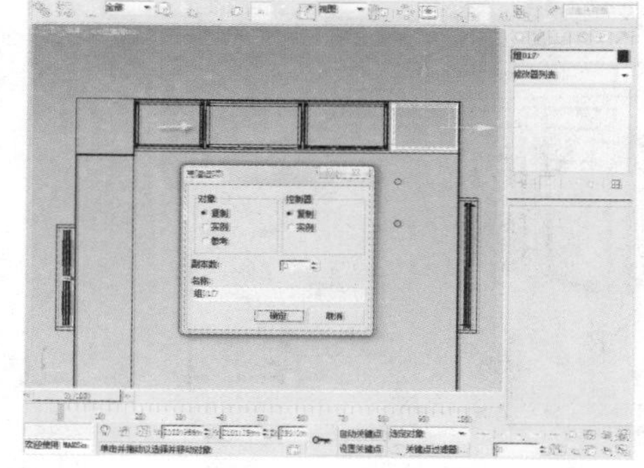

77 选中复制的橱柜，在“修改器列表”中选择FFD2×2×2修改器，使用“选择并移动工具”对其进行调整。

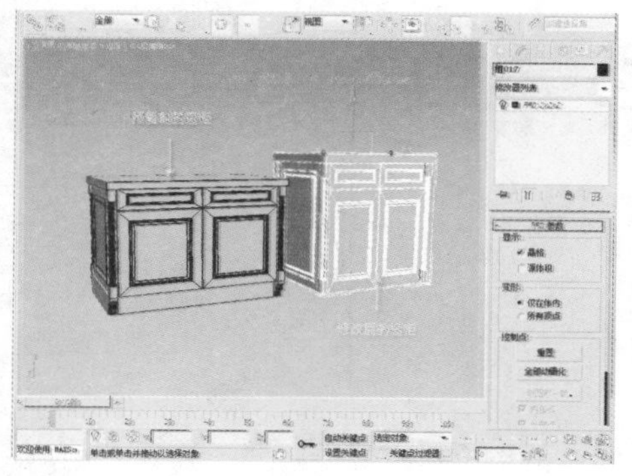

78 选中该物体，单击工具栏中的“选择并移动”按钮，在顶视图中，按住Shift键的同时沿Y轴对物体进行移动，选择“复制”的复制方式，并设置“副本数”为1。

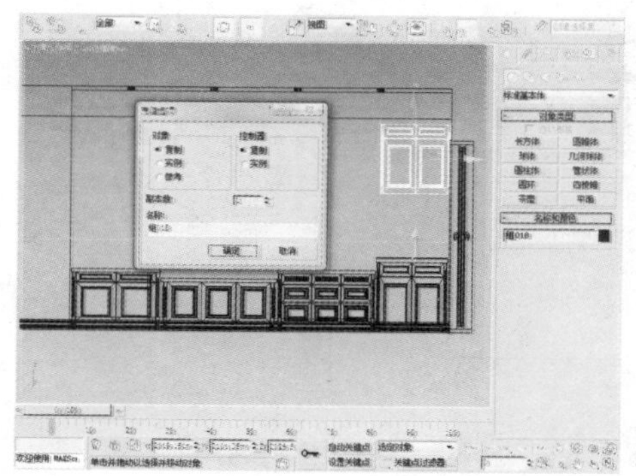

79 在“创建”命令面板中单击“长方体”按钮，在顶视图中创建一个长度、宽度、高度分别为400mm、800mm、25mm的长方体。

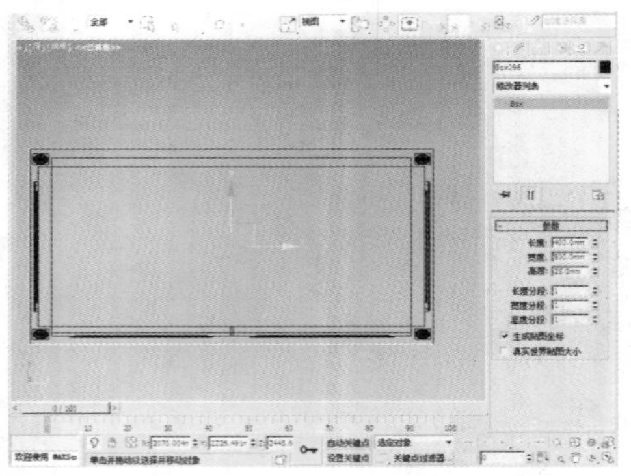

80 选中该长方体并将其转换为可编辑多边形，在“选择”卷展栏中单击“边”按钮，选择物体的边后，单击“连接”按钮后的“设置”按钮，然后设置“分段”为36。

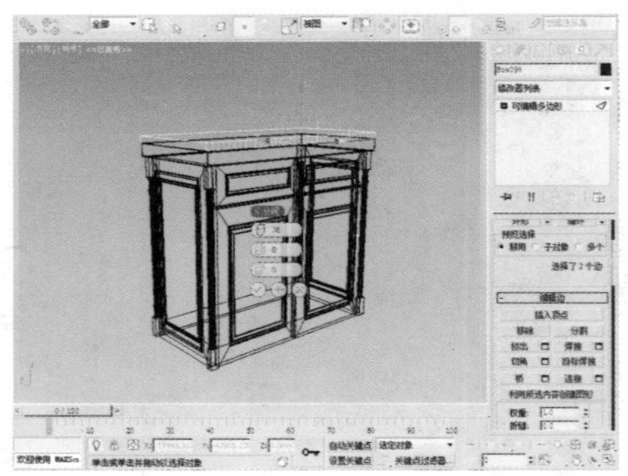

81 在“选择”卷展栏中单击“多边形”按钮，选择面后，单击“挤出”按钮后的“设置”按钮，然后设置“高度”为10mm。

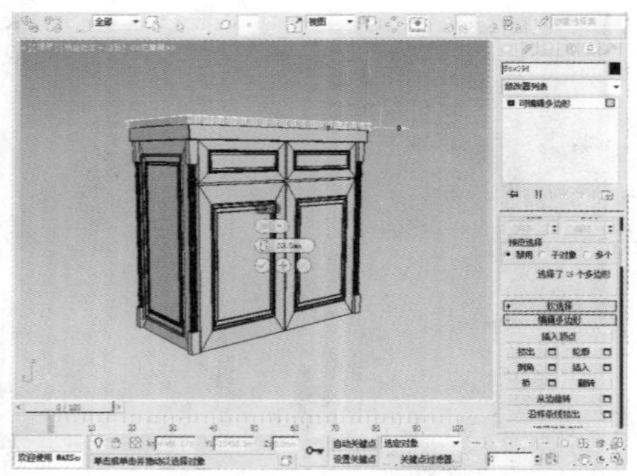

82 选中该物体，单击工具栏中的“选择并移动”按钮，在顶视图中，按住Shift键的同时沿X轴对物体进行移动，选择“复制”的复制方式，并设置“副本数”为1。

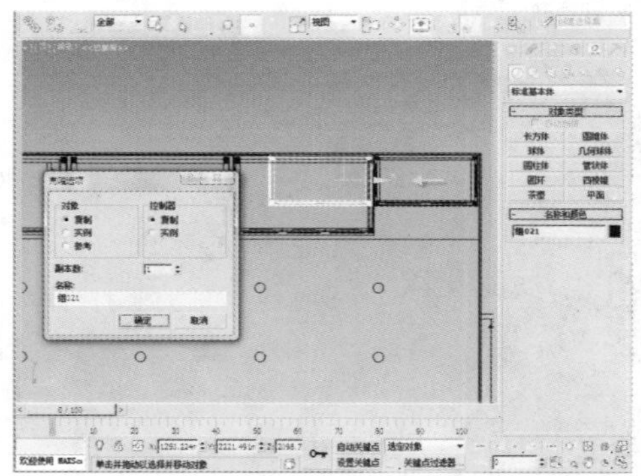

83 选中该物体，单击工具栏中的“选择并移动”按钮，在顶视图中，按住Shift键的同时沿X轴对物体进行移动，选择“复制”的复制方式，并设置“副本数”为1。

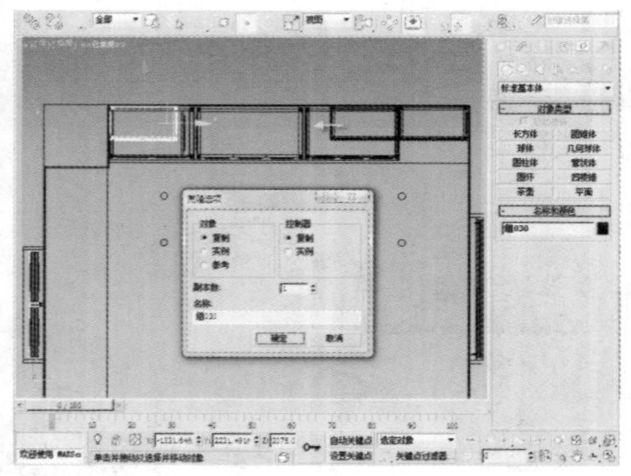

84 选中该物体，单击工具栏中的“选择并移动”按钮，在顶视图中，按住Shift键的同时沿X轴对物体进行移动，选择“复制”的复制方式，并设置“副本数”为1。

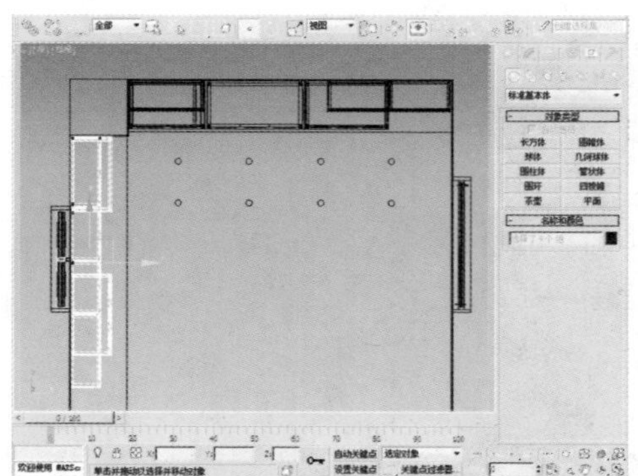

85 在“选择”卷展栏中单击“边”按钮，选择边后，单击“连接”按钮后的“设置”按钮，然后参照下图对其参数进行设置。

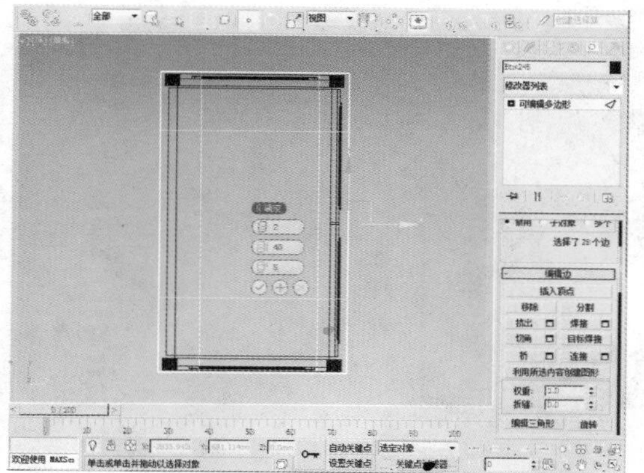

86 在“选择”卷展栏中单击“多边形”按钮，选择物体的面后，单击“桥”按钮将其打通。

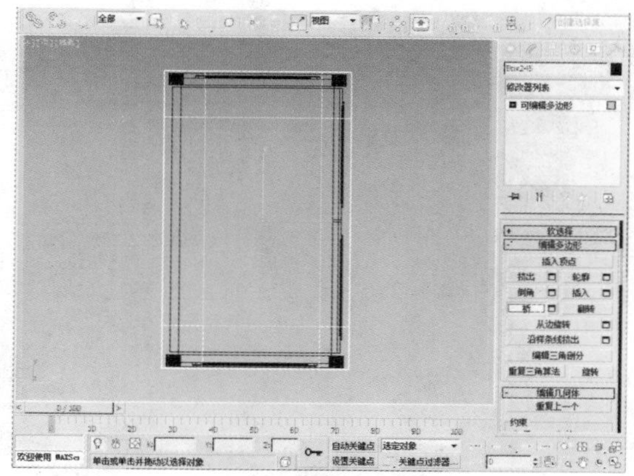

19.3.4 厨台的绘制

下面将对厨台的模型进行创建，其具体操作过程如下。

01 在“创建”命令面板中单击“线”按钮，在顶视图中创建一个如下图所示的图形。

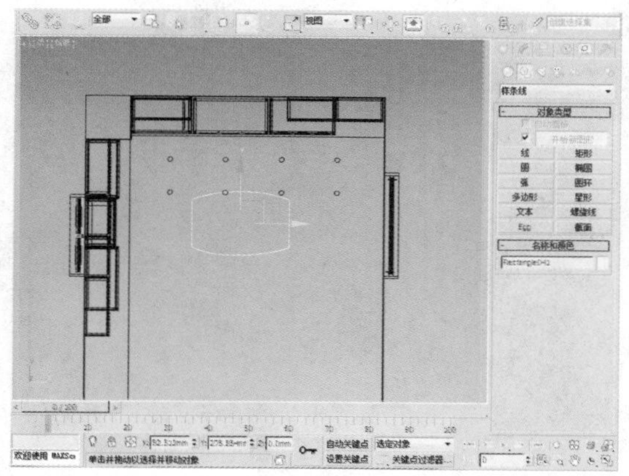

02 选中该形状，然后在“修改器列表”中选择“挤出”修改器，设置挤出“高度”为30mm。

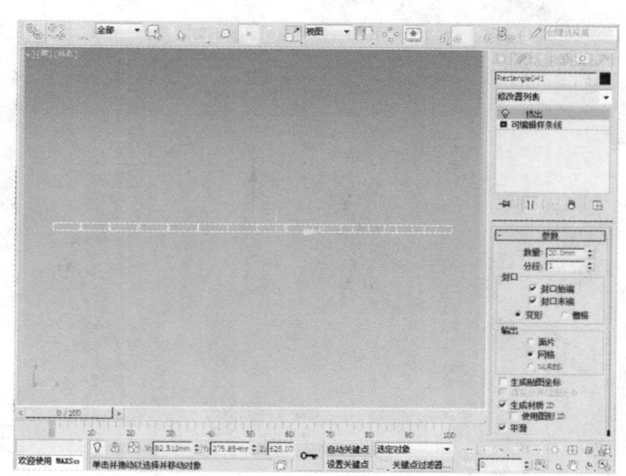

03 在“创建”命令面板中单击“线”按钮，在顶视图中创建一个如右图所示的图形。

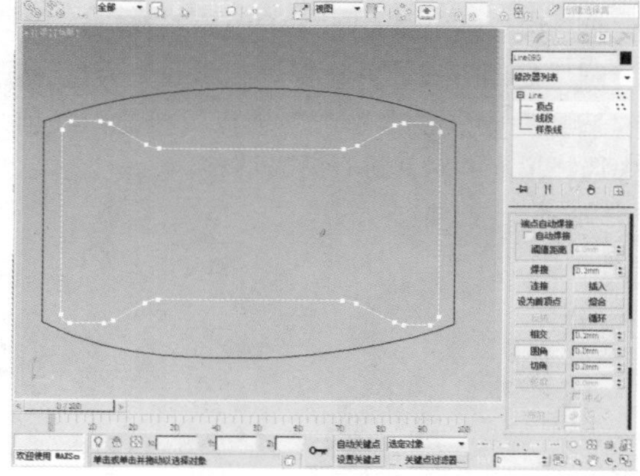

04 选中该形状，然后在“修改器列表”中选择“挤出”修改器，设置挤出“高度”为620mm。

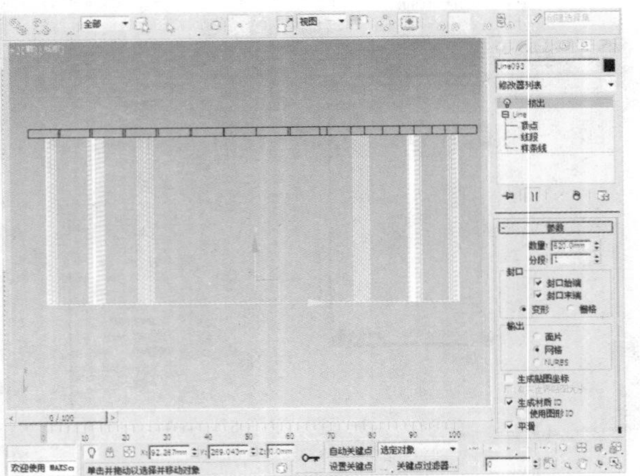

05 选中该物体，单击工具栏中的“选择并均匀缩放”按钮，按住Shift键的同时对物体进行缩放，选择“复制”复制方式，并设置“副本数”为1。

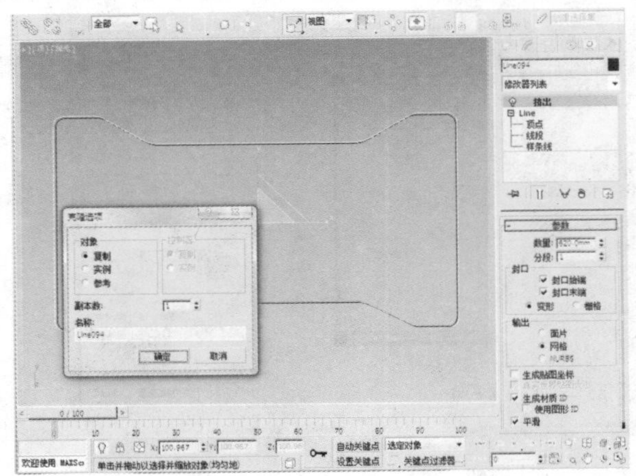

06 选中该形状，然后在“修改器列表”中选择“挤出”修改器，设置挤出“高度”为120mm。

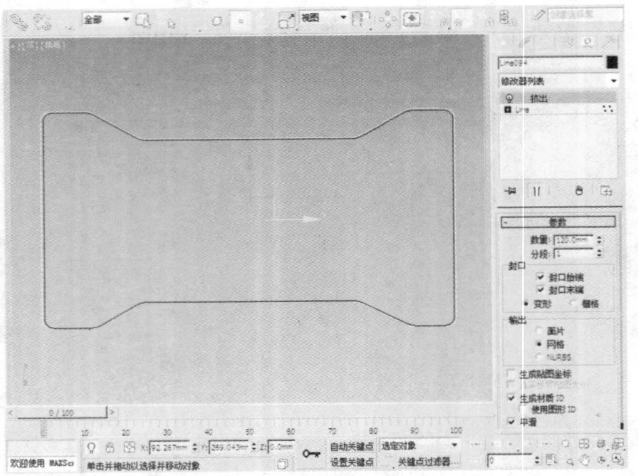

07 在“选择”卷展栏中单击“边”按钮，选择物体的边后，单击“切角”按钮，然后设置“边切角量”为3mm、“连接边分段”为5。

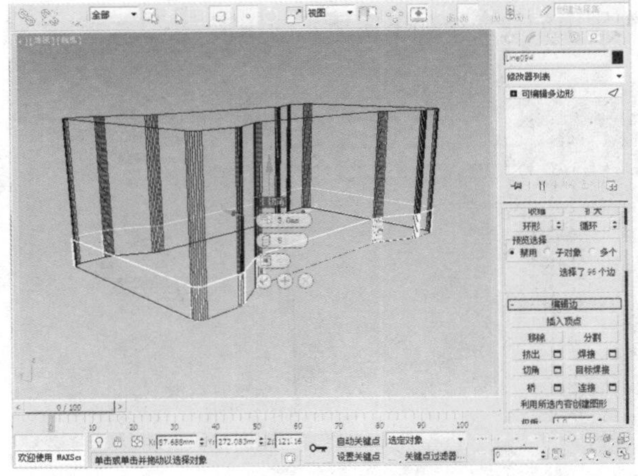

08 选中该物体，单击工具栏中的“选择并均匀缩放”按钮，按住Shift键的同时对物体进行缩放，选择“复制”复制方式，并设置“副本数”为1。然后在“选择”卷展栏中单击“顶点”按钮，在前视图中选择顶点并对其进行适当调整。

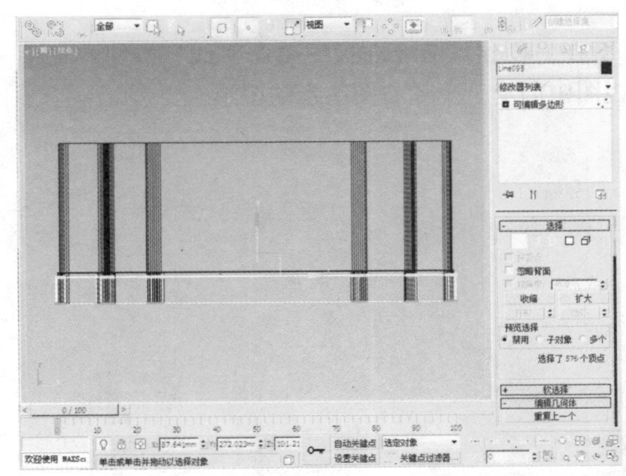

19.4 模型的导入

下面将对模型的导入操作进行介绍，需要说明的是用户需要提前将模型放置在合适位置。

01 导入油烟机模型。单击按钮，在弹出的菜单中选择“导入”命令，在“选择要导入的文件”对话框中选择目标文件。

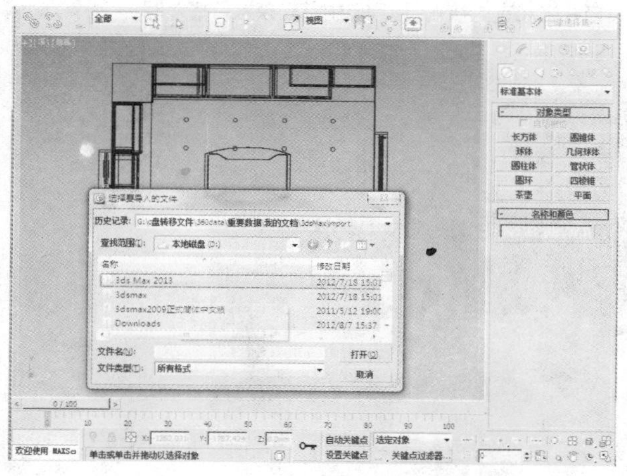

02 选中导入的油烟机，单击“合并文件”，使用“选择并移动”工具，调整物体的位置。

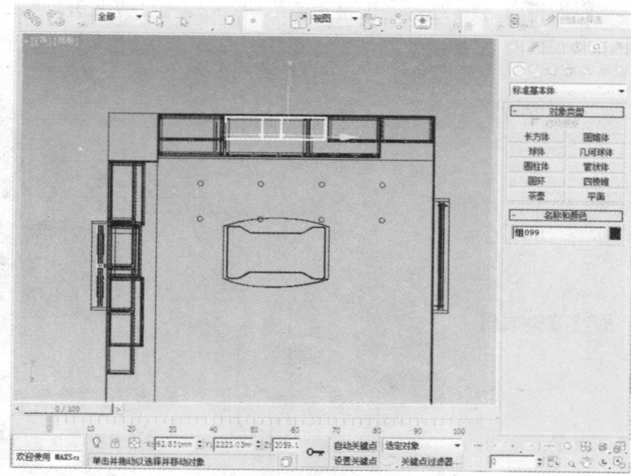

03 按照以上导入模型的方法，将剩余厨房用品的模型全部导入，使用“选择并移动”工具，对物体适当调整位置。

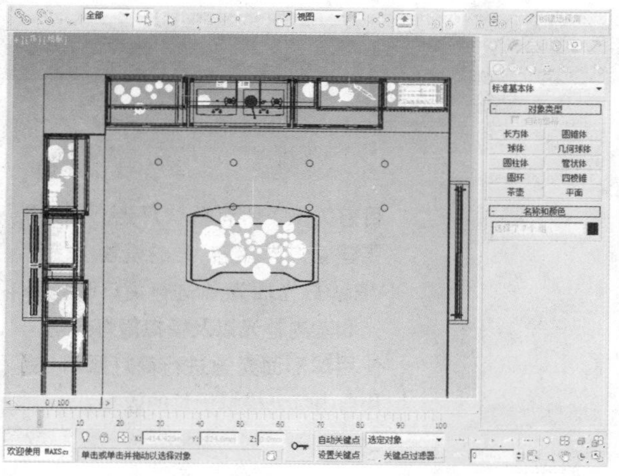

04 厨房最终的模型效果如下图所示。

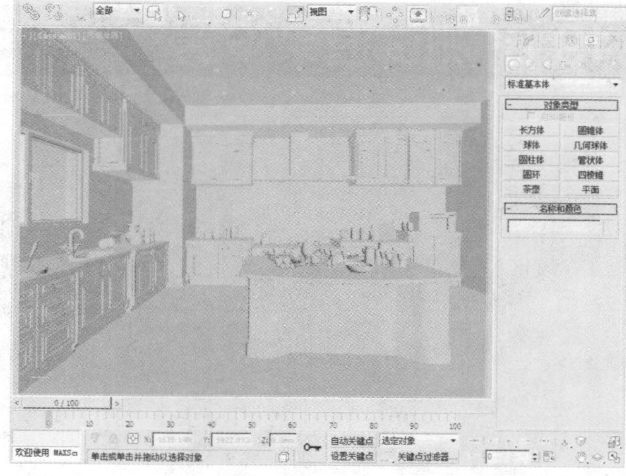

知识点

在3ds Max中对某一对象进行缩放操作后，并不会改变其控制参数的值。无论放大还是缩小，其“修改”命令面板中的参数保持不变。

19.5 场景渲染案例分析

学习要点	通过制作一个厨房场景来讲述室内的灯光设置以及厨房材质的设置方法
结构特点	在空间结构上采用横向构图，矩形的窗式结构，家具及摆设品种繁多，主要包括橱柜、餐桌及微波炉等
材质特点	以黄色乳胶漆墙面以及大理石地面为背景材质，在家具材质的设置上以浅黄色木纹材质为主
灯光特点	在灯光设置上使用VRay灯光面光源进行窗口的暖色补光和室内补光，使用自由灯光模拟灯槽照明
最终渲染效果	

19.6 测试渲染设置

重点提示

目前关闭了所有默认灯光，所以需要建立灯光。在灯光的设置上使用VRay灯光面光源进行窗口暖色补光和室内补光以及模拟筒灯照明，使用球形面光源进行筒灯照明，使用自由灯光模拟筒灯的效果。

01 按F10键打开渲染设置窗口，首先设置V-Ray Adv 2.30.01为当前渲染器。

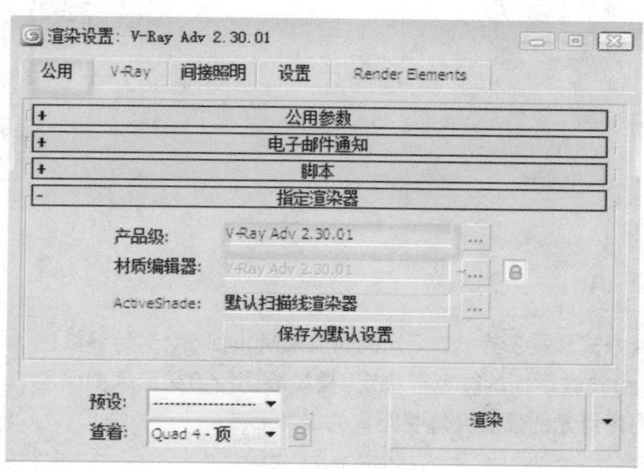

02 在“V-Ray::全局开关”卷展栏中设置总体参数，相关设置如下图所示。因为需要调整灯光，所以在此设置“默认灯光”为“关”。并且取消勾选“反射/折射”和“光泽效果”复选框，这两项都是非常影响渲染速度的。

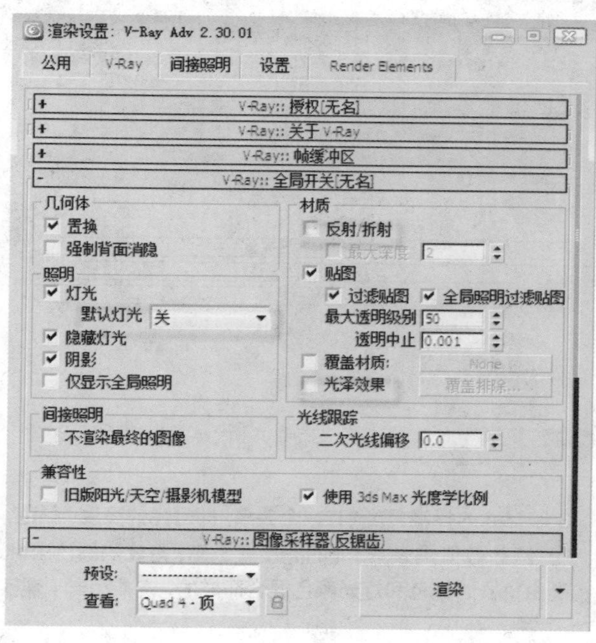

03 在“V-Ray::图像采样器”卷展栏中的参数设置如下图所示。

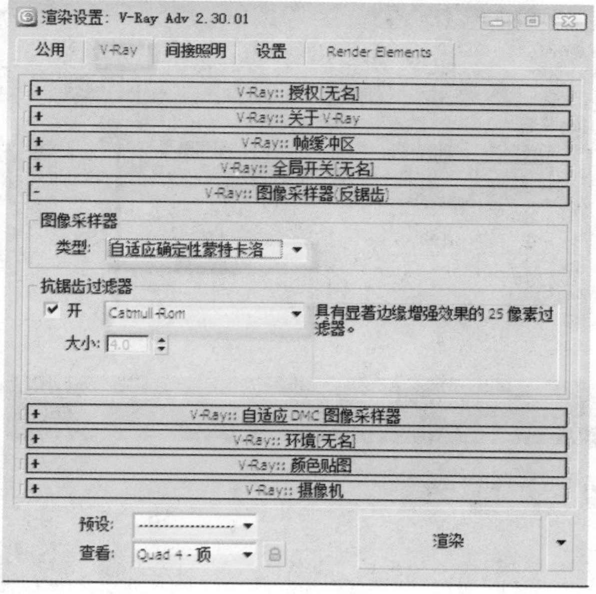

04 在“V-Ray::颜色贴图”卷展栏中设置颜色贴图“类型”为“线性倍增”，其他参数如下图所示。

05 在“V-Ray::间接照明”卷展栏设置参数如下图所示。

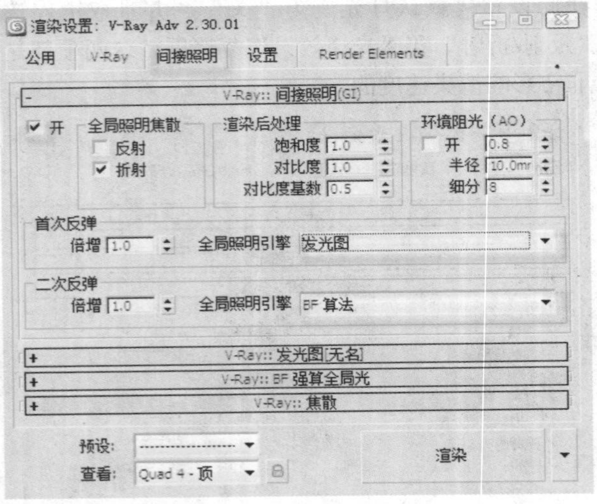

06 在“V-Ray::发光图”卷展栏中，设置参数如下图所示。

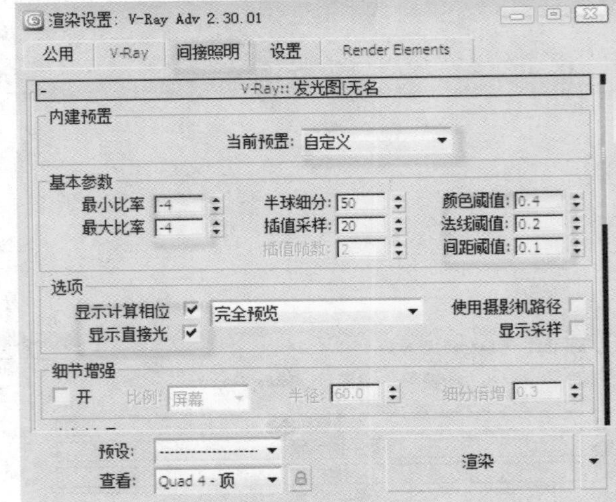

知识点

3ds Max的标准灯光包含4个要素，即灯光的亮度、颜色、衰减方式和投影方式。灯光的亮度由Multiplier(倍增)参数进行控制，数值越大、灯光的亮度就越高。灯光的颜色由multiplier参数后面的颜色框决定，模型表面所渲染出来的颜色是由材质的颜色和灯光颜色混合而成的。衰减相当于现实世界中灯光的强度会随着距离的增加而减弱。

07 在“V-Ray::BF强算全局光”卷展栏中设置灯光参数如下图所示。

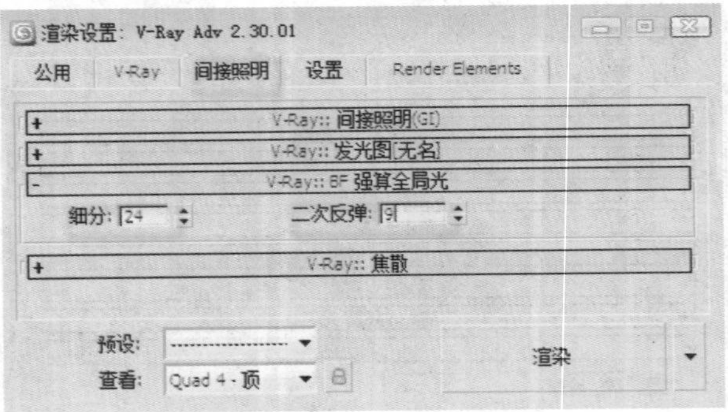

08 按8键打开“环境和效果”窗口，设置背景“颜色”为白色。

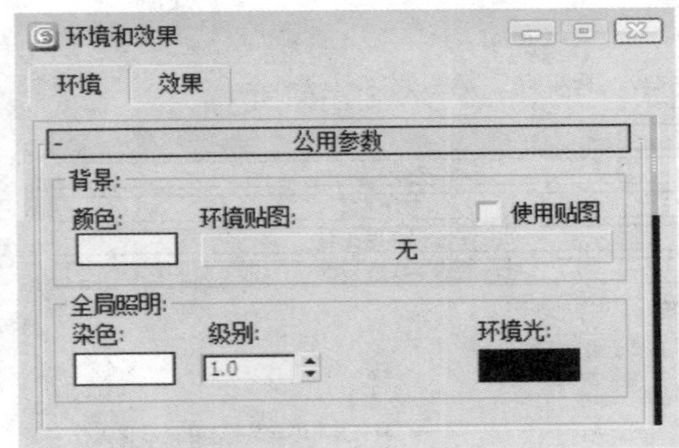

19.7 场景灯光设置

下面将对场景中的灯光进行设置，具体操作介绍如下。

01 制作一个统一的材质测试模型。按M键打开材质编辑器窗口，选择一个空白样本材质球，设置材质的样式为VRayMtl。

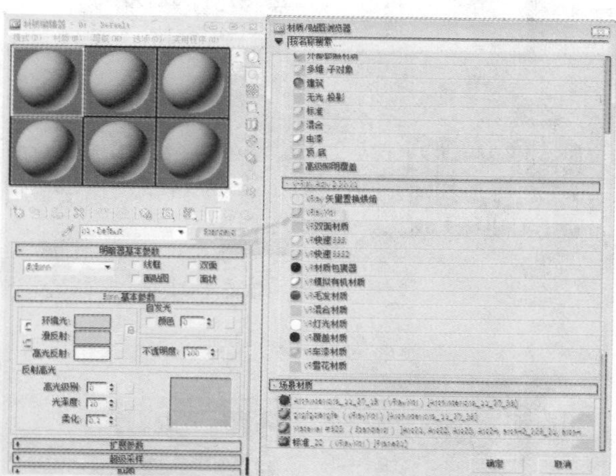

02 在“颜色选择器：漫反射”对话框中设置漫反射的“亮度”为220。

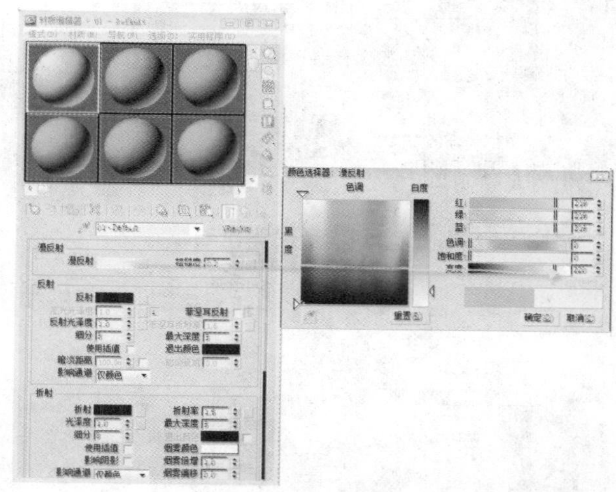

03 按F10键打开渲染设置窗口，勾选“覆盖材质”复选框，将该材质拖动到None按钮上，这样就为整体场景设置了一个临时测试材质球。

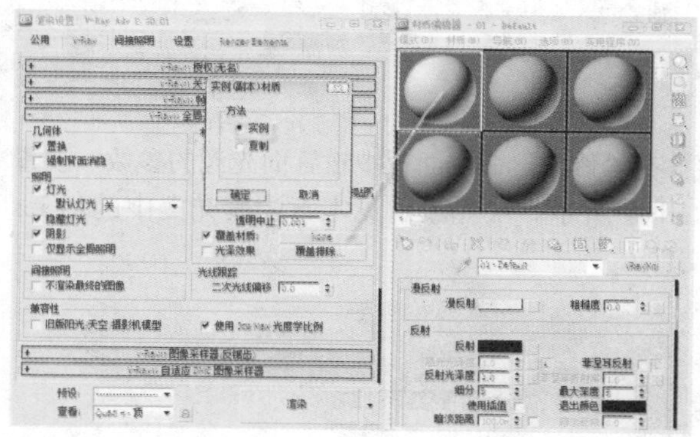

04 设置阳光照明，在“创建”命令面板中单击“目标平行光”按钮，在室外创建一束目标平行光，用来模拟太阳光，具体位置如下图所示。

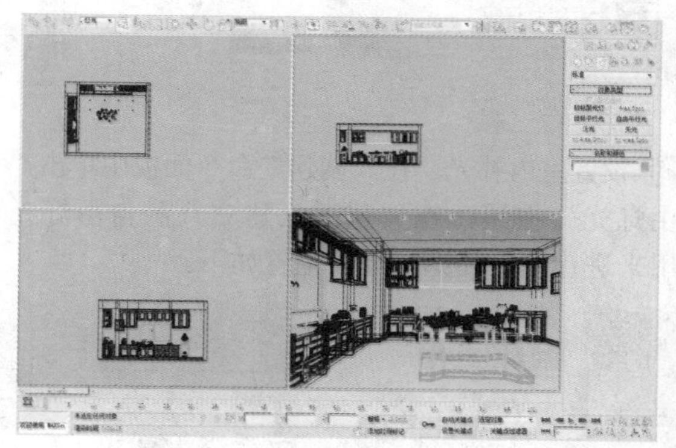

05 在“修改”命令面板中设置目标平行光的参数。

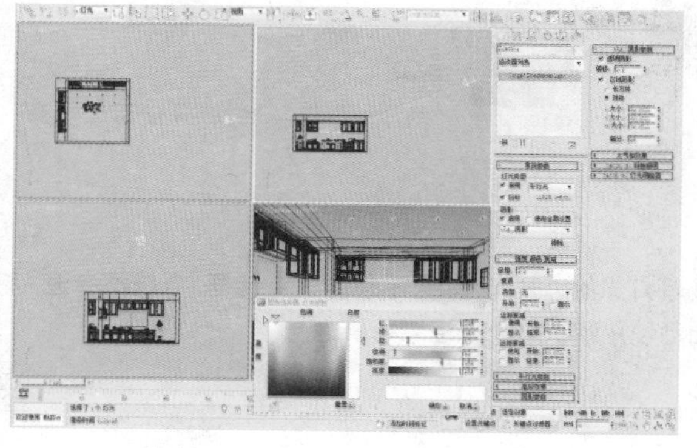

06 设置窗口补光。在“创建”命令面板中单击“VR灯光”按钮，在窗口建立两组叠灯，用来模拟真实的光线，具体位置如下图所示。

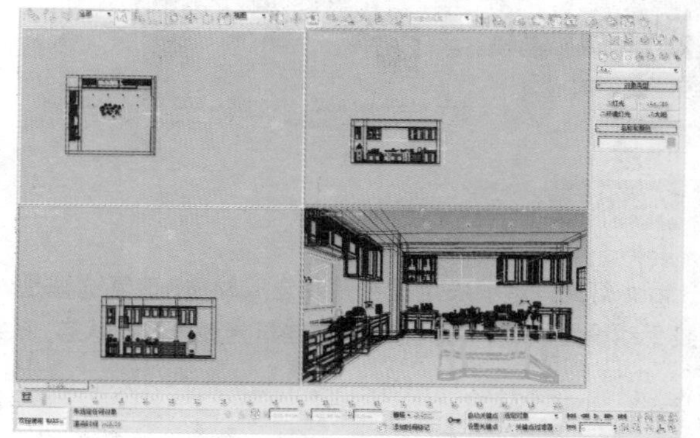

07 在“修改”命令面板中设置面光源的参数，如图A、B、C和D所示。

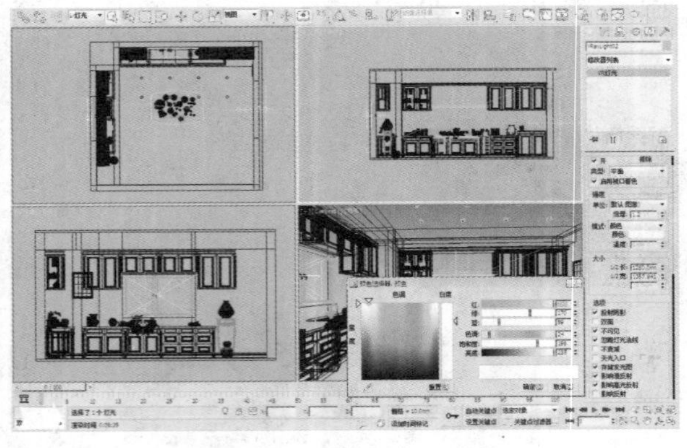

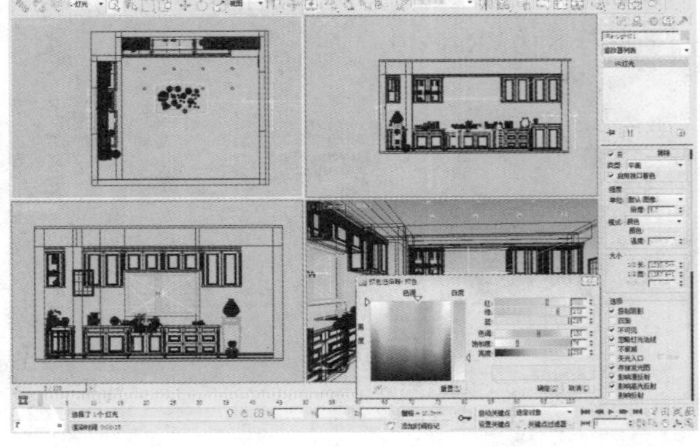

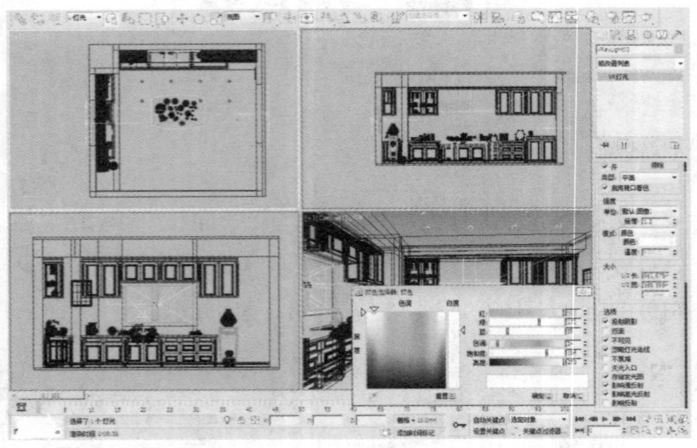

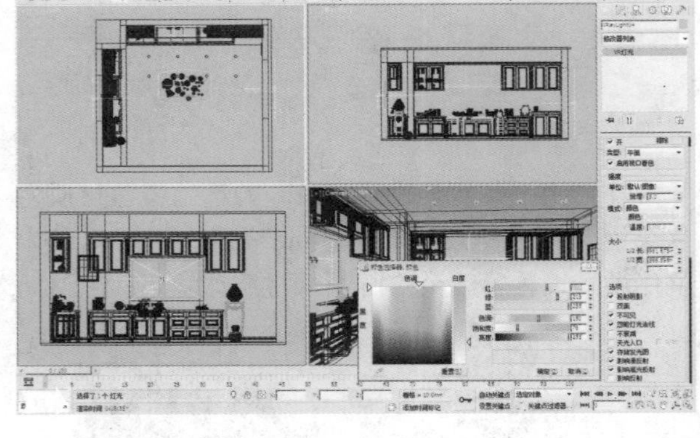

08 设置室内补光。在“创建”命令面板中单击“自由灯光”按钮，在天花板上建立八盏自由灯光，用来进行室内补光，具体位置如下。

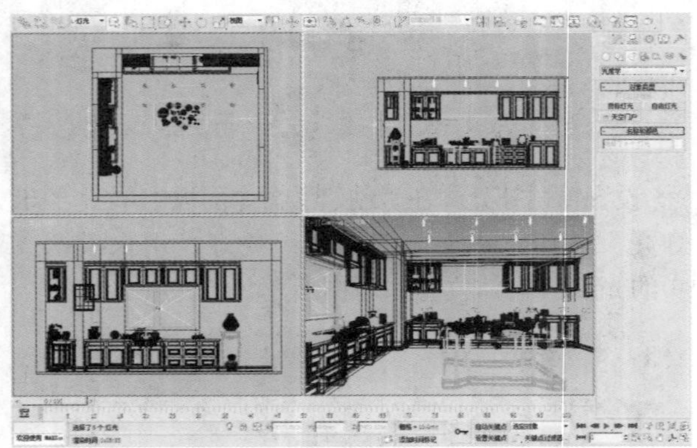

09 在“修改”命令面板中设置面光源的参数，设置如下图所示。（光域网见本章配套光盘中的29.ies文件）

知识点

"Light(灯光)"选项决定是否使用全局材质。该复选框是VRay场景灯光的总开光，如果不勾选该复选框，系统不会渲染手动设置的任何灯光，即使这些灯光处于打开状态，系统将自动使用默认灯光来渲染场景。

10 按快捷键Shift+Q对摄影机01进行渲染，此时的效果如下图所示。

11 此图是线框渲染的效果，线框渲染是一种检验灯光最省时简单的方式。

19.8 场景材质设置

重点提示

本节将逐一设置场景的材质，从影响整体效果的材质（如墙面、地面等）开始，到较大的书房家具（如书桌，椅子等），最后到较小的物体（如挂画，花瓶等）。

19.8.1 设置渲染参数

上一节介绍了快速渲染的图像采样器参数，目的是为了能够在观察到光效的前提下快速出图。本章涉及到了材质效果，所以要进行合适观察材质效果的相关设置。

按F10键打开渲染设置窗口，在V-Ray::全局开关卷展栏的参数设置如下左图所示。

按F10键打开渲染设置窗口，在V-Ray::颜色贴图卷展栏的参数设置如下右图所示。这样渲染出来的灯光不会太曝光。

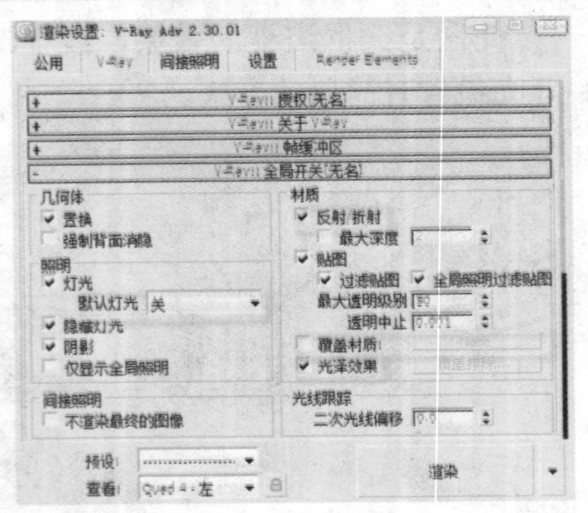

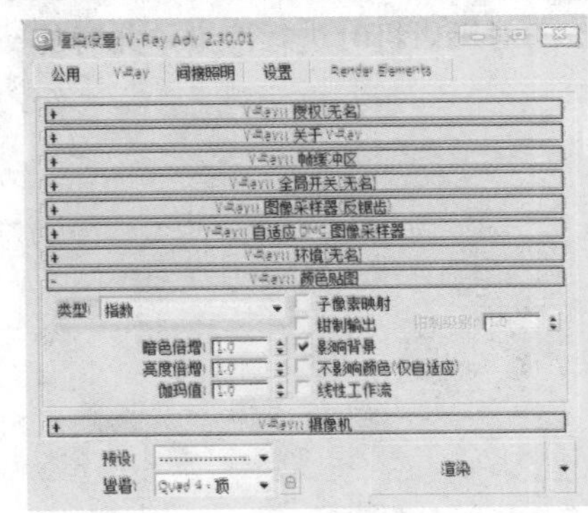

19.8.2 设置墙体和地面材质

墙体材质包括黄色乳胶墙面材质及部分马赛克材质；屋顶材质为白色乳胶材质；地面材质为地砖材质。具体设置如下。

01 首先设置黄色乳胶漆墙体材质。打开材质编辑器窗口，选择一个空白材质球，设置材质样式为VRayMtl专用材质，“漫反射”、“反射”、“反射光泽度”和“细分”值的设置如下图所示。

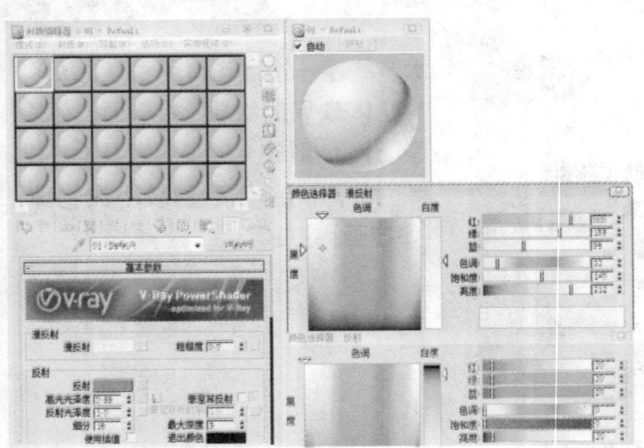

02 设置马赛克墙面材质。打开材质编辑器窗口，选择一个空白材质球，设置材质样式为VRayMtl专用材质，为“漫反射”参数添加一个贴图为本章配套光盘中的49.jpg文件，参数设置如下图所示。

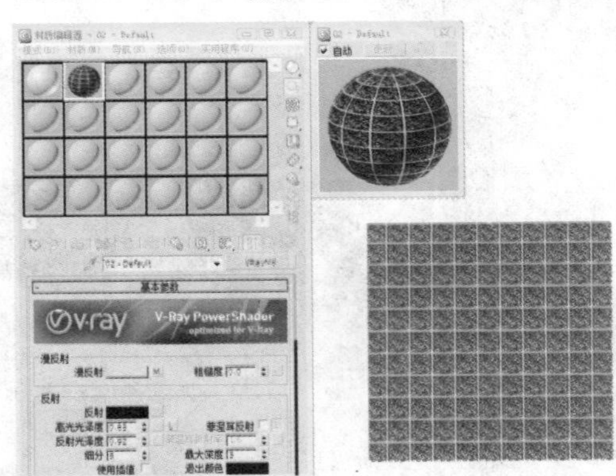

03 展开贴图卷展栏，在“反射”通道中添加一个“衰减”贴图，设置“衰减类型”为Fresenl，参数设置如下图所示。

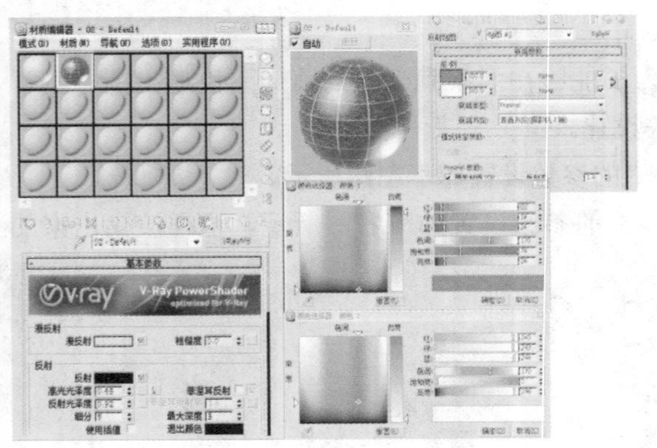

04 展开贴图卷展栏，在“凹凸”通道中添加一个贴图，贴图为本章配套光盘中的49.jpg文件，参数设置如下图所示。

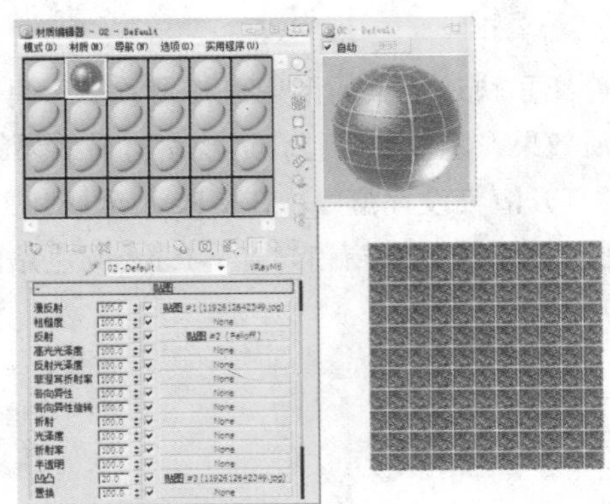

05 设置地砖地面材质。打开材质编辑器窗口，选择一个空白材质球，设置材质样式为VRayMtl专用材质，为“漫反射”参数添加一个贴图为本章配套光盘中的“地砖瓷砖1835.jpg”文件，参数设置如下图所示。

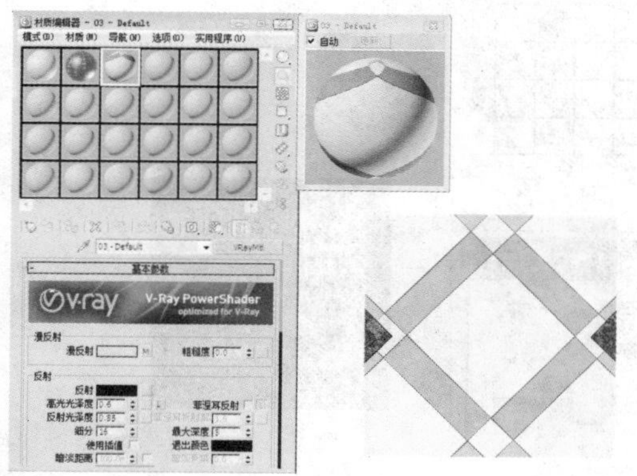

06 展开“贴图”卷展栏，在“反射”通道中添加一个“衰减”贴图，设置“衰减类型”为Fresenl，参数设置如下图所示。

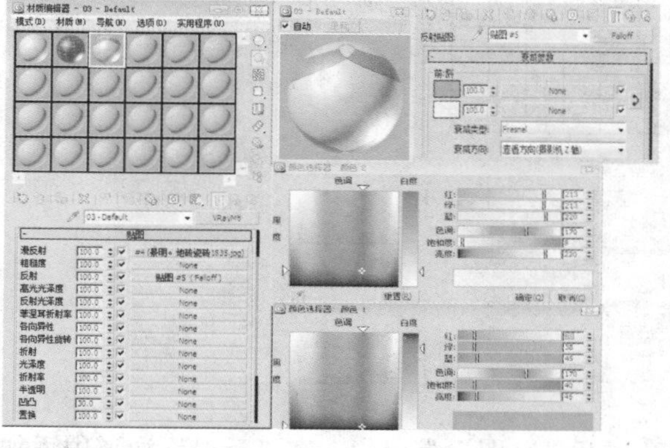

07 展开“贴图”卷展栏，在“凹凸”通道中添加一个贴图，贴图为本章配套光盘中的“地砖瓷砖1835.jpg”文件，参数设置如下图所示。

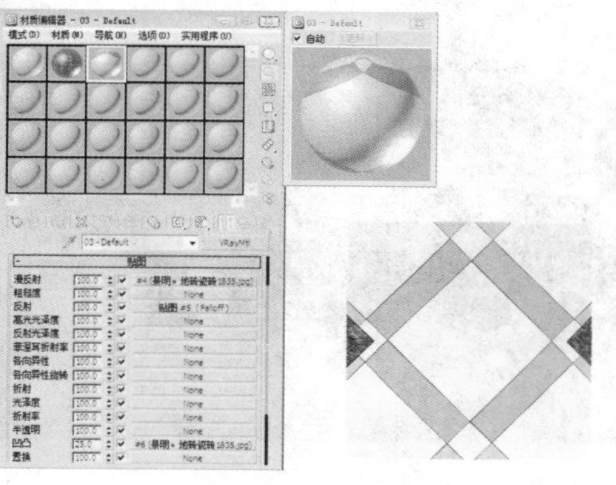

08 将所有材质分别赋予墙体和地面模型，渲染效果如下图所示。

19.8.3 设置橱柜材质

橱柜材质为浅黄色木纹材质和大理石材质。具体设置方法如下。

01 首先设置橱柜材质。打开材质编辑器窗口，选择一个空白材质球，设置材质样式为VRayMtl专用材质，设置“漫反射”贴图为本章配套光盘中的“木纹295.jpg”文件，参数设置如下图所示。

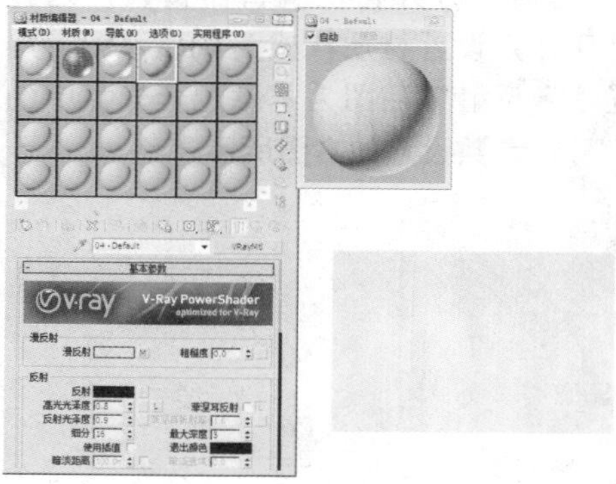

02 展开“贴图”卷展栏，在“反射”通道中添加一个“衰减”贴图，设置“衰减类型”为Fresenl，参数设置如下图所示。

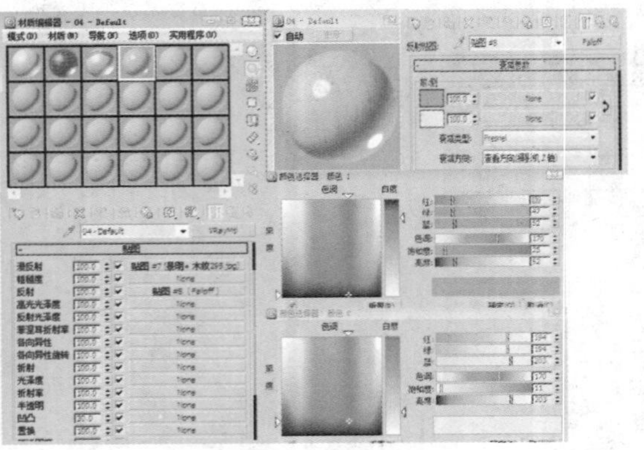

03 设置椅子材质。打开材质编辑器窗口，选择一个空白材质球，设置材质样式为VRayMtl专用材质，设置“漫反射”贴图为本章配套光盘中的“地砖瓷砖167.jpg”文件，参数设置如下图所示。

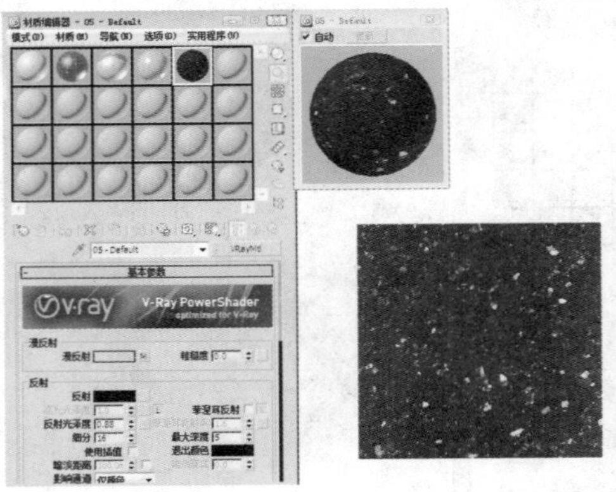

04 展开“贴图”卷展栏，在“反射”通道中添加一个“衰减”贴图，设置“衰减类型”为Fresenl，参数设置如下图所示。

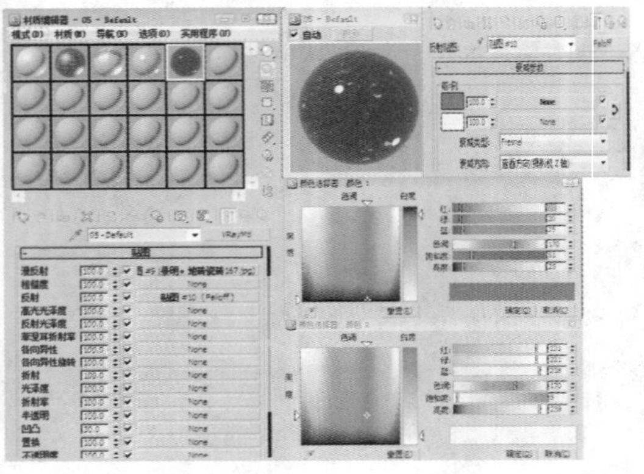

05 至此将所有材质赋予橱柜模型，渲染效果如下图所示。

19.8.4 设置厨房食用材质

厨房食用材质包括香蕉材质和梨材质等水果材质、罐头材质等。具体设置方法如下。

01 设置香蕉材质。打开材质编辑器窗口，选择一个空白材质球，设置材质样式为VRayMtl专用材质，设置“漫反射”贴图为本章配套光盘中的banana.jpg文件，参数设置如右图所示。

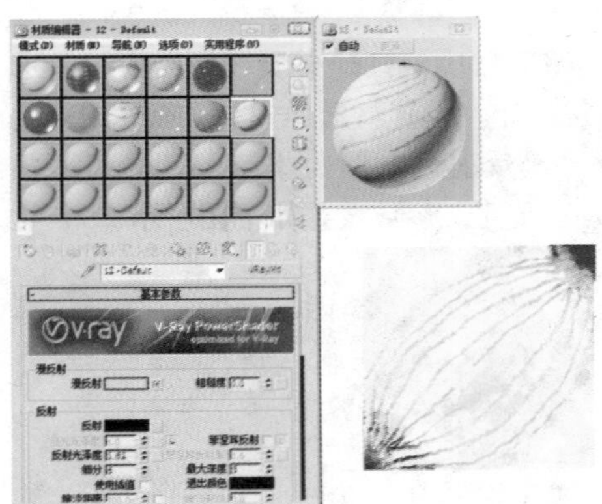

02 展开“贴图”卷展栏，在“反射”通道中添加一个“衰减”贴图，设置“衰减类型”为Fresenl，设置前侧反射的颜色为黑和白，参数设置如下图所示。

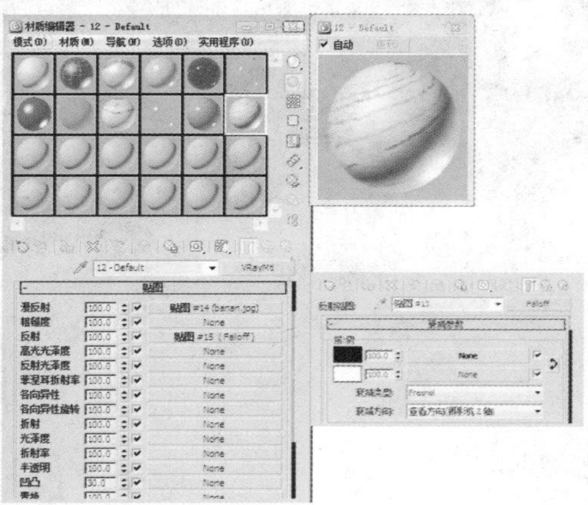

03 展开“贴图”卷展栏，在“凹凸”通道中为凹凸贴图添加烟雾效果，参数设置如下图所示。

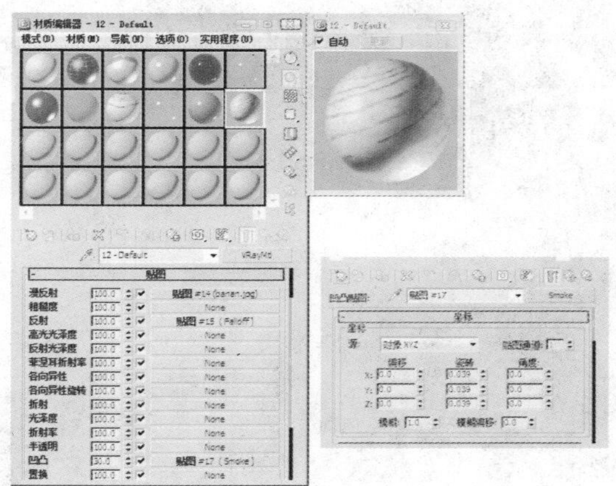

04 设置辣椒泥材质。打开材质编辑器窗口，选择一个空白材质球，设置材质样式为VRayMtl专用材质，设置“漫反射”贴图为本章配套光盘中的15d.jpg文件，参数设置如右图所示。

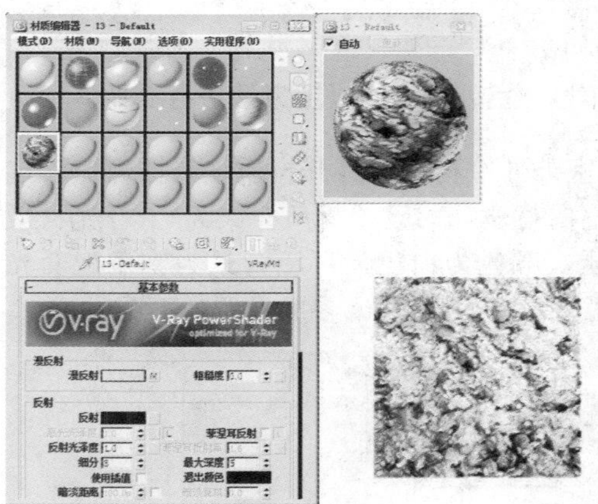

知识点

所有水果材质在凹凸里都烟雾效果，这样才更加真实。

05 打开贴图卷展栏，在“凹凸”通道中添加一个凹凸贴图，贴图为本章配套光盘中的15d.jpg文件，参数设置如下图所示。

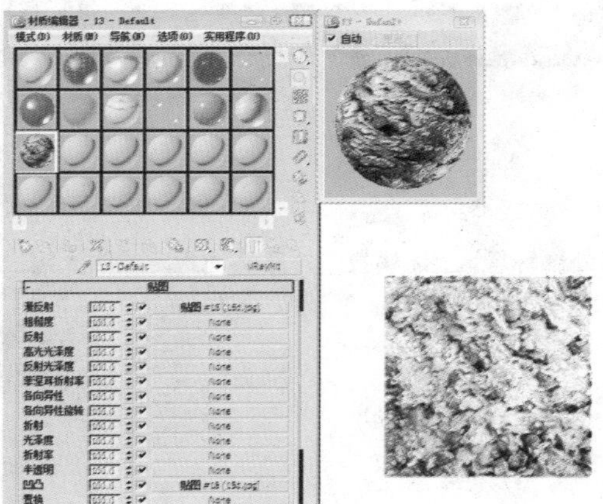

06 设置鸡蛋材质。打开材质编辑器窗口，选择一个空白材质球，设置材质样式为VRayMtl专用材质，“漫反射”、“反射”、“反射光泽度”和“细分”值的设置如下图所示。

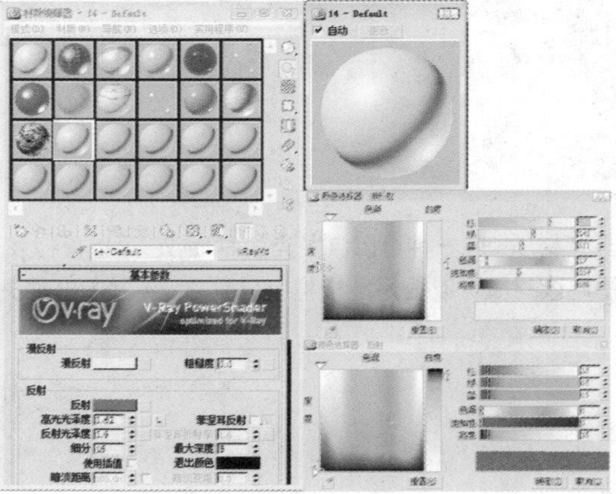

07 到此将所有材质赋予厨房食用模型，渲染效果如下图所示。

19.8.5 设置室外环境

下面将对室外环境的设置方法进行介绍。

01 设置室外环境材质。打开材质编辑器窗口，选择一个空白材质球，设置材质样式为VR灯光材质专用材质，颜色为白色，环境背景为本章配套光盘中的“背景.jpg”文件，参数设置如下图所示。

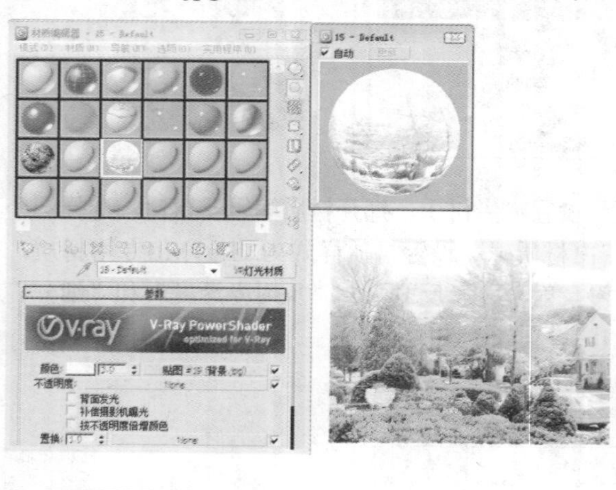

02 到此将所有材质赋予环境背景模型，渲染效果如下图所示。

知识点

“VR灯光材质”是一种可以自发光的材质，它可以模拟发光物体及现实外部环境。上述场景中外部环境肯定被阳光照射，使用该材质可以很好地模拟室外环境，不至于出现失真现象。

下　篇

室外模型的制作与渲染

建筑室外模型的创建比室内模型的创建要复制一些，但是它们所使用的命令基本相同。在创建室外模型的过程中，应尽量将建筑中相同的结构成组并命名为相应的结构名称，如墙体、楼板等。之所以这样做，主要是为了在材质赋予及模型编辑时更加方便。

在这里我们列举了别墅、住宅楼、古建筑及异形建筑等模型的设计与渲染，通过模仿绘制，可帮助读者完全掌握室外建模的操作方法与技巧。

CHAPTER 20

别墅模型的创建与渲染

本章制作一栋别墅模型并渲染，通过讲解建模的流程，让大家更加熟练地使用样条线来创建模型。

知识点

1. 样条线的使用
2. 挤出修改器的使用
3. VRay材质和渲染器的使用

20.1 别墅的建模与渲染流程

在正式学习本章内容之前，首先了解一下别墅的建模与渲染流程。

01 建造完成场景模型。

02 完成测试参数的调整。

03 完成灯光设置。

04 最终成图。

05 后期处理。

06 最终出图效果。

20.2 制作别墅的模型

下面开始制作别墅模型，具体步骤如下所示。

01 在“创建”命令面板中单击“线”按钮，在左视图中创建一个如下图所示的图形。

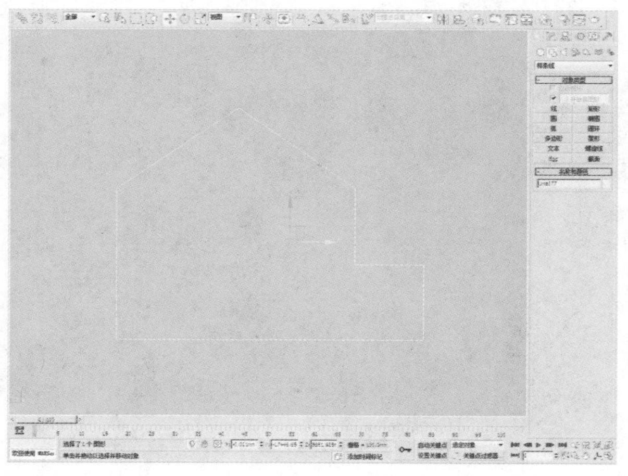

02 在右侧“对象类型”卷展栏下取消勾选，“开始新图形”复选框。

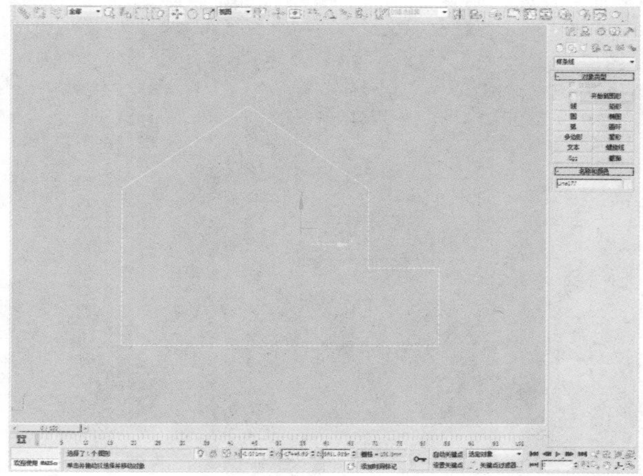

03 在“创建”命令面板中单击“矩形”按钮，在左视图中创建两个小矩形。

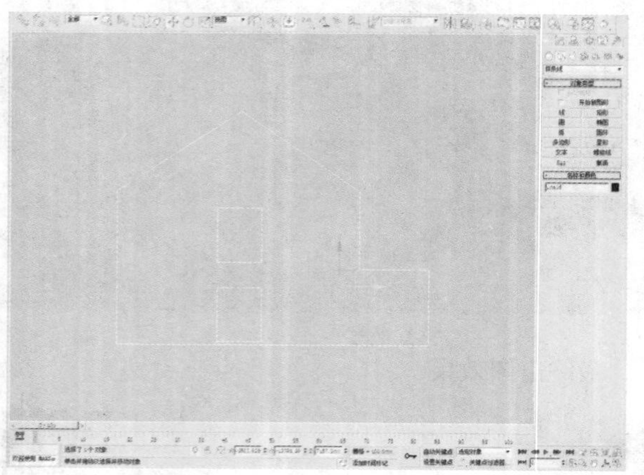

04 将图形转换为可编辑样条线，在“修改”面板中“可编辑样条线”中选择“顶点”选项，选中所有的顶点。

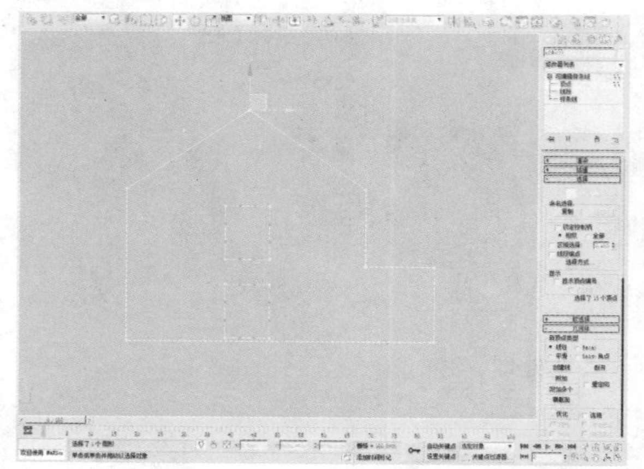

05 单击鼠标右键，选择“角点”命令，将选中的所有的顶点转换为角点。

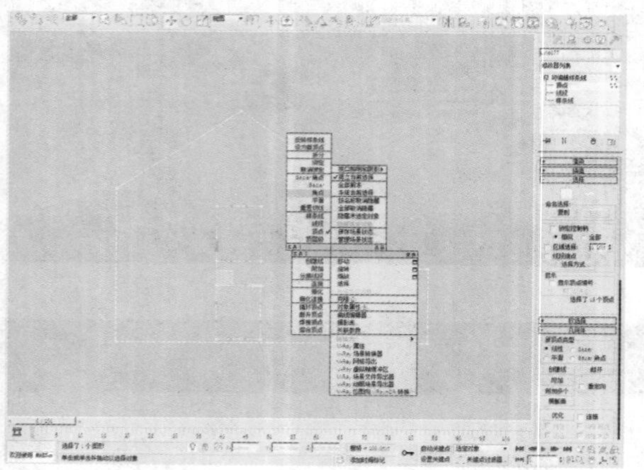

06 在修改器列表中选择“挤出”修改器，设置“数量”参数为240。

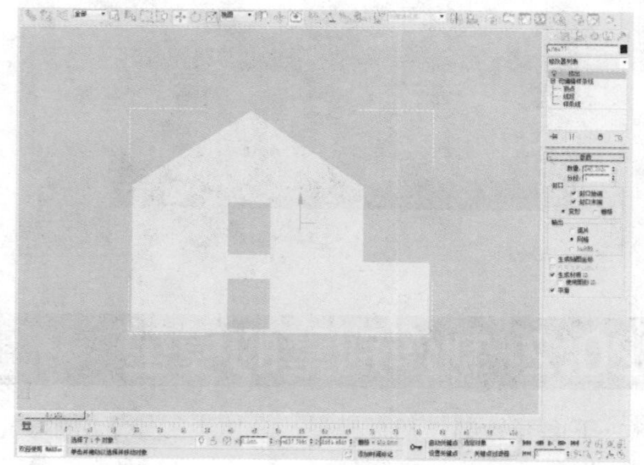

07 在“创建”命令面板中单击“矩形”按钮，在左视图中创建一个如下图所示的图形。

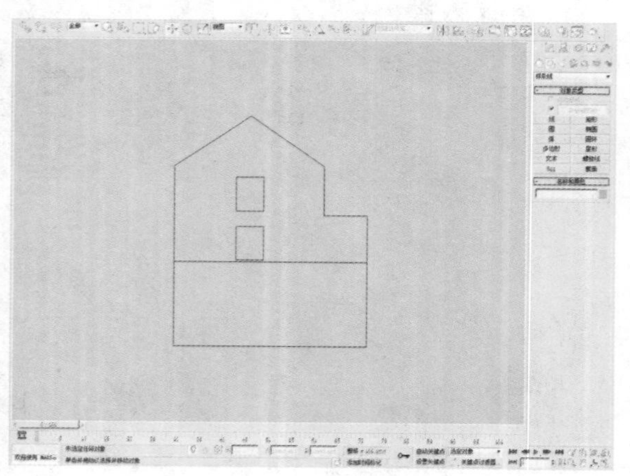

08 在修改器列表中选择“挤出”修改器，设置“数量”参数为240mm。

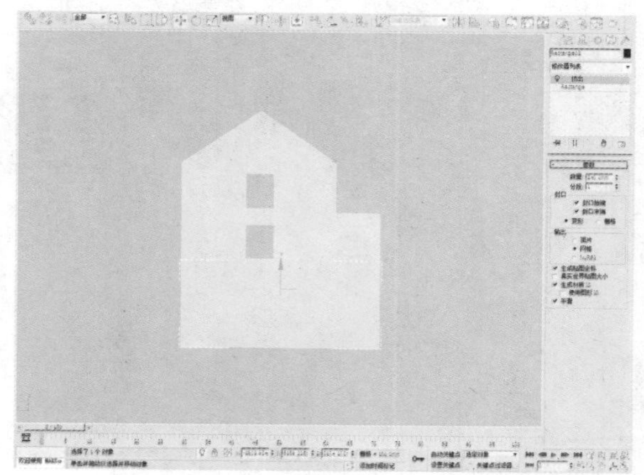

知识点

将一面墙体分成两块创建是为了给后期贴材质做准备；将所有顶点转换为角点的目的是为了防止挤出时发生破面的情况。

09 在“创建”命令面板中单击“线”按钮，在前视图中创建一个如下图所示的图形。

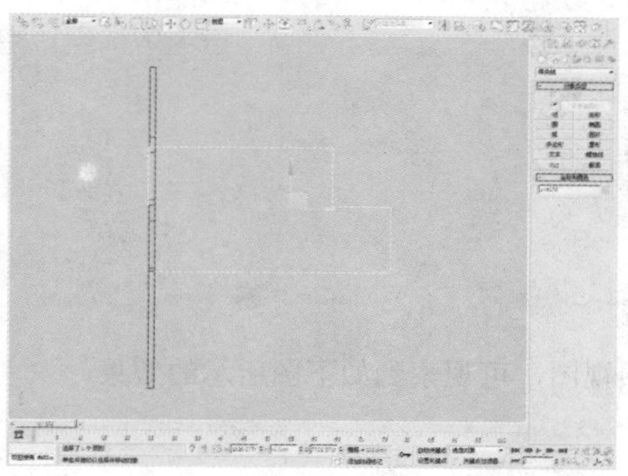

10 在右侧“对象类型”卷展栏下取消勾选“开始新图形”复选框。

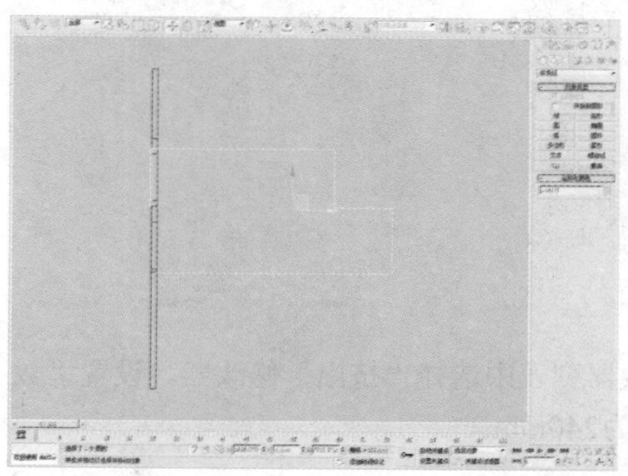

11 在“创建”命令面板中单击“矩形”按钮，在左视图中创建6个小矩形。

12 将图形转换为可编辑样条线，在“修改”面板中“可编辑样条线”下选择“顶点”选项，选中所有的顶点并将其转换为角点。

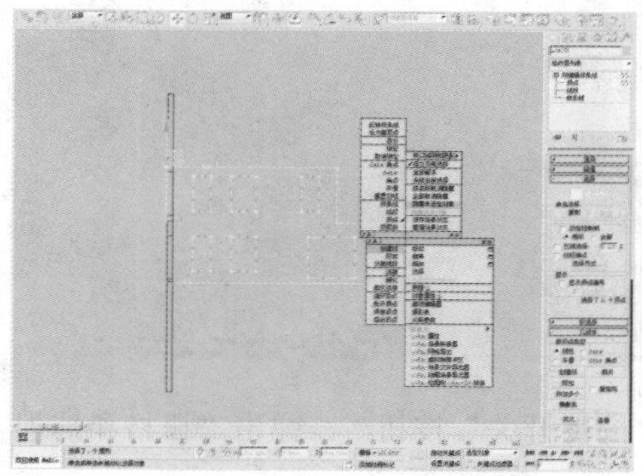

13 在修改器列表中选择“挤出”修改器，设置“数量”参数为240mm。

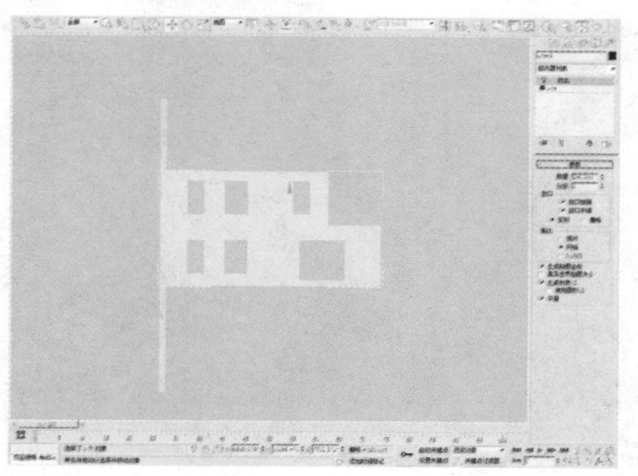

14 在“创建”命令面板中单击“线”按钮，在前视图中创建一个如下图所示的图形。

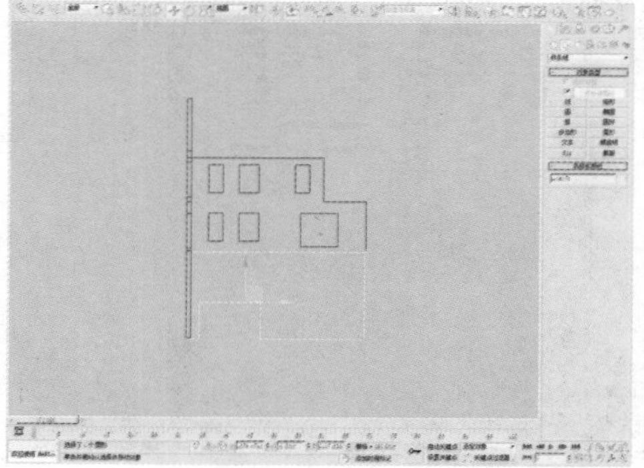

15 在右侧“对象类型”卷展栏下取消勾选“开始新图形”复选框。

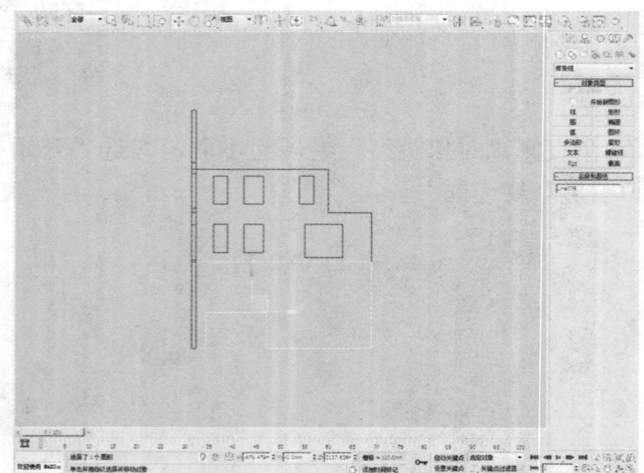

16 在“创建”命令面板中单击“矩形”按钮，在左视图中创建4个小矩形。

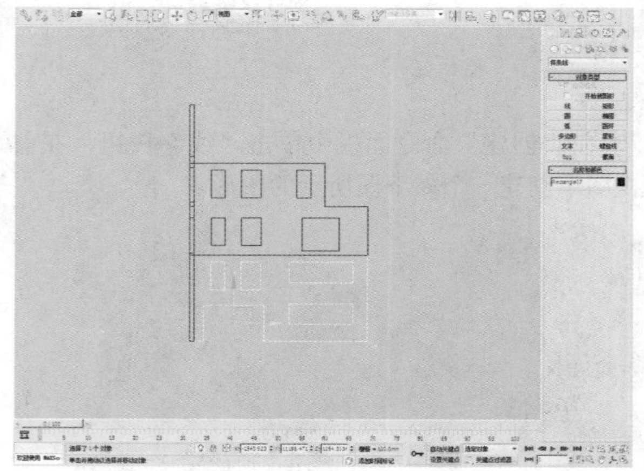

17 在修改器列表中选择“挤出”修改器，设置“数量”参数为240mm。

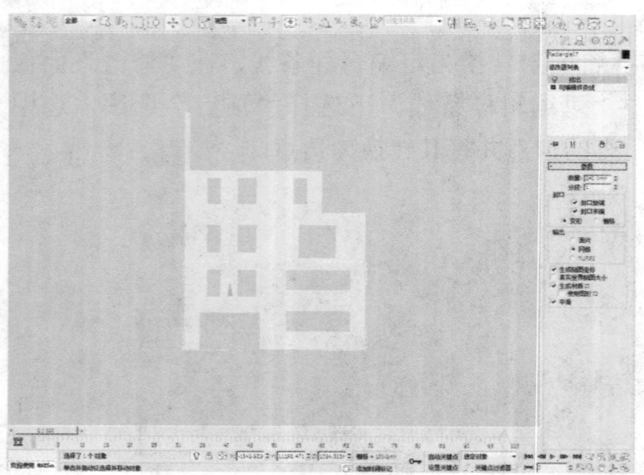

18 进入顶视图，可观察到如下图所示的效果。

19 右击“捕捉开关”按钮，弹出“栅格和捕捉设置”对话框，设置如下图所示。

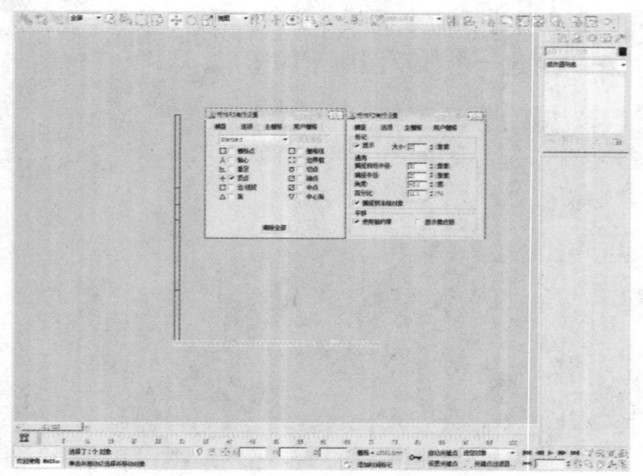

20 单击“选择并移动”按钮，将选择的墙体捕捉到如下图所示的位置。

21 进入透视视图并观察其效果。

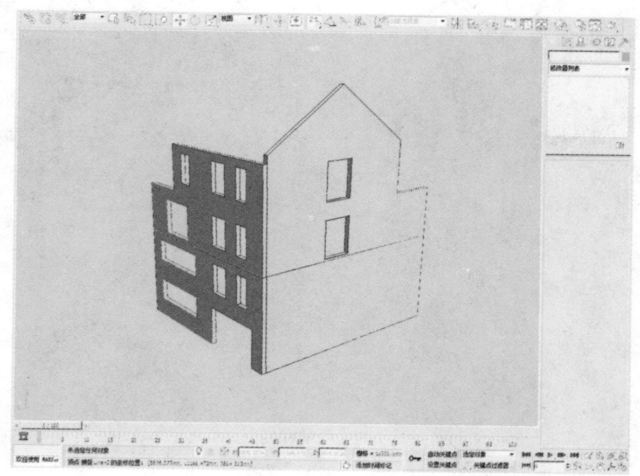

22 进入左视图，选择左视图的墙面，单击鼠标右键，在快捷菜单中选择“隐藏选定对象”命令。

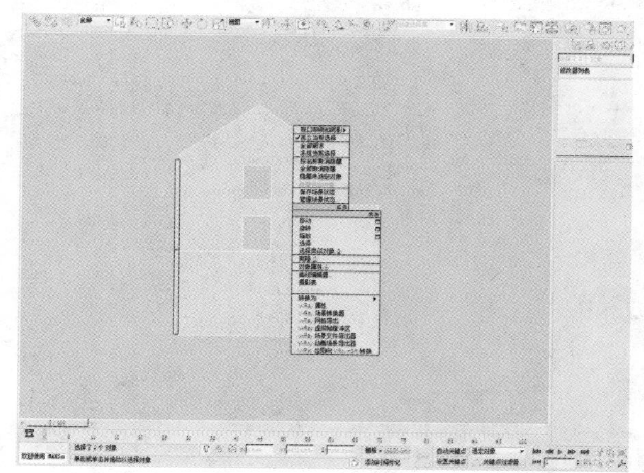

23 在“创建”命令面板中单击“线”按钮，在前视图中创建一个如下图所示的图形。

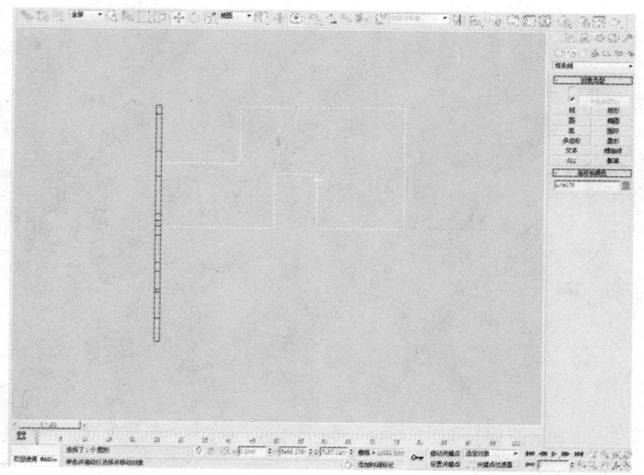

24 在右侧“对象类型”卷展栏下取消勾选“开始新图形”复选框。

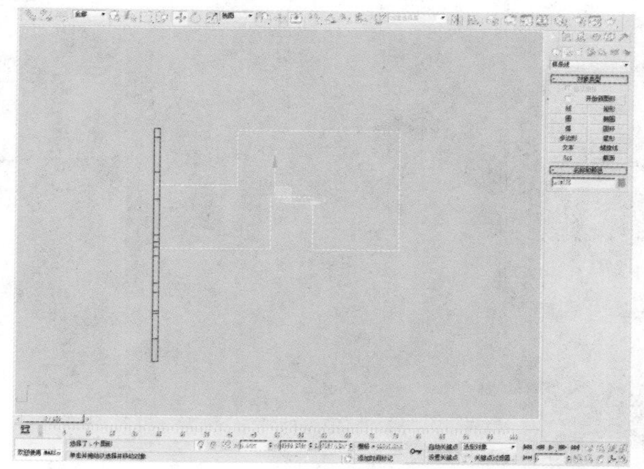

25 在“创建”命令面板中单击“矩形”按钮，在左视图中创建一个小矩形。

26 在修改器列表中选择“挤出”修改器，设置“数量”参数为240mm。

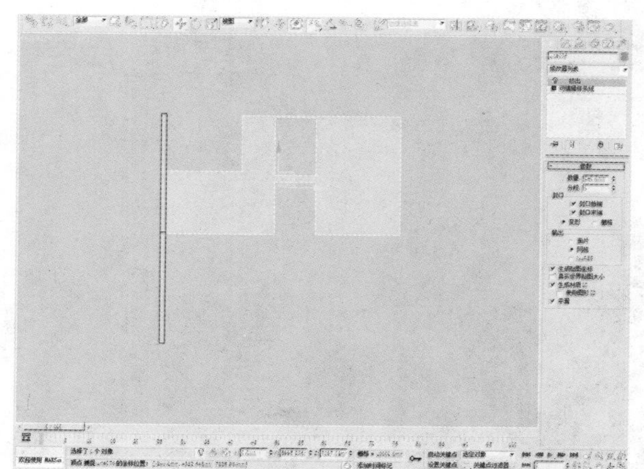

27 在“创建”命令面板中单击“线”按钮，在前视图中创建一个如下图所示的图形。

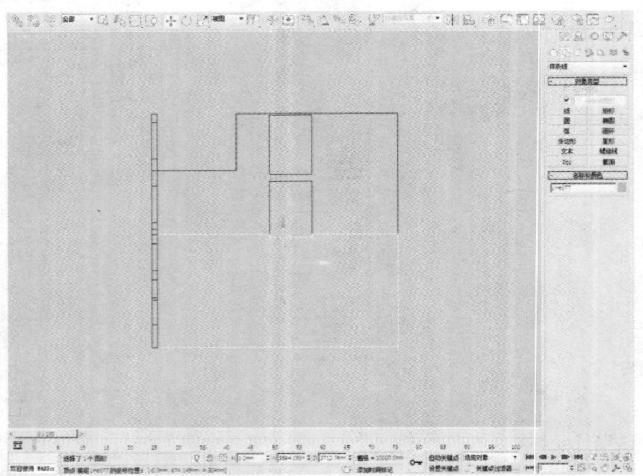

28 在右侧“对象类型”卷展栏下取消勾选“开始新图形”复选框。

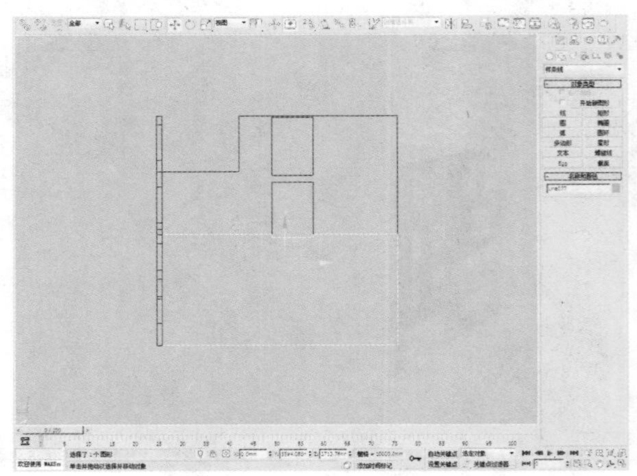

29 在“创建”命令面板中单击“矩形”按钮，在左视图中创建一个小矩形。

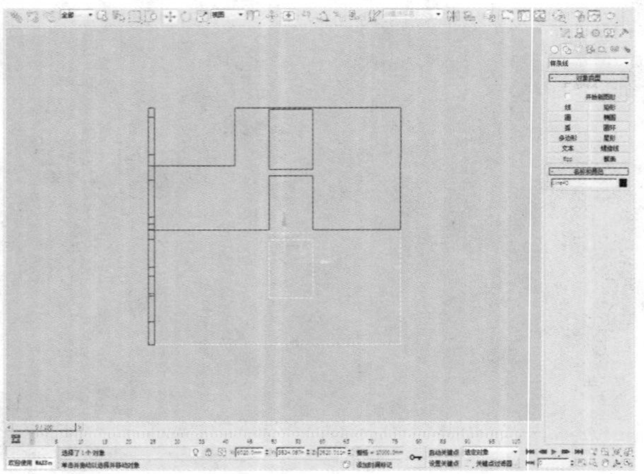

30 在修改器列表中选择“挤出”修改器，设置“数量”参数为240mm。

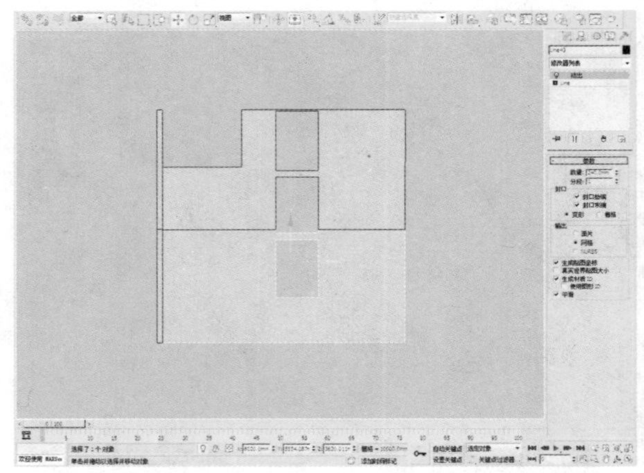

31 进入顶视图即可看到如下图所示的效果。

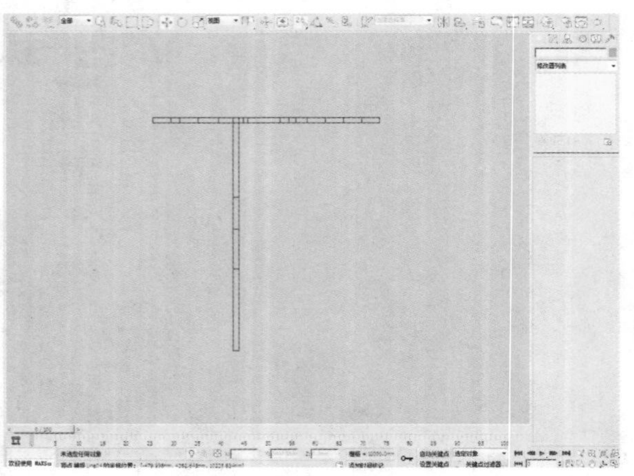

32 单击工具栏中的“选择并移动”按钮，选择墙体并捕捉到如下图所示的位置。

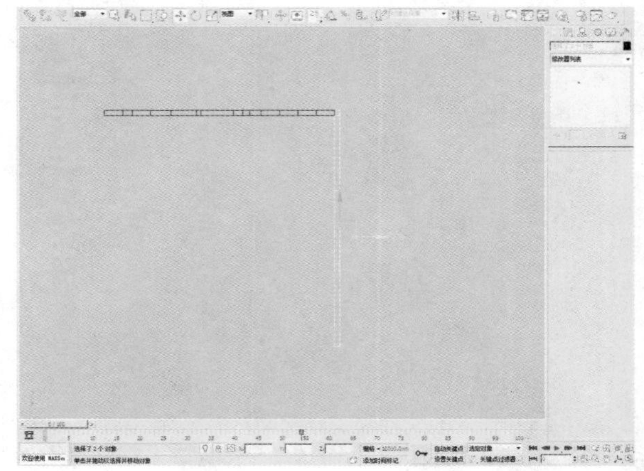

33 单击鼠标右键，在快捷菜单中选择“全部取消隐藏”命令，进入透视视图。

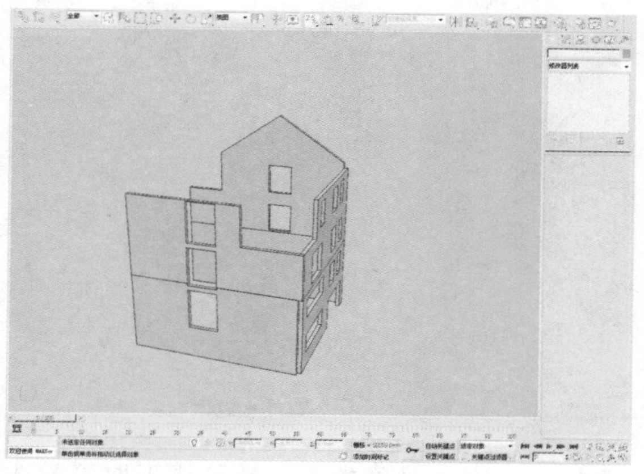

34 在“创建”命令面板的“标准基本体”下单击“长方体”按钮，进入前视图，利用捕捉功能画出如下图所示的长方体。

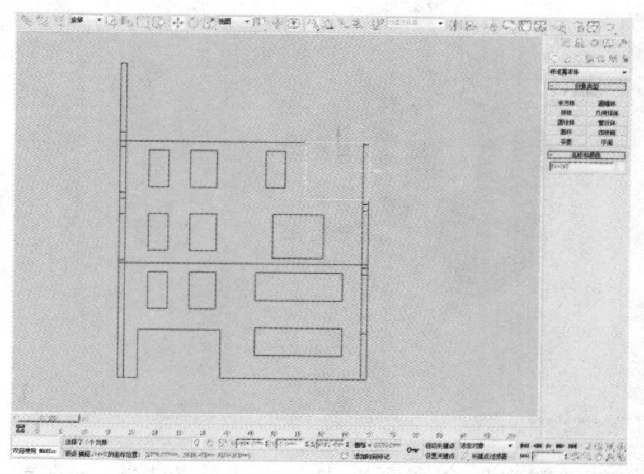

35 切换至“修改”面板，将长方体“参数”卷展栏里的“高度”值改为240mm。

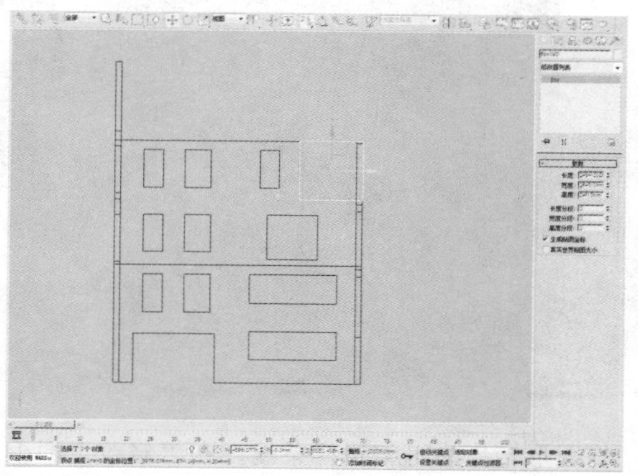

36 在“创建”命令面板中的“标准基本体”下单击“长方体”按钮，进入左视图，利用捕捉功能画出如下图所示的长方体。

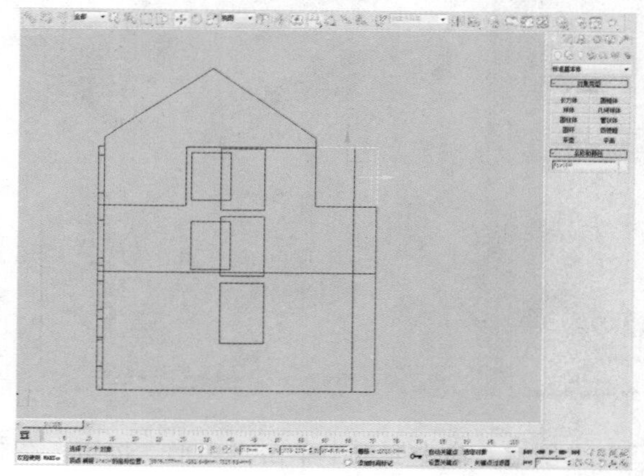

37 进入“修改”面板，将长方体“参数”卷展栏里的“高度”改为240mm。

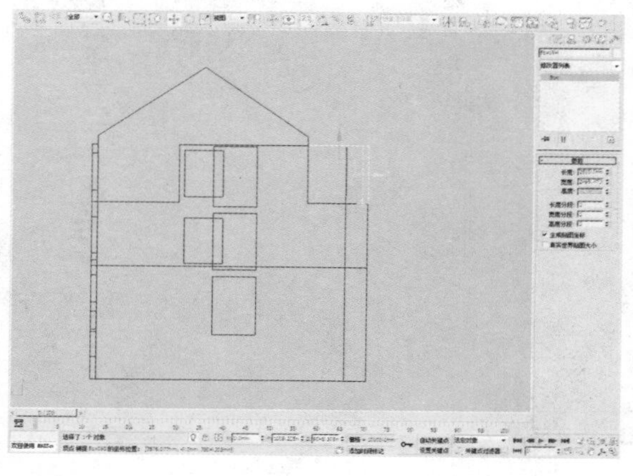

38 进入透视视图，即可观察到如下图所示的效果。

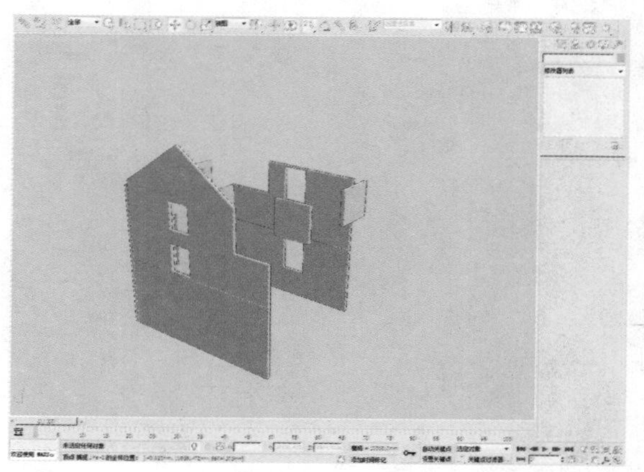

39 利用捕捉和移动工具，将长方体捕捉到如下图所示的位置。

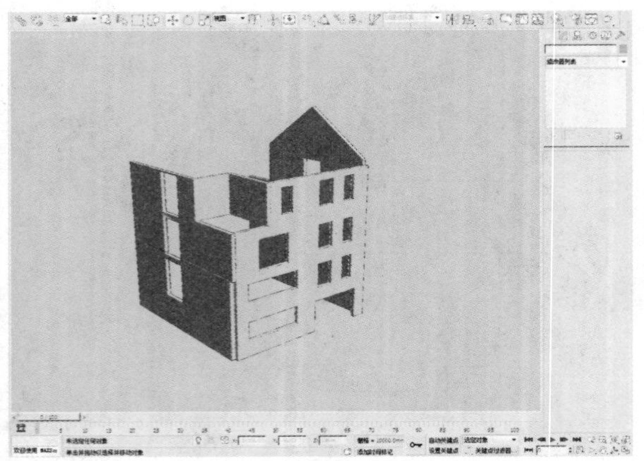

40 进入前视图，单击鼠标右键，在快捷菜单中选择“隐藏选定对象”命令隐藏当前选择的对象。

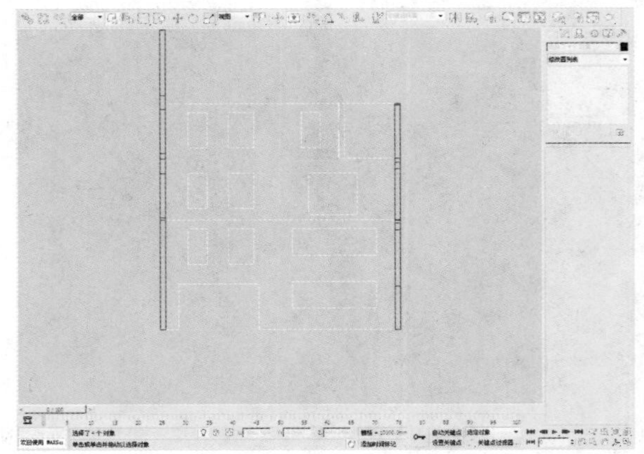

41 在“创建”命令面板中单击“线”按钮，在前视图中创建一个如下图所示的图形。

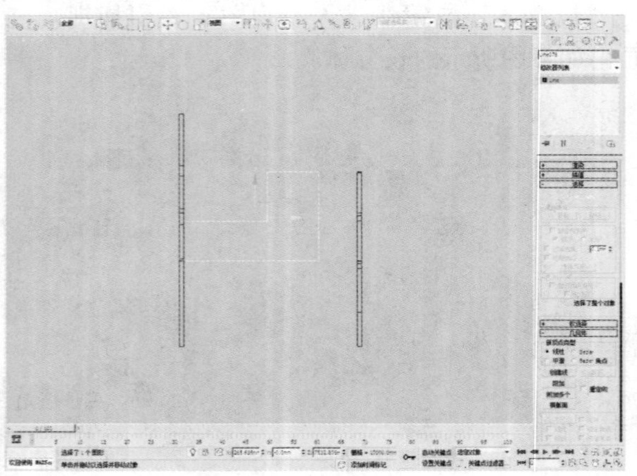

42 选择在右侧“对象类型”卷展栏下取消勾选“开始新图形”复选框。

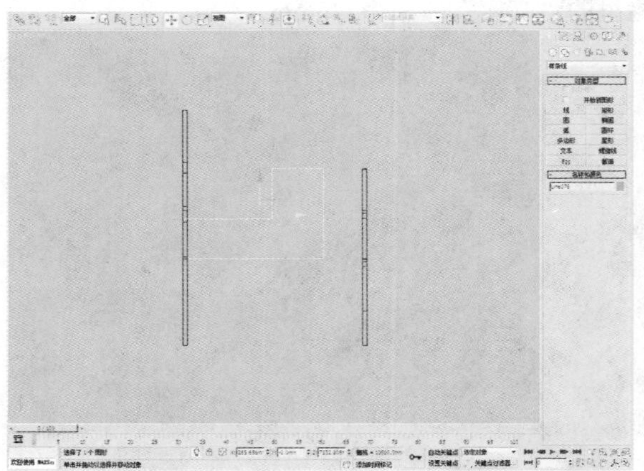

43 在“创建”命令面板中单击“矩形”按钮，在前视图中创建3个矩形。

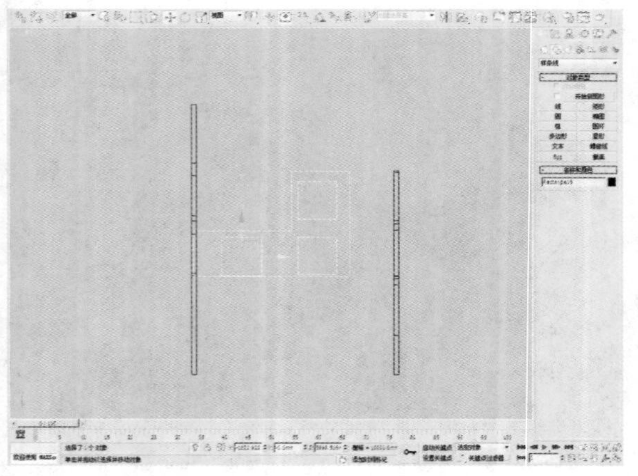

44 将图形转换为可编辑样条线，在“修改”面板“可编辑样条线”中选择“顶点”选项，再将选中的所有的顶点转换为角点。

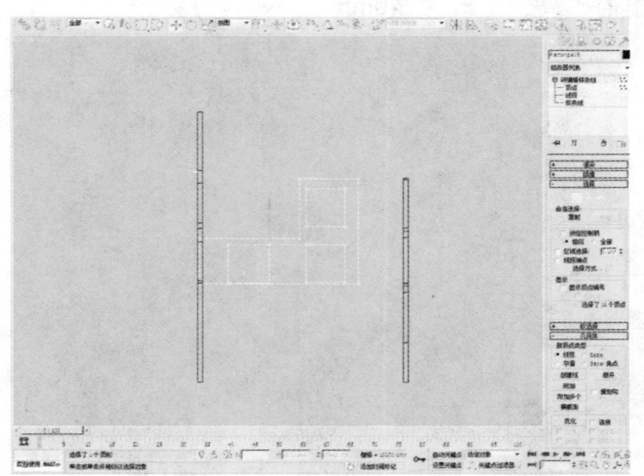

45 在修改器列表中选择“挤出”修改器，设置“数量”值为240mm。

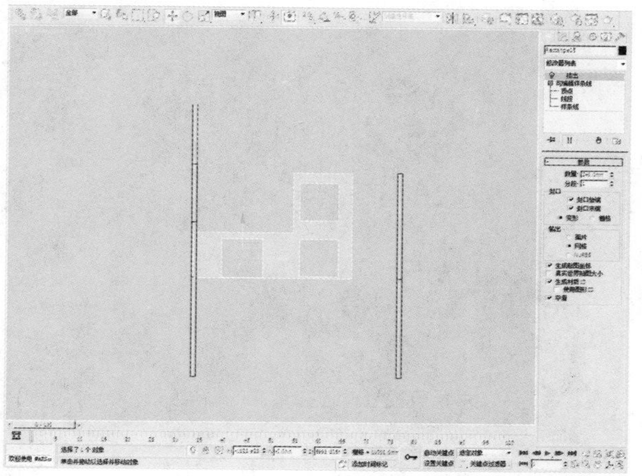

46 在“创建”命令面板中单击“线”按钮，在前视图中创建一个如下图所示的图形。

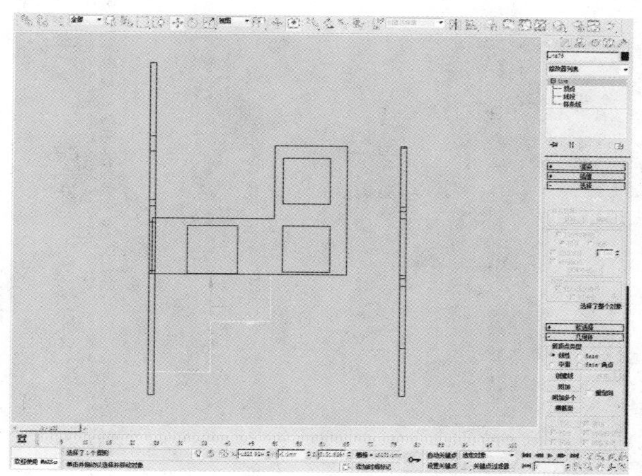

47 在“修改”面板“线”中选择“顶点”选项，并将选中的所有顶点转换为角点。

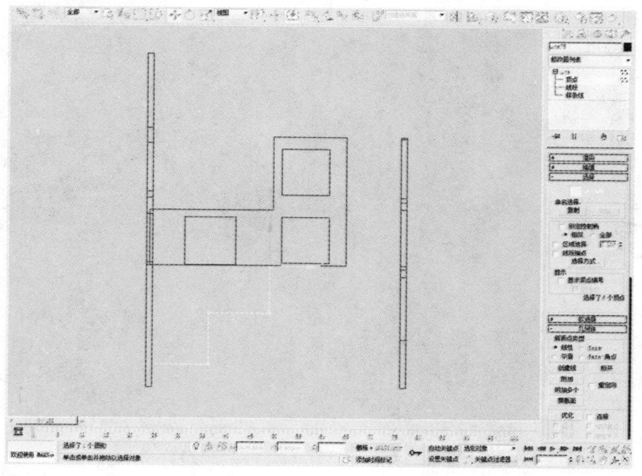

48 在修改器列表中选择“挤出”修改器，设置“数量”值为240mm。

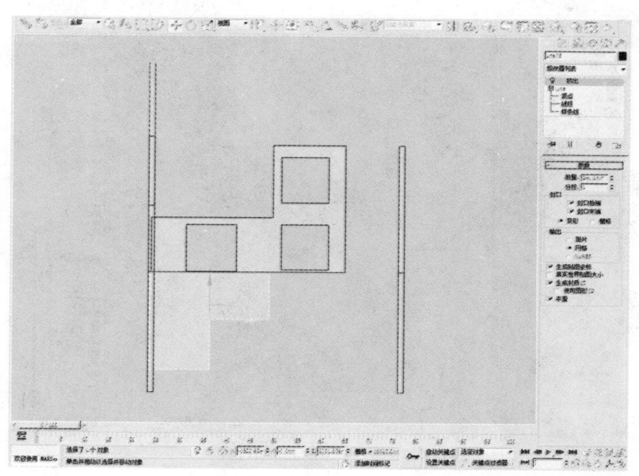

49 在“创建”命令面板中单击“线”按钮，在前视图中创建一个如下图所示的图形。

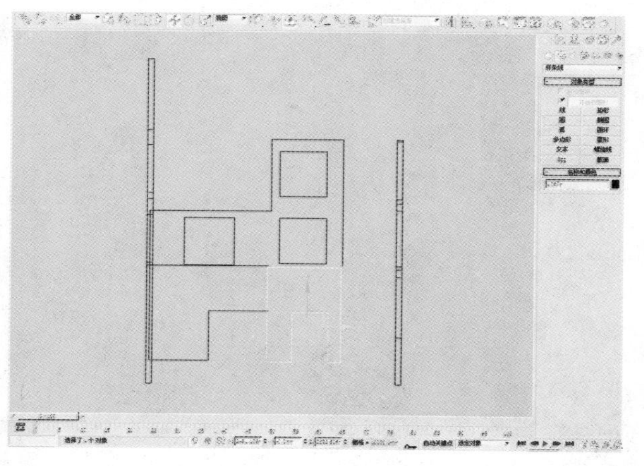

50 在“修改”面板“线”中选择“顶点”选项，并将选中的所有顶点转换为角点。

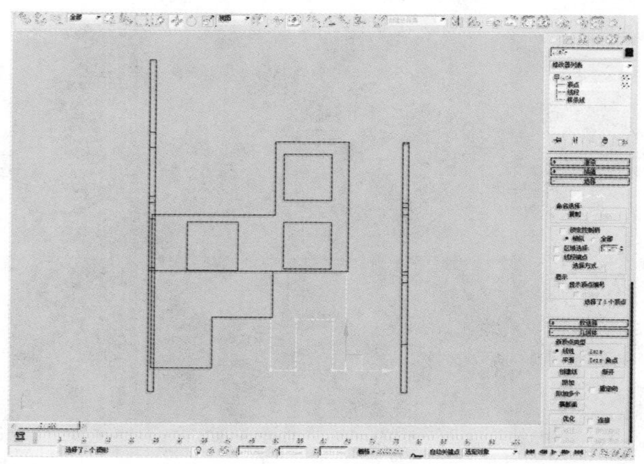

51 在修改器列表中选择“挤出”修改器，设置“数量”参数为240mm。

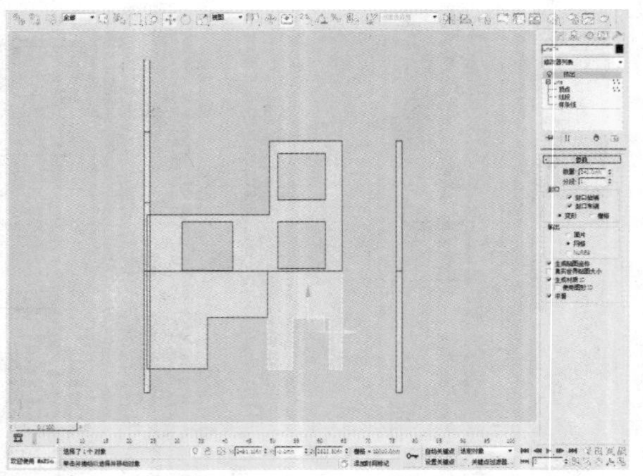

52 在“创建”命令面板中单击“线”按钮，在前视图中创建一个如下图所示的图形。

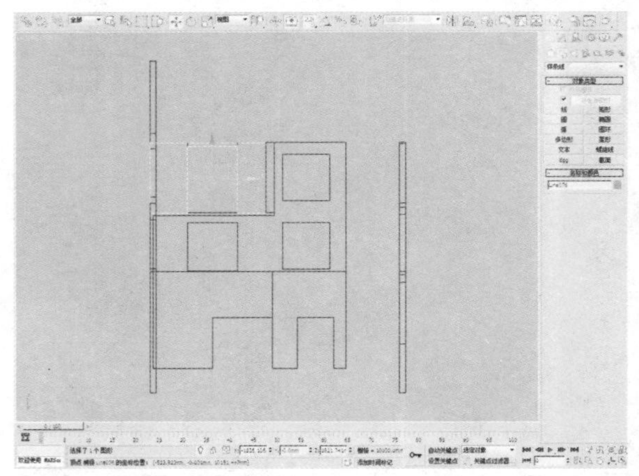

53 在“修改”面板“线”中选择“顶点”选项，然后将选中的所有顶点转换为角点。

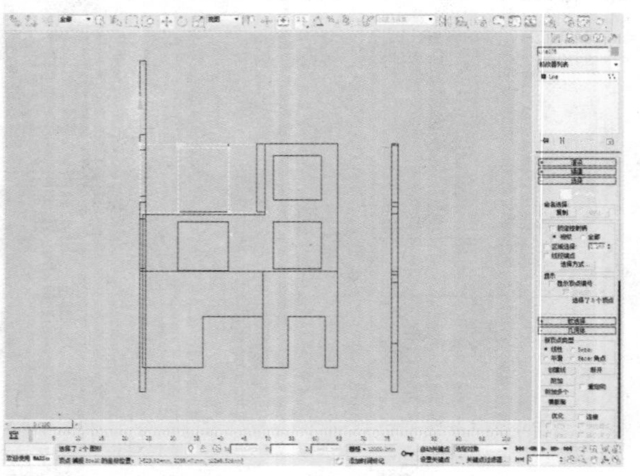

54 在修改器列表中选择“挤出”修改器，设置“数量”值为240mm。

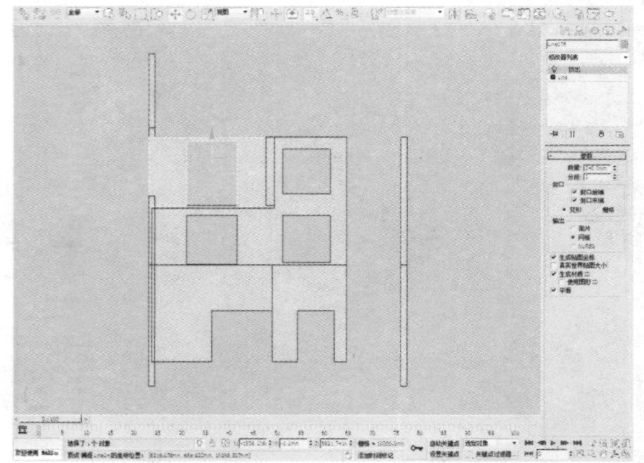

55 在“创建”命令面板的“标准基本体”下单击“长方体”按钮，进入左视图，利用捕捉功能画出如下图所示的长方体。

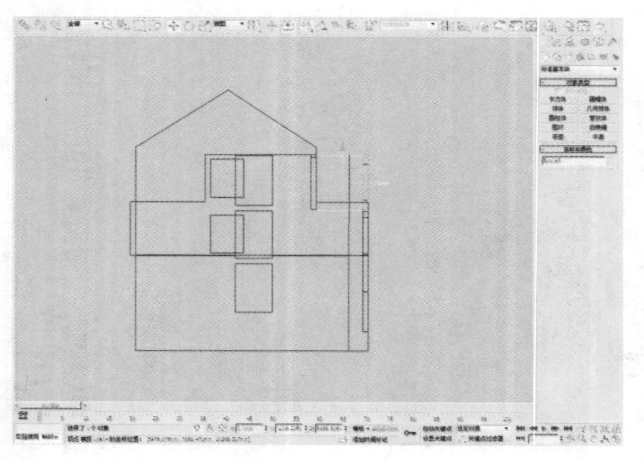

56 进入“修改”面板，将长方体“参数”卷展栏里的“高度”参数改为240mm。

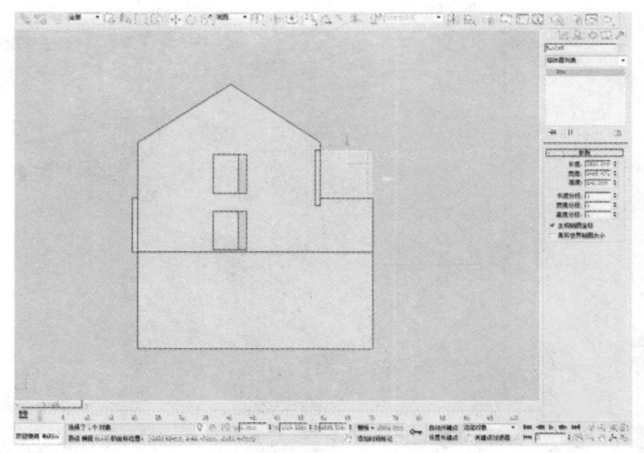

57 单击鼠标右键，在快捷菜单中选择“全部取消隐藏”命令，进入透视视图。

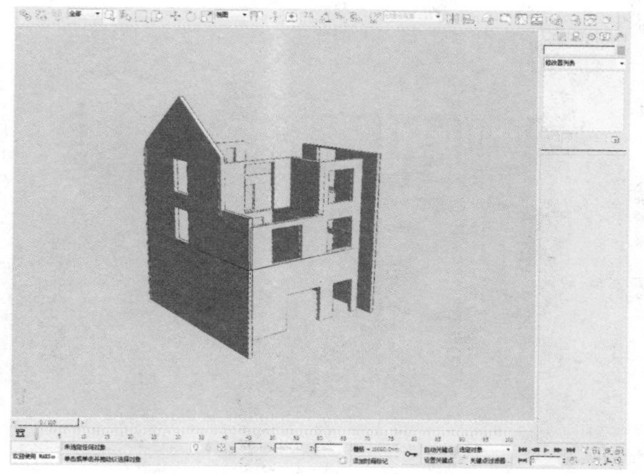

58 在“创建”命令面板中单击“标准基本体”下的“长方体”按钮，进入顶视图，利用捕捉功能画出如下图所示的长方体。

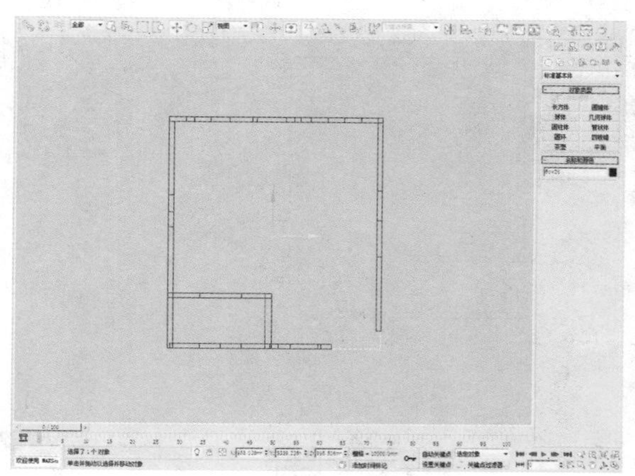

59 进入“修改”面板，将长方体“参数”卷展栏里的“高度”参数改为994mm。

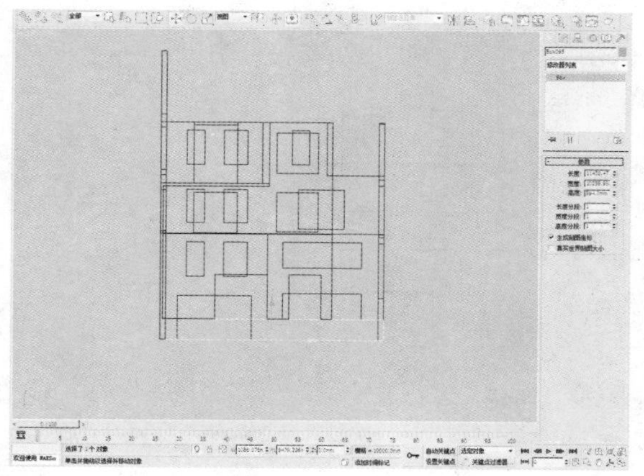

60 按住Shift键不放，单击“选择并移动”按钮，沿Y轴方向以“复制”的方式复制，并设置“副本数”为2。

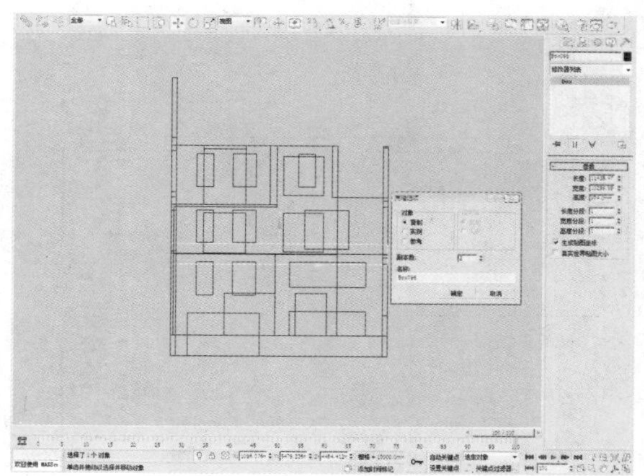

61 进入“修改”面板，将长方体“参数”卷展栏中的“高度”参数改为200mm。

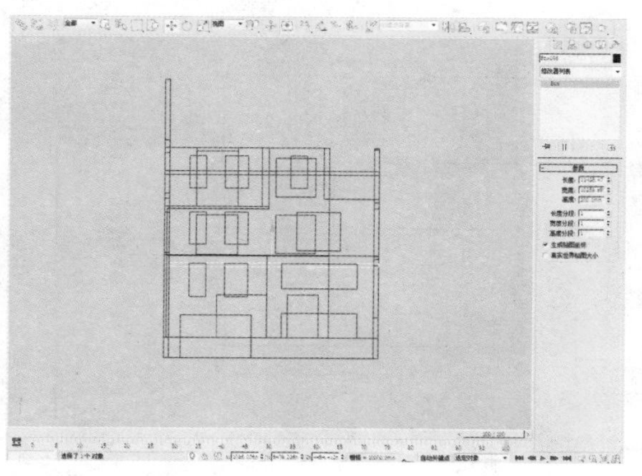

62 利用捕捉和移动工具，移动图形到如下图所示的位置。

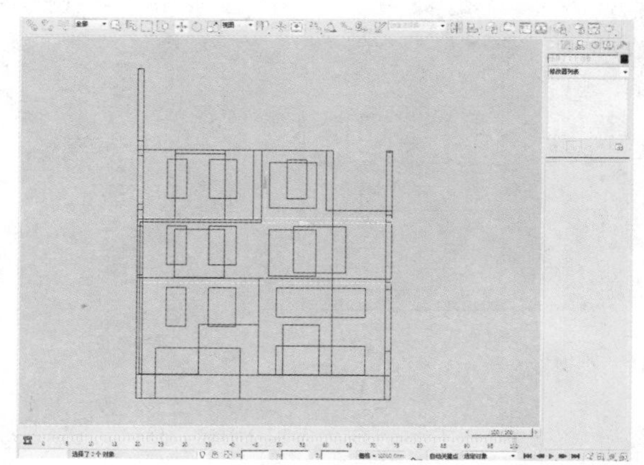

63 在“创建”命令面板的“标准基本体”下单击“长方体”按钮，在顶视图中创建一个长度、宽度和高度分别为2800mm、5200mm、850mm的长方体。

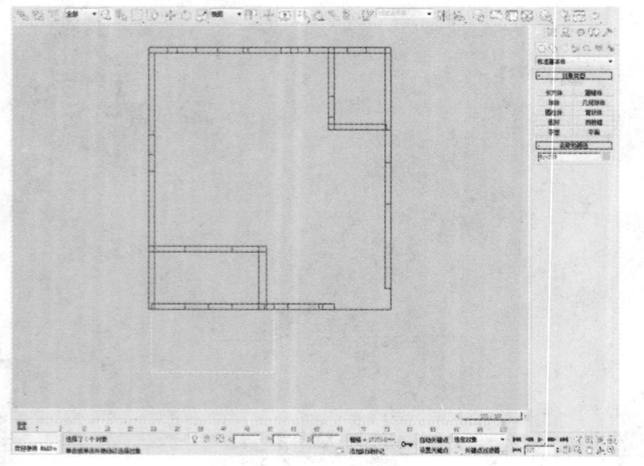

64 在“创建”命令面板中单击“线”按钮，在透视视图中创建一个如下图所示的图形。

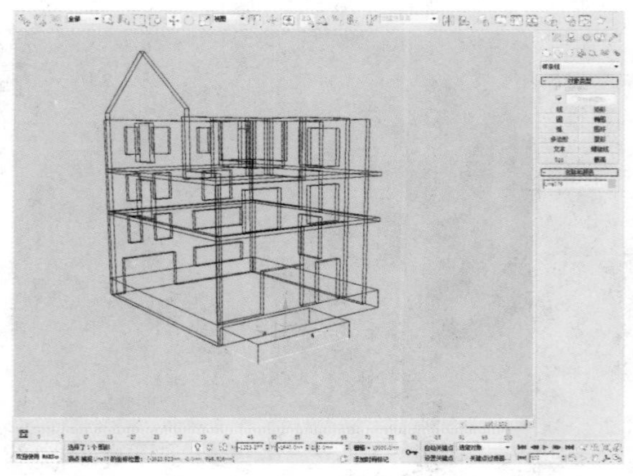

65 在“修改”面板中，选择“线”下的“样条线”选项，在“选择”卷展栏中单击“轮廓”按钮，将其参数设置为-100mm。

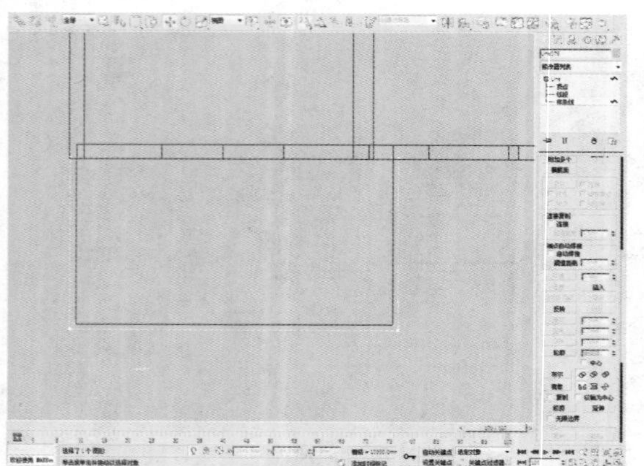

66 在修改器列表中选择“挤出”修改器，设置“数量”参数为120mm。

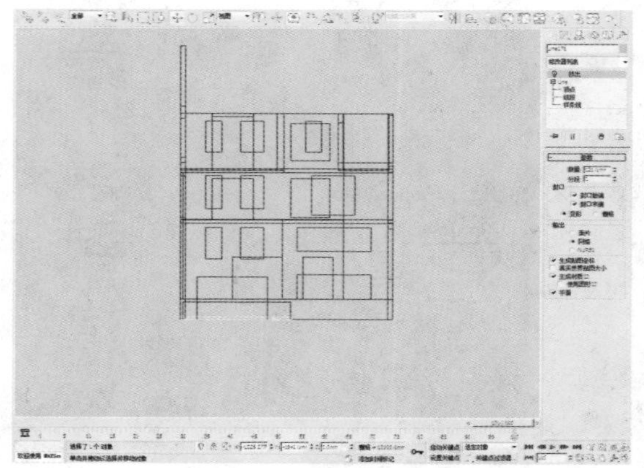

67 利用捕捉和移动工具，将刚刚挤出的图形移动到如下图所示的位置。

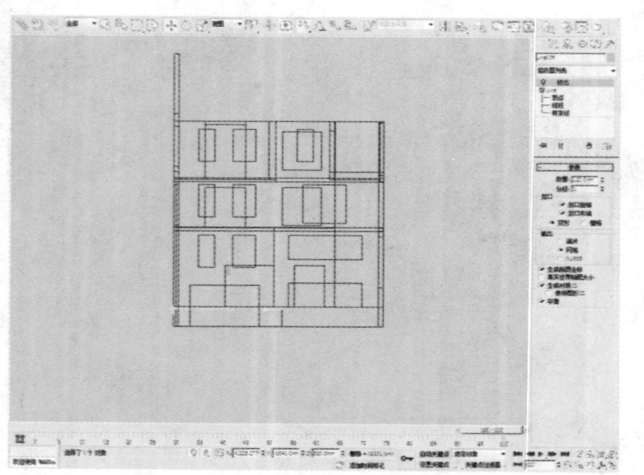

68 在“创建”命令面板中单击“线”按钮，在前视图中创建一个如下图所示的图形。

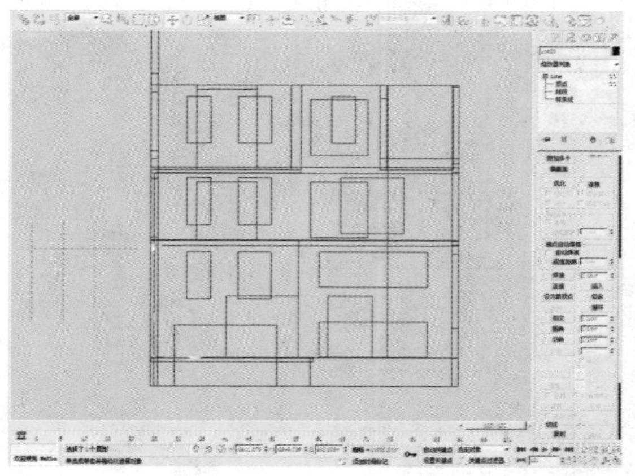

69 在修改器列表中选择“车削”修改器。

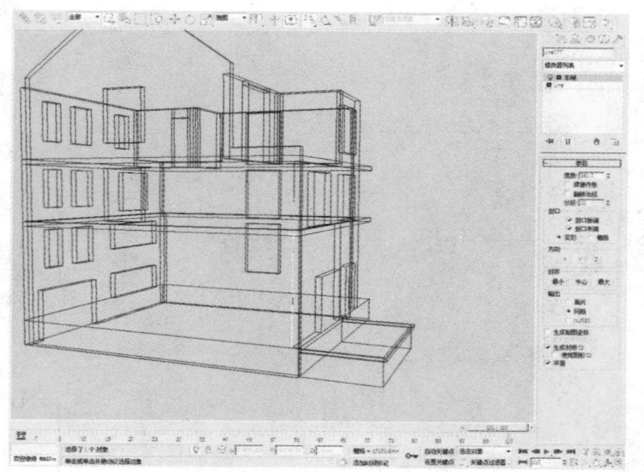

70 在其“参数”卷展栏中，在“对齐”选项组中单击“最大”按钮。

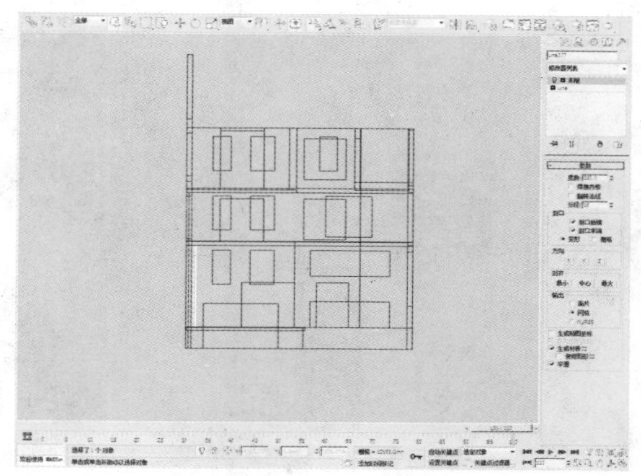

71 单击“选择并移动”按钮，选择对象，按住Shift键不放，沿X轴方向拖动，在弹出的对话框中选择“复制”单选按钮，设置“副本数”为1。

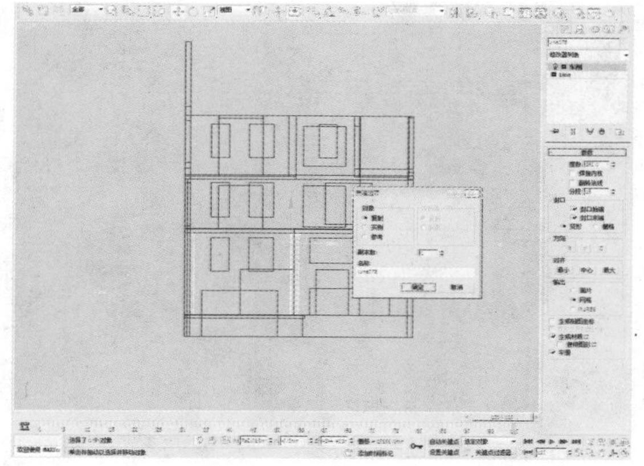

72 进入顶视图中，单击“选择并移动”按钮，将两根柱子移动到如下图所示的位置。

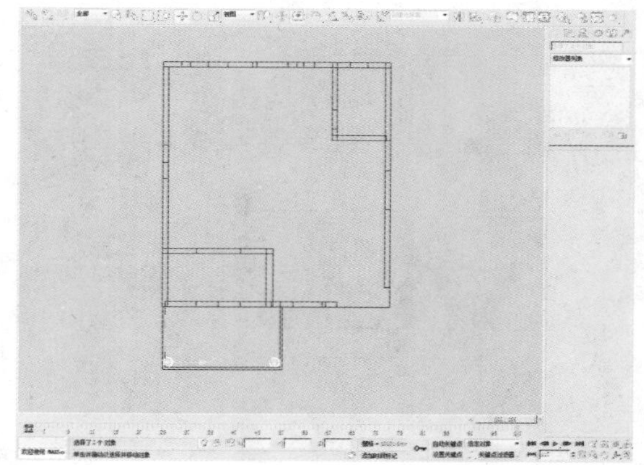

73 在“创建”命令面板的“标准基本体”下单击“长方体”按钮，在顶视图中创建一个长度、宽度和高度分别为2850mm、5000mm、160mm的长方体。

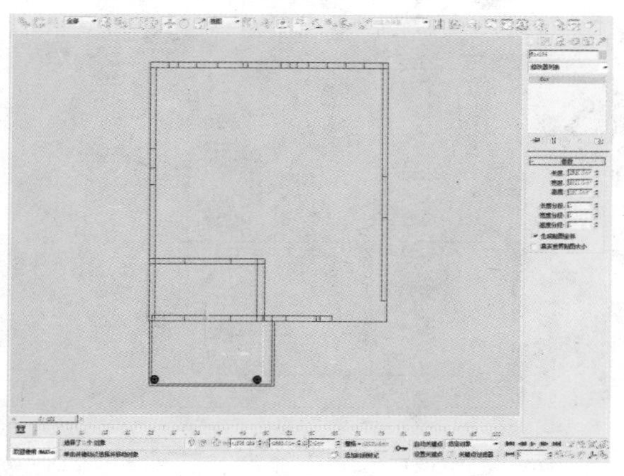

74 利用捕捉和移动工具，选择刚刚创建的长方体并将其移动到如下图所示的位置。

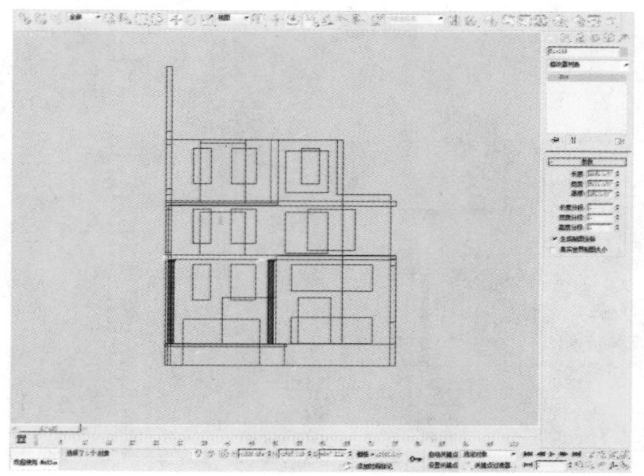

75 在“创建”命令面板中单击“线”按钮，在透视视图中创建一个如下图所示的图形。

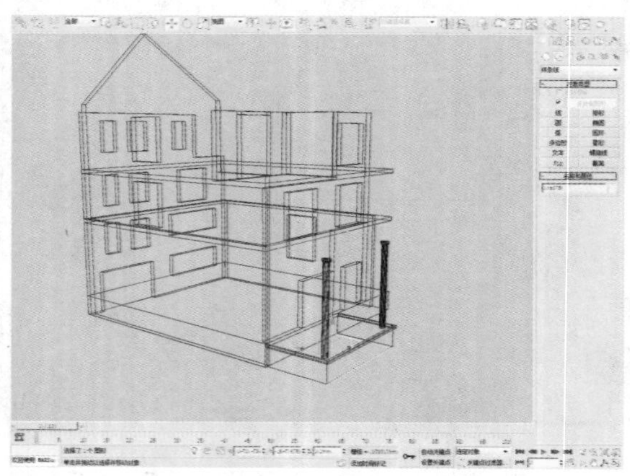

76 在“修改”面板中，选择“线”下的“样条线”选项，在“选择”卷展栏中单击“轮廓”按钮，将其参数设为-90。

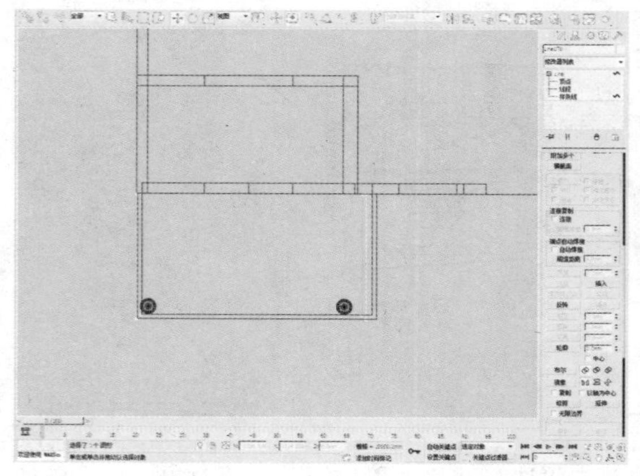

77 在修改器列表中选择“挤出”修改器，设置“数量”参数为120mm。

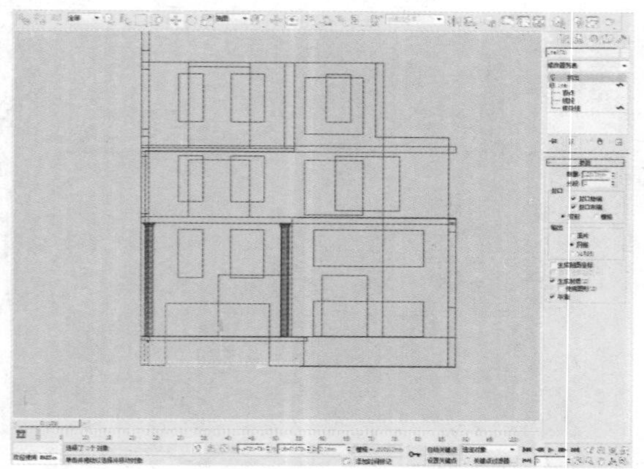

78 利用捕捉和移动工具，将刚刚挤出的图形移动到如下图所示的位置。

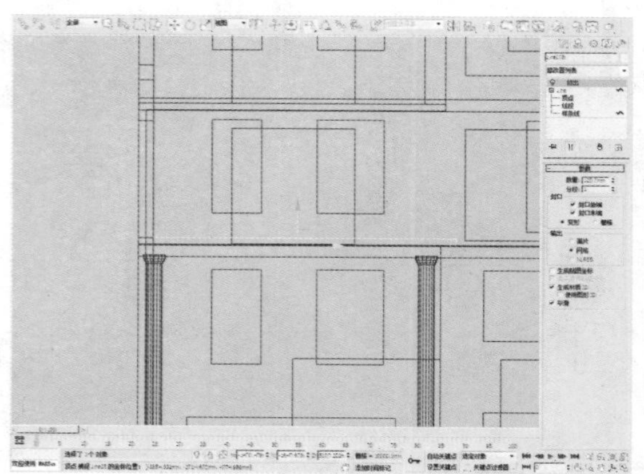

79 单击“选择并移动”按钮，选择两根柱子，按住Shift键不放，沿Y轴方向拖动，在弹出的对话框中选择“复制”单选按钮，并设置“副本数”为1。

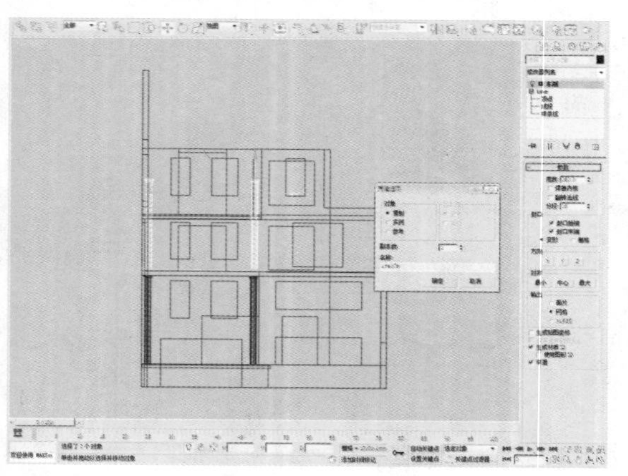

80 利用捕捉和移动工具，选择刚刚创建的长方体并将其移动到如下图所示的位置。

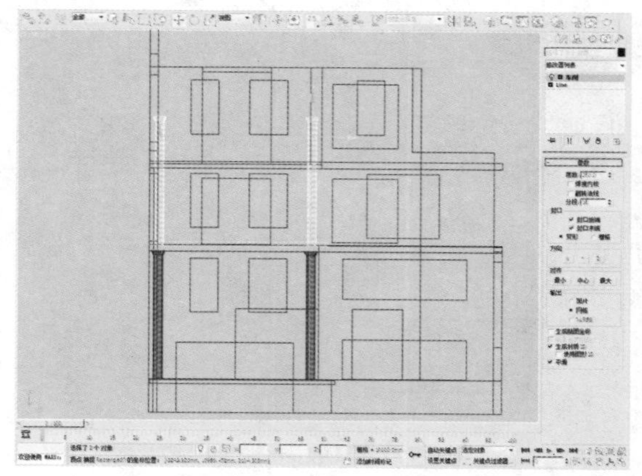

81 在“修改”面板中，在“线”下选择“顶点”选项，选择所有顶点。

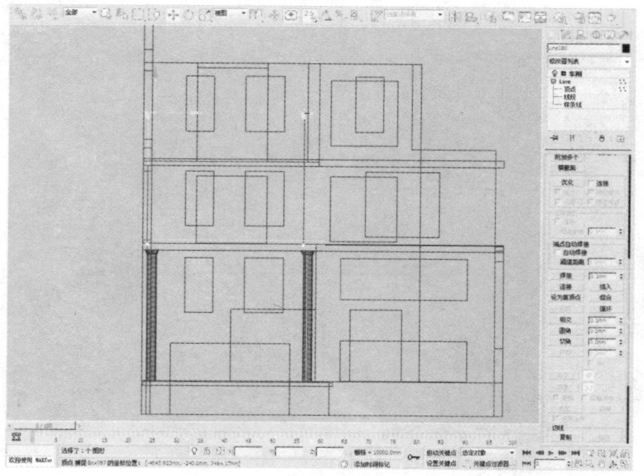

82 利用捕捉和移动工具，将顶点移动到如下图所示的位置。

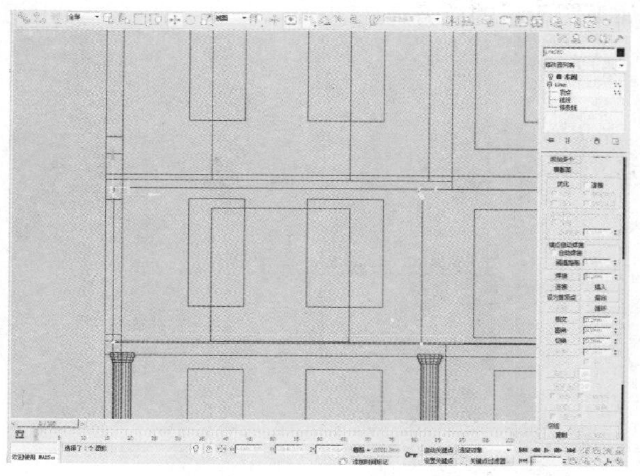

83 至此，墙体创建效果完成。

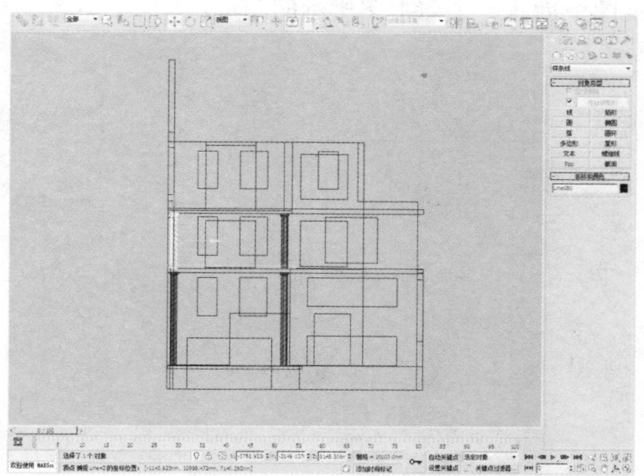

84 在“创建”命令面板中单击“线”按钮，在顶视图中创建一个如下图所示的图形。

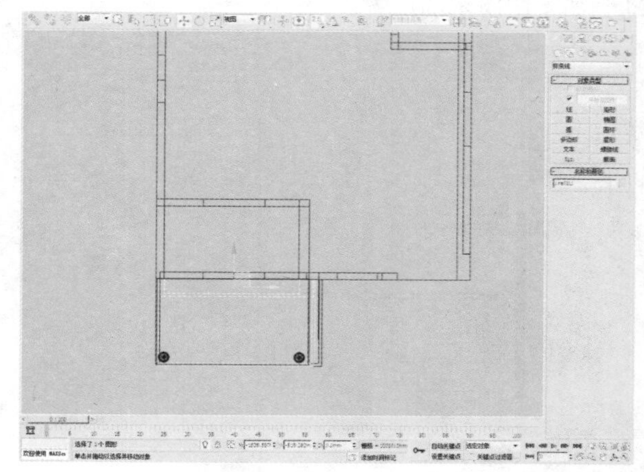

85 在修改器列表中选择“挤出”修改器，设置“数量”值为500mm。

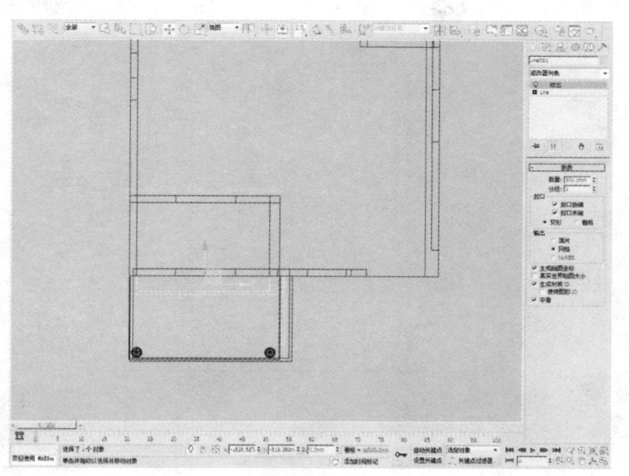

86 进入前视图，利用捕捉和移动工具，将顶点移动到如下图所示的位置。

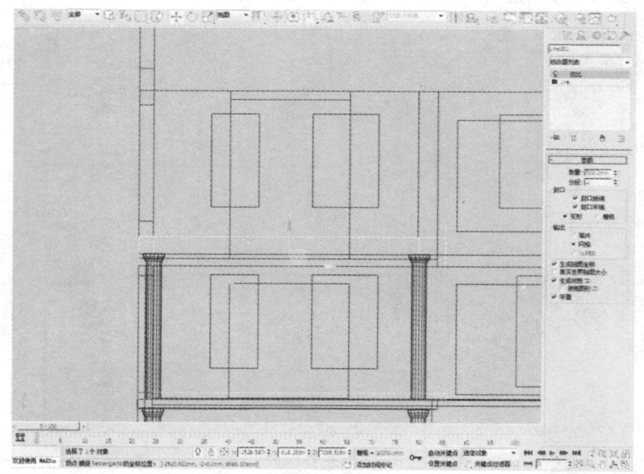

87 在“创建”命令面板的“标准基本体”下单击“长方体”按钮，在顶视图中利用捕捉功能，捕捉如下图所示的长方体。

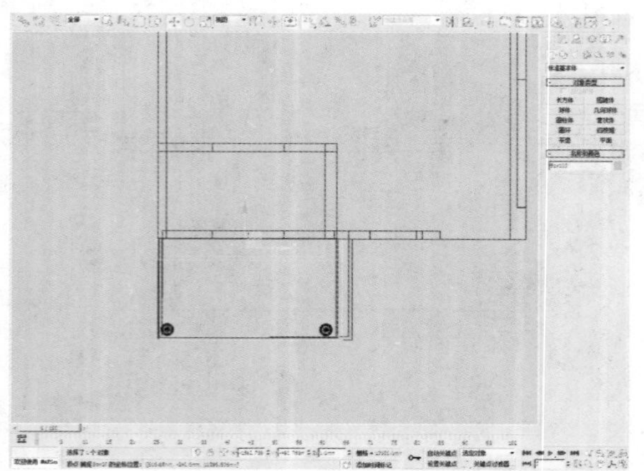

88 进入“修改”面板，将长方体“参数”卷展栏下的“高度”参数改为200。

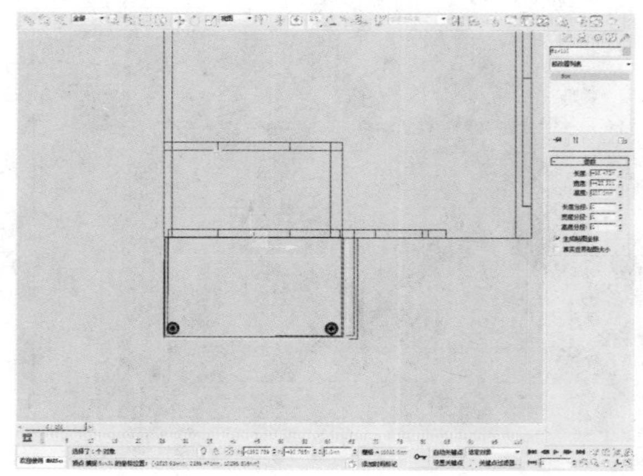

89 进入前视图，利用捕捉和移动工具，将顶点移动到如下图所示的位置。

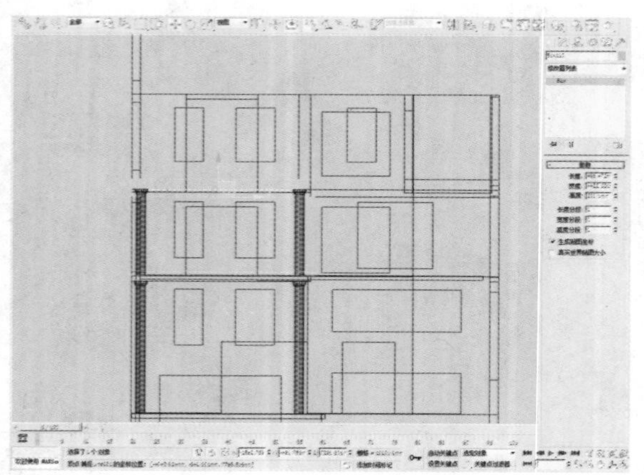

90 在“创建”命令面板中单击“线”按钮，在顶视图中创建一个如下图所示的图形。

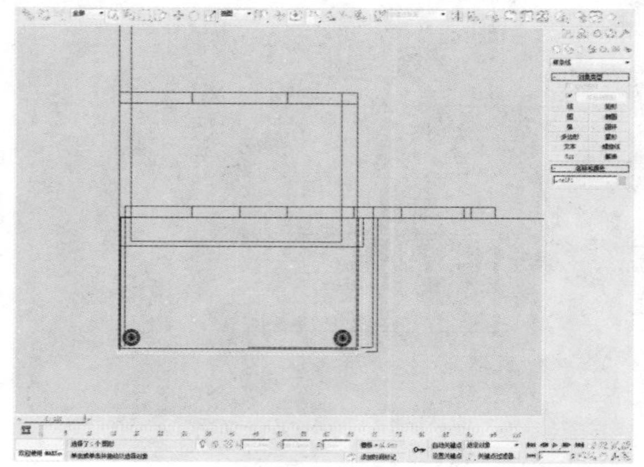

91 在“创建”命令面板中单击“线”按钮，在前视图中创建一个如下图所示的图形。

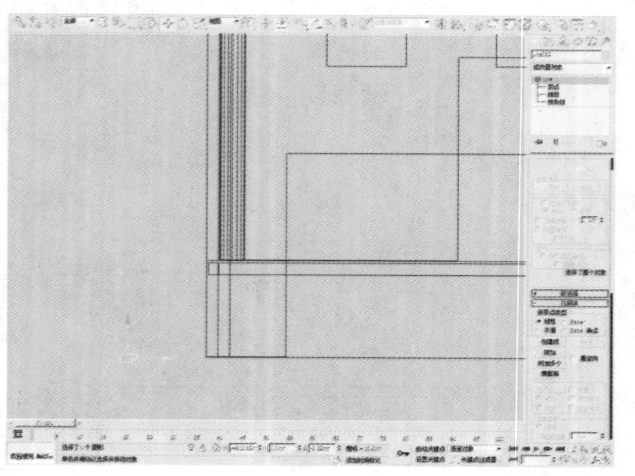

92 选择之前创建的线，在修改器列表中选择“倒角剖面”修改器。

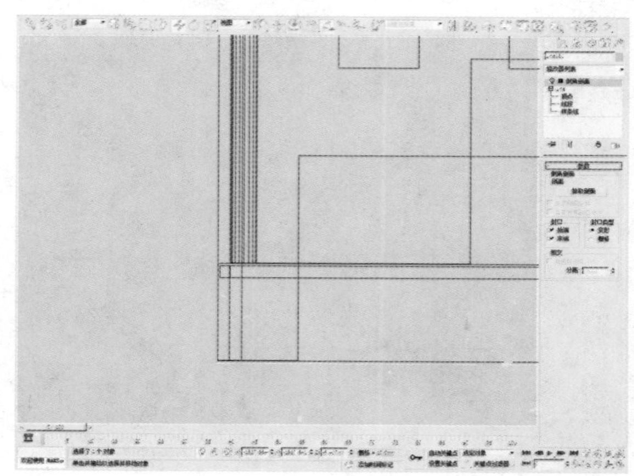

93 在“参数”卷展栏中的“倒角剖面”选项组中单击“拾取剖面”按钮，选择步骤90中创建的图形。

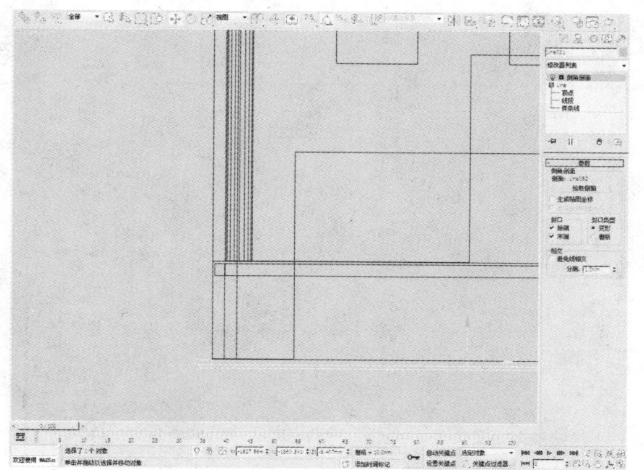

94 利用捕捉和移动工具，将顶点移动到如下图所示的位置。

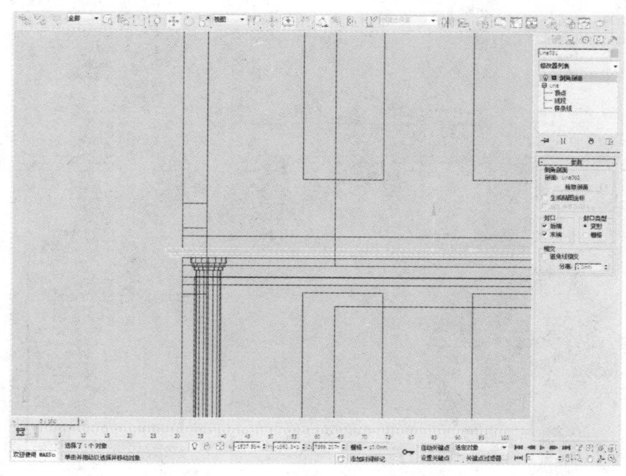

95 在“创建”命令面板的“标准基本体”下单击“长方体”按钮，进入顶视图中，利用捕捉功能，捕捉如下图所示的长方体。

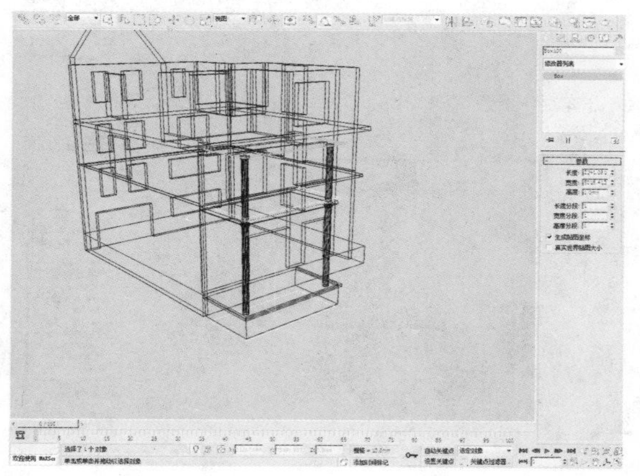

96 进入“修改”面板，将长方体“参数”卷展栏中的“高度”参数改为100mm。

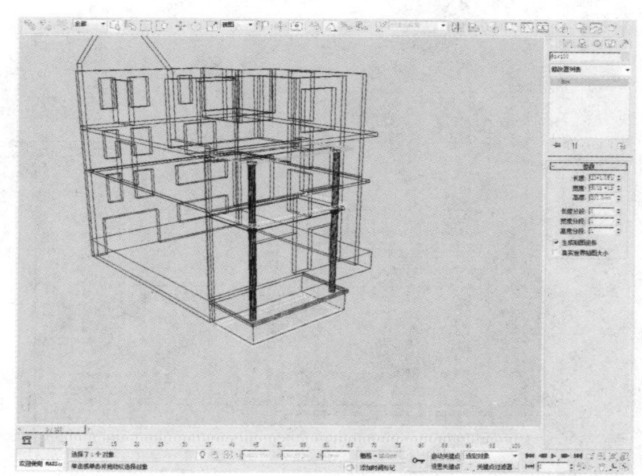

97 进入前视图中，利用捕捉和移动工具，将顶点移动到如下图所示的位置。

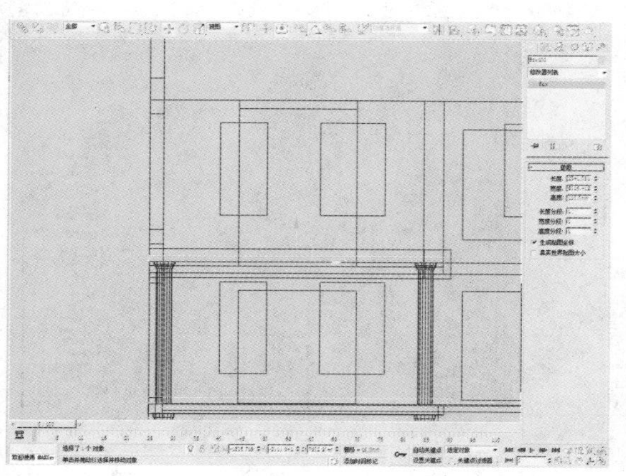

98 单击鼠标右键，在快捷菜单中，执行“转换为>转换为可编辑多边形”命令，将其转化为可编辑多边形。

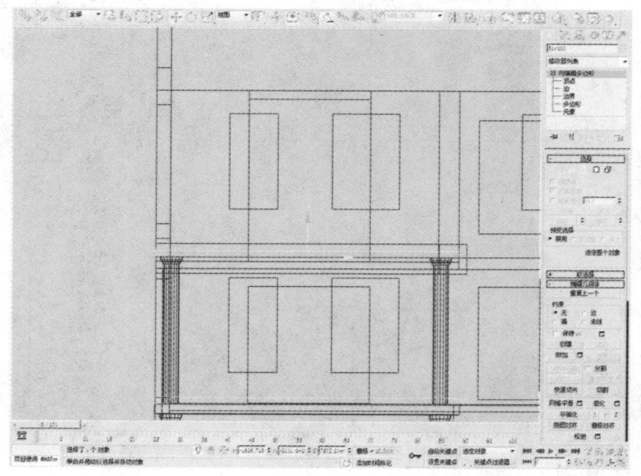

99 在“修改”面板中的“可编辑多边形”列表中选择“多边形”选项，选择如下图所示的多边形。

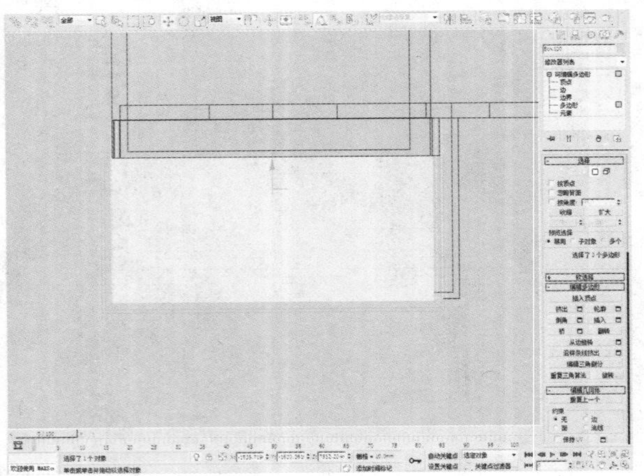

100 在“编辑多边形”卷展栏中单击“插入”按钮，设置其参数为650。

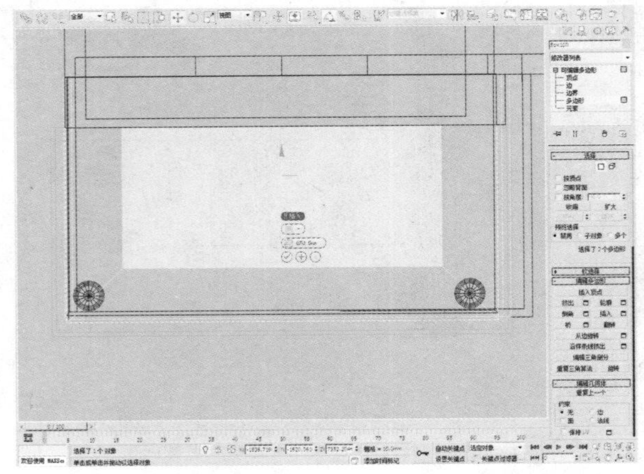

101 进入前视图，单击“选择并移动”按钮，将选择的多边形移动到如下图所示的位置。

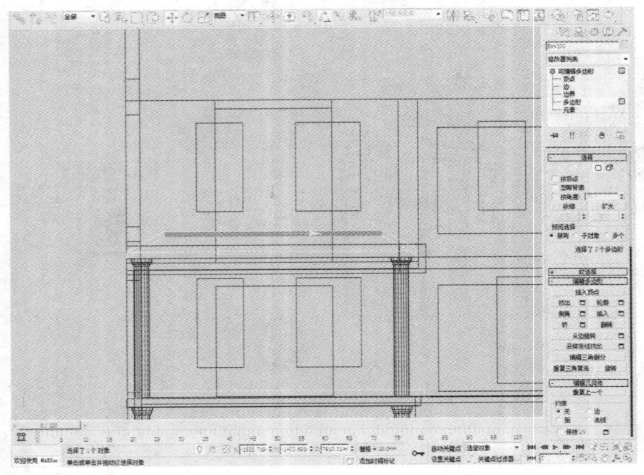

102 在“修改”面板中“可编辑多边形”列表中选择“多边形”选项，选择如下图所示的多边形。

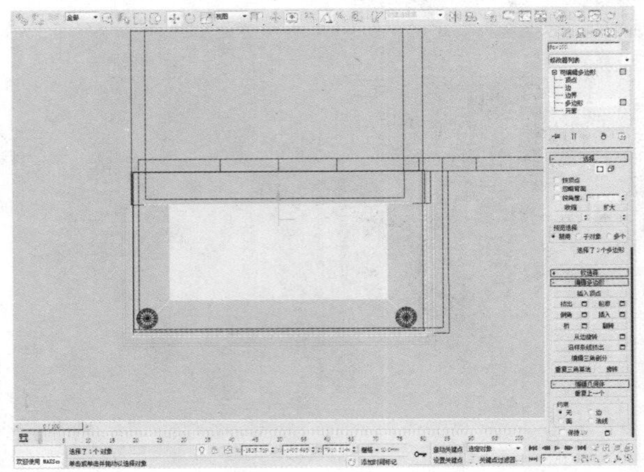

103 在“编辑多边形”卷展栏中单击“插入”按钮，设置其参数为500mm。

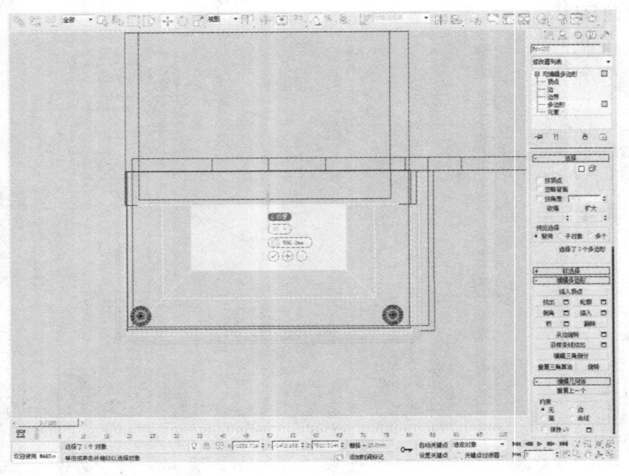

104 进入前视图，单击“选择并移动”按钮，将选择的多边形移动到如下图所示的位置。

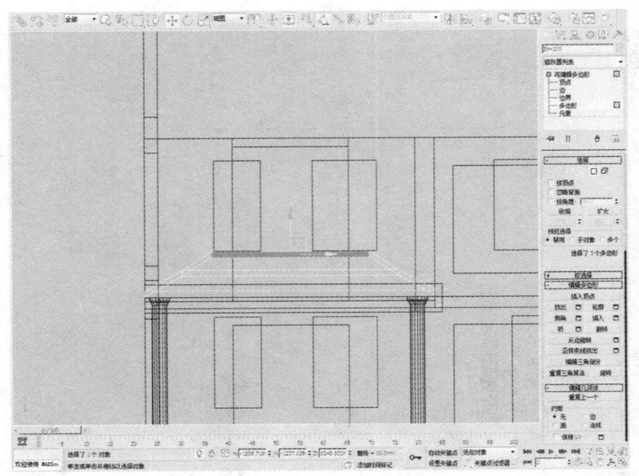

105 在“修改”面板“可编辑多边形”下拉列表中选择“顶点”选项，选择如下图所示的顶点。

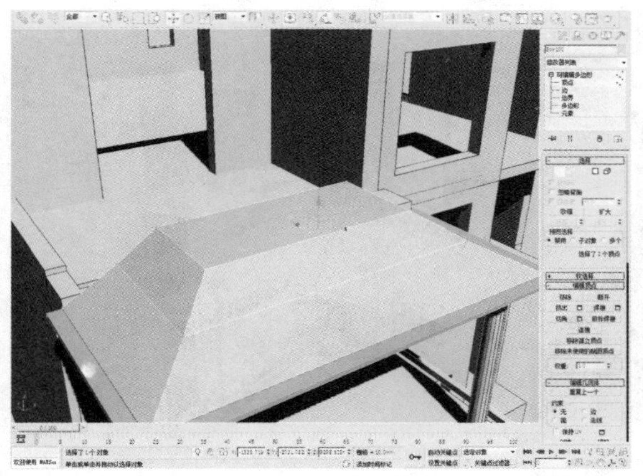

106 在“编辑几何体”卷展栏中单击“塌陷”按钮。

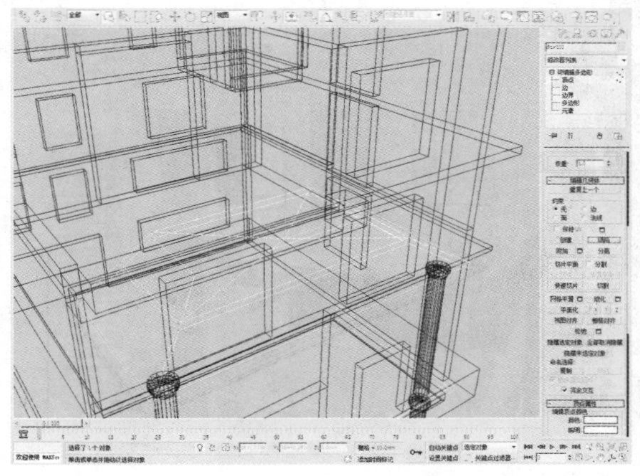

107 在“修改”面板的“可编辑多边形”下拉列表中选择“顶点”选项，选择如下图所示的顶点。

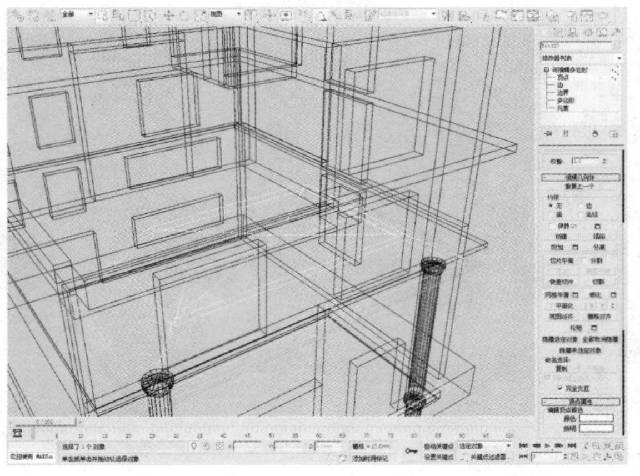

108 在“编辑几何体”卷展栏中单击“塌陷”按钮。

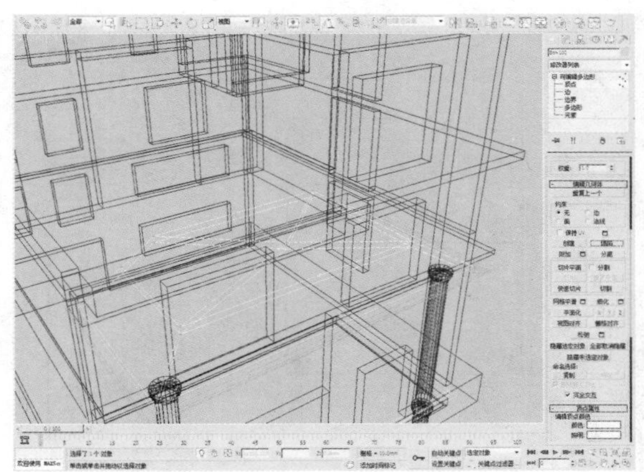

109 重复步骤104~107，得到如下图所示的图形。

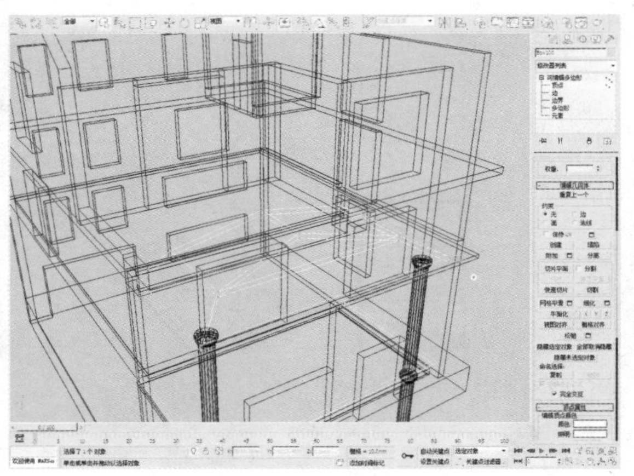

110 在“修改”面板中“可编辑多边形”下拉列表中选择“多边形”选项，选择如下图所示的多边行。

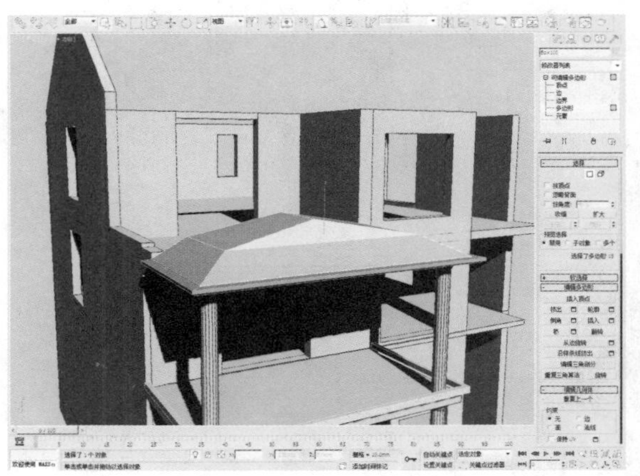

111 在“编辑多边形”卷展栏中单击“插入”按钮，设置“数量”为60mm。

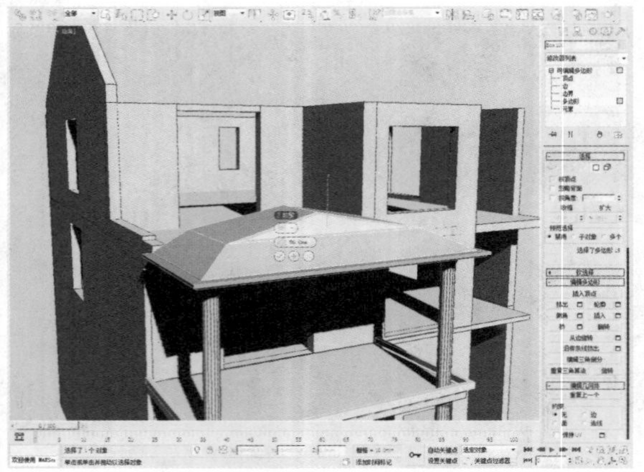

112 在“编辑多边形”卷展栏中单击“挤出”按钮，并设置“高度”为-30mm。

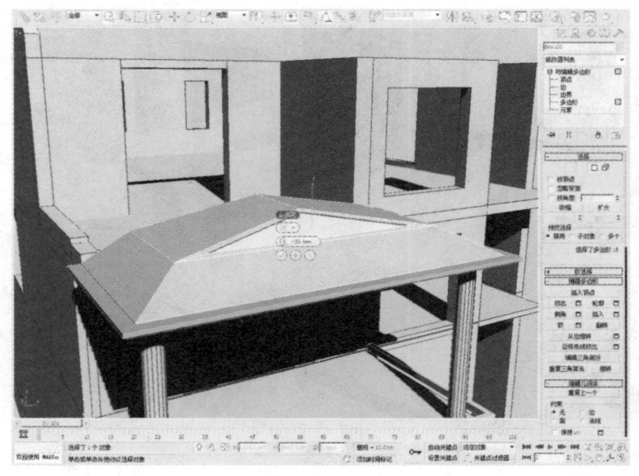

113 在“创建”命令面板中单击“线”按钮，在左视图中创建一个如下图所示的图形。

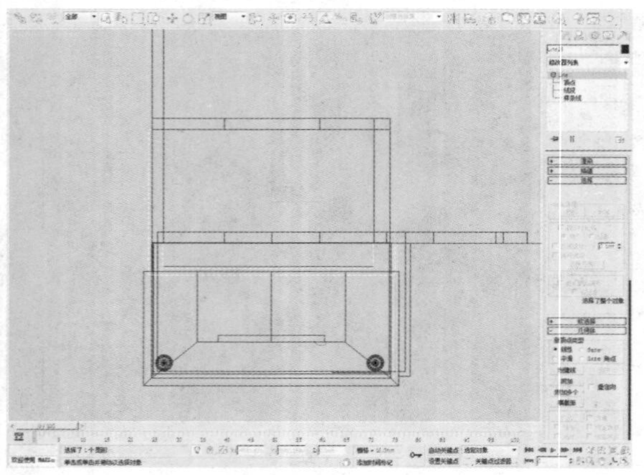

114 在修改器列表中选择“挤出”修改器，设置“数量”值为100mm。

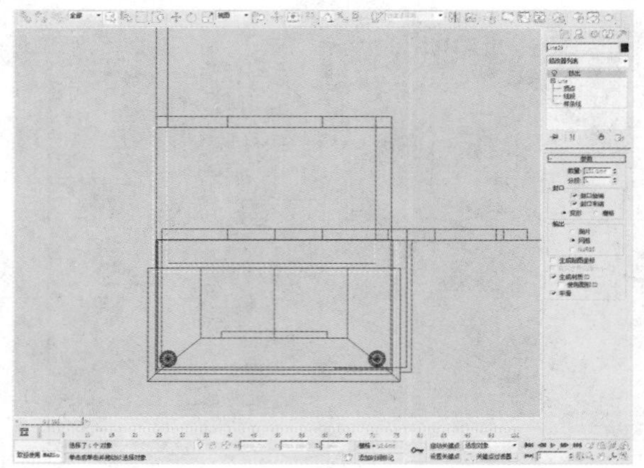

115 进入前视图，适当利用捕捉和移动工具，移动刚创建的阳台到如下图所示的位置。

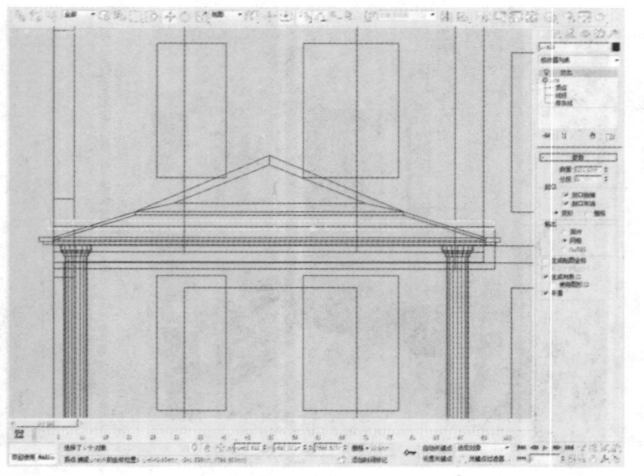

116 单击“选择并移动”按钮，选择两根柱子，按住Shift键不放，沿Y轴方向拖动图形，在弹出的对话框中选择“复制”单选按钮，设置“副本数”为1。

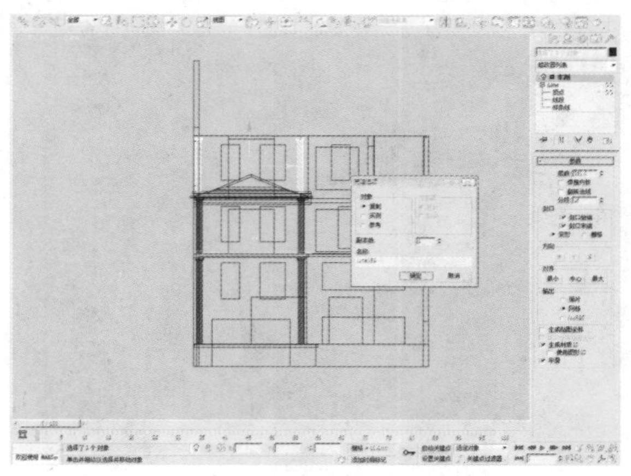

117 进入顶视图，使用“选择并移动”工具，将柱子移动到如下图所示的位置。

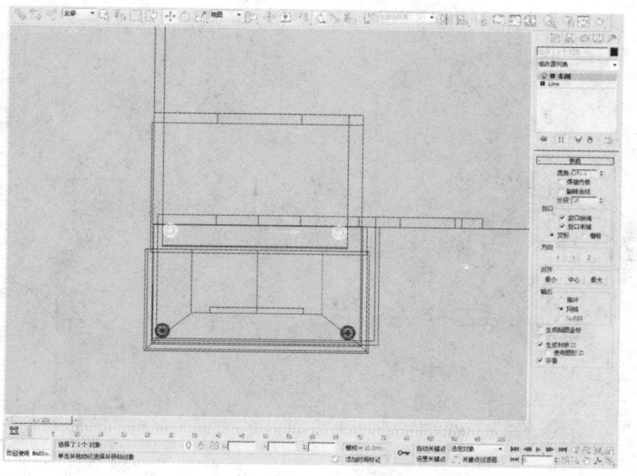

118 在“修改”面板Line下拉列表中选择“顶点”选项，选择如下图所示的顶点。

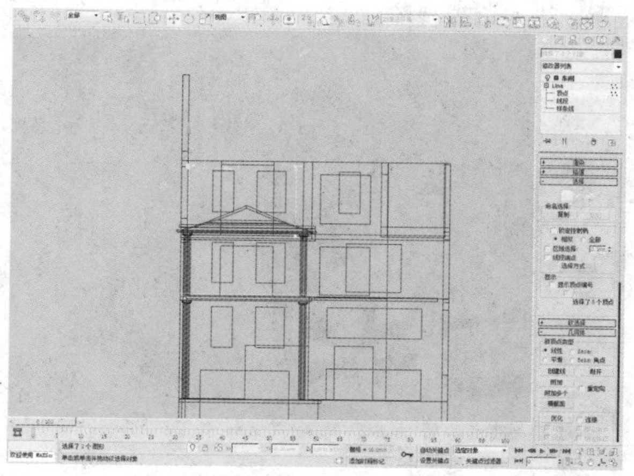

119 使用“选择并移动”工具，将顶点移动到如下图所示的位置。

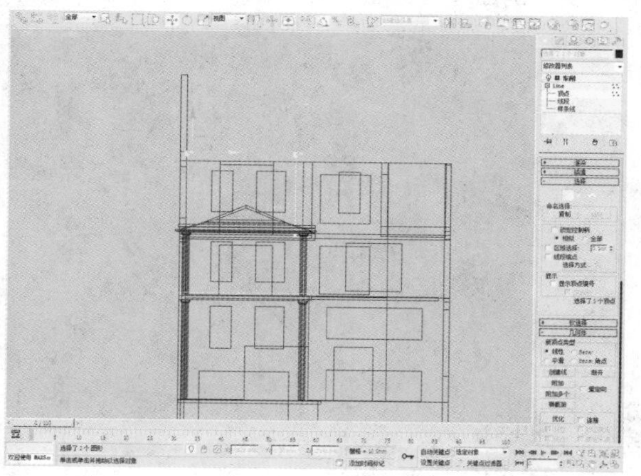

120 在“创建”命令面板中单击“线”按钮，在顶视图中创建一个如下图所示的图形。

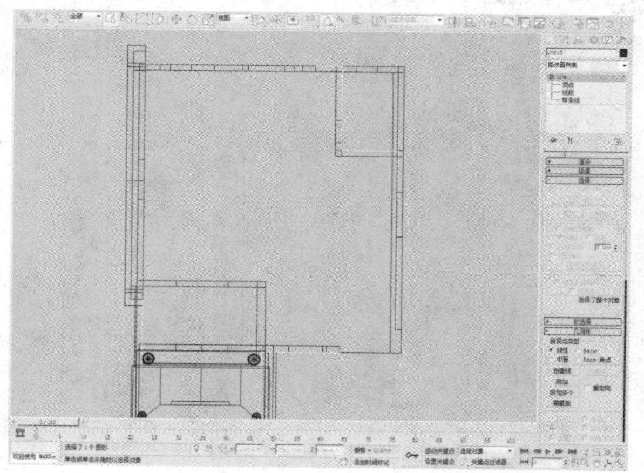

121 在“创建”命令面板中单击“线”按钮，在前视图中创建一个如下图所示的图形。

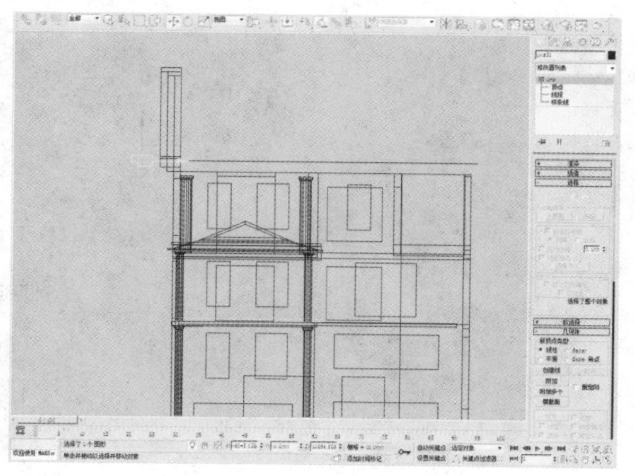

122 选择步骤119中创建的线，在修改器列表中选择“倒角剖面”修改器。

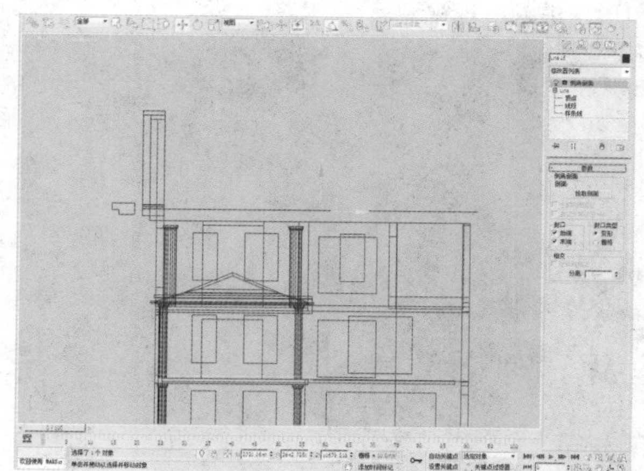

123 在“参数”卷展栏中的“倒角剖面”选项组中单击“拾取剖面”按钮，选择步骤120中创建的图形，进入透视视图。

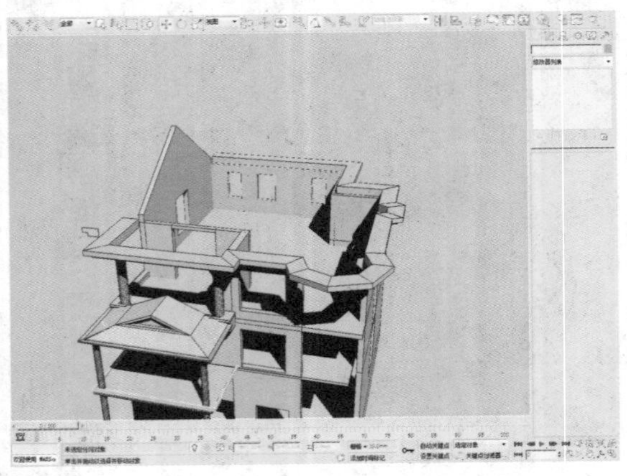

125 在“创建”命令面板中单击“线”按钮，在顶视图中创建一个如下图所示的图形。

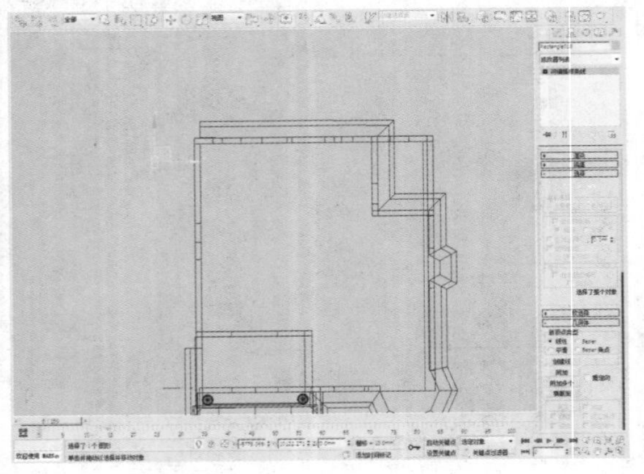

127 在“参数”卷展栏中的“倒角剖面”选项组中单击“拾取剖面”按钮，拾取步骤125中创建的图形，进入透视视图。

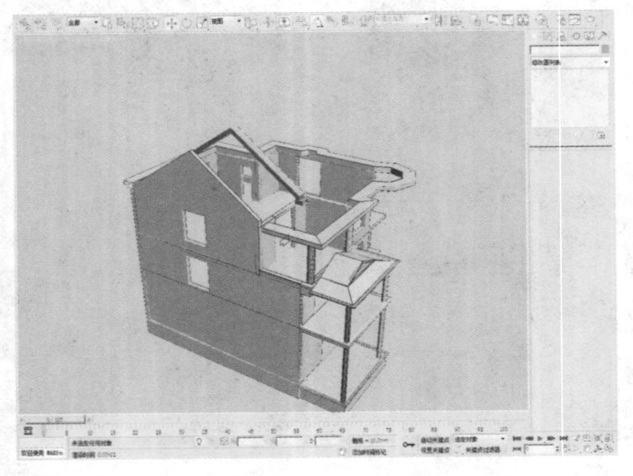

124 选择“创建>图形>线”命令，在顶视图中创建一个如下图所示的图形。

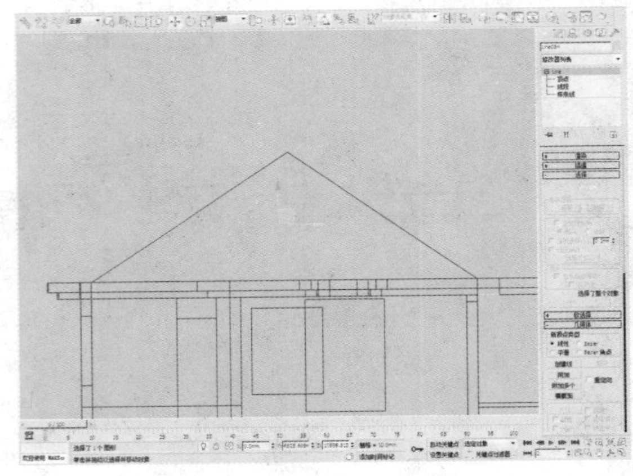

126 选择步骤124中创建的线，在修改器列表中选择“倒角剖面”修改器。

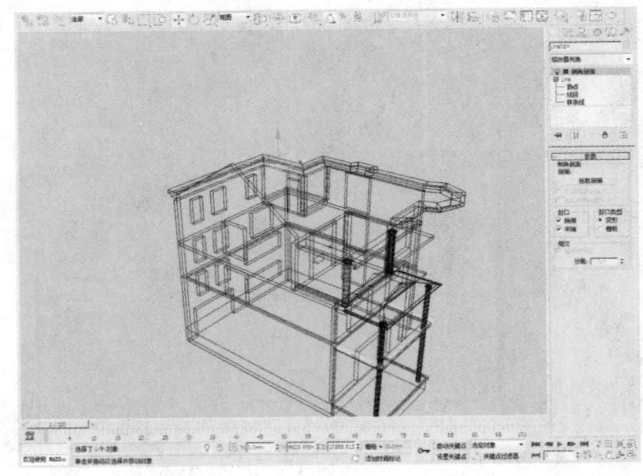

128 进入顶视图，使用“选择并移动”工具，将刚刚创建的屋脊移动到如下图所示的位置。

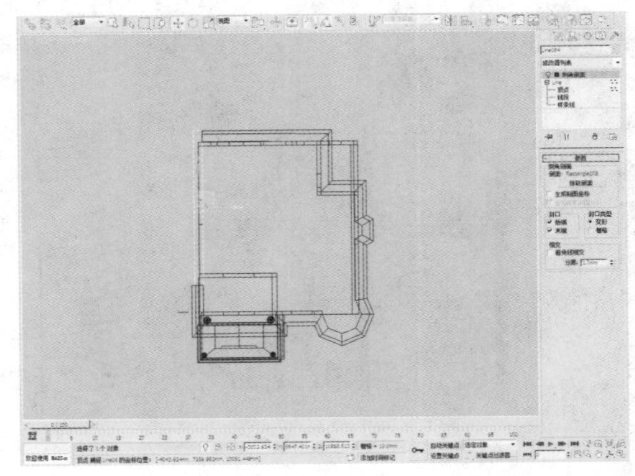

129 进入左视图，单击“选择并移动”按钮，选择刚刚创建的屋脊，按住Shift键不放，沿Y轴方向拖动，在弹出的对话框中单击“复制”单选按钮，设置“副本数”为1。

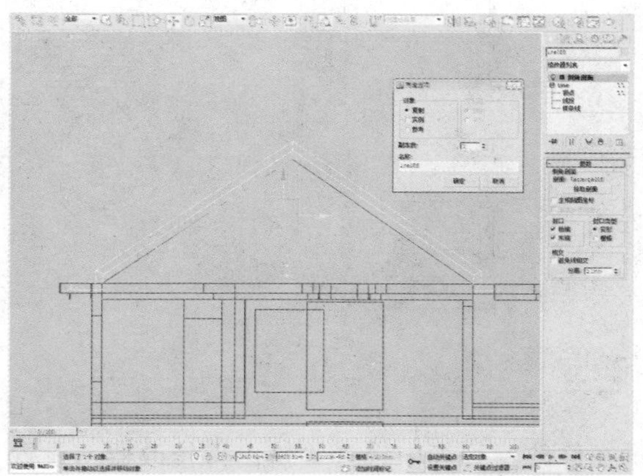

130 单击鼠标右键，在快捷菜单中，选择“转换为＞转换为可编辑多边形”命令，将其转化为可编辑多边形。

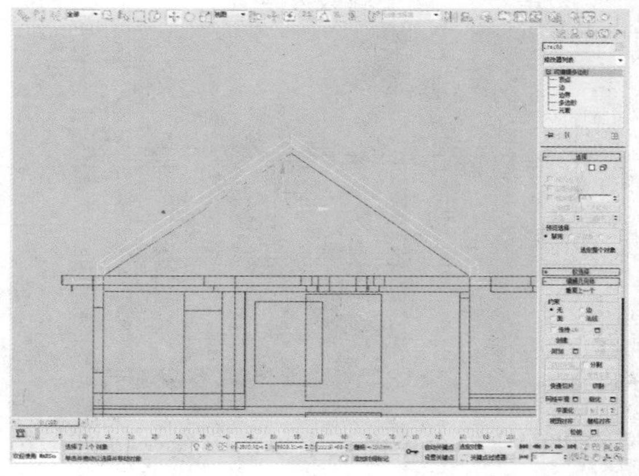

131 在“修改”面板“可编辑多边形”下拉列表中选择“顶点”选项，选择如下图所示顶点。

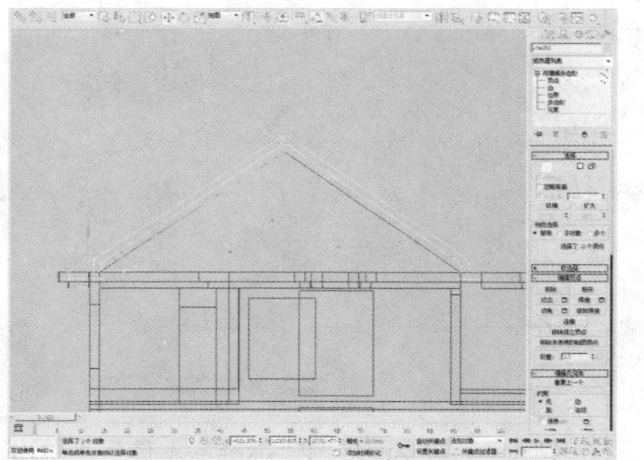

132 使用“选择并移动”工具，将顶点移动到如下图所示的位置。

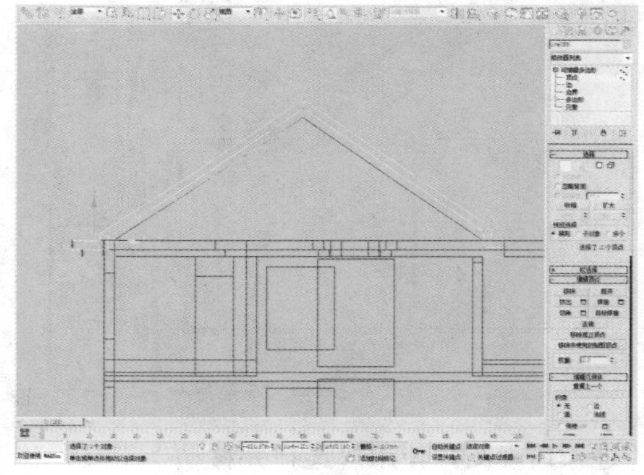

133 重复步骤132中的操作，得到如下图所示图形。

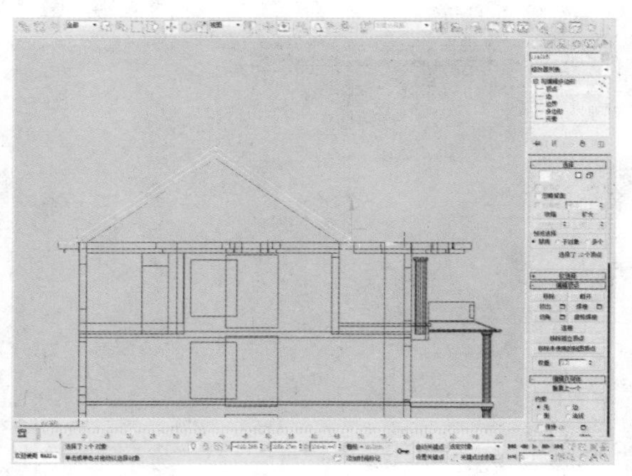

134 在“创建”命令面板中单击“线”按钮，在左视图中创建一个如下图所示的图形。

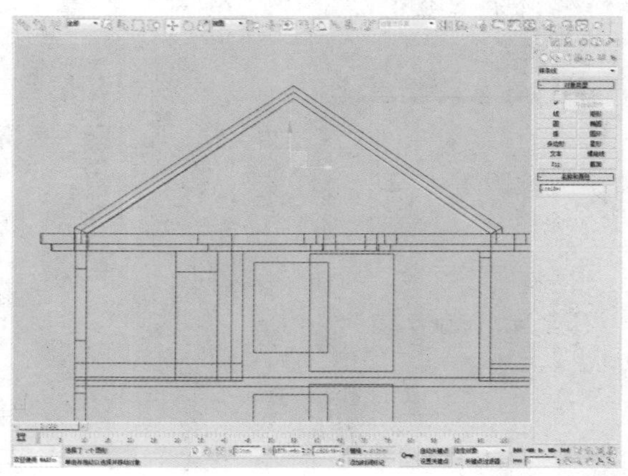

135 在修改器列表中选择“挤出”修改器，设置“数值”参数为7750mm。

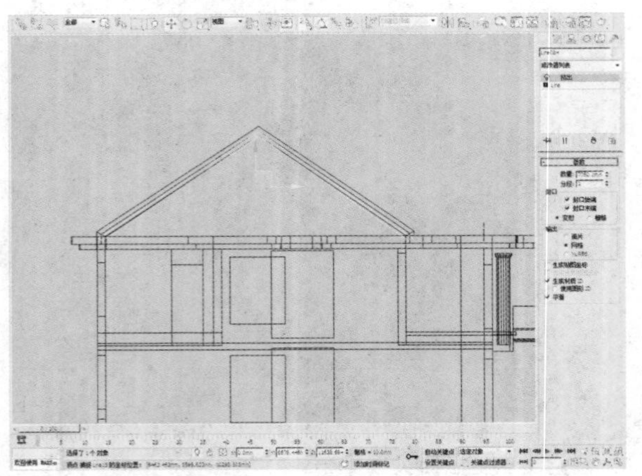

136 进入顶视图，单击“选择并移动”按钮，将屋顶移动到如下图所示的位置。

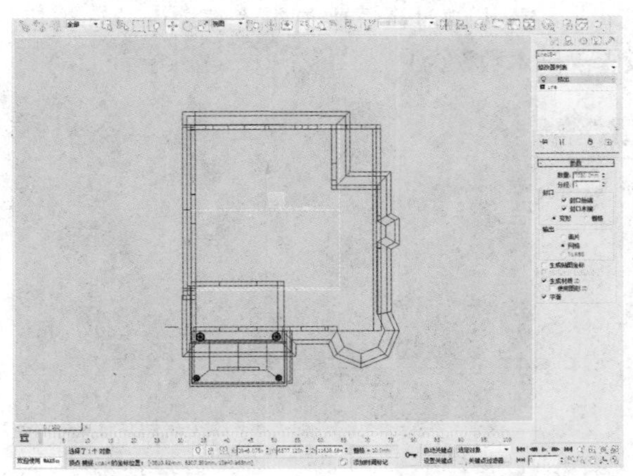

137 在“创建”命令面板中单击“线”按钮，在左视图中创建一个如下图所示的图形。

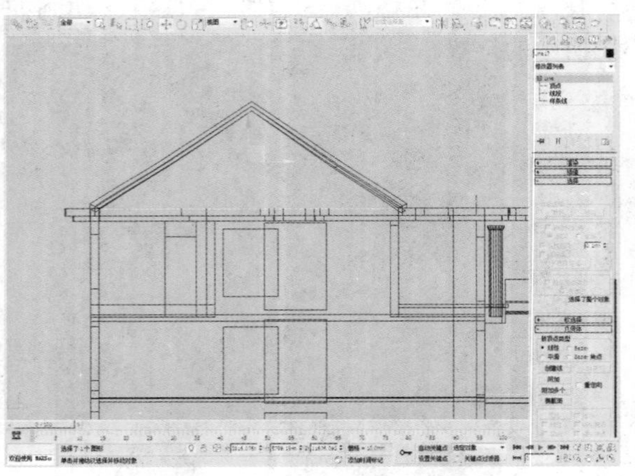

138 在修改器列表中选择“挤出”修改器，设置“数值”参数为7750mm。

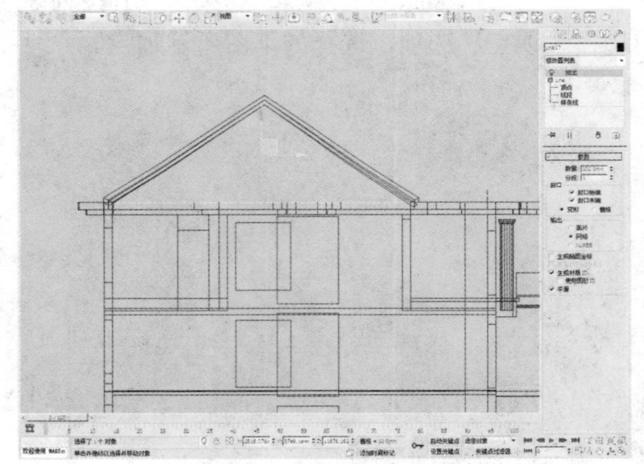

139 进入顶视图，使用“选择并移动”工具，移动到如下图所示的位置。

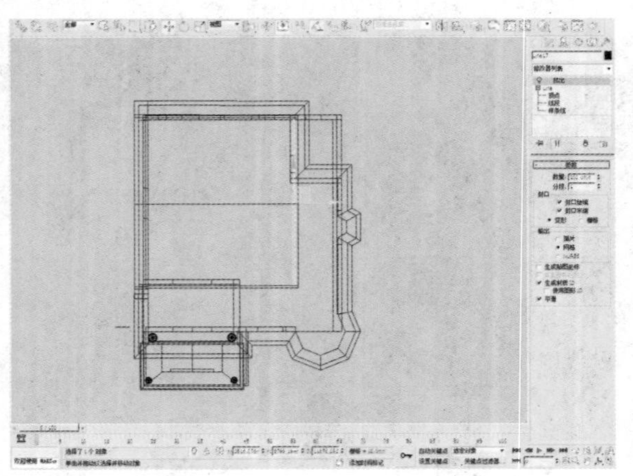

140 在“创建”命令面板的“标准基本体”下单击“长方体”按钮，进入顶视图，利用捕捉功能画出如下图所示的长方体。

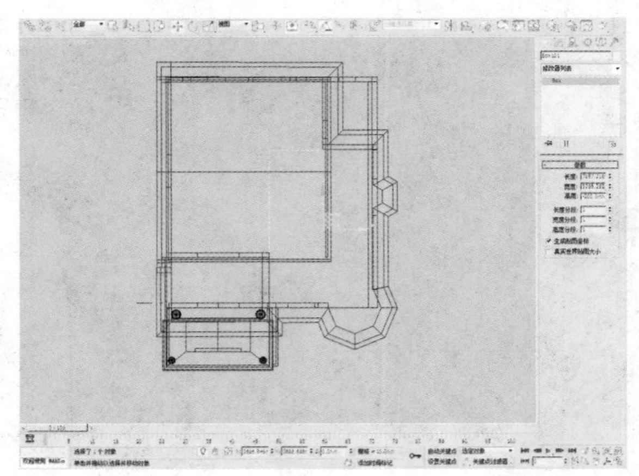

141 进入“修改”面板，将长方体“参数”卷展栏中的“高度”参数改为200mm。

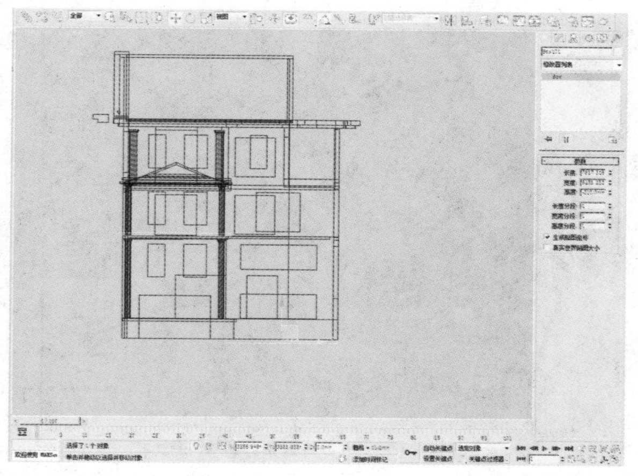

142 进入前视图，使用“选择并移动”工具，移动长方体到如下图所示的位置。

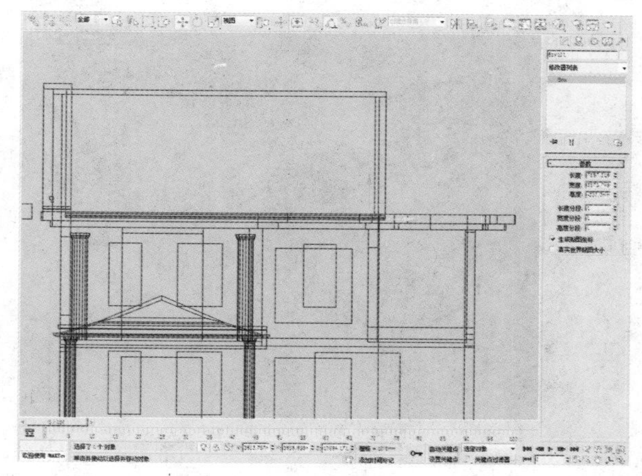

143 单击鼠标右键，通过快捷菜单中的命令将其转化为可编辑多边形。

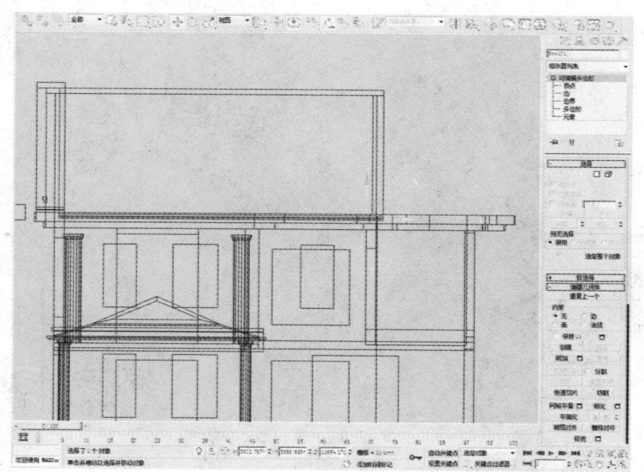

144 在“修改”面板“可编辑多边形”列表中选择“多边形”选项，选择如下图所示的多边形。

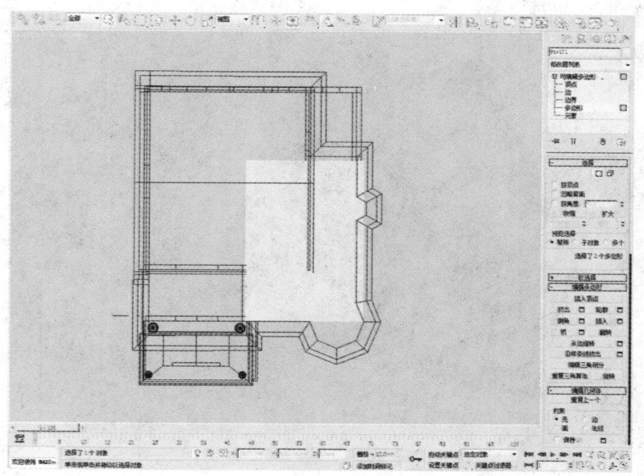

145 在“编辑多边形”卷展栏中单击“插入”按钮。

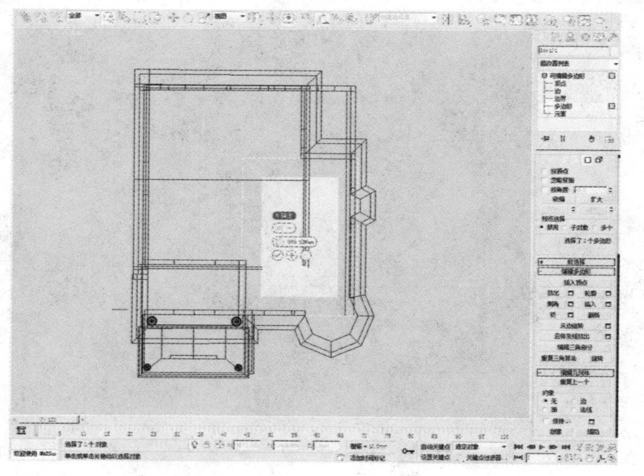

146 在“修改”面板“可编辑多边形”列表中选择“顶点”选项，选择如下图所示的顶点。

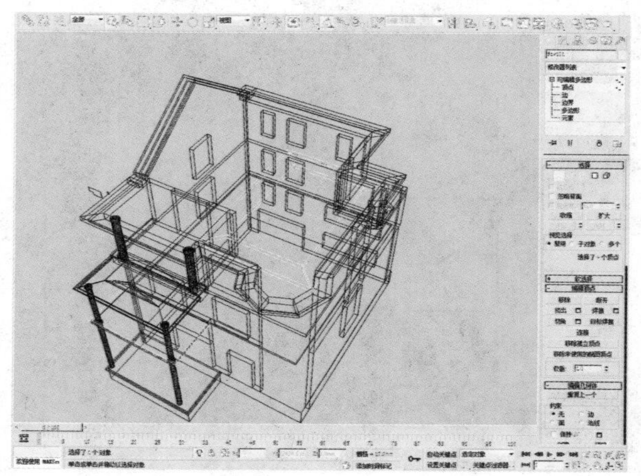

147 在“编辑几何体”卷展栏中单击“塌陷”按钮。

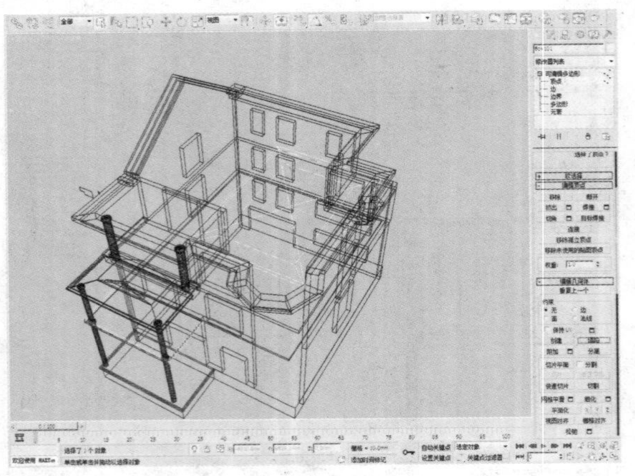

148 在“修改”面板“可编辑多边形”下拉列表中选择“顶点”选项，选择如下图所示的顶点。

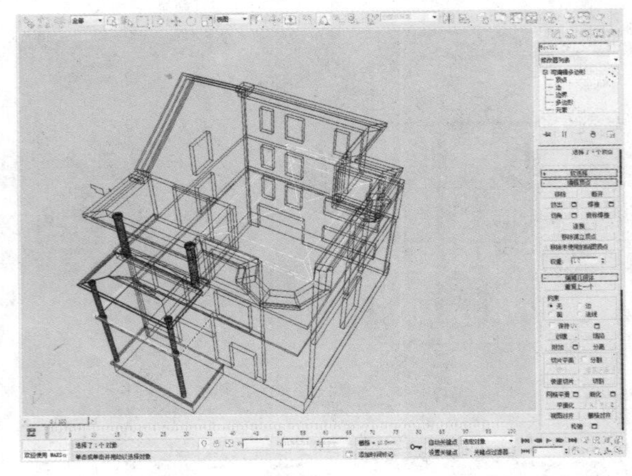

149 在“编辑几何体”卷展栏中单击“塌陷”按钮。

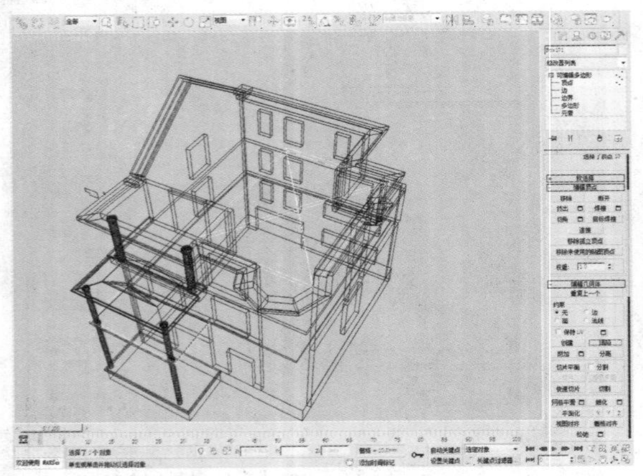

150 在“修改”面板“可编辑多边形”下拉列表中选择“顶点”选项，选择如下图所示的顶点。

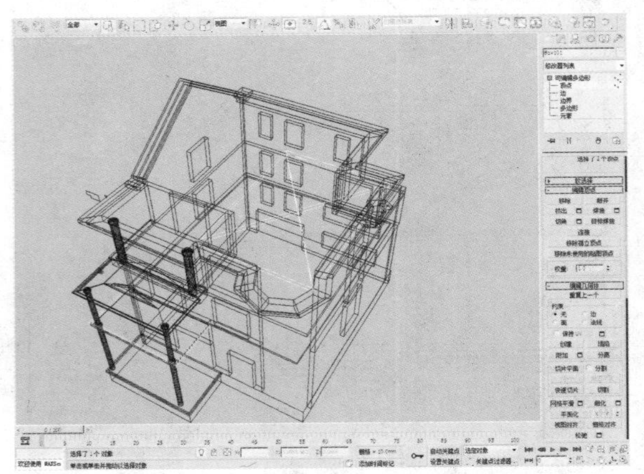

151 单击“选择并移动”按钮，进入前视图，将顶点移动到如下图所示的位置。

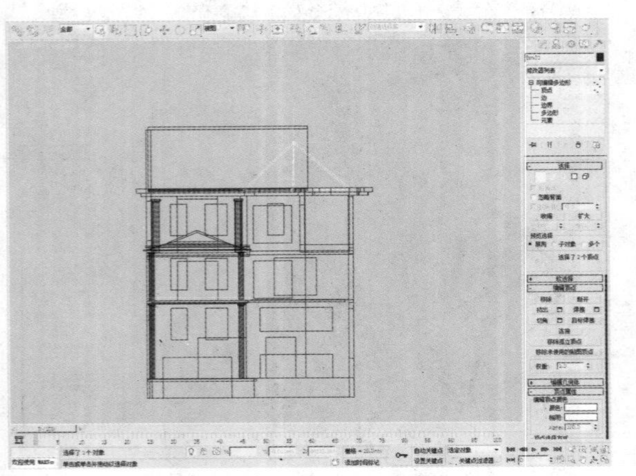

152 在“创建”命令面板的“标准基本体”下单击“长方体”按钮，在顶视图中，利用捕捉功能画出如下图所示的长方体。

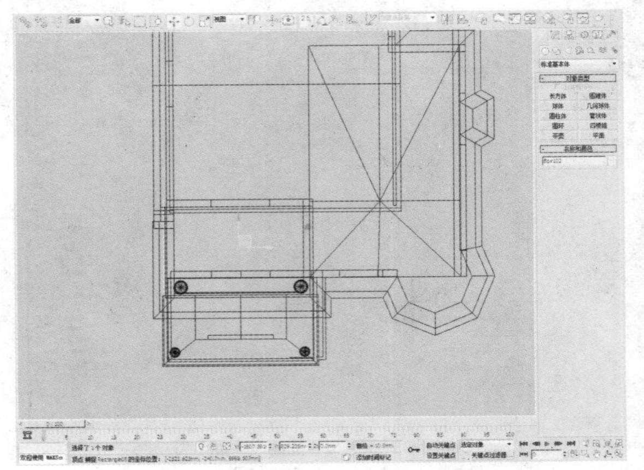

153 进入“修改”面板，将长方体“参数”卷展栏下的“高度”参数设置为200mm。

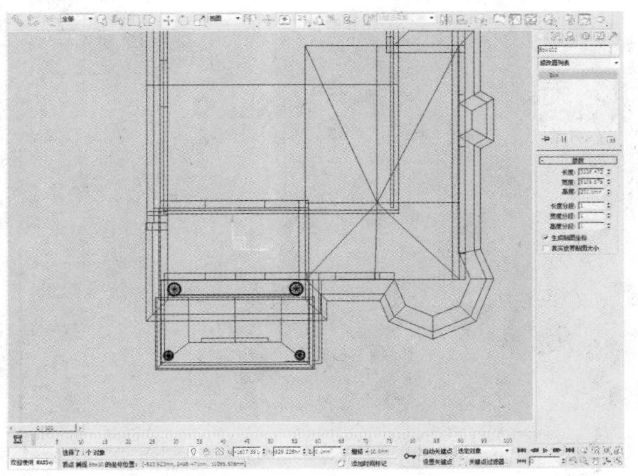

154 在前视图中，使用“选择并移动”工具，将长方体移动到如下图所示的位置。

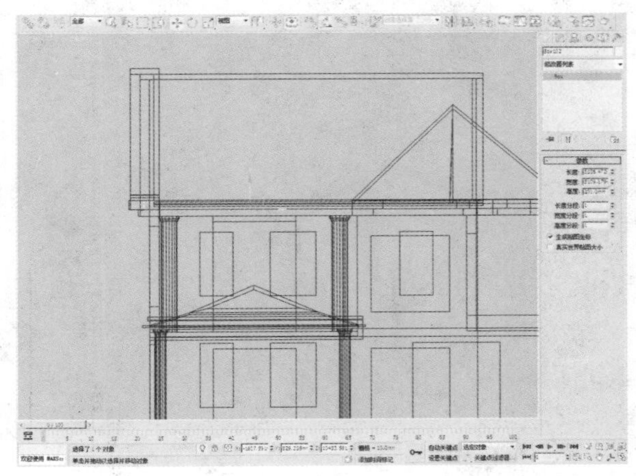

155 单击鼠标右键，通过快捷菜单命令将其转化为可编辑多边形。

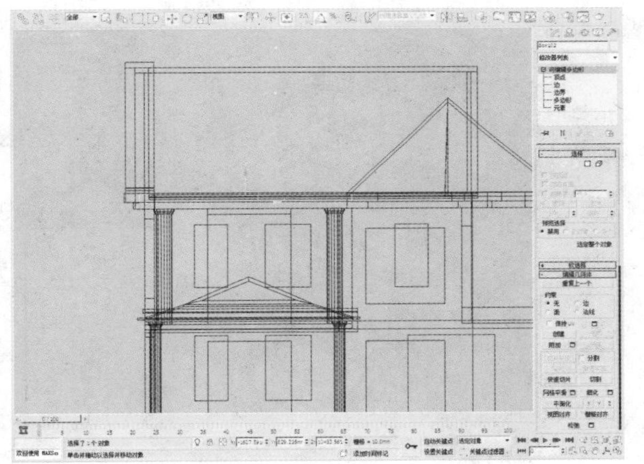

156 在“修改”面板“可编辑多边形”列表中选项“多边形”按钮，选择如下图所示的多边形。

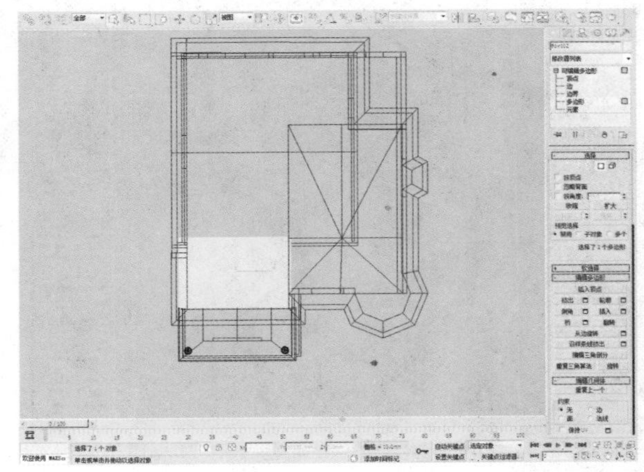

157 在“编辑多边形”卷展栏中单击“插入”按钮。

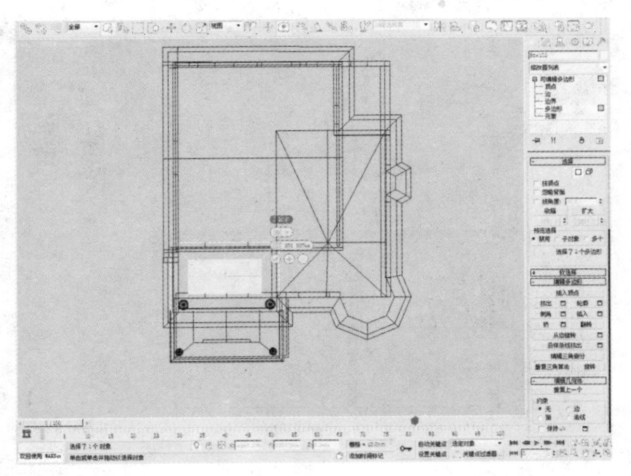

158 在“修改”面板“可编辑多边形”列表中选择“顶点”选项，选择如下图所示的顶点。

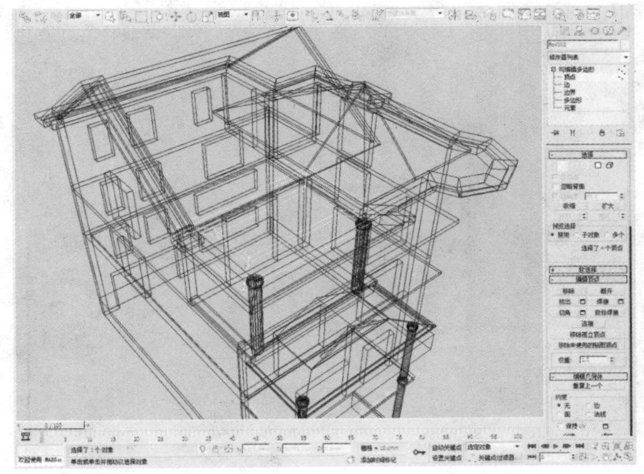

159 在“编辑几何体”卷展栏中单击“塌陷”按钮。

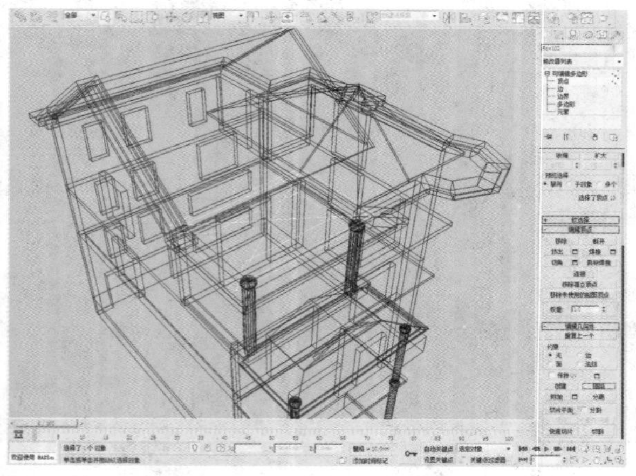

160 在“修改”面板“可编辑多边形”列表中选择“顶点”选项，选择如下图所示的顶点。

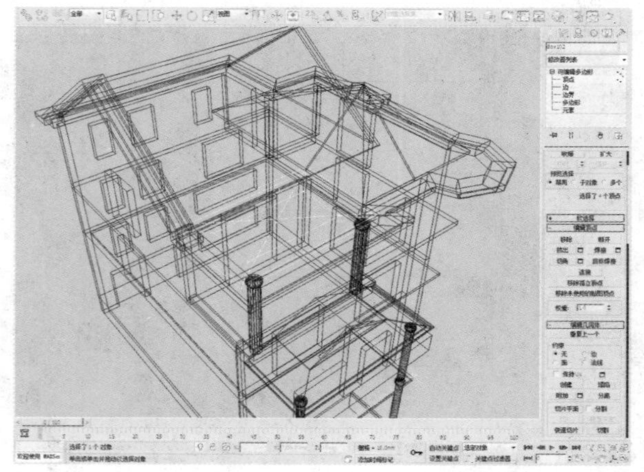

161 在“编辑几何体”卷展栏单击“塌陷”按钮。

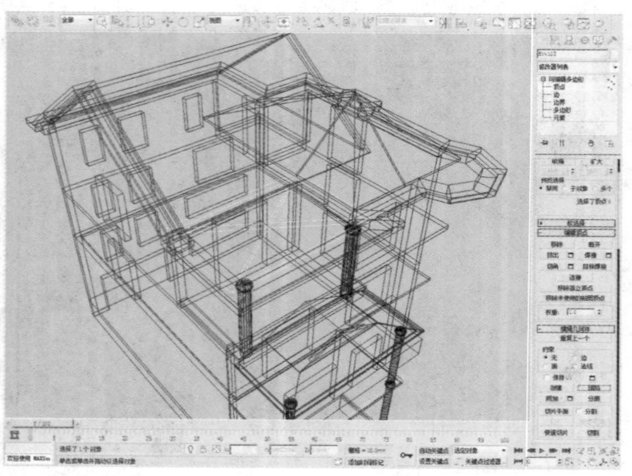

162 在“修改”面板“可编辑多边形”列表中选择“顶点”选项，选择如下图所示的顶点。

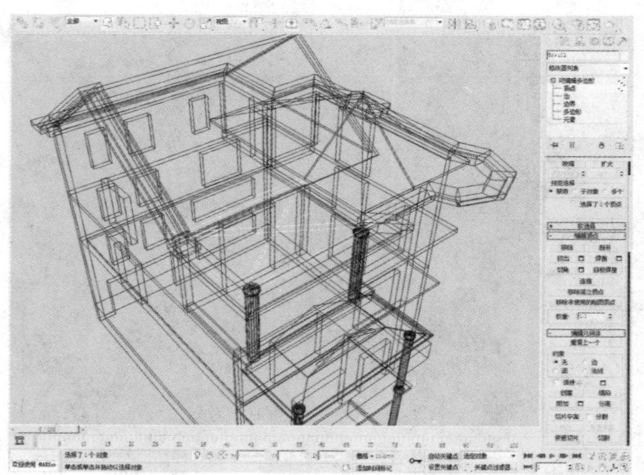

163 单击“选择并移动”按钮，进入前视图，将顶点移动到如下图所示的位置。

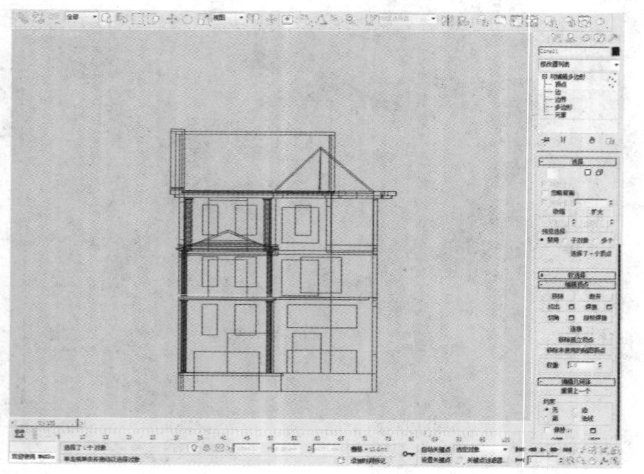

164 在“创建”命令面板中单击“线”按钮，在透视视图中创建一个如下图所示的图形。

165 在“修改”面板的Line列表中选择“样条线”选项。

166 在“选择”卷展栏中单击“轮廓”按钮，设置其值为-100。

167 在修改器列表中选择“挤出”修改器，设置挤出“高度”为2800mm。

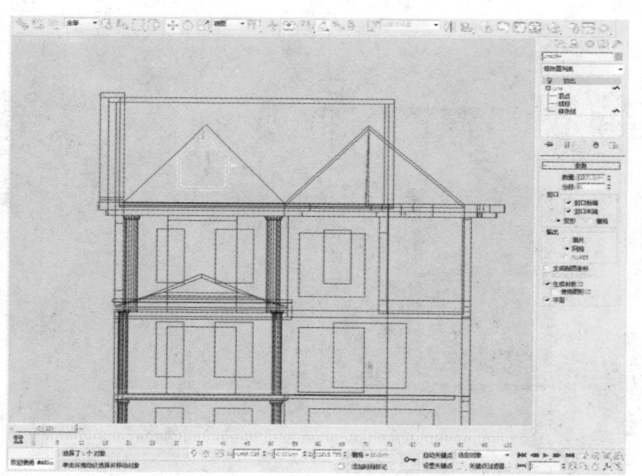

168 在“创建”命令面板中单击“线”按钮，在透视视图中创建一个如下图所示的图形。

169 在“修改”面板Line列表中选择“样条线”选项。

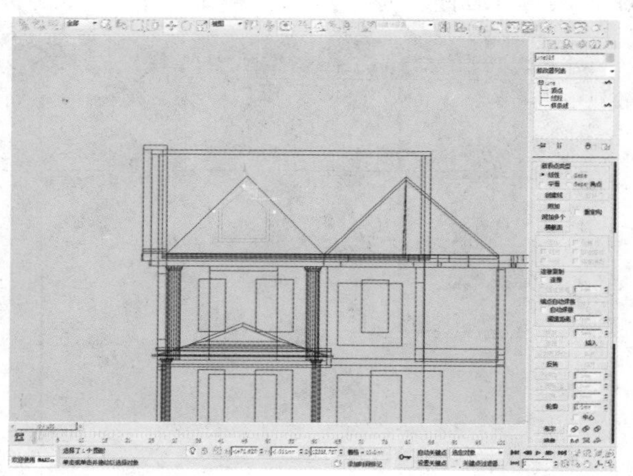

170 在“选择”卷展栏中单击“轮廓”按钮，设置其值为120mm。

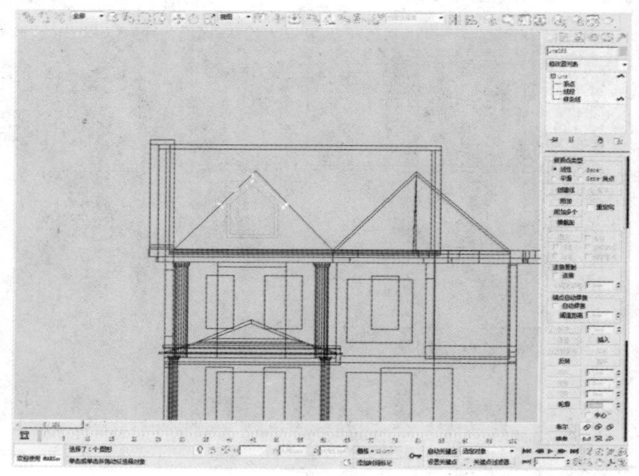

171 在修改器列表中选择“挤出”修改器，设置“数量”值为2800mm。

172 单击“选择并移动”按钮，将窗户移动到如下图所示的位置。

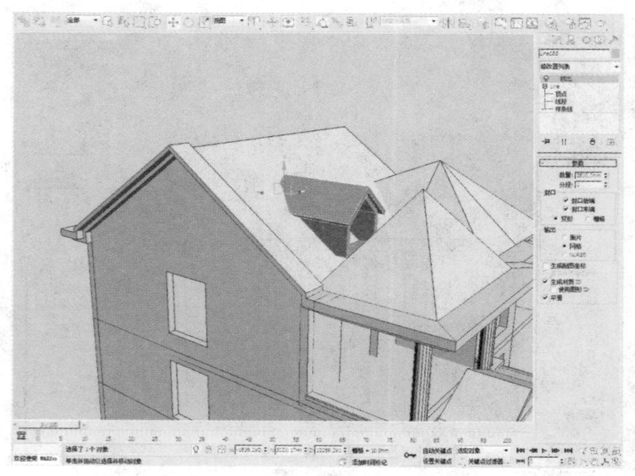

173 在“创建”命令面板的“标准基本体”下单击“长方体”按钮，在顶视图中利用捕捉功能，捕捉如下图所示的长方体。

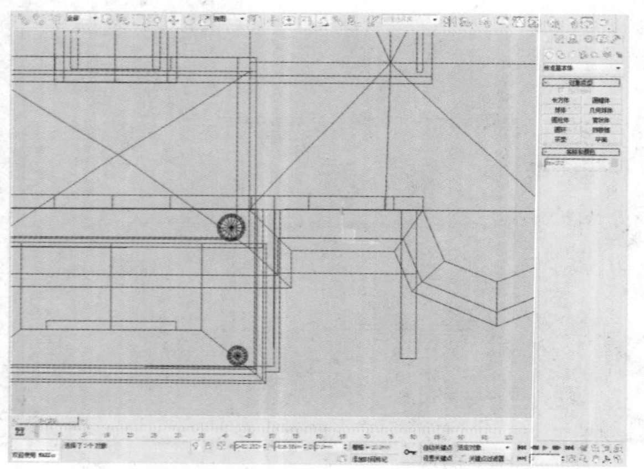

174 在“修改”面板中，将长方体“参数”卷展栏中的“高度”参数改为200mm。

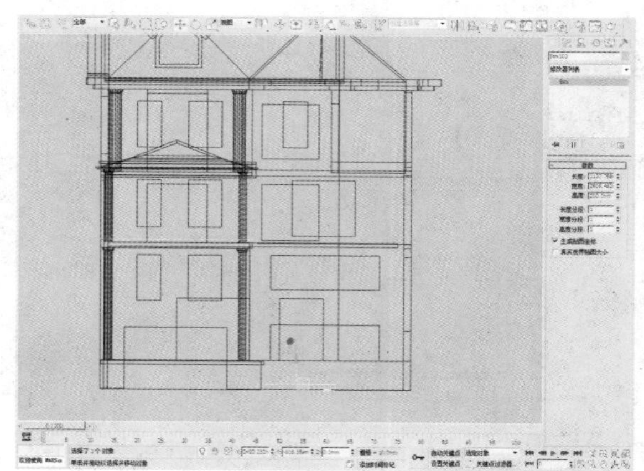

175 单击“选择并移动”按钮，将物体移动到如下图所示的位置。

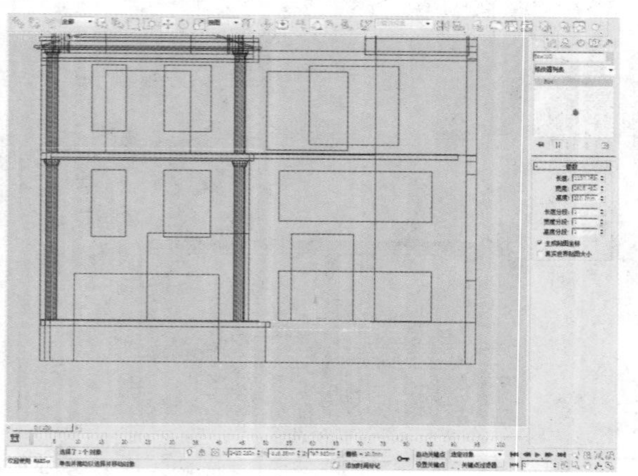

176 单击鼠标右键，通过快捷菜单命令将其转换为可编辑多边行。

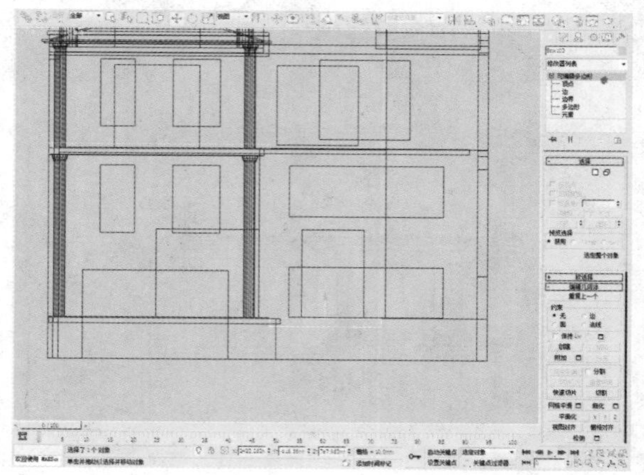

177 在“修改”面板“可编辑多边形”列表中选择“边”选项，选择如下图所示的边。

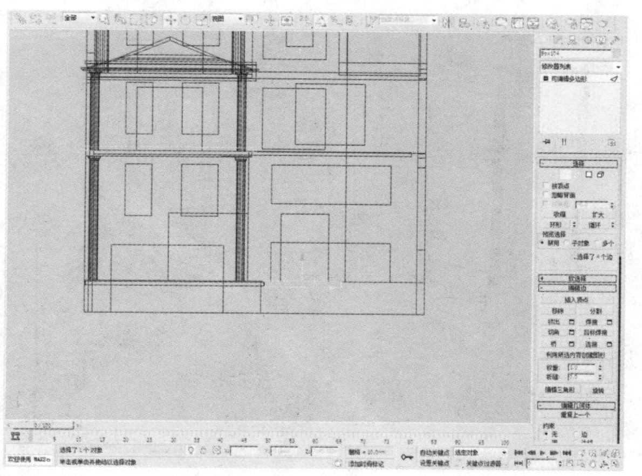

178 在“编辑边”卷展栏单击“连接”按钮，使其连接成一条边。

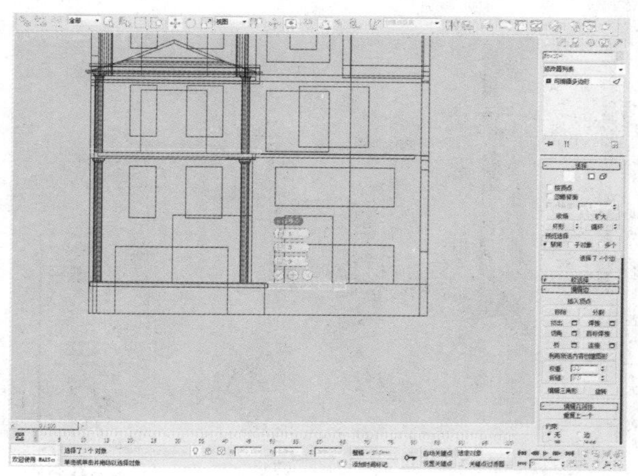

179 选择“修改”面板“可编辑多边形”列表中的“顶点”选项，选择如下图所示的顶点。

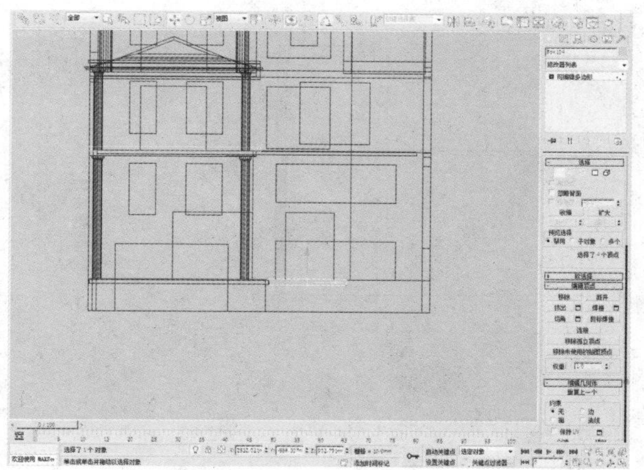

180 单击“选择并移动”按钮，将顶点移动到如下图所示的位置。

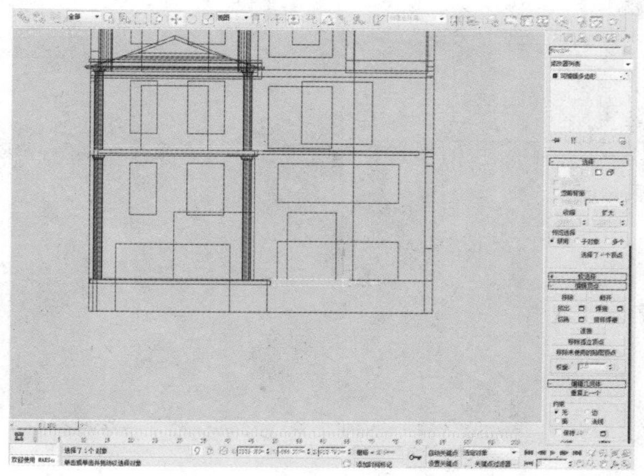

181 在“修改”面板“可编辑多边形”列表中选择“多边形”选项，选择如下图所示的多边形。

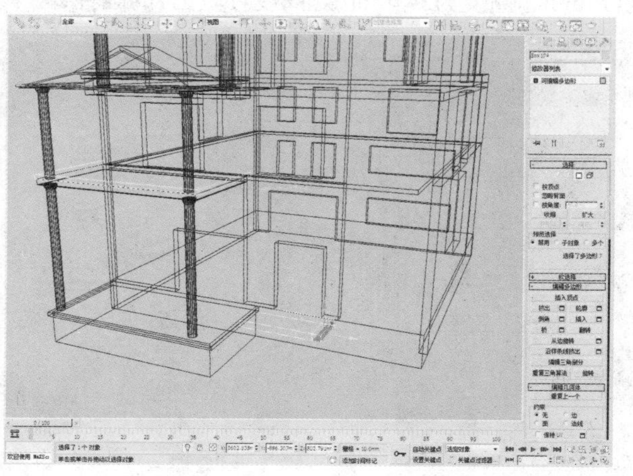

182 在“编辑多边形”卷展栏单击“挤出”按钮，设置挤出“高度”为800mm。

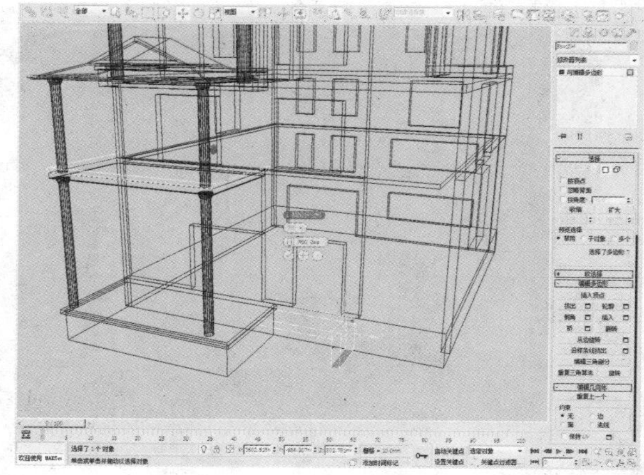

183 在“修改”面板“可编辑多边形”列表中选择“多边形”选项，选择如下图所示的多边形。

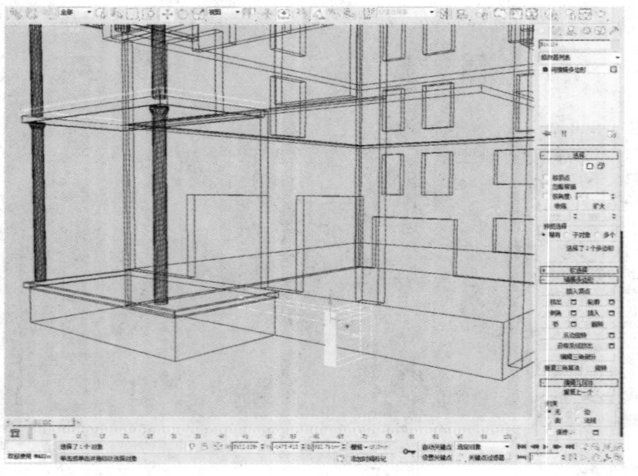

184 在“编辑多边形”卷展栏中单击“挤出”按钮，设置挤出“高度”为1620mm。

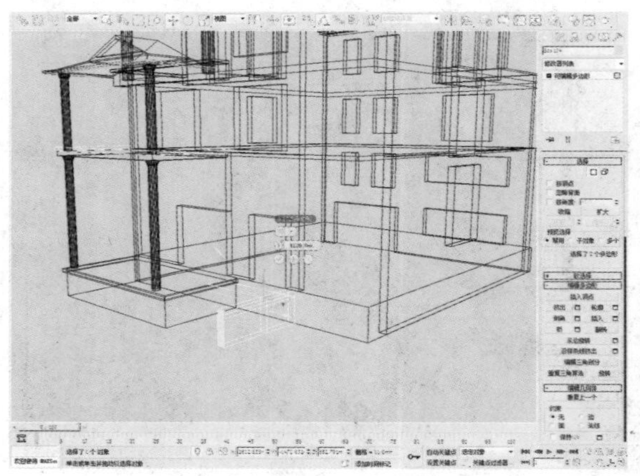

185 在“创建”命令面板中单击“线”按钮，在左视图中创建一个如下图所示的图形。

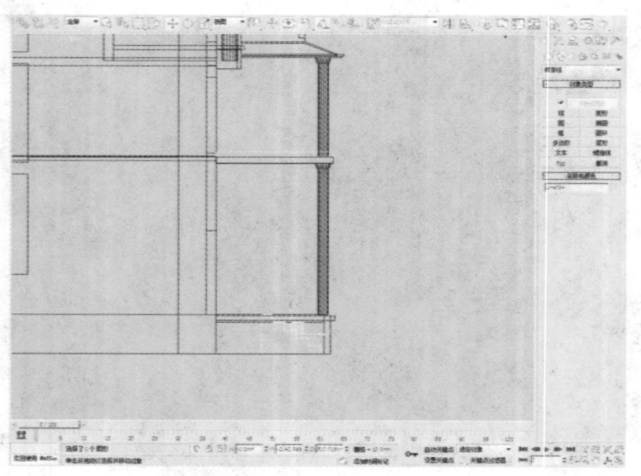

186 在修改器列表中选择“挤出”修改器，设置“数量”值为2200mm。

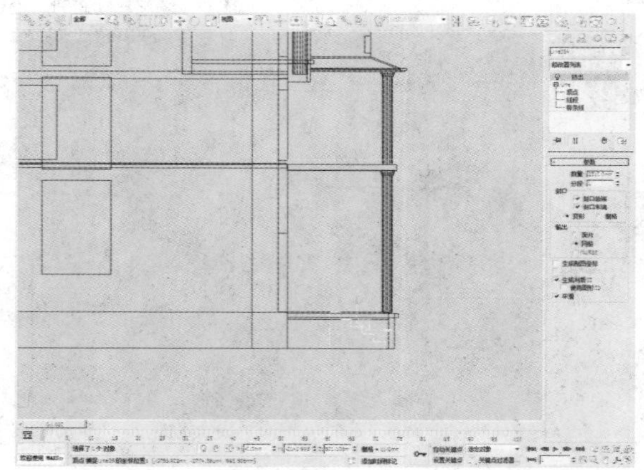

187 进入顶视图，单击“选择并移动”按钮，将踏步楼梯移动到如下图所示的位置。

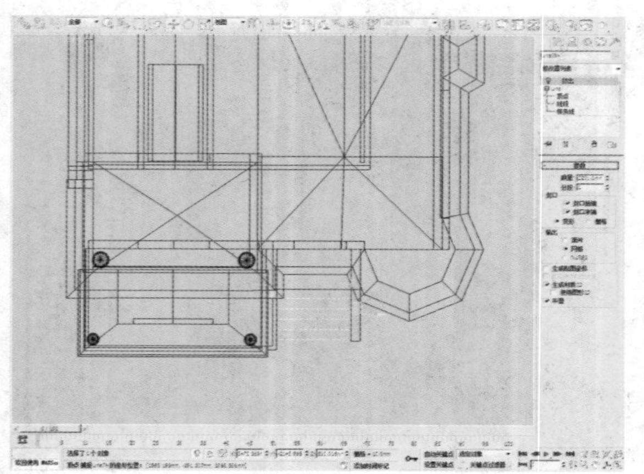

188 在“创建”命令面板中的“标准基本体”下单击“圆柱体”按钮，进入顶视图，创建一个半径为170mm、高度为3470mm，高度分段为1的圆柱体。

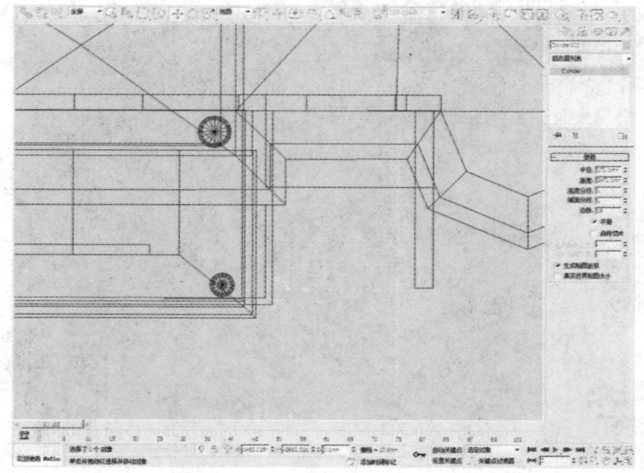

189 进入左视图，单击“选择并移动”按钮，选择刚刚创建的屋脊，按住Shift键不放，沿Y轴方向拖动，在弹出的对话框中选择“复制”单击按钮，设置“副本数”为1。

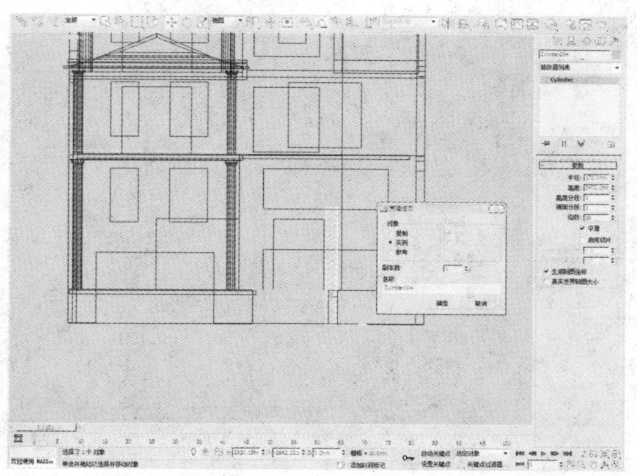

190 按照以上步骤的操作得到如下所示的效果。

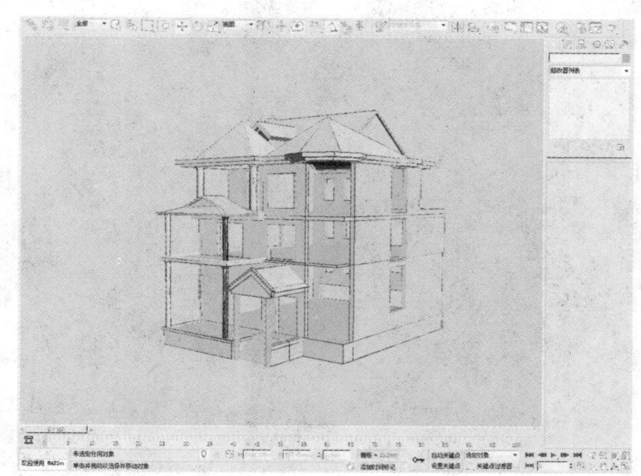

191 在“创建”命令面板中单击“多边形”按钮，在顶视图中创建一个半径为1100mm、边数为8、角半径为0的多边形。

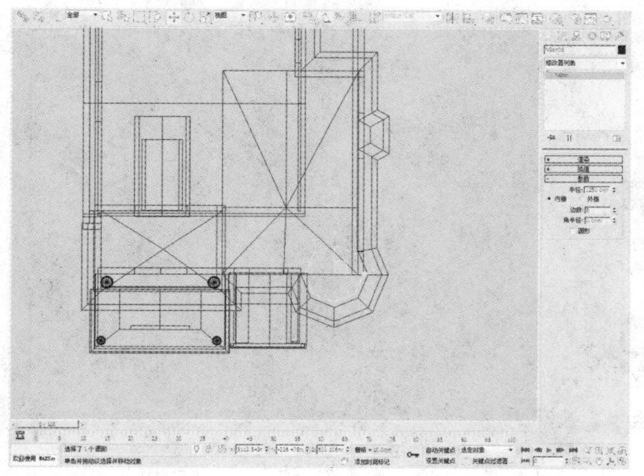

192 在修改器列表中选择“挤出”修改器，设置挤出“数量”为250mm。

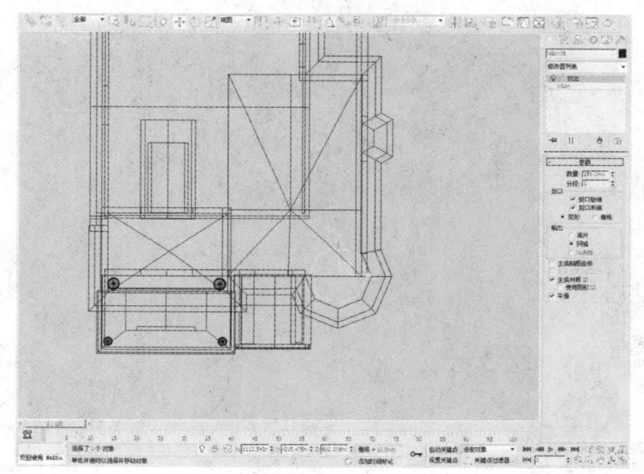

193 进入前视图，单击“选择并移动”按钮，将楼梯踏步移动到如下图所示的位置。

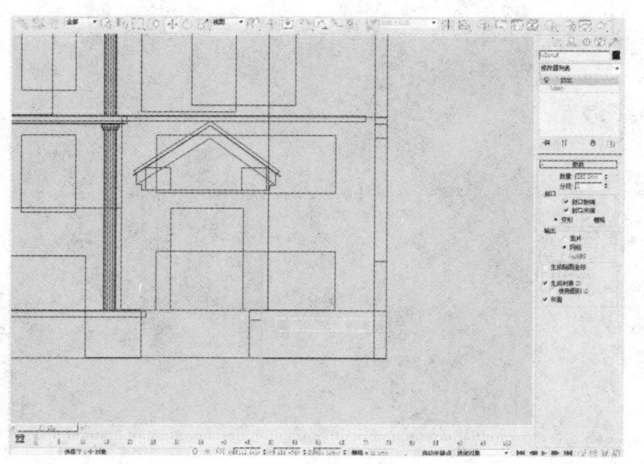

194 在“创建”命令面板中单击“多边形”按钮，在顶视图中创建一个半径为1280mm、边数为8、角半径为0的多边形。

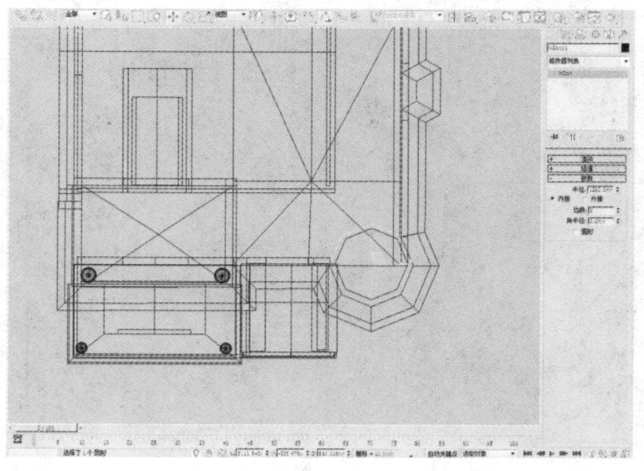

195 在修改器列表中选择“挤出”修改器，设置“数量”值为250mm。

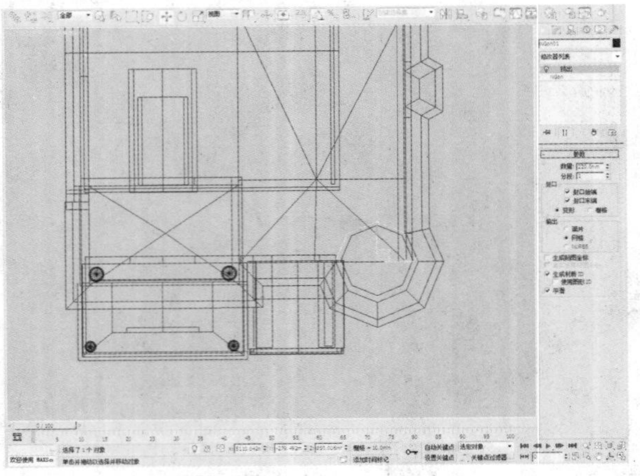

196 进入前视图，单击“选择并移动”工具，将楼梯踏步移动到如下图所示的位置。

197 在“创建”命令面板中单击“线”按钮，在顶视图中创建一个如下图所示的图形。

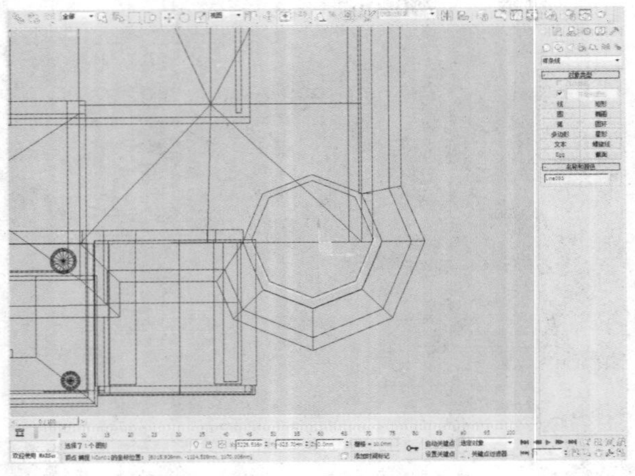

198 在“修改”面板Line列表中选择“样条线”选项。

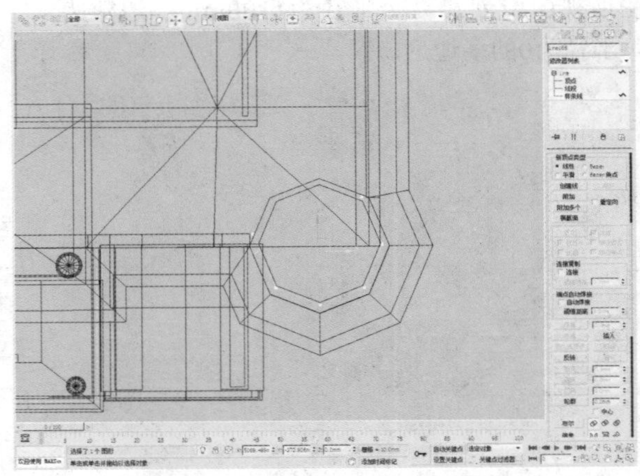

199 在“编辑样条线”卷展栏中单击“轮廓”按钮，设置其值为-60mm。

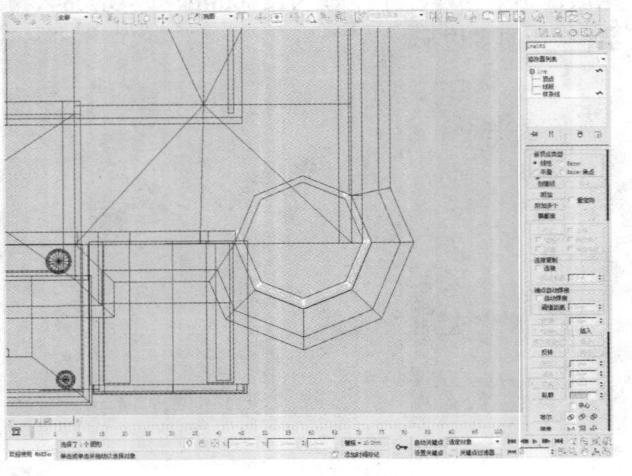

200 在修改器列表中选择“挤出”修改器，设置“数量”值为3800mm。

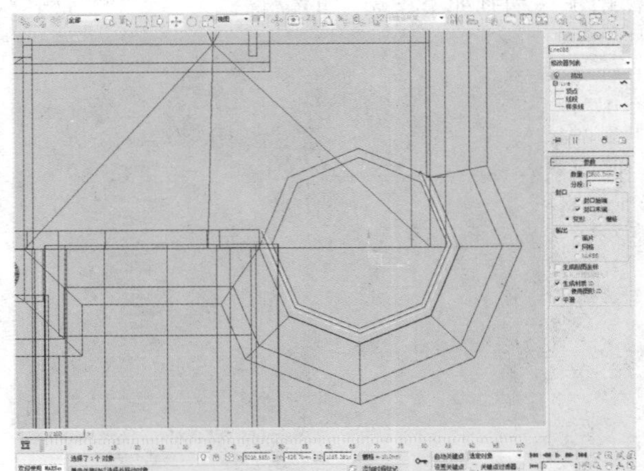

201 单击“选择并移动”按钮，将飘窗图形移动到如下图所示的位置。

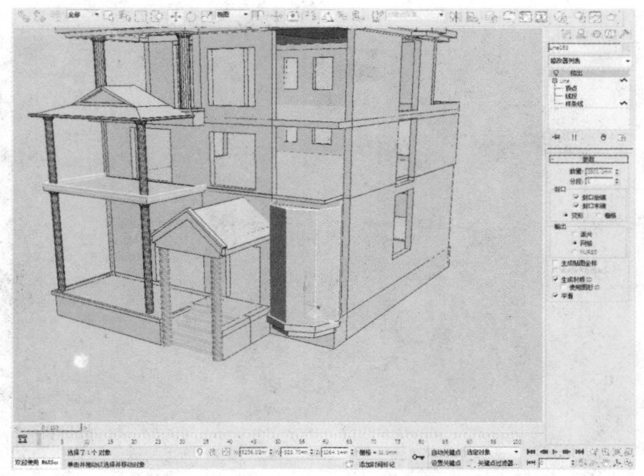

202 单击鼠标右键，通过快捷菜单命将其转化为可编辑多边形。

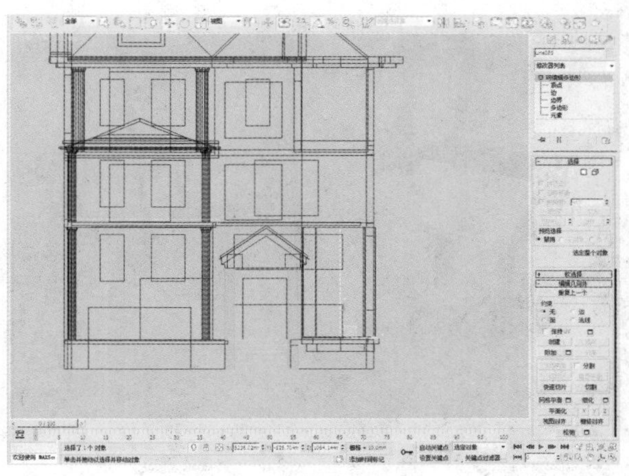

203 在“修改”面板“可编辑多边形”列表中选择“边”选项，选择如下图所示的边。

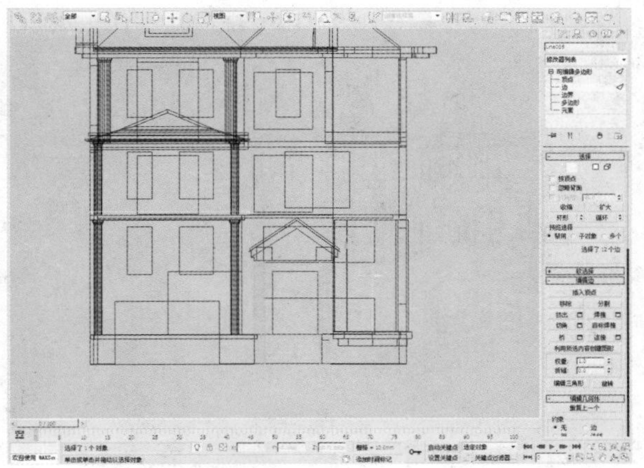

204 在“编辑边”卷展栏中单击“连接”按钮，使其连接成一条边。

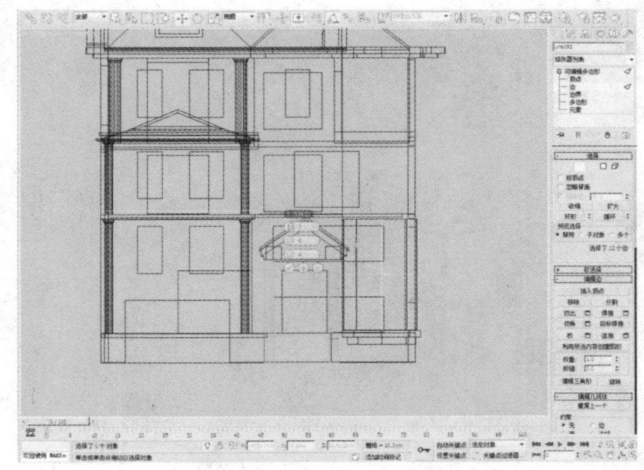

205 单击“选择并移动”按钮，将直线移动到如下图所示的位置。

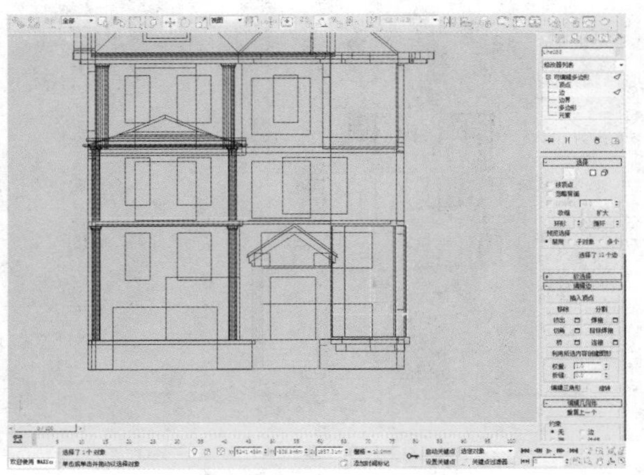

206 在“修改”面板“可编辑多边形”列表中选择“多边形”选项，选择如下图所示的多边形。

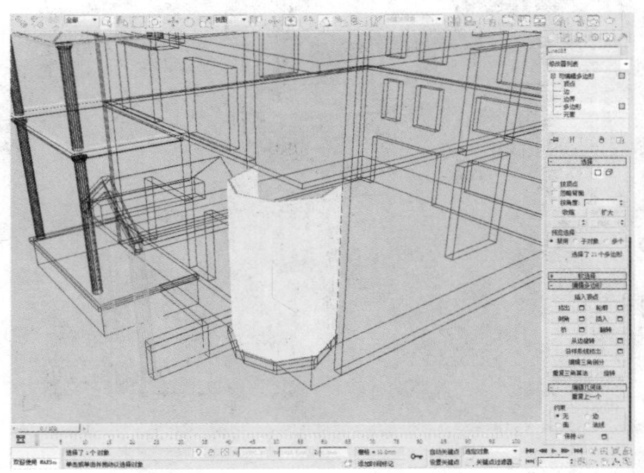

207 在“编辑多边形”卷展栏中单击“插入”按钮，按多边形插入，设置插入值为50mm。

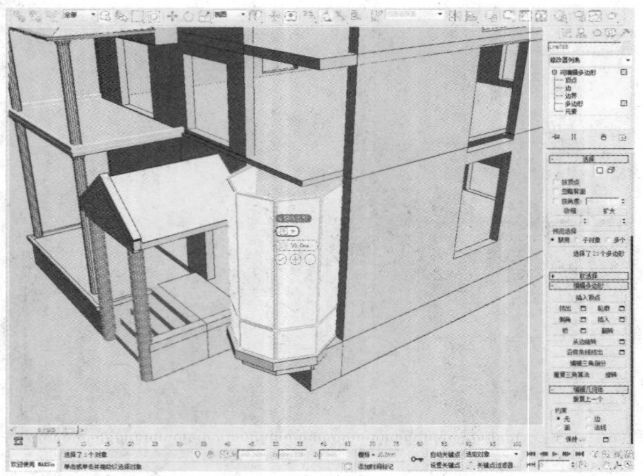

208 在“编辑多边形”卷展栏单击“桥”按钮。

209 根据以上步骤，得到如下图所示的效果。

210 参照上述步骤，制作出其他窗户，如下图A、B和C所示。

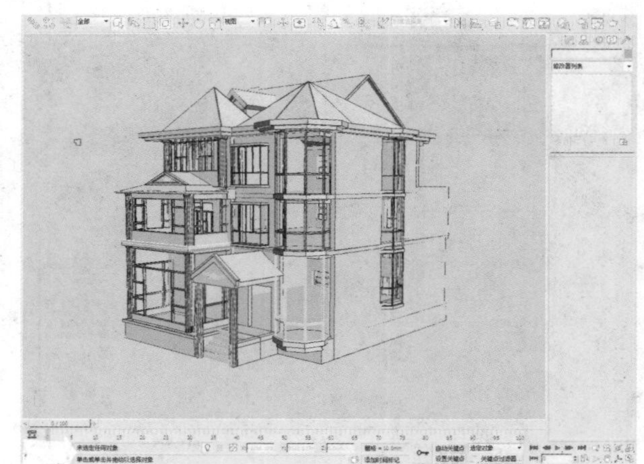

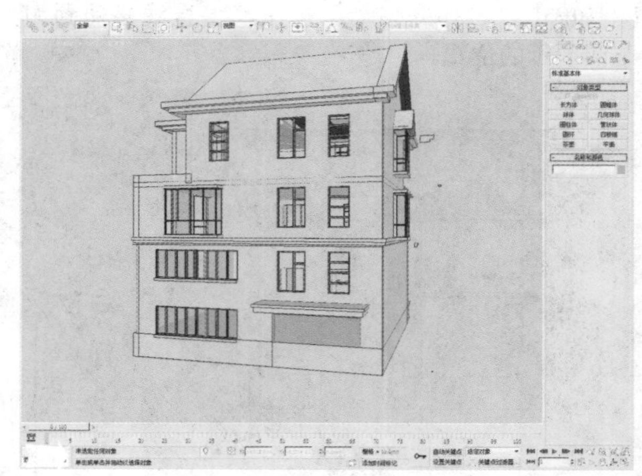

211 在“创建”命令面板中单击“线”按钮，在顶视图中创建一个如下图所示的图形。

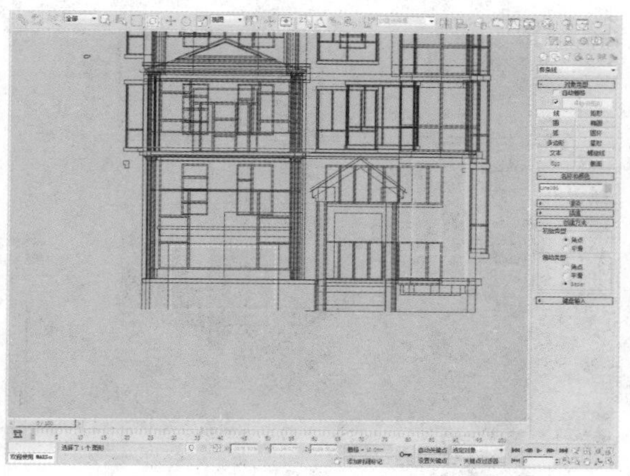

212 在“修改”面板Line列表中选择“样条线”选项。

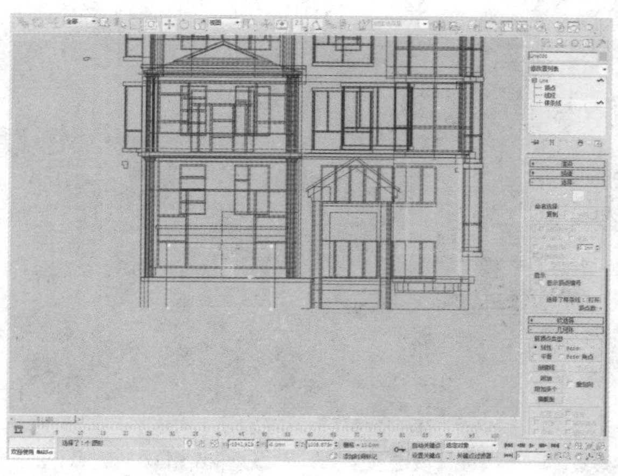

213 在“编辑样条线”卷展栏单击“轮廓”按钮，设置其值为92。

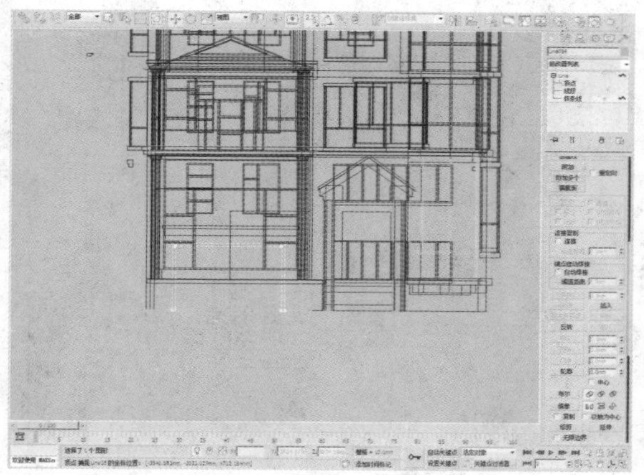

214 在修改器列表中选择“挤出”修改器，设置“数量”值为260。

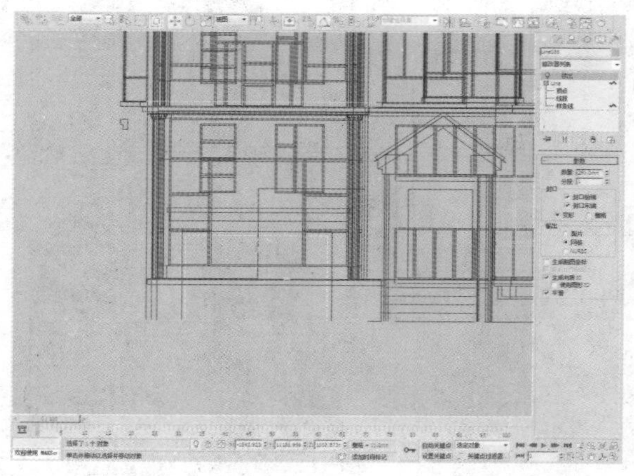

215 单击“选择并移动”按钮，将车库门框移到如下图所示的位置。

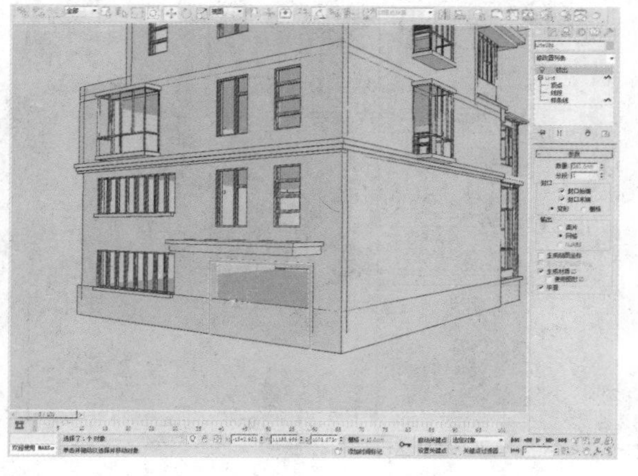

216 在“创建”命令面板的“标准基本体”下单击“长方体”按钮，在前视图中利用中捕捉功能，捕捉如下图所示的长方体。

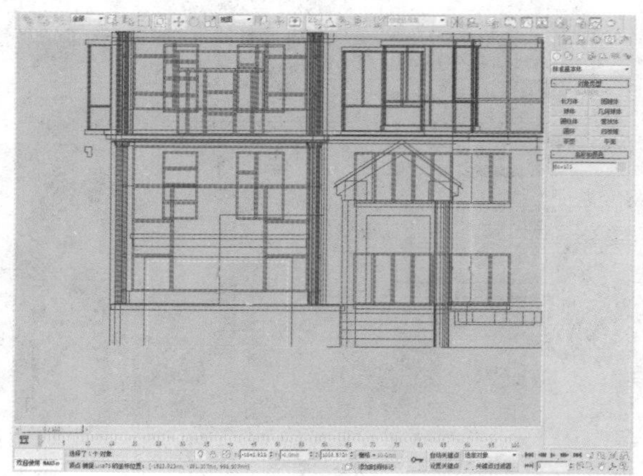

217 在“修改”面板里将长方体的“高度”参数改为60mm。

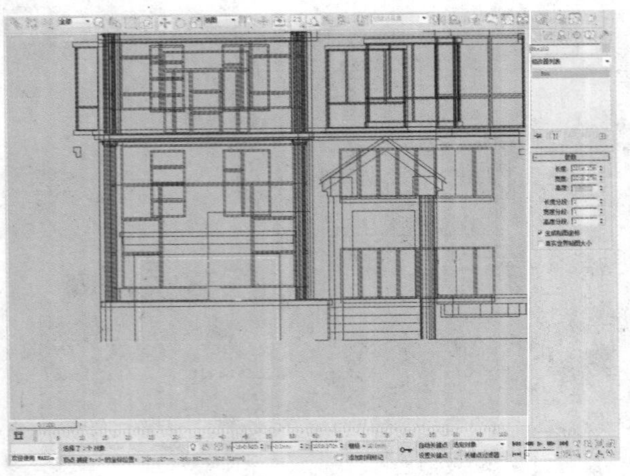

218 单击鼠标右键，通过快捷菜单命令转化为可编辑多边形。

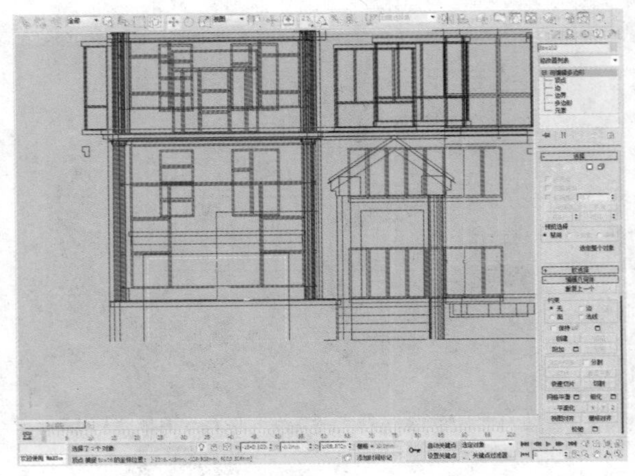

219 在“修改”面板“可编辑多边形”列表中选择“边”选项，选择如下图所示的边。

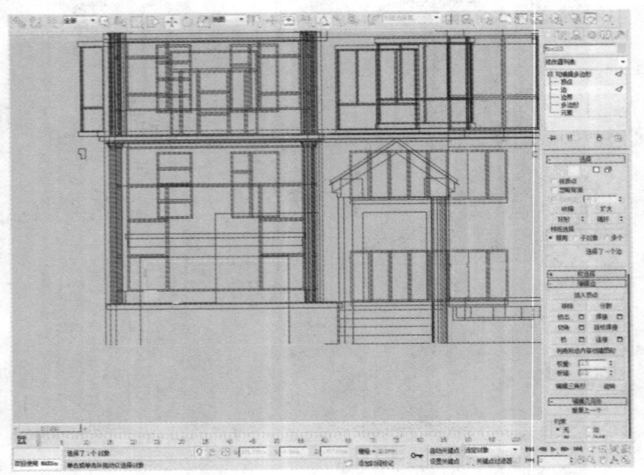

220 在“编辑边”卷展栏单击“连接”按钮，设置“连接边分段”为3。

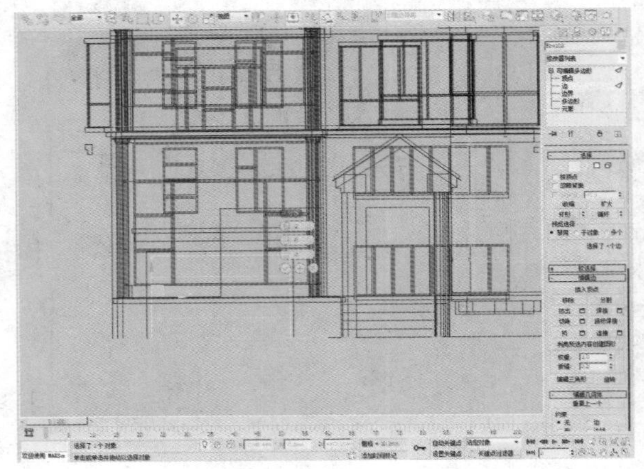

221 在“修改”面板“可编辑多边形”列表中选择“边”选项，选择如下图所示的边。

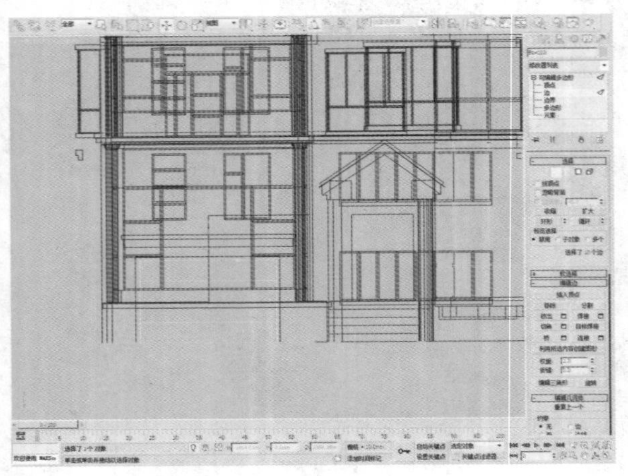

222 在“编辑边”卷展栏单击“连接”按钮，设置“连接边分段”为3，如下图所示。

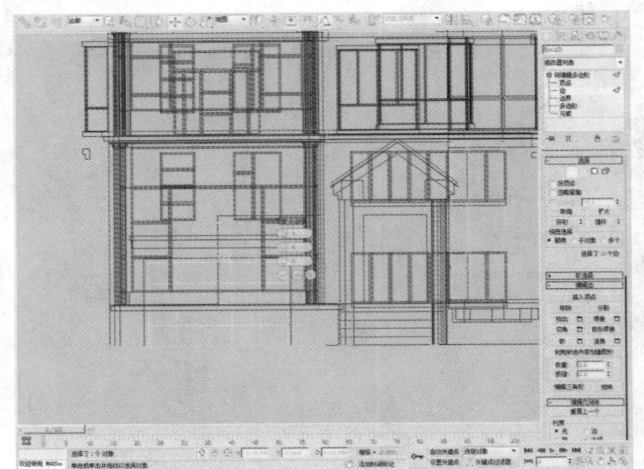

223 在“修改”面板“可编辑多边形”列表中选择“多边形”选项，选择如下图所示的多边形。

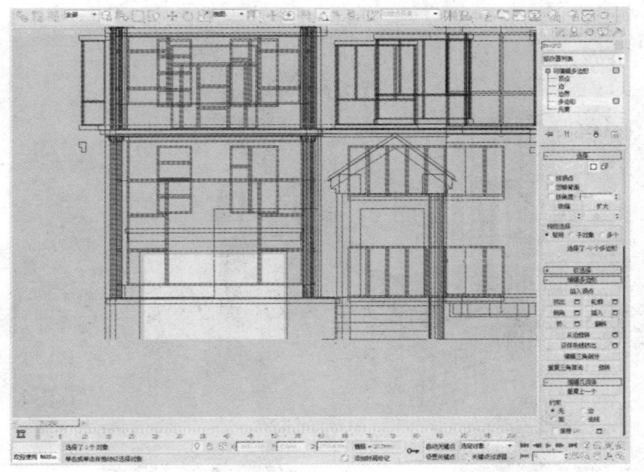

224 在“编辑多边形”卷展栏中单击“插入”按钮，以多边形方式插入，插入值为30mm。

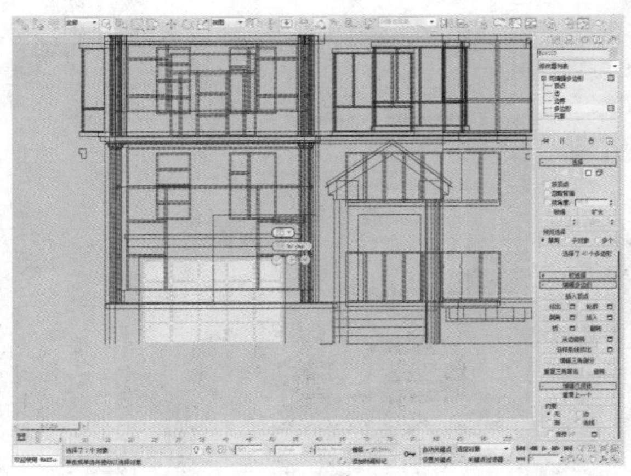

225 在“编辑多边形”卷展栏中单击“倒角”按钮，“倒角”值设为-10mm，“轮廓”设为-30mm。

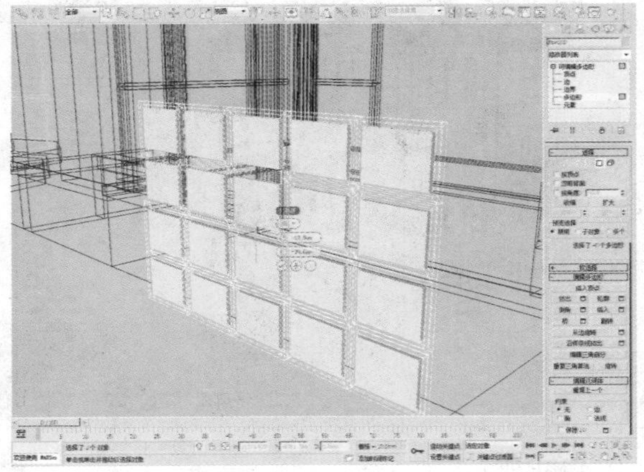

226 使用“选择并移动”工具，将车库门移到如下图所示的位置。

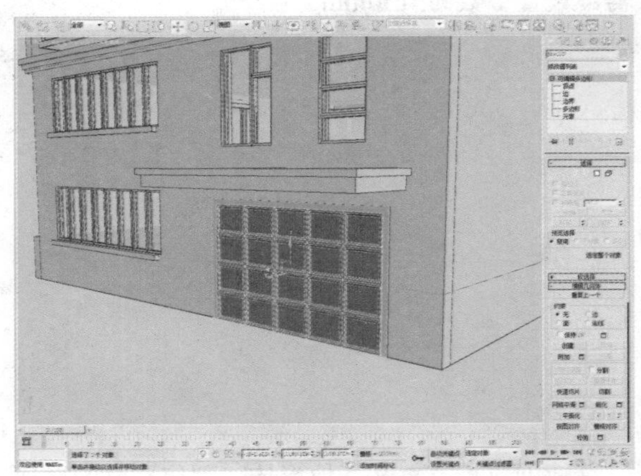

227 在“创建”命令面板中的“标准基本体”下单击“长方体”按钮，在顶视图中利用捕捉功能，捕捉如下图所示的长方体。

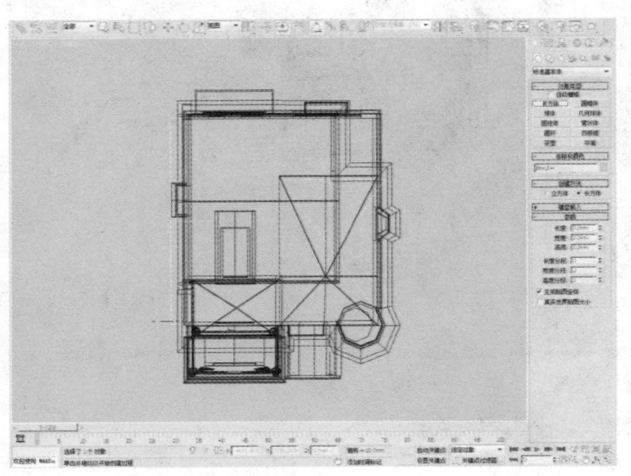

228 在“修改”面板里将长方体的“高度”参数改为500mm。

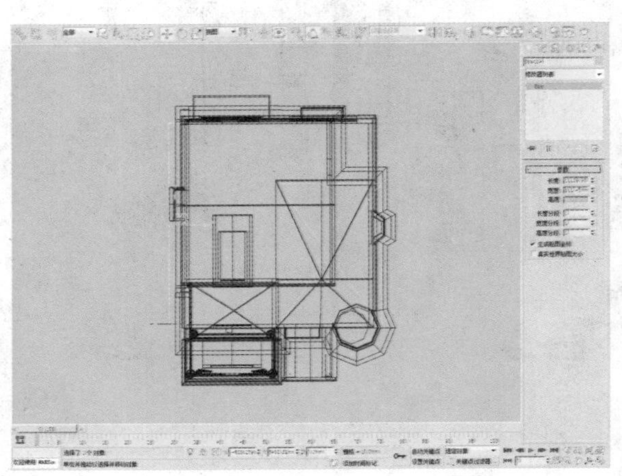

229 单击鼠标右键，通过快捷菜单中的命令将其转换为可编辑多边形。

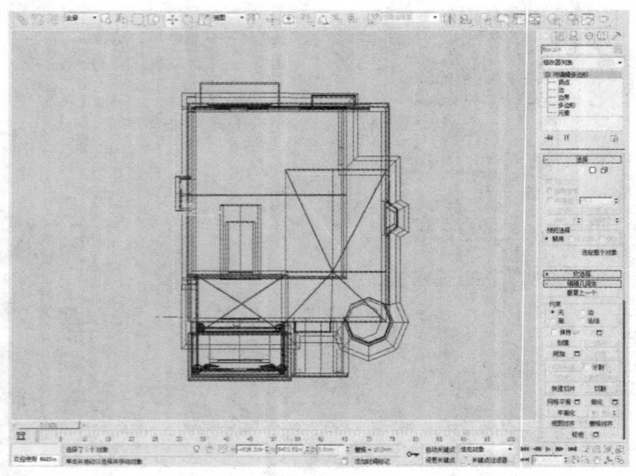

230 在“修改”面板“可编辑多边形”列表中选择“多边形”选项，选择如下图所示的多边形。

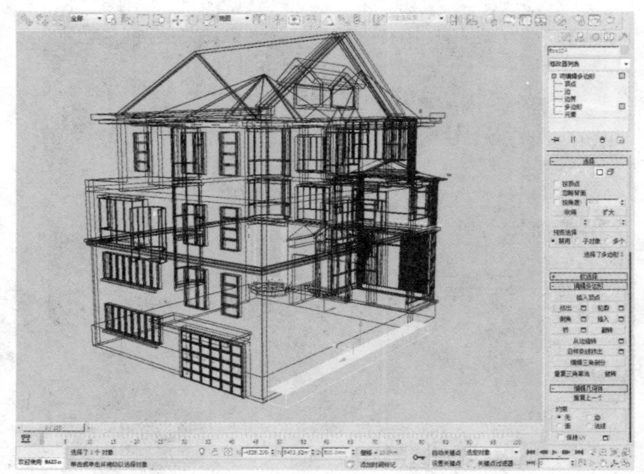

231 在“编辑多边形”卷展栏中单击“挤出”修改器，设置参数为-150mm。

232 继续创建长方体和其他形体，制作别墅的玻璃，如下图A和B所示。

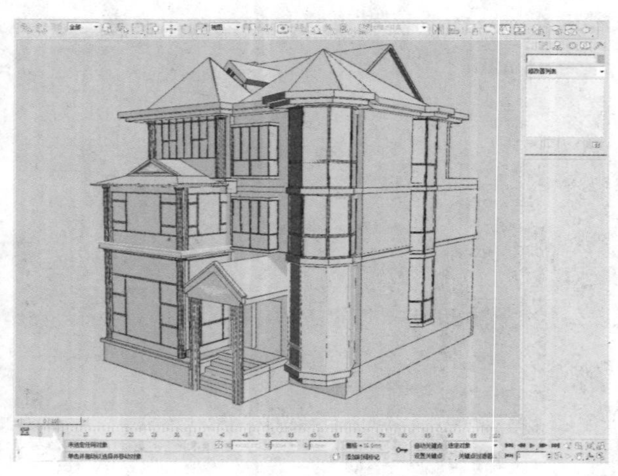

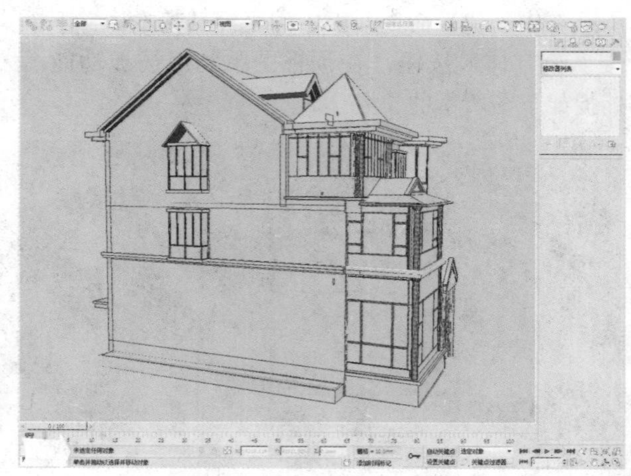

233 至此，别墅模型制作完成。

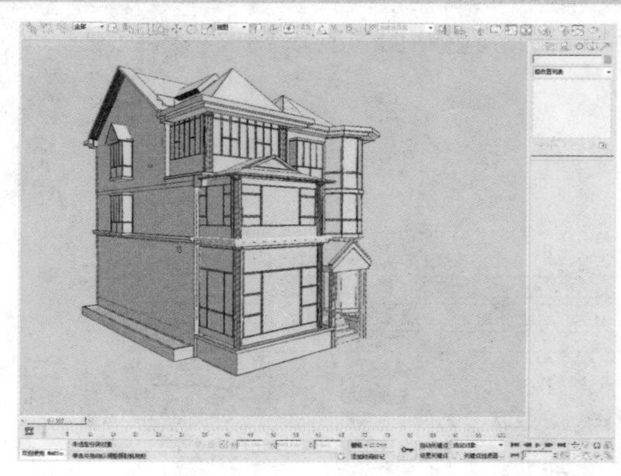

20.3 别墅建筑效果图的渲染

本节将对别墅建筑型进行渲染，具体操作介绍如下。

20.3.1 测试渲染设置

下面将对渲染参数进行设置，具体设置过程如下。

首先对采样值和渲染参数进行最低级别的设置，达到既能观察渲染效果又能快速渲染的目的。下面进行渲染测试参数设置。

01 按F10键快速打开渲染设置窗口，在“公用”选用卡“指定渲染器”卷展栏下设置V-Ray Adv 2.30.01为当前的渲染器，如下左图所示。

02 在“V-Ray::全局开关”卷展栏中取消勾选“隐藏灯光”复选框、勾选“反射/折射”复选框、“光泽效果”复选框，加快渲染速度，如下中图所示。

03 在“V-Ray::图像采样器（反锯齿）”卷展栏中，在“图像采样器”选项组中将“类型”设置为“自适应确定性蒙特卡洛”，在“抗锯齿过滤器”选项组中打开过滤器，选择Mtchell-Netracali类型，如下右图所示。

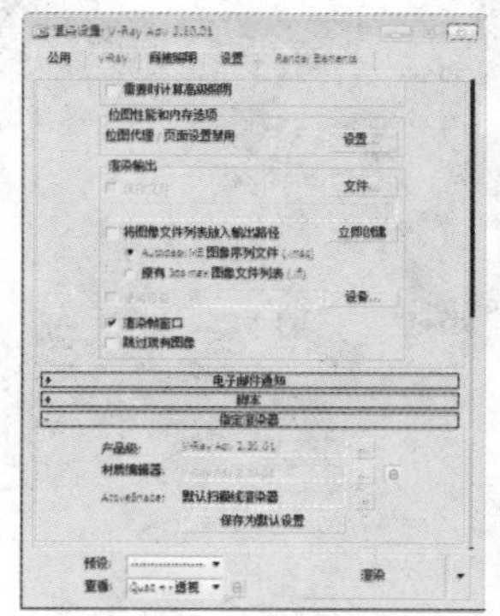

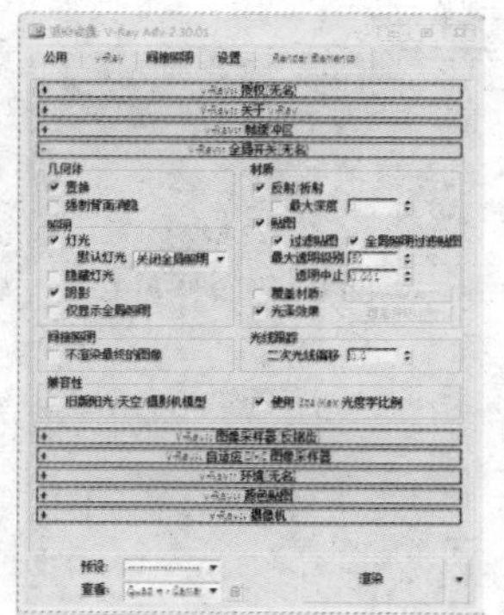

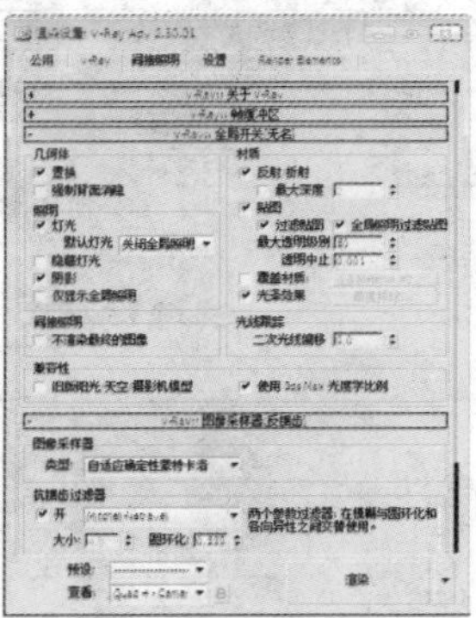

04 在“V-Ray::颜色贴图”卷展栏中将“类型”改为“指数”。

05 在“间接照明”选项卡中，展开“V-Ray::间接照明”卷展栏，选择“二次反弹”选项组中的“全局照明引擎”类型改为“灯光缓冲”。

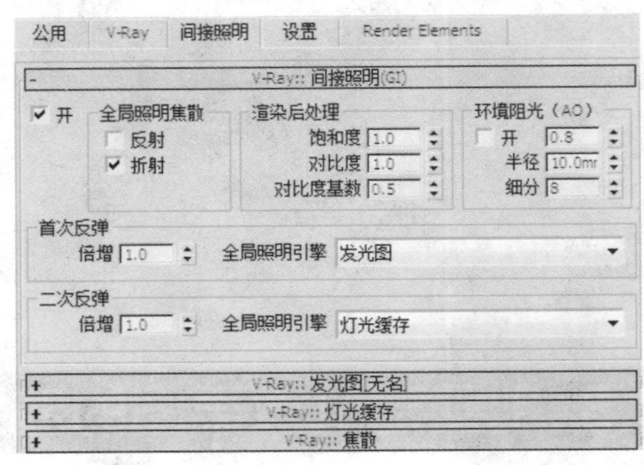

06 在“V-Ray::发光图[无名]”卷展栏中，将“最小比率”和“最大比率”参数分别设置为-5和-4，将“半球细分”参数设置为20。

07 在“V-Ray::灯光缓存”卷展栏中，将“计算参数”选项组中的“细分”参数设置为200，勾选“显示计算相位”复选框。

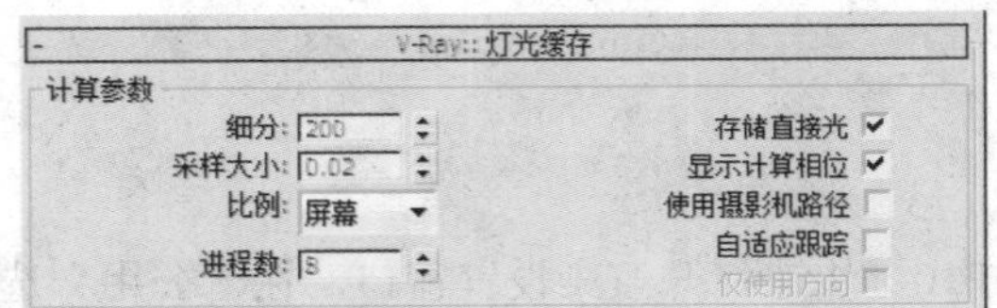

08 在“设置”选项卡中展开“V-Ray::系统”卷展栏，将“最大树形深度”参数设置为100，“区域排序”参数设置为Spiral，取消勾选“显示窗口”复选框。

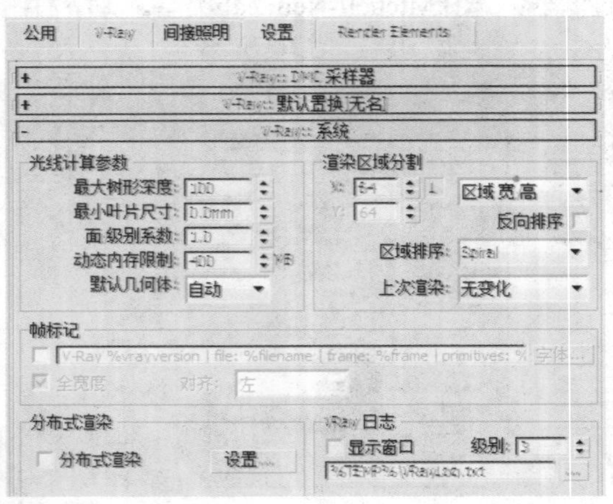

09 选择天空模型，单击鼠标右键，在快捷菜单中执行“对象属性”命令。

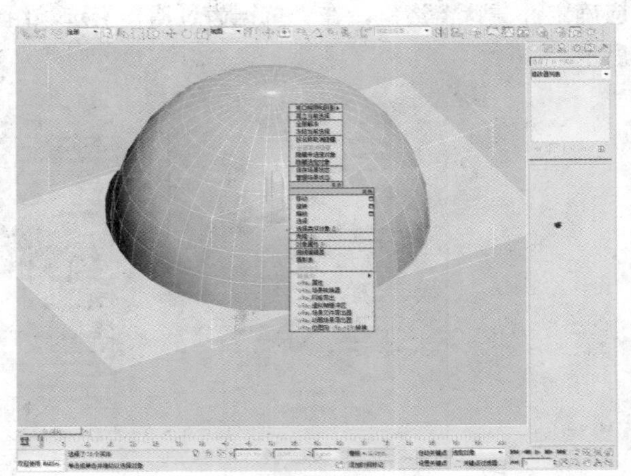

10 取消勾选“对摄影机可见”、“投射阴影”和“接受阴影”复选框。

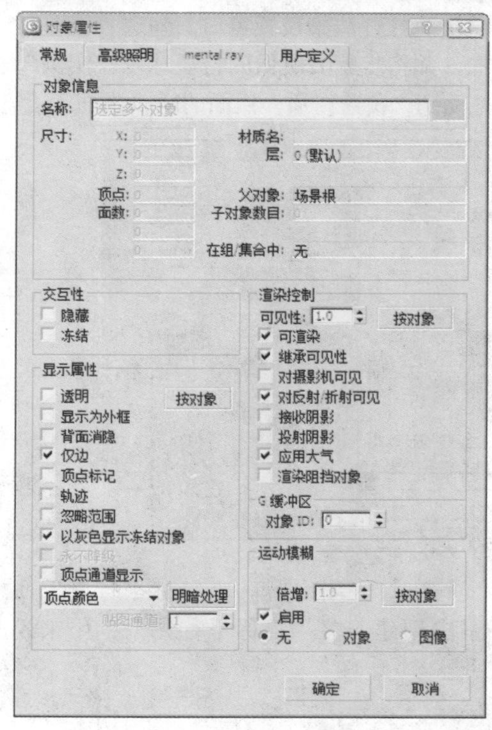

知识点

在3ds Max中进行室外渲染时，为了使场景更加丰富，我们需要为场景添加环境，在添加环境时为了不影响场景已经设置的灯光，我们将取消所添加模型接受和投射阴影，根据实际情况还可以调整模型对摄影机的可见性。

20.3.2 设置场景灯光

对场景赋予材质后再进行灯光布置，这样才能真实地反映不同材质对灯光进行吸收和反弹后整个场景的真实效果。下面将对渲染测试参数进行设置。

01 首先制作一个统一的模型测试材质。按快捷键M打开“材质编辑器”，选择一个空白本球，设置材质的样式为VRayMtl。

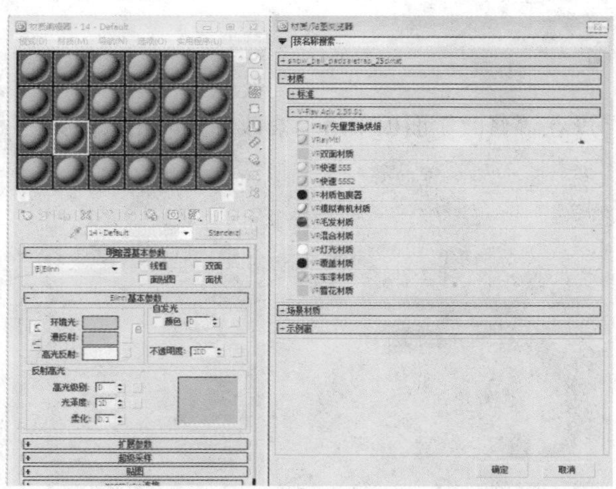

02 在VRayMtl材质面板中设置“漫反射”颜色为浅灰色。

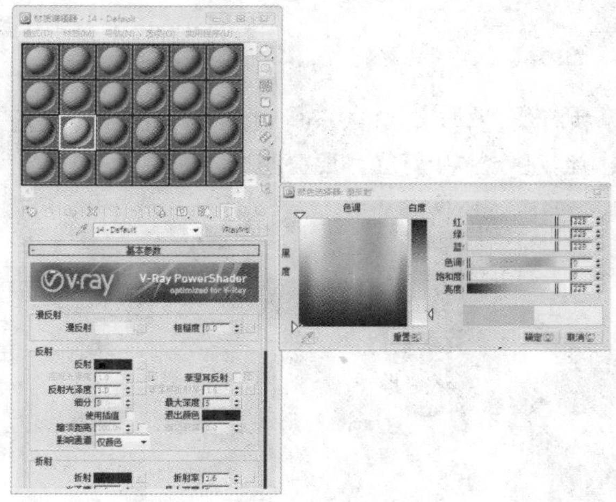

在测试灯光的时候，为了快速得到场景灯光效果，我们会将场景统一设置为一种简单材质，加快渲染速度。

03 按F10键快速打开渲染设置窗口，勾选“覆盖材质”复选框，并将步骤02所做的材质球以“实例”方式放置拖动到“覆盖材质”后面的None按钮上。

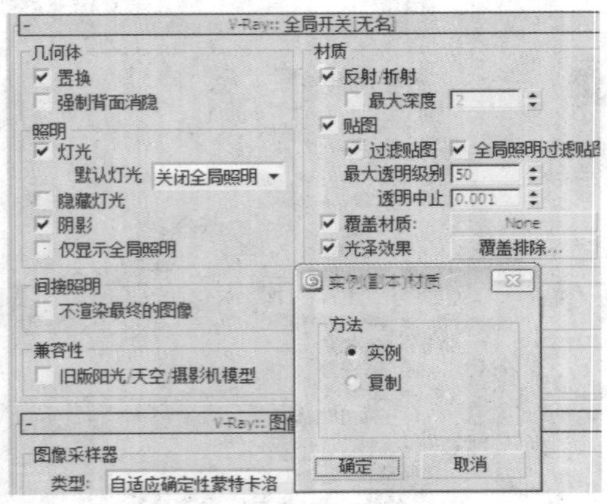

04 选择步骤02创建的材质球，单击“漫反射贴图”按钮后面的“VR边纹理”按钮，将纹理颜色改为黑色。

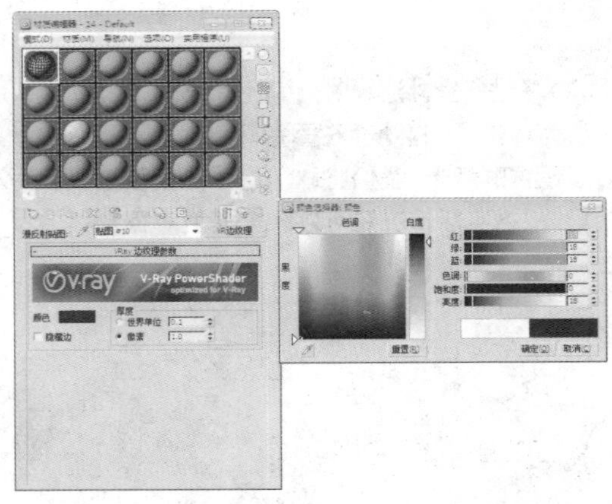

05 执行“创建>灯光>标准灯光>目标平行光”命令，在场景中创建一盏“目标平行光”，用来模拟日光照明。

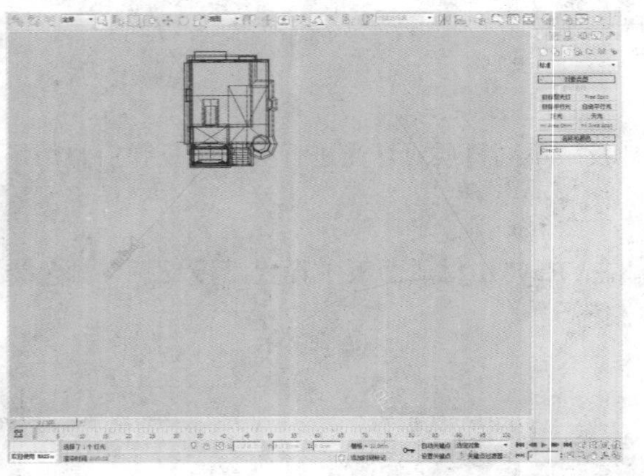

06 在“修改”面板中适当修改灯光的相关参数。

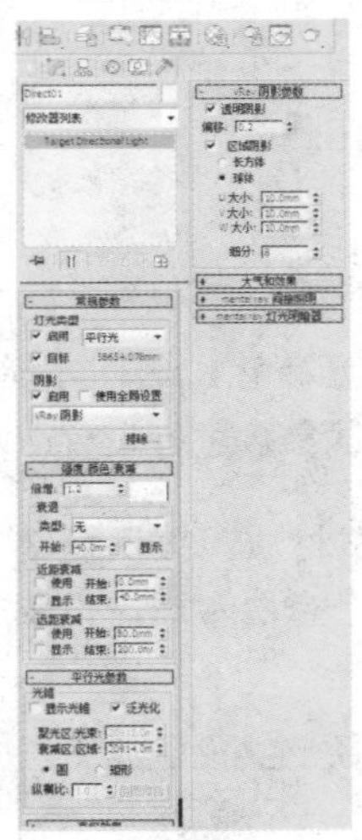

07 执行“创建>灯光>Vray>VR灯光”命令，在场景中创建一盏VR灯光，照亮整个场景。

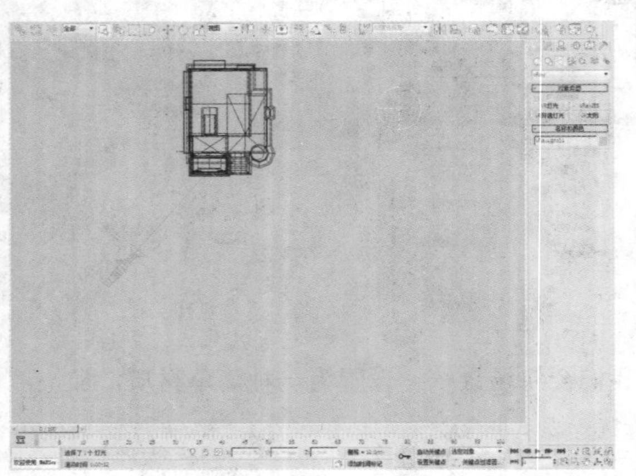

08 在“修改”面板中适当修改灯光的相关参数。

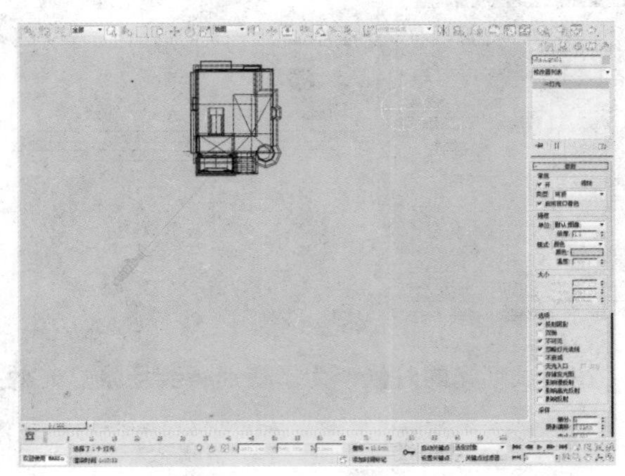

20.3.3 设置场景材质

下面开始对场景中的材质进行参数设置。

01 按下M键打开“材质编辑器”窗口，选择一个空白材质球，将材质命名为“地面”，设置材质的样式为“标准”材质，在“漫反射”中调整颜色，在“反射高光”选项组中将“高光级别”设置为9，“光泽度 ”设置为18。

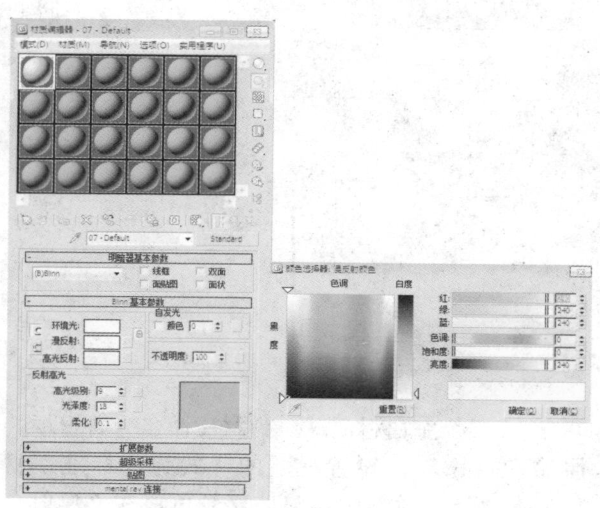

02 按下M键打开“材质编辑器”窗口，选择一个空白材质球，将材质命名为“一楼墙体”，设置材质的样式为“标准”材质，为“漫反射”添加一张“位图”，为本章节配套光盘中的“地砖瓷砖01.jpg”贴图，在“反射高光”选项组中将“高光级别”参数设置为65，“光泽度 ”参数设置为“34”，如下图所示。

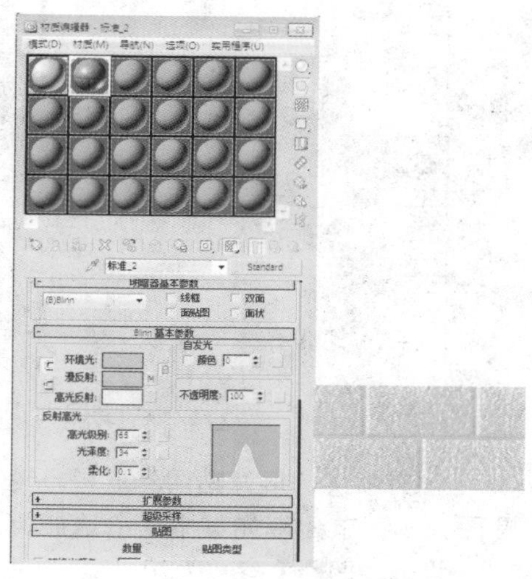

03 为了使墙体更加有质感，展开“贴图”卷展栏，设置“凹凸”贴图为本章配套光盘中的“地砖瓷砖01.jpg”文件，将“凹凸”参数设置为30。

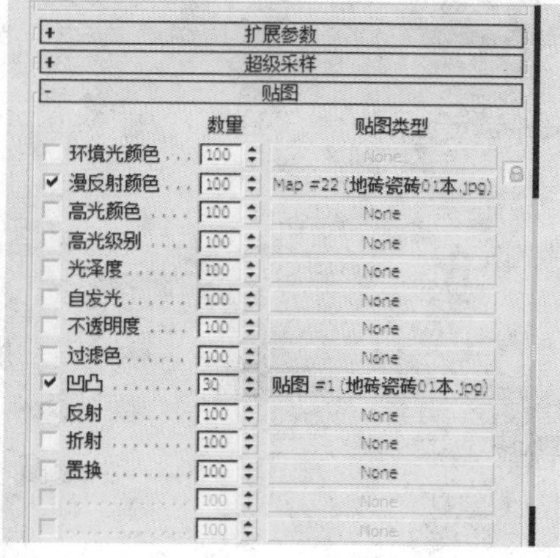

04 选择一个空白材质球，为材质命名为“二楼墙体”，设置材质的样式为“标准”材质，在“漫反射”中添加一张“位图”，为本章配套光盘中的“地砖瓷砖02.jpg”文件，在“反射高光”选项组中设置“高光级别”参数为69，“光泽度 ”参数设置为29。

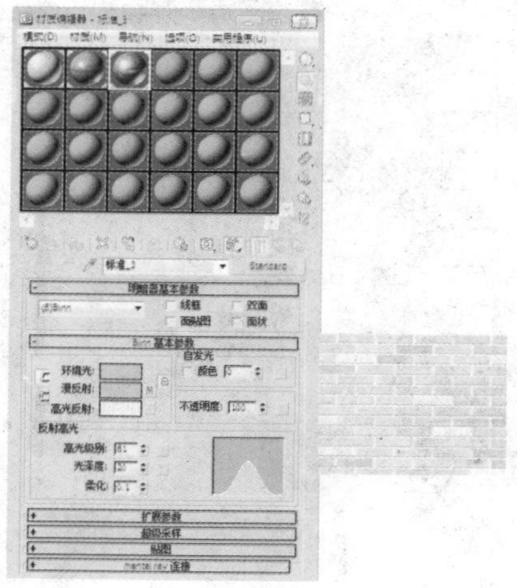

05 为了使墙体更加有质感，展开“贴图”卷展栏，设置“凹凸”贴图为本章配套光盘中的“地砖瓷砖02.jpg”文件，设置“凹凸”参数为20。

超级采样

贴图

	数量	贴图类型
环境光颜色	100	None
✔ 漫反射颜色	100	贴图 #0 (地砖瓷砖02.jpg)
高光颜色	100	None
高光级别	100	None
光泽度	100	None
自发光	100	None
不透明度	100	None
过滤色	100	None
✔ 凹凸	20	贴图 #2 (地砖瓷砖02.jpg)
反射	100	None
折射	100	None
置换	100	None
	100	None
	100	None

06 选择一个空白材质球，为材质命名为“花坛”，设置材质的样式为“标准”材质，在“漫反射”中添加一张本章配套光盘中的“地砖瓷砖03.jpg”文件，在“反射高光”选项组中设置“高光级别”参数为45，设置“光泽度”参数为34。

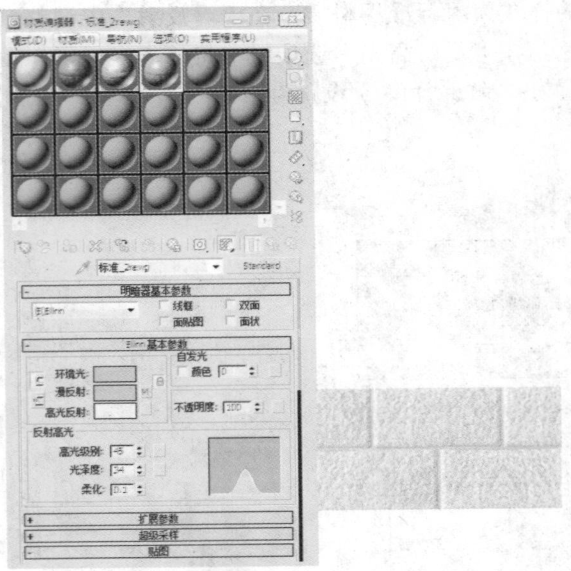

07 为了使花坛更加有质感，展开贴图卷展栏，设置“凹凸”贴图为本章节配套光盘中的“地砖瓷砖03.jpg”文件，设置“凹凸”参数为20。

明暗器基本参数

Blinn 基本参数

扩展参数

超级采样

贴图

	数量	贴图类型
环境光颜色	100	None
✔ 漫反射颜色	100	Map #22 (地砖瓷砖03.jpg)
高光颜色	100	None
高光级别	100	None
光泽度	100	None
自发光	100	None
不透明度	100	None
过滤色	100	None
✔ 凹凸	30	明。地砖瓷砖1095副本.jpg)
反射	100	None
折射	100	None
置换	100	None
	100	None
	100	None

08 选择一个空白材质球，为材质命名为“窗框、屋檐和窗檐”，设置材质的样式为“标准”材质，在“漫反射”中调整玻璃颜色，在“反射高光”选项组中设置“高光级别”参数为14，设置“光泽度”参数为12。

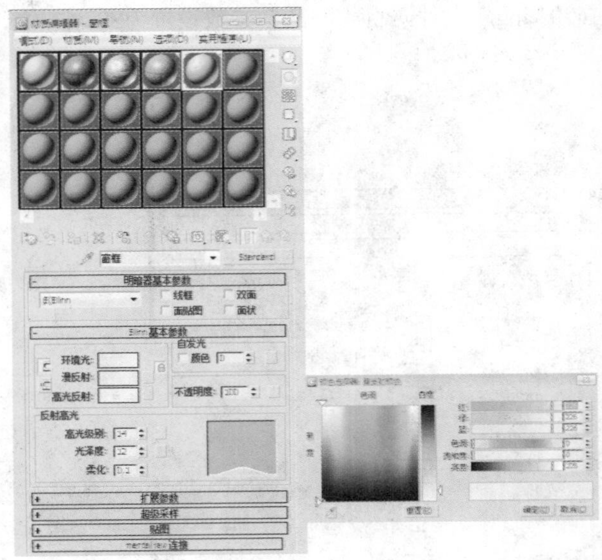

09 选择一个空白材质球，将材质命名为“玻璃”，设置材质的样式为“标准”材质，在“漫反射”中调整玻璃颜色，设置“不透明度”为70，在“反射高光”选项组中设置“高光级别”参数为120，设置“光泽度”参数为71。

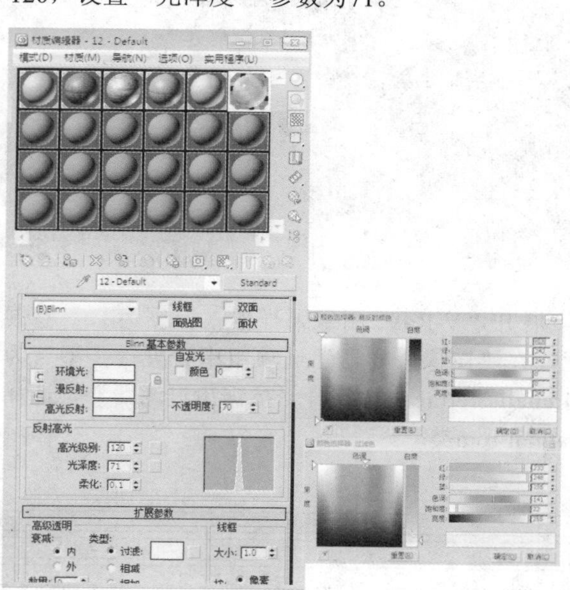

10 为了使玻璃更加有质感，展开“贴图”卷展栏，设置“反射贴图”为“VR贴图”来模拟玻璃的反射，“反射”参数设置为50。

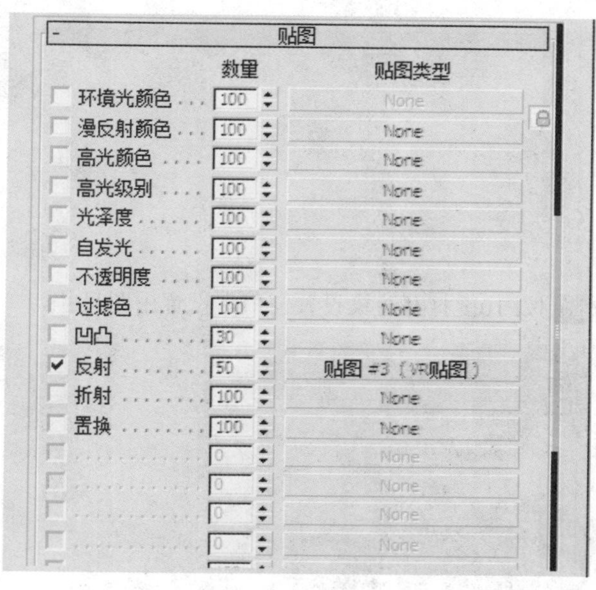

11 选择一个空白材质球，为材质命名为“柱子”，设置材质的样式为“标准”材质，在“漫反射”中调整玻璃颜色，进一步在“反射高光”选项组中设置“高光级别”参数为8、“光泽度”参数为17。

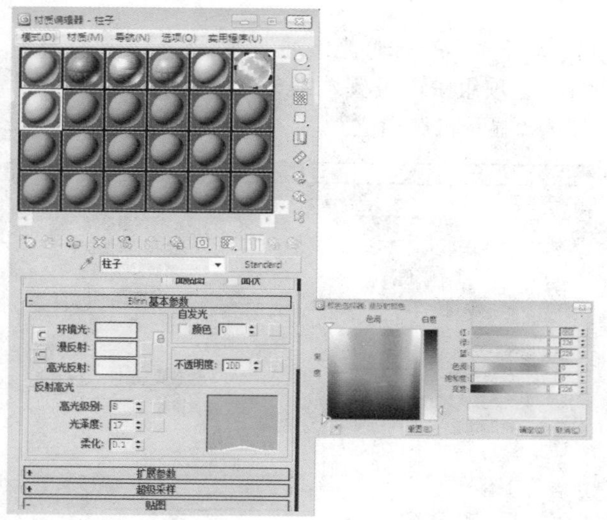

12 为了使柱子更加有质感，展开“贴图”卷展栏，设置“反射贴图”为“凹凸”，设置“凹凸”参数为25。

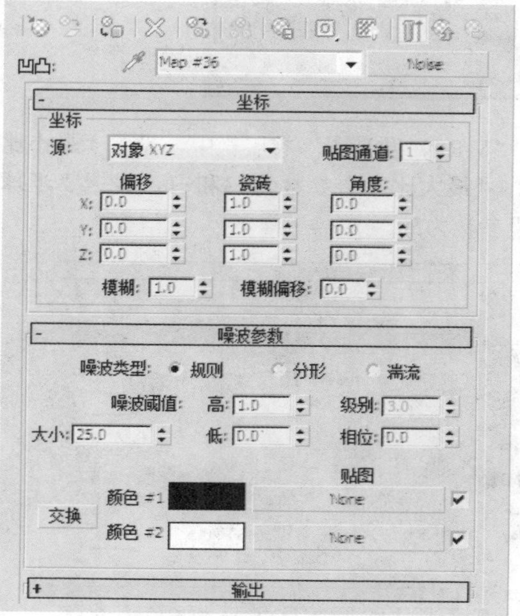

20.3.4 渲染最终参数

下面我们设置场景最终出图参数以便得到更好的效果。

01 按F10键打开渲染设置窗口，设置出图尺寸。

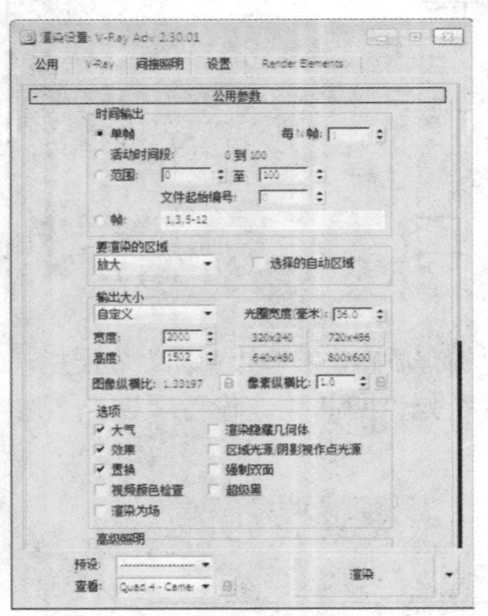

02 展开“V-Ray::图像采样器（反锯齿）”卷展栏，在“图像采样器”选项组中设置“类型”为Mtchell-Netracali，打开“抗锯齿过滤器”，选择Catmul-rom类型。

V-Ray:: 授权[无名]
V-Ray:: 关于 V-Ray
V-Ray:: 帧缓冲区
V-Ray:: 全局开关[无名]
V-Ray:: 图像采样器(反锯齿)
图像采样器
类型: 自适应确定性蒙特卡洛
抗锯齿过滤器
开 Catmull-Rom
具有显著边缘增强效果的 25 像素过滤器。
大小: 4.0

03 在“V-Ray::发光图”卷展栏中，设置“最小比率”、“最大比率”参数为-3和-1，设置“半球细分”参数为50。

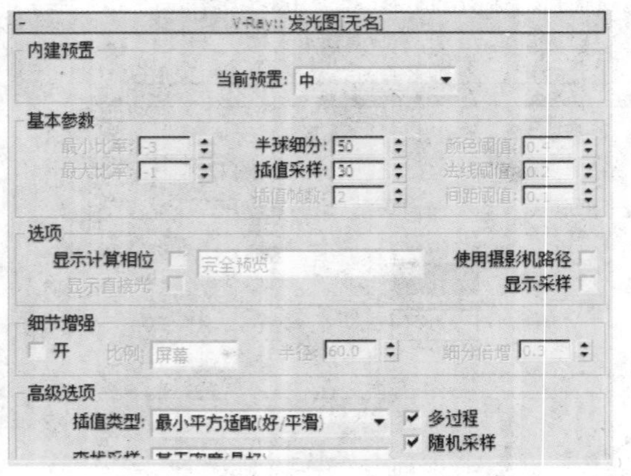

04 展开“V-Ray::灯光缓冲”卷展栏，在“计算参数”选项组中，设置“细分”参数为1000，取消勾选“显示机选相位”。

V-Ray:: 灯光缓存
计算参数
细分: 1000
采样大小: 0.02
比例: 屏幕
进程数: 8
存储直接光
显示计算相位
使用摄影机路径
自适应跟踪
仅使用方向
重建参数
预滤器: 10
使用光泽光线的灯光缓存
折回阈值: 1.0
过滤器: 最近
插值采样: 10
模式
模式: 单帧
保存到文件
文件:
浏览

05 至此，渲染参数设置完成。

20.4 使用Photoshop进行后期处理

重点提示

本节对渲染效果进行后期处理，添加天空背景和植物等素材，以便得到更加真实的室外效果图。

01 在Photoshop中打开渲染好的图片。

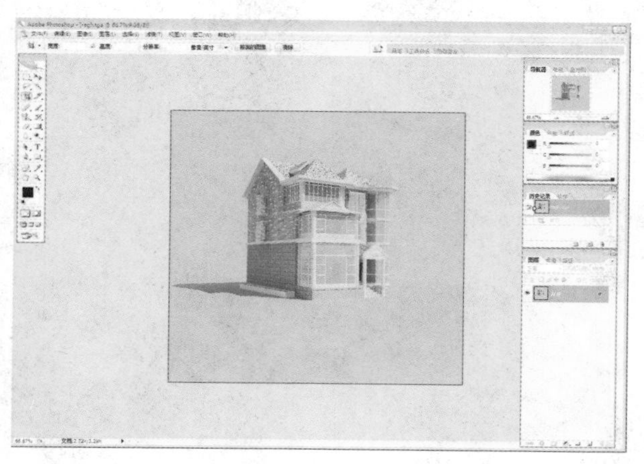

02 选择房子对象，反选后删除空白图形，以便添加背景效果。调整画布的大小。

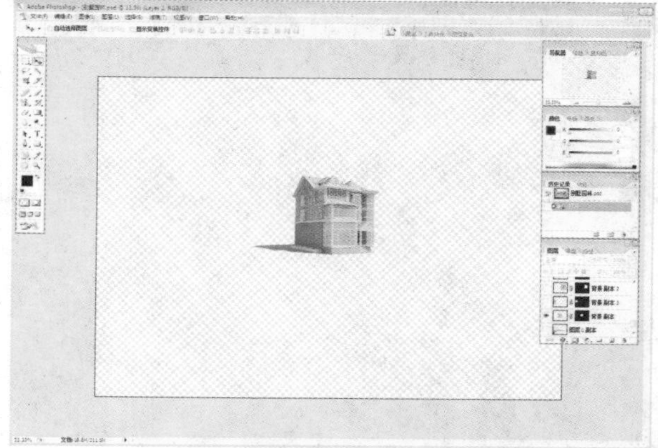

03 为画面添加背景天空、背景建筑物和飞鸟素材。

04 适当添加地面和树木等素材。

05 适当添加人物等有生命素材。

06 将所有可见图层合并，完成操作。

CHAPTER 21

住宅楼模型的创建与渲染

本章将制作一栋住宅楼的模型，并对其进行渲染。通过本章对建模流程的讲解，让大家更加熟练掌握使用样条线创建模型的方法。

知识点

1. 样条线的使用
2. 挤出修改器的使用
3. VRay材质和渲染器的使用

21.1 住宅楼效果图的制作流程

在学习本章内容之前，先来了解一下有关住宅楼效果图的大致制作流程。

01 创建住宅楼的基本模型。

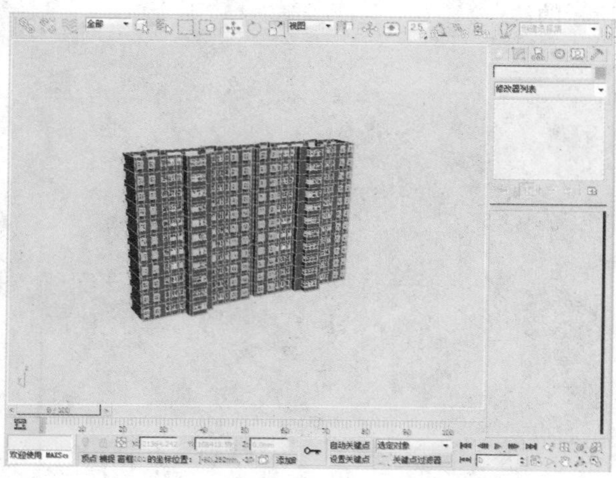

02 设置住宅楼模型的灯光。

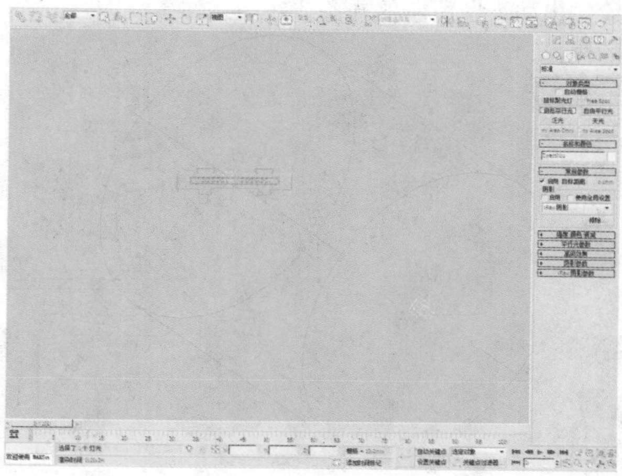

03 测试住宅楼模型的渲染参数设置。

04 渲染住宅楼模型的最终效果图。

05 使用Photoshop对住宅楼效果图进行后期处理。

21.2 创建住宅楼的模型

下面将对住宅楼模型的创建进行介绍。

01 在“创建”命令面板中单击“图形>线”按钮，绘制出如下图所示的样条线，注意样条线中点分布的位置。

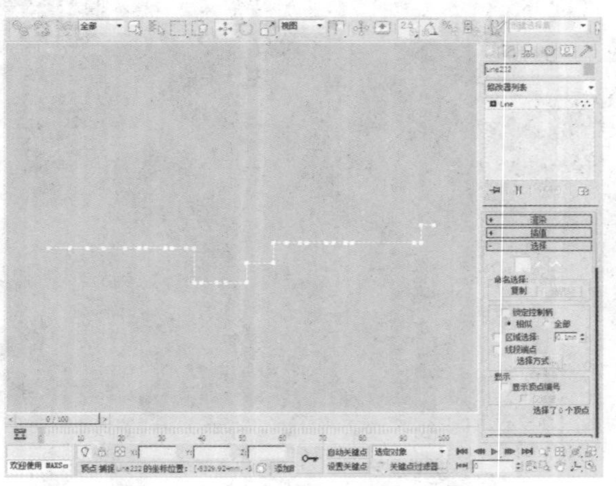

02 选择“Line”下的“线段”选项，选中如下图所示的线段。

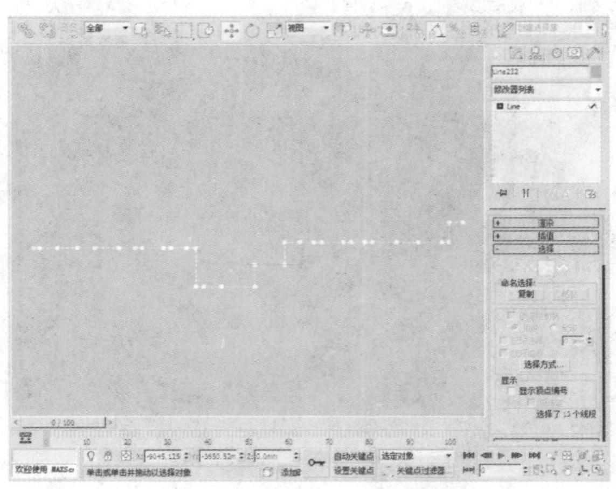

03 选中多节线段在“几何体”卷展栏中单击“分离”按钮，并将分离出来的线段改名为“窗框”。

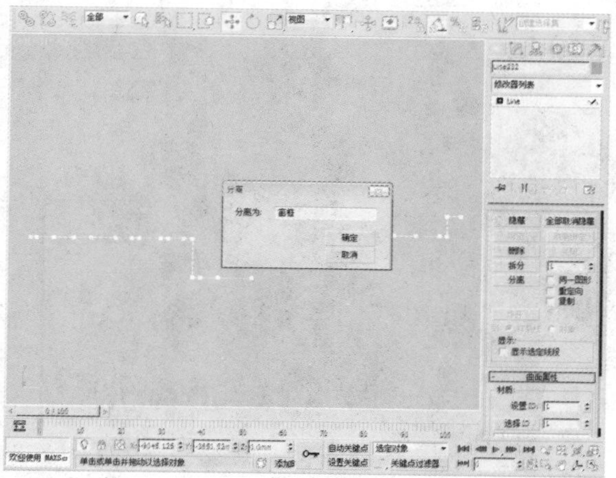

04 选择“Line”下的“样条线”选项，在“几何体”卷展栏中单击“轮廓”按钮并设置参数为200。

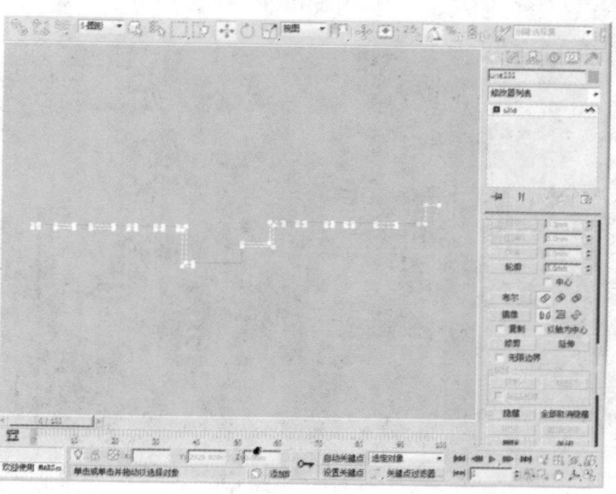

05 执行“修改器>网格编辑>挤出”命令，为物体添加挤出效果。

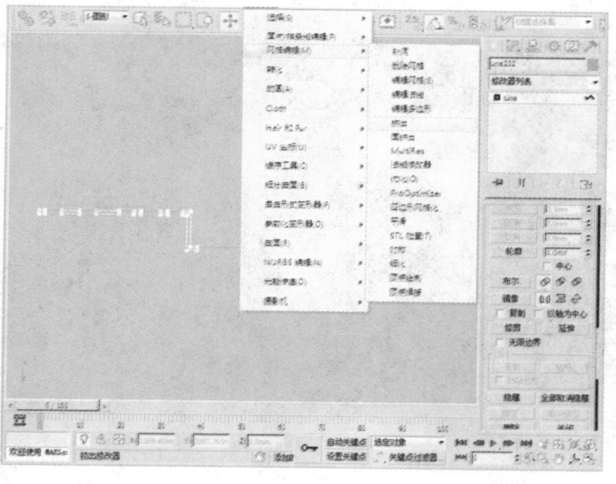

06 接下来在“参数”卷展栏中，设置“数量”的参数为2700。

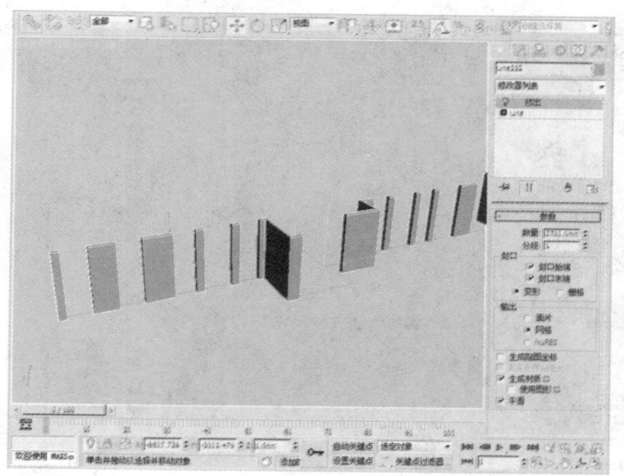

07 打开“材质编辑器”窗口，给物体赋予简单墙体材质。

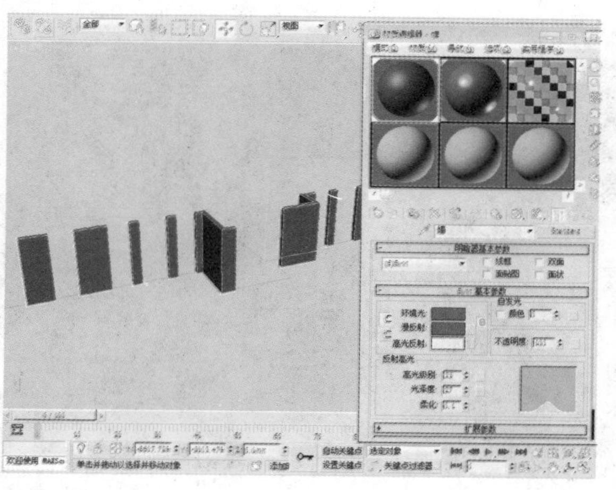

08 选中分离出来的样条线，按快捷键Ctrl+V进行原地复制。

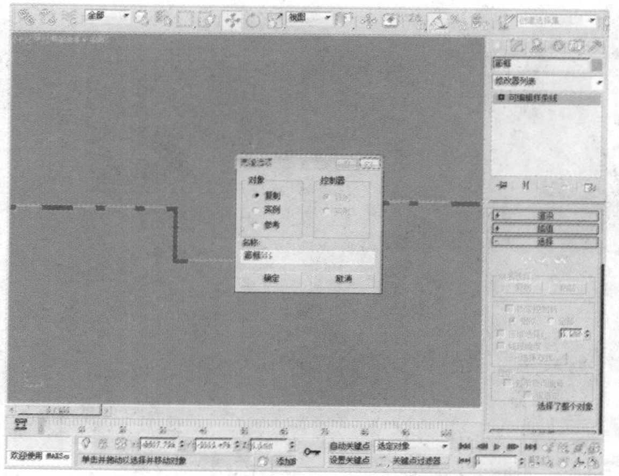

09 将复制出来的样条线隐藏备用。

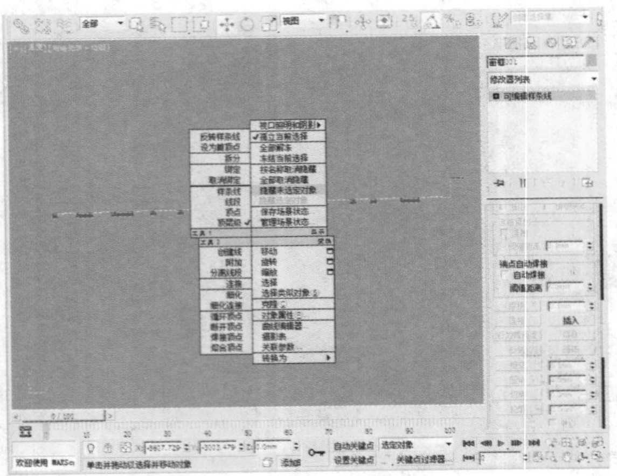

10 选择“可编辑样条线”下的“样条线”选项，单击“轮廓”按钮，设置参数为-200。

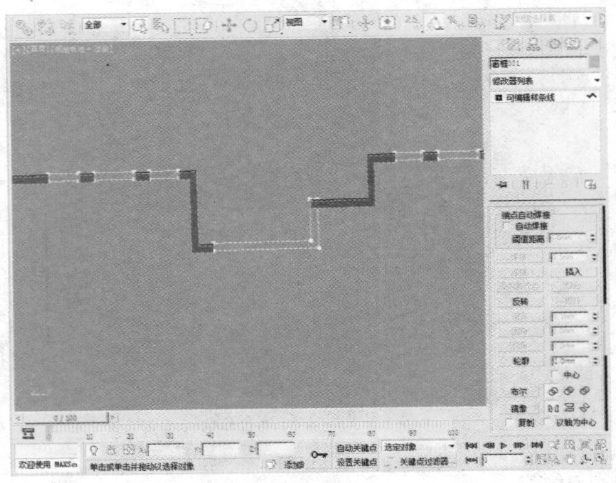

11 执行“修改器>网格编辑>挤出”命令，为物体添加挤出效果。

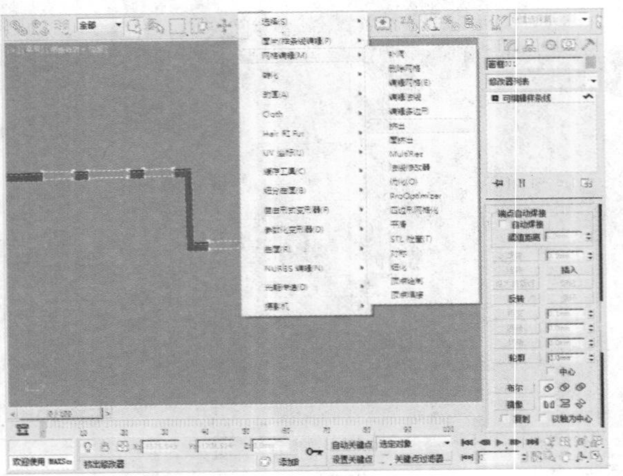

12 接下来在“参数”卷展栏中，设置“数量”的参数为900。

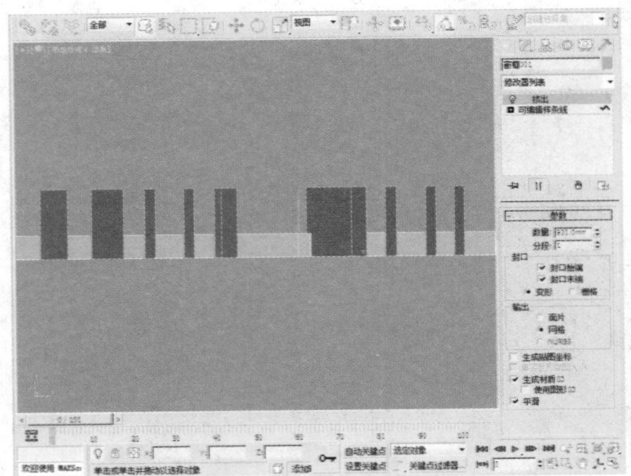

13 打开“材质编辑器”窗口，为物体赋予简单墙体材质。

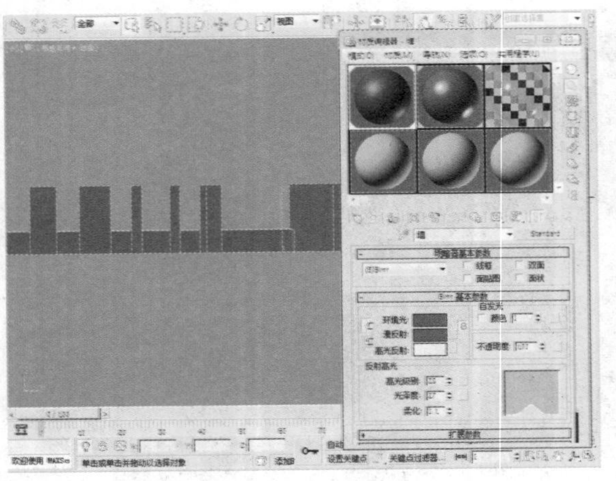

14 单击主工具栏上的“选择并移动”按钮，按住键盘上的Shift键，对其进行复制。

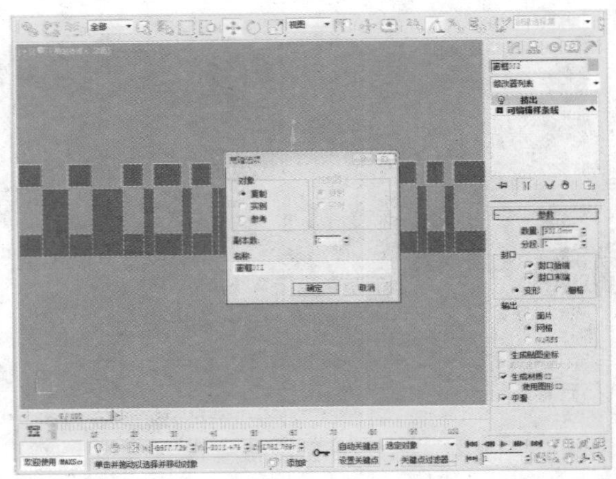

15 在“参数”卷展栏中，设置“数量”的参数为600，并放置在合适的位置。

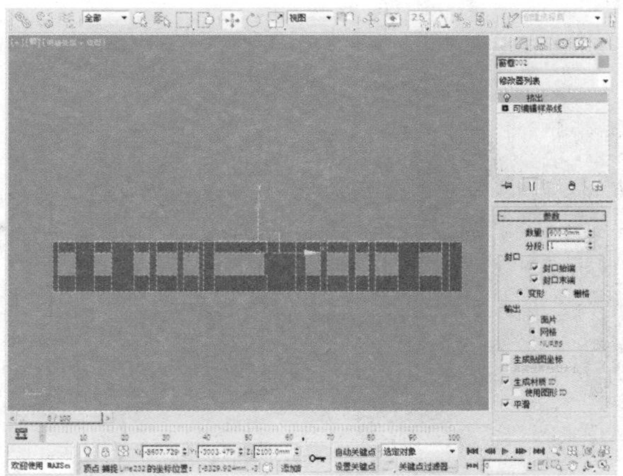

16 在“创建”命令面板中单击“图形>矩形”按钮，创建矩形，并将其转化为可编辑样条线。

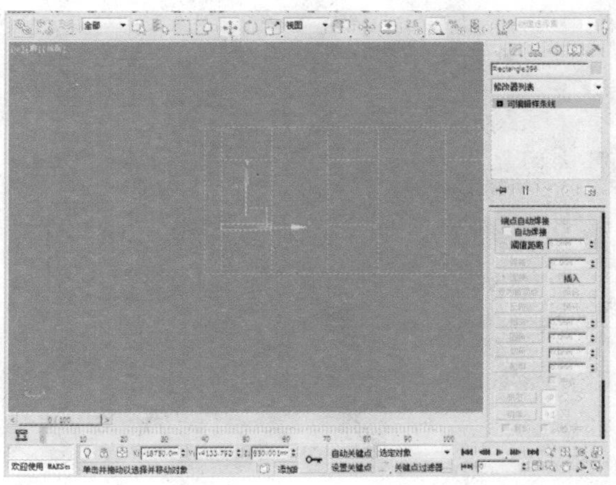

17 执行“修改器>网格编辑>挤出”命令，为物体添加挤出效果。

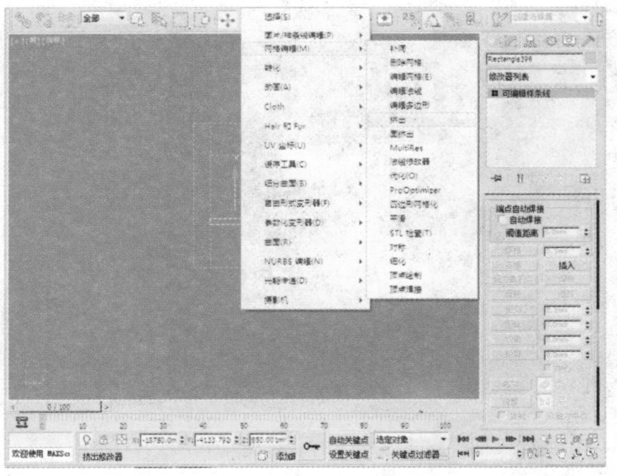

18 接下来在“参数”卷展栏中，设置“数量”的参数为400。

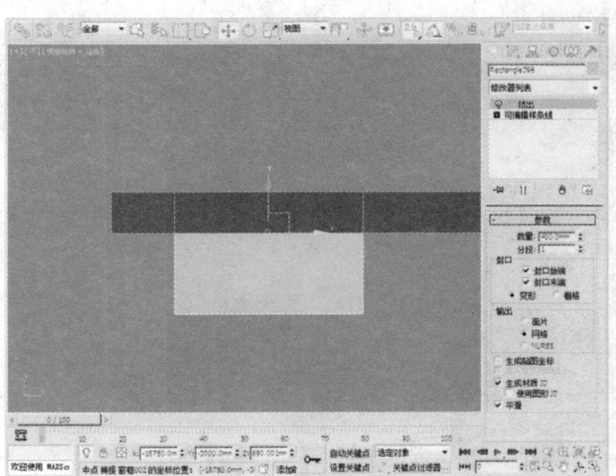

19 单击主工具栏上的“选择并移动”按钮，按住键盘上的Shift键，对其进行实例复制。

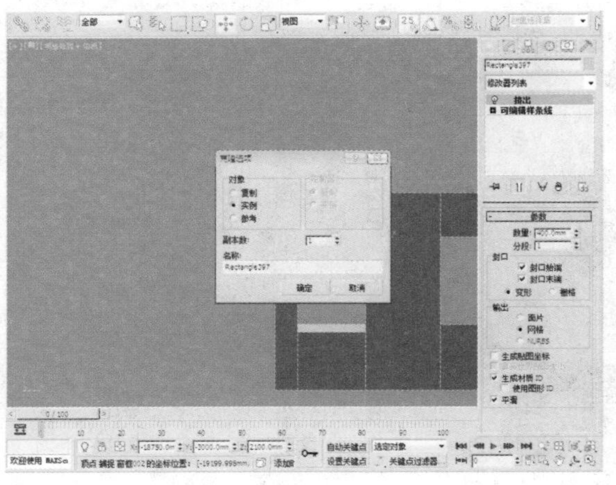

20 在“创建”命令面板中单击“图形>线”按钮，绘出如下图所示的形状。

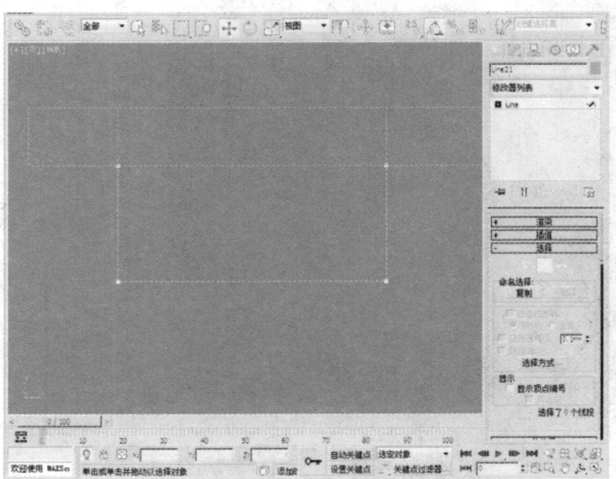

21 选择“Line”下的“样条线”选项，单击“轮廓”按钮，设置其参数为40。

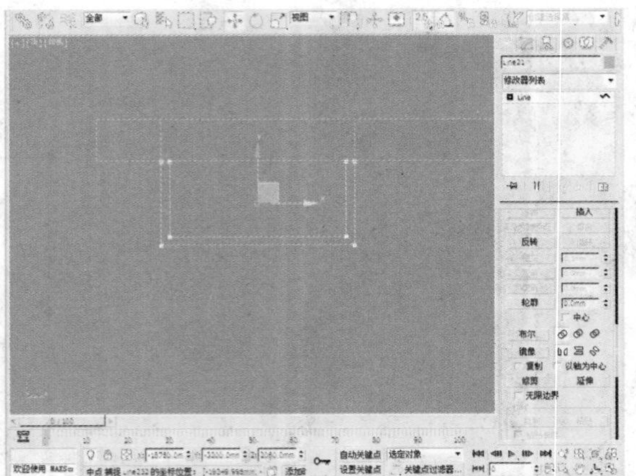

22 执行“修改器>网格编辑>挤出”命令，为物体添加挤出效果。

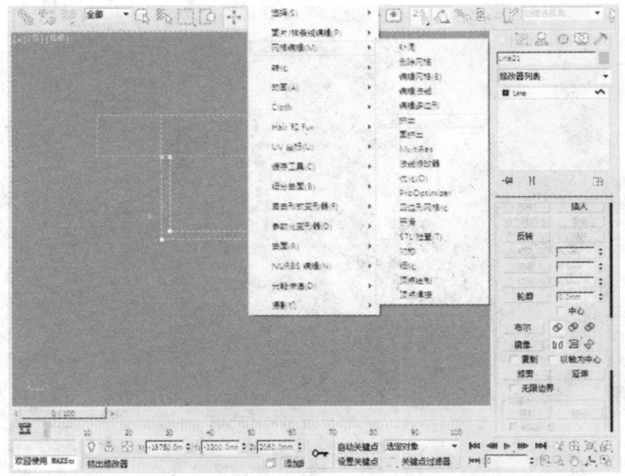

23 选择“Line”下的“样条线”选项，单击“轮廓”按钮，设置其参数为40。

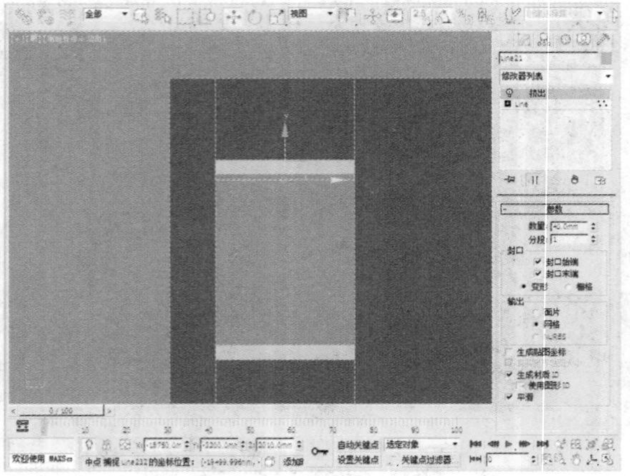

24 单击鼠标右键，在弹出的快捷菜单中选择“转换为>转换为可编辑网格”命令。

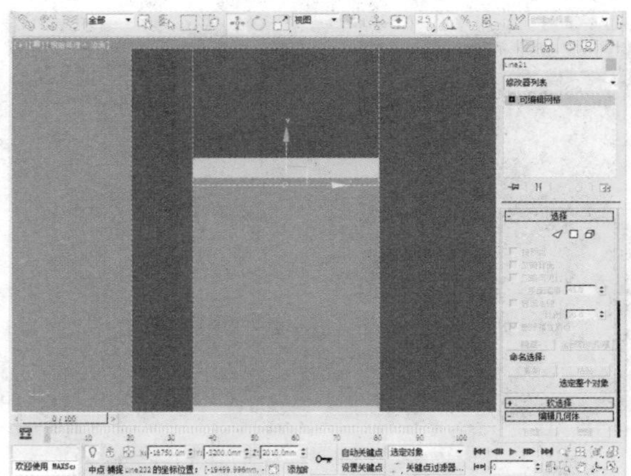

25 选择“可编辑网格”下的“元素”选项，按住键盘上的Shift键对物体进行复制。

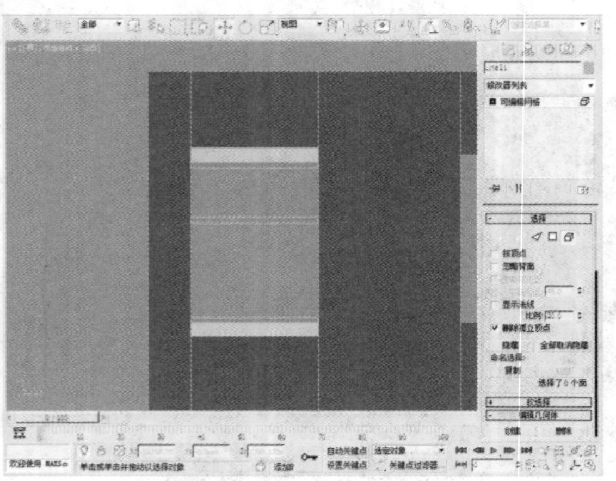

26 在“创建”命令面板中单击“图形>矩形”按钮，创建矩形。

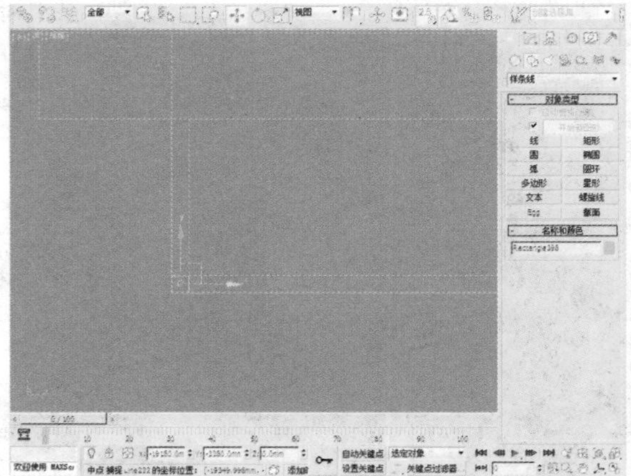

27 执行“修改器>网格编辑>挤出”命令，为物体添加挤出效果。

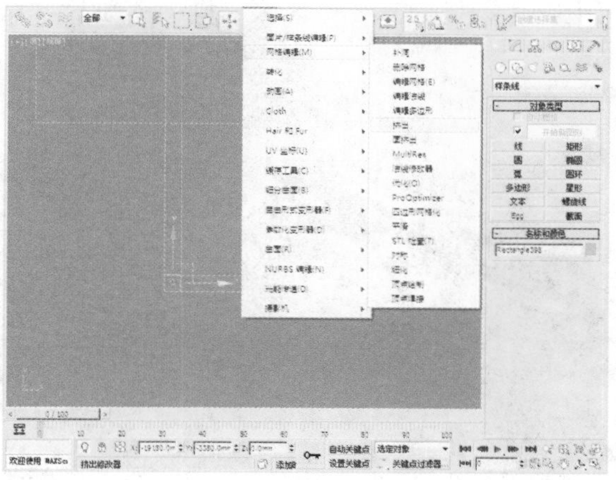

28 接下来在“参数”卷展栏中，设置“数量”的参数为1150。

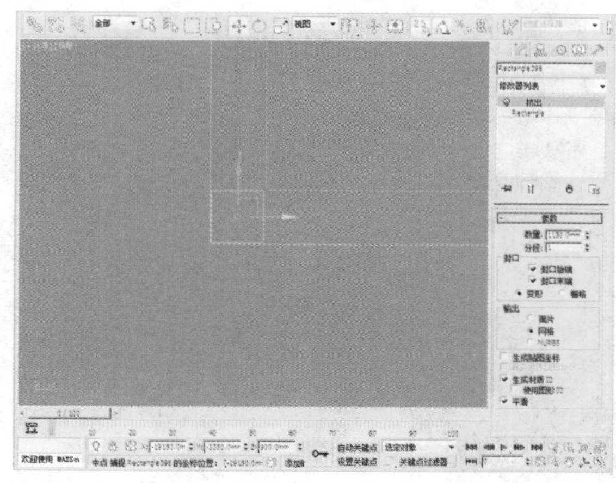

29 通过右键菜单将其转化为可编辑网格，并对其进行复制。

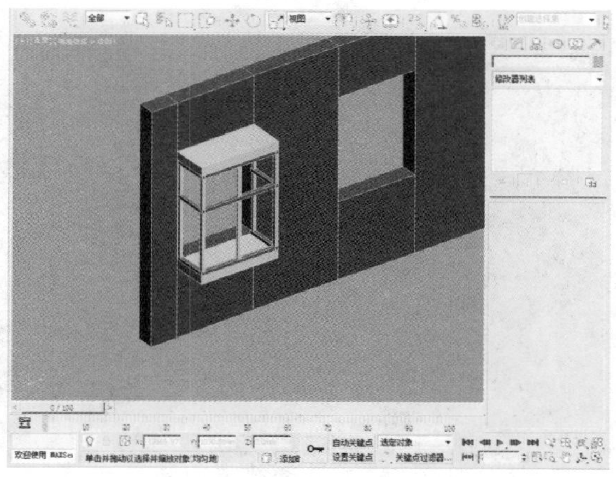

30 在“创建”命令面板中单击“图形>线”按钮，绘制出如下图所示的形状。

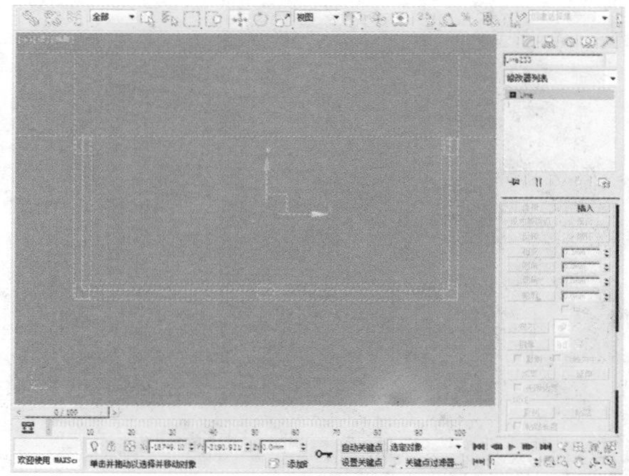

31 执行“修改器>网格编辑>挤出”命令，为物体添加挤出效果。

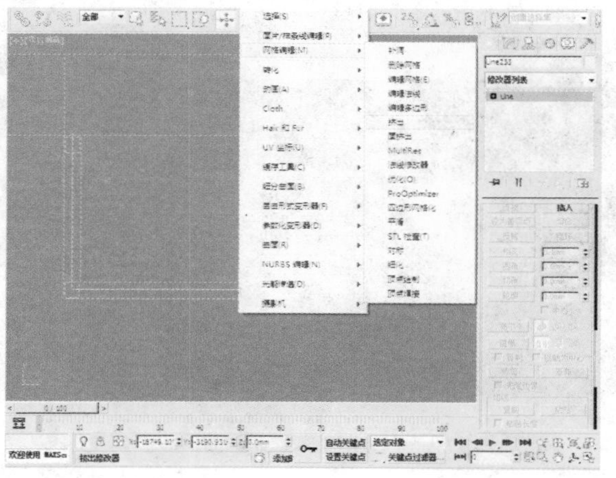

32 接下来在“参数”卷展栏中，设置“数量”的参数为1150。

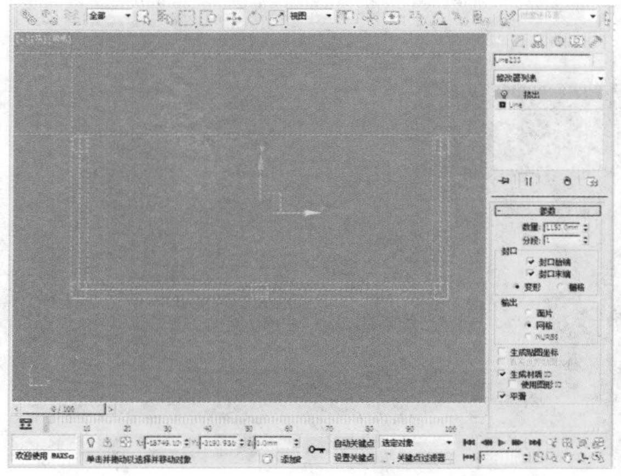

33 单击主工具栏上的“窗口/交叉”按钮，选择如下图所示的区域。

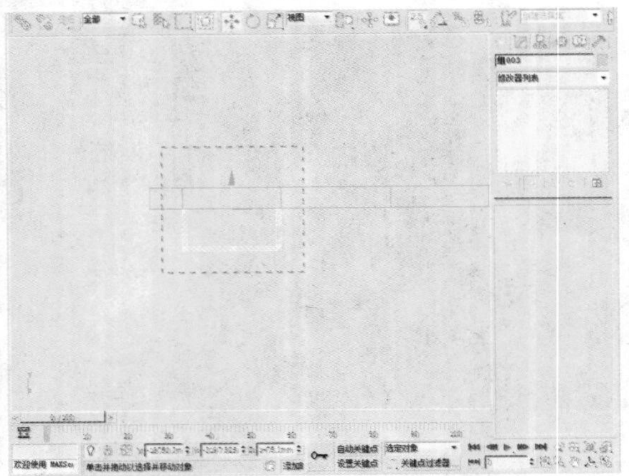

34 单击主工具栏上的“选择并移动”按钮，按住键盘上的Shift键，对其进行复制。

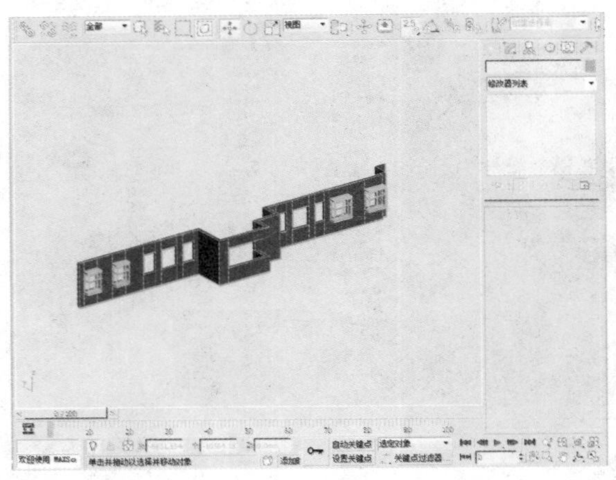

35 在“创建”命令面板中单击“图形>矩形”按钮，创建矩形，并将其转化为可编辑样条线。

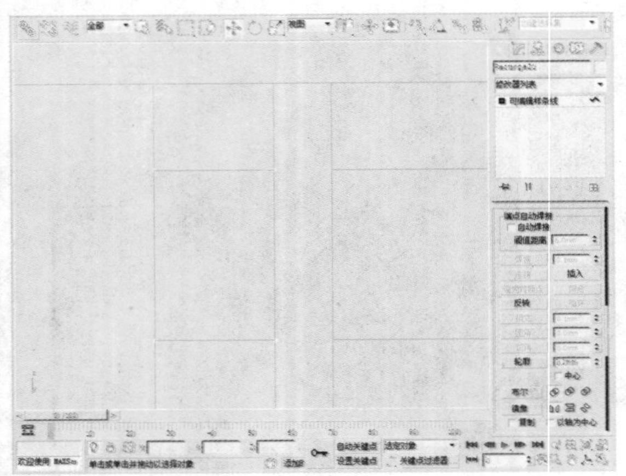

36 选择“可编辑样条线”下的“样条线”选项，单击“轮廓”按钮，并设置参数为40。

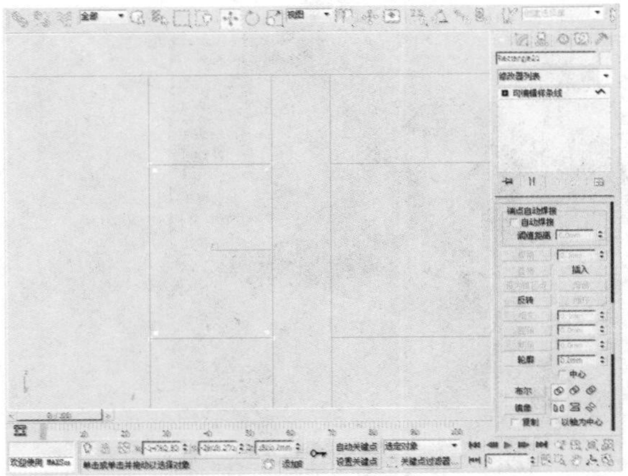

37 执行“修改器>网格编辑>挤出”命令，为物体添加挤出效果。

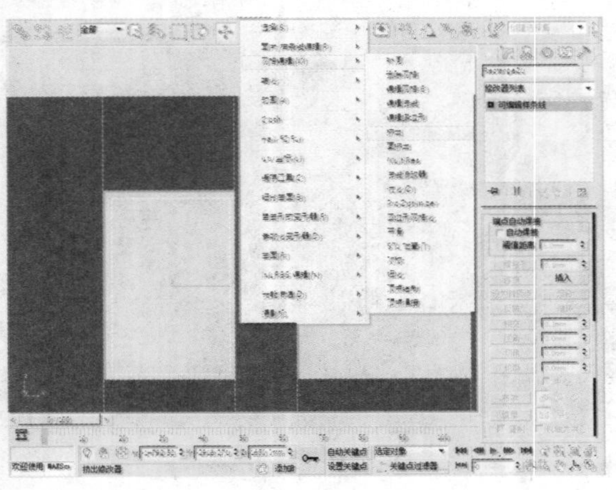

38 接下来在“参数”卷展栏中，设置“数量”的参数为40。

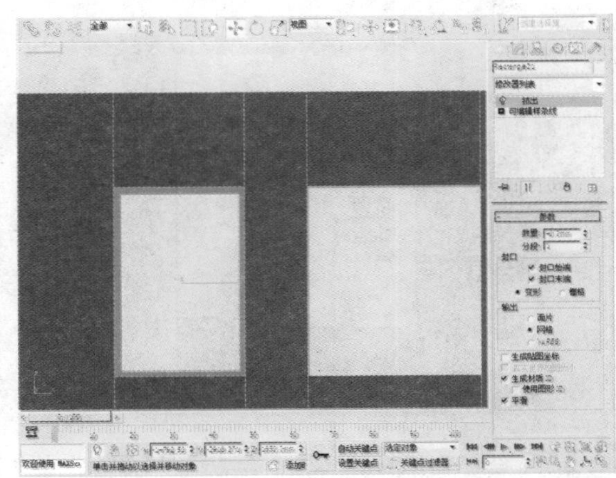

39 单击主工具栏上的“选择并移动”按钮，按住键盘上的Shift键，对其进行复制调整。

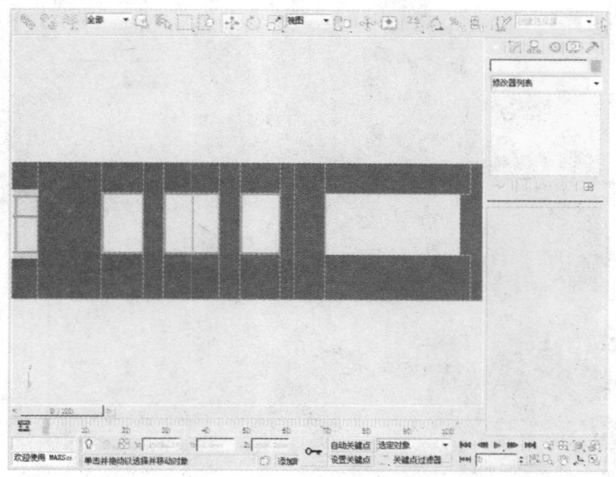

40 在“创建”命令面板中单击“图形>矩形”按钮，创建矩形，并将其转化为可编辑样条线。

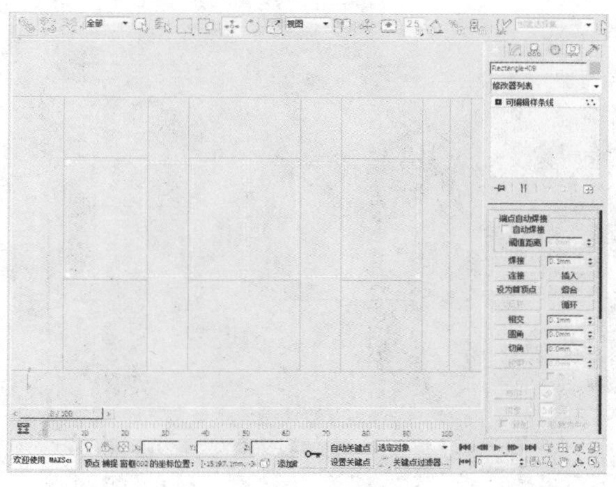

41 通过右键菜单将其转化为可编辑多边形，使二维图形成为面。

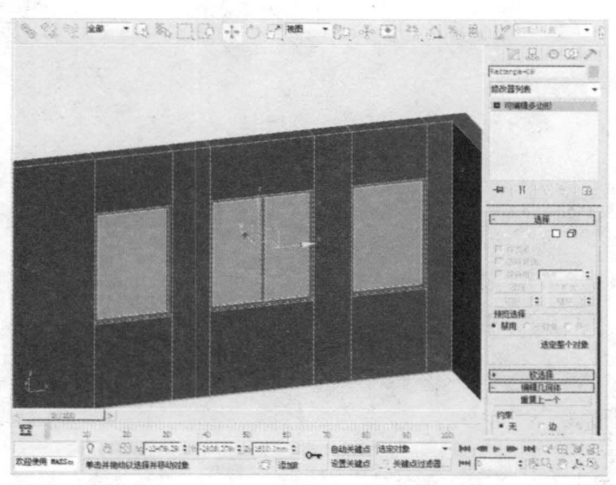

42 打开“材质编辑器”窗口，给物体赋予简单玻璃材质。

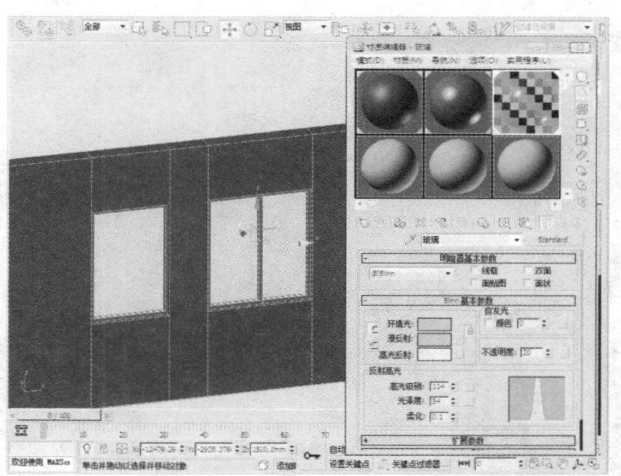

43 单击主工具栏上的“选择并移动”按钮，按住键盘上的Shift键对其进行复制。

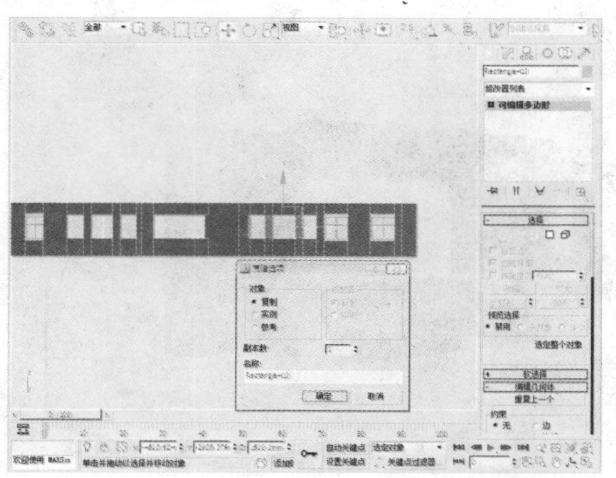

44 在“创建”命令面板中单击“图形>线”按钮，绘制出如下图所示的形状。

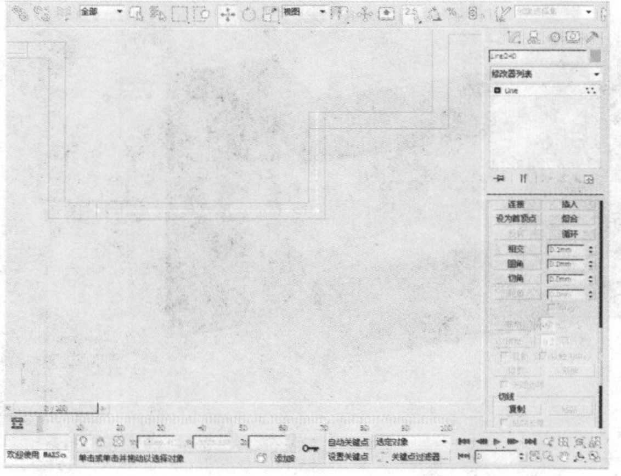

45 选中分离出来的样条线，按键盘上的快捷键Ctrl+V进行原地复制。

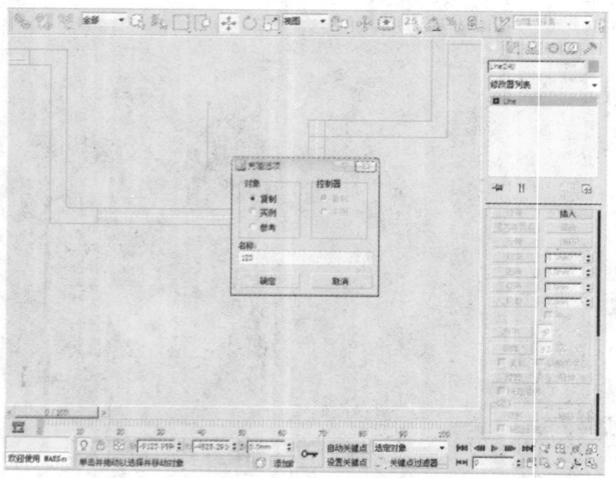

46 选择“Line”下的“样条线”选项，单击“轮廓”按钮，并勾选“中心”复选框，设置其参数为40。

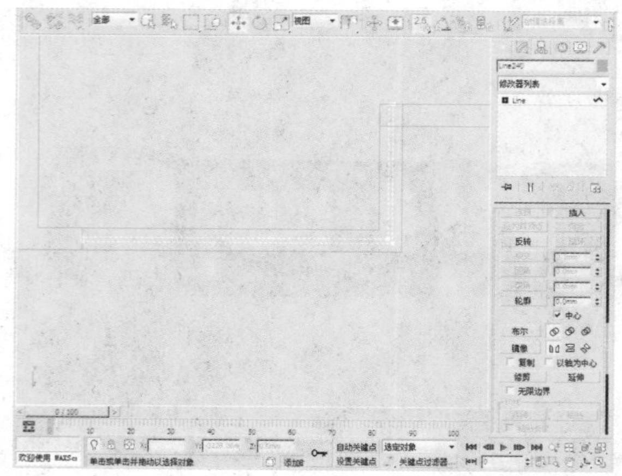

47 执行“修改器>网格编辑>挤出”命令，为物体添加挤出效果。

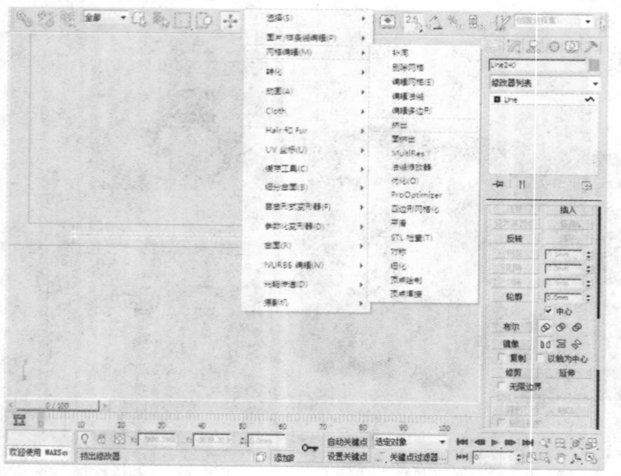

48 接下来在“参数”卷展栏中，设置“数量”的参数为40。

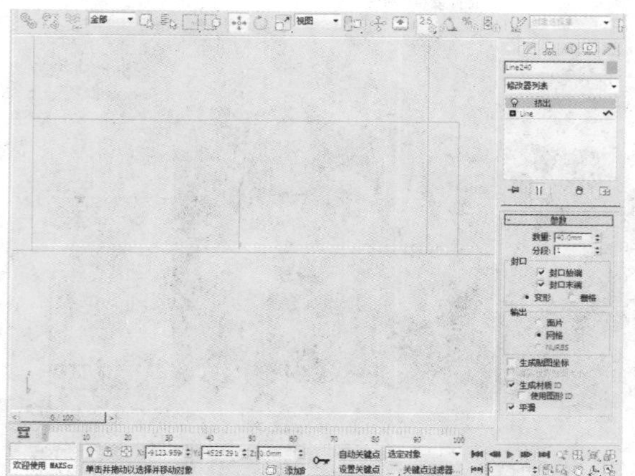

49 通过右键菜单将其转化为可编辑网格，并对其位置进行调整。

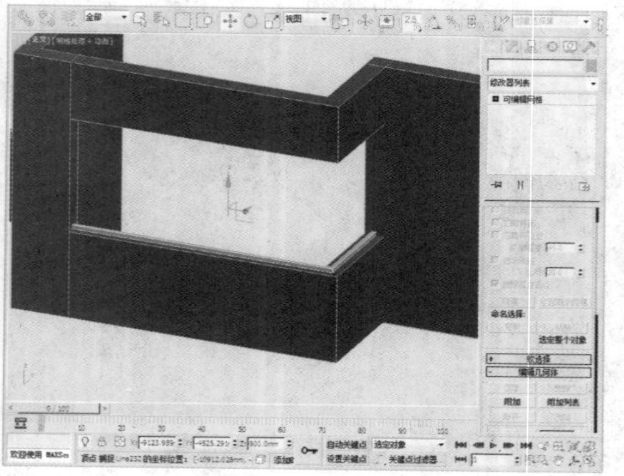

50 选择“可编辑网格”下的“元素”选项，对物体进行复制。

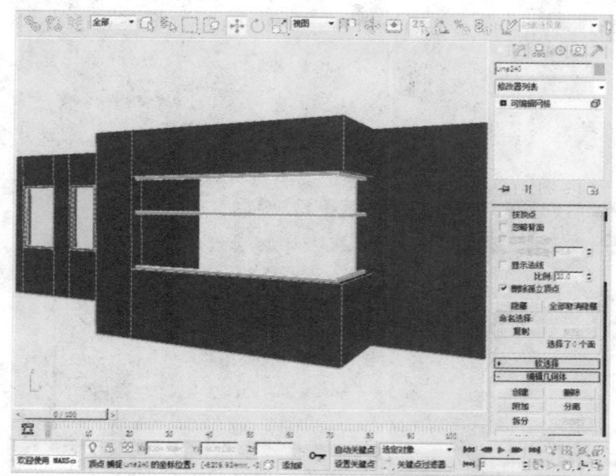

51 在“创建”命令面板中单击“图形>矩形”按钮，创建矩形，并将其转化为可编辑样条线。

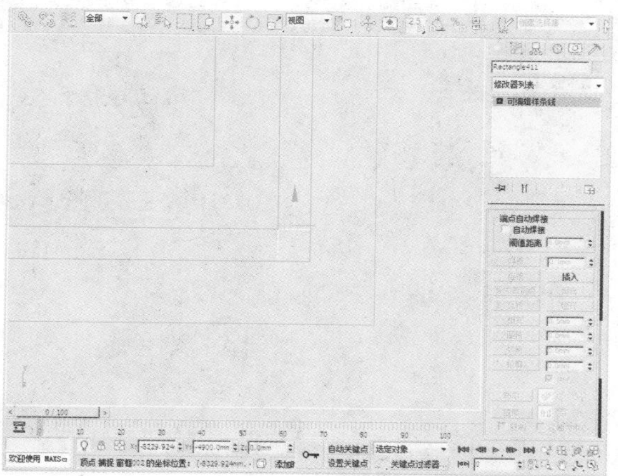

52 执行“修改器>网格编辑>挤出”命令，为物体添加挤出效果。

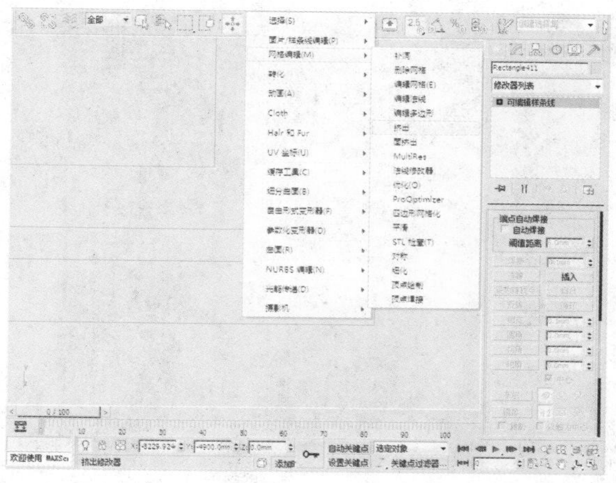

53 接下来在“参数”卷展栏中，设置“数量”的参数为600。

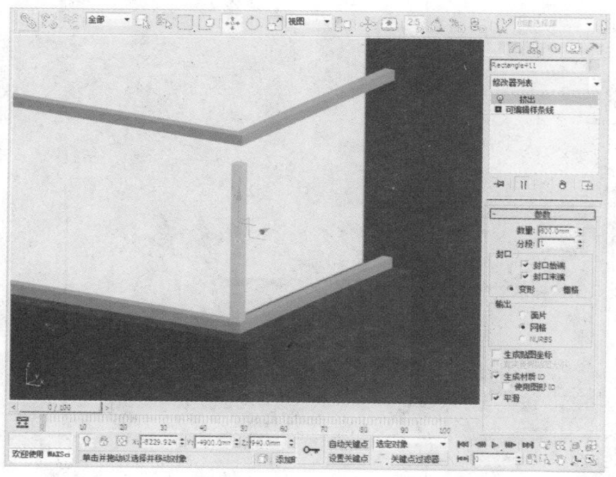

54 通过右键菜单将其转化为可编辑网格，并对其位置进行调整。

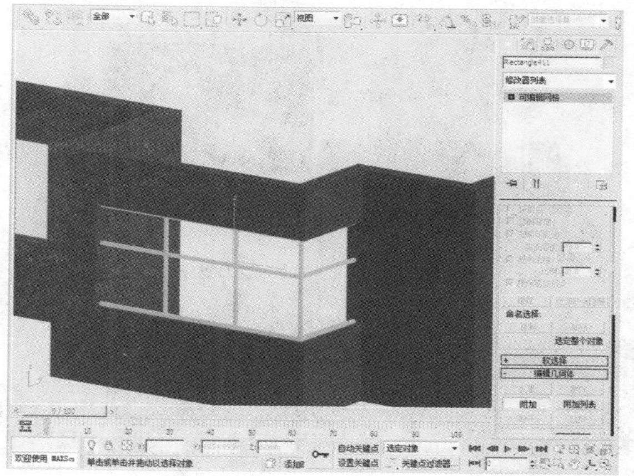

55 打开“材质编辑器”窗口，为物体赋予简单窗框材质。

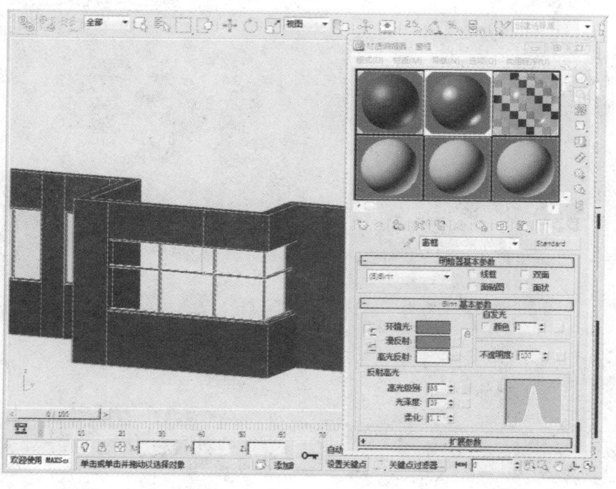

56 在“创建”命令面板中单击“图形>线”按钮，绘制出如下图所示的形状。

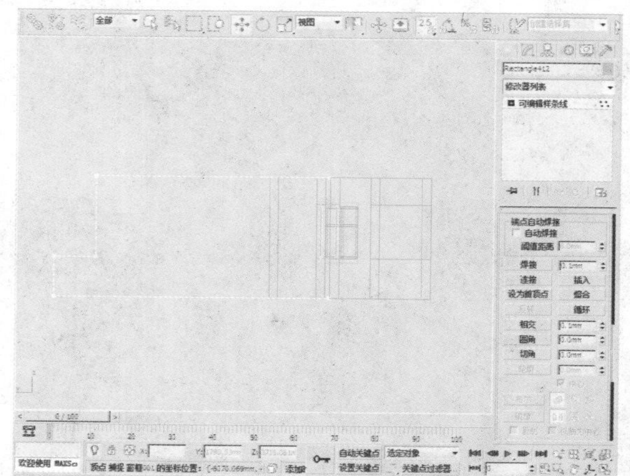

57 执行“修改器>网格编辑>挤出”命令，为物体添加挤出效果。

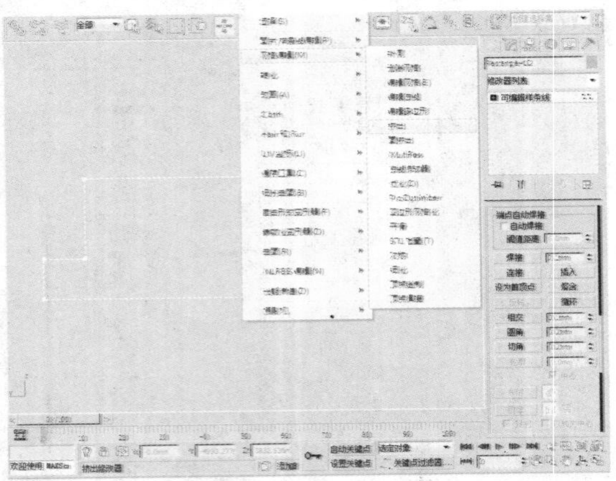

58 接下来在“参数”卷展栏中，设置“数量”的参数为200。

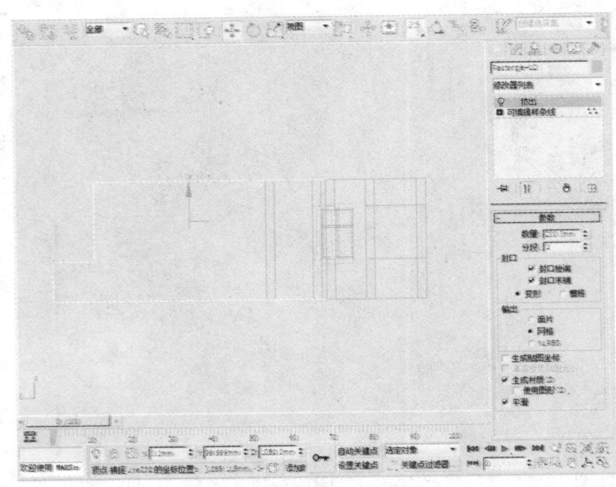

59 打开“材质编辑器”窗口，为物体赋予简单窗框材质。

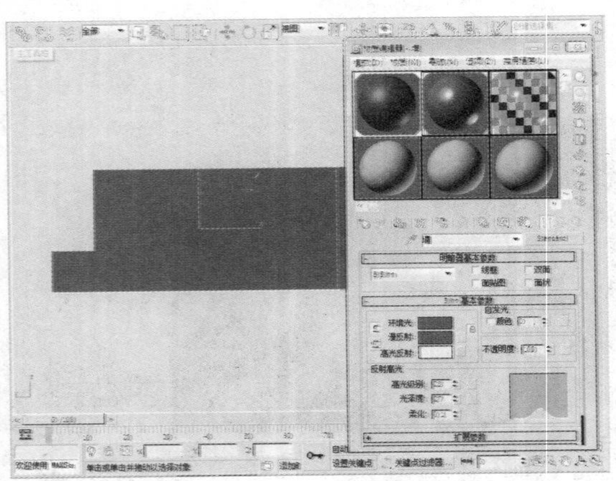

60 在“创建”命令面板中单击“图形>线”按钮，绘制出如下图所示的形状。

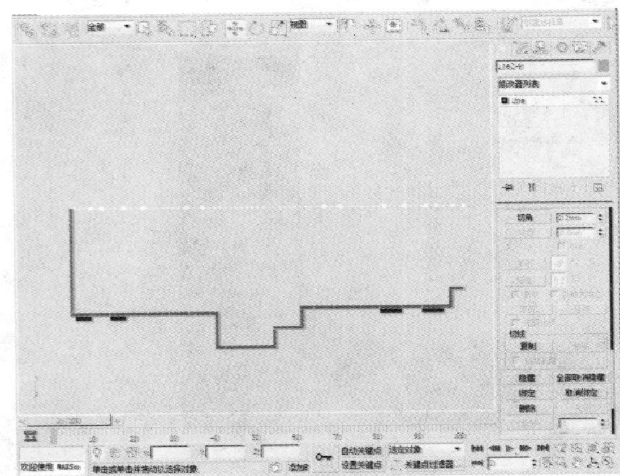

61 选择“Line”下的“线段”选项，选择如下图所示的线段，然后在“几何体”卷展栏中单击“分离”按钮。

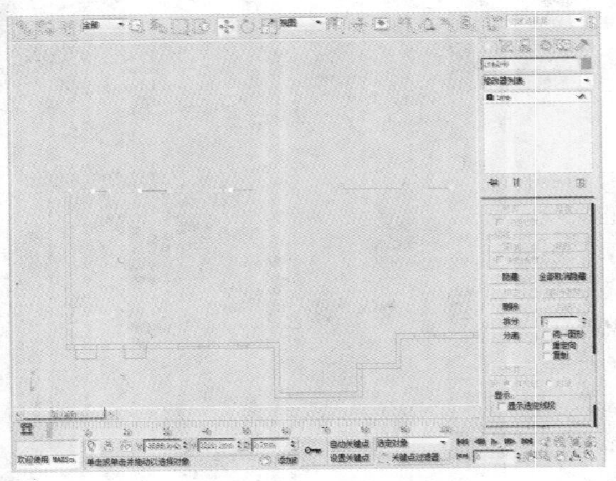

62 选择“可编辑样条线”下的“样条线”选项，在“几何体”卷展栏中单击“轮廓”按钮，并设置参数为-200。

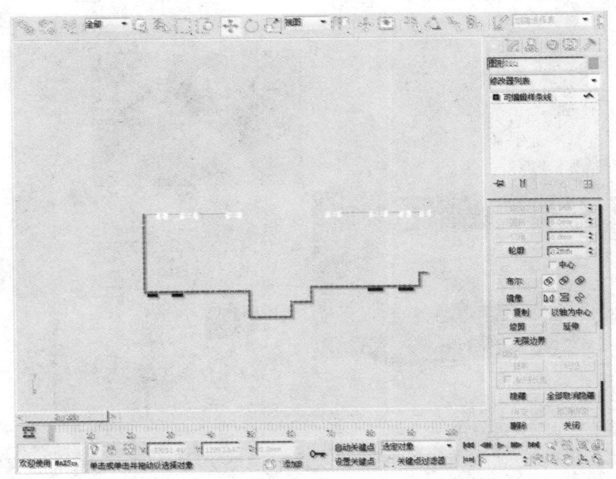

63 执行“修改器>网格编辑>挤出”命令，为物体添加挤出效果。

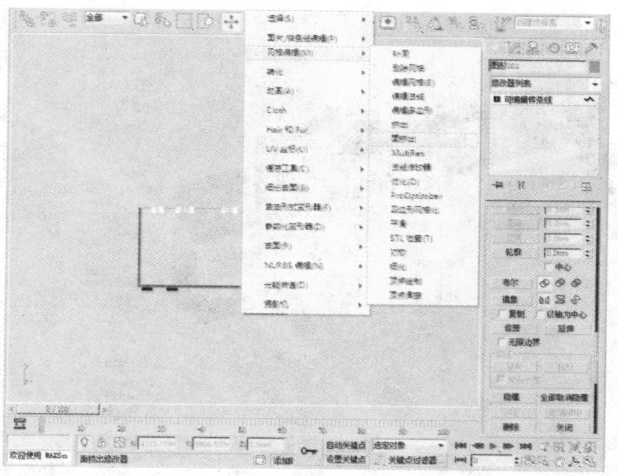

64 接下来在“参数”卷展栏中，设置“数量”的参数为2700。

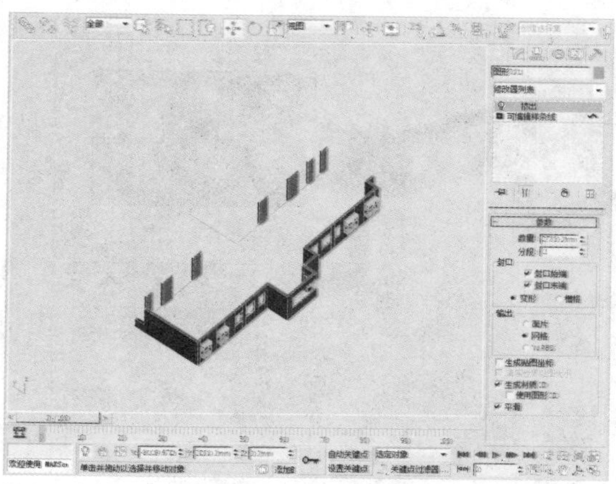

65 打开“材质编辑器”窗口，给物体赋予简单墙体材质。

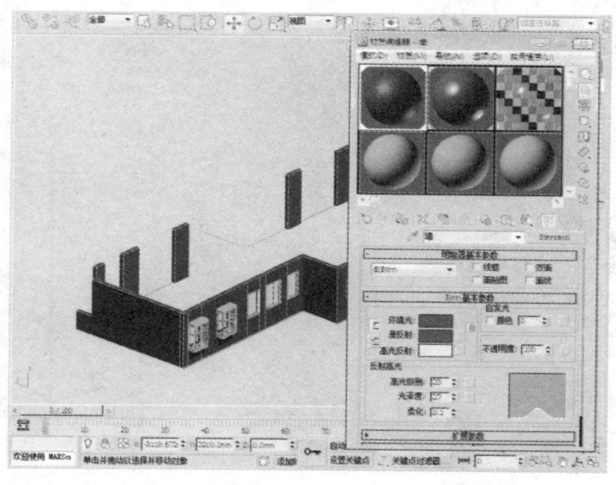

66 选中分离出来的线段，选择“Line”下的“样条线”选项，然后单击“轮廓”按钮并设置参数为-200。

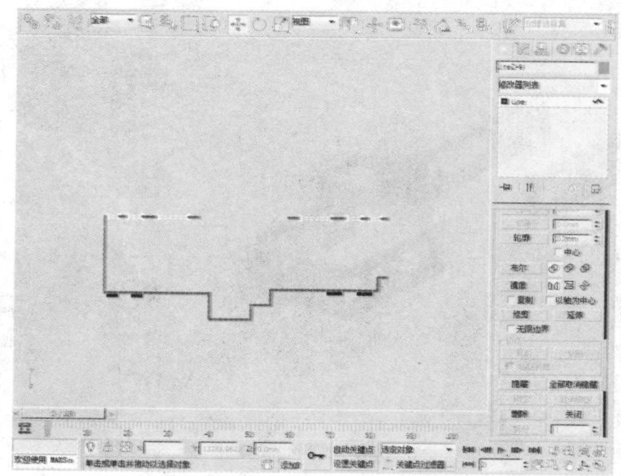

67 执行“修改器>网格编辑>挤出”命令，为物体添加挤出效果。

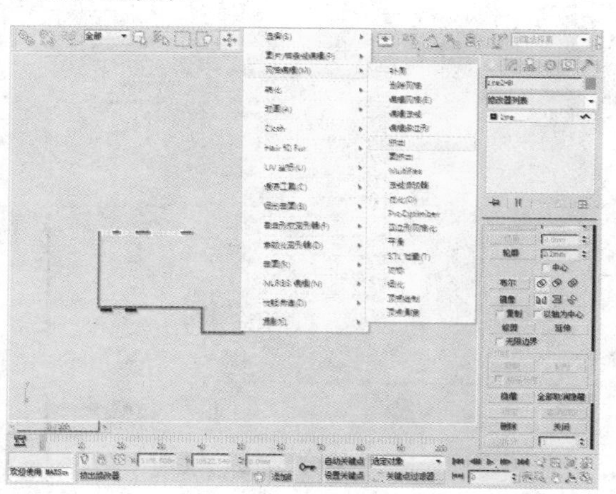

68 接下来在“参数”卷展栏中，设置“数量”的参数为900。

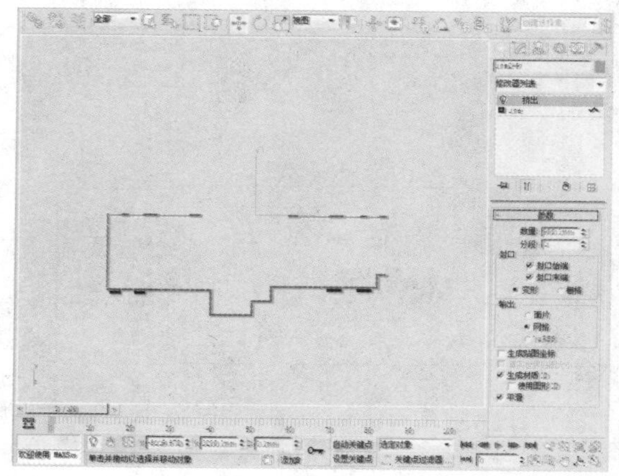

69 打开“材质编辑器”窗口，为物体赋予简单墙体材质。

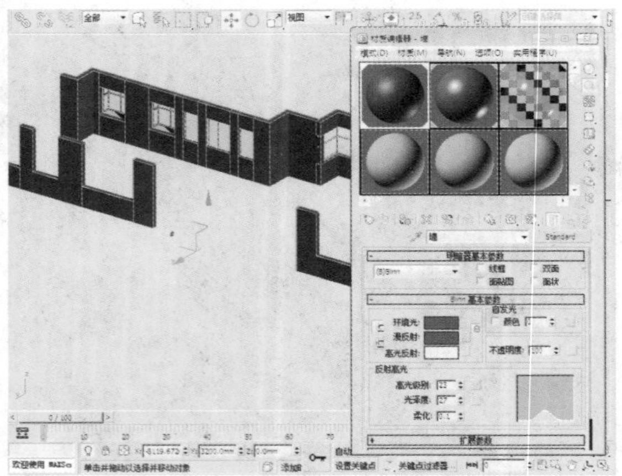

70 单击主工具栏上的“选择并移动”按钮，按住键盘上的Shift键，对其进行复制。

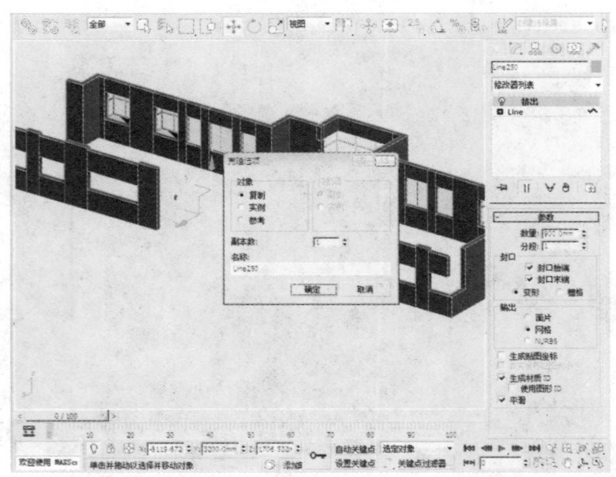

71 接下来在“参数”卷展栏中，设置“数量”的参数为600。

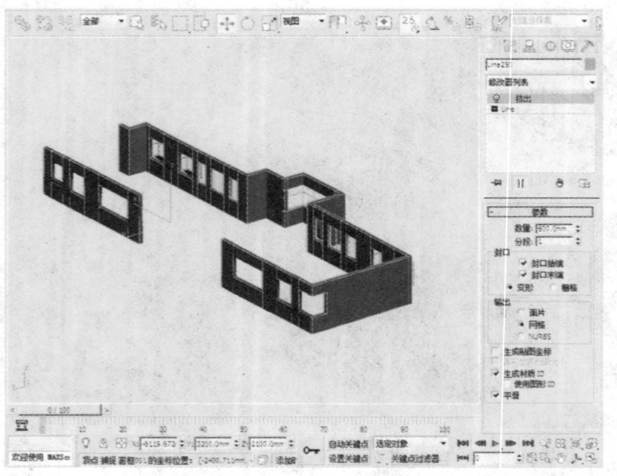

72 在“创建”命令面板中单击“图形>矩形”按钮，创建矩形，并将其转化为可编辑样条线。

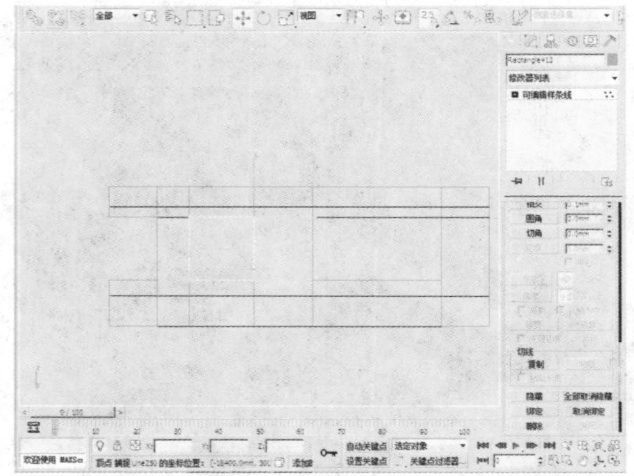

73 选择“样条线”选项，在“几何体”卷展栏中单击“轮廓”按钮并设置其参数为40。

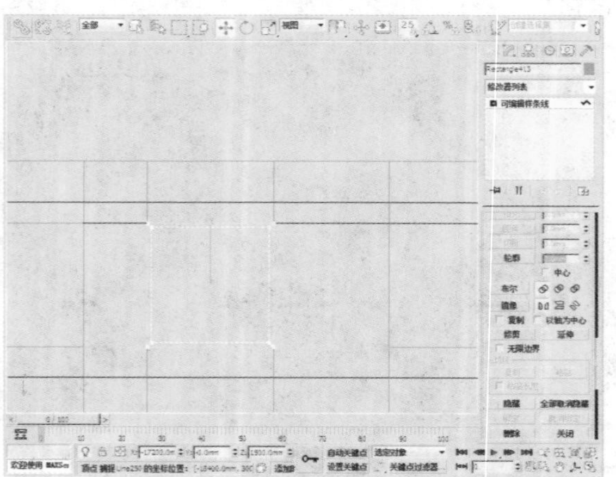

74 执行“修改器>网格编辑>挤出”命令，为物体添加挤出效果。

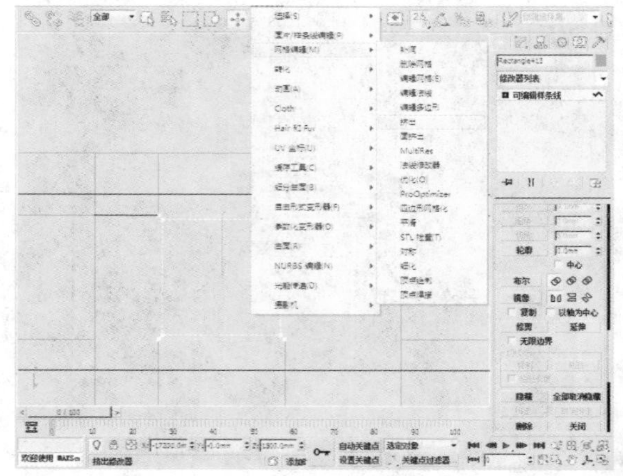

75 接下来在“参数”卷展栏中，设置“数量”的参数为40。

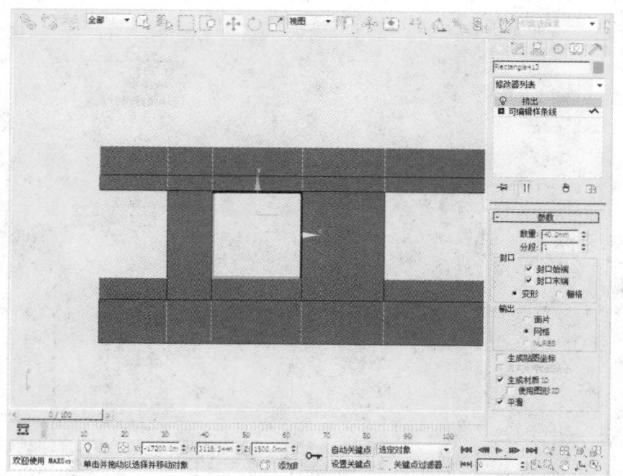

76 通过右键菜单将其转化为可编辑网格，接着选择“可编辑网格”下的“面”选项。

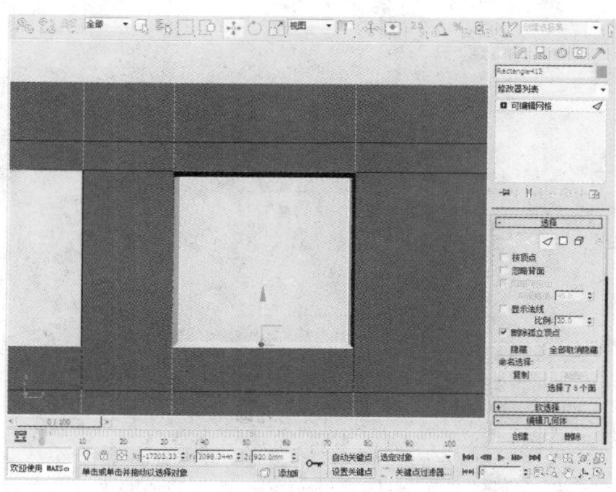

77 单击主工具栏上的“选择并移动”按钮，按住键盘上的Shift键对其进行复制。

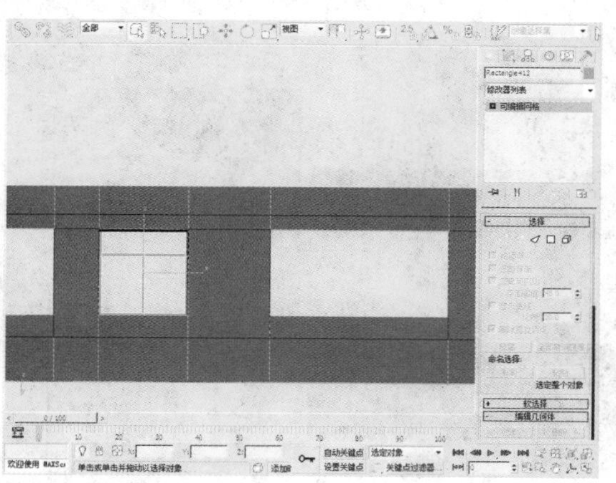

78 在“创建”命令面板中单击“图形>矩形”按钮，创建矩形，并将其转化为可编辑样条线。

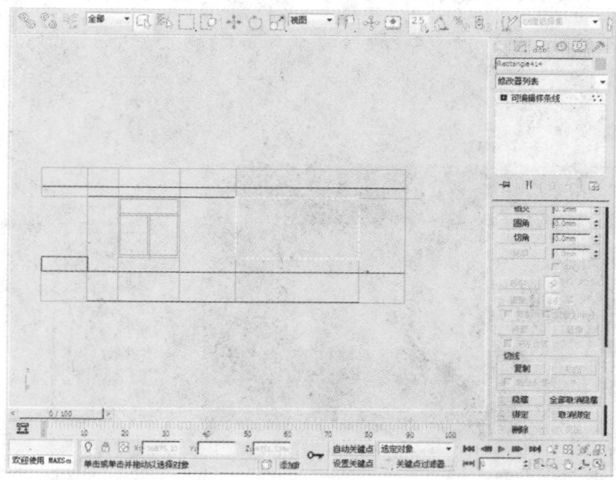

79 选择“可编辑样条线”下的“样条线”选项，在“几何体”卷展栏中，单击“轮廓”按钮并设置其参数为40。

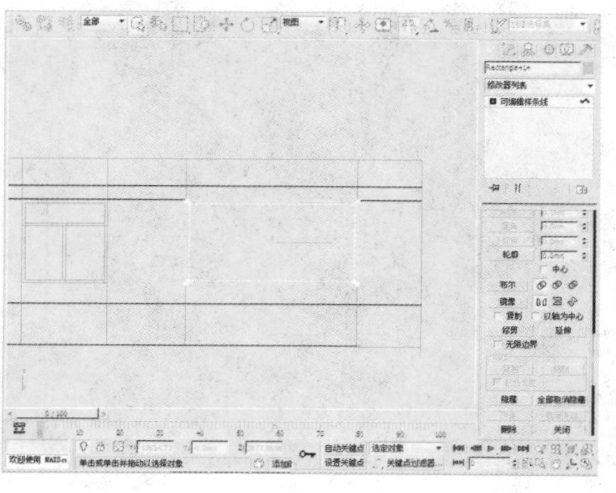

80 执行“修改器>网格编辑>挤出”命令，为物体添加挤出效果。

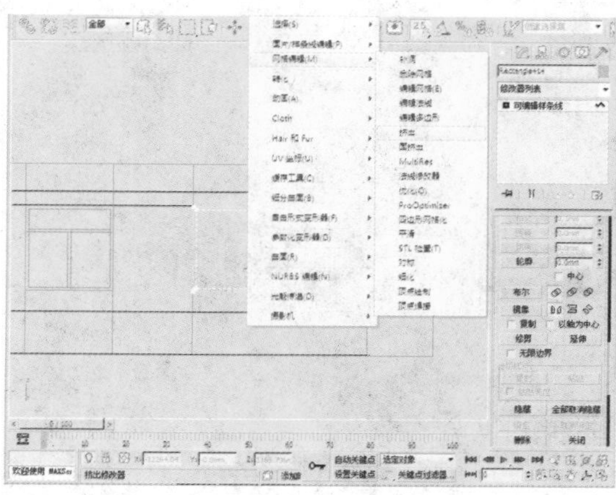

81 接下来在“参数”卷展栏中，设置“数量”的参数为40。

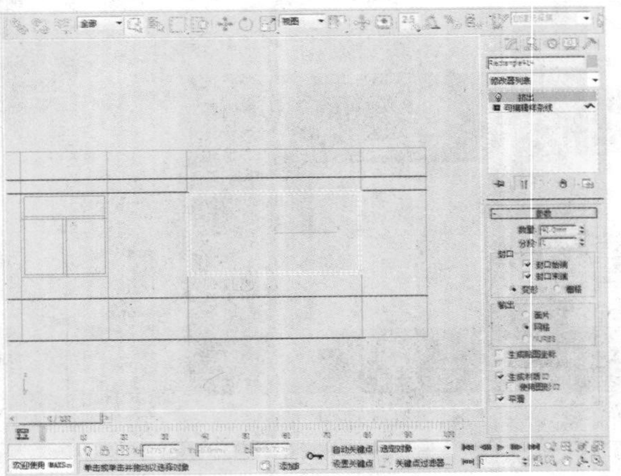

82 通过右键菜单将其转化为可编辑网格，接着选择“可编辑网格”下的“面”选项。

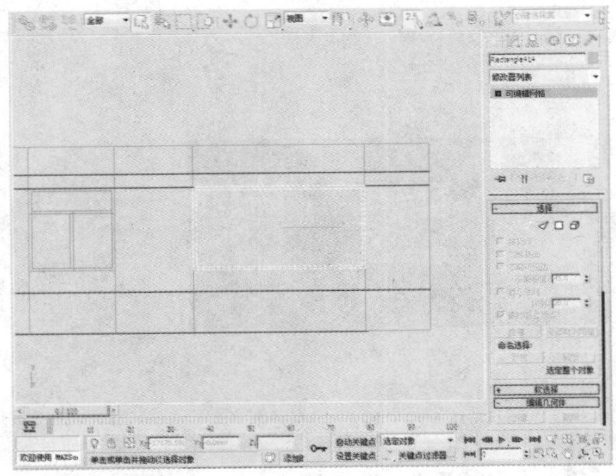

83 单击主工具栏上的“选择并移动”按钮，按住键盘上的Shift键对其进行复制。

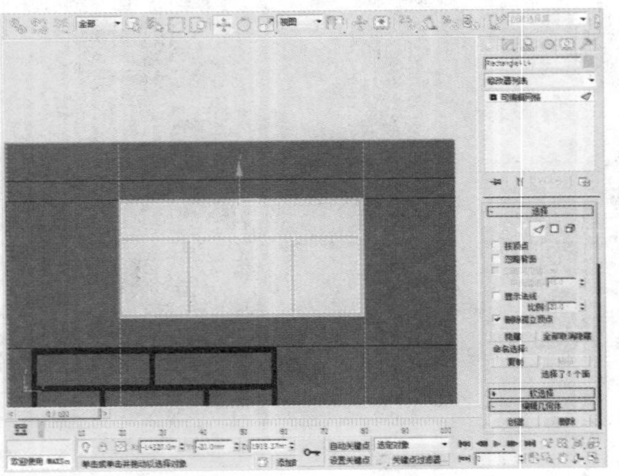

84 打开“材质编辑器”窗口，为物体赋予简单窗框材质。

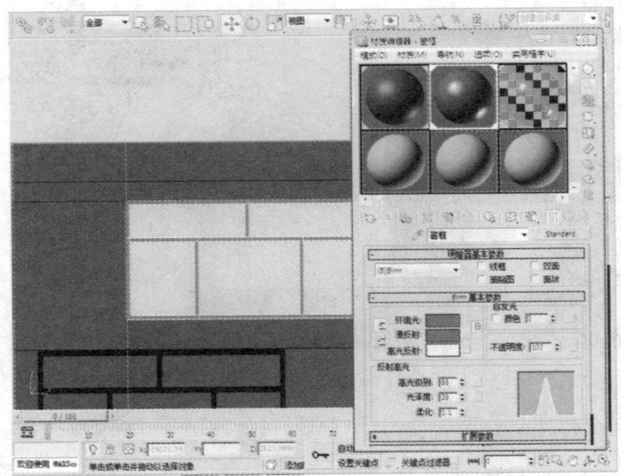

85 对做好的窗框进行复制。

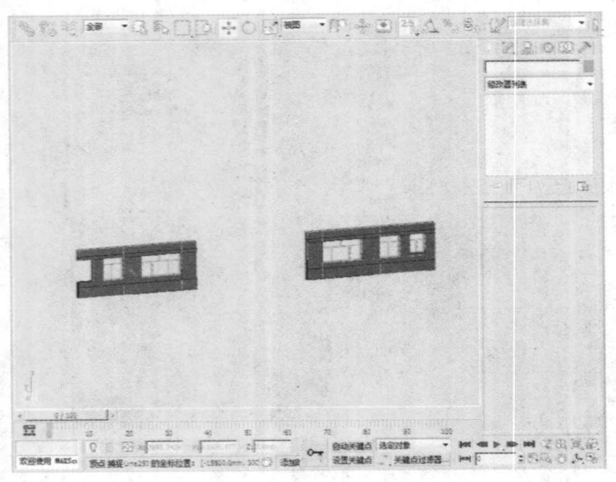

86 在“创建”命令面板中单击“图形>线”按钮，创建如下图所示的线段。

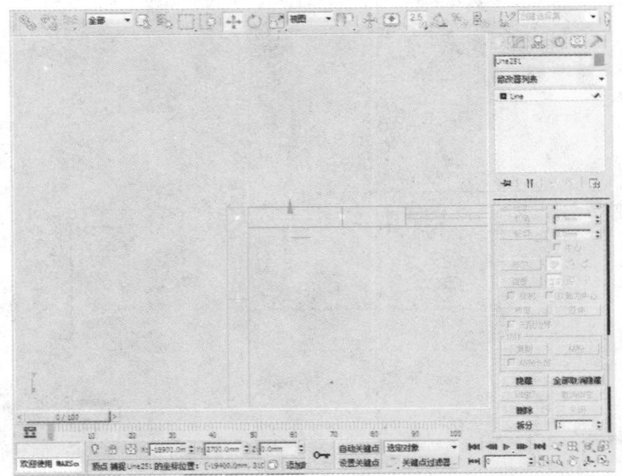

87 选择“Line”下的“样条线”选项，单击“轮廓”按钮，勾选“中心”复选框并设置参数为40。

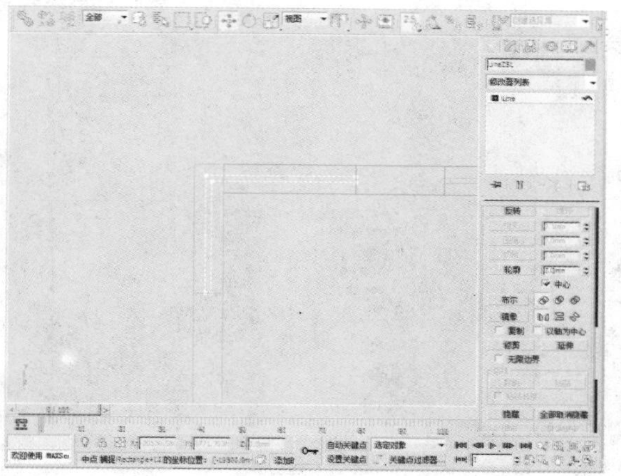

88 执行“修改器>网格编辑>挤出”命令，为物体添加挤出效果。

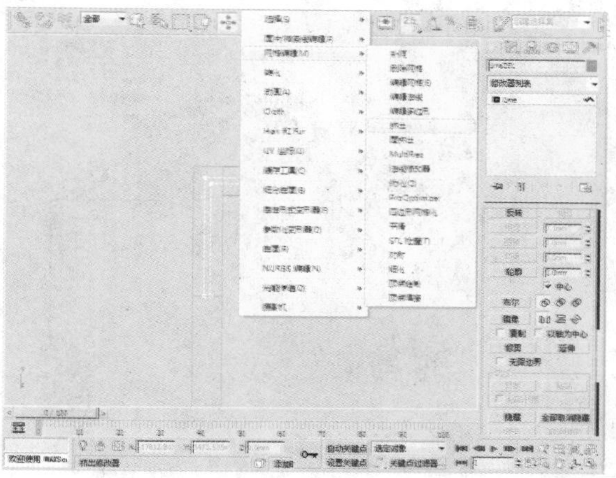

89 接下来在“参数”卷展栏中，设置“数量”的参数为40。

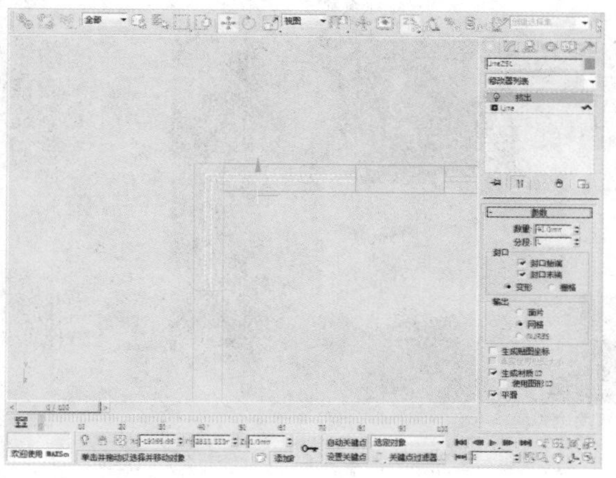

90 通过右键菜单将其转化为可编辑网格，接着选择“可编辑网格”下的“面”选项。

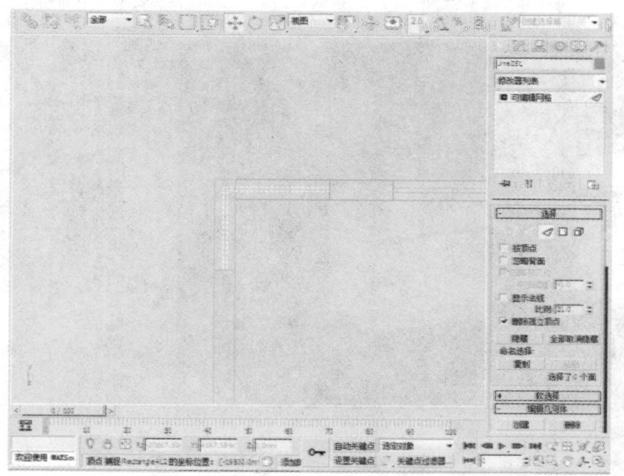

91 单击主工具栏上的“选择并移动”按钮，按住键盘上的Shift键对其进行复制。

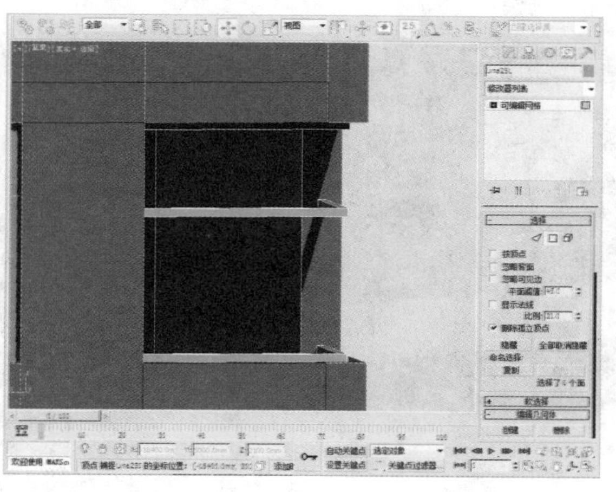

92 打开“材质编辑器”窗口，为物体赋予简单窗框材质。

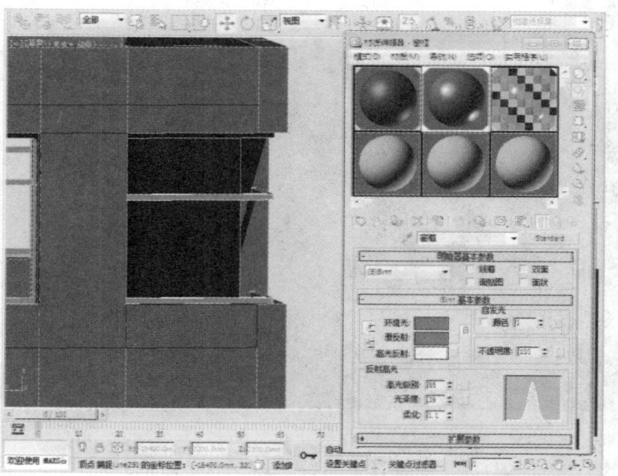

93 在“创建”命令面板中单击“图形>矩形”按钮，创建矩形并将其转化为可编辑样条线。

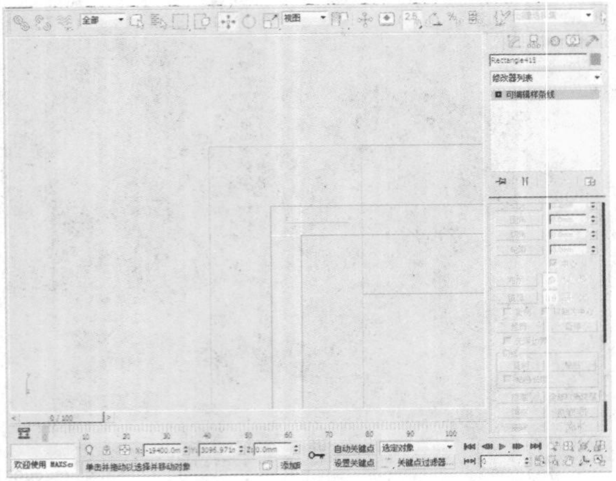

94 执行“修改器>网格编辑>挤出”命令，为物体添加挤出效果。

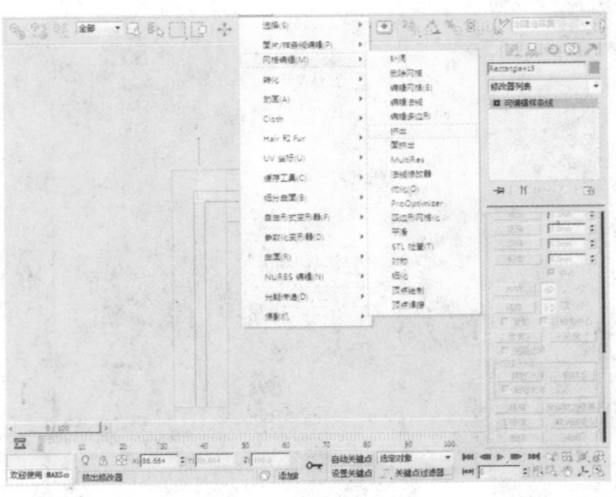

95 接下来在“参数”卷展栏中，设置“数量”的参数为1120。

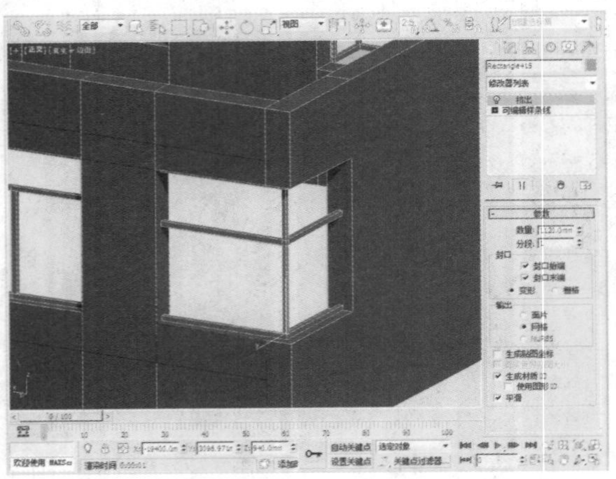

96 通过右键菜单将其转化为可编辑网格，接着选择“可编辑网格”下的“元素”选项。

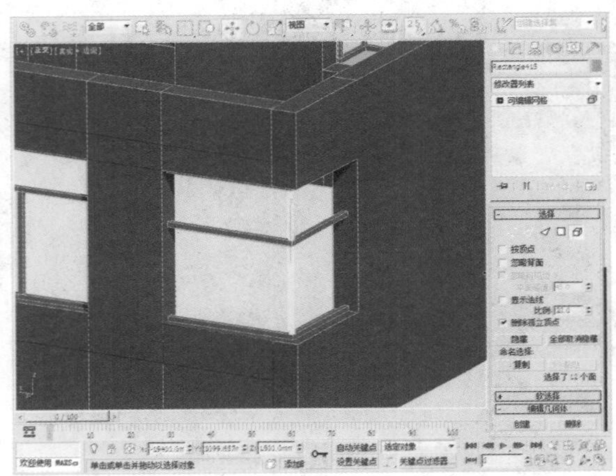

97 单击主工具栏上的“选择并移动”按钮，按住键盘上的Shift键对其进行复制。

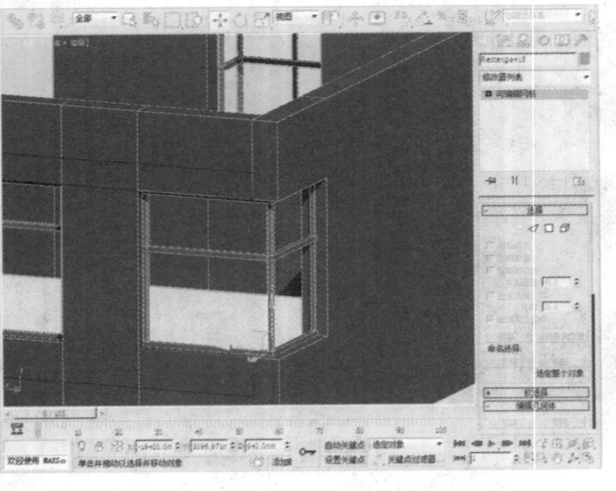

98 打开“材质编辑器”窗口，为物体赋予简单窗框材质。

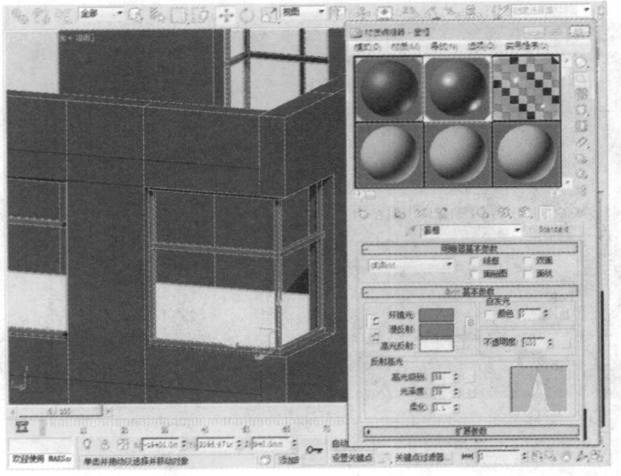

99 在“创建”命令面板中单击“图形>线”按钮，创建如下图所示的线段。

100 执行“修改器>网格编辑>挤出”命令，为物体添加挤出效果。

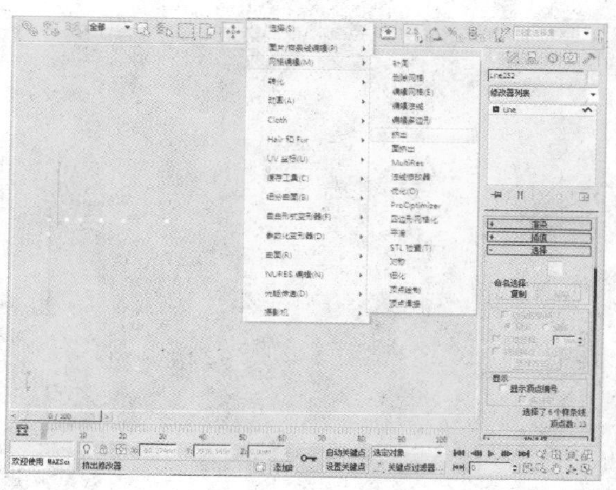

101 在“参数”卷展栏中，设置“数量”的参数为1120。

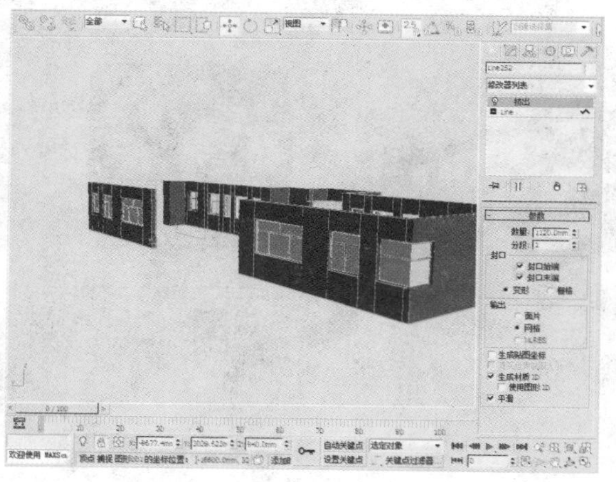

102 打开“材质编辑器”窗口，为物体赋予简单玻璃材质。

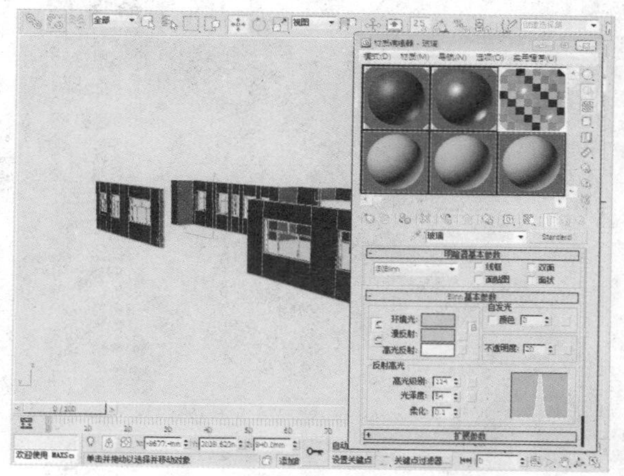

103 单击主工具栏上的“选择并移动”按钮，框选所有物体并成组。

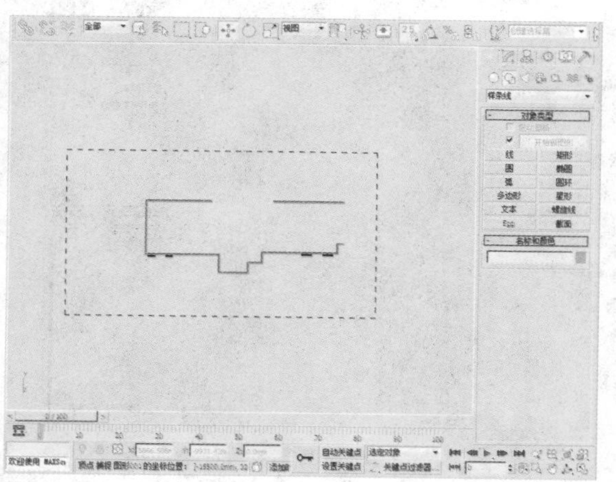

104 在“创建”命令面板中单击“图形>线”按钮，创建如下图所示的线段。

105 选择“Line”下的“样条线”选项，单击“轮廓”按钮，勾选“中心”复选框并设置参数为200。

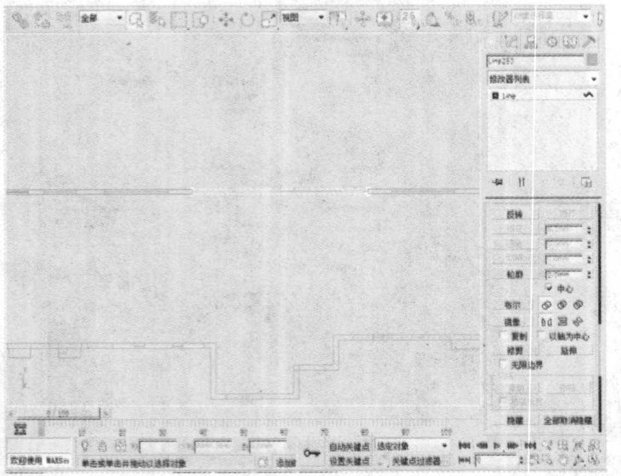

106 执行“修改器>网格编辑>挤出”命令，为物体添加挤出效果。

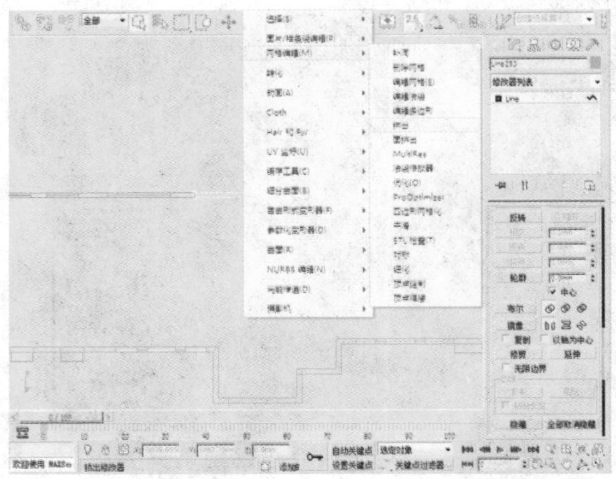

107 接下来在“参数”卷展栏中，设置“数量”的参数为300。

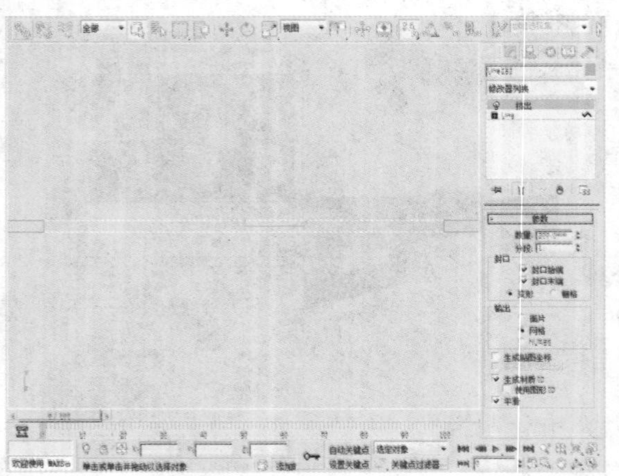

108 打开“材质编辑器”窗口，为物体赋予简单墙体材质。

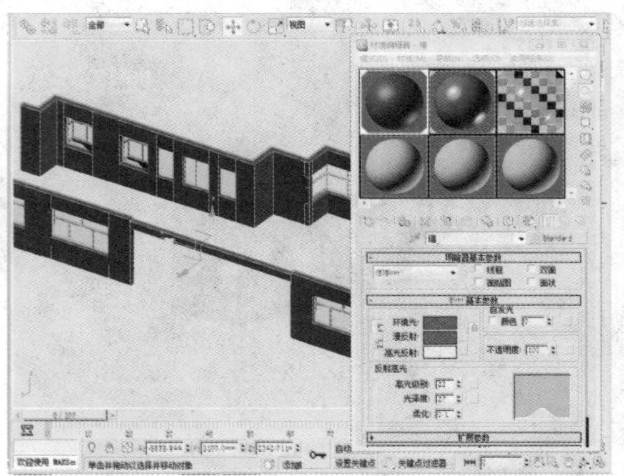

109 在“创建”命令面板中单击“图形>矩形”按钮，创建矩形并将其转化为可编辑样条线。

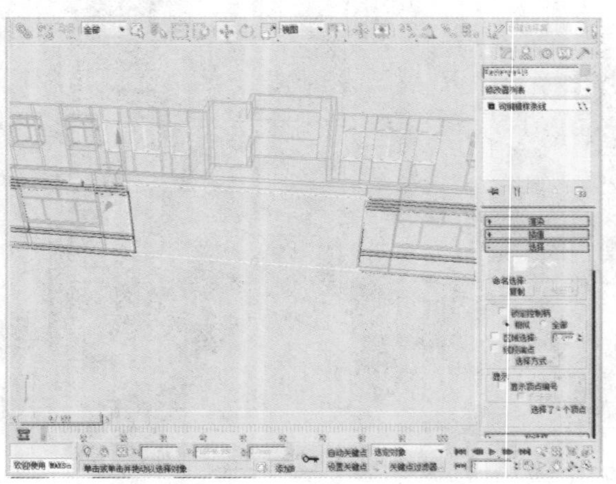

110 选择“可编辑样条线”下的“线段”选项，选中如下图所示的线段，并进行删除操作。

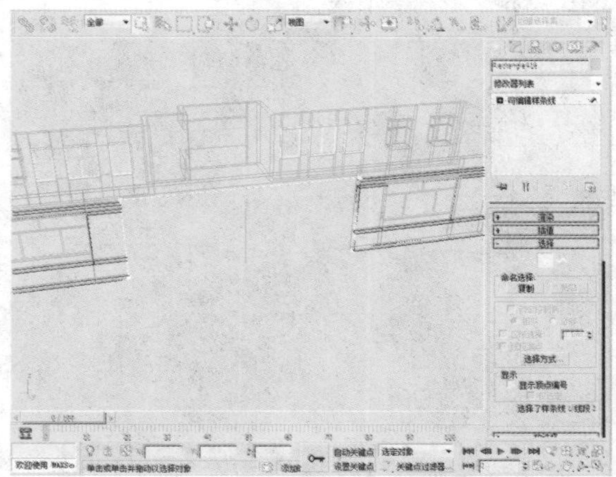

111 选择“可编辑样条线”下的“样条线”选项，单击“轮廓”按钮，并设置其参数为60。

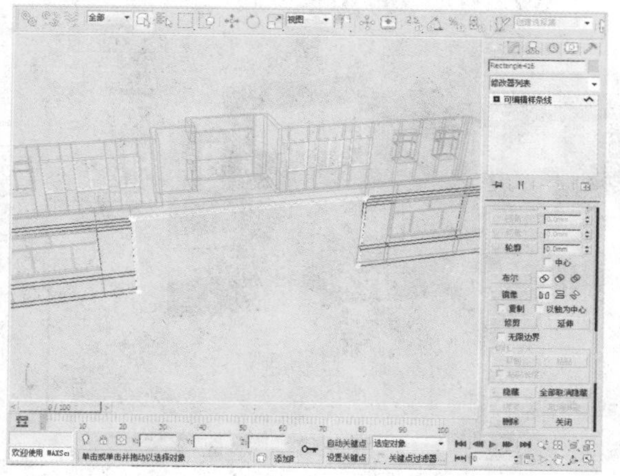

112 执行“修改器>网格编辑>挤出”命令，为物体添加挤出效果。

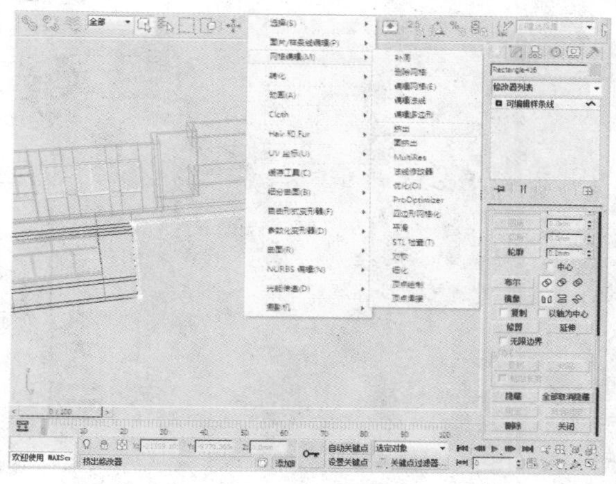

113 接下来在“参数”卷展栏中，设置“数量”的参数为100。

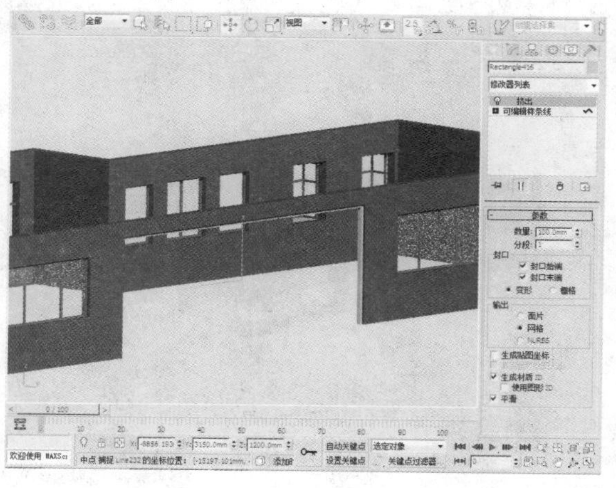

114 通过右键菜单将其转化为可编辑网格，接着选择“可编辑网格”下的“面”选项。

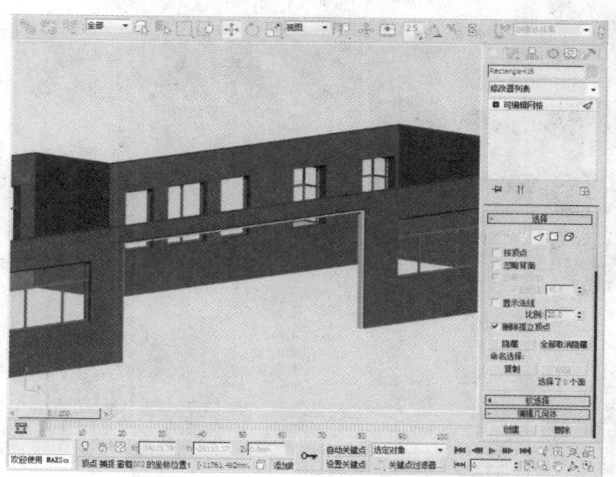

115 单击主工具栏上的“选择并移动”按钮，按住键盘上的Shift键，对其进行复制。

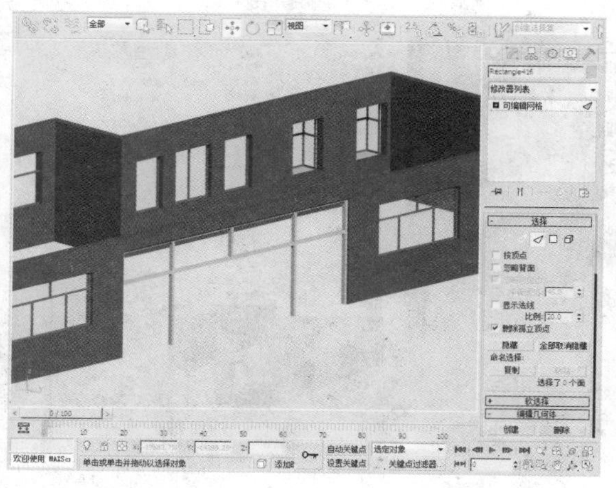

116 打开“材质编辑器”窗口，为物体赋予简单窗框材质。

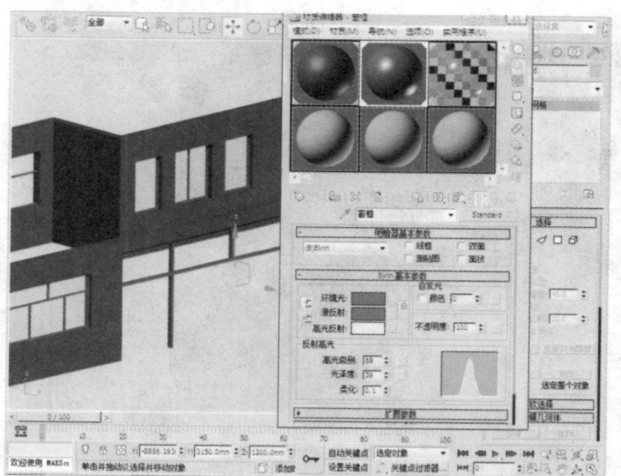

117 在“创建”命令面板中单击“图形>矩形”按钮，创建矩形并将其转化为可编辑样条线。

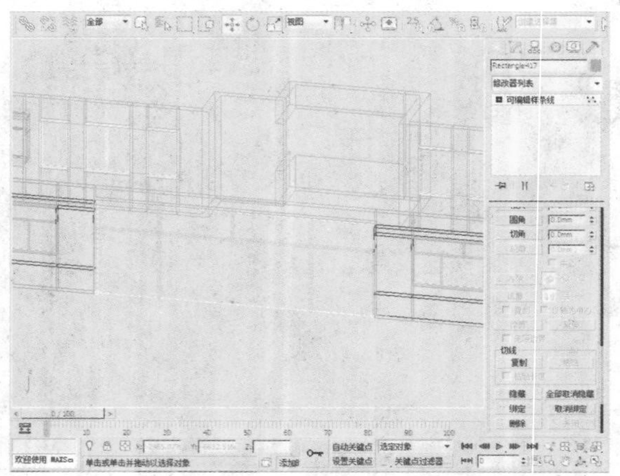

118 通过右键菜单将其转化为可编辑网格，使其成为一个平面。

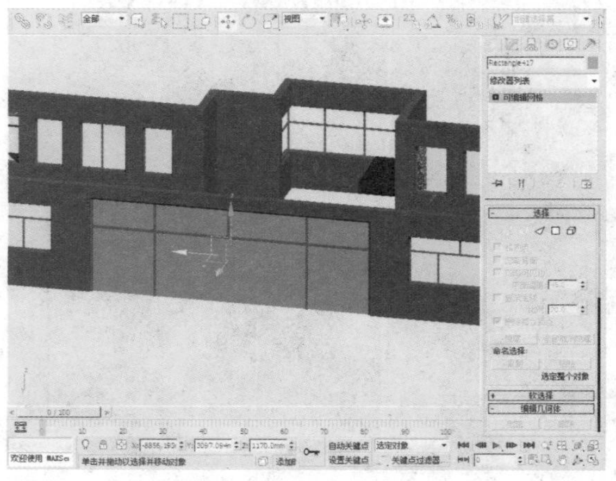

119 打开“材质编辑器”窗口，为物体赋予简单玻璃材质。

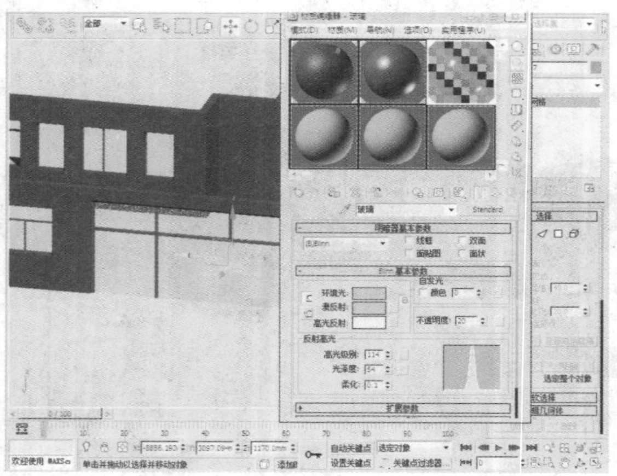

120 选中步骤103中成组的物体，并按住键盘上的Shift键拖动进行复制。

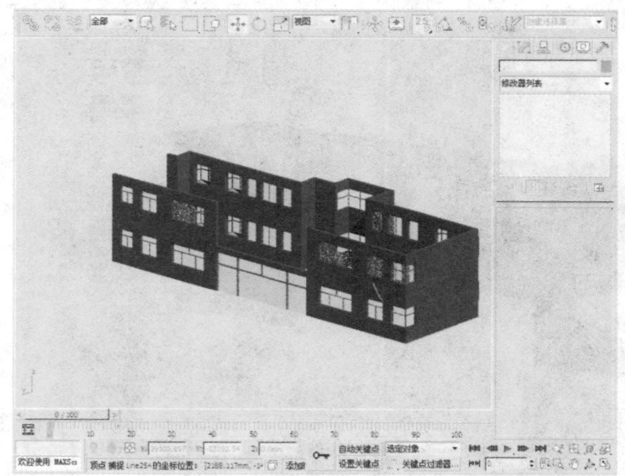

121 在“创建”命令面板中单击“图形>矩形”按钮，创建矩形并将其转化为可编辑样条线。

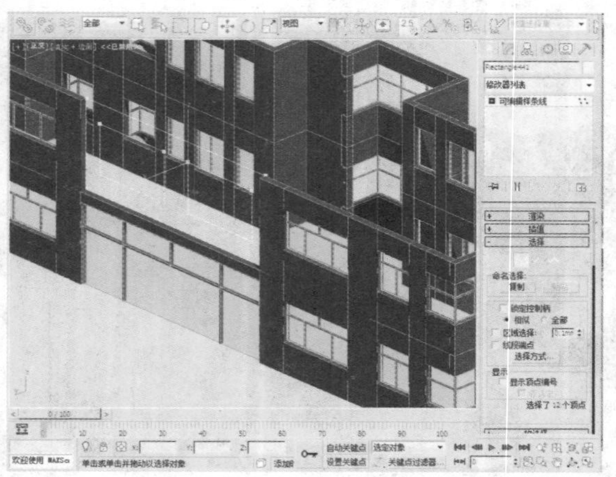

122 执行“修改器>网格编辑>挤出”命令，为物体添加挤出效果。

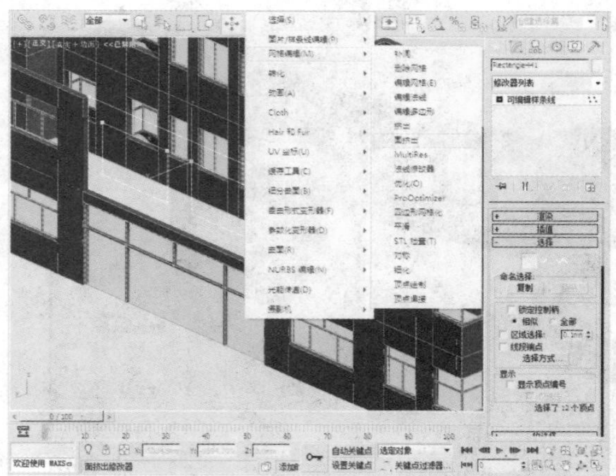

123 接下来在“参数”卷展栏中，设置“数量”的参数为200。

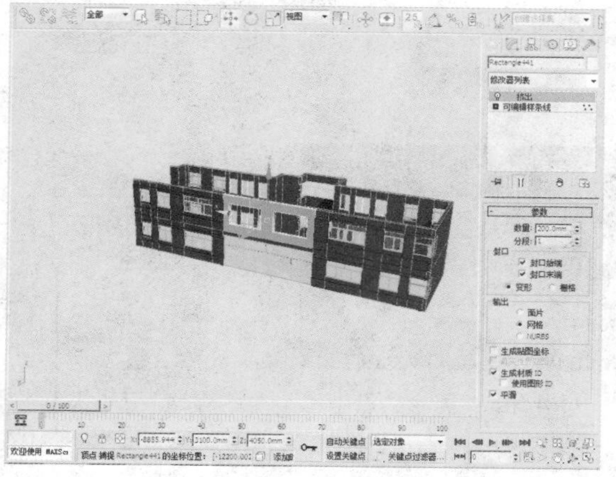

124 打开“材质编辑器”窗口，为物体赋予简单玻璃材质。

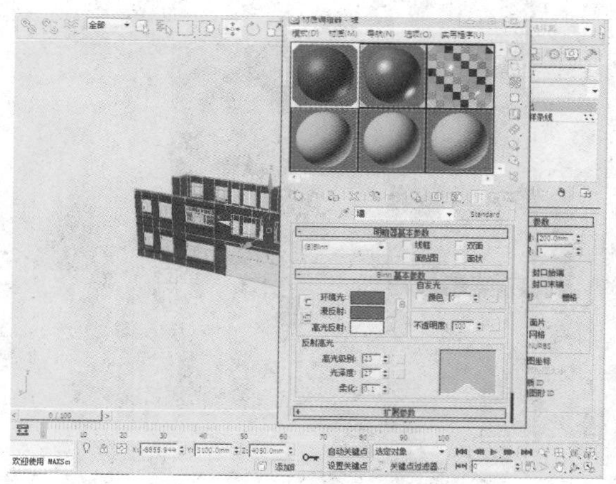

125 在“创建”命令面板中单击“图形>矩形”按钮，创建矩形并将其转化为可编辑样条线。

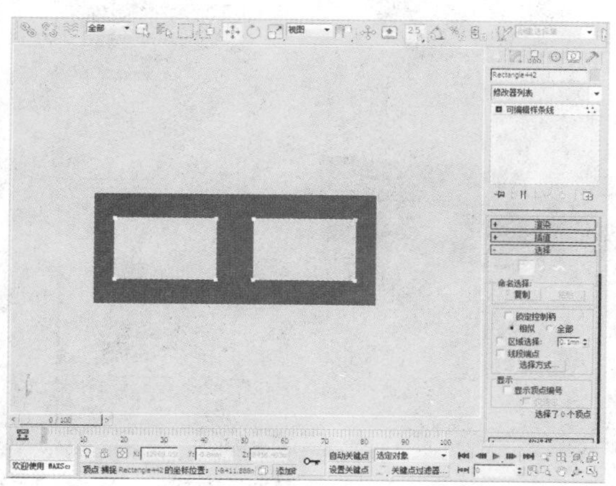

126 选择“可编辑样条线”下的“样条线”选项，单击“几何体”卷展栏中的“轮廓”按钮，并设置参数为40。

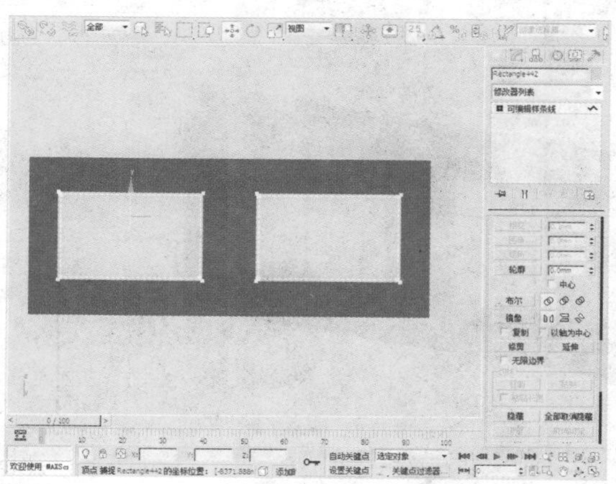

127 执行“修改器>网格编辑>挤出”命令，为物体添加挤出效果。

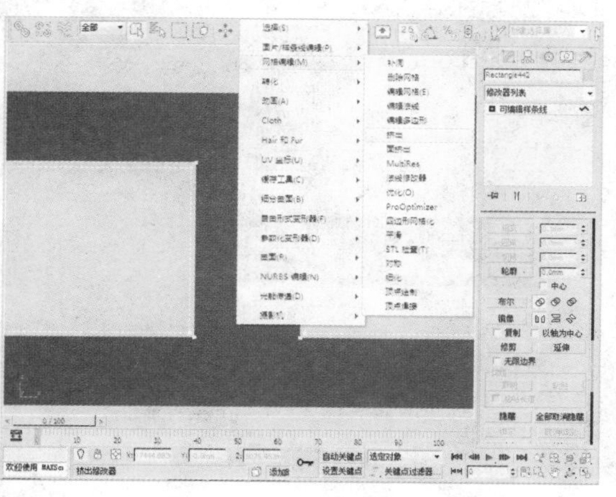

128 接下来在“参数”卷展栏中，设置“数量”的参数为40。

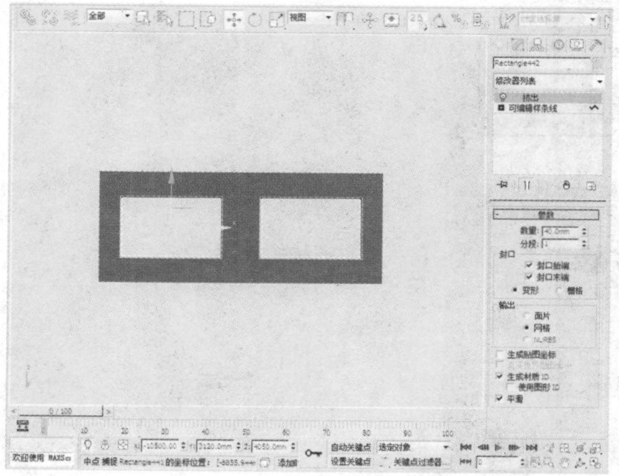

129 接下来打开“材质编辑器”窗口，为物体赋予玻璃材质。

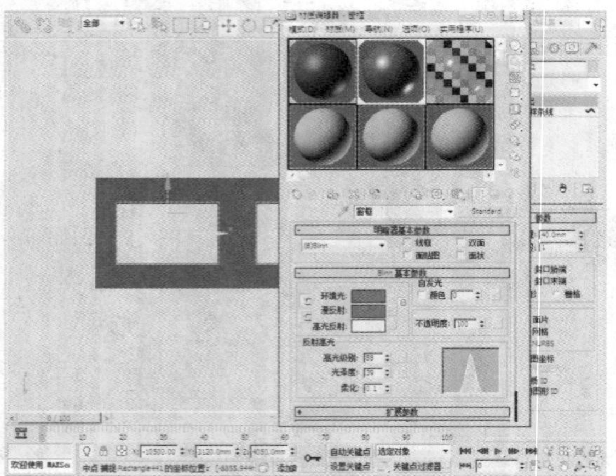

130 通过右键菜单将其转化为可编辑网格，接着选择“可编辑网格”下的“面”选项。

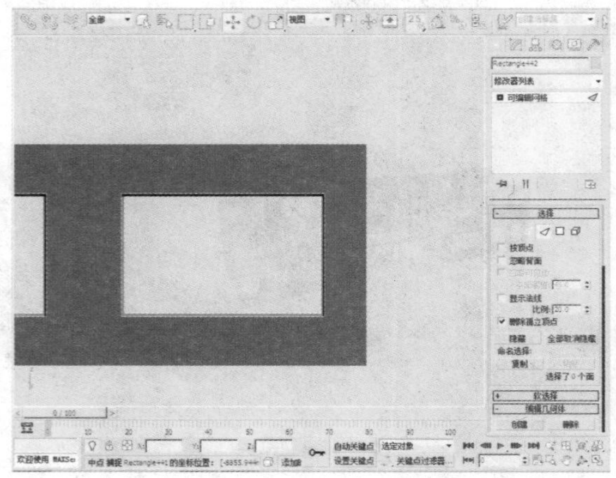

131 单击主工具栏上的“选择并移动”按钮，按住键盘上的Shift键对其进行复制。

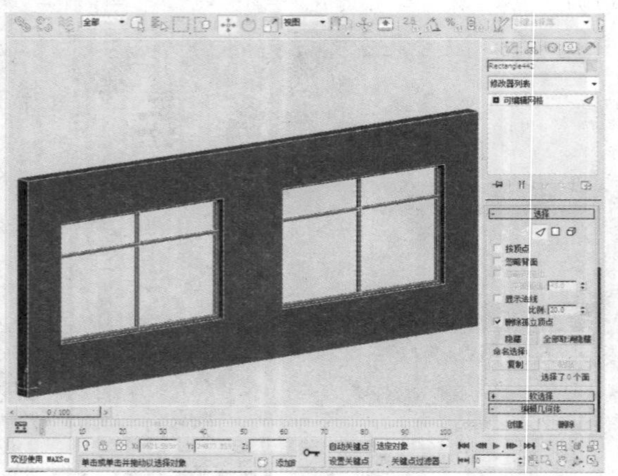

132 在“创建”命令面板中单击“图形>矩形”按钮，创建矩形并将其转化为可编辑网格。

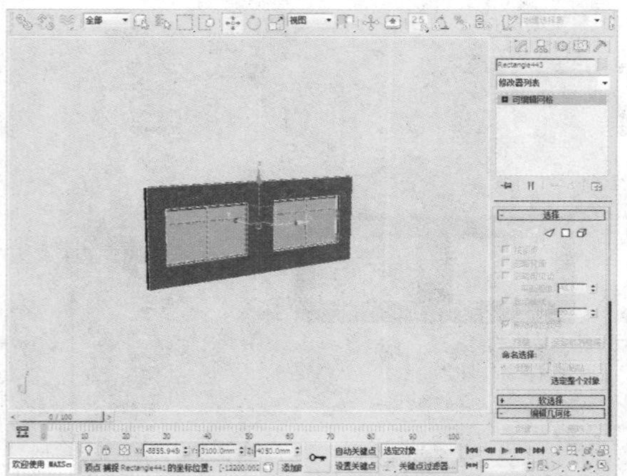

133 打开“材质编辑器”窗口，并为物体赋予玻璃材质。

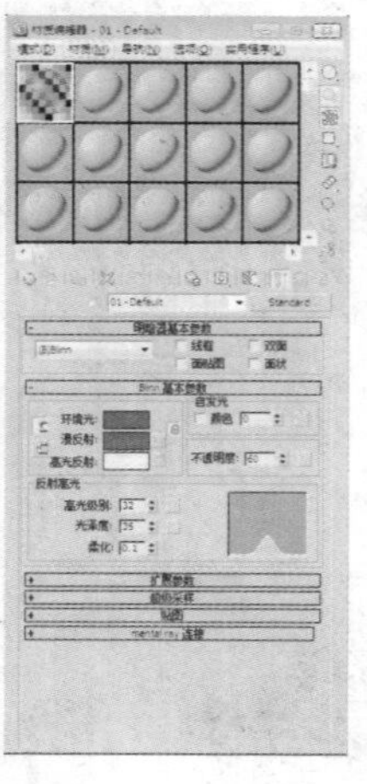

134 单击主工具栏上的“选择并移动”按钮，框选如下图所示的物体。

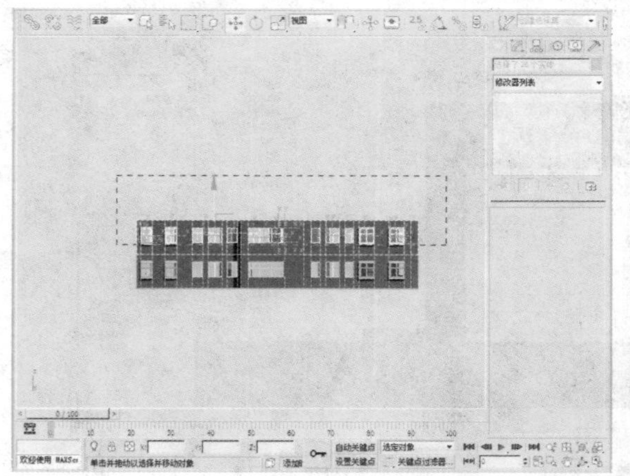

135 单击主工具栏上的“选择并移动”按钮，按住键盘上的Shift键对其进行复制。

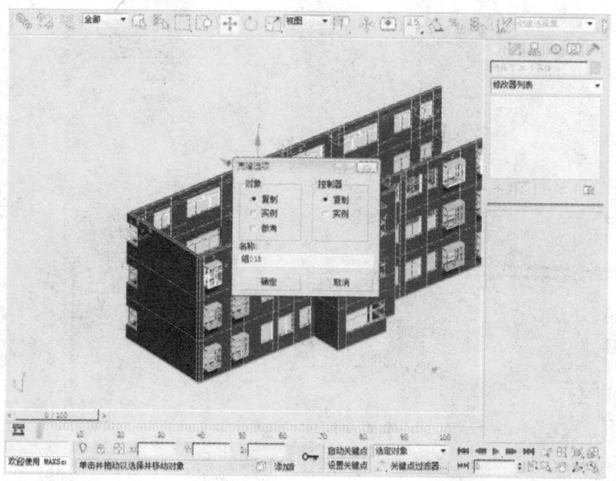

136 单击主工具栏上的“选择对象”按钮，选择如下图所示的物体。

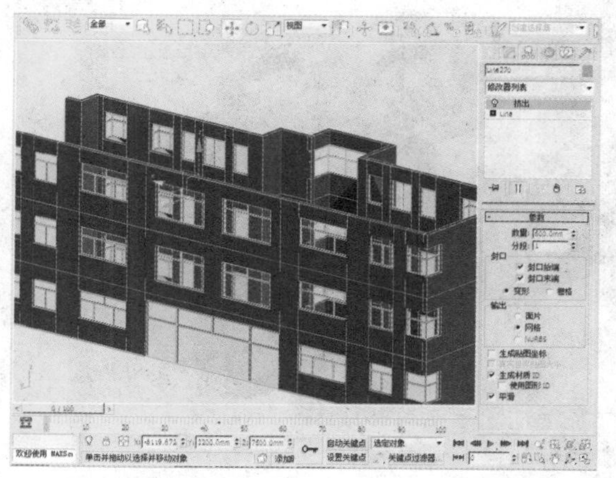

137 在“修改”命令面板中，选择“Line”下的“样条线”选项。

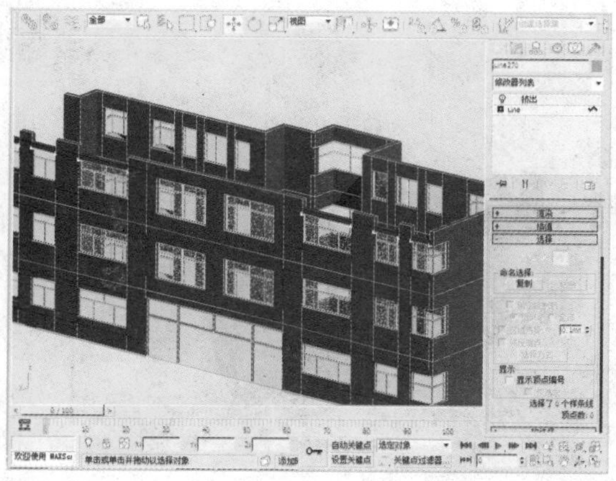

138 选中如下图所示的样条线，并对其位置进行适当调整。

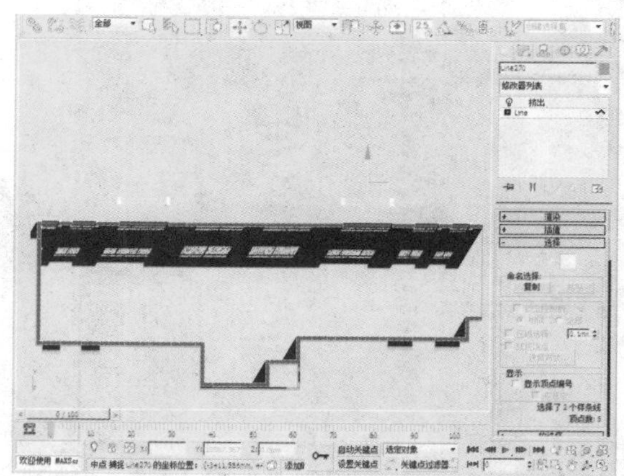

139 依照与步骤136相同的方法，再次选中如下图所示的对象。

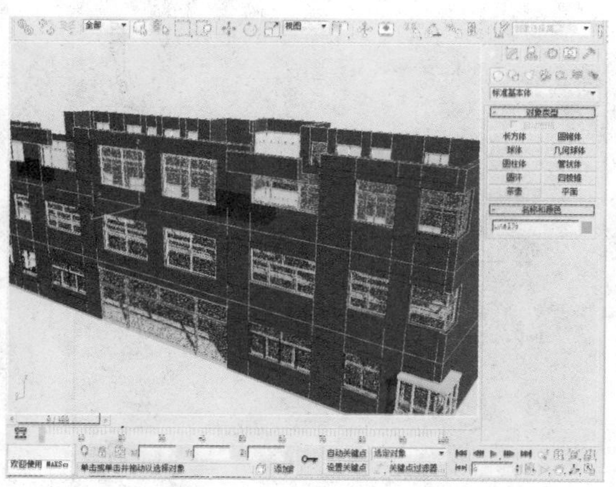

140 将选中的对象转化为可编辑网格，接着选择“可编辑网格”下的“元素”选项，并对其进行调整。

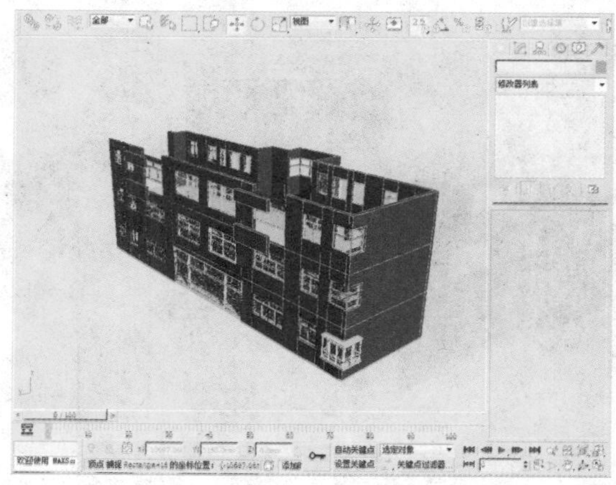

141 使用相同的方法，对窗框和玻璃等进行调整。

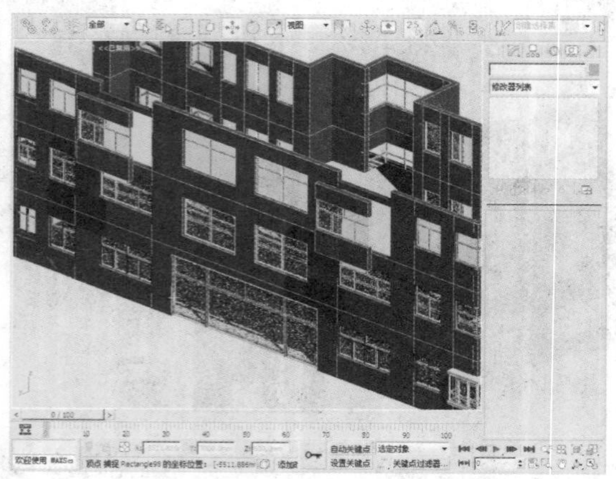

142 在“创建”命令面板中单击“图形>矩形”按钮，创建一个矩形并将其转化为可编辑样条线。

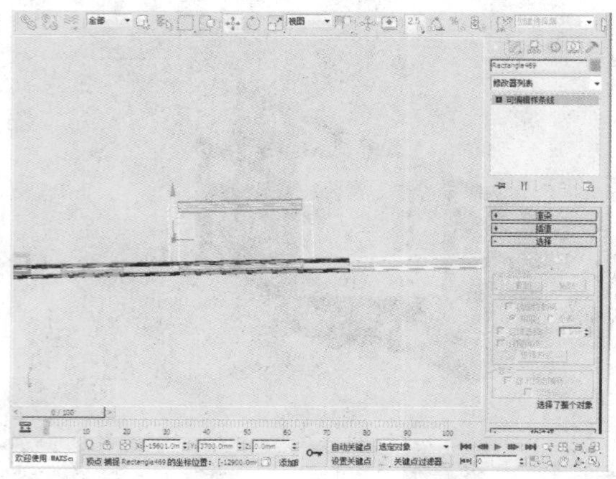

143 执行“修改器>网格编辑>挤出”命令，为物体添加挤出效果。

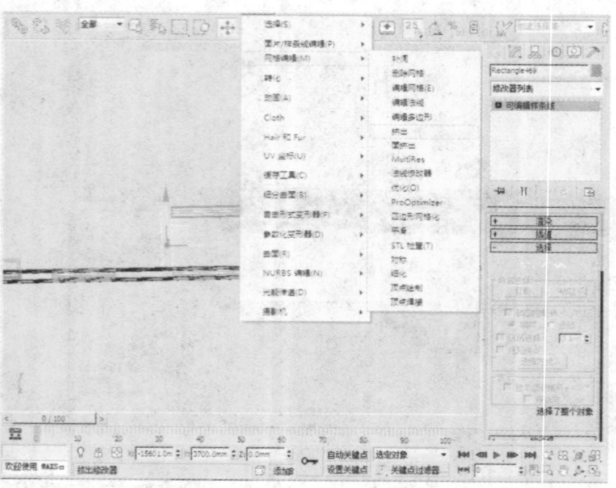

144 通过右键菜单将其转化为可编辑网格，选择“可编辑网格”下的“元素”选项，并对其进行适当调整。

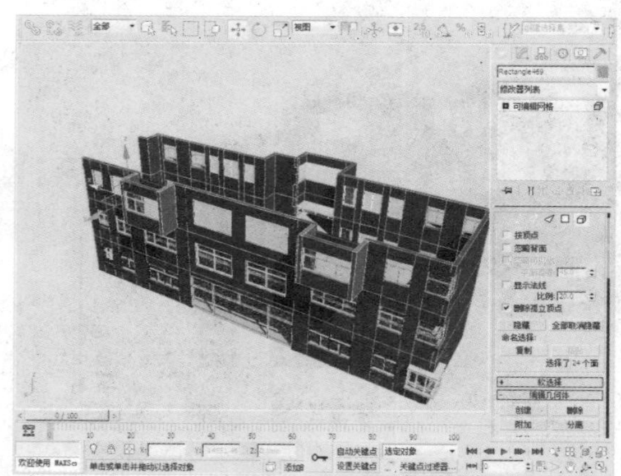

145 打开“材质编辑器”窗口，为物体赋予墙体材质。

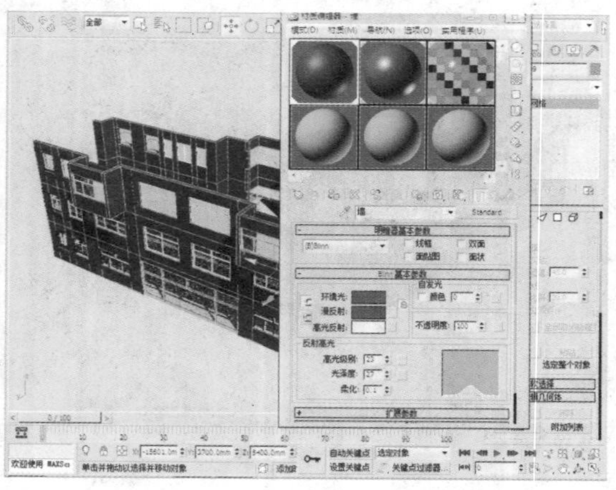

146 在“创建”命令面板中单击“图形>矩形”按钮，创建一个矩形。

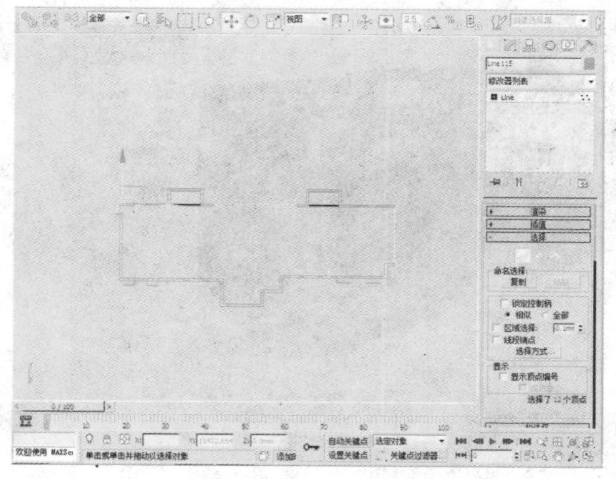

147 执行“修改器>网格编辑>挤出”命令，为物体添加挤出效果。

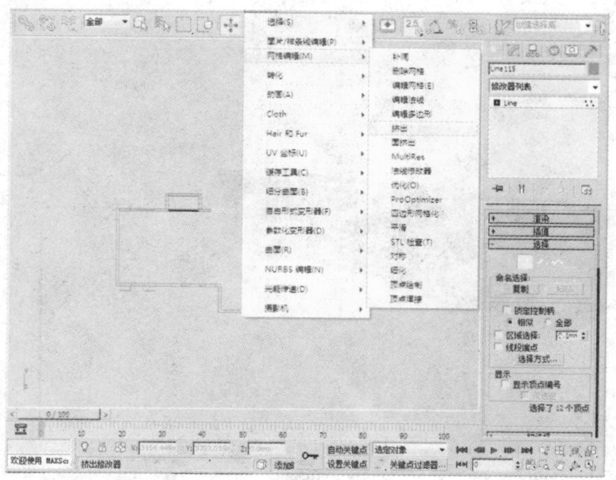

148 在“参数”卷展栏中，设置“数量”的参数为100。

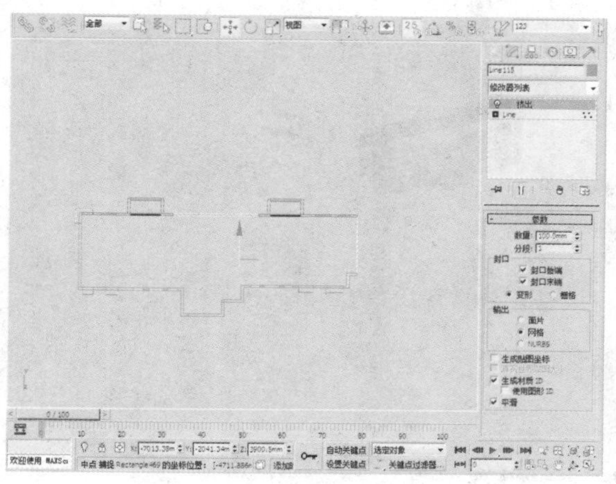

149 单击主工具栏上的“选择并移动”按钮，按住键盘上的Shift键，对其进行复制。

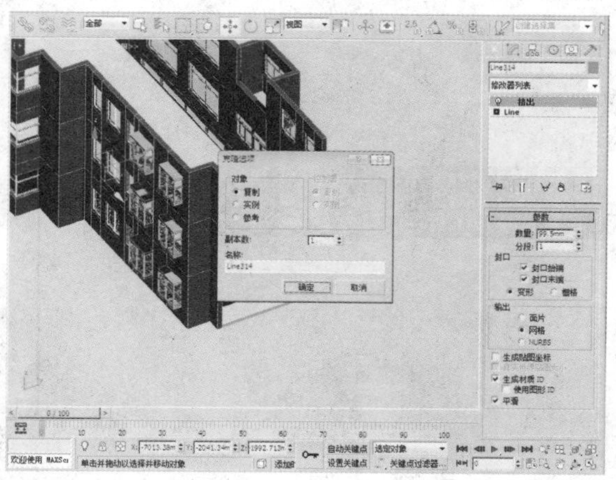

150 选中如下图所示的楼板对其位置进行调整。

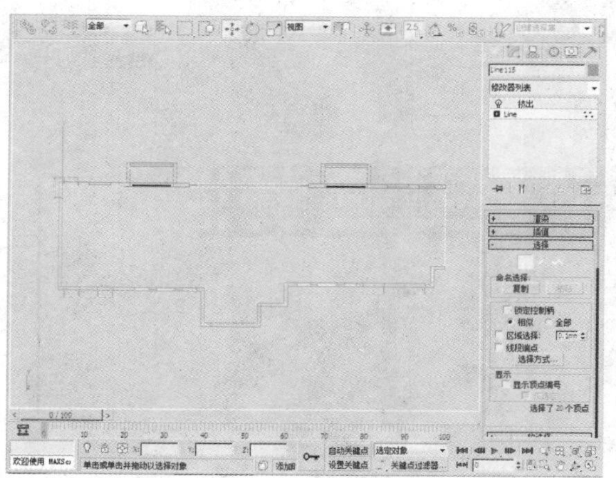

151 单击主工具栏上的“选择并移动”按钮，框选所有的物体。

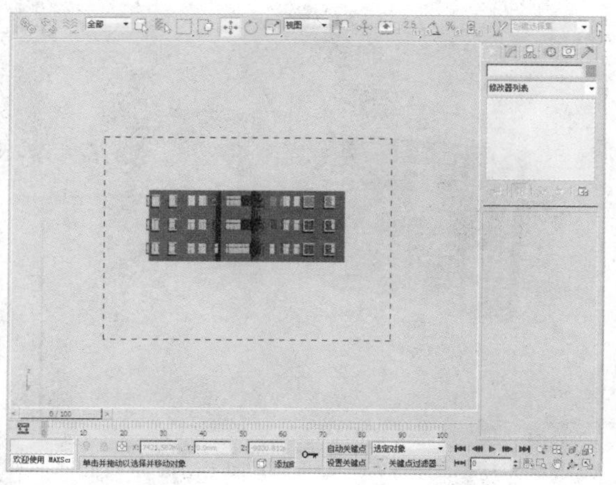

152 执行“组>成组”命令，将新选物体成组。

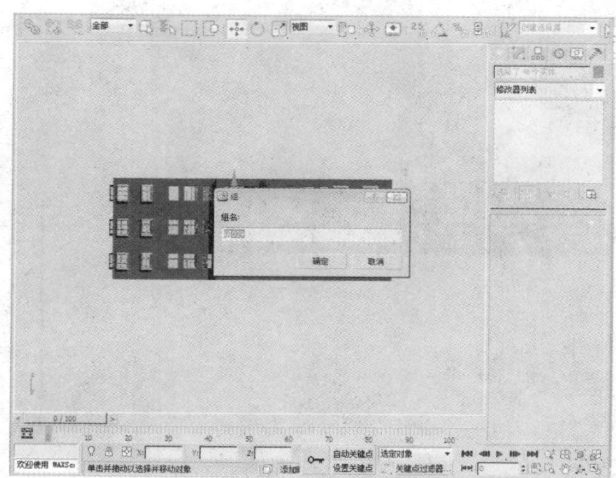

153 单击主工具栏上的“镜像”按钮，使用X轴进行镜像复制。

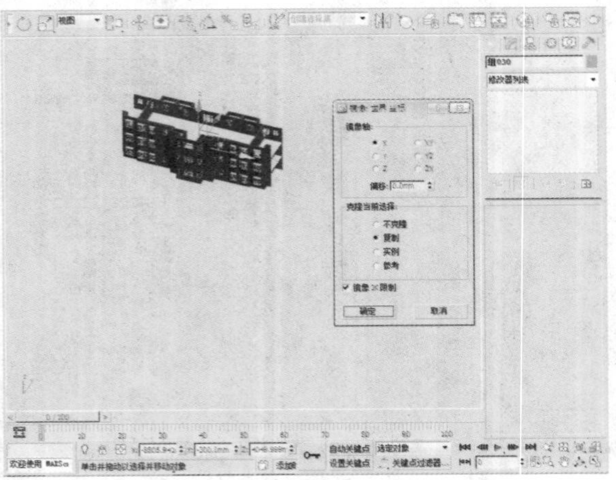

154 单击主工具栏上的“选择对象”按钮，对其位置进行调整。

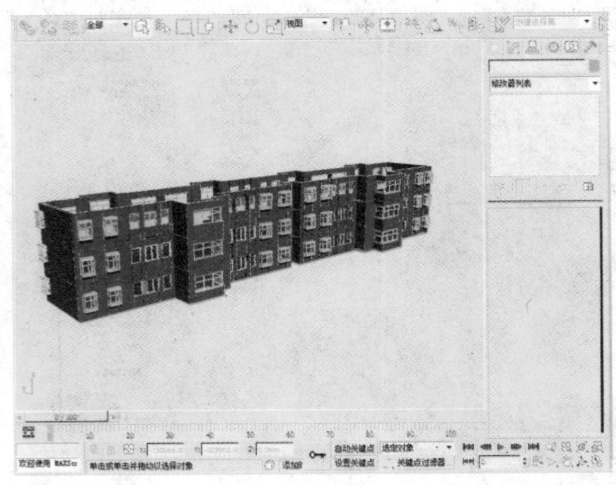

155 选中所有物体，执行“组>解组”命令。

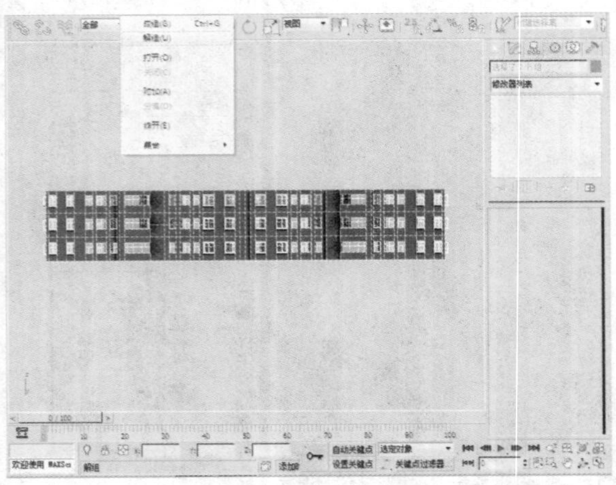

156 框选如下图所示的区域。

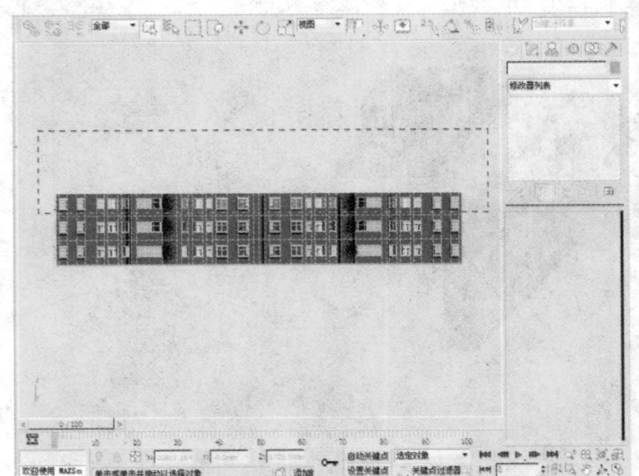

157 执行“组>成组”命令，对新选物体进行成组操作。

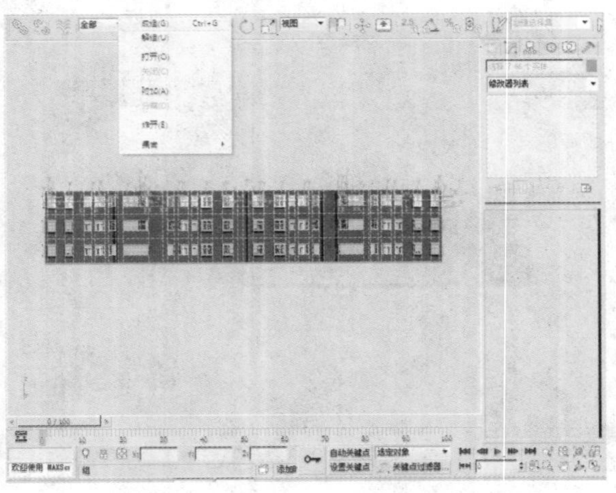

158 单击主工具栏上的“选择并移动”按钮，按住键盘上的Shift键对其进行移动复制。

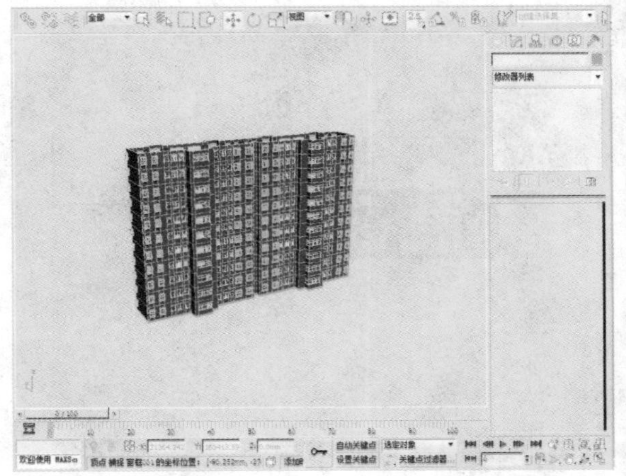

159 选中楼板，单击主工具栏上的“2.5维捕捉”按钮，对其进行复制。

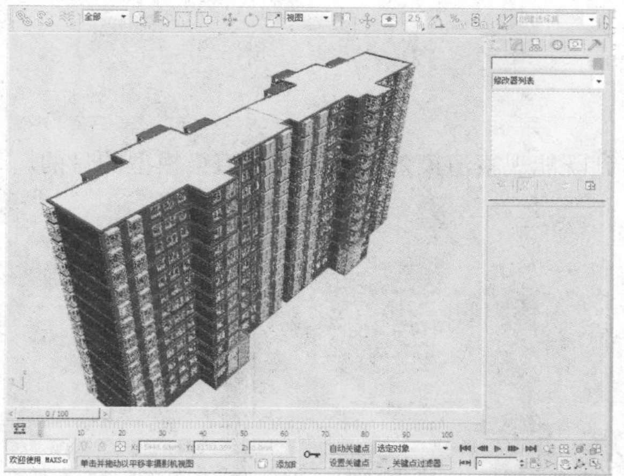

160 在“创建”命令面板中单击“图形>线”按钮，创建如下图所示的图形。

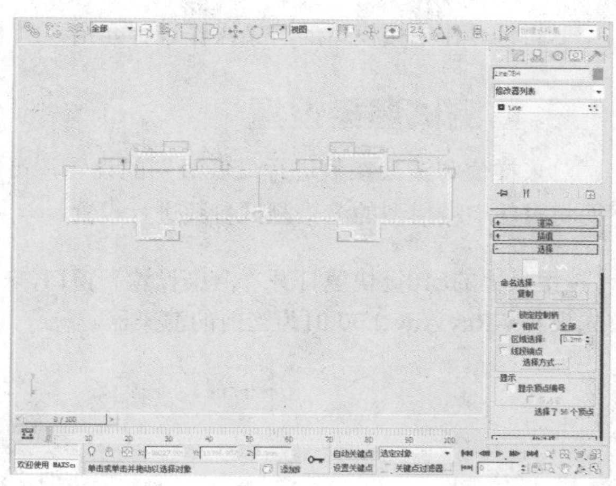

161 执行“修改器>网格编辑>挤出”命令，为物体添加挤出效果。

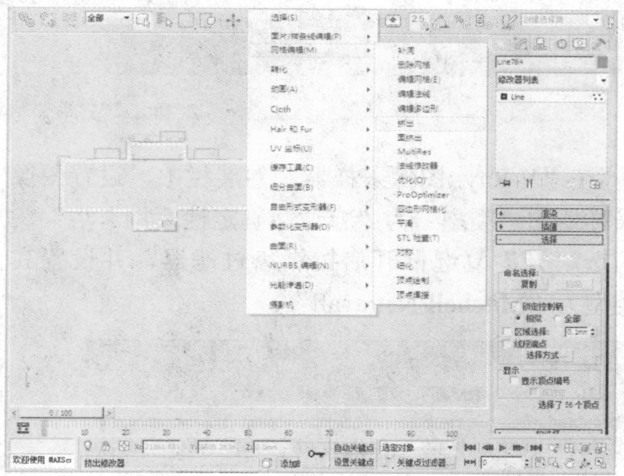

162 接下来在“参数”卷展栏中，设置“数量”的参数为600。

163 在住宅楼的主体模型中绘制其余小部件。

164 至此，住宅楼的建筑模型绘制完成。

21.3 住宅楼效果图的渲染

下面将对住宅楼模型的渲染操作进行介绍。

21.3.1 测试渲染设置

对采样值和渲染参数进行最低级别的设置，可以达到既能观察渲染效果又能快速渲染模型的目的。下面将对住宅楼模型的渲染测试参数进行设置。

01 按键盘上的F10键快速打开“渲染设置”窗口，首先设置V-Ray Adv 2.30.01为当前的渲染器。

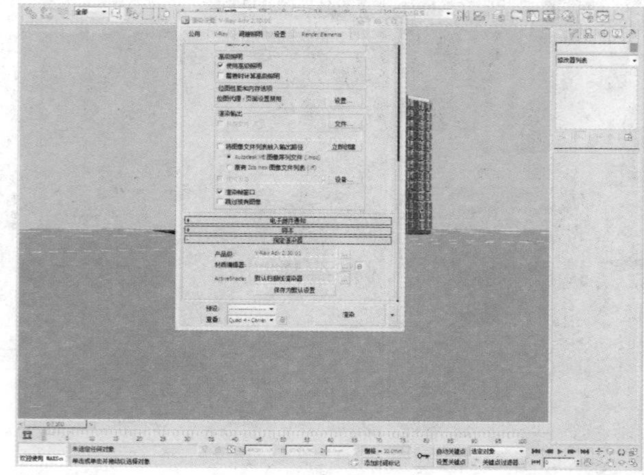

02 在“V-Ray::全局开关”卷展栏中，取消勾选“隐藏灯光”、“反射/折射”、“光泽效果”复选框，以加快模型的渲染速度。

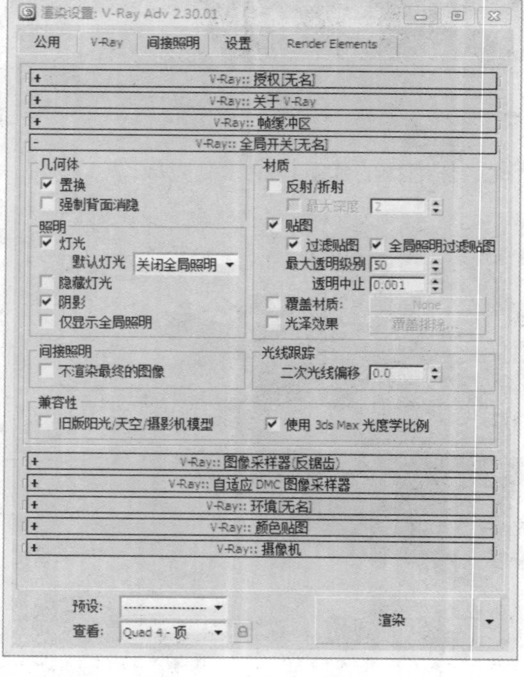

03 在“V-Ray::图像采样器”卷展栏中，设置图像采样器的“类型”为“自适应确定性蒙特卡洛”，勾选“开”复选框开启抗锯齿过滤器，并设置其类型为“Mitchell-Netravali”。

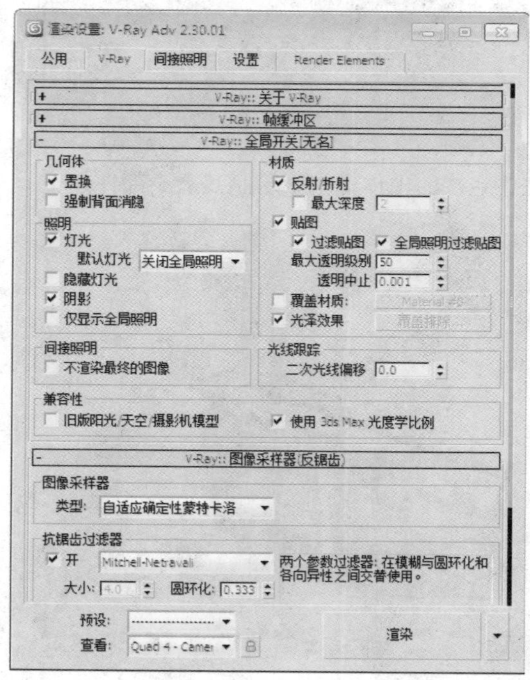

04 在“V-Ray::颜色贴图”卷展栏中，设置“类型”为“指数”。

05 在“V-Ray::间接照明”卷展栏中，勾选“开”复选框打开VRay渲染器的间接照明功能，接着在“二次反弹”选项组中，设置“全局照明引擎”的类型为“灯光缓存”。

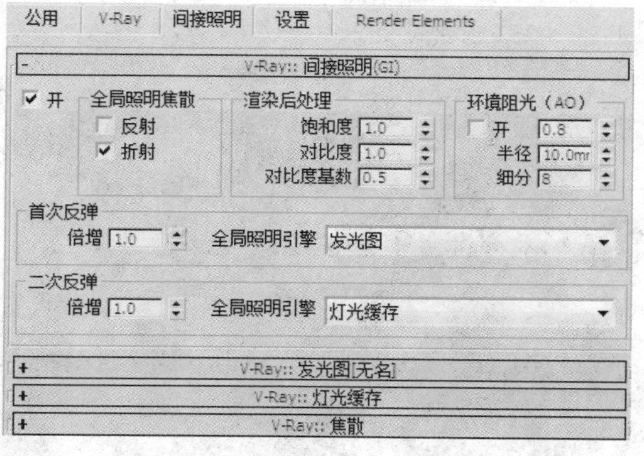

06 在“V-Ray::发光图”卷展栏中，分别设置“最小比率”和“最大比率”的参数为-5、-4，设置“半球细分”的参数为20。

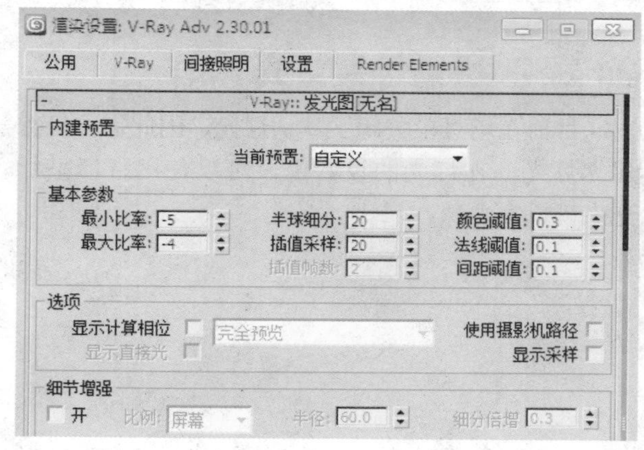

07 在“V-Ray::灯光缓存”卷展栏中，设置“计算参数”选项组中的“细分”参数为200，并勾选“存储直接光”和“显示计算相位”复选框。

08 在“设置”选项卡下的“V-Ray::系统”卷展栏中，设置“最大树形深度”的参数100，设置“区域排序”的类型为“Spiral”，并取消对“显示窗口”复选框的勾选。

09 选中天空模型，单击鼠标右键，在弹出的快捷菜单中选择“对象属性”命令。

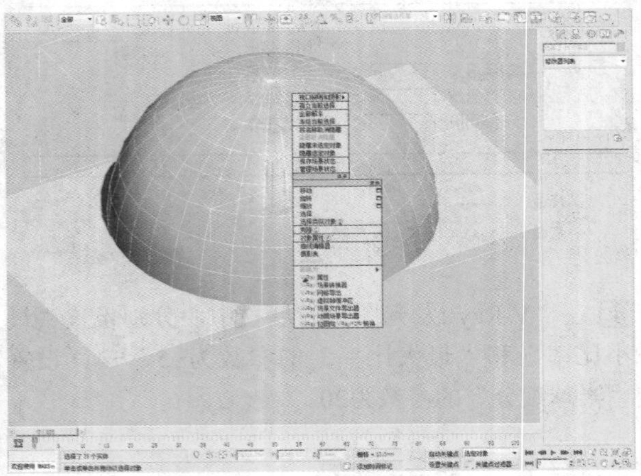

10 在弹出的对话框中，取消对“投射阴影”、“对摄影机可见”、“接收阴影”复选框的勾选。

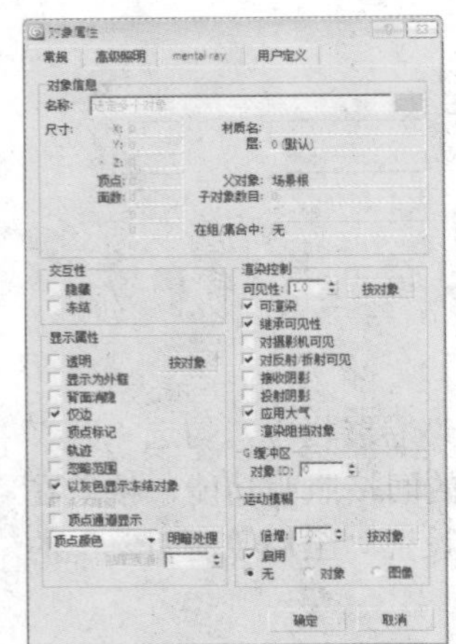

21.3.2 设置场景灯光

目前在场景中关闭了默认灯光，因此需要自行建立灯光。在灯光的设置上，可以使用目标平行光来模拟主光源。

01 制作一个统一的模型测试材质。按键盘上的M键打开“材质编辑器”窗口，选择一个空白材质球，设置材质的样式为“VRayMtl”。

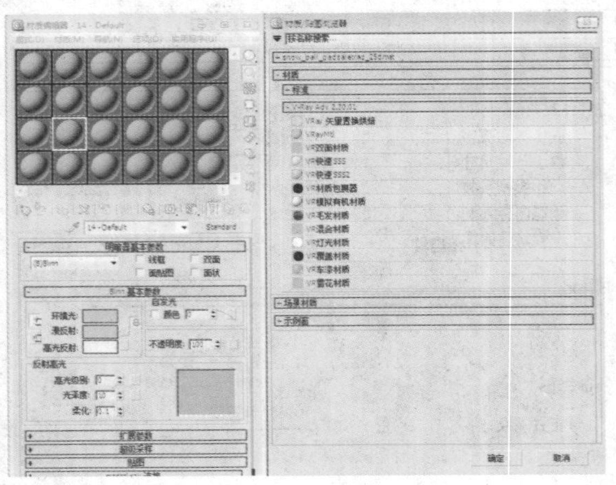

02 在VRayMtl材质面板的“基本参数”卷展栏中，设置“漫反射”的颜色为浅灰色。

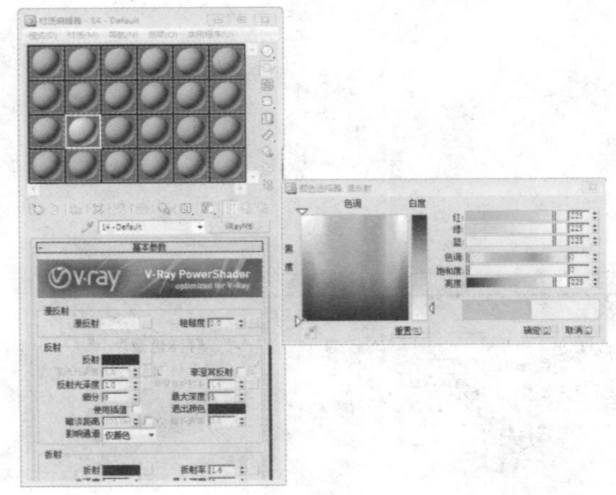

03 按F10键打开“渲染设置”对话框，勾选“覆盖材质”复选框，并将步骤02中所做的材质球以“实例”的方式拖动到“覆盖材质”复选框后的“None”按钮上。

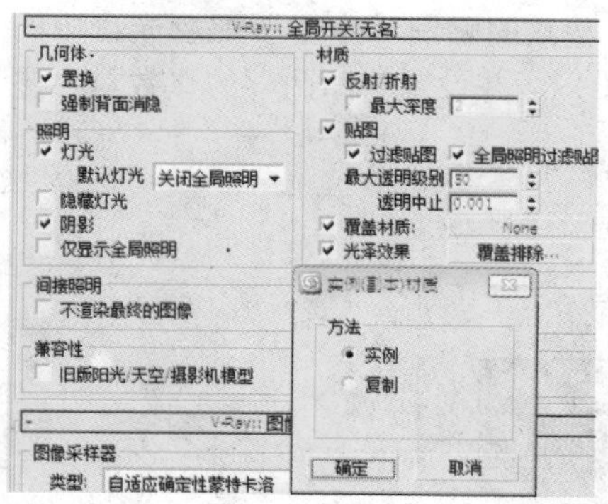

04 选择步骤02中所创建的材质球，单击“VRay-Mtl”按钮选择“VR边纹理”材质样式，然后在“VRay边纹理参数”卷展栏中，设置纹理的颜色为黑色。

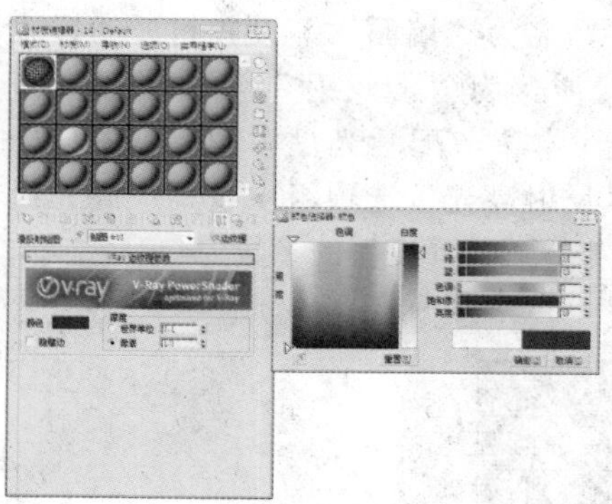

05 在“创建”命令面板中单击“灯光”按钮，选择“标准”选项后再单击“目标平行光”按钮，在场景中创建一盏目标平行光灯，用来模拟日光照明效果。

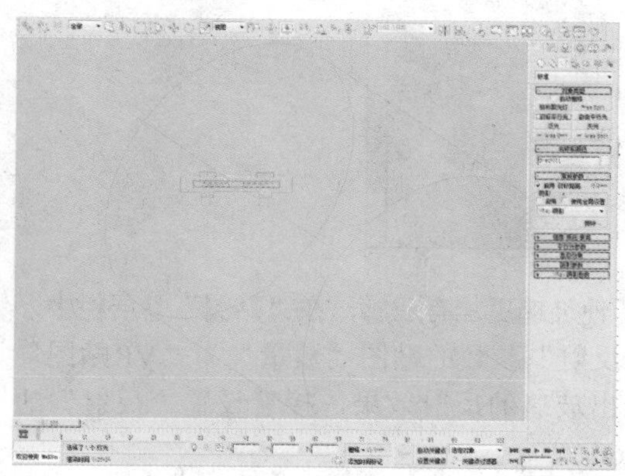

06 在“修改”命令面板中，设置新创建的目标平行光灯的各项参数。

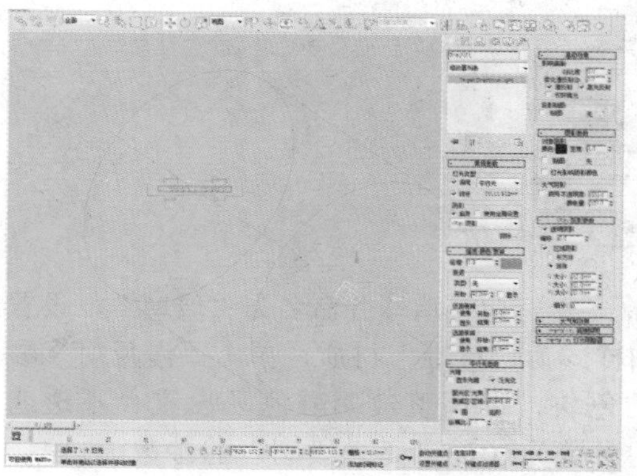

07 在“创建”命令面板中单击“灯光”按钮，选择“标准”选项，然后再单击“泛光”按钮，在场景中创建一盏泛光灯，用来模拟室内灯光效果。

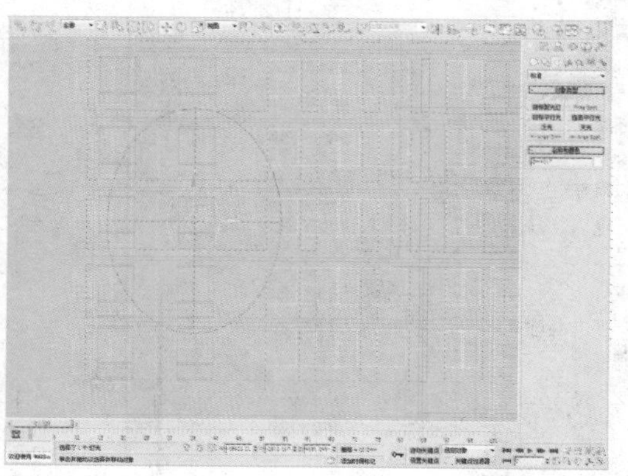

08 在“修改”命令面板中，设置新创建的泛光灯的各项参数，并对其进行复制。

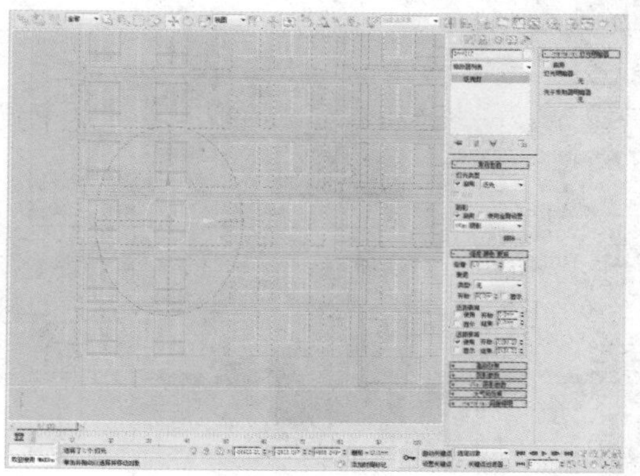

21.3.3 设置场景材质

下面将对住宅楼场景中的材质进行参数设置。

01 按M键打开“材质编辑器”窗口，选择一个空白材质球并命名为“墙面”，设置材质的样式为“标准”材质，为“漫反射”参数添加一张“位图”贴图（本章节配套光盘中的“0-BH2”贴图）。在“反射高光”选项组中设置“高光级别”的参数为45、“光泽度”的参数为43。

02 为了使墙面更加有质感，在“贴图”卷展栏中，设置“凹凸”参数的贴图（本章节配套光盘中的“0-BH2”贴图），并设置“凹凸”的“数量”参数为30。

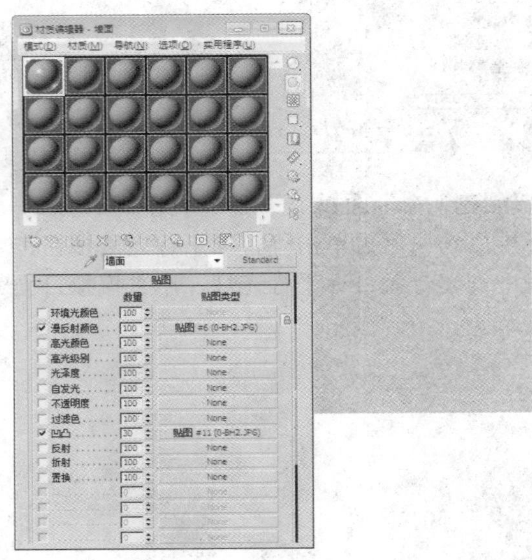

03 选择一个空白材质球并命名为“玻璃”，设置材质的样式为“标准”材质，单击“漫反射”参数后的色块，以调整玻璃颜色，设置“不透明度”的参数为40、“高光级别”的参数为114、“光泽度”的参数为54。

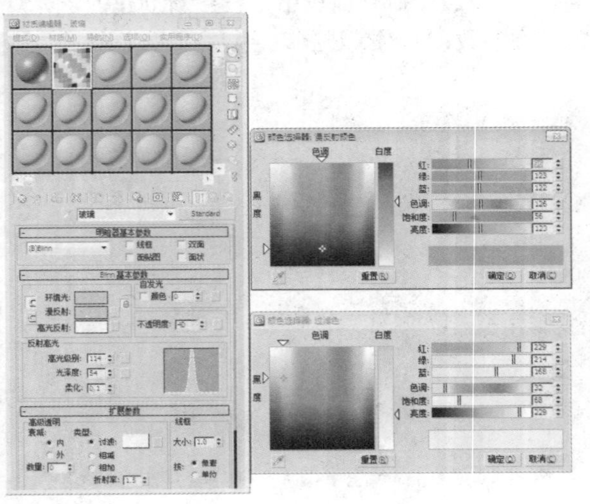

04 为了使玻璃更加有质感，在“贴图”卷展栏中，设置“反射”参数的贴图“数量”为“VR贴图”来模拟出玻璃的反射效果，接着设置“反射”的参数为60。

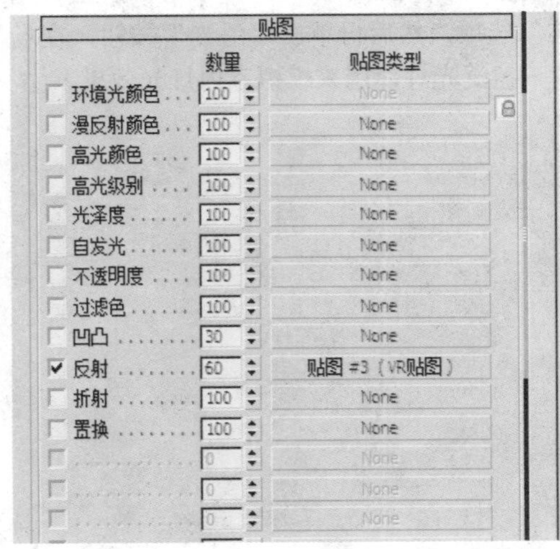

05 选择一个空白材质球并命名为“木纹”，设置材质样式为“标准”材质，使用“漫反射”参数来调整木纹颜色，在“反射高光”选项组中，设置“高光级别”的参数为23、“光泽度”的参数为35，因为木纹材质不是一个高光强烈的材质。

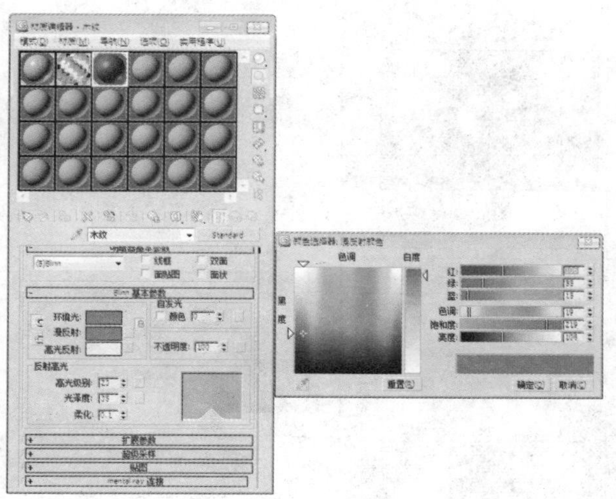

06 选择一个空白材质球并命名为“窗框”，设置材质的样式为“标准”材质，使用“漫反射”参数来调整窗框颜色，在“反射高光”选项组中，设置“高光级别”的参数为104、“光泽度”的参数为39。

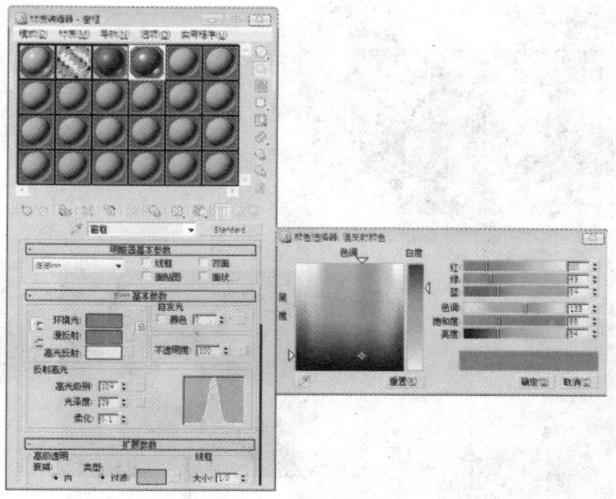

07 为了使窗框更加有质感，在“贴图”卷展栏中，设置“反射”参数的贴图为“VR贴图”来模拟出金属的反射效果，接下来设置“反射”的参数为10。

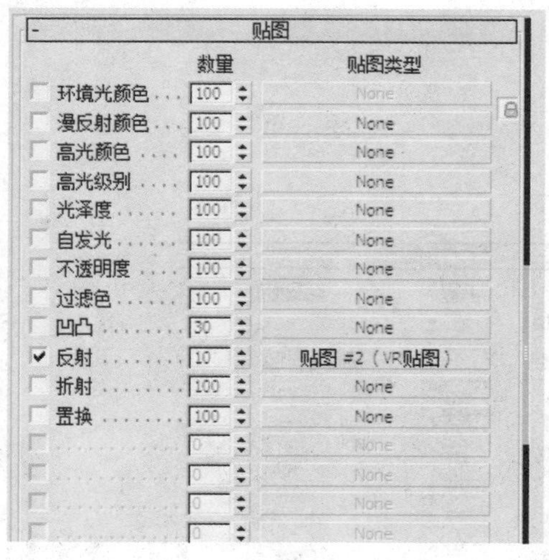

08 选择一个空白材质球并命名为“楼板”，设置材质的样式为“标准”材质，使用“漫反射”参数来调整楼板颜色，在“反射高光”选项组中，设置“高光级别”的参数为0、“光泽度”的参数为10。

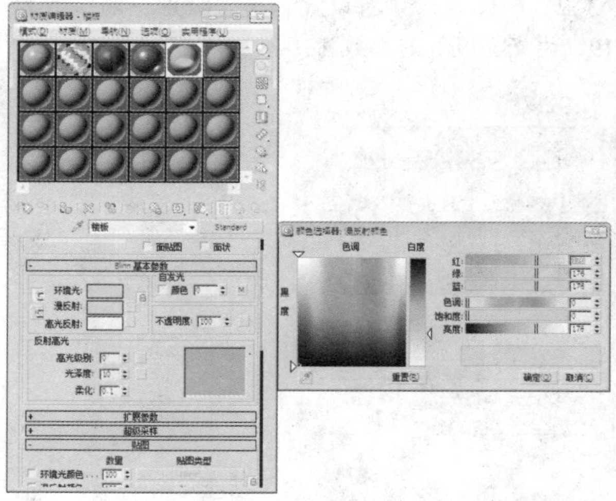

在使用和设置材质的时候，一定要注意模型的细节，这样才能使模型效果更加真实。在调整模型材质的时候。尤其要注意调整模型材质的高光、反射强度及表面纹理参数，只有应用丰富的模型材质才能使场景效果更加逼真、生动。

09 为了使楼板更加细腻，在“贴图”卷展栏中，为“自发光”参数添加一张“位图”贴图（本章节配套光盘中的“Dot-1#”贴图），并设置“自发光”的“数量”参数为100。

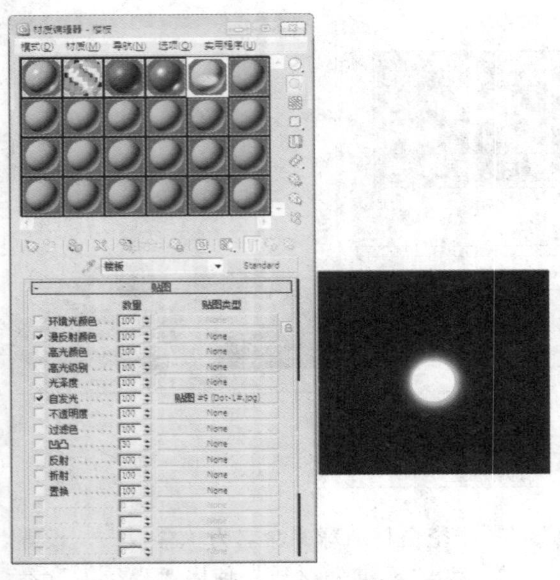

10 选择一个空白材质球并命名为“阳台”，设置材质的样式为“标准”材质，使用“漫反射”参数来调整阳台颜色，在“反射高光”选项组中，设置“高光级别”的参数为24、“光泽度”的参数为24。

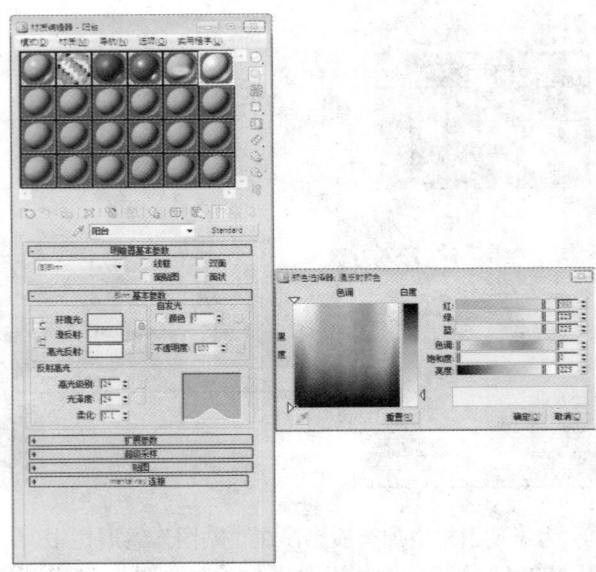

11 选择一个空白材质球并命名为“地面”，设置材质的样式为“标准”材质，为“漫反射”参数添加一张“位图”贴图（本章节配套光盘中的“3_2”贴图），接着设置“高光级别”的参数为19、“光泽度”的参数为10。

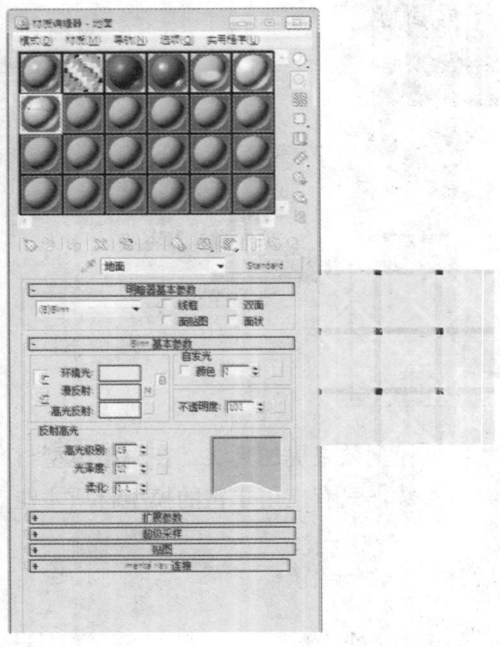

12 为了使地面更加有质感，在“贴图”卷展栏中，设置“凹凸”参数的贴图为本章节配套光盘中的“3_2”贴图，并具体设置“凹凸”的“数量”参数为30。

贴图

	数量	贴图类型
环境光颜色	100	None
✔ 漫反射颜色	100	贴图 #7 (3_2.jpg)
高光颜色	100	None
高光级别	100	None
光泽度	100	None
自发光	100	None
不透明度	100	None
过滤色	100	None
✔ 凹凸	30	贴图 #8 (3_2.jpg)
反射	100	None
折射	100	None
置换	100	None
	0	None
	0	None
	0	None

21.3.4 渲染最终参数

下面对住宅楼场景最终出图参数进行设置，以便得到更好的渲染效果。

01 按键盘上的F10键打开“渲染设置”窗口，根据需要设置出图尺寸。

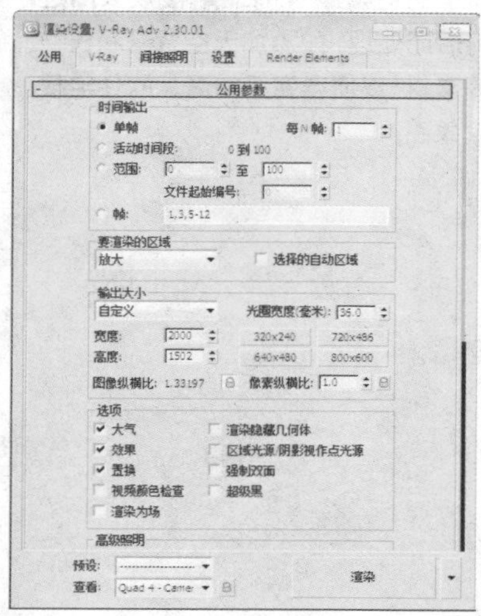

02 在“V-Ray::图像采样器”卷展栏中，设置“图像采样器”的类型为“自适应确定性蒙特卡洛”，接着在“抗锯齿过滤器”选项组中，勾选“开”复选框，打开过滤器，并设置其类型为“Catmull-Rom”。

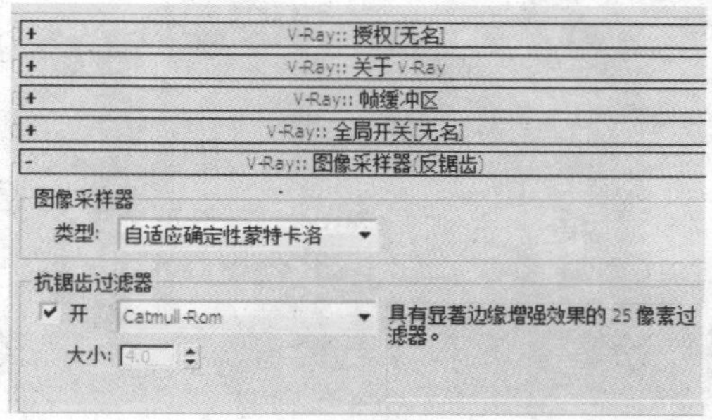

03 在“V-Ray::发光图”卷展栏中，分别设置“当前预置”为“中”、“半球细分”的参数为50。

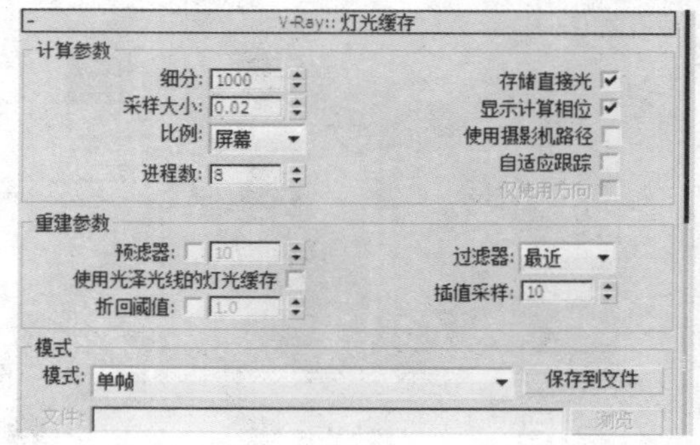

04 在“V-Ray::灯光缓存”卷展栏中，设置“计算参数”选项组中的“细分”参数为1000，并勾选“显示计算相位”复选框。

05 至此，渲染参数设置完成，即可完成对住宅楼模型的渲染。

21.4 使用Photoshop进行后期处理

重点提示

本节将对渲染好的住宅楼效果图进行后期处理，如添加天空背景和植物等素材，以便得到更加逼真的住宅楼效果图。

01 在Photoshop中打开渲染好的住宅楼效果图。

02 选取图中的蓝色区域并将其删除，以便在图中添加天空背景。

03 在住宅楼渲染效果图中，添加天空背景和道路素材，并对其进行颜色的设置和位置的调整。

04 在住宅楼渲染效果图中，添加背景建筑素材和前景植物、汽车素材。

05 继续在图像中添加素材，将人物等有生命的对象添加进图像中。

06 盖印所有的可见图层，并调整图像的整体色调。至此，完成住宅楼渲染效果图的后期制作。

CHAPTER 22

古建筑模型的创建与渲染

本章将制作一栋古代建筑的模型，并对其进行渲染，通过本章对建模流程的讲解，让大家更加熟练地掌握使用样条线创建模型的方法。

知识点

1. 样条线的使用
2. 挤出修改器的使用
3. 曲面修改器的使用
4. VRay材质和渲染器的使用

22.1 古建筑的建模与渲染流程

在学习本章内容之前，先来了解一下古建筑效果图的制作流程。

01 创建古建筑的基本模型。

02 设置古建筑模型的灯光。

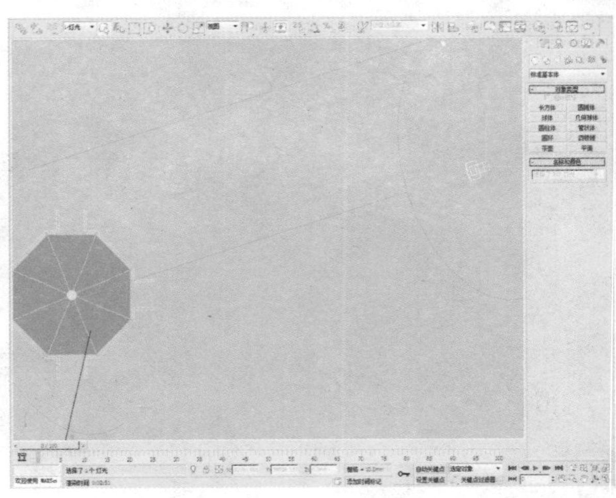

03 测试古建筑模型的渲染参数设置。

04 渲染古建筑模型的最终效果图。

05 使用Photoshop对古建筑效果图进行后期处理。

22.2 创建古建筑的模型

下面开始制作古代建筑的基本模型。

01 在“创建”命令面板中单击“图形>线”按钮，创建如下图所示的图形。

02 执行“修改器>网格编辑>挤出”命令，为图形添加挤出效果。

03 进一步在“参数”卷展栏中，设置“数量”的参数为1230.5。

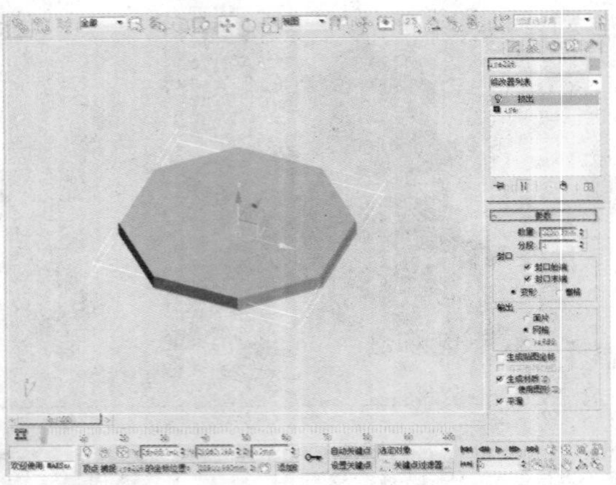

04 打开“材质编辑器”窗口，为物体赋予简单材质。

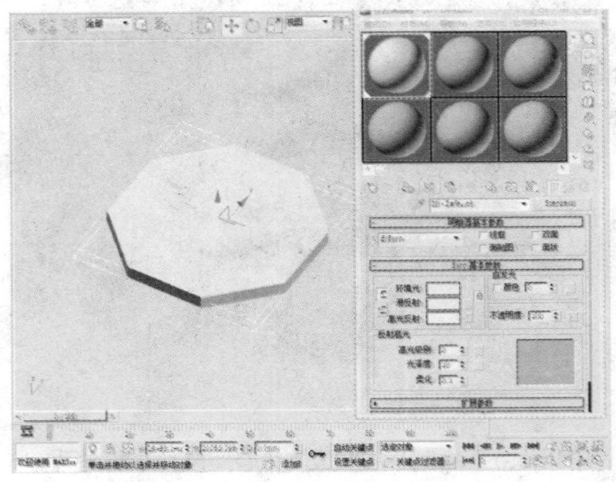

05 在“创建”命令面板中单击“图形>线”按钮，创建如下图所示的图形。

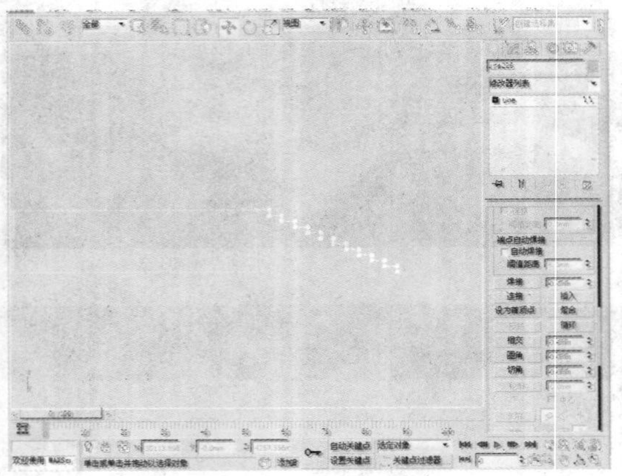

06 选择“Line”下的“样条线”选项，在“几何体”卷展栏中单击“双向镜像”按钮，并勾选“复制”、“以轴为中心”复选框。

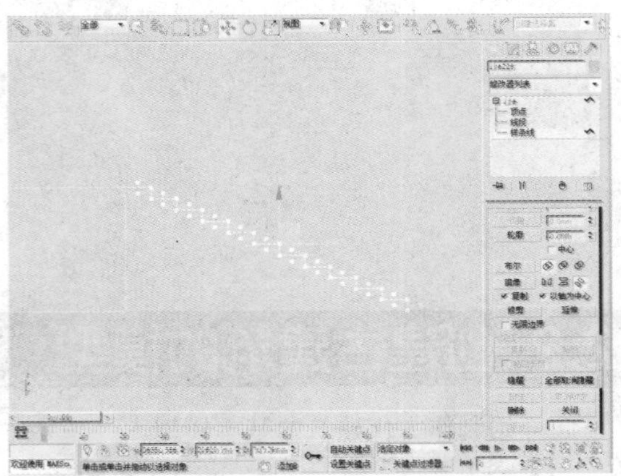

07 单击主工具栏上的“选择并移动”按钮，以调整图形的位置和形状。

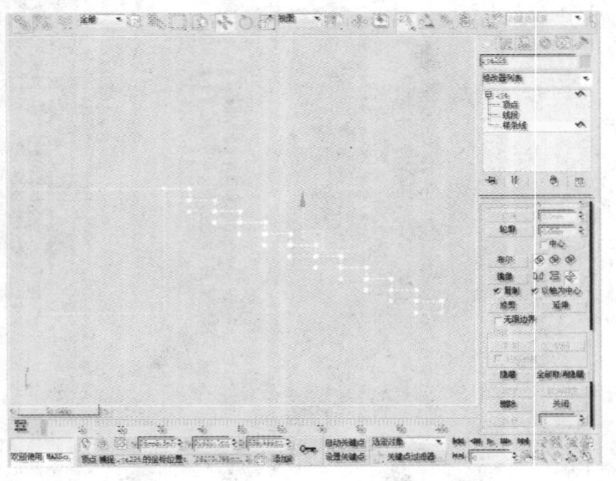

08 选择“Line”下的“顶点”选项，选中所有的点，在“几何体”卷展栏中单击“焊接”按钮。

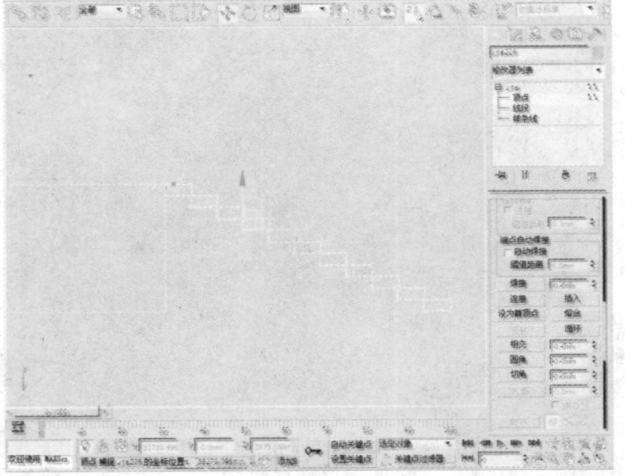

09 执行“修改器>网格编辑>挤出”命令，为物体添加挤出效果。

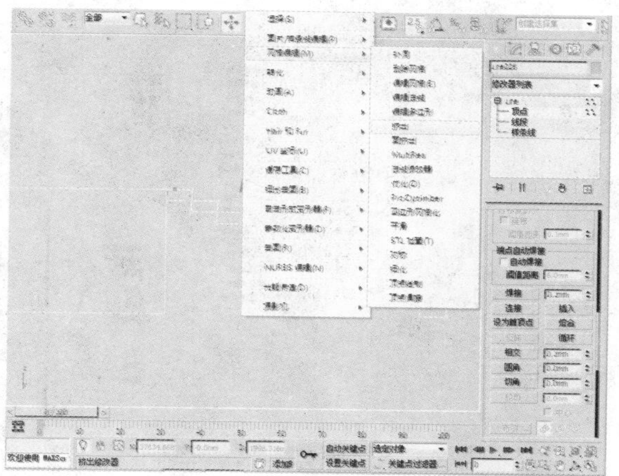

10 接下来在“参数”卷展栏中，设置“数量”的参数为205。

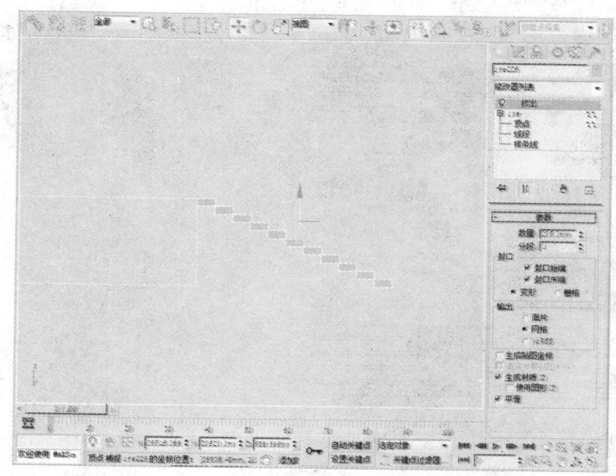

11 通过右键菜单，将物体传化为可编辑网格。

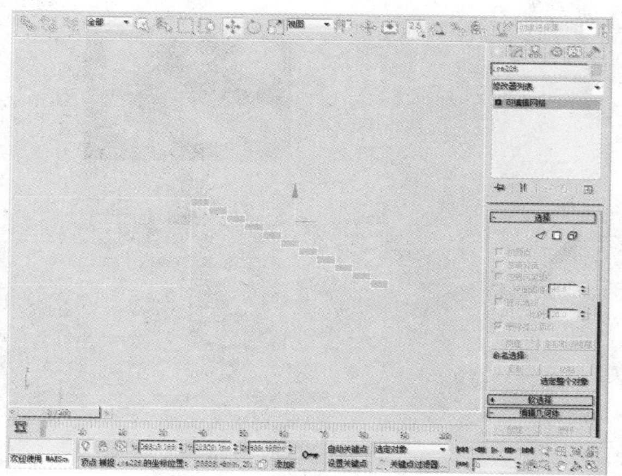

12 选择“可编辑网格”下的“顶点”选项，对物体的形状进行调整。

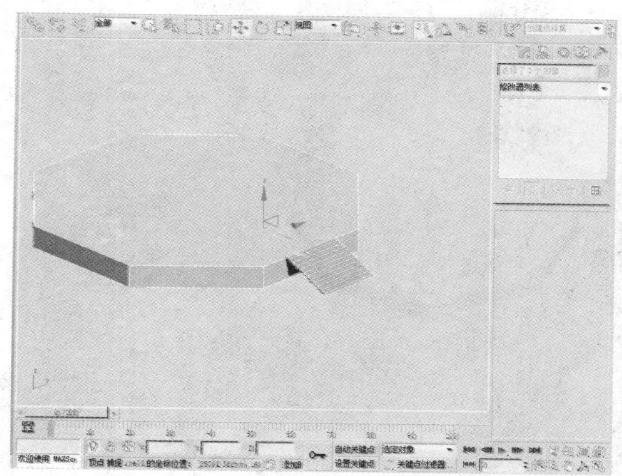

13 打开“材质编辑器”窗口，为物体赋予简单材质。

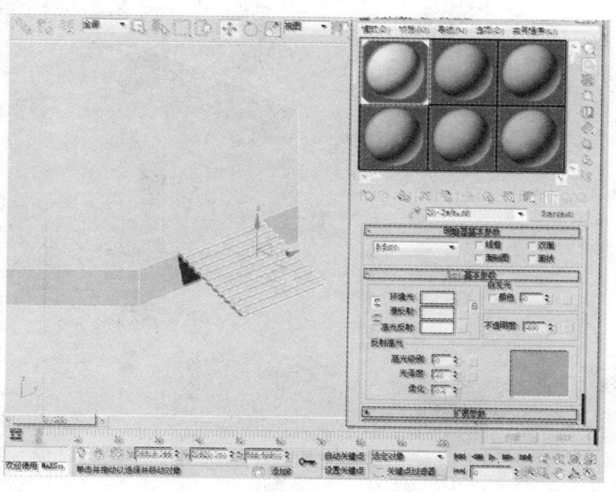

14 在“创建”命令面板中单击“图形>线”按钮，创建如下图所示的图形。

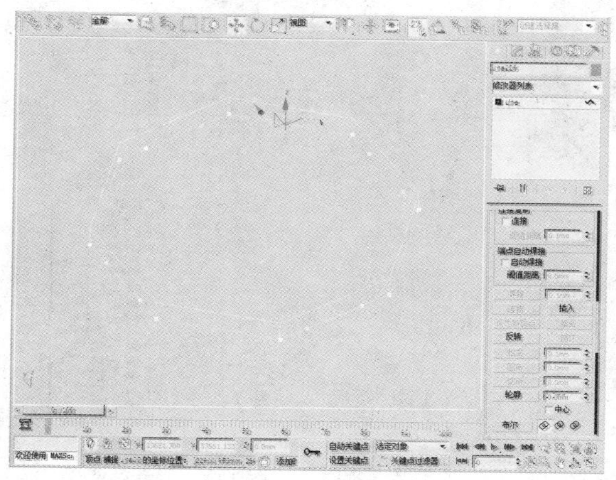

15 选择“Line”下的“样条线”选项，在“几何体”卷展栏中单击“轮廓”按钮，并设置其参数。

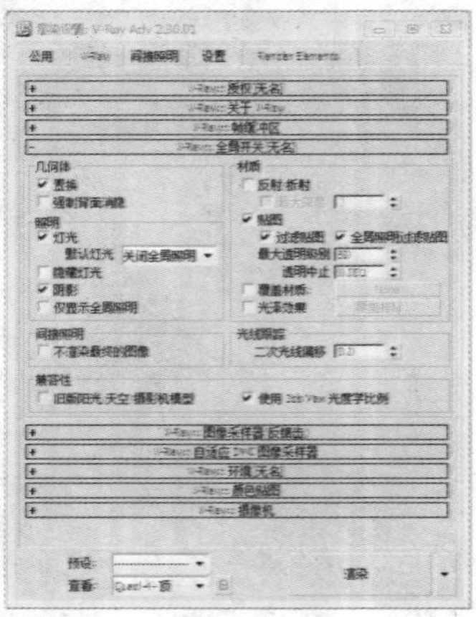

16 执行“修改器>网格编辑>挤出”命令，为物体添加挤出效果。

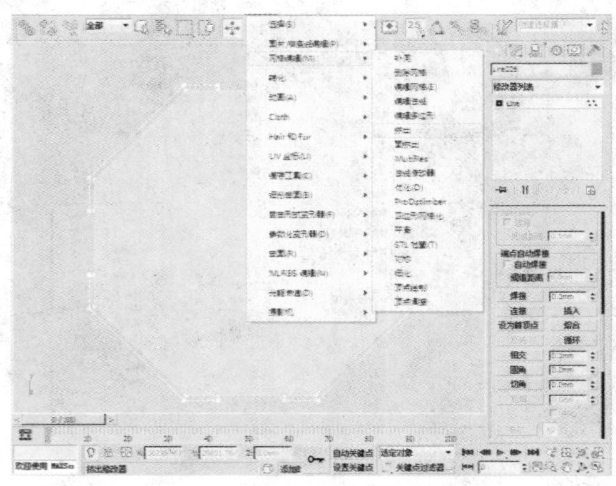

17 接下来在“参数”卷展栏中，设置“数量”的参数为1255。

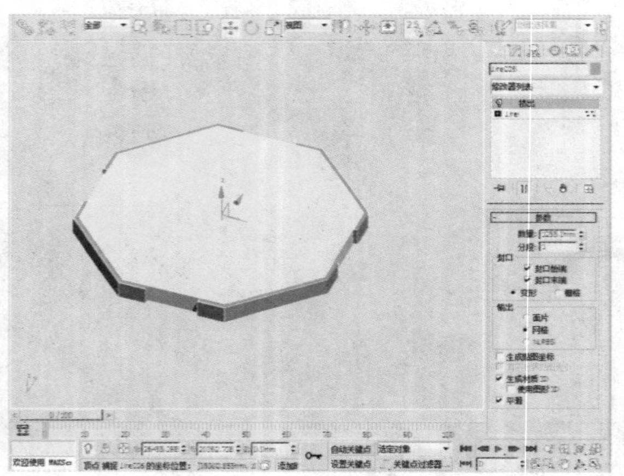

18 打开“材质编辑器”窗口，为物体赋予“石台”材质。

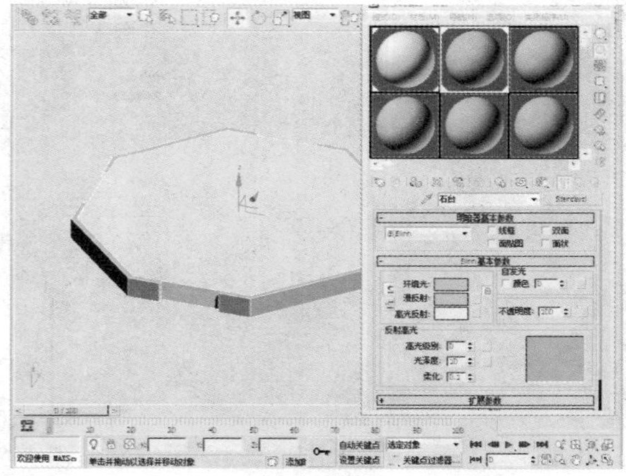

19 在“创建”命令面板中单击“图形>线”按钮，创建如下图所示的图形。

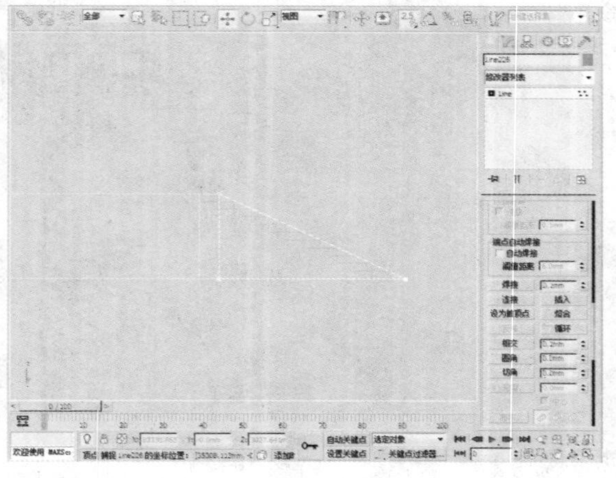

20 执行“修改器>网格编辑>挤出”命令，为物体添加挤出效果。

21 接下来在“参数”卷展栏中，设置“数量”的参数为301。

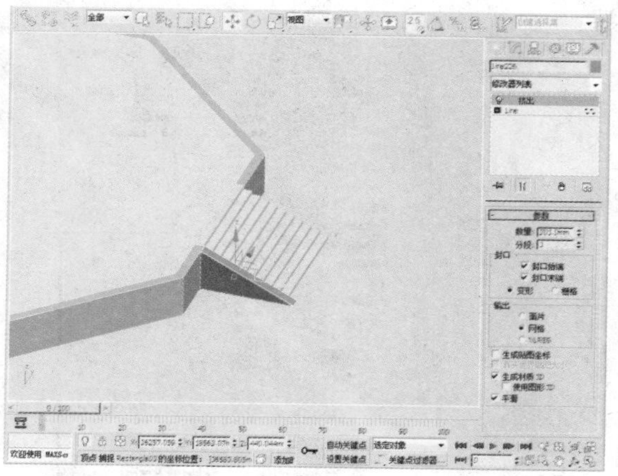

22 单击主工具栏上的“选择并移动”按钮，按住键盘上的Shift键的同时对其进行复制。

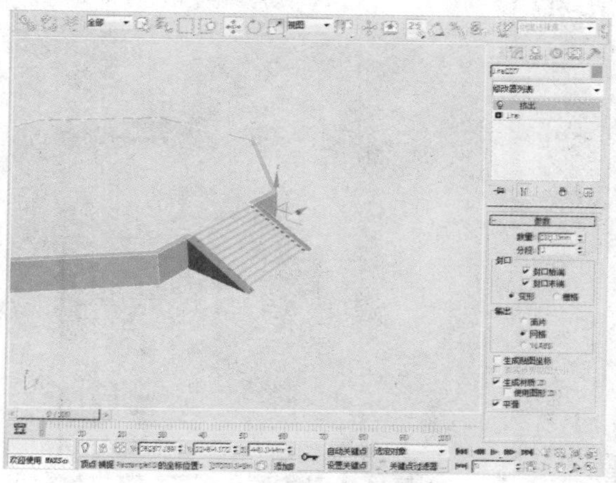

23 打开“材质编辑器”窗口，为物体赋予简单材质。

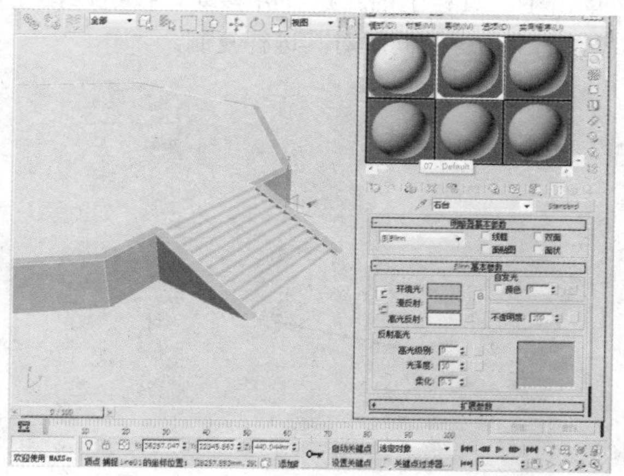

24 选中台阶和石台，执行“组>成组”命令。

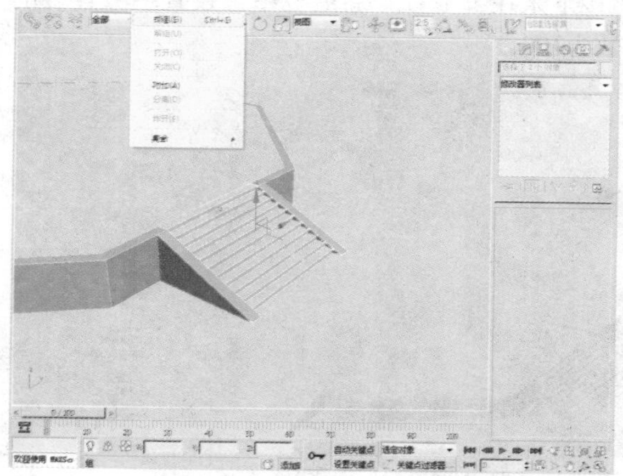

25 单击主工具栏上的“选择并移动”按钮，按住键盘上的Shift键的同时对其进行复制。

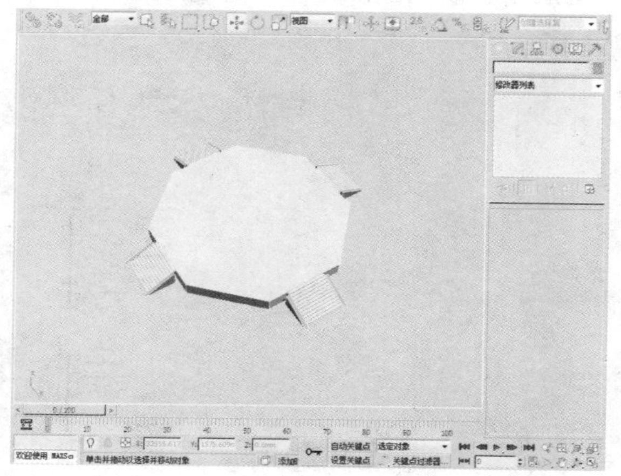

26 在“创建”命令面板中单击“图形>线”按钮，创建如下图所示的图形，并将其转化为可编辑样条线。

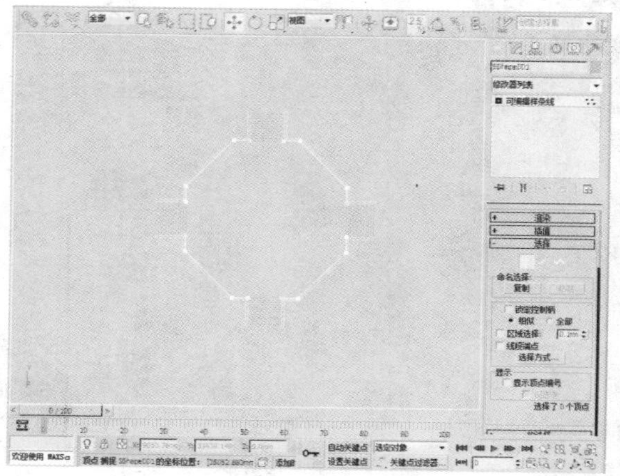

27 选择“可编辑样条线”下的“样条线”选项，单击“几何体”卷展栏中的“轮廓”按钮，并设置其参数。

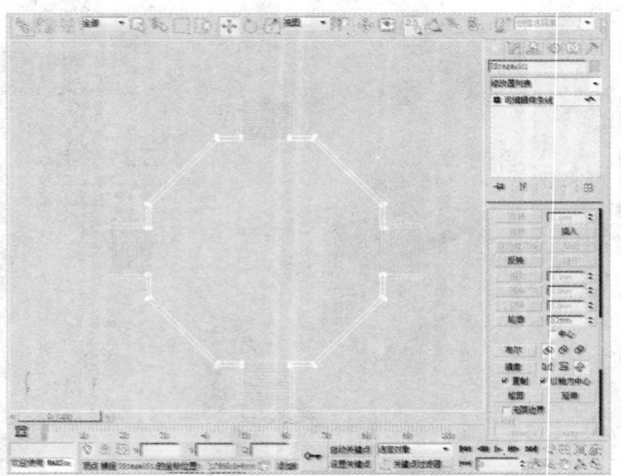

28 执行“修改器>网格编辑>挤出”命令，为物体添加挤出效果。

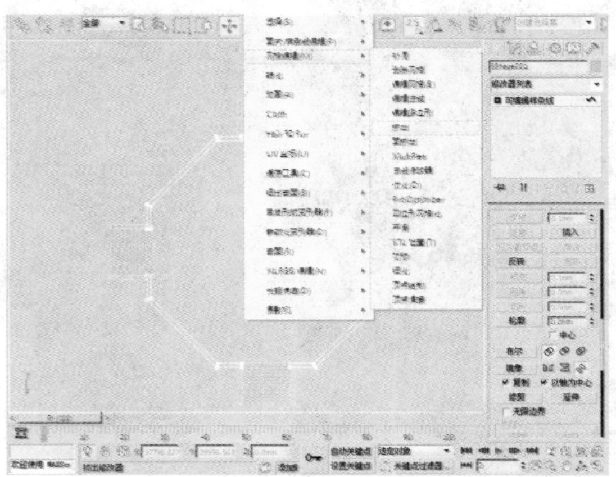

29 接下来在“参数”卷展栏中，设置“数量”的参数为100。

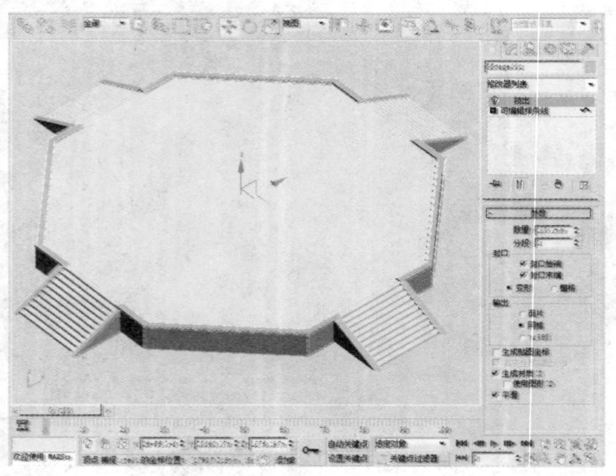

30 单击主工具栏上的“选择并移动”按钮，按住键盘上的Shift键的同时对其进行复制。

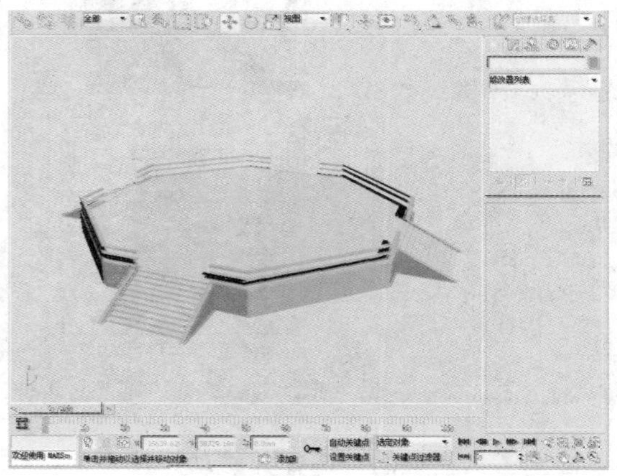

31 在“创建”命令面板中单击“图形>线”按钮，创建如下图所示的图形。

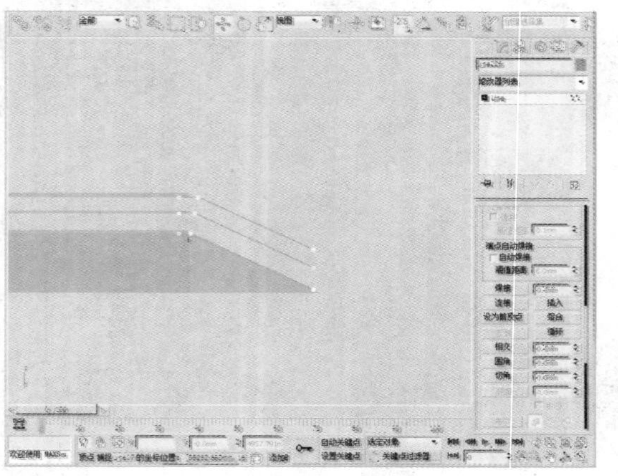

32 选择“Line”下的“样条线”选项，单击“几何体”卷展栏中的“轮廓”按钮，并设置其参数。

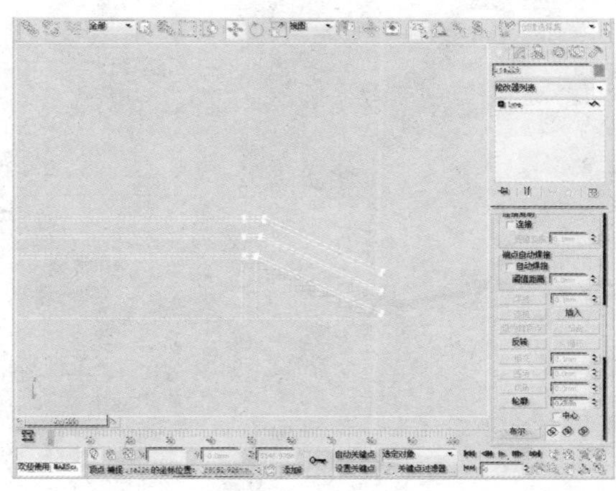

33 执行“修改器>网格编辑>挤出”命令，为物体添加挤出效果。

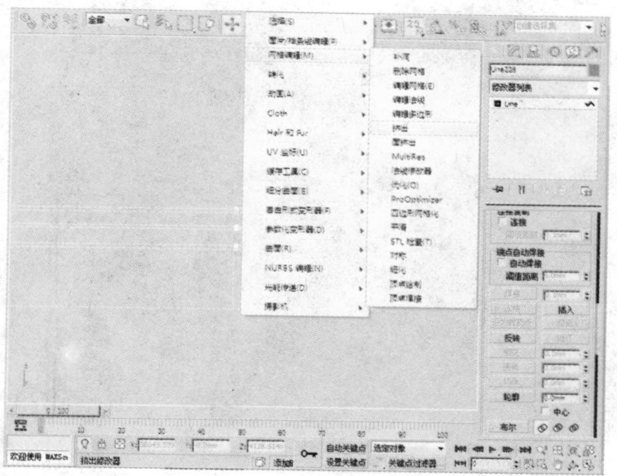

34 接下来在“参数”卷展栏中，设置“数量”的参数为189.5。

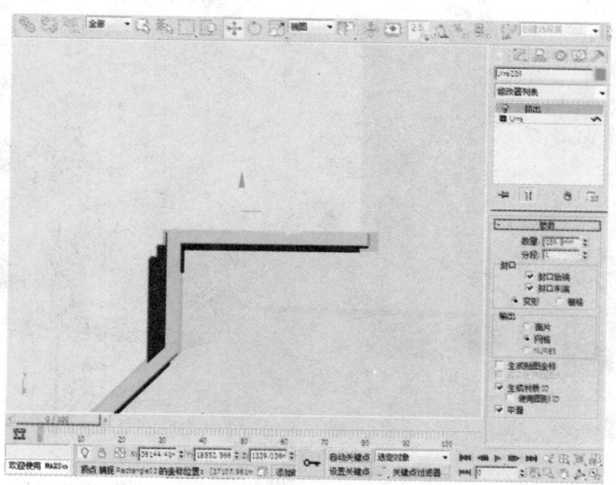

35 单击主工具栏上的“选择并移动”按钮，按住键盘上的Shift键的同时，对其进行复制。

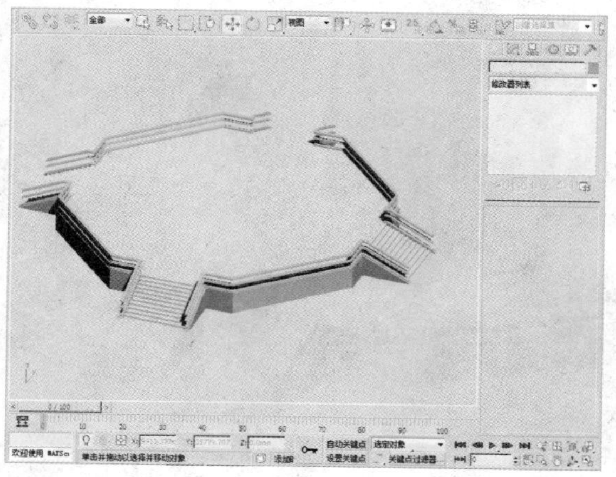

36 在“创建”命令面板中单击“图形>线”按钮，创建如下图所示的图形。

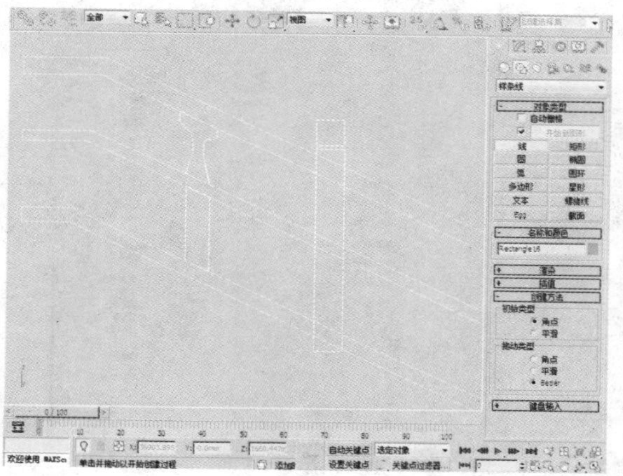

37 执行“修改器>网格编辑>挤出”命令，为物体添加挤出效果。

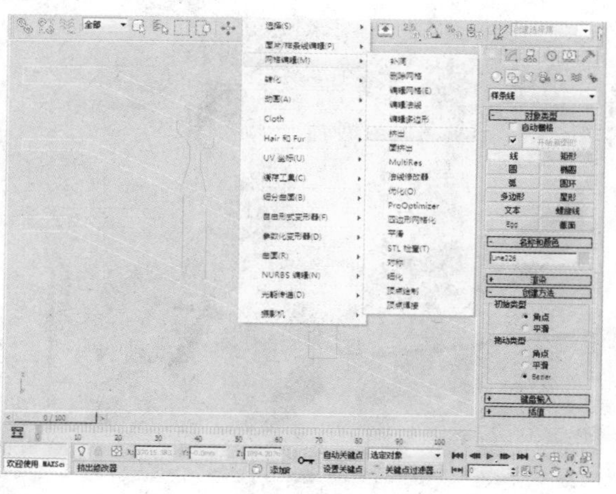

38 接下来在“参数”卷展栏中，设置“数量”的参数为107.5。

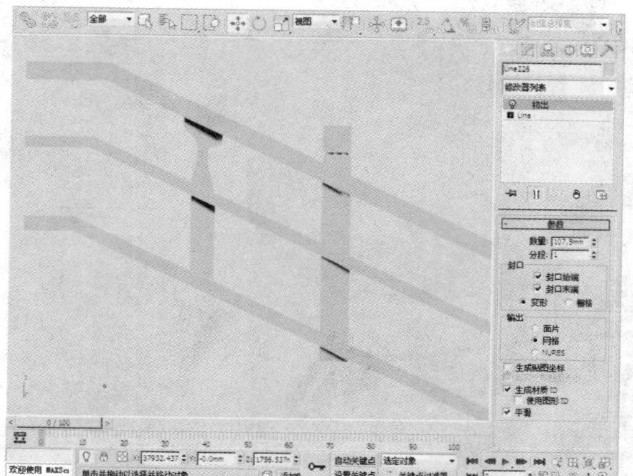

39 单击主工具栏上的“选择并移动”按钮，按住键盘上的Shift键的同时对其进行复制。

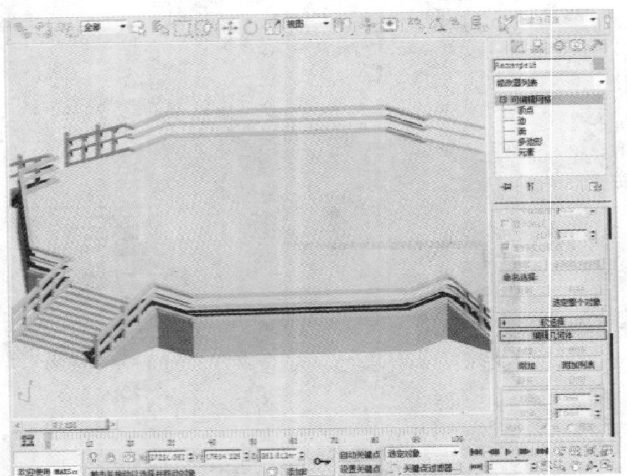

40 在“创建”命令面板中单击“图形>线”按钮，创建如下图所示的图形。

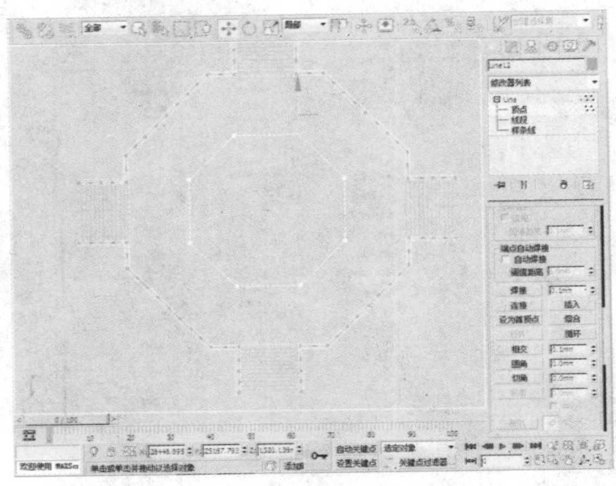

41 执行“修改器>网格编辑>挤出”命令，为物体添加挤出效果。

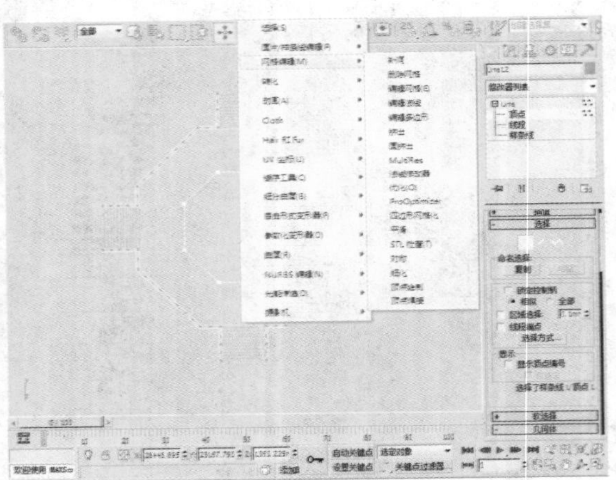

42 接下来在“参数”卷展栏中，设置“数量”的参数为100。

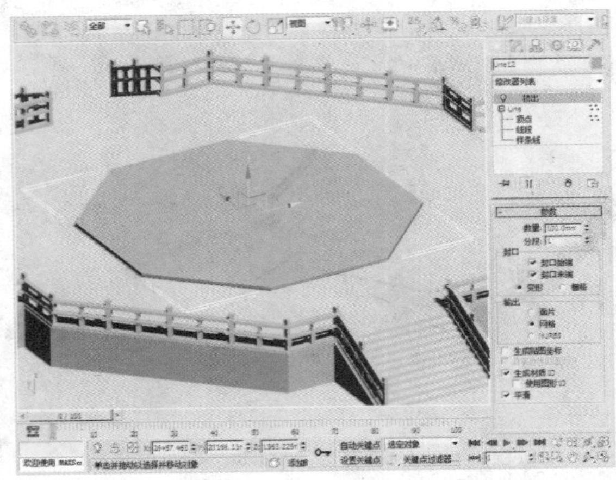

43 在“参数”卷展栏中，取消对“封口始端”、“封口末端”复选框的勾选。

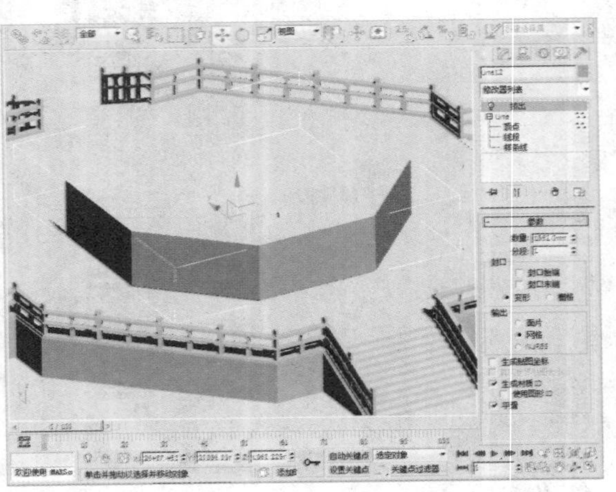

44 单击鼠标右键，通过快捷菜单将其转化为可编辑网格。

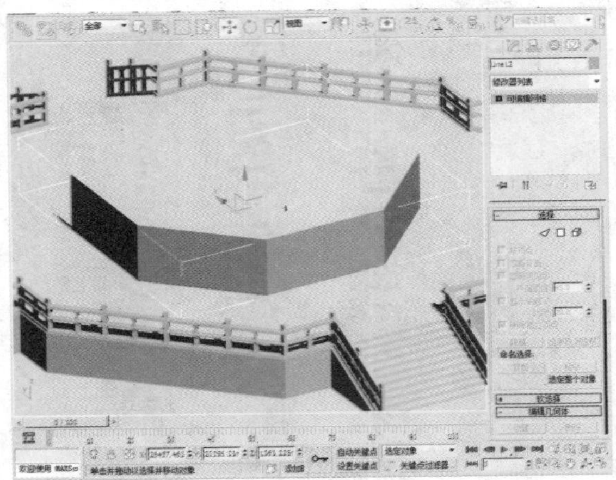

45 选择“可编辑网格”下的“顶点”选项，并调整物体的形状。

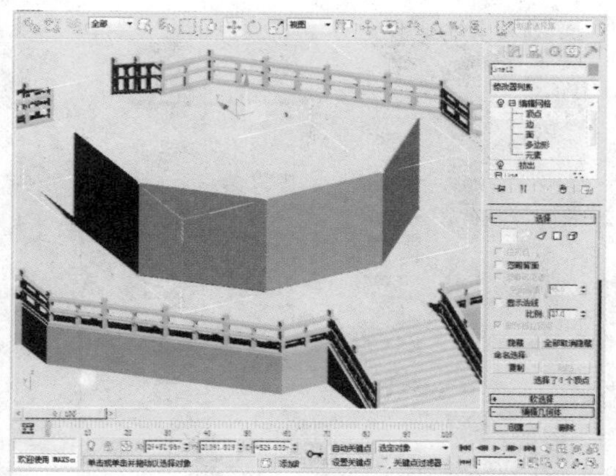

46 执行“修改器>UV坐标>UVW贴图”命令，为模型添加UVW贴图。

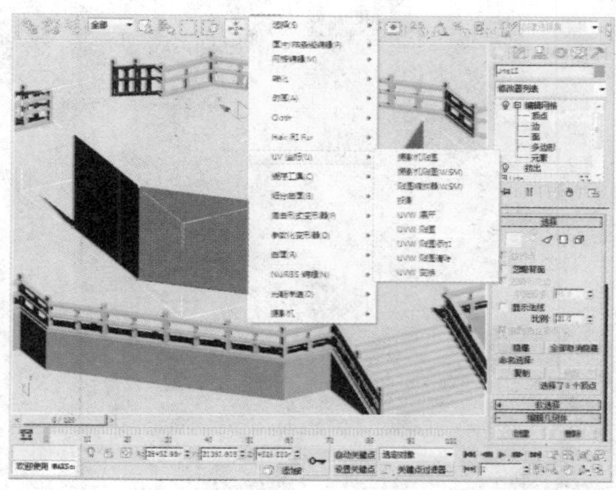

47 在“参数”卷展栏中，选中“长方体”单选按钮，将贴图方式改为长方体。

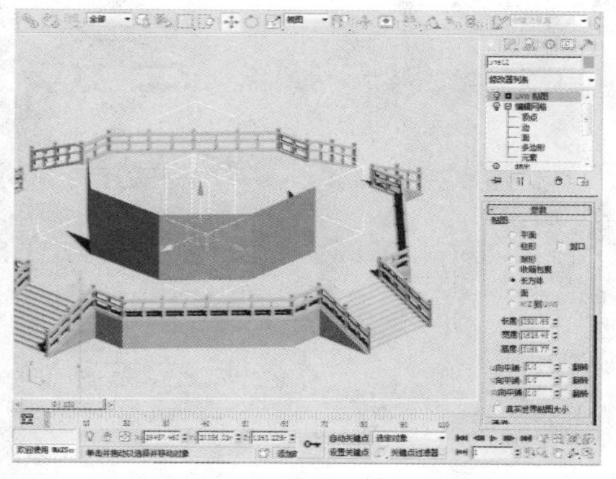

48 在“创建”命令面板中单击“图形>矩形”按钮，创建如下图所示的图形，并将其转化为可编辑样条线。

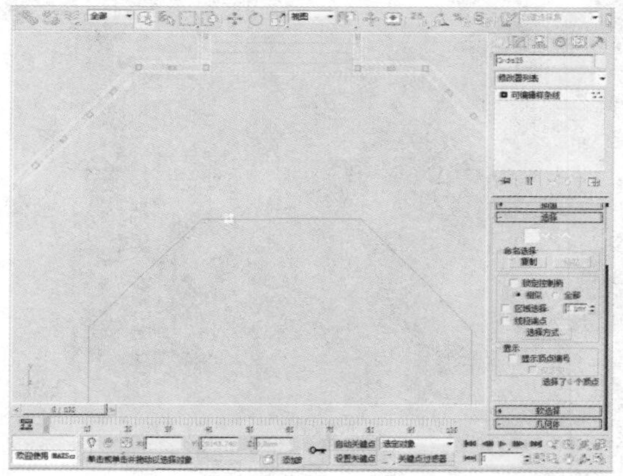

49 选择“可编辑样条线”下的“样条线”选项，按住键盘上的Shift键对其进行复制。

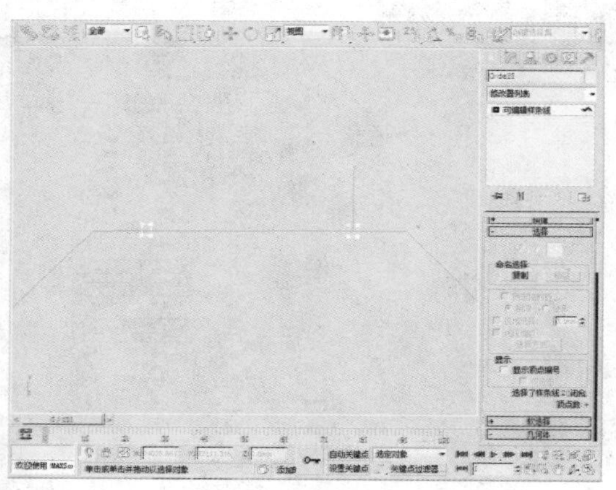

50 在“创建”命令面板中单击“图形>圆”按钮，创建如下图所示的图形，并将其转化为可编辑样条线。

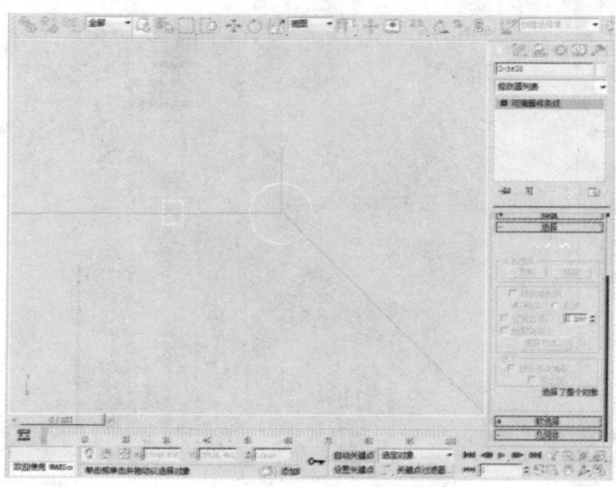

51 在“几何体”卷展栏中，单击“附加”按钮，将两个图形附加在一起。

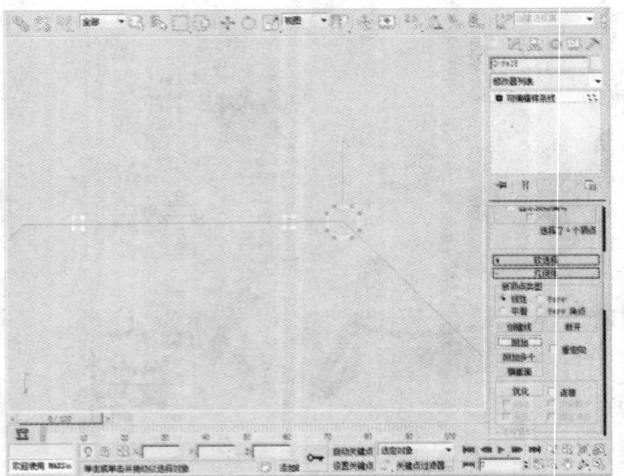

52 执行“修改器>网格编辑>挤出”命令，为物体添加挤出效果。

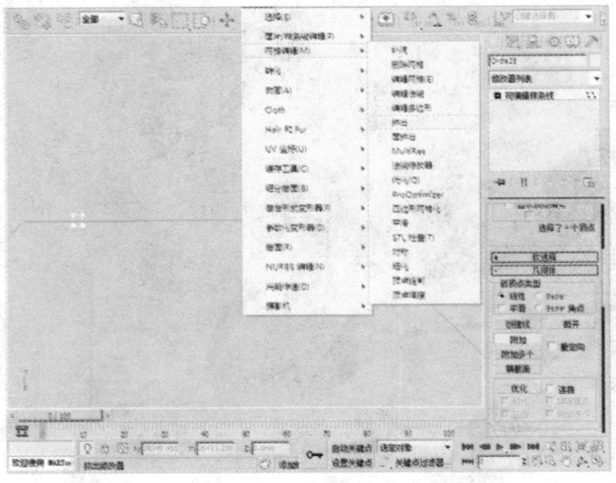

53 接下来在“参数”卷展栏中，设置“数量”的参数为100。

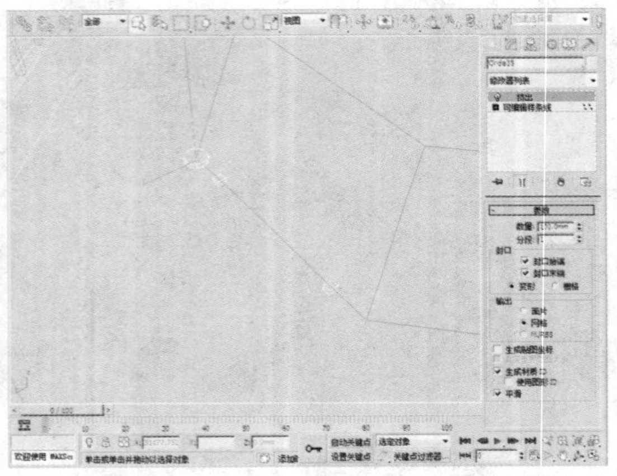

54 单击鼠标右键，通过快捷菜单将其转化为可编辑网格。

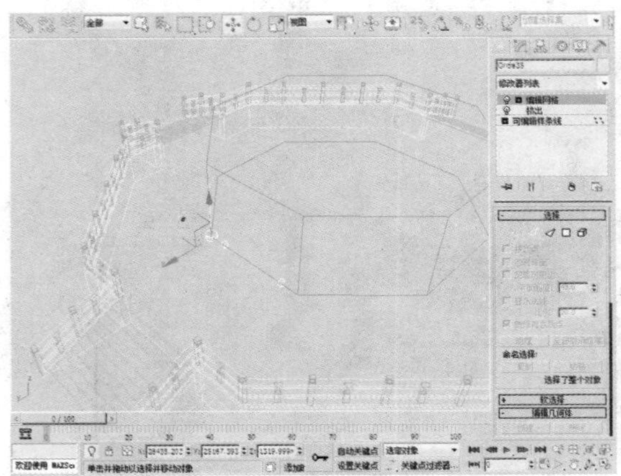

55 选择“可编辑网格”下的“顶点”选项，并调整物体的形状。

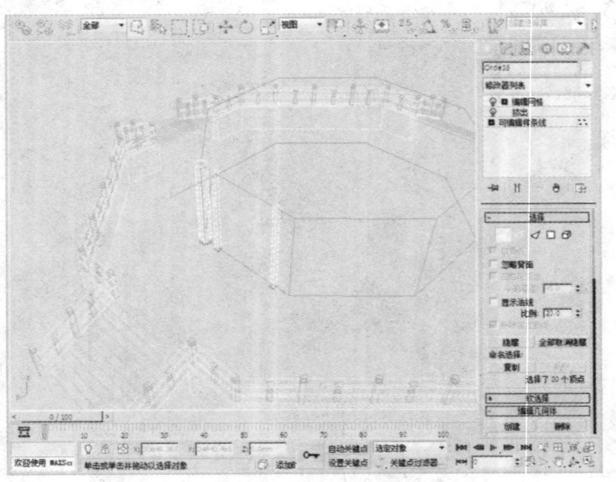

56 在左视图中，单击“创建”命令面板中的“图形>矩形”按钮，创建矩形并将其转化为可编辑样条线。

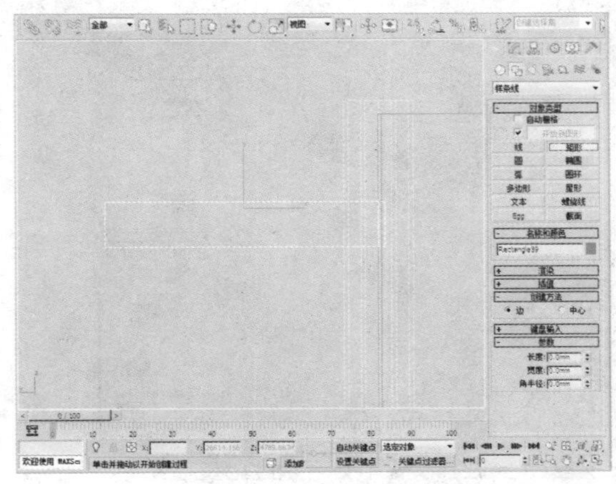

57 执行“修改器>网格编辑>挤出”命令，为物体添加挤出效果。

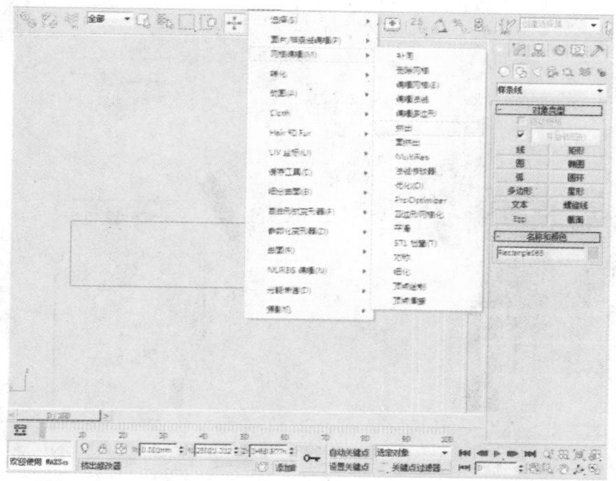

58 接下来在“参数”卷展栏中，设置“数量”的参数为165。

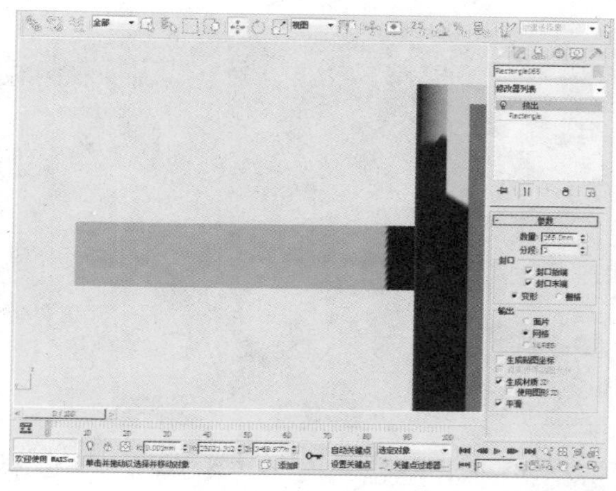

59 单击鼠标右键，通过快捷菜单将其转化为可编辑网格。

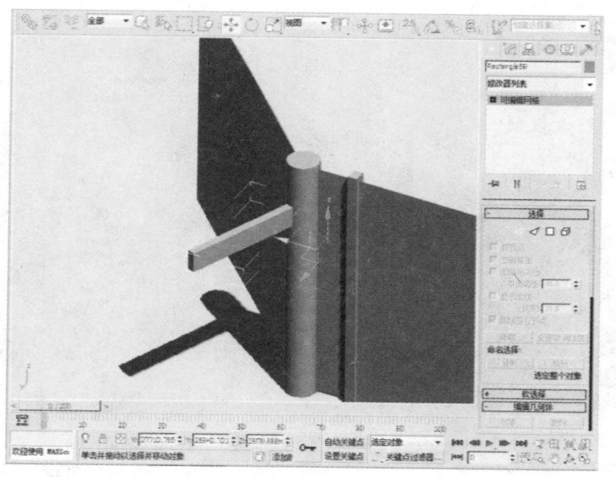

60 选择“可编辑网格”下的“元素”选项，按住键盘上的Shift键对其进行复制。

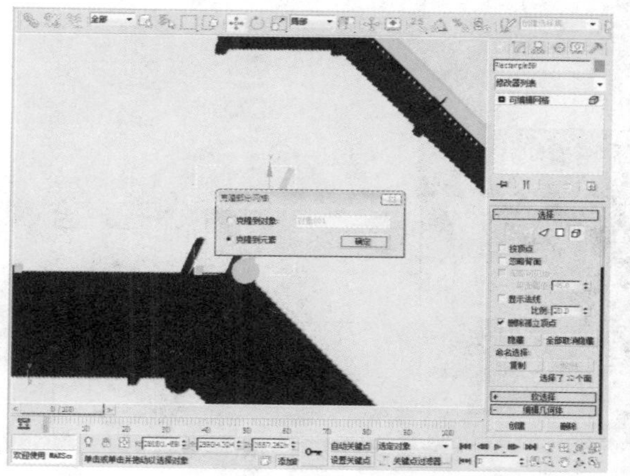

61 分别单击主工具栏上的“选择并移动”按钮和“选择并旋转”按钮对物体进行调整。

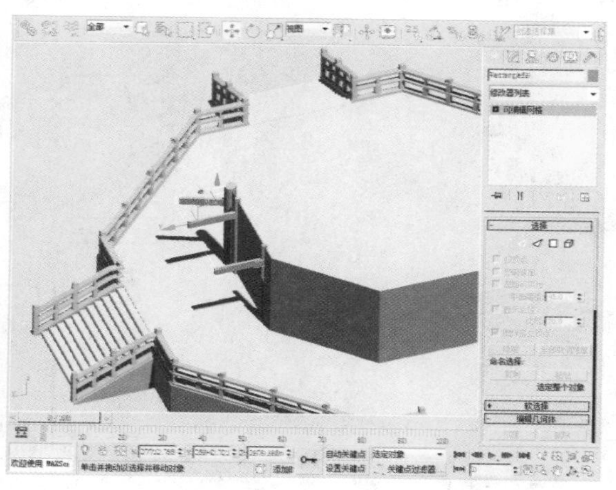

62 选中如下图所示的物体，执行“组>成组”命令，将物体成组。

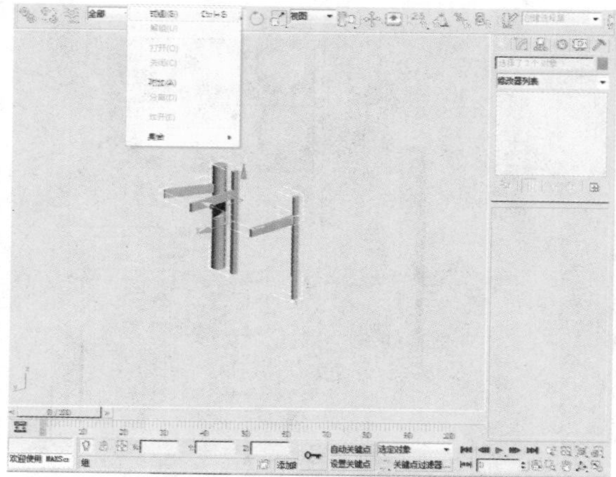

63 单击主工具栏上的“选择并移动”按钮，按住键盘上的Shift键，对其进行复制。

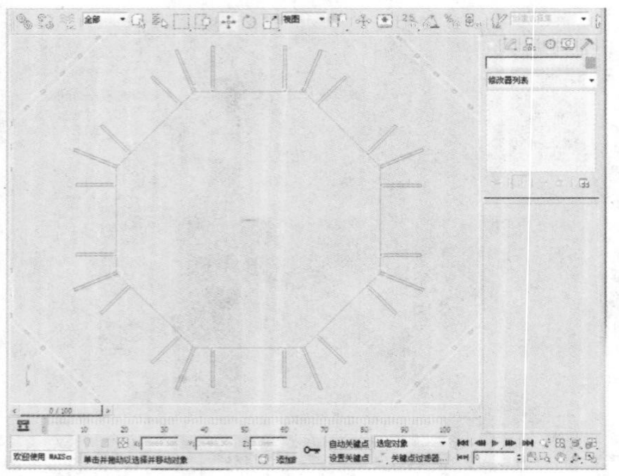

64 在“创建”命令面板中单击“图形>线”按钮，创建如下图所示的图形。

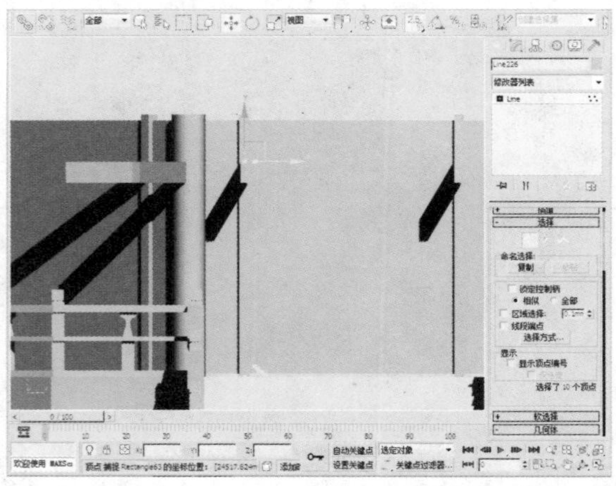

65 执行“修改器>面片/样条线编辑>车削”命令，为物体添加车削效果。

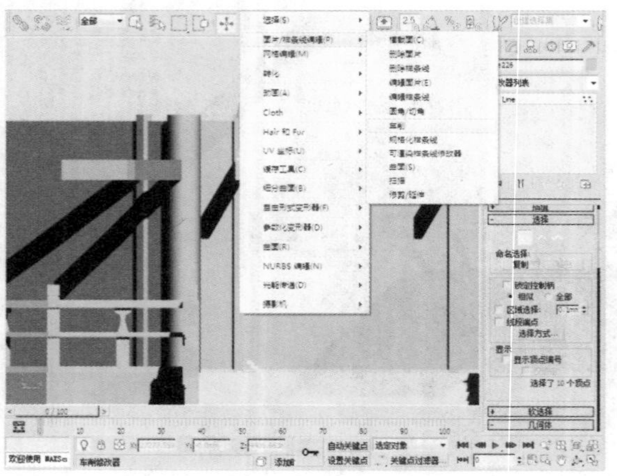

66 接下来在“参数”卷展栏中，设置“分段”的参数为12。

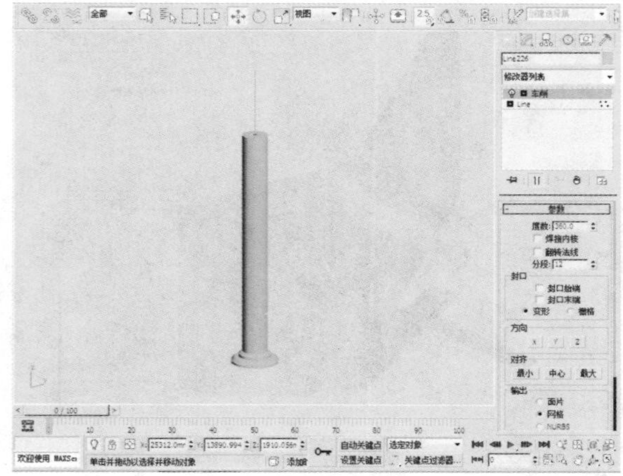

67 打开“材质编辑器”窗口，为物体赋予简单材质。

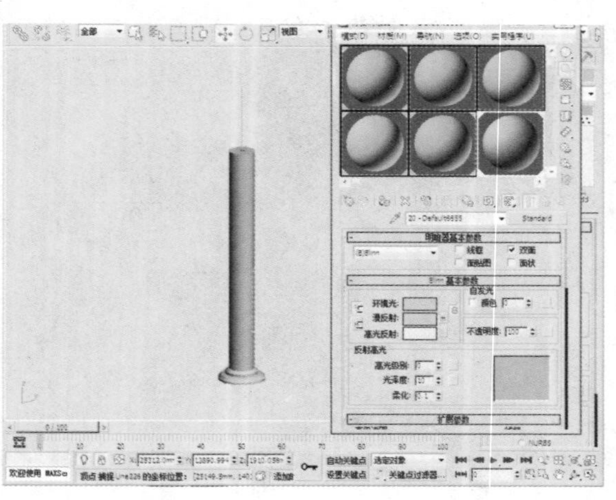

68 在“创建”命令面板中单击“图形>线”按钮，创建如下图所示的图形。

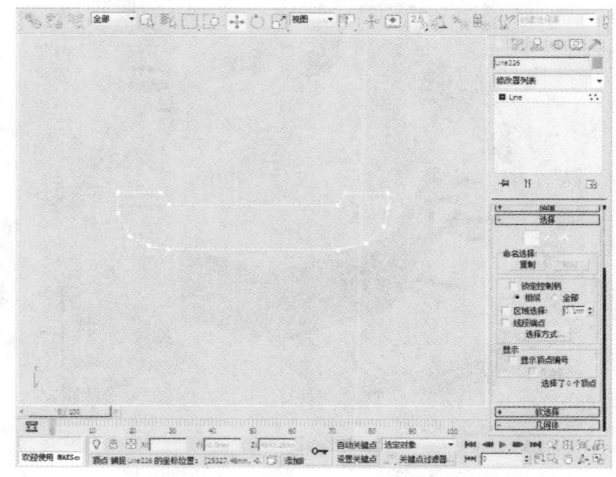

69 执行“修改器>网格编辑>挤出”命令，为物体添加挤出效果。

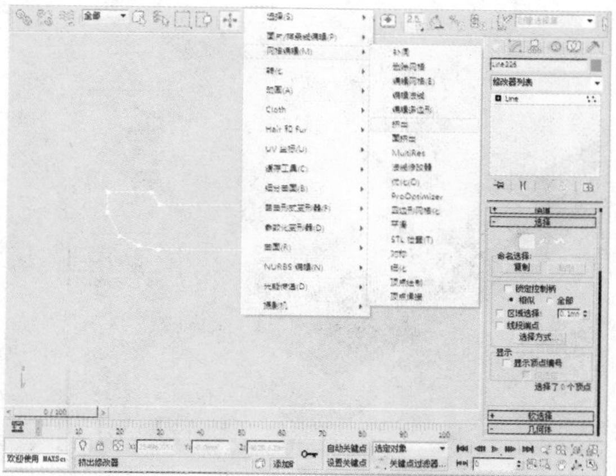

70 接下来在“参数”卷展栏中，设置“数量”的参数为107.5。

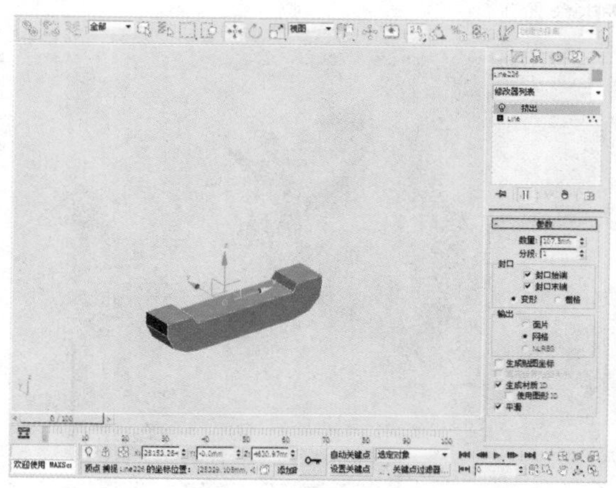

71 打开“材质编辑器”窗口，为物体赋予简单材质。

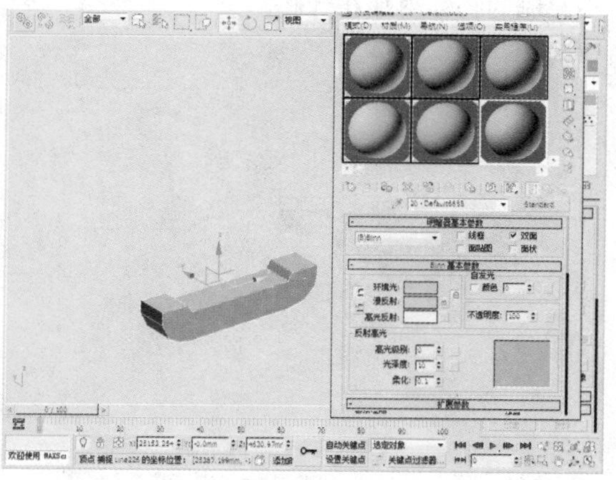

72 单击鼠标右键，通过快捷菜单将其转化为可编辑网格。

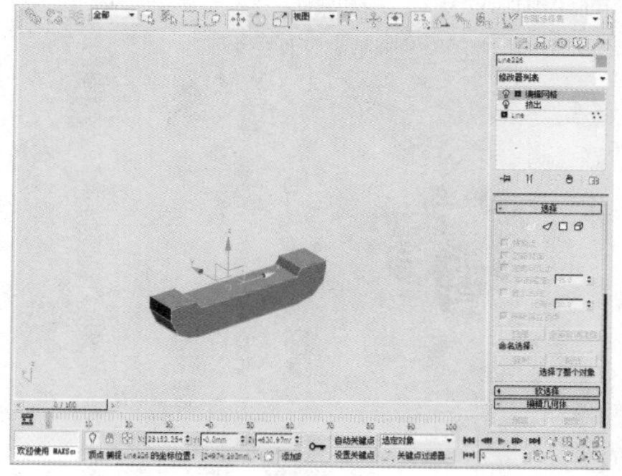

73 选择“可编辑网格”下的“顶点”选项，以调整物体的形状。

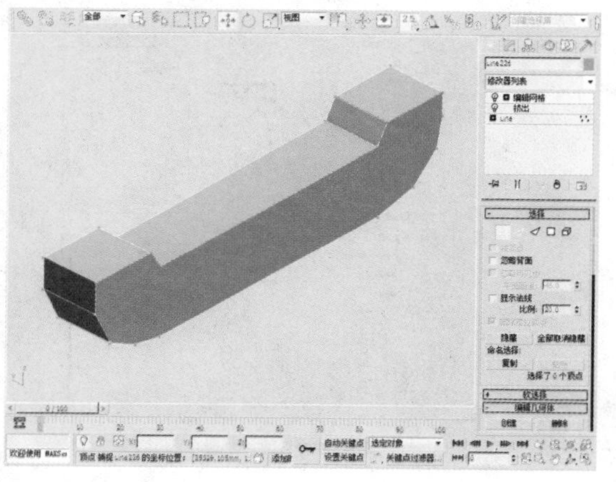

74 选择“可编辑网格”下的“多边形”选项，选中如下图所示的面，然后单击“编辑几何体”卷展栏中的“倒角”按钮，并设置其参数。

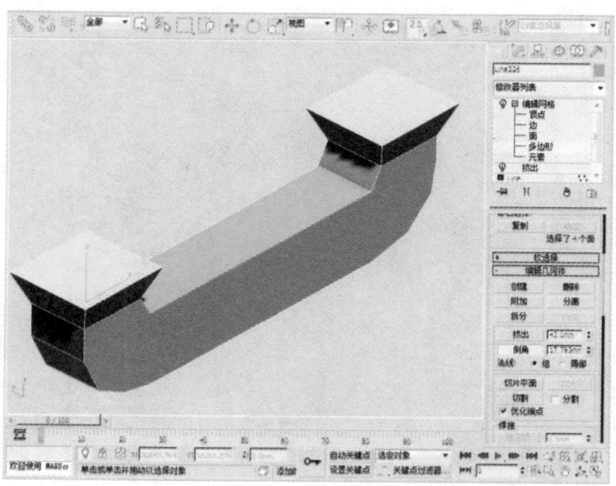

75 选择“可编辑网格”下的“多边形”选项，选中如下图所示的面，然后单击“挤出”按钮，并设置其参数。

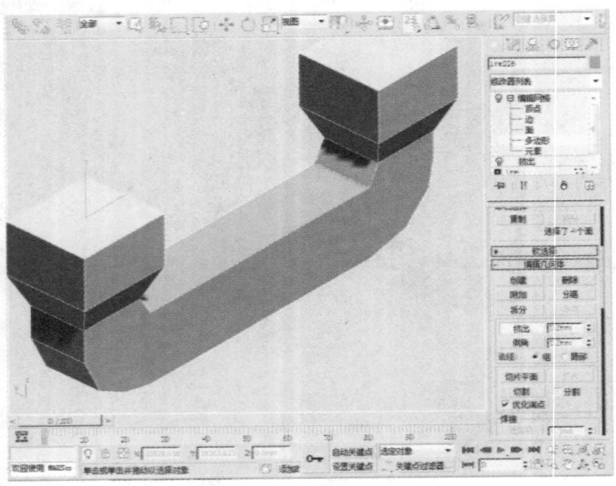

77 单击主工具栏上的“选择并移动”按钮，按住键盘上的Shift键对其进行复制。

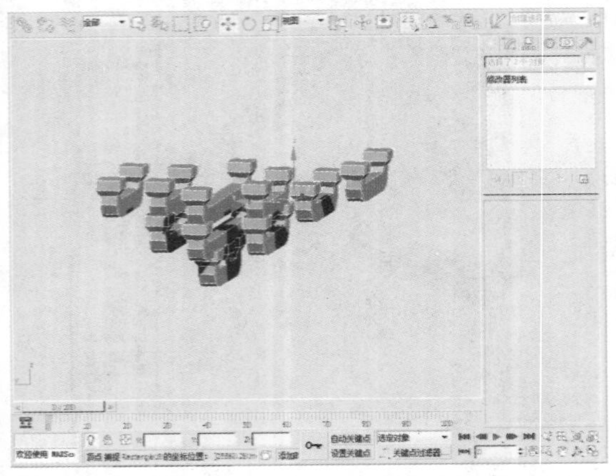

79 在左视图中，单击“创建”命令面板中的“图形>线”按钮，创建如下图所示的图形。

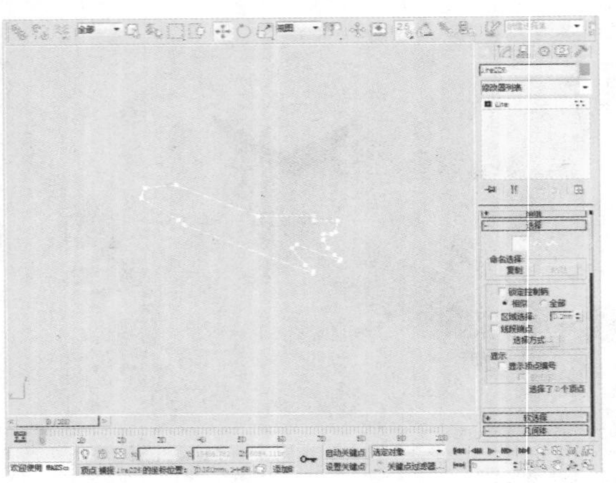

76 选择“可编辑网格”下的“顶点”选项，对物体的形状进行细微调整。

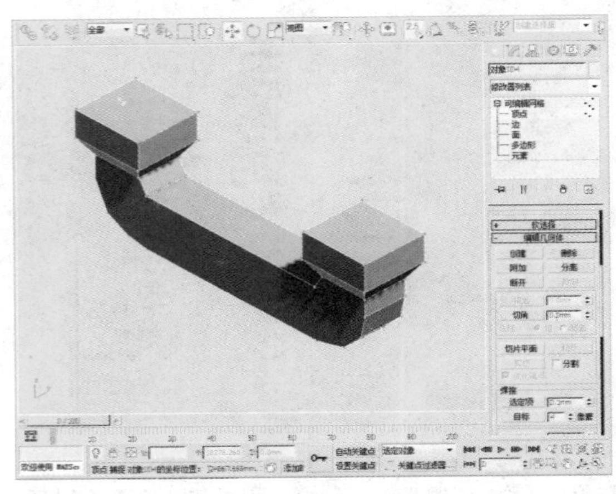

78 在“编辑几何体”卷展栏中，单击“附加”按钮，将复制的物体附加在一起。

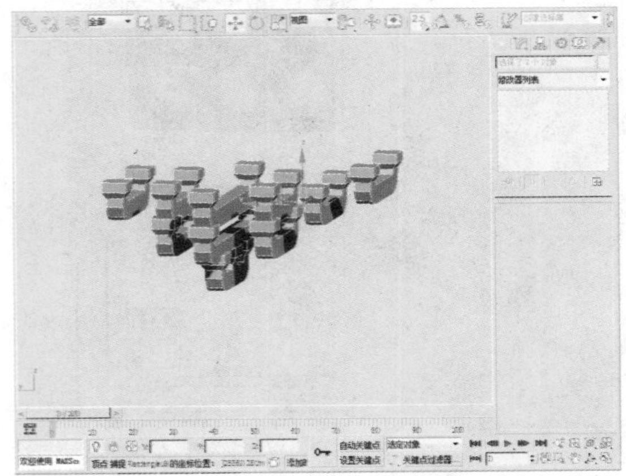

80 执行“修改器>网格编辑>挤出”命令，为物体添加挤出效果。

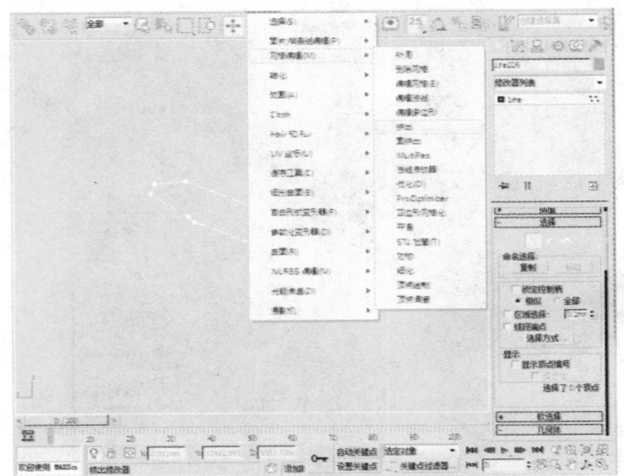

81 接下来在“参数”卷展栏中，设置“数量”的参数为25。

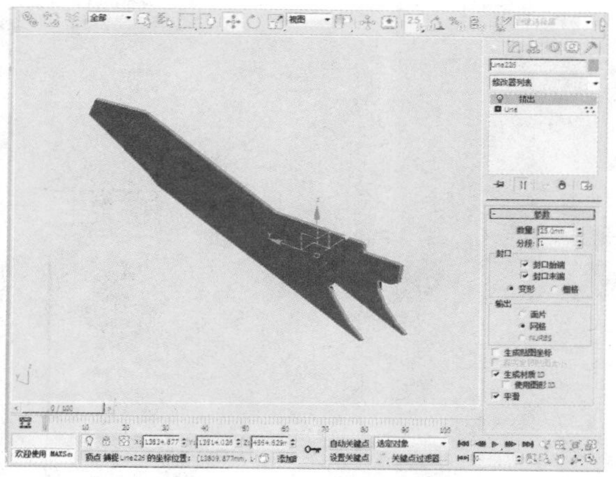

82 打开“材质编辑器”窗口，为物体赋予简单材质。

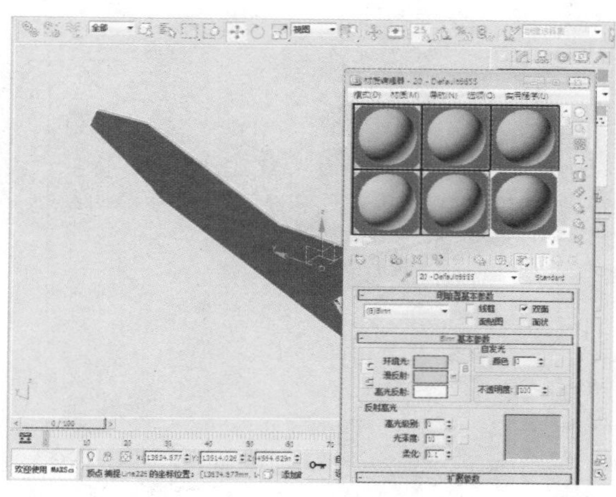

83 选择“可编辑网格”下的“顶点”选项，调整物体的形状。

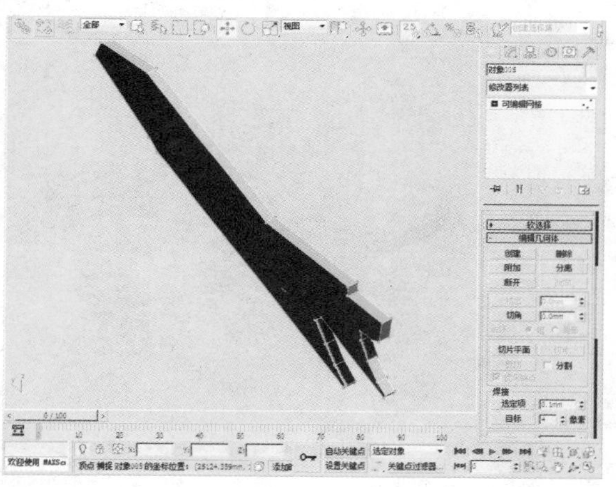

84 在左视图中，选中步骤78中所做出的物体。

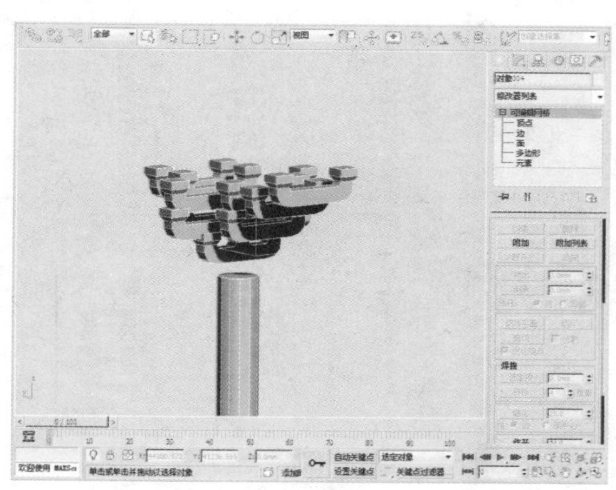

85 选择“可编辑网格”下的“元素”选项，选中如下图所示的元素，然后单击“分离”按钮。

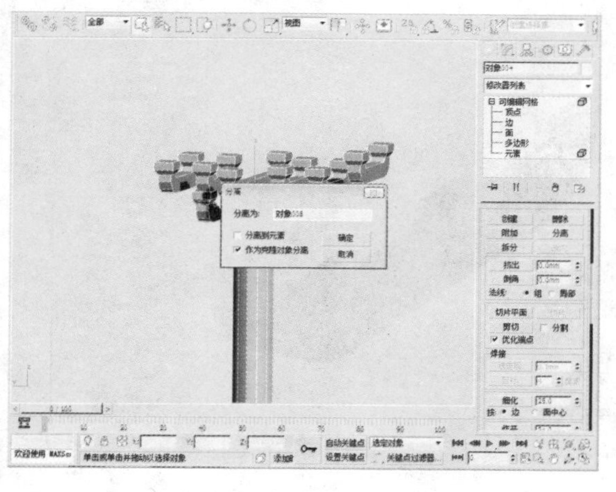

86 选中分离出来的物体，单击主工具栏上的“选择并旋转”按钮，以调整物体的位置。

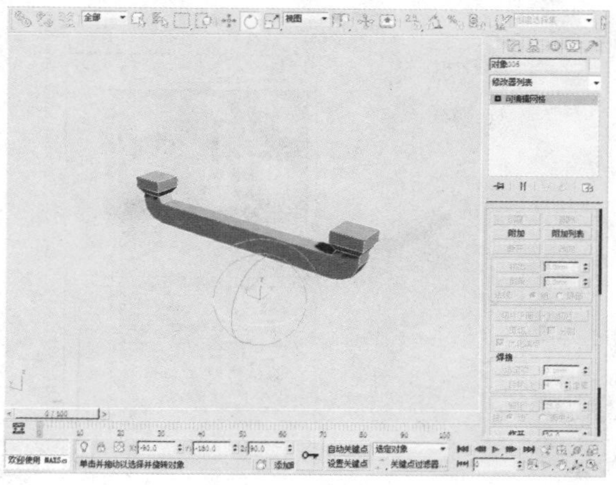

87 单击主工具栏上的“选择并移动”按钮，按住键盘上的Shift键对其进行复制。

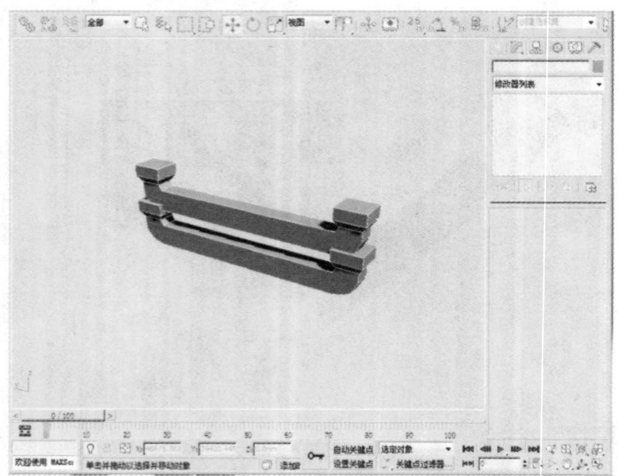

88 在“创建”命令面板中单击“图形>线”按钮，创建如下图所示的图形。

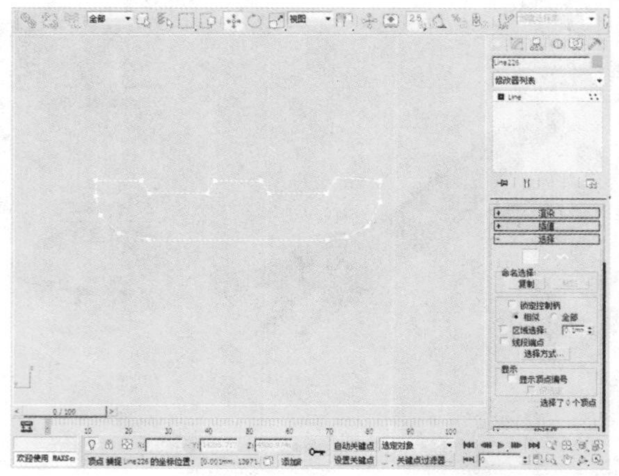

89 执行“修改器>网格编辑>挤出”命令，为物体添加挤出效果。

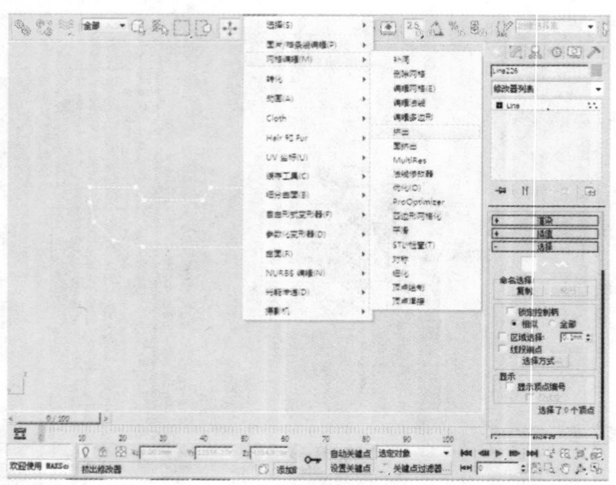

90 接下来在“参数”卷展栏中，设置“数量”的参数为90。

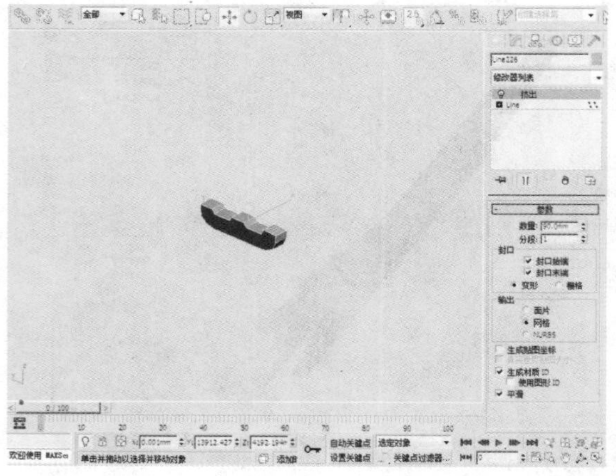

91 打开“材质编辑器”窗口，为物体赋予简单材质。

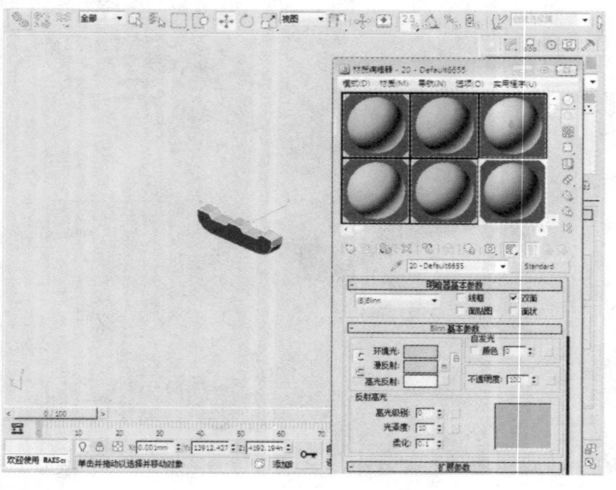

92 单击鼠标右键，通过快捷菜单将其转化为可编辑网格。

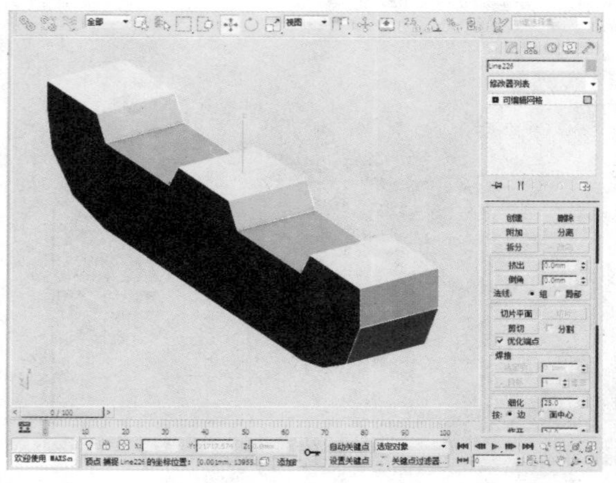

93 选择“可编辑网格”下的“顶点”选项，以调整物体的形状。

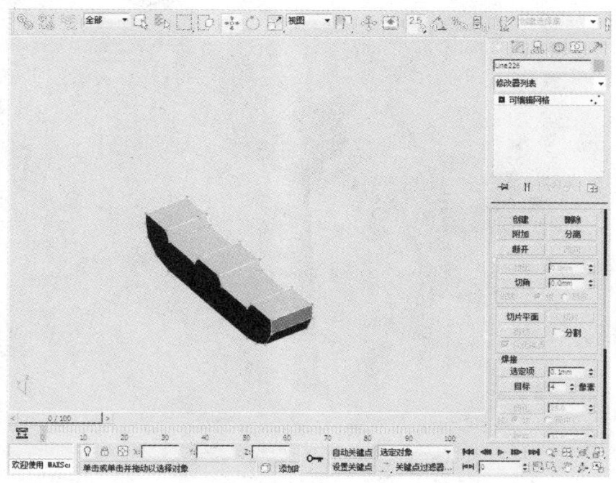

94 选择“可编辑网格”下的“多边形”选项，选中如下图所示的面，然后单击“倒角”按钮。

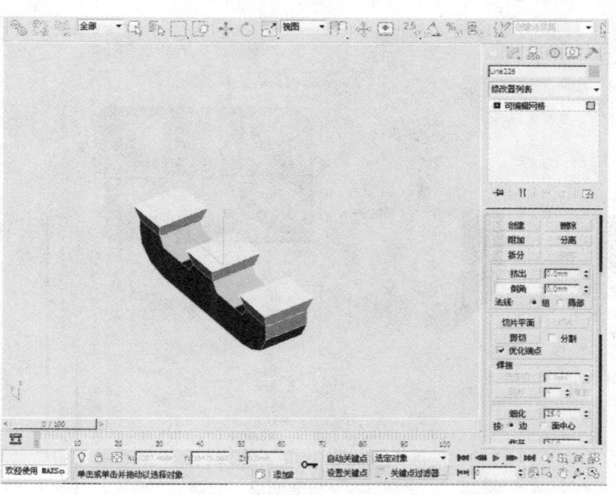

95 选择“可编辑网格”下的“多边形”选项，选中如下图所示的面，然后单击“挤出”按钮。

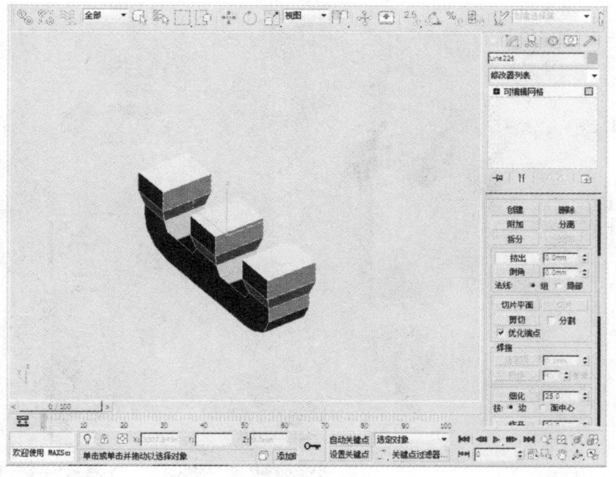

96 选择“可编辑网格”下的“顶点”选项，对物体形状进行细微调整。

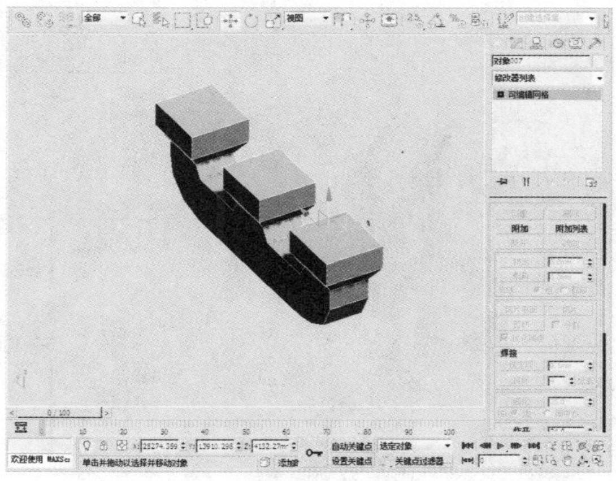

97 在“创建”命令面板中单击“几何体>长方体”按钮，创建长方体并将其转化为可编辑网格。

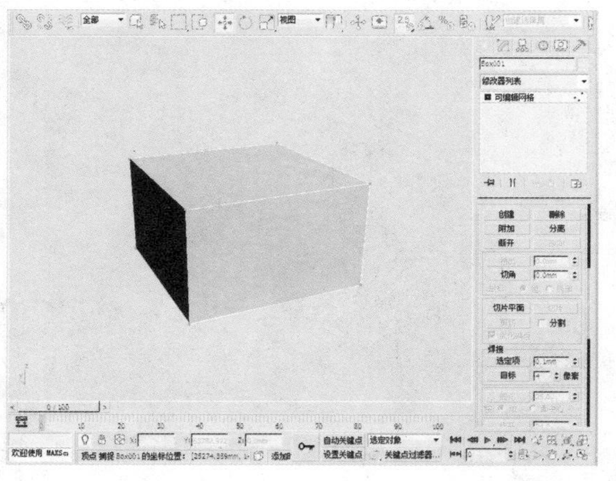

98 选择“可编辑网格”下的“多边形”选项，选中如下图所示的面，然后单击“倒角”按钮并设置相应参数。

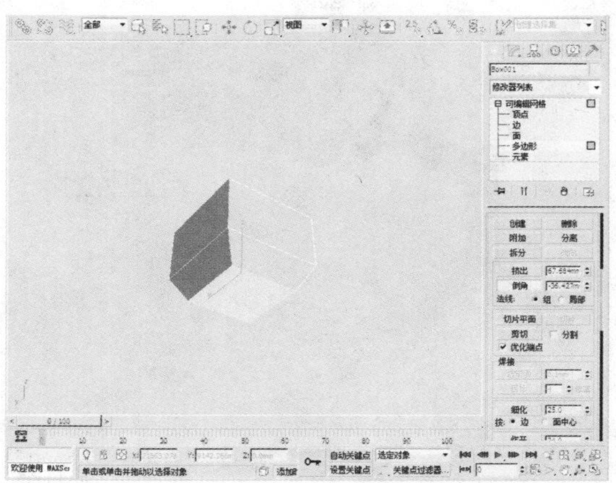

99 打开“材质编辑器”窗口，为物体赋予简单材质。

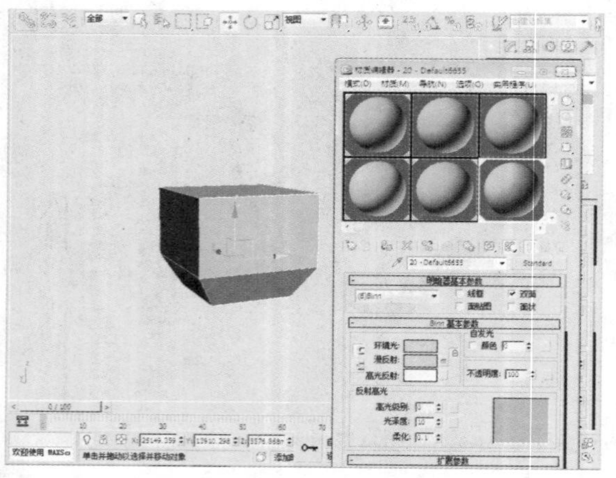

100 选中所做的立柱，执行“组>成组”命令，对其进行成组操作。

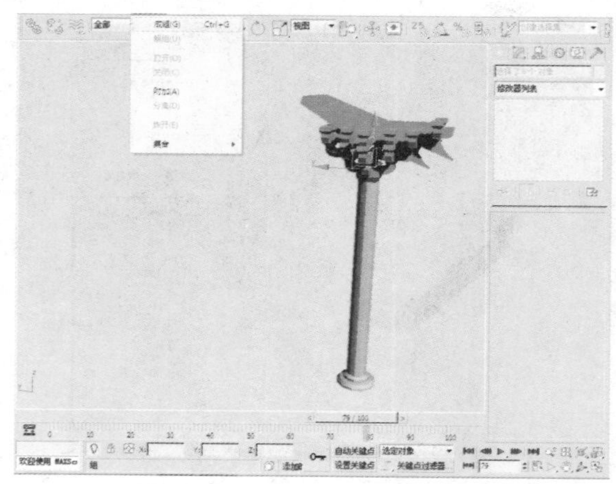

101 单击主工具栏上的“选择并移动”按钮，按住键盘的Shift键对其进行复制。

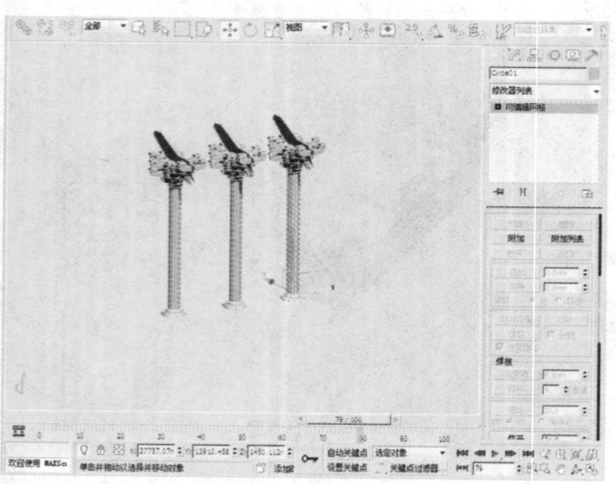

102 选中中间的立柱，对其进行如下图所示的修改。

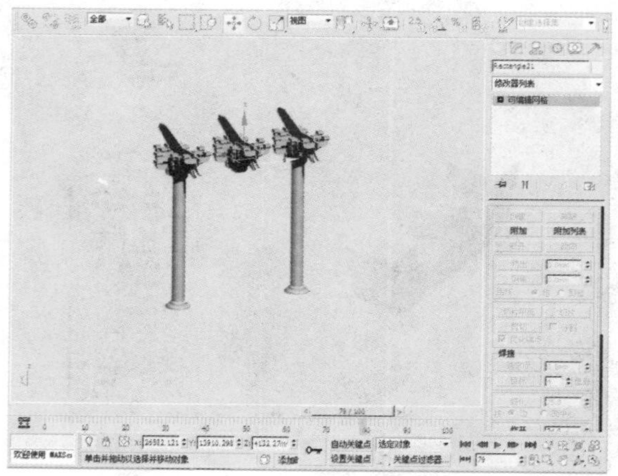

103 选中所做的三根立柱，执行“组>成组”命令，对其进行成组操作。

104 单击主工具栏上的“选择并移动”按钮，按住键盘上的Shift键对其进行复制。

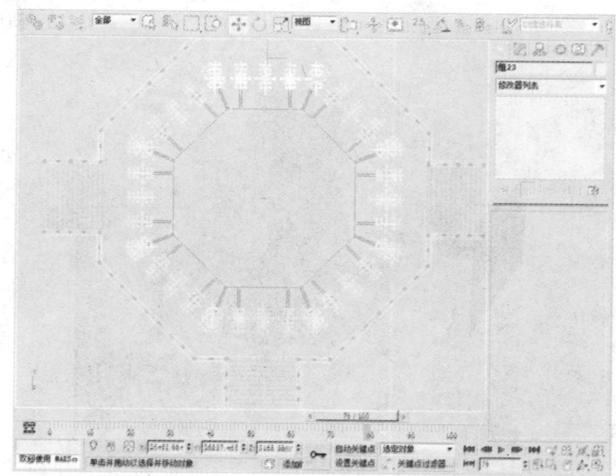

105 在“创建”命令面板中单击“图形>线”按钮，创建如下图所示的图形。

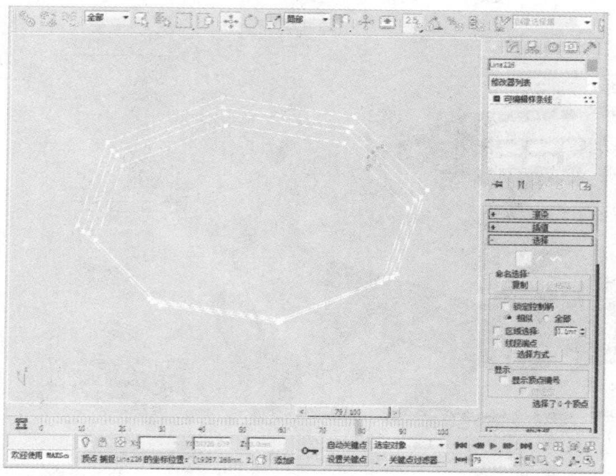

106 在前视图中，单击“创建”命令面板中的“图形>线”按钮，创建如下图所示的图形。

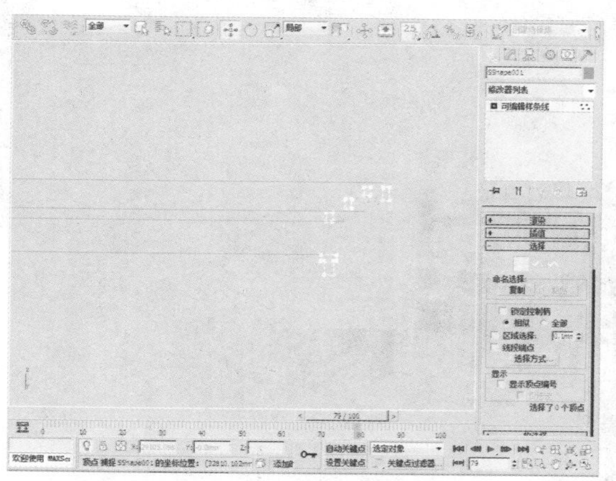

107 单击“创建”命令面板中的“几何体”按钮，单击复合对象下的“放样”按钮，选中多边形，单击进行放样。

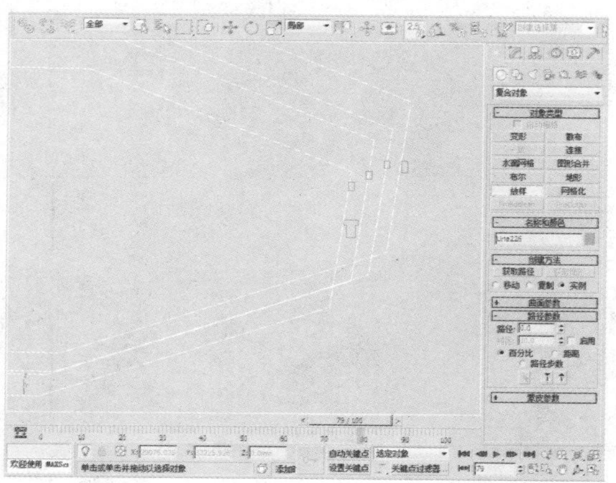

108 拾取图形，并调整物体的形状。

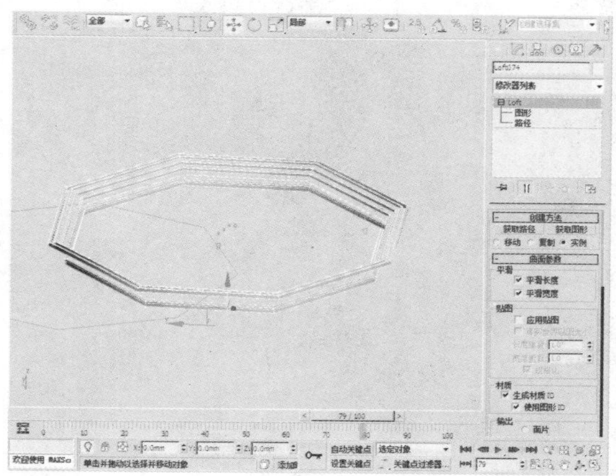

109 打开“材质编辑器”窗口，为物体赋予简单材质。

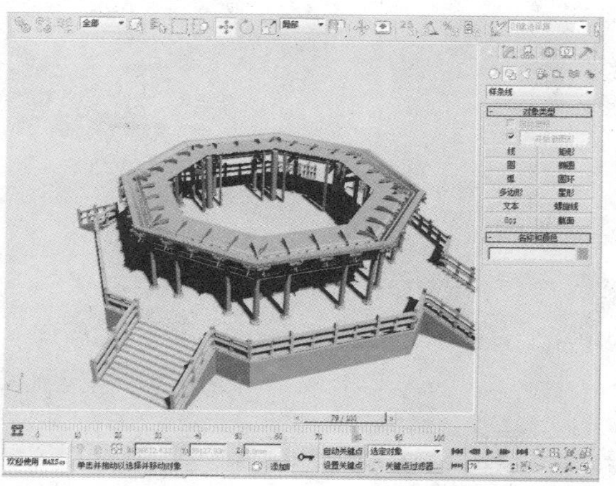

110 在左视图中，单击“创建”命令面板中的“图形>弧”按钮，创建如下图所示的图形。

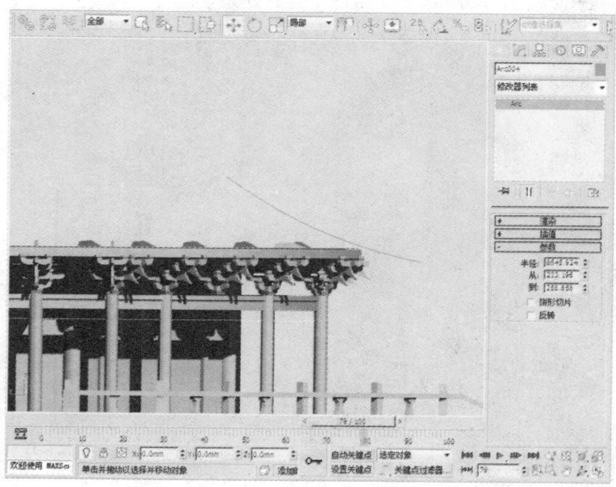

111 执行“修改器>网格编辑>挤出”命令，为物体添加挤出效果。

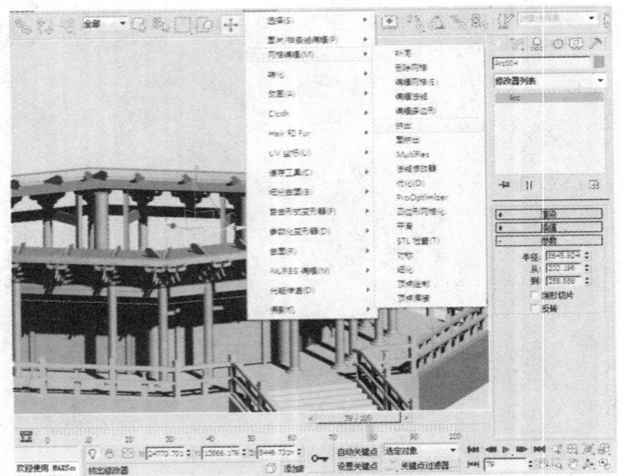

112 在“参数”卷展栏中，设置“数量”的参数为6890.5。

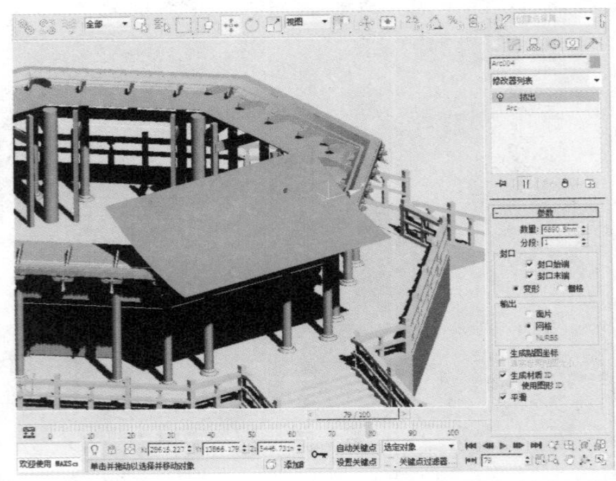

113 接下来在“参数”卷展栏中设置“分段”的参数为14。

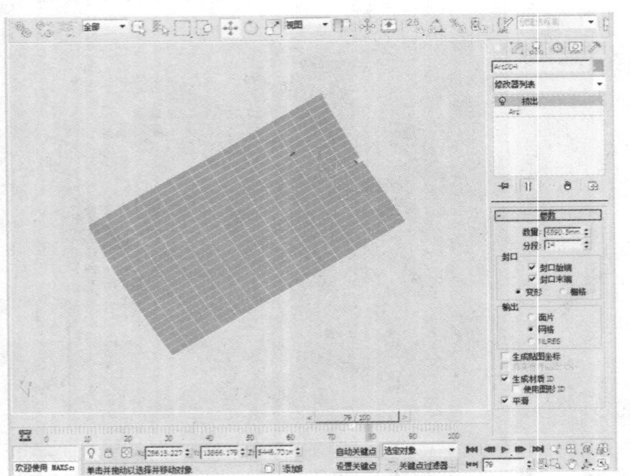

114 单击鼠标右键，通过快捷菜单将其转化为可编辑网格，选择“可编辑网格”下的“顶点”选项。

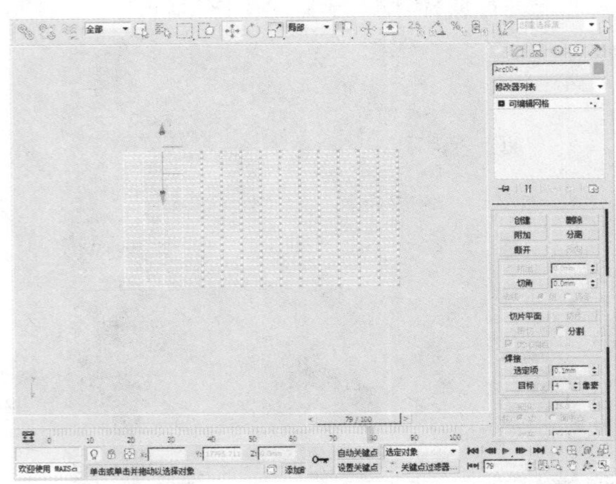

115 执行“修改器>自由形式变形器>FFD 2×2×2”命令，为物体添加FFD 2×2×2变形效果。

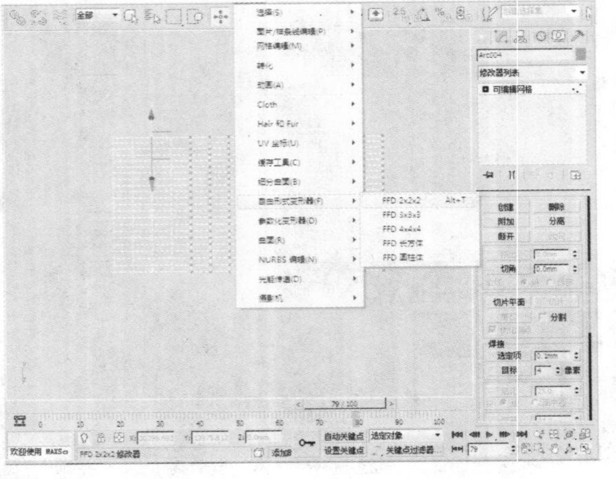

116 选择“FFD 2×2×2”下的“控制点”选项，调整控制点的位置。

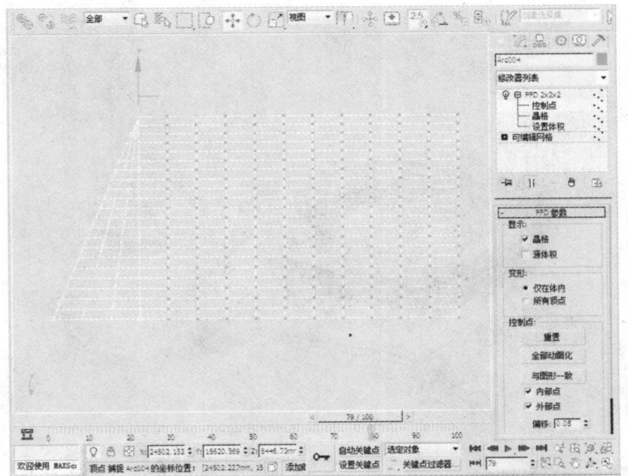

117 通过右键快捷菜单将其转化为可编辑网格，选中如下图所示的顶点，然后单击“塌陷”按钮。

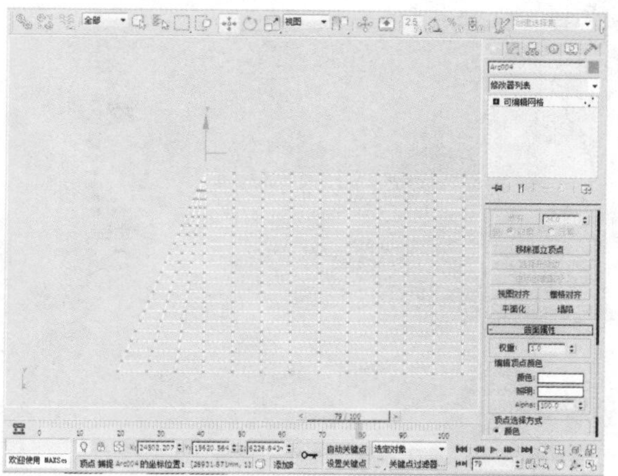

118 选择“可编辑网格”下的“顶点”选项，选中如下图所示的顶点。

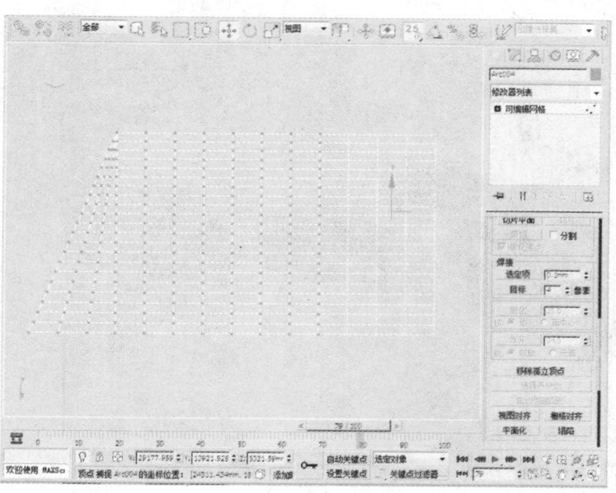

119 执行“修改器>自由形式变形器>FFD 2×2×2”命令，为物体添加FFD 2×2×2变形效果。

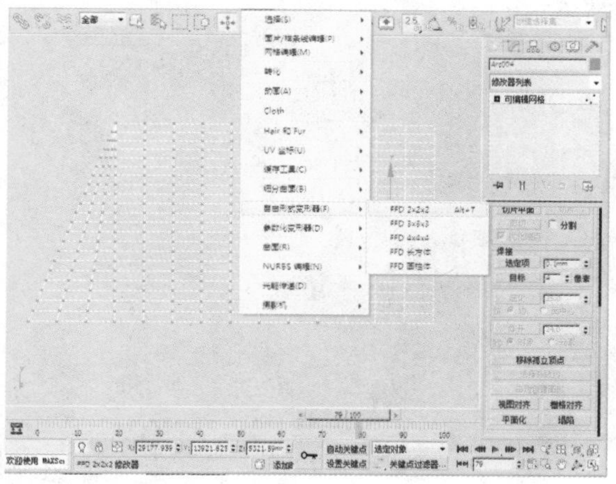

120 选择“FFD 2×2×2”下的“控制点”选项，调整控制点的位置。

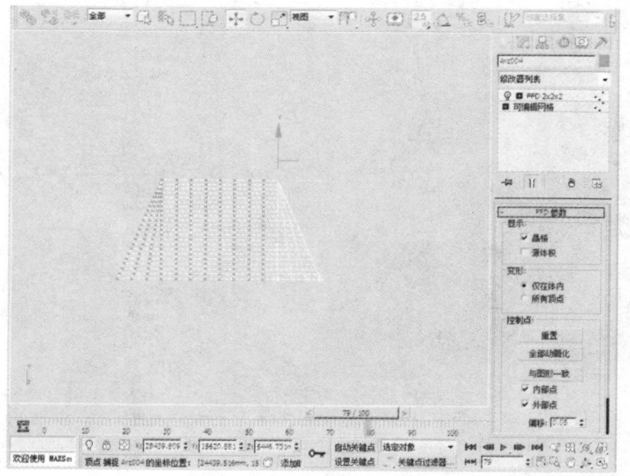

121 通过右键快捷菜单将其转化为可编辑网格，选中如下图所示的顶点，然后单击“塌陷”按钮。

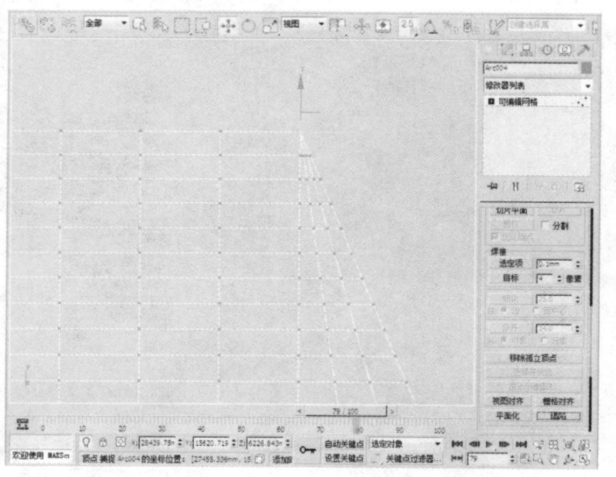

122 执行“修改器>自由形式变形器>FFD 长方体”命令，为物体添加FFD长方体变形效果。

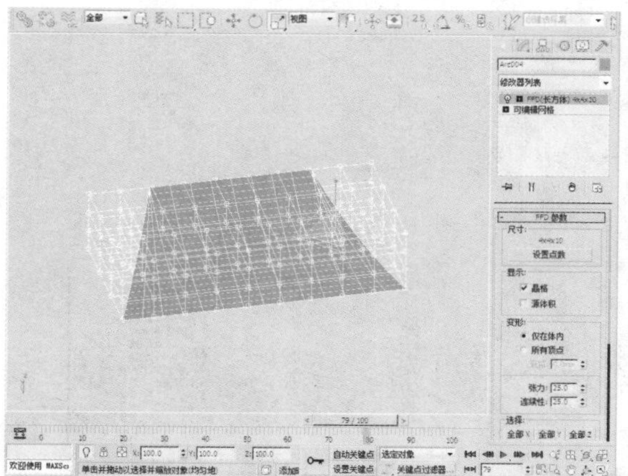

123 选择“FFD 长方体”下的“控制点”选项，调整控制点的位置。

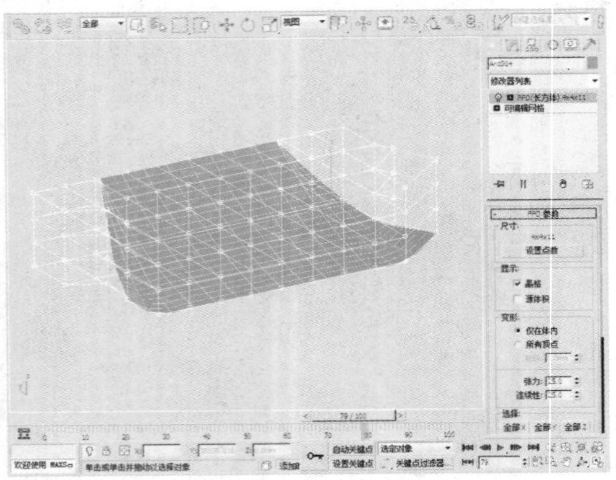

125 单击“截面参数”卷展栏中的“创建图形”按钮，创建一个如下图所示的图形。

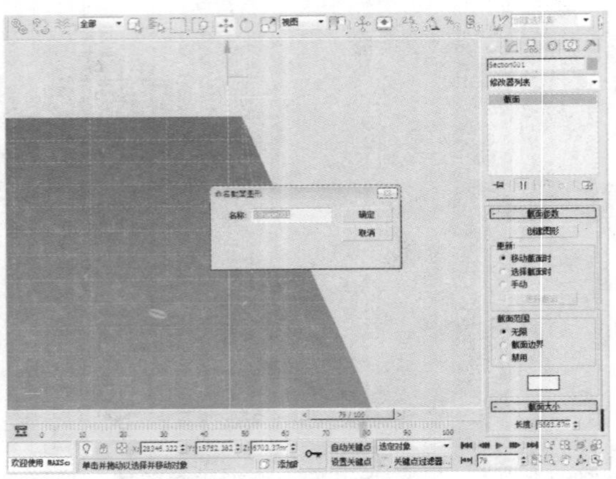

127 在前视图中，单击“创建”命令面板中的图形>线”按钮，创建如下图所示的图形。

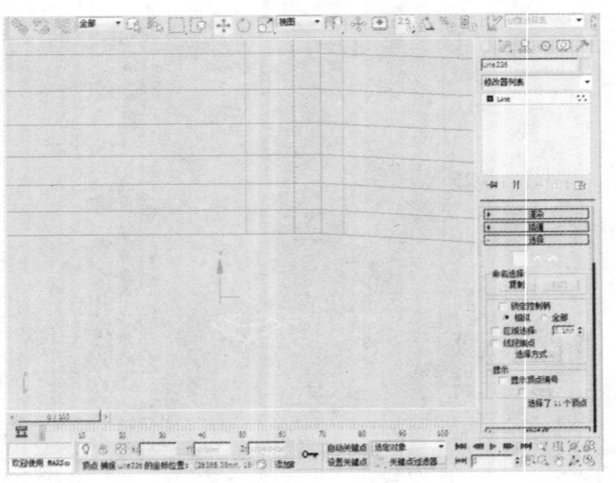

124 在左视图中，单击“创建”命令面板中的“图形>截面”按钮。

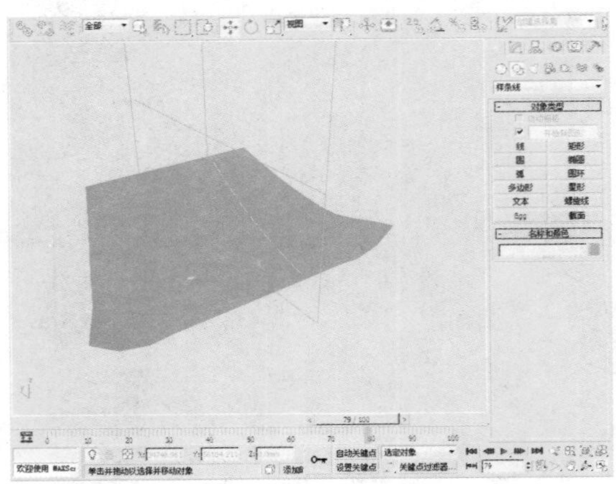

126 继续绘制出如下图所示的线段。

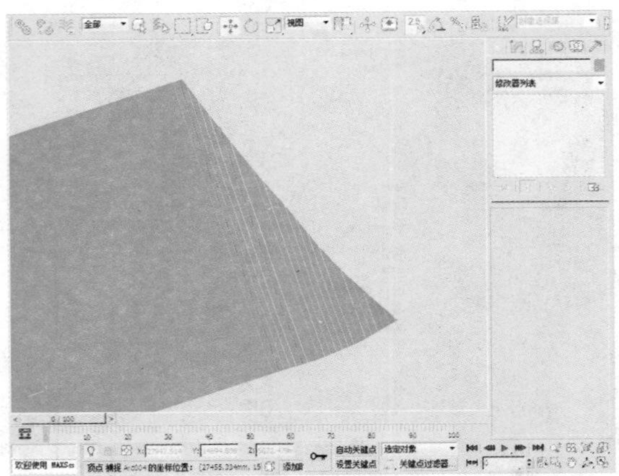

128 选中如下图所示的线段，在“创建”命令面板中单击“几何体”按钮，单击复合对象下的“放样”按钮。

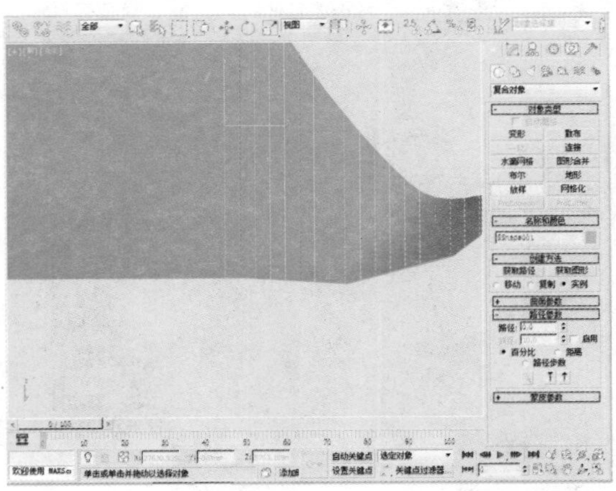

129 在“修改”命令面板中，单击“创建方法”卷展栏中的“获取图形”按钮，对物体进行细节上的调整。

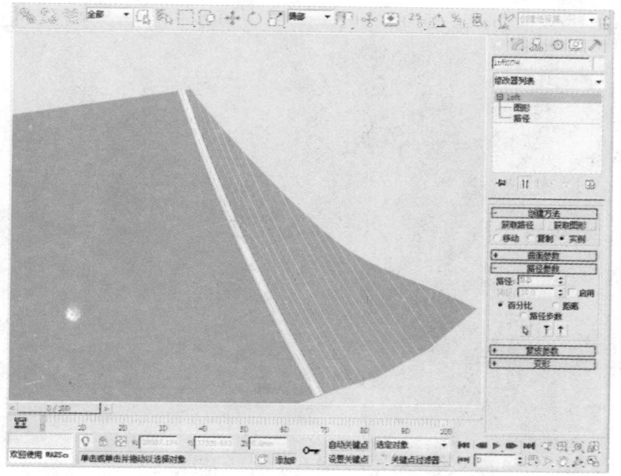

130 选中如下图所示的线段，勾选“渲染”卷展栏中的“在视口中启用”和“在渲染中启用”复选框，并设置“边”的参数为5。

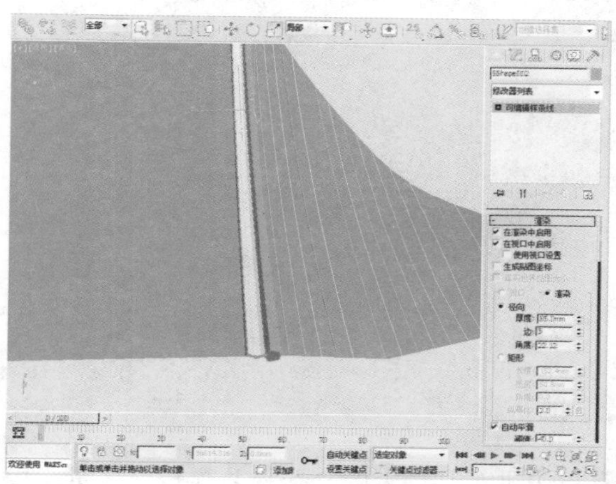

131 单击鼠标右键，通过快捷菜单将其转化为可编辑网格，然后单击“附加”按钮。

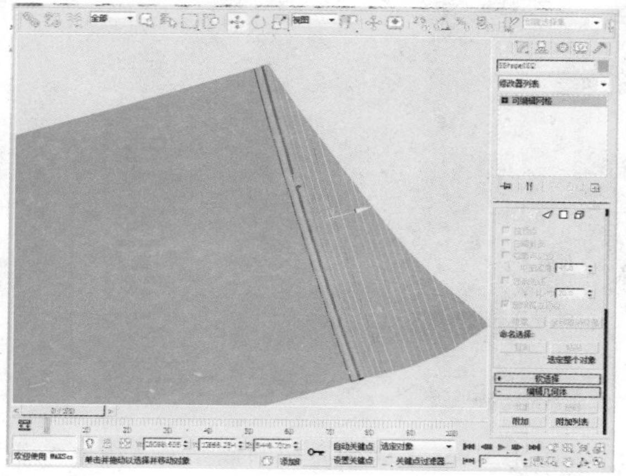

132 单击主工具栏上的“选择并移动”按钮，按住键盘上的Shift键对其进行复制。

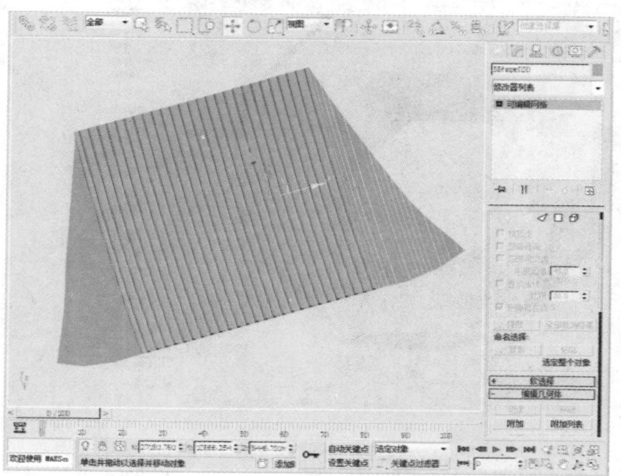

133 使用相同的方法做出所有的屋顶。

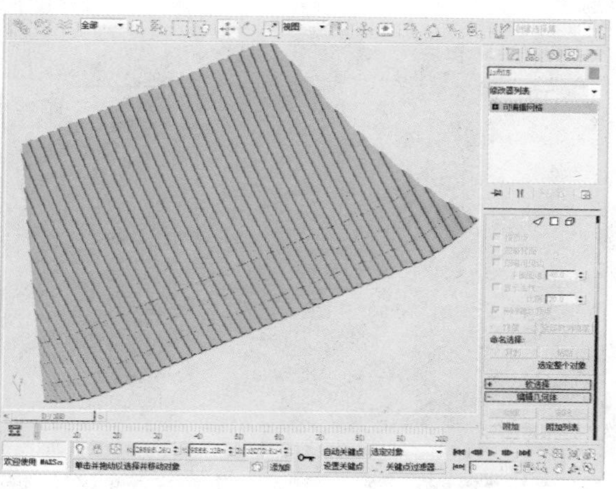

134 打开“材质编辑器”窗口，为物体赋予简单材质。

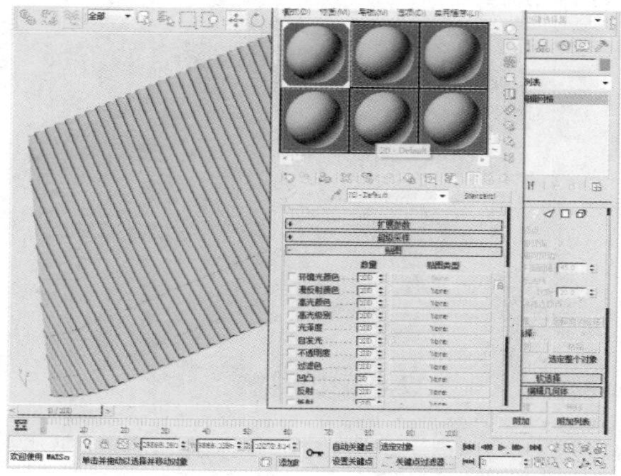

135 通过绘制样条线和“挤出”命令，制作出如下图所示的形状。

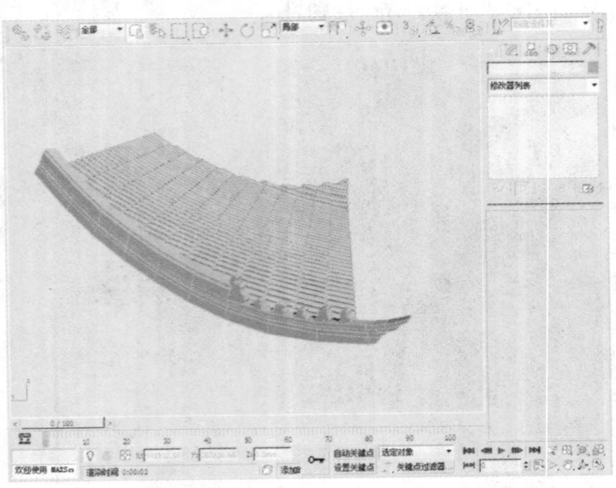

136 选中如下图所示的物体，执行“组>成组”命令。

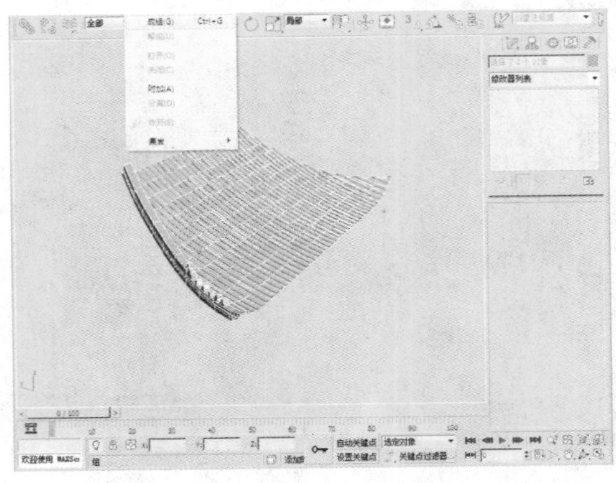

137 单击主工具栏上的“选择并旋转”按钮，按住键盘上的Shift键对其进行复制。

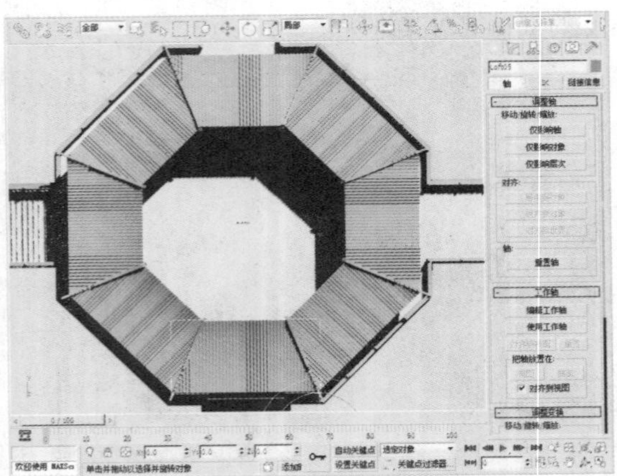

138 在“创建”命令面板中单击“图形>线”按钮，创建如下图所示的图形。

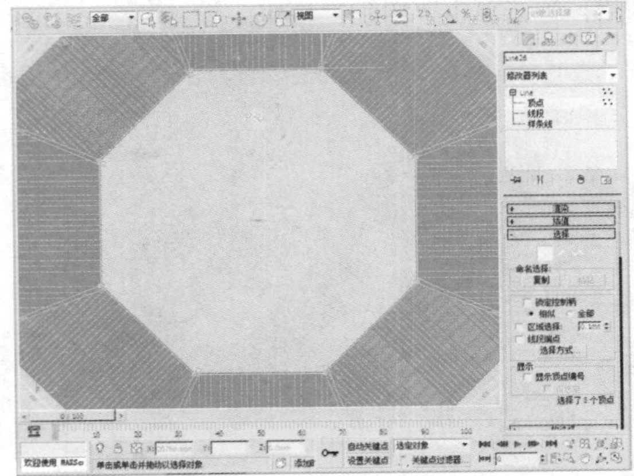

139 在前视图中，单击“创建”命令面板中的“图形>线”按钮，创建如下图所示的图形。

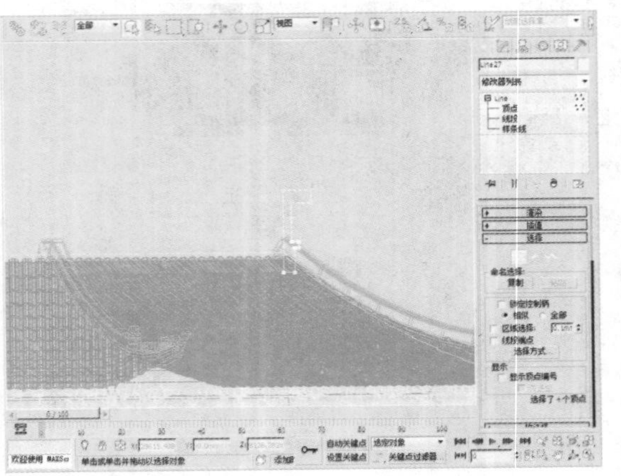

140 选中步骤139中所创建的图形，在“修改”命令面板中的“修改器列表”中选择“倒角剖面”选项。

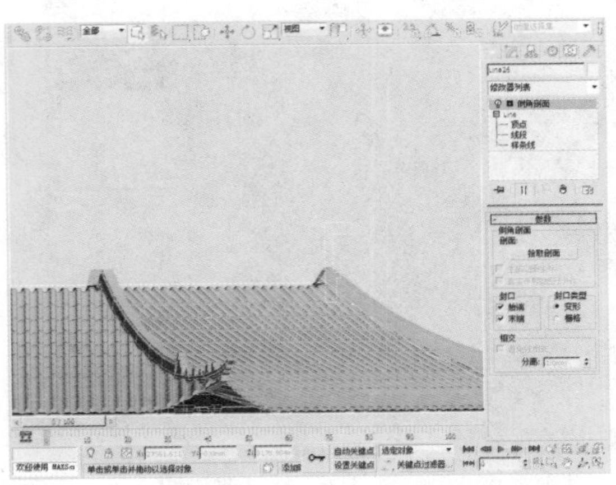

141 单击“参数”卷展栏中的“拾取剖面”按钮，拾取步骤140中所做的图形。

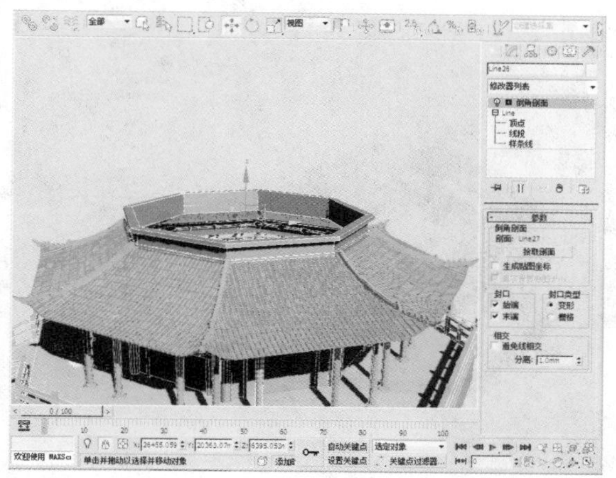

142 选中步骤100中所做的物体，并进行修改。

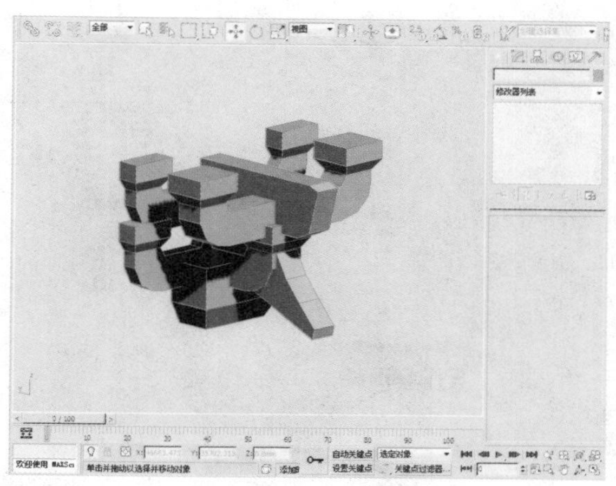

143 单击主工具栏上的“选择并移动”按钮，按住键盘上的Shift键对其进行复制。

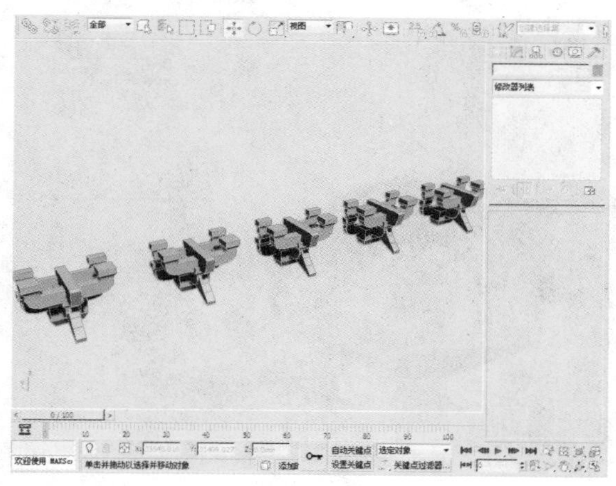

144 选中如下图所示的新有物体，单击“附加”按钮，将所有物体附加在一起。

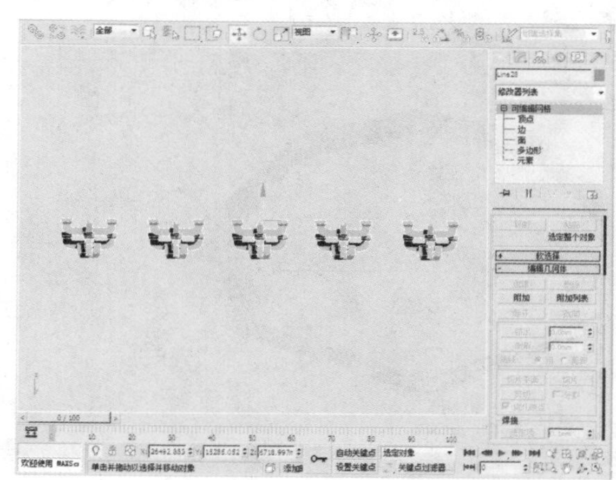

145 单击主工具栏上的“选择并移动”按钮，按住键盘上的Shift键对其进行复制。

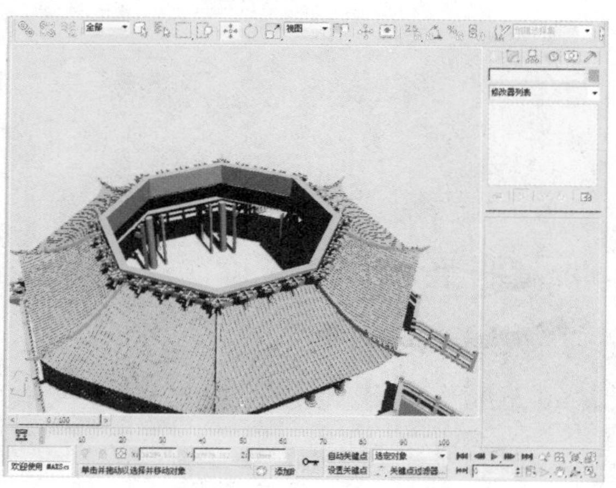

146 选中所有的瓦顶，单击主工具栏上的“选择并移动”按钮，按住键盘上的Shift键对其进行复制。

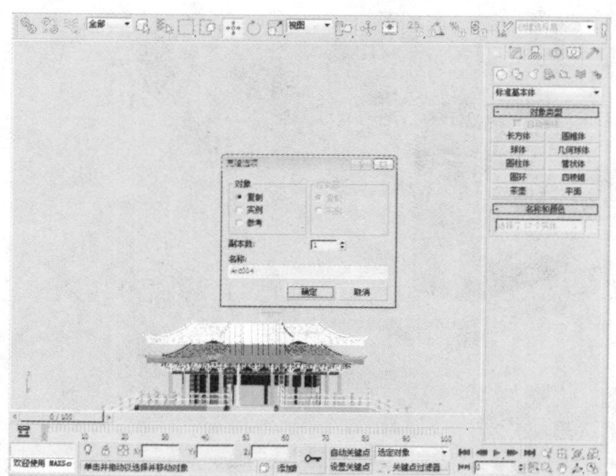

147 执行“修改器>自由形式变形器>FFD 2×2×2”命令，为物体添加FFD 2×2×2变形效果。

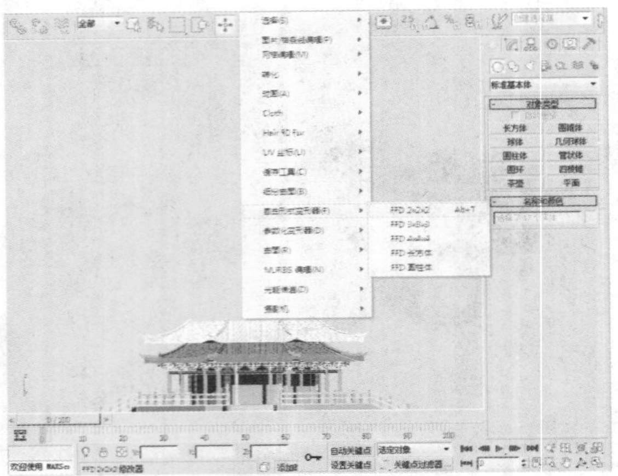

148 选择“FFD 2×2×2”下的“控制点”选项，对物体的控制点进行调整。

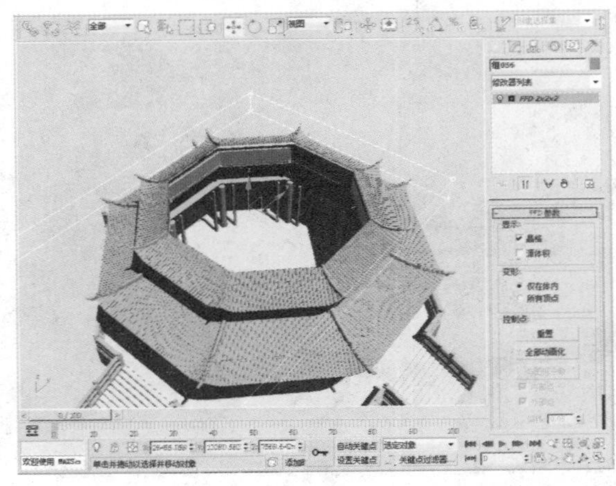

149 选中如下图所示的物体，执行“组>成组”命令。

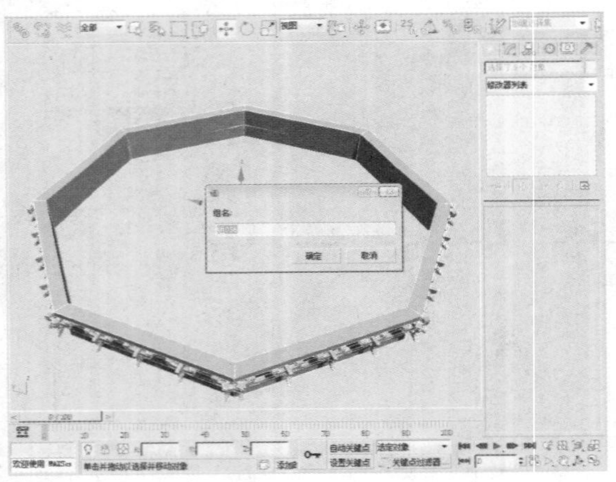

150 单击主工具栏上的“选择并移动”按钮，按住键盘上Shift键对其进行复制。

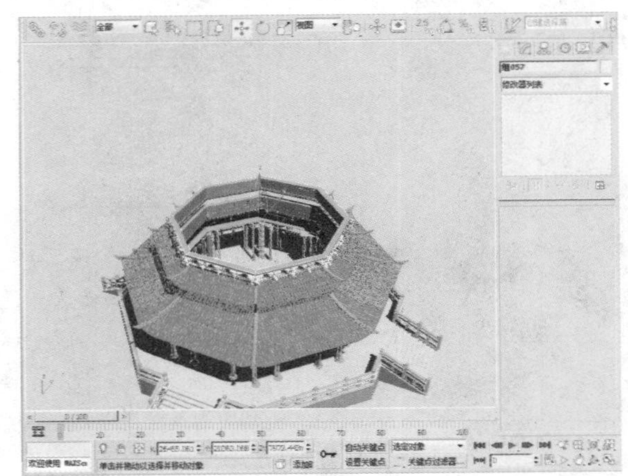

151 执行“修改器>自由形式变形器>FFD 2×2×2”命令，为物体添加FFD 2×2×2变形效果。

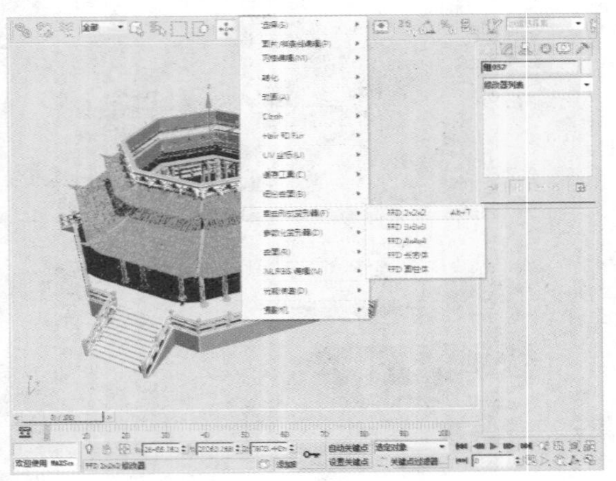

152 选择“FFD 2×2×2”下的“控制点”选项，对物体的控制点进行调整。

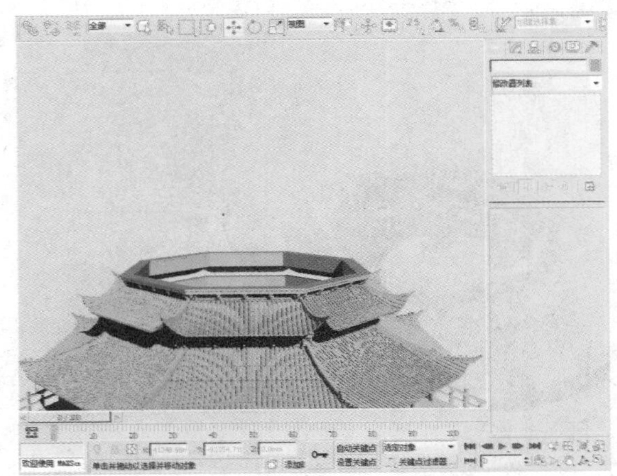

153 在“创建”命令面板中单击“图形>线”按钮，创建如下图所示的图形。

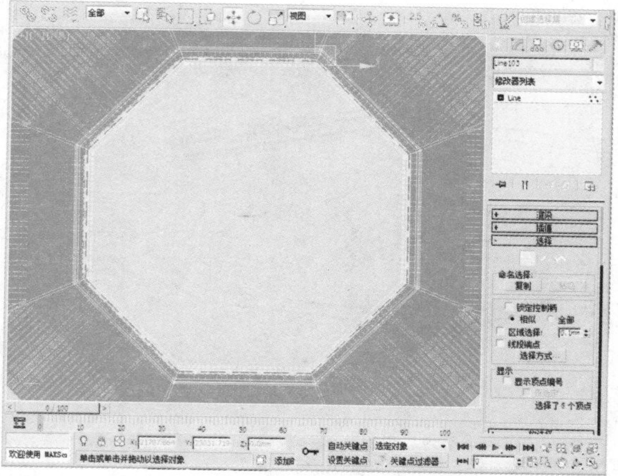

154 执行“修改器>网格编辑>挤出”命令，为物体添加挤出效果。

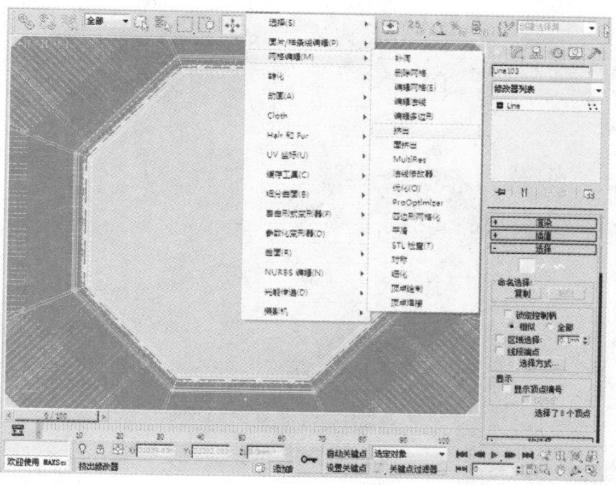

155 在“参数”卷展栏中，设置“数量”的参数为181。

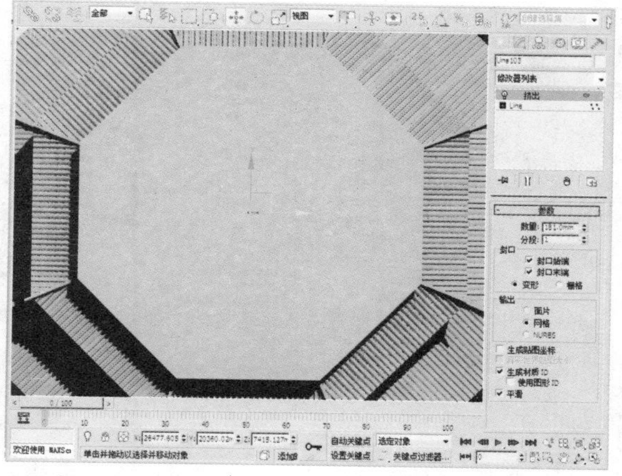

156 在前视图中，单击“创建”命令面板中的“图形>线”按钮，创建如下图所示的图形。

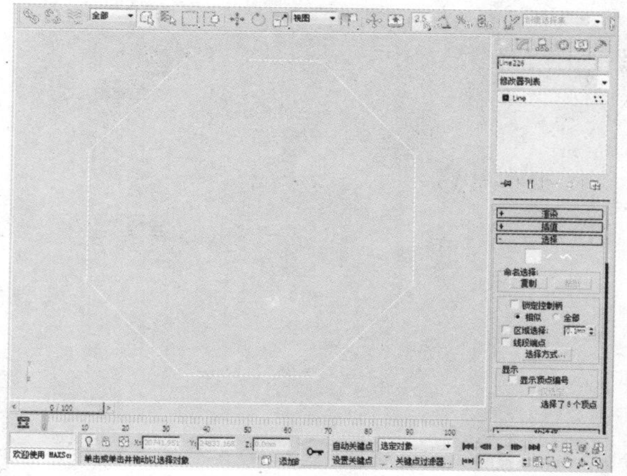

157 选择“Line”下的“样条线”选项，单击“几何体”卷展栏中的“轮廓”按钮，并设置其参数。

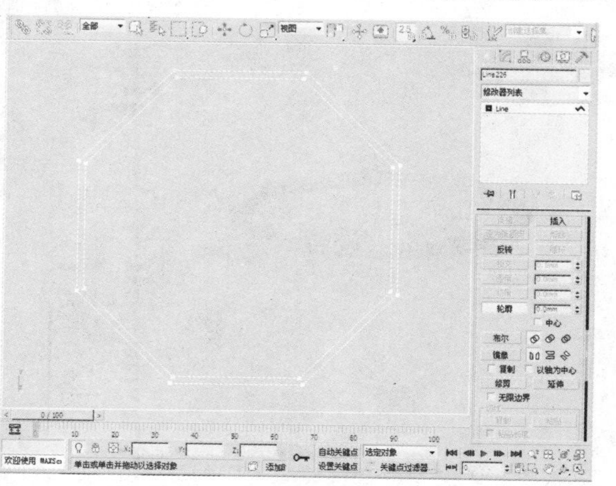

158 执行“修改器>网格编辑>挤出”命令，为物体添加挤出效果。

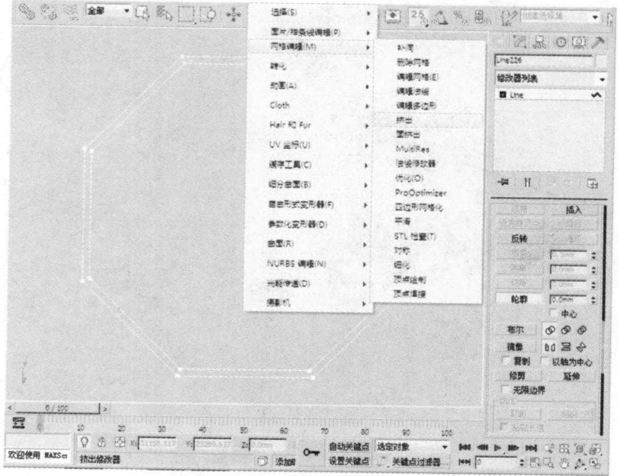

159 在“参数”卷展栏中，设置“数量”为参数为80。

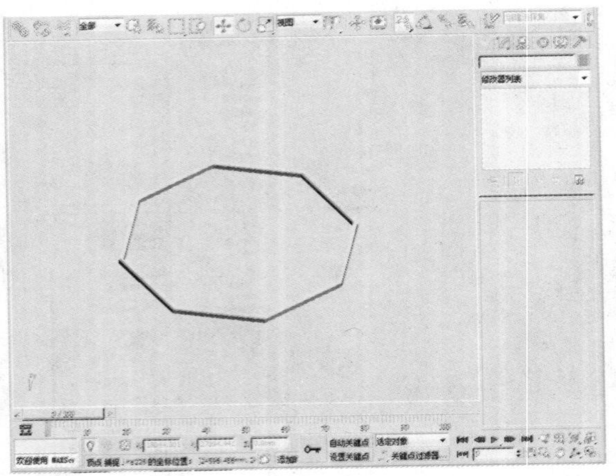

160 单击主工具栏上的“选择并移动”按钮，按住键盘上的Shift键对其进行复制。

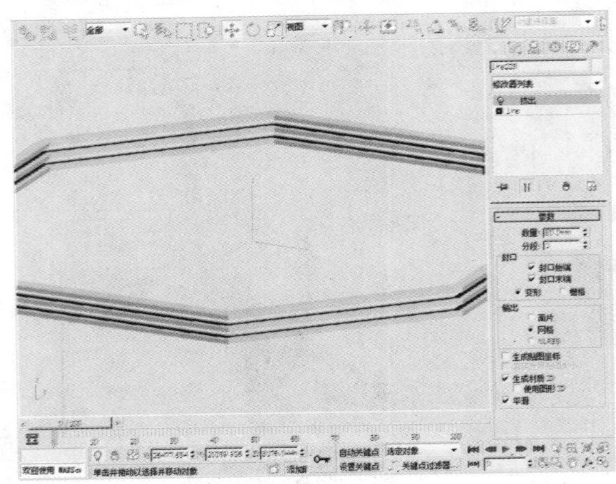

161 在“创建”命令面板中单击“图形>矩形”按钮，创建如下图所示的图形。

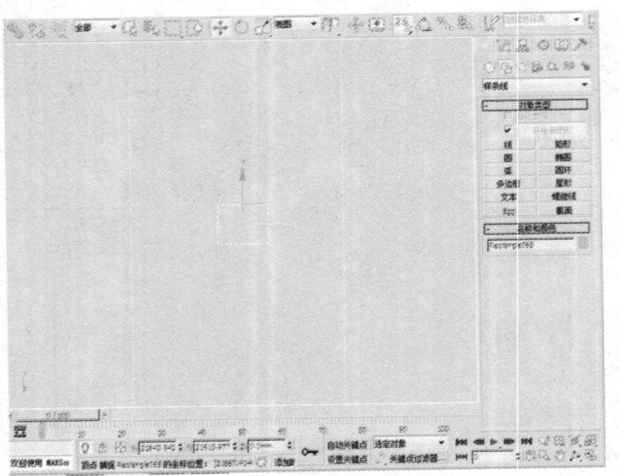

162 执行“修改器>网格编辑>挤出”命令，为物体添加挤出效果。

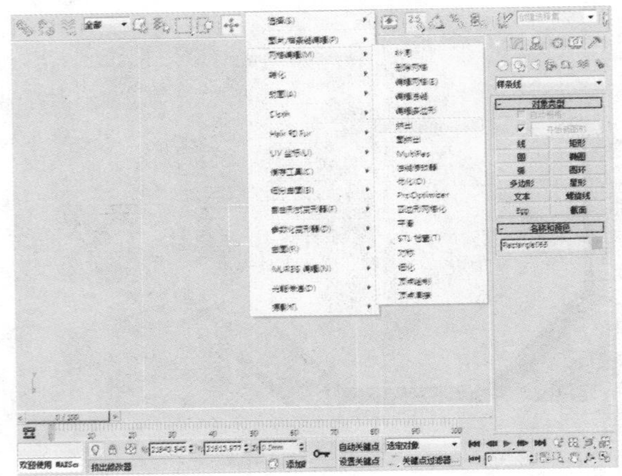

163 接下来在“参数”卷展栏中，设置“数量”的参数为460。

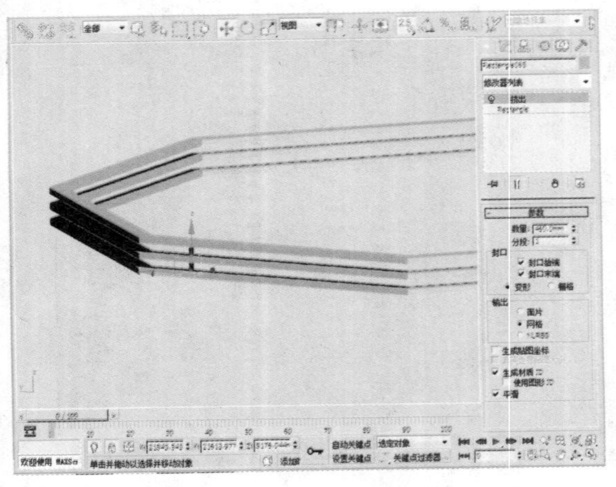

164 通过右键快捷菜单将其转化为可编辑网格，单击“编辑几何体”卷展栏中的“附加”按钮。

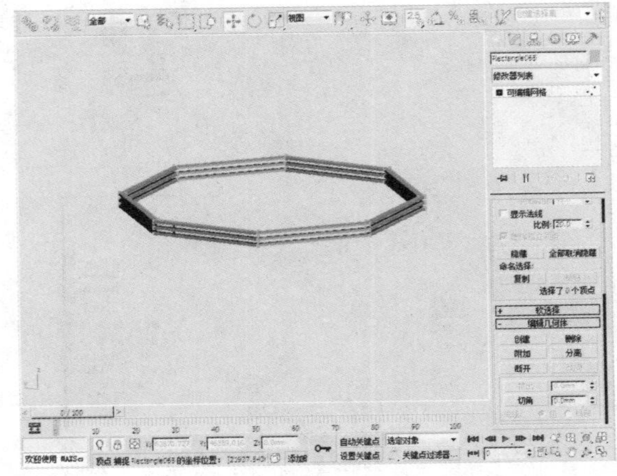

165 打开“材质编辑器”窗口，为物体赋予简单材质。

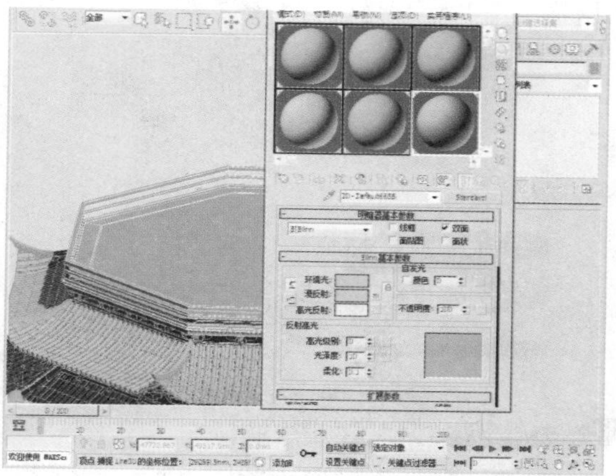

166 单击主工具栏上的“选择并移动”按钮，按住键盘上的Shift键对其进行复制和调整。

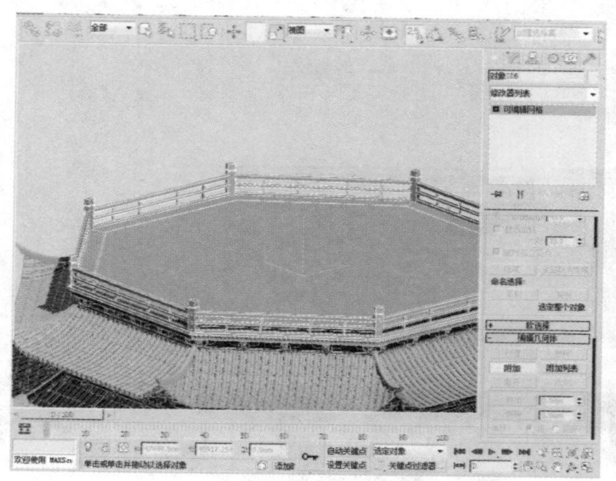

167 在“创建”命令面板中单击“图形>线”按钮，创建如下图所示的图形。

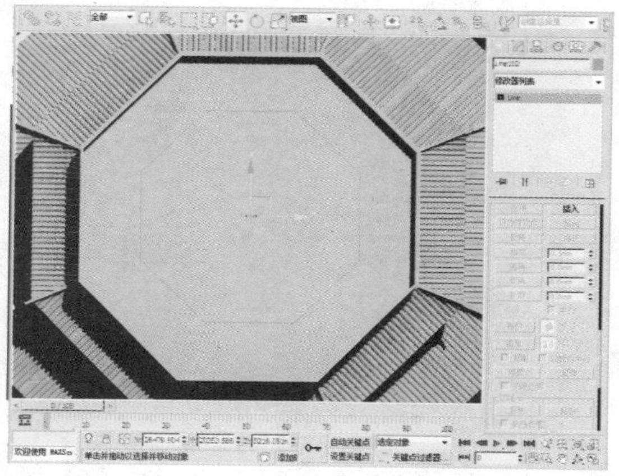

168 执行“修改器>网格编辑>挤出”命令，为物体添加挤出效果。

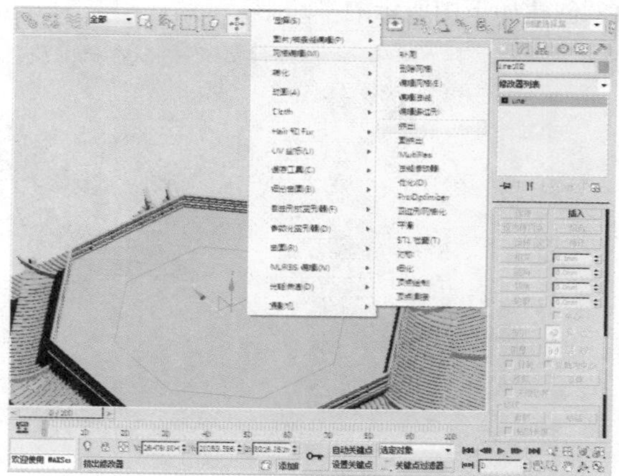

169 在“参数”卷展栏中，设置“数量”的参数为100，并取消对“封口始端”和“封口末端”复选框的勾选。

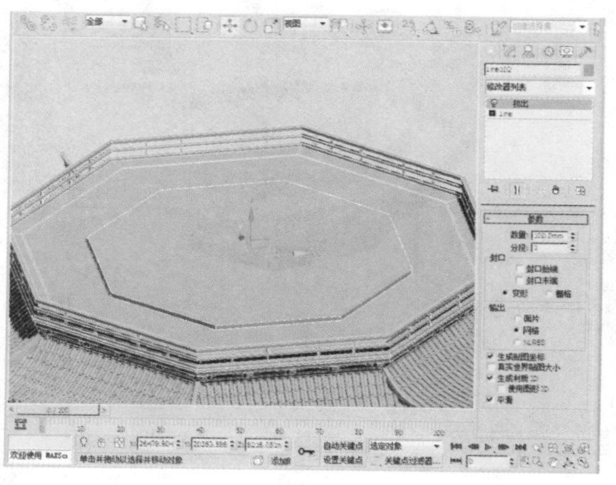

170 通过右键快捷菜单将其转化为可编辑网格，选择“可编辑网格”下的“顶点”选项，对物体进行调整。

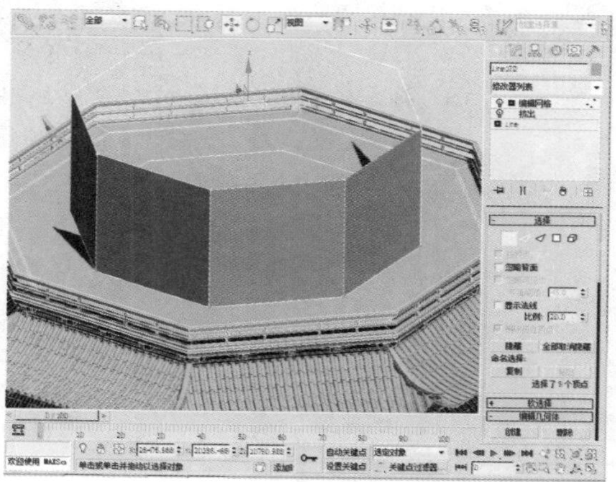

171 选中如下图所示的物体，并对其进行复制。

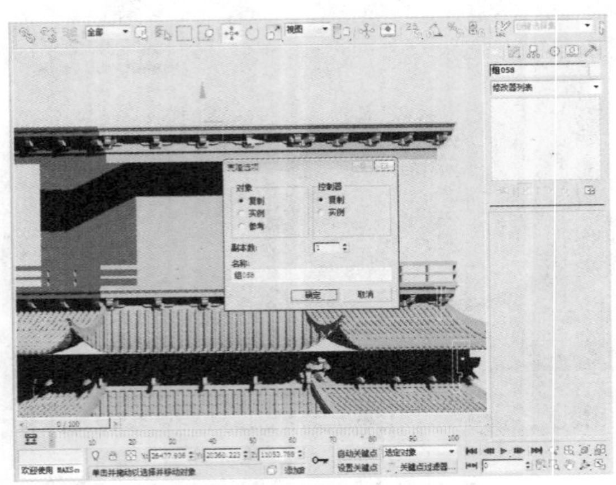

172 执行“修改器>自由形式变形器>FFD 2×2×2”命令，为物体添加变形效果，再对其进行形状调整。

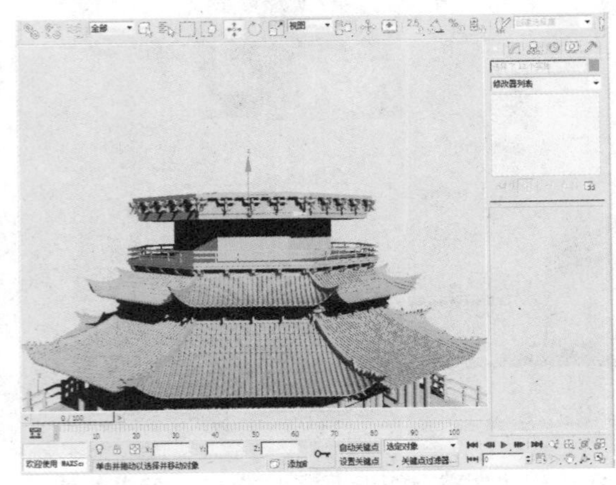

173 在“创建”命令面板中单击“图形>多边形”按钮，创建如下图所示的多边形。

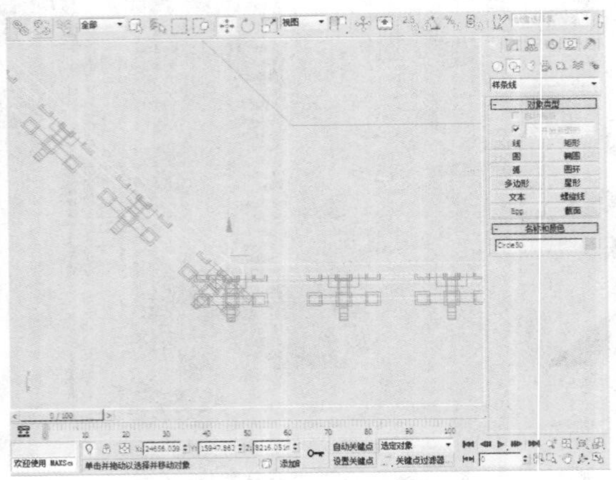

174 执行“修改器>网格编辑>挤出”命令，为物体添加挤出效果。

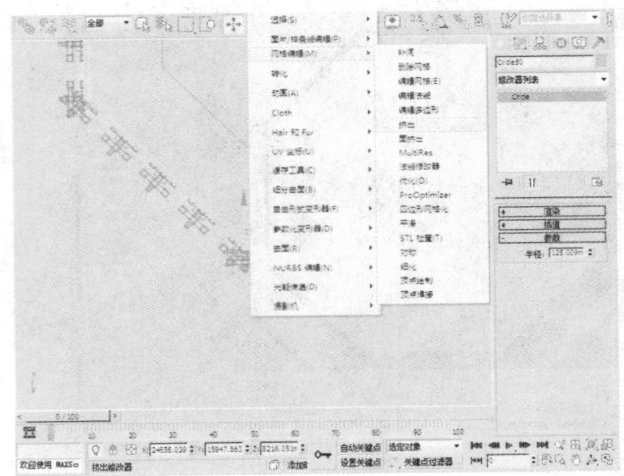

175 接下来在“参数”卷展栏中，设置“数量”的参数为1397。

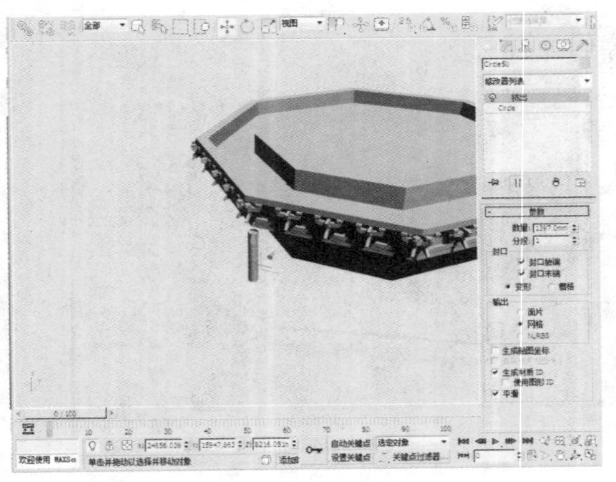

176 通过右键快捷菜单将其转化为可编辑网格，选择“可编辑网格”下的“顶点”选项，对物体进行调整。

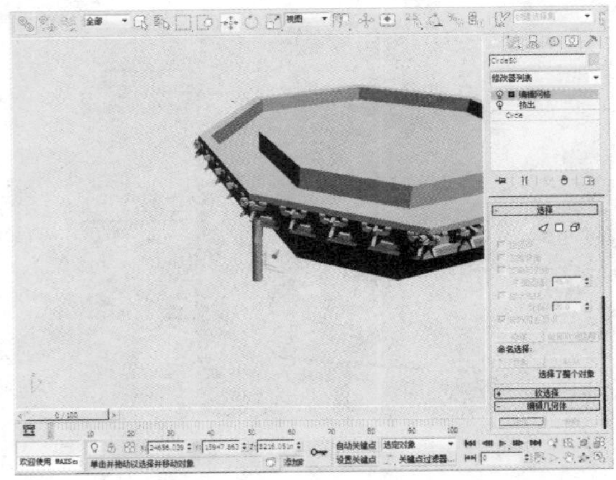

177 单击主工具栏上的“选择并移动”按钮，按住键盘上的Shift键对其进行复制和调整。

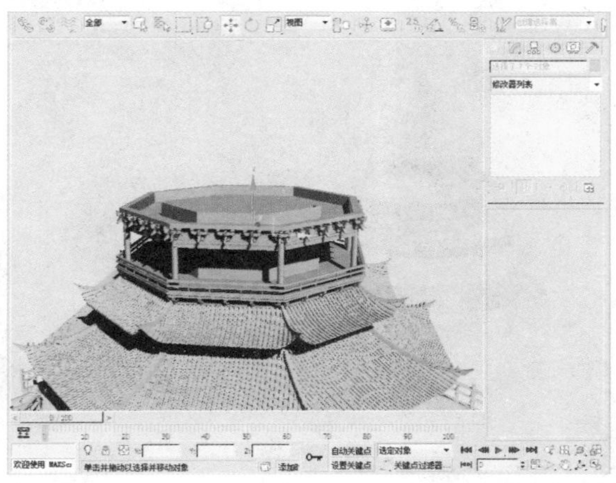

178 参照前面步骤中所介绍的方法制作出瓦顶。

179 单击主工具栏上的“选择并移动”按钮，选中如下图所示的物体。

180 对物体进行复制，并调整其位置与大小，然后绘制出如下图所示的物体。

181 参照步骤135中所介绍的方法，制作出顶部的瓦顶。

182 在“创建”命令面板中单击“图形>线”按钮，创建如下图所示的图形。

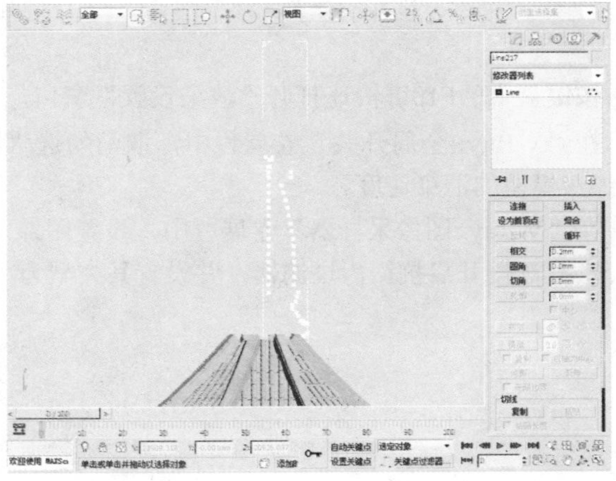

183 执行“修改器>面片/样条线编辑>车削”命令，为物体添加车削效果。

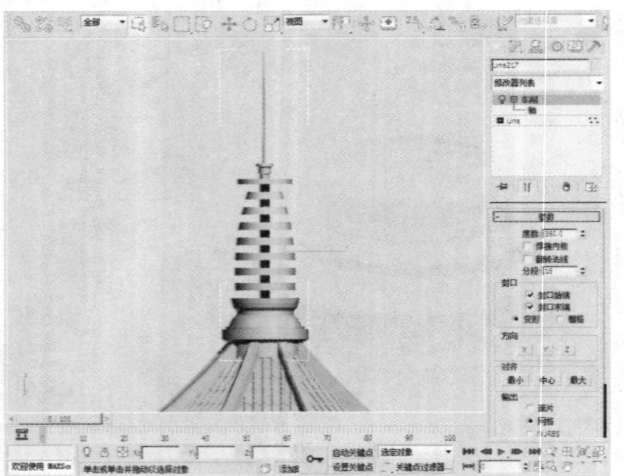

184 至此，古建筑的模型绘制完成。

22.3 渲染古建筑模型

下面将对古代建筑模型的渲染进行介绍。

22.3.1 测试渲染设置

在前期测试渲染阶段，为了减少渲染时间，读者可以设置低质量的渲染参数。下面将对渲染测试参数的设置进行介绍。

01 按键盘上的F10键快速打开“渲染设置”窗口，首先设置V-Ray Adv 2.30.01为当前的渲染器。

02 在“V-Ray::全局开关”卷展栏中，取消勾选“隐藏灯光”、“反射/折射”、“光泽效果”复选框，以加快模型的渲染速度。

03 在“V-Ray::图像采样器”卷展栏中，设置图像采样器的“类型”为“自适应确定性蒙特卡洛”，勾选“开”复选框开启抗锯齿过滤器，并设置其类型为“Mitchell-Netravali”。

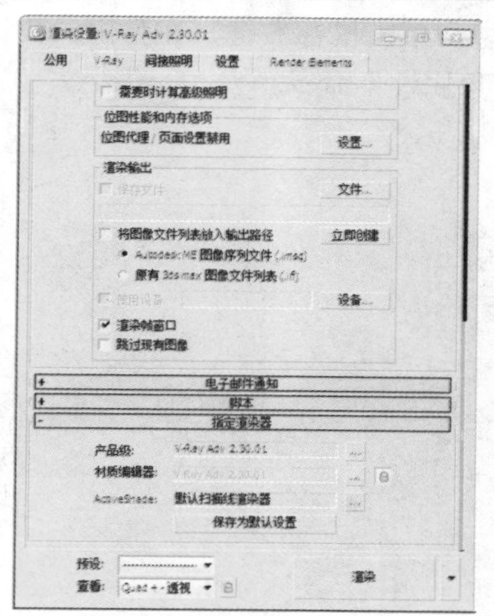

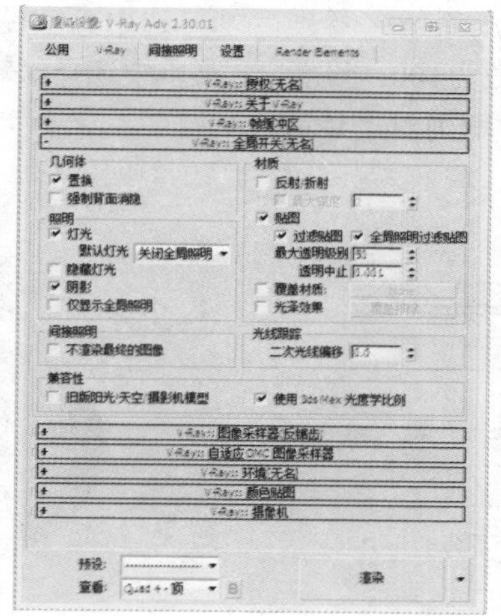

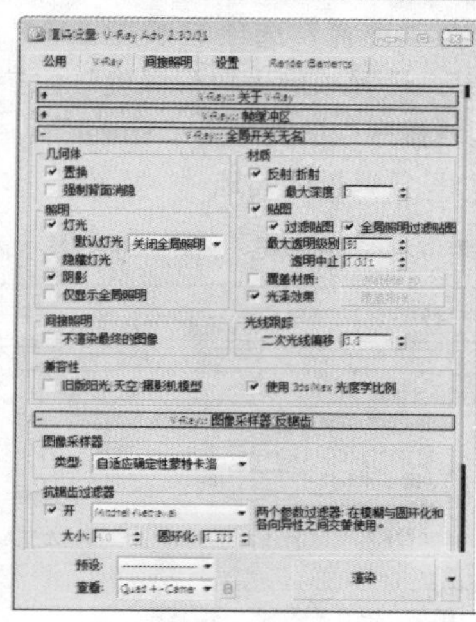

04 在“V-Ray::颜色贴图”卷展栏中，设置“类型”为“指数”。

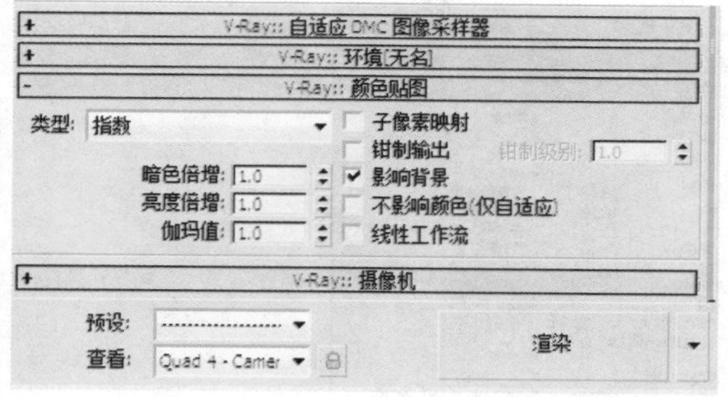

05 在“V-Ray::间接照明”卷展栏中，勾选“开”复选框打开VRay渲染器的间接照明功能，接着在“二次反弹”选项组中，设置“全局照明引擎”的类型为“灯光缓存”。

06 在“V-Ray::发光图”卷展栏中，分别设置“最小比率”和“最大比率”的参数为-5和-4，设置“半球细分”的参数为20。

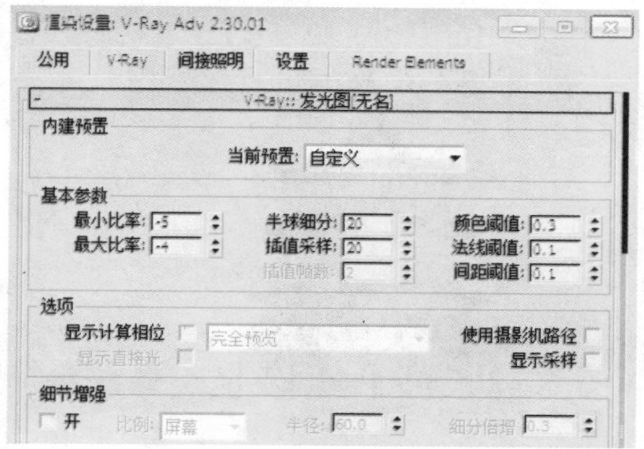

07 在“V-Ray::灯光缓存”卷展栏中，设置“计算参数”选项组中的“细分”的参数为200，并勾选“存储直接光”和“显示计算相位”复选框。

08 在“设置”选项卡下的“V-Ray::系统”卷展栏中，设置“最大树形深度”的参数为100，设置“区域排序”的类型为“Spiral”，并取消对“显示窗口”复选框的勾选。

公用 V-Ray 间接照明 设置 Render Elements
V-Ray:: DMC 采样器
V-Ray:: 默认置换[无名]
V-Ray:: 系统
光线计算参数
最大树形深度: 100
最小叶片尺寸: 0.0mm
面/级别系数: 1.0
动态内存限制: 400 MB
默认几何体: 自动
渲染区域分割
X: 64 L 区域宽/高
Y: 64 反向排序
区域排序: Spiral
上次渲染: 无变化
帧标记
V-Ray %vrayversion | file: %filename | frame: %frame | primitives: % 字体...
全宽度 对齐: 左
分布式渲染
分布式渲染 设置...
VRay 日志
显示窗口 级别: 3
%TEMP%\VRayLog.txt

09 选中天空模型，单击鼠标右键，在弹出的快捷菜单中选择“对象属性”命令。

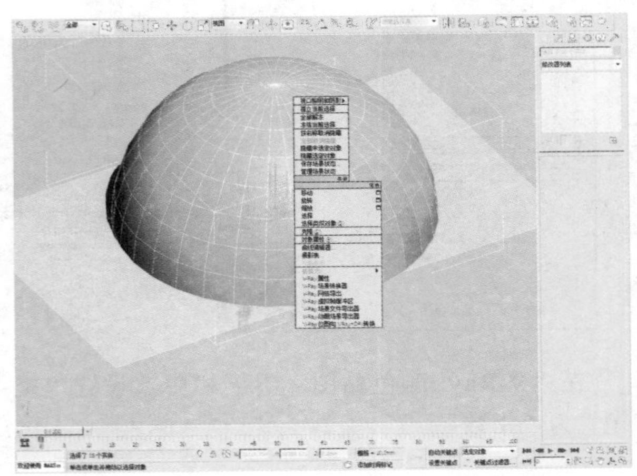

10 在弹出的“对象属性”对话框中，取消对“投射阴影”、“对摄影机可见”、“接收阴影”复选框的勾选。

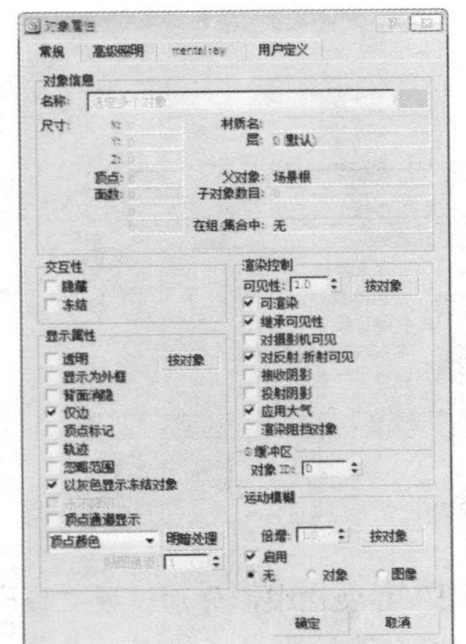

22.3.2 设置场景灯光

灯光是照亮场景的关键，再好的模型和材质，只有通过恰当的光照才能够表现出来，下面将对场景灯光的初步设置进行介绍。

01 首先制作一个统一的模型测试材质。按键盘上的M键打开“材质编辑器”窗口，选择一个空白材质球，设置材质的样式为“VRayMtl”。

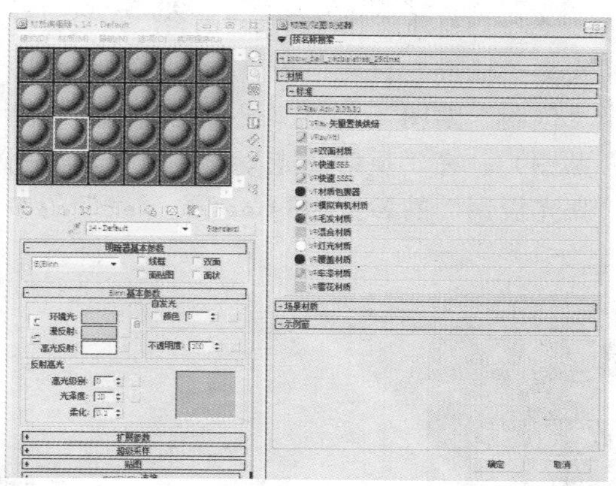

02 在VRayMtl材质面板的“基本参数”卷展栏中，设置“漫反射”的颜色为浅灰色。

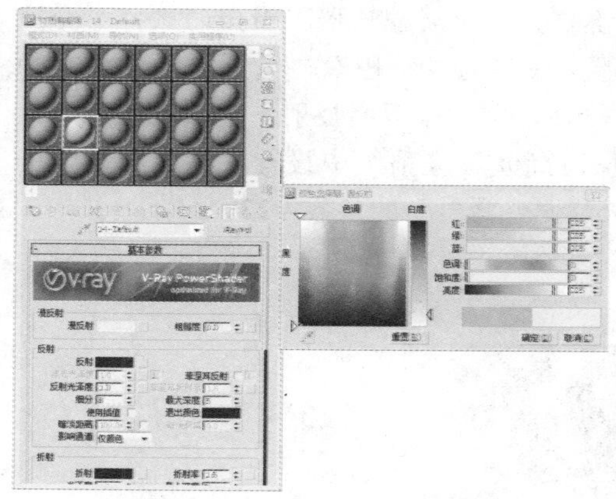

03 按F10键打开“渲染设置”对话框，勾选“覆盖材质”复选框，并将步骤02中所做的材质球以“实例”的方式拖动到“覆盖材质”复选框后的“None”按钮上。

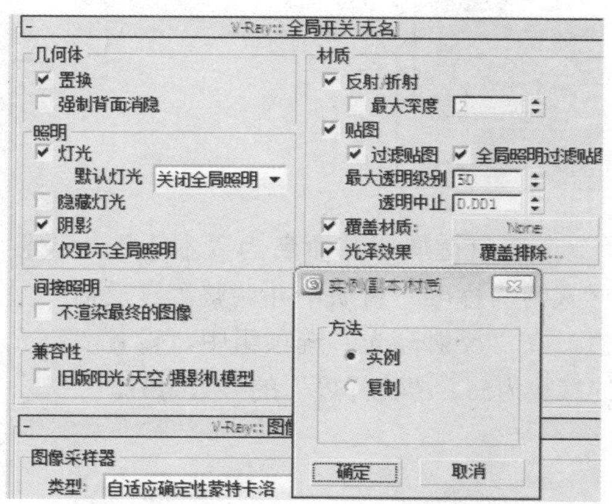

04 选择步骤02中新创建的材质球，单击“VRay-Mtl”按钮选择“VR边纹理”材质样式，然后在“VRay边纹理参数”卷展栏中，设置纹理颜色为黑色。

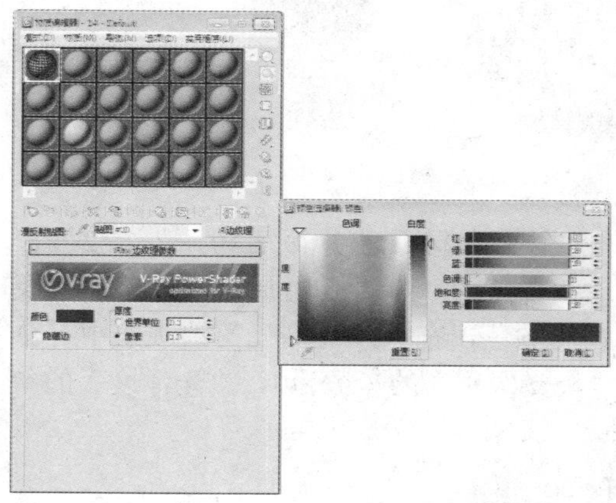

05 在“创建”命令面板中单击“灯光”按钮，单击“标准”下的“目标平行光”按钮，在场景中创建一盏目标平行光灯，用来模拟日光照明效果。

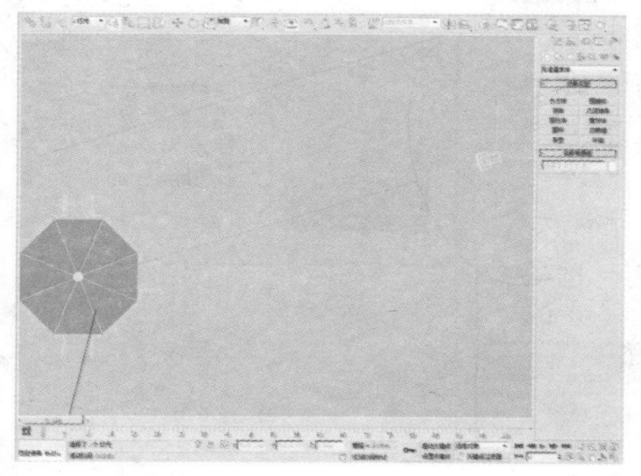

06 在“修改”命令面板中，设置新创建的目标平行光灯的各项参数。

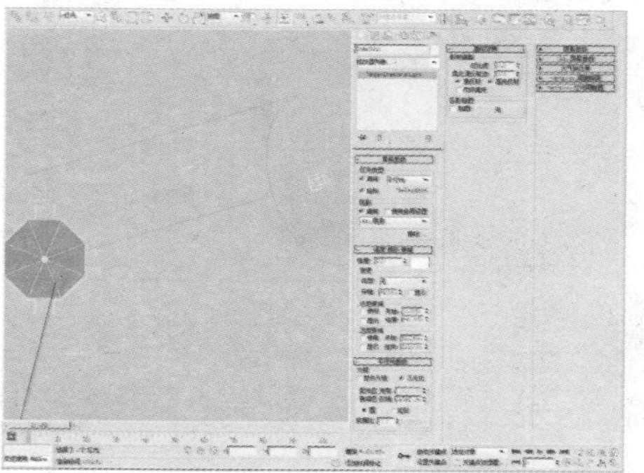

22.3.3 设置场景材质

下面将对古建筑场景中的材质进行参数设置。

01 按M键打开“材质编辑器”窗口，选择一个空白材质球并命名为“石栏”，设置材质的样式为“标准”材质，并调整“漫反射”参数的颜色，然后在“反射高光”选项组中设置“高光级别”的参数为36、“光泽度”的参数为23。

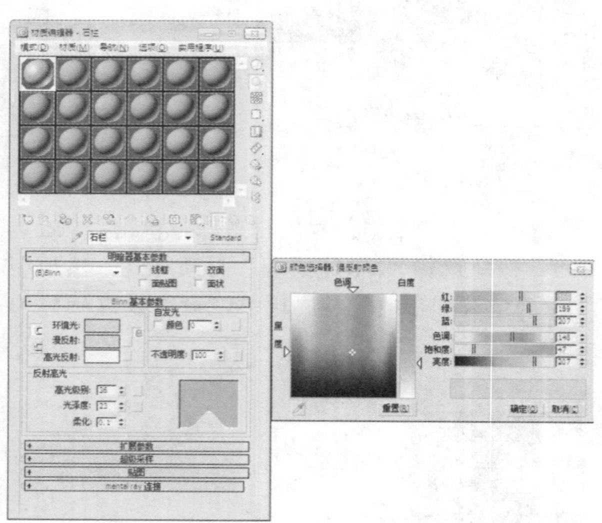

02 选择一个空白材质球并命名为“石台”，设置材质的样式为“标准”材质，为“漫反射”参数添加一张“位图”贴图（本章节配套光盘中的“墙砖01”贴图）。在“反射高光”选项组中，分别设置“高光级别”的参数为34、“光泽度”的参数为36。

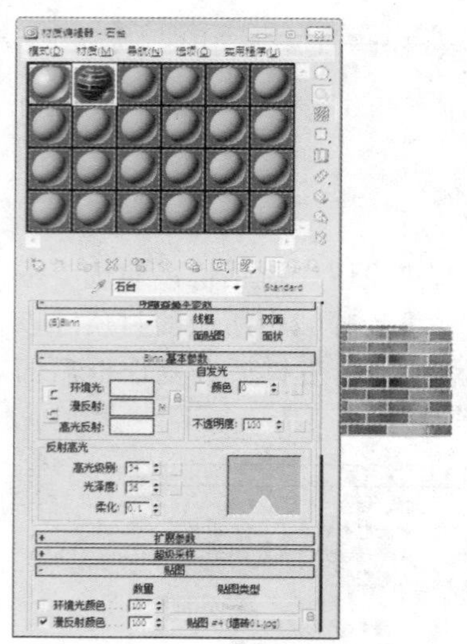

03 选择一个空白材质球并命名为“石台2”。设置材质的样式为“标准”材质，并调整“漫反射”参数的颜色，在“反射高光”选项组中，分别设置“高光级别”的参数为0、“光泽度”的参数为10。

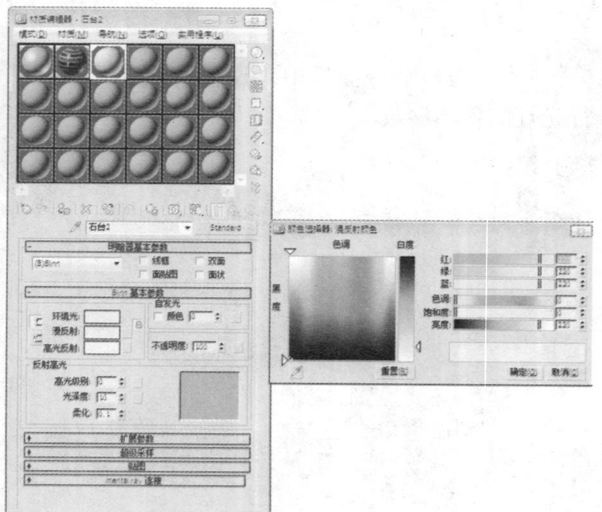

04 选择一个空白材质球并命名为“木头”。设置材质的样式为“标准”材质，并调整“漫反射”参数的颜色，在“反射高光”选项组中，设置“高光级别”的参数为55、“光泽度”的参数为57。

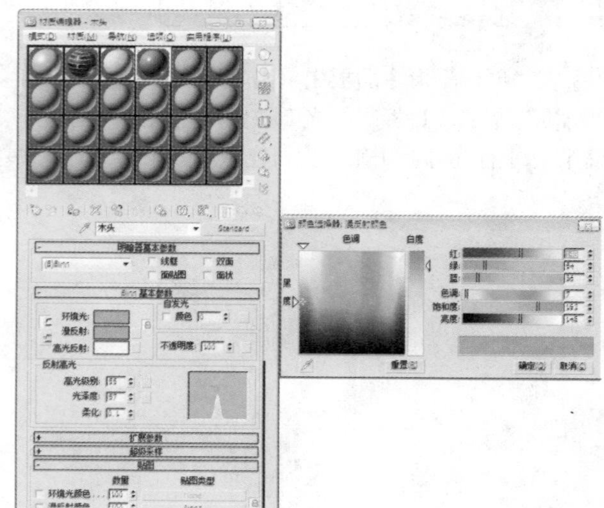

05 选择一个空白材质球并命名为“木樯”，设置材质的样式为“标准”材质，为“漫反射”参数添加一张“位图”贴图（本章节配套光盘中的“门窗图”贴图）。在“反射高光”选项组中，设置“高光级别”选项组的参数为30、“光泽度”的参数为43。

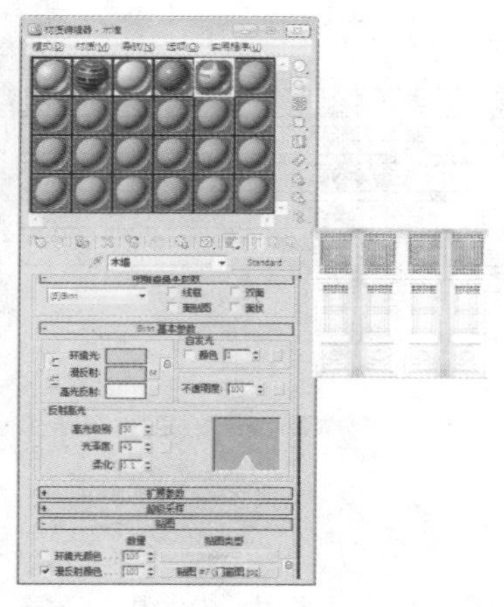

06 选择一个空白材质球并命名为“瓦”。设置材质的样式为“标准”材质，并调整“漫反射”参数的颜色，在“反射高光”选项组中，设置“高光级别”的参数为44、“光泽度”的参数为33。

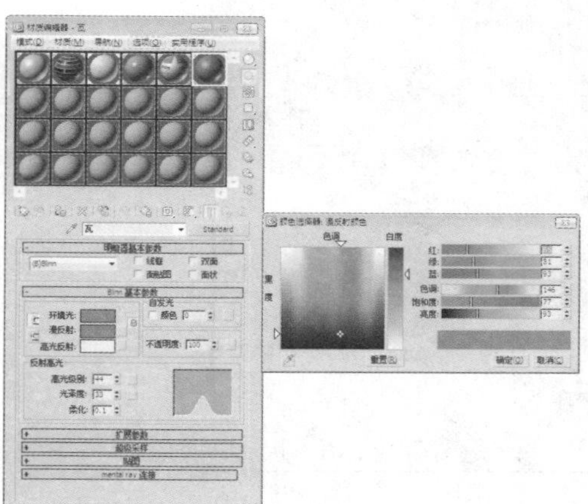

07 选择一个空白材质球并命名为“地面”。设置材质的样式为“标准”材质，并调整“漫反射”参数的颜色，在“反射高光”选项组中，分别设置“高光级别”的参数为16、“光泽度”的参数为10。

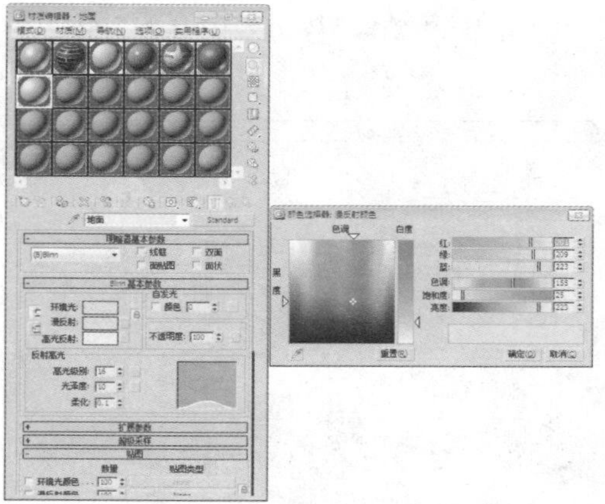

22.3.4 渲染最终参数

下面对古建筑场景最终出图参数进行设置，以便得到更好的渲染效果。

01 按键盘上的F10键打开“渲染设置”窗口，根据需要设置出图尺寸。

02 在“V-Ray::图像采样器”卷展栏中，设置“图像采样器”的类型为“自适应确定性蒙特卡洛”，接着在“抗锯齿过滤器”选项组中，勾选“开”复选框打开过滤器，并设置其类型为“Catmull-Rom”。

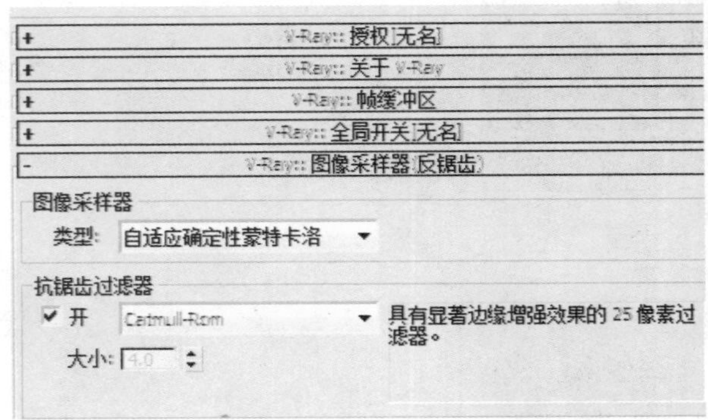

03 在“V-Ray::发光图”卷展栏中，分别设置“当前预置”为“中”、“半球细分”的参数为50。

04 在“V-Ray::灯光缓存”卷展栏中，设置“计算参数”选项组中“细分”的参数为1000，并勾选“显示计算相位”复选框。

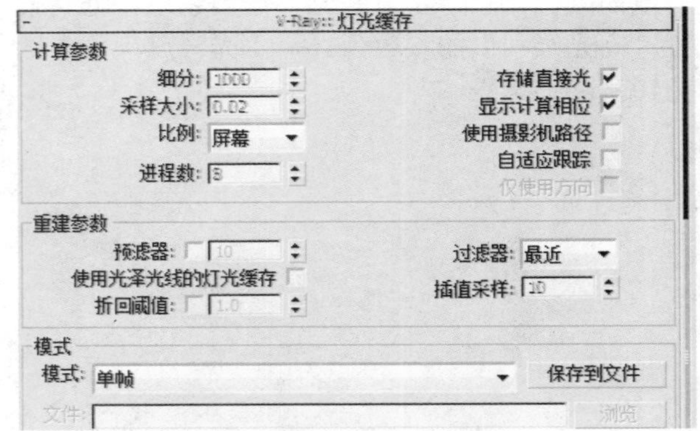

05 至此，渲染参数设置完成，即可完成对古建筑模型的渲染。

22.4 使用Photoshop进行后期处理

重点提示

本节将对渲染好的古建筑效果图进行后期处理，如添加天空背景、远处山脉植物等素材，以便得到更加真实的古建筑效果图。

01 在Photoshop中打开渲染好的古建筑效果图。

02 选取图中的天空区域并将其删除，以便在图中添加天空和山脉背景。

知识点

在进行后期处理时，目的是让效果图看上去更加真实，但在处理时一定要设置好比例关系，切莫喧宾夺主。常用的图像处理软件就是大家所熟悉的Photoshop,读者可以根据自己的使用习惯安装合适的版本。

03 在古建筑效果图中添加背景天空、远处的山脉和树木素材。

04 选取古建筑效果图中的地面区域，并将其删掉，以便在效果图中添加近处树木素材。

05 继续在古建筑效果图中添加树木和小路等素材。

06 合并所有可见图层，并在效果图中添加暗角效果，最后调整图像的整体色调即可。

CHAPTER 23

异形建筑模型的创建与渲染

本章将制作一栋异形建筑的模型，并对其进行渲染，通过本章对建模流程的讲解，让大家更加熟练地掌握使用样条线创建模型的方法。

知识点

1. 样条线的使用
2. 曲面修改器的使用
3. VRay材质和渲染器的使用

23.1 异形建筑的建模与渲染流程

在学习本章内容之前，先来了解一下异形建筑效果图的制作流程。

01 创建异形建筑的基本模型。

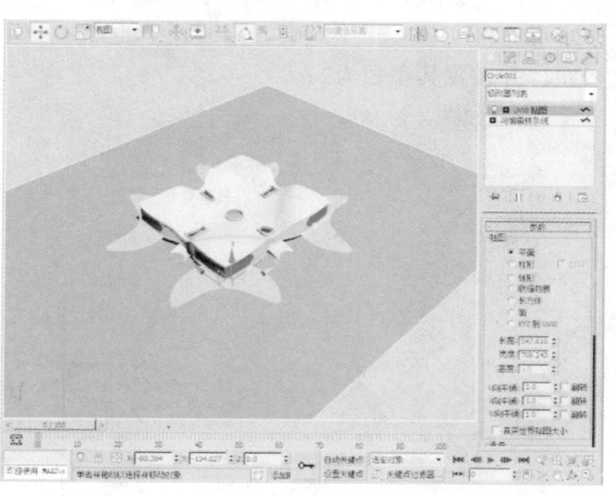

02 设置异形建筑模型的灯光。

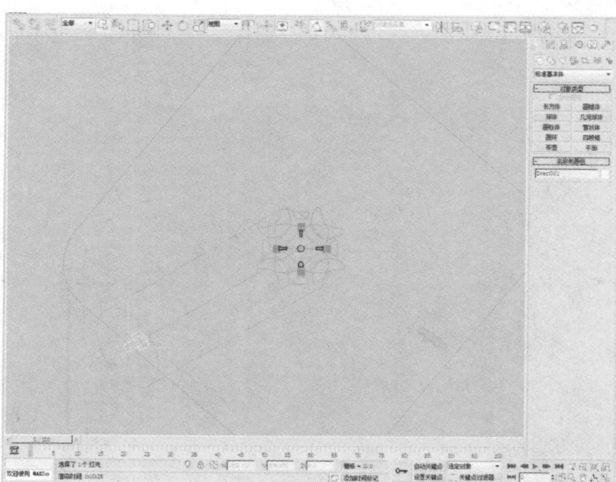

03 测试异形建筑模型的渲染参数设置。

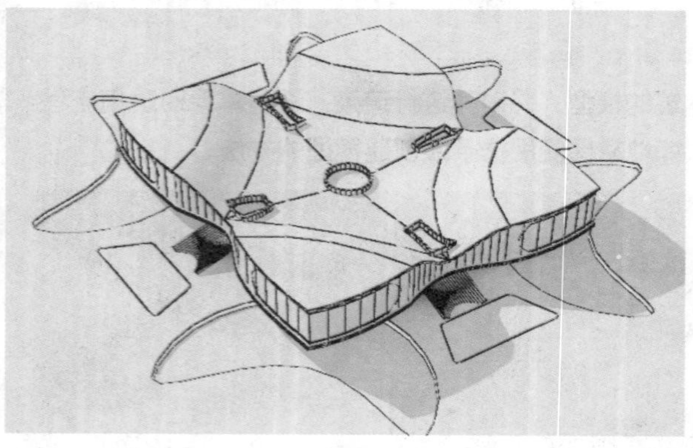

04 渲染异形建筑模型的最终效果图。

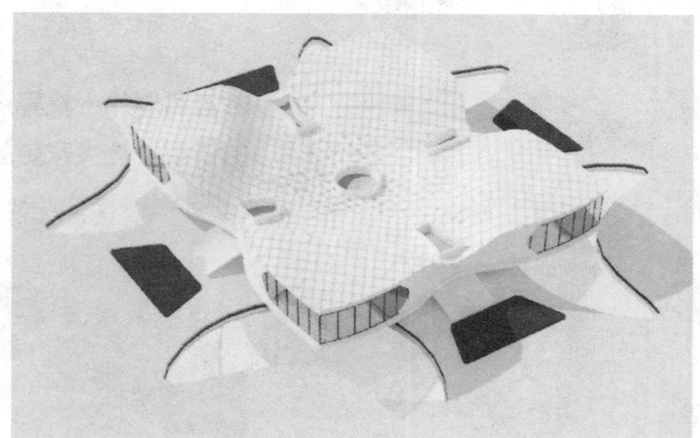

05 使用Photoshop对异形建筑效果图进行后期处理。

23.2 创建异形建筑的模型

本节将对异形建筑模型的创建方法进行介绍。

01 在“创建”命令面板中单击“图形>矩形”按钮，在场景中创建矩形，并将其转化为可编辑样条线。

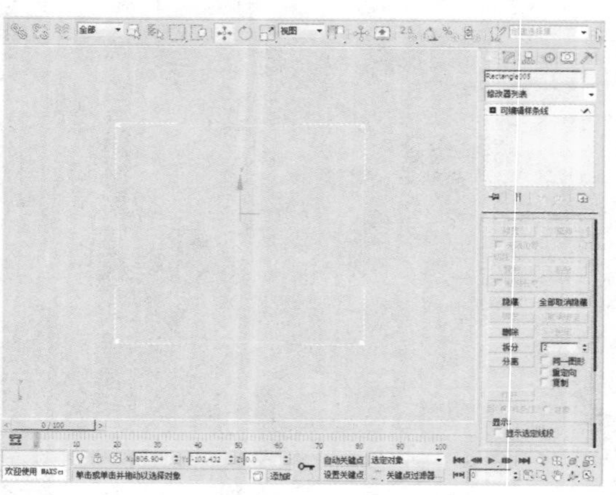

02 选择“可编辑样条线”下的“选段”选项，选中矩形的4边，单击“几何体”卷展栏中的“拆分”按钮，并设置其参数为2。

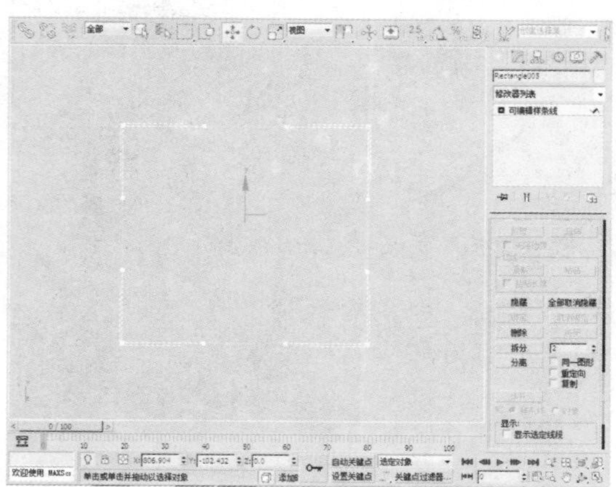

03 选中如下图所示的4条线段，单击“拆分”按钮，并设置其参数为1。

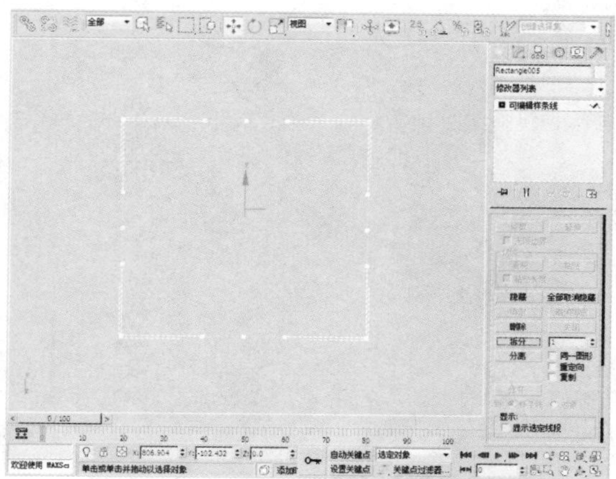

04 单击“几何体”卷展栏中的“创建线”按钮，再单击主工具栏上的“捕捉开关”按钮，绘制出如下图所示的图形。

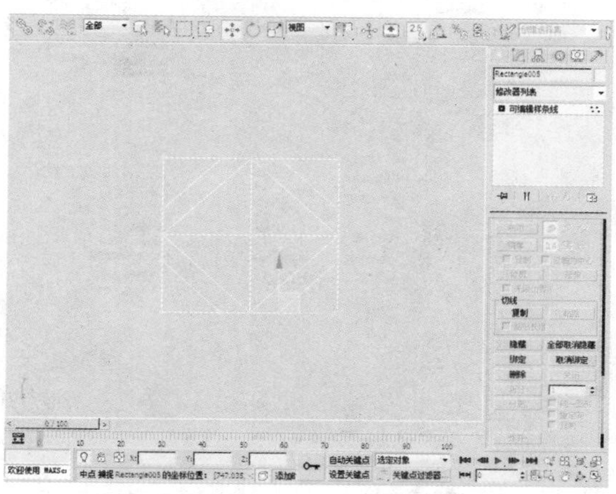

05 单击鼠标右键，在弹出的快捷菜单中，将“顶点”类型传化为“Bezier角点”类型。

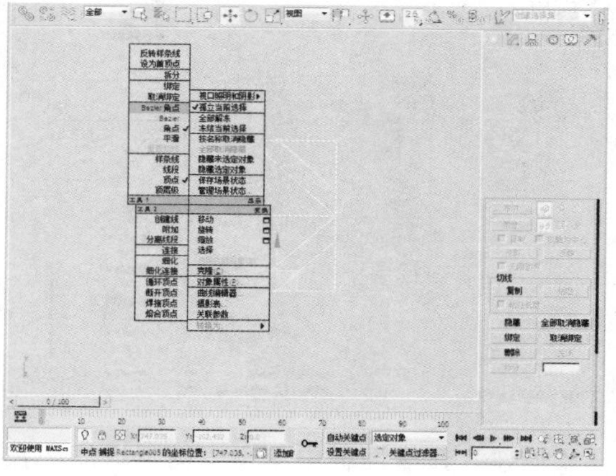

06 单击主工具栏上的“选择并移动”按钮，对样条线的顶点进行调整。

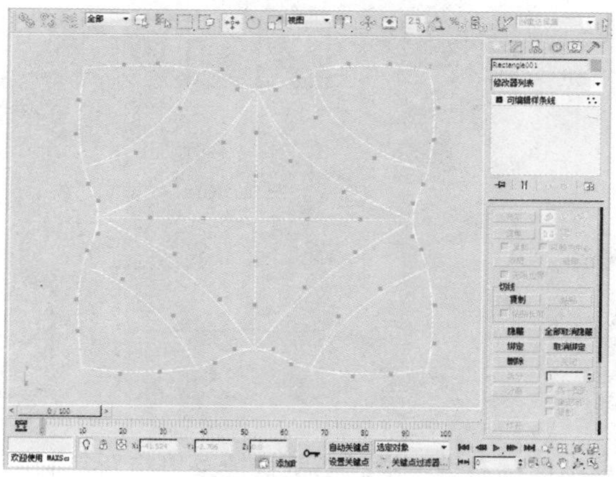

07 进入透视视图，选中如下图所示的顶点，然后沿着Z轴方向向下移动。

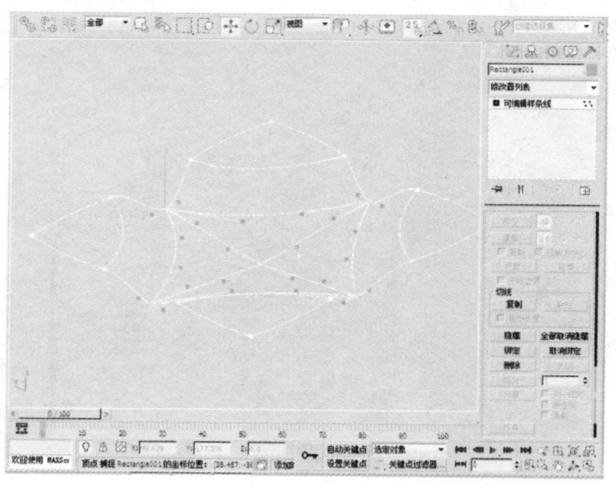

08 执行“修改器>面片/样条线编辑>曲面”命令，使所绘制的图形成面。

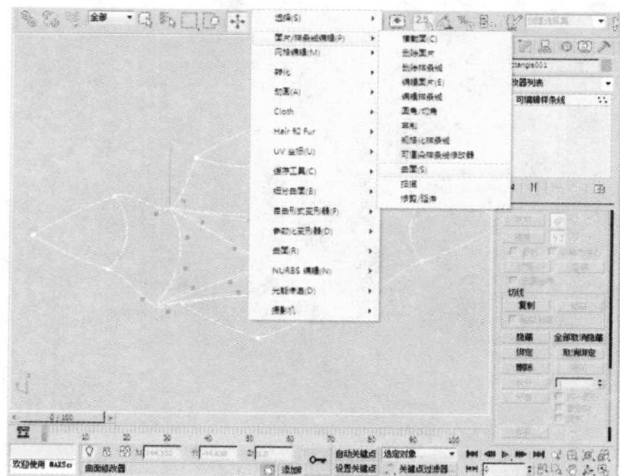

09 执行“修改器>参数化变形器 >壳”命令。

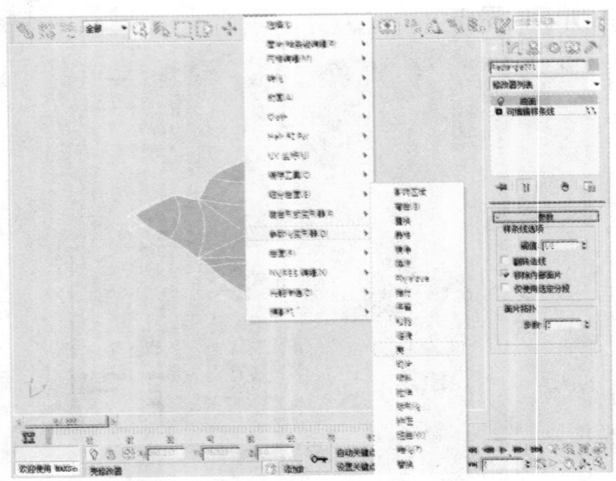

10 在“参数”卷展栏中，通过设置“内部量”和“外部量”的参数来调整物体的厚度。

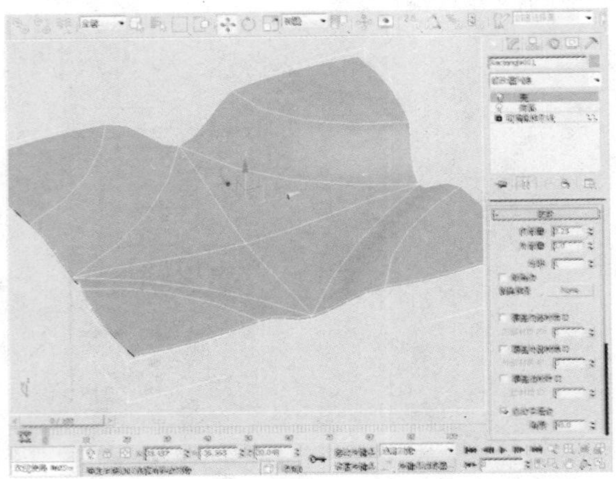

11 打开“材质编辑器”窗口，为物体赋予简单材质。

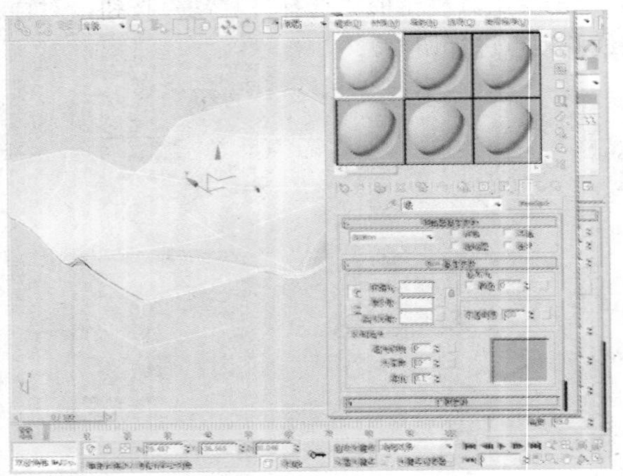

12 按键盘上的快捷键Ctrl+V对物体进行复制。

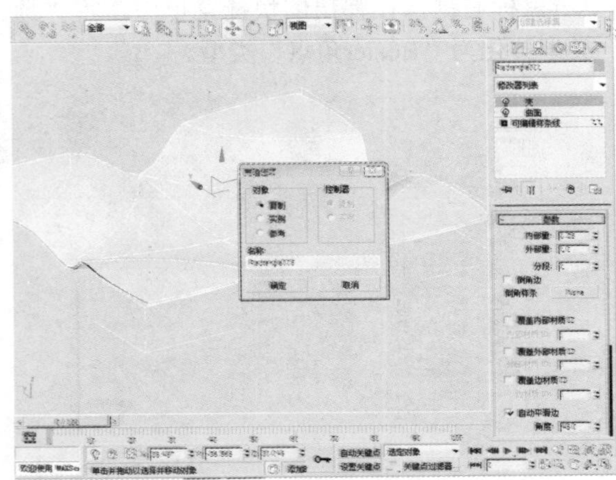

13 单击鼠标右键，通过右键快捷菜单将新复制出来的物体隐藏。

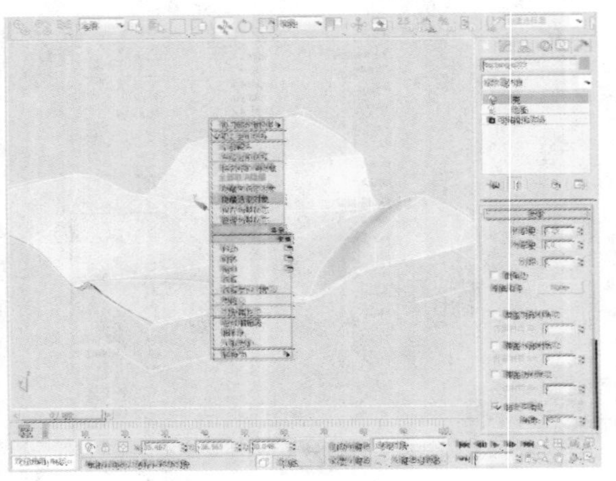

14 在“创建”命令面板中单击“图形＞线”按钮，绘制出如下图所示的图形，并将其转化为可编辑样条线。

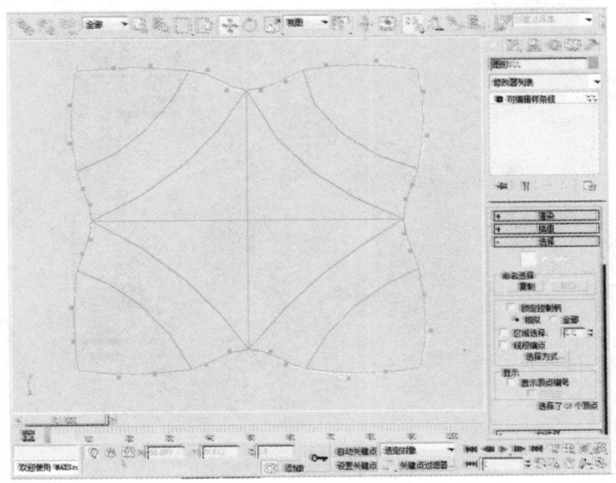

15 按键盘上的快捷键Ctrl+V对物体进行复制。

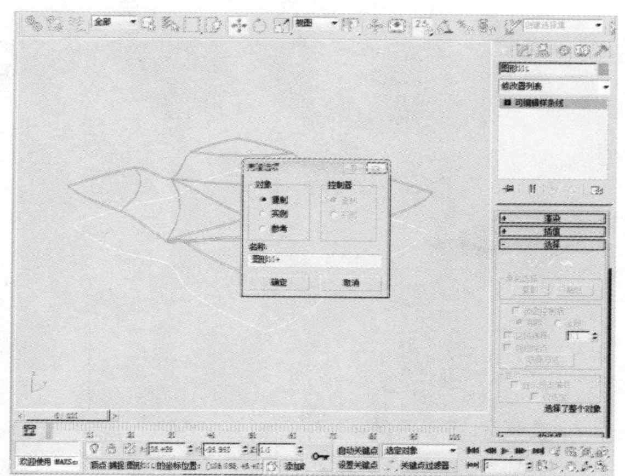

16 单击鼠标右键，通过右键快捷菜单将新复制出来的物体隐藏。

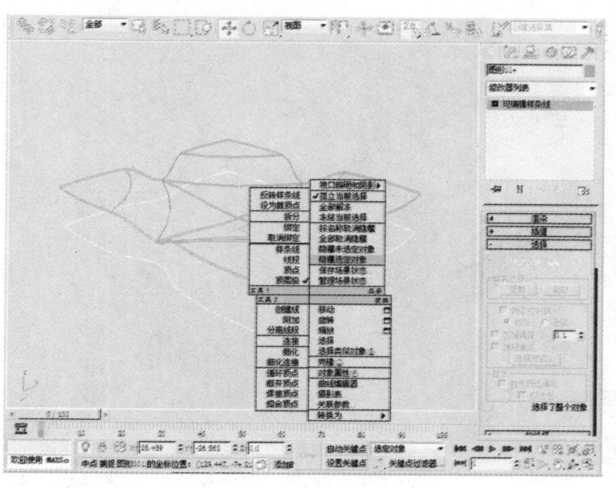

17 选择“可编辑样条线”下的“样条线”选项，单击“轮廓”按钮，并设置其参数。

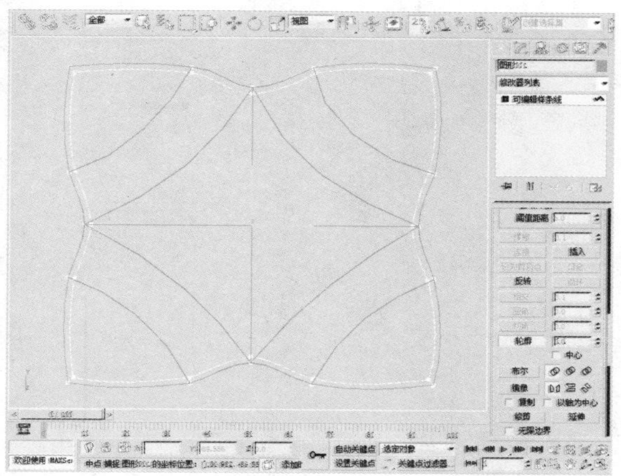

18 删除外围的样条线。

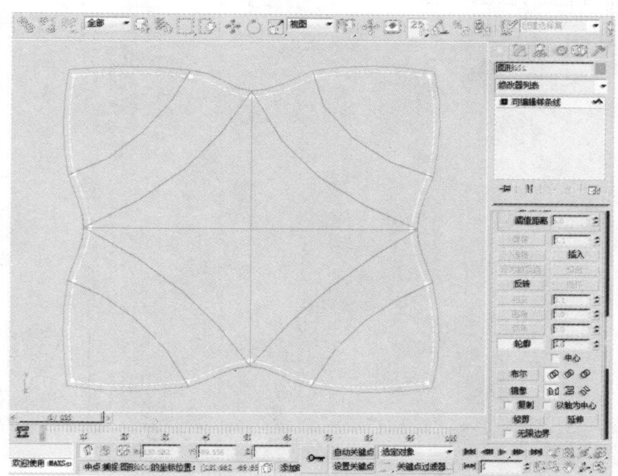

19 选择“可编辑样条线”下的“样条线”选项，单击“轮廓”按钮，勾选“中心”复选框并设置其参数。

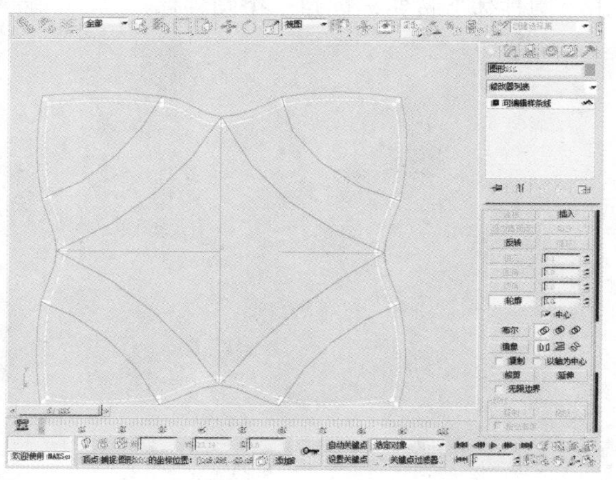

20 执行“修改器>网格编辑>挤出”命令，为物体添加挤出效果。

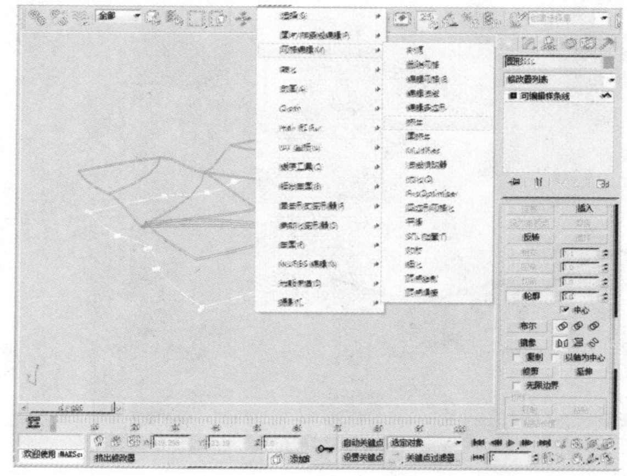

21 接下来在“参数”卷展栏中，设置“数量”的参数为36。

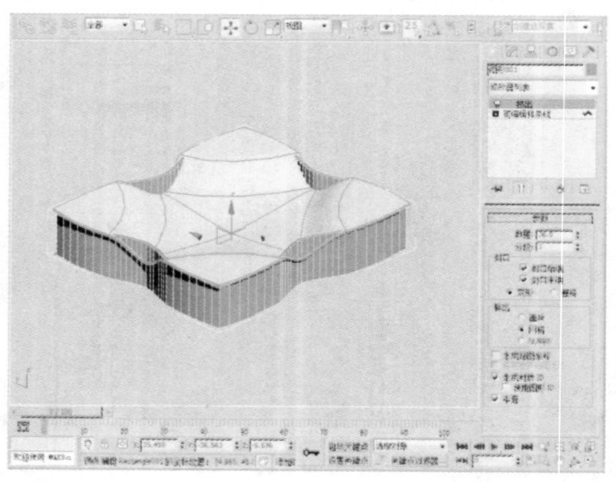

22 选中顶，按键盘上的快捷键Ctrl+V对其进行复制。

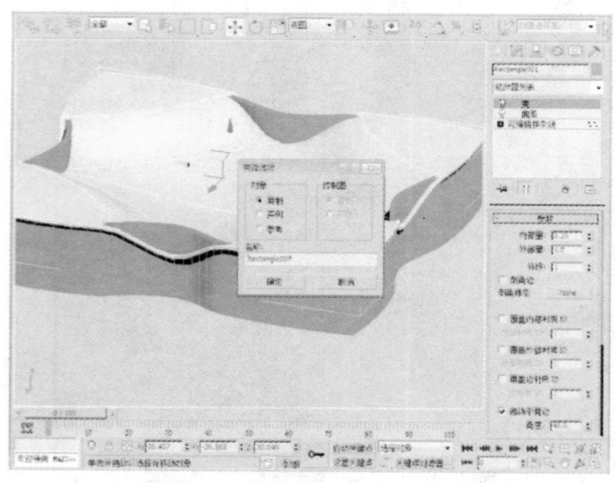

23 在“创建”命令面板中单击“几何体”按钮，选择“复合对象”选项，然后再单击“布尔”按钮，拾取新复制出来的顶。

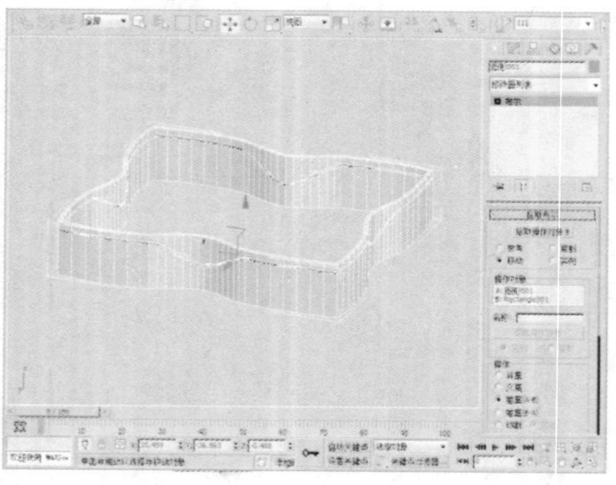

24 单击鼠标右键，通过右键快捷菜单将其转化为可编辑网格。

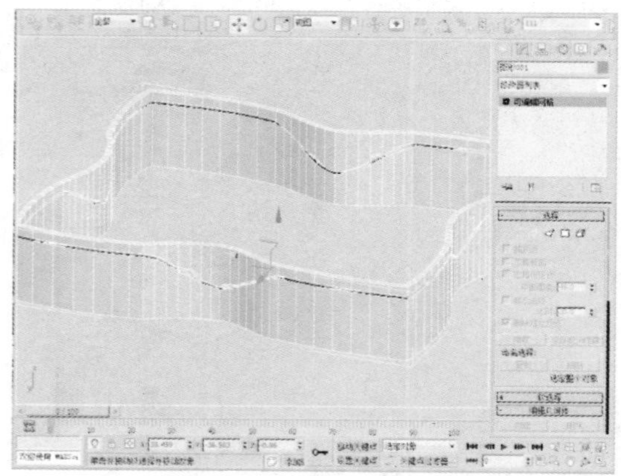

25 选择“可编辑网格”下的“元素”选项，选中上段的元素，按键盘上的Delete键将其删除。

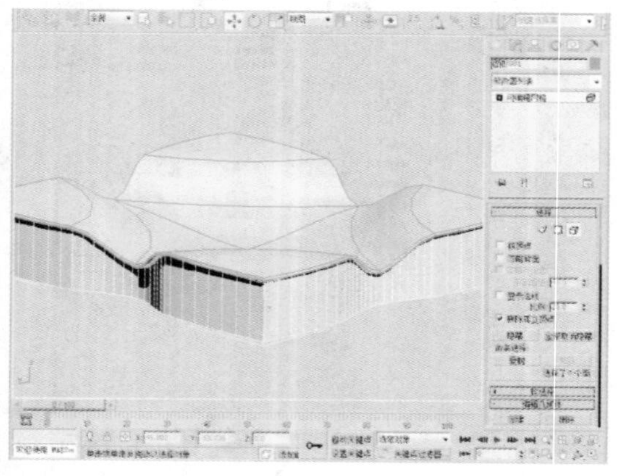

26 进入顶视图，在“创建”命令面板中单击“几何体”按钮，选择“标准基本体”选项，然后再单击“圆柱体”按钮，创建一个圆柱体。

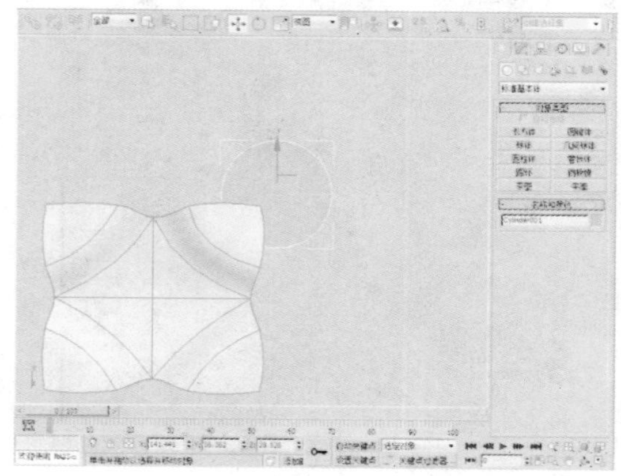

27 单击鼠标右键，通过右键快捷菜单将圆柱体转化为可编辑网格，并调整其位置和大小。

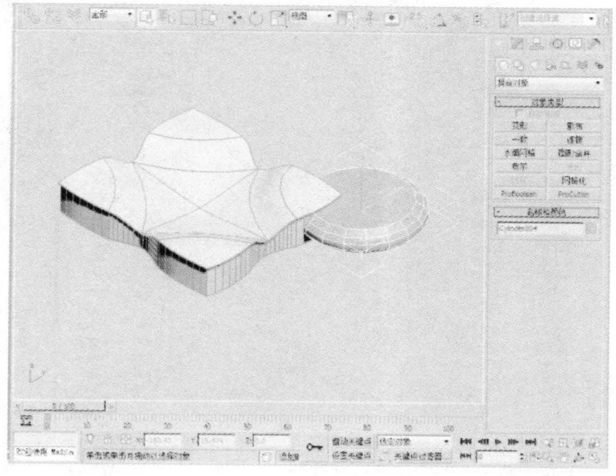

28 单击主工具栏上的“选择并移动”按钮，按住键盘上的Shift键，对圆柱体进行复制。

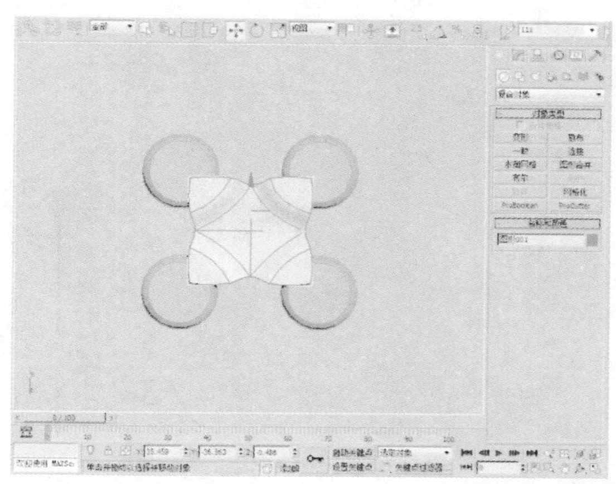

29 选中任意一个圆柱体，在“编辑几何体”卷展栏中，单击“附加”按钮，将4个圆柱体附加在一起。

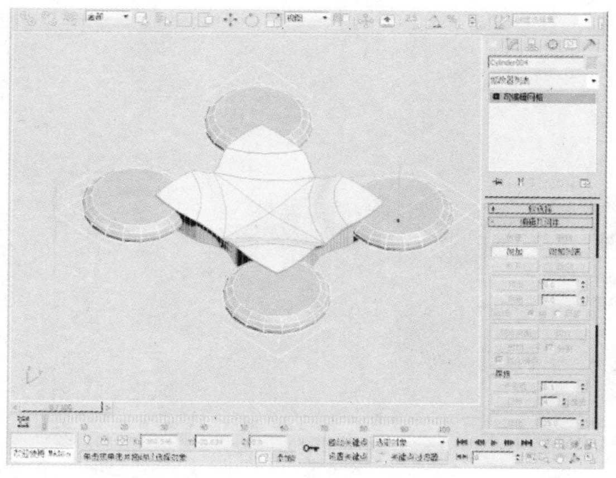

30 选中底座墙体，在“创建”命令面板中单击“几何体”按钮，选择“复合对象”选项，然后再单击“布尔”按钮，拾取新复制出来的顶。

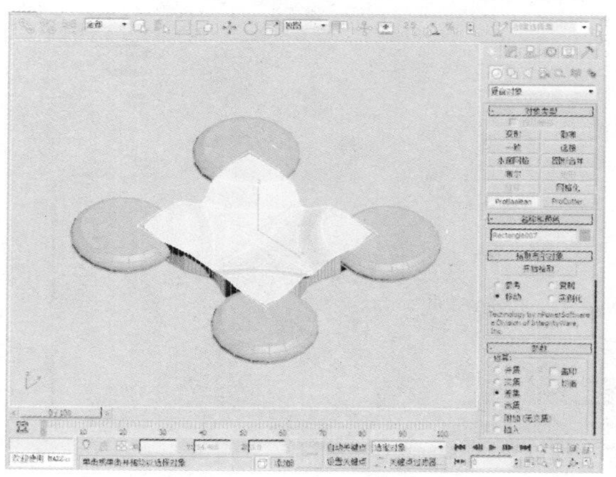

31 在“拾取布尔对象”卷展栏中，单击“开始拾取”按钮，以拾取圆柱体。

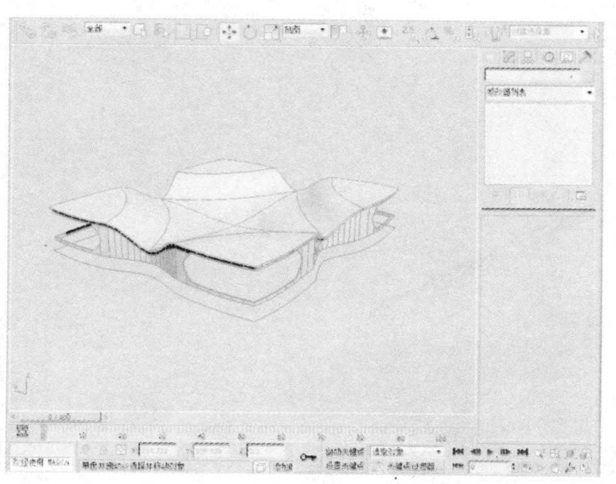

32 选中步骤15中所复制出来的物体，按键盘上的快捷键Ctrl+V对其进行复制。

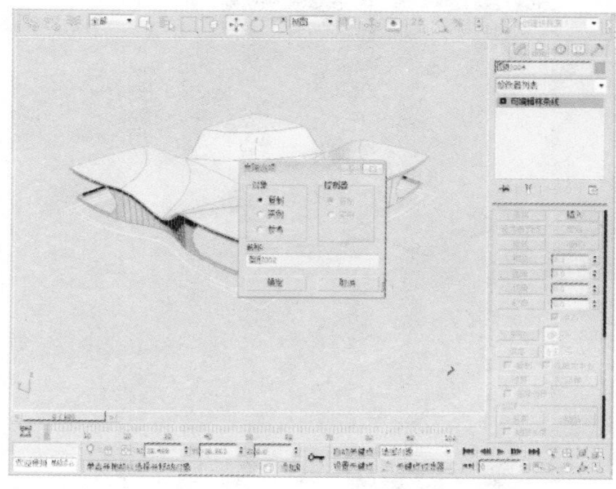

33 选择“可编辑样条线”下的“样条线”选项，单击“几何体”卷展栏中的“轮廓”按钮，并设置其参数。

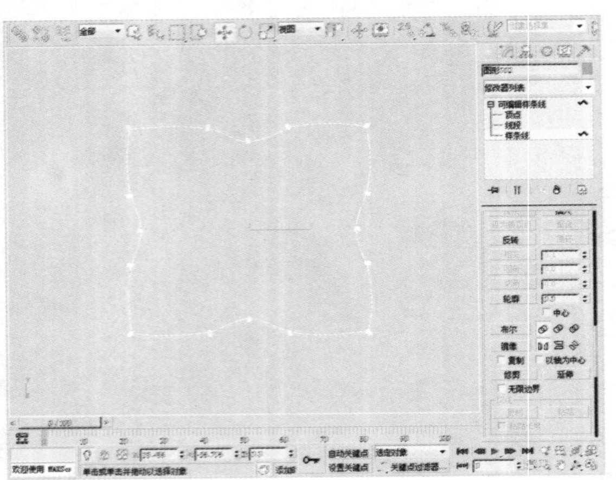

34 按键盘上的Delete键删除外圈的样条线。

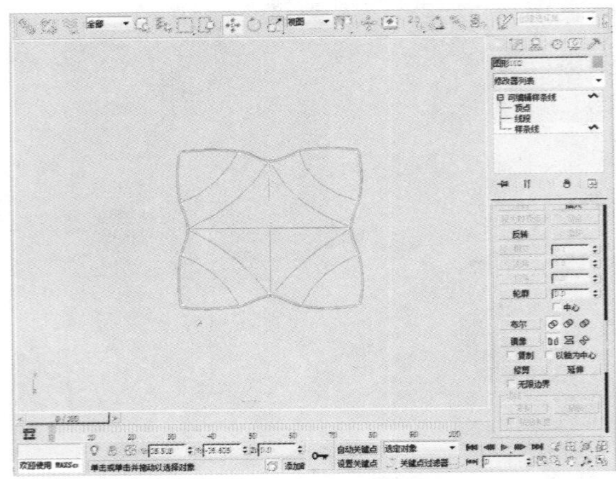

35 选中如下图所示的线段，按键盘上的Delete键将其删除。

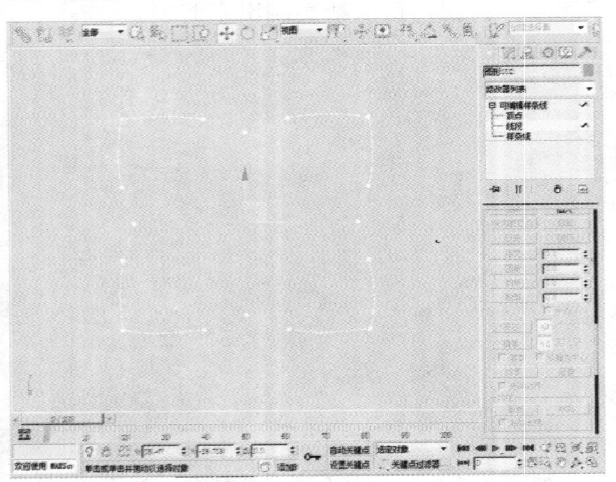

36 选择“可编辑样条线”下的“顶点”选项，对图形上的点进行调整，使所有的点都在墙体的内部。

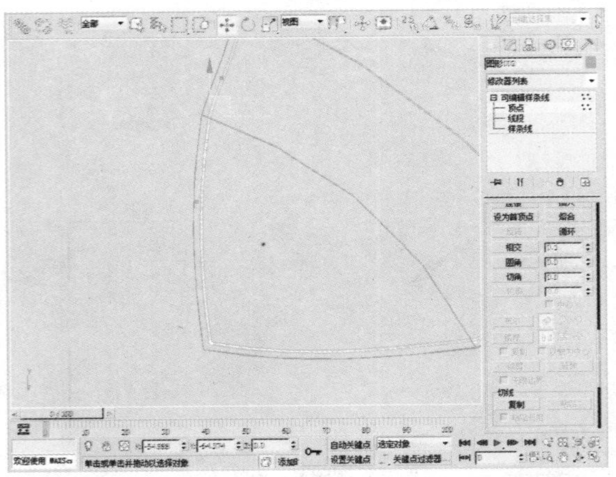

37 执行“修改器>网格编辑>挤出”命令，为物体添加挤出效果。

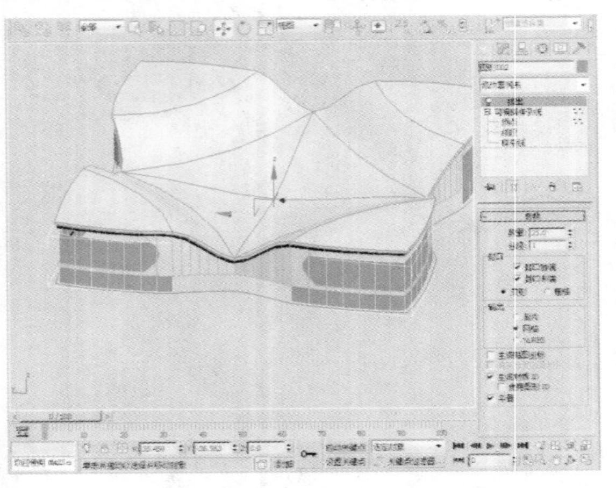

38 对挤出的物体的位置进行调整，并在“参数”卷展栏中设置“数量”的参数。

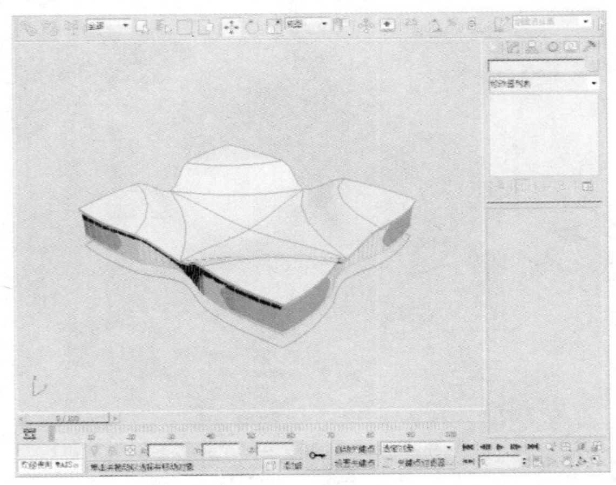

39 在“创建”命令面板中单击“图形>线”按钮，创建如下图所示的图形。

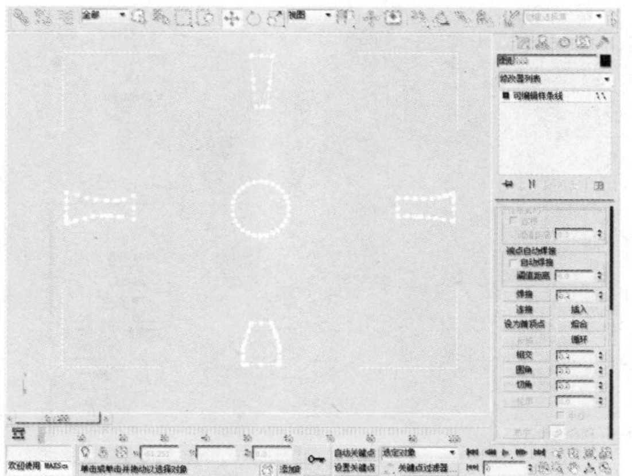

40 按键盘上的快捷键Ctrl+V，对图形进行复制。

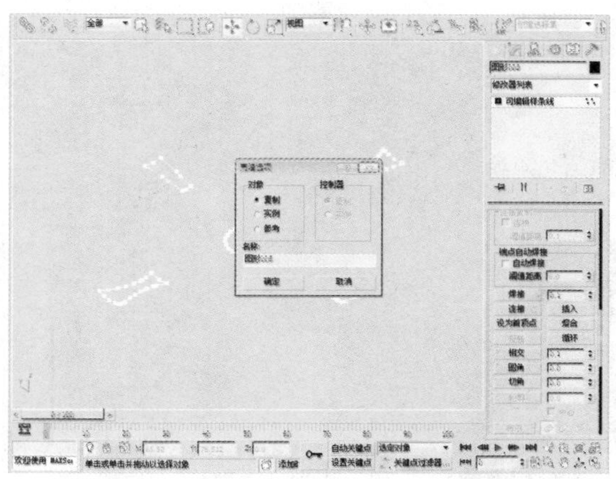

41 执行“修改器>网格编辑>挤出”命令，为物体添加挤出效果。

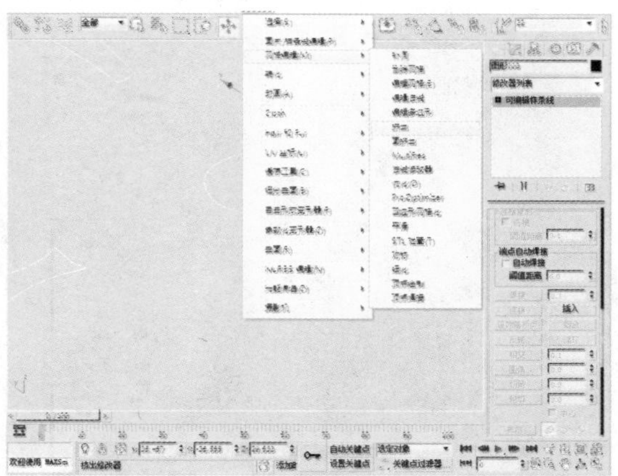

42 接下来在“参数”卷展栏中，设置“数量”的参数为25。

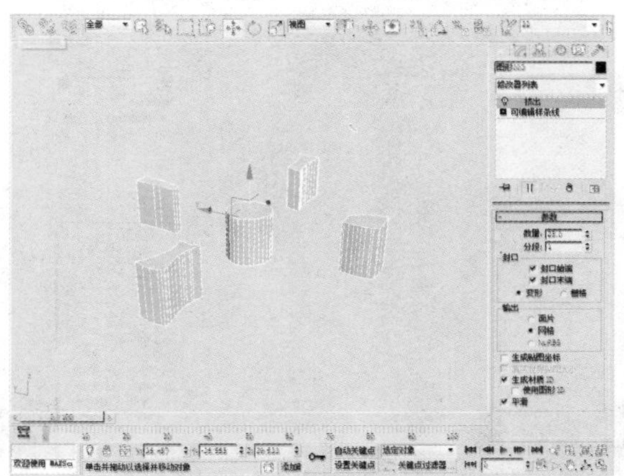

43 单击主工具栏上的“选择并移动”按钮，对物体的位置进行调整。

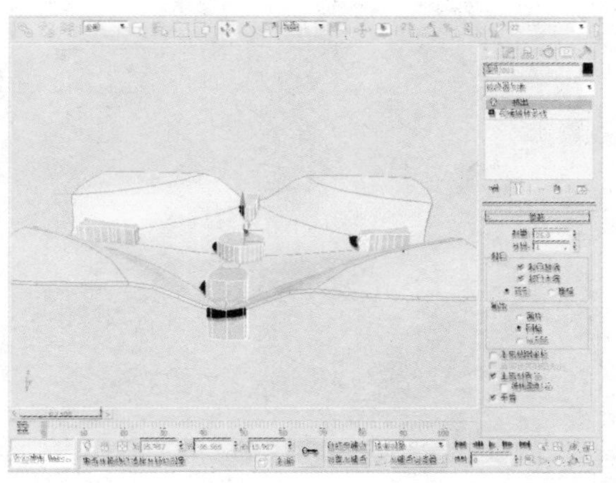

44 选中顶部，在“创建”命令面板中单击“几何体”按钮，选择“复合对象”选项，然后再单击“布尔”按钮。

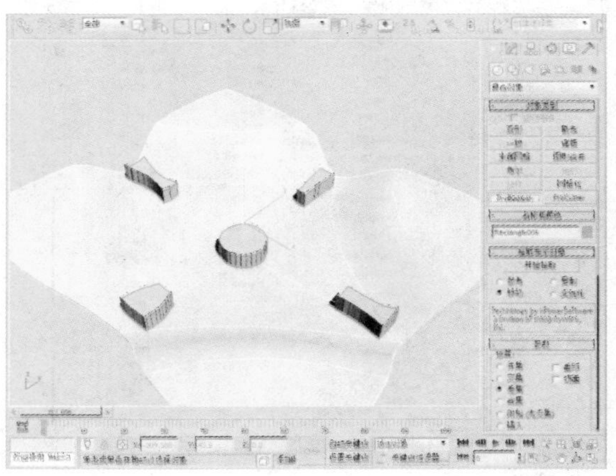

45 在“拾取布尔对象”卷展栏中，单击“开始拾取”按钮，拾取物体。

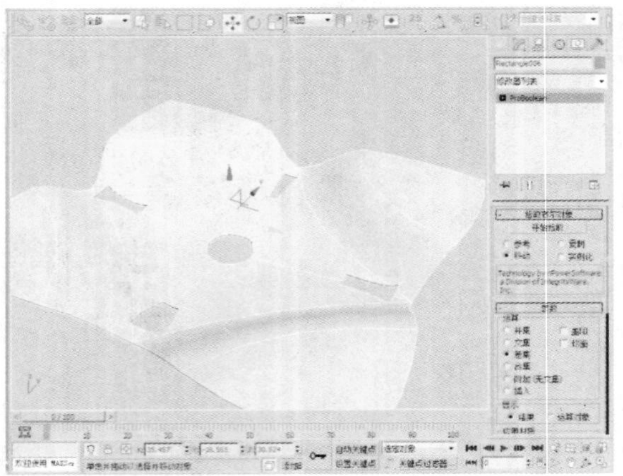

46 选中步骤40中所复制出来的图形。

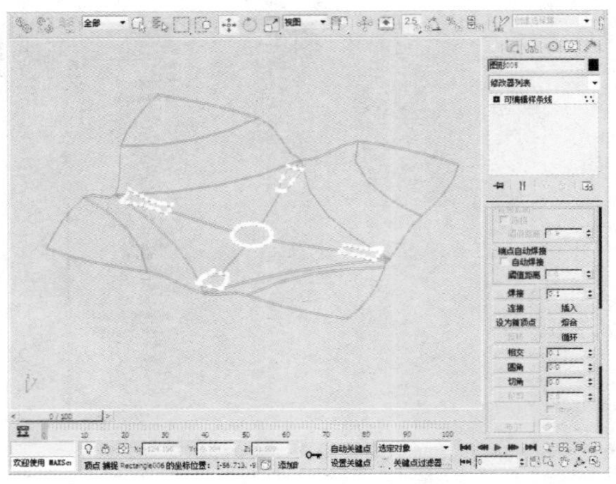

47 选择“可编辑样条线”下的“样条线”选项，单击“几何体”卷展栏中的“轮廓”按钮。

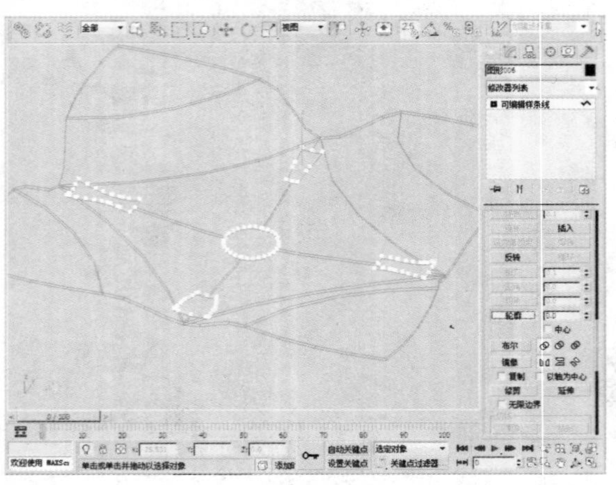

48 设置“轮廓”的参数，来调整新选物体的轮廓。

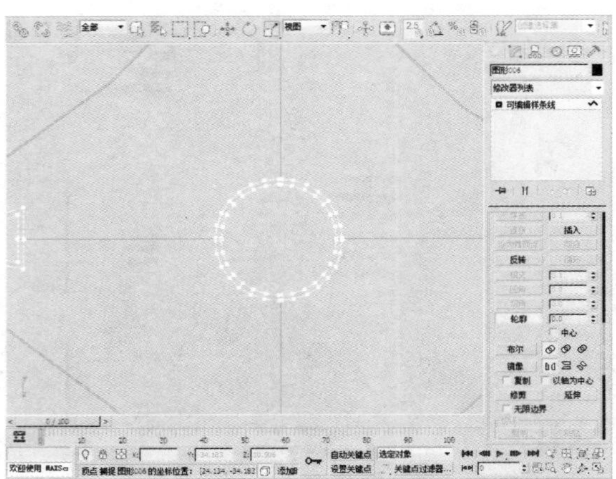

49 执行“修改器>网格编辑>挤出”命令，为物体添加挤出效果。

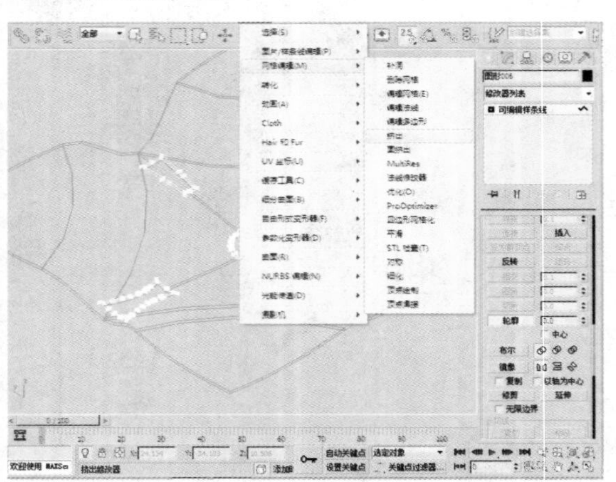

50 接下来在“参数”卷展栏中，设置“数量”的参数为3.5。

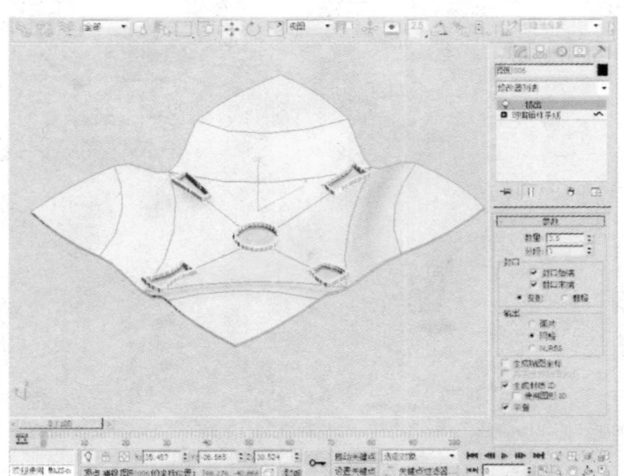

51 再次选中步骤40中所复制出来的图形。

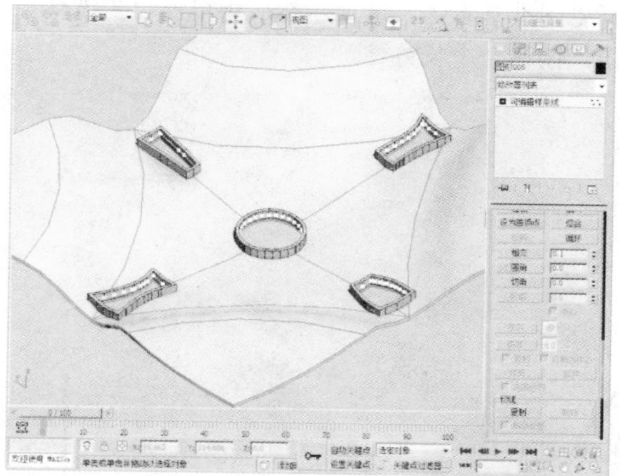

52 执行“修改器>UV坐标>UVW贴图”命令。

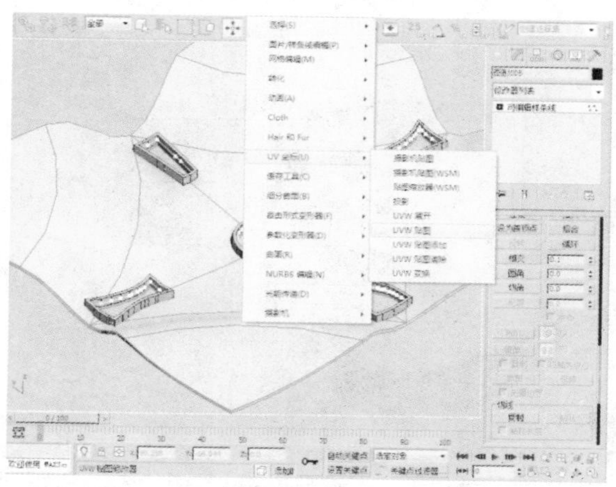

53 打开“材质编辑器”窗口，为物体赋予简单材质。

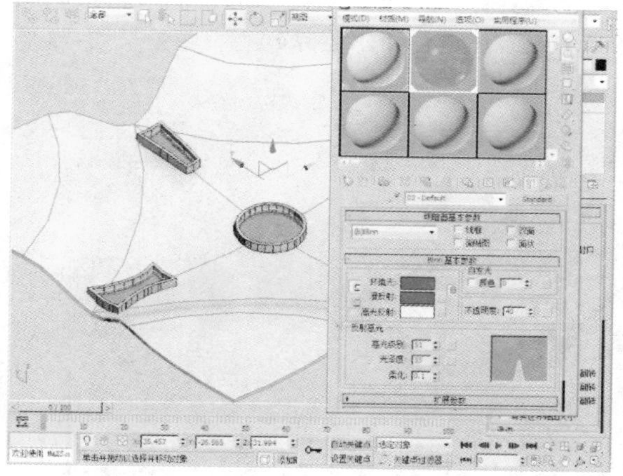

54 在“创建”命令面板中单击“图形>线”按钮，创建如下图所示的图形。

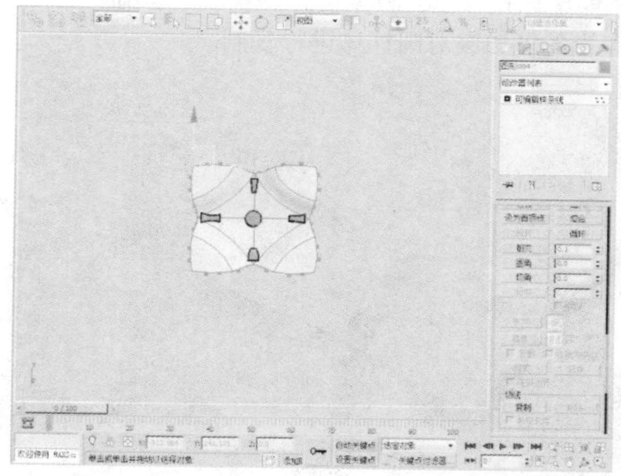

55 执行“修改器>网格编辑>挤出”命令，为物体添加挤出效果。

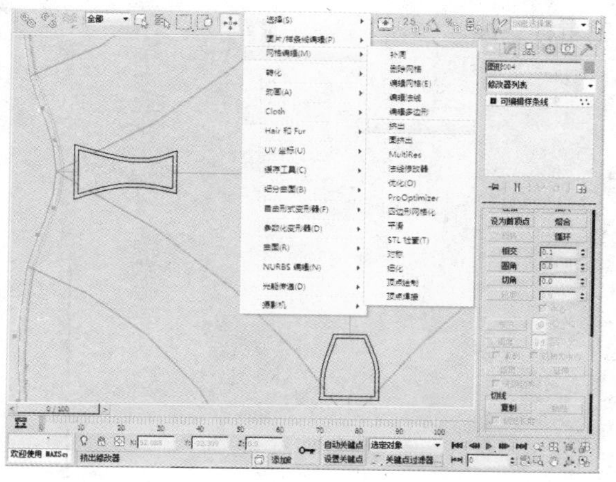

56 接下来在“参数”卷展栏中，设置“数量”的参数为1。

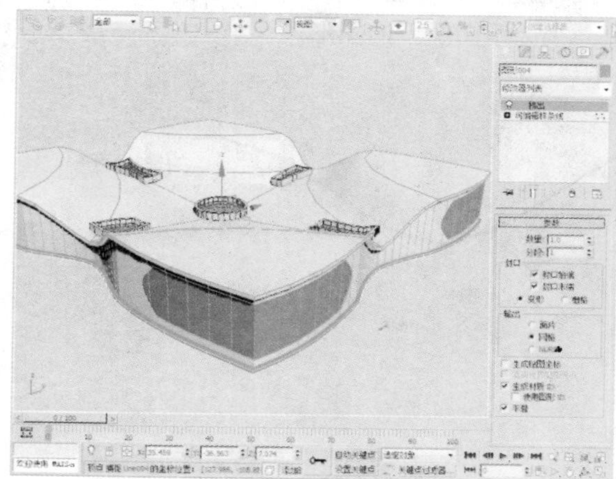

57 打开“材质编辑器”窗口，为物体赋予简单材质。

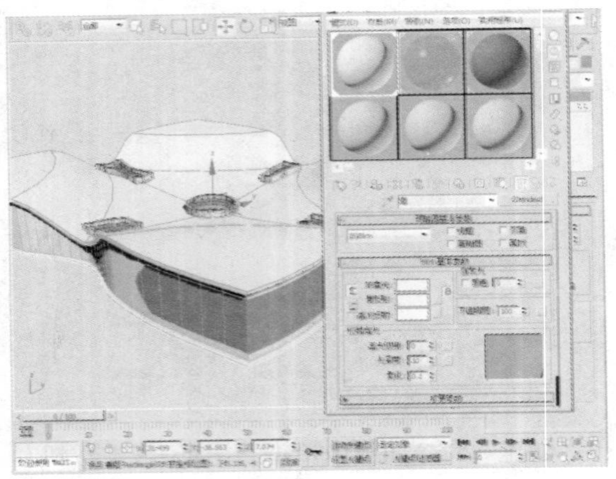

58 在“创建”命令面板中单击“几何体”按钮，选择“标准基本体”选项，然后再单击“长方体”按钮，创建一个长方体。

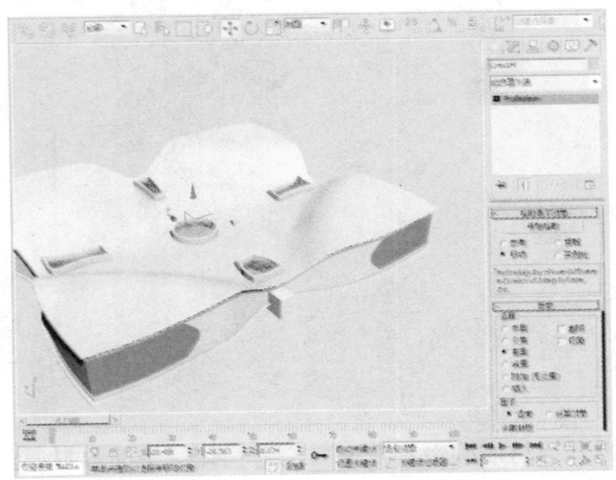

59 单击主工具栏上的“选择并移动”按钮，按住键盘上的Shift键对圆柱体进行复制。

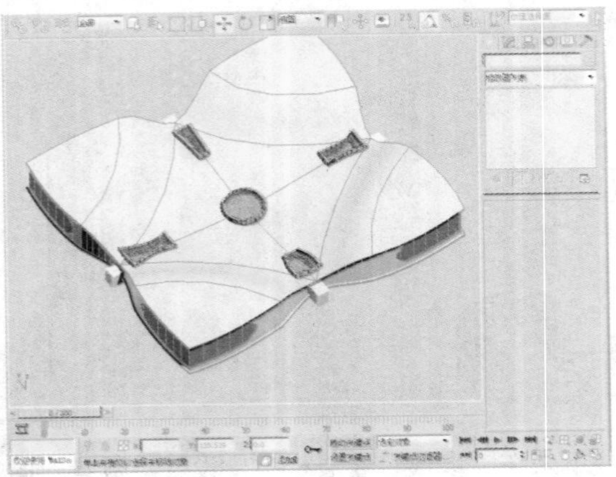

60 选中墙体，依照前面新介绍的方法对新复制出来的4个长方体进行布尔运算。

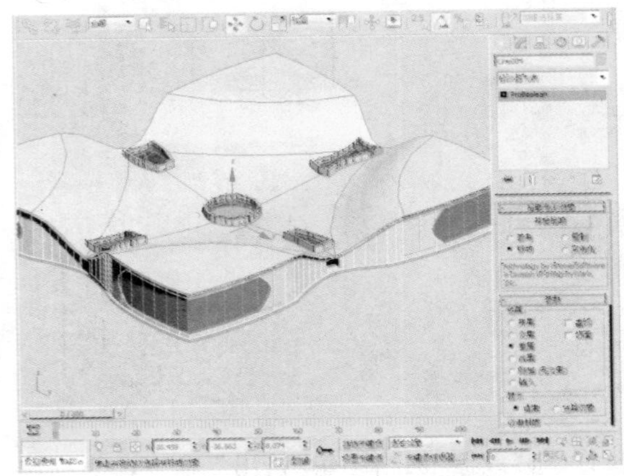

61 在“创建”命令面板中单击“图形>弧”按钮，创建一个如下图所示的图形。

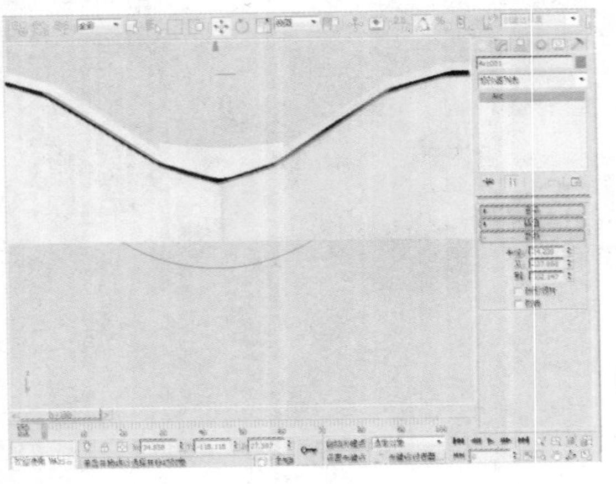

62 单击鼠标右键，通过右键快捷菜单将其转化为可编辑样条线。

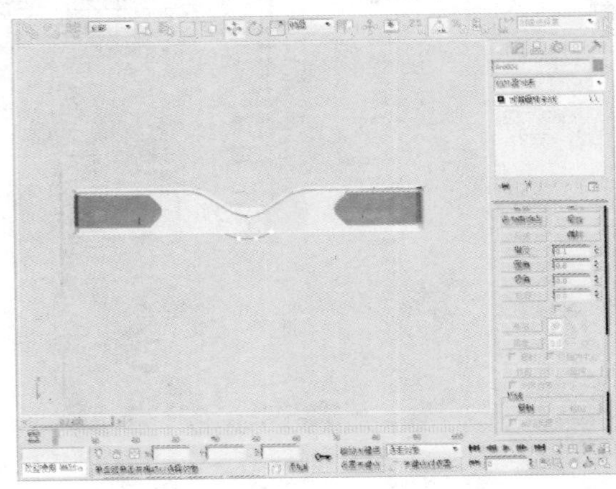

63 选择“可编辑样条线”下的“样条线”选项，在“几何体”卷展栏中单击“轮廓”按钮，并设置其参数。

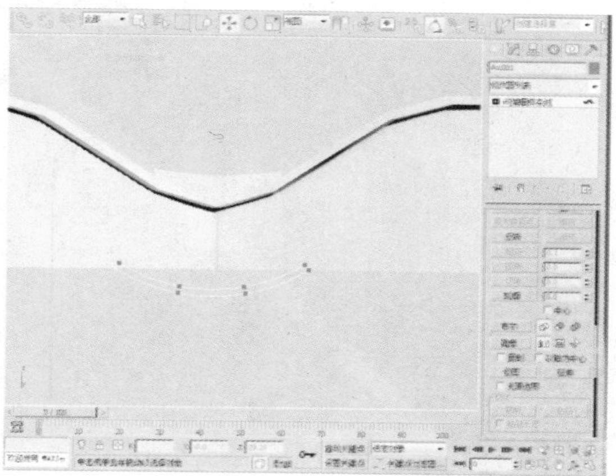

64 执行“修改器>网格编辑>挤出”命令，为物体添加挤出效果。

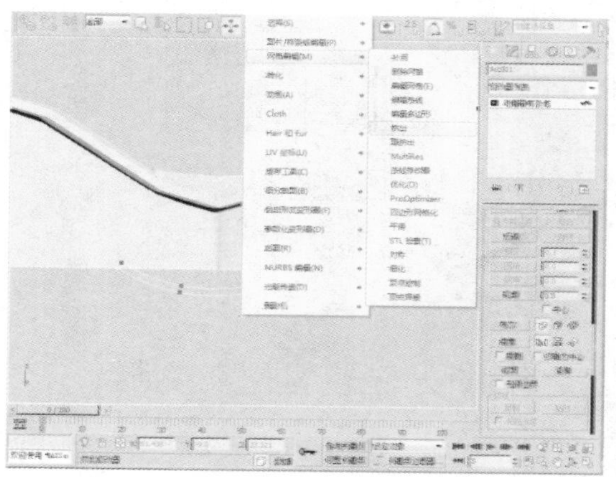

65 接下来在“参数”卷展栏中，设置“数量”的参数为25。

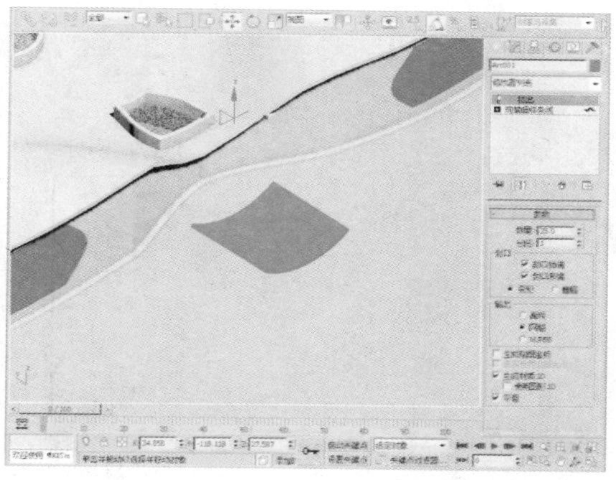

66 执行“修改器>自由形式变形器>FFD 2×2×2”，为物体添加变形效果。

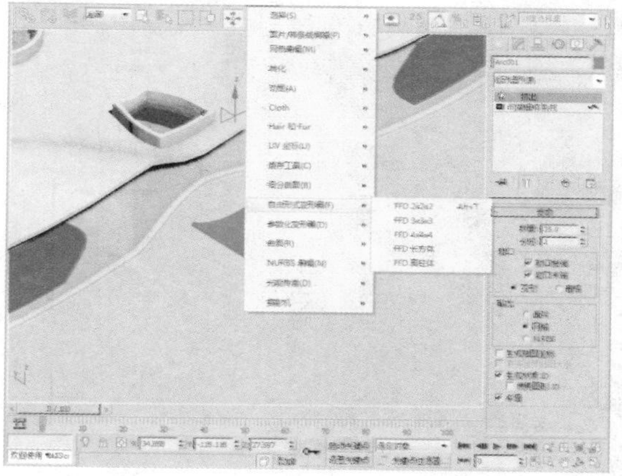

67 选择“FFD 2×2×2”下的“控制点”选项，对物体的控制点进行调整。

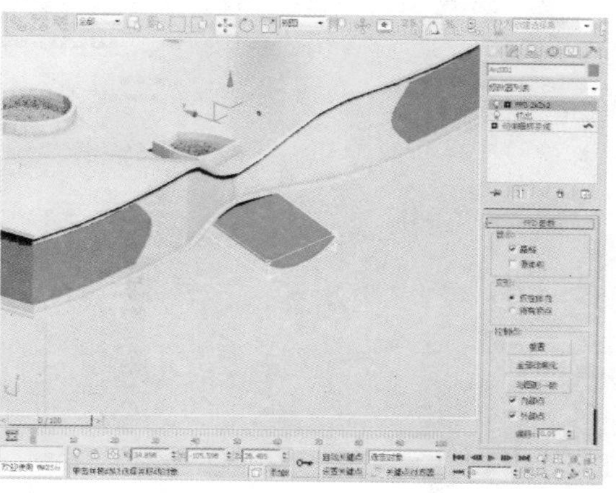

68 单击主工具栏上的“选择并移动”按钮，按住键盘上的Shift键，对调整后的圆柱体进行复制。

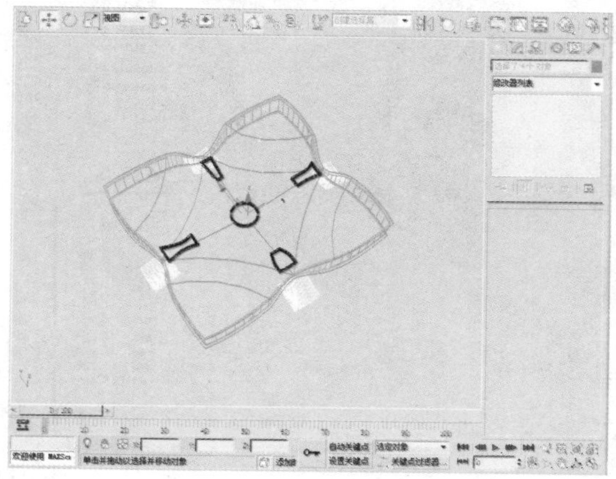

69 打开“材质编辑器”窗口，为物体赋予简单材质。

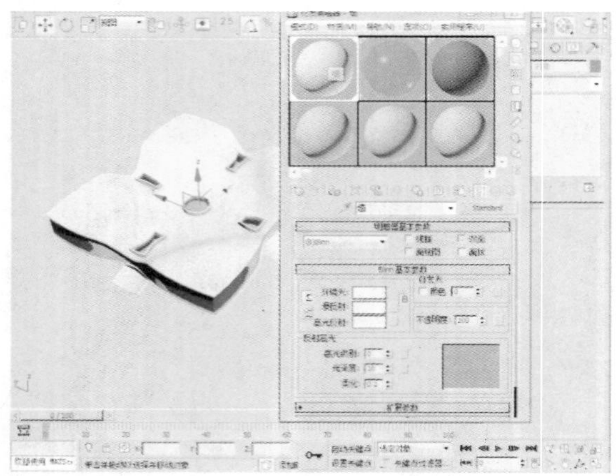

70 在“创建”命令面板中单击“图形>矩形”按钮，创建一个矩形，并将其传化为可编辑样条线。

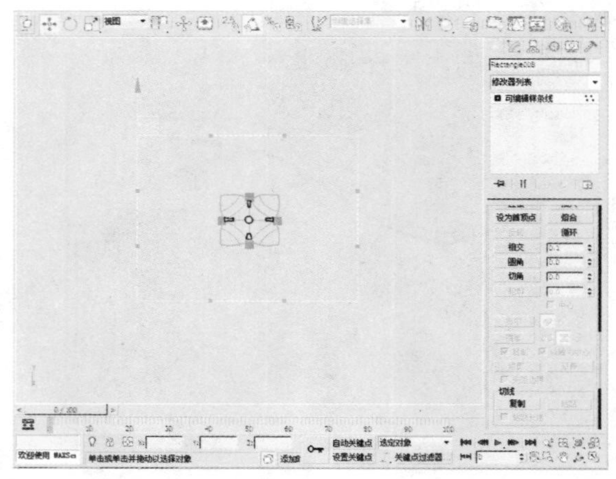

71 在“创建”命令面板中单击“图形>圆形”按钮，创建一个圆形，并将其传化为可编辑样条线。

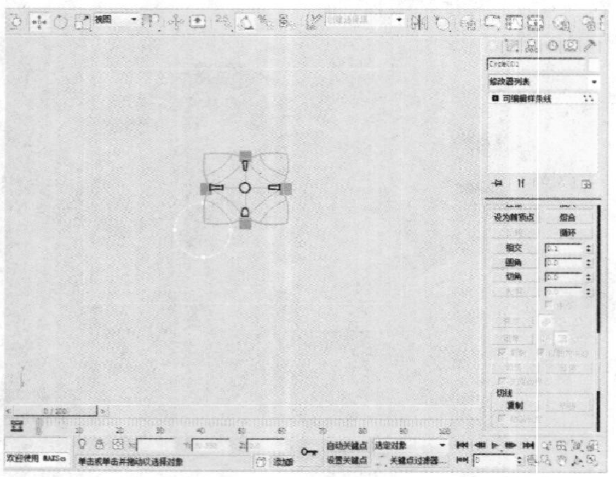

72 选择“可编辑样条线”下的“顶点”选项，对圆形的顶点进行调整。

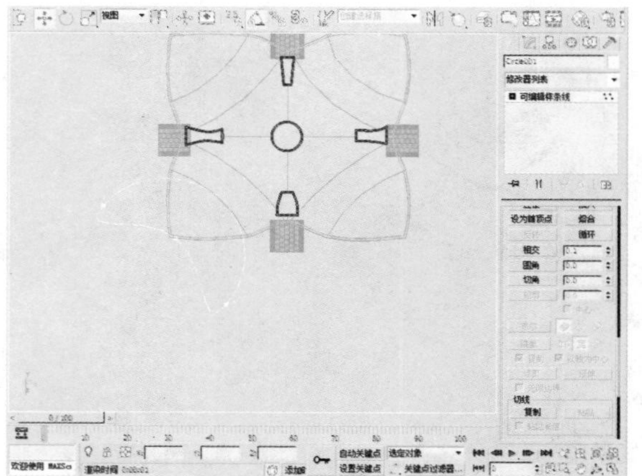

73 单击主工具栏上的“选择并移动”按钮，按住键盘上的Shift键，对调整后的圆形进行复制。

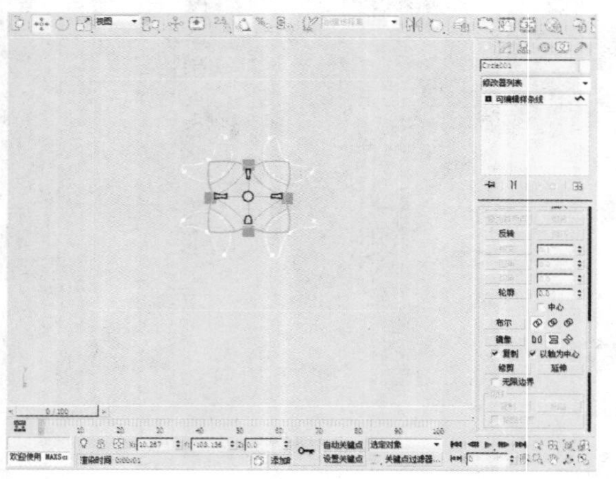

74 在“几何体”卷展栏中，单击“附加”按钮，附加矩形。

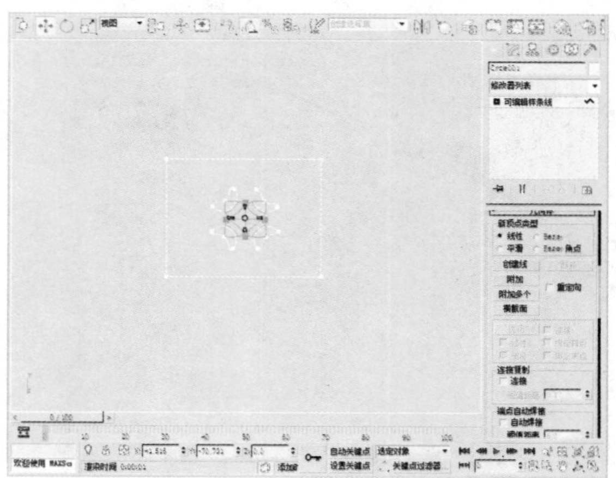

75 执行“修改器>UV坐标>UVW贴图”命令。

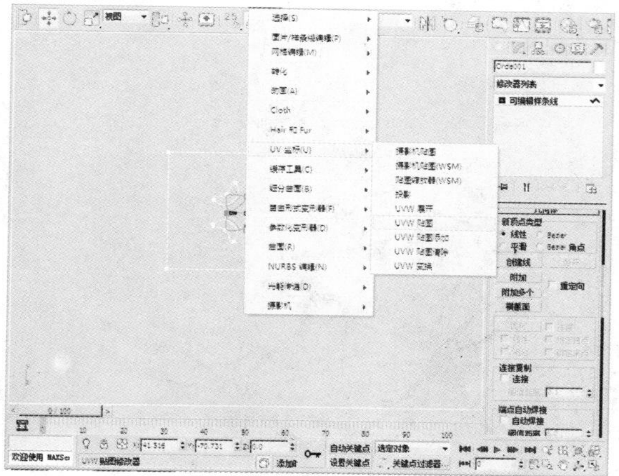

76 打开“材质编辑器”窗口，为物体赋予简单材质。

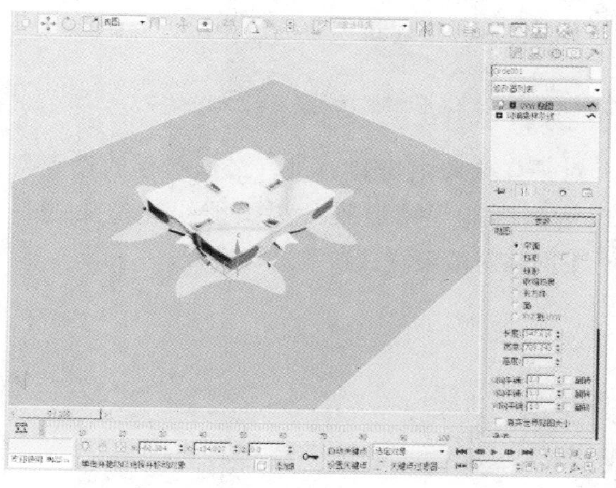

77 选择“可编辑样条线”下的“线段”选项，选中如下图所示的线段，单击“几何体”卷展栏中的“分离”按钮。

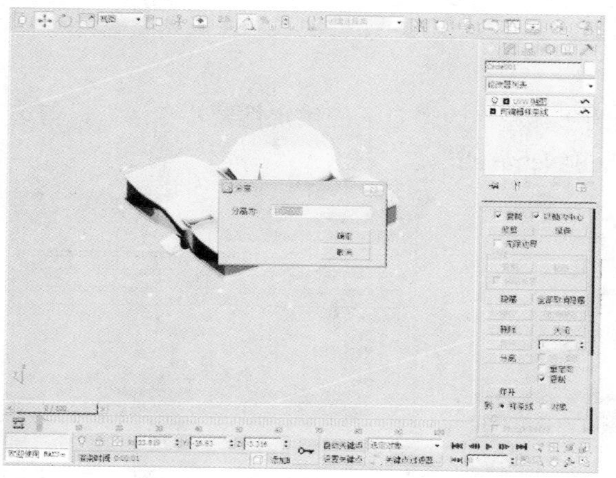

78 执行“修改器>UV坐标>UVW贴图”命令。

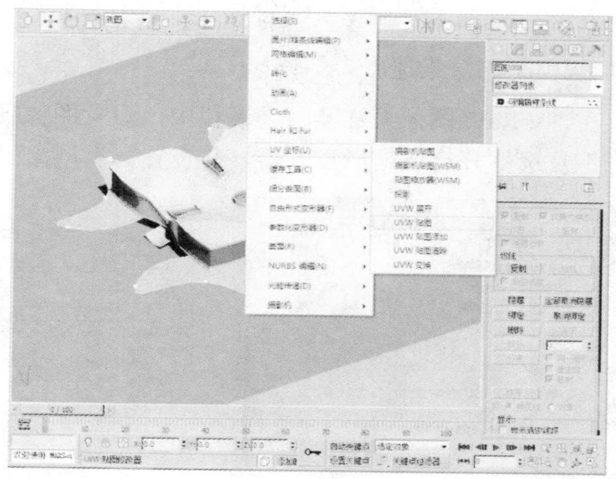

79 打开“材质编辑器”窗口，为物体赋予简单材质。

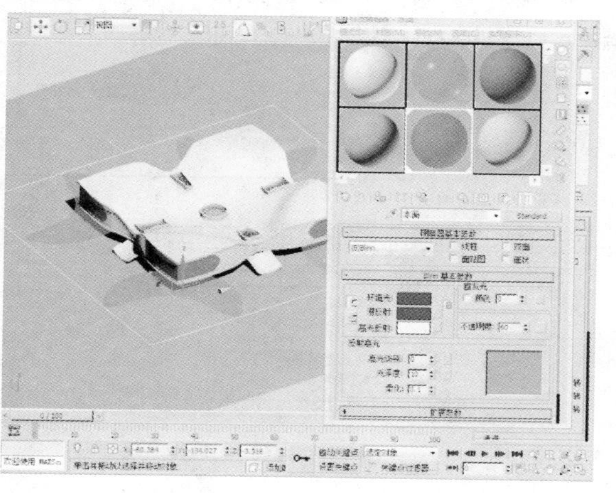

80 至此，完成异形建筑模型的创建。

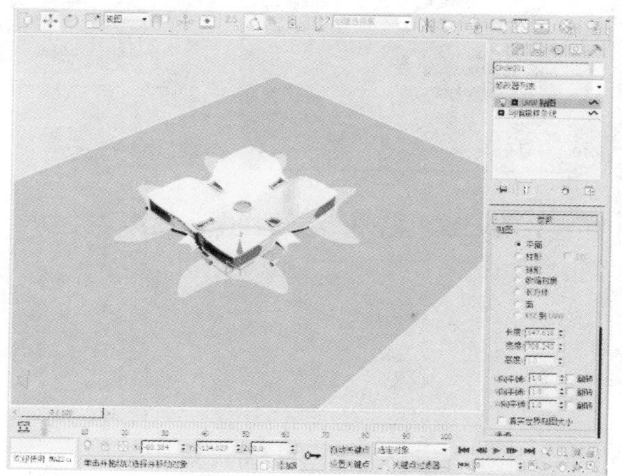

23.3 渲染异形建筑的模型

下面将对异形建筑模型的渲染进行介绍。

23.3.1 测试渲染设置

对采样值和渲染参数进行最低级别的设置，可以达到既能观察渲染效果又能快速渲染的目的。下面将对渲染测试参数进行设置。

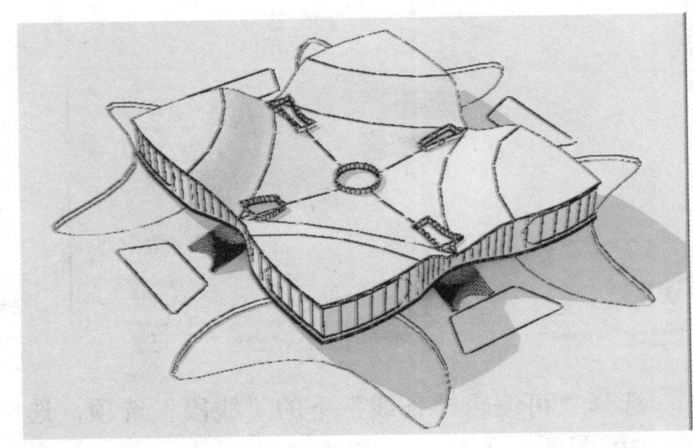

01 按F10键打开“渲染设置”窗口，首先设置V-Ray Adv 2.30.01为当前的渲染器。

02 在“V-Ray::全局开关”卷展栏中，取消勾选“隐藏灯光”、“反射/折射”、“光泽效果”复选框，以加快模型的渲染速度。

03 在“V-Ray::图像采样器”卷展栏中，设置图像采样器的“类型”为“自适应确定性蒙特卡洛”，勾选“开”复选框开启抗锯齿过滤器，并设置其类型为“Mitchell-Netravali”。

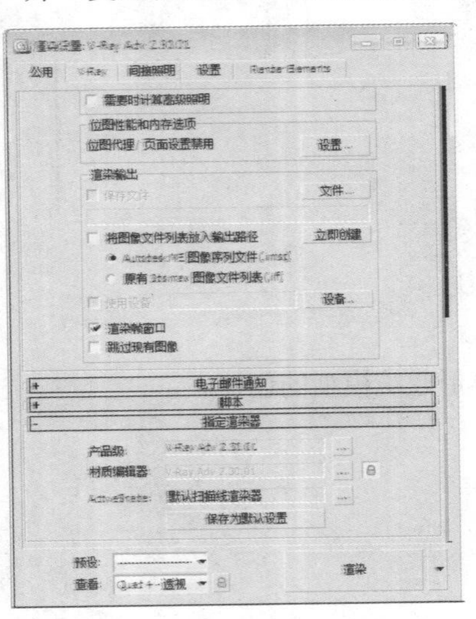

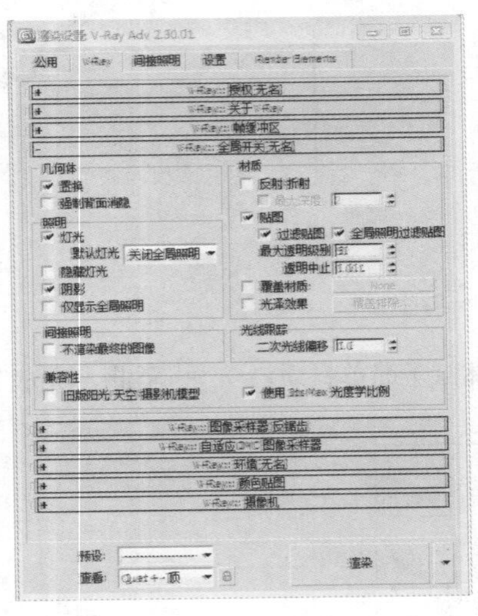

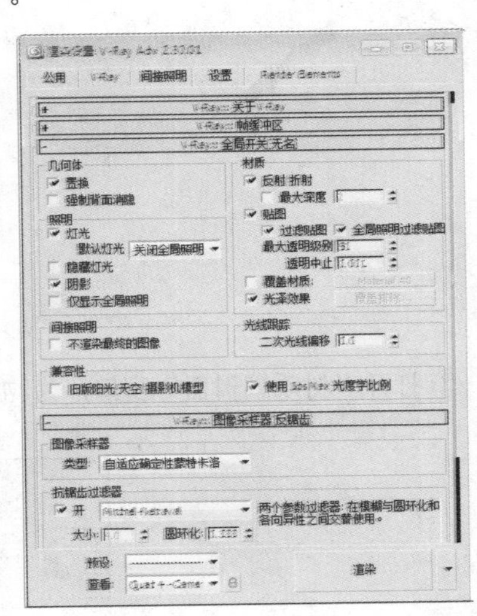

04 在“V-Ray::颜色贴图”卷展栏中，设置“类型”为“指数”。

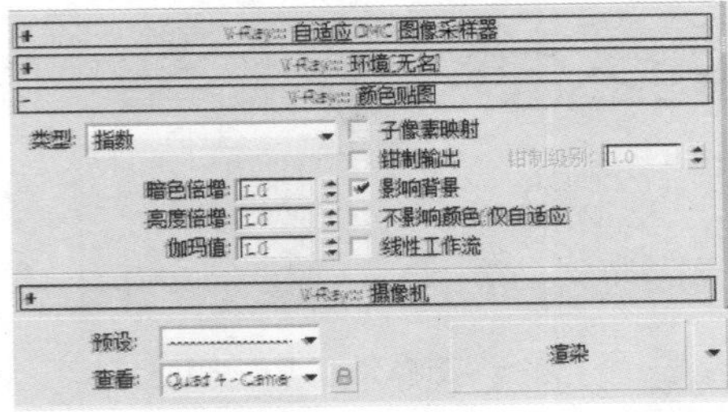

05 在“V-Ray::间接照明”卷展栏中，勾选“开”复选框打开VRay渲染器的间接照明功能，接着在“二次反弹”选项组中，设置“全局照明引擎”的类型为“灯光缓存”。

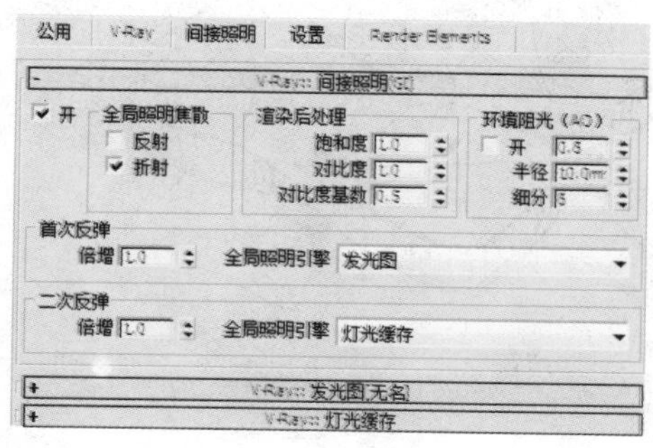

06 在“V-Ray::发光图”卷展栏中，分别设置“最小比率”和“最大比率”的参数为-5和-4，设置“半球细分”的参数为20。

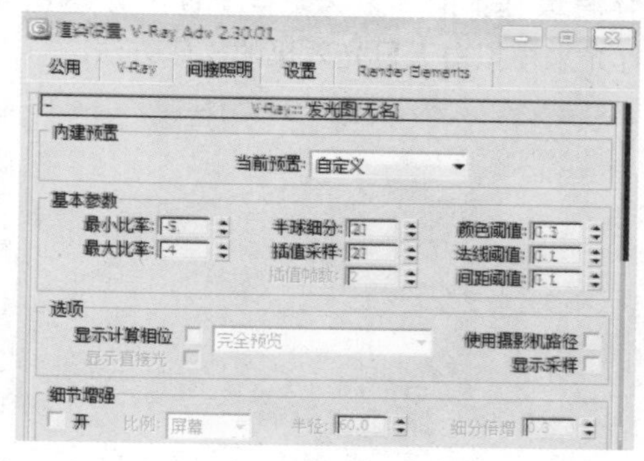

07 在“V-Ray::灯光缓存”卷展栏中，设置“计算参数”选项组中的“细分”参数为200，并勾选“存储直接光”和“显示计算相位”复选框。

08 在“设置”选项卡下的“V-Ray::系统”卷展栏中，设置“最大树形深度”的参数为100，设置“区域排序”的类型为“Spiral”，并取消对“显示窗口”复选框的勾选。

09 选中天空模型，单击鼠标右键，在弹出的快捷菜单中选择“对象属性”命令。

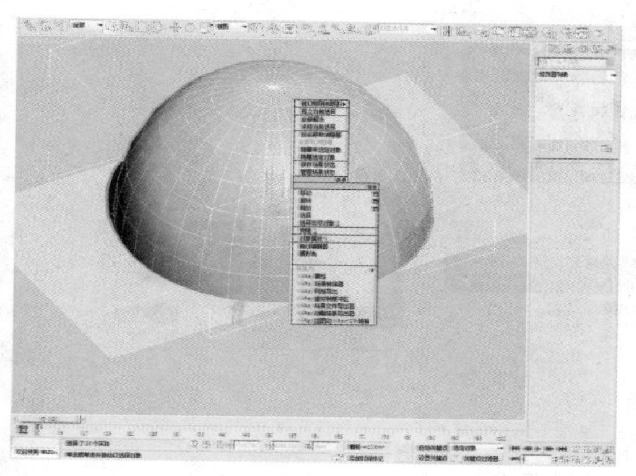

10 在弹出的对话框中，取消“对摄影机可见”、“投射阴影”、“接收阴影”复选框的勾选。

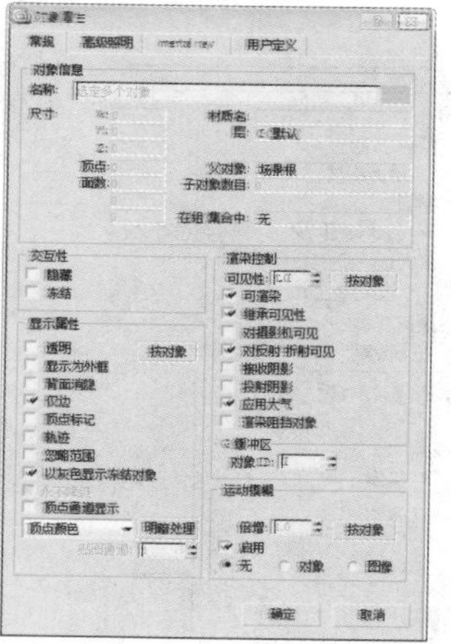

23.3.2 设置场景灯光

前期的灯光布置是为了照亮场景，以及使场景中的物体有最基本的体量关系，下面将介绍使用目标平行光来模拟白天日光效果的操作方法。

01 首先制作一个统一的模型测试材质。按键盘上的M键打开“材质编辑器”窗口，选择一个空白材质球，设置材质的样式为“VRayMtl”。

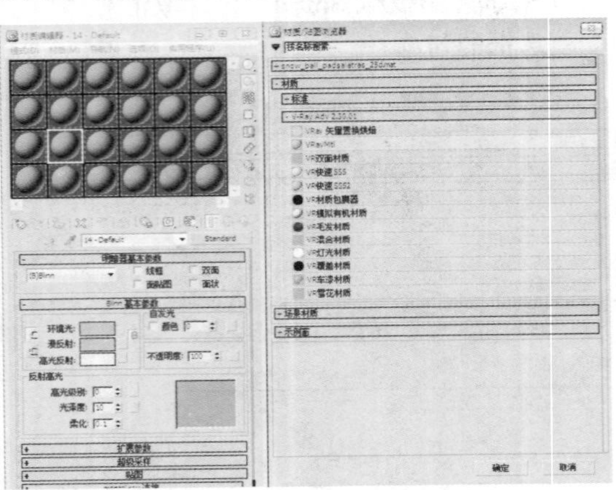

02 在VRayMtl材质面板的“基本参数”卷展栏中，设置“漫反射”的颜色为浅灰色。

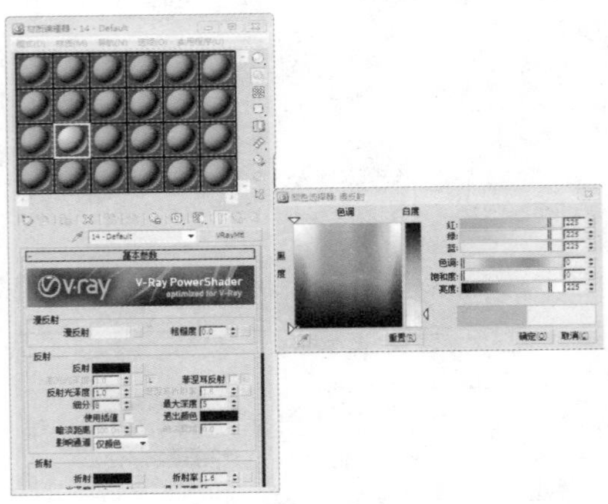

03 按F10键打开“渲染设置”对话框，勾选“覆盖材质”复选框，并将步骤02中所做的材质球以“实例”的方式拖动到“覆盖材质”复选框后的“None”按钮上。

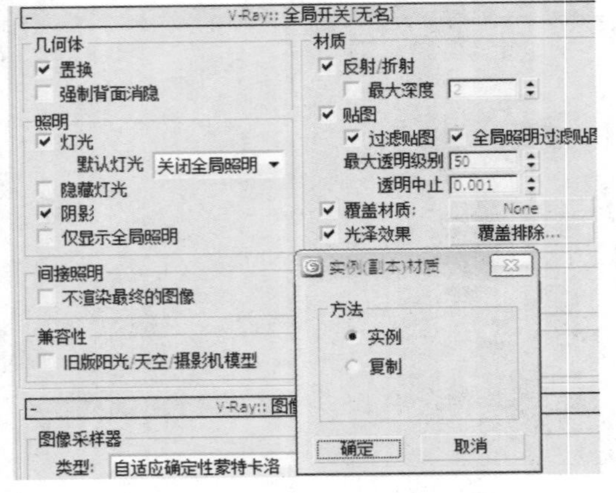

04 选择步骤02中所创建的材质球，单击“VRay-Mtl”按钮选择“VR边纹理”材质样式，然后在“VRay边纹理参数”卷展栏中，设置纹理的颜色为黑色。

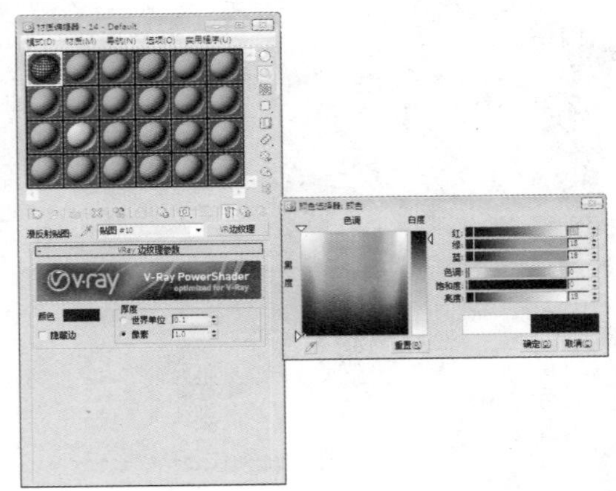

05 在“创建”命令面板中单击“灯光”按钮，选择“标准”选项，然后再单击“目标平行光”按钮，在场景中创建一盏目标平行光灯，用来模拟日光照明效果。

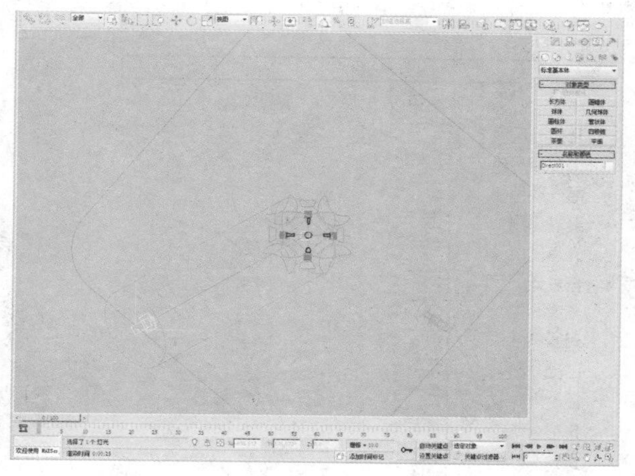

06 在“修改”命令面板中，设置所创建的目标平行光灯的各项参数。

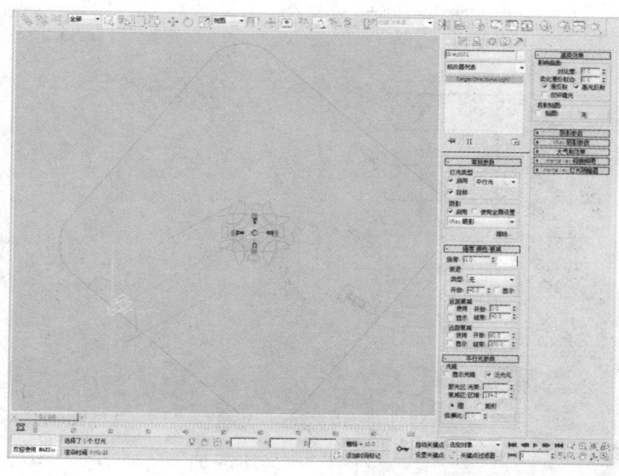

23.3.3 设置场景材质

下面将对异形建筑场景中的材质进行参数设置。

01 按M键打开“材质编辑器”窗口，选择一个空白材质球并命名为“地面”。设置材质的样式为“标准”材质，并调整“漫反射”参数的颜色，然后在“反射高光”选项组中，设置“高光级别”的参数为0、“光泽度”的参数为10。

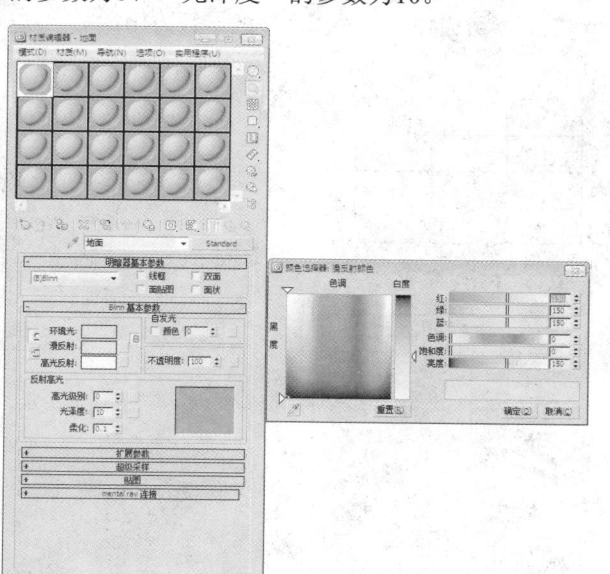

02 选择一个空白材质球并命名为“楼板”，设置材质的样式为“标准”材质，并调整“漫反射”参数的颜色，在“反射高光”选项组中，设置“高光级别”的参数为31、“光泽度”的参数为23。

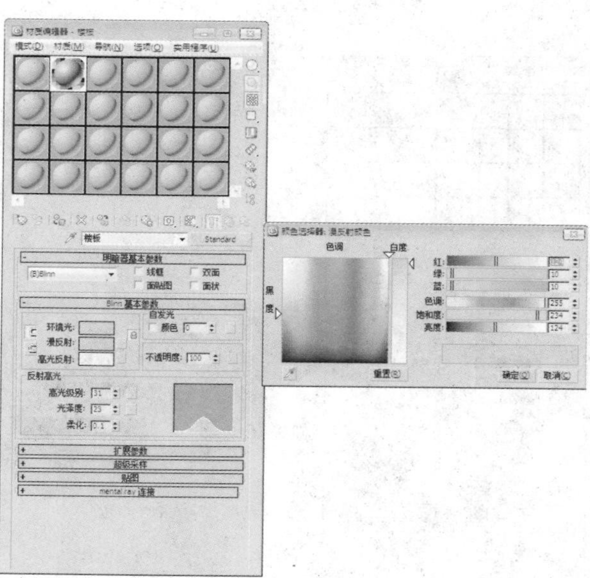

03 选择一个空白材质球并命名为“玻璃”，设置材质的样式为“标准”材质，并调整“漫反射”参数的颜色，设置“不透明度”的参数为20，在“反射高光”选项组中，设置“高光级别”的参数为101、“光泽度”的参数为30。

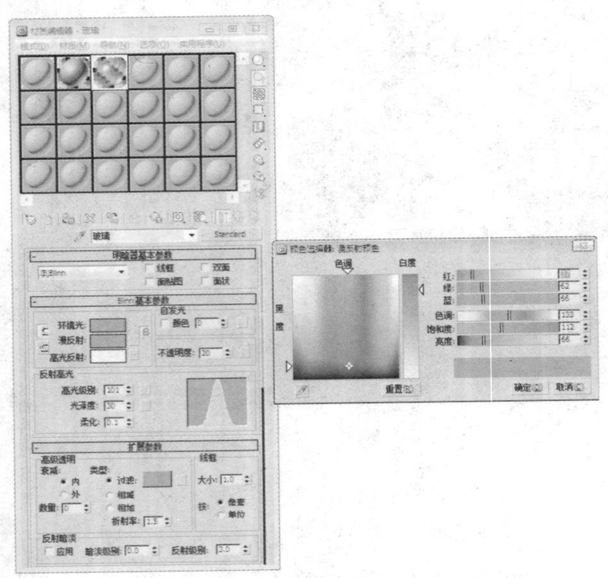

04 为了使玻璃材质更加有质感，在“贴图”卷展栏中，设置“反射”参数的贴图为“VR贴图”来模拟玻璃的反射效果，并设置其“数量”的参数为15。

贴图

	数量	贴图类型
☐ 环境光颜色	100	None
☐ 漫反射颜色	100	None
☐ 高光颜色	100	None
☐ 高光级别	100	None
☐ 光泽度	100	None
☐ 自发光	100	None
☐ 不透明度	100	None
☐ 过滤色	100	None
☐ 凹凸	30	None
☑ 反射	15	贴图 #6（VR贴图）
☐ 折射	100	None
☐ 置换	100	None
☐	0	None
☐	0	None
☐	0	None
☐	0	None
☐	100	None

05 选择一个空白材质球并命名为“窗框”，设置材质的样式为“标准”材质，并调整“漫反射”参数的颜色，在“反射高光”选项组中，设置“高光级别”的参数为33、“光泽度”的参数为10。

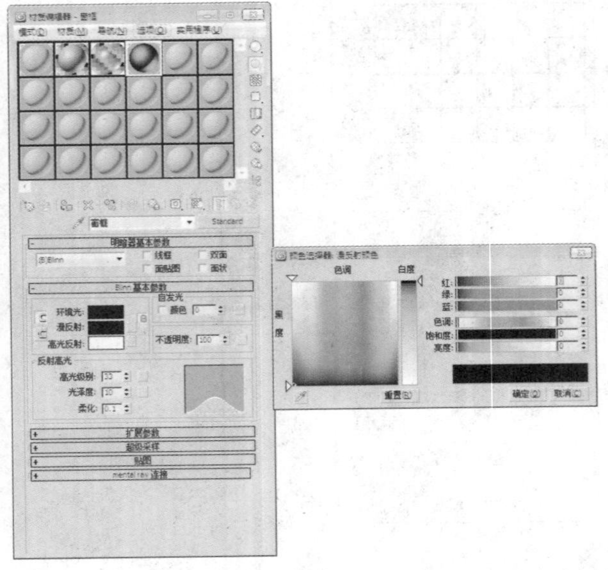

06 选择一个空白材质球并命名为“顶”，设置材质的样式为“标准”材质，为“漫反射”参数添加一张“位图”贴图（本章节配套光盘中的“das”贴图）。在“反射高光”选项组中，设置“高光级别”的参数为10、“光泽度”的参数为10。

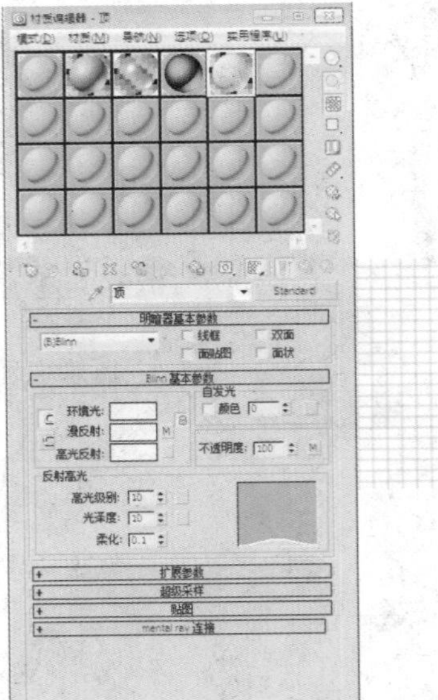

07 为了使顶面更加细腻，在“贴图”卷展栏中，为“不透明度”参数添加一张黑白贴图（本章节配套光盘中的“顶贴图02 副本”贴图），设置“反射”参数的贴图为“VR贴图”贴图，并设置其“数量”的参数为15。

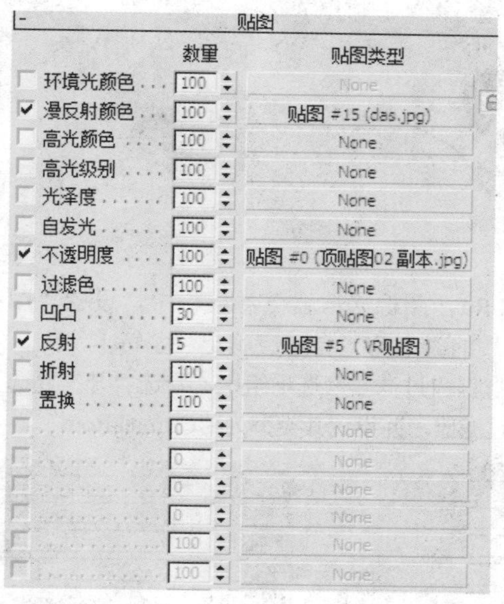

09 选择一个空白材质球并命名为“水面”，设置材质的样式为“标准”材质，并调整“漫反射”参数的颜色，设置“不透明度”的参数为40，在“反射高光”选项组中，设置“高光级别”的参数为39、“光泽度”的参数为23。

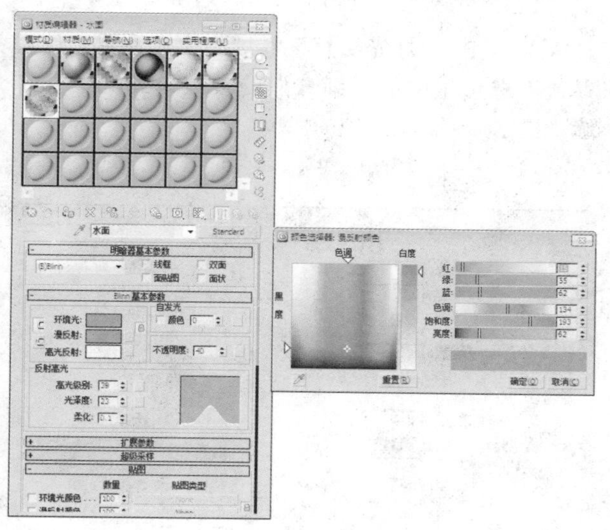

08 选择一个空白材质球并命名为“墙”，设置材质的样式为“标准”材质，并调整“漫反射”参数的颜色，在“反射高光”选项组中，设置“高光级别”的参数为17、“光泽度 ”的参数为35。

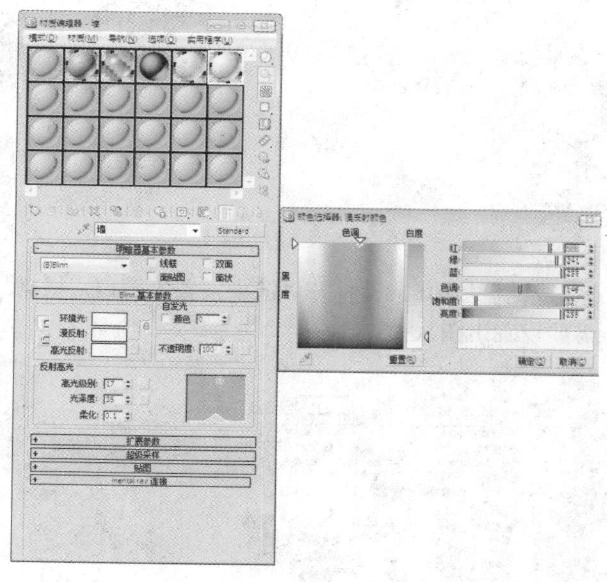

10 为了使水面更加有质感，在“贴图”卷展栏中，设置“凹凸”参数的贴图为“噪波”贴图，设置“反射”参数的贴图为“VR贴图”来模拟水面的反射效果，并设置其“数量”的参数为60。

贴图

	数量	贴图类型
☐ 环境光颜色	100	None
☐ 漫反射颜色	100	None
☐ 高光颜色	100	None
☐ 高光级别	100	None
☐ 光泽度	100	None
☐ 自发光	100	None
☐ 不透明度	100	None
☐ 过滤色	100	None
☑ 凹凸	45	贴图 #3（Noise）
☑ 反射	60	贴图 #2（VR贴图）
☐ 折射	100	None
☐ 置换	100	None
☐	0	None
☐	0	None
☐	0	None
☐	0	None

23.3.4 渲染最终参数

下面对异形建筑场景最终出图参数进行设置，以便得到更好的效果。

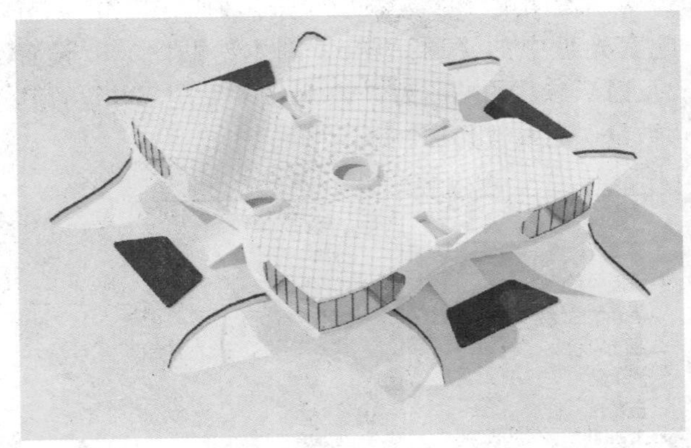

01 按键盘上的F10键打开“渲染设置”窗口，根据需要设置出图尺寸。

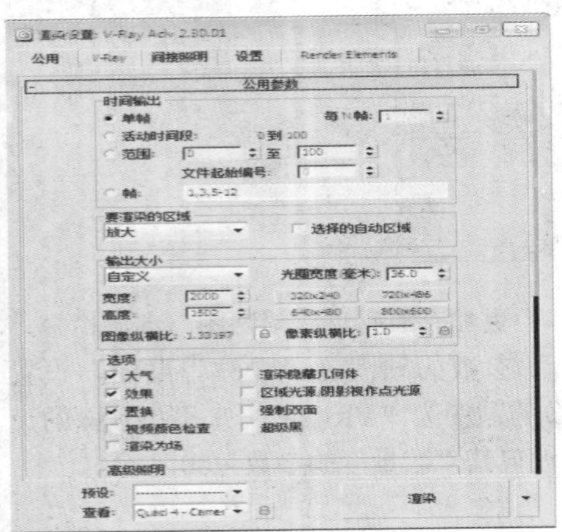

02 在“V-Ray::图像采样器”卷展栏中，设置“图像采样器”的类型为“自适应确定性蒙特卡洛”，接着在“抗锯齿过滤器”选项组中，勾选“开”复选框，打开过滤器，并设置其类型为“Catmull-Rom”。

V-Ray:: 授权[无名]
V-Ray:: 关于 V-Ray
V-Ray:: 帧缓冲区
V-Ray:: 全局开关[无名]
V-Ray:: 图像采样器(反锯齿)
图像采样器
类型: 自适应确定性蒙特卡洛
抗锯齿过滤器
开 Catmull-Rom 具有显著边缘增强效果的 25 像素过滤器。
大小: 4.0

03 在“V-Ray::发光图”卷展栏中，分别设置“当前设置”为“中”、“半球细分”的参数为50。

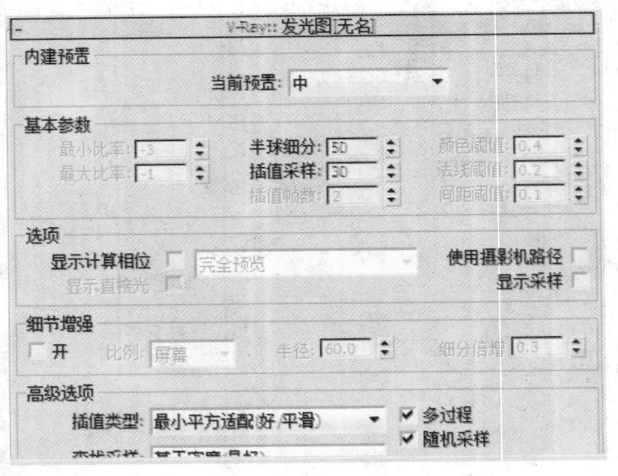

04 在“V-Ray::灯光缓存”卷展栏中，设置“计算参数”选项组中的“细分”的参数为1000，并勾选“显示计算相位”。

V-Ray:: 灯光缓存
计算参数
细分: 1000
采样大小: 0.02
比例: 屏幕
进程数: 8
存储直接光
显示计算相位
使用摄影机路径
自适应跟踪
仅使用方向
重建参数
预滤器: 10
使用光泽光线的灯光缓存
折回阈值: 1.0
过滤器: 最近
插值采样: 10
模式
模式: 单帧
保存到文件
文件:
浏览

05 至此，渲染参数设置完成，即可完成对异形建筑模型的渲染。

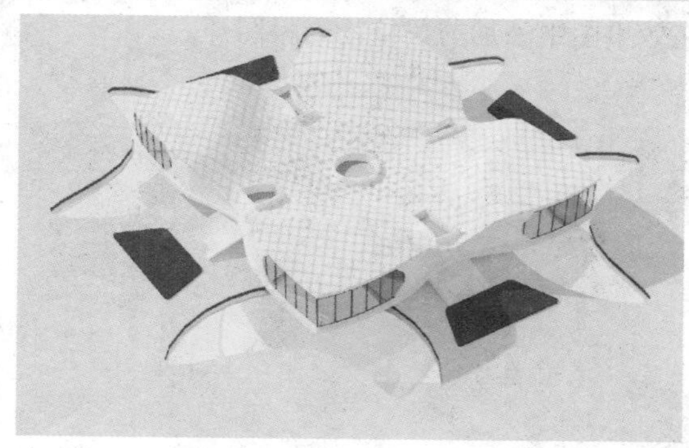

23.4 使用Photoshop进行后期处理

重点提示

本节将对渲染好的异形建筑效果图进行后期处理，如添加植物、道路和海面等素材，以便得到更加逼真的异形建筑效果图。

01 在Photoshop中打开渲染好的异形建筑效果图。

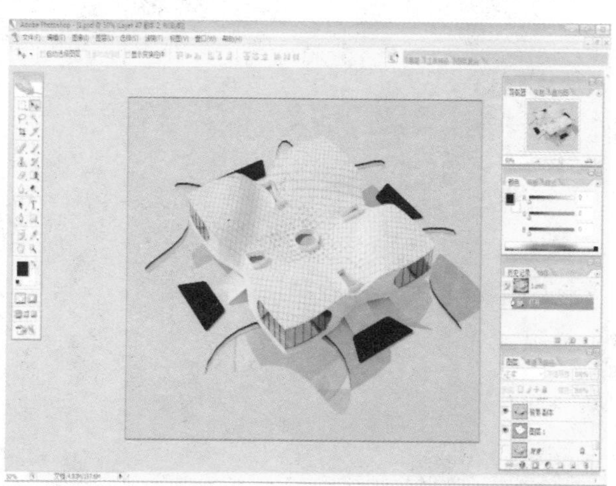

02 在效果图中添加水环境和绿地等素材图片。

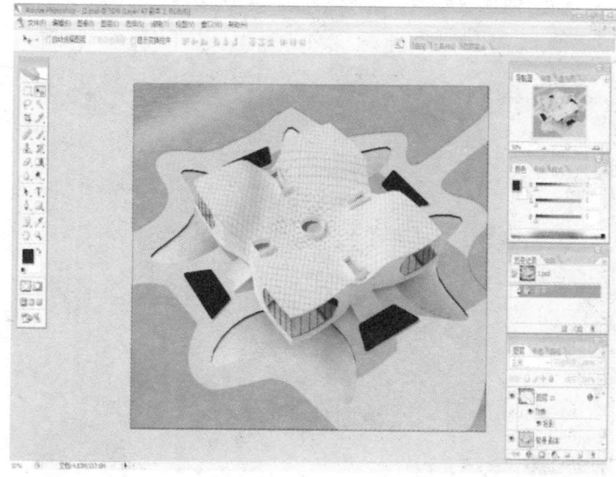

03 在效果图中添加前景植物素材图片。

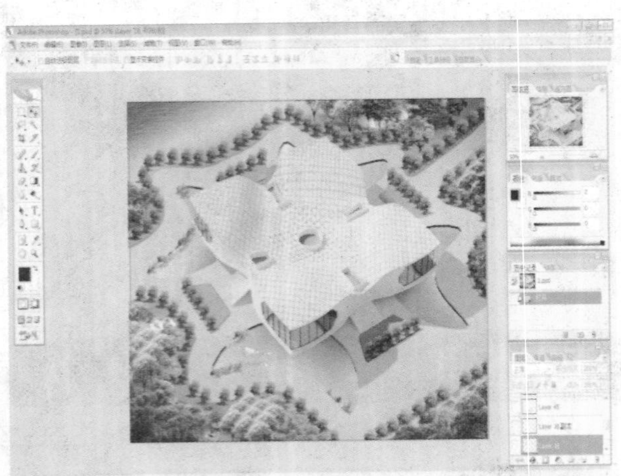

04 继续在效果图中添加素材，将人物等有生命的对象添加进图像中。

05 合并所有可见图层，并在效果图中添加暗角效果，最后调整图像的整体色调即可。

游戏场景的制作

本章将以一款游戏场景的制作为例，对渲染出来的图像进行后期处理，通过添加素材、调整亮度对比度等操作，来得到一个更加饱满的图像效果。

知识点

1. 混合材质的使用
2. VRay渲染器的使用
3. Photoshop的使用

24.1 案例分析

学习要点	本章通过一款游戏场景的制作，来讲解污浊材质和破旧材质的应用技巧
材质特点	以污浊的金属材质和破旧的墙体材质为主
灯光特点	以一盏目标平行光灯来模拟太阳光效果
最终效果	

01 打开本书配套光盘中的“游戏场景.max”文件，这是以一个破旧墙体为主的大桥模型。

02 本案例的灯光布局如下图所示，用目标平行光灯来模拟太阳光效果。

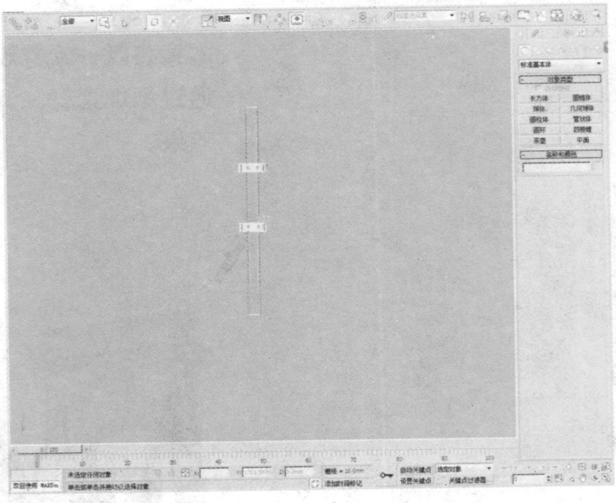

24.2 测试渲染设置

下面将对渲染测试参数的设置进行介绍。为了能够快速观察到渲染效果，这里只对采样值和渲染参数进行最低级别的设置。

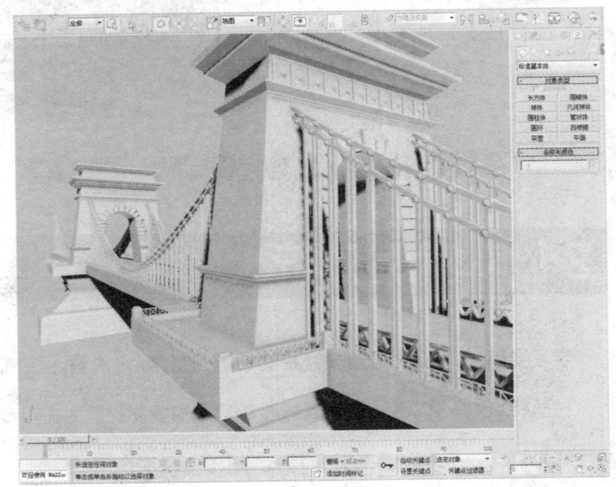

01 按F10键打开“渲染设置”窗口，首先设置V-Ray Adv 2.30.01为当前的渲染器。

02 在“V-Ray::全局开关”卷展栏中，取消勾选“隐藏灯光”、“反射/折射”、“光泽效果”复选框，以加快模型的渲染速度。

03 在“V-Ray::图像采样器”卷展栏中，设置图像采样器的“类型”为“自适应确定性蒙特卡洛”，勾选“开”复选框开启抗锯齿过滤器，并设置其类型为“Mitchell-Netravali”。

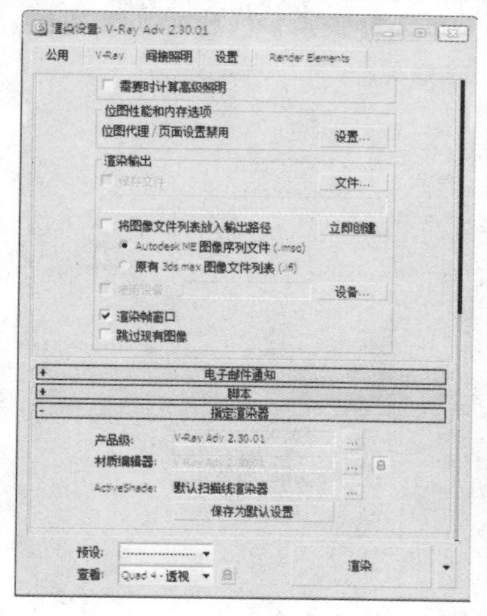

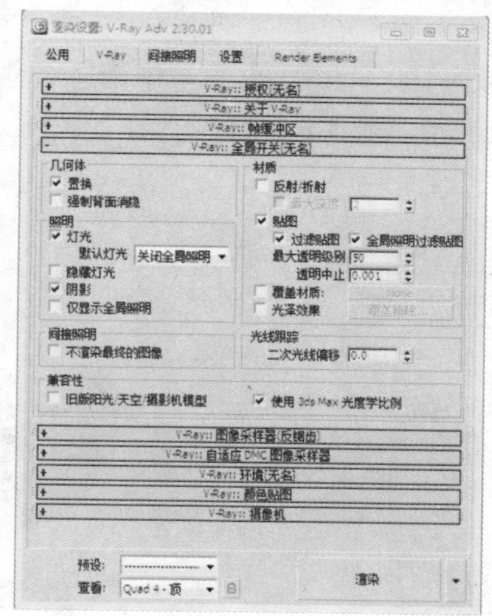

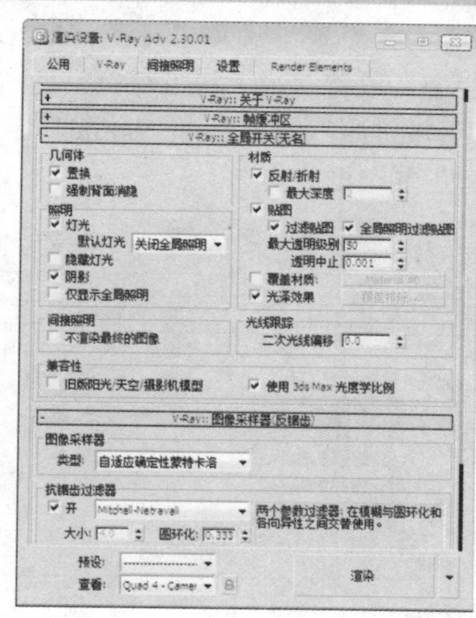

04 在“V-Ray::颜色贴图”卷展栏中，设置“类型”为“指数”。

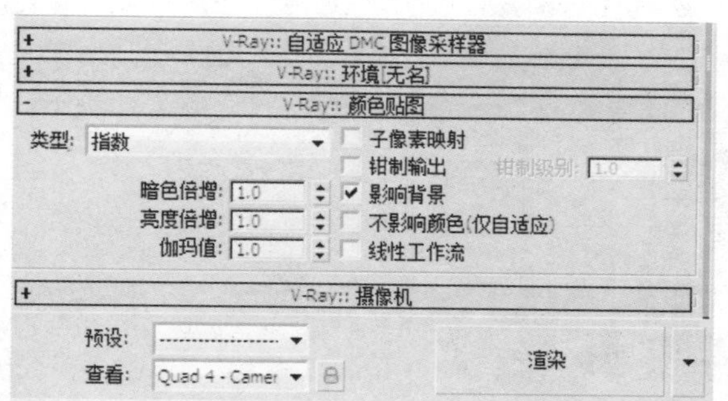

05 在“V-Ray::间接照明”卷展栏中，勾选“开”复选框打开VRay渲染器的间接照明功能，接着在“二次反弹”选项组中，设置“全局照明引擎”的类型为“灯光缓存”。

06 在“V-Ray::发光图”卷展栏中，分别设置“最小比率”和“最大比率”的参数为-5和-4，设置“半球细分”的参数为20。

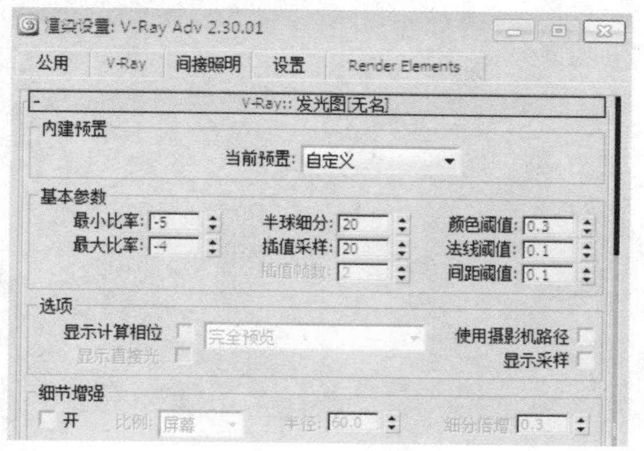

07 在“V-Ray::灯光缓存”卷展栏中，设置“计算参数”选项组中的“细分”的参数为200，并勾选“存储直接光”和“显示计算相位”复选框。

08 在“设置”选项卡下的“V-Ray::系统”卷展栏中，设置“最大树形深度”的参数为100，设置“区域排序”的类型为“Spiral”，并取消“显示窗口”复选框的勾选。

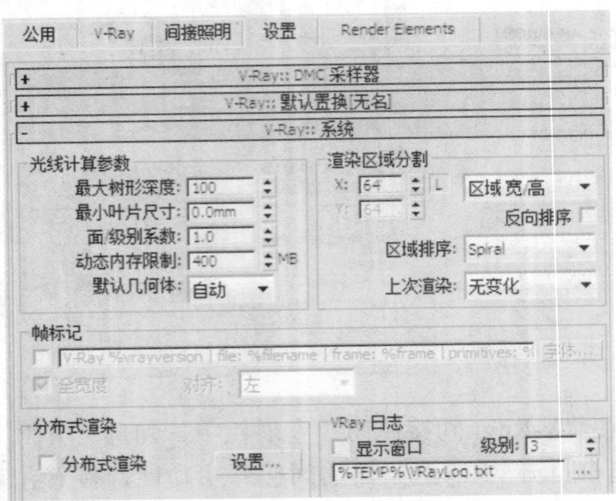

09 选中天空模型，单击鼠标右键，在弹出的快捷菜单中选择“对象属性”命令。

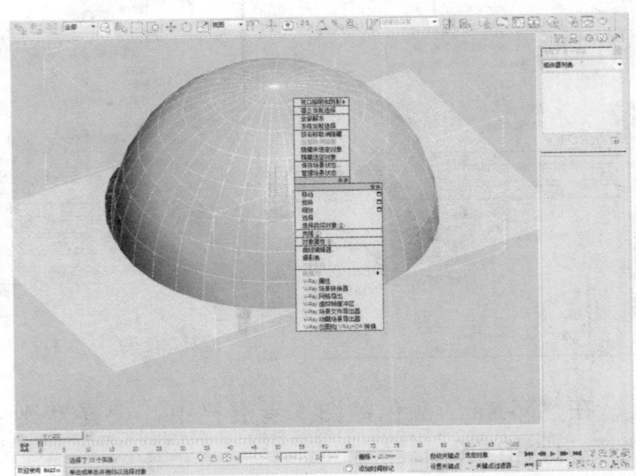

10 在弹出的“对象属性”对话框中，取消“对摄影机可见”、“投射阴影”、“接收阴影”复选框的勾选。

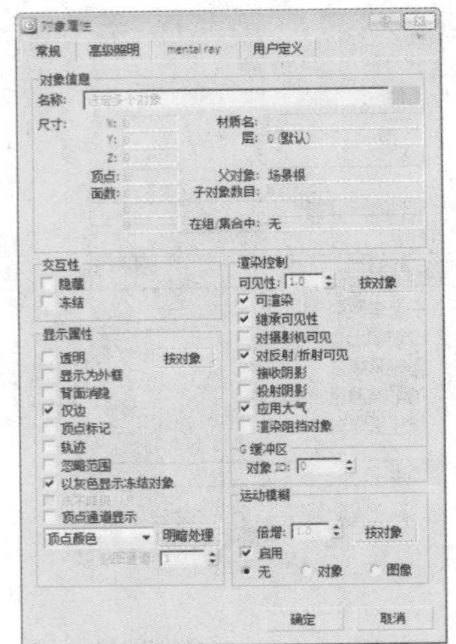

24.3 设置场景灯光

通过设置不同效果的灯光，可以为场景制造不同的气氛。下面将对场景灯光的设置进行介绍。

01 首先制作一个统一的模型测试材质。按M键打开“材质编辑器”窗口，选择一个空白材质球，设置材质的样式为“VRayMtl”。

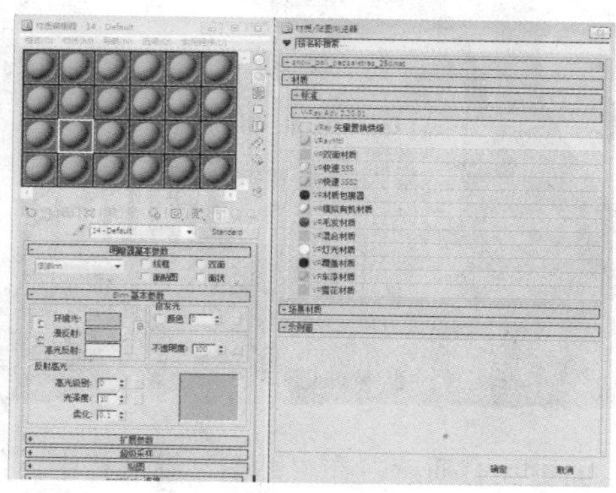

02 在VRayMtl材质面板的“基本参数”卷展栏中，设置“漫反射”的颜色为浅灰色。

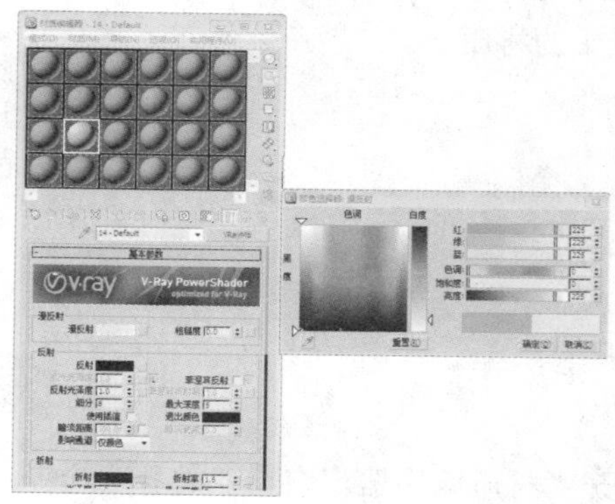

03 按F10键打开“渲染设置”对话框，勾选“覆盖材质”复选框，并将步骤02中所做的材质球以“实例”的方式拖动到“覆盖材质”复选框后的“None”按钮上。

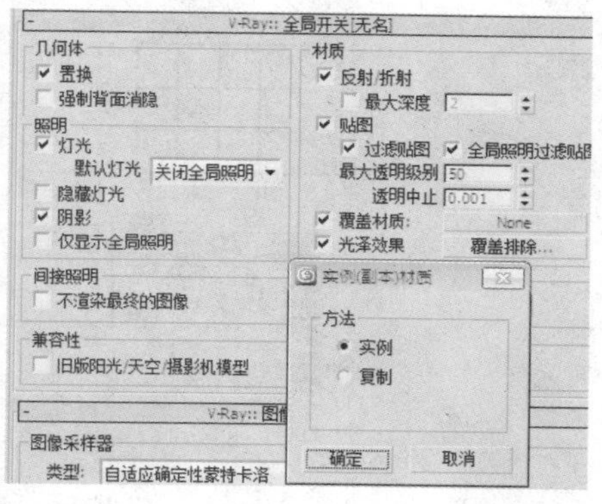

04 选择步骤02中所创建的材质球，单击“VRay-Mtl”按钮选择“VR边纹理”材质样式，然后在“VRay边纹理参数”卷展栏中，设置纹理的颜色为黑色。

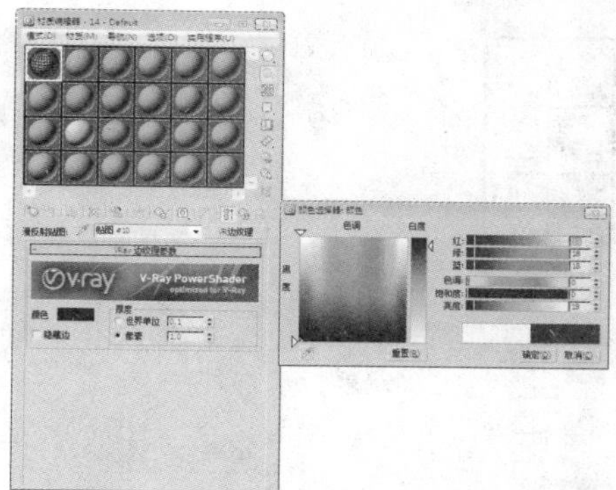

05 在“创建”命令面板中单击“灯光”按钮，选择“标准”选项，然后再单击“目标平行光”按钮，在场景中创建一盏目标平行光灯，用来模拟日光照明。

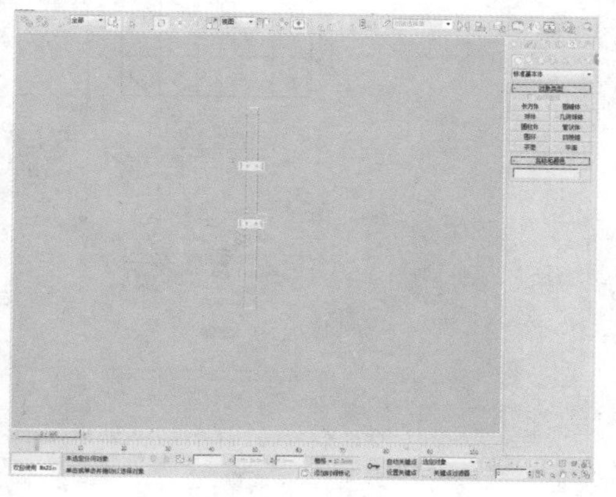

06 在“修改”命令面板中，设置所创建的目标平行光灯的各项参数。

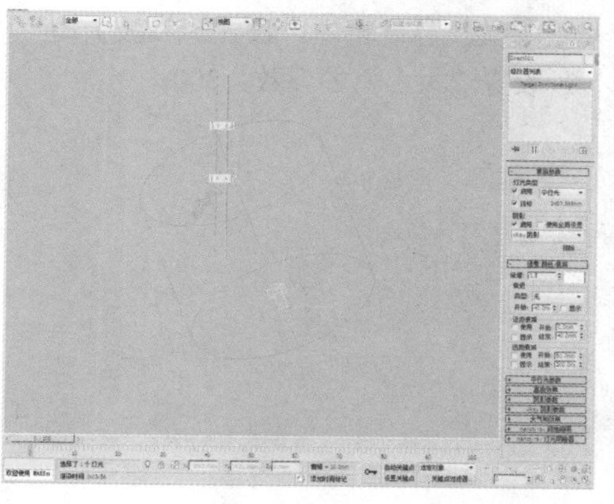

24.4 设置场景材质

本章通过对混合材质等材质类型的应用，来逐一地设置场景中的材质。

01 按M键打开“材质编辑器”窗口，选择一个空白材质球并命名为“水面”。设置材质的样式为“标准”材质，并调整“漫反射”参数的颜色，在“反射高光”选项组中，设置“高光级别”的参数为96、“光泽度”的参数为50。

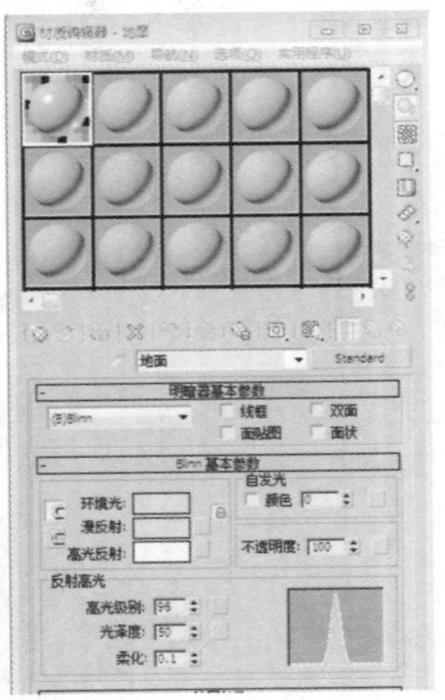

02 为了使水面更加有质感，在“贴图”卷展栏中，设置“反射”参数的贴图为“VR贴图”来模拟水面的反射效果，并设置其“数量”的参数为40。

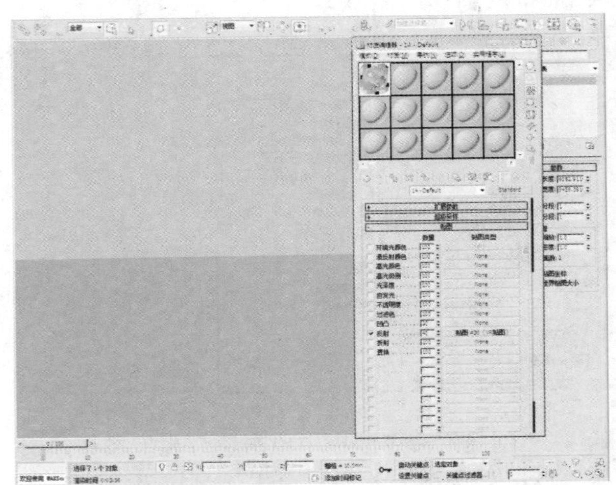

03 为了做出水面泛起的波纹效果，在“贴图”卷展栏中，为“凹凸”参数添加一张“噪波”贴图，接着在“噪波参数”卷展栏中，设置“噪波类型”为“分形”，设置“大小”的参数为300。

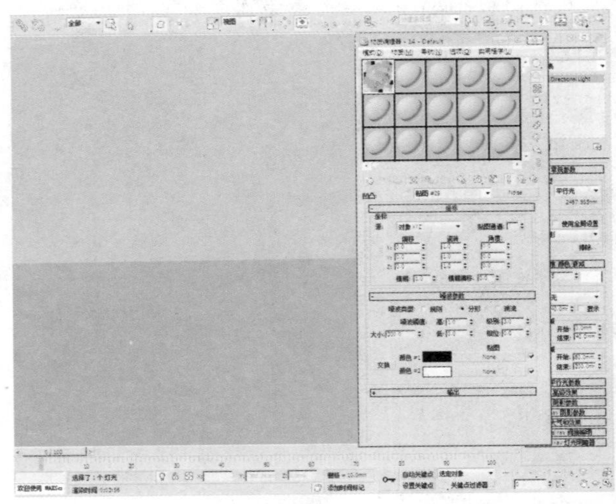

04 按M键打开“材质编辑器”窗口，选择一个空白材质球，并调整“漫反射”参数的颜色，在“反射高光”选项组中，设置“高光级别”的参数为34、“光泽度”的参数为46。

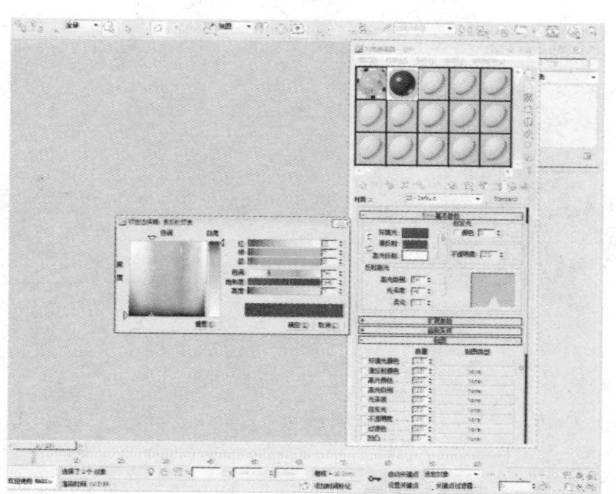

05 选择一个空白材质球，设置材质的样式为“混合”材质。

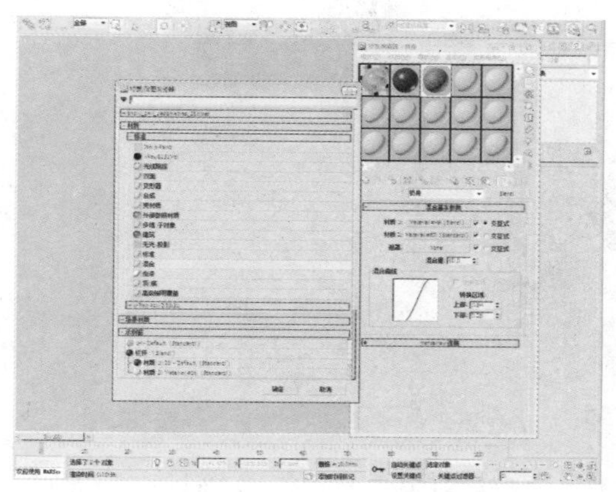

06 在“混合基本参数”卷展栏中，设置“材质1”的贴图类型为“混合”贴图。

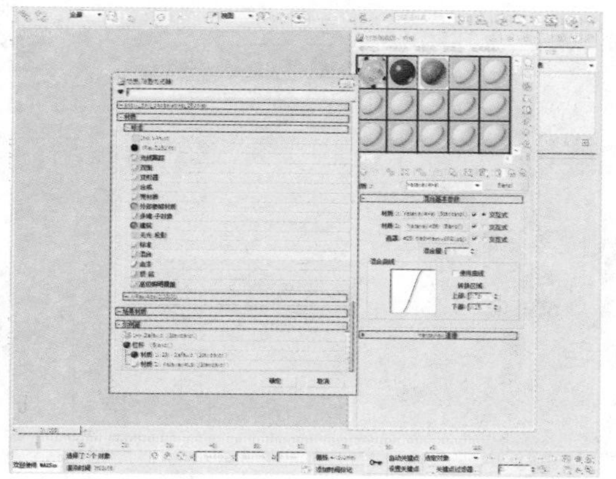

07 为“漫反射”参数添加一张“位图”贴图（本章节配套光盘中的“青铜素材1”贴图）。

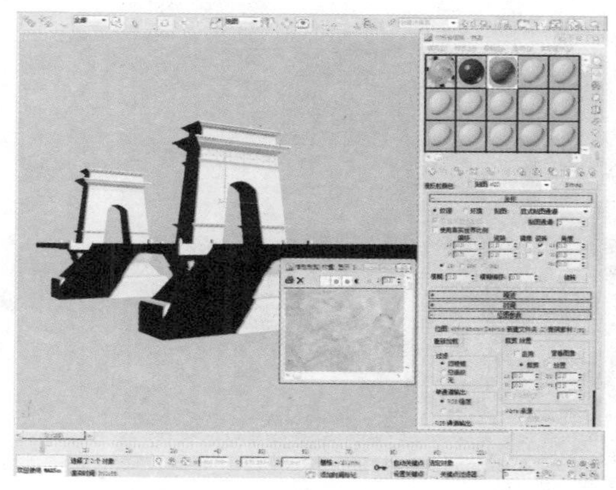

08 为“凹凸”参数添加一张“位图”贴图（本章节配套光盘中的“凹凸01”贴图）。

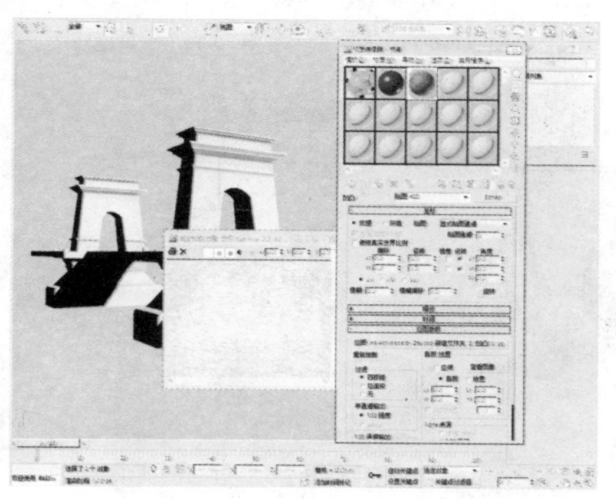

09 为“漫反射”参数添加一张“位图”贴图（本章节配套光盘中的“青铜素材1”贴图）。

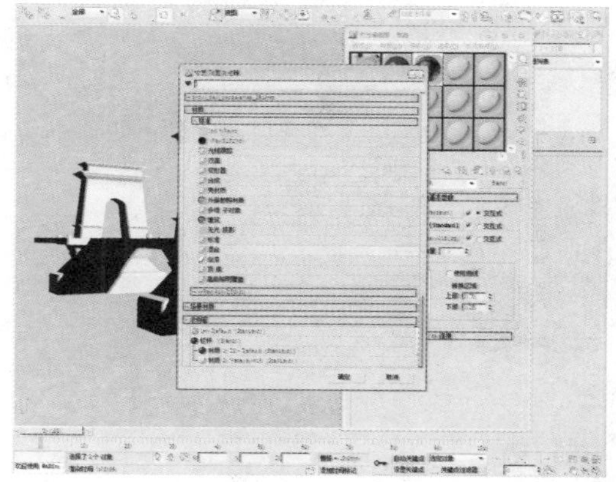

10 单击“材质1”贴图按钮，为“漫反射”参数添加一张“位图”贴图（本章节配套光盘中的“5”贴图）。

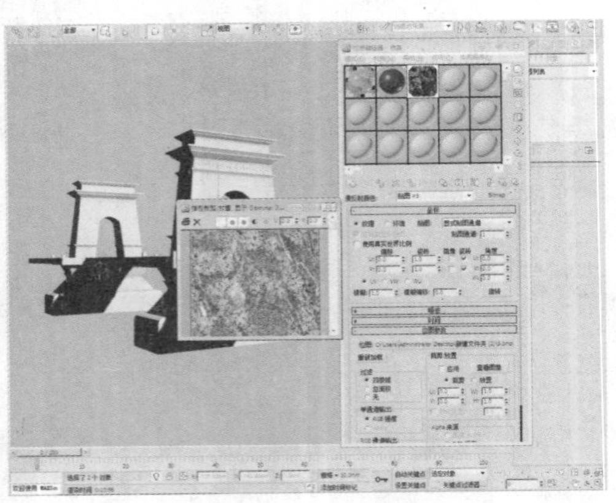

11 为“凹凸”参数添加一张“位图”贴图（本章节配套光盘中的“5”贴图）。

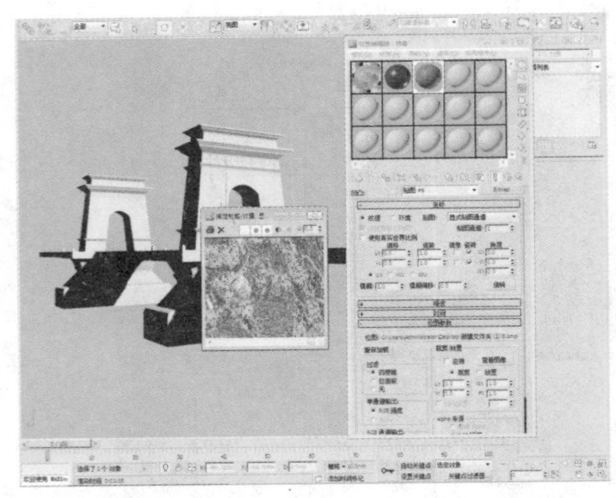

12 单击“转到父对象”按钮返回到上一个级别，然后单击“材质2”贴图按钮。

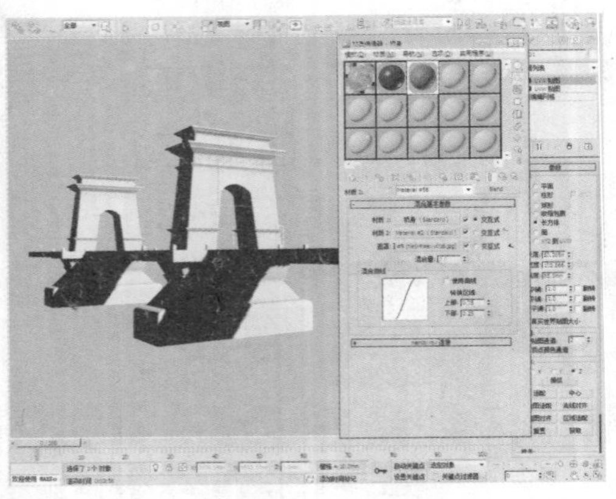

13 在“Blinn基本参数”卷展栏中，为“漫反射”参数添加一张“位图”贴图（本章节配套光盘中的“45”贴图）。

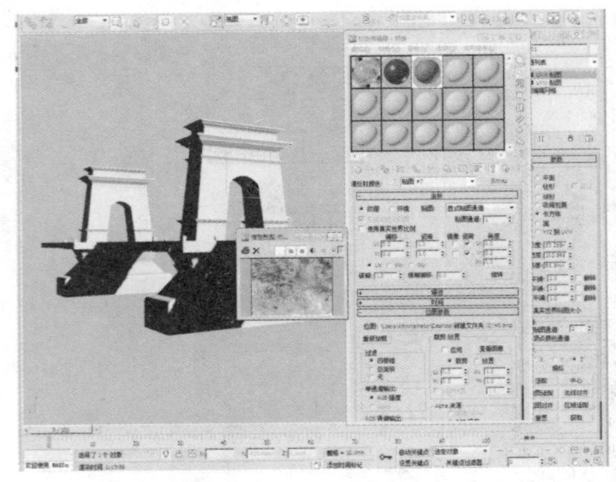

14 单击“转到父对象”按钮返回到上一个级别，然后单击“遮罩”贴图按钮。

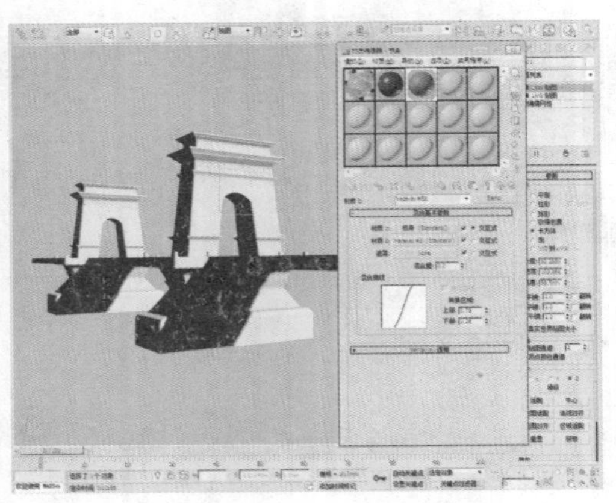

15 在弹出的“材质/贴图浏览器”对话框中，为其添加一张“位图”贴图（本章节配套光盘中的“黑白1”贴图）。

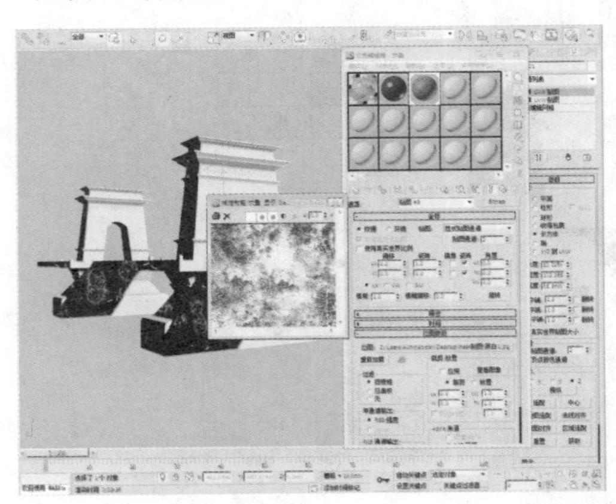

16 返回到“混合基本参数”卷展栏中，单击“材质2”贴图按钮。

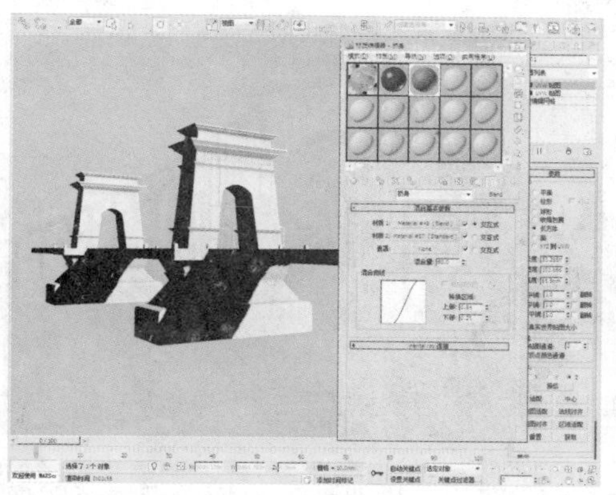

17 在材质2的“Blin基本参数”卷展栏中，设置“漫反射”参数的颜色。

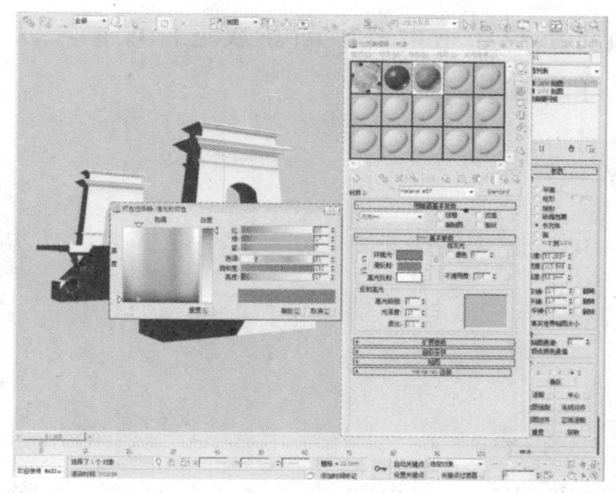

18 返回到“混合基本参数”卷展栏中，设置“混合量”的参数为60。

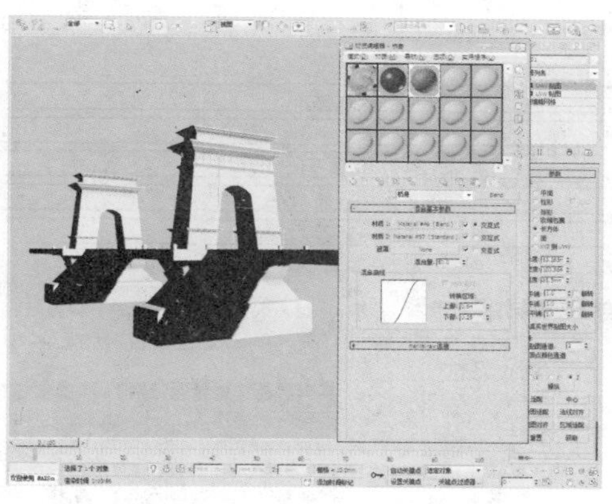

19 选择一个空白材质球并命名为“小围栏”，设置“漫反射”参数的颜色，接着在“反射高光”选项组中，设置“高光级别”的参数为11、“光泽度”的参数为3。

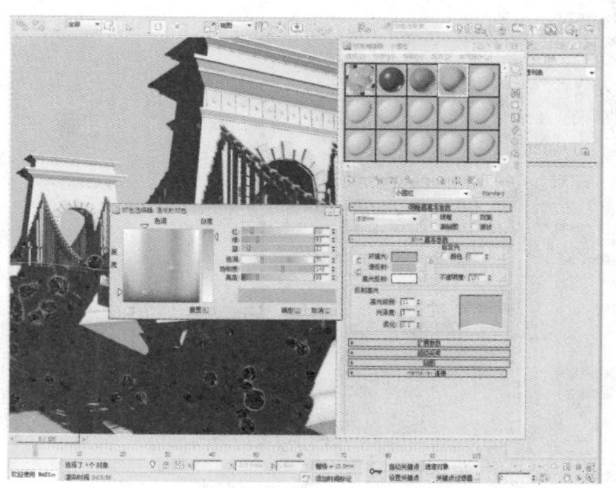

20 选择一个空白材质球并命名为“桥身石头”，将“漫反射”参数设置成如下图所示的颜色，接着设置“高光级别”的参数为0、“光泽度”的参数为0。

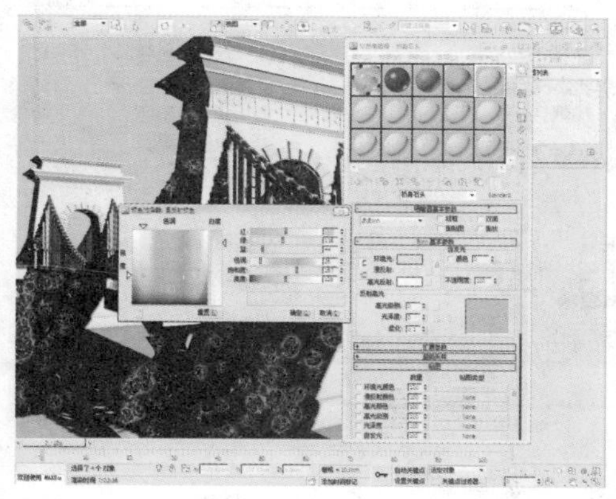

21 为了使桥身石头有凹凸的感觉，在“贴图”卷展栏中，为“凹凸”参数添加“噪波”贴图，并设置“噪波类型”为“分形”，设置“大小”的参数为100。

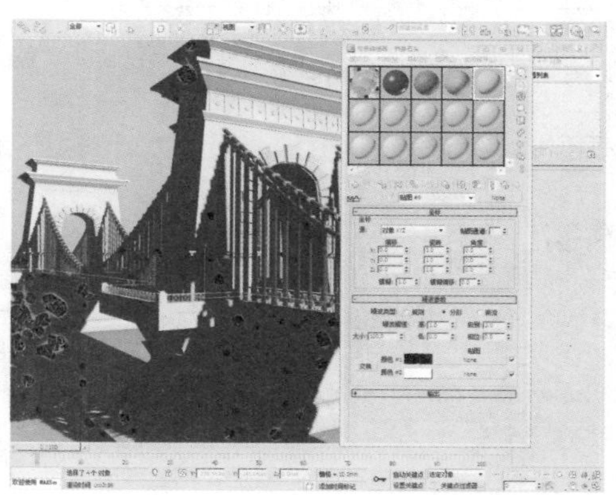

24.5 渲染最终参数

下面对游戏场景最终出图参数进行设置，以便得到更好的效果。

01 按键盘上的F10键打开“渲染设置”窗口，根据需要设置出图尺寸。

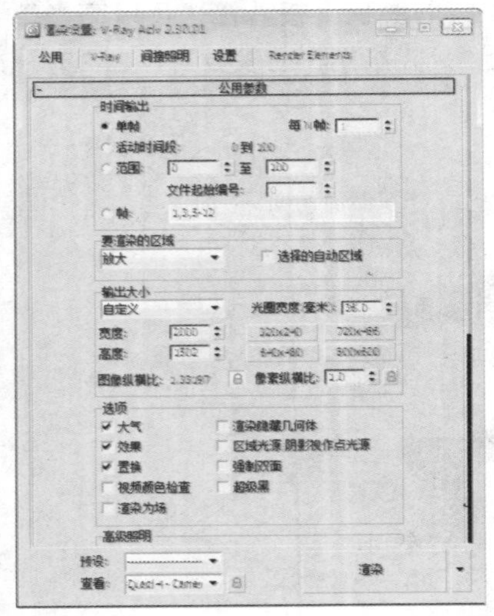

02 在“V-Ray::图像采样器”卷展栏中设置“图像采样器”的类型为“自适应确定性蒙特卡洛”，接着在“抗锯齿过滤器”选项组中，勾选“开”复选框，打开过滤器，并设置其类型为“Catmull-Rom”。

V-Ray:: 授权[无名]
V-Ray:: 关于 V-Ray
V-Ray:: 帧缓冲区
V-Ray:: 全局开关[无名]
V-Ray:: 图像采样器(反锯齿)
图像采样器
类型: 自适应确定性蒙特卡洛
抗锯齿过滤器
开 Catmull-Rom 具有显著边缘增强效果的 25 像素过滤器。
大小: 4.0

03 在“V-Ray::发光图”卷展栏中，分别设置“当前预置”为“中”、“半球细分”的参数为50。

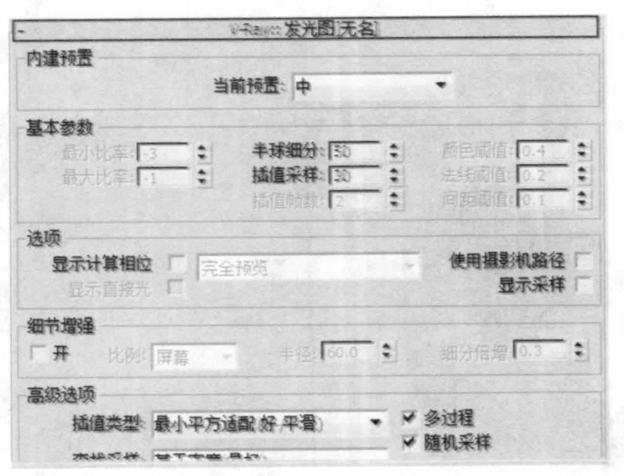

04 在“V-Ray::灯光缓存”卷展栏中，设置“计算参数”选项组中的“细分”的参数为1000，并勾选“存储直接光”和“显示计算相位”复选框。

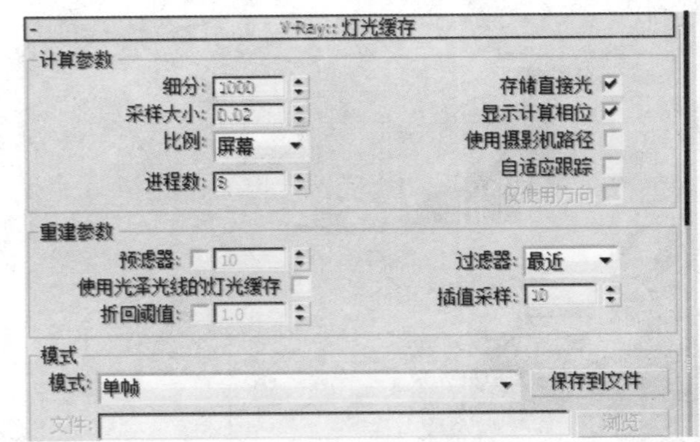

05 至此，渲染参数设置完成，即可完成对游戏场景的渲染。

24.6 使用Photoshop进行后期处理

下面对渲染出来的游戏场景效果图进行后期处理，通过添加素材、调整亮度对比度等操作，来得到一个更加饱满的图像效果。

01 在Photoshop中打开渲染好的游戏场景效果图和通道图像。

02 使通道图像为当前工作文件，按Ctrl+J键复制“背景”图层得到“图层1”图层。

03 选择工具栏中的“移动工具”，将“图层1”图层拖动到渲染图像文件中，生成“图层1”图层。

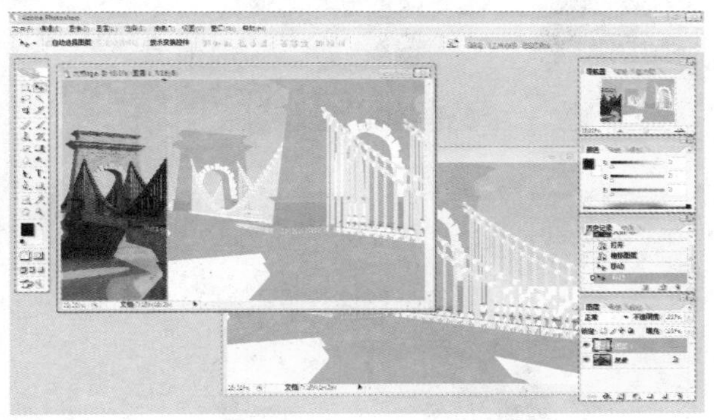

04 使渲染好的游戏场景效果图为当前工作文件，复制“背景”图层得到“背景 副本”图层。

05 在“图层”面板中，调整“背景 副本”图层的位置。

06 按Ctrl+Shift+N键新建“图层2”图层。

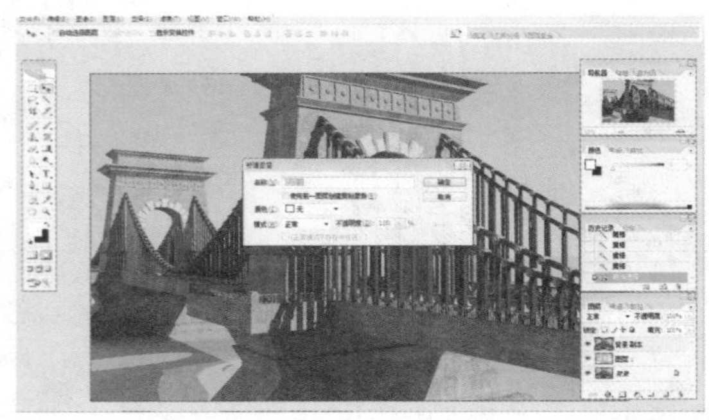

07 选择工具栏中的“套索工具”，并在其工具属性栏中设置“羽化”的参数为50。

08 在图像上单击并拖动鼠标创建选区。

09 按Alt+Delete键填充选区为前景色的白色，然后按Ctrl+D键取消选区。

10 按Ctrl+J键复制多个白色形状的图层，并使用“移动工具”调整其位置。

11 按Ctrl+T键执行“自由变换”命令以调整各白色图像的大小。

12 在“图层”面板中，选中“图层2”图层，执行“滤镜>模糊>动感模糊”命令，在弹出的“动感模糊”对话框中，设置“角度”的参数为4、“距离”的参数为430。

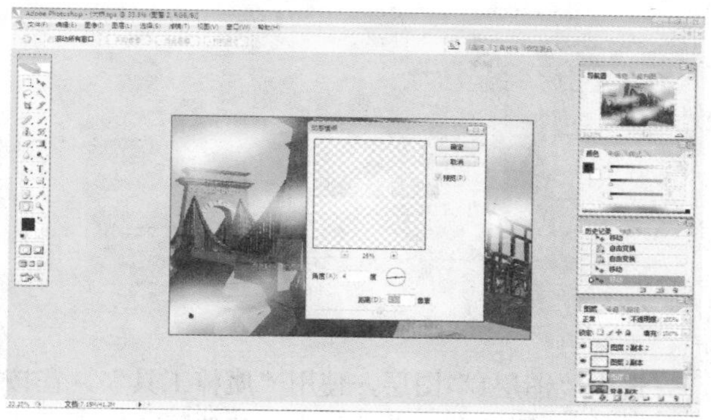

13 在“图层”面板中，选中“图层2 副本”图层，执行“滤镜>模糊>动感模糊”命令，在弹出的“动感模糊”对话框中，设置“角度”的参数为-25、“距离”的参数为500。

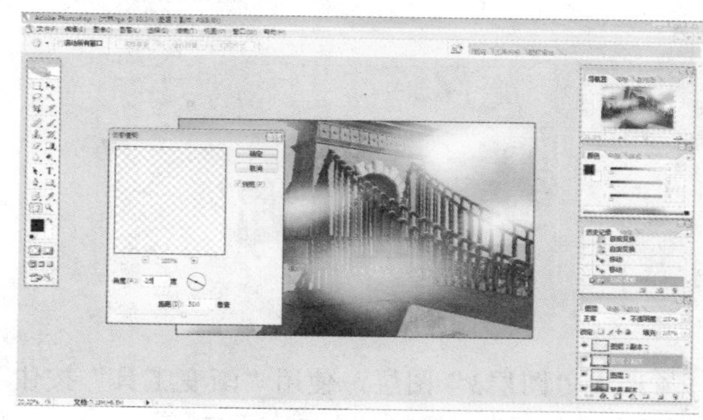

14 在“图层”面板中，选中“图层2 副本2”图层，执行“滤镜>模糊>动感模糊”命令，在弹出的“动感模糊”对话框中，设置“角度”的参数为-25、“距离”的参数为300。

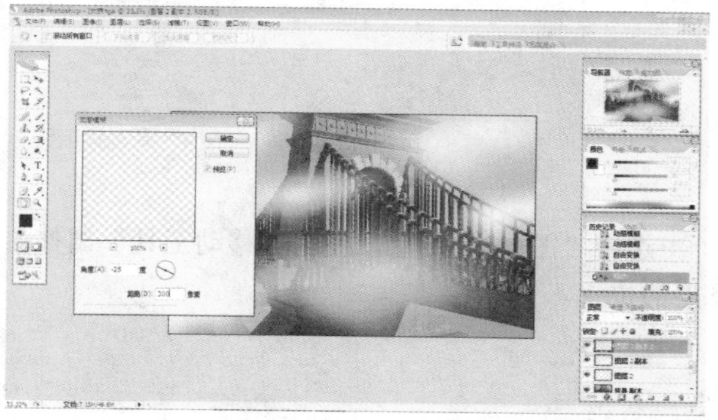

15 按Ctrl+J键复制“背景 副本”图层得到“背景 副本2”图层，按Ctrl+L键打开“色阶”对话框，调整色阶的参数来提高图像的亮度和对比度。

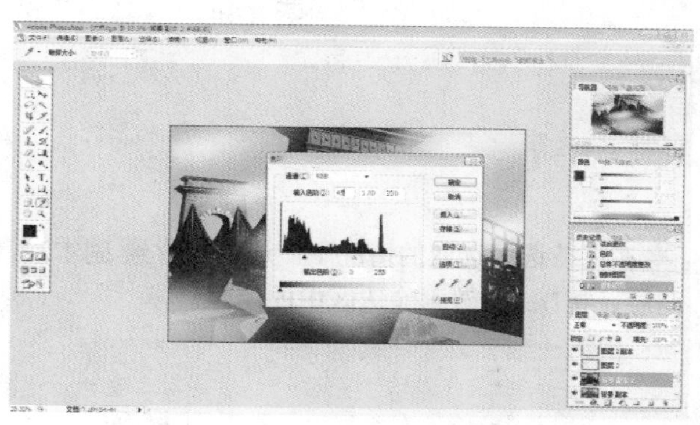

16 按Ctrl+B键打开“色彩平衡”对话框，调整色彩平衡的参数来改变图像的整体色调。

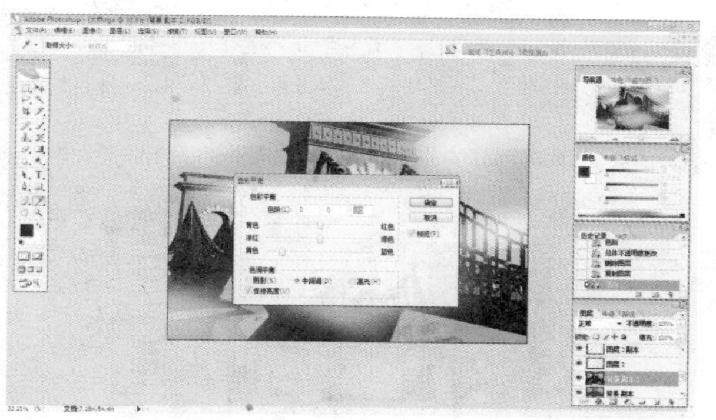

17 在“图层”面板中，设置“背景 副本2”图层的混合模式为“线性减淡”，图层的“不透明度”为80%。

18 按Ctrl+Shift+N键新建“图层3”图层。

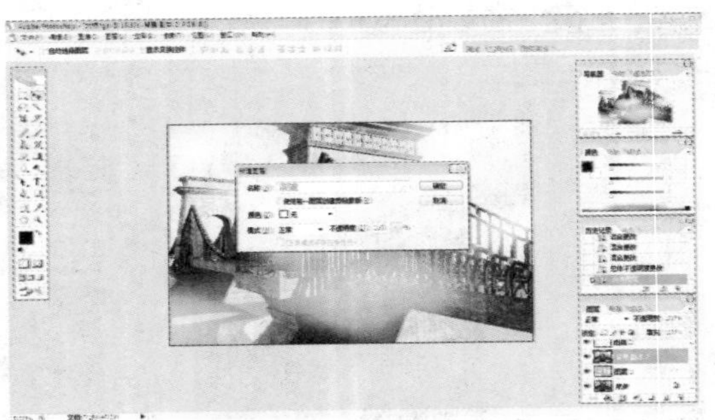

19 选择工具栏中的“渐变工具”，单击其工具属性栏上的“点按可编辑渐变”色条，打开“渐变编辑器”对话框，设置渐变的颜色。

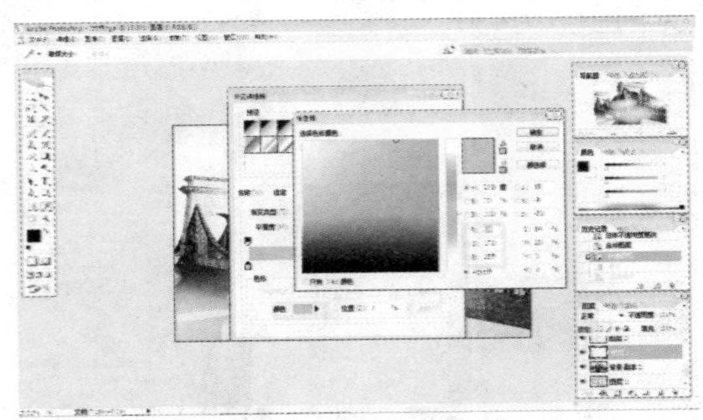

20 选中“图层3”图层，使用“渐变工具”按住鼠标左键从画布上方拖动至画布下方。

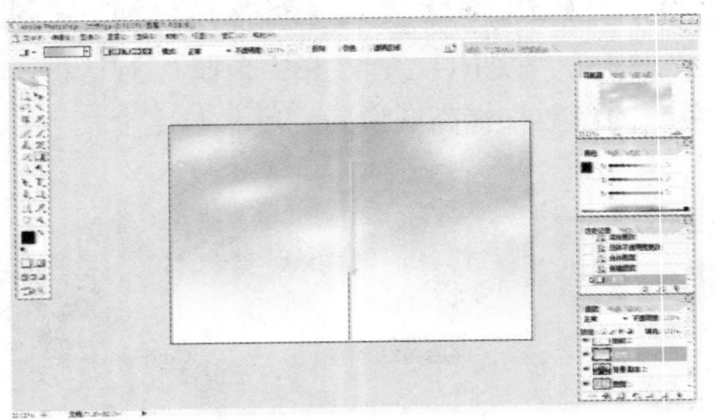

21 选中“图层1”图层，使用“魔棒工具”，在按住Shift键的同时在图像上单击创建选区。

22 在保持选区选取的情况下，选中“背景 副本2”图层，按Delete键删除选区中的图像。

23 选中“图层3”图层，使用“移动工具”调整图层的位置。

24 按Ctrl+L键打开“色阶”对话框，调整色阶参数来提高图像的亮度和对比度。

25 使用“套索工具”在图像中创建选区。

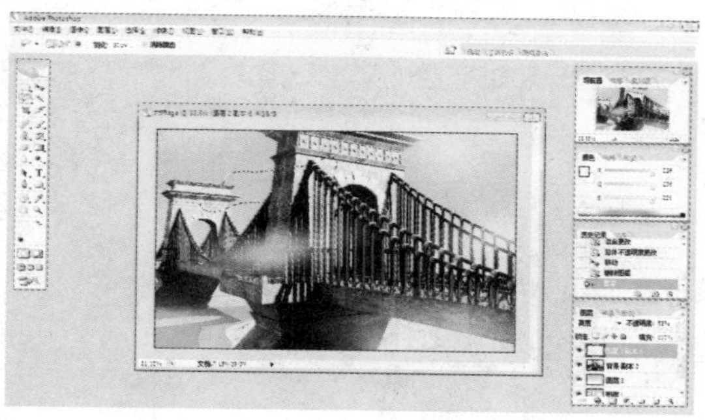

26 按Ctrl+Shift+N键新建“图层5”图层。

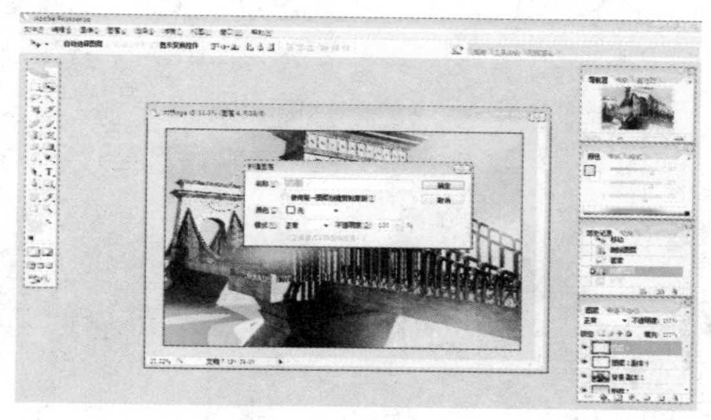

27 按Alt+Delete键填充选区为前景色的灰黄色，然后按Ctrl+D键取消选区。

28 执行“滤镜>模糊>动感模糊”命令，在弹出的对话框中，设置“角度”的参数为56、“距离”的参数为300。

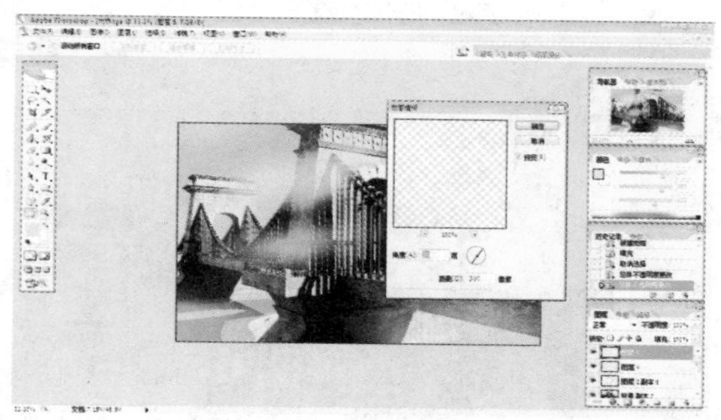

29 按Ctrl+J键复制多个灰黄色图像的图层，并使用“移动工具”调整其位置，按Ctrl+E键将复制的这几个图层合并为“图层5 副本3”。

30 单击“图层”面板下方的“添加图层蒙版”按钮，为图层添加蒙版，使用“画笔工具”对图像进行涂抹修饰。

31 选中“图层1”图层，使用“魔棒工具”在图像中创建选区，接着选中“背景”图层，按Ctrl+J键对选区图像进行复制。

32 执行“滤镜>扭曲>海洋波纹”命令，在弹出的对话框中调整各参数。

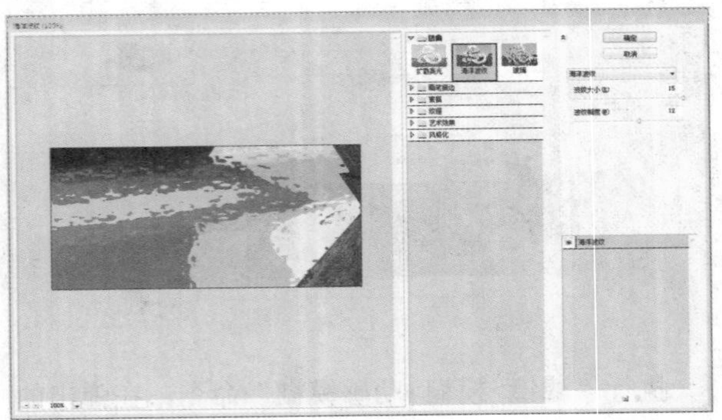

33 在“图层”面板中，调整新复制图层的顺序。

34 在图像中添加天空背景素材。

35 按Ctrl+O键打开一张海水的素材，使用“裁剪工具”按住鼠标左键拖动选择所需要的范围，然后按回车键确定。

36 使用“移动工具”将裁剪好的海水素材拖至大桥的图像中，并按Ctrl+T键调整海水图像的大小和位置。

37 按Ctrl+J键复制海水图像图层，使用“移动工具”调整其位置，并按Ctrl+T键调整新复制的海水图像的大小和位置。

38 使用“魔棒工具”在“背景 副本2”图层的图像中创建选区，并按Ctrl+J键对选区进行复制。

39 在“图层”面板中，设置新复制图层的混合模式为“颜色加深”、图层的“不透明度”为50%。

40 选中复制出来的“图层12副本”图层，按Ctrl+J键继续对其进行复制。

41 在“图层”面板中，为新复制出来的“图层12副本1”图层添加图层蒙版，并使用“画笔工具”对图像进行涂抹修饰。

42 按Ctrl+O键打开一张黄昏的天空素材。

43 使用“移动工具”将黄昏天空的图像拖动至大桥图像中，并调整其位置，接着按Ctrl+T键调整该图像的大小。

44 在“图层”面板中，为拖入的黄昏天空图层添加图层蒙版，接着使用“画笔工具”对图像进行修饰和调整。

45 按Ctrl+O键打开一张天空光晕的素材图片。

46 使用“移动工具”将天空光晕素材图像拖动至大桥图像中，调整其位置接着按Ctrl+T键调整该图像的大小。

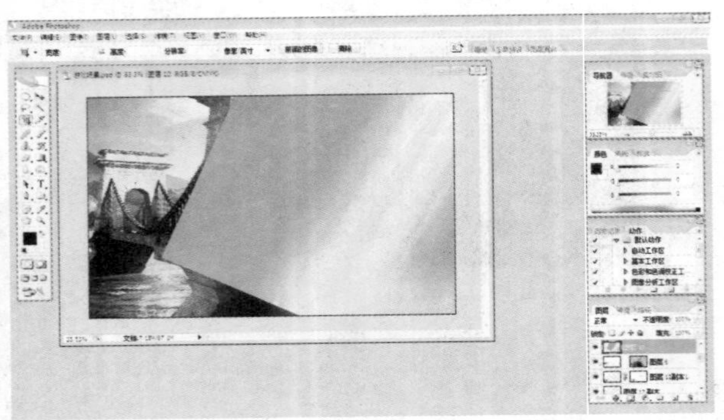

47 为拖入的天空光晕素材图层添加图层蒙版，并使用“画笔工具”对图像进行修饰和调整。

48 执行“图像>调整>亮度/对比度”命令，在弹出的“亮度/对比度”对话框中，调整对比度参数。

49 按Ctrl+Shift+E键合并可见图层，即可完成对游戏场景效果图的制作。